HANDBUCH
DER
LEBENSMITTEL-CHEMIE

HERAUSGEGEBEN VON

A. BÖMER
MÜNSTER I. W.

A. JUCKENACK
BERLIN

J. TILLMANS †
FRANKFURT A. M.

ZWEITER BAND

ALLGEMEINE UNTERSUCHUNGSMETHODEN

ZWEITER TEIL

CHEMISCHE UND BIOLOGISCHE METHODEN

SPRINGER-VERLAG BERLIN HEIDELBERG GMBH

ALLGEMEINE UNTERSUCHUNGSMETHODEN

ZWEITER TEIL

CHEMISCHE UND BIOLOGISCHE METHODEN

BEARBEITET VON

A. K. BALLS · A. BÖMER · R. GRAU · C. GRIEBEL
A. GRONOVER · J. GROSSFELD · A. SCHEUNERT
M. SCHIEBLICH · K. TÄUFEL · A. TIMPE
E. WALDSCHMIDT-LEITZ · O. WINDHAUSEN

SCHRIFTLEITUNG:
A. BÖMER

MIT 331 ABBILDUNGEN

SPRINGER-VERLAG BERLIN HEIDELBERG GMBH

ISBN 978-3-662-01948-1 ISBN 978-3-662-02244-3 (eBook)
DOI 10.1007/978-3-662-02244-3

URSPRUNGLICH ERSCHIENEN BEI JULIUS SPRINGER IN BERLIN 1935
SOFTCOVER REPRINT OF THE HARDCOVER 1ST EDITION 1935

Inhaltsverzeichnis.

Chemische Methoden.

Biologische Methoden.

Tabellen.

Organische Säuren.

Von

Professor Dr. A. Bömer und Dr. O. Windhausen-Münster i. W.

Mit 11 Abbildungen.

In diesem Kapitel werden der Nachweis und die Bestimmung der wichtigsten organischen Säuren (Ameisen-, Essig-, Butter-, Oxal-, Bernstein-, Milch-, Äpfel-, Wein-, Citronen-, Benzoe-, Salicyl- und Zimtsäure) behandelt, die teils in den Lebensmitteln natürlich vorkommen, teils als Konservierungsmittel ihnen zugesetzt werden. Daneben sind noch einige sonstigen Säuren (Propion-, Valerian-, Fumar-, Malon-, Glykol-, Glyoxal-, Brenztrauben- und Lävulinsäure) mit aufgenommen worden, die zwar für die Praxis von geringerer Bedeutung sind, deren Nachweis und Bestimmung aber bei wissenschaftlichen Arbeiten gelegentlich erforderlich sind.

Über den Nachweis und die Bestimmung der in den Fetten vorkommenden höheren Fettsäuren siehe Band IV.

I. Allgemeines.

1. Acidimetrische Bestimmung[1].

Die organischen Säuren können als schwache Säuren acidimetrisch durch Neutralisation mit 0,1 N.-Natronlauge gegen Phenolphthalein als Indicator bestimmt werden; außer Phenolphthalein kann auch Thymolblau verwendet werden. Mit alkaliempfindlichen Indicatoren wie Dimethylgelb erhält man falsche Ergebnisse.

Der saure Charakter der Oxysäuren kann nach G. Bruhns[2] durch Zusatz der Salze der Erdalkali- und Schwermetalle erhöht werden: Zu 25 ccm 0,1 N.-Säure setzt man 4—5 g krystallisiertes Calciumchlorid hinzu. Besser als mit Dimethylgelb kann man dann z. B. Oxalsäure mit Methylrot titrieren.

1 ccm 0,1 N.-Lauge entspricht hierbei:

Ameisensäure	4,6 mg	Oxalsäure	6,3 mg	Weinsäure	7,5 mg
Essigsäure	6,0 ,,	Bernsteinsäure	5,9 ,,	Citronensäure	7,0 ,,
Propionsäure	7,4 ,,	Glykolsäure	7,6 ,,	Benzoesäure	12,2 ,,
Buttersäure	8,8 ,,	Milchsäure	9,0 ,,	Salicylsäure	13,8 ,,
Valeriansäure	10,2 ,,	Äpfelsäure	6,7 ,,	Zimtsäure	14,8 ,,

Zur Bestimmung schwacher organischer Säuren (Milch-, Äpfel-, Wein-, Citronensäure usw.) kann man auch die acidimetrische Stufentitration (S. 196) verwenden; insbesondere haben sie J. Tillmans und E. Weil[3] zur Bestimmung der Milchsäure, ferner P. Hirsch und K. Richter[4] für Bernstein-, Äpfel-, Wein-, Citronen- und Milchsäure angewendet.

---

[1] I. M. Kolthoff: Die Maßanalyse, Bd. 2, S. 115. Berlin: Julius Springer 1928.
[2] G. Bruns: Zeitschr. analyt. Chem. 1916, 55, 321.
[3] J. Tillmans u. E. Weil: Z. 1929, 57, 515.
[4] P. Hirsch u. K. Richter: Z. 1929, 58, 433.

2. Jodometrische Bestimmung[1].

Versetzt man eine Säurelösung mit neutralem Jodid und Jodat im Überschuß, so werden die freien Säuren in die Neutralsalze überführt und gleichzeitig je Säureäquivalent 1 Atom Jod abgeschieden. Die Titration der schwachen Säuren gelingt in allen Fällen, wenn man nach folgender Vorschrift arbeitet: 20 ccm 0,1 N.-Säure werden mit 1 g Kaliumjodid, 5 ccm Kaliumjodatlösung (3%) und 25 ccm 0,1 N.-Thiosulfatlösung gemischt und nach 15—30 Minuten langem Stehen wird mit 0,1 N.-Jodlösung zurücktitriert.

Essigsäure, Bernsteinsäure, Benzoesäure, Oxalsäure, Weinsäure, Citronensäure usw. können so quantitativ erfaßt werden. Die jodometrische Methode kann mit Vorteil auf eigengefärbte Lösungen angewandt werden, wo der Umschlag mit den gewöhnlichen Farbindicatoren nicht mehr zu erkennen wäre.

3. Oxydimetrische Bestimmung[2].

a) Mit Kaliumpermanganat. Zu etwa 10 ccm 0,1 N.-Säurelösung (Normalität auf die vollständige Oxydation bezogen) gibt man 25 ccm 0,1 N.-Kaliumpermanganatlösung und 10 ccm 4 N.-Natronlauge. Nach etwa 24stündigem Stehen — bei Ameisensäure nach 1 Stunde — im verschlossenen Kolben säuert man mit 25 ccm 4 N.-Schwefelsäure an und titriert den Permanganatüberschuß einige Stunden später — bei Ameisensäure sofort — mit 0,1 N.-Oxalsäurelösung zurück.

Der Permanganatverbrauch für die einzelnen Säuren ist aus Tabelle 1 ersichtlich.

Tabelle 1.

Säure	ccm N.-Oxydans für 1 Millimol Säure	ccm N.-Permanganat für 1 g Säure	1 ccm 0,1 N.-Permanganat = mg Säure
Ameisensäure .	1	43,5	2,3008
Oxalsäure. . .	2	22,2	4,5045
Weinsäure . .	10	66,7	1,4993
Citronensäure .	18	93,7	1,0672
Glykolsäure. .	6	79,0	1,2658
Milchsäure . .	12	133,3	0,7502
Äpfelsäure . .	12	89,5	1,1173
Salicylsäure. .	28	20,3	4,9261
Zimtsäure . .	10	67,6	1,4793

Essig-, Propion-, Butter-, Valerian-, Bernstein- und Benzoesäure werden nicht oxydiert.

b) Mit Cerisulfat nach H. H. Willard und Ph. Young[3]. Gegenüber Kaliumpermanganat besitzt Cerisulfat den Vorteil, daß Salzsäure die Titration nicht stört, und daß die Cerisalzlösungen länger titerbeständig sind als die Permanganatlösungen; das Cerisulfat $[Ce(SO_4)_2]$ wird dabei zu Cerosulfat $[Ce_2(SO_4)_3]$ reduziert. Zur Erkennung des Endpunktes ist ein Indicator erforderlich.

Zur Herstellung der Titerlösung geht man vom käuflichen Cerooxalat aus, glüht dieses etwa bei 625° zu Cerioxyd (CeO_2) und behandelt dann mit so viel Schwefelsäure (d = 1,5), daß die entstehende Lösung etwa 1—2 normal ist. Man erwärmt auf 125°, bis der Rückstand gelblich aussieht, verdünnt auf etwa 0,1 N.-Cerisalzkonzentration, erwärmt nochmals 1 Stunde auf dem Wasserbade bei 70—80° und filtriert. Die Einstellung erfolgt entweder gegen Oxalsäure oder gegen Eisensalze. Um schädliche Einflüsse von Salpetersäure, Phosphorsäure und Flußsäure zu verhindern, setzt man etwas Jodmonochlorid (0,005 molar) hinzu.

Man versetzt etwa 200 ccm der zu untersuchenden Säurelösung mit soviel Schwefelsäure (d = 1,5), daß auf 200 ccm 30—60 ccm dieser Schwefelsäure kommen. Dann fügt man Cerisulfatlösung im Überschuß hinzu, erhitzt

---

[1] I. M. Kolthoff: Die Maßanalyse, Bd. 2, S. 376. Berlin: Julius Springer 1928.

[2] I. M. Kolthoff: Die Maßanalyse, Bd. 2, S. 328. Berlin: Julius Springer 1928.

[3] H. H. Willard u. Ph. Young: Journ. Amer. Chem. Soc. 1928, **50**, 1322; 1929, **51**, 149; 1930, **52**, 132.

30 Minuten auf dem Wasserbade, läßt abkühlen und titriert den Ceriüberschuß mit Ferrosulfatlösung gegen Diphenylamin (0,3—0,5 ccm 0,1 %ige Lösung) zurück.

Die Titration läßt sich bei Wein-, Äpfel-, Citronen-, Malon- und Glykolsäure anwenden, nicht dagegen bei Ameisen-, Essig-, Bernstein- und Fumarsäure, die nicht oxydiert werden, während bei Benzoe- und Salicylsäure die Oxydation eine unregelmäßige ist.

Bei der Malonsäure werden die 200 ccm Malonsäurelösung in die mit Schwefelsäure versetzte Cerisulfatlösung gegeben. Es darf nicht umgekehrt verfahren werden, da dann eine teilweise Zersetzung der Malonsäure nicht zu vermeiden ist.

Es entspricht 1 ccm 0,1 N.-Cerisulfatlösung:

Weinsäure . . .	2,084 mg	Citronensäure . .	1,211 mg	Glykolsäure . . .	1,923 mg
Äpfelsäure. . . .	1,449 „	Malonsäure . . .	1,563 „		

4. Kennzeichnung der Säuren durch ihre Ester.

Zur Kennzeichnung der Säuren können nach E. E. REID und Mitarbeitern die Schmelzpunkte ihrer Phenacyl- sowie der p-Chlor-, p-Brom- und p-Jodphenacylester, ihrer p-Phenylphenacyl- und p-Nitrobenzylester dienen. Die Schmelzpunkte dieser Ester sind in der Tabelle 2 auf S. 1075 zusammengestellt. Man stellt diese Ester, wie folgt, dar:

a) Phenacylester nach J. B. RATHER und E. E. REID[1]. Durch Lösen von 20 g Acetophenon ($C_6H_5 \cdot CO \cdot CH_3$) in 30 ccm Eisessig, langsames Zugeben von 28 g Brom unter Schütteln und zum Schluß kurzes Erhitzen in warmem Wasser erhält man Phenacylbromid (ω-Bromacetophenon). Das Reaktionsprodukt wird in Eiswasser gegossen und nach 1 Stunde filtriert; weiße Krystalle vom Schmp. 50°. Die Phenacylester erhält man durch Einwirkung von 1 g Phenacylbromid auf etwas mehr als die äquivalente Menge der zu untersuchenden Säure unter Zusatz von etwas weniger Natriumcarbonat, als zur Neutralisation der Säure erforderlich ist, und 15 ccm Alkohol (63%). Man löst die Säure und die nötige Menge Natriumcarbonat unter Erwärmen in 5 ccm Wasser und setzt nach Zugabe des Phenacylbromids 10 ccm Alkohol (95%) hinzu. Bei einbasischen Säuren kocht man 1, bei zweibasischen 2 und bei dreibasischen 3 Stunden.

b) p-Chlor-, Brom- und Jodphenacylester nach W. L. JUDEFIND und E. E. REID[2]. Zur Darstellung dieser Ester werden zunächst die p-Halogenphenacylbromide dargestellt, indem man 112 g Monochlor-, 157 g Monobrom- bzw. 204 g Jodbenzol mit 85 g Acetylchlorid und 150 g wasserfreiem Aluminiumchlorid in 250 g Schwefelkohlenstoff verwendet; man erhält damit p-Chloracetophenon (bei 230—240° siedend), p-Bromacetophenon (Schmp. 50,5°) bzw. p-Jodacetophenon (83,5°). Diese Acetophenone werden in Eisessig bromiert, wodurch man p-Chlorphenacylbromid (Schmp. 96,5° aus Alkohol), p-Bromphenacylbromid (109,7°) bzw. p-Jodphenacylbromid (113,5°) erhält. Zur Darstellung der Säureester werden diese Halogenphenacylbromide mit den Alkalisalzen der Säuren in verdünnten alkoholischen Lösungen gekocht und die Ester aus verd. Alkohol krystallisiert.

c) p-Phenylphenacylester nach N. L. DRAKE und J. BRONITSKY[3]. Durch Erhitzen von Diphenyl in Schwefelkohlenstoff mit Acetanhydrid in Gegenwart von Aluminiumchlorid erhält man p-Phenylacetophenon (Schmp. 120—121° aus Alkohol). Durch langsames Hinzufügen von Brom zu der Lösung in Eisessig entsteht p-Phenylphenacylbromid (125,5° aus Alkohol). Zur Darstellung der Ester werden 0,005 Mol der zu untersuchenden Säure zu 5 ccm Wasser in einem ERLENMEYER-Kölbchen, mit 0,0025 Mol Natriumcarbonat gesetzt und dann wird noch soviel Säure hinzugegeben, daß die Lösung gerade eben sauer gegen Lackmus wird. Dann werden 10 ccm Alkohol und 0,005 Mol des Bromides hinzugegeben und die Mischung 1 Stunde oder mehr unter Rückfluß gekocht. Sollte dabei das Natriumsalz durch den Alkohol ausgefällt werden, so wird Wasser bis zur Lösung zugesetzt.

d) p-Nitrobenzylester nach E. E. REID[4]. p-Nitrobenzylbromid (Schmp. 99°), erhalten durch Erwärmen von p-Nitrotoluol mit Brom — in 2 Tln. zugesetzt — im

[1] J. B. RATHER u. E. E. REID: Journ. Amer. Chem. Soc. 1919, **41**, 75; **C.** 1919, III, 48.

[2] W. L. JUDEFIND u. E. E. REID: Journ. Amer. Chem. Soc. 1920, **42**, 1043; **C.** 1920, III, 310. — Vgl. auch C. G. MOSES u. E. E. REID: Journ. Amer. Chem. Soc. 1932, **54**, 2101; **C.** 1932, II, 1001.

[3] N. L. DRAKE u. J. BRONITSKY: Journ. Amer. Chem. Soc. 1930, **52**, 3715; **C.** 1930, II, 2648.

[4] E. E. REID: Journ. Amer. Chem. Soc. 1917, **39**, 124; **C.** 1917, I, 998.

geschlossenen Rohr auf 125—130°, gibt, mit den Alkalisalzen der Säuren in Alkohol (63%) die Ester, die durch Umkrystallisieren aus mehr oder weniger verdünntem Alkohol gereinigt werden.

Tabelle 2. Schmelzpunkte von Phenacyl-, Nitrobenzylestern usw. organischer Säuren. (Krystallisationen durchweg aus Alkohol[1]; Ausnahmen siehe in den Anmerkungen.)

Bezeichnung der Säure	Säuren	Phenacylester	p-Chlor-	p-Brom-	p-Jod-	Phenyl-	p-Nitrobenzylester
			phenacylester				
Ameisensäure (CH_2O_2) . . .	8,4	flüssig	128	135,2	163,0	74	31,0
Essigsäure ($C_2H_4O_2$)	16,7	78	72,4	86,0	117,0	111	78
Buttersäure ($C_4H_8O_2$) . . .	4,7	flüssig	55,0	63,0	81,5	97	35
Oxalsäure ($C_2H_2O_4$)	101,5[2]	—	—	—	—	165,5	204,5
Bernsteinsäure ($C_4H_6O_4$) .	185	148	197,5	211	—	208	88,4
Milchsäure ($C_3H_6O_3$) . . .	18	96	—	112,8	139,8	145	flüssig
Äpfelsäure ($C_4H_6O_5$)	100	106	—	179[3]	—	—	124,5[4]
Weinsäure ($C_4H_6O_6$) . . .	170	130	—	—	—	204	163
Citronensäure ($C_6H_8O_7$) .	153	105	—	148	—	146	102
Benzoesäure ($C_7H_6O_2$) . . .	121,7	119	118,0	119	126,5	167	89
Salicylsäure ($C_7H_6O_3$) . . .	157,0	110	—	140	—	148	96,3
Zimtsäure ($C_9H_8O_2$)	136,8	140,5	—	145,6	—	182,5	116,7
Propionsäure ($C_3H_6O_2$) . .	—19,7	—	98,2	63,4	98,0	102	31
Valeriansäure ($C_5H_{10}O_2$) . .	—34,5	flüssig	97,8	75,0	81,0	63,5	—
Fumarsäure ($C_4H_4O_4$) . . .	287	205[5]	—	—	—	—	150,8
Malonsäure ($C_3H_4O_4$) . . .	135,6	—	—	—	—	175	85,5
Glykolsäure ($C_2H_4O_3$) . .	80	—	94,4	104,8	—	—	—

II. Nachweis und Bestimmung der einzelnen Säuren.

1. Ameisensäure.

($CH_2O_2 = H\cdot COOH$.)

Ameisensäure ist eine stechend riechende, die Haut stark ätzende, brennbare Dämpfe entwickelnde Flüssigkeit, die in der Kälte erstarrt und dann bei 8,43° schmilzt; Siedepunkt 101°; Spez. Gewicht (20°) = 1,2196, $(\frac{15^0}{4^0})$ = 1,2260. Sie ist mit Wasser und Alkohol in jedem Verhältnis mischbar. — Die Salze mit Ausnahme des Bleiformiats sind in Wasser gut löslich; das Bleiformiat löst sich im Überschuß von Bleiacetat. — Die Ameisensäure zeichnet sich durch ihre leichte Oxydierbarkeit aus, wobei Kohlendioxyd und Wasser entstehen; sie wirkt deshalb auf eine Anzahl Substanzen reduzierend. Silbernitrat erzeugt in konz. Lösung eine weiße, krystallinische Fällung von Silberformiat, das beim Erwärmen metallisches Silber abscheidet.

$$2\,H\cdot COO\,Ag = CO_2 + H\cdot COOH + 2\,Ag.$$

Ist Ammoniak zugegen, so findet keine Silberabscheidung statt. In analoger Weise werden Mercurichloridlösung zu Mercurochlorid, Gold- und Platinsalzlösung zu den Metallen reduziert. FEHLINGsche Lösung wird durch Ameisensäure nicht reduziert. Erwärmt man eine alkalische Lösung von Ameisensäure mit Kaliumpermanganat, so entsteht eine Ausscheidung von Mangandioxyd. Verd. Schwefelsäure setzt aus Formiaten die Ameisensäure in Freiheit, erkennbar an dem stechenden Geruch; konz. Schwefelsäure zersetzt alle Formiate unter

[1] Zum Teil auch aus mehr oder weniger verd. Alkohol.
[2] Wasserhaltige Säure ($C_2H_2O_4 \cdot 2\,H_2O$); die wasserfreie Säure schmilzt bei **189,5°**.
[3] Aus Aceton krystallisiert.
[4] Neutraler Ester; der saure Ester schmilzt bei 87,2°.
[5] Aus Essigsäure krystallisiert.

Entwicklung von Kohlenoxyd. Durch nascierenden Wasserstoff wird Ameisensäure zu Formaldehyd reduziert.

Das Deutsche Arzneibuch VI (1926) stellt an Ameisensäure folgende Reinheitsanforderungen:

Ameisensäure gibt mit Bleiessig einen weißen, krystallinischen Niederschlag. — Erhitzt man das Gemisch von 1 ccm Ameisensäure, 5 ccm Wasser und 1,5 g gelbem Quecksilberoxyd unter wiederholtem Umschwenken im siedenden Wasserbade, so scheidet sich allmählich unter Gasentwicklung graues Quecksilber ab. Wird das Erhitzen des so erhaltenen grauen Quecksilbergemisches im siedenden Wasserbade so lange fortgesetzt, bis keine Gasentwicklung mehr stattfindet, so darf das Filtrat Lackmuspapier nicht röten (Essigsäure). — Die Mischung von 1 ccm Ameisensäure und 5 ccm Wasser darf nach Zusatz einiger Tropfen Salpetersäure weder durch Bariumnitratlösung (Schwefelsäure), noch durch Silbernitratlösung (Salzsäure), noch nach dem annähernden Neutralisieren mit Ammoniakflüssigkeit durch verd. Calciumchloridlösung (Oxalsäure) oder durch 3 Tropfen Natriumsulfidlösung (Schwermetallsalze) verändert werden.

a) Nachweis.

α) **Nachweis nach H. FINCKE**[1]. 10 ccm der zu prüfenden schwach sauren Lösung werden in ein Reagensglas gegeben; darauf drückt man etwa 0,5 g Magnesiumband mittels Glasstabes in die Flüssigkeit unter. Unter guter Kühlung (Einstellen in kaltes Wasser) fügt man 6 ccm Salzsäure (d = 1,124) tropfenweise innerhalb 15 Minuten hinzu, läßt noch 5 Minuten stehen und prüft dann 5 ccm der abgegossenen Flüssigkeit mit Pepton und Eisenchlorid-Salzsäure auf Formaldehyd (S. 1030).

β) **Nachweis nach E. COMANDUCCI**[2]. Erwärmt man 5 ccm der auf Ameisensäure zu prüfenden Lösung mit 15 Tropfen 50%iger Natriumbisulfitlösung, so entsteht bei Anwesenheit von Ameisensäure eine gelbrote Färbung. Überschichtet man nach dem Abkühlen mit einer frisch bereiteten verd. Lösung von Natriumnitroprussid, so entsteht eine mehr oder weniger starke grüne oder blaue Färbung. Als Endprodukt der Reaktion entsteht ein blauer Niederschlag. Die Farbreaktion ist auf eine intermidiäre Bildung von Hydrosulfit oder Unterschwefliger Säure zurückzuführen.

$$HCOONa + 2\,NaHSO_3 = Na_2S_2O_4 + H_2O + NaHCO_3$$

Nach G. DENIGÈS[3] kann die Bildung des Hydrosulfites auch durch Entfärbung verd. Methylenblaulösung nachgewiesen werden. Man bringt zu 5 ccm der auf Ameisensäure zu prüfenden Lösung 5 Tropfen einer wäßrigen Methylenblaulösung (1:5000), kocht auf und fügt 5 Tropfen einer Natriumbisulfitlösung (36—40° Baumé) hinzu; bei Anwesenheit von Ameisensäure entfärbt sich die Methylenblaulösung. Man kann auf diese Weise 1 mg Ameisensäure in 1 ccm Lösung nachweisen. Reagiert die Lösung alkalisch, so muß man sie mit verd. Salzsäure oder Schwefelsäure ansäuern.

γ) **Reaktionen mit konz. Schwefelsäure.** Beim Erwärmen mit konz. Schwefelsäure wird die Ameisensäure in Wasser und Kohlenoxyd gespalten. Nach TH. CURTIUS und H. FRANZEN[4]) kann man das gebildete Kohlenoxyd durch Palladiumchlorür nachweisen. Man fängt das Kohlenoxyd in einer Lösung von Kupferchlorür und Natriumchlorid auf; nach dem Verdünnen mit Wasser entsteht bei Zusatz von Palladiumchlorür sofort ein Niederschlag von metallischem Palladium.

δ) **Sonstige Reaktionen.** *αα*) Löst man Ameisensäure in möglichst wenig Äther oder Chloroform und versetzt mit dem doppelten Volumen Petroläther und etwas Anilin, so fallen Nadeln vom Schmelzpunkt 64° (Anilinformiat) aus. Empfindlichkeit = 0,1%[5].

---

[1] H. FINCKE: **Z.** 1913, **25**, 389. Abgeänderte Methode von H. J. H. FENTON u. H. A. SISSON: Proceed. Cambridge philos. Soc. 1908, **14**, 385; **C.** 1908, I, 1379.

[2] Estr. ans. Rend. della R. Accad. delle Science Fisiche e Matematiche di Napoli 1904, 2/7; **C.** 1904, II, 1168. — Boll. chim. farmac. 1918, **57**, 101; **C.** 1919, II, 266.

[3] G. DENIGÈS: Bull. Soc. Pharmac. Bordeaux 1911, **51**, 151; **Z.** 1914, **27**, 552.

[4] TH. CURTIUS u. H. FRANZEN: Ber. Deutsch. Chem. Ges. 1912, **45**, 1715.

[5] M. MASRIERA: Quimica e Industria **1**, 141; **C.** 1924, II, 1835.

ββ) Dampft man Ameisensäure mit einem kleinen Überschuß von Calciumcarbonat zur Trockne ein und erhitzt im Reagensglase, so geben die in Wasser aufgefangenen Dämpfe die Reaktionen des Formaldehyds.

γγ) Beim vorsichtigen Erhitzen der Ameisensäure mit Kaliumäthylsulfat tritt der Geruch des Ameisensäureäthylesters auf[1].

δδ) Für den mikrochemischen Nachweis ist das Verfahren von F. Krauss und H. Tampke[2] mit Resorcin und Schwefelsäure empfohlen worden.

b) Bestimmung.

Die größte Zahl der Bestimmungsmethoden beruht auf der Umsetzung der Ameisensäure mit Quecksilberchlorid. Von diesen Methoden hat sich in der Praxis besonders das Verfahren von H. Fincke bewährt. Auerbach und Plüddemann haben es zu einer maßanalytischen Bestimmung ausgearbeitet, die jedoch nur bei Reihenversuchen mit Vorteil zu verwenden ist. F. Wohack hat das Verfahren von Fincke zu einer Mikromethode umgearbeitet. Zu den genauesten Bestimmungsmethoden gehört auch das gasvolumetrische Verfahren nach A. Hanak. Zu Serienbestimmungen besonders geeignet ist das Oxydationsverfahren mit Permanganat.

α) **Bestimmung nach H. Fincke**[3]. Die neutrale oder schwach saure Lösung der Ameisensäure, deren Volumen bei geringen Mengen (bis 100 mg) 50—100 ccm, bei größeren Mengen (etwa über 50 mg) 100—300 ccm betragen soll, wird mit 3—5 g Natriumacetat und mindestens dem 15fachen[4] der voraussichtlichen Ameisensäuremenge betragenden Gewichte Quecksilberchlorid versetzt und in einem Erlenmeyer-Kolben, auf den mittels Gummistopfens ein etwa 30—40 cm langes Glasrohr als Rückflußkühler aufgesetzt ist, 2 Stunden im siedenden Wasser- oder Dampfbade erhitzt, derart, daß der Kolben wenigstens soweit, als er Flüssigkeit enthält, von Dampf umspült wird.

Das Volumen der Flüssigkeit kann — ohne daß die Genauigkeit Schaden leidet —, in ziemlich weiten Grenzen schwanken, bei ganz geringen Ameisensäuremengen wählt man es natürlich möglichst klein. Das Quecksilberchlorid ist nicht in fester Form, sondern in Lösung zuzusetzen, welche man zweckmäßig durch Lösen von 100 g Quecksilberchlorid und 30 g Natriumchlorid zu 1 l herstellt. Das Natriumacetat, dessen Menge bei sehr geringen Ameisensäuremengen erniedrigt werden kann und nur dann über 3 g erhöht werden muß, wenn mehr als 125 mg Ameisensäure vorhanden sind, kann in fester Form zugesetzt werden. Das Erhitzen des Erlenmeyer-Kolbens erfolgt am besten derart, daß man einen oder zwei engere Ringe des Wasserbades über ihn streift und ihn dann mittels Stativ und Klammer so in das Bad einhängt, daß die übergestreiften Ringe mit den übrigen Ringen des Bades eine schließende Fläche bilden; es befindet sich dann wohl der untere, nicht aber der obere Teil des Kolbens im Dampf.

Das beim Erhitzen ausgeschiedene Quecksilberchlorür wird in einem Gooch-Tiegel abgesaugt und mit warmen Wasser und zuletzt mit Alkohol und Äther gut ausgewaschen. Darauf trocknet man den Niederschlag $^3/_4$—1 Stunde im Wasserdampftrockenschrank (95—100°) und wägt nach dem Erkalten.

Durch Multiplikation mit 0,0975 ergibt sich die vorhandene Ameisensäure.

Bei sehr geringen Ameisensäuremengen — unter 2—3 mg — sind die Fehler verhältnismäßig groß; es empfiehlt sich in diesem Falle, statt durch einen Gooch-Tiegel durch ein kleines gewogenes Filter von 4—5 cm Durchmesser zu filtrieren und nach dem Auswaschen mit Wasser, Alkohol und Äther das Filter 2 Stunden im Wasserdampftrockenschrank und dann 6—12 Stunden im Exsiccator über Phosphorpentoxyd zu trocknen.

---

[1] Beilsteins Handbuch der organischen Chemie, 4. Aufl., Bd. 2, S. 13, 1920.

[2] F. Krauss u. H. Tampke: Chem.-Ztg. 1921, **45**, 521. — Vgl. H. Schmalfuss u. K. Keitel: Zeitschr. physiol. Chem. 1924, **138**, 156.

[3] H. Fincke: **Z.** 1911, **21**, 1; **22**, 89; 1913, **25**, 386. — Biochem. Zeitschr. 1913, **51**, 253. Auf dem gleichen Prinzip beruhen auch die Verfahren von Porter und Knyssen (Zeitschr. analyt. Chem. 1877, **16**, 250).

[4] G. v. Szelényi (**Z.** 1932, **63**, 534) hat, um genaue Ergebnisse zu erhalten, vorgeschlagen, die 60—100fache Menge Quecksilberchlorid zu verwenden.

Liegt die Ameisensäure nicht in reiner Lösung, sondern in neutraler oder alkalischer Lösung bei Gegenwart von nichtflüchtigen Stoffen vor, so ist sie durch Wasserdampfdestillation der mit Weinsäure angesäuerten Lösung abzutreiben, wobei zu berücksichtigen ist, daß die Ameisensäure verhältnismäßig schwer flüchtig ist.

Ausführung der Wasserdampfdestillation nach H. FINCKE[1]. Hierzu dient der nachstehende Apparat (Abb. 1)[2]. Mit dem mit Dampfreiniger versehenen Dampfentwickler *A* ist der Kolben *B* von etwa 500 ccm verbunden, in dem sich die Ameisensäurelösung befindet, die durch Erhitzen stets auf dem ursprünglichen Volumen gehalten wird. Enthält die zu untersuchende Lösung Aldehyde oder andere flüchtige Stoffe, die ebenfalls Quecksilberchlorid reduzieren, so

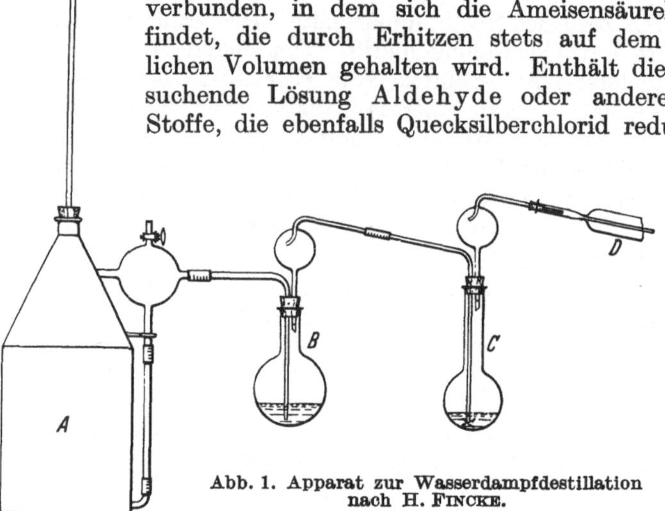

Abb. 1. Apparat zur Wasserdampfdestillation nach H. FINCKE.

leitet man den Wasserdampf aus dem Destillationskolben *B* durch den Kolben *C* mit einer im Sieden gehalteten Aufschwemmung von Calciumcarbonat, welches die Ameisensäure bindet, während flüchtige Aldehyde nicht zurückgehalten werden. Die Durchleitung des Wasserdampfes durch die in dem langhalsigen Kolben *C* befindliche Aufschwemmung von 2 g Calciumcarbonat in 100 ccm Wasser geschieht zweckmäßig durch das sehr wirksame STOLTZENBERGsche[3] Dampfeinleitungsrohr, welches eine sehr feine Dampfverteilung herbeiführt und damit die Bindung der Ameisensäure fördert. An *C* schließt sich ein LIEBIGscher Kühler *D* mit Vorlage an, in der sich Aldehyde und sonstige nicht saure Stoffe ansammeln. Man destilliert mit einem Dampfdruck von 50—100 cm Wassersäule in *A* bei Anwendung von 50 ccm Ameisensäurelösung 1 l und bei 100 ccm 1,5—2 l ab und erhält auf diese Weise etwa 99% der Ameisensäure im Destillat. Nach Beendigung der Destillation wird das Calciumcarbonat aus der Aufschwemmung abfiltriert und mit heißem Wasser ausgewaschen. In dem nötigenfalls eingeengten Filtrat wird die Ameisensäure wie oben bestimmt.

H. FINCKE gibt ferner Verfahren der Ameisensäurebestimmung bei Gegenwart von Schwefliger Säure und Salicylsäure an.

Nach FR. AUERBACH und W. PLÜDDEMANN[4] wird die Ameisensäurelösung neutralisiert und nötigenfalls auf ein kleines Volumen eingedampft. Dann bringt man sie unter Zusatz von 3 g Natriumacetat in ein langhalsiges 100 ccm-Kölbchen und fügt eine genau abgemessene Menge Quecksilberchloridlösung hinzu (58,87 g Quecksilberchlorid mit 12 g Natriumchlorid auf 1 l; 1 ccm = 5,0 mg Ameisensäure), und zwar soviel als dem vermutlichen Ameisensäuregehalt zuzüglich 30—50 mg entspricht. Das Kölbchen, das nicht ganz

[1] H. FINCKE: Z. 1911, **21**, 1 u. Biochem. Zeitschr. 1913, **51**, 253.
[2] Zu beziehen von der Firma Franz Hugershoff-Leipzig.
[3] H. STOLZENBERG: Chem.-Ztg. 1908, **32**, 770.
[4] F. AUERBACH u. W. PLÜDDEMANN: Arb. aus d. Kais. Gesundh.-Amt 1906, **30**, 178.

voll sein darf, wird bis an den Hals in siedendes Wasser gestellt, 2 Stunden erhitzt, abgekühlt, zur Marke aufgefüllt und filtriert. Das Filtrat, dessen erste Anteile verworfen werden, füllt man in eine Bürette und titriert damit 2 ccm 1,25 N.-Kaliumjodidlösung — unter Vermeidung einer Verdünnung durch Spülwasser — bis zum ersten Auftreten einer rötlichen Färbung.

Wenn v in der folgenden Tabelle 3 die benötigte Menge der Quecksilberchloridlösung bedeutet, so gibt f den Faktor an, mit dem v zu multiplizieren ist, um die 2 ccm 1,25 N.-Kaliumjodidlösung äquivalente Menge Quecksilberchlorid in Kubikzentimeter zu finden.

Tabelle 3.

v	f	v	f	v	f	v	f
20	1,036	35	1,052	50	1,069	65	1,084
25	1,042	40	1,058	55	1,074	70	1,090
30	1,047	45	1,063	60	1,079	75	1,095

Die Methode ist jedoch nur für Reihenversuche mit Vorteil zu verwenden.

Nach O. RIESSER[1] kann man das ausgeschiedene Quecksilberchlorür auch durch Zusatz von überschüssigem Jod und Rücktitration mit Thiosulfatlösung bestimmen.

Mikrobestimmung nach FR. WOHACK[2]. Das Verfahren ist das gleiche wie bei der obigen Bestimmung nach H. FINCKE, das gewissermaßen durch 10 dividiert ist. Nur der Überschuß von Calciumcarbonat von 2 g, der bei der Makrobestimmung nötig ist, muß auch bei der Mikrobestimmung aufrecht erhalten werden. Die Flüssigkeit (etwa 5 bis 6 ccm) wird in einem Probierröhrchen gesammelt, mit einem Tropfen verd. Salzsäure angesäuert und mit 5 ccm einer Lösung versetzt, die in 100 ccm 5 g Quecksilberchlorid, 3 g Natriumacetat und 3 g Natriumchlorid enthält. Um den Einfluß unreiner Reagenzien auszuschalten, empfiehlt es sich, das Reagens vor der Verwendung 1 Stunde im kochenden Wasserbade zu erhitzen. Die Mischung wird 1 Stunde im kochenden Wasserbade erhitzt und das ausgeschiedene Quecksilberchlorür durch ein gewogenes Filterröhrchen nach PREGL filtriert, indem die Flüssigkeit samt Niederschlag mittels eines kleinen Hebers auf das Filterchen gesaugt wird. Das Nachwaschen der Probe und des Filterröhrchens erfolgt abwechselnd mit warmem Wasser und Alkohol ebenfalls durch den Heber. Zuletzt wird mit Alkohol und dann einmal mit Äther gewaschen, das Filterröhrchen 1 Stunde im Wassertrockenschrank getrocknet und gewogen. Der Gehalt an Ameisensäure in der Lösung braucht nicht mehr als 1—2 mg im Kubikzentimeter zu betragen. Faktor zur Umrechnung auf Ameisensäure = 0,0976.

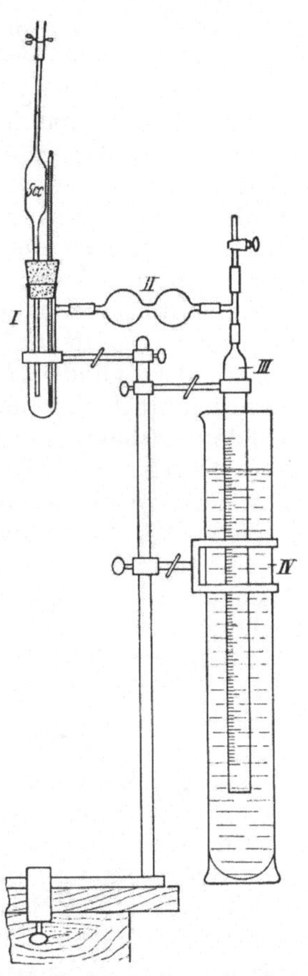

Abb. 2. Apparat zur Ameisensäurebestimmung nach A. HANAK.

β) Gasvolumetrische Bestimmung. Hierbei wird die Menge des gebildeten Kohlenoxydgases, welches aus Ameisensäure unter Einwirkung von konz. Schwefelsäure entwickelt wird, gemessen. Methoden dieser Art sind ausgearbeitet von M. WEGNER[3], A. RÖHRIG[4] und V. HOTTENROTH[5]. A. HANAK[6] hat die Arbeiten von RÖHRIG und WEGNER allen praktischen Forderungen entsprechend zu einer Makro- und Mikrobestimmung der Ameisensäure ausgearbeitet. Als Halbmikromethode wird sie in folgender Weise ausgeführt:

Als Zersetzungsgefäß (Abb. 2 *I*) dient ein Reagensrohr gewöhnlicher Größe mit seitlich angeschmolzenem Glasröhrchen, das durch einen doppelt durchbohrten Gummi-

[1] O. RIESSER: Zeitschr. physiol. Chem. 1916, **96**, 355; **Z.** 1916, **32**, 188.
[2] FR. WOHACK: **Z.** 1921, **42**, 294.
[3] M. WEGNER: Zeitschr. analyt. Chem. 1903, **42**, 427.
[4] A. RÖHRIG: **Z.** 1910, **19**, 1.
[5] V. HOTTENROTH: Chem.-Ztg. 1914, **38**, 598. [6] A. HANAK: **Z.** 1930, **60**, 403.

stopfen verschlossen werden kann, welcher eine 5 ccm-Pipette mit Schlauchstück und Quetschhahn und ein Thermometer trägt. An das Zersetzungsgefäß schließt ein Doppelkugelrohr (*II*) an, welches als Puffer wirkt und verhindert, daß das Gasvolumen, welches durch die Erwärmung und Abkühlung in der Apparatur hin- und herwandert, mit dem Wasser im Eudiometer in direkte Berührung kommt. Für eine Mikrobestimmung kann dieser Teil der Apparatur wegfallen bzw. durch ein einfaches Glasrohr ersetzt werden. Natürlich wird in diesem Falle das Zersetzungsgefäß auch möglichst klein gewählt. Das Kugelrohr ist mit einem T-Stück verbunden, das seinerseits wieder oben ein Hahnröhrchen trägt und unten ein Eudiometer (*III*) angeschlossen hat. Das Eudiometer ist von einem Mantelgefäß (*IV*) umgeben, welches mit einer Klemme so befestigt ist, daß die Oberfläche des Wassers innen und außen jeweils gleich hoch gestellt werden kann.

Zur Bestimmung der Ameisensäure, deren Menge zur Vermeidung zu großer Volumenzunahme nicht über 30 mg betragen soll, bringt man ihre Lösung in das Zersetzungsgefäß (*I*) und füllt die Pipette mit konz. Schwefelsäure genau bis zur Marke, wobei ein Anfassen des Glases vermieden wird. Hängende Tropfen werden abgestreift und der Stopfen auf das Zersetzungsgefäß aufgesetzt. Bisher ist der Hahn am T-Stück geöffnet. Sicherheitshalber wartet man 10 Minuten lang, damit sämtliche Teile des Apparates die Temperatur des Laboratoriumsraumes annehmen. Für die genaue Einhaltung dieser Anfangstemperatur bis auf 0,1^0 während der ganzen Dauer des Versuches ist Sorge zu tragen. Der Zylinder (*IV*) mit dem Wasser wird so hoch als möglich gehoben (natürlich nicht über die Einteilung des Eudiometers hinaus) und befestigt. Nun wird der Glashahn geschlossen und der Wasserstand am Eudiometer genau abgelesen. Durch vorsichtiges Öffnen des Quetschhahnes an der Pipette wird jetzt die Schwefelsäure bis zur unteren Marke einfließen gelassen. Das Volumen dieser ausfließenden Schwefelsäure wird in einem eigens vorgenommenen Versuch ein für allemal durch die verdrängte Luft bestimmt, da es bei der späteren Berechnung abgezogen werden muß. Während des Einfließens sorgt man durch Senkung des Wasserzylinders dafür, daß der Wasserspiegel innerhalb und außerhalb des Eudiometers ungefähr gleich hoch steht.

Ist im Zersetzungsgefäß ziemlich reines Natriumformiat vorhanden, so setzt die Zersetzung des Salzes sofort ein; andernfalls muß erst mit einer sehr kleinen Flamme vorsichtig erwärmt werden, damit Gasentwicklung eintritt. Man erwärmt die Schwefelsäure langsam bis auf 170^0 und stellt dann die Flamme fort. Ist von dem zu zersetzenden Salz während des Verdampfens der Lösung ein Teil hoch gegangen oder befinden sich über der Oberfläche der Schwefelsäure Spritzer davon, so wird nun durch vorsichtiges Schwenken des Gefäßes Benetzung mit der Schwefelsäure herbeigeführt. Nach wenigen Sekunden hat die Gasentwicklung aufgehört. Das Zersetzungsgefäß wird nun durch Darunterschieben eines Becherglases mit kaltem Wasser gekühlt, bis wieder ungefähr die ursprüngliche Temperatur der Laboratoriumsluft erreicht ist. Während der ganzen Zeit müssen die Flüssigkeitsspiegel innerhalb und außerhalb des Eudiometers angeglichen werden. Man trocknet nun das Zersetzungsgefäß von außen ab und läßt etwa 15 Minuten ruhig stehen. Danach muß das Thermometer unbedingt die gleiche Temperatur anzeigen, wie bei der ersten Ablesung des Eudiometerstandes. Darauf werden die Wasserspiegel genau gleichgestellt und das Volumen am Eudiometer abgelesen. Man zieht nun das der Schwefelsäure entsprechende Volumen ab und benutzt die durch die Kohlenoxydbildung ermittelte Volumenvermehrung zur Berechnung der zugehörigen Ameisensäure.

1 ccm Kohlenoxydgas entspricht 2,056 mg Ameisensäure. Da 0,05 ccm noch sicher abgelesen werden können, beträgt die Genauigkeit der Methode mehr als 0,1 mg Ameisensäure.

Das gefundene Volumen wird nach der bekannten Gleichung $x = \frac{v\,(b - w) \cdot 0{,}0012469}{760\,(1 + \alpha \cdot t)}$ auf 760 mm Druck und 0^0 umgerechnet. Darin bedeuten:

v = Volumenzunahme, über Wasser gemessen,
b = Barometerstand,
w = Tension des Wassers bei der gemessenen Temperatur,
α = Ausdehnungskoeffizient der Gase (0,00367),
t = Temperatur des Gases in Celsiusgraden,
0,0012469 = Gewicht von 1 ccm CO bei normalen Verhältnissen in g,
x = CO in g.

Daraus ergibt sich $\frac{46 \cdot x}{28} = g$ Ameisensäure.

Die unvermeidlichen Fehlerquellen dieser Methode ergeben sich aus Volumenänderungen, welche durch die eintretende Reaktion zwischen der einwirkenden Schwefelsäure und dem vorhandenen Salzgemisch bedingt sind. So machen sich z. B. bei Gegenwart von Acetaten die entstehenden Essigsäuredämpfe störend bemerkbar. Diese Fehlerquellen sind jedoch so gering, daß sie praktisch nicht in Betracht kommen. Jedenfalls besitzt die Methode eine Genauigkeit, die von anderen Ameisensäurebestimmungen weder erreicht, geschweige denn übertroffen wird.

γ) **Sonstige Verfahren.** Die nachfolgenden beiden Verfahren, die auf allgemeinen Oxydationsreaktionen beruhen, sind nicht eindeutige Bestimmungsverfahren, können aber bei reinen Ameisensäurelösungen zur Bestimmung der Ameisensäure dienen.

$\alpha\alpha$) Oxydation mit Kaliumpermanganat nach A. HANAK und K. KÜRSCHNER[1] 20 ccm einer Lösung, die in 100 ccm etwa 0,05 g Ameisensäure als Natriumformiat und 1 g Natriumcarbonat enthält, wird mit 0,2 N.-Permanganatlösung im Überschuß (etwa 6,5 ccm) versetzt. Man läßt im Becherglase 45—60 Minuten bedeckt stehen, setzt 1 ccm 1%iger Zinksulfatlösung zu, füllt im Meßkolben auf 50 ccm auf, filtriert durch einen Porzellanfiltertiegel und benutzt 25 ccm des Filtrats zur colorimetrischen Ermittlung des noch vorhandenen Permanganats. Art des Colorimeters und Methode der Farbenvergleichung können beliebig gewählt werden. 1 ccm 0,2 N.-Permanganatlösung entspricht 2,76 mg Ameisensäure. Die Ermittlung des Permanganatüberschusses kann auch titrimetrisch erfolgen, jedoch ist die Rücktitration in saurer Lösung nicht unbedenklich.

$\beta\beta$) Bromometrische Bestimmung. Ameisensäure wird durch Brom, wenn auch langsam, so doch quantitativ oxydiert im Sinne der Gleichung:

$$H \cdot COOH + Br_2 + H_2O = H_2CO_3 + 2\,HBr.$$

Nach H. MÄDER[2] bringt man 10 ccm der auf einen Gehalt von etwa 0,3% Ameisensäure verdünnten Lösung in eine gut schließende Glasstopfenflasche von etwa 300 ccm Inhalt, gibt je 50 ccm Kaliumbromid- und Kaliumbromatlösung (D.A.B.V.) hinzu, säuert mit 10 ccm offizineller Phosphorsäure an und läßt gut verschlossen 12—15 Stunden am dunklen Ort stehen. Hierauf gibt man 1 g Kaliumjodid hinzu, schüttelt kräftig durch, säuert mit 10 ccm Salzsäure an und titriert nach 1—2 Minuten das ausgeschiedene Jod mit 0,1 N.-Thiosulfatlösung (Indicator Stärkelösung). Die Anzahl verbrauchter ccm Thiosulfatlösung ist von 30 in Abzug zu bringen. Der Rest mal 0,0023 ergibt die in 10 ccm der angewandten Verdünnung enthaltene Menge von Ameisensäure.

2. Essigsäure.

($C_2H_4O_2 = CH_3 \cdot COOH$.)

Essigsäure ist eine stechend riechende Flüssigkeit mit brennbaren, blaßblauen Dämpfen. Die wasserfreie Essigsäure erstarrt unterhalb + 16,5° zu farblosen, glänzenden Blättchen; sie ist mit Wasser, Alkohol und Äther in jedem Verhältnis mischbar. Spez. Gewicht 1,0543 (16°/4°), 1,04922 (20°/4°), Schmp. 17°, Siedepunkt 118°. Die Acetate sind meistens in Wasser löslich, schwer löslich ist nur das Silbersalz.

[1] A. HANAK u. K. KÜRSCHNER: Z. 1930, **60**, 278. — Vgl. ferner J. A. FOUCHET: Journ. Ind. and Engin. Chem. 1913, **9**, 1110; C. 1918, I, 952. — H. GROSSMANN u. A. AUFRECHT: Ber. Deutsch. Chem. Ges. 1906, **39**, 2455. — J. KLEIN: Ber. Deutsch. Chem. Ges. 1906, **39**, 2640. — F. OBERHAUSER u. W. HENSINGER: Zeitschr. anorgan. allg. Chem. 1927, **160**, 366

[2] H. MÄDER: Apoth.-Ztg. 1912, **27**, 746. In ähnlicher Weise verfahren auch A. F. JOSEPH (Journ. Soc. chem. Ind. 1910, **29**, 1189; Z. 1912, **23**, 226) und E. RUPP (Arch. Pharm. 1905, **243**, 69).

Das Deutsche Arzneibuch VI (1926) stellt an Essigsäure folgende Reinheitsanforderungen:

Erhitzt man eine Mischung von 1 ccm Essigsäure und 3 ccm Natriumhypophosphitlösung 1/4 Stunde lang im siedenden Wasserbade, so darf sie keine dunklere Färbung annehmen (Arsenverbindungen). Die wäßrige Lösung (1 + 19) darf weder durch Bariumnitratlösung (Schwefelsäure), noch durch Silbernitratlösung (Salzsäure), noch durch 3 Tropfen Natriumsulfidlösung (Schwermetallsalze) verändert werden. — Wird 1 ccm Essigsäure mit einer Lösung von 2 g Natriumcarbonat in 10 ccm Wasser und mit 5 ccm Quecksilberchloridlösung 1/2 Stunde lang im siedenden Wasserbade erhitzt, so darf weder Trübung noch Abscheidung eines Niederschlages eintreten (Ameisensäure, Acetaldehyd). — Eine Mischung von 6 ccm Essigsäure, 14 ccm Wasser und 1 ccm Kaliumpermanganatlösung darf die rote Farbe innerhalb 1 Stunde nicht verlieren (Schweflige Säure, empyreumatische Stoffe, Ameisensäure).

a) Nachweis.

α) Erkennung am Geruch. Verd. Schwefelsäure setzt die Essigsäure aus ihren Salzen in Freiheit ebenso konz. Schwefelsäure. Bei gleichzeitiger Anwesenheit von Alkohol bildet sich Essigäther, leicht an dem angenehmen, obstartigen Geruch zu erkennen. Die Reaktion führt man nach D. KRÜGER und E. TSCHIRCH[1] am besten in folgender Weise aus: Man bereitet sich zunächst durch Mischen gleicher Volumen Äthylalkohol und konz. Schwefelsäure Äthylschwefelsäure. Etwa 3 ccm dieses Gemisches gießt man über das in einem Reagensglas befindliche Salz, erwärmt vorsichtig kurze Zeit und schließt dann das Röhrchen lose mit einem passenden Stopfen. Bei Gegenwart von Essigsäure wird nach etwa 5 Minuten der charakteristische Geruch des Äthylacetats auftreten. Die Empfindlichkeit der Reaktion ist gering. In Gegenwart von Nitraten versagt die Reaktion.

Erhitzt man das trockene Alkalisalz mit Arsenigsäureanhydrid im Reagensglas, so entstehen übelriechende Dämpfe von Kakodyl $As_2(CH_3)_4$ und Kakodyloxyd $As_2(CH_3)_4O$. Butter- und Valeriansäure geben ähnliche Reaktionen. Die freie Säure muß erst neutralisiert und dann eingeengt werden.

β) Farbreaktionen. Mit anorganischen Ferrisalzen gibt Essigsäure eine blutrote Färbung, die auf der Entstehung des Monoacetates der Hexa-acetato-triferribase beruht. Beim Erhitzen verschwindet die Rotfärbung unter Abscheidung eines basischen Salzes. Die Empfindlichkeit der Reaktion ist jedoch nach L. J. CURTMANN und B. R. HARRIS[2] außerordentlich gering.

Wird eine wäßrige Lösung von o-Phthalaldehyd, $C_4H_4(CHO)_2$, mit etwas Ammoniak versetzt und mit Essigsäure angesäuert, so färbt sich die Flüssigkeit tief dunkelviolett, und gleich darauf scheidet sich unter Entfärbung der Flüssigkeit ein tief blauschwarzer, voluminöser Niederschlag aus[3].

γ) Nachweis nach ST. R. BENEDICT[4]. Die Reaktion beruht darauf, daß durch den Zusatz einer neutralen Acetatlösung die Dissoziation der Essigsäure soweit zurückgedrängt wird, daß die Wasserstoffionenkonzentration nicht mehr genügt, um Kobaltosulfid in Lösung zu halten.

Die zu prüfende, von Kationen außer den Alkalien befreite Lösung wird mit Natriumcarbonat neutralisiert bzw. schwach alkalisch gemacht, mit überschüssiger Silbernitratlösung versetzt und der Niederschlag abfiltriert. Zur Entfernung des überschüssigen Silbers wird das neutrale Filtrat mit etwas N.-Natriumchloridlösung versetzt, filtriert und mit Schwefelwasserstoff gesättigt. Gibt man jetzt zu der Lösung eine mit Schwefelwasserstoff gesättigte Lösung

[1] D. KRÜGER u. E. TSCHIRCH: Chem.-Ztg. 1930, **54**, 42.

[2] L. J. CURTMAN u. B. R. HARRIS: Journ. Amer. Chem. Soc. 1917, **39**, 1315; **C.** 1918, I, 660.

[3] THIELE u. WINTER: Liebigs. Ann. 1907, **311**, 353.

[4] ST. R. BENEDICT: Amer. Chem. Journ. 1904, **32**, 480; **C.** 1905, I, 122.

von 2 ccm N.-Kobaltnitratlösung, die mit 2—3 Tropfen N.-Essigsäure angesäuert wurde, so entsteht ein schwarzer Niederschlag von Kobaltosulfid, wenn die zu prüfende Flüssigkeit Essigsäure bzw. Acetate enthält.

Bei der großen Empfindlichkeit der Reaktion gegen kleine Mengen von Salzen, deren Gegenwart eine Verminderung der Wasserstoffionenkonzentration herbeiführt, darf nach D. KRÜGER und E. TSCHIRCH[1] bei einem positiven Ausfall nur mit größter Vorsicht auf das Vorhandensein von Acetaten geschlossen werden.

δ) Nachweis nach D. KRÜGER und E. TSCHIRCH[2]. 1—3 ccm der auf Essigsäure zu prüfenden neutralen Lösung werden mit 1 ccm 0,02 N.-Jodlösung, 1 ccm 5%iger Lanthannitratlösung und einigen Tropfen N.-Ammoniak versetzt und, wenn in der Kälte keine Blaufärbung eintritt, langsam bis nahe zum Sieden erwärmt. Bei Gegenwart von Acetat bildet sich ein blaues Sol und beim Erhitzen blaue Flocken. Empfindlichkeit 0,1 mg Essigsäure. Organische Anionen stören die Reaktion erheblich. Schwefelsäure und Phosphorsäure müssen vorher entfernt werden.

ε) Mikrochemischer Nachweis der Essigsäure nach D. KRÜGER und E. TSCHIRCH[3]. Zum Nachweis freier Essigsäure bringt man an einen Tropfen der Lösung ein Kryställchen Uranylformiat, an die andere Seite ein Kryställchen Natriumformiat. Acetate trocknet man auf dem Objektträger ein und bringt darauf einen Tropfen des Reagens. Bei Gegenwart von Essigsäure tritt sofort oder spätestens nach einer Minute Bildung von tetraederischen Krystallen ein.

Uranylformiat wird hergestellt durch Auflösen von 10 g Uranylnitrat (kryst.) in etwa 500 ccm Wasser, wozu in geringem Überschuß Ammoniak gesetzt wird. Der Niederschlag wird auf ein Filter gebracht, mit heißem Wasser kurz ausgewaschen und mit Ameisensäure übergossen. Das Filtrat wird in einer Porzellanschale aufgefangen und eingedampft, wobei man ein feines krystallines hellgelbes Pulver erhält.

Der mikrochemische Nachweis mittels dieses Salzes übertrifft nicht nur die meisten makroskopischen Methoden an Genauigkeit, sondern er ist auch durchaus eindeutig. Im Gegensatz zu anderen Acetatreaktionen ermöglicht dieser Nachweis auch die Unterscheidung der Essigsäure von ihren nächsten Homologen und Erkennung neben diesen.

ζ) Nachweis von Essigsäureanhydrid. αα) Nach G. HELLER und W. TISCHNER[4]. Ein 5—7,5 mm weites Glasrohr wird zu einem doppelten U-Rohr gebogen, etwa 0,2 g Substanz in die eine Biegung eingefüllt und an dieser Seite das Rohr zugeschmolzen, im Ölbade langsam auf 155° erhitzt und bei dieser Temperatur einige Zeit gehalten. Die andere Biegung der Röhre taucht in eine Kältemischung und enthält nach Beendigung des Erhitzens das abdestillierte Anhydrid. Das Rohr wird durchschnitten und das Kondensat mit etwa 2 ccm einer p-Amidobenzoesäurelösung durchgeschüttelt, die aus der Amidosäure unter Zusatz von 20 Tln. Wasser und möglichst wenig Salzsäure dargestellt war. Die Flüssigkeit wird in einem Kölbchen nach 2 Minuten mit einigen Tropfen Natriumacetatlösung versetzt, worauf beim Reiben und Abkühlen die Krystallisation beginnt. Nach mehreren Stunden wird wieder mit Salzsäure angesäuert und die Krystalle von p-Acetamino-benzoesäure, die bei 253—254° schmelzen, werden abfiltriert.

ββ) Für den Nachweis von Essigsäureanhydrid in Essig empfehlen M. G. EDWARDS und K. J. P. ORTON[5] das 2,4-Dichloranilin. Siehe die Bestimmung S. 1085.

---

[1] D. KRÜGER u. E. TSCHIRCH: Chem.-Ztg. 1930, **54**, 42.
[2] D. KRÜGER u. E. TSCHIRCH: Ber. Deutsch. Chem. Ges. 1929, **62**, 2776.
[3] D. KRÜGER u. E. TSCHIRCH: Pharm. Ztg. 1929, **74**, 1096; Mikrochemie 1929, 7, 318.
[4] G. HELLER u. W. TISCHNER: Ber. Deutsch. Chem. Ges. 1910, **43**, 2574.
[5] **Siehe Fußnote 1 auf S. 1085.**

b) Bestimmung.

α) Eindeutige Verfahren für die Bestimmung der Essigsäure sind bisher nicht bekannt geworden. Neuerdings haben aber M. Mugdan und J. Wimmer[1] ein Verfahren beschrieben, das auf der Erhitzung der Acetate mit Kaliumhydroxyd und Kupferoxyd beruht, wobei die Acetate zu Oxalaten nach der Gleichung

$$CH_3 \cdot COOK + 6\,CuO + KOH = K_2C_2O_4 + 3\,Cu_2O + 2\,H_2O.$$

oxydiert werden und bei dem nur Propion- und Buttersäure störend wirken. Anorganische Säuren und Ameisensäure stören nicht. Bei Gegenwart von höheren Homologen der Essigsäure, Weinsäure usw. wird aus der zu untersuchenden Substanz die Essigsäure zunächst mit Phosphorsäure abdestilliert und das Destillat nach dem Eindampfen mit Kalilauge mit Kaliumhydroxyd und Kupferoxyd geschmolzen.

Etwa 1 g Acetat wird mit etwa 10 g Kaliumhydroxyd (10—20% Wasser enthaltend) und 8 g Kupferoxydpulver in einem Reagensglase aus Jenaer Glas in einem Ölbad von 220—240° 10—15 Minuten unter zeitweiligem Umrühren mit einem Glasstabe oder einem Kupferdraht erhitzt. Die abgekühlte Schmelze wird unter Erwärmen in Wasser gelöst, filtriert und auf 1000 ccm aufgefüllt. In 100 ccm der Lösung wird nach dem Ansäuern mit Schwefelsäure mit 0,1 N.-Kaliumpermanganatlösung titriert. 2 Äquivalente Kaliumpermanganat entsprechen 1 Mol Essigsäure.

Bei Gegenwart von Calcium wird die Lösung der Schmelze vor dem Filtrieren mit etwas Natriumcarbonat aufgekocht und bei Gegenwart von Sulfiten die filtrierte Lösung mit Wasserstoffsuperoxyd gekocht und das letztere unter Zufügen einer Spur Silbersalz zerstört. Ist freie hochprozentige Essigsäure zu untersuchen, so wird diese in einer Glaskugel oder unter Anwendung einer Wägepipette in das bis oben mit Eis gekühlte Reagensglas gebracht und mit Kaliumhydroxyd und Kupferoxyd versetzt. Ist die Essigsäure verdünnt, so wird sie vorher im Reagensglase mit Kaliumhydroxyd überneutralisiert und darauf wird eingekocht. Etwa in der Substanz schon vorhandene Oxalsäure wird vorher als Calciumsalz entfernt.

Gehaltsbestimmung von Eisessig durch Ermittlung des Erstarrungspunktes nach C. O. Harvey[2]. Nach Harvey soll die Bestimmung des Gehaltes von Eisessig durch Ermittlung des Erstarrungspunktes genauere Werte ergeben als die Titration, da letztere zumeist infolge Gegenwart von Spuren von Ameisensäure zu hohe Werte anzeigt. Der Erstarrungspunkt wird folgendermaßen festgelegt: Eine Probe der zu untersuchenden Säure wird in einer Kältemischung abgekühlt und nach Unterkühlung zum Erstarren gebracht. Hat man so den Erstarrungspunkt annähernd bestimmt, so unterwirft man eine zweite Probe der Abkühlung im Wasserbade, dessen Temperatur 5° unter dem bei der ersten Bestimmung gefundenen Näherungswert liegt. Die Säure wird um 1° unterkühlt, dann das Thermometer, das bei der ersten Bestimmung verwendet war, schnell eingetaucht, so daß Krystallbildung eintritt. Aus dem annähernd linearen Verlauf der Kurve von Erstarrungspunkt und Gehalt läßt sich der Säuregehalt aus der Formel $x = 0{,}64\,t + 89{,}5$ berechnen. t bedeutet die Erstarrungstemperatur.

H. Droop Richmond und E. H. England[3] schlagen zur Gehaltbestimmung des Eisessigs die Ermittlung des Spez. Gewichtes und des Erstarrungspunktes vor. Der Zusammenhang zwischen Spez. Gewicht, Erstarrungspunkt und dem Essigsäuregehalt von Eisessig ist aus der Tabelle 4 auf S. 1085 ersichtlich. Ein Gehalt des Eisessigs an 1% Propionsäure bewirkt eine Erniedrigung des Spez. Gewichtes von durchschnittlich 0,00065 und eine Erstarrungsdepression von 0,485°.

Die Bestimmung des Erstarrungspunktes soll so vorgenommen werden, daß die zu prüfende Säure um 1° unterkühlt wird. Stärkeres Unterkühlen ergibt fehlerhafte Resultate. Um die Einwirkung von Feuchtigkeit zu vermeiden, nimmt man zweckmäßig eine größere Probe von etwa 100 ccm für die Untersuchung.

---

[1] M. Mugdan u. J. Wimmer: Zeitschr. angew. Chem. 1933, **46**, 117.
[2] C. O. Harvey: Analyst 1926, **51**, 238; Zeitschr. analyt. Chem. 1929, **77**, 221.
[3] H. Droop Richmond u. E. H. England: Analyst 1926, **51**, 283; Zeitschr. analyt. Chem. 1929, **77**, 222.

Tabelle 4. Gefrierpunkte und Spez. Gewichte von Eisessig.

Säure %	0	0,1	0,2	0,3	0,4	0,5	0,6	0,7	0,8	0,9
99	14,74 1,0582	14,92 1,0580	15,10 1,0577	15,28 1,0574	15,47 1,0572	15,65 1,0569	15,84 1,0566	16,04 1,0564	16,24 1,0561	16,43 1,0558
98	13,12 1,0606	13,27 1,0604	13,43 1,0602	13,58 1,0599	13,74 1,0596	13,90 1,0594	14,06 1,0592	14,23 1,0589	14,40 1,0587	14,57 1,0584
97	11,68 1,0627	11,82 1,0625	11,96 1,0623	12,10 1,0621	12,24 1,0619	12,38 1,0617	12,52 1,0615	12,67 1,0613	12,82 1,0611	12,97 1,0608
96	10,34 1,0646	10,47 1,0644	10,61 1,0642	10,74 1,0641	10,87 1,0639	11,0 1,0637	11,14 1,0635	11,27 1,0633	11,40 1,0631	11,54 1,0629
95	9,08 1,0663	9,20 1,0661	9,32 1,0660	9,45 1,0658	9,57 1,0657	9,70 1,0655	9,82 1,0653	9,95 1,0651	10,08 1,0650	10,21 1,0648
94	7,83 1,0677	7,95 1,0676	8,08 1,0674	8,20 1,0673	8,33 1,0671	8,46 1,0670	8,58 1,0669	8,70 1,0667	8,83 1,0666	8,95 1,0664
93	6,67 1,0689	6,78 1,0688	6,89 1,0687	7,01 1,0685	7,13 1,0684	7,24 1,0683	7,36 1,0682	7,48 1,0681	7,59 1,0679	7,71 1,0678
92	5,57 1,0699	5,67 1,0698	5,78 1,0697	5,89 1,0696	6,00 1,0695	6,11 1,0694	6,22 1,0693	6,33 1,0692	6,45 1,0691	6,56 1,0690
91	4,25 1,0708	4,62 1,0707	4,72 1,0706	4,83 1,0705	4,93 1,0704	5,04 1,0704	5,14 1,0703	5,25 1,0702	5,35 1,0701	5,46 1,0700
90	3,51 1,0716	3,61 1,0715	3,71 1,0715	3,81 1,0714	3,91 1,0713	4,01 1,0712	4,11 1,0711	4,21 1,0710	4,32 1,710	4,42 1,0709

Zwischen 95 und 100% besteht die folgende Beziehung zwischen Gefrierpunkt und Spez. Gewicht: (16,63 — Gefrierpunkt) 0,00144 = Spez. Gewicht —1,0555. — Die Fehlergrenze übersteigt 0,1 bzw. 0,0001 nicht.

β) Bestimmung von Essigsäureanhydrid. M. G. EDWARDS und K. J. P. ORTON[1] empfehlen zur Bestimmung von Essigsäureanhydrid in Essigsäure folgendes Verfahren: 100 ccm der Essigsäure läßt man mit 2 g (oder mehr) 2,4-Dichloranilin mehrere Stunden bei 16° stehen, wobei etwa vorhandenes Essigsäureanhydrid sehr schnell in Dichloranilid übergeführt wird, ohne daß eine Acetylierung durch die Essigsäure eintritt. Man verdünnt auf 20% Essigsäure, zieht mit Chloroform aus und wäscht die Chloroformlösung zur Entfernung überschüssigen Anilins mit Salzsäure (10%). Das im Chloroform verbliebene Dichloranilid wird mittels Chlorkalks und Essigsäure (50%) in das Chloramin verwandelt[2] und letzteres jodometrisch bestimmt.

3. (n-)Buttersäure.

($C_4H_8O_2 = CH_3 \cdot CH_2 \cdot CH_2 \cdot COOH$.)

(n-)Buttersäure ist eine dicke, aufdringlich riechende, mit Wasserdämpfen flüchtige Flüssigkeit vom Siedepunkte 163,5°. Spez. Gewicht (20/5°): 0,9590. Mit Wasser und Alkohol mischbar; aus der wäßrigen Lösung durch Calciumchlorid aussalzbar. Das Calciumbutyrat ist bei 65—68° in Wasser schwerer löslich als in der Kälte; eine bei 20° gesättigte Lösung trübt sich daher beim Erhitzen. Das Mercurobutyrat ist schwer löslich.

[1] M. G. EDWARDS u. K. J. P. ORTON: Journ. Chem. Soc. London 1911, **99**, 1181; C. 1911, II, 528. — Vgl. auch W. S. CALCOTT, F. L. ENGLISH u. O. C. WILBUR: Ind. Engin. Chem. 1925, **17**, 942; **C.** 1926, II, 802.

[2] K. J. P. ORTON u. W. J. JONES: Journ. Chem. Soc. London 1909, **95**, 1456; **C.** 1909, II, 1221.

a) Nachweis.

α) Nachweis durch den Geruch. Buttersäure kann nach J. GROSSFELD und F. BATTAY[1] durch den Geruch selbst noch in sehr geringer Konzentration erkannt werden. Sind keine anderen stärker riechenden Stoffe vorhanden, so können noch 10 mg freie Buttersäure in 100 ccm Flüssigkeit wahrgenommen werden. Sind solche vorhanden, so kann man sie meistens durch Einwirkung von Kaliumpermanganat zerstören, eine Behandlung, der die Buttersäure als gesättigte Fettsäure in der Kälte widersteht. Zu diesem Zwecke empfiehlt es sich, 100 ccm der auf Buttersäure zu prüfenden Lösung mit 20 ccm 1 %iger Kaliumpermanganatlösung zu versetzen und dann nach Zugabe von 1 ccm N.-Natronlauge eine zeitlang stehen zu lassen.

β) Nachweis als Calciumsalz[2]. Die kalt gesättigte Lösung des Calciumbutyrats trübt sich beim Erwärmen und wird beim Erkalten wieder klar. Die geringste Löslichkeit liegt bei 65—80°.

γ) Nachweis durch das Kupfersalz[3]. Nach H. AGULHON versetzt man eine gegen Phenolphthalein neutrale Natriumbutyratlösung mit wenig[4] Kupfersulfatlösung und schüttelt die Flüssigkeit mit Äther, Essigäther, Chloroform oder Amylalkohol; bei einer Konzentration des Butyrats bis 2% geht das Kupferbutyrat mit blauer Farbe in die Lösungsmittel über, wobei sich die wäßrige Lösung entfärbt.

Die Kupfersalze der Ameisen- und Essigsäure gehen nicht in die Lösungsmittel über, das der Propionsäure geht zum geringen Teil in Essigäther über; in den übrigen Lösungsmitteln ist es unlöslich, Die Kupfersalze der Valerian- und Capronsäure verhalten sich wie das Butyrat.

δ) Nachweis nach L. KLINC[5]. Das Verfahren beruht auf der Oxydation der Buttersäure zu Aceton in schwefelsaurer Lösung mittels Wasserstoffsuperoxyds in Gegenwart von Ferriammoniumsulfat als Katalysator. Das Aceton wird mit dem SCOTT-WILSONschen Reagens (alkalische Mercuricyanid- und Silbernitratlösung) nachgewiesen, mit dem Aceton eine unlösliche Verbindung gibt.

SCOTT-WILSONsches Reagens. Man stellt getrennte Lösungen von 10 g Mercuricyanid und 180 g Natriumhydroxyd in je 600 ccm Wasser her, vereinigt beide Lösungen nach dem Erkalten und setzt langsam eine Lösung von 2,9 g Silbernitrat in 400 ccm Wasser hinzu. Vor dem Gebrauch läßt man die Lösung einige Tage stehen, damit etwa entstehende Trübungen sich vollkommen absetzen können.

Ausführung. 1—5 ccm der auf Buttersäure zu prüfenden Lösung werden in einem unten kolbig erweiterten Probierrohr[6] mit 3 ccm schwefelsaurer Ferriammoniumsulfatlösung (1,5 g Ferriammoniumsulfat in 1 l 2 N.-Schwefelsäure), 5 ccm Wasserstoffsuperoxydlösung (3%) — das Volumen des Reaktionsgemisches soll 10 ccm möglichst nicht überschreiten — mit 1—2 Glaskügelchen versetzt. Das Probierrohr wird mittels eines Gummistopfens — nicht Korkstopfens — mit einem engrohrigen Kühler verschlossen und auf einem Drahtnetz erhitzt und das Reaktionsgemisch bis auf etwa 1 ccm abdestilliert[7]. Als Vorlage dient

---

[1] J. GROSSFELD u. F. BATTAY: Z. 1931, 61, 129.

[2] H. MEYER: Nachweis und Bestimmung organischer Verbindungen. Berlin: Julius Springer 1933.

[3] H. AGULHON: Bull. Soc. chim. France [4] 13, 404; C. 1913, II, 86.

[4] Die Menge des zugesetzten Kupfersulfates darf nicht größer sein, als der Bildung des neutralen Salzes entspricht; die basischen Kupfersalze sind in den genannten Lösungsmitteln unlöslich.

[5] L. KLINC: Biochem. Zeitschr. 1934, 273, 1.

[6] Das Probierrohr soll 18 cm lang, 1,8 cm weit sein und die kolbige Erweiterung soll 35 ccm fassen.

[7] Der Destillationsapparat ist der gleiche wie in Abb. 4 (S. 1089), jedoch unter Fortfall des Kolbens *B*.

ein Reagensglas mit 5 ccm SCOTT-WILSONschem Reagens. Das beim Vorhandensein von Buttersäure überdestillierende Aceton gibt mit dem Reagens eine unlösliche weiße Acetonquecksilberverbindung von nebenstehender Zusammensetzung, wenn mehr als 0,5 mg Buttersäure vorhanden waren; bei 0,05—0,5 mg entsteht eine hellblaue bis weiße Trübung und bei 0,009—0,05 mg eine blaue Opalescenz. Das Maximum der Reaktion ist erst nach 10 Minuten erreicht.

$$Hg\begin{matrix} /C{=}(HgCN)_2 \\ CO \\ C{=}(HgCN)_2 \end{matrix}$$

Bei der Oxydation von Buttersäure mit Wasserstoffsuperoxyd entstehen neben Aceton auch geringe Mengen Acetaldehyd; bei Gegenwart von Propionsäure entstehen größere Mengen davon, so daß die Reaktion nicht ausführbar ist. Ameisensäure bis 200 mg stört die Reaktion nicht. Essigsäure bildet Spuren von Formaldehyd, der in dem Quecksilberreagens eine graue Trübung verursacht. Milchsäure stört die Bestimmung geringster Buttersäuremengen.

Die Gegenwart von Bromiden, Jodiden, Sulfiden macht die Reaktion unbrauchbar; Chloride, Sulfite, Nitrite, Silber, Quecksilber sowie größere Mengen Eisen stören die Reaktion. Die Reagenzien, auch der etwa zur Extraktion verwendete Äther, müssen auf Reinheit geprüft und nötigenfalls gereinigt werden.

Bei Gegenwart von Ameisen-, Essig-, Propion- und Milchsäure verfährt man, wie folgt: Die Buttersäure wird zunächst durch Destillation von störenden Beimengungen befreit. Dann wird ein Leerversuch mit den Reagenzien angestellt, wobei man 3 ccm Ferriammoniumsulfatlösung und 5 ccm Wasserstoffsuperoxydlösung verwendet. Eine etwa dabei eintretende Trübung mit dem Quecksilberreagens ist in Abzug zu bringen. Das Volumen der Buttersäurelösung, die keine Iso- und Oxybuttersäure enthalten darf, soll 5 ccm nicht übersteigen und der Gesamtsäuregehalt soll 100 mg, ausgedrückt als Buttersäure, zweckmäßig nicht überschreiten. Die Probe kommt in das Probierglas *A* der Apparatur[2], wird mit 3 ccm Ferriammoniumsulfat- und 5 ccm Wasserstoffsuperoxydlösung versetzt und oxydiert. Bleibt das vorgelegte Quecksilberreagens unverändert, so ist Buttersäure nicht vorhanden. Trübt sicht das Reagens, so kann Buttersäure vorhanden sein; es kann aber eine weiße Trübung auch durch Propionsäure, eine graue auch durch Propion- oder Milchsäure oder durch große Mengen Essigsäure verursacht sein. Um darüber zu entscheiden, versetzt man das Destillat mit der erhaltenen Trübung mit 5 ccm Wasserstoffsuperoxydlösung und redestilliert in dem Apparat Abb. 4 (S. 1089). Ist Buttersäure vorhanden, so erscheint im Quecksilberreagens eine weiße Trübung oder ein weißer Niederschlag oder eine blaue Fluorescenz.

ε) Nachweis nach G. DENIGÈS[1]. Der Nachweis gelingt in einfacher Weise durch Überführung der Buttersäure in Acetessigsäure mittels Wasserstoffsuperoxyds in Gegenwart eines Eisensalzes als Katalysator und deren Farbenreaktion mit Nitroprussidnatrium.

Zu 5 ccm der auf Buttersäure zu prüfenden Lösung setzt man unter jedesmaligem Umschütteln 5 ccm Wasserstoffsuperoxydlösung (0,01 Vol.-%) für 0,01 g Buttersäure und 1 ccm Ferroammoniumsulfatlösung (5 g Ferroammoniumsulfat, 10 ccm 10 vol.-%ige Schwefelsäure auf 100 ccm mit Wasser verdünnt) hinzu, bringt 5 Minuten in ein Wasserbad von 68—70°, gibt dann 6 Tropfen Natronlauge hinzu, und filtriert nach völligem Erkalten unter fließendem Wasser. Zu 5—6 ccm des Filtrates setzt man 3 Tropfen Natronlauge, 3 Tropfen einer 5%igen Natriumnitroprussidlösung, schüttelt um und übersättigt mit mindestens 0,5 ccm Eisessig. Den vorhandenen Mengen Buttersäure entsprechend, tritt eine rosa bis intensiv rote Farbe auf.

Zur Prüfung der käuflichen Buttersäure verdünnt man 1 Tropfen mit 5 ccm Wasser, gibt 5 ccm 5—6 vol.-%iger Wassersuperoxydlösung **hinzu** und verfährt wie oben.

Nach F. BAMFORD[2] ist die Reaktion nach DENIGÈS nicht spezifisch für Buttersäure, sondern wird auch von deren höheren Homologen gegeben.

ζ) Mikrochemischer Nachweis[3]. Zu diesem Nachweis eignet sich das Cupributyrat. Bringt man Cupricarbonat in eine einigermaßen konz. wäßrige

---

[1] G. DENIGÈS: Ann. Chim. analyt. appl. 1918, **23**, 27; C. 1918, I, 1073.

[2] F. BAMFORD: Analyst 1924, **49**, 226.

[3] BEHRENS-KLEY: Organische mikrochemische Analyse S. 319, 1922. — EMICH: Mikrochemie 1926, 211. — KLEIN u. WENZL: Mikrochemie 1932, **11**, 99.

Buttersäurelösung oder fügt man Cuprinitrat zu einer konz. Lösung von Calciumbutyrat, so entsteht ein lebhaft grüner, flockiger Niederschlag. Beim Erwärmen verdünnterer Lösungen scheidet sich die Verbindung als grünes Öl ab. Zusatz von Alkohol beschleunigt die Krystallbildung. Die Krystalle sind lebhaft grün und sehr wenig dichroitisch. Mit einem Überschuß von Kupfercarbonat entstehen nicht krystallisierende basische Salze.

Von anderer Seite werden auch das Silbersalz[1] und das Anilid[2] zum Nachweise empfohlen.

b) Bestimmung.

α) **Bestimmung nach L. KLINC[3].** Das Verfahren zum Nachweis (S. 1086) ist auch zur Bestimmung der Buttersäure, auch in kleinsten Mengen, verwendbar. Bei Mengen von 5—20 mg führt man die Bestimmung nach dem Makroverfahren jodometrisch aus, bei geringeren Mengen nach den Mikroverfahren und zwar bei 0,05—5 mg ebenfalls jodometrisch und bei 0,009—0,06 mg nephelometrisch. Welches dieser Verfahren zu wählen ist, ergibt sich aus dem qualitativen Nachweis.

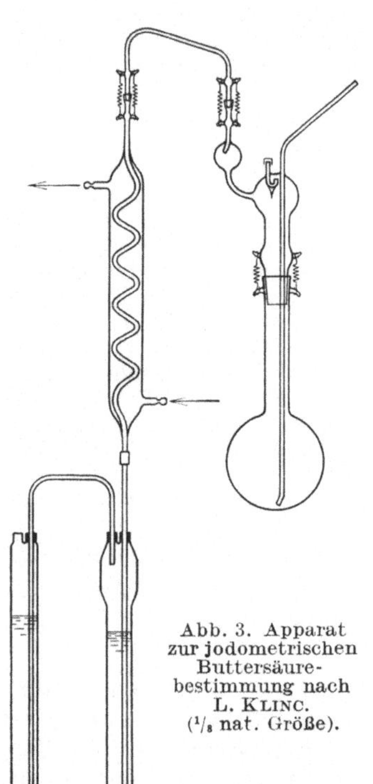

Abb. 3. Apparat zur jodometrischen Buttersäurebestimmung nach L. KLINC. (1/8 nat. Größe).

αα) Makrobestimmung. In die beiden mit Eis gekühlten Vorlagen der Apparatur (Abb. 3) gibt man je 80 ccm auf 1° abgekühltes Wasser und in den Destillierkolben die Buttersäurelösung (nicht über 20 ccm mit 2—20 mg Buttersäure). Dann fügt man 3 ccm Ferriammoniumsulfatlösung (S. 1086) und je mg Buttersäure etwa 0,1 ccm 3%ige Wasserstoffsuperoxydlösung (S. 1086) — ein kleiner Überschuß muß vorhanden sein und wirkt nicht schädlich — hinzu, schließt mit einem starken Quetschhahn den Gummischlauch des Wasserdampfeinleitungsrohres und setzt unter den Destillierkolben das vorher zum Sieden erhitzte Wasserbad. 2 Minuten darauf verbindet man den Gummischlauch des Einleitungsrohres mit dem Dampfentwickler, öffnet den Quetschhahn und sorgt für eine möglichst gleichmäßige langsame Destillation, wobei man das Wasserbad etwas erwärmt und die Destillation so leitet, daß die obere Erweiterung des Destillationsgefäßes nach 5—8 Minuten heiß ist und nach weiteren 6—10 Minuten der Wasserdampf den oberen Teil des Kühlers erreicht hat. Man muß darauf achten, daß der obere Teil des Kühlers gleichmäßig heiß bleibt, andererseits aber möglichst wenig — nicht über 50 ccm — Wasser in die Vorlage überdestilliert. Nach 40 bis 50 Minuten unterbricht man die Destillation, spült den Kühler in einen 500 ccm-ERLENMEYER-Kolben ab und fügt den Inhalt der beiden Vorlagen hinzu. Dann versetzt man die Flüssigkeit mit 5 ccm Natronlauge (40%) und sofort mit einem Überschuß von 0,02 N.-Jodlösung (auf 10 mg Buttersäure 50 ccm Jodlösung in Kaliumjodid), läßt 30 Minuten bei Zimmertemperatur stehen, säuert mit Salzsäure (1:1) an und titriert mit 0,02 N.-Natriumthiosulfatlösung das unverbrauchte Jod zurück. Gleichzeitig bestimmt man mit 250 ccm gutgekühltem

[1] KLEIN u. WENZL: Mikrochemie 1932, **11**, 99.
[2] KLEIN u. WENZL: Mikrochemie 1931, **10**, 81.
[3] L. KLINC: Biochem. Zeitschr. 1934, **273**, 1.

Wasser und den gleichen Mengen Natronlauge, Jodlösung und Salzsäure den Wirkungswert der Jodlösung. Den bei einem Leerversuch gewöhnlich gefundenen Verbrauch von 0,2 ccm 0,02 N.-Jodlösung bringt man von der im Hauptversuch verbrauchten Jodlösung in Abzug. Mit Rücksicht darauf, daß die Jodoform bildenden Produkte, als Aceton berechnet, 65% des theoretischen Wertes ergeben, entspricht 1 ccm 0,02 N.-Jodlösung, 0,451 mg Buttersäure.

Innerhalb der Grenzen von 2—20 mg Buttersäure beträgt der absolute Fehler 0,5%. Wenn man abweichend arbeitet, können sowohl Aceton als auch namentlich Acetaldehyd weiter oxydiert werden und andererseits kann auch Acetaldehyd aus den Vorlagen entweichen.

$\beta\beta$) Mikrobestimmungen. Bei diesen Bestimmungen muß das Aceton durch Redestillation von dem bei der Oxydation gleichzeitig entstandenen Acetaldehyd getrennt werden. Man verfährt zunächst wie bei dem qualitativen Nachweis (S. 1086) und führt dann die Entfernung des Acetaldehyds durch Oxydation in alkalischer Lösung mit Wasserstoffsuperoxyd aus, wobei das Aceton aus seiner Quecksilberverbindung wieder frei gemacht wird.

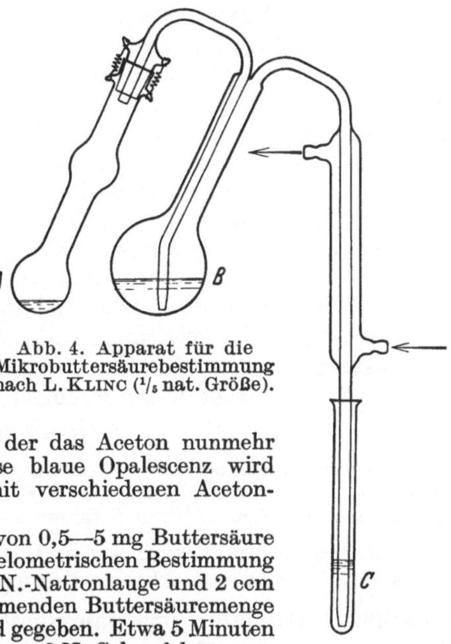

Bei der nephelometrischen Bestimmung von 0,009—0,06 mg Buttersäure bringt man die beim qualitativen Nachweis erhaltene opalisierende alkalische SCOTT-WILSONsche Quecksilberreagenslösung in den Kolben A der Apparatur (Abb. 4) und destilliert dessen Inhalt nach Zusatz von 5 ccm Wasserstoffsuperoxyd, wobei die Dämpfe durch die siedende Natronlauge (30%) in Kolben B geleitet werden; von hier gelangen sie durch den Kühler in die Vorlage C, die mit 5 ccm Quecksilberreagenslösung beschickt ist und in der das Aceton nunmehr wieder eine blaue Opalescenz hervorruft. Diese blaue Opalescenz wird darauf mit solchen von Vergleichslösungen mit verschiedenen Acetongehalten verglichen.

Abb. 4. Apparat für die Mikrobuttersäurebestimmung nach L. KLINC (1/5 nat. Größe).

Bei der jodometrischen Bestimmung von 0,5—5 mg Buttersäure wird zunächst in gleicher Weise wie bei der nephelometrischen Bestimmung verfahren, aber in die Vorlage C werden 5 ccm 2 N.-Natronlauge und 2 ccm Jodlösung, und zwar je nach der in Frage kommenden Buttersäuremenge 0,02, 0,01 oder 0,005 N.-Jodlösung in Kaliumjodid gegeben. Etwa 5 Minuten nach beendeter Redestillation säuert man mit 7 ccm 2 N.-Schwefelsäure an und titriert den Jodüberschuß mit entsprechender Thiosulfatlösung zurück. 1 ccm 0,005 N.-Thiosulfatlösung entspricht hierbei 0,265 mg Buttersäure.

Wegen der bei diesen Mikrobestimmungen zu beobachtenden Einzelheiten muß auf die Originalmitteilung verwiesen werden.

β) **Bestimmung nach J. GROSSFELD und F. BATTAY**[1]. Das Verfahren dient zur Bestimmung der Buttersäure neben Ameisen-, Essig- und Capronsäure. — Zur Trennung von der Capronsäure schüttelt man die wäßrige Flüssigkeit mit unter 70° siedendem Petroläther aus. Werden auf 100 ccm wäßriger Flüssigkeit 20 ccm Petroläther verwendet, so verteilt sich die Buttersäure so, daß auf die wäßrige Phase bei der Ausschüttelung im Mittel 96,5% der vorhandenen Buttersäure entfallen. — Um weiter die Buttersäure von der Ameisensäure zu trennen, versetzt man 10 ccm des Ameisensäure-Buttersäure- und Essigsäuregemisches mit 20 ccm Kaliumpermanganatlösung (1%) und 1 ccm N.-Natronlauge und läßt 1 Stunde stehen. Die Ameisensäure ist dann restlos zu Kohlendioxyd und Wasser oxydiert. Um das überschüssige Kaliumpermanganat zu reduzieren und die Lösung anzusäuern, setzt man 20 ccm schwefelsaure Ferrosulfatlösung hinzu (200 g krystallisiertes Ferrosulfat + 50 ccm konz. Schwefelsäure auf 1 Liter),

[1] J. GROSSFELD u. F. BATTAY: Z. 1931, 61, 129.

so daß eine Lösung von insgesamt 51 ccm weiter zu behandeln ist. Von den 51 ccm werden in einfacher Destillation 40 ccm abdestilliert. Das Destillatgemisch von Buttersäure und Essigsäure wird nun mit reinster 0,1 N.-Kalilauge genau neutralisiert (t), eingedampft, getrocknet und gewogen (a). Zur Berechnung der Buttersäure aus dem mittleren Molekulargewicht kann man in ähnlicher Weise verfahren, wie es J. Grossfeld[1] zur Bestimmung anderer Fettsäuren vorgeschlagen hat. Die vorhandene Menge Buttersäure kann aus dem Wert k, dem Verhältnis des Kaliumperchloratwertes (b) und des Abdampfrückstandes (a) in Prozenten ermittelt werden:

$$k = 100 \cdot \frac{b}{a}.$$

Der Kaliumperchloratwert b wird am einfachsten in der Weise ermittelt, daß man den Titrationswert t des Essigsäure-Buttersäuregemisches mit 13,856 $= {}^1/_{10}$ des Molekulargewichtes des Kaliumperchlorats multipliziert; man erhält so die entsprechende Kaliumperchloratmenge in Milligramm. Die Menge der Kaliumsalze der Buttersäure + Essigsäure ist durch den getrockneten und gewogenen Abdampfrückstand a des titrierten Gemisches gegeben. Mit größerer Sicherheit geht man aber so vor, daß man die gewogenen Kaliumsalze a in Alkohol (95%) löst, aus der Lösung das Kalium mit Überchlorsäure (60%) fällt und das Kaliumperchlorat abfiltriert und wägt. Zur gewogenen Fällung sind für je 1 ccm Lösungsmittel 0,04 mg Kaliumperchlorat zu addieren. Ist $k =$ 141,23, so ist keine Buttersäure vorhanden, und wenn $k = 109{,}83$ ist, so befindet sich nur Buttersäure in dem Abdampfrückstand. Die Differenz beider Zahlen = 31,40 ergibt die größtmögliche Schwankung des k-Wertes bei einem Buttersäure-Essigsäuregemisch. In Gemischen beider Säuren wird der Buttersäuregehalt B in Prozenten durch folgende Formel errechnet:

$$B = 2{,}223\ (141{,}23 - k).$$

Um das jedesmalige Berechnen des B-Wertes zu vermeiden, wurde eine Tabelle angefertigt, in welcher die Werte für B zwischen $k = 109{,}83$ und 141,23 berechnet wurden, so daß man aus dem k-Wert B finden kann.

Um die Gesamtmenge der in Lösung vorhandenen Buttersäure zu erhalten, muß man, wenn von 51 ccm Lösung 40 ccm abdestilliert wurden, die in dem Destillat bestimmte Buttersäure mit dem Faktor $\frac{100}{97{,}8} = 1{,}022$ multiplizieren; denn wenn das Destillat 80% des ursprünglichen Volumens beträgt, sind 97,8% der Buttersäure übergegangen. Hat man in der oben angegebenen Weise die Capronsäure mit Petroläther ausgeschüttelt, so muß der gefundene Buttersäurewert mit dem Faktor $F = \frac{100}{96{,}5} = 1{,}037$ für die beim Ausschütteln verloren gegangene Buttersäure multipliziert werden, um die gesamte vorhandene Buttersäure zu erhalten.

J. K. Phelps und H. E. Palmer[2] bestimmen die Buttersäure mittels Chininsulfats. Dieses Verfahren erscheint nach J. Grossfeld und F. Battay[3] für kleine Mengen Buttersäure neben viel Essigsäure als wenig geeignet, zumal es auch umständlich und durch die Verwendung von Chinin sehr teuer ist.

γ) Colorimetrische Bestimmungen. $\alpha\alpha$) Nach G. Denigès. Das S. 1087 beschriebene Nachweisverfahren ist auch zur Bestimmung empfohlen, bei der man die auftretenden Farbentöne mit der von Lösungen mit bekanntem Buttersäuregehalt oder nach diesen geeichten Fuchsinlösungen vergleicht.

---

[1] J. Grossfeld: Z. 1929, **58**, 209.
[2] J. K. Phelps u. H. E. Palmer: Journ. Biol. Chem. 1917, **29**, 199; C. 1917, II, 776.
[3] J. Grossfeld u. F. Battay: Z. 1931, **61**, 129.

ββ) Nach R. J. ALLGEIER, W. H. PETERSON und E. B. FRED[1]. Die Bestimmung beruht auf dem Nachweisverfahren von H. AGULHON (S. 1086). Die zu untersuchende Lösung wird mit Kupferreagens (85,26 g Kupferchlorid [$CuCl_2 \cdot 2\,H_2O$] in 1000 ccm N.-Salzsäure gelöst) behandelt und mit Chloroform ausgeschüttelt. Zum colorimetrischen Vergleich dienen Essigsäure enthaltende Buttersäurelösungen von bekanntem Gehalt an letzterer.

4. Oxalsäure.

($C_2H_2O_4$ = HOOC·COOH.)

Oxalsäure krystallisiert mit 2 Mol Wasser und schmilzt unter Entweichen des Wassers bei 101,5° und wasserfrei bei 189,5°; die wasserfreie Säure sublimiert bei 157—165°. In Wasser und Alkohol ist sie leicht löslich, in Äther schwer löslich. 100 Tle. Wasser lösen bei 10° 6,1, bei 30° 14,2 und bei 90° 120,2 Tle. wasserfreie Säure. Bei raschem Erhitzen zerfällt sie in Kohlensäure und Ameisensäure bzw. in Kohlensäure, Kohlenoxyd und Wasser, in letztere auch beim Erhitzen mit konz. Schwefelsäure. Mit Kaliumpermanganat wird sie in saurer Lösung zu Kohlensäure und Wasser oxydiert. — Das Calciumoxalat ist in Wasser und verd. Essigsäure sehr schwer löslich; 100 g Wasser (25°) lösen 0,68 mg davon. Silber-, Blei- und Mercurooxalat sind unlöslich in Essigsäure.

a) Nachweis.

α) **Nachweis mit Manganioxyd nach G. LOCHMANN[2].** Der Nachweis beruht auf der Rotfärbung des Trioxalatomanganiations, $[Mn(C_2H_4)_3]'''$.

Die zu untersuchende Lösung wird in einem kurzen Reagensglase, je nach ihrem Säuregehalt und ihrem Pufferungsvermögen mit Natriumacetatlösung, Ammoniak, Essigsäure, verd. Schwefelsäure oder in Sonderfällen mit Alkaliphosphatlösung so lange versetzt, bis ein kleiner, am Glasstabe herausgenommener Tropfen ein Stückchen Methylorangepapier — dünnes Filtrierpapier, mit 0,1%iger wäßriger Methylorangelösung getränkt und getrocknet — braun färbt. Ob das Papier stark oder schwach braun wird, ist gleichgültig; nur darf es nicht gerötet werden oder gelb bleiben. Zu 1—2 ccm der richtig gepufferten Flüssigkeit gibt man bei Zimmertemperatur eine geringe Menge Manganioxyd (Mn_2O_3)[3] und schüttelt kurze Zeit. Bei Gegenwart von viel Oxalat tritt die kennzeichnende Rotfärbung sofort auf, in sehr verd. Lösungen nach ½ Minute. Wegen der Lichtempfindlichkeit des roten Trioxalato-manganiations stellt man die Reaktion nicht im Sonnenlicht an; im zerstreuten Tageslicht ist die Rotfärbung 1 Stunde lang haltbar.

---

[1] R. J. ALLGEIER, W. H. PETERSON u. E. B. FRED: Journ. Bacteriology 1929, **17**, 79; C. 1930, I, 3703.

[2] G. LOCHMANN: Chem.-Ztg. 1933, **57**, 214. — Vgl. auch J. F. SACHER: Chem.-Ztg. 1915, **39**, 319 u. 458.

[3] Darstellung des Manganioxyds nach J. MEYER u. R. NERLICH (Zeitschr. anorgan. allg. Chem. 1921, **116**, 125; Chem.-Ztg. 1933, **57**, 215): Die Lösung von 6 g kryst. Manganchlorür und 6 g Ammoniumchlorid in 120 ccm Wasser wird mit 12 ccm 25%igem Ammoniak versetzt und in das Gemisch 24 Stunden lang unter Umrühren Luft eingeleitet. Der Niederschlag wird einige Male mit kaltem Wasser gewaschen, dann abgeklatscht und in eine 1½ Stunden zuvor zusammengeriebene Aufschlämmung aus 9,8 g kryst. Oxalsäure, 5,15 g Kaliumacetat und 34 ccm Wasser bei Zimmertemperatur (nicht über 23°) eingerührt. Man läßt das Gemisch bei möglichst schwacher Beleuchtung unter zeitweiligem Durchrühren 15 Minuten lang reagieren, saugt dann die Flüssigkeit ab, fügt zu ihr die Lösung von 6,9 g Kaliumacetat in 4 ccm Wasser und 3 ccm 2,5%iger Essigsäure und stellt sie zur Krystallisation ½ Stunde lang in Eiswasser. Die ausgeschiedenen, fast schwarzen Krystalle des Manganioxyds werden auf einem Sinterglasfilter gesammelt, auf ihm zweimal mit 50%igem Methylalkohol aufgerührt und schließlich im Dunkeln an der Luft auf einem Tonteller getrocknet; sie sind dann auch am Tageslicht haltbar.

Wenn mit der Reaktion auf Calciumoxalat (rein oder neben Calciumfluorid) geprüft werden soll, übergießt man den Niederschlag im Zentrifugenglase mit höchstens dem Zweifachen seines Volumens an 10%iger Schwefelsäure. Stellt man das Glas dann kurze Zeit in ein Wasserbad, so bilden sich unter Aufquellen des Niederschlages verhältnismäßig große Gipskrystalle und Oxalsäure wird frei. Der Brei wird abgekühlt, mit Wasser auf das doppelte Volumen gebracht und mit Natriumacetatlösung — man gebraucht meist 2—3 Tropfen einer Lösung von 1 Tl. kryst. Natriumacetat in 3 Tln. Wasser — bis zur Braunfärbung von Methylorangepapier versetzt. Man zentrifugiert hierauf und streut in die abgegossene Flüssigkeit das Manganioxyd ein.

Erfassungsgrenze: 0,2 mg C_2O_4" in 0,5 ccm der gepufferten Lösung; Grenzkonzentration 1:2500.

Die Empfindlichkeit des Oxalsäurenachweises wird durch Manganosalze herabgesetzt. Auch Stoffe wie Wolframsäure oder Aluminiumion, die mit Oxalsäure Komplexverbindungen bilden, stören. Weinsäure und Milchsäure geben mit Manganioxyd dunkelbraune Lösungen und behindern den Nachweis von stark verd. Oxalsäure. Um die Störung zu beheben, kann man entweder die Oxalsäure als Calciumsalz ausfällen oder Weinsäure und Milchsäure dadurch unschädlich machen, daß man die zu untersuchende Lösung vor der p_H-Einstellung mit Borsäure aufkocht, wieder kühlt und von der Borsäure abfiltriert. — Ameisensäure stört die Reaktion nicht.

β) **Reaktion mit Resorcin nach L. H. Chernoff**[1]. Oxalsäure gibt mit Resorcin eine Blaufärbung. Zu 5 ccm der zu untersuchenden Lösung werden wenige Krystalle Resorcin gebracht und durch Erwärmen gelöst. Nach dem Abkühlen wird mit 5 ccm konz. Schwefelsäure unterschichtet. Bei Anwesenheit von Oxalsäure bildet sich ein blauer Ring. Erwärmen ist zu vermeiden. Tritt kein blauer Ring auf, werden nochmals 5 ccm konz. Schwefelsäure zugefügt. Beim einige Minuten langen Kochen tritt Bildung einer tief dunkelgrünen Lösung ein, die beim Abkühlen in Eiswasser verschwindet, um beim Erwärmen wieder aufzutreten. Unterschichtet man die gelbgrüne Lösung mit der gleichen Menge konz. Schwefelsäure, so tritt wieder Blaufärbung ein.

Alle Färbungen werden nur mit Oxalsäure erhalten; Ameisen-, Essig-, Milch-, Citronen-, Malein-, Bernstein- und Benzoesäure beeinflussen die Reaktion nicht. Weinsäure beeinflußt die Reaktion in der Kälte selbst bei Mengen von 10 mg Oxalsäure und 100 mg Weinsäure in 2 ccm Wasser nicht.

H. Schmalfuss u. K. Keitel[2] haben dieses Verfahren auch zum mikrochemischen Nachweis empfohlen.

Nach K. Brauer[3] wird etwa 0,1 g der zu untersuchenden Substanz mit 0,1 g Resorcin und 2 ccm konz. Schwefelsäure versetzt und nur ganz wenige Sekunden im Reagensglase über freier Flamme erhitzt. Bei Gegenwart von Oxalsäure entsteht eine lila Färbung. Man kann die Reaktion auch in der Weise ausführen, daß man 0,3 g Substanz mit etwa 0,1 g Resorcin vermischt und auf dieses Gemisch nur 2 Tropfen konz. Schwefelsäure fallen läßt, so daß die Mischung nicht darin aufgelöst, sondern nur eben von der konz. Schwefelsäure durchfeuchtet wird. Erhitzt man wieder kurz über freier Flamme, so entsteht eine tiefblaue Färbung.

Milchsäure gibt mit verd. Schwefelsäure (1:1) und Resorcin beim Erhitzen eine Rotfärbung, während Weinsäure keine oder nur eine ganz schwach gelbliche Färbung gibt, die sich von der Rotfärbung bei Gegenwart von Milchsäure stark unterscheidet.

Nach H. Kreis[4] hängt das Gelingen der von Brauer angegebenen Reaktion auf Oxalsäure und Milchsäure wesentlich von der Art des Erhitzens ab, so daß das Eintreten der Färbungen leicht übersehen werden kann. Beim Erwärmen mit wenig konz. Schwefelsäure und Resorcin auf dem Wasserbade tritt mit Oxalsäure eine stark indigoblaue Färbung ein, die nach Zusatz von viel Schwefelsäure und längerem Erhitzen in Violett übergeht. — Nach Gerber[4] sind alle diese Farbreaktionen mit größter Vorsicht zu bewerten.

γ) **Nachweis als Glykolsäure nach E. Eegriwe**[5]. Der Nachweis beruht auf der Überführung der Oxalsäure in Glykolsäure und auf dem Nachweis der letzteren

[1] L. H. Chernoff: Journ. Amer. Chem. Soc. 1920, **42**, 1784; C. 1921, II, 57.
[2] H. Schmalfuss u. K. Keitel: Zeitschr. physiol. Chem. 1924, **138**, 156.
[3] K. Brauer: Chem.-Ztg. 1920, **44**, 494 u. 615.
[4] H. Kreis: Chem.-Ztg. 1920, **49**, 615.
[5] E. Eegriwe: Zeitschr. analyt. Chem. 1932, **89**, 125.

mit 2,7-Dioxynaphthalin. Zum Nachweis bringt man einen Tropfen der zu prüfenden Lösung in ein trockenes Reagensglas und gibt zur Reduktion etwas Magnesiumpulver hinzu, welches bald aufgelöst ist. Man versetzt mit 2—10 ccm einer Lösung von 0,01 g 2,7-Dioxynaphthalin in 100 ccm konz. Schwefelsäure und bringt das Reagensglas 15—25 Minuten in siedendes Wasser.

1 Tropfen Lösung, enthaltend 1 mg Oxalsäure, gibt mit 10 ccm Reagens dunkelviolette bis dunkelrötlich-violette Färbung; eine solche mit 0,1 mg Oxalsäure gibt mit 2 ccm Reagens eine violette Färbung und eine solche mit 0,01 mg Oxalsäure gibt mit 2 ccm Reagens eine violettrosa Färbung.

Dieser unter den gegebenen Bedingungen für Oxalsäure spezifische Nachweis übertrifft an Empfindlichkeit die Resorcinreaktion.

δ) **Mikrochemischer Nachweis**[1]. Der mikrochemische Nachweis der Oxalsäure kann neben der Quecksilberchloridprobe (S. 1091) auch noch durch das Strontium- und Calciumsalz erbracht werden. Das Sublimat besteht in der Regel zuerst aus längeren Prismen, welche bald in kleinere Kryställchen zerfallen.

Strontiumoxalat wird am besten mittels Strontiumnitrats aus Lösungen gefällt, die ein wenig freie Salpetersäure enthalten. Das Strontiumoxalat besteht aus kleinen pyramidalen Kryställchen von quadratischem Querschnitt und aus prismatischen Krystallen (20—40 μ). Zwischen gekreuzten Nicols bleiben die Krystalle in jeder Stellung dunkel, wenn die Spitze der Pyramide nach oben gekehrt ist; sie polarisieren lebhaft, mit Auslöschung nach den Kanten, wenn sie das Prisma zeigen. In kaltem Wasser ist das Strontiumoxalat nahezu unlöslich, etwas löslich in der Wärme, namentlich bei Zusatz von Salpetersäure und Ammoniumnitrat.

Handelt es sich um den Nachweis von Oxalsäure in außerordentlich stark verdünnten Lösungen, so kann man ihn durch das Calciumoxalat, das dem Strontiumoxalat in allen Stücken ähnelt, erbringen. Um Krystalle von 12—20 μ zu erhalten, muß man die Fällung durch einen starken Zusatz von Salpetersäure verzögern.

b) Bestimmung.

Zur Bestimmung der Oxalsäure sind die folgenden Verfahren vorgeschlagen worden, von denen die gasvolumetrische Methode nach KRAUSE bei Abwesenheit von Ameisensäure für Oxalsäure spezifisch ist. Zur schnellen Bestimmung, namentlich bei Serienanalysen haben sich das gravimetrische Verfahren und die maßanalytischen Verfahren bewährt.

α) **Gasvolumetrisches Verfahren.** $\alpha\alpha$) Bestimmung als Kohlenoxyd nach H. KRAUSE[2]. Oxalsäure wird durch Essigsäureanhydrid rasch und völlig quantitativ nach der Gleichung: $C_2H_2O_4 = CO + CO_2 + H_2O$ zerlegt. Die Reaktion ist schon etwas oberhalb Zimmertemperatur merkbar, bei 50° lebhaft und bei 100° stürmisch.

Im Gegensatz zu der Einwirkung von konz. Schwefelsäure werden bis 100° Milchsäure, Malonsäure, Bernsteinsäure, Äpfelsäure, Weinsäure und Citronensäure von Essigsäureanhydrid nicht angegriffen, Ameisensäure nur langsam. Die Reaktion ist in Abwesenheit von Ameisensäure für Oxalsäure spezifisch.

Die zu untersuchende Substanz muß in fester Form vorliegen, bzw. durch Eindampfen von größeren Mengen Wasser befreit werden.

1. Freie Oxalsäure. Man wägt die 0,1—0,3 g Oxalsäure entsprechende Substanzmenge in einem etwas weiten Reagensglas ab, das durch einen mit Zu- und Ableitungsrohr für Gas versehenen Gummistopfen verschlossen werden kann. Das Zuleitungsrohr reicht ziemlich tief in das Reagensglas, das Ableitungsrohr endet unmittelbar unter dem Stopfen, durch dessen dritte Bohrung das spitz ausgezogene Abflußrohr eines kleinen Tropftrichters geht. Durch das Reagensglas wird Kohlensäure geleitet, die einem KIPPschen Apparat unter den bekannten Vorsichtsmaßregeln luftfrei entnommen und durch eine Flasche mit Schwefelsäure flüchtig getrocknet wird. Das Gasableitungsrohr steht mit einem mit 50%iger

[1] BEHRENS-KLEY: Organisch-mikrochemische Analyse, S. 332. 1922. — EMICH: Mikrochemie 1926, 217.
[2] H. KRAUSE: Ber. Deutsch. Chem. Ges. 1919, 52, 426.

Kalilauge gefüllten Schiffschen Azotometer in Verbindung. Dann läßt man in langsamen Kohlensäurestrom 5 ccm Essigsäureanhydrid einfließen, senkt das Reagensglas in 50—60° warmes Wasser und bringt dieses rasch zu gelindem Sieden. Nach beendeter Kohlenoxydentwicklung (5 Minuten) erhitzt man noch 5 Minuten und verdrängt dann durch einen lebhaften Kohlensäurestrom das Kohlenoxyd aus dem Reagensglas, ohne dieses aus dem Wasser zu entfernen. Das verwandte Essigsäureanhydrid muß im Kohlensäurestrom ausgekocht und unter Kohlensäure aufbewahrt sein. Um aus der pulverigen Substanz alle Luft zu entfernen, bringt man sie bei 105° eben zum Schmelzen oder dampft sie mit Wasser ein.

2. Wasserlösliche Oxalate. Da das bei der Reaktion gebildete essigsaure Salz das Oxalat vor der weiteren Einwirkung des Anhydrids schützt, löst man die Substanz in überschüssiger 15%iger Salzsäure und dampft in kochendem Wasserbade ein, bis eine feuchte Krystallmasse als Rückstand bleibt, mit der man unter häufigem Umschütteln nach 1 verfährt. Die vollständige Zersetzung erfordert beim Ammoniumsalz 30 Minuten, beim neutralen Kaliumsalz 1 Stunde.

3. Unlösliche Oxalate. Die Zersetzung gelingt mit einem Gemisch von 4,5 ccm Essigsäureanhydrid und 0,5 ccm konz. Schwefelsäure im kochenden Wasserbad beim Calciumsalz in 15—20 Minuten. Anfangs tritt fast völlige Auflösung ein, dann scheidet sich voluminöses Calciumsulfat aus, das durch häufiges Umschütteln bald feinkörnig wird. Der Oxalsäurewert des Essigsäureanhydrid-Schwefelsäuregemisches muß in einem blinden Versuch ermittelt werden. Die unter den angegebenen Verhältnissen von dem Gemisch abgegebene Gasmenge entspricht etwa 1 mg Oxalsäure und ist von der Dauer der Analyse unabhängig.

ββ) Bestimmung als Kohlendioxyd[1]. Die Methode gründet sich darauf, daß die Oxalsäure durch Erwärmen mit carbonatfreiem Mangandioxyd und verd. Schwefelsäure quantitativ zu Kohlendioxyd oxydiert wird:

$$C_2H_2O_4 + MnO_2 + H_2SO_4 = MnSO_4 + 2\,H_2O + 2\,CO_2$$

Man bringt das abgewogene Oxalat mit der $1^1/_2$fachen Menge carbonatfreiem Mangandioxyd entweder in den Bunsenschen Zersetzungsapparat oder in den Fresenius-Classenschen Apparat und verfährt im übrigen genau so wie bei sonstigen Kohlendioxydbestimmungen.

Hat man p g CO_2 gefunden, so entsprechen diese $p \cdot 1{,}0229$ g = Oxalsäure ($C_2H_2O_4$).

β) Bestimmung als Calciumoxyd[2]. Man versetzt die neutrale Alkalioxalatlösung mit einigen Tropfen Essigsäure, erhitzt zum Sieden und fällt mit kochender Calciumchloridlösung, läßt 12 Stunden stehen, wäscht mit heißem Wasser, verbrennt das Calciumoxalat naß im Platintiegel, wägt das Calciumoxyd und berechnet daraus die Oxalsäure ($C_2H_2O_4$) durch Multiplikation mit 1,6055.

γ) Maßanalytische Bestimmungen. αα) Titration mit Permanganatlösung nach I. M. Kolthoff[3]. Man löst 0,6299 g Oxalsäure oder 0,6699 g Natriumoxalat in 100 ccm Wasser, fügt 30 ccm 4 N.-Schwefelsäure hinzu, erwärmt auf 75—85° und titriert mit Kaliumpermanganatlösung. Am Anfang muß das Reagens langsam zugefügt werden, bis die Flüssigkeit wieder farblos ist, sodann kann man schneller unter fortwährendem Umschwenken bis zum Endpunkt titrieren.

ββ) Jodometrische Bestimmung nach L. Rosenthaler[4]. Oxalsäure reduziert in der Wärme Jodsäure, bei Gegenwart einer genügenden Jodsäuremenge tritt infolgedessen Jod auf. Die Reaktion verläuft nach der Gleichung: $5\,(COOH)_2 + 2\,HJO_3 = 6\,H_2O + 10\,CO_2 + J_2$. Man erwärmt die Oxalsäure oder das Oxalat nach Zusatz von verd. Schwefelsäure mit überschüssiger $^1/_{60}$ N.-Kaliumjodatlösung unter öfterem Umschütteln auf dem Dampfbade, bis das frei gewordene Jod entfernt ist, läßt erkalten und titriert nach Zusatz von Kaliumjodid mit 0,1 N.-Thiosulfatlösung. Der Unterschied zwischen den ccm der zugesetzten $^1/_{60}$ N.-Kaliumjodatlösung und den ccm 0,1 N.-Thiosulfat-

[1] Treadwell: Kurzes Lehrbuch der analytischen Chemie Bd. 2, S. 363, 1923.
[2] Treadwell: Kurzes Lehrbuch der analytischen Chemie, Bd. 2, S. 362, 1923.
[3] I. M. Kolthoff: Zeitschr. analyt. Chem. 1924, **64**, 185.
[4] L. Rosenthaler: Zeitschr. analyt. Chem. 1922, **61**, 219.

lösung, ergibt die zur Oxydation verbrauchte Jodmenge. 1 ccm $^{1}/_{60}$ N.-Jodatlösung entspricht 3,7506 mg Oxalsäure und 5,5833 mg Natriumoxalat.

$\gamma\gamma$) Mercurinitratverfahren nach A. ABELMANN[1]. Zu der Oxalsäurelösung gibt man 30—40 Tropfen 5 N.-Salpetersäure, fällt unter Umschütteln mit einem Überschuß von 0,1 N.-Mercurinitratlösung, versetzt mit etwa 50 ccm gesättigter, chlorfreier Kaliumnitratlösung, füllt auf 100 ccm auf und titriert einen aliquoten Teil des Filtrates nach Zugabe von 1 ccm Ferriammoniumsulfatlösung und soviel Salpetersäure, daß möglichst Entfärbung eintritt, mit Ammoniumrhodanid.

5. Bernsteinsäure.

($C_4H_6O_4$ = HOOC·CH_2·CH_2·COOH.)

Bernsteinsäure (Äthylenbernsteinsäure) bildet Krystalle vom Schmp. 185° und dem Siedepunkt 235°; sie ist unter 2,2 mm Druck bei 156—157° unzersetzt sublimierbar. Die Säure ist löslich in 20 Tln. Wasser (15°), 10 Tln. Alkohol (96%), 6,3 Tln. Methylalkohol, 18 Tln. Aceton und 83 Tln. Äther. Gegen Oxydationsmittel und konz. Schwefelsäure ist sie verhältnismäßig beständig. Über die Eigenschaften von Salzen der Bernsteinsäure (Äthylenbernsteinsäure) liegen unter anderem folgende Angaben vor:

Bernsteinsaure Salze geben in neutraler Lösung mit Eisenchlorid braune Niederschläge. — Calciumchlorid gibt mit freier Bernsteinsäure keine Fällung; bei Zusatz von Alkohol entsteht jedoch ein voluminöser Niederschlag von Calciumsuccinat. — Bariumchlorid scheidet aus der wäßrigen Lösung der bernsteinsauren Salze in der Siedehitze Bariumsuccinat aus, das in Salzsäure löslich ist. — Bleiacetat und Silbernitrat geben mit Succinaten sofort Niederschläge, ersteres auch mit der freien Säure, doch findet anfangs wieder Auflösung statt. — Goldchlorid wird durch Bernsteinsäure oder die Lösung eines bernsteinsauren Salzes in Salzsäure selbst in der Wärme nicht reduziert. — Bernsteinsäure wird in schwefelsaurer Lösung durch 5%ige Kaliumpermanganatlösung nicht oxydiert.

a) Nachweis.

Für den Nachweis der Bernsteinsäure sind insbesondere folgende Verfahren[2] vorgeschlagen worden:

α) Nachweis nach W. OECHSNER DE CONINCK[3]. Bringt man eine konz. wäßrige Lösung von Bernsteinsäure in eine wäßrige Suspension von Calciumsalicylat und erhitzt die Flüssigkeit gelinde, so tritt eine sehr beständige, blaß bis lebhaft rosa Färbung auf. Äpfelsäure ruft unter den gleichen Bedingungen ebenfalls eine zarte Rosafärbung hervor, die aber wenig beständig ist und bei 15—20 Minuten langem gelindem Sieden, nachdem sie einen schmutzig rosa Ton angenommen hat, allmählich verblaßt.

β) Nachweis nach L. ROSENTHALER[4]. Erwärmt man Bernsteinsäure mit Resorcin und konz. Schwefelsäure auf 190—195°, verdünnt nach dem Erkalten, kocht kurz auf und versetzt nach dem Erkalten mit Ammoniak, so entsteht eine rote, stark grün fluorescierende Flüssigkeit.

γ) Mikrochemischer Nachweis[5]. Bleiacetat bringt in Lösungen von Bernsteinsäure und von leicht löslichen Succinaten einen weißen Niederschlag hervor,

---

[1] A. ABELMANN: Ber. Deutsch. Pharm. Ges. 1921, **31**, 130.

[2] Das Verfahren von C. NEUBERG (Zeitschr. physiol. Chem. 1901, **31**, 574), welches auf der Pyrrolbildung beruht, ist nicht für Bernsteinsäure eindeutig, da nach A. J. VIRTANEN und N. FONTELL (Ann. Acad. scient. fennicae A 1926, **26**; C. 1927, I, 153) auch Milchsäure, Brenztraubensäure, Acetaldehyd, Dioxyaceton in Mengen von etwa 2 mg die gleiche Reaktion geben.

[3] Bul.. Soc. chim. France 1914, [4] **15**, 93; C. 1914, I, 917.

[4] L. ROSENTHALER: Nachweis organischer Verbindungen, S. 330. Stuttgart: Ferdinand Enke 1914.

[5] BEHRENS-KLEY: Organisch-mikrochemische Analyse, S. 334, 1922. — EMICH: Mikrochemie 1926, 218.

der aus farblosen und scharf umrissenen Rauten von 90—120 μ besteht. Der spitze Winkel liegt zwischen 70—75°. In Wasser sind die Krystalle auch bei Siedehitze fast unlöslich. Von Salpetersäure werden sie leicht gelöst, etwas schwieriger von Essigsäure und von Ammoniumacetat. Die Reaktion ist sehr empfindlich und durch die Klarheit und scharfe Ausbildung, welche auch den kleinsten Krystallen von Bleisuccinat eigen ist, zugleich charakteristisch.

b) Bestimmung.

α) **Bestimmung nach C. Schmitt und C. Hiepe**[1]. Bernsteinsäure wird aus Alkalisuccinatlösungen durch Bariumchlorid in der Siedehitze sofort und vollständig gefällt. Man löst den mit heißem Wasser gewaschenen Niederschlag in Salzsäure und bestimmt das Barium oder Sulfat.

Nach C. v. d. Heide und H. Steiner[2] lösen 100 ccm Wasser bei 15° 0,406 und bei 100° 0,210 g Bariumsuccinat, entsprechend 0,19 bzw. 0,10 g Bernsteinsäure, dagegen 100 ccm 80%iger Alkohol nur 0,2 mg Bariumsuccinat. Man muß daher die Fällung in 80%igem Alkohol vornehmen.

β) **Bestimmung nach A. Rau**[3]. Er fällt die Bernsteinsäure aus neutraler Lösung mit Silbernitratlösung (5%) und wägt das Silbersuccinat als solches oder bestimmt es als Silber. Man kann auch das Silbersuccinat mit 0,1 N.-Natriumchloridlösung zerlegen und das überschüssige Natriumchlorid titrimetrisch bestimmen.

R. Kunz[4] versetzt die wäßrige, mit 0,1 N.-Lauge genau neutralisierte Lösung der Bernsteinsäure mit 0,1 N.-Silbernitratlösung im Überschuß, füllt auf 100 ccm auf und filtriert. In 50 ccm des Filtrates wird schließlich mit 0,1 N.-Ammoniumrhodanidlösung der Silberüberschuß nach Volhard zurücktitriert. 1 ccm 0,1 N.-Silbernitratlösung = 0,0059 g Bernsteinsäure.

γ) **Bestimmung nach E. Ch. Grey**[5]. Die Bestimmung beruht auf der Unlöslichkeit des Calciumsuccinats in 85%igem Alkohol. Die Methode besitzt erhebliche Fehlerquellen, weshalb von manchen Autoren die Abscheidung als Bariumsalz vorgezogen wird. Nachdem die flüchtigen Säuren durch Wasserdampfdestillation entfernt sind, werden die Säuren mit Äther aufgenommen. Die so isolierten Säuren werden in heißem Wasser, ohne zu kochen, mit Calciumcarbonat neutralisiert, mit etwas Phenolphthalein und bis zur Rötung mit Kalkwasser versetzt. In einem aliquoten Teil der Lösung wird langsam so weit verdunstet, daß nach dem Auffüllen mit 96%igem Alkohol ein 85%iger Alkohol erhalten wird. Nachdem der Niederschlag krystallin geworden ist, wird filtriert und in einem aliquoten Teil des Filtrates nach dem Verjagen des Alkoholes der Kalk bestimmt. Die so gefundene Kalkmenge, von der vorher bestimmten, der Gesamtheit der Säuren entsprechenden Kalkmenge abgezogen, ergibt die der vorhandenen Bernsteinsäure entsprechenden Kalkmenge.

Pepton hindert die Fällung des Calciumsuccinates mit 85%igem Alkohol. Beim Eindampfen schwach alkalischer Lösungen der betreffenden Calciumsalze gehen Milch- und Bernsteinsäure verloren.

δ) **Polarimetrische Bestimmung nach P. W. Clutterbuck**[6]. Die Methode beruht auf der Oxydation der Bernsteinsäure durch die Succinooxydase über Fumarsäure zu l-Äpfelsäure, die ihrerseits nach Zusatz von Uranylacetat polarimetrisch bestimmt wird (S. 1106).

[1] C. Schmitt u. C. Hiepe: Zeitschr. analyt. Chem. 1882, **21**, 536.
[2] C. v. d. Heide: u. H. Steiner: **Z.** 1909, **17**, 291. — Vgl. auch G. Jörgensen: **Z.** 1907, **13**, 241.
[3] A. Rau: Arch. Hygiene 1892, **14**, 225; Zeitschr. analyt. Chem. 1893, **32**, 482.
[4] R. Kunz: **Z.** 1903, **6**, 720.
[5] E. Ch. Grey: Bull. Soc. chim. de France 1917, **21**, 136; **C.** 1917, II, 647.
[6] P. W. Clutterbuck: Biochem. Journ. 1927, **21**, 512; **C.** 1927, II, 1724.

6. Milchsäure.

($C_3H_6O_3 = CH_3 \cdot CH(OH) \cdot COOH$.)

Als Milchsäure ist hier lediglich die Gärungsmilchsäure (Äthylidenmilchsäure oder α-Oxypropionsäure) behandelt; sie ist ein racemisches Gemisch von d- und l-Milchsäure und praktisch in erster Linie von Bedeutung[1].

Die Milchsäure bildet hygroskopische, bei 18° schmelzende Krystalle und kommt im allgemeinen in sirupöser Form in den Handel; sie hat das Spez. Gewicht $\left(\frac{15^0}{4^0}\right)$ 1,2485 und siedet unter 12 mm Druck bei 119°. Sie ist mischbar mit Wasser und Alkohol, löslich in Äther, unlöslich in Petroläther, Chloroform und Schwefelkohlenstoff. Mit Wasserdämpfen ist sie etwas, mit überhitztem Wasserdampf leicht flüchtig. — Salpetersäure und alkalische Permanganatlösung oxydieren die Milchsäure zu Oxalsäure; durch Jodwasserstoffsäure wird sie zu Propionsäure reduziert. Beim Erhitzen mit Schwefelsäure zerfällt sie in Acetaldehyd und Ameisensäure (oder in Kohlenoxyd und Wasser) nach der Gleichung:

$$CH_3 \cdot CH(OH)COOH = CH_3 \cdot CHO + H \cdot COOH$$

Durch ammoniakalischen Bleiessig kann bei Gegenwart von Alkohol die Milchsäure quantitativ gefällt werden. Calcium- und Bariumlactat sind in Wasser löslich. Beim Erwärmen von Milchsäure mit Jod und Natronlauge entsteht Jodoform.

Das Deutsche Arzneibuch VI (1926) stellt an Milchsäure folgende Reinheitsanforderungen:

Milchsäure darf bei gelindem Erwärmen nicht nach Fettsäuren riechen. — Wird in einem mit Schwefelsäure gereinigten Glase Milchsäure mit Schwefelsäure, die beide zuvor auf etwa 5° abgekühlt werden, unterschichtet, so darf an der Berührungsstelle der beiden Säuren innerhalb einer Viertelstunde höchstens eine schwach gelbliche Zone entstehen (Zucker). — Die wäßrige Lösung (1 + 9) darf weder durch 3 Tropfen Natriumsulfidlösung (Schwermetallsalze), noch durch Bariumnitratlösung (Schwefelsäure), noch durch Ammoniumoxalatlösung (Calciumsalze), noch nach Zusatz von einigen Tropfen Salpetersäure durch Silbernitratlösung (Salzsäure) verändert werden. — Die weingeistige Lösung (1 + 9) darf durch 5 Tropfen Calciumacetatlösung nicht getrübt werden (Weinsäure). — Die mit Ammoniakflüssigkeit schwach übersättigte wäßrige Lösung (1 + 9) darf durch einige Tropfen verd. Calciumchloridlösung nicht getrübt werden (Oxalsäure). — Wird 1 ccm Milchsäure in einem Probierrohr in 2 ccm Äther eingetropft, so muß eine vorübergehend entstehende Trübung spätestens nach Zugabe des 10. Tropfens verschwinden; bei weiterem Zutropfen muß die Mischung klar bleiben (Mannit, Glycerin). — Wird 1 g Milchsäure in einem Porzellantiegel vorsichtig erhitzt, so muß sie bis auf einen geringen Ansatz von Kohle verbrennen (Weinsäure, Citronensäure, Zucker); beim Glühen darf höchstens 0,001 g Rückstand hinterbleiben.

Milchsäure des Handels bestand nach spektroskopischen Untersuchungen von R. Dietzel und K. Täufel[2] (S. 354) aus einem Gemisch von 2 Tln. Milchsäure und 1 Tl. Lactylmilchsäure.

a) Nachweis.

α) **Nachweis durch Acetaldehydbildung.** Der Nachweis der Milchsäure beruht hauptsächlich auf dem Zerfall in Acetaldehyd[3] und Ameisensäure und dem Nachweis des ersteren mittels Farbreaktionen; diese sind aber zum Teil für Acetaldehyd nicht eindeutig.

αα) Nach R. O. Herzog[4] entwickeln bereits kleine Mengen Milchsäure bei Zusatz von Silbersalzen und Jod Acetaldehyd.

$$2\,CH_3 \cdot CH(OH) \cdot COOAg + J_2 = CH_3 \cdot CH(OH) \cdot COOH + CH_3 \cdot CHO + CO_2 + 2\,AgJ.$$

---

[1] Die d-Milchsäure (Fleisch-, Paramilchsäure) kommt im Fleischsaft vor und entsteht ferner als Nebenprodukt bei der Buttersäuregärung.

[2] R. Dietzel u. K. Täufel: Z. 1925, **49**, 65.

[3] Äpfelsäure gibt bei der Oxydation ebenfalls Acetaldehyd.

[4] R. O. Herzog: Liebigs Ann. 1907, **351**, 263; Z. 1908, **16**, 293.

Die Reaktion läßt man am besten bei Gegenwart einer Spur Alkohol in einem Kölbchen oder Reagensglase vor sich gehen und leitet durch ein Knierohr die Reaktionsprodukte in wenig Wasser. Der Acetaldehyd wird durch etwas Nitroprussidnatrium und Piperidin nachgewiesen (S. 1046). Es entsteht eine blaue Färbung, die auf Zusatz von 1 Tropfen Natronlauge violett, rot, gelb wird.

$\beta\beta$) Nach W. WINDISCH[1] lassen sich geringe Mengen Milchsäure durch Destillation mit Schwefelsäure und Kaliumdichromat an der Färbung von vorgelegtem NESSLER-Reagens erkennen. Empfindlichkeit der Reaktion = 0,005%.

$\gamma\gamma$) Nach G. DENIGÈS[2] erhitzt man mit konz. Schwefelsäure und weist den Acetaldehyd durch Farbreaktionen nach. 0,2 ccm der nicht stärker als 2%igen Milchsäurelösung werden mit 2 ccm Schwefelsäure (d = 1,84) 2 Minuten im Wasserbade erhitzt, nach dem Abkühlen 1—2 Tropfen einer alkoholischen 5%igen Guajacol- oder Kodeinlösung zugegeben und umgeschüttelt. Beim Zusatz von Guajacol entsteht eine fuchsinrote Färbung; 0,1 mg sind durch Rosafärbung noch nachweisbar. Kodein gibt bei stärkeren Konzentrationen gelbrote, bei schwächeren gelbe Färbung. Die Reaktion nach DENIGÈS versagt bei einer Konzentration der Milchsäure über 0,2%.

Zum Nachweis des Acetaldehyds können nach G. CAPELLI[3] noch folgende Phenole dienen: Phenol, p-Kresol, Thymol, Brenzcatechin, Resorcin[4], Hydrochinon, Orcin, Pyrogallol und Phloroglucin. Die Färbungen gehen nach 2 Minuten langem Erhitzen auf dem Wasserbade in Rotbraun über, ausgenommen Brenzcatechin, Orcin und Phloroglucin, die nach 2 Minuten fuchsinrote oder orangerote Färbungen zeigen. Das empfindlichste Reagens ist p-Kresol mit 1:100000 und 1:200000 für Acetaldehyd.

L. EKKERT[5] löst einige Zentigramm Brenzcatechin in 5—6 ccm konz. Schwefelsäure und schichtet auf die Lösung 1—2 ccm verd. Milchsäure; es entsteht an der Grenzfläche sofort eine blutrote Färbung, deren Stärke allmählich zunimmt. Man kann auch 0,5 ccm verd. Milchsäure der konz. Schwefelsäure zumischen und auf die warme Flüssigkeit eine 1%ige Brenzcatechinlösung schichten; 0,02% Milchsäure sind noch nachweisbar. Resorcin, Hydrochinon und α-Naphthol geben nur grünlichgelbe bis braune Färbungen.

W. M. FLETCHER und F. G. HOPKINS[6] verwenden zum Nachweise des Acetaldehyds konz. Schwefelsäure und Thiophenlösung.

β) **Nachweis als Eisen(3)-natriumlactat.** Zum Nachweise der Milchsäure als komplexes Eisen(3)-natriumlactat $[Fe(C_3H_4O_3)_2]\,Na \cdot 2\,H_2O$) dampft man nach K. A. HOFMANN[7] die auf Milchsäure zu prüfende Lösung mit durch Natriumcarbonat alkalisch gemachte und mit Essigsäure angesäuerte Eisenchloridlösung in nicht zu großem Überschusse auf dem Wasserbade stark ein. Man erhält nach einigen Stunden den grünen Niederschlag bzw. ebensolche Flitter des Eisen(3)-natriumlactates, die bei 80° wasserfrei werden.

Reines Wasser löst die Flitter bei 20° nicht, beim Schütteln entsteht ein blaßgelbes Suspensoid von neutraler Reaktion. 3%iges Ammoniak bewirkt erst nach Stunden Bräunung und in der Hitze Fällung von Eisenhydroxyd. Verd. Natronlauge liefert langsam ein rotes Pulver, Natriumbicarbonatlösung greift bei 20° nicht an, 15%ige Essigsäure und 1%ige Salzsäure lösen sehr langsam. Beim Schütteln mit Tanninlösung tritt erst nach Stunden blauviolette Färbung auf.

γ) **Nachweis als Zinksalz.** Man versetzt die auf Milchsäure zu prüfende Lösung mit Zinkcarbonat und kocht am Rückflußkühler. Alsdann wird das Zinklactat nach S. 1102 durch Krystallisation gewonnen, das nunmehr quantitativ zu analysieren ist.

---

[1] W. WINDISCH: Wochschr. Brauerei **13**, 214; **C.** 1887, 826.

[2] G. DENIGÈS: Bull. Soc. chim. France **1909**, [4] **5**, 647 u. Bull. Soc. Pharmac. Bordeaux 1909, **49**, 193; **Z.** 1910, **20**, 722.

[3] G. CAPELLI: Ann. Chim. analyt. appl. 1926, **16**, 53—68; **C.** 1926, I, 3260.

[4] Vgl. K. BRAUER: Chem.-Ztg. 1920, **44**, 494. — H. KREIS: Chem.-Ztg. 1920, **44**, 615; ferner H. SCHMALFUSS u. K. KEITEL: Zeitschr. physiol. Chem. 1924, **138**, 156.

[5] L. EKKERT: Pharm. Zentralh. 1925, **66**, 552, 753, 800.

[6] W. M. FLETCHER u. F. G. HOPKINS: Journ. Physiol. 1907, **35**, 247; **C.** 1907, I, 1442.

[7] K. A. HOFMANN: Ber. Deutsch. Chem. Ges. 1920, **53**, 2224.

Die Darstellung des Zinksalzes kann auch zur Entscheidung benutzt werden, welche von den drei Milchsäuren vorliegt. Das inaktive Zinklactat enthält 3 Mol. Wasser, während das der d- und l-Milchsäure nur 2 Mol. Wasser enthält. Auch ist das inaktive Salz weniger löslich in Wasser.

δ) Nachweis mit Kaliumrhodanid nach F. G. GERMUTH[1]. 15 ccm der zu prüfenden Flüssigkeit — bei Vorliegen von Lactaten muß mit einem geringen Überschuß an Salzsäure angesäuert werden — werden in einem Konzentrationsbereich von 0,5—5% Milchsäure mit einer 15%igen Lösung von Kaliumrhodanid versetzt, wobei für jedes Prozent Milchsäure 0,5 ccm Reagens zuzusetzen sind. Es entsteht in allen Fällen je nach der Konzentration der Lösung eine orange bis purpurrote, auch in der Wärme beständige Färbung.

Diese Färbung rührt nicht von Ferrirhodanid her, da sie auf Zusatz einer gesättigten Lösung von Quecksilberchlorid nicht verschwindet. Diese Nachweismethode kann auch zur colorimetrischen Bestimmung verwandt werden.

ε) Sonstige Reaktionen. Außer den vorstehenden Reaktionen sind unter anderen noch folgende in der Literatur angegeben:

1. Reaktion von UFFELMANN[2]. Löst man 1 Tropfen Eisenchloridlösung und 0,4 g Phenol in 50 ccm Wasser, so wird das blau gefärbte Reagens durch Milchsäure gelb gefärbt. Empfindlichkeit der Reaktion 1:10000. Die Reagenslösung läßt sich nach E. v. KAZAY[3] durch Zusatz von Chloriden und Sulfaten, am zweckmäßigsten Quecksilbersulfat, stabilisieren und in ihrer Farbe verstärken, derart, daß sie sich auch in größerer Verdünnung nicht entfärbt. Die Reaktion nach UFFELMANN ist für Milchsäure nicht spezifisch, sondern wird auch von Oxalsäure, Weinsäure, Citronensäure und Äpfelsäure gegeben[4].

2. CRONER-CRONHEIMS[5] Reagens auf Milchsäure ist eine Lösung von 2 g Kaliumjodid und 1 g Jod in 50 ccm Wasser, der noch 5 g Anilin zugefügt werden. Die zu prüfende Flüssigkeit kocht man mit Kalilauge und gibt dann das Reagens hinzu. Milchsäure bewirkt das Auftreten von Isonitrilgeruch. Empfindlichkeit 1:4000.

3. Reaktionen nach C. REICHARD[6]. Er hat Reaktionen mit Ferro- und Ferricyankalium, ferner mit Kaliumbichromat, Ammoniumheptamolybdat und Natriumwolframat angegeben.

ζ) Mikrochemischer Nachweis. Zum mikrochemischen Nachweise eignet sich besonders das Mikrobecherverfahren von C. GRIEBEL[7] (S. 1026), bei dem die Milchsäure nach C. GRIEBEL und F. WEISS[8] durch Kaliumpermanganatlösung oxydiert und der entstehende Acetaldehyd mit o-, p- oder m-Nitrophenylhydrazin kondensiert wird.

Die nötigenfalls von vorhandenen Alkoholen, Aldehyden und Ketonen befreite flüssige oder breiige Substanz wird in dem Mikrobecher — wenn nötig nach Zusatz von 2—3 Tropfen Wasser — mit einem Tropfen 0,5%iger Kaliumpermanganatlösung versetzt und ein Deckgläschen mit einem Tropfen p- oder m-Nitrophenylhydrazin aufgelegt; des weiteren wird nach S. 1026 auf Acetaldehyd geprüft.

Entstehen keine Hydrazonkrystalle, so ist das Verfahren nach erneutem Zusatz von je 1 ccm Permanganatlösung so oft zu wiederholen, bis entweder Krystallbildung eingetreten ist oder die Permanganatfarbe während des Erwärmens nicht mehr verschwindet.

Äpfelsäure liefert bei diesem Verfahren ebenfalls Acetaldehyd; Citronensäure in größeren Mengen liefert Aceton, das sich durch m-Nitrophenylhydrazin nachweisen läßt.

---

[1] F. G. GERMUTH: Ind. Engin. chem. 1927, **19**, 852; **C.** 1927, II, 1740.

[2] UFFELMANN: Pharm. Zentralh. 1887, **28**, 582; 1888, **29**, 323. — Vgl. ferner BRUNNER: Pharm. Zentralh. 1887, **28**, 581. — G. KELLING: Zeitschr. physiol. Chem. **18**, 397. — H. KÜHL Pharm. Ztg. 1910, **55**, 120.

[3] E. v. KAZAY: Pharm. Monatsh. 1922, **3**, 97.

[4] H. KÜHL: Milchw. Zentralbl. **6**, 61; **C.** 1910, I, 963. — A. KWISDA: Zeitschr. Österr. Apoth.-Ver. **44**, 431; **C.** 1906, II, 1087.

[5] CRONER-CRONHEIM: Berl. klin. Wochenschr. 1905, 1080; MERCKS Reagenzien-Verz., S. 112, 1929.

[6] C. REICHARD: Pharm. Zentralh. 1912, **53**, 51.

[7] C. GRIEBEL: **Z.** 1924, **47**, 438.

[8] C. GRIEBEL u. F. WEISS: **Z.** 1928, **56**, 158.

Eine mikrochemische Reaktion zum Nachweise von Acetaldehyd mit Resorcin haben H. Schmalfuss u. K. Keitel[1] angegeben.

Ferner kommen nach G. Klein und H. Wenzl[2] für den Nachweis der Milchsäure die Krystallbildungen der Zink-, Kupfer- und Thoriumlactate in Betracht. Von anderer Seite ist Kobaltolactat zum Nachweise empfohlen worden[3].

b) Bestimmung.

α) Bestimmung als Acetaldehyd. αα) Das titrimetrische Verfahren von O. v. Fürth und D. Charnass[4] beruht auf der Oxydation der Milchsäure mit Kaliumpermanganat in schwefelsaurer Lösung zu Acetaldehyd und dessen Bestimmung nach dem Verfahren von M. Ripper (S. 1032). In der Abänderung von S. Tanaka und M. Endo[5] wird es, wie folgt, ausgeführt:

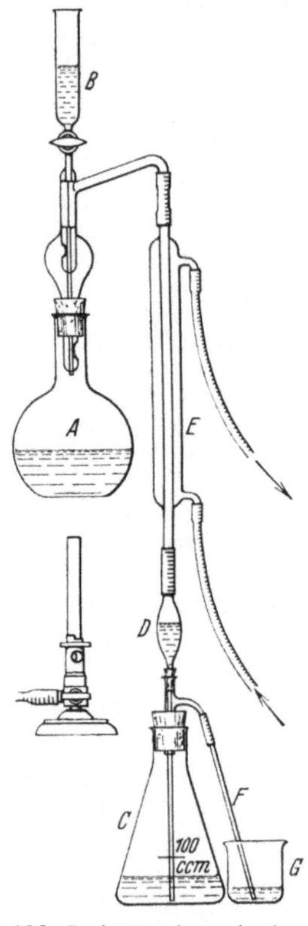

Abb. 5. Apparat zur Acetaldehydbestimmung nach S. Tanaka und M. Endo.

Die auf Milchsäure zu untersuchende Lösung (am besten etwa 5 mg Milchsäure enthaltend) wird in dem Oxydationskolben *A* (Abb. 5) mit 33 ccm 10%iger Schwefelsäure versetzt, mit Wasser auf etwa 150 ccm verdünnt und etwas Talkpulver als Siedeerleichterer hinzugefügt. Der Tropftrichter *B* wird mit gesättigter Natriumbicarbonatlösung gefüllt. Die Vorlage *C* wird mit 5—10 ccm einer mit Kohlensäure gesättigten etwa 0,02 N.-Natriumbisulfitlösung[6] versetzt, der Vorstoß *D* hineingesteckt, mittels eines Gummischlauchs mit dem unteren Teil des Kühlers *E* verbunden und das Glasrohr *F* des Vorstoßes *D* in das Wasser im Becherglase *G* hineingetaucht.

Nunmehr wird der Inhalt im Oxydationskolben vorsichtig erhitzt, gleichzeitig Bicarbonatlösung hineingetropft, bis zum schwachen Sieden erhitzt und dadurch die Luft im Apparate durch die entwickelte Kohlensäure vollkommen verdrängt.

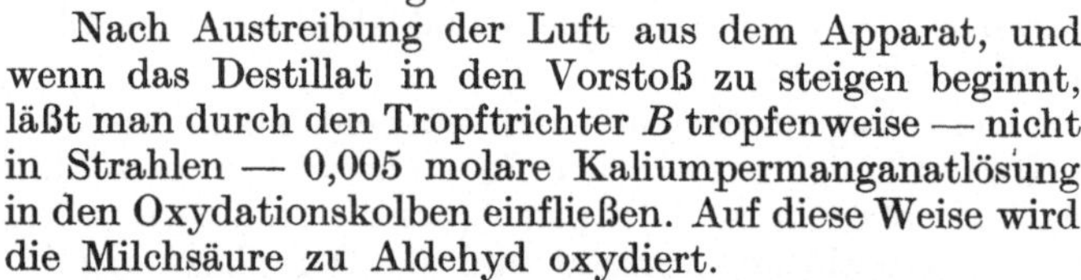

Nach Austreibung der Luft aus dem Apparat, und wenn das Destillat in den Vorstoß zu steigen beginnt, läßt man durch den Tropftrichter *B* tropfenweise — nicht in Strahlen — 0,005 molare Kaliumpermanganatlösung in den Oxydationskolben einfließen. Auf diese Weise wird die Milchsäure zu Aldehyd oxydiert.

Wenn der Inhalt des Kolbens *A* eine rötliche Färbung zu zeigen beginnt, unterbricht man den Zusatz der Permanganatlösung. Nun setzt man die Destillation noch etwa 30 Minuten weiter fort, gießt eine kleine Menge von Natriumbicarbonatlösung aus *B* hinzu, um das im Vorstoß *D* aufgestiegene Destillat in die Vorlage überzutreiben. Man spült nun den Vorstoß *D* aus, verschließt die Vorlage *C* mit einem Gummistopfen, mischt gut durch, fügt

[1] H. Schmalfuss u. K. Keitel: Zeitschr. physiol. Chem. 1924, **138**, 156.

[2] G. Klein u. H. Wenzl: Mikrochemie 1932, **11**, 73.

[3] Behrens-Kley: Organisch-mikrochemische Analyse, S. 337, 1922.

[4] O. v. Fürth u. D. Charmass: Biochem. Zeitschr. 1910, **26**, 199. — Vgl. auch Th. E. Friedemann, M. Cotonio u. Ph. A. Shaffer: Journ. Biol. Chem. 1927, **73**, 335; C. 1927, II, 2215. — Th. E. Friedemann u. A. I. Kendall: Journ. Biol. Chem. 1929, **82**, 23; C. 1930, I, 266.

[5] S. Tanaka u. M. Endo: Biochem. Zeitschr. 1929, **210**, 120.

[6] Die Natriumbisulfitlösung (2,5 g Natriumbisulfit im Liter enthaltend) wird eingestellt, indem 10 ccm auf 100 ccm mit Wasser aufgefüllt und mit 0,01 N.-Jodlösung unter Zusatz von 1 ccm 0,5%iger Stärkelösung titriert werden.

nach etwa 30 Minuten 1 ccm Stärkelösung[1] hinzu, füllt mit Wasser bis zur Marke — 100 ccm — und titriert mit 0,01 N.-Jodlösung. Aus dem Verbrauch von Jod wird die Menge der Milchsäure berechnet. 1 ccm 0,01 N.-Jodlösung entspricht 0,9 mg Milchsäure.

ββ) Colorimetrische Bestimmung nach B. Mendel und I. Goldscheider[2]. Von der klaren Flüssigkeit werden mit einer Pipette 0,5 ccm vorsichtig abgehoben und in ein mit Schwefelsäure und Wasser gereinigtes, absolut trockenes Reagensglas gebracht. Unter Kühlen in Eiswasser und Schütteln werden 3 ccm der Schwefelsäure (Acid. sulfur. conc. pro. analys. acidi lactici Kahlbaum) tropfenweise zugesetzt. Dann wird die Flüssigkeit genau 4 Minuten in siedendem Wasser erhitzt und sofort in Eiswasser gekühlt. Nach 2 Minuten wird genau 0,1 ccm der 0,125%igen Veratrollösung (Kahlbaum), gelöst in 99,8%igem Alkohol, zugesetzt und kurz geschüttelt. Eine dem Milchsäuregehalt entsprechende Rotfärbung tritt auf, die genau nach 20 Minuten im Autenrieth-Colorimeter abgelesen wird. Empfindlichkeit 1 : 200 000; bei 1 : 400000 tritt noch deutliche Rotfärbung auf. Die Konzentration der Schwefelsäure muß konstant sein, denn der Grad der Aldehydbildung ist von der Konzentration der Schwefelsäure abhängig. Die Entwicklung der Färbung ist abhängig von der Temperatur; am stärksten ist die Färbung bei 25°; höhere Temperaturen hemmen die Reaktionen.

An Stelle der Spezialschwefelsäure empfiehlt H. J. Fuchs[3] reine konz. Mercksche Schwefelsäure (für Mikrokjeldahl) zu verwenden. Bei Verwendung einer 20%igen Veratrollösung und genannter Schwefelsäure im Originalmengenverhältnis ist der Nachweis von Acetaldehyd wie bei der Originalmethode möglich; die Empfindlichkeit ist auf das Doppelte gestiegen.

β) Bestimmung als Essigsäure nach P. Szeberényi[4]. Das Verfahren beruht darauf, daß Milchsäure unter gewissen Bedingungen durch Chromsäure nur bis zur Essigsäure oxydiert wird nach der Gleichung

$$CH_3 \cdot CH(OH) \cdot COOH + O_2 = CH_3 \cdot COOH + CO_2 + H_2O$$

Eine etwa 20—40 ccm N.-Lauge entsprechende — von Alkohol, Aldehyde, Ketonen und Essigsäure befreite — Milchsäurelösung wird in einem 500 ccm-Kolben mit 50%iger Chromsäurelösung im Überschuß (etwa 10—30 ccm) und 20 ccm verd. Schwefelsäure (1 : 1) versetzt, mit Wasser auf etwa 100 ccm verdünnt und 15 Minuten am Rückflußkühler gekocht. Ist alle Chromsäure verbraucht, die Lösung also grün geworden, so muß ein weiterer Zusatz von Chromsäurelösung erfolgen. Nach beendeter Oxydation und Abkühlung destilliert man die entstandene Essigsäure mit Wasserdampf ab und titriert sie im Destillat.

Da bei dieser Oxydation 3% der Milchsäure völlig zu Kohlensäure oxydiert werden, fallen die Ergebnisse um diesen Betrag zu niedrig aus; die gefundenen Gehalte müssen daher mit 1,03 multipliziert werden.

γ) Gasvolumetrische Bestimmung nach W. Hübner[5]. Milchsäure kann bestimmt werden durch Zersetzung mit konz. Schwefelsäure und Messung des dabei neben Acetaldehyd entwickelten Kohlenoxyds. 10 ccm einer Milchsäurelösung werden mit einem geringen Überschuß Barytlösung versetzt, auf dem Wasserbade $^1/_2$ Stunde erhitzt und hierauf in einem Fraktionskölbchen bei mäßiger Wärme im Vakuum verdampft. Nachdem der Inhalt des Kölbchens

[1] Die Stärkelösung (0,5%) wird in der Weise hergestellt, daß 1 g Stärke und 4 g Zinkchlorid mit Wasser einige Zeit gekocht, auf 100 ccm aufgefüllt und filtriert werden.
[2] B. Mendel u. I. Goldscheider: Biochem. Zeitschr. 1925, **164**, 163.
[3] H. J. Fuchs: Biochem. Zeitschr. 1930, **217**, 405.
[4] P. Szeberényi: Zeitschr. analyt. Chem. 1917, **56**, 505.
[5] W. Hübner: Diss. Universität Bonn 1903. — Auf dem gleichen Prinzip beruhen die Verfahren von A. Partheil: Arch. Pharm. **241**, 433 und **Z.** 1902, **5**, 1052 und von G. Paris: Staz. sperim. agrar. ital. 1907, **40**, 689; **C.** 1908, I, 773.

vollständig trocken ist, befestigt man das völlig erkaltete Kölbchen luftdicht an einem mit Wasser gefüllten Nitrometer. Der Hals des Fraktionskölbchens wird mit einem Tropftrichter versehen, durch den man zu dem Rückstand einige ccm konz. Schwefelsäure fließen läßt; darauf wird die Verbindung zwischen Kölbchen und Nitrometer hergestellt. Durch vorsichtiges Erhitzen mit einer kleinen Bunsen-Flamme leitet man die Reaktion ein. Das sich entwickelnde Kohlenoxyd drängt eine entsprechende Menge Luft in das Nitrometer. Die Reaktion verläuft glatt und schnell; ihr Ende ist deutlich dadurch zu erkennen, daß sich das Reaktionsgemisch vollständig beruhigt. Um es von Schwefliger Säure und Kohlensäure zu befreien, wird das Gas mit 30%iger Natronlauge gewaschen, nach einstündigem Stehen das Volumen des gebildeten Kohlenoxydes bestimmt und unter Berücksichtigung von Temperatur und Luftdruck die Berechnung ausgeführt. Die Reaktion verläuft in dem Sinne, daß ein Molekül Kohlenoxyd einem Molekül Milchsäure entspricht gemäß der Gleichung

$$CH_3 \cdot CH(OH) \cdot COOH = CH_3 \cdot CHO + CO + H_2O.$$

Nach R. Meissner[1] arbeitet man zweckmäßig im Kohlendioxydstrom, fängt ferner das Kohlenoxyd nicht in Wasser, sondern über 50%iger Kalilauge auf und leitet es zuletzt noch in ammoniakalische Kupferchlorürlösung, um etwaige Verunreinigungen auszuschalten.

δ) **Bestimmung als Zinklactat.** Man verfährt nach E. Buchner und J. Meisenheimer[2], wie folgt: Die auf Milchsäure zu prüfende — nötigenfalls mit Bleicarbonat gekochte, filtrierte und durch Schwefelwasserstoff entbleite — Lösung wird siedend mit überschüssigem Zinkcarbonat versetzt, filtriert, auf dem Wasserbade stark eingeengt und vorsichtig — damit das Zinklactat nicht amorph ausfällt — mit Alkohol versetzt. Das sich krystallinisch ausscheidende Zinklactat wird abgesaugt, mit schwach verdünntem Alkohol ausgewaschen und als solches gewogen oder in Zinkoxyd übergeführt. Nötigenfalls behandelt man die Mutterlauge nochmals in ähnlicher Weise.

ε) **Bestimmung als Bariumlactat.** Das von R. Kunz[3] und W. Möslinger[4] zur Bestimmung der Milchsäure im Wein angewendete Verfahren beruht auf der Löslichkeit des Bariumlactats in Alkohol. Aus dem alkohollöslichen Bariumlactat wird die Milchsäure entweder aus dem Bariumgehalt (R. Kunz) oder der Aschenalkalität (W. Möslinger) berechnet; siehe unter ζ). — M. Ripper und F. Wohack[5] haben das Verfahren von W. Möslinger zu einem Mikroverfahren ausgearbeitet.

ζ) **Bestimmung der Milchsäure neben anderen organischen Säuren.** Seitdem durch R. Kunz und W. Möslinger nachgewiesen worden ist, daß Äpfelsäure im Wein in Milchsäure übergehen kann, ist die Bestimmung der Milchsäure, besonders im Wein recht häufig notwendig. Man trennt sie von den flüchtigen Säuren durch Destillation der letzteren und von den anderen organischen Säuren (Äpfel-, Wein-, Citronensäure) entweder durch Ausziehen des Säuregemisches mit Äther oder durch Fällen mit Bariumhydroxyd oder durch Oxydation zu Acetaldehyd oder Essigsäure. Es sind für ihre Bestimmung folgende Verfahren in Vorschlag gebracht, nämlich:

a) Verfahren von R. Kunz[3]. Er versetzt 200 ccm der Säurelösung (z. B. Wein) mit Bariumhydroxyd bis zur alkalischen Reaktion, dampft auf $^2/_3$ des Volumens ein, füllt den Rückstand auf 200 ccm auf, filtriert nach dem Durchmischen, dampft 150 ccm des Filtrats nach Sättigen mit Kohlensäure auf dem

---

[1] R. Meissner: Biochem. Zeitschr. 1914, **68**, 175.
[2] E. Buchner u. J. Meisenheimer: Ber. Deutsch. Chem. Ges. 1904, **37**, 425.
[3] R. Kunz: Z. 1901, **4**, 673.
[4] W. Möslinger: Z. 1901, **4**, 1120.
[5] M. Ripper u. F. Wohack: Zeitschr. landw. Versuchsw. Österreich 1919, **22**, 15.

Wasserbade bis zur Sirupkonsistenz ein, zersetzt den Rückstand mit verd. Schwefelsäure und zieht ihn 18 Stunden lang in einem geeigneten Apparat (SCHACHERL) mit Äther aus. Der Ätherauszug wird mit etwa 30 ccm Wasser ausgeschüttelt, dann der Äther verjagt, der Rückstand unter Anwendung eines Wasserdampfstromes bis zu einer Destillatmenge von 600—800 ccm von flüchtigen Säuren befreit, mit etwas überschüssigem Bariumhydroxyd unter Anwendung von Phenolphthalein als Indicator versetzt, 15 Minuten auf dem Wasserbade erwärmt und, falls noch alkalische Reaktion bestehen bleibt, mit Kohlensäure gesättigt. Darauf dampft man im Wasserbade bis auf 10 ccm ein, spült mit 40 ccm Wasser in einen Meßkolben von 150 ccm, füllt bis zur Marke mit Alkohol (95%) auf, mischt, filtriert, dampft bis zur Entfernung des Alkohols auf dem Wasserbade ein, säuert mit Salzsäure an, setzt Natriumsulfat hinzu und bestimmt das gefällte Bariumsulfat in üblicher Weise. 1 g Bariumsulfat = 0,7725 g Milchsäure.

b) Verfahren von W. MÖSLINGER[1]. Aus 50 oder 100 ccm der zu untersuchenden Säurelösung (z. B. Wein) werden mittels Wasserdampfes die flüchtigen Säuren abdestilliert und die zurückbleibende Flüssigkeit in einer Porzellanschale mit Barytwasser bis zur neutralen Reaktion gegen Lackmus abgesättigt. Nach dem Hinzufügen von 5—10 ccm 10%iger Bariumchloridlösung wird bis auf etwa 25 ccm eingedampft und mit einigen Tröpfchen Barytwasser aufs neue genaue Neutralität hergestellt. Man fügt vorsichtig in geringen Mengen unter Umrühren reinsten Alkohol (95%) hinzu, bis die Flüssigkeit etwa 70—80 ccm beträgt, und führt den Inhalt der Porzellanschale nunmehr unter Nachspülen mit Alkohol in einen 100 ccm-Kolben über, füllt mit Alkohol auf und filtriert durch ein trockenes Faltenfilter, wobei der Trichter bedeckt gehalten wird. 80 ccm oder mehr des Filtrates werden unter Zusatz von etwas Wasser in einer Platinschale verdampft; der Rückstand wird alsdann vorsichtig verkohlt und — ohne die Asche weiß zu brennen, was überflüssig ist — seine Alkalität mit 0,5 N.-Salzsäure in bekannter Weise bestimmt und in ccm N.-Alkalilauge ausgedrückt. 1 ccm N.-Alkalität der Asche entspricht 0,090 g Milchsäure.

Zieht man es vor, die Mineralstoffe zu beseitigen, ehe man an die Überführung in die Bariumsalze und deren Trennung geht, so werden wiederum aus 50 oder 100 ccm der Säurelösung die flüchtigen Säuren abgetrieben, der Rückstand in der Schale mit etwas Weinsäure versetzt, wozu meist 0,2 bzw. 0,4 g ausreichen, und bis zum dünnen Sirup (d. h. bis auf wenige ccm) eingedampft. Man gießt den Rückstand in einen mit Glasstopfen versehenen, 50 ccm fassenden, graduierten Stehzylinder, spült mit wenigen Tropfen Wasser, bis das Volumen der wäßrigen Flüssigkeit etwa 5 ccm beträgt, und darauf weiter mit kleinen Mengen von Alkohol (95%) nach, immer unter Umschütteln, bis die Flüssigkeit 30 ccm beträgt; alsdann fügt man zweimal je 10 ccm Äther hinzu, indem man jedesmal kräftig schüttelt. Das Gesamtvolumen beträgt nunmehr 50 ccm. Man schüttelt und läßt absitzen, bis die Flüssigkeit völlig klar geworden ist, gießt in eine Porzellanschale ab und spült mit Äther-Alkohol nach. Unter Zusatz von Wasser wird die Flüssigkeit nunmehr zunächst von Äther und Alkohol durch Eindampfen befreit, alsdann mit Barytwasser neutralisiert und — ohne Zusatz von Bariumchlorid — weiter verfahren wie oben.

A. PARTHEIL[2] hält das MÖSLINGERsche Verfahren schon deshalb für fehlerhaft, weil die Milchsäure bei der Destillation im Wasserdampfstrome nicht unflüchtig ist, daher mit den flüchtigen Säuren zum Teil verloren geht. Wenngleich R. KUNZ[3] diesen Verlust für unerheblich hält, so weist W. MÖSLINGER noch auf andere Fehlerquellen des Verfahrens von KUNZ hin, so daß es nicht als genau bezeichnet werden könne.

Nach einer vergleichenden Prüfung von J. TRUMMER[4] ist das Verfahren von KUNZ bei einigen Abänderungen in allen Fällen anwendbar, wenn es auch umständlicher als das von MÖSLINGER ist. Die Abscheidung der in Wasser unlöslichen Bariumsalze nach KUNZ ist besser mit heiß gesättigtem Barytwasser als mit gepulvertem Bariumhydroxyd auszuführen.

[1] W. MÖSLINGER: Z. 1901, 4, 1120.
[2] A. PARTHEIL: Z. 1902, 5, 1053.
[3] R. KUNZ: Z. 1903, 6, 728.
[4] J. TRUMMER: Zeitschr. landw. Versuchsw. Österreich 1908, 11, 492.

c) Sonstige Verfahren. Zur Bestimmung der Milchsäure neben anderen Säuren verwendet E. K. NELSON[1] Chininsulfat und (J. K. PHELPS und H. E. PALMER[2]) Guanidinsulfat. A. BELLET[3] oxydiert die Milchsäure mit Kaliumpermanganatlösung zu Acetaldehyd und bestimmt diesen durch Reduktion von alkalischer Silberlösung.

ζ) Mikrochemische Bestimmung. αα) Das Verfahren von O. v. FÜRTH und D. CHARNASS (S. 1100) ist von S. W. CLAUSEN[4] als Mikroverfahren ausgebildet worden:

Die etwa 0,5 mg Milchsäuree nthaltende Lösung wird mit so viel 25%iger Schwefelsäure versetzt, daß die Konzentration davon etwa 0,5% beträgt. Dann gibt man 2 ccm 5%ige Manganosulfatlösung und etwas Talkum hinzu. Die Apparatur ist die gleiche wie für die Makrobestimmung nur entsprechend kleiner. Zur Oxydation verwendet man 0,002 N.-Kaliumpermanganatlösung, von der 40—50 Tropfen je Minute zugegeben werden. Bei 0,5 mg Milchsäure werden 10 ccm 0,02 N.-Bisulfitlösung vorgelegt. Die Oxydation dauert 20—25 Minuten. Die Titration der nicht gebundenen Bisulfitlösung erfolgt zunächst mit 0,02—0,04 N.-Jodlösung, zum Schlusse mit 0,002—0,0025 N.-Jodlösung mittels Mikrobürette unter Verwendung von Stärkelösung.

ββ) Bestimmung als Essigsäure nach K. HANSEN[5]. Die Milchsäure wird nach S. 1101 mit Chromsäure zu Essigsäure oxydiert.

In einem 100 ccm-ERLENMEYER-Kolben werden aus einer Mikrobürette 5 ccm Bichromatlösung (7,6237 g/l; 1 ccm = 3,5 mg Milchsäure) abgemessen und die Milchsäurelösung, die frei von anderen reduzierenden Stoffen sein muß, zugesetzt. Beträgt die zugesetzte Milchsäurelösung weniger als 5 ccm, so wird mit Wasser auf 5 ccm ergänzt. Aus einer Bürette werden 15 ccm 40%ige chemisch reine Schwefelsäure zugesetzt. Der Kolben wird mit einem Gummistopfen gut verschlossen und 1 Stunde in den Thermostaten bei 70° gesetzt. Temperaturschwankungen, die ± 5° nicht überschreiten, schaden nicht. Darauf wird mit 50 ccm Wasser verdünnt. Man setzt dann 2 ccm 10%ige Kaliumjodidlösung zu und titriert mit Natriumthiosulfatlösung aus der Mikrobürette mit Stärke als Indicator. Ein blinder Versuch muß ausgeführt werden, um die Menge des durch Schwefelsäure reduzierten Bichromats festzustellen. Die Milchsäure muß in reiner Lösung vorliegen. Bei einer Menge über 1 mg Milchsäure übersteigt der relative Fehler nicht 2%, bei geringeren Mengen (bis zu 0,4 mg) nicht 5%.

7. Äpfelsäure.

$(C_4H_6O_5 = HOOC \cdot CH_2 \cdot CH(OH) \cdot COOH.)$

Als „Äpfelsäure" ist hier lediglich die in der Natur vorkommende l-Äpfelsäure behandelt. Die Äpfelsäure (Oxybernsteinsäure) ist eine zweibasische Oxysäure. Sie ist sehr leicht löslich in Wasser und Alkohol. 100 Tle. Äther lösen bei 15° 8,4 Tle. l-Äpfelsäure. In verd. wäßriger Lösung zeigt Äpfelsäure schwache Linksdrehung, bei etwa 34% besteht Inaktivität, bei größeren Konzentrationen Rechtsdrehung, die durch Säuren, besonders durch Schwefelsäure, wieder in Linksdrehung übergeht. Das Drehungsvermögen in Aceton ist ziemlich konstant $[\alpha]_D = -5{,}7°$. Über den Einfluß von Uran und Molybdänsäure auf das Drehungsvermögen siehe S. 1106.

Beim Erhitzen von Äpfelsäure auf 100° entsteht glasartige Malomalsäure $[C_5H_7O_3(COOH_3)]$[6]. Bei mehrstündigem Kochen mit Salzsäure geht l-Äpfelsäure in Fumarsäure über, ebenso beim Erhitzen mit Wasser und einigen Tropfen Schwefelsäure auf 160°. Erhitzt man Äpfelsäure mit konz. Schwefelsäure oder Chlorzink, so entsteht zunächst neben Ameisensäure eine Aldehydsäure ($HOOC \cdot CH_2 \cdot CHO$). — Konz. Jodwasserstoffsäure reduziert Äpfelsäure bei 130° unter Druck zu Bernsteinsäure. Mit Salpetersäure entsteht Oxalsäure; Oxydation mit

[1] E. K. NELSON: Journ. Assoc. official. agricult. Chemists 1926, **9**, 331; **C.** 1926, II,2207.
[2] J. K. PHELPS u. H. E. PALMER: Journ. Amer. Chem. Soc. 1917, **39**, 136; **C.** 1917, I, 1032.
[3] A. BELLET: Bull. Soc. chim. France 1913, [4] **13**, 565; **C.** 1913, II, 457.
[4] S. W. CLAUSEN: Journ. Biol. Chem. 1922, **52**, 263; **C.** 1922, IV, 531. — Vgl. auch F. LEHNARTZ: Zeitschr. physiol. Chem. 1928, **179**, 1.
[5] K. HANSEN: Biochem. Zeitschr. 1926, **167**, 58.
[6] P. WALDEN: Ber. Deutsch. Chem. Ges. 1899, **32**, 2706.

Permanganat liefert zunächst Oxalessigsäure. Durch heiße Permanganatlösung wird Äpfelsäure zu Kohlensäure oxydiert. Beim Kochen mit 20%iger Natronlauge entsteht Fumarsäure. Beim Schmelzen mit Kali werden Essig- und Oxalsäure gebildet. Die Fällung von Kupfer durch Alkalien wird durch l-Äpfelsäure verhindert.

a) Nachweis.

α) **Nachweis als Fumarsäure.** Nach J. A. SANCHEZ[1] gibt Äpfelsäure beim Erhitzen im trockenen Reagensglase bei etwa 200° ein feinkrystallines Sublimat von Fumarsäure, die durch ihre Schwerlöslichkeit in kaltem Wasser und nach Zusatz von wenig Ammoniak durch das schwerlösliche Silbersalz auch neben Wein- und Citronensäure sicher zu erkennen ist. Vgl. S. 1042. Angewendet werden 0,02—0,05 g.

β) **Nachweis nach G. DENIGÈS**[2]. Die Reaktion beruht auf der Bildung der Quecksilberverbindung der Oxalessigsäure ($HOOC \cdot CH_2 \cdot CO \cdot COOH$). Fügt man zu einer verd. Äpfelsäurelösung 0,1 Mol einer Lösung von 5,0 g Mercuriacetat und 1 ccm Essigsäure in 100 ccm Wasser, erhitzt die filtrierte Mischung zum Sieden, entfernt vom Feuer und setzt sofort tropfenweise 2%ige Kaliumpermanganatlösung zu, so fällt ein weißer Niederschlag aus. Es lassen sich so noch 5 mg Äpfelsäure in 100 ccm Wasser nachweisen.

Citronensäure gibt die gleiche Reaktion.

γ) **Nachweis nach L. ROSENTHALER**[3]. Versetzt man 0,25 g Äpfelsäure in 1 ccm Wasser mit je 5 g Diazogemisch (4 Tle. 0,5%iger Sulfanilsäure [1 g Sulfanilsäure, 50 g 5 N.-Salzsäure, 150 g Wasser] und 1 Tl. 0,7%ige Natriumnitritlösung) und Natronlauge, so tritt bei Anwesenheit von Äpfelsäure sofort Braunfärbung auf, die schon nach 1 Minute in ein rasch intensiver werdendes Rot übergeht.

Bei Citronensäure tritt erst nach 10 Minuten eine sehr schwache Rosafärbung auf. In schwächeren Lösungen ist die Reaktion noch charakteristischer, weil dann Citronensäure nicht reagiert. Weinsäure stört die Reaktion nicht. In 1%iger Lösung ist noch 0,01 g Äpfelsäure nachweisbar.

H. SCHMALFUSS und K. KEITEL[4] haben diese Reaktion auch zum mikrochemischen Nachweis der Äpfelsäure empfohlen.

δ) **Fluorescenzreaktion nach S. A. CELSI**[5]. Im Probierröhrchen werden 2—3 Tropfen der Äpfelsäurelösung mit etwa 2 ccm konz. Schwefelsäure und ein wenig Resorcin etwa 5 Minuten im Wasserbade erwärmt. Nach dem Abkühlen wird mit 10 ccm Wasser versetzt und nach nochmaliger Abkühlung mit konz. Ammoniaklösung tropfenweise bis zur deutlich alkalischen Reaktion versetzt. Will man die Reaktion als Ringreaktion ausführen, so behandelt man mit Ammoniak, ohne zu mischen, so daß zwei Schichten entstehen. Die schön blaue Fluorescenz gibt sich am besten im Sonnenlicht bei seitlicher Besichtigung über schwarzem Untergrund oder noch besser im Magnesiumlicht zu erkennen. Sie tritt sowohl bei der freien Säure als auch beim Natrium-, Kalium- und Calciumsalz ohne weiteres auf. Es läßt sich auf diese Weise noch 0,01 mg Äpfelsäure nachweisen.

Eine ähnliche blaue Fluorescenzreaktion tritt nach E. EEGRIWE[6] mit einer Lösung von 2,5 mg Naphthol in 100 ccm 96%iger Schwefelsäure ein, wenn man eine kleine Menge von Calciummalat mit einigen Kubikzentimetern des

[1] J. A. SANCHEZ: Anales Assoc. quim. Argentina 1926, **14**, 356; C. 1927, II, 302.
[2] G. DENIGÈS: Compt. rend. Paris 1900, **130**, 32; C. 1900, I, 328.
[3] L. ROSENTHALER: Chem.-Ztg. 1912, **36**, 830.
[4] H. SCHMALFUSS u. K. KEITEL: Zeitschr. physiol. Chem. 1924, **138**, 156.
[5] S. A. CELSI: Quimica e Industria 1926, **3**, 205; C. 1926, II, 2207.
[6] E. EEGRIWE: Zeitschr. analyt. Chem. 1932, **89**, 121.

Reagens erwärmt. Siehe S. 1110. 0,01 mg Äpfelsäure ist mit 1,5 ccm Reagens noch nachweisbar.

ε) Sonstige Reaktionen. αα) Nachweis durch Überführen in Hydrazid nach H. Franzen und E. Schuhmacher[1]. Äpfelsäurediäthylester wird mit der dreifachen Gewichtsmenge absol. Alkohol gelöst, ein Überschuß von Hydrazinhydrat hinzugefügt und das Gemisch $^1/_2$ Stunde auf dem siedenden Wasserbade erhitzt, die farblose, krystalline Masse wird abgesaugt, mit Alkohol nachgewaschen und getrocknet. Schmp. 177—178°.

ββ) Kocht man nach Papasogli-Poli[2] eine Lösung von Äpfelsäure mit etwas Schwefelsäure und Kaliumbichromat, so soll sich ein Geruch nach frischen Äpfeln (Aldehyd ?) entwickeln.

γγ) Eine wäßrige Lösung von Äpfelsäure gibt mit Bleiacetat einen voluminösen flockigen Niederschlag, der allmählich krystallin wird, in kochendem Wasser, in welchem er sich etwas löst, harzartig zusammen schmilzt und dann beim Erkalten hart und spröde wird[3].

δδ) Eine neutralisierte Lösung von Äpfelsäure, die Ammoniumchlorid enthält, wird durch Calciumchlorid selbst beim Kochen nicht gefällt, gibt aber auf Zusatz von 1—2 Volumen Alkohol einen Niederschlag, der beim Erwärmen in der alkoholischen Lösung in weiche Klümpchen übergeht, die beim Erkalten erhärten und dann unter Druck in ein krystallines Pulver zerfallen[4].

Mikrochemischer Nachweis. Für den mikrochemischen Nachweis der Äpfelsäure eignen sich besonders folgende Verfahren:

α) Nachweis als Silbersalz. Siehe O. Klein und Werner, S. 1049.

β) Für den Nachweis sehr kleiner Mengen eignet sich gut die Zersetzung zu Fumarsäure[5]. Zu dem Zweck sublimiert man recht langsam bei möglichst niedriger Temperatur. Den Beschlag der Fumarsäure löst man durch Erwärmen mit einem Tröpfchen Wasser teilweise auf. Bei dem Erkalten krystallisieren zugleich Nädelchen (40—60 μ), krumme Federn, Zweige und Ranken aus.

γ) Ferner kann zum Nachweise auch das Mikrobecherverfahren nach C. Griebel (S. 1026) verwendet werden.

δ) H. Schmalfuss und K. Keitel[6] verwenden die Reaktion von L. Rosenthaler (S. 1105) zum mikrochemischen Nachweis. Versetzt man 1 Mikrotropfen Diazobenzolsulfosäure-Lösung mit einem Körnchen Äpfelsäure, so entsteht ein rotbrauner Ring.

b) Bestimmung.

α) Polarimetrische Bestimmung nach Fr. Auerbach und D. Krüger[7]. Das Verfahren beruht auf der Erhöhung der Drehung der Äpfelsäure durch Zusatz von Uranacetat und Ammoniummolybdat unter Bildung entsprechender Komplexverbindungen. Die Linksdrehung einer wäßrigen 1%igen Lösung wird 229fach vergrößert, so daß für Lösungen bis 0,1 mol/l für die Uranyläpfelsäure ($HC_4H_3O_5 \cdot UO_2$) das molekulare Drehungsvermögen [M] = —700° beträgt. für die Molybdänäpfelsäure ist [M] = + 1020°. Das molekulare Drehungsvermögen der Uranylweinsäure steigt bis + 650° und das der Molybdänweinsäure beträgt + 1044°.

Ausführung der Bestimmung: Von der klaren, etwa 1%igen Lösung der Äpfelsäure, die als Bariummalat vorliegt, werden

1. 10 ccm mit Wasser auf 25 ccm aufgefüllt,

2. 20 ccm mit 2,5 ccm der Dinatriumcitratlösung und 3,5 g Uranylacetat 4 Stunden auf der Schüttelmaschine geschüttelt und sodann genau auf 25 ccm aufgefüllt,

---

[1] H. Franzen u. E. Schuhmacher: Zeitschr. physiol. Chem. 1921, **115**, 9.

[2] Papasogli-Poli: Zeitschr. analyt. Chem. 1883, **22**, 97.

[3] Braconnot: Annales de Chimie et de Physique (II) **6**, 254; 8, 155. — Beilsteins Handbuch der organischen Chemie, 4. Aufl., S. 424, 1921.

[4] Beilsteins Handbuch der organischen Chemie, 4. Aufl., S. 424, 1921.

[5] Behrens-Kley: Organisch-mikrochemische Analyse, S. 338, 1922.

[6] H. Schmalfuss u. K. Keitel: Zeitschr. physiol. Chem. 1924, **138**, 156.

[7] Fr. Auerbach u. D. Krüger: **Z.** 1923, **46**, 97, 177 (daselbst auch Angaben über die ältere Literatur). — Vgl. insbesondere P. A. Yoder: **Z.** 1911, **22**, 329. — P. B. Dunbar u. R. F. Bacon: Journ. Ind. and Engin. Chem. 1911, **3**, 826; **C.** 1912 I, 1148. — J. J. Willaman: Journ. Amer. Chem. Soc. 1918, **40**, 1.

3. 10 ccm mit 2 ccm Eisessig und etwa 10 ccm der Ammoniummolybdatlösung (jedenfalls mit soviel, daß 12,5 mmol Molybdän vorhanden sind) genau auf 25 ccm aufgefüllt.

Der Inhalt jedes der drei Kölbchen wird durch ein trockenes Filter in ein 200 mm-Polarisationsrohr filtriert. Sollte die Molybdänmischung durch niedere Molybdänoxyde blau gefärbt sein, so wird sie vor der Filtration bei Zimmertemperatur mit Tierkohle geschüttelt.

Tabelle 5. Ermittlung der Äpfelsäurekonzentration der **Uranmischung** aus dem abgelesenen Drehungswinkel.

α = abgelesener Drehungswinkel.
c = mmol/l Äpfelsäure in der polarimetrisch gemessenen Lösung.
$F = c/\alpha$ = Faktor zur Berechnung der Konzentration aus dem abgelesenen Winkel.
Temperatur 18—20°. 200 mm-Rohr. Natriumlicht.

$-\alpha$	c	Diff.	F	$-\alpha$	c	Diff.	F	$-\alpha$	c	Diff.	F
0,1°	1,05	75	10,50	1,6°	12,48	76	7,80	3,1°	23,89	76	7,71
0,2°	1,80	74	9,00	1,7°	13,24	77	7,79	3,2°	24,65	75	7,70
0,3°	2,54	75	8,47	1,8°	14,01	76	7,78	3,3°	25,40	75	7,70
0,4°	3,29	75	8,23	1,9°	14,77	76	7,77	3,4°	26,15	76	7,69
0,5°	4,04	76	8,08	2,0°	15,53	77	7,77	3,5°	26,91	75	7,69
0,6°	4,80	77	8,00	2,1°	16,30	76	7,76	3,6°	27,66	75	7,68
0,7°	5,57	77	7,96	2,2°	17,06	77	7,75	3,7°	28,41	75	7,68
0,8°	6,34	77	7,93	2,3°	17,83	76	7,75	3,8°	29,16	75	7,67
0,9°	7,11	77	7,90	2,4°	18,59	76	7,75	3,9°	29,91	75	7,67
1,0°	7,88	76	7,88	2,5°	19,35	76	7,74	4,0°	30,66	75	7,67
1,1°	8,64	77	7,86	2,6°	20,11	76	7,73	4,1°	31,41	75	7,66
1,2°	9,41	77	7,84	2,7°	20,87	76	7,73	4,2°	32,16	74	7,66
1,3°	10,18	76	7,83	2,8°	21,63	75	7,73	4,3°	32,90	74	7,65
1,4°	10,94	77	7,81	2,9°	22,38	76	7,72	4,4°	33,64		7,65
1,5°	11,71	77	7,81	3,0°	23,14	75	7,71				

Tabelle 6. Ermittlung der Äpfelsäurekonzentration der **Molybdänmischung** aus dem abgelesenen Drehungswinkel.

α = abgelesener Drehungswinkel.
c = mmol/l Äpfelsäure in der polarimetrisch gemessenen Lösung.
$F = c/\alpha$ = Faktor zur Berechnung der Konzentration aus dem abgelesenen Winkel.
Temperatur 18—20°. 200 mm-Rohr. Natriumlicht.

$+\alpha$	c	Diff.	F	$+\alpha$	c	Diff.	F	$+\alpha$	c	Diff.	F
0,08°	0,13	14	1,63	1,5°	8,05	52	5,37	3,0°	15,56	48	5,18
0,10°	0,27	67	2,70	1,6°	8,57	51	5,36	3,1°	16,04	48	5,17
0,2°	0,94	60	4,70	1,7°	9,08	51	5,34	3,2°	16,52	48	5,16
0,3°	1,54	59	5,13	1,8°	9,59	51	5,33	3,3°	17,00	47	5,15
0,4°	2,13	56	5,33	1,9°	10,10	51	5,32	3,4°	17,47	47	5,13
0,5°	2,69	56	5,38	2,0°	10,61	50	5,30	3,5°	17,94	47	5,12
0,6°	3,25	55	5,41	2,1°	11,11	50	5,29	3,6°	18,41	47	5,11
0,7°	3,80	55	5,42	2,2°	11,61	50	5,27	3,7°	18,88	47	5,10
0,8°	4,35	54	5,43	2,3°	12,11	49	5,26	3,8°	19,35	46	5,09
0,9°	4,89	53	5,43	2,4°	12,60	50	5,25	3,9°	19,81	47	5,08
1,0°	5,42	54	5,42	2,5°	13,10	49	5,24	4,0°	20,28	46	5,07
1,1°	5,96	53	5,42	2,6°	13,59	49	5,23	4,1°	20,74		5,06
1,2°	6,49	52	5,41	2,7°	14,08	49	5,22				
1,3°	7,01	52	5,39	2,8°	14,59	48	5,21				
1,4°	7,53	52	5,38	2,9°	15,07	49	5,19				

Die Ablesungen am Polarisationsapparat sind bei Natriumlicht oder bei weißem Licht, das durch Anwendung geeigneter Lichtfilter auf die spektrale Zusammensetzung des Natriumlichtes gebracht ist, bei der gewöhnlichen Zimmertemperatur von 15—20° auszuführen. Für jede Messungsreihe wird zunächst die Nullstellung des Apparates am Nullpunkt und nach Drehung um 180° durch je drei Ablesungen ermittelt, sodann der Drehungswinkel der Lösungen durch je drei Ablesungen vor und nach der Drehung um 180° bestimmt.

Berechnung. Von den bei Gegenwart von Uran und Molybdän beobachteten Winkeln ist der Drehungswinkel der Lösung ohne drehungssteigernden Stoff abzuziehen. Aus den so erhaltenen beiden Winkeln (α) wird aus den Tabellen 5 und 6 auf S. 1107 die Äpfelsäurekonzentration (c) der polarimetrisch gemessenen Lösung entnommen.

β) Bestimmung als Fumarsäure nach R. Kunz[1]. Äpfelsäure wird durch Natronlauge bei 120—130° quantitativ in Fumarsäure überführt. Man versetzt die wäßrige Lösung (etwa 1%ig) mit 10 ccm Natriumcarbonatlösung (1:9) und 10 ccm Natronlauge (1:9), dampft zur Trockne und erhitzt den Trockenrückstand während 3 Stunden in einem Trockenkasten auf 120—130°. Darauf wird in verd. Salzsäure gelöst und die Fumarsäure in einem kleinen Schacherlschen Apparat mit Äther extrahiert. Die Fumarsäure wird durch Titration bestimmt.

γ) Bestimmung als Calciummalat nach H. W. Cowles jr.[2]. Das Verfahren beruht darauf, daß Äpfelsäure durch Calciumacetat in einer Lösung von 85%igem Alkohol quantitativ ausgefällt wird. 5 ccm Lösung werden mit 2 ccm Calciumacetatlösung (10%) und 100 ccm Alkohol (95%) verrührt und auf dem Wasserbade erwärmt, bis die überstehende Flüssigkeit klar ist. Der Niederschlag wird abfiltriert und mit 85%igem Alkohol gewaschen, bis er frei von löslichen Calciumsalzen ist, darauf geglüht und zur Austreibung aller Kohlensäure mit einem Überschuß von 0,1 N.-Salzsäure gelinde erwärmt; Sieden ist zu vermeiden. Nach dem Abkühlen wird mit 0,1 N.-Natronlauge zurücktitriert.

δ) Bestimmung als Bariummalat nach M. Pozzi-Escot[3]. Die Bestimmung als Calciummalat gibt ungenaue Werte, da Calciumacetat in 85%igem Alkohol unlöslich ist und sich mit dem Calciummalat niederschlägt. Zur Fällung nimmt man zweckmäßig eine gesättigte, schwach ammoniakalische Lösung von Bariumbromid in 96%igem oder absolutem Alkohol. Die zu analysierende Lösung muß vor dem Zusatz des Bariumbromids neutralisiert und zum Sirup eingedampft sein; Alkohol muß in sehr großem Überschuß vorhanden sein.

ε) Bestimmung als Palladium nach A. Hilger[4]. Das Verfahren beruht auf dem Reduktionsvermögen der Äpfelsäure gegenüber Palladiumchlorid. 1 g Äpfelsäure reduziert aus Palladiumchloridlösung 0,294 g Palladium. Die neutrale wäßrige Lösung (100 ccm) wird in einem 500 ccm-Erlenmeyer-Kolben mit 10 ccm 5%iger Palladiumchloridlösung vermischt und hierauf 10 Minuten im Sieden erhalten. Unter lebhafter Kohlensäureentwicklung erfolgt die Reduktion des Palladiumchlorids. Hat die Kohlensäureentwicklung aufgehört, so wird mit Salzsäure schwach angesäuert und das Erhitzen auf dem Wasserbade fortgesetzt, bis sich das Palladium zusammenballt und zu Boden setzt. Das ausgeschiedene sehr gut filtrierbare Metall wird durch ein Allihnsches Rohr filtriert, vollkommen ausgewaschen, getrocknet, im Kohlensäurestrom erhitzt und nach dem Erkalten zur Wägung gebracht.

Glycerin, Glykolsäure, Gerbstoff, ferner Farbstoffe und Zucker wirken ebenfalls reduzierend auf Palladiumchlorid.

---

[1] R. Kunz: Z. 1903, 6, 728.
[2] H. W. Cowles jr.: Journ. Amer. Chem. Soc. 1908, 30, 1285; Z. 1909, 17, 415.
[3] M. Pozzi-Escot: Bull. Soc. chim. Belg. 1908, 22, 413; C. 1909, I, 106.
[4] A. Hilger: Z. 1901, 4, 49.

ζ) Das titrimetrische Verfahren zur Bestimmung der Äpfelsäure nach W. MESTREZAT[1], das auf der Oxydation der Äpfelsäure in saurer Lösung zu Ameisensäure und Kohlensäure beruht, scheint unsicher zu sein, da nach C. MICKO[2] Permanganat die Äpfelsäure keineswegs quantitativ oxydiert, nach A. HEIDUSCHKA[3] dagegen vollständig in Kohlensäure überführt.

8. Weinsäure.

($C_4H_6O_6$ = HOOC·CH(OH)·CH(OH)·COOH.)

Als „Weinsäure" wird hier lediglich die in der Natur vorkommende d-Weinsäure behandelt und im Anschlusse daran (S. 1015) kurz die d,l-Weinsäure (Traubensäure).

Die Weinsäure (Dioxybernsteinsäure) ist leicht löslich in Wasser (100 ccm Wasser von 20° lösen 129 g) und Alkohol (100 ccm [85 Gew.-%] Alkohol lösen 25 g); 100 ccm gewöhnlicher Äther lösen 2 g und 100 ccm wasserfreier Äther 0,4 g Weinsäure. — $[\alpha]^{20} = + 14{,}83 - 0{,}149\,p$, wobei p den Prozentgehalt der Lösung an Weinsäure bedeutet. — Konz. Schwefelsäure verkohlt Weinsäure in der Hitze unter Entwicklung von Schwefeldioxyd.

Silbernitrat erzeugt in einer Lösung von freier Weinsäure keine Fällung, in Lösungen neutraler Tartrate aber sofort eine weiße, käsige Fällung von Silbertartrat, leicht löslich in Salpetersäure und Ammoniak und im Überschuß des Alkalitartrates. Durch Erwärmen der ammoniakalischen Silberlösung scheidet sich metallisches Silber ab. Calciumchlorid erzeugt beim tropfenweisen Hinzufügen zu einer konz. Lösung von neutralem Alkalitartrat bei Abwesenheit von Ammoniumsalzen einen weißen amorphen Niederschlag, der sich unter Bildung von leicht löslichem Calciumalkalitartrat wieder löst. Wenn genügend Calciumchlorid zur völligen Zersetzung des Alkalitartrates hinzugefügt worden ist, entsteht eine bleibende, flockige, bald krystallinisch werdende Fällung von neutralem Calciumtartrat. In nicht konz. Lösung entsteht durch Calciumchlorid oft im Anfange keine Fällung; nach längerem Stehen scheidet sich der Niederschlag krystallinisch ab. 100 Tle Wasser lösen bei 15° 0,0159 Tle. und siedend 0,0285 Tle. Calciumtartrat. In Essigsäure ist Calciumtartrat löslich (Unterschied von Calciumoxalat), ebenso auch in mäßig konz. kohlensäurefreier Kali- oder Natronlauge (1:5). Durch Kochen dieser Lösung scheidet sich das Calciumtartrat in Form eines voluminösen Niederschlages aus, der beim Erkalten wieder in Lösung geht. Ammoniumchlorid verhindert die Bildung des Calciumtartrates nicht. Kaliumsalze erzeugen in neutralen Lösungen von Alkalitartraten keine Fällung, wohl aber in essigsaurer Lösung. Das Kaliumbitartrat (Weinstein) ist in Wasser schwer löslich (100 ccm Wasser lösen bei 15° 0,443 und bei 20° 0,490 g des Salzes) ebenso in Essigsäure, leicht löslich dagegen in Mineralsäuren, Alkalilaugen und -carbonaten. Bleiacetat erzeugt in neutraler Lösung eine weiße, flockige Fällung von Bleitartrat, leicht löslich in Salpetersäure und Ammoniak.

Das Deutsche Arzneibuch VI (1926) stellt an die Weinsäure folgende Reinheitsanforderungen:

10 ccm der wäßrigen Lösung (1 + 9) müssen nach Zusatz von 5 Tropfen Bariumnitratlösung innerhalb einer Viertelstunde klar bleiben (Schwefelsäure). — Die wäßrige Lösung (1 + 9) darf nach annäherndem Neutralisieren mit Ammoniakflüssigkeit weder durch Ammoniumoxalatlösung (Calciumsalze) noch durch Calciumsulfatlösung (Oxalsäure, Traubensäure) verändert werden. — Die in einem Kölbchen mit 13 ccm Ammoniakflüssigkeit versetzte Lösung von 5 g Weinsäure in 10 ccm Wasser darf nach Zusatz von 2 ccm verd. Essigsäure durch 3 Tropfen Natriumsulfidlösung nicht dunkler gefärbt werden als eine Mischung von 10 ccm verd. Bleiacetatlösung, die in 550 ccm 0,1 ccm Bleiacetatlösung enthält, und 3 Tropfen Natriumsulfidlösung. (Unzulässige Mengen Blei- und Kupfersalze.) Die Beobachtung ist in 2 gleichweiten und bis zur gleichen Höhe gefüllten Probierrohren vorzunehmen. — 0,2 g Weinsäure dürfen nach dem Verbrennen keinen wägbaren Rückstand hinterlassen.

a) Nachweis.

α) Nachweis als Kaliumbitartrat (Weinstein). Wird eine essigsaure wäßrige Weinsäurelösung mit Kaliumchlorid versetzt, so entsteht eine krystalline

[1] W. MESTREZAT: Ann. Chim. analyt. appl. 1907, **12**, 173.
[2] C. MICKO: Zeitschr. analyt. Chem. 1892, **31**, 465.
[3] A. HEIDUSCHKA: Arch. Pharm. 1907, **245**, 458.

Abscheidung von Kaliumbitartrat (Weinstein). Die Abscheidung des Salzes wird durch Reiben mit einem Glasstabe und Alkoholzusatz befördert. Vgl. S. 1111.

β) **Nachweis nach J. N. Brönsted**[1]. Setzt man zu 5 ccm einer verd. Weinsäurelösung 1 ccm Calciumacetatlösung (5%) und 0,5 ccm l-Weinsäurelösung (1%), so entsteht sofort ein Niederschlag von Calciumracemat. Der Niederschlag besteht aus kugel- und garbenförmigen Nadelaggregaten, der des linksweinsaurem Calciums aus prismatischen Krystallen. Mit 0,1%igen Lösungen tritt die Ausscheidung sofort, mit 0,01%igen nach wenigen Minuten, mit 0,001%igen nach $^1/_2$ Stunde ein.

γ) **Farbenreaktionen.** Für den Nachweis der Weinsäure ist ein Reihe von Farbenreaktionen vorgeschlagen, insbesondere folgende:

αα) Reaktion mit Ferrosulfat und Wasserstoffsuperoxyd. Setzt man zu einer Weinsäurelösung Ferrosulfat und oxydiert mit Wasserstoffsuperoxyd, so entsteht auf Zusatz von Alkalilauge Violettfärbung, die auf der Bildung von Dioxymaleinsäure beruht[2]. Äpfel-, Citronen-, Bernstein- und Oxalsäure geben die Reaktion nicht.

ββ) Reaktion mit *β*-Naphthol und Pyrogallol. Nach E. Piñerua[3] geben 50 mg Weinsäure oder Abdampfrückstand einer entsprechenden Lösung in einem Porzellanschälchen mit 10—15 Tropfen Naphtholreagens [20 mg *β*-Naphthol in 1 ccm konz. Schwefelsäure (d = 1,83)] anfangs eine Blaufärbung, dann beim weiteren Erhitzen Grünfärbung. Beim Versetzen der erkalteten Schmelze mit dem 15—20fachen Volumen Wasser entsteht eine gelbrote Lösung.

Werden nach L. Ekkert[4] 10 mg Weinsäure mit 20 mg Pyrogallol und 5 ccm konz. Schwefelsäure im Wasserbade erwärmt, so tritt starke Violettfärbung auf. Führt man die Reaktion mit *β*-Naphthol aus, so erhält man Blaugrünfärbung. Empfindlichkeit einige Hundertstel Milligramm.

γγ) Nachweis nach E. Mohler[5] bzw. G. Denigès[6]. Erwärmt man Weinsäure mit 1 ccm Resorcin-Schwefelsäure [2 g Resorcin in 100 ccm Wasser gelöst und mit 0,5 ccm konz. Schwefelsäure (d = 1,84) versetzt] auf 125—130°, so entsteht bei Gegenwart von Weinsäure Rotfärbung. 0,01 mg Weinsäure läßt sich noch nachweisen.

Oxydationsmittel, wie Nitrate, Nitrite, Chromate und Chlorate, welche die Reaktion ebenfalls geben, reduziert man vorher durch Zink und Schwefelsäure. Bei Gegenwart von Zucker scheidet man die Weinsäure vorher als Bleisalz ab.

δδ) Nachweis nach E. Eegriwe[7]. In dem Calciumniederschlag der organischen Säuren kann die Weinsäure in folgender Weise nachgewiesen werden: Eine kleine Menge des auf Weinsäure zu prüfenden Calciumniederschlages wird in einem Reagensglase mit einigen Kubikzentimetern der Reagenslösung [0,01 g Gallussäure in 100 ccm Schwefelsäure (96%)] versetzt und über freier Flamme auf 120—150° erhitzt. Bei sehr kleinen Niederschlagsmengen löst man das Calciumsalz auf dem Filter in 2 N.-Schwefelsäure und verwendet zum Nachweis einen Tropfen (0,05 ccm) des Filtrats. Je nach den Weinsäure- und Reagensmengen erhält man gelblichgrüne (0,002 mg) bis dunkelblaue Färbungen (0,5 mg). Der Nachweis von Weinsäure kann auf diese Weise auch neben Oxalat und Fluorid geführt werden, dagegen müssen komplexe Eisencyanide vorher abgetrennt werden.

Diese Reaktion, welche auf Aldehydbildung und nachfolgender Kondensation zwischen Aldehyd und Alkoholsäure zurückgeführt werden kann, fällt negativ aus mit Oxal-, Citronen-, Äpfel-, Bernstein-, Ameisen-, Essig-, Propion-, Butter-, Milch-, Zimt-, Salicylsäure, dagegen positiv mit Glykol-, Tartron-, Glycerin- und Glyoxylsäure, auch mit Formaldehyd und Kohlenhydraten.

εε) Nachweis nach C. Braun[8]. Erhitzt man eine Lösung von Weinsäure mit einer Lösung von 1 g Kobalti-hexaminchlorid in 12 ccm Wasser zum Sieden und gibt Natronlauge zu, so geht die gelbe Färbung der Lösung in eine grüne und zuletzt blauviolette über.

Die Reaktion tritt auch in Gegenwart von Äpfelsäure, Ameisensäure, Benzoesäure, Bernsteinsäure, Citronensäure, Essig- und Oxalsäure ein.

---

[1] J. N. Brönsted: Zeitschr. analyt. Chem. 1903, **42**, 15.

[2] H. J. H. Fenton: Journ. Amer. Chem. Soc. 1894, **65**, 889; 1896, **69**, 546. – Chem. News **43**, 110; Zeitschr. analyt. Chem. 1882, **21**, 123.

[3] E. Piñerua: Chem. New **75**, 61; Zeitschr. analyt. Chem. 1897, **36**, 713.

[4] L. Ekkert: Pharm. Zentralh. 1925, **66**, 765.

[5] E. Mohler: Zeitschr. analyt. Chem. 1889, **30**, 120.

[6] G. Denigès: Bull. Soc. chim. France 1909, **5**, 323.

[7] E. Eegriwe: Zeitschr. analyt. Chem. 1932, **89**, 122.

[8] C. Braun: Zeitschr. analyt. Chem. 1868, **7**, 349.

ζζ) Nachweis nach D. GANASSINI[1]. Erhitzt man die von Mineralsäuren freie Lösung der Weinsäure mit etwas überschüssiger Mennige kurze Zeit zum Kochen, dekantiert oder filtriert, fügt zum Filtrat ein gleiches Volumen einer wäßrigen 20%igen Kaliumrhodanidlösung und erhitzt zum Sieden, so schwärzt sich die Flüssigkeit allmählich unter Abscheidung von Schwefelblei. Die Reaktion tritt noch in 1%iger Weinsäurelösung ein. Nach A. TAGLIARINI[2] geben Oxal- und Citronensäure die gleiche Reaktion.

Mikrochemischer Nachweis[3]. Zum mikrochemischen Nachweis der Weinsäure eignen sich das Kaliumbitartrat, Silberbitartrat und Calciumtartrat.

Kaliumbitartrat fällt aus einigermaßen konz. Lösungen freier Weinsäure durch Kaliumacetat. Aus Lösungen normaler Tartrate erfolgt die Abscheidung kurze Zeit nach dem Zusatz von Kaliumacetat und Essigsäure, wenn sie mehr als 1% Weinsäure enthalten. Bei sehr verd. Lösungen muß Alkohol zugesetzt werden. Bei unvorsichtiger Anwendung dieses Mittels entstehen sternförmige Gruppen lanzettförmiger Krystalle, später rechtwinklige Täfelchen, Quadrate und Rechtecke; zuletzt bilden sich symmetrische Sechsecke.

Das Silbersalz scheidet sich aus Weinsäure und Tartratlösungen — bei diesen durch Versetzen mit Essigsäure — durch Zusatz von Silbersalzen aus. Der Niederschlag läßt sich aus heißem, mit Essigsäure oder mit wenig Salpetersäure angesäuertem Wasser umkrystallisieren. Leicht löslich in Ammoniakflüssigkeit, unlöslich in verd. Alkohol. Auf Zusatz von Alkohol scheiden sich beim flüchtigen Erhitzen auf 60° gut ausgebildete Krystalle aus. Die Krystalle des Silberbitartrats sind scharf ausgebildete Rauten mit einem spitzen Winkel von 65°, seltener gestreckte Sechsecke und Stäbchen. Besonders charakteristisch sind knieförmige Zwillinge in einem stumpfen Winkel von 129°. Die Fällung der Weinsäure mit Silbernitrat kann als sehr empfindliche und zugleich zuverlässige und charakteristische Reaktion empfohlen werden.

Zur Abscheidung des Calciumtartrates aus sehr verd. Lösungen erwärmt man nach dem Zusatz von Calciumchlorid und etwas Alkohol. Man erhält so auch besser ausgebildete Krystalle. Bei nicht zu schneller Abscheidung erhält man rhombische Prismen, die am Ende durch ein Doma zugespitzt sind. Aus konz. Lösungen erhält man sechsseitige und trapezartige Täfelchen mit spitzem Winkel von 57° 30' bei den Trapezen und von 115° bei den Sechsecken.

F. KRAUSS und H. TAMPKE[4] sowie H. SCHMALFUSS und K. KEITEL[5] weisen Weinsäure mikrochemisch mit Resorcin-Schwefelsäure nach (S. 1148).

b) Bestimmung.

α) **Bestimmung als Kaliumbitartrat (Weinstein)**[6]. αα) K. TÄUFEL und B. W. MARLOTH[7] schlagen folgende Ausführung des Verfahrens vor:

In einem mit Ausguß versehenen konischen Jenaer Becherglas von 250 ccm Inhalt, das bei 100 ccm eine Marke trägt, werden genau 100 ccm Untersuchungsflüssigkeit (0,3—1% Weinsäure enthaltend) nach Zugabe einiger Siedesteinchen vorsichtig bis etwa zur Hälfte eingedampft. Nach dem Abkühlen wird, nötigenfalls durch Zugabe von Alkalilauge oder Säure, deren Menge in einem besonderen Versuch ermittelt wird, auf den optimalen Wasserstoffexponenten $p_H \sim 3{,}27$ eingestellt[8]. Sodann gibt man 20 ccm N.-Ameisensäure, 5 ccm N.-Kalilauge

[1] D. GANASSINI: Boll. chim. Farm. 1903, **42**, 513; **Z.** 1904, **8**, 558.

[2] A. TAGLIARINI: Boll. chim. Farm. 1907, **46**, 493; **C.** 1907, II, 848.

[3] BEHRENS-KLEY: Organisch-mikrochemische Analyse, S. 340, 1922 u. EMICH: Mikrochemie 1926, 220.

[4] F. KRAUSS u. H. TAMPKE: Chem.-Ztg. 1921, **45**, 521.

[5] H. SCHMALFUSS u. K. KEITEL: Zeitschr. physiol. Chem. 1924, **138**, 156.

[6] Über das Verfahren der amtlichen Anweisung „Zur chemischen Untersuchung des Weines" siehe Zentralbl. f. d. Deutsche Reich 1920, **48**, 1621; Gesetze und Verordnungen, betr. Lebensmittel, 1921, **13**, 93. — Vgl. dazu P. BERG u. J. MÜLLER: **Z.** 1926, **52**, 259, sowie F. SEILER: **Z.** 1932, **64**, 285.

[7] K. TÄUFEL u. B. W. MARLOTH: Zeitschr. analyt. Chem. 1930, **80**, 161.

[8] Die Einstellung der Untersuchungsflüssigkeit auf den optimalen Wasserstoffexponenten $p_H \sim 3{,}27$ kann colorimetrisch oder potentiometrisch erfolgen. Zur colorimetrischen Einstellung wird die zu analysierende Lösung, von der 100 ccm auf die Hälfte eingedampft werden, so lange mit Säure oder Alkalilauge versetzt, bis beim Tüpfeln auf einem besonders hergestellten Methylorangepapier ein lachsfarbener Farbton entsteht. Dieser entspricht einem $p_H \sim 3{,}3$. Darnach erfolgt der Zusatz des Ameisensäure-Formiat-Puffers sowie

und 10 g gepulvertes reines Kaliumchlorid hinzu. Nachdem letzteres durch Umrühren möglichst in Lösung gebracht ist, füllt man mit Wasser bis zur 100 ccm-Marke auf. Durch starkes, etwa 2 Minuten anhaltendes Reiben mit einem Glasstab an der Wand des Becherglases wird die Weinsteinabscheidung eingeleitet. Nun läßt man über Nacht (etwa 18 Stunden) bei Zimmertemperatur (20°) stehen und filtriert dann den Niederschlag an der Wasserstrahlpumpe, sehr zweckmäßig durch einen mit Papierfilterstoff[1] beschickten Gooch-Tiegel, ab. Zum Überbringen und Auswaschen des Niederschlages bedient man sich insgesamt 30 ccm eines säurefreien Alkohols (66 Vol.-%), der so verteilt wird, daß der auf dem Filter gesammelte Niederschlag schließlich noch dreimal gewaschen werden kann. Der durch scharfes Absaugen ziemlich getrocknete Niederschlag wird samt Papierfiltermasse mit heißem alkalifreiem Wasser — hierfür reichen im allgemeinen 40—50 ccm aus — in das zur Fällung benutzte Becherglas zurückgespült. Unter dauerndem Umrühren wird bis zum beginnenden Sieden erhitzt; es erfolgt Auflösung des Weinsteins. Die so erhaltene Lösung wird heiß, je nach der Menge des Weinsteins, mit N.-, 0,5 N.- oder 0,2 N.-Alkalilauge unter Tüpfeln auf neutralem Lackmuspapier[2] titriert.

Der bei der Titration verbrauchten Anzahl Kubikzentimeter Alkalilauge sind als Korrektur für den je 100 ccm Untersuchungsflüssigkeit in Lösung verbleibenden Weinstein 1,1 ccm 0,2 N.-Alkalilauge hinzuzufügen. Wurden z. B. bei der Titration des ausgeschiedenen Weinsteins a ccm 0,2 N.-Alkalilauge verbraucht, so sind in 100 ccm der Untersuchungsflüssigkeit an Weinsäure (x) in g enthalten:

$$x = 0{,}03\ (a + 1{,}1).$$

$\beta\beta$) Bestimmung der Weinsäure nach E. Bernhauer[3]. 50 ccm der zu untersuchenden Flüssigkeit werden mit 5 ccm Kaliumacetatlösung (40%), 2 ccm Eisessig und 100 ccm Alkohol (96%) versetzt; bis zur beginnenden Krystallisation des Weinsteins wird die Glaswand mit einem Glasstab gerieben, und die Lösung dann verschlossen 15—18 Stunden stehen gelassen. Hierauf wird der Niederschlag im Glasfiltertiegel (Porengröße 5—7) abgesaugt, mit höchstens 35 ccm Alkohol (66 Vol.-%) ausgewaschen, mit etwa 50 ccm heißem Wasser in den Kolben zurückgespült und der Tiegel gut nachgewaschen. Der Niederschlag wird durch Kochen in Lösung gebracht, mit einigen Tropfen

von 10 g Kaliumchlorid und hierauf das Auffüllen auf 100 ccm. Das Methylorangepapier wird folgendermaßen hergestellt: In eine wäßrige 0,1%ige Methylorangelösung werden etwa 1 cm breite Streifen eines geleimten Papiers (Manila-Schreibmaschinenpapier von Hartmann & Müller, Augsburg) gelegt. Nach einstündigem Verweilen in dieser Lösung werden die Streifen in einem von Säuren und Basen freien Raum freihängend getrocknet. Der unten intensiv gefärbte Rand wird abgeschnitten. Die Eichung auf den Farbton bei $p_H \sim 3{,}3$ erfolgt mit einem Sörensenschem Glykokoll-Salzsäure-Puffer [9 ccm 0,1 N.-Glykokollösung (die verwendete Glykokollösung enthält außerdem so viel Natriumchlorid, daß sie daran 0,1 normal ist) + 1 ccm 0,1 N.-Salzsäure]. Auf den von diesem Puffer hervorgerufenen lachsfarbenen Farbton wird bei der Einstellung der Untersuchungsflüssigkeit unter Einhaltung der gleichen Tropfengröße titriert.

Bei der Einstellung nach dem potentiometrischen Verfahren kann man die Anordnung der Chinhydronelektrode benutzen.

[1] Zur Herstellung des Papierfilterstoffes nach der „Amtlichen Anweisung" schüttelt man 30 g Filtrierpapier mit 1 l Wasser unter Zusatz von 50 ccm 25%iger Salzsäure stark durch, filtriert auf der Nutsche ab und wäscht bis zur neutralen Reaktion mit heißem Wasser aus. Man verteilt den Brei auf 2 l Wasser und verwendet jedesmal 60 ccm des aufgeschüttelten Breies.

[2] Die Eichnung des Lackmuspapiers auf den richtigen blauen Farbton wird so vorgenommen, daß auf 50 ccm Papierfilterstoff 3 Tropfen 0,2 N.-Alkalilauge zugesetzt werden. 1 Tropfen dieser Mischung gibt auf geeignetem neutralen Lackmuspapier eine deutliche blaue Färbung, deren Stärke bei der Durchführung zugrunde gelegt wird. Man kann auch direkt einige Tropfen Phenolphthaleinlösung zusetzen und auf schwaches Rosa titrieren.

[3] E. Bernhauer: Österr. Chemiker-Ztg. 1928, **31**, 4; C. 1928, I, 1211.

Azolithminlösung versetzt und mit 0,1 N.-Lauge titriert. Der Endpunkt wird durch Tüpfeln auf empfindlichem Lackmuspapier kontrolliert, wobei das Auftreten eines blauen Ringes als Endpunkt angesehen wird. 1 ccm 0,1 N.-Lauge entspricht 15,005 mg Weinsäure.

Die Methode versagt, wenn der Gehalt an Weinsäure geringer als 0,4% ist und der an Citronensäure 15% übersteigt. Jedoch kann man, sofern es die Citronensäuremenge gestattet, nach Konzentrieren der Probe auf entsprechenden Weinsäuregehalt die Methode anwenden. Empfindlichkeit auf 0,1% genau. Große Mengen organischer Säuren rufen größere Störungen hervor.

Von weiteren Methoden zur Bestimmung der Weinsäure als Weinstein siehe auch: „Methode GOLDENBERG 1907": Zeitschr. analyt. Chem. 1908, **47**, 57; 1923, **63**, 111. — W. KLAPPROTH: Zeitschr. analyt. Chem. 1922, **61**, 1. — A. HALENKE u. W. MÖSLINGER: Zeitschr. analyt. Chem. 1895, **34**, 263. — P. KULISCH, P. KOHLMANN u. M. HÖPPNER: Zeitschr. angew. Chem. 1899, **12**, 6. — P. CARLES: **Z.** 1909, **17**, 421. — F. PERZIABOSCO: Staz. sperim. agrar. ital. 1915, **47**, 802; **C.** 1915, I, 1093.

M. RIPPER und F. WOHACK (Zeitschr. landw. Versuchsw. Österr. 1919, **22**, 15) haben ein mikrochemisches Verfahren der Weinsäurebestimmung als Kaliumbitartrat ausgearbeitet, das von 2 ccm Lösung (Wein) ausgeht und unter Verwendung der Zentrifuge sich im übrigen der Makromethode anschließt.

β) Bestimmung als Calciumracemat nach A. KLING[1]. Das Verfahren beruht auf der Unlöslichkeit des Calciumracemats, das entsteht, wenn man die Lösung von d-Weinsäure oder deren Salzen mit der ausreichenden Menge l-Weinsäure oder deren Salzen mischt und dann in schwach essigsaurer Lösung mit überschüssiger Calciumacetatlösung fällt.

Erforderliche Lösungen. A: 5%ige Diammoniumcitratlösung. — B: 2%ige l-Ammoniumtartratlösung, frei von d-Tartrat, mit je 1 5—6 ccm Formaldehydlösung. — C: Calciumacetatlösung, hergestellt durch Auflösen von 16 g Calciumcarbonat in 120 ccm Eisessig und Auffüllen auf 1000 ccm. — D: Lösung von 40 g Salzsäure (1,18) in 1000 ccm. — E: Lösung von 5 g Calciumcarbonat in 20 ccm Eisessig und 100 g Natriumacetat in Wasser zu 1000 ccm. — F: Etwa 1,6%ige Kaliumpermanganatlösung, eingestellt gegen reine Weinsäure oder Natriumbitartrat.

Ausführung der Bestimmung. Man gibt zu der fraglichen Weinsäurelösung, die auf 100 ccm gebracht ist, etwa 10—15 ccm Lösung A, sodann nacheinander 25 ccm Lösung B und 20 ccm Lösung C, mischt und läßt einige Stunden stehen. Enthält die Lösung beträchtliche Mengen Aluminium, Eisen und Antimon, so muß die Flüssigkeit 12 Stunden stehen bleiben. Man filtriert sodann den Niederschlag ab, wäscht ihn mit kaltem Wasser aus, durchstößt das Filter, spült den Niederschlag in ein Becherglas, setzt 20 ccm Lösung D hinzu, mit welcher man das Filter nachwäscht, verdünnt nach eingetretener Lösung auf 150 ccm und gibt 40—50 ccm der Lösung E hinzu. Man erwärmt die Flüssigkeit auf 80°, läßt sie darauf erkalten, filtriert den Niederschlag nach einigen Stunden ab, wäscht ihn aus, löst ihn auf dem Filter mit heißer 10 vol.-%iger Schwefelsäure und titriert die Lösung in der Siedehitze mit Lösung F. Die Hälfte der auf diese Weise gefundenen Weinsäuremenge entspricht dem Gehalt der Lösung an d-Weinsäure. — Das Verfahren soll ausgezeichnete Ergebnisse liefern.

γ) Bestimmung als Bariumtartrat nach E. POZZI-ESCOT[2]. Man macht die Lösung, die frei von Carbonaten sein muß, mit Ammoniak alkalisch und versetzt mit 40 ccm alkoholischer (75%) 0,1 N.-Bariumbromidlösung und 75 bis 100 ccm 95%igem Alkohol. Das Bariumtartrat, das in Alkohol unlöslich ist, filtriert man durch einen GOOCH-Tiegel, wäscht mit Alkohol aus und führt das Bariumtartrat in Carbonat oder Sulfat über und wägt diese.

Man kann aber auch im Filtrat das überschüssige Barium als Oxalat fällen; man filtriert dieses ab, wäscht mit möglichst wenig ammoniakalischem Wasser

---

[1] A. KLING: Bull. Soc. chim. France 1910, [4] **7**, 567; **C.** 1910, II, 691. — A. KLING u. D. FLORENTIN: Bull. Soc. chim. France 1912, [4] **11**, 886; **C.** 1912, II, 1700.

[2] E. POZZI-ESCOT: Compt. rend. Paris 1908, **146**, 1031 u. Ann. chim. analyt. appl. 1908, **13**, 266; **Z.** 1909, **18**, 571.

nach, stößt das Filter durch, spült den Niederschlag mit warmem schwefelsäurehaltigem Wasser ab und titriert nach Zugabe überschüssiger Schwefelsäure die Oxalsäure mit 0,1 N.-Kaliumpermanganatlösung. Die Weinsäure berechnet sich nach der Formel (40 — n) · 0,0075 · 40, wobei n die ccm Permanganatlösung sind.

δ) **Bestimmung als Magnesiumtartrat nach J. v. FERENTZY**[1]. An Stelle der früheren mangelhaften Methoden, in denen die Weinsäure in Form schwerlöslicher Salze gefällt wurde, wird ein basisches Magnesiumsalz der Weinsäure verwendet, das in einem Gemisch gleicher Teile Alkohol und Wasser vollkommen unlöslich ist, während die entsprechenden Salze der Äpfel- und Bernsteinsäure leicht löslich sind.

Zur Ausführung dampft man die Lösung, welche die drei Säuren enthält, ein, versetzt mit Alkohol, bis die Lösung 50% Alkohol enthält, gibt dem Weinsäuregehalt entsprechend Magnesiamixtur, dann 10 ccm konz. Ammoniak hinzu, bringt den Alkoholgehalt der Lösung wieder auf 50%, filtriert nach 12stündigem Stehen den krystallinen Niederschlag und glüht. Das Gewicht des Magnesiumoxyds, multipliziert mit 1,875, ergibt die Menge der Weinsäure.

Nach Versuchen von L. GOWING-SCOPES[2] ist das Verfahren brauchbar und genau. Da jedoch das Trocknen und Glühen des Niederschlages des basischen Magnesiumtartrats schwer ohne Verlust möglich ist, empfiehlt es sich, das basische Magnesiumtartrat mit Kaliumpermanganatlösung zu titrieren. Zu dem Zwecke wird der gut getrocknete Niederschlag auf dem Filter mit etwa 400 ccm siedendem Wasser gelöst und auf etwa 200 ccm eingedampft. Zu dem vom Alkohol befreiten und abgekühlten Filtrat werden 10 ccm konz. Schwefelsäure gegeben, die Lösung auf 350—400 ccm verdünnt, dann auf 90° erhitzt und mit Permanganatlösung titriert, wobei dieses in sehr kleinen Mengen zugesetzt werden soll. Die Lösung soll zwischen 0,05 und 0,10 g Weinsäure enthalten.

ε) **Polarimetrische Bestimmung.** Nach E. B. KENRICK und F. B. KENRICK[3] wird eine nicht über 2 g Weinsäure — aber keine anderen optisch aktiven Stoffe — enthaltende Menge der Substanz in einem 50 ccm-Kolben mit 3—4 ccm Wasser angefeuchtet und soviel konz. Ammoniaklösung (Spez. Gew. 0,924) zugesetzt, daß nach Neutralisation der Säure noch etwa 2 ccm Überschuß verbleiben. Die Lösung wird auf 50 ccm mit Wasser aufgefüllt, durch ein trockenes Filter filtriert und im 200 mm-Rohr polarisiert. Die vorhandene Menge Weinsäure (x) errechnet sich nach der Gleichung: $x = 0{,}00519 \cdot y$, wobei y die Drehung in Minuten ausdrückt.

Enthält die Mischung unlösliches Calciumtartrat, so wird die gleiche Menge der Substanz mit 30 ccm Wasser und 20 Tropfen konz. Salzsäure gelinde erwärmt, bis Kalium- und Calciumtartrate gelöst sind. Zu der noch heißen Lösung werden 4 ccm konz. Ammoniaklösung und etwa 0,2 g Natriumphosphat, in wenig Wasser gelöst, zugegeben. Nach dem Abkühlen wird auf 50 ccm aufgefüllt, filtriert und wie oben polarisiert.

Wenn dieselbe Substanz nochmals nach dem ersten Verfahren behandelt wird, so erhält man aus der Differenz beider Bestimmungen die als Calciumtartrat vorhandene Menge Weinsäure.

Dieselben Verfasser geben ferner ein Verfahren an zur Bestimmung der Weinsäure in Substanzen, die neben dieser noch Zucker und andere optisch aktive Stoffe enthalten.

F. W. RICHARDSON und J. C. GREGORY[4] bedienen sich zur polarimetrischen Weinsäurebestimmung der starken Zunahme des optischen Drehungsvermögens durch die Bildung von Komplexverbindungen mit Molybdänsäure (S. 1106); FR. AUERBACH und D. KRÜGER[5] haben diese Bestimmung mit Uran und

[1] J. v. FERENTZY: Chem.-Ztg. 1907, **31**, 1118.
[2] L. GOWING-SCOPES: Analyst 1908, **33**, 315; C. 1908, II, 2038.
[3] E. B. KENRICK u. F. B. KENRICK: Journ. Amer. Chem. Soc. 1902, **24**, 928; **Z.** 1903, **6**, 886.
[4] F. W. RICHARDSON u. J. C. GREGORY: Journ. Soc. chem. Ind. 1903, **22**, 405; **Z.** 1904, **7**, 290.
[5] FR. AUERBACH u. D. KRÜGER: **Z.** 1923, **46**, 97.

Molybdänsäure ebenso wie bei Äpfelsäure (S. 1106) auch bei Weinsäure angewandt und gute Ergebnisse erhalten. — H. BESSON[1] bestimmt die Weinsäure durch Polarisation der Antimonkomplexverbindung.

ζ) **Sonstige Bestimmungsverfahren.** Von diesen sind die folgenden, wie z. B. die Oxydationsmethoden, nicht für Weinsäure eindeutig und daher nur für reine Weinsäurelösungen anwendbar, teils sind sie anscheinend noch nicht zuverlässig nachgeprüft.

Bestimmung als Zinktartrat nach H. LEY (Pharm. Ztg. 1904, **49**, 149; **Z.** 1904, 8, 625).

Bestimmung als Wismuttartrat von A. C. CHAPMAN und P. WITTERIDGE (Analyst 1907. **32**, 163).

Oxydimetrische Verfahren von K. TÄUFEL und C. WAGNER (Zeitschr. analyt. Chem. 1925, **67**, 16), sowie M. WIKUL (Zeitschr. analyt. Chem. 1926, **68**, 45) mit Kaliumbichromat und Schwefelsäure, ferner von W. MESTREZAT (Ann. Chim. analyt. appl. 1907, **12**, 173; **C.** 1907, II, 185), R. S. DEAN (Chem. News 1915, **112**, 154; **Z.** 1921, **42**, 50) und W. MEIGEN und J. SCHNERB (Zeitschr. angew. Chem. 1924, **37**, 208) mit Kaliumpermanganat, von R. STREBINGER und J. WOLFRAM (Österr. Chem.-Ztg. 1923, **26**, 156) mit Kaliumjodat und Schwefelsäure, und H. H. WILLARD und PH. YOUNG (Journ. Amer. Chem. Soc. 1930, **52**, 132; **C.** 1930, I, 2775) mit Cerisulfat und Schwefelsäure.

Traubensäure.

Die Traubensäure (Racemische Weinsäure) krystallisiert mit 1 Molekül Wasser; die wasserfreie Säure schmilzt bei 205—206°.

Nachweis. Die freie Traubensäure wird durch Calciumchloridlösung und Gipswasser gefällt (Unterschied von der Weinsäure); das Calciumracemat ($C_4H_4O_6Ca + 4\,H_2O$) ist in Essigsäure und Ammoniumchloridlösung unlöslich; aus salzsaurer Lösung wird es durch Ammoniak gefällt (Unterschied vom Calciumtartrat).

Bestimmung neben Weinsäure nach A. F. HOLLEMAN[2]. Die Lösung wird auf dem Wasserbade bis zur beginnenden Krystallisation eingedampft; nach 24 Stunden ist nur die Traubensäure auskrystallisiert; sie wird abfiltriert und gewogen. Das Filtrat wird etwas mit Wasser verdünnt, halbiert, die eine Hälfte mit Kalilauge neutralisiert, mit der anderen Hälfte vermischt und nach 24 Stunden das saure Kaliumtartrat abfiltriert, mit wenig Wasser gewaschen und nach dem Trocknen gewogen. Im Filtrat findet sich etwa vorhandene Mesoweinsäure, die aus essigsaurer Lösung als Calciumsalz gefällt werden kann.

9. Citronensäure.

($C_6H_8O_7 = HOOC \cdot CH_2 \cdot C(OH) \cdot (COOH) \cdot CH_2 \cdot COOH.$)

Die Citronensäure (Oxytricarballylsäure) ist dreibasisch. Sie ist leicht löslich in Wasser (100 Tle. kaltes Wasser lösen 133 Tle., siedendes Wasser 200 Tle.) und Alkohol (100 Tle. von etwa 85 Gew.-% lösen 100 Tle., absol. Alkohol 77 Tle.), aber nur wenig in Äther (100 Tle. lösen 2 Tle.). Sie ist optisch inaktiv. — Mit konz. Schwefelsäure erhitzt, zerfällt sie in Ameisensäure, Acetondicarbonsäure und Kohlenoxyd; die Acetondicarbonsäure zerfällt in Aceton und Kohlendioxyd. — Die Citrate der Alkalien sind leicht löslich in Wasser und bilden mit den Citraten der Schwermetalle, die an und für sich schwer- bis unlöslich sind, leicht lösliche komplexe Salze, in deren Lösung Alkalihydroxyde, Alkalicarbonate, Ammoniak keine Fällung hervorrufen. — Silbernitrat erzeugt in neutralen Lösungen eine flockige Fällung von Silbercitrat, leicht löslich in Salpetersäure und Ammoniak. Durch Erhitzen der ammoniakalischen Lösung auf 60° entsteht kein Silberspiegel (Unterschied von Weinsäure); erhitzt man

[1] H. BESSON: Journ. Pharm. et Chim. 1927, [8] **5**, 539; **C.** 1927, II, 2216.

[2] A. F. HOLLEMAN: Rec. Trav. chim. Pays-Bas 1898, **17**, 66; **C.** 1898, I, 930. — Vgl. auch CHR. WINTHER: Zeitschr. physik. Chem. 1906, **56**, 465; **C.** 1906, II, 1673.

die Lösung zum Sieden, so fällt nach und nach Silber aus. — Barium- und Calciumchlorid erzeugen in neutraler Lösung keine Fällung; fügt man aber zu der mit überschüssigem Calciumchlorid versetzten Lösung Natronlauge, so entsteht sofort eine flockige Fällung von tertiärem Calciumcitrat, unlöslich in Kalilauge, leicht löslich in Ammoniumchlorid. Kocht man die ammoniumchloridhaltige Lösung, so scheidet sich das Calciumcitrat krystallinisch aus und ist nun nicht mehr löslich in Ammoniumchlorid. Kalkwasser im Überschuß erzeugt in neutralen Citratlösungen keine Fällung; in der Hitze fällt dreibasisches Calciumcitrat als flockigweißer Niederschlag aus, der sich beim Abkühlen der Lösung fast vollständig wieder löst.

Das Deutsche Arzneibuch VI (1926) stellt an die Citronensäure folgende Reinheitsanforderungen:

Erhitzt man 5 ccm Citronensäurelösung (1 + 99) mit 1 ccm Quecksilbersulfatlösung zum Sieden und gibt dann einige Tropfen Kaliumpermanganatlösung (1 + 49) hinzu, so tritt Entfärbung ein, und es entsteht ein weißer Niederschlag. — Wird 1 g zerriebene Citronensäure in einem mit Schwefelsäure gereinigten Probierrohr mit 10 ccm Schwefelsäure 1 Stunde lang im Wasserbad auf 80—90° erhitzt, so darf sich die Flüssigkeit nur gelb, aber nicht braun oder schwarz färben (Weinsäure). — Die wäßrige Lösung (1 + 9) darf weder durch Bariumnitratlösung (Schwefelsäure) innerhalb einer halben Stunde, noch nach annäherndem Neutralisieren mit Ammoniakflüssigkeit durch Ammoniumoxalatlösung (Calciumsalze) verändert werden. — Wird die Lösung von 1 g Citronensäure in 10 ccm Wasser mit 5 ccm verd. Calciumchloridlösung versetzt, so darf innerhalb 1 Stunde keine Veränderung eintreten (Oxalsäure). — Die mit 12 ccm Ammoniakflüssigkeit versetzte Lösung von 5 g Citronensäure in 10 ccm Wasser darf durch 3 Tropfen Natriumsulfidlösung nicht dunkler gefärbt werden als eine Mischung von 10 ccm verd. Bleiacetatlösung, die in 550 ccm 0,1 ccm Bleiacetatlösung enthält, und 3 Tropfen Natriumsulfidlösung (Unzulässige Mengen Blei- und Kupfersalze). Die Beobachtung ist in 2 gleich weiten und bis zur gleichen Höhe gefüllten Probierrohren vorzunehmen. — 0,2 g Citronensäure dürfen nach dem Verbrennen keinen wägbaren Rückstand hinterlassen.

a) Nachweis.

α) Nachweis als Pentabromaceton nach L. STAHRE[1]. Man löst weniger als 5 mg freier Citronensäure in einigen Kubikzentimetern Wasser, fügt 2—5 Tropfen 0,1 N.-Kaliumpermanganatlösung hinzu, erhitzt kurze Zeit auf 30—40° (nicht kochen!), bis zur beginnenden Abscheidung vom Mangansuperoxyd, gibt zu der Lösung 1—2 Tropfen 4%ige Ammoniumoxalatlösung und dann 1 ccm 10%ige Schwefelsäure, wobei die Flüssigkeit wasserhell wird. Nun setzt man einige Tropfen Bromwasser hinzu; es erfolgt jetzt deutliche krystallinische Fällung von Pentabromaceton.

Um eine Verdünnung der Lösung zu vermeiden, empfiehlt R. KUNZ[2] anstatt Bromwasser, einen Krystall von Kaliumbromid zu verwenden, der bei Gegenwart von Kaliumpermanganat und Schwefelsäure die nötige Brommenge liefert. Mit 0,02 mg Citronensäure erhält man noch eine Opalescenz.

Auch B. MERK[3] hat die STAHREsche Reaktion abgeändert. Citronensäure wird beim Erwärmen mit konz. Schwefelsäure in Kohlenoxyd und Acetondicarbonsäure gespalten. Verdünnt man die schwefelsaure Lösung vorsichtig mit Wasser und macht hierauf alkalisch, so entsteht auf Zusatz einiger Tropfen einer frisch bereiteten Nitroprussidnatriumlösung die bekannte Ketonfärbung, welche auf Zusatz von Essigsäure in die für Ketone charakteristische Farbe umschlägt. Bei Gegenwart von Weinsäure nimmt man statt reiner Schwefelsäure eine Mischung aus 3—4 Tln. Essigsäureanhydrid und 6—7 Tln. Schwefelsäure und läßt diese 5—10 Minuten lang bei 90—95° einwirken. 1 mg Citronensäure kann so leicht nachgewiesen werden.

---

[1] L. STAHRE: Zeitschr. analyt. Chem. 1897, **36**, 195. — Vgl. ferner A. WÖHLK: Zeitschr. analyt. Chem. 1902, **41**, 94 u. O. KRUG u. J. RETTINGEN: Arb. Kaiserl. Gesundh.-Amt 1914, **49**, 28.

[2] R. KUNZ: Zeitschr. analyt. Chem. 1915, **54**, 126. — Vgl. auch N. SCHOORL: Pharm. Weekbl. 1926, **63**, 1455.

[3] B. MERK: Pharm. Ztg. 1903, 48, 894; **C.** 1903, II, 1396.

In ähnlicher Weise verfährt G. FAVREL[1]: Die Lösung, welche mindestens 5 mg Citronensäure oder Citrat enthalten muß, wird zur Trockne verdampft und in einem Reagensglase mit 3 ccm auf 100° erwärmter konz. Schwefelsäure (d = 1,84) geschüttelt. Wenn die durch Zersetzung der gebildeten Ameisensäure erfolgte Entwicklung von Kohlenoxyd etwa 2 Minuten gedauert hat, kühlt man ab, gibt die dreifache Menge Wasser hinzu, kühlt wieder ab und schüttelt mit alkoholfreiem Äther aus. Beim Verdunsten des Äthers erhält man Nadeln von Acetondicarbonsäure. Zu ihrem Nachweis löst man sie in 3 ccm Wasser und gibt einen Teil der Lösung in stark verd. Eisenchloridlösung; man erhält eine rotviolette Färbung, welche durch Mineralsäuren verschwindet.

Der Vorschlag von T. C. N. BROEKSMIT[2], das gebildete Aceton in Jodoform überzuführen, ist nicht empfehlenswert, weil Äpfelsäure dieselbe Reaktion gibt.

β) Nachweis als Acetondicarbonsäure. Nach G. DENIGÈS[3] verwendet man als Reagens eine Auflösung von 5 g Quecksilberoxyd in 20 ccm konz. Schwefelsäure und 100 ccm Wasser. 5 ccm der 1—2%igen Citronensäurelösung erhitzt man mit 1 ccm Reagens zum Sieden und fügt dann 3—10 Tropfen einer 0,1 N.-Permanganatlösung hinzu. Es entsteht sofort durch Oxydation eine weiße kryst. Fällung von Quecksilberacetondicarbonat. Die Reaktion ist sehr empfindlich. Noch bei Anwesenheit von 0,5 mg Citronensäure entsteht ein weißer Niederschlag. Die Reaktion ist aber keine spezifische Reaktion auf Citronensäure, da sie bei allen Ketonverbindungen eintritt.

Nach M. WAGENAAR[4] ist die Reaktion sehr brauchbar, auch in geklärten Flüssigkeiten organischen Ursprungs, falls keine wesentlichen Mengen Chloride vorhanden sind; ist letzteres der Fall, dann muß man sie durch Fällung mit Silbernitrat entfernen. Die entstandene Salzsäure ist, da sie mit dem Oxydationsmittel Chlor liefert, an der Oxydation der Citronensäure weiter als bis zur Acetondicarbonsäure beteiligt. Der amorphe oder mikrokrystallinische Niederschlag des Quecksilberacetoncarbonats läßt sich durch verd. Salzsäure in eine viel weniger voluminöse reguläre krystalline Verbindung überführen. Man arbeitet mit einer kleinen Menge von DENIGÈS Reagens und oxydiert mit verd. Permanganatlösung. — Nach I. M. KOLTHOFF[5] trifft die Beobachtung WAGENAARS zu, wenn gleichzeitig Weinsäure oder andere organische Säuren, die durch Kaliumpermanganat oxydiert werden, vorhanden sind. In diesem Fall entstehen mit Kaliumpermanganat Stoffe, die mit Chloriden Mercurochlorid bzw. andere Mercuroverbindungen bilden. Ohne Entfernung der Chloride kann man die Reaktion ausführen, wenn man bei Zimmertemperatur folgenderweise arbeitet: Zu 10 ccm Lösung gibt man eine Spur Manganosulfat, 2—3 ccm DENIGÈS-Reagens und 10 Tropfen 2%iger Kaliumpermanganatlösung. Nach dem Umschütteln läßt man 15—30 Minuten stehen und entfärbt, falls die Lösung noch braun gefärbt ist, mit 3%iger Wasserstoffsuperoxydlösung. Bei Anwesenheit von Citronensäure entsteht ein weißer Niederschlag von Quecksilberacetondicarbonat. 20 mg Natriumchlorid und 400 mg Weinsäure neben 0,1% Citronensäure haben so praktisch keinen Einfluß. Ein Mercurochloridniederschlag läßt sich dadurch nachweisen, daß er sich bei Zusatz von $^1/_2$ Volumen 4 N.-Salpetersäure löst.

O. v. SPINDLER[6] hat versucht, das Kaliumpermanganat bei der Reaktion nach DENIGÈS durch andere Oxydationsmittel zu ersetzen, aber nur Kaliumbichromat ist brauchbar. 0,5 g der Substanz werden in 10 ccm Wasser gelöst, 2 ccm Mercurisulfatlösung nach DENIGÈS zugesetzt, aufgekocht, 2 ccm Bichromatlösung (0,5%) zugesetzt und ohne weiteres Erhitzen stehen gelassen. Bei reiner Citronensäure tritt alsbald ein hellgelber Niederschlag auf, und die Lösung bleibt tagelang hellgelb. Bei Gegenwart von Weinsäure wird die Flüssigkeit durch Braun allmählich grün, wodurch noch 5% Weinsäure in Citronensäure gut nachweisbar sind. Werden die Mengenverhältnisse geändert, so tritt auch bei Citronensäure nachträglich Oxydation und Grünfärbung der Lösung ein. Der Niederschlag wechselt seine Zusammensetzung recht erheblich.

γ) Farbenreaktionen. Für den Nachweis der Citronensäure sind unter anderem folgende Reaktionen vorgeschlagen:

αα) Nachweis mit Vanillin nach E. P. HÄUSSLER[7]. Dampft man eine Citronensäurelösung mit alkoholischer Vanillinlösung zur Trockne, setzt einige Tropfen verd. Schwefel-

[1] G. FAVREL: Ann. Chim. analyt. appl. 1908, **13**, 177; C. 1908, II, 350.
[2] T. C. N. BROEKSMIT: Pharm. Weekbl. 1904, **41**, 401; C. 1904, I, 1671.
[3] G. DENIGÈS: Zeitschr. analyt. Chem. 1899, **38**, 718; 1901, **40**, 121.
[4] M. WAGENAAR: Pharm. Weekbl. 1926, **63**, 1293.
[5] I. M. KOLTHOFF: Pharm. Weekbl. 1926, **63**, 1322, 1453.
[6] O. v. SPINDLER: Chem.-Ztg. 1904, **28**, 15.
[7] E. P. HÄUSSLER: Chem.-Ztg. 1914, **38**, 937.

säure zu und erwärmt 10—15 Minuten auf dem Wasserbade, so entsteht bei Gegenwart von Citronensäure eine stark violette Färbung. Der Rückstand löst sich in Wasser mit grüner Farbe, die nach Zusatz von Ammoniak in ein starkes Rot übergeht. Die Grenze der Empfindlichkeit liegt bei 1—2 mg Citronensäure; neben anderen organischen Säuren liegt sie bei 20—50 mg. Zucker und Eiweiß stören und müssen daher entfernt werden. Wein-, Äpfel-, Oxal-, Malon-, Benzoe-, Salicyl-, Essig-, Milch- und Bernsteinsäure geben diese Reaktion nicht.

ββ) Nachweis nach Mean[1]. Erhitzt man Citronensäure mit 0,7 Tln. Glycerin bis zur Entwicklung von Acroleindämpfen, nimmt die Masse mit Ammoniak auf, verdampft letzteres durch gelindes Erwärmen und gibt dann tropfenweise eine Mischung von 1 Tl. rauchender Salpetersäure und 4 Tln. Wasser hinzu, so gibt Citronensäure eine grüne, beim Erwärmen in Blau übergehende Färbung. Weinsäure und Äpfelsäure geben diese Reaktion nicht.

γγ) Nachweis als Acetondicarbonsäure nach G. Denigès (S. 1117). Die bei dieser Reaktion entstehende Acetondicarbonsäure kann nach E. Baier und P. W. Neumann[2] nach Zersetzung des Quecksilberacetondicarbonats in 10% der Natriumchloridlösung nachgewiesen werden, indem man zu der Lösung einige Tropfen verd. Ferrichloridlösung zusetzt; bei Gegenwart von Citronensäure tritt eine himbeerrote Färbung von Eisenacetondicarbonat ein.

δδ) Nachweis mit Kobaltnitrat nach J. F. Tocher[3]. Gibt man zu der Lösung einige ccm Kobaltnitratlösung und dann einen Überschuß von Natronlauge, so entsteht bei Gegenwart von Citronensäure eine tiefblaue Lösung und beim Kochen mit Calciumchlorid ein Niederschlag. Äpfelsäure gibt ebenfalls eine blaue Lösung aber keinen Niederschlag. Ameisen-, Essig-, Oxal- und Bernsteinsäure geben die Reaktion nicht, sondern einen blauen Niederschlag.

εε) Nachweis mit Titantrichlorid nach A. Monnier[4]. Erhitzt man eine Alkalicitratlösung mit einer 0,8%igen Titantrichloridlösung, so entsteht eine Violettfärbung, die nach einiger Zeit, an der Oberfläche beginnend, verschwindet.

δ) **Biologischer Nachweis nach T. Thunberg**[5]. Das Verfahren eignet sich zum Nachweise minimalster Mengen Citronensäure, etwa 0,0084 mg (8,4 γ) in 1 ccm Flüssigkeit. Es beruht darauf, daß eine Methylenblaulösung durch eine Citrico-Dehydrogenase in Gegenwart von Citronensäure entfärbt wird. Über die Gewinnung des Enzyms aus den Samen von Cucumis sativa und die Ausführung der Bestimmung sei auf die Originalarbeit verwiesen.

ε) **Mikrochemischer Nachweis.** Hierfür kommen vorwiegend folgende Verfahren zur Anwendung:

αα) Nachweis nach M. Wagenaar[6]. Zu einem Tröpfchen der fraglichen Citronensäurelösung fügt man 1 Tropfen 0,1 N.-Jodlösung in Kaliumjodid und danach eine kleine Menge 30%ige Essigsäure. Man erwärmt vorsichtig auf dem Wasserbade und fügt 1 Tropfen 3%iger Kaliumpermanganatlösung hinzu. Bei Anwesenheit von Citronensäure entsteht sofort eine Wolke von weißen Krystallen von Pentajodaceton, die durch einen Tropfen Äther oder Äthylacetat vergrößert werden. An Stelle von Permanganat kann auch Bichromat verwendet werden. Wein-, Äpfel-, Bernstein-, Milch- und Oxalsäure geben die Reaktion nicht. 0,2 mg Citronensäure sind noch nachweisbar.

ββ) Nachweis mit Vanillin. Das Verfahren von E. P. Häussler (S. 1117) haben H. Schmalfuss und K. Keitel[7] für den mikrochemischen Nachweis, wie folgt, abgeändert: 0,1 mg Citrat oder freie Citronensäure und 2 mg Vanillin werden auf einem Uhrglase mit 1 Mikrotropfen (10 mg) konz. Schwefelsäure versetzt und auf einem Becherglase mit siedendem Wasser erhitzt. Nach 3 Minuten tritt braunviolette, nach 7 Minuten violette, beim Versetzen der erkalteten Lösung mit 3 Mikrotropfen Wasser grüne und nach Zugabe von 7 Mikrotropfen Ammoniak rostbraune Färbung ein.

γγ) Nachweis als Aceton. Hierfür verwendet man am besten das Mikrobecherverfahren von C. Griebel (S. 1026) und verfährt nach C. Griebel und F. Weiss (S. 1150). Die Lösung darf nicht mehr als 0,5%ig sein. Es lassen sich noch 70 γ Citronensäure in 1 ccm nachweisen. Auch das Verfahren von A. I. Kogan[8] ist zum mikrochemischen Nachweise von Citronensäure empfohlen worden.

---

[1] Mean: Zeitschr. analyt. Chem. 1887, **26**, 642.
[2] E. Baier u. P. W. Neumann: Z. 1915, **29**, 410.
[3] J. F. Tocher: Pharmac. Journ. 1906, [4] **23**, 87; C. 1906, II, 823.
[4] A. Monnier: Ann. Chim. analyt. appl. 1915, **20**, 1; C. 1916, I, 637.
[5] T. Thunberg: Biochem. Zeitschr. 1929, **206**, 109.
[6] M. Wagenaar: Pharm. Weekbl. 1927, **64**, 1135.
[7] H. Schmalfuss u. K. Keitel: Zeitschr. physiol. Chem. 1924, **138**, 156.
[8] A. I. Kogan: Zeitschr. analyt. Chem. 1930, **80**, 112.

b) Bestimmung.

Von den Methoden zur Bestimmung der Citronensäure beruht die erste Gruppe auf der Abscheidung der Citronensäure in Form unlöslicher Salze; sie ist nur dann anwendbar, wenn keine Stoffe zugegen sind, oder wenn solche vorher entfernt sind, die durch Alkohol und Calciumsalze gefällt werden; andererseits sind diese Verfahren geeignet, um die Citronensäure aus Lösungen zu entfernen,. die bei den Oxydationsmethoden störende Stoffe enthalten. Die zweite Gruppe beruht auf der Oxydation der Citronensäure und Bestimmung der dabei entstehenden Stoffe: Aceton, Acetondicarbonsäure und Pentabromaceton.

α) Bestimmung als Calciumcitrat. Die Methode beruht auf der Bildung eines Calciumcitrates, das sich beim Erwärmen aus 40% alkoholischer Flüssigkeit krystallinisch abscheidet und in dieser Flüssigkeit sehr schwer löslich ist. Andere durch Calciumchlorid und Alkohol fällbare Stoffe dürfen natürlich in der Lösung nicht vorhanden sein bzw. müssen daraus entfernt werden. — B. BLEYER und J. SCHWAIBOLD[1] empfehlen folgende Ausführung der Bestimmung: Liegt die Citronensäure als freie Säure in wäßriger Lösung vor, so wird sie unter Zugabe von 1—2 Tropfen Phenolphthaleinlösung mit 0,1 N.-Natronlauge genau neutralisiert; liegt sie als Salz in neutraler Lösung vor, so kann diese ohne Vorbehandlung zur Bestimmung benutzt werden. Zu der auf dem Wasserbade vorgewärmten citronensäurehaltigen Flüssigkeit (0,05—0,3 g Citronensäure enthaltend) gibt man etwa die gleiche Menge 96%igen Alkohol hinzu. Dann wird nochmals kurze Zeit auf dem Wasserbade erwärmt, bis sich Tropfen kondensierten Alkohols an dem das Becherglas bedeckenden Uhrglase bilden; sodann wird unter Umrührung die Calciumchloridlösung (20%) im Überschuß langsam zugegeben, die Reaktionsflüssigkeit im Wasserbade nochmals kurz erwärmt, beiseite gestellt, und nach vollständigem Erkalten und Absitzen des Niederschlages durch einen bei 85° vorgetrockneten, gewogenen GOOCH-Tiegel filtriert. Der Niederschlag wird im Lufttrockenschrank bei 85° bis zur Gewichtskonstanz getrocknet und entspricht dann der Formel $Ca_3(C_6H_5O_7)_2 \cdot 4\,H_2O$; er ergibt, mit 0,6735 multipliziert, den Gehalt an wasserfreier Citronensäure ($C_6H_8O_7$). Diese Bestimmung ist der als Calciumoxyd vorzuziehen. Die Fehlergrenze beträgt höchstens $\pm$ 0,2%.

Nach Versuchen von W. BARTELS[2] versagt diese Methode, wenn die Temperatur bei der Fällung nicht hoch genug ist und wenn ein großer Überschuß von Calciumchlorid verwendet wird. Befriedigende Ergebnisse erhält man bei einer Temperatur von etwa 80°. Die störende Wirkung eines großen Überschusses an Calciumchlorid kann durch einen Zusatz von Ammoniak beseitigt werden. Es lassen sich so 2 mg Citronensäure nur unsicher, 4 mg und mehr in 50 ccm einwandfrei bestimmen.

Die Fällung als Bariumcitrat ist nach W. BARTELS[2] zur unmittelbaren Wägung des Niederschlages nicht geeignet, weil sie nur in ammoniakalischer Lösung vollständig ist und daher auch Bariumcarbonat und andere Stoffe mitgefällt werden; sie ist aber besonders geeignet, um die Citronensäure aus Lösungen abzuscheiden, welche bei den nachfolgenden Oxydationsmethoden störende Stoffe enthalten.

β) Bestimmung als Aceton. Die Arbeitsweisen nach A. I. KOGAN[3] und nach W. BARTELS[2] beruhen auf empirischer Grundlage; die Umsetzung erfolgt nicht nach stöchiometrischen Verhältnissen. K. TÄUFEL und F. MAYR[4] dagegen

---

[1] B. BLEYER u. J. SCHWAIBOLD: Milchw. Forsch. 1925, **2**, 260. — Vgl. auch die kritische Arbeit über den Nachweis und die Bestimmung der Citronensäure im Wein von O. REICHARD: **Z.** 1926, **51**, 282.

[2] W. BARTELS: **Z.** 1933, **65**, 1.

[3] A. I. KOGAN: Zeitschr. analyt. Chem. 1930, **80**, 112.

[4] K. TÄUFEL u. F. MAYR: Zeitschr. analyt. Chem. 1933, **93**, 1.

haben in nachfolgendem Verfahren die Überführung der Citronensäure in Aceton zu einem stöchiometrischen Ablauf gebracht und auf diese Weise den zufälligen Einfluß gewisser Versuchsbedingungen ausgeschlossen.

Zur Ausführung der Bestimmung wird die Apparatur in Abb. 6 verwendet.

Der Destillationskolben (*a*) aus Jenaer Glas (250 ccm Inhalt) ist unter Verwendung eines Glasschliffs (*b*) verbunden mit einem Destillationsaufsatz, bestehend aus einem Tropftrichter (*c*) mit Glashahn und aus einer Kugel (*d*), die das Überspritzen von Flüssigkeitsteilchen verhindern soll. Das Ablaufrohr (*e*) des Tropftrichters ist in den erweiterten Teil des Destillationsrohres, das die Fortsetzung des hohlen Glasschliffstopfens (*b*) bildet, eingeführt und verschmolzen, so daß man während der Destillation Flüssigkeit in den Kolben fließen lassen kann. Oberhalb dieser Stelle befindet sich im aufsteigenden Destillationsrohr (*f*), das nicht zu eng sein darf, die erwähnte Kugel (*d*). Anschließend daran biegt das Rohr schräg seitlich nach abwärts, um nach nochmaliger Biegung zur Senkrechten in einen Schlangenkühler (*g*) einzumünden; auch an dieser Stelle ist eine Glasschliffverbindung angebracht. Zwecks leichter Reinigung und um die durch die Glasschliffe bewirkte Starrheit der Apparatur etwas zu mildern, ist die Destillationsröhre im schräg abfallenden Teil durch die Glasschliffverbindung (*h*) unterbrochen. Am Kühlerende wird (ebenfalls mit Glasschliff) ein Vorstoß (*i*) angesetzt, dessen Rohr in die in der Vorlage (*k*) befindliche Flüssigkeit eintaucht. Die Vorlage (SENDTNER-, bzw. ERLENMEYER-Kolben), die während des Versuches gekühlt werden soll, ist mittels Gummistopfens mit dem Vorstoß verbunden.

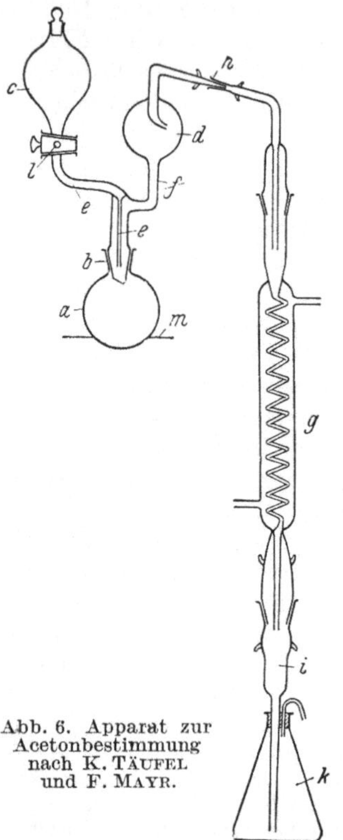

Abb. 6. Apparat zur Acetonbestimmung nach K. TÄUFEL und F. MAYR.

Um das Zutropfen der Permanganatlösung bequem und fein regulieren zu können, empfiehlt es sich, das Loch des Glashahnzapfens (*l*) mit einer Dreikantfeile auf beiden Seiten in entsprechend gleichmäßig (Richtung senkrecht zur Zapfenlänge) verlaufender Weise einzufeilen. Das Rohr des Tropftrichters soll ferner an der Spitze sehr eng[1] auslaufen. Der Destillationskolben sitzt zweckmäßig auf einer Asbestplatte (*m*), die mit einer entsprechenden Öffnung versehen ist. Der verwendete Schlangenkühler besitzt eine Länge von rund 30 cm.

Ausführung. Man gibt die citronensäurehaltige Untersuchungsflüssigkeit in den Destillationskolben und versetzt mit so viel Wasser, daß das Gesamtvolumen zwischen 50—100 ccm beträgt. Auf je 50 ccm Volumen rechnet man 2—3 ccm Pufferlösung[2]. Ferner werden einige Siedesteinchen (Tonscherben) zugegeben. Der Normalschliffkolben (an der Schliffstelle am besten nicht eingefettet, sondern nur angefeuchtet) wird unter leichtem Druck an den Destillationsaufsatz gedreht. Der Tropftrichter wird mit 0,05%iger Kaliumpermanganatlösung, die mit Eis gekühlte Vorlage mit einer genau abgemessenen Menge etwa 2 N.-Kalilauge (weil ihr Jodverbrauch im Leerversuch ermittelt werden muß) beschickt (etwa 15 ccm). Dann wird zum Sieden erhitzt. Erst nachdem die Luft vertrieben ist, öffnet man vorsichtig den Hahn des Tropftrichters und läßt die Permanganatlösung (etwa 1 Tropfen in der Sekunde) zur Destillationsflüssigkeit treten. Das Eintropfen, von dem das Ergebnis stark abhängig ist,

[1] Im Verein mit der sehr verdünnten (0,05%igen) Kaliumpermanganatlösung wird es dadurch möglich, die Oxydationsflüssigkeit in langsamer Tropfenfolge gleichmäßig zuzusetzen, während bei Anwendung der 1,5%igen Permanganatlösung nach A. I. KOGAN und W. BARTELS alle 5 Minuten je 10 Tropfen während des Siedens hinzugefügt werden müssen.

[2] Pufferlösung: 49,03 g Phosphorsäure (100%ig) bzw. die entsprechende Menge eines schwächeren Präparates und 68,08 g Kaliummonophosphat (nach S. P. L. SOERENSEN) in Wasser zu 4 l gelöst.

darf nur so rasch vor sich gehen, daß bis zum Einfallen des nächsten Tropfens Entfärbung eingetreten ist. Man oxydiert so lange, bis die Permanganatfarbe bzw. das ausgeschiedene Mangandioxyd mindestens 5 Minuten lang bestehen bleibt. Ohne weiteren Zusatz von Permanganat wird nun die Destillation sicherheitshalber noch 15—20 Minuten fortgesetzt. Der Kühler wird mit Wasser in die Vorlage hinein nachgespült. Im Destillat wird das Aceton jodometrisch nach MESSINGER (S. 1063) bestimmt.

Zu diesem Behufe gibt man zu der acetonhaltigen alkalischen Lösung tropfenweise unter beständigem Umschütteln so viel 0,1 N.-Jodlösung, daß nach Beendigung des Umsatzes mindestens $^1/_5$ der angewendeten Menge im Überschuß bleibt[1]. Dann wird der Kolben verschlossen etwa 20—30 Minuten — bei kleiner Menge Citronensäure entsprechend länger — unter öfterem Umschwenken stehen gelassen. Darauf säuert man mit der 25%igen Schwefelsäure (etwa 8—10 ccm) an und titriert das ausgeschiedene Jod mit 0,1 N.-Thiosulfatlösung nach Zugabe von 2—3 ccm Stärkelösung (1%) zurück. Der Leerwert der verwendeten Kalilauge ist in Rechnung zu stellen.

Die Reaktionen verlaufen nach folgenden Gleichungen:

$$C_6H_8O_7 + {}^1/_2\,O_2 \rightarrow CH_3 \cdot CO \cdot CH_3 + 3\,CO_2 + H_2O$$

$$CH_3 \cdot CO \cdot CH_3 + 4\,KOH + 3\,J_2 = CHJ_3 + CH_3 \cdot COOK + 3\,KJ + 3\,H_2O$$

1 ccm 0,1 N.-Jodlösung entspricht 3,20 mg wasserfreier und 3,50 mg kryst. Citronensäure ($C_6H_8O_7 \cdot H_2O$).

γ) **Bestimmung als Acetondicarbonsäure.** $\alpha\alpha$) Titrimetrische Bestimmung. Die von L. GOWING-SCOPES[2] beschriebene, von B. BLEYER und J. SCHWAIBOLD[3] verbesserte Bestimmungsmethode beruht auf der Oxydation der Citronensäure zu Acetondicarbonsäure und Abscheidung dieser Verbindung als unlösliche komplexe Quecksilberverbindung (G. DENIGÈS Reaktion, S. 1117). Das erforderliche Reagens besteht aus 51 g Quecksilbernitrat, 51 g Manganonitrat und 68 ccm Salpetersäure (70%), die mit Wasser auf 250 ccm aufgefüllt werden; wenn nötig, wird filtriert.

Ausführung. Die zu untersuchende neutrale Flüssigkeit wird in einem 250 ccm fassenden ERLENMEYER-Kolben auf etwa 150 ccm aufgefüllt. Auf etwa 0,05 g vorhandene Citronensäure werden etwa 10 ccm des obigen Reagens zugegeben; eine geringere Menge verschlechtert das Ergebnis, ein Überschuß davon ist nicht von Nachteil. Die Lösung wird sodann am Rückflußkühler 3 Stunden in gelindem Sieden erhalten. Darauf wird die noch warme Flüssigkeit durch einen GOOCH-Tiegel filtriert. Die am Glase haftenden Reste lassen sich mittels einer sehr verd. Lösung von Salpetersäure durch Wischen mit einer Gummifahne leicht entfernen. Nach reichlichem Waschen mit Wasser wird der im Tiegel enthaltene Niederschlag mit konz. Salpetersäure in Lösung gebracht. Bei größeren Mengen Niederschlag bringt man die obere Asbestschicht samt der Substanz in einen ERLENMEYER-Kolben und löst den Niederschlag unter Erwärmen mit starker Salpetersäure. Die auf etwa 100 ccm verd. Lösung des Niederschlages wird nun mit einer konz. Kaliumpermanganatlösung versetzt, bis die violette Farbe einige Minuten bestehen bleibt; das überschüssige Permanganat bzw. ausgeschiedene Mangandioxydhydrat wird durch konz. Ferrosulfatlösung entfernt, so daß die Flüssigkeit wieder vollkommen farblos wird. Nach Zugabe von 1 ccm gesättigter Eisenammoniumalaunlösung wird mit 0,1 N.-Ammoniumrhodanidlösung auf bleibende, hellbraune Färbung titriert. 1 ccm 0,1 N.-Ammoniumrhodanidlösung entspricht 0,00298 g Citronensäure.

[1] Wenn die erwartete Menge Citronensäure 25 mg nicht übersteigt, reichen 10 ccm 0,1 N.-Jodlösung aus.

[2] L. GOWING-SCOPES: Analyst 1913, 38, 12.

[3] B. BLEYER u. J. SCHWAIBOLD: Milchw. Forsch. 1925, 2, 260.

Man erhält mindestens 98,5% der tatsächlich vorhandenen Citronensäure. Die gefundenen Werte liegen unter und über den tatsächlichen Werten. Die Methode ist nicht so genau wie die Bestimmung als Calciumcitrat und erleidet auch durch Beimengungen leichter Störungen; jedoch liefert sie auch bei der Bestimmung sehr geringer Mengen Citronensäure (0,01 g und weniger) befriedigende Ergebnisse.

$\beta\beta$) Destillationsverfahren nach B. BLEYER und J. SCHWAIBOLD[1]. Die Methode beruht auf der Oxydation der Citronensäure durch Kaliumpermanganatlösung zu Aceton, dessen quantitative Gewinnung durch sofortige Destillation und der Abscheidung des Acetons als unlösliche, komplexe Acetonquecksilberverbindung. Das erforderliche DENIGÈSsche Reagens zur Fällung von Aceton wird, wie folgt, hergestellt: 50 g Quecksilberoxyd werden in einer Mischung von 1 l Wasser und 200 ccm konz. Schwefelsäure gelöst (wenn erforderlich, auf dem Wasserbade).

Ausführung. Die zu untersuchende Flüssigkeit (bei kleinen Mengen Citronensäure 50 ccm, bei größeren Mengen 100 ccm) wird in einem 200 ccm fassenden Destillierkolben mit Phosphorsäure (80%) stark angesäuert, z. B. bei etwa 0,1 g Citronensäure mit 5 ccm konz. Säure. Der Kolben wird mit einem doppelt durchbohrten dichten Kork- oder Gummistopfen verschlossen. Die eine Bohrung enthält einen massiven Glasstab, an dessem in die Flüssigkeit ragenden Ende ein etwa 1 cm langes Stück Glasrohr (0,2 cm Weite) angeschmolzen ist (Siedecapillare). Durch die andere Bohrung des Stopfens führt ein Glasrohr, das in eine Capillare ausgezogen ist, die 2—3 cm in den Kolbenhals ragt. Dieses Glasrohr ist mit einem höher stehenden Gefäß verbunden, das die 0,05%ige Kaliumpermanganatlösung enthält. Ein Schraubenquetschhahn dient als Verschluß und zur Regulierung des Zuflusses. Nachdem die Lösung zu lebhaftem Sieden erhitzt ist, wird der Quetschhahn in dem Maße geöffnet, daß 1—2 Tropfen in der Sekunde zu der Flüssigkeit in den Kolben fließen. Das Destillat wird mit möglichst kaltem Wasser in einem großen Schlangenkühler (wenigstens 40 cm lang) kondensiert und in einem ERLENMEYER- oder besser FRESENIUS-Kolben aufgefangen. Die Destillation wird fortgesetzt, bis die zutropfende Kaliumpermanganatlösung nicht mehr reduziert wird bzw. Mangandioxydhydrat sich abscheidet. Das Destillieren soll etwas schneller vor sich gehen, als der Zufluß von Kaliumpermanganatlösung erfolgt, so daß die Flüssigkeitsmenge in dem Destillierkolben langsam abnimmt. Das Destillat wird in einem ERLENMEYER-Kolben bei einer geschätzten Menge von 0,05 g Citronensäure mit mindestens 10 ccm des obigen Reagens versetzt und dann am gleichen Schlangenkühler, der jetzt als Rückflußkühler wirkt, etwa $^3/_4$ Stunden in gelindem Sieden erhalten, wobei mehrere Male die in den Rohrwindungen des Kühlers kondensierte Flüssigkeit mit Wasser in den Kolben zurückgespült wird. Schließlich wird der ausgeschiedene Niederschlag in einem GOOCH-Tiegel abfiltriert. Der im Tiegel gesammelte Niederschlag wird, wie dies unter $\alpha\alpha$) beschrieben ist, mit Salpetersäure gelöst und die salpetersaure Lösung mit Ammoniumrhodanid titriert. 1 ccm verbrauchte 0,1 N.-Ammoniumrhodanidlösung entspricht 0,00296 g Citronensäure.

Die Methode gibt Werte, welche die zu bestimmende Citronensäuremenge auf 1% genau angeben; sie ist anwendbar für eine direkte Bestimmung von Citronensäure in Gemischen mit Stoffen, welche die direkte Anwendung der Methoden α und β unmöglich machen. Die Gegenwart von Oxalsäure, Bernsteinsäure und Kohlenhydraten ist ohne Einfluß; die Beimengung von Weinsäure und Äpfelsäure veranlaßt sehr geringe Verschiebungen der Citronensäurewerte. Diese Einflüsse sind praktisch ohne Belang. Die Anwesenheit größerer Mengen von Proteinen und Fetten macht Vorversuche und Kontrollversuche notwendig bzw. eine Entfernung dieser Stoffe aus der Flüssigkeit. Bei Anwesenheit größerer Mengen von Kohlen-

[1] B. BLEYER u. J. SCHWAIBOLD: Milchw. Forsch. 1925, **2**, 260. — Vgl. auch D. PRATT: Unit. States Dep. of Agricult. Circ. 1912, 88, 1 und J. J. WILLAMAN: Journ. Amer. Chem. Soc. 1916, **38**, 2193.

hydraten ist eine Abscheidung der Citronensäure als Calciumcitrat von Vorteil, da die Kohlenhydrate von Permanganatlösung oxydiert werden, die Beendigung der Oxydation der Citronensäure nicht sichtbar wird und so zu große Destillatmengen erhalten werden.

δ) Bestimmung als Pentabromaceton. Für diese Bestimmung, die auf der Reaktion von L. STAHRE (S. 1116) beruht und bei der zunächst Acetondicarbonsäure und aus dieser Pentabromaceton nach den Gleichungen

$$C_6H_8O_7 + O = C_5H_6O_5 + CO_2 + H_2O$$
$$C_5H_6O_5 + 10\,Br = C_3Br_5OH + 2\,CO_2 + 5\,HBr.$$

gebildet wird, sind zwei Ausführungsformen, eine gewichtsanalytische und eine jodometrische vorgeschlagen worden:

αα) Gewichtsanalytische Bestimmung nach O. REICHARD[1]. 10 bis 100 ccm[2] der auf den Citronensäuregehalt zu untersuchenden Lösung werden in einer glasierten Porzellanschale auf dem Wasserbade bis auf rund 10 ccm eingedampft, in einen 50 ccm-Meßkolben gebracht, mit 10 ccm Schwefelsäure (1 + 1) und soviel ccm einer Lösung von 8,5 g Kaliumbromid und 2,5 g Kaliumbromat in 100 ccm Wasser versetzt, bis die Farbe der Untersuchungsflüssigkeit ein deutliches Orange ist; hierzu reichen 5—10 ccm aus. Das trübe Gemisch wird abgekühlt, bis zur Marke aufgefüllt, durchgemischt und durch wiederholtes Aufgießen auf ein Faltenfilter glanzhell filtriert.

20 ccm des Filtrates, die mit einer Pipette durch Ansaugen mittels Saugpumpe entnommen werden, werden in einem ERLENMEYER-Kolben mit 2—5 ccm einer Kaliumbromidlösung (50%) im Überschuß versetzt, mit einem Tropfen einer gesättigten Eisenchloridlösung vermischt, auf 5° abgekühlt und mit gesättigter Kaliumpermanganatlösung aus einer Bürette unter fortwährendem Umschwenken tropfenweise versetzt solange, bis zunächst eine Dunkelbraunfärbung eintritt und einige Minuten bestehen bleibt. Hierzu sind je nach der Menge des Bromsalzes 8—10 ccm notwendig. Der mit einem Korkstopfen verschlossene Kolben bleibt unter Kühlung solange stehen, bis die dunkelbraune Farbe in Goldgelb aufgehellt ist (nach einigen Minuten). Dann wird abermals Permanganatlösung zugetropft, bis die Dunkelfärbung und nach einiger Zeit wieder die Aufhellung eingetreten ist, und die Oxydation solange fortgesetzt, bis eine Trübung, dann Abscheidung, gegebenenfalls Zusammenballung des Pentabromacetons und schließlich eine bleibende Mangandioxydabscheidung eingetreten sind. Gesamtverbrauch der Permanganatlösung rund 40 ccm. Das Mangandioxyd wird nach einstündigem Stehen mittels Kaliumbromidlösung (50%), bei größeren Mengen unter gleichzeitiger Zugabe von gesättigter, mit Schwefelsäure angesäuerter Ferroammoniumsulfatlösung gelöst und zum klaren Absitzen beiseite gestellt.

Das gebildete gelblichweiße, deutlich abgesetzte Pentabromaceton wird durch einen NEUBAUER-Platintiegel (gewogen) oder einen Glas- bzw. Porzellantiegel mit porösem Boden (nicht gewogen) filtriert, zweimal mit je 5 ccm kaltem Wasser ausgewaschen, kräftig abgesaugt und nach Abtrocknen der Außenseiten des Tiegels im Vakuum-Exsiccator über Schwefelsäure (nach 10 Minuten langem Evakurieren) 2 Stunden lang getrocknet und dann gewogen. Die Gewichtskonstanz wird durch eine zweite Wägung sichergestellt.

Die Menge Pentabromaceton wird bei NEUBAUER-Platintiegeln durch die Gewichtszunahme festgestellt, bei Glas- und Porzellanfiltertiegeln durch die Gewichtsabnahme nach Entfernung des Pentabromacetons. Dieses wird mit

[1] O. REICHARD: Z. 1934, 68, 138. — Vgl. auch B. G. HARTMANN u. F. HILLIG: Journ. Assoc. official. agricult. Chemists 1927, 10, 264; C. 1927, II, 1985.

[2] Je nach der durch die Stärke der DENIGÈS-Reaktion (S. 1117) geschätzten Menge Citronensäure wählt man die Menge der in Untersuchung zu nehmenden Lösung: Bei mehr als 1 g/l 50 ccm und bei mehr als 2 g/l 10—20 ccm.

einigen ccm Äther, dann einigen ccm Alkohol und schließlich zweimal mit 10 ccm warmem Wasser behandelt, der Tiegel im Vakuum-Exsiccator getrocknet und gewogen. Gewichtsverlust = Pentabromaceton. Pentabromaceton × 0,464 = kryst. Citronensäure.

ββ) Jodometrische Bestimmung nach P. A. Kometiani[1]. Eine klare Citronensäurelösung mit einem Citronensäuregehalt von 5—40 mg wird in einen 100—200 ccm fassenden Erlenmeyer-Kolben gebracht, je 10 ccm der Flüssigkeit werden mit je 1 ccm Schwefelsäure (1:1) und 0,3 ccm Kaliumbromidlösung (22,5 g Kaliumbromid in 100 ccm Wasser) versetzt. Das Gesamtvolumen der zu untersuchenden Flüssigkeit darf nicht mehr als 100 ccm ausmachen. Die Mischung wird in ein vorher auf 40—50° erhitztes Wasserbad gestellt. Nachdem diese Temperatur erreicht ist[2], wird die Citronensäure vorsichtig mit gesättigter Kaliumpermanganatlösung oxydiert; letztere wird tropfenweise unter Umschütteln so lange zugefügt, bis keine Entfärbung mehr eintritt. Ein Überschuß an Kaliumpermanganat ist zu vermeiden, da das entstehende Zwischenprodukt der Oxydation, die Acetondicarbonsäure, dann nicht bromiert, sondern weiter zu Kohlen-, Ameisen- und Oxalsäure oxydiert wird. Gleichzeitig mit der Citronensäure wird auch das Kaliumbromid durch das Permanganat oxydiert, und das freigewordene Brom bildet mit der Acetondicarbonsäure Pentabromaceton. Die Flüssigkeit wird zuerst gelb, dann braun von den ausgeschiedenen braunen Flocken des Mangandioxydhydrats. Man hält 5 Minuten lang auf dem Wasserbade; nach dem Erkalten wird eine mit Schwefelsäure angesäuerte gesättigte Ferrosulfatlösung zugesetzt, bis das freie Brom und das Mangandioxydhydrat gelöst sind. Wird das Pentabromaceton als Trübung abgeschieden, so läßt man die Flüssigkeit samt dem Niederschlag mindestens 1 Stunde lang stehen. Das Pentabromaceton wird durch ein kleines Filter abfiltriert und sorgfältig mit kaltem Wasser nachgewaschen.

Nach Absaugen der letzten Tropfen der Waschwässer wird das Pentabromaceton auf der Nutsche mit 25—50 ccm Alkohol (96—97%) aufgelöst und die Flüssigkeit in einem 400 ccm-Kolben gesammelt. Die alkoholische Pentabromacetonlösung wird mit 4—5 ccm Eisessig angesäuert und darauf wird die essigsaure Lösung auf einem bis zum Siedepunkt erhitzten, jedoch nicht siedenden Wasserbade erwärmt; dann werden 5 ccm einer alkoholischen 20%igen Natriumjodidlösung zugegeben, worauf die Flüssigkeit durch Jod gefärbt wird. Danach läßt man noch 3—5 Minuten auf dem Wasserbad stehen; nach 10—15 Minuten langem Erkalten wird die Flüssigkeit mit der 10—12fachen Menge Wasser verdünnt und je nach der Menge des freigewordenen Jods mit 0,1- oder 0,05 N.-Thiosulfatlösung und Stärkelösung als Indicator titriert. 1 ccm 0,1 N.-Thiosulfatlösung = 3,501 mg Citronensäure. Diese Methode eignet sich besonders gut für Massenbestimmungen.

γγ) Mikrobestimmung als Pentabromaceton. Nach B. Bleyer und J. Schwaibold[3] verfährt man, wie folgt:

In die 10 ccm fassenden Schleudergläschen[4] (Abb. 7) wird die zu untersuchende Lösung — höchstens 6—8 ccm — mit etwa 2—10 mg Citronensäure gebracht, mit 4 Tropfen gesättigter Kaliumbromidlösung und 8 Tropfen Schwefelsäure (50%) versetzt; dann werden die Gläschen in ein Wasserbad von

---

[1] P. A. Kometiani: Zeitschr. analyt. Chem. 1931, 86, 359.

[2] Nach O. Reichard (Z. 1934, 68, 138) empfiehlt sich die Oxydation bei 5°, weil bei 40—50° zu niedrige Ergebnisse erhalten werden.

[3] B. Bleyer u. J. Schwaibold: Milchw. Forsch. 1925, 2, 260. — Vgl. auch R. Kunz: Arch. Chem. u. Mikroskopie 1914, 7 285.

[4] Die zur Ausführung der Bestimmung erforderlichen Schleudergläschen für die Laboratoriumzentrifuge mit elektrischem Antrieb sind von der Firma F. u. M. Lautenschläger in München erhältlich.

45^0 gestellt. Nachdem der Inhalt der Gläschen die Temperatur des Wasserbades angenommen hat, wird tropfenweise unter Schütteln soviel gesättigte Kaliumpermanganatlösung zugegeben, bis eine dichte, braune Ausscheidung von Mangandioxydhydrat auftritt. Nach kurzem Zurückstellen der Gläschen in das Wasserbad läßt man rasch Ferrosulfatlösung (gesättigt, schwach schwefelsauer) hinzufließen, bis die Flüssigkeit gerade fast farblos geworden ist und läßt hierauf erkalten. Nach 20—30 Minuten langem Absitzenlassen des gebildeten Pentabromacetonniederschlages werden die Gläschen kurze Zeit geschleudert. Die an der Glaswand haftenden Teile des Niederschlages werden mittels eines kleinen Gummiwischers losgelöst und durch erneutes kurzes Schleudern mit dem Hauptanteil des Niederschlages in der Capillare vereinigt. Jetzt wird der Niederschlag mittels eines dünnen Glasstabes wiederholt zur Entfernung von Lufträumen und zur Herbeiführung einer gleichmäßigen Krystallgröße aufgelockert, worauf jedesmal wieder kurz geschleudert wird, bis das Volumen des Niederschlages auch bei 2 Minuten langem Schleudern konstant bleibt, was meist nach 3—5maligem Ausschleudern und Auflockern der Fall ist.

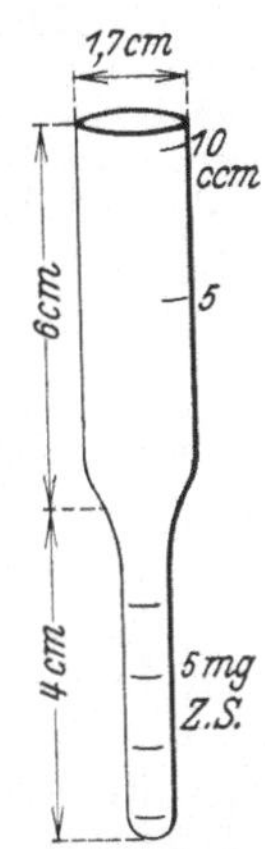

Abb. 7. Schleudergläschen zur Pentabromacetonbestimmung nach B. BLEYER und J. SCHWAIBOLD.

Das ausgeschleuderte Pentabromaceton hat einen Schmelzpunkt von 73^0; zur Kontrolle, ob der ausgeschleuderte Niederschlag auch rein ist, kann die Schmelzprobe in dem Schleudergläschen selbst ausgeführt werden (Einstellen in ein Wasserbad von 73^0). Die Feststellung der Citronensäuremenge geschieht durch Ablesung der Teilstriche des capillaren Meßraumes, der mit bekannten Citronensäuremengen ein für alle Mal geeicht worden ist. Bei einer Tourenzahl von etwa 10000 Umdrehungen je Minute muß 2 Minuten geschleudert werden. Auch bei sehr kleinen Mengen (unterste Grenze 0,2 mg Citronensäure) können nach diesem Verfahren wenigstens 98% der tatsächlich vorhandenen Citronensäuremenge gefunden werden.

ε) Sonstige Bestimmungsverfahren. An sonstigen Bestimmungsverfahren sind noch folgende vorgeschlagen: Bestimmung als Cadmiumsalz von L. ROBIN (Ann. Chim. analyt. appl. 1904, **9**, 453; **C.** 1905, I, 409), als Silbersalz von KAEMERER (Zeitschr. analyt. Chem. 1869, **8**, 302) und G. ROMEO (Riv. Ital. Essenze Profumi 1929, **11**, 23; **C.** 1930, I, 265), als Kohlenoxyd von M. SPICA (Chem.-Ztg. 1910, **34**, 1141), durch Oxydation mit Cerisulfat von H. H. WILLARD und PH. YOUNG (Journ. Amer. Chem. Soc. 1930, **52**, 132; **C.** 1930, I, 2775) und durch Oxydation mit Jodsäure von L. CUNY (Journ. Pharm. et Chim. 1926, [8] **3**, 112; **C.** 1926, II, 2331).

10. Benzoesäure.

($C_7H_6O_2 = C_6H_5 \cdot COOH$.)

Die Benzoesäure ist geruchlos und krystallisiert in glänzenden Nadeln und Blättchen, die bei $121,7^0$ schmelzen, und sublimiert in Nadeln und Tafeln bei $55—60^0$. Sie ist leicht löslich in Alkohol, Äther, Benzol, Essigester und heißem Wasser, dagegen nur wenig löslich in kaltem Wasser; 100 ccm Wasser von 0^0 lösen 0,156, von $17,5^0$ 0,268, von 20^0 0,290 g Benzoesäure. — Benzoesäure wird durch Ozon in alkalischer Lösung zu Kohlendioxyd oxydiert. Bei der Einwirkung von $1^1/_2$ Mol Wasserstoffsuperoxyd auf Ammoniumbenzoat entstehen ungefähr gleiche Mengen von o-, m- und p-Oxybenzoesäure. Von Permanganat wird Benzoesäure nicht angegriffen. Die Alkali- und Erdalkalisalze der Benzoesäure sind wasserlöslich, während die Schwermetallsalze nur wenig löslich sind. Bleiacetat erzeugt in Benzoatlösungen einen weißen Niederschlag von Bleibenzoat $[Pb(C_7H_5O_2)_2 \cdot H_2O]$, der im Überschusse von Bleiacetat löslich ist, aber beim Kochen wieder ausgeschieden wird. — Silbernitrat erzeugt in Lösungen der freien Benzoesäure erst auf Zusatz von Natriumacetat einen weißen Niederschlag von Silberbenzoat ($AgC_7H_5O_2$).

Über die Derivate der Benzoesäure siehe S. 1130.

Das Deutsche Arzneibuch VI (1926) stellt an die Benzoesäure folgende Reinheitsanforderungen:

Wird 0,1 g Benzoesäure in 10 ccm Wasser durch Erwärmen gelöst, so darf das erkaltete Gemisch 0,1 ccm Kaliumpermanganatlösung nicht sofort entfärben (Zimtsäure). — In einem trockenen Probierrohr reibt man 0,1 g Benzoesäure und 0,5 g gelbes Quecksilberoxyd mit Hilfe eines Glasstabs gleichmäßig zusammen und erhitzt das Gemisch unter ständigem Drehen des Probierrohres über einer kleinen Flamme. Sobald die hierbei eintretende Gasentwicklung und die Glimmerscheinung vorüber ist, läßt man abkühlen, setzt 10 ccm verd. Salpetersäure hinzu, erwärmt bis nahe zum Sieden und filtriert. Das Filtrat darf durch Silbernitratlösung höchstens opalisierend getrübt werden (Chlorbenzoesäuren). — 0,2 g Benzoesäure dürfen beim Erhitzen keinen wägbaren Rückstand hinterlassen.

a) Nachweis.

Die Reaktionen zum Nachweise der Benzoesäure sind mit Ausnahme der beiden Geruchsreaktionen sämtlich Farbenreaktionen.

Man scheidet die Benzoesäure aus den zu untersuchenden Flüssigkeiten in der Regel durch Ausschüttelung mit Äther oder anderen Lösungsmitteln oder durch Destillation mit Wasserdampf oder aus festen Substanzen durch Sublimation ab.

α) Reaktion nach E. Mohler[1]. Die Benzoesäure wird nitriert und die gebildete Dinitrobenzoesäure mit Hydroxylaminchlorhydrat zu Amidobenzoesäure reduziert. J. Grossfeld[2] verfährt folgendermaßen: Die durch Äther- oder Petrolätherausschüttlung gewonnene Benzoesäure oder der alkalisch gewonnene Benzoatauszug wird in einem Reagensglas zur Trockene gebracht, dann mit 0,1 g Kaliumnitrat und 1 ccm konz. Schwefelsäure 20 Minuten im siedenden Wasserbade erhitzt, abgekühlt und mit 2 ccm Wasser versetzt. Nach abermaligem Abkühlen wird mit 10 ccm etwa 15%iger Ammoniaklösung stark ammoniakalisch gemacht und mit 2 ccm Hydroxylaminchlorhydratlösung (2 g in 100 ccm Wasser) gemischt. Bei Gegenwart von Benzoesäure tritt alsdann je nach der vorhandenen Benzoesäuremenge langsamer oder schneller meist schon in der Kälte schwache Rotfärbung ein, die durch Eintauchen des Glases in heißes Wasser beschleunigt wird, während man die Intensität der Färbung durch darauffolgendes Eintauchen des Röhrchens in kaltes Wasser auf ihren höchsten Grad bringt.

Th. v. Fellenberg und St. Krauze[3] geben zu der nitrierten, mit 2 ccm Wasser versetzten Lösung 5 ccm Äther, schütteln kräftig durch, trennen die Ätherlösung in einem kleinen Scheidetrichter ab, waschen sie mit 0,5 ccm Wasser, dampfen sie in einem Reagensglase auf dem Wasserbade ab, versetzen den Rückstand mit 0,25 ccm konz. Ammoniak, kühlen ab, setzen ein Kryställchen (etwa 0,05 g) Hydroxylaminchlorhydrat zu, erhitzen genau 5 Sekunden unter Umschütteln in einem siedenden Wasserbade, kühlen ab und verdünnen mit 0,75 ccm Wasser. Eine Rotfärbung zeigt noch 0,1—0,2 mg Benzoesäure an. Salicyl- und Zimtsäure stören die Reaktion.

β) Eisenchloridreaktion[4]. Bei der Ausführung der Reaktion ist darauf zu achten, daß sowohl die zu prüfende Lösung als auch die Ferrichloridlösung

---

[1] E. Mohler: Bull. Soc. Chim. [3] **3**, 314; Zeitschr. analyt. Chem. 1897, **36**, 202.

[2] J. Grossfeld: **Z.** 1915, **30**, 271. — Vgl. auch C. von der Heide u. F. Jacob: **Z.** 1910, **19**, 137 und H. Riffart u. H. Keller: **Z.** 1934, **68**, 122.

[3] Th. v. Fellenberg u. St. Krauze: Mitt. Lebensmittelunters. Hygiene 1932, **23**, 111.

[4] W. v. Genersich: **Z.** 1908, **16**, 222. — K. Fischer u. O. Gruenert: **Z.** 1909, **17**, 721. — G. Denigès: Bull. Soc. Pharmac. Bordeaux **51**, 297; Zeitschr. analyt. Chem. 1913, **52**, 696.

möglichst neutral reagieren. Je nach der vorhandenen Benzoesäuremenge fällt auf Zusatz einer stark verd. Ferrichloridlösung ein milchiger bis flockiger Niederschlag von schmutzigweißer bis gelblich brauner Farbe[1] aus. Der gebildete Niederschlag ist im Überschuß von Ferrichlorid wieder löslich. Sehr verdünnte Lösungen färben sich daher nur gelblich, ohne daß ein Niederschlag entsteht.

Wird die Lösung nicht mit Lauge neutralisiert und mit Natriumacetat versetzt, sondern die Benzoesäure in ammoniakalischem Wasser gelöst und bis auf 1 ccm eingedampft, dann entsteht gleichfalls bei Anwendung von 1 mg Benzoesäure auf Zusatz von Eisenchlorid eine deutlich fleischfarbene Trübung, die sehr bald beim Stehen oder Erwärmen sich zu einem feinflockigen Niederschlag verdichtet. Handelt es sich um den Nachweis von Spuren Benzoesäure, so löst man in einem Tropfen Ammoniak und versetzt mit einem Tropfen verd. Ferrichloridlösung (1:1000). Es fällt ein gelblich-fleischroter Niederschlag von Ferribenzoat aus.

γ) Reaktion nach A. Jonescu[2] in der Abänderung von C. von der Heide und F. Jakob[3]. Die freie Benzoesäure enthaltende Lösung wird auf je 1 mg Benzoesäure mit 3—5 Tropfen einer etwa 0,4%igen Lösung von Wasserstoffsuperoxyd versetzt und im Wasserbade 5 Minuten erhitzt. Nach dem Abkühlen setzt man 1—3 Tropfen einer 1%igen Ferrichloridlösung hinzu, worauf sofort oder nach kurzem Stehen die Violettfärbung der gebildeten Salicylsäure auftritt. Die gleiche Färbung tritt auch nach einiger Zeit allmählich auf, wenn man nicht im Wasserbade erhitzt.

Diese Reaktion steht an Empfindlichkeit und Deutlichkeit der Mohlerschen Reaktion bei weitem nach, sie kann aber besonders wegen der Schnelligkeit ihrer Ausführung mit Vorteil zum Nachweis verwandt werden, wenn die Benzoesäure in größeren Mengen vorhanden ist.

Gleichfalls auf der Überführung in Salicylsäure beruht die Reaktion nach K. Fischer und O. Gruenert[4]. Die zu untersuchende Substanz wird in einigen Tropfen Natronlauge und etwa 1 ccm Wasser gelöst, in einen Silbertiegel gebracht, auf dem Wasserbade zur Trockene verdampft und dann mit 2 g grob gepulvertem Ätzkali auf einer kleinen Flamme geschmolzen. Nach dem Schmelzen des Ätzkalis wird die Masse noch etwa 2 Minuten mit kleiner Flamme in Fluß gehalten — es empfiehlt sich während dieser Zeit mit einem starken Platindraht kräftig umzurühren —; dann wird die Schmelze in Wasser gelöst, mit Schwefelsäure angesäuert und mit Äther ausgezogen. Man wäscht den Äther dreimal mit Wasser und verdunstet unter Zusatz von 1 ccm Wasser bei mäßiger Wärme und mit Hilfe eines Luftstromes. Der wäßrige Rückstand wird mit einigen Tropfen einer frisch bereiteten 0,05%igen Eisenchloridlösung auf Salicylsäure geprüft. 0,5 mg Benzoesäure lassen sich so nachweisen.

δ) Nachweis nach M. Guerbet[5]. Eine Spur Benzoesäure wird mit etwas rauchender Salpetersäure eingedampft und das Gemenge der Nitrobenzoesäuren mit 1 Tropfen 10%iger Zinnchlorürlösung erwärmt. Nach dem Erkalten diazotiert man mit 2 Tropfen einer 1%igen Natriumnitritlösung. Auf Zusatz einer 1%igen Lösung von Naphthol in 10%igem Ammoniak entsteht ein orangeroter Niederschlag von β-Naphtholazobenzoesäure, der sich in 1 ccm konz. Schwefelsäure mit rotvioletter Farbe löst; beim Eingießen in Wasser schlägt die Farbe in Gelborange um.

ε) Nachweis nach J. C. Harral[6]. Die Probe, die etwa 1—3 mg Benzoesäure enthält, wird mit 2 ccm einer Säuremischung von konz. Schwefelsäure und rauchender Salpetersäure im Verhältnis 2:1 versetzt und während 5 Minuten auf dem Wasserbade erhitzt. Darauf spült man in ein Nessler-Glas über, so daß man etwa 20 ccm Flüssigkeit erhält. Zur Reduktion versetzt man die Flüssigkeit mit einem Stückchen Zink und läßt 10 Minuten in der Wärme einwirken. Nach Entfernung des Zinks setzt man 1 ccm einer 1%igen

[1] Der Niederschlag besteht nach R. F. Weinland und A. Herz (Ber. Deutsch. Chem. Ges. 1912, **45**, 2662) im wesentlichen aus dem Monobenzoat einer Hexabenzoato-triferribase)

[2] A. Jonescu: Journ. Pharm. et Chim. 1909, [6] **29**, 523; C. 1909, II, 312.

[3] C. von der Heide u. F. Jakob: Z. 1910, **19**, 137.

[4] K. Fischer u. O. Gruenert: Z. 1909, **17**, 721.

[5] M. Guerbet: Compt. rend. Paris 1920, **171**, 40; C. 1920, IV, 337.

[6] J. C. Harral: Analyst 1930, **55**, 445.

Nitritlösung zu und nach 5 Minuten Ammoniak im Überschuß; darauf bringt man auf ein Volumen von 50 oder 100 ccm. Ist Benzoesäure vorhanden, so entsteht eine tiefgelbe Färbung.

ζ) **Geruchsreaktionen.** αα) Überführung in Benzaldehyd nach K. B. LEHMANN[1]. Man löst die Substanz in sehr wenig 0,1 N.-Kalilauge, säuert die Lösung auf einem Uhrglase mit verd. Schwefelsäure an, versetzt mit einigen Körnchen Natriumamalgam und bedeckt mit einem zweiten Uhrglase. Nach dem Aufhören der Wasserstoffentwicklung ist ein deutlicher Geruch nach Benzaldehyd wahrnehmbar, der auch nach einiger Zeit noch festgestellt werden kann.

G. BREUSTEDT[2] reduziert die Benzoesäure mit Ameisensäure.

ββ) Überführung in Benzoesäureäthylester nach A. RÖHRIG[3]. Man löst die Substanz in wenig absolutem Alkohol und verestert durch Kochen mit etwas konz. Schwefelsäure. Nach dem Erkalten wird Wasser hinzugefügt und der Benzoesäureäthylester mit Äther ausgeschüttelt. Um den Ester zu erkennen, taucht man einen Filtrierpapierstreifen in den Äther und läßt diesen verdunsten. Bei Gegenwart von Benzoesäure zeigt sich auch bei großer Verdünnung der charakteristische Geruch nach Benzoesäureäthylester.

η) **Mikrochemischer Nachweis.** Hierfür eignet sich in erster Linie die Mikrosublimation, wobei die Substanz auf einer vernickelten Messingplatte auf 60° erhitzt und das Sublimat auf einem auf etwa 25° gehaltenen Objektträger aufgefangen wird. Unter dem Mikroskop zeigt die Benzoesäure charakteristische wie Platten aussehende Prismen. Man löst das Sublimat in wenig Ammoniak und stellt die Eisenchloridreaktion an.

b) Bestimmung.

α) **Bestimmung durch Sublimation nach E. POLENSKE[4].** Man bringt die benzoesäurehaltige Substanz in ein Reagensglas von etwa 16 cm Länge und 1,5 cm lichter Weite und bedeckt die trockene Benzoesäure zuerst mit 2 g trockenem, gereinigtem Seesand. Darauf trennt man durch eine etwa 12—13 cm tief eingeschobene Scheibe Filtrierpapier von dem oberen, rein gebliebenen Teile des Reagensglases und sublimiert. Als Heizbad für die Sublimation verwendet man ein 7 cm hohes und 3,5 cm weites Wägegläschen, das 4 cm hoch mit Paraffinöl gefüllt ist. Die Öffnung des Glases bedeckt man mit einer Scheibe von Kartenpappe, in der sich zwei passende Öffnungen für das Reagensglas und das Thermometer befinden. Dieses Paraffinbad stellt man auf ein Drahtnetz mit Asbesteinlage. Dann wird das mit einem Uhrglas bedeckte Reagensglas senkrecht etwa 4 cm tief in das Paraffinöl eingehängt und durch 4 Stunden langes Erhitzen des Paraffinbades auf 180—190° die Sublimation der Benzoesäure bewerkstelligt. Nach Beendigung der Sublimation befindet sich das farblose, krystallinische Sublimat unmittelbar oberhalb der Pappscheibe an den Wandungen des Reagensglases. Das außen gesäuberte Reagensglas wird etwa 1 cm unterhalb des Sublimatansatzes abgesprengt; das Rohr wird vor und nach dem Lösen der Benzoesäure in neutralem Alkohol gewogen. Die alkoholische Lösung der Benzoesäure wird unter Verwendung von Phenolphthalein als Indicator mit 0,1 N.-Natronlauge titriert. 1 ccm der Lauge entspricht 0,0122 g Benzoesäure.

H. S. REED[5] sublimiert die Benzoesäure mittels eines der LIEBIGschen Ente ähnlichen Gefäßes aus einem erhitzten Sandbade und saugt das Sublimat in N.-Natronlauge über. Diese wird mit verd. Schwefelsäure angesäuert, mit Chloroform extrahiert und die Benzoesäure in Calciumbenzoat übergeführt, das nach dem Glühen als Calciumoxyd titrimetrisch bestimmt wird.

β) **Colorimetrische Bestimmung nach J. GROSSFELD[6].** Die nach der Reaktion nach MOHLER erhaltene Rotfärbung (S. 1126) kann zur colorimetrischen Bestimmung verwandt werden, da die Stärke der Reaktion leicht durch Vergleich mit der Färbung einer etwa 2%igen Kalium- oder Ammoniumrhodanidlösung mit einer Eisenlösung bestimmt werden kann. Vorteilhaft verwendet man eine

---

[1] K. B. LEHMANN: Chem.-Ztg. 1908, **32**, 949.

[2] G. BREUSTEDT: Arch. Pharm. 1899, **237**, 170. [3] A. RÖHRIG: Z. 1908, **15**, 29.

[4] E. POLNSKE: Arb. Kais. Gesundh.-Amt **38**, 150; Zeitschr. analyt. Chem. 1913, **52**, 390.

[5] H. S. REED: Journ. Amer Chem. Soc. 1907, **29**, 1626; Z. 1908, **16**, 311.

[6] J. GROSSFELD: Z. 1927, **53**, 467.

Eisenalaunlösung von der 1 ccm = 0,1 mg Eisenoxyd entspricht; man löst 0,860 g Ammoniumeisenalaun in 1 l Wasser und säuert mit wenig Salzsäure an.

Zum Vergleich gibt man in ein zweites Reagensglas von gleicher Form und Größe 1 ccm 25%ige Salzsäure und 13 ccm 2%ige Ammoniumrhodanidlösung. Dazu läßt man aus einer Bürette tropfenweise unter jedesmaligem Durchschütteln des Gemisches soviel der Eisenalaunlösung tropfen, bis die Rotfärbungen in beiden Röhrchen, in der Längsrichtung betrachtet, übereinstimmen. Aus dem Verbrauche an Eisenlösung ergibt sich die ungefähre Benzoesäuremenge nach folgender Tafel:

Eisenlösung ccm	Benzoesäure mg	Eisenlösung ccm	Benzoesäure mg	Eisenlösung ccm	Benzoesäure mg	Eisenlösung ccm	Benzoesäure mg
0,1	0,3	0,8	3,2	1,5	6,7	2,2	8,5
0,2	0,7	0,9	3,7	1,6	6,9	2,3	8,8
0,3	0,9	1,0	4,3	1,7	7,2	2,4	9,0
0,4	1,2	1,1	4,8	1,8	7,5	2,5	9,3
0,5	1,6	1,2	5,3	1,9	7,8	2,6	9.5
0,6	2,1	1,3	5,9	2,0	8,0	2,7	9,8
0,7	2,7	1,4	6,4	2,1	8,3	2,8	10,0

Zur möglichst genauen Bestimmung setzt man eine neue Bestimmung an und nimmt von der Benzoesäure soviel, als 1 mg nach der orientierenden Probe entspricht. In einem weiteren Reagensglas von gleicher Form bringt man 1 mg Benzoesäure in Form von 1,0 ccm einer Benzoatlösung (100 mg Benzoesäure in 10 ccm 0,1 N.-Natronlauge gelöst und auf 100 ccm aufgefüllt) zur Trockne. Beide Reagensgläser werden gleichzeitig mit den gleichen Zusätzen wie oben (S. 1126) nitriert und mit Hydroxylamin reduziert. Die erhaltenen Färbungen werden dann im Colorimeter verglichen.

H. Riffart und H. Keller[1] haben die colorimetrische Bestimmung der Benzoesäure mit dem Stufenphotometer von Zeiss ausgeführt.

γ) Bestimmung nach J. R. Nicholls[2]. Das Verfahren beruht auf der teilweisen Oxydation zu Salicylsäure durch Wasserstoffsuperoxyd in Gegenwart von Eisenchlorid in der Wärme. Bei Einhaltung der Versuchsbedingungen werden genau 10,5% der vorhandenen Benzoesäure zu Salicylsäure oxydiert. Ein aliquoter Teil der neutralen Lösung der Benzoesäure, der nicht mehr als 4 mg Benzoesäure enthalten darf, wird mit Wasser auf 15 ccm verdünnt. Nach dem Hinzufügen von 1 ccm Eisenchloridlösung (50 ccm N.-Eisenchloridlösung + 13 ccm N.-Schwefelsäure mit Wasser auf 100 ccm aufgefüllt) und 1 ccm 0,1%iger Wasserstoffsuperoxydlösung (1 ccm eines 20%igen Wasserstoffsuperoxyds wird auf 60 ccm verdünnt) wird eben zum Kochen erhitzt, 0,5 ccm N.-Natronlauge hinzugegeben, das Gemisch noch heiß in einen Nessler-Zylinder filtriert, mit heißem Wasser ausgewaschen, das Filtrat abgekühlt und auf 50 ccm aufgefüllt. Nach Zugabe von 1 Tropfen der Eisenchloridlösung wird der entstandene Farbton mit dem aus einer 0,01%igen Salicylsäure hergestellten Vergleichslösung verglichen.

Die Benzoesäurelösung darf keine merkbaren Mengen von fremden Salzen außer Nitraten enthalten, auch darf der Gehalt an Benzoesäure nicht mehr als 30 mg in 100 ccm betragen; im anderen Falle ist die Lösung entsprechend zu verdünnen.

δ) Die Verfahren von I. de Brevans[3] und E. Remy[4] sind nicht für Benzoesäure spezifisch.

---

[1] H. Riffart u. H. Keller: Z. 1934, **68**, 122.

[2] J. R. Nicholls: Analyst 1928, **53**, 19.

[3] I. de Brevans: Ann. Chim. analyt. appl. 1902, **7**, 43; Z. 1902, **5**, 685. — W. v. Genersich: Z. 1908, **16**, 222.

[4] E. Remy: Apoth.-Ztg. 1911, **26**, 835. — Vgl. auch B. Brodsky u. J. Perelmann: Pharm. Zentralh. 1932, **73**, 743.

ε) **Mikrobestimmung.** Sie erfolgt am besten durch Sublimation, die nach LIEUNGH[1] zweckmäßig zwischen zwei Uhrgläsern erfolgt.

Derivate der Benzoesäure.

Von den Derivaten der Benzoesäure haben die Methyl-, Äthyl- und Propylester der p-Oxybenzoesäure, die unter den Namen Nipagin, Nipasol, Nipacombin und Solbrol in den Handel kommen, ferner die p-Chlorbenzoesäure, als Mikrobin im Handel, neuerdings als Konservierungsmittel Bedeutung erlangt. Neben den einzelnen Estern gelangen auch deren Gemische mit ihren Natriumverbindungen zur Anwendung. So bestand z. B. eine Probe „Nipagin“ aus 28,3% freiem Ester, 45,8% der Natriumverbindung des Esters und 6,8% der Natriumverbindung der p-Oxybenzoesäure.

1. p-Oxybenzoesäure.

($C_7H_6O_3 = C_6H_4(OH) \cdot COOH.$)

a) **Nachweis nach F. WEISS**[2]. Die p-Oxybenzoesäure (Schmp. 215°) gibt mit MILLONS Reagens[3] eine deutliche Rotfärbung, insbesondere beim Erwärmen. Die Reaktionen auf Benzoesäure nach GROSSFELD (S. 1126) und mit Eisenchlorid (S. 1126) treten nicht ein.

Mit Kupfersalzen liefert die Säure ein in Wasser und Alkohol schwer lösliches Salz. Zu seiner Darstellung wird die Säure in überschüssigem Ammoniak gelöst und die Lösung auf dem Wasserbade erwärmt, bis ein Geruch nach Ammoniak nicht mehr wahrnehmbar ist. Zu dieser Lösung gibt man eine kleine Menge von Kupfersulfat, das zuvor zu einem feinen Pulver zerrieben worden ist. Sofort entsteht eine Fällung von p-Oxybenzoesaurem Kupfer in Form von kleinen hellblauen Krystallnadeln. Man zerlegt das Salz mit verd. Schwefelsäure, äthert die Säure aus und bestimmt ihren Schmelzpunkt.

Salicylsäure gibt mit MILLONS Reagens eine braunrote Färbung. Wenn durch die Prüfung mit Eisenchloridlösung die Abwesenheit von Salicylsäure nachgewiesen ist, so ist die Reaktion mit MILLONS Reagens für p-Oxybenzoesäure beweisend. — Eine neutrale Ammoniumsalicylatlösung gibt mit Kupfersulfat keine Fällung, sondern eine grüne Lösung.

Nachweis der p-Oxybenzoesäure neben anderen Säuren. Außer durch das Kupfersalz kann die Trennung auch mit Tetrachlorkohlenstoff und durch Wasserdampfdestillation erfolgen. In Tetrachlorkohlenstoff ist die p-Oxybenzoesäure schwer löslich, während Benzoe-, Salicyl-, o- und p-Chlorbenzoesäure sowie Vanillin darin leicht löslich sind.

Nach TH. v. FELLENBERG und ST. KRAUZE[4] ist p-Oxybenzoesäure in Petroläther vollkommen unlöslich; wenn daher die MILLONsche Reaktion im Ätherauszug eintritt, im Petrolätherauszug aber nicht, so liegt p-Oxybenzoesäure vor.

Durch Wasserdampfdestillation kann die p-Oxybenzoesäure von Benzoesäure und Salicylsäure getrennt werden. Der Destillationsrückstand wird mit Äther ausgeschüttelt und die p-Oxybenzoesäure durch den Schmelzpunkt identifiziert.

---

[1] LIEUNGH: Norges Apotfor. Tidskr. 1931, **39**, 164; Pharm. Zentralh. 1932, **73**, 663.
[2] F. WEISS: Z. 1930, **59**, 472.
[3] Nach TH. v. FELLENBERG u. ST. KRAUZE (Mitt. Lebensmittelunters. Hygiene 1932, **23**, 111) wird die MILLONsche Reaktion, wie folgt, angestellt: Reagens: 1. Mercurisulfatlösung, hergestellt durch Erhitzen von 5 g Mercurioxyd mit 20 ccm konz. Schwefelsäure und 100 ccm Wasser bis zum beginnenden Sieden. 2. Natriumnitritlösung (2%). Ausführung der Reaktion: Die Substanz (z. B. der Petrolätherausschüttlungsrückstand) wird mit 1 ccm Mercurisulfatlösung genau 2 Minuten im Wasserbade erhitzt, abgekühlt und mit 1 Tropfen Natriumnitritlösung versetzt. Bei stärkeren Gehalten entsteht sofort, bei schwächeren nach einigen Minuten Rotfärbung, die nach 3—5 Minuten ihre größte Stärke erreicht; Vergleichungen dürfen erst nach dieser Zeit erfolgen. Bei hohen Gehalten fällt eine rote Verbindung aus.
[4] TH. v. FELLENBERG u. ST. KRAUZE: Mitt. Lebensmittelunters. Hygiene 1932, **23**, 111.

b) Bestimmung. α) Nach F. WEISS[1]. Sind in der zu untersuchenden, durch Ausschütteln mit Äther gewonnenen Lösung nur die Säure und Ester der Säure vorhanden, so wird der Rückstand verseift, die alkalische Lösung ausgeäthert und die Menge der p-Oxybenzoesäure durch Wägung ermittelt. Bei Gegenwart von Benzoe-, Salicyl-, o- und p-Chlorbenzoesäure behandelt man den Ausätherungsrückstand wie oben mit Tetrachlorkohlenstoff oder unterwirft ihn der Wasserdampfdestillation.

Etwa vorhandenes Vanillin muß dabei vorher durch Semioxamazid (S. 1030) abgeschieden werden. Die Ergebnisse werden im allgemeinen zu niedrig ausfallen.

β) Als Tribromphenolbrom. p-Oxybenzoesäure kann in gleicher Weise wie Salicylsäure bestimmt werden; siehe S. 1138.

2. Ester der p-Oxybenzoesäure.

Methylester: $C_8H_8O_3 = C_6H_4(OH) \cdot COO \cdot CH_3$.
Äthylester: $C_9H_{10}O_3 = C_6H_4(OH) \cdot COO \cdot C_2H_5$.
Propylester: $C_{10}H_{12}O_3 = C_6H_4(OH) \cdot COO \cdot C_3H_7$.

Diese Ester sind leicht löslich in Alkohol, Äther — weniger in Petroläther —, Chloroform, ziemlich leicht in heißem und nur wenig in kaltem Wasser. Die wäßrigen Lösungen reagieren gegen Lackmus schwach sauer.

Schmelzpunkt des Methylesters 131°, des Äthylesters 116° und des Propylesters 96,2°.

Der Methylester ist im Wasserdampftrockenschranke beträchtlich flüchtig; von 0,1 g waren in 1 Stunde 45% flüchtig.

In den ebenfalls als Konservierungsmittel verwendeten Natriumverbindungen ist der Wasserstoff der Phenolgruppe durch Natrium ersetzt.

Für den Nachweis und die Bestimmung der Ester zieht man die Substanz in schwach schwefelsaurer Lösung mit einem Gemisch gleicher Teile Äther und Petroläther aus und läßt die Äther freiwillig oder bei einer Temperatur bis 40° verdunsten. Bei fettreichen Substanzen empfiehlt es sich, die Substanz der Wasserdampfdestillation zu unterwerfen und das Destillat nach der Filtration durch ein angefeuchtetes Filter mit Äther-Petroläther auszuziehen.

a) Nachweis. α) Nach F. WEISS[2]. Die Ester werden mit wäßriger Alkalilauge verseift und die dabei freiwerdende p-Oxybenzoesäure nach dem oben unter 1a angegebenen Verfahren nachgewiesen.

Zum Nachweise der bei der Verseifung frei werdenden Alkohole dienen folgende Verfahren:

αα) Methylester. Mindestens 1 mg der zu prüfenden Substanz wird mit Hilfe von einigen Tropfen Äther in ein Kölbchen gebracht und der Äther durch Erwärmen auf 40° verdunstet. Dann fügt man 5 ccm wäßrige Kalilauge (2%) und Siedesteinchen hinzu, schließt an einen kleinen LIEBIGschen Kühler an, bringt die Flüssigkeit mit einer kleinen Flamme langsam zum Sieden und destilliert 3 ccm ab. Das Destillat prüft man nach DENIGÈS und v. FELLENBERG (S. 991) auf Methylalkohol.

ββ) Äthyl- und Propylester. Zu dem Äther-Petrolätherauszug der Substanz gibt man in einem Kölbchen etwa 2 ccm wäßrige Kalilauge (10%) und etwa 4 ccm Wasser. Alsdann schließt man das Kölbchen mit Hilfe eines zweimal rechtwinklig gebogenen Rohres an einen kurzen, senkrecht stehenden Kühler an. Der an das Kölbchen angeschlossene Schenkel des Rohres ist zweckmäßig etwa 10 cm lang. Die alkalische Lösung wird 1 Stunde im schwachen Sieden erhalten, darauf werden etwa 4 ccm überdestilliert. Die Vorlage ist bereits bei Beginn des Erwärmens an den Kühler mit Hilfe eines doppelt durchbohrten Stopfens anzuschließen und mit Eiswasser zu kühlen. Durch die zweite Bohrung wird ein aufsteigendes Glasrohr geführt. 2 ccm des Destillates prüft man nach Zusatz von 4 bis 5 Tropfen Chromsäurelösung (50%) mit Hilfe der GRIEBELschen Mikrobechermethode (S. 1026) auf bei der Oxydation entstandene Aldehyde. Aus dem Äthylester entstandener

[1] F. WEISS: Z. 1930, **59**, 472.
[2] F. WEISS: Z. 1928, **55**, 24 u. 1930, **59**, 472.

Äthylalkohol würde hierbei Acetaldehyd liefern, der mit m- und p-Nitrophenylhydrazin charakteristische Hydrazonkrystalle bildet. Dagegen haben die Krystalle des Propylaldehyd-p-Nitrophenylhydrazons nicht so ausgeprägte Formen. Meist entstehen hier unregelmäßige Krystallnadeln, die häufig stumpfe Enden aufweisen. Eine Erkennung des Propylesters neben dem Äthylester dürfte daher nicht immer möglich sein. Dagegen ist der Äthylester neben dem Methyl- und Propylester sicher nachzuweisen, da Formaldehyd und Propylaldehyd im Gegensatz zum Acetaldehyd mit m-Nitrophenylhydrazin bei der Mikrodestillation keine Krystalle liefern.

β) Nachweis der Ester nach TH. SABALITSCHKA[1]. Der Nachweis erfolgt mit dem Reagens von E. NICKEL, das nach H. KREIS und J. STUDINGER[2] durch Lösen von 7 g Mercurichlorid und 4,4 g Kaliumnitrit in 100 ccm Wasser hergestellt wird; von dem in geringer Menge sich bildenden braunen Niederschlag wird abfiltriert. Dieses Reagens mischt man mit gleichen Teilen wäßriger Esterlösung oder man gibt 1 ccm zu dem trockenen Ester und erhitzt im Wasserbade 15 Minuten. Der Ester gibt sich durch allmählichen Eintritt einer Rotfärbung zu erkennen. Die Färbung tritt noch ein bei Anwendung einer 0,0015% Ester enthaltenden wäßrigen Lösung. Die Esterfärbung und die Vanillinfärbung mit NICKELs Reagens kann man unterscheiden durch ihr verschiedenes Verhalten gegenüber Äther. Schüttelt man bei der Esterfärbung die wäßrige Lösung mit Äther aus, so färbt sich dieser rotviolett, die wäßrige Lösung wird braungelb, bei öfterem Aufschütteln fast farblos. Beim Vanillin färbt sich der Äther blauviolett und die wäßrige Lösung kirschrot.

b) Bestimmung. α) Nach F. WEISS[3]. Die Bestimmung der Ester kann durch die Bestimmung der abgeschiedenen p-Oxybenzoesäure erbracht werden. Man verseift die Ester, säuert die alkalische Flüssigkeit an, schüttelt mit Äther-Petroläther aus und bringt den Rückstand zur Wägung. Die Menge der vorhandenen Ester kann man dann aus der gefundenen Menge p-Oxybenzoesäure unter Zugrundelegung der Molekulargewichte berechnen. Die Menge des Methylesters (Mol.-Gew. 152,07) findet man mit Hilfe des Faktors 1,1, während die entsprechenden Faktoren für den Äthylester (Mol.-Gew. 188,09) 1,2 und den Propylester (Mol.-Gew. 202,11) 1,3 betragen.

Der Methylester kann auch durch colorimetrische Bestimmung des beim Nachweis gebildeten Methylalkohols nach DENIGÈS und v. FELLENBERG (S. 996) bestimmt werden. Durch Multiplikation der gefundenen Menge Methylalkohol mit 4,75 kann die Menge des Esters errechnet werden. Außerdem kann der Methylester auch mit Hilfe der bekannten ZEISELschen Methoxylbestimmung (S. 988) ermittelt werden. Gewogene Menge Silberjodid $\times$ 0,648 = Methylester.

β) Nach TH. v. FELLENBERG und ST. KRAUZE[4]. Man destilliert die Ätherausschüttlung der Substanz in einem 50 ccm-Stehkölbchen ab, setzt zum Rückstande 5 ccm Wasser und kocht kurz, um Reste von Äther und etwaigen anderen flüchtigen Stoffe sicher zu entfernen. Dann kühlt man ab, setzt 2 ccm Natronlauge (10%) hinzu, kocht 5 Minuten am Rückflußkühler und destilliert dann 4 ccm ab.

Chromsäureoxydation. 1 ccm Destillat wird in einem besonders gereinigten Reagensglase mit einer gemessenen überschüssigen Menge — in der Regel genügt 1 ccm — 0,2 N.-Kaliumbichromatlösung und 4 ccm reiner konz. Schwefelsäure versetzt und umgeschwenkt; sollte die Färbung der Flüssigkeit ausgesprochen grün sein, so ist sogleich noch etwas Bichromatlösung hinzuzusetzen. In gleicher Weise wird ein Leerversuch mit Bichromatlösung und Schwefelsäure angesetzt. Nach mindestens $^1/_4$ Stunde gießt man die Lösungen in ERLENMEYER-Kölbchen und spült die Reagensgläser mit 80 ccm Brunnen-

[1] TH. SABALITSCHKA: Zeitschr. angew. Chem. 1929, 42, 936.
[2] H. KREIS u. J. STUDINGER: Mitt. Lebensmittelunters. Hygiene 1927, 18, 333.
[3] F. WEISS: Z. 1928, 55, 28 u. 1930, 59, 474.
[4] TH. v. FELLENBERG u. ST. KRAUZE: Mitt. Lebensmittelunters. Hygiene 1932, 23, 111.

wasser nach. Die Lösung wird gut gekühlt, mit etwa 0,2 g Kaliumjodid versetzt und das ausgeschiedene Jod mit 0,1 N.-Natriumthiosulfatlösung titriert. Nach Abzug des Leerversuches erhält man den Chromsäureverbrauch für 1 ccm Destillat. 1 ccm 0,1 N.-Kaliumbichromatlösung entspricht 0,54 mg Methyl- oder 1,15 mg Äthyl- oder 0,60 mg Propylalkohol.

Methylalkoholbestimmung. Reagenzien: 1. Alkohol-Schwefelsäure. 10 ccm 95%iger Alkohol, in 60 ccm Wasser gelöst, werden mit 20 ccm konz. Schwefelsäure versetzt und auf 100 ccm aufgefüllt. — 2. Fuchsin-schweflige Säure, bereitet durch Lösen von 0,5 g Fuchsin (MERCK) in 40 ccm siedendem Wasser, Verdünnen mit Wasser auf etwa 80 ccm, Zusetzen von 1,2 g Natriumsulfit, gelöst in etwa 6 ccm Wasser, Zusetzen von 10 ccm N.-Schwefelsäure und Auffüllen auf 100 ccm. Die Lösung wird nach einigen Stunden filtriert und im Dunklen aufbewahrt. — 3. Methylalkohollösung. 0,1 g in 100 ccm; 1 ccm = 1 mg Methylalkohol.

Ausführung: 1 ccm Destillat wird in einem Reagensglase mit 0,3 ccm Alkohol-Schwefelsäure und 0,3 ccm Kaliumpermanganatlösung (5 g in 100 ccm) versetzt, umgeschwenkt und genau 2 Minuten stehen gelassen. In gleicher Weise werden Typen von 0,05 und 1 mg Methylalkohol behandelt. Nach Ablauf der 2 Minuten setzt man je 0,3 ccm Oxalsäurelösung (8 g in 100 ccm) zu, schwenkt um, fügt 0,3 ccm konz. Schwefelsäure und 1,6 ccm Fuchsin-schweflige Säure zu, schwenkt abermals um und läßt $^1/_2$ Stunde stehen. Nun verdünnt man alle 3 Lösungen mit 5 ccm Wasser und vergleicht die Färbungen in einem Mikrocolorimeter. Die schwächsten Lösungen sind graugrün, die stärkeren blau und die stärksten violett.

Der Leerversuch ist zur Erkennung kleinster Mengen erforderlich, weil auch ohne Methylalkohol eine ganz leichte Färbung entsteht. Da die Färbungen den Gehalten nicht proportional sind, werden folgende Umrechungen erforderlich:

Vergleich mit Typ 1 mg:

Farbstärke:	0,1	0,2	0,3	0,4	0,5	0,6	0,7	0,8	0,9	1,0	1,1	1,2	1,3	1,35
$CH_3 \cdot OH$ mg:	0,15	0,29	0,42	0,55	0,67	0,77	0,83	0,89	0,95	1,0	—	—	—	—

Vergleich mit Typ 0,5 mg:

$CH_3 \cdot OH$ mg:	0,07	0,24	0,34	0,42	0,50	0,63	0,71	0,77	0,81	0,86	0,90	0,94	0,97	1,00

Weichen die Färbungen von den Typlösungen stark ab, so empfiehlt es sich, die Bestimmung mit entsprechend verdünntem Destillat oder Typ zu wiederholen.

Methylalkohol × 5 = p-Oxybenzoesäure-Methylester.

Propylalkoholbestimmung. Reagenzien: 1. p-Oxybenzaldehydlösung. 0,2 g reiner p-Oxybenzaldehyd in 100 ccm reinstem 50%igem Alkohol. — 2. Propylalkohollösung. 0,25 ccm (= 0,2 g) Propylalkohol (MERCK) auf 100 ccm wäßriger Lösung. 0,5 ccm = 1 mg Propylalkohol.

Ausführung. Je 0,5 ccm Destillat, Propylalkohollösung und Wasser werden in Reagensgläsern mit je 0,25 ccm p-Oxybenzaldehydlösung versetzt und mit 1 ccm konz. Schwefelsäure unterschichtet. Man schwenkt um und stellt die Reagensgläser in ein siedendes Wasserbad. Nach 20 Minuten wird abgekühlt und die Färbungen werden im Mikrocolorimeter verglichen und danach der Gehalt berechnet. Der Vergleich mit dem Typ 1 mg ergibt:

Farbstärke:	0,2	0,25	0,3	0,35	0,4	0,5	0,6	0,7	0,8	0,9	1,0
$C_3H_7 \cdot OH$ mg:	0	0,18	0,33	0,43	0,48	0,57	0,66	0,75	0,84	0,93	1,0

Die Gehalte sind den Farbstärken nicht ganz proportional und erst von 0,4 mg an genau. Es empfiehlt sich bei niedrigeren Gehalten die Vergleichslösung und bei höheren das Destillat derart zu verdünnen, daß möglichst gleiche Färbungen erhalten werden.

Propylalkohol × 3,33 = p-Oxybenzoesäure-Propylester.

Äthylalkoholbestimmung. Für die Äthylalkoholbestimmung fehlt eine genügend empfindliche kennzeichnende Reaktion. Die Gegenwart oder das Fehlen von Äthylester erkennt man aber in der Weise, daß der Methylalkohol- und Propylalkoholverbrauch vom Werte der Chromsäureoxydation in Abzug gebracht werden. Ein etwaiger Überschuß an oxydierbarer Substanz entspricht dem Gehalt an p-Oxybenzoesäure-Äthylester.

3. p-Chlorbenzoesäure.

($C_7H_5O_2Cl = C_6H_4 \cdot Cl \cdot COOH$.)

Über die Löslichkeit der p-Chlorbenzoesäure (Mikrobinsäure) machen C. VON DER HEIDE und R. FÖLLEN[1] folgende Angaben: 100 g wäßrige Lösung

[1] C. VON DER HEIDE u. R. FÖLLEN: **Z. 1927, 53,** 487.

von 20° enthalten 0,071 g, 100 ccm absolut alkoholische Lösung von 20° 3,130 g. 100 g Wasser lösen bei 18° 38,46 g des Natriumsalzes.

Als Konservierungsmittel kommt die p-Chlorbenzoesäure und ihr Natriumsalz vorwiegend im Gemisch mit Benzoesäure und ihrem Natriumsalz in den Handel.

a) Nachweis. α) Nach F. Weiss[1]. 2—3 mg der durch Wasserdampfdestillation oder durch ein Ausschüttlungsverfahren abgetrennten sauren Substanz werden in einem Reagensglas mit 0,25 ccm konz. Schwefelsäure und einigen Kryställchen Kaliumnitrat 20 Minuten lang im siedenden Wasserbade erwärmt. Dann werden je 2 ccm Wasser und Ammoniakflüssigkeit unter Umschwenken hinzugefügt und etwa 1 ccm einer Lösung von 2 g Hydroxylaminhydrat in 100 ccm Wasser sorgfältig darübergeschichtet. Je nach der vorhandenen Menge Chlorbenzoesäure entsteht sofort oder innerhalb einiger Minuten eine mehr oder weniger kräftige grüne Farbzone. Die Reaktion tritt auch ein, jedoch langsamer, wenn die Hydroxylaminlösung über die abgekühlte Lösung geschichtet wird.

β) Nach Th. v. Fellenberg und St. Krauze[2] führt man den Nachweis der Mikrobinsäure (Mischung von o- [Schmp. 140°] und p-Chlorbenzoesäure [Schmp. 243°]) durch ihren Chlorgehalt. Der Rückstand von der Petrolätherausschüttlung der Substanz wird in einer Platinschale mit 1 Tropfen gesättigter Kaliumcarbonatlösung und einem Kryställchen Kaliumnitrat vorsichtig eingedampft und kurze Zeit schwach geglüht, die Schmelze mit etwas Wasser aufgenommen, mit Salpetersäure angesäuert und mit Silbernitratlösung auf Chlor geprüft. (Die Reagenzien müssen natürlich vorher auf Chlorfreiheit geprüft werden.)

b) Bestimmung. α) Nach C. von der Heide und R. Föllen[3]. Die neutrale Lösung der p-Chlorbenzoesäure (bzw. des Mikrobins) wird in eine Platinschale übergeführt und auf dem Wasserbade eingeengt, wobei man wiederholt kleine Mengen halogenfreien Natriumsuperoxyds hinzugibt, schließlich zur vollständigen Trockne verdampft und schwach glüht. Der Glührückstand, der durch Kohle schwarz gefärbt ist, wird mit Wasser aufgenommen, die Lösung von der Kohle abfiltriert und die Kohle sorgfältig ausgewaschen. Das Filtrat samt den Waschwässern wird, nötigenfalls nach dem Einengen, mit Silbernitrat versetzt und dann vorsichtig mit Salpetersäure angesäuert. Ein entstehender Niederschlag von Silberchlorid, das nach bekannten Verfahren zur Wägung gebracht wird, zeigt die Anwesenheit von p-Chlorbenzoesäure an. 1 g Silberchlorid entspricht 1,0918 g der Säure bzw. 1,2452 g des Natriumsalzes der Säure.

β) Nach F. Weiss[1] kann zur annähernd quantitativen Trennung der p-Chlorbenzoesäure von der Benzoesäure die Schwerlöslichkeit der p-Chlorbenzoesäure in Wasser (1 Tl. in etwa 5200 Tln. Wasser von 20°) verwertet werden, indem die Substanz mit Wasser behandelt oder mehrfach aus Wasser umkrystallisiert wird. Im allgemeinen wird jedoch der qualitative Nachweis der Säuren und die Bestimmung ihrer Gesamtmenge durch Wägung des gereinigten Ätherrückstandes ausreichen.

---

[1] F. Weiss: Z. 1934, **67**, 84. — Nach F. Weiss ist der Nachweis der p-Chlorbenzoesäure nach der von C. von der Heide und R. Föllen (Z. 1927, **53**, 487) verwendeten verbesserten Mohlerschen Reaktion, namentlich bei Gegenwart von Benzoesäure, nicht immer eindeutig.

[2] Th. v. Fellenberg u. St. Krauze: Mitt. Lebensmittelunters. Hygiene 1932, **23**, 111.

[3] C. von der Heide u. R. Föllen: Z. 1927, **53**, 487.

11. Salicylsäure.

($C_7H_6O_3 = C_6H_4 \cdot (OH) \cdot COOH$.)

Die Salicylsäure (o-Oxybenzoesäure[1]) krystallisiert aus Wasser in feinen Nadeln, die bei 155° schmelzen. Sie ist leicht löslich in Alkohol, Äther und Chloroform, Aceton und auch in siedendem Wasser (100 ccm lösen 8—8,5 g), dagegen schwer löslich in kaltem Wasser; 100 ccm Wasser von 0° lösen 0,09 g, von 15° 0,225 g. Salicylsäure ist mit Wasserdämpfen flüchtig; sie ist ferner bei 80—85° unzersetzt sublimierbar. — Chromsäure oxydiert Salicylsäure zu Ameisensäure und Kohlensäure; beim vorsichtigen Erwärmen mit Salpetersäure entstehen Pikrinsäure oder Nitrosalicylsäuren. Bei der Einwirkung von Brom auf die wäßrige Lösung entsteht unter Abspaltung von Kohlensäure Tribromphenolbrom. — Die Alkali- und die neutralen Erdalkalisalze sind in Wasser leicht löslich; schwer löslich sind die Salicylate von Blei, Kupfer, Zink und die basischen Erdalkalisalze.

Das Deutsche Arzneibuch VI (1926) stellt an Salicylsäure folgende Reinheitsanforderungen:

Die Lösung von 1 g Salicylsäure in 5 ccm Schwefelsäure muß nahezu farblos sein (Fremde organische Stoffe). — 0,5 g Salicylsäure müssen sich in 10 ccm Natriumcarbonatlösung (1 + 9) klar lösen. Wird diese Lösung mit 10 ccm Äther ausgeschüttelt, die abgehobene Ätherschicht mit getrocknetem Natriumsulfat vom Wasser befreit und filtriert, so dürfen 5 ccm des Filtrats nach dem Verdunsten höchstens 0,001 g Rückstand hinterlassen, der geruchlos sein muß (Phenol). — Die weingeistige Lösung (1 + 9) darf nach Zusatz von wenig Salpetersäure durch einige Tropfen Silbernitratlösung nicht verändert werden (Salzsäure). Läßt man die weingeistige Lösung (1 + 9) verdunsten, so muß ein vollkommen weißer Rückstand hinterbleiben (Eisensalze, Phenol). — 0,2 g Salicylsäure dürfen nach dem Verbrennen keinen wägbaren Rückstand hinterlassen.

a) Nachweis.

Für den Nachweis und die Bestimmung der Salicylsäure scheidet man diese aus den zu untersuchenden Lösungen durch Extraktion mit Äther, Chloroform oder Petroläther oder durch Wasserdampfdestillation ab.

Von den zum Nachweis vorgeschlagenen Verfahren hat sich in der Praxis am besten die Eisenchloridreaktion bewährt, während die empfindlichste, aber für Salicylsäure nicht eindeutige Reaktion, die Rotfärbung mit MILLONs Reagens ist. Bei der Eisenchloridreaktion ist zu berücksichtigen, daß Maltol mit Eisenchlorid eine ähnliche Reaktion gibt. In Zweifelsfällen wird man zweckmäßig die Reaktion nach JORISSEN oder die noch einfachere Reaktion von E. BARRAL mit MANDELINs Reagens ausführen. Beide Reaktionen ermöglichen ebenfalls den Nachweis kleinster Mengen Salicylsäure in befriedigender Weise und treten mit Maltol nicht ein.

α) **Reaktion mit Eisenchlorid**[2]. Man setzt zu der neutralen, wäßrigen oder alkoholischen auf Salicylsäure zu prüfenden Lösung möglichst vorsichtig einige Tropfen einer Eisenchloridlösung, die man frisch durch Verdünnen einer Eisenchloridlösung (d = 1,28) im Verhältnis 1:600 herstellt. Bei Gegenwart von Salicylsäure entsteht Violettfärbung. Empfindlichkeit der Reaktion 1:100000. Durch Säuren und Alkalien wird die Empfindlichkeit der Reaktion herabgesetzt bzw. verhindert.

Nach TH. v. FELLENBERG und ST. KRAUZE[3] werden einige ccm des Petrolätherauszuges der Substanz direkt oder nach dem Abdampfen mit 0,1 ccm Eisen-

---

[1] Über p-Oxybenzoesäure siehe S. 1130.

[2] Zu beachten ist, daß Maltol, welches sich in den Destillationsprodukten der Malzkaffee-Rösterei und auch in dem Malzkaffee selbst in geringer Menge (0,025—0,05 mg Salicylsäure entsprechend) findet, eine ähnliche Reaktion mit Eisenchlorid gibt wie Salicylsäure. — Vgl. J. BRAND: Ber. Deutsch. Chem. Ges. 1894, **27**, 806; ferner TH. MERL: Z. 1926, **52**, 321 u. 1928, **56**, 472.

[3] TH. v. FELLENBERG u. ST. KRAUZE: Mitt. Lebensmittelunters. Hygiene 1932, **23**, 111.

chloridlösung (Eisenchloridlösung [0,5%] mit Zusatz von 0,5 ccm N.-Salzsäure auf 100 ccm) und 0,5—1 ccm Wasser geschüttelt. Eine Violettfärbung zeigt Salicylsäure an. Man kann auch die Substanz oder einen wäßrigen Auszug davon (mit 10% Alkoholzusatz) mit Petroläther oder nach Blarez[1] mit Benzol (ohne Alkoholzusatz) ausziehen und mit diesen Auszügen die Reaktion anstellen. Empfindlichkeit: 0,005—0,01 mg.

Th. Merl[2] führt die Reaktion capillaranalytisch aus. Man hängt in die ätherische Ausschüttlungslösung einen Filtrierpapierstreifen, der mit sehr verd. Eisenchloridlösung getränkt ist. Beim Vorhandensein von Salicylsäure in der Lösung bilden sich an dem herausragenden Papierstreifen alsbald Zonen von violetter Färbung, die rasch an Stärke zunimmt.

W. v. Genersich[3] läßt die beim Eindampfen der mit Phosphorsäure angesäuerten Lösung entweichenden Salicylsäuredämpfe auf einen mit verd. Eisenchloridlösung befeuchteten Filtrierpapierstreifen einwirken. Nach P. N. van Eck[4], der in ähnlicher Weise eine mikrochemische Methode ausgearbeitet hat, geben nur die Dämpfe der freien Salicylsäure eine Violettfärbung mit Eisenchlorid, die der Salicylate dagegen nicht. Beim Erhitzen der Salicylate entsteht statt Salicylsäure Phenol, das in Dampfform auf Papier mit Millons Reagens Rotfärbung gibt.

Die Reaktion kann auch nach A. Desmoulières[5] zur Unterscheidung von Salicylsäure, Salicylsäureester und Hydrosalicylsäure, die sich sämtlich mit Eisenchlorid violett färben, dienen. Während die Eisenverbindung der Salicylsäure beim Schütteln mit Chloroform, Äther oder Petroläther beständig ist, werden die der Ester und der Hydrosalicylsäure zerstört und somit die Lösung entfärbt.

β) Reaktion mit Millons Reagens. Mit Millons Reagens (S. 605 und 1130, Anmerkung 3) gibt Salicylsäure eine Rotfärbung, die nach C. J. Lintner[6] noch bei einer Verdünnung von 1:500000 auftritt. Es ist jedoch zu beachten, daß diese Reaktion nicht für Salicylsäure eindeutig ist.

γ) Reaktion nach Jorissen. In der Abänderung von H. C. Sherman und A. Gross[7] gibt man zu der zu untersuchenden Lösung je 5 Tropfen Kaliumnitritlösung (10%) und Essigsäure (50%), sowie einen Tropfen Kupfersulfatlösung (10%) und erwärmt $^3/_4$ Stunden auf dem Wasserbade. Die entstandene Violettfärbung bleibt nach dem Erkalten beständig. In 5—8 ccm einer Lösung von 1:1000000 und 18—25 ccm einer solchen von 1:3500000 ist Salicylsäure noch nachweisbar.

δ) Reaktionen nach E. Barral[8]. αα) Mit Mandelins Reagens. Th. Merl und H. Beitter[9] führen die Reaktion, wie folgt, aus: Man löst die zu prüfende Substanz bzw. den Verdampfungsrückstand der Ausschüttlung in 5—10 Tropfen Eisessig und setzt dann 2 Tropfen Mandelins Reagens hinzu. Bei Gegenwart von Salicylsäurespuren erscheinen sofort dunkelblaue Streifen, die rasch einen grünen Farbton annehmen. Mandelins Reagens ist eine Lösung von 0,5% Ammoniumvanadinat in 94—95%iger Schwefelsäure und ist, in braunen Flaschen aufbewahrt, von guter Haltbarkeit.

ββ) Mit Natriumnitrit und Schwefelsäure. Man bringt in ein Reagensglas 2 Tropfen der fraglichen Lösung und 2 ccm reine konz. Schwefelsäure, kühlt ab und läßt unter Schütteln 10%ige Natriumnitritlösung zutropfen. Die Flüssigkeit färbt sich nacheinander orangegelb, orangerot, blutrot und endlich johannisbeerrot.

[1] Vgl. J. L. Chelle: Bull. Soc. Pharmac. Bordeaux 1925, **63**, 14; **C.** 1926, I, 2631.

[2] Th. Merl: Süddeutsch. Apoth.-Ztg. 1903, 624; Pharm. Zentralh. 1903, **44**, 896.

[3] W. v. Genersich: **Z.** 1908, **16**, 219.

[4] P. N. van Eck: Pharm. Weekbl. 1926, **63**, 913; **C.** 1926, II, 1307.

[5] A. Desmoulières: Ann. Chim. analyt. appl. 1903, **8**, 85; **Z.** 1904, **7**, 316.

[6] C. J. Lintner: Zeitschr. angew. Chem. 1900, 707. Dort finden sich auch nähere Angaben über den Chemismus der Reaktion.

[7] H. C. Sherman u. A. Gross: Journ. Ind. and Engin. Chem. 1911, **3**, 492; **C.** 1911, II, 1487. — Vgl. auch A. Klett: Pharm. Zentralh. 1900, **41**, 452.

[8] E. Barral: Bull. Soc. chim. France 1912 ,[4] **11**, 41; **C.** 1912, I, 2073.

[9] Th. Merl u. H. Beitter: **Z.** 1928, **56**, 472.

L. EKKERT[1] führt die Reaktion als Ringreaktion aus. Die nach dem Umschütteln rote Lösung wird beim Alkalisieren mit Natronlauge grasgrün.

Salicylsäuremethylester gibt die gleiche Reaktion, Salicylsäurephenylester (Salol) dagegen eine blaue, rote und violettschwarze Färbung; Sulfosalicylsäure gibt die Reaktion nicht.

ε) **Fällung durch Jod**[2]. Man fällt die Salicylsäurelösung mit 0,1 N.-Jodlösung unter Zusatz von etwas 0,1 N.-Natriumbicarbonatlösung, filtriert den Niederschlag (Schmp. 156°) ab und bestimmt den Schmelzpunkt. Empfindlichkeit 1:870000.

ζ) **Sonstige Reaktionen.** E. BARRAL gibt außer den obigen Reaktionen noch eine solche mit Ammoniumpersulfat an, W. E. RIDENOUR[3] eine Reaktion mit Wasserstoffsuperoxyd und Ammoniumcarbonat, ferner E. RIEGLER[4] eine Reaktion mit p-Diazonitranilin und G. DENIGÈS[5] eine solche mit Methylglyoxal, Kaliumbromid und Schwefelsäure.

η) **Mikrochemischer Nachweis.** Salicylsäure bildet bei der Sublimation dünne feine Nadeln, und dann aus diesen entstehende dicke Prismen. Auch die Reaktion mit Ferrichlorid (S. 1135) sowie die Silber- und Bleisalze finden Verwendung.

b) Bestimmung.

Soweit nicht reine Lösungen der Salicylsäure zur Untersuchung vorliegen, muß man aus den Untersuchungsgegenständen zunächst die Säure mit Äther, Petroläther, Chloroform oder deren Gemischen ausziehen.

Für die Bestimmung der kleinen Mengen Salicylsäure, wie sie zu Konservierungszwecken angewandt werden, eignen sich in erster Linie die colorimetri- Verfahren.

α) **Colorimetrische Bestimmung mit Eisenchlorid.** W. HEINTZ und R. LIMPRICH[6] haben folgendes Verfahren vorgeschlagen: 25 g (bzw. 50 g) der zu untersuchenden Lösung werden in einem Mischzylinder von 250 ccm Inhalt übergeführt und mit Wasser auf 50 ccm gebracht, und mit wenigen Tropfen konz. Schwefelsäure angesäuert. Darauf schüttelt man mit 100 ccm niedrig siedendem Petroläther kräftig durch, gibt 50 ccm Alkohol (96%) zu, schüttelt nochmals durch und läßt absitzen. 10 ccm der klaren Petrolätherschicht werden in EGGERTschen Röhrchen mit 10 ccm der frisch bereiteten wäßrigen Eisenchloridlösung (0,1%) durchgeschüttelt und die entstandene Violettfärbung mit den Vergleichslösungen verglichen. Ist die Färbung zu stark, so wird ein entsprechend kleineres Volumen (5 ccm oder weniger) der Petrolätherschicht in der beschriebenen Weise mit der Eisenchloridlösung geschüttelt, ist sie zu schwach, so läßt sich die Reaktion dadurch verstärken, daß man nochmals 10 ccm oder mehr der Petrolätherschicht zugibt und durchschüttelt.

Die Vergleichslösungen werden in folgender Weise hergestellt: 50 ccm 0,1%ige Salicylsäurelösungen werden in genau gleicher Weise wie oben behandelt und von der Petrolätherschicht 0,5, 1,0, 1,5, 2,0, 2,5 und 3,0 ccm in EGGERTschen Rörchen wie oben weiterbehandelt.

Berechnung des Salicylsäuregehaltes ($x =$ g in 100 g bzw. 100 ccm):

$$x = \frac{5 \times \text{ccm Petrolätherlösung der Vergleichslösung}}{\text{g (oder ccm) angewandte Substanz} \times \text{ccm Petrolätherlösung der Substanz}}.$$

[1] L. EKKERT: Pharm. Zentralh. 1930, **71**, 744.

[2] J. SCHMIDT in G. KLEINs Handbuch der Pflanzenanalyse, Bd. 2, 1, S. 486. Berlin: Julius Springer 1932.

[3] W. E. RIDENOUR: Amer. Journ. Pharmac. 1899, **71**, 414; C. 1899, II, 848.

[4] E. RIEGLER: Pharm. Zentralh. 1900, **41**, 563.

[5] G. DENIGÈS: Rép. de Pharm. 1911, Nr. 11; Pharm. Ztg. 1911, **56**, 982.

[6] W. HEINTZ u. R. LIMPRICH: Z. 1913, **25**, 706. — Vgl. auch W. FRESENIUS u. L. GRÜNHUT: Zeitschr. analyt. Chem. 1899, **38**, 292; nach ihnen soll die Lösung weniger als 2 mg Salicylsäure enthalten.

H. SERGER[1], der das Verfahren nachgeprüft hat, empfiehlt zum Nachweise sehr geringer Mengen Salicylsäure von vornherein 2 ccm der Petrolätherschicht der Vergleichslösung und 30 ccm der Versuchslösung anzuwenden, weil sonst keine vergleichbaren Färbungen entstehen. Im übrigen bestätigt er die Brauchbarkeit des Verfahrens. Er beschreibt ferner ein Verfahren, bei dem die Bestimmung in Anlehnung an das Nachweisverfahren von E. SPAETH[2] erfolgt. Die Extraktion wird mit Petroläther-Chloroform (3 + 2 Vol.) vorgenommen und im übrigen ähnlich wie von HEINTZ und LIMPRICH verfahren. — Auf ein weiteres Verfahren von H. PELLET[3], das wohl kaum praktisch brauchbar sein dürfte, sei verwiesen.

β) Colorimetrische Bestimmung nach F. SCHOTT[4]. Die Bestimmung beruht auf der Reaktion von JORISSEN (S. 1136). In gleich weite Röhrchen, die bei 5 ccm eine Marke haben, werden die zu untersuchende Lösung und als Typlösungen 0,0, 2,0, 4,0, 6,0, 8,0, 9,0, 10 ccm einer 0,01%igen Salicylsäurelösung gefüllt. Hierzu werden 2 ccm einer 10fach verd. FEHLINGschen Kupfersulfatlösung und je 5 Tropfen 2%ige Kaliumnitritlösung und 10%ige Essigsäure gegeben und zur Marke aufgefüllt. Nach $^3/_4$stündigem Erhitzen im Wasserbade wird abgekühlt und verglichen. Ist die Färbung der zu untersuchenden Flüssigkeit sehr stark, so kann sie mit ungefähr gleichstark gefärbten Typen nach gleich starkem Verdünnen direkt oder in einem Colorimeter verglichen werden.

γ) Bromometrische Bestimmung nach I. M. KOLTHOFF[5]. Zu 25 ccm etwa 0,01 molarer Salicylsäurelösung fügt man in einem ERLENMEYER-Kolben mit Schliffstopfen 25 ccm 0,1 N.-Kaliumbromatlösung, 0,5—1 g Kaliumbromid und höchstens 5 ccm 4 N.-Salzsäure, wobei sich eine Ausscheidung von Tribromphenolbrom ($C_6H_2Br_3OBr$) bildet. Nach 5—10 Minuten werden 5 ccm N.-Kaliumjodidlösung zugegeben und nach 5 Minuten schließlich wird mit 0,1 N.-Thiosulfatlösung der Jodüberschuß zurücktitriert. Erst gegen Schluß der Bestimmung nimmt man Stärke hinzu, schüttelt kräftig durch, damit auch alles adsorbierte Jod zurück in die Lösung gelangt. 1 ccm 0,1 N.-Kaliumbromatlösung entspricht 2,30 mg Salicylsäure.

Die Methode eignet sich auch zur Titration recht geringer Salicylsäuremengen, sofern man den richtigen Säuregrad von 5 ccm 4 N.-Salzsäure auf 50 ccm Flüssigkeit einhält. So konnten Einwaagen von 2—4 mg Salicylsäure noch auf 1% genau bestimmt werden.

L. ROSENTHALER[6] beschreibt ein auf der gleichen Abscheidung der Salicylsäure beruhendes titrimetrisches Verfahren, bei dem aber die Bestimmung durch Titration der bei der Reaktion gebildeten freien Bromwasserstoffsäure (vgl. die nachstehende Formel) beruht.

δ) Bestimmung als Tribromphenolbrom nach W. AUTENRIETH und FR. BEUTTEL[7]. Bei der Einwirkung von überschüssigem gesättigtem Bromwasser auf eine wäßrige Salicylsäurelösung entsteht ein rotbrauner Niederschlag von Tribromphenolbrom (Schmp. 133° unter Bromabgabe) nach der Gleichung:

$$C_6H_4(OH)\cdot COOH + 4\,Br_2 = C_6H_2Br_3O\cdot Br + 4\,HBr + CO_2\,.$$

Das Reaktionsgemisch läßt man unter häufigem kräftigem Umschütteln 1 bis 2 Stunden im Eisschrank oder bei Zimmertemperatur über Nacht stehen oder schüttelt 3 Stunden in der Schüttelmaschine. Der abfiltrierte Niederschlag wird über Schwefelsäure im Vakuum getrocknet. Man findet auf diese Weise 97—99% der vorhandenen Salicylsäure.

---

[1] H. SERGER: Z. 1914, **27**, 319.
[2] E. SPAETH: Süddeutsch. Apoth.-Ztg. 1906, Heft 1—3. — Vgl. H. SERGER: Z. 1914, **27**, 319.
[3] H. PELLET: Ann. Chim. analyt. appl. 1901, **6**, 364; Z. 1902, **5**, 684.
[4] F. SCHOTT: Z. 1911, **22**, 727.
[5] I. M. KOLTHOFF: Die Maßanalyse, Bd. 2, S. 454, 1928. — Vgl. ferner die Arbeiten von J. MESSINGER u. G. VORTMANN: Ber. Deutsch. Chem. Ges. 1889, **22**, 2312. — FR. FREYER: Chem.-Ztg. 1896, **20**, 820. — W. FRESENIUS u. L. GRÜNHUT: Zeitschr. analyt. Chem. 1899, **38**, 292. — F. TELLE: Journ. Pharm. et Chim. 1901, [6] **13**, 49; C. 1901, I, 422.
[6] L. ROSENTHALER: Pharmac. Acta Helv. 1931, **6**, 209; C. 1932, I, 2358.
[7] W. AUTENRIETH u. FR. BEUTTEL: Arch. Pharm. 1910, **248**, 112.

Phenol-, Salicylalkohol, Salicylaldehyd sowie p-Oxybenzoesäure geben die gleiche Reaktion und sind in gleicher Weise bestimmbar.

ε) **Bestimmung als Tetrajod-diphenylenchinon nach J. Bougault**[1]. 50 ccm der zu untersuchenden Lösung werden mit 1 g Natriumcarbonat (wasserfrei) und einem Überschuß von Jod in Kaliumjodid versetzt. Es bildet sich sofort ein rotvioletter Niederschlag von Tetrajod-diphenylchinon $[(C_6H_2J_2O)_2]$. Das Reaktionsgemisch wird $^1/_2$ Stunde auf dem Wasserbade erwärmt und dann 10 Minuten am Rückflußkühler erhitzt. Den Jodüberschuß entfernt man durch Zusatz einiger Tropfen Natriumsulfitlösung, filtriert durch einen Gooch-Tiegel mit Asbestfilter, wäscht aus und trocknet bei 100°. Niederschlag × 0,4012 = Salicylsäure.

Phenol und p-Oxybenzoesäure werden in gleicher Weise gefällt.

ζ) **Verfahren nach E. Spaeth**[2]. Man zieht die Substanz bzw. schüttelt die Flüssigkeit mit einer Mischung von 3 Tln. leicht siedendem, frisch destilliertem Petroläther und 2 Tln. Chloroform aus, destilliert das Lösungsmittel in einem Erlenmeyer-Kolben ab, nimmt den Rückstand nochmals mit wenig Chloroform auf, filtriert durch ein kleines Filter in ein gewogenes Kölbchen, wäscht das Filter einige Male mit Chloroform aus, destilliert dieses ab, verjagt die letzten Reste davon durch Einblasen von Luft, erwärmt den Kolben mit Inhalt kurze Zeit auf dem Trockenschrank, trocknet 2 Stunden über Schwefelsäure und wägt.

Das Verfahren ist natürlich nur dann brauchbar, wenn in der Substanz keine anderen extrahierbaren Stoffe vorhanden sind. Eine Trocknung im Trockenschranke liefert unbrauchbare Ergebnisse, da Salicylsäure schon bei 80—85° sublimiert. Auch bei unvorsichtigem Abdestillieren der Lösungsmittel können Verluste entstehen.

12. Zimtsäure.

$(C_9H_8O_2 = C_6H_5\cdot CH:CH\cdot COOH.)$

Die Zimtsäure (Trans-Zimtsäure, β-Phenylacrylsäure) ist in ihren Eigenschaften der Benzoesäure (S. 1125) sehr ähnlich; sie bildet monokline Säulen (aus Alkohol) vom Schmp. 133° und Siedepunkt 300°; sie ist bei raschem Erhitzen unzersetzt sublimierbar und mit Wasserdämpfen flüchtig. Sie ist in Wasser (17°) schwer löslich (1:3500), dagegen in Alkohol und Äther leicht löslich. 1 Tl. Zimtsäure löst sich in 4,3 Tln. absol. Alkohol, 16,8 Tln. Chloroform (15°), in 109,6 Tln. Schwefelkohlenstoff (15°) und etwa 1000 Tln. kaltem Ligroin. — Das Calciumsalz löst sich in 608 Tln. Wasser (17,5°); die Silber-, Quecksilber- und Bleisalze sind schwer löslich. 100 ccm bei 26° gesättigte Lösungen enthalten[3] 0,242 g Calciumsalz, 0,256 g Mangansalz, 0,144 g Zinksalz, 0,07 g Cadmiumsalz und 0,028 g Mercurisalz. — Durch Oxydationsmittel wird die Zimtsäure zu Benzaldehyd und weiter zu Benzoesäure oxydiert.

a) Nachweis.

Für den Nachweis schüttelt man die Zimtsäure aus ihren wäßrigen Lösungen mit Äther oder Petroläther aus.

α) **Reaktion nach W. L. Scoville**[4]. Zimtsaure Salze liefern mit Manganosalzen eine zuerst weiße, dann bald gelb werdende Fällung (Unterschied von Benzoaten). Zum Nachweis sehr kleiner Mengen ist die Reaktion aber nach C. von der Heide und F. Jacob[5] wegen der immerhin nicht unbeträchtlichen

[1] J. Bougault: Compt. rend. Paris 1908, **146**, 1403; Journ. Pharm. et Chim. 1908, [6] **28**, 145; **C.** 1908, II, 543, 1129; **Z.** 1909, **18**, 700.

[2] E. Spaeth: **Z.** 1901, **4**, 924. — Vgl. auch W. Fresenius u. L. Grünhut: Zeitschr. analyt. Chem. 1899, **38**, 292.

[3] A. W. K. de Jong: Rec. Trav. chim. Pays-Bas 1909, **28**, 342; **C.** 1910, I, 479.

[4] W. L. Scoville: Amer. Journ. Pharmac. 1908, **79**, 549; **C.** 1908, I, 413.

[5] C. von der Heide u. F. Jacob: **Z.** 1910, **19**, 137.

Löslichkeit des Salzes nicht sehr geeignet, da 100 ccm Wasser bei Zimmertemperatur 0,17 g Manganocinnamat lösen.

β) Reaktion nach E. Mohler. Zimtsäure verhält sich wie Benzoesäure (S. 1126) mit dem Unterschiede, daß bei ihr die braunrote Färbung beim Kochen nicht verschwindet. Etwa 5—10 mg Zimtsäure in 100 ccm Wein sind noch nachweisbar.

γ) Nachweis durch Überführung in Benzaldehyd[1]. 50—100 ccm der zu untersuchenden Flüssigkeit werden schwach alkalisch gemacht und auf dem Wasserbade auf etwa 10 ccm eingedampft. Der Rückstand wird alsdann mit 5—10 ccm Schwefelsäure (20%) angesäuert und im Scheidetrichter mit 20—40 ccm Äther ausgeschüttelt. Dem Ätherauszug entzieht man mit 1—5 ccm $^1/_3$ N.-Lauge die Zimtsäure, erwärmt die wäßrige, schwach alkalische Lösung auf dem Wasserbade, um die letzten Reste gelösten Äthers zu vertreiben, läßt erkalten und versetzt in der Kälte mit etwa 1 ccm Kaliumpermanganatlösung (1%). Falls Zimtsäure zugegen ist, bemerkt man nach einigen Sekunden beim Umschwenken einen deutlichen Geruch nach Benzaldehyd. Auf diese Weise läßt sich 1 mg Zimtsäure in 100 ccm Flüssigkeit mit Sicherheit nachweisen. Mit 0,01 mg erhält man bei reiner Zimtsäure immer noch einen deutlichen Benzaldehydgeruch. Ist durch die Benzaldehydgeruchsprobe Zimtsäure nachgewiesen, so oxydiert man durch Zugabe von etwas größeren Permanganatmengen den Benzaldehyd in Wasserbadhitze zu Benzoesäure und weist diese nach Mohler (S. 1126) nach.

Th. v. Fellenberg und St. Krauze[2] lösen den Petrolätherrückstand in einem Reagensglase in 1 Tropfen N.-Natronlauge und 2—3 Tropfen Wasser, fügen in der Kälte 1 Tropfen Kaliumpermanganatlösung (5%) hinzu und säuern mit 1 Tropfen Schwefelsäure (1:4) an. Bei Anwesenheit von Zimtsäure entwickelt sich Benzaldehydgeruch, der sich bei kurzem Eintauchen in heißes Wasser verstärkt. Empfindlichkeit: 0,2 mg.

Die Oxydation zu Benzaldehyd kann auch durch andere Oxydationsmittel erfolgen, z. B. nach Jorissen[3] durch Uransalze unter dem Einfluß des Sonnenlichtes, nach G. Denigès[4] durch Kochen mit einigen Tropfen Eisenchloridlösung und Wasserstoffsuperoxyd und nach Phipson[5] mit Schwefelsäure und Kaliumbichromat.

δ) Nachweis nach D. Schenk und H. Burmeister[6]. Die Zimtsäurelösung wird mit Natriumcarbonatlösung alkalisch gemacht und in einer Porzellanschale mit ganz verd. Permanganatlösung tropfenweise unter Umrühren so lange versetzt, bis die Rötung nur noch eben verschwindet; dann äthert man gleich aus. Den Ätherauszug bringt man nach möglichster Befreiung von Wasser in einer Porzellanschale mit etwa 10 Tropfen ätherischer Phenollösung (5%) zum freiwilligen Verdunsten und versetzt dann mit 3—5 ccm konz. Schwefelsäure. Spuren von Zimtsäure geben hierbei sofort deutlich die typische quittengelbe Benzaldehydreaktion, auch dann, wenn ein Geruch nach Benzaldehyd nicht mehr erkennbar ist.

ε) Mikrochemischer Nachweis nach O. Tunmann[7]. Zimtsäure läßt sich leicht durch Sublimation nachweisen. Bei der Identifizierung der Sublimate ist vor allem auf die Unterscheidung von Benzoesäure Rücksicht zu nehmen. Benzoesäurekrystalle erscheinen bei gekreuzten Nicols nur grau, und sind selten

---

[1] C. von der Heide u. F. Jacob: Z. 1910, **19**, 137. — Vgl. auch H. Enell: Pharm. Zentralh. 1904, **45**, 405.
[2] Th. v. Fellenberg u. St. Krauze: Mitt. Lebensmittelunters. Hygiene 1932, **23**, 111.
[3] Jorissen: Zeitschr. analyt. Chem. 1902, **41**, 630.
[4] G. Denigès: Pharm. Weekbl. 1920, **57**, 404.
[5] Phipson: Chem. News **63**, 275; Mercks Reagenzien-Verz., 1929, S. 451. — Vgl. auch Böttcher: Zeitschr. analyt. Chem. 1866, **5**, 253.
[6] D. Schenk u. H. Burmeister: Pharm. Ztg. 1915, **60**, 213; Z. 1919, **38**, 107.
[7] O. Tunmann: Pharm. Zentralh. 1913, **54**, 133.

gut ausgebildet. Zimtsäure und ihre Ester leuchten stark auf, besitzen schiefe Auslöschung und sind vorzüglich entwickelt. Benzoesäure verflüchtigt sich an der Luft in einigen Tagen. — Auf Zusatz von Silbernitrat löst sich Zimtsäure auf, während Benzoesäure lebhaft polarisierende Krystalle des Silbersalzes bildet. — Bromdämpfe verwandeln die Zimtsäure zunächst in braungelbe Tropfen; Benzoesäure bleibt farblos. Fügt man nach $^1/_2$stündiger Einwirkung etwas Schwefelkohlenstoff hinzu und läßt unter dem Deckglase liegen, so krystallisiert die Bromzimtsäure in büschelförmig angeordneten Blättchen.

b) Bestimmung.

α) Bestimmung durch Oxydation zu Benzoesäure[1]. Man gibt zu der neutralen Zimtsäurelösung mindestens das Doppelte der theoretisch erforderlichen Menge 0,1 N.-Kaliumpermanganatlösung und läßt die Mischung in einem verschlossenen Kolben bei Zimmertemperatur 15—20 Minuten stehen. Darauf säuert man mit Schwefelsäure an, gibt einen geringen Überschuß von Oxalsäure hinzu, schüttelt die gebildete Benzoesäure mit Äther aus und bestimmt die Benzoesäure nach S. 1128. 1 mg Benzoesäure entspricht 1,214 mg Zimtsäure.

β) Bestimmung durch Oxydation zu Kohlensäure und Wasser. Nach I. M. KOLTHOFF[2] gibt man zu 10 ccm einer etwa 0,1 N.-Zimtsäurelösung 25 ccm 0,1 N.-Kaliumpermanganatlösung und 10 ccm 4 N.-Natronlauge, läßt 24 Stunden in einem verschlossenen Kolben bei Zimmertemperatur stehen, säuert mit 25 ccm 4 N.-Schwefelsäure an und titriert den Permanganatüberschuß nach 2—3 Stunden mit 0,1 N.-Oxalsäure zurück. 1 ccm 0,1 N.-Kaliumpermanganatlösung entspricht 1,4793 mg Zimtsäure.

γ) Bestimmung durch Bromierung. Nach H. P. KAUFMANN und E. HANSEN-SCHMIDT[3] wird die Zimtsäure in Tetrachlorkohlenstoff gelöst — aus wäßrigen Lösungen ist sie vorher mit Äther oder Tetrachlorkohlenstoff auszuschütteln — und mit einem Überschuß von 0,1 N.-Bromlösung in Tetrachlorkohlenstoff 2 Stunden bei Zimmertemperatur stehen gelassen, wobei die Zimtsäure in Dibromzimtsäure übergeführt wird. Dann wird der Bromüberschuß in bekannter Weise mit 0,1 N.-Natriumthiosulfatlösung zurücktitriert. Durch Belichtung mit ultraviolettem Licht kann die Reaktionszeit auf 6—10 Minuten herabgesetzt werden. 1 ccm 0,1 N.-Bromlösung entspricht 7,40 mg Zimtsäure.

13. Sonstige Säuren.

In diesem Abschnitt ist der Nachweis und die Bestimmung einiger Säuren behandelt, die für die Praxis zwar von geringer Bedeutung sind, aber bei wissenschaftlichen Arbeiten gelegentlich in Betracht kommen.

a) Propionsäure ($C_3H_6O_2 = CH_3 \cdot CH_2 \cdot COOH$).

Spez. Gewicht (20°) 0,9916; Schmp. —22°; Siedepunkt 141°. Propionsäure mischt sich in jedem Verhältnis mit Wasser, wird aber durch Sättigung der Lösung mit Calciumchlorid wieder abgeschieden; sie ist mit Wasserdämpfen flüchtig.

α) Nachweis. Im chemischen Verhalten und in ihren Salzen zeigt die Propionsäure die größte Ähnlichkeit mit Essigsäure. Die Salze der Propionsäure sind in Wasser löslich. Die Reaktionen mit Eisenchlorid und Arsentrioxyd sind denen der Essigsäure ähnlich. — Im Gegensatz zu Ameisensäure und Essigsäure sind die Eisen- und Kupfersalze der Propionsäure — auch die der Buttersäure — in Äther, Essigester und Chloroform löslich. — Zum mikrochemischen Nachweis sind die Barium- und Kupfersalze empfohlen. — Das Chininsalz ist in Wasser nur wenig löslich; Schmp. 111°.

[1] C. LIEBERMANN: Ber. Deutsch. Chem. Ges. 1890, **23**, 153. — H. THOMS: Arch. Pharm. 1899, **237**, 271. — J. R. NICHOLLS: Analyst 1928, **53**, 19.

[2] I. M. KOLTHOFF: Die Maßanalyse, Bd. 2, S. 328. Berlin: Julius Springer 1928.

[3] H. P. KAUFMANN u. E. HANSEN-SCHMIDT: Arch. Pharm. 1925, **263**, 32.

β) **Bestimmung.** Nach J. B. McNair[1] kann Propionsäure neben Ameisen- und Essigsäure mit Kaliumpermanganat zu Oxalsäure oxydiert werden, die mit Calciumacetat gefällt wird.

Fr. Baum[2] hat ein auf der Oxydation der Propionsäure mit Chromsäure zu Essigsäure beruhendes Verfahren zur Bestimmung von Propionsäure in Essigsäure beschrieben.

b) Valeriansäuren ($C_5H_{10}O_2$).

Von den 4 isomeren Valeriansäuren kommen n-Valeriansäure [$CH_3 \cdot (CH_2)_5 \cdot COOH$], Isovaleriansäure [$(CH_3)_2 \cdot CH \cdot CH_2 \cdot COOH$] und Methyl-äthylessigsäure [$CH_3 \cdot C_2H_5 : CH \cdot COOH$] natürlich vor. Sie sind unangenehm riechende, in Wasser mäßig lösliche Flüssigkeiten, die sich in ihren Eigenschaften nur wenig unterscheiden. Spez. Gewichte (17,5/20°) 0,931—0,941; Siedepunkte (760 mm) 176—184°, Schmelzpunkte der Amide 112—129°. Die Eisen- und Kupfersalze zeigen die gleiche Löslichkeit wie die Propionsäuresalze. Zum Nachweis und zur Bestimmung dienen vorwiegend die Silbersalze, zum mikrochemischen Nachweis auch die Mercuro, Zink- und Kupfersalze.

c) Fumarsäure $\left(C_4H_4O_4 = \begin{matrix} HOOC\cdot CH \\ \| \\ HC\cdot COOH \end{matrix}\right)$.

Die Säure krystallisiert in kleinen weißen Nadeln oder Blättchen, die bei 200° sublimieren und den Schmelzpunkt (im geschlossenen Rohr bestimmt) 286—287° zeigen. Spez. Gewicht 1,625. 100 g Wasser von 16,5° lösen nur 0,672 g Fumarsäure. In alkoholischer Lösung geht sie durch Bestrahlung mit ultraviolettem Licht in die stereoisomere Maleinsäure über.

Dem Nachweis können dienen die Schmelzpunkte des p-Nitrobenzyl- (150,8°) und des Phenacylesters (204—205°) sowie die Krystallform der Säure und des Natriumuranylsalzes. — C. Wagenaar[3] hat ein mikrochemisches Nachweisverfahren mittels Sublimation und Darstellung des Natriumuranylsalzes beschrieben.

Die der Fumarsäure stereoisomere **Maleinsäure** $\left(\begin{matrix} H\cdot C\cdot COOH \\ \| \\ H\cdot C\cdot COOH \end{matrix}\right)$ zeichnet sich vor jener durch einen niedrigeren Schmelzpunkt (130,5°) sowie durch eine größere Wasserlöslichkeit aus; sie ist in Wasser leicht löslich und auch in Alkohol und Äther löslich. Der sicherste Nachweis erfolgt durch Überführung in Fumarsäure durch Abdampfen mit verd. Salz- oder Salpetersäure oder auch durch Einwirken von Sonnenlicht auf die wäßrige Lösung bei Gegenwart von einer Spur Brom.

d) Malonsäure ($C_3H_4O_4 = HOOC\cdot CH_2\cdot COOH$).

Malonsäure besteht aus in Wasser — 100 g Lösung enthalten bei 20° 73,5 g —, Alkohol und Äther leicht löslichen Blättchen oder Tafeln vom Schmp. 135,6°. Spez. Gewicht (25/4°) 1,618. Beim Erhitzen über ihren Schmelzpunkt zerfällt die Malonsäure in Essigsäure und Kohlensäure.

α) **Nachweis.** αα) Nach J. Bougault[4]. Der Nachweis beruht auf der Kondensation der Malonsäure mit Zimtaldehyd zu Cinnamylmalonsäure. Man erhitzt etwa 0,1 g der Säure oder des Salzes mit 15 Tropfen Zimtaldehyd und 1 ccm Eisessig im geschlossenen Rohr 10 Stunden im siedenden Wasserbade, nimmt den Rohrinhalt unter Zusatz von Natriumcarbonat in 15 ccm Wasser auf, filtriert, säuert das Filtrat mit Salzsäure an, filtriert den Niederschlag ab und trocknet ihn bei 100°. Man krystallisiert aus Alkohol um und erhält goldgelbe Nadeln vom Schmp. 208°. Die Gegenwart organischer Säuren, wie Oxalsäure, Bernsteinsäure, Citronensäure scheint die Reaktion nicht zu beeinträchtigen, ebensowenig die Gegenwart von Alkalisalzen.

ββ) Nach S. Kleemann[5]. Erwärmt man Malonsäure mit Essigsäureanhydrid, so tritt in der Lösung eine gelbgrüne Fluorescenz auf; 1 mg Malonsäure im Liter kann so noch nachgewiesen werden.

Zum mikrochemischen Nachweis sind das Bleimalonat und das Blei-Kupfermalonat besonders geeignet[6].

β) **Bestimmung.** αα) Nach A. Coutelle[7]. Man fällt die Malonsäure aus 60%igem Alkohol mit alkoholischer Bariumchloridlösung, trocknet den Niederschlag bei 100° und

[1] J. B. McNair: Journ. Amer. Chem. Soc. 1932, **54**, 3249; C. 1932, II, 2213.
[2] Fr. Baum: Chem.-Ztg. 1927, **51**, 517 u. 538.
[3] C. Wagenaar: Chem. Weekbl. 1927, **64**, 6.
[4] J. Bougault: Journ. Pharm. et Chim. 1913, [7], 8, 289; C. 1913, II, 1705.
[5] S. Kleemann: Ber. Deutsch. Chem. Ges. 1886, **19**, 2030.
[6] Behrens-Kley: Organisch-mikrochemische Analyse, S. 353, 1922.
[7] A. Coutelle: Journ. prakt. Chem. 1906, **73** (2), 49.

berechnet ihn als Bariummalonat mit $^5/_6$ Mol Wasser. Durch Multiplikation mit 0,3329 erhält man die gesuchte Menge Malonsäure.

ββ) Nach A. P. Sy[1]. Man fällt aus neutraler Lösung mit neutraler Bleiacetatlösung, wäscht mit Wasser gut aus und führt das Bleimalonat durch Abrauchen mit Salpetersäure und Schwefelsäure in Bleisulfat über, das getrocknet und gewogen wird.

γγ) Sonstige Verfahren. Oxydimetrisches Verfahren nach H. H. Willard und Ph. Young[2] mit Cerisulfat. Die Bestimmung ist aber nicht eindeutig für Malonsäure. — Verfahren nach G. Denigès[3] mit Mercuriacetat und Eisessig.

e) Glykolsäure ($C_2H_4O_3 = CH_2(OH)\cdot COOH$).

Glykolsäure (Oxyessigsäure) krystallisiert aus Wasser in Nadeln, aus Äther in Blättchen, die bei 80° schmelzen; sie ist in Wasser, Alkohol und Äther sehr leicht löslich. Ihr Calcium- und Kupfersalz sind in Wasser schwer löslich. Beim Erhitzen werden Anhydride und außerdem wenig Paraformaldehyd gebildet. Mit Schwefelsäure erhitzt, wird die Glykolsäure in Formaldehyd und Ameisensäure gespalten. Durch Oxydation mit Salpetersäure entsteht Oxalsäure.

α) **Nachweis.** αα) Nach G. Denigès[4] kann Glykolsäure durch Überführung in Formaldehyd und Nachweis des letzteren nachgewiesen werden. 2—10 mg der Säure werden mit 0,2 ccm Wasser und 2 ccm konz. Schwefelsäure über freier Flamme erhitzt, bis zahlreiche sehr feine Gasblasen auftreten. Man läßt erkalten, fügt 1 Tropfen 5%iger alkoholischer Kodeinlösung hinzu und schüttelt um. Es entsteht sofort eine gelbe Färbung, die schnell in ein starkes Violett übergeht. Bei Verwendung von Guajacol oder Parakresol statt Kodein sind 1 oder 2 Tropfen der alkoholischen Lösung und 1 ccm Eisessig zu dem obigen Gemisch von Glykol- und Schwefelsäure zuzufügen und dann erst ist über freier Flamme zu erhitzen. Mit Parakresol entsteht eine grüne oder grünbraune Färbung, die beim Verdünnen mit Alkohol, Essig- oder Schwefelsäure ein deutliches Grün zeigt. Guajacol färbt violett, beim Verdünnen mit Alkohol braun, mit Essig- oder Schwefelsäure violett.

ββ) Nach E. Eegriwe[5]. 1 Tropfen der zu prüfenden Lösung wird im Reagensglase mit 2—10 ccm einer Lösung von 0,01 g 2,7-Dioxynaphthalin in 100 ccm konz. Schwefelsäure versetzt und 15—25 Minuten im Wasserbade erhitzt. Man erhält bei Gegenwart von 0,1—0,01 mg Glykolsäure und 2 ccm Reagens dunkelrotviolette bis violette Färbungen; 0,0002 mg geben nach 15 Minuten noch eine hellrote Färbung. — Ameisensäure, Essigsäure, Oxalsäure, Bernsteinsäure, Citronensäure, Benzoesäure und Salicylsäure geben keine Farbreaktion. Milchsäure und Äpfelsäure geben Gelbfärbung und grüne Fluorescenz, Weinsäure olivengrüne bis dunkelgrünlichbraune Färbung.

γγ) Nach P. Mayer[6] kann der Nachweis auch mittels des Phenylhydrazids erfolgen. — Zum mikrochemischen Nachweis sind die Salze des Silbers, Kupfers und Calciums empfohlen.

β) **Bestimmung.** Diese kann nach H. H. Willard und Ph. Young[7] durch Oxydation mit Cerisulfat erfolgen; die Bestimmung ist aber nicht eindeutig für Glykolsäure.

f) Glyoxalsäure (CHO·COOH).

Die Glyoxalsäure (Glyoxylsäure) ist ein schwer krystallisierender Sirup; sie ist leicht löslich in Wasser und Alkohol und aus konz. Lösung etwas flüchtig. Beim Kochen mit Kalilauge und Kalkwasser geht sie in Glykolsäure und Oxalsäure über. — Als Aldehydsäure gibt sie die Reaktionen der Aldehyde: Sie reduziert neutrale Silberlösung schon bei gelindem Erwärmen und bildet mit essigsaurem Phenylhydrazin ein Phenylhydrazon vom Schmp. 143—145°. Das neutrale und basische Calciumsalz ist schwer löslich.

α) **Nachweis.** αα) Nach O. Doebner und S. Gärtner[8]. Durch Einwirkung von je 1 Mol Glyoxalsäure und Amidoguanidinacetat in wäßriger Lösung entsteht bei gewöhnlicher Temperatur oder beim Erwärmen Amidoguanidin-glyoxalsäure. Schmp. 161° (Zersetzung). Die Säure scheidet sich selbst aus sehr verdünnten Lösungen ab und gestattet den Nachweis der Glyoxalsäure neben anderen Säuren.

---

[1] A. P. Sy: Journ. Franklin Inst. 1906, **162**, 71; C. 1906, II, 714.
[2] H. H. Willard u. Ph. Young: Journ. Amer. Chem. Soc. 1930, **52**, 132; C. 1930, I, 2775.
[3] G. Denigès: Ann. Chim. analyt. appl. 1918, **23**, 27.
[4] G. Denigès: Bull. Soc. Pharmac. Bordeaux **1909**, **49**, 193; Z. 1910, **20**, 722.
[5] E. Eegriwe: Zeitschr. analyt. Chem. 1932, **89**, 124.
[6] P. Mayer: Zeitschr. physiol. Chem. 1903, **38**, 135.
[7] H. Willard u. Ph. Young: Journ. Amer. Chem. Soc. 1930, **52**, 132.
[8] O. Doebner u. S. Gärtner: Liebigs Ann. 1901, **315**, 1 u. **317**, 157; C. 1901, I, 682 u. II, 627.

ββ) Nach E. Baur[1]. Glyoxalsäure gibt die Tollensche Reaktion mit Naphthoresorcin. Man versetzt 1—2 ccm mit einer Messerspitze Naphthoresorcin und etwa 5 ccm rauchender Salzsäure, erhitzt zum Sieden, verdünnt nach dem Erkalten mit etwas Wasser und schüttelt mit Äther aus, welcher bei Anwesenheit von Glyoxalsäure einen violetten bis tiefroten Farbstoff aufnimmt. Die Reaktion ist sehr empfindlich und noch bei weniger als 0,001 N.-Lösungen positiv, aber nicht eindeutig, da sie eine allgemeine Reaktion auf Carbonylsäure mit der Gruppierung COH·COOH und CO·COOH ist.

γγ) Für den mikrochemischen Nachweis[2] sind das Silber-, Blei- und Calciumsalz sowie die Reaktion mit Dimethon empfohlen worden.

β) Bestimmung. Man oxydiert die wäßrige Lösung der Glyoxalsäure mit verd. Salpetersäure oder Bromwasser zu Oxalsäure und bestimmt diese.

g) Brenztraubensäure ($C_3H_4O_3 = CH_3 \cdot CO \cdot COOH$).

Brenztraubensäure ist eine nach Essigsäure riechende Flüssigkeit. Mit Wasser, Alkohol und Äther ist sie in jedem Verhältnis mischbar und siedet unzersetzt bei 165—170°. Mit Wasserdampf ist sie etwas flüchtig. Schmp. 13,6°, Spez. Gewicht (25°) 1,2469. — Mit ammoniakalischer Silberlösung liefert sie einen Silberspiegel.

α) Nachweis. αα) Nach L. J. Simon und L. Piaux[3]. Zu 1 ccm der zu untersuchenden Lösung setzt man 0,5 ccm Essigsäure (40%), 3 ccm Nitroprussidnatriumlösung (1%) und 1,5 ccm Ammoniak (0,75 ccm Ammoniak 22° Bé und 0,75 ccm Wasser). Bei Gegenwart von Brenztraubensäure entsteht nach einigen Minuten eine blaue Färbung. Diese Färbung kann auch zur colorimetrischen Bestimmung verwandt werden. Nur Acetophenon gibt eine ähnliche Färbung.

ββ) Nach E. P. Alvarez[4]. Als Reagens verwendet man eine Lösung von 0,02—0,05 g α- oder β-Naphthol in 1 ccm Schwefelsäure (1,83). — 10 Tropfen des Reagens werden mit 1 Tropfen Brenztraubensäurelösung gelinde erwärmt. Bei Anwesenheit von Brenztraubensäure liefert β-Naphthol eine rote und dann blaue Färbung, die bei starker Verdünnung mit starkem Alkohol oder Wasser in Gelb übergeht. α-Naphthol gibt in der Kälte eine gelbe, beim Erwärmen eine orangefarbene Lösung, die beim Verdünnen mit Wasser nicht verändert wird. Mittels dieser Reaktion kann man Brenztraubensäure neben Äpfel-, Wein- und Citronensäure usw. nachweisen.

Mikrochemischer Nachweis[5]. Das Chlorhydrat von Phenylhydrazin bewirkt sogleich eine pulverige Fällung. Noch stärker fällt das Chlorhydrat von Diphenylhydrazin.

β) Bestimmung. αα) Nach I. Smedley MacLean[6]. Man fällt die Säure in essigsaurer Lösung mit Phenylhydrazin, filtriert vom gebildeten Hydrazon ab und oxydiert das Filtrat bei Zimmertemperatur mit Fehlingscher Lösung. Das ausgeschiedene Kupferoxydul wird abfiltriert, in Ferrisulfatlösung gelöst und das gebildete Ferrosulfat mit 0,1 N.-Permanganat titriert. Die Gegenwart von Glucose ist ohne störenden Einfluß.

ββ) Nach E. Simon und C. Neuberg[7]. Als Fällungsmittel wird 2,4-Di-nitro-phenylhydrazin benutzt. Die Fällung ist praktisch quantitativ, sowohl bei 1 wie bei 0,1%igen Lösungen. Die Menge des Di-nitro-phenylhydrazins wird so bemessen, daß ein Überschuß von etwa 10% über die erforderliche Menge vorhanden ist. Man läßt die Suspension in einem Erlenmeyer-Kolben mit Glasstopfen 10 Stunden im Brutschrank bei 37° stehen. Nach Abkühlung saugt man auf einem Schottschen Glasfiltertiegel (Nr. 1, G. 4) ab, wäscht dreimal mit kalter 2 N.-Salzsäure und darauf ebenso oft mit kaltem Wasser aus, trocknet bei 110° und wägt. Die Reinheit der erhaltenen Verbindung kann man durch den Schmelzpunkt (216°) und durch folgende Farbreaktion kontrollieren: Mit alkoholischer Kalilauge färbt sich die Verbindung braunrot. Das Verfahren eignet sich auch zur Trennung der Brenztraubensäure von Acetaldehyd und Methylglyoxal, da deren Hydrazone in Natriumcarbonat unlöslich sind.

γγ) Nach B. H. Rao Krishna und M. Sreenivasaya[8]. Der Bestimmung liegt die Reaktion: $CH_3 \cdot CO \cdot COOH + 2H \rightarrow$ Milchsäure $+ O \rightarrow CH_3 \cdot CHO + CO_2 + H_2O$ zugrunde.

---

[1] E. Baur: Ber. Deutsch. Chem. Ges. 1913, **46**, 852. — Vgl. ferner J. A. Mandel u. C. Neuberg: Biochem. Zeitschr. 1908, **13**, 148 und C. Neuberg: Biochem. Zeitschr. 1910, **24**, 436.

[2] Behrens-Kley: Organisch-mikrochemische Analyse, S. 355, 1922. — Emich: Mikrochemie 1926, 217.

[3] L. J. Simon u. L. Piaux: Bull. Soc. Chim. biol. 1924, **6**, 477; **C.** 1924, II, 1490.

[4] E. P. Alvarez: Chem. News **91**, 209; Zeitschr. analyt. Chem. 1910, **49**, 53.

[5] Behrens-Kley: Organisch-mikrochemische Analyse, S. 105. 1922.

[6] I. Smedley MacLean: Biochem. Journ. 1913, **7**, 611; **C.** 1914, I, 1305.

[7] E. Simon u. C. Neuberg: Biochem. Zeitschr. 1931, **232**, 479.

[8] B. H. Rao Krishna u. M. Sreenivasaya: Biochem. Journ. 1928, **22**, 72; **C.** 1930, II, 1891.

Man versetzt 1—5 ccm der Brenztraubensäurelösung (etwa 0,25—15 mg enthaltend) mit 50 ccm Schwefelsäure (17,5%), 1 g Zink und 1 ccm Kupfersulfatlösung (10%). Nach 1 Stunde neutralisiert man tropfenweise mit Natronlauge (60%). Nach Zusatz von 10 ccm N.-Schwefelsäure und 0,1 N.-Mangansulfatlösung wird mit 0,01 oder 0,005 N.-Kaliumpermanganatlösung oxydiert und der gebundene Aldehyd wird nach CLAUSEN titriert. 1 ccm 0,1 N.-Jodlösung entspricht 5,5 mg Brenztraubensäure.

$\delta\delta$) Mikroverfahren nach O. WARBURG, F. KUBOWITZ und W. CHRISTIAN[1]. Das Verfahren beruht auf der Zersetzung der Brenztraubensäure mit LEBEDEW-Saft. Es entwickelt sich Kohlensäure durch die Wirkung der NEUBERGschen Carboxylase, die manometrisch gemessen werden kann. Das Verfahren eignet sich besonders zur Bestimmung der Brenztraubensäure in biologischem Material.

h) Lävulinsäure ($C_5H_8O_3 = CH_3 \cdot CO \cdot CH_2 \cdot CH_2 \cdot COOH$).

Lävulinsäure (β-Acetylpropionsäure) entsteht aus Kohlenhydraten durch Einwirkung von Säuren und bildet Blättchen und Tafeln vom Schmp. 33,5°. Die reine Säure destilliert bei raschem Erhitzen größtenteils unzersetzt bei 245—246°. Spez. Gewicht (15/15°) = 1,135, bei 25° 1,1367. Lävulinsäure ist leicht löslich in Wasser, Alkohol und Äther und geht beim Sieden leicht in Anhydride über. Bei der Oxydation mit Kaliumbichromat und Schwefelsäure entstehen Kohlensäure und Essigsäure. Beim Erhitzen mit verd. Essigsäure entstehen Kohlendioxyd, Essigsäure, Bernsteinsäure und Oxalsäure, wahrscheinlich auch Ameisensäure. Aus der mit Ammoniak neutralisierten Lösung wird durch Silbernitrat das Silbersalz gefällt, das in 150 Tln. Wasser von 17° löslich ist. Auf Zusatz einer Lösung von Phenylhydrazin in gleichen Teilen 50%iger Essigsäure fällt das Phenylhydrazon (Schmp. 108°) aus.

Lävulinsäure wird aus wäßrigen Lösungen mit Äther ausgeschüttelt.

α) **Nachweis.** $\alpha\alpha$) Nach KOSSEL und NEUMANN[2]. Lävulinsäure gibt mit Nitroprussidnatrium und Natronlauge eine Rotfärbung, die auf Zusatz von Essigsäure in Himbeerrot übergeht. Nach L. GRÜNHUT[3] kann noch 1 mg Lävulinsäure in 0,1%iger Lösung nachgewiesen werden.

$\beta\beta$) Mit Jod und Natronlauge entsteht schon in der Kälte Jodoform.

$\gamma\gamma$) Mikrochemischer Nachweis nach H. BEHRENS[4]. Mit Phenylhydrazinacetat entsteht eine Trübung; aus der sich in kurzer Zeit rhomboidische und symmetrische sechsseitige Tafeln und Stäbchen bilden.

β) **Bestimmung nach L. Grünhut**[3]. Die Bestimmung erfolgt durch Oxydation zu Essigsäure. Zu 50—75 ccm Lösung (etwa 100—180 mg Säure enthaltend), setzt man 4 g Chromtrioxyd und 20 ccm verd. Schwefelsäure (d = 1,15) und kocht 2 Stunden am Rückflußkühler. Unter Ersatz des übergehenden Wassers destilliert man die Essigsäure über und titriert mit 0,1 N.-Kalilauge. 1 Äquivalent Lävulinsäure = 1 Äquivalent Essigsäure. — Zur weiteren Kontrolle kann überdies auch noch das verbrauchte Chromation ermittelt werden. Zu diesem Zwecke setzt man statt des Chromtrioxyds eine genau abgemessene Menge N.-Kaliumbichromatlösung (49,03 g/l), füllt nach der Oxydation auf ein bestimmtes Volumen und bestimmt im aliquoten Teil den Chromatüberschuß jodometrisch, aus dem anderen Teile destilliert man die gebildete Essigsäure ab, um auch deren Menge acidimetrisch zu ermitteln. 1 Millimol Lävulinsäure entspricht 14 ccm N.-Bichromatlösung. Zweckmäßig setzt man zu 30 ccm Lävulinsäurelösung 25 ccm N.-Kaliumbichromatlösung und 30 ccm konz. Schwefelsäure. Etwa vorhandene Ameisensäure wird unter diesen Bedingungen glatt zu Kohlendioxyd und Wasser oxydiert. 1 Millimol Ameisensäure entspricht 2 ccm N.-Bichromatlösung. Ihre Bestimmung geschieht in einem besonderen Anteile der zu untersuchenden Lösung mittels Quecksilberchlorids; um Ausscheidung von lävulinsaurem Quecksilber zu verhindern, genügt es, nach der Reaktion Salzsäure zuzusetzen und den Niederschlag mit salzsäurehaltigem Wasser zu waschen.

III. Nachweis und Bestimmung der organischen Säuren nebeneinander.

A. Nachweise.

Für den Nachweis von organischen Säuren nebeneinander hat bereits C. R. FRESENIUS einen allgemeinen Gang ausgearbeitet. Daneben gibt es eine

[1] O. WARBURG, F. KUBOWITZ u. W. CHRISTIAN: Biochem. Zeitschr. 1930, **227**, 250.
[2] KOSSEL u. NEUMANN: Ber. Deutsch. Chem. Ges. 1894, **27**, 2220.
[3] L. GRÜNHUT: **Z.** 1921, **41**, 261.
[4] H. BEHRENS: Chem.-Ztg. 1902, **26**, 1152.

Reihe von Verfahren, die für den Nachweis einzelner Gruppen von Säuren anwendbar sind, darunter auch mikrochemische Verfahren.

1. Allgemeiner Gang zum Nachweis organischer Säuren.

Das Verfahren nach C. R. Fresenius[1] beruht auf der Anwendung der Gruppenreagenzien: Salzsäure, Calciumchlorid und Ferrichlorid. Der Gang ist aus der Übersicht auf S. 1147 ersichtlich.

H. Schmalfuss und K. Keitel[2] haben ebenfalls einen Trennungsgang für organische Säuren ausgearbeitet, der in erster Linie für den Nachweis der Säuren in Pflanzenauszügen bestimmt ist und sich zur Identifizierung der einzelnen Säuren meist mikrochemischer Reaktionen bedient.

2. Nachweis von Ameisensäure neben Essigsäure.

Nach L. Bonnes[3] versetzt man 2—4 ccm der Untersuchungsflüssigkeit mit überschüssiger Schwefelsäure, destilliert etwa $^3/_4$ davon ab, neutralisiert das Destillat durch einen geringen Überschuß an Calciumcarbonat, dampft die Flüssigkeit, ohne sie zu filtrieren, zur Trockne und unterwirft den Rückstand in geeigneter Weise der trockenen Destillation. Man prüft das in 1—2 ccm Wasser aufgefangene Destillat einerseits mit Leyscher Rosanilindisulfitlösung auf Aldehyde, andererseits nach Legal (S. 1061) auf Aceton mit Nitroprussidnatrium. Gibt die Leysche Probe eine positive Reaktion, so ist Ameisensäure vorhanden, auch wenn die Legalsche Probe negativ ist. Fällt letztere positiv, erstere aber negativ aus, so ist Essigsäure allein zugegen, fallen beide Reaktionen dositiv aus, so enthält die fragliche Lösung beide Säuren nebeneinander.

3. Mikrochemischer Nachweis von Ameisen-, Essig-, Propion-, Butter- und i-Valeriansäure nach Behrens-Kley[4].

Schema I. Man geht von ungefähr 30 mg Substanz aus und digeriert die konz. wäßrige Lösung mit Kupfercarbonat, wobei man eine grüne Lösung *L* und einen grünen Niederschlag *K* erhält. Den Rückstand *K* zieht man mit kaltem Wasser aus. Der Wasserauszug liefert nach dem Verdunsten Butyrat in Form grüner Rauten und Sechsecke (50—80 μ). Den Rückstand des Wasserauszugs erwärmt man mit Natronlauge und prüft die Lösung mit einem Zinksalz auf Valeriansäure. Von der Lösung *L* wird die Hälfte mit Schwefelsäure zersetzt und hiernach das Ganze destilliert. Destillat (a): Propionsäure, Essigsäure und wenig Buttersäure; im Rückstand (b): Essigsäure und Ameisensäure.

a) Aus den trockenen Kalksalzen zieht Alkohol Propionat aus; Prüfung mit Bariumacetat. Das Ungelöste prüft man mit Uranylnitrat und Natriumformiat auf Essigsäure.

b) Der Rückstand wird abermals mit verd. Schwefelsäure destilliert und das Destillat mit Bleioxyd neutralisiert. Auf Zusatz von Alkohol entstehen Nadeln von Formiat. Zur Mutterlauge gibt man Calciumoxyd und prüft die Lösung des Kalksalzes mit Uranylnitrat und Natriumformiat auf Essigsäure.

---

[1] C. R. Fresenius: Anleitung zur qualitativen chemischen Analyse, bearbeitet von Th. W. Fresenius, 17. Aufl., S. 595. Braunschweig: F. Vieweg & Sohn 1919.

[2] H. Schmalfuss u. K. Keitel: Zeitschr. physiol. Chem. 1924, **138**, 156.

[3] L. Bonnes: Bull. Sciences pharmacol. 1913, **20**, 99; **C.** 1913, I, 1364. — Vgl. auch J. Onodera: Trennung der Ameisen-, Essig- und Milchsäure. Ber. Ohara-Inst. landwirtschaftl. Forsch. 1917, **1**, 231; **C.** 1920, IV, 271.

[4] Behrens-Kley: Organische mikrochemische Analyse, 2. Aufl., S. 326. Berlin: Julius Springer 1926.

Tabelle 7. Nachweis organischer Säuren nach C. R. FRESENIUS.
(Ameisen-, Essig-, Oxal-, Bernstein-, Äpfel-, Wein-, Citronen-, Benzoe-, Salicyl- und Zimtsäure)

<table>
<tr>
<td colspan="2" rowspan="2">a) + HCl. Niederschlag: Zimtsäure (Benzoe-, Salicylsäure) nach etwaiger Trennung von anorganischen Anteilen des Salzsäureniederschlages (mit Äther) in NaOH gelöst und
b) ein Teil der neutralen Flüssigkeit mit $FeCl_3$ versetzt:</td>
<td colspan="7">Filtrat (nach Ausscheidung der Kationen der Gruppen II—IV)
f) $NH_4Cl + NH_4OH + CaCl_2$</td>
</tr>
<tr>
<td colspan="2">Niederschlag: Calciumoxalat, Calciumtartrat.
g) mit NaOH in der Kälte behandelt:</td>
<td colspan="5">Filtrat: Citrat-, Malat-, Succinat-, Benzoat-, Salicylat-, Acetat-, Formiation.
k) + 3 Tle. Alkohol (80%)</td>
</tr>
<tr>
<td rowspan="3">Niederschlag: Ferricinnamat, komplexes Ferribenzoat, Zimtsäure;
d) ein Teil der Lösung in NaOH (a) mit HCl genau neutralisiert; + $MnSO_4$, Niederschlag: Manganocinnamat;
e) ein anderer Anteil der Lösung (a) nach MOHLER (S. 1126) auf Benzoesäure geprüft. Rotbraune Färbung, Benzoesäure.</td>
<td rowspan="3">c) Filtrat violett, Salicylsäure.</td>
<td rowspan="3">Rückstand: Calciumoxalat.
h) + MnO_2 + H_2SO_4. Kohlendioxyd, Oxalsäure.</td>
<td rowspan="3">Filtrat: Calciumtartrat.
i) gekocht, Niederschlag Weinsäure.</td>
<td colspan="3">Niederschlag: Calciumcitrat, -malat, -succinat.
l) in wenig HCl gelöst + NH_4OH gekocht:</td>
<td colspan="2">Filtrat: Benzoat-, Salicylat-, Acetat-, Formiation. Alkohol weggekocht zur neutralen Lösung;
p) + Ferrichlorid.</td>
</tr>
<tr>
<td rowspan="2">Niederschlag: Calciumcitrat. Citronensäure</td>
<td colspan="2">Filtrat: Malat-, Succination + 3 Tle. Alkohol (80%). Niederschlag der Calciumsalze, abfiltriert, getrocknet.
m) mit HNO_3 eingedampft, mit Na_2CO_3 gekocht, abfiltriert. Lösung + HCl;
n) + NH_4OH + $CaCl_2$.</td>
<td rowspan="2">Niederschlag: Komplexes Ferribenzoat, Benzoesäure.</td>
<td rowspan="2">q) Filtrat: In Gegenwart von Salicylation (violett) von Acetat-Formiation rot. Einzeluntersuchung auf Ameisen- und Essigsäure.</td>
</tr>
<tr>
<td>Niederschlag: Calciumoxalat- u. Malation, Äpfelsäure</td>
<td>Filtrat: Succination
o) + 3 Tle. Alkohol, Niederschlag: Calciumsuccinat, Bernsteinsäure.</td>
</tr>
</table>

Schema II (Anwendung von Lösungsmitteln). Man zieht die trockenen Kalksalze mit Alkohol aus; der Rückstand (*K*) enthält Formiat und Acetat; die Lösung (*L*): Propionat, Butyrat, Valerat. Ein Teil von *K* wird mit Cero-nitrat auf Ameisensäure geprüft, ein anderer Teil mit Natrium-Uranylpropionat oder Uranyl-nitrat und Natriumformiat auf Essigsäure. — Aus der Lösung *L* vertreibt man den Alkohol und prüft mit Bariumacetat auf Propionsäure. Zur Mutterlauge gibt man Kupfernitrat und ein wenig Essigsäure. Grüne Tröpfchen, mit verd. Alkohol grüne Quadrate (16—30 μ): Valeriansäure, grüne Rauten und Sechsecke (50—80 μ): Buttersäure.

4. Nachweis von Ameisensäure neben Oxalsäure und Weinsäure nach F. KRAUSS und H. TAMPKE[1].

Mit Resorcin und Schwefelsäure entsteht bei Anwesenheit von Ameisensäure ein orangeroter Ring, der sich bei gleichzeitiger Entwicklung von Kohlenoxyd nach oben verbreitert. Bei der Reaktion mit Resorcin und Schwefelsäure auf Oxalsäure ist eine Spur Wasser erforderlich, um die blaue Farbe hervorzurufen. Weinsäure liefert eine tiefrote Färbung. Bei gleichzeitiger Anwesenheit der drei Säuren treten die Farbringe nicht gemischt, sondern übereinander auf, von oben zuerst der Ameisensäure-, dann der Oxalsäure- und zuunterst der Weinsäurering. 0,2 g Oxalsäure, 0,1 g Ameisensäure und 0,02 g Weinsäure können nebeneinander nachgewiesen werden. Zur Prüfung löst man 0,2 g Resorcin in 5 ccm der zu untersuchenden schwach sauren Lösung und unterschichtet vorsichtig mit 10 ccm konz. Schwefelsäure. Der Weinsäurering erscheint bei sehr vorsichtigem Erwärmen der Schwefelsäure, die anderen eher. Die Ringe selbst dürfen nicht erwärmt werden.

5. Mikrochemischer Nachweis von freier und gebundener Oxal-, Bernstein-, Äpfel-, Wein- und Citronensäure nebeneinander nach G. KLEIN und O. WERNER[2].

Das Verfahren beruht auf der fraktionierten Sublimation der Säuren. Die freien Säuren sublimieren entweder völlig unzersetzt (Oxalsäure, Bernsteinsäure), oder als Anhydride (Äpfelsäure, Weinsäure und Citronensäure), welche in die wasserhaltige ursprüngliche Form zurückführbar sind. Der Nachweis beruht auf der Darstellung des geeignetsten Salzes. Die Ausbeute ist auf diesem Wege bei allen Säuren quantitativ. Da die Sublimationstemperaturen der einzelnen Säuren verschieden sind und genügend weit auseinander liegen, ist eine vollkommene Fraktionierungsmöglichkeit gegeben. Liegen die Säuren in beliebiger Bindung vor, so können sie durch Phosphorsäurezusatz für die Sublimation frei gemacht werden.

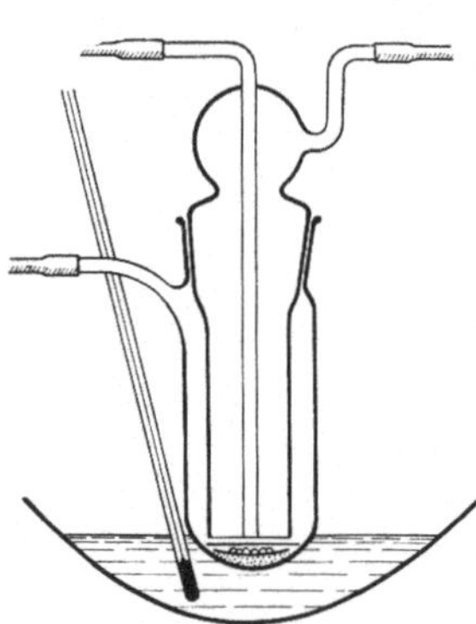

Abb. 8. Mikrosublimationsapparat nach KLEIN und WERNER (2:1).

Der Sublimationsapparat (Abb. 8) besteht aus einem Mantel und dem Kühler, der in den konischen Hals des Mantels vakuumdicht eingeschliffen ist. Der Mantel trägt eine seitliche Tubulierung zum Evakuieren. In den Kühler sind zwei Glasröhrchen eingeschmolzen, von denen das bis zum Boden des Kühlers reichende der Wasserzu-, das kürzere der -ableitung dient. Der Abstand zwischen der unteren, plangeschliffenen Kühlerfläche und dem Boden des Mantels beträgt 8 mm. Zur Aufnahme der Substanz dient ein flaches Schälchen aus 0,3 mm starkem Kupferblech, welches auf feinen Eisenfeilspänen liegt. Als Vorlage zum Auffangen des Sublimats wird ein rundes Deckglas (20 mm) verwendet, das mit einem Tropfen wasser-

[1] F. KRAUSS u. H. TAMPKE: Chem.-Ztg. 1920, **45**, 521.

[2] G. KLEIN u. O. WERNER: Zeitschr. physiol. Chem. 1925, **143**, 141.

freien Glycerins an der planen unteren Kühlerfläche angeklebt wird. Der Abstand vom Boden des Schälchens zum Deckglas soll 4—5 mm betragen. Der Apparat wird zum Gebrauch in geeigneter Weise an einem Stativ befestigt[1]. Das Anheizen geschieht in einem Ölbad, dessen Temperatur gemessen wird und in das der unterste Teil des Apparates 2 cm tief eintaucht. Evakuiert wird mit einer Wasserstrahlpumpe bis etwa 10 mm Druck. Durch den Kühler muß während der ganzen Sublimation Wasser von der Leitung laufen.

Die Sublimate der Oxalsäure (Abb. 9*a*) bestehen in der Regel zuerst aus längeren Prismen, welche bald in kleinere Kryställchen zerfallen. In diesem Sublimat wird die Oxalsäure, wenn größere Mengen vorliegen, vorteilhaft als Strontiumsalz, bei geringen Mengen als Calciumsalz nachgewiesen.

Abb. 9. Mikrosublimate von *a* Oxalsäure, *b* Bernsteinsäure, *c* Äpfelsäure, *d* Weinsäure, *e* Citronensäure nach KLEIN und WERNER.

Die Sublimate der Bernsteinsäure (Abb. 9*b*) bestehen aus kleinen Kryställchen, und werden am besten als Bleisalz charakterisiert.

Bei der Sublimation der Äpfelsäure bekommt man auch bei den kleinsten Mengen ein zunächst amorphes Sublimat, in welchem sich bereits beim Liegen an der Luft nach einiger Zeit zerfließliche Nädelchen von Äpfelsäure bilden. Für die leichte und glatte Umwandlung des Sublimates in Äpfelsäure wird das Sublimat mit einem Tropfen 1—5%iger Silbernitratlösung versetzt, in einem auf 40° erhitzten Wärmeschrank, in dem sich eine flache Schale mit 5%iger Ammoniaklösung befindet, gebracht. Nach 10—20 Minuten sind die Anhydride vollständig in das Silbersalz der Äpfelsäure übergeführt. Es entstehen klare Kügelchen, Scheibchen, manchmal Rosetten von 4 und 8eckigem Umriß, seltener auch Nädelchen (Abb. 9*c*), unter Umständen auch auskrystallisierendes Silbernitrat, das die Beobachtung stört; es kann durch Anhauchen leicht in Lösung gebracht werden.

[1] Der Apparat ist erhältlich bei Ewald Otto, Glasbläserei Wien IX, Währingerstr. 26.

Weinsäure liefert bei der Sublimation ein amorphes Sublimat, in dem beim Liegen an der Luft die wasserhaltige Weinsäure allmählich auskrystallisiert. Es entstehen sehr charakteristische Wetzsteinformen, bei größeren Mengen auch Zerrformen (Abb. 9*d*). Die Umwandlung des Anhydrids in die Säure erfolgt in gleicher Weise wie bei der Äpfelsäure angegeben. Es empfiehlt sich jedoch, zuerst durch eine halbstündige Behandlung im Wärmeschrank das Ammoniumtartrat (Wetzsteinformen) und dann erst aus diesem mit Silbernitrat und Essigsäure das Silberbitartrat darzustellen, welches größtenteils in knieförmigen Zwillingen auskrystallisiert.

Bei der Sublimation der Citronensäure entsteht ein amorpher Beschlag, welcher auch nach Behandlung mit ammoniakalischen Wasserdämpfen bei 40° schwer zur Krystallisation zu bringen ist. Doch läßt sich leicht das Silbersalz der Citronensäure darstellen, wenn man genau so wie bei der Äpfelsäure verfährt. Man erhält vorwiegend Sphärite aus feinen Nadeln gebildet (Abb. 9*e*).

Die Sublimationstemperatur wird außen im Ölbade gemessen. Für Oxalsäure beträgt sie etwa 110°, für Bernsteinsäure etwa 130°, für Äpfelsäure etwa 145°, für Citronensäure etwa 170° und für Weinsäure etwa 195°. Die Temperatur ist besonders bei den drei letzten Säuren einige Zeit konstant zu halten, und zwar so, daß sie ungefähr 10 Minuten lang in einem Bereich von höchstens 6° um die angegebenen Sublimationstemperaturen schwankt. Man hat dadurch die Gewähr, daß auch größere Mengen bis etwa 200 γ restlos sublimieren. Da die Sublimationstemperaturen so weit auseinander liegen, daß eine Verflüchtigung der nächsthöheren Säure bei der Sublimation der nächst niedrigeren nicht oder nur in Spuren erfolgt, ist eine fast restlose Fraktionierung zwischen den kleinsten, zum Nachweis noch in Betracht kommenden Mengen von etwa 2—5 γ möglich.

Bei der Untersuchung eines Gemisches kann man also aus einer Probe auf gewechselten Deckgläsern sämtliche Fraktionen erhalten. Nur ist zu beachten, daß der Apparat vor jedesmaligem Deckglaswechseln auskühlen muß (also aus dem heißen Ölbad herausgehoben werden muß), um Zersetzung der Substanz unter gewöhnlichem Druck zu vermeiden. Zur Aufspaltung der gebundenen Säuren verwendet man bis zu Substanzmengen von 200 γ einen Zusatz von etwa 0,5 mg konz. Phosphorsäure. Die Methode ist besonders für die Isolierung der Säuren aus Pflanzengeweben voll anwendbar.

6. Mikrochemischer Nachweis von Milchsäure und Äpfelsäure neben Citronensäure.

Der Umstand, daß sich bei der Einwirkung bestimmter Reagenzien auf Milchsäure und Äpfelsäure Acetaldehyd bildet, und aus Citronensäure Aceton entsteht, ermöglicht es, nach C. GRIEBEL und F. WEISS[1] die genannten Stoffe mit Hilfe der Mikrobechermethode nachzuweisen.

Zur Ausführung dieses Verfahrens bringt man eine kleine Probe des Untersuchungsmaterials in einen Mikrobecher (S. 1026) von etwa 0,5—1 ccm Fassungsvermögen, legt ein Deckgläschen auf, das durch Reiben zwischen den Fingern leicht eingefettet und dann kurz vor dem Versuch auf der Unterseite mit einem etwa 2 mm großen Tröpfchen der Reagensflüssigkeit beschickt wird, und erwärmt die Vorrichtung auf einem schwach geheiztem Wasserbade. Sobald sich in der Reagensflüssigkeit krystallinische Ausscheidungen bemerkbar machen oder sobald das Deckgläschen einen Beschlag von feinen Wassertröpfchen zeigt, wird das Becherchen vom Wasserbade entfernt und zum Abkühlen 10—20 Minuten beiseite gestellt. Dann bringt man das Deckgläschen entweder mit dem Reagenströpfchen nach oben auf einen gewöhnlichen Objektträger oder besser, mit dem Tröpfchen nach unten, auf einen mit Vaselinering versehenen hohlgeschliffenen Objektträger und untersucht zunächst bei schwacher, später bei stärkerer Vergrößerung.

Um nach dem Mikroverfahren auf Citronensäure zu prüfen, wird eine Probe des Untersuchungsmaterials erforderlichen Falles von störenden Stoffen (flüchtigen Alkoholen, Aldehyden und Ketonen) befreit und mit einigen Tropfen Wasser versetzt, wenn nicht genügend Feuchtigkeit vorhanden sein sollte, um

[1] C. GRIEBEL u. F. WEISS: Z. 1928, 56, 158.

ein Eintrocknen des Reagenstropfens zu vermeiden. Hierauf wird ein Tropfen einer 0,05%igen Kaliumpermanganatlösung hinzugefügt, dann ein Deckgläschen mit einem Tropfen m- oder p-Nitrophenylhydrazin aufgelegt, und das Becherchen in der oben beschriebenen Weise behandelt. Können hierbei Acetonhydrazonkrystalle nicht festgestellt werden, so wird nach weiterem Hinzufügen von je einem Tropfen der Permanganatlösung die Mikrodestillation so oft wiederholt, bis eine schwache Violettfärbung der Flüssigkeit während des Erwärmens nicht mehr verschwindet. Liegt eine viel Permanganat verbrauchende Substanz vor, so versetzt man die zu untersuchende Probe tropfenweise mit 0,1%iger oder 0,5%iger Kaliumpermanganatlösung, bis eine 2—3 Sekunden bestehende ganz schwache Violettfärbung bleibt. Dann wird erwärmt und in der oben angegebenen Weise weiter verfahren.

Soll auf Milch- und Äpfelsäure geprüft werden, so empfiehlt es sich, da die p-Nitrophenylhydrazonkrystalle des Acetaldehydes und des Acetons sehr ähnlich sind, mit m-Nitrophenylhydrazin die Mikrodestillation zu wiederholen, da dieses Reagens mit Acetaldehyd und Aceton gänzlich verschiedene Krystalle liefert. Mit Hilfe der Mikrobechermethode können in dieser Weise noch etwa 70 γ Citronensäure in 1 ccm wäßriger Lösung in kurzer Zeit, etwa 10 Minuten, auch bei Gegenwart von Milch- und Äpfelsäure nachgewiesen werden. Die Mengen dieser Säuren dürfen allerdings nicht erheblich größer sein, als die vorhandene Citronensäuremenge.

Zum Nachweis von Milchsäure wird die von störenden Stoffen befreite Probe in einem Mikrobecher, wenn nötig nach Zusatz von 2—3 Tropfen Wasser, mit 1 Tropfen einer 0,5%igen Kaliumpermanganatlösung versetzt. Bei Anwendung einer größeren Menge von Permanganat kann der Nachweis geringer Mengen Milchsäure sehr leicht mißlingen. Nach dem Hinzufügen des Permanganats wird auf das Becherchen ein Deckgläschen mit einem Reagenstropfen (p- oder m-Nitrophenylhydrazin) aufgelegt und wie oben weiter behandelt. Auf diese Weise ist es möglich, noch 100 γ freie oder gebundene Milchsäure nachzuweisen. In gleicher Weise kann auch der Nachweis von Äpfelsäure erbracht werden. Da bei der Oxydation von Äpfelsäure auch mit verhältnismäßig größeren Mengen Permanganat Acetaldehyd entsteht, kann man mit einem Überschuß von Permanganat Äpfelsäure auch bei Gegenwart von Milchsäure nachweisen. Man oxydiert dann mit 1%iger Permanganatlösung, indem man von dieser so viel hinzufügt, daß die Untersuchungsflüssigkeit auch noch nach dem Erwärmen kräftig violett gefärbt ist. 50 γ Äpfelsäure können noch in 1 ccm Flüssigkeit nachgewiesen werden.

7. Nachweis von Äpfel-, Wein- und Citronensäure.

Nach J. A. Sanchez[1] gibt Äpfelsäure beim Erhitzen im trockenen Reagensglas bei etwa 200° ein feinkrystallines Sublimat von Fumarsäure, die durch ihre Schwerlöslichkeit in kaltem Wasser und nach Zusatz von wenig Ammoniak durch das sehr wenig lösliche Silbersalz neben Weinsäure und Citronensäure sicher zu erkennen ist (Menge der angewandten Substanz 0,02—0,05 g). Weinsäure gibt unter den gleichen Bedingungen Brenztraubensäure, die mit Wasser, 30%iger Natronlauge und o-Nitrobenzaldehyd Indigo gibt. Citronensäure gibt nach längerem Erhitzen die gleiche Reaktion. Um beide Säuren zu unterscheiden, nimmt man das Kondensat mit wenig Wasser auf, macht mit Ammoniak alkalisch, dampft den Überschuß fort und setzt überschüssige 5%ige Silbernitratlösung zu. Löst sich der entstandene Niederschlag in der Hitze und erscheint er beim Abkühlen wieder, so ist Citronensäure vorhanden; sie kann

[1] J. A. Sanchez: Anales Asoc. quim. Argentina 1926, **14**, 356; C. 1927, II, 302.

auch nach Imbert in essigsaurer Lösung mit einer 2%igen Kaliumpermanganatlösung durch Erhitzen festgestellt werden. Eisessig und Nitroprussidnatrium geben mit wenig Ammoniak einen violetten Ring, der über Tiefblau smaragdgrün wird; letzteres ist wichtig.

8. Nachweis von Weinsäure und Citronensäure.

a) Nach W. Parri[1] trägt man in einige ccm einer Lösung von 3 g Ammoniumphosphormolybdat und 0,3 g Ammoniumvanadat in 100 ccm konz. Schwefelsäure etwas von der auf Citronensäure zu prüfenden Weinsäure ein; es bildet sich bei Anwesenheit von Citronensäure ein blauer Ring, bzw. es färbt sich das Reagens blau. Beim Erwärmen tritt ein Farbumschlag in Grün ein, der beim Kühlen wieder in Blau umschlägt. Zimtsäure gibt bei gleicher Behandlung ein flüchtiges Rotviolett, welches beim Erwärmen in Kastanienbraun, beim Abkühlen in Veilchenblau umschlägt; Bernsteinsäure gibt in der Kälte und Wärme eine goldgelbe Farbe; Äpfelsäure wird in der Kälte goldgelb, in der Hitze hellblau und behält letzteren Farbton auch beim Abkühlen bei.

b) Nach L. Rossi[2] können Weinsäure und Citronensäure auf Grund ihrer verschiedenen Dissoziationskonstanten (für die Weinsäure $= 0{,}97 \cdot 10^{-3}$, für die Citronensäure $= 0{,}82 \cdot 10^{-3}$) voneinander unterschieden werden. $K_1 > K_2$, d. h. die Citronensäure enthält in wäßriger Lösung bei gleicher Konzentration eine größere Anzahl nicht dissoziierter Moleküle als die Weinsäure. Wird eine Weinsäurelösung mit Alkalimeta- oder -pyrovanadat (in festem Zustande oder in wäßriger Lösung) versetzt, so entsteht die für die Bildung von Polyvanadat charakteristische orangerote Färbung, die auch Mineralsäuren hervorrufen. Mit Citronensäure bleibt unter den gleichen Bedingungen die ursprüngliche gelbe Farbe der Vanadinlösung bestehen. Die genannten Reaktionen hängen von dem sauren Bestandteil der beiden Säuren, nicht von dem Tartrat- oder Citratanion ab. Es verläuft deshalb die Farbenreaktion auch nur mit den sauren Salzen der Weinsäure positiv.

c) Nach Cailletet[3] gibt man zu 10 ccm gesättigter Kaliumbichromatlösung 1 g der zu prüfenden Citronensäure. Ist keine Weinsäure vorhanden, so tritt innerhalb 10 Minuten keine Farbenänderung ein. Bei 1% Weinsäure ist die Lösung kaffeebraun, bei 5% schwarzbraun geworden.

d) Nach L. Crismer[4] versetzt man 1 g gepulverte Citronensäure mit 1 ccm wäßriger Ammonmolybdatlösung (1 + 4), gibt 2—3 Tropfen 0,25%ige Wasserstoffsuperoxydlösung hinzu und erwärmt unter Umschütteln 3 Minuten lang auf dem Wasserbade. Reine Citronensäure färbt sich hierbei gelb, Weinsäure bewirkt Blaufärbung. Es läßt sich so noch 1 mg Weinsäure in 1 g Citronensäure nachweisen.

9. Nachweis von Benzoe-, Salicyl- und Zimtsäure.

a) Nachweis von Benzoe- und Salicylsäure.

Nach Th. v. Fellenberg und St. Krauze[5] wird die Salicylsäurereaktion mit Eisenchlorid durch Benzoesäure (S. 1135) nicht beeinflußt; sie stört aber ihrerseits die Mohlersche Benzoesäurereaktion (S. 1126) durch ihre starke Gelbfärbung. Die Salicylsäure muß daher mit Kaliumpermanganat, wie nachstehend unter b) β) angegeben, zerstört werden, wobei aber meist größere Mengen der Reagenzien erforderlich sind.

---

[1] W. Parri: Giorn. Chim. ind. appl. 1924, 6, 537; C. 1925, I, 994.
[2] L. Rossi: Ann. Chim. analyt. appl. 1928, 18, 366; C. 1928, II, 2386.
[3] Cailletet: Journ. Pharm. d'Anvers 33, 449; Zeitschr. analyt. Chem. 1878, 17, 499.
[4] L. Crismer: Bull. Soc. chim. Paris [3] 6, 29; Zeitschr. analyt. Chem. 1893, 32, 96.
[5] Th. v. Fellenberg u. St. Krauze: Mitt. Lebensmittelunters. Hygiene 1932, 23, 111.

b) Nachweis von Benzoe- und Zimtsäure.

α) Nach W. L. SCOVILLE[1] eignet sich hierfür die Manganprobe. Cinnamate geben mit Manganosalzen — wenn auch langsam — einen allmählich krystallin werdenden Niederschlag (S. 1139), während Benzoate keinen Niederschlag geben. Das Verfahren eignet sich aber nicht für den Nachweis von geringen Mengen Zimtsäure; dafür ist das folgende Verfahren geeigneter.

β) Nach TH. v. FELLENBERG und ST. KRAUZE[2]. Das Verfahren beruht auf der verschiedenen Wasserlöslichkeit von Benzoesäure (2,7 mg/ccm) und Zimtsäure (0,28 mg/ccm); bei der Oxydation mit Kaliumpermanganat liefern 0,28 mg Zimtsäure 0,23 mg Benzoesäure.

Der Petrolätherrückstand wird mit 1 ccm Wasser im Wasserbade erhitzt und abgekühlt; die Zimtsäure scheidet sich bis auf 0,28 mg in Krystallbüscheln ab; diese werden, ohne nachzuwaschen, durch ein 3 cm-Filter abfiltriert und nach S. 1139 auf Zimtsäure geprüft. Das Filtrat wird mit 1 Tropfen N.-Natronlauge und 1 Tropfen Kaliumpermanganatlösung aufgekocht und nach dem Abkühlen werden 1—2 Tropfen Bisulfitlösung hinzugefügt, mit 1 Tropfen, nötigenfalls noch mehr Schwefelsäure (1:4) angesäuert, wobei sich die Lösung entfärben muß. Man extrahiert mit einigen ccm Äther und dampft diesen in einem Reagensglase ab. Falls kein Rückstand bleibt ist Benzoesäure nicht vorhanden; ein Rückstand wird nach S. 1126 auf Benzoesäure geprüft. Eine mehr als spurenweise Rotfärbung zeigt ursprünglich vorhandene Benzoesäure an; eine Reaktion von etwa 0,2 mg wird dabei unberücksichtigt gelassen.

c) Nachweis von Benzoe-, Salicyl- und Zimtsäure.

Nach C. VON DER HEIDE und F. JACOB[3] verfährt man, wie folgt:

Die Benzoesäure führt man nach A. JONESCU mit Wasserstoffsuperoxyd in Salicylsäure über (S. 1127) und weist diese durch die Reaktion mit Eisenchlorid (S. 1135) nach.

Die Salicylsäure weist man im Chloroformauszuge der mit Schwefelsäure angesäuerten Lösung durch die Reaktion mit Eisenchlorid (S. 1135) nach.

Die Zimtsäure weist man durch Oxydation zu Benzaldehyd (S. 1140) nach, den man am Geruche erkennt; dann oxydiert man den Benzaldehyd zu Benzoesäure und weist diese mittels der MOHLERschen Reaktion (S. 1126) nach.

10. Nachweis von Benzoe-, Salicyl-, Zimt-, p-Chlor- und p-Oxybenzoesäure und deren Estern.

a) Verfahren nach R. FISCHER und FR. STAUDER[4].

Die Konservierungsmittel werden, sofern sie nicht als solche vorliegen, dem zu untersuchenden Lebensmittel durch Extraktion mit Äther entzogen. Man verdunstet den Äther und zieht den Rückstand mit Petroläther aus; p-Oxybenzoesäure ist darin unlöslich und dadurch nachweisbar. Man verdunstet den Petroläther in einem Schälchen und unterwirft den Rückstand der Mikrosublimation. Diese wird unter dem Mikroskop, beginnend mit 50°, vorgenommen. Die bei einer bestimmten Temperatur erhaltenen Sublimate werden im Polarisationsmikroskope untersucht und ihr Schmelzpunkt unter dem Mikroskop bestimmt, und darauf werden Identitätsreaktionen mit dem Sublimat angestellt.

[1] W. L. SCOVILLE: Amer. Journ. Pharm. 1908, **79**, 549; **C.** 1908, I, 413.
[2] TH. v. FELLENBERG u. ST. KRAUZE: Mitt. Lebensmittelunters. Hygiene 1932, **23**, 111.
[3] C. VON DER HEIDE u. F. JACOB: **Z.** 1910, **19**, 137.
[4] R. FISCHER u. FR. STAUDER: **Z.** 1931, **62**, 658 u. R. FISCHER: **Z.** 1934, **67**, 161.

Es sublimieren und werden nachgewiesen:

	Temperatur	Schmelzpunkt	Reaktion	
Benzoesäure	55—60°	121°	mit Kupfer- und Mercuriacetat	
Ester der p-Oxy-benzoesäure: Methylester	65—70°	131°	auf Methylalkohol	MILLONs Reaktion
Äthylester	65—70°	116° (112,5°)[1]	auf Acetaldehyd	MILLONs Reaktion
Propylester	65—70°	96,2°	nach v. FELLENBERG S. 1132	MILLONs Reaktion
o-Chlorbenzoesäure . . .	um 75°	142°	mit Silbernitrat	
Salicylsäure	um 80°	157°	mit Eisenchlorid	
Zimtsäure	ab 90°	133°	mit Permanganat	
p-Chlorbenzoesäure . . .	ab 95°	236° (243°)[1]	mit Silbernitrat	
p-Oxybenzoesäure . . .	135°	213—214°	mit MILLONs Reaktion	

Außer der Sublimationstemperatur und dem Schmelzpunkt, sowie den Krystallformen der Sublimate dient zur Trennung der obigen Konservierungsmittel noch folgendes Verhalten:

1. Benzoesäure von o-Chlorbenzoesäure. Man löst das Sublimat in einem Tropfen Wasser und prüft die Lösung mit Kupferoxyd in der BUNSEN-Flamme: Grünes Aufleuchten läßt auf Chlor schließen.

2. Benzoesäure von den p-Oxybenzoesäureestern. Benzoesäure und einer der Ester können möglicherweise noch durch fraktionierte Sublimation getrennt werden, während die Gegenwart von 2 oder 3 Estern außer durch die Krystallform des Sublimates auch durch die Schmelzpunktsdepression in die Erscheinung tritt. Die p-Oxybenzoesäure und ihre Ester geben die MILLONsche Reaktion (S. 1130). Zur Entscheidung der Frage, welcher der 3 Ester vorliegt, verseift man diese, oxydiert die abgeschiedenen Alkohole zu den entsprechenden Aldehyden (S. 1131) und weist diese durch die GRIEBELsche Mikrobechermethode (S. 1026) nach.

3. Salicylsäure von den p-Oxybenzoesäureestern. Die Trennung erfolgt ähnlich wie bei 2; außerdem wird die Salicylsäure durch die Eisenchloridreaktion nachgewiesen.

4. Salicylsäure von p-Chlorbenzoesäure. Die Salicylsäure wird mit Eisenchlorid und die p-Chlorbenzoesäure mit Kupferoxyd wie bei 1. nachgewiesen. Die Salicylsäure kann auch durch Kaliumpermanganat zerstört und die p-Chlorbenzoesäure durch Sublimation und Schmelzpunkt erkannt werden.

5. Salicylsäure von Zimtsäure. Die Salicylsäure wird mit Eisenchlorid nachgewiesen und die Zimtsäure durch Kaliumpermanganat über Benzaldehyd in Benzoesäure übergeführt.

6. Zimtsäure von p-Chlorbenzoesäure. Die Zimtsäure wird mit Kaliumpermanganat in Benzaldehyd übergeführt und dieser mit p-Nitrophenylhydrazin nachgewiesen, entweder nach C. GRIEBEL (S. 1026) oder durch den Schmp. 192° (S. 1024). Dann wird die Zimtsäure weiter zu Benzoesäure oxydiert und die p-Chlorbenzoesäure durch Sublimation bei 95° und den Schmelzpunkt des Sublimats (236°) nachgewiesen.

b) Analysengang nach TH. v. FELLENBERG und ST. KRAUZE[2].

Für den Nachweis dieser Säuren wurde folgender Analysengang ausgearbeitet:

α) Die durch Extraktion der sauren Substanz erhaltene Ätherlösung wird abdestilliert, der Rückstand mit einigen Tropfen Wasser befeuchtet und wiederholt (bis 6mal) mit je 10 ccm Petroläther ausgeschüttelt. Sollte beim Mischen der einzelnen Petrolätherfraktionen sich Krystalle ausscheiden, so werden diese gesondert untersucht.

β) Der in Petroläther unlösliche Rückstand wird mit MILLONs Reagens auf p-Oxybenzoesäure untersucht.

γ) Von der Petrolätherlösung, sofern sie beim Eindunsten einen Rückstand hinterläßt — im anderen Falle fehlen die übrigen obigen Konservierungsmittel —, wird 1 ccm nach S. 1135 auf Salicylsäure geprüft. Ist diese vorhanden, so wird 1 ccm mit MILLONs Reagens geprüft und die Stärke der Färbung mit der Salicylsäurereaktion nach S. 1130 verglichen. Ist die MILLONsche Reaktion eher etwas schwächer als die Salicylsäurereaktion, so sind Ester der p-Oxybenzoesäure nicht vorhanden, ist sie stärker, so sind solche Ester vorhanden.

δ) Bei Abwesenheit von Salicylsäure wird ebenfalls mit MILLONs Reagens auf die Ester geprüft. Wenn die Probe, ebenso wie unter γ), negativ ausfällt, wird der Petroläther

[1] TH. v. FELLENBERG u. ST. KRAUZE: Mitt. Lebensmittelunters. Hygiene 1932, 23, 111. Vgl. auch Mikrochemie 1931, 8, 330 u. 1933, 13, 123.

[2] TH. v. FELLENBERG u. ST. KRAUZE: Mitt. Lebensmittelunters. Hygiene 1932, 23, 111.

abdestilliert; hinterbleibt dabei ein Rückstand, so wird dieser nach η) auf Benzoe-, Zimt- und Mikrobinsäure (Mischung von o- und p-Chlorbenzoesäure) geprüft. Hinterbleibt kein Rückstand, so sind diese Säuren nicht vorhanden; die Untersuchung ist dann beendet.

ε) Sind Ester der p-Oxybenzoesäure vorhanden, ist Salicylsäure aber nicht vorhanden, so wird nach dem Verteilungskoeffizienten unter ϑ) geprüft, um welche Ester es sich handelt. Deutet die Verteilung zwischen Petroläther und Wasser auf mehrere Ester hin, so werden diese nach Abtrennung der Säuren (ζ) nach S. 1133 auf die veresterten Alkohole geprüft.

ζ) Sind Ester der p-Oxybenzoesäure neben Salicylsäure vorhanden, so werden diese folgendermaßen von den anwesenden Säuren getrennt: Die Petrolätherlösung von der Verteilung der Säuren zwischen Petroläther und Wasser (ϑ) wird abdestilliert, der Rückstand mit Äther aufgenommen und in einem Kolben mit wenigen Tropfen Natriumcarbonatlösung (10%) geschüttelt, wobei die Säuren in die Natriumcarbonatlösung gehen. Die Ätherlösung, welche die Ester enthält, wird abgedampft, der Rückstand wieder mit Petroläther aufgenommen und nach ϑ) oder nach S. 1133 geprüft.

η) Die Natriumcarbonatlösung, welche die Säuren enthält, wird mit einigen Tropfen Schwefelsäure (1:4) angesäuert und mit einigen ccm Äther extrahiert und der Äther verdampft. Ist kein Rückstand geblieben, so sind Benzoe-, Zimtsäure sowie o- und p-Chlorbenzoesäure nicht vorhanden (s. γ). Ist ein Rückstand vorhanden, so betrachtet man ihn unter dem Mikroskop und kann in gewissen Fällen aus der Krystallform wichtige Schlüsse ziehen.

Man löst nun den Rückstand in 1 ccm Wasser unter Erwärmen und kühlt ab; krystallisiert dabei nichts aus, so sind Zimtsäure sowie o- und p-Chlorbenzoesäure nicht vorhanden. Man prüft dann die Lösung, nachdem man sie wieder mit Äther ausgezogen und den Äther in einem Reagensglase abgedampft hat, nach S. 1126 oder bei Anwesenheit von Salicylsäure nach S. 1152 auf Benzoesäure.

Ist beim Abkühlen eine krystalline Ausscheidung entstanden, so deuten bei der mikroskopischen Untersuchung feine Nadeln auf o- und p-Chlorbenzoesäure hin. Man filtriert durch ein 3 cm-Filterchen, löst den Rückstand in Äther und prüft davon einen Teil nach S. 1139 auf Zimtsäure und einen weiteren nach S. 1134 auf Mikrobinsäure. Das wäßrige Filtrat wird mit Äther ausgezogen und, falls beim Abdampfen ein Rückstand hinterbleibt, nach S. 1126 bzw. S. 1152 auf Benzoesäure geprüft.

ϑ) Erkennung der Ester der p-Oxybenzoesäure und Salicylsäure nach dem Verteilungskoeffizienten. Man bringt auf den Boden eines Reagensglases mit eingeschliffenem Stopfen mit einer genauen Pipette 0,3 ccm Wasser, gibt dazu 3 ccm der zu untersuchenden Petrolätherlösung und schüttelt 1 Minute lang kräftig, jedoch ohne daß der Stopfen von der Flüssigkeit benetzt wird. Nachdem sich die Flüssigkeiten getrennt haben, gießt man die ganze Petrolätherschicht vorsichtig, ohne daß ein Tropfen der wäßrigen Schicht mitkommt, in ein Reagensglas. Man gießt nun in ein anderes Reagensglas von demselben Durchmesser 1 ccm der ursprünglichen Petrolätherlösung. Beide Lösungen werden im Reagensglase vorsichtig verdampft und mit den Rückständen die MILLONsche Reaktion nach S. 1130 ausgeführt, wobei man 0,95 ccm Mercurisulfatlösung und 1 Tropfen Nitritlösung zusetzt. Sollte die Reaktion so stark ausfallen, daß die Ausscheidung der roten Verbindung zu befürchten ist, so verwendet man 1—2 ccm Mercurisulfatlösung.

Die Reaktionen in den beiden Gläsern werden colorimetrisch miteinander verglichen, indem man zu der stärkeren Lösung aus einer Bürette so viel Wasser hinzufügt, daß die beiden Färbungen in der Durchsicht gleich sind. Die Farbstärken bzw. die Flüssigkeitsvolumen sind den Gehalten proportional. Da bei der mit Wasser ausgeschüttelten Probe 3 ccm verwendet worden sind, dividiert man ihr Volumen durch 3 und berechnet sodann das Verhältnis vor und nach der Ausschüttlung, indem man ersteres = 100 setzt.

Es verhalten sich vor und nach der Ausschüttlung:

	p-Oxybenzoesäure-			
	Methylester	Äthylester	Propylester	Salicylsäure
wie 100:	20	47	72	21

Stimmt das gefundene Verhältnis mit einer dieser Zahlen bis auf einige Prozente überein, so liegt die betreffende Verbindung vor. Ob es sich um p-Oxybenzoesäure-Methylester oder Salicylsäure handelt, entscheidet der Ausfall der Salicylsäurereaktion.

11. Sonstige Verfahren.

a) Nachweis von Ameisen-, Essig-, Propion- und Buttersäure. K. R. HABERLAND[1] versuchte die Trennung dieser Säuren mittels der Calcium-, Barium-, Zink-, Blei- und Silbersalze.

[1] K. R. HABERLAND: Zeitschr. analyt. Chem. 1899, 38, 217.

b) Nachweis von Oxal-, Milch-, Bernstein-, Äpfel-, Wein-, Citronensäure. H. Franzen[1] und Mitarbeiter sowie E. K. Nelson[2] und Mitarbeiter haben für den Nachweis dieser Säuren die fraktionierte Destillation der Äthylester dieser Säuren empfohlen. Die einzelnen Säuren sollen dabei durch ihre Siedepunkte sowie ihre Hydrazide und ihre Benzylidenverbindungen gekennzeichnet werden. Dieses Nachweisverfahren erfordert große Substanzmengen.

c) Nachweis von Salicylsäure neben Citronensäure. Nach A. Klett[3] werden 10 ccm der zu untersuchenden Lösung mit 4 Tropfen einer 10%igen Kalium- oder Natriumnitritlösung, 4 Tropfen Essigsäure und 1 Tropfen 10%iger Kupfersulfatlösung versetzt und das Gemisch zum Sieden erhitzt. Bei Gegenwart von Salicylsäure entsteht eine blutrote Färbung.

B. Bestimmungen.

1. Bestimmung der flüchtigen Säuren.

Man destilliert die flüchtigen Säuren nach entsprechender Verdünnung mit Wasser ab oder leitet Wasserdampf in die mit kleiner Flamme erhitzte Flüssigkeit, so lange, wie das Destillat noch sauer reagiert. Wenn die Flüssigkeiten viel Alkohol enthalten, so kann man die Säuren zuerst mit Alkalilauge neutralisieren, den Alkohol vertreiben, darauf wieder mit Schwefelsäure oder Phosphorsäure ansäuern und dann destillieren.

Von den hier in Betracht kommenden organischen Säuren sind Ameisen-, Essig- und Buttersäure mit Wasserdämpfen flüchtig; aber auch Benzoe-, Salicyl- und Zimtsäure und ferner sind die in den Fetten neben Buttersäure vorkommenden Capron- und Caprylsäure[4] mit Wasserdämpfen ebenfalls flüchtig, aber in Wasser nur schwer löslich. Um diese Säuren von den zuerst genannten in Wasser leicht löslichen Säuren zu trennen, schüttelt man das Destillat wiederholt mit Äther aus.

Die mit Äther ausgeschüttelte wäßrige Flüssigkeit wird zur Bestimmung der Gesamtmenge von Ameisen-, Essig-, Propion- und Buttersäure mit 0,1 N.-Alkalilauge unter Tüpfelung auf Azolithminpapier neutralisiert und auf ein bestimmtes Volumen aufgefüllt. In der einen Hälfte bestimmt man die Ameisensäure und in der anderen die Essig- und Buttersäure.

a) Bestimmung der Ameisensäure. Diese erfolgt nach dem Verfahren von H. Fincke (S. 1077).

b) Bestimmung der Essigsäure und der Buttersäure. Die zweite Hälfte der Salzlösung wird eingeengt und mit dem gleichen Volumen einer Lösung, die im Liter 90 g Kaliumbichromat und 400 g konz. Schwefelsäure enthält, 10 Minuten am Rückflußkühler erhitzt. Dadurch wird die vorhandene Ameisensäure zu Kohlensäure oxydiert. Die nicht veränderten anderen Säuren (Essigsäure und Buttersäure) destilliert man mit Wasserdampf über, wobei man Sorge trägt, daß das Volumen der zu destillierenden Flüssigkeit sich nicht zu sehr vermindert. Das Destillat wird mit 0,1 N.-Barytwasser genau neutralisiert, die Lösung der Bariumsalze eingeengt, schließlich in eine Platinschale filtriert, eingedampft, bei 100° getrocknet und gewogen. Dann zerreibt man die trockenen Bariumsalze zu einem feinen Pulver und bestimmt ihren Bariumgehalt, indem man einen abgewogenen Teil in einem Platintiegel mit Schwefelsäure abraucht und das entstandene Bariumsulfat wägt. Wurden a Gramm des Bariumsalzgemisches angewendet und daraus b Gramm Bariumsulfat erhalten, so enthält die Bariumsalzmischung $d = 607{,}63 \cdot \frac{b}{a} - 455{,}37\,\%$ Bariumacetat.

---

[1] H. Franzen u. Mitarbeiter: Zeitschr. physiol. Chem. 1921, **115**, 9 u. 270; 1922, **122**, 46 u. 263. — Ber. Deutsch. Chem. Ges. 1922, **55**, 2995.

[2] E. K. Nelson u. Mitarbeiter: Journ. Amer. Chem. Soc. 1927, **49**, 1300; 1928, **50**, 2012.

[3] A. Klett: Pharm. Zentralh. 1900, **41**, 452.

[4] Auch die höheren Fettsäuren sind, wenn auch nur in geringem Maße mit Wasserdämpfen flüchtig, aber in Wasser unlöslich; über ihre Bestimmung siehe Bd. IV.

Aus dem Verbrauch der Essig- und Buttersäuremischung an 0,1 N.-Barytwasser zur Neutralisation und dem Bariumgehalte des aus dem Säuregemische hergestellten Bariumsalzgemisches läßt sich der Gehalt der angewendeten Substanzmenge an freier Essigsäure (x) und Buttersäure (y) berechnen. Bedeutet c die ccm 0,1 N.-Barytwasser, die zur Neutralisation der Essigsäure und Buttersäure (also nach der Zerstörung der Ameisensäure durch die Chromsäuremischung) erforderlich waren, d die Prozente Bariumacetat in der Bariumsalzmischung (vorher berechnet), so enthält die angewendete Substanzmenge:

$$x = \frac{0,00272 \cdot d \cdot c}{36,51 + 0,088 \cdot d} \text{ g Essigsäure} \quad \text{und} \quad y = 1,18178 \cdot x \cdot \frac{100 - d}{d} \text{ g Buttersäure.}$$

Nach einem anderen Vorschlage soll man die trockenen Bariumsalze mit absolutem Alkohol bei 30° behandeln; hierdurch wird das Bariumbutyrat gelöst, während das Bariumacetat ungelöst bleibt. Aus den so getrennten Salzen soll die Säure in beiden Fällen für sich nach Zusatz von Schwefelsäure wieder destilliert und titriert werden. Das erstere Verfahren ist aber wohl das zweckmäßigere.

Über ein weiteres Verfahren zur Bestimmung von Essigsäure und Buttersäure nebeneinander siehe unter 2.

K. R. HABERLAND[1] hat ein Verfahren zur Trennung der Ameisen-, Essig-, Propion- und Buttersäure vorgeschlagen, das z. T. auf der verschiedenen Löslichkeit der Blei- bzw. Zinksalze beruht; siehe S. 1155. Nach J. SCHÜTZ[2] ist das Verfahren jedoch zur Bestimmung der Säuren unbrauchbar, da der größte Teil der Säuren flüchtig ist.

2. Bestimmung der Essigsäure und Buttersäure nebeneinander nach G. WIEGNER[3].

Bei der Destillation mit Wasserdampf gehen, wenn man vom Volumen einer wäßrigen Lösung die Hälfte abdestilliert, 36,59% der vorhandenen Essigsäure in das Destillat; es bleiben also 63,41% Essigsäure zurück. Von der Buttersäure destillieren 72,77% ab und 27,23% bleiben zurück. Bei der Untersuchung verfährt man folgendermaßen: Aus einem bestimmten Volumen der wäßrigen Lösung, dessen gesamte freie Säure zunächst nach einer Titration mit 0,05 N.-Kalilauge ermittelt wurde, destilliert man die Hälfte ab, und bestimmt im Destillat die Menge der flüchtigen Säuren mit 0,05 N.-Kalilauge. Darauf stellt man im Rückstand das ursprüngliche Volumen durch Verdünnung mit Wasser wieder her, destilliert wieder die Hälfte ab und titriert auch wieder das zweite Destillat. Zur Kontrolle wird dies auch ein drittes Mal wiederholt. Die drei Titrationen der Destillate lassen die Menge der ursprünglichen ungebundenen Essig- und Buttersäure berechnen. Die gesamten flüchtigen Säuren, also die gebundenen und freien Säuren, bestimmt man so, daß man Phosphorsäure oder Schwefelsäure zur Lösung hinzusetzt und dann ebenso wie vorher verfährt. Zur Destillation wird ein Kolben von etwa 500 ccm Inhalt verwandt, der mit einem Gummistopfen verschlossen ist, durch den ein kurzes weites Glasrohr geht, das direkt in den Kühler abgebogen ist. Der Kühler muß genügend wirksam sein. Es wird so lebhaft destilliert, daß sich keine Flüssigkeitstropfen an der Wand des Destillationskolbens ansetzen können, andererseits darf kein Überreißen von Flüssigkeitstropfen aus dem Destillationskolben in den Kühler eintreten.

Die Berechnung des Resultates geschieht nach den beiden Gleichungen

$$E = 3,9620\,(D_2 + D_3) - 1,3724\,D_1$$
$$B = -1,9920\,(D_2 + D_3) + 2,0641\,D_1.$$

Dabei bezeichnet E die ccm 0,05 N.-Essigsäure, die in der Lösung enthalten sind, B die ccm 0,05 N.-Buttersäure in der Lösung, D_1 die ccm 0,05 N.-Säure

[1] K. R. HABERLAND: Zeitschr. analyt. Chem. 1899, **38**, 217.

[2] J. SCHÜTZ: Zeitschr. analyt. Chem. 1900, **39**, 17.

[3] G. WIEGNER: Mitt. Lebensmittelunters. Hygiene 1919, **10**, 156; vgl. auch Chem.-Ztg. 1923, **47**, 134; Zeitschr. angew. Chem. 1926, **39**, 1950. — Das Verfahren ist ursprünglich von E. DUCLAUX (Traité de Microbiologie Paris 1900, **3**, 385) ausgearbeitet worden.

im ersten Destillat, D_2 die ccm 0,05 N.-Säure im zweiten Destillat und D_3 die ccm 0,05 N.-Säure im dritten Destillat.

Um die etwas schwierige und zeitraubende Berechnung der nach dieser Methode ausgeführten Analysen zu ersparen, hat K. Gneist ein Diagramm[1] ausgearbeitet, das erlaubt, ohne jegliche Berechnung die Säuren abzulesen.

W. Stollenwerk[2] und K. Gneist[3] haben die beiden Formeln von Wiegner, wie folgt, abgeändert.

Nach W. Stollenwerk $\begin{cases} E = 3{,}748\,(D_2 + D_3) - 1{,}143\,D_1 \\ B = -1{,}888\,D_1 - 1{,}847\,(D_2 + D_3) \end{cases}$

Nach K. Gneist $\begin{cases} E = 3{,}777\,(D_2 + D_3) - 1{,}141\,D_1 \\ B = -1{,}912\,D_1 - 1{,}956\,(D_2 + D_3). \end{cases}$

Die Abweichungen dieser Gleichungen dürften auf die Verschiedenheiten der Destillationsapparaturen zurückzuführen sein.

Nach den Versuchen von J. Grossfeld und F. Battay[4] ist die Methode besonders zur Bestimmung größerer Mengen Buttersäure neben Essigsäure geeignet; schwieriger dürfte es sein, sehr kleine Mengen Buttersäure damit noch richtig zu erfassen.

3. Bestimmung der flüchtigen Säuren durch Verteilung zwischen zwei Lösungsmitteln.

Mit Hilfe der Verteilungsmethode kann man 3, 4, 5 und mehr Säuren mit einer Genauigkeit von 1—2% nebeneinander bestimmen, was nach der Destillationsmethode so gut wie unmöglich ist.

a) Äther und Wasser nach W. U. Behrens[5]. Man schüttelt die wäßrige Lösung unter bestimmten Verhältnissen mit Äther aus und bestimmt den Säuregrad jeder einzelnen Fraktion durch Titration mit 0,05 N.-Natronlauge mit Phenolphthalein als Indicator. Die Titration des ätherischen Teiles ist durchaus scharf, wenn man etwa die gleiche Menge zusetzt und nach jedem Laugenzusatz gut umschüttelt. Der Versuchsäther wird vorher mit Natrium getrocknet. Unter dem Teilungsverhältnis einer Säure ist das Verhältnis der Konzentrationen der gesamten titrierbaren Säure (nicht des undissozierten Teils) in Äther und Wasser verstanden. Die Teilungsverhältnisse der einzelnen Säuren sind — Konzentration in Molen angegeben — folgende:

Milchsäure	$0{,}0807 + 0{,}004\,C_w$	i-Valeriansäure	$18{,}8 + 130\ C_w$
Essigsäure (E)	$0{,}434$	n-Valeriansäure (V) . . .	$21{,}0 + 250\ C_w$
Propionsäure (P) . . .	$1{,}685 + 1\,C_w$	n-Capronsäure (C) . . .	$81{,}5 + 1800\,C_w$
n-Buttersäure (B) . .	$5{,}85 + 23\,C_w$		

C_w bedeutet die Konzentration der Säure in der wäßrigen Phase, ausgedrückt in Molen je Liter.

Zur Ausführung der Analyse verwendet man 100 ccm-Gasmeßröhren mit Glashahn, deren anderes Ende mit einem Korkstopfen verschlossen wird. Zur Herstellung des Gleichgewichtes kehrt man die Röhre 20—30mal um und wartet einige Minuten, bis sich die Volumen nicht mehr ändern. Für die Titration läßt man einen aliquoten Teil durch den Glashahn ab.

[1] Eine genaue Berechnung zu diesem Diagramm findet sich in der Zeitschrift für die gesamte Fütterungslehre und Futtermittelkunde „Die Tierernährung", Bd. 1, Heft 1, S. 65, Leipzig 1929. Ein Sonderdruck des Diagramms ist zu beziehen von der Akad. Verlagsges. m. b. H. Leipzig, Schloßgasse 9. Der Gebrauch dieses Diagramms ist sehr zu empfehlen, da es sehr zeitersparend ist und der Prozentgehalt an Säuren mit genügender Genauigkeit, bis zu hundertstel Prozent, abgelesen werden kann.

[2] W. Stollenwerk: Wiss. Arch. Landwirtsch. Abt. A 1932, **8**, 558; C. 1932, II, 463.

[3] K. Gneist: Biedermanns Ztrbl. Agrik.-Chem. Abt. B. Tierernährung 1932, **4**, 185; C. 1932, II, 463.

[4] J. Grossfeld u. F. Battay: Z. 1931, **61**, 129.

[5] W. U. Behrens: Zeitschr. analyt. Chem. 1926, **69**, 97.

Berechnung der Ergebnisse bei Anwesenheit der normalen Säuren C_2—C_6. Es möge eine verdünnte wäßrige Lösung von Essigsäure (*E*), Propionsäure (*P*), n-Buttersäure (*B*), n-Valeriansäure (*V*) und Capronsäure (*C*) vorliegen. Man stellt dann z. B. folgende 5 Fraktionen her:

$$a = \left(\frac{40}{60}W\frac{40}{60}W\right) \quad c = \left(\frac{15}{85}A\frac{15}{85}W\right) \quad e = \left(\frac{4}{96}A\frac{4}{96}A\right).$$

$$b = \left(\frac{40}{60}A\frac{40}{60}W\right) \quad d = \left(\frac{4}{96}A\frac{4}{96}W\right)$$

Das erste Symbol hat folgende Bedeutung: Man verteilt einen aliquoten Teil der zu analysierenden Flüssigkeit zwischen 40 ccm Äther und 60 ccm Wasser $\left(\frac{40}{60}\right)$, läßt dann den wäßrigen Teil (*W*) aus der Bürette ab und verteilt ihn in einer neuen Bürette wieder zwischen 40 ccm Äther und 60 ccm Wasser $\left(\frac{40}{60}\right)$. Die neue wäßrige Phase (*W*) bildet die Fraktion *a* und wird titriert. Den ätherischen Teil aus der ersten Verteilung $\left(\frac{40}{60}A\right)$ verteilt man wiederum zwischen 40 ccm Äther und 60 ccm Wasser, der wäßrige Teil bildet dann die Fraktion *b*. Für die Fraktion *c* muß man einen neuen aliquoten Teil der ursprünglichen Lösung benutzen. Legt man für *E, P, B, V, C* die Verteilungskoeffizienten 0,434, 1,685, 5,85, 21,0 und 81,5 zugrunde, so gelangt man zu folgenden Gleichungen:

$$\begin{aligned}
a &= 0{,}6031\,E + 0{,}2218\,P + 0{,}0417\,B + 0{,}0044\,V + 0{,}0003\,C\\
b &= 0{,}1743\,E + 0{,}2492\,P + 0{,}1624\,B + 0{,}0622\,V + 0{,}0177\,C\\
c &= 0{,}0660\,E + 0{,}1767\,P + 0{,}2499\,B + 0{,}1673\,V + 0{,}0608\,C\\
d &= 0{,}0175\,E + 0{,}0613\,P + 0{,}1576\,B + 0{,}2489\,V + 0{,}1757\,C\\
e &= 0{,}0003\,E + 0{,}0043\,P + 0{,}0384\,B + 0{,}2178\,V + 0{,}5968\,C
\end{aligned}$$

Hieraus folgt

$$\begin{aligned}
E &= 2{,}538\,a - 4{,}010\,b + 2{,}842\,c - 1{,}081\,d + 0{,}147\,e\\
P &= -2{,}685\,a + 12{,}893\,b - 10{,}736\,c + 4{,}603\,d - 0{,}643\,e\\
B &= 1{,}632\,a - 11{,}099\,b + 17{,}067\,c - 10{,}092\,d + 1{,}561\,e\\
V &= -0{,}659\,a + 4{,}976\,b - 10{,}292\,c + 12{,}009\,d - 2{,}635\,e\\
C &= 0{,}153\,a - 1{,}193\,b + 2{,}734\,c - 3{,}765\,d + 2{,}540\,e
\end{aligned}$$

Bei der Berechnung dieser Werte ist keine Rücksicht auf die Konzentrationsabhängigkeit genommen. Bei ihrer Berücksichtigung würden Veränderungen der Einzelwerte bis zu 1% erfolgen. Da die Umrechnung sehr umständlich ist und die Genauigkeit des Verfahrens nur 1% beträgt, wird wegen der Berechnung der Korrektur auf die Originalarbeit verwiesen. Zu berücksichtigen ist ferner, daß die Wasserphase nicht unbeträchtliche Mengen Äther aufnimmt. Folgende Korrekturformeln sind zu berücksichtigen:

$$\Delta W = 0{,}082\,W - 0{,}009\,A$$
$$\Delta A = 0{,}015\,A - 0{,}097\,W$$

wo *A* das ursprüngliche Äther- und *W* das ursprüngliche Wasservolumen, ΔW und ΔA die Dilation bedeuten.

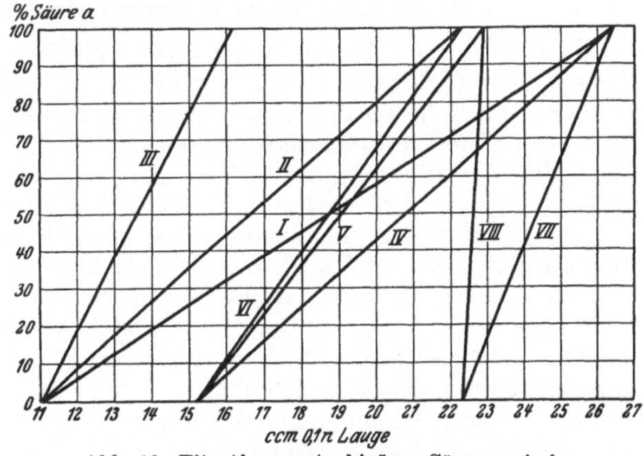

Abb. 10. Titrationswerte binärer Säuregemische nach C. H. WERKMAN.

b) Isopropyläther und Wasser nach C. H. WERKMAN[1]. Isopropyläther hat gegenüber Äther die Vorteile des höheren Siedepunktes, des niedrigeren Dampfdruckes bei 20° (158 mm), der geringeren Wärmeausdehnung, der geringeren Löslichkeit in Wasser (2,7% bei 23°) und der geringeren Löslichkeit von Wasser darin (0,4%), Eigenschaften, die praktisch auch beim

[1] C. H. WERKMAN: Ind. Engin. chem. Analytical Edition 1930, 2, 302; nach J. SCHMIDT in G. KLEINs Handbuch der Pflanzenanalyse Bd. 2, S. 408. Berlin: Julius Springer 1932.

käuflichen Produkt bestätigt gefunden wurden. Werkman hat eine praktische graphische Auswertung für die Analyse binärer Säuregemische (Abb. 10) angegeben, die jede Rechnung überflüssig macht.

Zur Ausführung dieser Methode bestimmt man in einer Probe die Gesamtsäure mit 0,1 N.-Kalilauge gegen Phenolphthalein. Dann werden 30 ccm der auf 0,1 N.-verdünnten Säurelösung mit 20 ccm Isopropyläther 3 Minuten im Scheidetrichter gut geschüttelt, nach einigen Minuten die wäßrige Phase abgezogen und davon 25 ccm ebenfalls mit 0,1 N.-Kalilauge titriert. Aus den verbrauchten ccm Lauge wird aus den Kurven direkt das Verhältnis der beiden Säuren abgelesen. Die nachstehende Tabelle gibt die zugrunde liegenden Verteilungswerte an.

Tabelle 8. Verteilungskoeffizienten (ccm verbrauchte 0,1 N.-Kalilauge).

System	I	II	III	IV	V	VI	VII	VIII	
Säure a:	Buttersäure			Propionsäure			Milchsäure	Ameisensäure	
Säure b: % Säure a (ccm 0,1 n)	Milchsäure	Essigsäure	Propionsäure	Milchsäure	Ameisensäure	Essigsäure			% Säure b (ccm 0,1 n)
100	11,05	11,05	11,5	16,2	16,2	16,2	24,4	22,8	0
90	12,35	12,2	11,6	17,0	16,9	16,8	24,2	—	10
80	13,7	13,3	12,1	17,8	17,6	17,4	24,0	22,7	20
70	15,1	14,3	12,6	18,6	18,25	18,1	23,85	—	30
60	16,4	15,6	13,1	19,5	18,9	18,7	23,6	—	40
50	17,7	16,75	13,7	20,4	19,55	19,3	23,4	22,5	50
40	19,1	17,8	14,1	21,2	20,2	19,9	23,2	—	60
30	20,4	19,0	14,6	22,0	20,9	20,5	23,0	—	70
20	21,7	20,1	15,2	22,8	21,5	21,1	22,8	22,4	80
10	23,1	21,2	15,65	23,6	22,2	21,7	22,6	—	90
1	24,4	22,3	16,2	24,4	22,8	22,3	22,35	22,3	100

4. Bestimmung von Ameisensäure und Essigsäure.

Nach B. Fuchs[1] bestimmt man zunächst in einem 100 ccm-Meßkolben die Gesamtsäure (Ameisen- + Essigsäure), indem man nach Zusatz von Phenolphthalein bis nahe an den Umschlag N.-Natronlauge hinzufügt, dann zur Entfernung der Kohlensäure aufkocht und schließlich mit einigen Tropfen N.-Natronlauge die Titration beendet. Etwa vorhandener Acetaldehyd wird bei dieser Behandlung sogleich entfernt. Tritt beim Kochen der fast neutralisierten Lösung Rosafärbung ein, so ist schon zu viel Natronlauge zugesetzt worden, und der Endpunkt muß nach Zusatz einer kleinen Menge Säure nochmals genau eingestellt werden. Der Verbrauch an N.-Natronlauge für die Gesamtsäure sei N ccm. Zu der neutralisierten Lösung fügt man nun festes reines Natriumacetat, fast gesättigte Mercurichloridlösung in reichlichem Überschuß und gegebenenfalls soviel Wasser hinzu, daß der Kolben $^3/_4$ gefüllt ist. Hierauf wird erhitzt und nach Beendigung der Hauptreaktion 15 Minuten mit kleiner Flamme bis nahe unter dem Siedepunkt gehalten. Nach Abkühlung wird aufgefüllt und in 50 ccm Filtrat die nach der Gleichung:

$$HCOONa + 2\,HgCl_2 = NaCl + 2\,HgCl + HCl + CO_2$$

[1] B. Fuchs: Zeitschr. analyt. Chem. **1929**, **78**, 125. Andere Methoden zur Bestimmung der Ameisensäure in Essigsäure siehe: H. Ost u. F. Klein: Chem.-Ztg. 1908, **32**, 815. — M. Wegener: Zeitschr. analyt. Chem. 1903, **42**, 427. — H. Fincke: Apoth.-Ztg. 1910, **25**, 727. — D. S. Macnair: Zeitschr. analyt. Chem. 1888, 27, 398. — E. Merck: Prüfung der chemischen Reagenzien auf Reinheit, 4. Aufl., S. 115, 1931.

gebildete Salzsäure (die hier als Essigsäure vorliegt) mit N.-Natronlauge titriert. Als Indicator dient der Überschuß von Mercurichlorid (Hellgelbfärbung durch Alkali; weiße Porzellanschale als Titriergefäß). Ist der Verbrauch an N.-Natronlauge (auf die Gesamtmenge von 100 ccm Filtrat bezogen) gleich n ccm, so sind vorhanden gewesen an Ameisensäure: $n \times 0{,}04602$ g, an Essigsäure: $(N - n) \times 0{,}06030$ g.

Bei dem Schnellverfahren nach FUCHS kann man nach R. G. C. OLDEMAN[1] gegen Phenolphthalein mit 0,1 N.-Natronlauge titrieren und dadurch die Genauigkeit bedeutend, bis auf etwa $\pm$ 0,2 mg Ameisensäure, steigern, wenn durch Zusatz von Natriumchlorid der Überschuß an Quecksilberchlorid komplex gebunden wird.

5. Bestimmung von Bernstein-, Äpfel-, Wein- und Citronensäure.

Zur Bestimmung dieser hauptsächlich in Früchten und Weinen vorkommenden Säuren sind zahlreiche Verfahren vorgeschlagen worden, namentlich zur Bestimmung der Bernsteinsäure. Die auf diese letztere bezüglichen Verfahren kann man in folgende Gruppen einteilen:

1. Extraktionsverfahren, nach denen die Bernsteinsäure mit Äther oder Alkohol extrahiert wird und dann in Form eines Salzes, vorwiegend als Silber- oder Calciumsalz, bestimmt wird. Die Verfahren sind aber deshalb nicht genau, weil die drei letztgenannten Fruchtsäuren auch in Äther und Alkohol löslich sind. (Verfahren von L. PASTEUR[2], CH. GIRARD[3], J. LABORDE und L. MOREAU[4] und anderen.)

2. Fällungsverfahren, nach denen die Bernsteinsäure in Form eines unlöslichen Salzes zunächst mit den anderen Säuren gefällt wird, und nach Entfernung dieser Säuren in Form eines Salzes isoliert wird; als Fällungsmittel dienen hauptsächlich die Calcium-, Barium-, Blei- und Eisensalze. (Verfahren von J. MACAGNO[5], R. KAYSER[6], C. SCHMITT und C. HIEPE[7], G. JÖRGENSEN[8], J. M. ALBAHARI[9], J. BORDAS, JOULIN und v. RACZKOWSKI[10]).

3. Oxydationsverfahren, die darauf beruhen, daß Bernsteinsäure von allen in Betracht kommenden Säuren allein eine gewisse Beständigkeit gegen Kaliumpermanganatlösung besitzt. Nach vollzogener Oxydation wird die Bernsteinsäure ausgezogen oder gefällt. Dieses bis jetzt zuverlässigste Verfahren ist zuerst von R. KUNZ angegeben und von C. VON DER HEIDE und H. STEINER verbessert worden. Neuerdings haben R. NUCCORINI und A. ZACCAGNINI das Fällungsverfahren nach G. JÖRGENSEN[7] und das Oxydationsverfahren nach C. VON DER HEIDE und H. STEINER zu einem neuen Verfahren ausgearbeitet.

a) Verfahren von R. KUNZ[11] bzw. VON DER HEIDE und H. STEINER[12]. C. VON DER HEIDE und H. STEINER halten das KUNZsche Oxydationsverfahren nach ihren Verbesserungen für richtiger als die Fällungsverfahren und bestimmen, nachdem sie in beiden Fällen vorher die Weinsäure abgeschieden haben, 1. die Bernsteinsäure durch Ausziehen des oxydierten Rückstandes mit Äther, 2. die Bernsteinsäure + Äpfelsäure zusammen und berechnen die letztere aus der Differenz.

Das Verfahren setzt sich aus folgenden Einzelbehandlungen zusammen: 1. Entfernung der Weinsäure als Weinstein, 2. Ausziehen der Äpfelsäure zusammen mit der Bernsteinsäure durch Äther, 3. Bestimmung der Äpfel- und Bernsteinsäure aus der Alkalität der Asche ihrer Alkalisalze.

---

[1] R. G. C. OLDEMAN: Pharm. Weekbl. 1931, **68**, 379; **C.** 1931, II, 3642.

[2] L. PASTEUR: Ann. chim. phys. 1860, [3] **58**, 330; Zeitschr. analyt. Chem. 1864, **3**, 156.

[3] CH. GIRARD: Docum. sur les Falsifications des matières alimentaires ect. du Laboratoir municipal 1885, 2.

[4] J. LABORDE u. L. MOREAU: Ann. Inst. Pasteur 1899, **13**, 657; **C.** 1899, II, 794.

[5] J. MACAGNO: Zeitschr. analyt. Chem. 1875, **14**, 203.

[6] R. KAYSER: Rep. analyt. Chem. 1881, **1**, 209.

[7] C. SCHMITT u. C. HIEPE: Zeitschr. analyt. Chem. 1882, **21**, 529.

[8] G. JÖRGENSEN: **Z.** 1907, **13**, 241; 1909, **17**, 396.

[9] J. M. ALBAHARI: Compt. rend. Paris 1907, **144**, 1232.

[10] J. BORDAS, JOULIN u. v. RACZKOWSKI: Journ. Pharm et. Chim. 1898, [6] **7**, 407.

[11] R. KUNZ: **Z.** 1903, **6**, 723.

[12] C. VON DER HEIDE u. H. STEINER: **Z.** 1909, **17**, 291 u. 307. — Hier ist auch die Literatur über die Bestimmungsverfahren der Bernsteinsäure und Äpfelsäure zusammengestellt.

Die Verfahren gestalten sich, wie folgt:

α) Bestimmung der Bernsteinsäure. 50 ccm der Lösung, deren Säuregehalt 1% nicht übersteigt, werden mit 1 ccm 10%iger Bariumchloridlösung versetzt und darauf wird nach Zusatz von 1 Tropfen alkoholischer Phenolphthaleinlösung feingepulvertes Bariumhydroxyd in kleinen Anteilen bis zur eintretenden Rotfärbung hinzugefügt. Während dieser Behandlung wird möglichst genau auf 20 ccm eingeengt. Ist ein zu großer Bariumüberschuß zugesetzt worden, so entfernt man ihn vor dem Alkoholzusatz dadurch, daß man Kohlensäure auf die Flüssigkeitsoberfläche unter gleichzeitigem Rühren der Flüssigkeit strömen läßt. Nach dem Erkalten werden unter häufigem Umrühren 85 ccm Alkohol (96%) hinzugegeben. Nach mindestens zweistündigem Stehen wird der Niederschlag abfiltriert, einige Male mit Alkohol (80%) ausgewaschen und der gesamte Niederschlag mit heißem Wasser von dem Filter in dieselbe Schale zurückgespritzt. Der Schaleninhalt wird zur vollständigen Entfernung des Alkohols auf dem siedenden Wasserbade eingeengt und alsdann unter gleichzeitigem weiteren Erhitzen mit je 3—5 ccm Kaliumpermanganatlösung (5%) so lange versetzt, bis die rote Farbe 5 Minuten bestehen bleibt. Man gibt dann nochmals 5 ccm Kaliumpermanganatlösung hinzu und läßt weitere 15 Minuten einwirken. Bei etwaigem abermaligen Verschwinden der Rotfärbung ist diese Behandlung zu wiederholen. Den Überschuß an Kaliumpermanganat zerstört man durch Schweflige Säure. Nach dem Verschwinden der Rotfärbung säuert man vorsichtig mit Schwefelsäure (25%) an und fährt dann fort Schweflige Säure zuzusetzen, bis auch das Mangansuperoxyd gelöst ist. Alsdann dampft man auf etwa 30 ccm ein, führt die Flüssigkeit mitsamt dem vorhandenen Niederschlag von Bariumsulfat in den Perforationsapparat (Abb. 11) über, indem man durch Zusatz von Schwefelsäure (40%) dafür sorgt, daß die Flüssigkeit etwa 10% freie Schwefelsäure enthält.

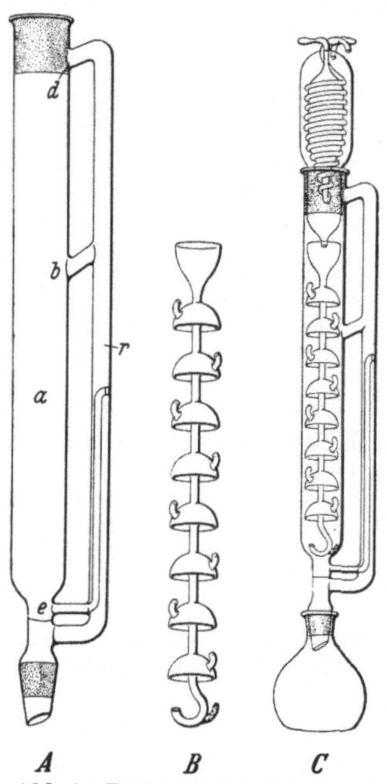

Abb. 11. Perforationsapparat nach C. VON DER HEIDE. *A* Hauptteil, *B* Einsatz, *C* ganzer Apparat.

Der Hauptteil (Abb. 11 *A*) des Perforationsapparates nach C. VON DER HEIDE[1] besteht aus dem Rohr *a*, das bis zum Ansatzrohr *b* etwa 100 ccm fast. Bei *e* befindet sich ein zweites, engeres Ansatzrohr, das in das Rohr *r* mündet und in diesem eine angemessene Strecke emporgeführt ist. Die Öffnung *d* in dem Schliffe korrespondiert mit einer Öffnung in dem Schliffteile des Kühlers. Ein wesentlicher Teil des ganzen Apparates (*C*) ist der Einsatz *B*. Er besteht aus einer unten umgebogenen, oben zu einem Trichter erweiterten Glasröhre, an der eine Anzahl Tellerchen angeschmolzen ist, die hakenförmig gekrümmte kleine Ansätze zur Führung der Perforationsflüssigkeit tragen.

a) Für die Ätherperforation werden in den Hauptteil *A* 3—4 ccm Quecksilber gefüllt, um das Ansatzrohr *e* zu versperren. Hierauf füllt man in *a* die zu perforierende Flüssigkeit und setzt den Einsatz *B* so ein, daß das Trichterchen sich oben befindet (wie bei *C*). Hierauf wird der Kühler so auf den Schliff des Hauptteils *A* gesetzt, daß dessen Öffnung *d* mit der Öffnung im Kühlerschliff korrespondiert. Nachdem nun noch das mit Äther gefüllte Siedegefäß unten an den Hauptteil *A* gesetzt worden ist, beginnt man mit dem Erhitzen. Der Ätherdampf steigt in *r* in die Höhe, gelangt durch die Öffnung *d* in den Kühler, wird dort kondensiert, fällt in das Trichterchen des Einsatzes *B* und gelangt an dem umgebogenen Ende von *B* in die zu perforierende Flüssigkeit. Durch die Tellerchen, die dem Äther in den Weg gestellt sind, wird er zu langsamem Aufsteigen gezwungen. Endlich läuft der Äther durch das Ansatzrohr *b* in den Extraktionskolben zurück, so daß der Kreislauf von neuem beginnen kann.

[1] C. VON DER HEIDE: Z. 1909, 17, 315.

b) Für die Chloroformperforation gießt man in den Hauptteil von A zunächst etwa 30—50 ccm Chloroform und setzt dann erst den Einsatz ein, jedoch so, daß das Trichterchen sich unten befindet, also in das Chloroform eintaucht. Hierauf gießt man vorsichtig auf das Chloroform die zu perforierende Flüssigkeit, setzt den Kühler in obiger Weise ein und beginnt, das mit Chloroform teilweise gefüllte Kölbchen zu erhitzen. Der Chloroformdampf steigt in r in die Höhe, gelangt bei d in den Kühler, wird hier kondensiert und fällt auf die Tellerchen des Einsatzes, wodurch ein langsames Durchrieseln der zu perforierenden Flüssigkeit gewährleistet wird. Unten sammelt sich das Chloroform und wird schließlich nach dem Gesetz der kommunizierenden Röhren durch das Ansatzrohr e in das Rohr r befördert, von wo es in das Siedegefäß zurückfließt.

Für die Perforation nur mit Äther hat C. von der Heide einen etwas einfacheren Apparat eingerichtet, der dem Apparat von W. Pip[1] nachgebildet ist.

Nach 9 Stunden kann in den meisten Fällen die Perforation als beendet angesehen werden; nach 12 Stunden ist mit Sicherheit die Bernsteinsäure quantitativ in den Äther übergegangen. Der Kolbeninhalt wird mit Hilfe von etwa 20 ccm Wasser in ein Becherglas übergeführt, worauf man den Äther unter Vermeiden des Siedens am besten durch Stehenlassen an einem warmen Ort verdunstet.

Unter Verwendung von Phenolphthalein neutralisiert man hierauf mit einer völlig halogenfreien 0,1 N.-Lauge, führt den Inhalt des Becherglases in ein 100 ccm-Meßkölbchen über, versetzt mit 20 ccm 0,1 N.-Silbernitratlösung und füllt unter tüchtigem Umschütteln bis zur Marke auf. Man filtriert vom ausgefallenen Silbersuccinat ab, bringt 50 ccm des Filtrats in ein Becherglas und titriert nach Zusatz von Salpetersäure und Eisenammoniumalaunlösung mit 0,1 N.-Rhodanammoniumlösung das überschüssige Silbersalz zurück.

Hat man 50 ccm Lösung verarbeitet, zur Titration der mit Äther ausgezogenen Säuren 20 ccm 0,1 N,-Silbernitratlösung vorgelegt und zur Rücktitration von 50 ccm Filtrat x ccm 0,1 N.-Rhodanammoniumlösung verbraucht, so sind in 100 ccm Lösung $y = 0{,}0236\ a$ Gramm Bernsteinsäure enthalten, wobei $a = 10 - x$ ist.

β) Bestimmung von Bernsteinsäure + Äpfelsäure. Man setzt zu 50 ccm Lösung 1 ccm Eisessig, 0,25 ccm Kaliumacetatlösung (20%), 7,5 g gepulvertes reines Kaliumchlorid, das man durch Umrühren nach Möglichkeit in Lösung bringt, und fügt dann noch 7,5 ccm Alkohol (95 Vol.-%) hinzu. Nachdem man durch starkes, etwa 1 Minute anhaltendes Reiben des Glasstabes an der Wand des Becherglases die Abscheidung des Weinsteines eingeleitet hat, läßt man die Mischung wenigstens 15 Stunden bei Zimmertemperatur stehen, filtriert ab und wäscht den Niederschlag mit einem Gemisch von 15 g Kaliumchlorid, 20 ccm Alkohol (95 Vol.-%) und 100 ccm Wasser. Das Becherglas wird etwa dreimal mit wenigen ccm dieser Lösung abgespült, wobei man jedesmal gut abtropfen läßt. Sodann werden Filter und Niederschlag durch etwa dreimaliges Abspülen und Aufgießen von einigen ccm der Waschflüssigkeit ausgewaschen, von der im ganzen nicht mehr als 10 ccm gebraucht werden dürfen. — Das Filtrat wird zur Beseitigung des Alkohols und der Essigsäure auf wenige ccm eingeengt. Die sich hierbei bildenden Krystallkrusten müssen wiederholt mit Hilfe eines Pistills zerdrückt werden. Man nimmt den Rückstand mit wenig Wasser auf, versetzt mit 5 ccm Bariumchloridlösung (10%) und mit so viel fein gepulvertem Bariumhydroxyd, unter Verwendung eines Tropfen Phenolphthaleins als Indicator, bis bleibende Rotfärbung die alkalische Reaktion anzeigt. Zu der auf genau 20 ccm eingeengten Flüssigkeit werden nach dem Erkalten unter Umrühren 85 ccm Alkohol (96 Vol.-%) gegeben. Nach mindestens zweistündigem Stehen wird der entstandene Niederschlag abfiltriert und sorgfältig mit Alkohol (80%) ausgewaschen. Alsdann wird der Niederschlag mit heißem Wasser vom Filter in die Schale zurückgespritzt und

[1] W. Pip: Zeitschr. angew. Chem. 1903, **16**, 657; Chem.-Ztg. 1903, **27**, 706.

auf dem Wasserbade fast bis zur Trockne eingedampft. Nachdem man hierauf den gerade noch feuchten Rückstand mit $2^1/_2$—3 ccm Schwefelsäure (40%) versetzt hat, gibt man so lange fein gepulvertes wasserfreies Natriumsulfat hinzu, bis das Gemisch ein lockeres trockenes Pulver ist, und zieht 6 Stunden mit Äther im Soxleth-Apparat aus. Der ätherischen Säurelösung setzt man 10—20 ccm Wasser hinzu und läßt den Äther verdunsten. Die wäßrige Flüssigkeit wird mit Lauge von bekanntem Titer gegen Phenolphthalein genau neutralisiert. Man dampft die Lösung auf dem Wasserbade zur Trockne und verascht. Die schließlich erhaltenen Carbonate werden mit einer gemessenen Menge 0,1 N.-Salzsäure im Überschuß versetzt, auf dem Wasserbade kurze Zeit erhitzt und der Überschuß an Salzsäure mit 0,1 N.-Lauge zurückgemessen.

Wurden bei Verwendung von 50 ccm Lösung b_1 ccm 0,1 N.-Salzsäure vorgelegt und zur Neutralisation c_1 ccm 0,1 N.-Lauge verbraucht, so erforderten die Carbonate aus 50 ccm Lösung $a_1 = (b_1 - c_1)$ ccm 0,1 N.-Salzsäure zur Neutralisation. Hat man ferner gefunden, daß 100 ccm Lösung y g Bernsteinsäure enthalten, so würden die Alkalisalze dieser Säurenmenge nach dem Veraschen zur Neutralisation $z = \frac{1000\,y}{5,9}$ 0,1 N.-Salzsäure verbrauchen, die Asche des Alkalimalats aus 100 ccm erfordert mithin $\left(2\,a_1 - \frac{1000\,y}{5,9}\right)$ ccm 0,1 N.-Salzsäure; diese Säuremenge entspricht:

$$x = \left(2a_1 - \frac{1000\,y}{5,9}\right) \cdot \frac{6,7}{1000} = (0,0134\,a_1 - 1,1373\,y) \text{ Gramm Äpfelsäure.}$$

Bequemer ist folgende Berechnung: Haben die Zahlen $a_1 = (b_1 - c_1)$ dieselbe Bedeutung, wie oben angegeben, und die Zahl $a = (10 - c)$ die auf S. 1163 angegebene, auf die Bernsteinsäure bezügliche Bedeutung, so ist

$$x = (a_1 - 2\,a) \cdot 0,0134.$$

b) Bestimmung von Bernstein-, Äpfel-, Wein- und Citronensäure nach R. Nuccorini und A. Zaccagnini[1]. Das Verfahren ist zur Trennung der Säuren bei der chemischen Untersuchung von Früchten ausgearbeitet. Die Lösung der Säuren wird auf etwa 30 ccm eingeengt, mit Kalilauge gegen Lackmus neutralisiert, wiederum eingeengt, und zwar auf 10 ccm, mit 3 ccm Eisessig und mit Alkohol versetzt, bis die Lösung 80% Alkohol enthält. Unter zeitweisem Umrühren läßt man 2 Tage stehen. Der ausgefällte Weinstein wird abfiltriert und mit Alkohol nachgewaschen; Filter samt Niederschlag titriert man mit 0,1 N.-Natronlauge gegen Phenolphthalein.

Das Filtrat vom Weinstein wird auf dem Wasserbade eingeengt, bis sich Alkohol und Essigsäure verflüchtigt haben. Darauf neutralisiert man mit Natronlauge, führt in einen 250 ccm-Kolben über, versetzt mit Bariumchlorid und füllt zur Marke auf.

Zur Bestimmung der Bernsteinsäure engt man einen aliquoten Teil der klaren Lösung auf etwa 20 ccm ein, versetzt mit soviel Alkohol, daß der Gehalt der Lösung an diesem 80% beträgt. Nach 12 Stunden filtriert man vom Niederschlag ab. Nach dem Auswaschen mit Alkohol (80%) spritzt man den Niederschlag in ein Becherglas, verjagt den Alkohol und behandelt dann mit Kaliumpermanganatlösung (5%) zur Oxydation von Bariummalat und -citrat in kleinen Portionen (3—5 ccm), bis die Rötung 5 Minuten bestehen bleibt, und gibt nochmals 5 ccm Permanganatlösung hinzu; bleibt jetzt die rote Farbe 20 Minuten bestehen, so ist die Oxydation beendet. Mittels Schwefliger Säure entfernt man den Überschuß an Kaliumpermanganat. Man säuert mit Schwefelsäure an, leitet nochmals Schweflige Säure ein und dampft auf 30 ccm ein. Dann gibt man Schwefelsäure (40%) so lange hinzu, bis die Lösung 10% Schwefelsäure enthält. Die Mischung (Niederschlag und Flüssigkeit) wird 12 Stunden

[1] R. Nuccorini u. A. Zaccagnini: Ann. sper. agrar. Ital. 1930, 4, 281, 301; Zeitschr. analyt. Chem. 1932, 87, 151.

mit Äther perforiert (S. 1162). Nach dem Verjagen des Äthers neutralisiert man mit Natronlauge gegen Phenolphthalein, spült in einen 100 ccm-Kolben, versetzt mit 20 ccm 0,1 N.-Silbernitratlösung, füllt auf und titriert 50 ccm des Filtrates nach VOLHARD. Hieraus ergibt sich der Gehalt an Bernsteinsäure.

Zur Bestimmung der Äpfel- und Citronensäure wird der größere Teil der Lösung der Bariumsalze in einem 100 ccm-Meßkolben auf 70 ccm aufgefüllt und bis zur Marke mit Alkohol (94%) versetzt. Bei diesem Verfahren fallen Bariumsuccinat und Bariumcitrat aus, während Bariummalat in Lösung bleibt. Der Niederschlag wird in Wasser gelöst, mit Salzsäure angesäuert und das Barium durch Schwefelsäure ausgefällt. Die vorher ermittelte Bernsteinsäure rechnet man auf Bariumsulfat um, zieht diesen Wert von dem Gesamt-Bariumsulfatrückstand ab und berechnet die Differenz auf Citronensäure.

Das Bariummalat enthaltende Filtrat wird mit den übrigen Filtraten auf 10 ccm eingeengt und mit soviel Alkohol versetzt, daß der Gehalt der Lösung daran 80% beträgt. Man läßt über Nacht stehen, filtriert den Niederschlag ab, löst ihn in Wasser auf, säuert mit Salzsäure an und fällt das Barium als Sulfat. Das Ergebnis wird auf Äpfelsäure berechnet.

c) Bestimmung von Äpfelsäure und Citronensäure nach C. F. MUTTELET[1] in der Abänderung von C. ESPESO[2]. Das Verfahren beruht auf der Fällung beider Säuren durch Bariumbromid und ihrer Trennung auf Grund der verschiedenen Löslichkeit der Bariumsalze in verd. Alkohol. Die Lösung der Säuren, die etwa 5—6 ccm N.-Natriumcarbonatlösung entspricht, wird gegen Phenolphthalein neutralisiert und mit 25—30 ccm einer Lösung von Bariumbromid in 80%igem Alkohol versetzt. Der sich bildende Niederschlag wird auf einem Filter gesammelt, mit Alkohol (80%) gewaschen und dann in möglichst wenig verd. Salzsäure gelöst; die Lösung wird auf etwa 100 ccm aufgefüllt und mit Natronlauge neutralisiert. Nach dem Auffüllen auf 125 ccm wird zu der Lösung unter Umschwenken in kleinen Mengen das halbe Volumen 95%igen Alkohols hinzugegeben. Nach einigen Stunden wird der Niederschlag auf einem Filter gesammelt und mit verd. Alkohol (1:3) gewaschen, wobei sich häufig noch ein Niederschlag absetzt, da oft noch 20—30 mg Citronensäure anfangs in Lösung bleiben. Der zweite Niederschlag wird ebenso gesammelt und gewaschen, wobei man stets auf einen etwaigen Gehalt an Bariummalat mikrochemisch prüft. Die von beiden Niederschlägen erhaltenen Filtrate werden auf 25 ccm eingedampft und mit dem doppelten Volumen Alkohol (75%) versetzt. Der sich dann ausscheidende Niederschlag des Bariummalats wird wieder auf einem Filter gesammelt und mit Alkohol (80%) gewaschen. Aus den aus den Niederschlägen erhaltenen Mengen Barium werden die vorhandenen Mengen von Citronensäure und Äpfelsäure berechnet. Nach den Versuchen ESPESOS schwankt der Fehler zwischen —7 bis +20 mg.

d) Bestimmung von Oxal-, Bernstein-, Äpfel-, Wein- und Citronensäure. Nach J. M. ALBAHARY[3] wird die zu untersuchende Substanz zunächst mit der gleichen Menge neutralem Alkohol (90%), sodann mit angesäuertem Alkohol (1% Salzsäure) ausgezogen. Die vereinigten Filtrate werden mit Ammoniak neutralisiert, der Alkohol abdestilliert und der Rückstand in Wasser aufgenommen und mit einer Lösung von Bleiacetat ausgefällt. Den Niederschlag zieht man 1 Stunde mit verd. Essigsäure bei 70° aus. Bleimalat geht in Lösung und wird nach dem Neutralisieren und Fällen mit Alkohol entweder als Calciumsalz oder durch Titration bestimmt. Der in verd. Essigsäure unlösliche Rückstand kann aus den Bleisalzen der Oxal-, Bernstein-, Wein- und Citronensäure

[1] C. F. MUTTELET: Ann. Falsif. 1922, **15**, 192.
[2] C. ESPESO: Ann. Falsif. 1928, **21**, 20; Zeitschr. analyt. Chem. 1928, **75**, 474.
[3] J. M. ALBAHARY: Ann. Falsif. 1912, **5**, 147; **C.** 1912, I, 1502.

bestehen. Die wäßrige Lösung wird mit Schwefelwasserstoff entbleit und das Filtrat auf dem Wasserbade stark eingeengt. Darauf versetzt man mit Kaliumacetat und mit mehr als 2 Volumen Alkohol (95%). Man filtriert vom ausgefallenen Kaliumtartrat ab und wägt dieses nach dem Trocknen. Das Filtrat wird mit Essigsäure angesäuert, mit Calciumchlorid versetzt und 24 Stunden lauwarm stehen gelassen. Ein sich etwa ausscheidender Niederschlag von Calciumoxalat wird entweder gewichtsanalytisch oder maßanalytisch mit Kaliumpermanganat bestimmt. Das Filtrat kann noch Bernsteinsäure und Citronensäure enthalten. Zu ihrer Bestimmung teilt man die Lösung in zwei Teile. Die eine Hälfte wird mit Eisenchlorid versetzt; ist Bernsteinsäure zugegen, so fällt sie quantitativ als basisches Eisensuccinat $Fe(OH)C_6H_4O_4$ aus. Der zweite Teil der Lösung wird stark konzentriert, mit der dreifachen Menge Alkohol versetzt, und mit Bariumacetat gefällt. Der sich bildende Niederschlag von Bariumsuccinat und -citrat wird abfiltriert, mit Alkohol gewaschen, getrocknet und gewogen.

e) Potentiometrische Bestimmung der Bernstein-, Äpfel- und Weinsäure nebeneinander nach P. Dutoit und M. Duboux[1]. Diese fällungsanalytische Methode beruht darauf, daß die Ionen der genannten drei Säuren durch Lanthannitrat aus neutralisierter alkoholischer Lösung vollständig ausgefällt werden können, daß also bei fraktioniertem Zusatz des Reagens zu einer Lösung von hinreichender Alkoholstärke der Knickpunkt der Leitfähigkeitskurve der Summe der drei Bestandteile entsprechen muß.

Der Knickpunkt tritt jedoch schon etwas früher auf, entsprechend einem Minderverbrauch des Fällungsmittels bis zu 8% der theoretischen Menge. Dieser Fehler läßt sich jedoch durch einen empirischen Titer beheben, wie er durch Einstellung auf eine Tartrat- oder Malatlösung von bekanntem Gehalt mittels Leitfähigkeitstitrationen festgestellt wird. Das Verfahren ist für die Säureverhältnisse des Weines ausgearbeitet worden. Durch Leitfähigkeitstitrierung mittels Lanthannitratlösung wird in einem Teil der Lösung zunächst die Summe von Weinsäure, Äpfelsäure und Bernsteinsäure ermittelt, wenn die Alkoholstärke 50% beträgt. In einem anderen Teil der Lösung, deren Alkoholstärke auf 66% gebracht ist, wird die Summe von Weinsäure und Äpfelsäure bestimmt. Die Differenz gegen das Ergebnis des vorhergehenden Versuches entspricht dann dem Bernsteinsäuregehalt. Enthält die Flüssigkeit mehr als 8 g Äpfelsäure und 4—5 g Weinsäure im Liter, so ist diese Bestimmung nicht genau. Endlich läßt sich noch die Weinsäure allein durch Leitfähigkeitstitrierung mittels Bariumacetatlösung bei Gegenwart von 85% Alkohol und 5% Eisessig bestimmen; doch erhält man nur dann richtige Ergebnisse, wenn auf 1 Äquivalent Äpfelsäure wenigstens 3,7 Äquivalente Weinsäure zugegen sind. Im anderen Falle muß man eine entsprechende Menge Weinsäure zusetzen und nachher von der durch Titrierung gefundenen Menge wieder abziehen. Der Äpfelsäuregehalt ergibt sich endlich als Differenz aus den beiden Versuchsreihen.

Auf diesen Grundlagen baut sich die folgende Arbeitsvorschrift auf:

Erforderliche Lösungen.

1. 0,1 N.-Essigsäure, 2. 50%iger Alkohol (Lösung A), 3. 80%iger Alkohol (Lösung B).

4. 0,5 N.-Natriumtartratlösung. 50 ccm N.-Weinsäurelösung werden kochend heiß genau mit Natronlauge neutralisiert und nach dem Erkalten auf 100 ccm aufgefüllt.

5. Etwa 0,5 N.-Lösung von Lanthannitrat. 7,2 g kryst. Salz, $La(NO_3)_3 + 6\,H_2O$, werden in wenig Wasser gelöst und auf 100 ccm aufgefüllt. Man bestimmt die Normalität dieser Lösung, indem man mittels ihrer eine Leitfähigkeitstitrierung an 1 ccm 0,5 N.-Natriumtartratlösung ausführt, die zuvor mittels einer Mischung gleicher Teile Wasser und Alkohol auf 50 ccm verdünnt wurde. War das Lanthannitrat rein, so liegt die Normalität bei 0,54.

6. Bariumacetatlösung. Man fügt allmählich zu 60 g kryst. Bariumhydroxyd verd. Essigsäure bis zur vollständigen Auflösung und bringt mit Wasser auf 500 ccm. Der Bariumionengehalt kann durch Gewichtsanalyse oder durch Leitfähigkeitstitrierung bestimmt werden. Der Titer liegt am besten zwischen einer 0,7 und 1 N.-Lösung.

---

[1] P. Dutoit u. M. Duboux: Bull. Soc. chim. France 1913, **13**, 832; Zeitschr. analyt. Chem. 1913, **52**, 244; 1915, **54**, 575. — Vgl. auch Mitt. Lebensmittelunters. Hygiene 1913 **4**, 229 u. 237.

Die Leitfähigkeitstitrierung, bei welcher die Ermittlung der spezifischen elektrischen Leitfähigkeit als Indicator für den Ablauf der Reaktion dient, erfolgt nach dem bekannten Verfahren von KOHLRAUSCH mittels der WHEATSTONEschen Brücke (S. 237 u. 256).

Als Widerstandszelle genügt ein zylindrisches Gläschen, das oben etwas weiter ist als unten. Seine Höhe beträgt 13 cm, sein oberer Durchmesser 4,5 cm, sein unterer 3,5 cm. Von oben ragt in das Gläschen ein Thermometer bis in den untersten Teil hinein. Sonst trägt die Oberseite nur noch einen kleinen offenen Stutzen, durch den die zu untersuchende Flüssigkeit eingefüllt wird, und durch den man auch die Titrierflüssigkeit zufließen läßt. Im untersten Teil sind im Abstande von 1,8 cm die beiden vertikalen Platinelektroden angebracht. Sie werden von Zuführungsdrähten getragen, die in die Wand des Gläschens eingeschmolzen und außerhalb nach unten gebogen sind. Durch Eintauchen dieser Drahtenden in zwei Quecksilbernäpfe wird die leitende Verbindung mit der Brücke hergestellt. Eine Ermittlung der Kapazität des Widerstandsgefäßes ist meistens nicht erforderlich.

Die Ausführung der Titration geschieht in folgender Weise: Man bringt in die sorgfältig mit Wasser gereinigte Widerstandszelle die nötige Menge Flüssigkeit und erwärmt das Gefäß leicht, indem man es mit der Hand umfaßt. Als Temperatur wählt man eine solche, welche die Zimmertemperatur um 4—5° übersteigt. Bei zusammengehörigen Bestimmungen dürfen die Abweichungen von der Temperatur nicht mehr als 0,1° betragen. Die Titerflüssigkeit wird nunmehr in Mengen von je 0,03—0,1 ccm hinzugefügt, und nach jedem Zusatz wird die Leitfähigkeit ermittelt und der gefundene Wert graphisch aufgetragen. Das zugesetzte Reagens ruft zunächst eine Fällung hervor, nach deren Beendigung mischt es sich unverändert mit der Flüssigkeit. Der Knickpunkt der Kurve entspricht also der eben beendigten Ausfällung.

Tabelle 9.

Acidität der Lösung (ccm N.-Lösung je Liter)	Menge der Lösung ccm	Lösung A ccm
< 90	25	25
90—115	20	30
115—140	15	35
> 140	10	40

Tabelle 10.

Acidität der Lösung (ccm N.-Lösung je Liter)	Menge der Lösung ccm	Lösung A ccm	Lösung B ccm
< 90	25	0	25
90—115	20	5	25
115—140	15	10	25
> 140	10	15	25

Bestimmung der Summe von Weinsäure + Äpfelsäure + Bernsteinsäure. Man bringt mittels kalibrierter Pipette in das Leitfähigkeitsgefäß die aus der Tabelle 9 zu ersehende Menge der Lösung, die je nach der Acidität wechselt. Man fügt die gleichfalls verzeichnete Menge Lösung A hinzu, säuert schwach mittels 0,5 ccm 0,1 N.-Essigsäure an, mischt durch Umschwenken und titriert mittels der Lanthannitratlösung, die man in Anteilen von je 0,1—0,2 ccm zugibt.

Tabelle 11.

Wein- + Äpfel- + Bernsteinsäure Millival in 1 l Säurelösung	Erste Titrierung		Zweite Titrierung	
	Säurelösung ccm	Lösung A ccm	Säurelösung ccm	Lösung A ccm
< 70	25	0	20	5
70— 90	20	5	15	10
90—110	15	10	10	15
110—130	10	15	5	20

Bestimmung der Summe von Weinsäure + Äpfelsäure. Man bringt die aus der Tabelle 10 zu ersehenden Flüssigkeitsmengen in das Leitfähigkeitsgefäß, fügt 1 ccm Eisessig hinzu, mischt und titriert gleichfalls mittels der Lanthannitratlösung, die man in Anteilen von je 0,1—0,15 ccm hinzufügt.

Bestimmung der Weinsäure allein. Man bringt in das Leitfähigkeitsgefäß die aus der Tabelle 11 ersichtlichen Flüssigkeitsmengen, gibt 5 ccm

Eisessig und 75 ccm Alkohol (95%) hinzu, mischt und titriert mittels Bariumacetatlösung. Der Verbrauch entspreche *t* ccm für 1 l Flüssigkeit; die Differenz dieses Wertes gegen die zuvor ermittelte Summe von Weinsäure + Äpfelsäure sei gleich *m* ccm N.-Lösung für 1 l. Ist der Quotient *t/m* gleich oder größer als 3,7, so sind die Größen *t* und *m* bereits das richtige Maß für den Gehalt der Flüssigkeit an Weinsäure und Äpfelsäure. Ist der Quotient jedoch kleiner als 3,7, so bedarf es einer zweiten Titrierung unter Zugabe einer bekannten Menge 0,5 N.-Natriumtartratlösung. Für diese bringt man die in der Tabelle 11 vermerkten Flüssigkeitsmengen in das Leitfähigkeitsgefäß und fügt für je 1 ccm der Säurelösung etwa $\frac{3{,}7-t}{1000}$ ccm 0,5 N.-Natriumtartratlösung hinzu, die genau abzumessen ist. Ferner gibt man 5 ccm Eisessig und 75 ccm Alkohol (95%) hinzu, mischt und titriert mittels Bariumacetatlösung. Die Ergebnisse dieser zweiten Titration sind dann die richtigen; selbstverständlich muß man von der gefundenen Menge Weinsäure den Betrag der zugesetzten Weinsäure abziehen.

6. Bestimmung von Zimtsäure und Benzoesäure.

a) Verfahren von A. W. K. de Jong[1]. Das Gemisch der beiden Säuren in Schwefelkohlenstoff wird mit einer Lösung von Brom in Schwefelkohlenstoff versetzt und letzterer sowie das überschüssige Brom nach 24 Stunden abdestilliert und der Rückstand gewogen. Dieser wird darauf im Riiberschen Apparat auf 100° erhitzt, wobei die Benzoesäure übersublimiert, während die Dibromzimtsäure zurückbleibt und gewogen wird. Da bei längerer Einwirkung von Brom mehr als 2 Atome davon addiert werden können, empfiehlt de Jong folgendes Verfahren: Man löst das Gemisch beider Säuren in Natronlauge, fällt sie mit Salzsäure wieder aus und läßt darauf eine wäßrige etwa 0,02 N.-Bromlösung einwirken, bis die Lösung eine gelbe Farbe angenommen hat und sich innerhalb 5 Minuten nicht mehr entfärbt. Dann titriert man nach Zusatz von Kaliumjodid das ausgeschiedene Jod.

b) Verfahren von J. Bougault und Mouchel-la-Fosse[2]. Die ungesättigte Zimtsäure reagiert mit Natriumsulfit unter Bildung von Sulfosäure in folgender Weise:

$$C_6H_5 \cdot CH{:}CH \cdot COOH + Na_2SO_3 \rightarrow C_6H_5 \cdot CH{:}CH \cdot COONa + NaHSO_3$$
$$\rightarrow C_6H_5 \cdot CH_2 \cdot CHSO_3Na \cdot COONa.$$

Man erhitzt das Gemisch beider Säuren mit einem Gemisch von 1,5 g Natriumsulfit und 2 g Natriumbisulfitlösung im zugeschmolzenen Rohr 5 Stunden im siedenden Wasserbade und schüttelt aus dem Reaktionsprodukt nach dem Ansäuern mit Salzsäure die unveränderte Benzoesäure mit Äther aus. Die aus der Zimtsäure entstandene Sulfosäure ist leicht löslich in Wasser; aus der Lösung kann die Zimtsäure durch Erhitzen mit wäßriger Natronlauge auf 160° als Natriumsalz regeneriert werden.

[1] A. W. K. de Jong: Rec. Trav. chim. Pays-Bas 1909, **28**, 342 u. 1911, **30**, 223; **C.** 1910, I, 479 u. 1912, I, 162.

[2] J. Bougault u. Mouchel-la-Fosse: Compt. rend. Paris 1913, **156**, 396; **C.** 1913, I, 1114. — L. Rosenthaler: Nachweis organischer Verbindungen, S. 301. Stuttgart: Ferdinand Enke 1914.

Anhang.

Gerbstoffe.

Als Gerbstoffe, auch Gerbsäuren genannt, bezeichnete man früher eine Reihe von nur im Pflanzenreiche vorkommenden amorphen Stoffen verschiedener Konstitution, die im wesentlichen die gemeinsamen Eigenschaften besitzen, daß sie bei zusammenziehendem Geschmack und adstringierender Wirkung auf die Schleimhaut lösliche Proteine und insbesondere Leim aus ihren wäßrigen Lösungen ausfällen und damit tierische Haut gerben, d. h. in Leder umwandeln, daß sie ferner mit Ferrisalzen dunkelblaue oder -grüne Färbungen oder Fällungen geben usw. Heute versteht man darunter Stoffe, die sich aus Phenolen und cyclischen Oxysäuren aufbauen, im übrigen aber verschiedener Natur sind, insbesondere auch nicht alle die tierische Haut gerben. Weitere Angaben über Konstitution, Darstellung usw. der Gerbstoffe siehe Bd. I, S. 510—568.

Eigenschaften. Die Gerbstoffe sind leicht löslich in Wasser; Mineralsäuren und -salze setzen aber ihre Löslichkeit herab. Die Gerbstoffe besitzen meist Säurecharakter, teils durch ihre Carboxylgruppen, teils durch die phenolischen Hydroxylgruppen.

Methyl-, Äthyl- und Amylalkohole, ferner Aceton, Essigester und Äther, sowie auch Pyridin sind vielfach gute Lösungsmittel, dagegen lösen Benzin, Benzol, Chloroform usw. sie nicht. — Die Gerbstoffe reduzieren FEHLINGsche Lösung und andere Schwermetallsalze, ferner Kaliumpermanganat, Jod und Wasserstoffsuperoxyd; sie zeigen großes Verbindungsbestreben und bilden vielfach kolloidale Verbindungen.

Zu den wichtigsten Gerbstoffen gehören die Gallussäure und das Tannin, die hier in erster Linie behandelt werden sollen, während hinsichtlich der nur in einzelnen Lebensmitteln vorkommenden Gerbstoffe, wie Kaffee-, Tee-, Weingerbstoffe usw., auf die betreffenden Abschnitte dieses Handbuches verwiesen sei, und die technischen Ledergerbstoffe hier überhaupt nicht behandelt werden.

Gallussäure (3,4,5-Trioxybenzoesäure), $C_7O_6H_5 \cdot H_2O$, verliert ihr Krystallwasser bei 100—120° und schmilzt dann bei 239—240°; bei weiterem Erhitzen zerfällt sie in Pyrogallol und Kohlensäure. Sie löst sich in 130 Tln. Wasser von 12,5°, in 3 Tln. siedendem Wasser und in 4,5 Tln. Alkohol. Die wäßrige Lösung färbt sich mit Natronlauge allmählich braunrot. Kalk- und Barytwasser rufen blaugrüne oder blaue Fällungen hervor. Ferrisalze erzeugen einen blauschwarzen Niederschlag, der in überschüssigem Ferrisalz und N.-Essigsäure löslich ist; in verdünnten Lösungen entsteht kein Niederschlag, sondern nur Schwarzfärbung. Gallussäure wird in verdünnter Lösung durch Leimlösung nicht gefällt, wohl aber in 10%iger Lösung und in verdünnter durch Zusatz von Natriumchlorid; Gallussäure besitzt daher keine ledergerbende Wirkung.

Das Deutsche Arzneibuch VI (1926) stellt an Gallussäure folgende Reinheitsanforderungen:

„Die heiß bereitete wäßrige Lösung (1 + 19) muß farblos oder darf höchstens schwach gelb gefärbt sein. Die kalt gesättigte wäßrige Lösung darf durch eine Lösung von Eiweiß oder weißem Leim (Gerbsäure) nicht gefällt und nach Zusatz von Salzsäure durch Bariumnitratlösung (Schwefelsäure) nicht getrübt werden. — 0,2 g Gallussäure dürfen durch Trocknen bei 100° höchstens 0,02 g an Gewicht verlieren und nach dem Verbrennen keinen wägbaren Rückstand hinterlassen.“

Tannin (Gallotannin, Gallusgerbsäure, „Gerbsäure“ schlechthin), Mol.-Gewicht 321,2, ist ein Gemisch verschiedener Glucoside, nach NIERENSTEIN insbesondere ein solches von Didigalloylglucose und Digallussäureanhydrid. Das Verhältnis dieser beiden Bestandteile scheint bei den Tanninen verschiedenen Ursprungs (aus verschiedenen Gallen stammend) ein verschiedenes zu sein (S. 1177); daher ist auch der Glucosegehalt je nach den Herkünften anscheinend verschieden. Die wäßrige Lösung des Tannins ist optisch aktiv (rechtsdrehend). Bei der Hydrolyse mit Säuren werden Gallussäure und Glucose gebildet, beim Erhitzen entsteht unter anderem Pyrogallol. — Tannin ist in etwa gleichen Teilen Wasser und 2 Tln. Alkohol (90%) löslich, ferner leicht löslich in Aceton, Essigester, Eisessig und Pyridin, unlöslich in Äther, Chloroform, Benzol, Petroläther. — Es wird aus wäßrigen Lösungen durch Mineralsäuren und viele Salze (Kalium- und Natriumchlorid, Kaliumacetat usw.) ausgeschieden, nicht dagegen durch Kaliumnitrat und Natriumsulfat. Tannin gibt mit Albuminen und Leim, sowie mit Alkaloiden schwer lösliche Verbindungen; es wirkt also gerbend. — Mit Ferrisalzen entsteht in Gerbsäurelösungen bei tropfenweisem Zusatz kein Niederschlag, sondern nur Schwarzfärbung, da das Ferritannat in freier Gerbsäure löslich ist, dagegen entsteht in neutralen und schwach essigsauren (0,1 N.) Tannatlösungen ein schwarzer Niederschlag von Ferritannat (S. 1171).

Das Deutsche Arzneibuch VI (1926) stellt an „Gerbsäure" folgende Reinheitsanforderungen:

2 ccm der wäßrigen Lösung (1 + 4) müssen beim Vermischen mit 2 ccm Alkohol klar bleiben; diese Mischung darf auch durch Zusatz von 1 ccm Äther nicht getrübt werden (Gummi, Dextrin, Zucker, Salze). — 0,2 g Gerbsäure dürfen durch Trocknen bei 100° höchstens 0,024 g an Gewicht verlieren und nach dem Verbrennen keinen wägbaren Rückstand hinterlassen.

I. Nachweis.

Das Vorhandensein eines Gerbstoffes in einer Lösung kann als erwiesen gelten, wenn sie sich nachstehenden Reaktionen gegenüber positiv verhält, dagegen negativ nach Behandlung der Lösung mit Hautpulver.

Von den Fällungsreaktionen sind als besonders kennzeichnend die Fällungen mit Leim, Alkaloiden, Metallsalzen und Bromwasser anzusehen. Von den Farbenreaktionen ist besonders die Reaktion mit Ferrisalzen kennzeichnend. Für den Nachweis von Gallussäure ist die Kaliumcyanidreaktion eindeutig.

1. Fällungsreaktionen.

Die Gerbstoffe geben mit einer Anzahl von Stoffen charakteristische Fällungen, die zum Teil gefärbt sind.

a) Leimfällung. Gerbstoffe werden durch Albumin und Leim (Gelatine) gefällt. Die Fällung führt man am besten mit einer 0,5%igen flüssigen Leimlösung aus, zu der man die gleiche Menge einer 0,5%igen Lösung des zu prüfenden Stoffes gibt. Bleibt die Fällung bei gewöhnlicher Temperatur aus, so kann sie bei 0° noch eintreten; oder die Probe muß mit einer stärkeren Gerbstofflösung wiederholt werden.

Nach J. SMORODINZEW und A. ADOWA[1] fördert Zusatz von Natriumchlorid die Leimfällung. Bei $p_H = 4,9$ ist die Grenzkonzentration für Leim, bei der keine Fällung mehr stattfindet, 0,003%, bei $p_H = 8,95$: 0,013%, bei $p_H = 10,06$: 0,25%. Die Leimfällungsprobe ist jedoch für Gerbstoffe (Tannin) keineswegs eindeutig, da von 73 Nichtgerbstoffen nach den Versuchen von A. E. JONES[2] 18 eine positive Reaktion gaben.

b) Alkaloidfällung. Gerbstoffe geben mit einer Reihe von Alkaloiden Niederschläge; zu dieser Fällung eignen sich besonders Brucin, Coffein, Antipyrin, ferner Chininacetat und -hydrochlorid.

Auch diese Reaktion ist nicht eindeutig für Gerbstoffe, da auch eine Reihe anderer Stoffe, z. B. einfache Phenole, schwer lösliche Verbindungen mit Alkaloiden geben.

[1] J. SMORODINZEW u. A. ADOWA: Zeitschr. physiol. Chem. 1925, **144**, 255. Über die Fällungsbedingungen von Leim durch Tannin siehe auch die Arbeiten von H. C. BUNGENBERG DE JONG: Journ. Amer. Leather Chemists Assoc. 1924, **19**, 14; C. 1924, I, 2048.

[2] A. E. JONES: Analyst 1927, **52**, 275.

c) Bromwasserfällung. Bromwasser fällt zahlreiche, namentlich kondensierte Gerbstoffe. Gallusfarbstoffe der Tanninklasse geben diese Reaktion nicht.

Nach H. R. PROCTER[1] verfährt man, wie folgt: Zu der schwach sauren bzw. mit Essigsäure angesäuerten Lösung setzt man tropfenweise Bromwasser, bis die Flüssigkeit nach Brom riecht. Bei Gegenwart von Gerbstoff entsteht sofort ein Niederschlag. Erst nach längerer Zeit sich bildende Niederschläge sind nicht zu berücksichtigen.

d) Bleisalzfällung. Gerbstoffe bilden mit Bleiacetat voluminöse flockige Niederschläge, die in Essigsäure löslich sind, man verwendet daher zweckmäßig das basische Bleiacetat (Bleiessig).

Bleiacetatlösung und Kalilauge geben nach BUCHNER[2] mit wäßrigen Lösungen von Tannin eine rotgefärbte Lösung, während Gallussäure einen carminroten Niederschlag gibt, der sich in Kalilauge mit himbeerroter Farbe löst.

e) Erdalkalihydroxydfällungen. Die Erdalkalihydroxyde geben mit Gerbstoffen starke, meist gefärbte Fällungen, die sich gewöhnlich an der Luft durch Oxydation dunkel färben. Kalkwasser ist ein geeignetes Reagens, das von H. R. PROCTER[3] sehr empfohlen wird. Es liefert eine Reihe von gefärbten Niederschlägen, die ziemlich sauerstoffbeständig sind.

Nach G. TODESCHINI[4] und DAVID geben Bariumchloridlösung und Kalilauge mit Tanninlösung einen roten Niederschlag, dessen Farbstärke allmählich zunimmt; mit Gallussäure entsteht ein blauer Niederschlag. Die Reaktion mit Tannin ist je nach der Verdünnung verschieden: Mit einer 1%igen Lösung erhält man eine grüne bis grünlichblaue, mit einer 0,1%igen, besonders bei Anwesenheit von viel Kalilauge, eine rötlichgelbe Fällung, welche an Stärke erst zu-, dann abnimmt. Kalilauge allein bewirkt mit Tannin und mit Gallussäure eine grünliche Färbung, welche beim Schütteln mit Luft in ein starkes Rot übergeht.

f) Sonstige Reaktionen.

1. Ähnliche Reaktionen wie Bleilösungen geben auch die Salze von Zinn, Kupfer (S. 1176), Nickel und Aluminium. — 2. Kalium- und Ammoniumsalze — nicht Natriumsalze — geben in alkoholischen Lösungen schwer lösliche Gerbstoffverbindungen. — 3. Von BAEMES[5] ist zum Nachweise von Tannin Natriumwolframatlösung (gelber Niederschlag) vorgeschlagen. — 4. WALDEN[6] beschreibt eine Reaktion des Tannins mit Arsensäure.

2. Farbenreaktionen.

a) Reaktion mit Ferrisalzen. Gerbstofflösungen geben mit verdünnten Ferrisalzlösungen hell- bis dunkelblaue Färbungen. Ein Überschuß von Ferrichlorid ist zu vermeiden, da er den Färbungen infolge der Eigenfarbe des Ferrichlorids einen grünlichen Stich gibt; daher ist die Verwendung der weniger gefärbten und weniger hydrolytisch gespaltenen Eisenalaunlösung der Ferrichloridlösung vorzuziehen. Die reinsten Färbungen werden nach K. FREUDENBERG[7] in alkoholischen Gerbsäurelösungen mit stark verdünnter alkoholischer Ferrichloridlösung erhalten. In durch Natriumbicarbonat schwach alkalischen Lösungen ist der Farbton mehr blauviolett[8]. Die Reaktion mit Ferrisalzen ist eine allgemeine Phenolreaktion und daher nicht eindeutig für Gerbstoffe.

---

[1] H. R. PROCTER: Taschenbuch für Gerbereichemiker und Lederfabrikanten 1924, S. 61. — Vgl. auch K. FREUDENBERG: Chemie der natürlichen Gerbstoffe 1920, S. 20.

[2] BUCHNER: Ann. Chem. **53**, 357; Zeitschr. analyt. Chem. 1900, **39**, 239. — Vgl. auch E. HARNACK: Arch. Pharm. 1896, **234**, 537.

[3] Nach M. NIERENSTEIN: Chemie der Gerbstoffe 1910, S. 226.

[4] G. TODESCHINI: L'Orosi **21**, 328; Zeitschr. analyt. Chem. 1901, **40**, 812.

[5] BAEMES: Drug. Circ. **40**, 308; Zeitschr. analyt. Chem. 1897, **36**, 518.

[6] K. FREUDENBERG: Chemie der natürlichen Gerbstoffe 1920, S. 20.

[7] K. FREUDENBERG: Chemie der natürlichen Gerbstoffe 1920, S. 18.

[8] F. KOCH: Arch. Pharm. 1895, **233**, 48; Zeitschr. analyt. Chem. 1896, **35**, 590.

Gallussäure gibt nach FLÜCKIGER[1] mit oxydfreier Ferrosulfatlösung (1%) und Natriumacetat eine violette Färbung, die auf Zusatz von Mineralsäuren verschwindet.

Unterscheidung von Gerbsäure (Tannin) und Gallussäure. Hierfür empfiehlt RUOSS[2] folgende Reaktionen:

Reaktion I. 10 ccm Gerbsäurelösung werden so weit verdünnt, daß die mit 2 bis 5 Tropfen Ferrisulfatlösung (2%) entstehende gefärbte Lösung in einem Reagensglase von 2 cm Durchmesser noch durchsichtig ist. Darauf fügt man ebensoviel Tropfen Natriumcarbonatlösung (2,8% kryst. Salz) und doppelt soviel Tropfen Essigsäure (Spez. Gewicht 1,04; 0,5% Natriumtartrat enthaltend) hinzu. Nach dem Schütteln und Stehenlassen scheidet sich bei Gegenwart von Gerbsäure ein schwarzer Niederschlag von Ferritannat aus; 1 mg Gerbsäure ist noch nachweisbar. Gallussäure gibt auch eine Färbung, aber keinen Niederschlag.

Reaktion II. Zu 10 ccm Gerbsäurelösung fügt man tropfenweise Ferrisulfatlösung (1% Ferrisulfat + 1,5% Natriumacetat + 0,17% Natriumtartrat enthaltend), bis keine stärkere Schwarzfärbung mehr eintritt und dann ebensoviel Tropfen Leimlösung (0,125 g Gelatine in 12,5 ccm heißem Wasser gelöst und mit 87,5 ccm Essigsäure — Spez. Gewicht 1,064 — versetzt) hinzu und schüttelt. Nach kurzer Zeit fällt die Gerbsäure als flockiger blauschwarzer Niederschlag aus. Bei Gegenwart von Gallussäure bleibt die Lösung schwarz gefärbt.

Reaktion III. Die Gerbsäurelösung wird wie bei der Reaktion I verdünnt. Gibt man zu 10 ccm der neutralen oder schwach sauren Lösung 1 Tropfen Ferrisulfatlösung (2%) hinzu, so gibt Gallussäure eine Schwarzfärbung, welche sofort in Gelb übergeht, Gerbsäure dagegen eine bleibende Schwarzfärbung. — Verwendet man Ferriacetat statt Ferrisulfat, so bleibt die Schwarzfärbung auch bei Gallussäure bestehen.

b) Reaktion mit Kaliumcyanid nach S. YOUNG[3]. Gibt man nach G. GRIGGI[4] zu einer wäßrigen Lösung (1%) von Gallussäure etwas Kaliumcyanid in Substanz oder tropfenweise 1 ccm einer Lösung (1 : 30), so entsteht beim Schütteln oder durch Zusatz von Wasserstoffsuperoxyd eine hellrubinrote Färbung, welche beim Stehen, abgesehen von der Oberfläche, verschwindet und beim Schütteln wieder entsteht, abermals verschwindet usw. Bei Anstellung der Reaktion ist die Wasserstoffzahl zu berücksichtigen und unter Umständen durch Zusatz von 0,1 N.-Lauge zu korrigieren. Mit Tannin tritt keine Farbenreaktion und mit Di- und Pyrogallussäure nur eine Gelbrotfärbung ein.

Nach K. FREUDENBERG[5] kann man die Reaktion noch empfindlicher gestalten, wenn man einen Tropfen der Gallussäure-Kaliumcyanidlösung auf Filtrierpapier bringt. Die anfangs fast farblose Stelle wird rot; nach etwa 15 Sekunden ist der Höhepunkt der Färbung erreicht. Das Rot verblaßt und macht einem kräftigen Schwefelgelb Platz. Tannin und alle anderen Verbindungen, die gebundene Gallussäure enthalten, zeigen die Kaliumcyanidreaktion, im Reagensglas ausgeführt, nicht oder außerordentlich schwach. In dieser Form dient die Reaktion zur Unterscheidung von gebundener und freier Gallussäure. Auf dem Filtrierpapier ausgeführt, ist die Reaktion hierfür zu scharf, da die geringen Mengen der durch Hydrolyse während der Reaktion aus dem Tannin freiwerdenden Gallussäure zu der Annahme verleiten können, diese sei in freiem Zustand beigemengt.

c) Reaktion mit Kaliumbichromat. Gerbstofflösungen geben mit konz. Kaliumbichromatlösung dunkelrote bis braune Niederschläge; CH. M. FEAR[6] setzt zu 1 ccm Gerbstofflösung (1%) 1 ccm konz. Kaliumbichromatlösung; gefällt werden hierbei unter anderen Stoffen Gallussäure, Gallotannin, Pyrogallolgerbstoffe.

Nach BENNETT[7] versetzt man 2—3 ccm der zu untersuchenden Gerbstofflösung mit 2—3 ccm Natriumsulfitlösung (10%) und 1—2 Tropfen Kalium-

[1] FLÜCKIGER: Pharm. Chemie 1879, 305; Mercks Reagenzien-Verz. 1929, 183.

[2] RUOSS: Zeitschr. analyt. Chem. 1902, **41**, 717. — Vgl. auch E. ATKINSON u. E. O. HAZLETON: Biochem. Journ. 1822, **16**, 48; **C.** 1922, II, 785.

[3] S. YOUNG: Chem. News 1883, **48**, 31; Zeitschr. analyt. Chem. 1884, **23**, 227. — S. LOEWE u. F. LANGE: Arch. Pharm. 1925, **263**, 107.

[4] G. GRIGGI: Boll. chim. farmac. 1898, **38**, 5; **C.** 1899, I, 454.

[5] K. FREUDENBERG: Chemie der natürlichen Gerbstoffe 1920, S. 19.

[6] CH. M. FEAR: Analyst 1929, **54**, 227.

[7] Nach E. STIASNY: Collegium 1912, 483; **C.** 1912, II, 1405.

chromatlösung (10%). Catechugerbstoffe bewirken eine grüne Färbung; von den Pyrogallolgerbstoffen geben Myrobalanen- und Sumachgerbstoffe, sowie Gallusgerbsäure eine blaurote Färbung, die rasch in Braun umschlägt; Valonen-, Kastanien- und Eichenholzextrakte geben eine tiefrotviolette, ziemlich beständige Färbung.

d) Reaktion mit Formaldehyd. Zum Nachweise von Pyrogallol- neben Catechugerbstoffen werden etwa 50 ccm Gerbstofflösung (0,35—0,45%) mit 5 ccm konz. Salzsäure und 10 ccm Formaldehydlösung (40%) $^1/_2$ Stunde am Rückflußkühler gekocht, gut abgekühlt und filtriert. Etwa 10 ccm des Filtrates werden mit etwa 1 ccm Eisenalaunlösung (1%) und 5 g festem Natriumacetat, ohne zu schütteln, versetzt. Bei Gegenwart von Gerbstoffen tritt Bildung einer blauen oder violetten Färbung am Boden des Reagensglases ein[1].

Nach S. A. Celsi[2] löst man eine Spur Substanz in 1 ccm konz. Essigsäure und versetzt mit einigen Tropfen Formaldehydlösung. Auf Zusatz von wenigen Tropfen konz. Salzsäure zu der erwärmten Lösung entsteht eine kirschrote Färbung, die bei Zusatz von Essigsäure bestehen bleibt. Die Reaktion gelingt noch in einer Verdünnung von 1 : 100000. Positiv ist dieser Nachweis nach dem Erhitzen im Reagensglas bei Gallussäure, Tannin, Tannigen, Tannoform, Tannalbin.

e) Reaktion mit Phosphorwolfram- und Molybdänsäure. Nach G. Reif[3] löst man zur Darstellung des Reagens 3 g Natriumwolframat, 2 g Natriumphosphat und 0,05 g Molybdänsäure unter Erhitzen auf dem Wasserbade in 25 g Wasser, läßt abkühlen und neutralisiert mit Salpetersäure gegen Lackmus. Man versetzt 10 ccm der zu prüfenden Lösung mit 0,5 ccm Salzsäure (10%) und 1 ccm Reagens. Beim Erhitzen entsteht bei Anwesenheit von Gerbsäure eine Violettfärbung.

f) Reaktion mit Ammoniummolybdat. Nach Gardiner[4] werden Gerbsäurelösungen durch Ammoniummolybdat intensiv gelbbraun bis dunkelbraun gefärbt, aber nicht gefällt. Verwendet man als Reagens eine Salpetersäure enthaltende Lösung von Ammoniummolybdat, so hat man ein äußerst empfindliches Reagens auf Gerbsäure und Gallussäure, die in einer Lösung von 1 : 100000 durch dieses Reagens noch bräunlichgelb gefärbt werden.

g) Reaktion mit Jod. Nach O. Schewket[5] schüttelt man 2 ccm einer 1%igen Gallus- oder Gerbsäure- (Tannin-) Lösung mit 3 ccm einer Lösung von Jod (1%) in Kaliumjodid (2,5%) und setzt 300—500 ccm einer sehr verdünnten Alkalicarbonatlösung — auch einer Lösung von Natriumborat, Dinatriumphosphat und Alkaliformiat, -acetat, -tartrat, -citrat, -oxalat — hinzu; es entstehen kräftige rotviolette Färbungen. Verdünnte Mineralsäuren und konz. Alkalilösungen sowie ein Überschuß an Tannin stören die Reaktion.

h) Reaktion mit Phenylhydrazin. Nach Böttinger[6] erhitzt man eine kleine Menge der zu prüfenden Substanz mit der doppelten Menge Phenylhydrazin einige Minuten auf 100° und gibt nach dem Verdünnen mit Wasser und nochmaligem Erhitzen 1—2 Tropfen der Flüssigkeit in ein großes Becherglas voll Wasser, das mit Natronlauge alkalisch gemacht ist. Es entsteht bei

---

[1] Nach E. Stiasny: Collegium 1912, 483; C. 1912, II, 1405.

[2] S. A. Celsi: Revista Centro Estudiantes Farmacia Bioquimica 1828, **16**, 642; C. 1928, I, 2850.

[3] G. Reif: Z. 1925, **50**, 192.

[4] Gardiner: Enzyklop. ges. Pharm. 1888, **4**, 508; Mercks Reagenzien-Verz. 1929, S. 200.

[5] O. Schewket: Biochem. Zeitschr. 1913, **52**, 271. — Vgl. auch Zeitschr. analyt. Chem. 1871, **10**, 43.

[6] Böttinger: Ann. Chem. 1890, **256**, 341; Chem.-Ztg. 1890, **14**, Rep. 152 u. 191.

Anwesenheit von Tannin eine blaue Färbung, die allmählich in Gelb übergeht. Gallussäure bewirkt eine gelbe bis orangegelbe Färbung.

i) Sonstige Reaktionen. 1. Nach M. Nierenstein[1] entsteht mit wenig Alkalilauge bei Gallussäure eine grüne, bei Tannin eine rote Färbung. — 2. Nach H. R. Procter[2] geben Gerbstofflösungen mit Kaliumarseniat grüne, auf Säurezusatz rotviolette Färbungen. — 3. Nach A. Seyda[3] gibt Auronatriumchlorid mit schwachen Gerbsäurelösungen purpurrote Färbungen und mit konz. Lösungen ebensolche Fällungen.

Mikrochemischer Nachweis.

Für den Nachweis von Gallussäure können die nadelförmigen Krystalle der Säure selbst dienen, die man erhält, wenn man eine Gallatlösung mit etwas Essigsäure versetzt[4]. — Nach J. M. Korenman[5] entstehen beim Zusatz von Hexamethylenlösung (10%) zu einer Gallussäurelösung charakteristische Krystalle von Parallelogrammform, oft mit abgestumpften Ecken. — Nach Behrens[6] geben auch Bariumacetat und Zinkacetat in Gallaten kennzeichnende Krystallbildungen. Über den Nachweis von Gerbstoffen in Pflanzenteilen siehe Bd. I, S. 535.

II. Bestimmung.

Verfahren zur Bestimmung der Gerbstoffe gibt es eine große Zahl[7]; die meisten von ihnen sind aber für die Untersuchung von Gerbmaterialien der Lederindustrie und von Tinten bestimmt. Über die Verfahren, welche in erster Linie für die Untersuchung von Drogen in Frage kommen, haben O. Linde und H. Teufer[8] vergleichende Untersuchungen angestellt und kommen dabei zu folgenden Ergebnissen: Das gewichtsanalytische Hautpulververfahren ist in allen Fällen brauchbar, während das in der Technik viel verwendete titrimetrische Verfahren nach Loewenthal-v. Schröder niedrigere Ergebnisse liefert und insofern auf unsicherer Grundlage beruht, als bei der Einstellung der Kaliumpermanganatlösung das wenig gut definierte Tannin verwendet werden muß. Die Bestimmungsverfahren mit Kupferacetat und Zinnchlorür ergeben zwar etwas niedrigere Werte als das gewichtsanalytische Hautpulververfahren, eignen sich aber sehr wohl zur Gerbstoffbestimmung in Drogen.

1. Hautpulververfahren. Das Verfahren beruht darauf, daß die Gerbstoffe der Lösung mittels Hautpulver entzogen werden, vor und nach dieser Entziehung bei dem gewichtsanalytischen Verfahren die Menge der gelösten organischen Stoffe bestimmt wird, während bei dem maßanalytischen Verfahren durch Behandlung mit Kaliumpermanganatlösung die Menge der oxydierbaren organischen Stoffe bestimmt wird.

Das zu verwendende Hautpulver muß feinwollig und weiß sein; es darf keine in kaltem Wasser löslichen Stoffe enthalten bzw. beim titrimetrischen Verfahren keine solchen, die Kaliumpermanganat reduzieren. Sind solche Stoffe vorhanden, so muß es entweder vorher durch Ausziehen mit Wasser von ihnen befreit und bei gewöhnlicher Temperatur wieder getrocknet und zerkleinert werden oder es muß in einem Leerversuch mit etwa 3 g die Menge der reduzierenden Stoffe bestimmt und von dem Bestimmungsergebnis in Abzug gebracht werden[9].

---

[1] M. Nierenstein: Chemie der Gerbstoffe 1910, S. 226.

[2] H. R. Procter: Zeitschr. analyt. Chem. 1874, **13**, 326.

[3] A. Seyda: Chem.-Ztg. 1898, **22**, 1085.

[4] J. Schmidt: In G. Kleins Handbuch der Pflanzenanalyse Bd. 2, S. 490. Berlin: Julius Springer 1932.

[5] J. M. Korenman: Pharm. Zentralh. 1929, **70**, 709.

[6] Behrens: Anleitung zur mikrochemischen Analyse, Organischer Teil, S. 87.

[7] J. Dekker gibt in seinem 1913 erschienenen Werke „Die Gerbstoffe" (Berlin: Gebrüder Bornträger) bereits 86 Gerbstoffbestimmungsverfahren an.

[8] O. Linde u. H. Teufer: Pharm. Zentralh. 1929, **70**, 21 u. 53.

[9] H. R. Procter und S. Hirst (Journ. Soc. chem. Ind. 1909, **28**, 294; C. 1909, I, 1613) haben das titrimetrische Verfahren von Loewenthal abgeändert und empfehlen die Verwendung von frisch chomiertem Hautpulver; dieses fällt aber bedeutend mehr „reduzierende Nichtgerbstoffe". — Vgl. auch H. G. Bennet: Zeitschr. analyt. Chem. 1918, **57**, 184.

a) Gewichtsanalytisches Verfahren. Das Verfahren wird nach J. v. SCHROEDER[1] in folgender Weise ausgeführt: 100 ccm der klaren Gerbstofflösung, die nicht mehr als 3,5—4,5 g Gerbstoff im Liter enthalten darf, werden in einer Platinschale auf dem Wasserbade zur Trockne eingedampft, der Rückstand bei 100° bis zur Gewichtskonstanz getrocknet, gewogen und verascht. Man erhält so die Gesamtmenge der organischen Stoffe. Weitere 200 ccm der Gerbstofflösung schüttelt man mit 10 g Hautpulver $^1/_2$—1 Stunde lang, filtriert durch ein Tuchfilter, preßt vom Hautpulver ab und behandelt das Filtrat nochmals 20—24 Stunden mit 4 g Hautpulver. Von dem klaren Filtrat dampft man 100 ccm ein und verfährt genau wie oben. Auf diese Weise erhält man die organischen „Nichtgerbstoffe". Die Differenz beider Bestimmungen ergibt den Gerbstoffgehalt der Lösung.

b) Maßanalytisches Verfahren nach LOEWENTHAL-v. SCHROEDER[2]. Die zu untersuchende Gerbstofflösung wird in der gleichen Weise wie unter a) mit Hautpulver behandelt und vor und nach dieser Behandlung mit Kaliumpermanganatlösung oxydiert, wobei Indigolösung als Indicator dient. Die Differenz zwischen beiden Titrationen ist gleich dem Reduktionswert der Gerbstoffe. Der Wirkungswert der Kaliumpermanganatlösung wird gegen eine Tanninlösung eingestellt.

Erforderliche Lösungen. 1. Permanganatlösung[3]. 10 g reinstes Kaliumpermanganat werden mit frisch ausgekochtem Wasser zu 6 l gelöst. Zur Einstellung löst man 2 g lufttrockenes reines Tannin in 1 l Wasser und bestimmt den gesamten Kaliumpermanganatverbrauch von 10 ccm dieser Lösung und 20 ccm Indigolösung, deren bekannter Reduktionswert abzuziehen ist. Ferner bestimmt man den Kaliumpermanganatverbrauch der mit Hautpulver behandelten Tanninlösung, indem man 50 ccm Tanninlösung mit 3 g Hautpulver, das zuvor eingeweicht und dann wieder ausgepreßt war, unter öfterem Schütteln 18—20 Stunden behandelt, dann filtriert und hiervon 10 ccm mit Kaliumpermanganat und Indigo titriert. Beträgt der Verbrauch an Kaliumpermanganat des Hautfiltrates nicht mehr als 10% des Gesamtverbrauchs, so ist das Tannin zur Titerstellung brauchbar. Durch Trocknen bei 100° bis zum konstanten Gewicht bestimmt man seinen Wassergehalt und berechnet aus dem Gesamt-Kaliumpermanganatverbrauch den Titer auf die Trockensubstanz des Tannins. Den so erhaltenen Titer multipliziert man mit 1,05, um den wahren Titer des Kaliumpermanganats zu finden.

2. Indigolösung. 10 g Indigotine (Indigo-schwefelsaures Natrium) werden in 1 l verdünnter Schwefelsäure (1 : 5 Vol.) gelöst und diese Lösung wird mit 1 l Wasser verdünnt.

3. Tanninlösung[4]. 2 g lufttrockenes reinstes Tannin werden mit Wasser zu 1 l gelöst.

Ausführung der Titration. Zu der die Indigo- und Gerbstofflösung enthaltenden, auf $^3/_4$ l verdünnten Flüssigkeit läßt man aus einer Bürette 1 ccm-weise die Kaliumpermanganatlösung fließen und rührt nach jedem Zusatz 5—10 Sekunden stark um. Ist die Flüssigkeit hellgrün geworden, so läßt man nur je 2—3 Tropfen einfließen, und zwar so lange, bis die Flüssigkeit rein goldgelb erscheint. Um das Ende der Reaktion scharf erkennen zu können, stellt man das Becherglas auf ein weißes Papier.

Bei der Ausführung einer Gerbstoffbestimmung muß man möglichst genau dieselben Bedingungen einhalten wie bei der Titerstellung. Da die gerbstoffhaltigen Materialien auch solche reduzierenden Substanzen enthalten können, die nicht Gerbstoffe sind, so bestimmt man in 10 ccm ihrer wäßrigen Lösung den Kaliumpermanganatverbrauch, hierauf nach dem Ausfällen mit Hautpulver (3 g auf 50 ccm der Lösung) die zur Oxydation notwendige Kaliumpermanganatlösung. Die Differenz beider Titrationswerte ergibt den Kaliumpermanganatverbrauch, welcher der vorhandenen Gerbstoffmenge entspricht. Die Gerbstofflösung muß einen derartigen Gehalt haben, daß 10 ccm 4—10 ccm Permanganat-

---

[1] E. SCHMIDT: Lehrbuch der pharmazeutischen Chemie, 6. Aufl., Bd. 2, 1575.

[2] C. COUNCLER u. J. v. SCHROEDER: Versamml. Gerbstoffbestimmungs-Kommission Berlin 1883. Bericht Cassel 1885. Verlag Theodor Fischer. Zeitschr. analyt. Chem. 1886, **25**, 121.

[3] E. MARTIN (Chim. et Ind. 1927, **17**, Sonder-Nr. 556; **C.** 1928, I, 1132) empfiehlt die Anwendung von Kaliumdichromatlösung und titriert deren Überschuß mittels einer eingestellten Ferrosalzlösung unter Tüpfeln mit Ferricyankalium zurück.

[4] E. R. PROCTER u. S. HIRST (S. 1174) empfehlen statt der Einstellung gegen Tannin eine solche gegen Gallussäure.

lösung reduzieren. Zwischen Gerbstoffgehalt und Permanganatverbrauch herrscht nicht vollständige Proportionalität, da der Permanganatverbrauch von der Konzentration der Lösungen abhängig ist.

2. Bestimmung von Tannin als Ferritannat. Nach RUOSS[1] werden 50 ccm Gerbstofflösung in einem 250-ccm-Kolben zuerst mit 10 ccm 0,5 N.-Natriumcarbonatlösung (7,136 g krystallinisches Salz in 100 ccm), dann mit 10 ccm Ferrisulfatlösung (5%) geschüttelt und nun sofort mit 25 ccm essigsaurer Natriumtartratlösung (80 ccm Essigsäure vom Titer 7,5 + 20 ccm 2,5%iger Natriumtartratlösung) versetzt, kräftig geschüttelt, zum Sieden erhitzt, 1 Minute in lebhaftem Sieden erhalten und filtriert. Der Niederschlag wird mit heißem Wasser ausgewaschen, bis das Waschwasser eisenfrei (Kaliumrhodanid + Salzsäure) ist. Nach dem Trocknen wird der Niederschlag verascht und der Rückstand (Eisenoxyd) gewogen. $Fe_2O_3 \times 4,024$ = Gerbsäure.

Durch die obige Art der Fällung wird basisches Ferritannat abgeschieden, aus dem durch das Waschen mit Wasser der Eisenüberschuß entfernt wird, so daß normales Ferritannat zurückbleibt.

3. Bestimmung mit Kupferacetat[2]. Man versetzt die Gerbstofflösung mit einem geringen Überschuß neutraler Kupferacetatlösung (4%) — die Lösung muß grüngefärbt sein —, kocht die Lösung auf, filtriert den Niederschlag ab, wäscht ihn bis zum Verschwinden der Kupferreaktion aus, trocknet und verascht ihn, behandelt die Asche mit Salpetersäure und glüht. Kupferoxyd × 1,305 = Gerbstoff. Da die verschiedenen Gerbstoffverbindungen keinen einheitlichen Kupfergehalt haben, ist es vorzuziehen, den Kupferniederschlag auf einem gewogenen Filter zu sammeln, ihn nach dem Trocknen zu wägen und seine Asche als Kupferoxyd in Abzug zu bringen. Die Differenz ist der Gerbstoffgehalt.

Wenn die Gerbstofflösung auch Gallussäure und Pektinstoffe enthält, so entfernt man erstere vor dem Kupferacetatzusatz durch Ausschütteln mit Äther und letztere nach dem Vorschlage von GAWALOWSKI durch Eindampfen der Gerbstofflösung zur Sirupkonsistenz, Behandeln mit Alkohol-Äther (2 + 1) und Abfiltrieren der ausgeschiedenen Pektinflocken. Nach dem Abdampfen des Alkohol-Äthers fällt man die Gerbstoffe mit Kupferacetat.

4. Bestimmung mit Zinnchlorürlösung. Nach H. RISLER-BEUNAT[3] fällt man einen wäßrigen Gerbstoffauszug mit einer Zinnchlorürlösung, welche 8 g Stannochlorid und 2 g Natriumchlorid im Liter enthält. Von dieser Lösung wird unter Umrühren so lange zugesetzt, wie noch ein Niederschlag entsteht. Dieser Niederschlag wird auf einem getrockneten, gewogenen Filter gesammelt, mit Wasser gewaschen, getrocknet und gewogen, wobei sich die Menge des Zinntannats ergibt. Hierauf wird das Filter mit Inhalt in einem Tiegel verascht, mit Ammoniumnitrat geglüht, wobei sich Stannioxyd (SnO_2) bildet, und nach dem Erkalten gewogen. Das Gewicht des Stannioxyds wird auf Stannooxyd (SnO) umgerechnet (100 Tle. SnO_2 = 89,38 Tle. SnO) und dieses Gewicht von dem des Zinntannats abgezogen.

Gallussäure wird nicht gefällt.

5. Colorimetrische Bestimmung von Gallussäure und Tannin von C. A. MITCHELL[4]. Die Verfahren sind zur Bestimmung kleiner Mengen von Pyrogallol, Gallussäure und Tannin (Gallotannin) und auch zur Bestimmung von Pyrogallol und Gallussäure je neben Tannin geeignet. Die farbgebende Verbindung

---

[1] RUOSS: Zeitschr. analyt. Chem. 1902, **41**, 717.

[2] H. FLECK: Gerber-Ztg. 1860, Nr. 2, 3, 4. — E. WOLFF: Zeitschr. analyt. Chem. 1862, **1**, 103. — J. M. EDER: Zeitschr. analyt. Chem. 1880, **19**, 106. — A. GAWALOWSKI: Zeitschr. analyt. Chem. 1882, **21**, 552; 1893, **32**, 616; 1915, **54**, 403. — O. LINDE u. H. TEUFER: Pharm. Zentralh. 1929, **70**, 21.

[3] H. RISLER-BEUNAT: Zeitschr. analyt. Chem. 1863, **2**, 287. — O. LINDE u. H. TEUFER: Pharm. Zentralh. 1929, **70**, 21.

[4] C. A. MITCHELL: Analyst 1923, **48**, 2; 1924, **49**, 162; C. 1923, II, 862; 1924, II, 787. Vgl. auch W. N. NICHOLSON u. D. RHIND: Analyst 1924, **49**, 505; C. 1925, I, 926.

ist in allen Fällen die Pyrogallolgruppe $C_6H_2(OH)_3$. Die Farbstärke ist dem Gehalt der Lösung an Gerbstoff proportional.

a) Verfahren mit Ferrosulfat. Es beruht darauf, daß Ferrosulfat in Gegenwart eines Tartrates mit Gallussäure und Tannin eine konstante lösliche Verbindung eingeht, deren sehr beständige Färbung in sehr verdünnten Lösungen rötlich violett und in konz. Lösungen blauviolett ist und mit der von Gallussäurelösungen von bekanntem Gehalt in HEHNERschen Zylindern mit seitlichem Abflußhahn verglichen wird.

Je 1 ccm einer Lösung von 0,1 g Gallussäure oder Tannin in 100 ccm oder 1 ccm der zu untersuchenden Gerbstofflösung gibt man zu 95 ccm Wasser in den Vergleichszylinder, setzt 2 ccm des Ferrosulfatreagens — eine frisch bereitete Lösung von 0,1 g Ferrosulfat und 0,5 g Kalium-natriumtartrat in 100 ccm Wasser — hinzu, ergänzt auf 100 ccm, mischt und vergleicht die Färbungen senkrecht und waagerecht mit der einer in gleicher Weise hergestellten Typlösung von 0,1 g reiner Gallussäure in 100 ccm Wasser. Sind die Färbungen ungleich, so läßt man von der dunkleren Lösung aus dem Zylinder soviel abfließen, bis die Färbungen gleich sind.

Bei der Berechnung auf Tannine ist zu berücksichtigen, daß in den Tanninen verschiedenen Ursprungs das Verhältnis von Didigalloylglucose und Digallussäureanhydrid ein verschiedenes ist und daher jedesmal durch Hydrolyse besonders ermittelt werden muß; bei dem von MITCHELL verwendeten Tannin war das Verhältnis von Gallussäure zu Tannin = 1 : 2,2. Nach diesem Verfahren läßt sich noch 0,1 mg Gallussäure in 100 ccm Lösung nachweisen.

Zur Bestimmung von Gallussäure und Tannin nebeneinander bestimmt man zunächst beide Stoffe zusammen in der obigen Weise und berechnet auf Gallussäure, dann fällt man das Tannin mit Chininhydrochlorid[1] und bestimmt im Filtrate die Gallussäure in gleicher Weise. Eine etwaige störende Einwirkung färbender Stoffe in der zu untersuchenden Lösung gleicht man durch Zusatz von Caramel zu der Vergleichslösung aus.

b) Verfahren mit Osmiumtetroxyd. Die in Gallussäure und Tannin vorhandene Pyrogallolgruppe verbindet sich mit Osmiumtetroxyd (OsO_4) in verdünnten Lösungen zu einer rötlich violetten, in konz. Lösungen zu einer fast schwarzen Lösung. Es lassen sich auf diese Weise noch 0,05 mg Pyrogallol = 0,07 mg Gallussäure in 100 ccm Wasser bestimmen.

Als Reagens verwendet man eine 0,1%ige Lösung von Osmiumtetroxyd, von der man 1 ccm zu 1 ccm der zu untersuchenden und der Vergleichslösung in 100 ccm Wasser hinzusetzt. Die Färbung beobachtet man nach 5 Minuten. Im übrigen ist die Ausführung der Untersuchung und auch das Verfahren zur Bestimmung von Gallussäure und Tannin nebeneinander. das gleiche wie bei a).

6. Sonstige Verfahren. Von den zahlreichen sonstigen Verfahren seien hier noch folgende genannt: a) Fällung als Chinintannat nach R. R. TATLOCK und R. T. THOMSON[2]. — b) Fällung mit Nickelhydroxyd nach P. SINGH[3]. — c) Titration mit Jod nach F. T. LEE[4]. — d) Fällung mit Wismutnitrat nach M. HIRSCH[5]. — e) Titration mit Titantrichlorid nach S. KRISHNA und N. RAM[6].

---

[1] Vgl. R. R. TATLOCK u. R. T. THOMSON: Analyst 1910, **35**, 103; **Z.** 1911, **22**, 531.
[2] R. R. TATLOCK u. R. T. THOMSON: Analyst 1910, **35**, 103; **Z.** 1911, **22**, 531.
[3] P. SINGH: Zeitschr. analyt. Chem. 1919, **58**, 373.
[4] F. JEAN: Ann. Chim. analyt. appl. 1900, **5**, 134; **C.** 1900, I, 1107. — BAUDET: Bull. Soc. chim. Paris 1906 [3], **35**, 760; **C.** 1906, II, 1291. — E. T. LEE: Journ. Amer. Leather Chemists Assoc. 1919, **14**, 114; **C.** 1919, IV, 304.
[5] M. HIRSCH: Chem.-Ztg. 1927, **51**, 718.
[6] S. KRISHNA u. N. RAM: Ber. Deutsch. Chem. Ges. 1928, **61**, 771.

Farbstoffe.

Von

Professor **Dr. A. Bömer** und **Dr. O. Windhausen**-Münster i. W.

Der Nachweis der natürlichen Farbstoffe der Lebensmittel oder von fremden natürlichen oder künstlichen Farbstoffen, die den Lebensmitteln zugesetzt sind, kann auf chemischem oder spektroskopischem Wege geführt bzw. zu führen versucht werden. Beide Verfahren sind aber noch wenig vollkommen und führen daher hinsichtlich des Nachweises der einzelnen fremden Farbstoffe nur in seltenen Fällen zu sicheren Ergebnissen; dagegen läßt die Gruppe der fremden Teer- (Anilin-) Farbstoffe neben natürlichen Farbstoffen sich meist zuverlässig nachweisen. Immerhin empfiehlt es sich aber, auch bei diesen mehrere der nachfolgenden Verfahren nebeneinander anzuwenden, um zu sicheren Ergebnissen zu gelangen.

Besondere Schwierigkeiten bietet aber die Bestimmung der Menge der fremden Farbstoffe in Lebensmitteln, zumal die zugesetzten Farbstoffmengen infolge des starken Färbungsvermögens, namentlich der Teerfarbstoffe, meist nur sehr klein sind. Man begnügt sich daher in der Regel lediglich mit dem Nachweise fremder Farbstoffe.

Nur bei der Untersuchung der Farbstoffe selbst kann ein Nachweis der einzelnen Farbstoffe in Frage kommen, um beurteilen zu können, ob die Farbstoffe zum Färben von Lebensmitteln zulässig sind oder wegen ihrer Giftigkeit zum Färben von Lebensmitteln nicht in Frage kommen. Immerhin bestehen aber auch hierbei insofern große Schwierigkeiten, weil die Zahl der künstlichen Farbstoffe von den einzelnen Farbentönen eine sehr große ist, auch die Benennungen der einzelnen Farben vielfach Verschiedenheiten aufweisen und ständig neue Farbstoffe hinzukommen.

I. Chemischer Nachweis von Farbstoffen.

A. Nachweis von Farbstoffgruppen.

Meistens handelt es sich bei der Untersuchung der Lebensmittel auf fremde Farbstoffe nur um den Nachweis von Farbstoffgruppen, d. h. um den Nachweis von künstlichen (Teer-) Farbstoffen einerseits und natürlichen fremden Farbstoffen andererseits. Hierfür kommen vorwiegend folgende Verfahren zur Anwendung.

1. Ausfärbeverfahren.

Die Verfahren beruhen darauf, daß sich die künstlichen organischen Farbstoffe auf reine Wollfaser niederschlagen und durch Wasser nicht wieder ausgewaschen werden können, während die natürlichen Pflanzenfarbstoffe die Fasern gar nicht oder nur schwach färben und durch Wasser wieder ausgewaschen werden können.

a) Nach N. Arata[1] verfährt man, wie folgt: 50—100 ccm der Farbstofflösung — gefärbte Flüssigkeiten können direkt angewendet werden, aus festen

[1] N. Arata: Zeitschr. analyt. Chem. 1889, 28, 639.

Stoffen werden durch Wasser, Äthyl- oder Amylalkohol usw. Lösungen hergestellt[1] — werden 10 Minuten mit 5—10 ccm einer 10%igen Kaliumbisulfatlösung und 3—4 Fäden weißer, entfetteter sowie mit Alaun und Natriumacetat gebeizter Wolle in einer Porzellanschale oder einem Becherglase gekocht, die Fäden herausgenommen und mit Wasser gewaschen. Beim Vorhandensein von Teerfarbstoffen sind und bleiben die Fasern mehr oder weniger stark gefärbt und können zu weiteren Reaktionen verwendet werden. Behandelt man z. B. die ausgewaschene, rot gefärbte Wolle mit Ammoniak, so bleibt sie, wenn ein Teerfarbstoff vorliegt, entweder rot oder nimmt eine gelbliche Farbe an, die nach dem Auswaschen des Ammoniaks wieder in Rot übergehen kann. Bei Rotweinfarbstoff dagegen geht die an sich schwachrote Farbe der Wolle durch Behandlung mit Ammoniak in ein schmutziges, grünliches Weiß über.

Oder man wäscht die Wolle mit verd. Weinsäure aus, behandelt um etwa vorhandene Pflanzenfarbstoffe zu zerstören, kurze Zeit auf dem Wasserbade mit Quecksilberchloridlösung (1 : 9) und löst den in der Wolle fixierten Farbstoff entweder mit Schwefelsäure oder mit Äthylalkohol und Essigsäure wieder auf und prüft das Verhalten der Lösung noch gegen Alkali, Zinkstaub oder spektroskopisch. Die spektroskopische Untersuchung kann wertvolle Aufschlüsse über die Natur des Farbstoffs bringen (vgl. unten S. 1200).

Statt der in vorstehender Weise behandelten Wollfaser kann auch Baumwolle, die mit Tannin, Ferrihydroxyd oder Aluminiumhydroxyd gebeizt wird, verwendet werden.

Bei der Ausfärbung der Farbstoffe ist weiter zu berücksichtigen, daß basische Teerfarbstoffe sich nur in basischem oder neutralem Bade, die Säurefarbstoffe sich nur in saurem Bade auf Wolle niederschlagen. Man nimmt daher die Ausfärbung zweckmäßig sowohl im neutralen bzw. basischen als auch im sauren Bade vor.

Nach A. de Kroes und A. Reclaire[2] liefert das Ausfärbeverfahren nach Arata nach dem Umfärben bessere Ergebnisse als nach einmaligem Ausfärben.

b) Nach Ch. H. La Wall[3]. Zu 100 ccm Farbstofflösung werden 5 ccm Salzsäure (10%) gegeben und in dieser Mischung wird ein etwa 1 × 4 Zoll großes Stück entfetteten Wollschleiers 1 Stunde lang gekocht. Wenn nach dem Abwaschen und Trocknen auf dem Gewebe eine deutliche Färbung sichtbar bleibt, wird es zur Lösung des fixierten Farbstoffs mit verd. Ammoniak behandelt. Diese Lösung wird dann mit Salzsäure (10%) leicht angesäuert und mit einem neuen Stück des Gewebes 1 Stunde lang gekocht. Bei keinem der Fruchtfarbstoffe wird eine zweite Färbung der Wolle erhalten; bei der ersten stellt sich gewöhnlich eine leichte schmutzigrote Färbung heraus. Die anderen Pflanzenfarbstoffe färben zum Teil beim ersten Versuche die Wolle ganz deutlich, nicht jedoch bei der zweiten Ausfärbung. Bei den roten Farbstoffen wird in allen Fällen die zum ersten Male gerötete Wolle beim Betupfen mit Ammoniak purpurrot (Unterschied von den Teerfarbstoffen). Die gelben Farbstoffe zeigen kein einheitliches Verhalten; die meisten bleiben mit Ammoniak unverändert oder werden etwas dunkler, nur Gelbholz erteilt bei der ersten Ausfärbung der Wolle eine hellgelbe Farbe, die mit Ammoniak in Rosarot umschlägt. Die Teerfarbstoffe geben bei der zweiten Ausfärbung der Wolle eine Farbe von derselben Intensivität, wie bei der ersten; Ammoniak verursacht keine Veränderung.

Das Verhalten der pflanzlichen Farbstoffe gegen Kaolin und ähnliche Entfärbungsmittel ist ganz verschieden. Naszierender Wasserstoff — dargestellt durch Einwirkung von Salzsäure auf Zink — und andere Reduktionsmittel, wie Zinnchlorür, bleiben ohne

[1] Da sich die Farbstoffe nur aus wäßriger Lösung auf die Faser niederschlagen lassen, so müssen alkoholische Auszüge erst von dem Lösungsmittel befreit und der Rückstand muß wieder in Wasser gelöst werden. Löst sich der Farbstoff nicht in Wasser, so kann er auch nicht ausgefärbt werden.

[2] A. de Kroes u. A. Reclaire: Chem. Weekbl. 1928, 25, 525.

[3] Ch. H. La Wall: Amer. Journ. Pharm. 1905, 77, 301; Z. 1906, 11, 751.

Wirkung auf die reinen Fruchtfarbstoffe, während einige von den anderen Pflanzenfarbstoffen dadurch erheblich verändert oder ganz zerstört werden. Die untersuchten Teerfarbstoffe werden vollständig entfärbt, es ist indes zu beachten, daß sich auch unreduzierbare synthetische Farbstoffe im Handel befinden.

L. M. Tolman[1] hebt hervor, daß Orseille und andere Flechtenfarbstoffe bei dieser Probe sich ebenso verhalten wie Teerfarbstoffe, also auch beim zweiten Ausfärben sich auf der Wolle niederschlagen. Man soll die ausgefärbte Wolle, wenn man Orseille vermutet, mit Ammoniak behandeln und die ammoniakalische Lösung mit Amylalkohol ausschütteln, wodurch im Gegensatz zu den natürlichen Fruchtfarbstoffen die Flechtenfarbstoffe mit purpurroter Farbe gelöst werden. Man kann den Amylalkoholauszug weiter auf dem Wasserbade eindampfen, mit Wasser aufnehmen, die wäßrige Lösung mit Zinn und Salzsäure reduzieren und mit Eisenchlorid wieder oxydieren. Hierbei werden alle Azofarbstoffe, die nur als Ersatz für Flechtenfarbstoffe dienen können, zersetzt, während die letzteren erhalten bleiben.

c) Nach E. Spaeth[2] zieht man auf künstliche Farbstoffe zu prüfende Lebensmittel mit Natriumsalicylatlösung aus und verfährt, wie folgt:

Man zieht die zu prüfende Substanz mit wäßriger Natriumsalicylatlösung (5%) $^1/_2$ Stunde im siedenden Wasserbade aus, filtriert, erhitzt im Filtrat nach Zusatz von einigen Kubikzentimetern verd. Schwefelsäure einige entfettete Wollfäden $^1/_2$—1 Stunde im siedenden Wasserbade und wäscht die Fäden zuerst mit Wasser und dann mit Alkohol aus. Sind künstliche Farbstoffe vorhanden, so ist die Wolle mehr oder weniger stark gefärbt.

2. Ausschüttelung der Farbstofflösung mit Äther und Amylalkohol.

a) Ausschüttelung mit Äther. Da einige Teerfarbstoffe in Äther löslich sind, so kann man sie von natürlichen Pflanzenfarbstoffen in der Weise trennen, daß man die Flüssigkeiten (etwa 100 ccm) mit Äther (etwa 30 ccm) in einem Zylinder von etwa 150 ccm Inhalt durchschüttelt und eine zweite Probe nach vorherigem Zusatz von 5 ccm Ammoniak in derselben Weise behandelt. Von den ätherischen Schichten hebt man mit einer Pipette 20 ccm klar ab, verdunstet den Äther, ohne zu filtrieren[3], über einem 5 ccm langen Wollfaden. Die an den Rändern des Schälchens sich abscheidenden Teile des Verdunstungsrückstandes löst man durch vorsichtiges Umschwenken in dem noch nicht verdunsteten Äther wieder auf. Wird der Wollfaden nach dem Verdunsten des Ätherauszuges der mit Ammoniak übersättigten Probe rot gefärbt, so sind Teerfarbstoffe vorhanden. Rührt die rote Färbung von natürlichen Pflanzenfarbstoffen her, so erscheint der Wollfaden, z. B. bei Rotwein, rein weiß, während er nach Verdunsten des Ätherauszuges der ursprünglichen, nicht mit Ammoniak versetzten Probe mehr oder weniger mißfarbig erscheint.

Auf diese Weise lassen sich nach Hasterlick[4] Fuchsin, Safranin und Chrysoidin (z. B. im Rotwein) nachweisen; für andere Anilinfarbstoffe wie Säurefuchsin (Rosanilinsulfosaures Natrium) und viele Azofarbstoffe liefert das Verfahren keine positiven Ergebnisse.

b) Ausschüttelung mit Amylalkohol. Auch der Amylalkohol löst verschiedene Teerfarbstoffe und wird besonders zum Nachweise der letzteren im Rotwein mitverwendet. Man durchschüttelt zu dem Zweck je 100 ccm der ursprünglichen, der mit Schwefelsäure angesäuerten und der mit Ammoniak übersättigten Flüssigkeit (Wein) mit je 30 ccm Amylalkohol und befördert die Trennung der Schichten, wenn nötig, durch Zentrifugieren.

---

[1] L. M. Tolman: Journ. Amer. Chem. Soc. 1905, **27**, 25; **Z.** 1906, **11**, 63.

[2] E. Spaeth: **Z.** 1901, **4**, 1020; Pharm. Zentralh. 1897, **38**, 884; 1903, **44**, 117.

[3] Durch vorherige Filtration können kleine Mengen Farbstoff, z. B. Fuchsin, in dem Filter zurückgehalten werden.

[4] Hasterlick: Mitt. Pharm. Inst. u. Labor. angew. Chem. Erlangen 1889, H. 2, 51.

α) Ist der amylalkoholische Auszug der mit Ammoniak übersättigten Flüssigkeit rot gefärbt, so sind basische Teerfarbstoffe vorhanden. Man hebt dann den klaren Amylalkohol ab, verdampft ihn unter Zusatz von etwas Essigsäure auf dem Wasserbade und kann mit dem Rückstand weitere Reaktionen zur Feststellung des Farbstoffes vornehmen.

β) Der amylalkoholische Auszug des mit Schwefelsäure angesäuerten Anteiles der Flüssigkeit enthält neben den künstlichen Säurefarbstoffen auch die natürlichen Pflanzenfarbstoffe wie z. B. von Wein. Um letztere zu entfernen, wird der von der unteren Flüssigkeit abgehobene Amylalkohol mit dem gleichen Volumen Wasser und dann tropfenweise mit Ammoniak bis zur alkalischen Reaktion versetzt. Die natürlichen Pflanzenfarbstoffe werden durch den Ammoniakzusatz grün bis grünbraun verfärbt, während die vorhandenen Teerfarben unverändert (z. B. rot) bleiben und beim Schütteln in das unter dem Amylalkohol befindliche Wasser übergehen. Letzteres wird zur Trockne eingedampft und der so erhaltene Rückstand kann zu besonderen Reaktionen verwendet werden.

γ) Ist der amylalkoholische Auszug der ursprünglichen, d. h. nicht mit Ammoniak oder Schwefelsäure versetzten Flüssigkeit rot gefärbt, so können Teerfarbstoffe, aber auch natürliche Pflanzenfarbstoffe vorhanden sein. Man trennt letztere alsdann in derselben Weise wie unter β) von den Teerfarbstoffen. Durch dieses Verfahren lassen sich auch Säurefuchsin und die Azofarbstoffe nachweisen.

c) Entmischung von Äthyl-Amylalkohollösungen durch Wasserzusatz. Ein Verfahren von J. J. HOFMAN[1] beruht darauf, daß sich Gemische gleicher Teile Äthyl- und Amylalkohol (auch Äthyl- und Benzylalkohol und von 1 Tl. Benzol und 10 Tln. Aceton) beim Verdünnen mit mehr als 5 Tln. Wasser in zwei Phasen teilen, wobei natürliche Farbstoffe sich in der wäßrigen (unteren) Phase finden, während die oberen Phasen meist farblos sind. Künstliche Farbstoffe sind stets in der oberen, vielfach aber in beiden Phasen vorhanden. Ferner zeigen sich Farbunterschiede, je nachdem die Flüssigkeit neutral, sauer oder alkalisch ist oder Reduktions- oder Oxydationsmittel zugesetzt worden sind.

3. Fällung mit Bleiessig.

Man versetzt 100 ccm gefärbte Flüssigkeit mit etwa 30 ccm Bleiessig, erwärmt die Mischung schwach, schüttelt gut um und filtriert. Ist das Filtrat gefärbt, so können basische Teerfarbstoffe vorhanden sein; da aber nicht sämtliche natürlichen Pflanzenfarbstoffe durch Bleiessig gefällt werden, sondern das Filtrat ebenfalls färben, so behandelt man zum sicheren Nachweise von Teerfarbstoffen das Filtrat nach 2b mit Amylalkohol. Da durch Bleiessig ferner nur die basischen Teerfarbstoffe angezeigt werden, so muß zum Nachweise von Säure- oder Azofarbstoffen noch die folgende, die sog. CAZENEUVEsche Probe mit gefälltem gelben Quecksilberoxyd durchgeführt werden.

4. Behandlung mit Quecksilberoxyd.

Nach P. CAZENEUVE[2] werden 10 ccm Flüssigkeit in der Kälte mit 0,2 g gefälltem gelbem Quecksilberoxyd 1 Minute lang geschüttelt und nach dem Absitzen durch ein 3—4faches angefeuchtetes Filter filtriert; in derselben Weise wird eine zweite Probe von Flüssigkeit mit 0,2 g gelbem Quecksilberoxyd einmal aufgekocht und dann 1 Minute lang geschüttelt. Nach dem vollständigen Absitzen des Quecksilberoxyds wird die Flüssigkeit durch ein 3—4faches Filter filtriert. Erscheint dieses Filtrat trübe, so ist das ein Zeichen, daß zu wenig

[1] J. J. HOFMAN: Pharm. Weekbl. 1928, **65**, 1190.
[2] P. CAZENEUVE: Compt. rend. Paris 1886, **102**, 51.

geschüttelt oder aufgekocht oder absitzen gelassen wurde; der Versuch muß dann wiederholt werden. Die etwaige trübe Beschaffenheit des Filtrats ist keineswegs die Folge einer Farbfälschung. Ein klares, aber gefärbtes Filtrat ist dagegen für den Nachweis von Teerfarben beweisend. Ist das Filtrat farblos, so können aber doch noch Teerfarbstoffe vorhanden sein; denn einige Teerfarbstoffe, z. B. Erythrosin, Eosin und einige blaue Teerfarbstoffe, werden ebenso wie natürliche Pflanzenfarbstoffe durch Quecksilberoxyd zurückgehalten.

Dagegen können auf diese Weise mit Sicherheit erkannt werden: Säurefuchsin, Bordeauxrot B, Roccelinrot, Purpurrot, Crocein BBB, Ponceau BB, Orange R, RR, RRR, Orange II, Tropäolin M, Tropäolin II, Kongorot, Amarantrot, Cochenilleextrakt I, 2B, Benzopurpurin, Biebricher Scharlach und Heßpurpur. Einige andere Teerfarbstoffe, z. B. Safranin, Chrysoidin, Chrysoin, Methyleosin, Rot I, Rot NN, Ponceau RR, werden von dem Quecksilberoxyd zum Teil zurückgehalten und können daher, wenn sie nur in geringer Menge vorhanden sind, dem Nachweise entgehen.

Statt fertig gebildetes gelbes Quecksilberoxyd anzuwenden, verfährt man auch in folgender Weise: 10 ccm Flüssigkeit werden mit 10 ccm einer kaltgesättigten Quecksilberchloridlösung geschüttelt, sodann mit 10 Tropfen Kalilauge (Spez. Gewicht 1,27) versetzt, wieder geschüttelt und durch ein trockenes Filter filtriert.

5. Bestimmung der elektrolytischen Leitfähigkeit.

Zur Unterscheidung von natürlichen und künstlichen Farbstoffen wenden G. W. Chlopin und P. J. Wassiljewa[1] die Bestimmung der elektrolytischen Leitfähigkeit an. Die natürlichen pflanzlichen und tierischen Farbstoffe besitzen eine geringere Leitfähigkeit als die künstlichen (Teer-) Farbstoffe, welche meist einen weniger komplizierten Bau mit mehr oder weniger deutlich ausgeprägten basischen oder sauren Eigenschaften aufweisen oder salzartige Verbindungen darstellen. Man stellt wäßrige oder alkoholische Lösungen der Farbstoffe her und bestimmt die Leitfähigkeit.

Der Widerstand, in „Ohm“ ausgedrückt, war in wäßriger Lösung, wenn der der künstlichen Farbstoffe = 1 gesetzt wurde, bei Cochenille und Catechu 4—22mal so groß und in alkoholischer Lösung bei Catechu, Quercitin, Orlean und Safran 6—40 mal so groß wie bei Pikrinsäure, Naphtholgelb, Auramin, Azoflavin und Chrysoidin.

B. Nachweis natürlicher Farbstoffe.

In diesem Abschnitt wird der Nachweis der Reinheit der Farben von natürlich gefärbten Lebensmitteln, z. B. Fruchtsäften, behandelt, ferner der Nachweis fremder natürlicher Farbstoffe, soweit solche zur Auffärbung von Lebensmitteln und Gebrauchsgegenständen und zu kosmetischen Zwecken Verwendung finden.

Nicht behandelt werden dagegen diejenigen Farbstoffe, welche lediglich zum Färben von Gespinsten und Papieren sowie als Malerfarben verwendet werden.

Angaben über Vorkommen, Zusammensetzung und Konstitution der verschiedenen natürlichen Farbstoffe finden sich in Bd. I, S. 569—636.

In früheren Zeiten wurden zum Auffärben von Lebensmitteln fast ausschließlich natürliche pflanzliche Farbstoffe verwendet. Heute sind diese fast vollständig durch die viel ausgiebigeren und reineren künstlichen (Teer-) Farbstoffe verdrängt.

Im nachfolgenden seien die wichtigsten, auch heute noch zum Auffärben natürlich gefärbter Lebensmittel sowie zu kosmetischen Zwecken dienenden

[1] G. W. Chlopin u. P. J. Wassiljewa: Z. 1913, 25, 596.

natürlichen Farbstoffe, nach Farbgruppen geordnet, zusammengestellt. Im Anschlusse daran werden die Verfahren zum Nachweise der Farbstoffe, soweit solche Verfahren bekannt sind, behandelt. Diese Verfahren beruhen meist auf der verschiedenen Löslichkeit der Farbstoffe sowie auf den Farbänderungen, welche bei Zusatz von Mineralsäuren, Laugen und Salzlösungen entstehen. Über den spektroskopischen Nachweis siehe S. 1200.

1. Rote Farbstoffe.

Die wichtigsten natürlich rot gefärbten Lebensmittel sind Früchte und Zubereitungen daraus, Rotwein, Rote Rüben und Tomaten.

a) Auffärbung. Zur Auffärbung der von Natur schwach gefärbten oder zu stark verdünnten Produkte dienen außer den durch ihre starke Färbung ausgezeichneten Säften und Marmeladen von sog. schwarzen Kirschen, Heidelbeeren, Brombeeren und Hollunderbeeren, sowie zu kosmetischen Zwecken, noch folgende natürlichen roten Farbstoffe:

α) Alcanna (Bd. I, S. 589) mit dem violettroten Farbstoff Alcannin wird zu kosmetischen Zwecken verwendet.

β) Kermesbeere. Beeren der in tropischen Gegenden einheimischen, in Südfrankreich und Portugal eingebürgerten Phytolacca decandra L. Der rotgefärbte Saft dient vielfach zum Auffärben von Rotwein; auch stellt man aus den Beeren eine rote Schminke her.

γ) Sandelholz ist das Stammholz von Pterocarpus santalinus und indicus (Familie der Dalbergien), in Ostindien, Ceylon, Timor und an der Koromandelküste gedeihend. Camwood und Barwood stammen von Baphia nitida (Westküste von Afrika). Der Farbstoff des Sandelholzes ist das Santalin; es ist ein schokoladefarbiges Pulver, das bei 243° erweicht und bei 250—260° sich zersetzt. In Wasser ist es schwer löslich, in Alkohol, Äther und Essigsäure mit blutroter Farbe leicht löslich. Mit Natronlauge entsteht eine dunkelrote Färbung, mit alkoholischer Bromwasserstoffsäure eine carminrote Lösung, mit alkoholischer Eisenchloridlösung eine violette Färbung. Camwood enthält neben Desoxysantalin ein Isomeres von Santalin, das Isosantalin. Desoxysantalin ist ein lebhaft rotes Pulver, in Äther mit grüner Fluorescenz löslich, in Alkohol orangebraune Lösung. Mit Natronlauge entsteht eine scharlachrote Lösung, mit alkoholischer Bromwasserstoffsäure eine scharlachrote Lösung, mit alkoholischer Eisenchloridlösung eine rotbraune Lösung. Lacke werden aus dem alkalischen Auszug von Sandelholz durch Fällen mit Alaun (ziemlich feuriges Purpurbraun), mit Magnesiumsalzen (dunkelbraun, fast violett), mit Zinksalzen (violettbraun), mit Zinnsalzen (lila), mit Bleisalzen (rotviolett), mit Kupfersalzen (violettbraun) und mit Eisensalzen (braungelb) erhalten[1].

Sandelholz dient zum Färben von Feinbäckereiwaren und Likören.

δ) Malvenblüten. Wilde Malven enthalten Malvidin als Malvinglucosid in den violetten Blüten.

ε) Klatschmohn enthält den Farbstoff Cyanidin als Cyanin.

ζ) Rote Rüben (Rote Beten, Beta vulgaris L. var. hortensis) enthalten Betanin, ein stickstoffhaltiges Anthocyan.

η) Auch gewisse Krapp-Farbstoffe (Bd. I, S. 591) sollen gelegentlich zum Färben von Getränken Verwendung finden.

b) Nachweis der Farbstoffe. Der chemische Nachweis der einzelnen natürlichen roten Farbstoffe bietet große Schwierigkeiten; man wird daher nur selten in der Lage sein, die einzelnen Farbstoffe sicher zu erkennen, da sie in ihrem Verhalten gegen Reagenzien große Ähnlichkeiten aufweisen. Einen Überblick hierüber gibt die Tabelle 1 auf S. 1184.

Zur Isolierung von Anthocyanen (Cyanidin, Malvidin, Betanin usw.) und anderen basischen Farbstoffen haben R. Willstätter und G. Schudel[2] ein Verfahren ausgearbeitet. Die in Wasser leicht löslichen, in Äther unlöslichen Farbstoffe lassen sich mit Hilfe von Pikrinsäure und Dichlorpikrinsäure aus wäßrigen Lösungen in organische Lösungsmittel überführen. Die Anthocyane unterscheiden sich bei Zusatz von Pikrinsäure zur Lösung

[1] Vgl. auch A. A. Wilson u. J. N. Bennet (Pharmac. Journ. 1928, **120**, 582) über Farbreaktionen des Blauholzes, Sappenholzes und Sandelholzes mit Bleiacetat. Ferner L. Soep (Analyst 1927, **52**, 696).

[2] R. Willstätter u. G. Schudel: Ber. Deutsch. Chem. Ges. 1918. **51**, 782.

Tabelle 1. Verhalten natürlicher roter
(Aus „Bibliothek der gesamten Lebensmittel-

Nr.	Säfte von	Amylalkohol-auszug		Bleiessig		Blei-hydroxyd	Ferro-sulfat	Aluminium-acetat + Na_2CO_3
		direkt	sauer	Fällung	Filtrat			
1	Kirschen	—	—	blaugrau	bläulich	rötlich	rötlich	grau
2	Himbeeren	—	schwach gelblich	„	blaugrau	Filtrat: rötlich	„	„
3	Johannisbeeren	—	—	„	—	rötlich-gelb	„	„
4	Brombeeren	rötlich	gelbrot	blaugrün	—	grüngrau	„	graublau
5	Heidelbeeren	rotviolett	„	dunkelblaugrün	grünlich	graugrün	rotviolett	„
6	Hollunderbeeren	rötlich	„	blaugrün	bläulichgrün	grüngrau	blauviolett	„
7	Kermesbeeren (Phytolacca)	—	schwach bläulichrot	rotbraun	entfärbt	fleischrot Filtrat: gelbrot	nicht kennzeichnend	rotviolett
8	Mohnblüten	rot	rot	blaugrün	—	graugrün	kaum entfärbt	grau
9	Malvenblüten	violettrot	„	grün	—	grün	stark blauviolett	blaugrün
10	Roten Rüben	—	—	rotgelb	orangegelb	fleischfarben	nicht kennzeichnend	violettrot
11	Alcanna[2]	rot	rot	blau[2]	—	bläulich	bläulichgrau	graublau

[1] In saurer Lösung sind sämtliche Farbstoffe rot. — Mit Quecksilberchlorid bei Mohnblüten nicht ganz. — Natriumphosphat entfärbt sämtliche Lösungen außer denen

[2] Der Alcannafarbstoff ist in Äther, Essigäther und Chloroform in neutraler, saurer

der Chloride in ihrer Verteilung folgendermaßen: Anthocaynidine (Cyanidin) gehen aus wäßriger Lösung mit Pikrinsäure quantitativ in Äther über. Monoglucoside (wie Chrysanthemin) und Diglucoside (wie Cyanin) gehen auch mit Pikrinsäure nicht in Äther über.

2. Gelbe Farbstoffe[1].

Eines der wichtigsten natürlich gelb gefärbten Lebensmittel ist das Eigelb[2]; es werden daher auch andere Lebensmittel, wie Teig- und Backwaren, denen

[1] Zu den natürlichen gelben Farbstoffen gehört auch das Gummigutt (Bd. I, S. 626), dessen Verwendung bei Lebensmitteln, da es giftig ist, durch das Farbengesetz vom 5. Juli 1887 ausdrücklich verboten ist. Da Gummigutt nur als Aquarellfarbe und Lack verwendet wird, zum Färben von Lebensmitteln auch wegen seiner Schwerlöslichkeit in Wasser, Alkohol und Äther kaum Verwendung finden kann, soll es hier nicht näher behandelt werden. Über seinen Nachweis siehe E. Hirschsohn: Zeitschr. analyt. Chem. 1891, **30**, 655 und L. Grünhut: Zeitschr. öffentl. Chem. 1898, **4**, 563; Z. 1899, **2**, 538.

[2] Im Sommer ist auch das Butterfett natürlich gelb gefärbt; hierüber siehe Bd. IV.

Pflanzenfarbstoffe gegen Reagenzien[1].
Industrie“ Bd. 6, Leipzig 1914 [Dr. MAX JÄNECKE].)

Ammoniakalaun	Ammoniak	Natriumcarbonat	Kalilauge	Calciumcarbonat	Magnesium- oxyd	Magnesium- carbonat	Bemerkungen
hellrot	grünbraun	bräunlichgrün		graurötlich	blaugrau		Bemerkenswert ist das Verhalten der verdünnten Säfte beim Schütteln mit Tonerdehydrat
,,	braun	braun		grau	graugrünlich		
,,	gelbgrün	gelbgrün		gelblich orange	grau		
violett	grünlichgelb	grün		graugrünlich	graugrünlich		
violettrot	gelbgrün	dunkelgrün		schiefergrau Filtrat: grünlich	grün		
,,	grün	grün		graurötlich	grünblau		
nicht kennzeichnend	gelb	violett	gelb	Filtrat: rot	gelblich	violett	Auf Wolle etwas ausfärbbar. Capillaranalyse: Mehrere rote Streifen.
stark rot	braungrün	gelbbraun	gelbgrün	rötlichgrau	grau		Bemerkenswert ist das Verhalten der verdünnten Säfte beim Schütteln mit Tonerdehydrat.
blauviolett	grün	grün		grau Filtrat: grün	grün	grün	
nicht kennzeichnend	gelbbraun	violettrot	gelb bis gelbgrün	Filtrat: rot	gelblich	rotviolett	Capillaranalyse: Breiter roter Streifen
rotviolett	blau[2]			blau	—	blau	Aus saurer und alkalischer Lösung auf Wolle ausfärbbar.

werden sämtliche Lösungen außer Alcannalösung entfärbt; bei Kermesbeeren langsamer,
der Kermesbeeren und roten Rüben; Alcannalösung wird violett gefärbt.
und ammoniakalischer Lösung mit roter Farbe löslich.

Eigelb zugesetzt ist und die durch das Lutein (Bd. I, S. 575) des Eigelbs eine mehr oder weniger gelbe Färbung annehmen, als besonders hochwertig angesehen, und andererseits wird die gelbe Farbe eines Lebensmittels als Maßstab für seinen Eigehalt angesehen. Es ist daher erklärlich, daß gerade die **Auffärbung** natürlich gelb gefärbter Lebensmittel seitens der Hersteller sehr häufig erfolgt. Hierfür steht eine Reihe von **natürlichen Auffärbemitteln** zur Verfügung, insbesondere kommen folgende in Betracht:

a) **Safran** (Bd. I, S. 581 und Bd. VI, S. 375) für Backwaren, bei denen es gleichzeitig auch als Gewürz dient.

b) **Saflor** (Bd. I, S. 614) mit den beiden Farbstoffen Saflorgelb und Carthamin wird als Likörfarbe und zur Herstellung von Schminke in der Kosmetik verwendet.

c) **Orlean** (Bd. I, S. 582) mit dem Farbstoff Bixin wird in Öllösung zum Färben von Butter und Margarine und in alkalischer Lösung zum Färben von Käse verwendet. Bixin ist in Wasser unlöslich und in kaltem Alkohol nur wenig löslich, dagegen in fetten Ölen und Natronlauge leicht löslich. In konz. Schwefelsäure löst es sich mit kornblumenblauer Farbe.

d) Curcuma (Bd. I, S. 584, Bd. VI, S. 431). Der färbende Stoff, das Curcumin, ist in Wasser sehr schwer und in Alkohol schwer löslich; in Äther ist es mit grüner Fluorescenz und in Alkalien mit rötlichbrauner Farbe löslich.

Zum Nachweise von Curcuma ist Borsäure (S. 1265) geeignet, mit der eine rote Verbindung entsteht, die mit Alkalien blau wird.

e) Möhrensaft (Bd. I, S. 570) mit dem Farbstoff Carotin, sowie der Auszug von Löwenzahnblüten (Bd. I, S. 579) mit dem Farbstoff Taraxanthin finden ebenfalls gelegentlich als Auffärbemittel Verwendung.

Nachweis der Farbstoffe.

a) Nach A. R. Leeds[1] versetzt man zur Erkennung der einzelnen gelben Farbstoffe je 2—3 Tropfen ihrer alkoholischen Lösung mit je 2—3 Tropfen konz. Schwefelsäure, konz. Salpetersäure, Schwefelsäure + Salpetersäure und konz. Salzsäure. Hierbei treten folgende Reaktionen ein:

Tabelle 2.

Farbstoff	Der Farbstoff wird beim Zusatz von			
	konz. Schwefelsäure	konz. Salpetersäure	Schwefelsäure + Salpetersäure	konz. Salzsäure
Safran	violett bis kobaltblau; rötlichbraun werdend	hellblau; hell rötlich-braun werdend		gelb; schmutziggelb werdend
Orlean[2] (Anatto)	indigoblau; violett werdend	blau; farblos werdend		keine Veränderung; nur leicht schmutziggelb oder braun
Curcuma[3]	violett	violett	violett	violett[4]
Möhre	umbrabraun	entfärbt	NO_2-Dämpfe und Geruch nach verbranntem Zucker	nicht entfärbt
Ringelblume	dunkelviolett-grün	blau; sofort in Schmutzig-gelbgrün übergehend	grün	grün bis gelbgrün
Künstliche Farbstoffe.				
Saflorgelb	hellbraun	teilweise entfärbt	entfärbt	keine Veränderung
Anilingelb	gelb	gelb	gelb	gelb
Martiusgelb	hellgelb	gelb; rötliche Fällung	gelb	gelbe Fällung
Victoriagelb	teilweise entfärbt			fuchsinrot[5]

b) Reaktion auf Orlean. Nach L. Dokkum[6] wird eine verd. Lösung des Farbstoffes in einem Reagensglase vorsichtig mit einem gleichen Volumen

[1] A. R. Leeds: Analyst 1887, 12, 150; Chem.-Ztg. 1887, 11, Rep. 188.

[2] Aus Orlean durch Kochen mit Natronlauge (6%) und Ausschütteln mit Sesamöl erhalten.

[3] Curcuma wird durch Ammoniak rötlichbraun; beim Vertreiben des Ammoniaks kehrt die ursprüngliche Farbe zurück.

[4] Beim Verdampfen der Salzsäure kehrt die ursprüngliche Farbe wieder.

[5] Die gelbe Farbe kehrt beim Neutralisieren mit Ammoniak wieder.

[6] L. Dokkum: Pharm. Weekbl. 1904, 41, 271; C. 1904, I, 1232.

Salpetersäure überschichtet. Bei Gegenwart von Orlean färbt sich die Trennungsfläche sofort stark blau. Die Farbe teilt sich alsdann der Salpetersäure mit, geht aber rasch in Grün über und gleichzeitig entsteht in der oberen Schicht eine rote Trübung.

3. Grüne Farbstoffe (Chlorophyll).

Zu den natürlich grün gefärbten Lebensmitteln gehört die Mehrzahl der Gemüsearten; diese verdanken ihre Färbung dem Blattgrün oder Chlorophyll (Bd. I, S. 629)[1].

Das Blattgrün besteht aus einem konstanten Gemisch der vier Farbstoffe Chlorophyll a und b, Carotin und Xanthophyll. Normal grüne Pflanzen enthalten 0,7—1% Chlorophyll in der Trockensubstanz. — Chlorophyll ist in Benzol, Petroläther und Schwefelkohlenstoff unlöslich, in absol. Methyl- und Äthylalkohol, in absol. Aceton sowie in Äther und Chloroform schwer löslich. Man gewinnt es am besten durch Ausziehen des getrockneten Blattmehles mit 80%igem Aceton, 90%igem Äthyl- oder 66%igem Methylalkohol und reinigt es durch Behandeln des Extraktes mit Petroläther, wiederholtes Ausziehen mit Aceton (80%), Fällen mit Wasser, Ausziehen mit Methylalkohol (80%) usw. Durch Behandeln mit dem letzteren wird es von Carotin und Xanthophyll befreit, die darin löslich sind. — Rohchlorophyll von guter Beschaffenheit erhält man durch Ausfällen des Auszuges mit Aceton (80%) mit wenig Wasser und Umfällen aus Äther-Petroläther.

Seitdem mehr oder weniger reine Lösungen von Chlorophyll im Handel zu haben sind, dienen solche auch zum Auffärben von Gemüsen, insbesondere von Gemüsekonserven, deren natürliche Farbe durch die Art der Zubereitung gelitten hat[2].

a) Nachweis. *α*) Verdünnte Chlorophyllösungen zeigen eine eindeutige Fluorescenz nach Rot. Schüttelt man ätherische Chlorophyllösungen mit methylalkoholischer Kalilauge (30%), so tritt Braunfärbung ein, die nach einigen Minuten wieder in Grün übergeht. — Bei Zusatz von stärkeren Säuren schlägt die Farbe in Olivgrün um unter Bildung von Phaeophytin und Abscheidung von Magnesium; die Menge des letzteren beträgt 2,7%, entsprechend 4,5% Magnesiumoxyd des Chlorophylls.

β) Läßt man eine konz. methyl- oder äthylalkoholische Chlorophyllösung in dünner Schicht zwischen Glasplatten langsam verdunsten, so entstehen neben rötlichen Carotinoidkrystallen grün- bis blauschwarze Krystalle von Methyl- oder Äthylchlorophyllid. Diese Reaktion ist auch zum mikrochemischen Nachweis geeignet.

γ) Der spektroskopische Nachweis (S. 1204) ist am empfindlichsten; Chlorophyllösungen zeigen ein scharfes Band zwischen den Linien B und C des Spektrums.

b) Bestimmung. Die quantitative Bestimmung des Chlorophylls, die bei den Lebensmitteluntersuchungen wohl nur selten erforderlich sein wird, geschieht auf colorimetrischem Wege, indem man das gereinigte Chlorophyll am besten in das gut krystallisierende Äthylchlorophyllid überführt und die Färbung seiner Lösung mit der einer Lösung von 50 mg gereinigtem Chlorophyll in 100 ccm absol. Alkohol vergleicht.

---

[1] Vgl. auch den Artikel „Chlorophyll" von A. Treibs in G. Kleins Handbuch der Pflanzenanalyse, Bd. 3, S. 1351 (Berlin: Julius Springer 1932).

[2] Früher wurde die Auffärbung von Gemüsekonserven vielfach durch Kochen der Gemüse in Kupferkesseln oder durch Zusatz von etwas Kupfersulfat beim Kochen bewerkstelligt, wobei sich Kupferphyllocyanat bildet, das durch eine stark grüne Färbung ausgezeichnet ist.

C. Nachweis von Caramel.

Zur Gelb- bzw. Braunfärbung von alkoholischen Getränken, Essig, Back- und Zuckerwaren wird vielfach Caramel[1] (Zuckercouleur) verwendet[2]. Für seinen Nachweis können folgende Verfahren dienen:

1. Verfahren von C. Amthor[3]. Es beruht darauf, daß das Caramel mit Paraldehyd niedergeschlagen wird und die wäßrige Lösung dieses Niederschlages mit Phenylhydrazinlösung einen rotbraunen, amorphen Niederschlag gibt. Das Verfahren wird, wie folgt, ausgeführt: 10 ccm der zu untersuchenden Flüssigkeit werden in einem engen Gefäße mit senkrechten Wänden (z. B. einem weißen Arzneiglase) je nach der Stärke der Färbung mit 30—50 ccm Paraldehyd, hierauf mit soviel wasserfreiem Alkohol versetzt, daß die Flüssigkeiten sich mischen; gewöhnlich sind 15—20 ccm Alkohol dazu erforderlich. Bei Gegenwart von Caramel setzt sich innerhalb 24 Stunden am Boden des Gefäßes ein bräunlichgelber bis dunkelbrauner, fest anhaftender Niederschlag ab. Man gießt die über dem Niederschlag stehende Flüssigkeit ab, spült den Niederschlag zur Entfernung des Paraldehyds mit wenig wasserfreiem Alkohol ab, löst ihn in heißem Wasser, filtriert die Lösung und engt sie auf 1 ccm ein. Aus der Stärke der Färbung kann man ungefähr auf die Größe des Caramelzusatzes schließen. Alsdann gießt man die Caramellösung in eine frisch bereitete Phenylhydrazinlösung (erhalten durch Auflösen von 2 g salzsaurem Phenylhydrazin und 2 g Natriumacetat in 20 g Wasser). Schon in der Kälte entsteht ein Niederschlag, doch kann man durch ganz kurzes Erwärmen dessen Bildung befördern. Ist sehr wenig Caramel vorhanden, so entsteht anfangs nur eine Trübung, die sich erst nach 24 Stunden abgesetzt hat. Da die Phenylhydrazinlösung nach kurzem Stehen schon allein rotbraune harzige Ausscheidungen bildet, welche namentlich bei Anwesenheit kleiner Mengen Caramel die Caramelreaktion verdecken können, so schichtet man in diesem Falle eine etwa 2 cm hohe Schicht Äther über die Flüssigkeit; der Äther nimmt, namentlich wenn man das Glas mehrmals sanft umkehrt, die harzigen Stoffe vollständig auf und bildet eine mehr oder minder gefärbte Lösung. In der unter der Ätherschicht stehenden wäßrigen Flüssigkeit setzt sich der amorphe, schmutzig- oder rotbraune Caramel-Phenylhydrazinniederschlag ab.

Die bei Naturweinen durch Zusatz von Paraldehyd erhaltenen weißen Fällungen geben mit Phenylhydrazinlösung keinen Niederschlag.

2. Verfahren von A. Jägerschmid[4]. 100 ccm der zu prüfenden Flüssigkeit (Wein, Weinbrand, Bier) werden in einem hohen Becherglase mit Albuminlösung (gleiche Teile frisches Hühnereiweiß und Wasser) gehörig durchgemischt und auf direktem Feuer unter stetem Rotieren bis zur vollständigen Albuminabscheidung erhitzt. Das Filtrat wird auf dem Dampfbade bis zur Sirupkonsistenz eingedampft und ein Teil davon mit Äther, der andere mit Aceton in einer Porzellanschale emulgiert. Die ätherische Lösung wird nach und nach in eine oder zwei Vertiefungen einer Porzellantüpfelplatte abgegossen. Nach dem Verdunsten des Äthers werden ein bis zwei Tropfen einer frisch bereiteten Resorcin-Salzsäurelösung (1 g Resorcin auf 100 ccm konz. Salzsäure) mittels

---

[1] Über die Caramelbildung siehe C. J. Kruisheer: Z. 1933, **65**, 289.

[2] Weine, die aus gekochtem bzw. eingedampftem Most hergestellt sind — und demgemäß auch aus solchen Weinen hergestellte Essige — enthalten vielfach auch etwas Caramel. Das gleiche ist nach H. Mastbaum (Z. 1933, **66**, 254) anscheinend auch der Fall bei Weinen, die in südlichen Ländern (Portugal) aus Trauben hergestellt sind, die während der Reifung längere Zeit Temperaturen von 50—60° ausgesetzt sind.

[3] C. Amthor: Zeitschr. analyt. Chem. 1885, **24**, 30.

[4] A. Jägerschmid: Z. 1909, **17**, 113 u. 269.

einer Pipette zugeträufelt. Beim Vorhandensein von Caramel[1] tritt sofort eine kirschrote Färbung ein, die dauernd anhält. Der Acetonauszug (nötigenfalls filtriert) gibt, mit gleichen Teilen konz. Salzsäure in einem Reagensglase übergossen, bei Gegenwart von Caramel eine carmoisinrote Färbung.

3. Verfahren von G. H. P. Lichthardt[2]. Das Verfahren beruht auf der Fällbarkeit von Caramel durch Tannin in schwefelsaurer Lösung. Zur Herstellung des Reagens löst man 1 g Tannin in 30 ccm Wasser, gibt 0,75 g Schwefelsäure (1,84) hinzu und ergänzt mit Wasser auf 50 g. Nach 24stündigem Stehen wird die Lösung filtriert. 5 ccm der zu prüfenden, von einem etwaigen Alkoholgehalt befreiten Flüssigkeit werden mit 5 ccm des Reagens versetzt und gelinde erwärmt, bis der entstandene Niederschlag wieder gelöst ist. Ist Caramel zugegen, so bildet sich im Laufe von 12 Stunden ein brauner Niederschlag.

4. Sonstige Verfahren. a) Nach Marsh[3] schüttelt man das zu prüfende Präparat mit einer Emulsion von 3 ccm Phosphorsäure, 3 ccm Wasser und 100 ccm Amylalkohol. Bei Anwesenheit von Caramel färbt sich die wäßrige Schicht braun.

b) Nach D. Schenk[4] schüttelt man den Farbstoff in mäßig verdünnter, wäßriger Lösung mit Äther aus, versetzt den Äther in einer Porzellanschale mit 10 Tropfen einer ätherischen Phenollösung (5 : 100) und fügt nach dem Verdunsten des Äthers 5 ccm konz. Schwefelsäure hinzu. Es tritt eine orangegelbe Färbung ein, falls Caramel zugegen ist.

c) Nach C. A. Crampton und F. D. Simons[5] wird Caramel durch Walkererde sehr energisch absorbiert. Man schüttelt 50 ccm der auf Caramel zu prüfenden Lösung (Essig) mit 25 g Walkererde, läßt $^1/_2$ Stunde stehen, filtriert und vergleicht die Stärke der Färbung vor und nach der Behandlung.

D. Nachweis von künstlichen Farbstoffen.

Wenn durch die in Abschnitt A (S. 1178) angegebenen Verfahren die Gegenwart von künstlichen Farbstoffen nachgewiesen ist, so kann es erforderlich werden, die Art des betreffenden Farbstoffes nachzuweisen, was aber, wie schon oben (S. 1178) hervorgehoben wurde, meist mit besonderen Schwierigkeiten verbunden ist. Ebenso wird es nicht immer möglich sein, in Substanz vorliegende künstliche Farbstoffe für Lebensmittel, insbesondere Gemische von mehreren Farbstoffen, zu identifizieren.

Um festzustellen, ob eine vorliegende Farbe einheitlich oder ein Gemisch von Farbstoffen ist, kann man in folgender Weise verfahren: Man bläst geringe Mengen des Farbpulvers über ein mit Wasser oder Alkohol angefeuchtetes Filtrierpapierblatt. Liegt ein Gemisch von Farbstoffen vor, so geben die einzelnen Partikel des Pulvers verschieden gefärbte Flecken.

Sind verschiedene Farbstoffpulver nicht trocken gemischt, sondern Farbstofflösungen zusammen eingedampft und getrocknet, so führt das obige Verfahren nicht zum Ziele. In diesem Falle prüft man die Farbe durch Capillaranalyse (S. 70).

Im nachfolgenden sollen lediglich die wichtigsten für die Färbung der Lebensmittel in Frage kommenden Farbstoffe berücksichtigt werden; im übrigen muß auf Spezialwerke[6] verwiesen werden.

Über die physiologische Wirkung künstlicher Farbstoffe siehe Bd. I, S. 1040.

---

[1] Die Reaktion beruht auf der Bildung von Oxymethylfurfurol, das bei dem Erhitzen von fructosehaltigem Zucker (Saccharose) entsteht (Seliwanoffsche Reaktion); aus Glucose hergestelltes Caramel gibt daher diese Reaktion nicht.

[2] G. H. P. Lichthardt: Journ. Ind. engin. Chem. 1910, **2**, 389; C. 1910, II, 1781.

[3] Marsh: Mercks Reagenzien-Verz. 1929, 381.

[4] D. Schenk: Apoth.-Ztg. 1914, **29**, 202; Z. 1915, **29**, 389.

[5] C. A. Crampton u. F. D. Simons: Journ. Amer. Chem. Soc. 1899, **21**, 355; Z. 1899, **2**, 954.

[6] G. Schultz-Lehmann: Farbstofftabellen, Bd. 1, 1930; Bd. 2, 1931. — P. Ruggli: Praktikum der Färberei und Farbstoffanalyse. München: J. F. Bergmann München 1925. Vgl. ferner den Artikel „Organische Farbstoffe“ von H. E. Fierz-David u. A. Monsch in Lunge-Berls Chemisch-technische Untersuchungsmethoden, 8. Aufl., Bd. 5, S. 1215 bis 1443. Berlin: Julius Springer 1934.

1. Bei Lebensmitteln vorwiegend verwendete künstliche Farbstoffe.

a) In Deutschland bestehen bis jetzt keine besonderen Bestimmungen über die bei Lebensmitteln zum Färben zugelassenen künstlichen Farbstoffe.

Durch das Farbengesetz vom 5. Juli 1887 wird lediglich bestimmt, daß gesundheitsschädliche Farben zur Herstellung von Lebensmitteln nicht verwendet werden dürfen und daß neben dem natürlichen Farbstoff Gummigutti von den künstlichen organischen Farbstoffen Corallin und Pikrinsäure gesundheitsschädliche Farben im Sinne des Gesetzes sind.

b) In der Schweiz sind nach dem Schweizerischen Lebensmittelbuch folgende künstlichen organischen Farbstoffe zum Färben von Lebensmitteln zugelassen[1]:

Rote: Erythrosin, Phloxin P, Ponceau, Neucoccin, Amaranth, Bordeaux BL, Fuchsin, Säurefuchsin, Eosin wasserlöslich und spritlöslich, Roccellin.

Orange und gelbe: Orange L, Tropaeolin 000 Nr. 1, Chrysoidin R, Sudan I und G, Buttergelb 0, Säuregelb R, Naphtholgelb S, Tartrazin, Auramin 0.

Blaue und violette: Anilinblau spritlöslich, Wasserblau, Indulin, Indigocarmin, Alizarinblau, Methylviolett.

Grüne: Lichtgrün SF gelblich, Malachitgrün.

c) In Frankreich sind gestattet[2]:

Rote: Erythrosin, Eosin, Benzalrot, Bordeaux B u. S, Neucoccin, Echtrot, Ponceau RR, Ecariate R, Säurefuchsin.

Orange und gelbe: Orange I, Auramin, Chrysoin, Naphtholgelb.

Blaue und violette: Wasserblau, Patentblau, Pariserviolett (Methylviolett).

Grüne: Säuregrün I, Malachitgrün.

d) In den Vereinigten Staaten von Amerika sind nur zugelassen:

Rote: Amaranth, Ponceau 3 R, Erythrosin.

Orange und gelbe: Orange I, Naphtholgelb S, Tartrazin.

Blaue: Indigocarmin, Indigodisulfosäure.

Grüner: Lichtgrün SF gelblich.

e) In England werden als schädlich angesehen: Pikrinsäure, Victoriagelb, Martiusgelb, Aurantia und Aurin[3] und in Italien sind für Teigwaren verboten: Martiusgelb, Metanilgelb, Victoriagelb und Pikrinsäure[4].

2. Verhalten von künstlichen Farbstoffen für Lebensmittel gegen Säuren und Alkalien.

O. N. WITT[5], E. WEINGÄRTNER[6] und A. G. ROTA[7] haben schon vor längerer Zeit das Verhalten von Teerfarben gegen Wasser, Salzsäure, Schwefelsäure, Ammoniak, Reduktionsmittel (Zink- bzw. Zinnchlorür und Salzsäure) und Tanninreagens (25 g Tannin, 25 g Natriumacetat und 250 g Wasser) geprüft, um eine Einteilung in Farbstoffgruppen und die Kennzeichnung der einzelnen Farbstoffe zu ermöglichen.

In der Tabelle 3 auf S. 1192 sind derartige Reaktionen nach dem Werke von SCHULTZ-LEHMANN[8] und nach den Angaben von P. RUGGLI und H. BENZ[9] zusammengestellt; letztere machen weitere Angaben über Konstitution, Löslichkeit, Reaktionen, färberisches Verhalten der einzelnen Farbstoffe und ihre

---

[1] Schweizer. Verordnung, betr. den Verkehr mit Lebensmitteln und Gebrauchsgegenständen vom 23. Februar 1926 (bis 31. Dezember 1928); Gesetze und Verordnungen, betr. Lebensmittel 1929, 21, 105 (131). — P. RUGGLI u. H. BENZ: Mitt. Lebensmittelunters. u. Hygiene 1934, 25, 345.

[2] L. RONNET: Ann. Falsif. 1911, 4, 474; C. 1911, II, 1490.

[3] A. R. JAMIESON u. C. M. KEYWORTH: Analyst 1928, 53, 418.

[4] A. PIUTTI u. G. BENTIVOGLIO: Gazz. chim. Ital. 1906, 36 II, 385; C. 1906, II, 1629.

[5] O. N. WITT: Chemische Ind. 9, 1; Zeitschr. analyt. Chem. 1887, 26, 101.

[6] E. WEINGÄRTNER: Chem.-Ztg. 1887, 11, 13; 1888, 12, 232.

[7] A. G. ROTA: Chem.-Ztg. 1898, 22, 437.

[8] SCHULTZ-LEHMANN: Farbstofftabellen, Bd. I, 1930.

[9] P. RUGGLI u. H. BENZ: Mitt. Lebensmittelunters. u. Hygiene 1934, 25, 345.

Unterscheidung von anderen Farbstoffen, auf die hier verwiesen sei. K. E. Dobrowolski[1] macht Angaben über die Empfindlichkeit der Reaktionen zum Nachweise von künstlichen Farbstoffen.

3. Nachweis einzelner künstlicher Farbstoffe.

a) Analysengang nach L. Ronnet[2]. Er hat für die Identifizierung der in Frankreich zur Färbung von Lebensmitteln zugelassenen künstlichen Farbstoffe den in der Tabelle 4 auf S. 1196 wiedergegebenen Analysengang ausgearbeitet.

b) Verfahren nach E. H. Ingersoll[3]. Zum Nachweis der in den Vereinigten Staaten von Nordamerika für Lebensmittel zugelassenen Farbstoffe: Amaranth, Ponceau 3 R, Erythrosin, Tartrazin, Orange I, Naphtholgelb S, Lichtgrün SF gelblich und Indigodisulfosäure wurde folgendes Verfahren vorgeschlagen:

0,1—0,2 g der Farbstoffprobe werden in einem Mörser mit 25 ccm gesättigter Ammoniumsulfatlösung verrieben und durch ein trockenes Filter filtriert. Falls das Filtrat rot gefärbt ist, wäscht man den Rückstand im Mörser und auf dem Filter nach und nach mit je 10—15 ccm der Ammoniumsulfatlösung bis das Waschwasser nicht mehr rot gefärbt ist. Filtrat und Waschwasser enthalten den größeren Teil des Amaranths mit etwas Naphtholgelb S und einiges Tartrazin.

Zur Entfernung des Naphtholgelb S werden Filtrat und Waschwasser vereinigt und mehrmals mit Essigäther ausgeschüttelt, bis der Essigäther nicht mehr gelb gefärbt ist.

Amaranth und Tartrazin werden aus der Ammoniumsulfatlösung durch Ausschütteln mit Aceton gewonnen. Die Acetonlösung wird mit einem gleichen Volumen Wasser verdünnt, das Aceton auf dem Wasserbade verjagt, der Rückstand wird mit Natriumchlorid gesättigt, Alaunstein hinzugegeben, geschüttelt und erwärmt. Nach dem Absitzen filtriert man und wäscht mit warmer gesättigter Natriumchloridlösung aus bis zum Verschwinden der Gelbfärbung. Der Filterrückstand wird in gesättigter Ammoniumsulfatlösung aufgeschlemmt und durch Ausschütteln mit Aceton gewinnt man das Amaranth. Das Filtrat enthält Tartrazin.

Den in Ammoniumsulfatlösung unlöslichen Rückstand der Ausgangsprobe löst man in Wasser, säuert mit Essigsäure an, und schüttelt mehrmals mit Äther aus, bis der Äther nicht mehr gefärbt ist. Der Äther enthält Erythrosin. Die ätherische Lösung wird mehrmals mit Wasser gewaschen und durch Ausschütteln mit verd. Ammoniaklösung wird das Erythrosin isoliert. Man verdampft die Ammoniaklösung auf dem Wasserbade und verdünnt stark. Eine etwaige Fluorescenz zeigt die Anwesenheit verbotener Farbstoffe ähnlicher Reaktion an.

Man dampft nun weiter den Äther aus der essigsauren Lösung ab, sättigt auf dem Wasserbade mit Natriumchlorid im Überschuß, kühlt ab und filtriert durch ein trockenes Filter, wäscht mit gesättigter Natriumchloridlösung aus, bis der Niederschlag farblos ist. Ist der Niederschlag von schleimiger, schwer auswaschbarer Beschaffenheit, so löst man ihn vom Filter ab, salzt wieder aus, wiederholt unter Umständen nochmals und vereinigt die Filtrate, die Lichtgrün SF gelblich, Naphtholgelb S, Tartrazin, Spuren von Orange I und möglicherweise auch noch Amaranth enthalten.

Zur Entfernung des Naphtholgelb S schüttelt man mehrfach mit Aceton aus, bis die Ausschüttelung farblos ist. Die vereinigten Auszüge salzt man zur Entfernung von Spuren Tartrazin, Lichtgrün SF gelblich mit gesättigter Natriumchloridlösung aus. Die zurückbleibende Acetonlösung verdünnt man mit dem gleichen Volumen Wasser und verdampft das Aceton auf dem Wasserbade, säuert den wäßrigen Rückstand an und entfernt Spuren von Orange I mit Amylalkohol. Nach dem Vertreiben der in der wäßrigen Lösung verbliebenen Reste des Amylalkohols prüft man auf Naphtholgelb S.

Zur Trennung des Lichtgrüns SF gelblich vom Tartrazin in der von Naphtholgelb S freien Lösung verdampft man das Aceton aus der wäßrigen Salzlösung, gibt auf je 10 ccm der wäßrigen Farbstofflösung 0,5 g Fullererde zu, erwärmt, läßt absetzen, filtriert, wäscht

[1] K. E. Dobrowolski: Dissertation Odessa 1904; Z. 1906, 12, 634.

[2] L. Ronnet: Ann. Falsif. 1911, 4, 474; C. 1911, II, 1490.

[3] E. H. Jngersoll: Journ. Ind. a. Engin. chem. 1917, 9, 955; C. 1918, I, 1078. Das Verfahren ist eine Abänderung der Verfahren von T. M. Price, Circular 180 des U. S. Department of Agricultur Washington Bureau of animal. Industry 1911, 5/6 und von Estes: Journ. Ind. a. Engin. chem. 1916, 8, 1123.

Tabelle 3. **Verhalten von künstlichen Farben für Lebensmittel gegen Säuren und Alkalien**[1].

Nr.	Handelsbezeichnung	Wissenschaftliche Bezeichnung	Farbe des Pulvers	Farbe in Wasser (A. = in Alkohol)	Verhalten gegen			Nr. nach SCHULTZ-LEHMANN
					konz. Salzsäure	konz. Schwefelsäure	Natronlauge	
			a) Rote Farbstoffe.					
1	**Erythrosin** B oder Erythrosin I extra, Pyrosin B [Mo], Jodeosin B	Alkalisalz des Tetrajodfluoresceins	rotbraun	kirschrot ohne Fluorescenz	braungelber Niederschlag	braungelb; mit W. braungelber N.	löslicher roter Niederschlag	887
2	**Phloxin** P oder Erythrosin BB	(desgl. des Tetrabromdichlorfluoresceins	braun	kirschrot, grünlich gelbe Fluorescenz	bräunlichgelber N.	braungelb	blaurot	888
3	**Ponceau** 2 R oder P. Cc oder GR oder P. R oder Xylidinscharlach oder Xylidin-Ponceau	Natriumsalz der Xylidin-azo-2-naphthol-3-6-disulfosäure	rot	rot	unverändert	kirschrot; mit W. rotgelb	dunkler und gelber	—
4	**Neucoccin,** Cochenillerot A, Croceinscharlach 4 BX, Ponceau 4 R	1,4 Naphthylaminsulfosäure-azo-2,6,8-naphtholdisulfosäure	scharlachrot	scharlachrot	unverändert	schmutzigrotviolett	braun	213
5	**Amaranth** oder Echtrot E [B] oder Echtrot NS′ oder Naphtholrot S [B] oder Pourgon [LP] oder Bordeaux	Natriumsalz der Naphthionsäure-azo-2-naphthol-3-6-sulfosäure	rotbraun	fuchsinrot	unverändert	violett; mit W. blauviolett	dunkler	212
6	**Bordeaux** BL oder B, G, R extra, Echtrot B	Natriumsalz der α-Naphthylamin-azo-2-naphthol-3-6-disulfosäure	—	fuchsinrot; A. blaurot	unverändert	blau; mit W. fuchsinrot	gelbbraun	123
7	**Fuchsin** oder Brillantfuchsin, Rubin oder Magenta	Gemisch von salzsaurem und essigsaurem Pararosanilin und dem entsprechenden Salz des Rosanilins	grüner Metallglanz	rot; A. rot; in Äther unlöslich	gelb	hellbraun; mit W. fast farblos	fast farblos unter Abscheidung der Base	780
8	**Säurefuchsin,** Fuchsin S, Rubin S, Acid Magenta	Saures Natrium- oder Calciumsalz der Rosanilindisulfosäure	grüner Metallglanz	blaurot; in A. fast unslöslich	unverändert	gelb	entfärbt zu schwachem Gelb	800

[1] Es bedeutet: A. = Alkohol, W. = Wasser, N. = Niederschlag.

9	**Eosin wasserlöslich.** Eosin A, Eosin Cc extra, Eosin gelblich, Eosin TJF	Alkalisalze des Tetrabromfluoresceins	rötlich braun	blaurot, auch in A.; grüne bzw. gelbgrüne Fluorescenz	gelbrote Flocken	gelb; mit W. gelbroter Niederschlag	dunkler und gelbroter Niederschlag	881
10	**Eosin spritlöslich**, Eosin SBB, Spriteosin, Spritrosa	Kaliumsalz des Tetrabromfluorescein-äthylesters	braun	kirschrot mit schwacher grünlichgelber Fluorescenz; in A. rot mit bräunlich gelber Fluorescenz	gelbbrauner Niederschlag	gelb; mit W. braungelber Niederschlag	braungelber Niederschlag	883
11	**Roccellin.** Echtrot, Echtrot A und O, Brillantrot, Rubidin, Cerasin, Orcellin Nr. 4	Natriumsalz des α-Naphthylaminsulfosäure-azo-β-naphthols	braunrot	rot; in A. rot	gelbbrauner Niederschlag	violett	unreiner und dunkler	206
			b) Orange und gelbe Farbstoffe.					
12	**Orange L** oder N, Brillantorange, Xylidinorange, Scharlach R, Xylidinscharlach	Natriumsalz der Xylidin-azo-2-naphthol-6-sulfosäure	zinnoberrot	rotgelb; in A. rotorange	braunroter Niederschlag	kirschrot; mit W. braunroter N.	unverändert	98
13	**Tropäolin 000 Nr. 1**, Orange I, Orange R extra, α-Naphtholorange	Natriumsalz des Sulfanilsäure-azo-α-naphthols	rotbraun	orangegelb; in A. orange	brauner Niederschlag	violett; mit W. rotbraun	kirschrot	185
14	**Chrysoidin**	Salzsaures Methyldiamidoazobenzol	rotbraun	orangegelb	braungelbe Flocken; gallertige Fällung	braungelb; mit W. kirschrot	rotbrauner N., in A. und Äther leicht löslich	29
15	**Sudan I**, Orange G, Orange fettlöslich, dunkelgelb	Anilin-azo-β-naphthol	ziegelrot	nicht löslich; in A. orangegelb	rot	fuchsinrot; mit W. orangegelber N.	keine Lösung	33
16	**Buttergelb O**, Fettgelb extra	Anilin-azo-dimethylanilin	gelbbraun	unlöslich; in A. gelb	rot	gelb; mit W. rot	orangegelber N.	28

Nr.	Handelsbezeichnung	Wissenschaftliche Bezeichnung	Farbe des Pulvers	Farbe in Wasser (A. = in Alkohol)	Verhalten gegen konz. Salzsäure	Verhalten gegen konz. Schwefelsäure	Verhalten gegen Natronlauge	Nr. nach Schultz-Lehmann
17	**Säuregelb R,** Echtgelb R, G, S, Neugelb L, Solidgelb	Natriumsalz der Amidoazobenzolsulfosäure	braungelb	gelb	fleischroter gallertiger N. und violettrötliche Nadeln	braungelb; mit W. orangegelb	unverändert	172
18	**Naphtholgelb S** oder Schwefelgelb S, Säuregelb S, Anilingelb, Citronin	Alkalisalze der 2-4-Dinitro-1-naphthol-7-sulfosäure	orangegelb	gelb	heller werdend	grünlichgelb	unverändert	19
19	**Tartrazin,** Tartrazin 0, Hydrazingelb 0	Trinatriumsalz des Farbstoffs aus Sulfanilsäure und 1-p-Sulfophenyl-pyrazolon-3-carbonsäure	orangegelb	goldgelb	unverändert	orangegelb; mit W. gelb	rotere Färbung	737
20	**Sudan I,** gelb G R fettlöslich	Anilin-azo-resorcein	braun bis orangegelb	fast unlöslich; in A. und Äther gelb	unverändert	braungelb	orangegelb	31
21	**Auramin 0,** Fettgelb A, Pyoctaneum aureum	Salzsaures Tetramethyl-diamido-benzophenonimid	schwefelgelb	hellgelb; in A. gelb	dunkelgelb	farblos; mit W. hellgelb	weißer N. von Auraminbase	752
	c) Blaue und violette Farbstoffe.							
22	**Anilinblau,** Spritblau SFC, Gentianablau 6 B, Opalblau, Lichtblau	Salz-, schwefel- oder essigsaures Triphenylrosanilin oder Triphenyl-p-rosanilin	dunkelbraun	unlöslich; in A. blau	unverändert	braungelb; mit W. blauer N.	Lösung in A. braunrot	791/792
23	**Wasserblau,** Chinablau, Reinblau	Trisulfophenyl-p, p'-di-aminofuchsin-ammonium	schwarzviolett	blau; in A. fast unlöslich	unverändert, teilweise N. von Disulfosäure	rotgelb; mit W. blau und blauer N.	braunrot	816
24	**Indulin,** Echtblau B, 6, R, 3 R Solidblau B und BR, Nigrosin wasserlöslich	Natriumsalze der Sulfosäuren der verschiedenen spritlöslichen Induline	schwarzbraun	blauviolett; in A. blau	blau und blauer Niederschlag	blau; mit W. violette Lösung und blauer N.	braunvioletter Niederschlag	984

25	**Indigocarmin,** Indigotine I a, Indigoextrakt	Natriumsalz der Indigodisulfosäure	blau	blau; in A. wenig löslich	blauviolett	blau; mit W. blau	grün bis gelbgrün	1309
26	**Alizarinblau.** Alizarinblau A, F, R, AB, GW, RR, DNW	Dioxy-antrachinon-chinolin	dunkelblau	unlöslich; in A. wenig löslich und beim Kochen blau	gelbrot	carmoisinrot; mit W. gelbrot	blau; mit mehr NaOH grün	1178
27	**Methylviolett,** Methylviolett B, 2 B und V 3, Pariser-violett	Salzsaures Penta- und Hexa-p-rosanilin	mit grünem Metallglanz	violett; in A. violett	blau, dann grün und gelbbraun	gelb; mit W. gelbgrün, dann grünblau und violett	braunrot und Niederschlag	783
	d) Grüne Farbstoffe.							
28	**Lichtgrün** SF, gelblich, Säuregrün D, Säuregrün extra konz., O gelblich, G extra	Natriumsalz der Dimethyl-dibenzyl-diamidotriphenyl-carbinoltrisulfosäure	mit grünem Metallglanz	grün; in A. grün	gelbbraun	gelb; mit W. allmählich grün	entfärbt und schmutzig violett	765
29	**Malachitgrün,** Neu-, Victoria-, Diamant- und Solidgrün	Salzsaures Tetramethyl-di-p-amidophenyl-carbinol	grün	blaugrün; in A. blaugrün	rotgelb	gelb; mit W. erst dunkelgelb, dann gelbgrün und grün	grünlich weißer Niederschlag der Farbbase	754

mit Wasser, löst das Lichtgrün SF gelblich mit heißem Eisessig vom Filter und identifiziert es. Lag Tartrazin in der Ausgangsprobe vor, so ist das vom Lichtgrün SF gelblich-Niederschlag ablaufende Filtrat goldgelb gefärbt; diese Färbung wird durch Salzsäure nicht zerstört. Hier kommt auch vorher etwa unvollständig entferntes Naphtholgelb S in gelblicher Färbung, die aber durch Salzsäure zum Verschwinden gebracht werden kann, zum Vorschein.

Das in dieser Gruppe noch vorhandene Tartrazin trennt man von etwa mit vorhandenen Spuren von Amaranth durch Zugabe von je 10 g Alaun auf 100 ccm Lösung, Erwärmen und Filtrieren der Lösung. Das Tartrazin geht in das Filtrat, woraus es isoliert und nach Abdampfen des isolierenden Lösungsmittels in Alkohol aufgelöst wird.

Den beim Aussalzen mit überschüssigem Natriumchlorid erhaltenen und mit Natriumchloridlösung ausgewaschenen, auf dem Filter verbliebenen Orange I, Ponceau 3 R und Indigodisulfosäure neben Natriumchlorid enthaltenden Niederschlag löst man in Wasser und extrahiert daraus mit 3 Portionen Essigäther das Orange I. Den vereinigten Essigätherextrakt wäscht man mit gesättigter Natriumchloridlösung bis zur Farblosigkeit und gewinnt hieraus das Orange I durch Ausschütteln mit Wasser und Verdampfen dieser wäßrigen Lösung.

Die noch Ponceau 3 R und Indigodisulfosäure enthaltende Restflüssigkeit befreit man auf dem Wasserbade vom Essigäther, gibt nach dem Erkalten 10 g granuliertes Calciumchlorid zu, läßt 15 Minuten stehen, versetzt mit 15 ccm frisch bereiteter Zinnchlorürlösung (3% Sn und 12% HCl, 1,19), läßt unter Umrühren bis zum Verschwinden der blauen Farbe stehen, filtriert das ausgeschiedene Ponceau 3 R sogleich, wäscht zweimal mit 25%iger Calciumchloridlösung aus, löst vom Filter mit verd. Ammoniak und prüft hierin auf Ponceau 3 R.

Zu dem Filtrat von Ponceau 3 R, das praktisch farblos sein soll, fügt man Wasserstoffsuperoxydlösung (3%) hinzu. Eine tiefblaue Färbung zeigt Indigodisulfosäure an.

Tabelle 4. Analysengang zum Nachweis künstlicher Farbstoffe nach L. Ronnet.

Die wäßrige Lösung des Farbstoffes wird durch Zusatz von Kalilauge (10%) alkalisch gemacht und mit Äther ausgeschüttelt.

<table>
<tr><td colspan="3">Der Äther ist gefärbt oder ungefärbt, färbt sich jedoch durch Schütteln mit Essigsäure (5%)

Basische Farbstoffe</td><td colspan="9">Der Äther ist ungefärbt, färbt sich auch nicht durch Schütteln mit Essigsäure (5%)

Saure Farbstoffe
Die wäßrige Lösung des Farbstoffes wird mit Essigsäure angesäuert und mit Äther ausgeschüttelt.</td></tr>
<tr><td>Amino-derivate des Diphenyl-methans</td><td colspan="2">Aminoderivate des Rosanilins</td><td rowspan="2">Der Äther ist gefärbt oder färbt sich durch Schütteln mit Ammoniak (20%):

Saure Farbstoffe ohne Sulfo-gruppe</td><td colspan="8">Der Äther ist farblos und gibt nichts an Ammoniak (20%) ab.

Saure Sulfofarbstoffe</td></tr>
<tr><td>Gelber Farbstoff
Auramin</td><td>Grüner Farbstoff
Malachit-grün</td><td>Violetter Farbstoff
Pariser Violett</td><td colspan="3">Oxyazoverbindungen</td><td>Nitrophenol-verbindungen</td><td colspan="4">Rosanilinderivate</td></tr>
<tr><td colspan="3" rowspan="3">Nicht reduzierbar durch Zinnchlorür in salzsaurer Lösung</td><td rowspan="2">Phthaleïne
Hellrote Farbstoffe
Eosin
Erythrosin
Benzalrot</td><td>rot</td><td>orange</td><td>gelb</td><td>Hellgelb</td><td>rot</td><td>grün</td><td>blau</td><td>violett</td></tr>
<tr><td>Bordeaux B
Krystall-Ponceau
Bordeaux S
Neucoccin
Echtrot
Ponceau RR
Ečaviate R</td><td>Orange I</td><td>Chrysoin</td><td>Naphtholgelb</td><td>Säure-fuchsin</td><td>Säure-grün I</td><td>Wasserblau 6 B
Patentblau</td><td>Säure-violett 6 B</td></tr>
<tr><td>Nicht redu-zierbar durch Zinnchlorür in salzsaurer Lösung</td><td colspan="3">Reduzierbar durch Zinnchlorür in salzsaurer Lösung</td><td></td><td colspan="4"></td></tr>
</table>

c) Nachweis von Pikrinsäure, Martius-, Metanil- und Victoriagelb. Zum Nachweis dieser und anderer schädlichen bzw. zum Färben von Lebensmitteln unzulässigen künstlichen Farbstoffe sind folgende Verfahren vorgeschlagen:

α) Verhalten gegen Säuren, Alkalien usw.

Tabelle 5.

Handelsbezeichnung	Wissenschaftliche Bezeichnung	Löslichkeit in Wasser (W.) und Alkohol (A.)	Verhalten gegen		
			Salzsäure (konz.)	Schwefelsäure (konz.)	Natronlauge
Pikrinsäure	Trinitrophenol (symmetrisches)	in kaltem W. schwer, in A. leicht löslich	unverändert	hellgelb; mit W. gelb	tieforange
Martiusgelb, Naphthylamingelb, Manchestergelb, Naphtholgelb	Natrium- oder Calciumsalz des 2-4-Dinitro-1-naphthols	in W. u. A. gelb löslich	gelbe Abscheidung von Dinitro-α-naphthol	gelb; mit W. hellgelbe Fällung	rötlicher Niederschlag
Metanilgelb Orange MN, Tropäolin G, Victoriagelb	Natriumsalz des m-Amidobenzolsulfonsäure-azo-diphenylamins	desgl. orangegelb	fuchsinrot und dunkler Niederschlag	violett; mit W. fuchsinrot	unverändert mit viel NaOH gelbe Blättchen
Victoriagelb, Safransurrogat	Kaliumsalz von Dinitro-p-kresol und Dinitro-o-kresol	desgl. stark gelb	weißer Niederschlag	schwachgelb; mit W. farblos	unverändert
Aurantia, Kaisergelb	Ammonium- oder Natriumsalz des Hexanitro-diphenylamins	in W. orangegelb	gelber Niederschlag der Nitrosäure	hellgelb; mit W. gelb	tief orangegelb

Nachweis von Pikrinsäure nach L. Grünhut[1]. Die Lösung wird zunächst mittels weißer Seidenfäden in neutraler oder schwach schwefelsaurer Lösung 2 Stunden lang ausgefärbt. Tritt hierbei keine Gelbfärbung ein, wohl aber, wenn eine Spur Pikrinsäure zugesetzt wird, so ist in dem Gegenstand keine Pikrinsäure vorhanden gewesen. Tritt dagegen bei dem ursprünglichen Versuch Gelbfärbung auf, so wird die mit Schwefelsäure angesäuerte wäßrige Lösung mit Äther ausgeschüttelt, die ätherische Lösung zur Trockne verdampft, der Rückstand mit Wasser aufgenommen und in letztere Lösung ein Seidenfaden gebracht; wird dieser gelb gefärbt, so ist die Anwesenheit von Pikrinsäure anzunehmen.

Behufs sicheren Nachweises kocht man einen Teil der wäßrigen Lösung mit Kaliumcyanid und Kalilauge, wodurch infolge Bildung von Isopurpursaurem Kalium Rotfärbung auftritt. Durch Kochen mit 0,25 N.-Natronlauge und Glucose läßt sich die Pikrinsäure in Pikraminsäure (rote Nadeln) umwandeln.

Bei der Reduktion mit Zink und Salzsäure gibt Pikrinsäure eine blaue und Victoriagelb eine blutrote Lösung. Mit Zinnchlorür und Salzsäure wird Metanilgelb zuerst braun und dann purpurn.

β) Verfahren von A. Piutti und G. Bentivoglio[2]. Man schlägt den Farbstoff in bekannter Weise durch Kochen der schwach salzsauren Lösung auf entfetteter Wolle nieder, wäscht diese wiederholt mit Wasser und kocht von

[1] L. Grünhut: Zeitschr. öffentl. Chem. 1898, 4, 563.

[2] A. Piutti u. G. Bentivoglio: Gazz. chim. Ital. 1906, **36**, II, 385; C. 1906, II, 1629.

neuem mit ammoniakalischem Wasser, säuert mit Salzsäure an, um die Farbe auf einem neuen Wollfaden niederzuschlagen. Darauf extrahiert man den Farbstoff wieder mit sehr verd. Ammoniak. Der gelbe Verdampfungsrückstand des Extraktes liefert mit Wasser eine klare Lösung der betreffenden Farbstoffe. Beim Trocknen des Rückstandes muß die Bildung unslöslicher Häutchen möglichst vermieden werden; wenn sie aufgetreten sind, so müssen sie abfiltriert und auf Metanilgelb mit verd. Salzsäure und auf Pikrinsäure mit Ammoniumsulfid geprüft werden. Sodann prüft man 1 ccm der erhaltenen, gelben wäßrigen Lösung auf die Gegenwart von Farbstoffen mit NO_2-Gruppen, indem man mit Zinnchlorür unvollständig unter Zusatz von etwas Kalilauge oder besser Natrium- oder Kaliumalkoholat reduziert. Tritt keine Rötung (Gegenwart von NO_2-Gruppen enthaltenden Farbstoffen) mit Natriumalkoholat oder Violettfärbung (Gegenwart von Metanilgelb) mit einer verd. Säure ein, so ist eine weitere Prüfung nicht erforderlich. Andernfalls säuert man die ganze Flüssigkeit mit Essigsäure an und schüttelt kräftig mit Tetrachlorkohlenstoff durch:

Tabelle 6.

CCl_4 löst ohne Färbung		In der essigsauren Lösung verbleiben		
Martiusgelb	Victoriagelb	Metanilgelb	Pikrinsäure	Naphtholgelb S
Gehen wieder mit wäßrigem NH_3 in Lösung. Ein Teil gibt		Man verdampft auf dem Wasserbade, nimmt mit Wasser auf und teilt in 3 Teile.		
a) Mit $SnCl_2 + NH_3$ rosa Niederschlag	b) Mit $Zn + HCl$ rosa gefärbte Flüssigkeit	I. Gibt mit HCl violette Färbung	II. Gibt mit $(NH_4)_2S$ rotbraune Färbung	III. Reduziert mit $Zn + NH_3$, dann mit $Zn + HCl$; gibt a) mit KOH Gelbfärbung und b) mit $FeCl_3$ Orangefärbung
↓	↓	↓	↓	↓
Martiusgelb	Victoriagelb	Metanilgelb (Tropäolin G)	Pikrinsäure	Naphtholgelb S

Mittels dieses Verfahrens lassen sich in 1 ccm Lösung noch nachweisen von Pikrinsäure und Martiusgelb 0,05, von Victoriagelb 0,03, von Naphtholgelb S 0,025 und von Metanilgelb 0,001 mg.

V. Vetere[1] hält die Anwendung von Tetrachlorkohlenstoff zum Nachweis der Farbstoffe nach A. Piutti und G. Bentivoglio für nicht ganz zuverlässig, da z. B. die für Martiusgelb angegebene Färbung mit allen Nitroderivaten und folglich auch mit Victoriagelb erhalten wird.

γ) Verfahren von A. R. Jamieson und C. M. Keyworth[2]. Die Farbstoffe Pikrinsäure, Victoriagelb, Martiusgelb, Aurantia und Aurin geben mit verschiedenen Reagenzien wenig lösliche krystallinische Niederschläge, die sich mikroskopisch so deutlich unterscheiden lassen, daß sie einen verläßlichen Nachweis der einzelnen Farbstoffe gestatten.

Man stellt einen Auszug des Farbstoffes nach den üblichen Methoden her, konzentriert ihn auf etwa 1,5 ccm und verteilt auf 5 kleine Reagensröhrchen (5 × 60 mm).

Den Inhalt des ersten Röhrchens prüft man auf die Anwesenheit von Sulfogruppen, da nur bei deren Abwesenheit die nachfolgenden Reaktionen für die in Frage kommenden Farbstoffe spezifisch sind. Man erwärmt mit Zinnchlorürlösung (3%) und Salzsäure (3%), bis die Farblösung teilweise reduziert ist, neutralisiert mit Natronlauge, falls der Farbstoff eine braunrote Färbung angenommen hat[3]. Darauf schüttelt man mit Äther aus; geht der Farbstoff nicht in die Ätherschicht über, so säuert man mit N.-Essigsäure an und

[1] V. Vetere: Giorn. Farmac. Chim. **56**, 97; C. 1907, I, 1359.
[2] A. R. Jamieson u. C. M. Keyworth: Analyst 1928, **53**, 418.
[3] Vgl. A. G. Rota: Chem.-Ztg. 1898, **22**, 437.

schüttelt nochmals. Bei Gegenwart von Nitrofarbstoffen geht der Farbstoff in die Ätherschicht über, bei Gegenwart von Nitrofarbstoffen mit Sulfogruppen jedoch nur bei Anwesenheit von Säure oder Alkali.

Zum zweiten Röhrchen gibt man 1 Tropfen Berberinsulfatlösung (0,25%); ein Niederschlag zeigt die Anwesenheit von Pikrinsäure oder Martiusgelb an. Pikrinsäure gibt charakteristische gelbe Rosetten, Martiusgelb breite gelbe Nadeln, die gelegentlich auch in Büscheln auftreten. Pikrinsäure kann auch noch näher identifiziert werden durch Kaliumcyanid und Martiusgelb durch Goldchloridlösung (2%), bei dem sich deutliche feinkrystalline gelbe Nadeln bilden. — Entsteht auf Zusatz von Berberinsulfatlösung weder ein Niederschlag noch eine Farbänderung, so kann der Inhalt weiter auf Victoriagelb geprüft werden: Zu 5 Tropfen der Lösung setzt man 2 Tropfen konz. Salzsäure und 1 Tropfen WIJSsches Reagens, kocht einige Sekunden und fügt sofort ein Körnchen granuliertes Zink hinzu: Nach 12—48stündigem Stehen entsteht eine schwache blaßrote Färbung.

Zu dem dritten Röhrchen fügt man 1 Tropfen Phosphorwolframsäurelösung (10%); ein Niederschlag mit Entfärbung zeigt Aurantia an, welches noch näher durch Silicowolframsäurelösung (10%) identifiziert werden kann. Der Phosphorwolframsäureniederschlag bildet schöne sternförmige, stark polarisierende Krystalle. Silicowolframsäurelösung gibt charakteristische Krystalle, nämlich zigarrenförmige Nadeln mit kleinen Knoten in der Mitte.

Den Inhalt des vierten Röhrchens prüft man auf die Anwesenheit von Aurin. Nach Zusatz von 2 Tropfen Chromalaunlösung (5%) bildet sich ein roter Lack, der mit ein wenig Äther ausgezogen wird. Mit einer kleinen Pipette bringt man etwas von der gelbgefärbten Ätherlösung auf einen Objektträger, bei Gegenwart von Aurin bildet sich nach dem Verdunsten ein Ring von blaßrosa Farbe.

Den Inhalt des fünften Röhrchens gebraucht man zweckmäßig zur Bestätigung der vorstehenden Reaktionen.

Die weiteren Reaktionen sind aus der folgenden Tabelle ersichtlich.

Tabelle 7. Reaktionen der Farbstoffe Pikrinsäure, Victoriagelb, Martiusgelb Aurantia und Aurin[1].

Man verwendet 5 Tropfen (= 0,2 ccm) der Farbstofflösungen 1:10000 und läßt die Reaktionsflüssigkeiten über Nacht stehen.

Reagenslösung	Pikrinsäure	Victoriagelb	Martiusgelb	Aurantia	Aurin[2]
Berberinsulfat (0,25%)	Kryst. ×	0	Kryst. ×	schwacher N.	0
Phosphorwolframsäure (10%)	0	entf.		entf. u. N.	
Silicowolframsäure (10%)	entf.; geringer N.	entf. u. N.	entf. u. N. (für Phosphorwolframsäure, Silicowolframsäure, Chromalaun)	entf. u. Kryst. ×	gelb; kein N. (für Phosphorwolframsäure, Silicowolframsäure)
Chromalaun (5%)	0	entf.		entf. u. N.	roter Lack
Zink und Salzsäure (3%)	entf.	blaßrot ×	entf.	entf. u. schwacher N.	entf.
Goldchlorid (2%)	0	entf.	Kryst. ×	entf. u. N.	entf., roter N.

JAMIESON und KEYWORT geben Abbildungen der spezifischen Reaktionen der Krystallformen mit Pikrinsäure, Martiusgelb und Aurantia und ferner noch weitere Reaktionen mit Natriumbisulfit, Natriumpersulfat, Oxalsäure usw. an, auf die hier nur verwiesen werden kann.

δ) Nachweis von Corallin. Das technische Corallin[3] ist ein Gemisch von Rosolsäure-Derivaten; sein eigentlicher Farbbestandteil ist das Aurin, dessen Verwendung

[1] Es bedeutet: N. = amorpher Niederschlag; Kryst. = krystallinischer Niederschlag; entf. = entfärbt; × = spezifische Reaktion; 0 = keine Reaktion.

[2] Aurin ist ein Bestandteil des technischen Corallins; siehe δ).

[3] Das reine Corallin ist nicht gesundheitsschädlich; daß das Corallin im deutschen Farbengesetz vom 5. Juli 1887 als solches bezeichnet worden ist, rührt daher, daß das technische Corallin früher häufig als Verunreinigungen Phenol und Arsen enthielt, die aber jetzt darin kaum mehr gefunden werden dürften.

nach dem deutschen Farbengesetz nicht verboten ist. Es muß daher neben dem Aurin die in dem rohen Corallin zu 70% vorhandenen Pseudorosolsäure nachgewiesen werden.

Das technische Corallin unterscheidet sich nach L. Grünhut[1] von Aurin und Rosolsäure dadurch, daß seine kirschrote bzw. purpurrote Auflösung in Natronlauge durch Zusatz von Ferricyankalium noch dunkler und stärker gefärbt wird, was von seinem Gehalt an Pseudorosolsäure herrührt. Bleibt diese Reaktion aus, so liegt kein Corallin vor. Zur Prüfung verreibt man das Lebensmittel mit Quarzsand oder verdampft Flüssigkeiten hiermit, kocht nacheinander mit Äther und Alkohol aus, verdunstet letztere, zieht den Rückstand mit verd. Natronlauge aus und versetzt die Lösung mit Ferricyankalium. Um ganz sicher zu gehen, soll man die Pseudorosolsäure nach Zulkowski[2] abzuscheiden suchen. Im Filtrat der Pseudorosolsäure muß Aurin nachzuweisen sein.

d) Nachweisbarkeit von künstlichen Farbstoffen in faulenden Lebensmitteln.

A. Cutolo[3] hat zu ermitteln gesucht, wie lange Zeit Teerfarbstoffe in faulenden Lebensmitteln sich halten und nachgewiesen werden können.

Die verwendeten Lebensmittel (Rot- und Weißwein, Sirup, Tomaten- und Fruchtdauerwaren, Liköre, Teigwaren, Stärke- und Eiweißlösung, Stärke mit Wasser und Salzfleisch) wurden unter Bedingungen aufbewahrt, welche die Zersetzung und das Verderben unterstützten.

Als Farbstoffe dienten zu den Versuchen folgende: Fuchsin, Sulfofuchsin, Vinulin (Mischung von Ponceau- und Bordeauxrot), Ponceau, Bordeauxrot, Naphtholgelb S, Martiusgelb, Brillantgrün, Jodgrün, Malachitgrün, Methylenblau. Die Farbstoffe wurden gemäß den bei den aufgeführten Lebensmitteln am häufigsten vorkommenden Fälschungen zugesetzt (in Mengen von 0,01 g auf 100 g). Es ergab sich, daß in den alkoholischen Flüssigkeiten die meisten Farbstoffe nicht zersetzt wurden; bei der Zersetzung von Eiweiß wurden alle Farbstoffe zerstört. Die Zerstörung geschah in nachstehender zeitlicher Reihenfolge: 1. Fuchsin und Sulfofuchsin; 2. Jodgrün, Brillantgrün und Malachitgrün; 3. Methylenblau; 4. Naphtholgelb S; 5. Vinulin, Ponceau, Bordeauxrot, Martiusgelb. Fuchsin war in etwas mehr als 1 Monat verschwunden. Bordeauxrot und Martiusgelb hielten sich etwa 6 Monate.

II. Spektroskopischer Nachweis von Farbstoffen.

Die Frage, ob ein Lebensmittel überhaupt künstlich gefärbt ist, läßt sich in den meisten Fällen auf chemischem Wege entscheiden. Oft kann es aber auch notwendig sein, festzustellen, welcher Farbstoff zum Färben verwendet wurde, besonders dann, wenn die Schädlichkeit oder Unbedenklichkeit einer künstlichen Färbung für die Beurteilung eines Nahrungsmittels maßgebend ist. In diesem Falle ist die chemische Analyse vielfach unzureichend; alsdann kann die spektroskopische Prüfung als wertvolle Ergänzung der chemischen in Anwendung kommen, zumal sie vor letzterer den Vorzug der leichteren und schnelleren Ausführbarkeit besitzt. Ferner macht sich auch bei ihr der Nachteil, daß man es meist nur mit sehr geringen Farbstoffmengen zu tun hat, wodurch die chemische Untersuchung sehr erschwert werden kann, nicht so störend bemerkbar, da im allgemeinen sehr verdünnte Lösungen für die Spektralanalyse ausreichend bzw. notwendig sind.

1. Grundlagen der spektroskopischen Untersuchung.

Über die Grundlagen der Absorptionsspektroskopie s. S. 333. Die Lösungen der Farbstoffe lassen je nach ihren optischen Eigenschaften nur Lichtstrahlen bestimmter Wellenlängen durch. Beobachtet man solche Lösungen mittels eines mit weißem Licht beleuchteten Spektroskops, so beobachtet man, daß das Spektrum in seinem sichtbaren Teile durch einen oder mehrere, für die einzelnen Farbstoffe typische Absorptionsstreifen unterbrochen ist, so daß man je nach deren Zahl, Lage und Beschaffenheit auf bestimmte Farbstoffe schließen kann.

[1] L. Grünhut: Zeitschr. öffentl. Chem. 1898, 4, 563.
[2] C. Zulkowsky: Ann. Chem. 1878, 194, 109.
[3] A. Cutolo: Rev. intern. falsif. 1902, 15, 17; Z. 1904, 7, 711.

J. FORMÁNEK[1] hat die Absorptionsspektren der verschiedenen Farbstoffe im sichtbaren Spektrum einer eingehenden Untersuchung unterzogen und Tabellen aufgestellt, die zum Nachweise der einzelnen Farbstoffe dienen können. Er teilt die Farbstoffe nach der Farbe und Form ihrer Absorptionsspektren in einzelne Gruppen und Untergruppen. Für die Einteilung in die Gruppen sind die Unterschiede in der Zahl und Form der Absorptionsbanden maßgebend und zur näheren Kennzeichnung der einzelnen Farbstoffe dienen die Unterschiede in der Lage der Absorptionsstreifen im Spektrum sowie ihr Verhalten gegen Säure oder Alkali.

Über die Ausführung der Untersuchung siehe S. 334. Im einzelnen ist dafür folgendes zu beachten.

a) Apparatur.

Der zur Untersuchung dienende Spektralapparat muß eine passende Dispersion besitzen; diese darf nicht zu groß sein, damit die Absorptionsstreifen sich nicht zu sehr ausdehnen und durch Kontrastverringerung wenig intensive Banden nicht mehr wahrgenommen werden können.

Ein hierzu geeigneter Apparat ist das Gitterspektroskop von ZEISS[2] (S. 306).

b) Einflüsse auf das Spektrum.

Über die Einflüsse der Lösungsmittel, der Konzentration der Lösung, der Schichtdicke und der Temperatur auf die Absorptionsspektren siehe S. 338. Ergänzend dazu sei noch auf folgendes hingewiesen:

a) Alle Lösungsmittel (Wasser, Äthylalkohol und Amylalkohol), welche bei der spektroskopischen Untersuchung zur Verwendung kommen, müssen chemisch rein und neutral sein, da oft schon Spuren von freier Säure oder freiem Alkali das Spektrum ändern können. Der als Lösungsmittel zu verwendende Amylalkohol darf mit Kalilauge keine Gelbfärbung zeigen, da hierdurch das Spektrum beeinflußt wird.

b) An Reagenzien kommen für die Farbstoffuntersuchung in Betracht: für Pflanzenfarbstoffe Schwefelsäure 1:5, Essigsäure 1:5 und Alaun 1:12, für Teerfarbstoffe: Salzsäure 1:5, wäßrige und alkoholische Kalilauge 1:10, Ammoniak 1:5 (Spez. Gew. 0,96). Zur Vermeidung eines Überschusses an Reagens werden die Lösungen zweckmäßig aus Tropfgläsern zugesetzt.

c) Die möglichst klare und durchsichtige, völlig homogene Lösung wird in verschiedener Konzentration beobachtet, indem man sie mit dem Lösungsmittel allmählich so weit verdünnt, bis die Absorptionsstreifen deutlich hervortreten. Die Spektra setzen sich meistens aus mehreren Streifen, Haupt- und Nebenstreifen, zusammen, welche, je nachdem ihr Dunkelheitsmaximum in der Mitte oder auf einer Seite liegt, symmetrisch oder unsymmetrisch sein können.

Da bei der Verdünnung der gefärbten Lösung in der Regel keine Verschiebung, sondern nur ein Schmalerwerden der Streifen eintritt, so verdünnt man, um die Lage der einzelnen Dunkelheitsmaxima genau bestimmen zu können, so weit, bis die Streifen möglichst schmal erscheinen und noch eben sichtbar sind, so daß sie bei weiterer Verdünnung aus dem Spektrum verschwinden würden. Sind die Streifen des Spektrums nicht gleich stark, so bestimmt man zunächst den schwächsten, dann bei stärkerer Verdünnung den nächsten Streifen und so fort. Nachdem die Lage der Absorptionsstreifen bestimmt ist, teilt man die Lösung in 3 Tle., fügt zu dem ersten einige Tropfen Salzsäure 1:5, zum zweiten Ammoniak 1:5 und zum dritten Kalilauge 1:10 hinzu und stellt die hierbei eintretenden Veränderungen fest. Da bei manchen Farbstoffen die Reaktionen erst nach einiger Zeit eintreten, so lasse man die mit dem Reagens versetzte Lösung, wenn sie sich nicht sofort verändert hat, einige Zeit stehen.

Die Lage des Dunkelheitsmaximums der Absorptionsstreifen ist im allgemeinen nicht von der Konzentration der Lösung abhängig, man kann daher auch die Verdünnung

[1] J. FORMÁNEK: Z. 1899, **2**, 260. — J. FORMÁNEK: Untersuchung und Nachweis organischer Farbstoffe auf spektroskopischem Wege, 2. Aufl. Berlin: Julius Springer 1908—1927.

[2] Siehe F. LÖWE: Chem.-Ztg. 1922, **46**, 465. — Hersteller des Apparates ist die Firma C. Zeiss in Jena.

teilweise durch Beobachtung in geringerer Schichtdicke ersetzen; s. BEERsches Gesetz S. 344. Dies trifft jedoch natürlich nicht zu, wenn der Farbstoff durch stärkere Verdünnung stärker hydrolysiert oder verändert wird, da in solchen Fällen eine Verschiebung der Streifen eintreten kann.

d) Bei der spektroskopischen Untersuchung der Farbstoffe hat sich ergeben, daß die Spektra eine gewisse Regelmäßigkeit zeigen, so daß sich eine Anzahl von Typen aufstellen läßt, nach denen sich die Farbstoffe in bestimmte Gruppen ordnen. Das Spektrum kann nämlich entweder aus einem symmetrischen oder unsymmetrischen Streifen bestehen, oder es kann aus zwei oder drei Streifen verschiedener Form und Stärke zusammengesetzt sein oder endlich eine nach dem einen Ende des Spektrums allmählich zunehmende einseitige Absorption zeigen. Sind aber zwei oder mehr Farbstoffe, welche sich chemisch gegenseitig nicht beeinflussen, gleichzeitig in einer Lösung vorhanden, so kann das Mischspektrum verschieden ausfallen. Liegen die Absorptionsstreifen nicht nahe beieinander, so ist das Spektrum ein reines Mischspektrum, d. h. es zeigt alle einzelnen Streifen der vorhandenen Farbstoffe. Liegen die Streifen aber nahe beieinander, so kommt es mitunter vor, daß nur derjenige Absorptionsstreifen erscheint, dessen Intensität die größte ist; oder es bildet sich aus zwei Streifen ein neuer Streifen, dessen Dunkelheitsmaximum in dem Zwischenraume zwischen beiden Streifen, und zwar näher bei dem stärkeren liegt. Endlich kann auch das Absorptionsspektrum eines Stoffes durch den Einfluß eines anderen Stoffes in seinem Typus zwar erhalten bleiben, jedoch aus seiner Lage verschoben werden, so daß sich die Streifen auch voneinander entfernen können. Durch derartige Einwirkungen wird natürlich die Auffindung der einzelnen Farbstoffe erschwert oder auch ganz unsicher gemacht, jedoch leisten in diesen Fällen die Reaktionen mit Säuren oder Alkalien oft gute Dienste.

e) Die Regelmäßigkeit in der Anordnung der Absorptionsstreifen bietet zuweilen ein gutes Mittel, um zu entscheiden, ob ein vorliegender Farbstoff einheitlich oder ein Gemisch ist. Ein solches liegt stets bei einer unregelmäßigen Anordnung der Streifen vor, z. B. wenn neben einem starken Streifen ein schwacher und dann wieder ein starker erscheint, weil eine solche Anordnung bei einheitlichen Farbstoffen nicht vorkommt. Ein wichtiges Merkmal für die Einheitlichkeit eines Farbstoffes ist auch die gleichmäßige Änderung, z. B. ein Verschieben oder Verschwinden, aller im Spektrum vorhandenen Streifen bei Zusatz von Reagenzien.

f) Auf die Gestalt des Spektrums und die Lage der Absorptionsstreifen hat die Temperatur der Lösung keinen nennenswerten Einfluß, soweit nicht eine Veränderung bzw. Umsetzung des Farbstoffes selbst eintritt. Dagegen kann das Lösungsmittel einen sehr erheblichen Einfluß ausüben, indem z. B. ein Farbstoff in wäßriger Lösung nur einen, in alkoholischer Lösung dagegen zwei Streifen aufweist. Beim Malachitgrün ist die Form des Spektrums in allen Lösungsmitteln die gleiche, dagegen ändert sich die Lage der Dunkelheitsmaxima in den verschiedenen Lösungsmitteln. Auch kann sich der Farbstoff in verschiedenen Lösungsmitteln mit verschiedener Farbe lösen, wobei natürlich auch die Spektren ganz andere werden können.

c) Herstellung der Untersuchungslösung.

Als Lösungsmittel für die zu untersuchenden Farbstoffe kommen Wasser, Äthyl- und Amylalkohol in Anwendung[1]; jede dieser Lösungen wird mit Salzsäure, wäßriger oder alkoholischer Kalilauge und Ammoniak (S. 1204) behandelt.

Bei der Untersuchung von Lebensmitteln muß der Farbstoff zunächst in geeigneter Weise daraus isoliert werden.

Aus festen Gegenständen wird der Farbstoff mit Wasser, Äthyl- oder Amylalkohol, nötigenfalls unter Zusatz von etwas Essigsäure oder Salzsäure oder auch unter schwacher Erwärmung ausgezogen. Zuckerwaren kann man im allgemeinen in Wasser lösen und direkt spektroskopisch untersuchen. Flüssigkeiten wie Fruchtsäfte, Liköre usw., können gleichfalls zur Orientierung zunächst direkt geprüft werden. Zur Isolierung des Farbstoffes dampft man auf dem Wasserbade ein und verdünnt dann zur Abscheidung des Zuckers mit absolutem Alkohol. Mitunter kann man auch den Farbstoff durch Ausschütteln mit Amylalkohol, nötigenfalls nach schwachem Ansäuern (S. 1180), gewinnen, oder man bedient sich auch mit Vorteil der Ausfärbung auf Baumwolle oder Wolle (S. 1178) und bringt nachher den Farbstoff durch Auskochen der Faser mit verd. Äthylalkohol, verd. Schwefelsäure, konz. Essigsäure oder einem Gemisch von gleichen Teilen Anilin und Essigsäure in Lösung. Um einen beim Ausfärben etwa gleichzeitig auf der Wolle

[1] Bei manchen Farbstoffen auch konz. Essigsäure und konz. Schwefelsäure.

mit niedergeschlagenen Pflanzenfarbstoff zu entfernen, wird die ausgefärbte Wolle mit verd. Weinsäurelösung abgewaschen und mit wäßriger Quecksilberchloridlösung (1:9) auf dem Wasserbade kurze Zeit erwärmt (S. 1182); auf der Wolle bleibt dann nur der Teerfarbstoff zurück. Farbstoffe der Hölzer werden nach diesem Verfahren nicht beseitigt.

d) Darstellung der Untersuchungsergebnisse.

Die Darstellung der spektroskopischen Untersuchungsergebnisse kann auf folgende Weise erfolgen:

Absorptionskurven von Farbstoffen.

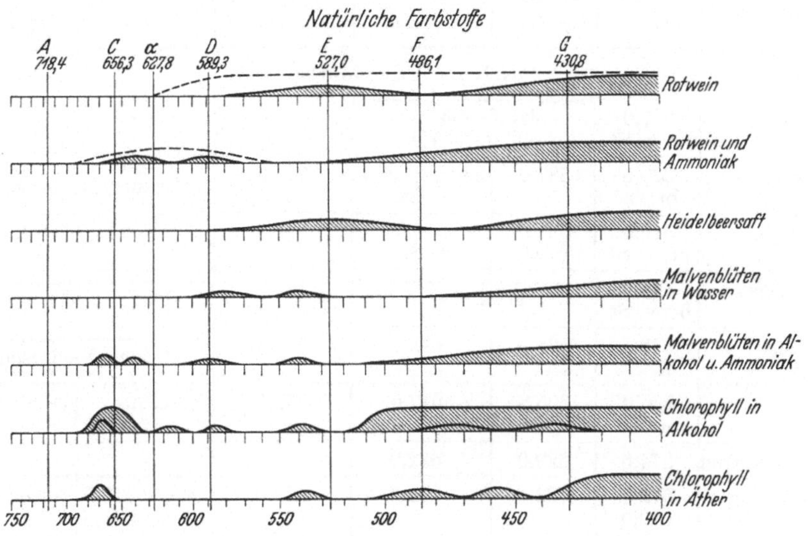

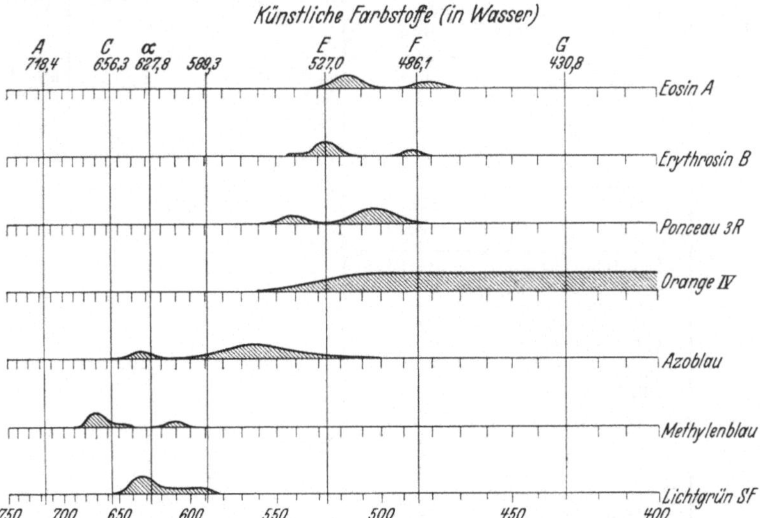

α) Eine nur oberflächliche Charakteristik der Absorptionsstreifen von Farbstoffspektren gibt die Darstellung in Form von nach dem Augenschein aufgenommenen Kurven nach R. BUNSEN (S. 336). Diese Art der Darstellung hat auch J. Formánek bei seinen qualitativen Versuchen zum Nachweise von Farbstoffen angewendet. Einige Beispiele dieser Darstellung enthält die Abbildung auf S. 1203.

β) Man gibt die Lage der Dunkelheitsmaxima der Absorptionsstreifen in Wellenlängen (λ) an, und zwar in fettgedruckten Zahlen für die Wellenlängen der Hauptstreifen und in gewöhnlichen Zahlen für die der Nebenstreifen.

Tabelle 8. Absorptionsspektren natürlicher Farbstoffe[1].

Bezeichnung des Farbstoffes	In Wasser			In Äthylalkohol		
	neutral	+ NH_3	+ KOH	neutral	+ NH_3	+ alkohol. KOH.
a) Rote Farbstoffe.						
Rotwein . . .	527,0 br. v. St.	643,0—637,0 592,0—587,0		—	—	—
Kirschen . . .	520,5 br. St.	587,0	630,5—593,5 v. St.	547,5 br. St.	(Grüner Niederschlag)	
Himbeeren . .	516,0 br. v. St.	591,0 v. St.	604,5 v. St.	541,5	(Grauer N.)	(Grüner N.)
Johannisbeeren.	523,0 br. v. St.	etwa 600		543,5 br. v. St.	(Grauer Niederschlag)	
Brombeeren . .	518,5 br. St.	596	642	545,5	(Grüner Niederschlag)	
Heidelbeeren. .	536,0 br. St.	605,8 schw.	617,5	553,5	638,5 593,5	(Grüner N.)
Hollunderbeeren	574,5	629,0	632,0	—	—	—
Malvenblüten	578,0 540,0	622,5	630,5	572,0 535,5 v. St.	663,5; 643,0 587,0; 538,5	(Grüner N.)
Rote Rüben . .	544,5 483,0 454,5	Streifen verschwinden		546,5; 481,3 453,0	547,5; 480,0 452,0	(Trübung)
Alkanna . . .	—	—	—	**523,1**; 563,8; 545,0; 487,1; 456,0	—	**634,4**; 584,5; 542,5
b) Gelbe Farbstoffe.						
Safran	475,1; 443,9		465,0 438,0	462,0; 434,3		456,5 431,5
Saflor	Einseitige Absorption in Blau und Violett			—	—	—
	In Amylalkohol					
Orlean	**496,5** **463,5** 436,5	491,5; **458,5**; 433,5 (v. St.)		**494,0** **461,0** 434,5	487,5; **456,0**; 431,5 (v. St.)	
c) Grüner Farbstoff.						
Chlorophyll . .	In Äther Breiter Streifen in Rot; ferner 612,6; 577,0; 533,9; 506,4 (Konz. Lösung)			664,2; 614,1; 584,5; 537,5 (Konz. Lösung)		

[1] Abkürzungen: A. = Absorption; E. = Entfärbung; L. = Lösung; N. = Niederschlag; St. = Absorptionsstreifen; Tr. = Trübung; br. = breit; schw. = schwach; u. = unverändert; v. = verwaschen.

γ) Die exakteste Darstellung der Versuchsergebnisse ist diejenige durch Absorptionskurven, indem z. B. die Extinktionskoeffizienten in Abhängigkeit von der Wellenlänge oder von einer Funktion dieser kurvenmäßig dargestellt werden. Dies setzt voraus, daß die Absorption mittels eines Spektralphotometers, das eine Kombination von Spektroskop und Photometer darstellt (S. 344), für möglichst viele Wellenlängen quantitativ bestimmt wird.

2. Absorptionsspektren natürlicher Farbstoffe.

Die Absorptionsspektren der natürlichen Farbstoffe, z. B. der Fruchtsäfte, besitzen namentlich in Gemischen keinen besonderen diagnostischen Wert; sie können aber immerhin gelegentlich die chemischen Befunde (S. 1186) unterstützen.

Die Absorptionsspektren einiger der wichtigsten natürliehen Farbstoffe enthält die Tabelle 8 auf S. 1204.

3. Absorptionsspektren künstlicher Farbstoffe.

Trotz der großen Einfachheit des Prinzips der spektroskopischen Untersuchung der künstlichen Farbstoffe hat das Verfahren in der Praxis bisher nur wenig Anwendung gefunden, da es, namentlich bei der Untersuchung von Farbstoffgemischen — über deren Erkennung auf chemischem Wege s. S. 1191 — immerhin gewisse Schwierigkeiten bietet. Trotzdem können aber solche Gemische durch die Veränderungen, welche die Spektren beim Zusatz von Reagenzien zu den Lösungen erfahren, als solche erkannt werden.

Bei der großen Zahl künstlicher Farbstoffe, die sich im Handel finden und deren Zahl sich ständig noch vermehrt, kann hier nicht das spektroskopische Verhalten aller dieser Farbstoffe dargestellt werden; es sollen vielmehr in der Tabelle 9 auf S. 1206 nur die Absorptionsspektren einiger namentlich für die Färbung von Lebensmitteln in Frage kommenden Farbstoffe als Beispiele angegeben werden. Wer sich eingehender mit dem Nachweise der künstlichen Farbstoffe auf spektroskopischem Wege beschäftigen will, sei auf das grundlegende Werk von J. FORMÁNEK (S. 1201) verwiesen.

Im einzelnen sei über die spektroskopische Untersuchung noch auf folgendes hingewiesen: Die Absorptionsstreifen der einzelnen Farbstoffe liegen im Bereiche ihrer Komplementärfarben des Spektrums:

Farbstoffe	Wellenlänge (λ)	Lage des Absorptionsstreifens im
grüne und blaugrüne	723—629	Rot
blaue und blauviolette	629—585	Orange
violette und rotviolette	585—575	Gelb
violettrote, rote und gelbrote	575—485	Grün
orangegelbe	485—455	Blau
gelbe	455—424	Indigo
	ab 424	Violett

Manche gelben Farbstoffe geben weder für sich noch mit Reagenzienzusatz charakteristische Absorptionsspektren; für sie kommt daher der spektroskopische Nachweis nicht in Betracht. Ebenso sind Mischungen von Azofarbstoffen meist nicht analysierbar, weil viele von ihnen in Wasser, Äthyl- oder Amylalkohol gelöst, breite unscharfe Absorptionsstreifen zeigen, wodurch bei den Gemischen Spektren von unbestimmtem Charakter entstehen.

Tabelle 9. Absorptionsspektren von künstlichen Farbstoffen[1].

Nr.	Farbstoff	In Wasser			In Äthylalkohol			In Amylalkohol		
		neutral	+ HCl	+ KOH	neutral	+ HCl	+ KOH	neutral	+ HCl	+ KOH
	a) Rote Farbstoffe.									
1	Erythrosin B .	**524,3**; 489,1	E. N.	u.	**535,3**; 496,2	E.	528,8; 494,0	**542,2**; 503	E.	**532,4**; 495,5
2	Phloxin P . .	**536,6**; 497,5	E.	u.	**548,0**; 506,8	E.	u.	**550,0**; 508,5	E.	**547,5**; 507,0
3	Ponceau 2 R .	539,2; 501,5		St. verschwinden	535,3; 500,0		St. verschwinden	539,2; 503,0	—	—
5	Amaranth . .	**524,3**		desgl.	**509,1** v.		St. verschwinden	**509,1** v.	—	—
6	Bordeaux BL .	**522,5** v.		desgl.	**524,3** v.		desgl.	(unlöslich)	**524,3** v.	—
7	Fuchsin . . .	**546,5**; 487,5	578,3	E.	**554,6**; 502,0		E.	557,8; 505,0	A. geschwächt	E.
8	Säurefuchsin .	**550,0**; 492,5		E.	**558,2**; 506,0		E.	—	**562,8**; 509,0	—
9	Eosin, wasserl.	518,0; 484,0	E.	518,0; 484,0	**529,5**; 491,0	E.	**525,0**; 488,8	**531,5**; 493,0	E.	**527,6**; 490,6
10	Eosin, spritl. .	**523,5**; 487,4	E.	**523,5**; 487,4	**538,0**; 499,2	E.	**538,0**; 499,2	**541,2**; 501,6	E.	537,9; 499,4
	b) Orange und gelbe Farbstoffe.									
13	Tropäolin 000 Nr. 1 . . .	482,8 v.		514,1	478,9		524,3 v.	478,9 v.		524,3 v.
14	Chrysoidin . .	Einseitige A. in Blau		—	Einseitige A. in Blau		—	Einseitige A. in Blau		—

15	Sudan I . . .	—	—	—	**514,0; 485,0** v.		St. verschwinden	**515,0; 486,0** v.		St. verschwinden
16	Buttergelb 0 .	—	—	—	513 Einseitige A. in Blauviolett	**512,5; 486,0** v.	St. in Grün v.	**514,5**	513,5; 488,0 v.	St. in Grün v.
17	Säuregelb R .	Einseitige A. in Blauviolett	516,0; **492,0**	Einseitige A. in Blauviolett	Einseitige A. in Blauviolett	526,0; **495,5** v.	Einseitige A. in Blauviolett	Einseitige A. in Blauviolett	531,0; **500,0** v.	Einseitige A. in Blauviolett
18	Naphtholgelb S	desgl. in Blau	E.	desgl. in Blau	desgl. in Blau	E.	desgl. in Blau	desgl. in Blau	E.	desgl. in Blau
21	Auramin O . .	Einseitige A. in Blauviolett		E.	Einseitige A. in Blauviolett		E.	Einseitige A. in Blauviolett		E.

c) Violette und grüne Farbstoffe.

27	Methylviolett .	**585,7**; 534,8	623,9; dann E.	E.	**585,0**; 540,5		E.	**585,0**; 543,5	**588,3**; 543,5	E.
28	Lichtgrün . .	**627,8**	A. geschwächt	E.	**629,5**		E.	—	**630,5**	—
29	Malachitgrün .	**616,9**	E.	E., Tr.	**621,0**		E.	**623,3**		—

1 Die Nummern und die Abkürzungen sind die gleichen wie in Tabelle 8 auf S. 1204.

Mineralstoffe.

Von

Professor Dr. A. Bömer und Dr. O. Windhausen-Münster i. W.

Mit 10 Abbildungen.

Alle natürlichen Lebensmittel enthalten eine Reihe von Mineralstoffen, die von den Pflanzen aus dem Boden aufgenommen und dem Tiere durch das Futter zugeführt werden. Es sind dies an Kationen hauptsächlich Eisen, Aluminium, Mangan, Calcium, Magnesium, Kalium und Natrium und an Anionen vorwiegend Phosphor, Schwefel, Silicium und Chlor.

Daneben enthalten die meisten Lebensmittel als natürliche Bestandteile, ebenfalls meist aus dem Boden bzw. dem Futter stammend, kleine und kleinste Mengen von Kupfer, Zink, Nickel, Arsen, Bor, Jod, Fluor und anderen Stoffen.

Bei der Zubereitung vieler Lebensmittel findet ferner ein Zusatz von Natriumchlorid („Kochsalz") statt, beim Pökeln auch ein solcher von Kaliumnitrat bzw. Kaliumnitrit, beim Backen ein solcher von Backpulvern mit vorwiegend Alkalien, Calcium und Phosphorsäure usw.

Außerdem werden an anorganischen Konservierungsmitteln gelegentlich Borsäure, Schweflige Säure, Phosphorsäure, Fluor bzw. deren Alkalisalze usw. den Lebensmitteln zugesetzt.

In diesem Abschnitte wird davon abgesehen, die Methoden für den Nachweis der einzelnen Mineralstoffe aufzunehmen, da diese die allgemein in der Chemie angewendeten sind; nur bei den als Konservierungsmittel dienenden Mineralstoffen finden auch die Nachweismethoden Berücksichtigung, und bezüglich des Nachweises und der Bestimmung der sog. metallischen Gifte usw. sei auf den folgenden Abschnitt „Ausmittelung der Gifte" (S. 1273) verwiesen.

I. Bestimmung der Gesamt-Mineralstoffe.

Man bestimmt die Mineralstoffe der Lebensmittel in der Regel durch Veraschung und versteht unter „Asche" die salzartige Masse, die bei der vollständigen Verbrennung der organischen Bestandteile eines Lebensmittels zurückbleibt. Hierbei muß man aber berücksichtigen, daß bei der höheren Verbrennungstemperatur Reaktionen sowohl zwischen den vorgebildeten Mineralstoffen der ursprünglichen Substanz, als auch zwischen den Mineralstoffen und den aus schwefel- und phosphorhaltigen organischen Verbindungen entstandenen Mineralsäuren stattfinden, daß man also in der Asche nicht die Gesamtheit der Mineralstoffe in unveränderter Menge und Bindungsweise vorfindet [1].

Den Rückstand, welchen man durch einfache Verbrennung („Veraschung") der Lebensmittel erhält, bezeichnet man als Asche schlechthin oder als Roh-

---

[1] Über die Veränderungen der Mineralstoffe beim Veraschen siehe B. Pfyl: **Z. 1922, 43,** 313 und **1924, 48,** 261. Er empfiehlt, die Werte für die einzelnen Mineralstoffe für 100 g des Stoffes in Val bzw. Millival anzugeben.

asche, namentlich wenn diese neben den aus dem Lebensmittel selbst stammenden Mineralstoffen bzw. deren Umsetzungsprodukten noch Kohleteilchen und, namentlich bei pflanzlichen blattartigen Lebensmitteln, noch mehr oder weniger diesen äußerlich anhaftende erdige Teile (Sand und Ton) enthält, die nicht zu den Mineralstoffen des Lebensmittels gehören. Man bringt daher von der Rohasche ihren Gehalt an Kohle, Sand und Ton in Abzug und bezeichnet den auf diese Weise erhaltenen Wert als Reinasche.

In vielen Aschen finden sich größere Mengen von Carbonaten, die in den Lebensmitteln selbst nicht enthalten waren, sondern sich erst durch den Verbrennungsprozeß, namentlich aus Lebensmitteln mit viel Salzen organischer Säuren, gebildet haben und deren Kohlensäure daher nicht zu den Mineralstoffen der Lebensmittel gehört. Man bestimmt diese Kohlensäure daher gelegentlich nach S. 1211 besonders, bringt ihre Menge von der Reinasche in Abzug und erhält so die kohlensäurefreie Reinasche.

Bei der Veraschung von Lebensmitteln, die organische Salze der alkalischen Erden (Calcium- und Magnesiumsalze) enthalten, entweicht ein Teil der an diese gebundenen, zur Asche gehörigen Kohlensäure. Um diese der Asche wieder zuzuführen, befeuchtet man sie mit wenig Ammoniumcarbonatlösung, dampft zur Trockne und glüht dann schwach, bis das überschüssige Ammoniumcarbonat verflüchtigt ist.

Ferner muß man beachten, daß bei Lebensmitteln, welche viel organische Phosphor- und Schwefelverbindungen, dagegen wenig Kationen enthalten, ein Teil des Phosphors und Schwefels bei der Veraschung entweicht und daher in der Asche nicht erfaßt werden kann. Um die Gesamtmenge des Phosphors und Schwefels zu bestimmen, verascht man solche Substanzen mit alkalischen Zusätzen (S. 1220), oder man schließt sie zur Bestimmung des Phosphors mit konz. Schwefel- und Salpetersäure auf (S. 1221).

1. Bestimmung der Asche.

a) Vorbereitung der Substanz. Die zu veraschenden Lebensmittel müssen, um gute Durchschnittsproben zu erhalten, hinreichend zerkleinert werden.

α) Flüssigkeiten und wasserreiche Substanzen müssen vor der Veraschung auf dem Wasserbade oder im Trockenschranke von der Hauptmenge des Wassers befreit werden. Bei wasserreichen, ungleichmäßig zusammengesetzten Lebensmitteln, die sich im natürlichen Zustande nicht so weit zerkleinern lassen, daß die zu veraschende kleine Substanzmenge einen genügenden Durchschnitt des Lebensmittels darstellen würde, werden zweckmäßig nach S. 551 vorgetrocknet.

β) Natürliche pflanzliche Lebensmittel, insbesondere Blätter, Kräuter, Wurzelgewächse usw. müssen vor der Veraschung von den ihnen äußerlich anhaftenden erdigen Teilen, Staub usw. möglichst gereinigt werden. Dies geschieht zweckmäßig entweder durch weiche Bürsten oder Pinsel oder, namentlich bei Wurzelgewächsen von lehmigem Boden, durch Abwaschen, zuletzt mit destilliertem Wasser, und darauf folgendes sofortiges Abtrocknen mit einem weichen Tuche.

b) Veraschungsapparaturen. In der Regel verwendet man zur Veraschung zunächst Pilzbrenner und darauf gewöhnliche Bunsen- oder Teclu-Brenner, mit denen man am Schlusse der Veraschung die Platinschale umfächelt.

Um diese viel Zeit beanspruchende Umfächelung zu vermeiden, hat man Einrichtungen getroffen, welche die Heizflamme in drehender Bewegung halten. Hierfür sind von G. Lockemann [1] und von W. v. Heygendorff [2] besondere Drehbrenner konstruiert und empfohlen worden. E. J. Aps [3] schlägt eine Vorrichtung [4] vor, die den Tiegel, in dem die Veraschung vorgenommen wird, in eine drehende Bewegung setzt, um dadurch eine gleichmäßige Erhitzung des gesamten Tiegelinhaltes zu ermöglichen und gleichzeitig die Gefahr

[1] G. Lockemann: Zeitschr. angew. Chem. 1921, 34, 198 und 594.
[2] W. v. Heygendorff: Zeitschr. angew. Chem. 1921, 34, 359.
[3] E. J. Aps: Chem.-Ztg. 1910, 34, 1374.
[4] Dieser Apparat wird von der Firma Julius Schober in Berlin SO 16 hergestellt.

der Überhitzung auszuschließen. G. LOCKEMANN [1] hat diesen Apparat so abgeändert daß man außer Tiegeln auch Schalen in drehende Bewegung versetzen kann.

Für häufig wiederkehrende und namentlich für Reihenuntersuchungen empfiehlt sich für Aschenbestimmungen die Verwendung von Muffelöfen. An Stelle der Gas-Muffelöfen werden heute vorzugsweise elektrische Muffelöfen [2] verwendet. Sie sind mit in die Muffelwand vollkommen eingebetteten Heizwiderständen aus Platin oder Chromnickel versehen; die erreichbaren Höchsttemperaturen betragen im ersteren Falle etwa 1000° und im zweiten etwa 800°. Die Temperatur kann mit einem Vorschaltwiderstande reguliert werden. Gegen Stromüberlastung ist in den Öfen eine leicht auswechselbare Goldsicherung eingebaut, durch die der Heizstrom fließt. Ein Schornstein bewirkt den erforderlichen, einstellbaren Luftzug.

Bei der Aschenbestimmung im Muffelofen empfiehlt es sich, die organische Substanz zunächst auf einem Pilzbrenner zu verkohlen und dann erst die Platinschale in den Muffelofen zu stellen.

c) Ausführung der Bestimmung. Etwa 5—10 g der lufttrockenen Substanz werden in einer gewogenen Platinschale bei anfangs kleiner Flamme — am besten auf einem Pilzbrenner — verkohlt und dann auf stärkerer Bunsenflamme oder im Muffelofen verascht, bis die Kohle verbrannt ist.

Handelt es sich außer um die Bestimmung der Asche der Substanz auch um die Bestimmung mehrerer Aschenbestandteile, so verascht man in einer geräumigen Platinschale gesondert eine größere Menge (50—100 g) der Substanz, wobei auf eine vollständige Verbrennung aller Kohleteilchen nicht ein so großes Gewicht zu legen ist. Man kann bei der Veraschung größerer Substanzmengen die Verbrennung der Kohle auch dadurch fördern, daß man die verkohlte Masse in der Platinschale mit einem Pistill zerdrückt, letzteres mit Wasser abspült, das Wasser auf dem Wasser- oder Sandbade verdampft, den Rückstand schwach glüht und diese Behandlung nötigenfalls wiederholt.

Zur Beschleunigung der Kohleverbrennung kann man die größtenteils verkohlte und zerdrückte Substanz statt mit Wasser auch mit einer 3%igen Lösung von reinem Wasserstoffsuperoxyd anfeuchten und weiter wie beim Zusatz von Wasser verfahren.

Ferner ist auch die Anwendung eines schwachen Stromes von Sauerstoffgas zur Beschleunigung der Kohleverbrennung empfohlen worden. Das Gas wird aus einem kleinen Gasometer mittels eines Gummischlauches und einer in eine Spitze ausgezogenen Glasröhre in sehr schwachem Strome auf die schwach geglühte kohlehaltige Masse geleitet, indem man die Glasröhrenspitze in der Schale herumführt. In dieser Weise verbrennt die Kohle sehr ruhig, ohne daß viel Sauerstoff verbraucht wird [3].

Dagegen ist die Verwendung von Ammoniumnitrat, das man in kleinen Mengen der Asche zur Verbrennung der Kohle zusetzen soll, nicht empfehlenswert, weil durch das Verpuffen leicht Verluste an Asche eintreten können.

Im übrigen ist bei der Veraschung verschiedenartiger Stoffe noch folgendes zu beachten:

α) Wenn es sich um die Veraschung sehr trockener, staubfein gepulverter Substanzen handelt, kann es sich empfehlen, diese mit etwas Alkohol anzufeuchten und zunächst ohne Zuführung von Hitze den Alkohol langsam abbrennen zu lassen, damit beim Veraschen keine Verluste durch Verstäubung eintreten.

β) Proteinreiche Stoffe lassen sich sehr schwer veraschen. Man verwendet bei ihrer Veraschung das oben erwähnte Anfeuchten der Asche mit Wasser und erreicht damit bei tierischen Stoffen auch gleichzeitig die Zerstörung der bei der Veraschung gebildeten Cyanverbindungen.

---

[1] G. LOCKEMANN: Chem.-Ztg. 1920, 44, 283.

[2] Solche Muffelöfen liefern unter andern die Firmen W. C. Heraeus und G. Siebert in Hanau. Da die Einrichtungen der Muffelöfen sich unter anderem auch nach der zur Verfügung stehenden Stromquelle richten müssen, empfiehlt es sich, bei beabsichtigter Anschaffung sich zunächst an die Lieferungsfirmen zu wenden. Aus diesem Grunde wird hier auch von einer Abbildung und näheren Beschreibung solcher Muffelöfen abgesehen.

[3] J. WEBER u. W. KRANZ (Zeitschr. physiol. Chem. 1926, 157, 171) veraschen die Substanz in einem Porzellanschiffchen im Verbrennungsrohr unter Durchleiten eines Sauerstoffstromes bei möglichst niedriger Temperatur.

γ) Fettreiche Stoffe sind leicht verbrennbar. Es empfiehlt sich, erst schwach bis zur Entzündung der entweichenden Dämpfe zu erhitzen, dann die Heizflamme zu entfernen und die Substanz für sich weiter brennen zu lassen; es findet alsdann durch allmähliches Verglimmen der verkohlten Substanz eine fast vollständige Veraschung statt[1].

δ) Natriumchloridreiche Stoffe, namentlich wenn sie, wie z. B. gesalzene Fleischwaren, daneben noch große Mengen von Proteinen enthalten, verbrennen sehr schwer; dabei ist ein zu starkes Erhitzen bei solchen Stoffen zu vermeiden, weil damit Verluste an Alkalichloriden entstehen können. In solchen Fällen empfiehlt es sich, die bei mäßiger Erhitzung hergestellte Asche mit Wasser auszuziehen. Hierbei kann man in zweierlei Weise verfahren:

$\alpha\alpha$) Man digeriert die erkaltete Asche auf dem Wasserbade mit etwa 10—20 ccm Wasser, filtriert das Unlösliche durch ein kleines aschefreies Filter ab, wäscht den Rückstand ein- bis zweimal mit Wasser, läßt das Filter kurze Zeit trocknen und verascht es darauf in der Platinschale; hierbei verbrennt das Filter und die ausgelaugte Kohle sehr leicht. Darauf gibt man die wäßrige Lösung zu der Asche in die Schale, dampft auf dem Wasserbade zur Trockne und glüht den Rückstand gelinde. Enthält die Asche viel Natriumchlorid, so können hierbei leicht durch Verknistern von Natriumchloridkryställchen Verluste entstehen; man vermeidet solche durch Aufdecken eines Uhrglases oder eines Platin- oder Nickelbleches.

$\beta\beta$) Man wägt die Asche (+ Kohle) (a), zieht die Asche auf einem vorher getrockneten und gewogenen aschefreien Filter wiederholt mit Wasser aus, trocknet den kohlehaltigen Rückstand und wägt ihn (b). Darauf verbrennt man Filter + Kohle in einer vorher gewogenen Platinschale vollständig, was jetzt leicht gelingt, und wägt wiederum (c). Dann ist $a - (b - c) = a - b + c$ der Aschengehalt der Substanz.

d) Bestimmung der Reinasche. Da man unter Reinasche nach S. 1209 die Rohasche — (Sand, Ton und Kohle) versteht, verfährt man zunächst wie vorstehend unter $\beta\beta$) beschrieben, mit dem Unterschiede, daß man die Asche + Kohle nicht mit Wasser sondern mit warmer verd. Salzsäure auszieht. Darauf bestimmt man in analoger Weise den Kohlegehalt ($b - c$) und kocht zur Bestimmung von etwa vorhandenem Sand + Ton den Rückstand c mit einer konz. Natriumcarbonatlösung unter Zusatz von etwas Natronlauge, wodurch die zur Asche gehörige Kieselsäure (namentlich aus spelzenreichen Stoffen) in Lösung geht und Sand und Ton ungelöst bleiben. Diese werden abfiltriert, mit heißem Wasser ausgewaschen, geglüht und gewogen. Durch Abzug des nach diesem Verfahren gefundenen Sand- + Ton- und des Kohlegehaltes erhält man die Reinasche. Durch Abzug der nach e) ermittelten Kohlensäure erhält man die kohlensäurefreie Reinasche.

e) Bestimmung der Kohlensäure der Asche. Die einfachste Methode zur Bestimmung der Kohlensäure in der Asche ist die indirekte Bestimmung. Für diese ist eine Reihe von Verfahren vorgeschlagen, von denen die nach Geissler-Frühling-Schulz und nach Schrötter die bekanntesten sind. Beide Verfahren sind jedoch im allgemeinen als weniger genau anzusehen, da mit der Kohlensäure auch mehr oder weniger Wasserdampf entweichen und andererseits auch die zum Waschen verwendete Schwefelsäure Wasser aus der Luft anziehen kann. Als einen besonderen Fortschritt muß man daher das Verfahren nach G. Wittig ansehen, da hierbei ein Erwärmen der Apparatur nicht erforderlich ist und weiter das unangenehme Arbeiten mit der konz. Schwefelsäure fortfällt.

Besser als die indirekten Methoden ist die direkte Bestimmung der Kohlensäure durch Wägung der durch Salzsäure in Freiheit gesetzten und im Natronkalkröhrchen aufgefangenen Kohlensäure nach dem Verfahren von Fresenius-Classen. Dieses Verfahren hat sich in der Praxis allgemein gut bewährt und kann daher empfohlen werden. — Neben diesem gravimetrischen Verfahren hat in neuerer Zeit auch die maßanalytische Bestimmung der Kohlensäure, z. B. nach Hepburn, Eingang in die Praxis gefunden. Das Verfahren

[1] Vgl. auch P. Fortner: **Z. 1926, 51, 300.**

beruht darauf, daß man die durch Säure in Freiheit gesetzte Kohlensäure in Barytlauge auffängt und nach dem Abfiltrieren des Bariumcarbonates die unverbrauchte Barytlauge zurücktitriert.

Bei Stoffen, welche reich an Schwefelverbindungen sind, bilden sich bei der Veraschung infolge Reduktionswirkung der verbrennenden organischen Stoffe vielfach Sulfide, die bei den nachfolgenden Kohlensäurebestimmungsmethoden als Kohlensäure bestimmt werden, wenn der Sulfid-Schwefel nicht vorher oxydiert wird. Die Oxydation kann durch Wasserstoffsuperoxyd erfolgen (vgl. S. 1251).

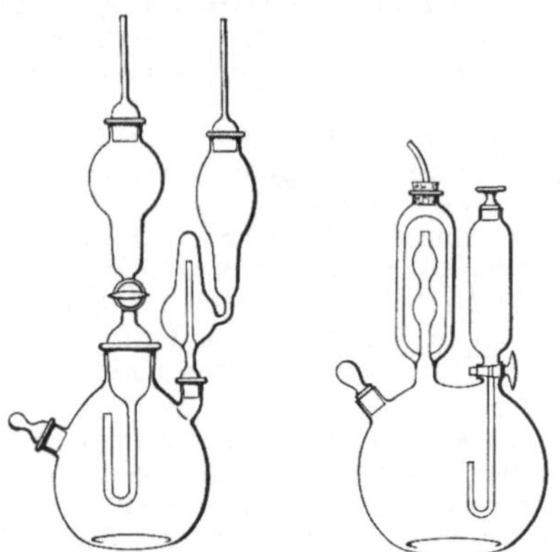

Abb. 1. Kohlensäurebestimmungsapparat nach Geissler-Frühling-Schulz.

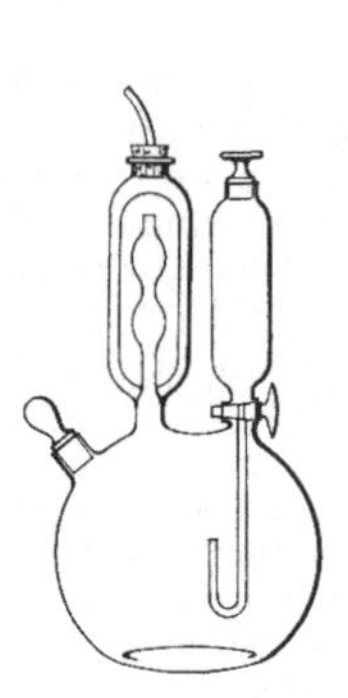

Abb. 2. Kohlensäurebestimmungsapparat nach Schrötter.

α) Verfahren nach Geissler und Schrötter. Zur indirekten Bestimmung der Kohlensäure ist eine Reihe von Apparaten beschrieben, von denen die nebenstehenden am meisten angewendet zu sein scheinen. Bei dem Apparat nach Geissler-Frühling-Schulz (Abb. 1) ist das linke Aufsatzrohr mit verd. Salzsäure, das rechte Aufsatzrohr bis zur Hälfte mit konz. Schwefelsäure gefüllt, während bei dem Schrötterschen Apparat (Abb. 2) die Aufsatzrohre umgekehrt mit den Säuren gefüllt werden. Wenn die Apparate in dieser Weise beschickt sind, werden sie gewogen; darauf gibt man durch die mit Glasstöpsel verschlossenen Seitenöffnungen etwa 1 g der gut durchmischten Asche in die Apparate hinein, schließt diese und wägt wieder. Alsdann läßt man durch Öffnen der Hähne an den Aufsatzrohren die Salzsäure zu der Asche fließen, schließt die Hähne wieder und wartet die Kohlensäureentwicklung ab, indem man gegen Ende der Entwicklung schwach erwärmt. Nach dem Erkalten bringt man die Apparate entweder unter eine zu evakuierende Glasglocke oder leitet einen trockenen langsamen Luftstrom durch, bis man sicher sein kann, daß die in den Apparaten noch vorhandene Kohlensäure entfernt ist. Die Apparate werden dann für kurze Zeit geöffnet und bei der Anfangstemperatur zurückgewogen. Der Gewichtsverlust ergibt die Menge Kohlensäure.

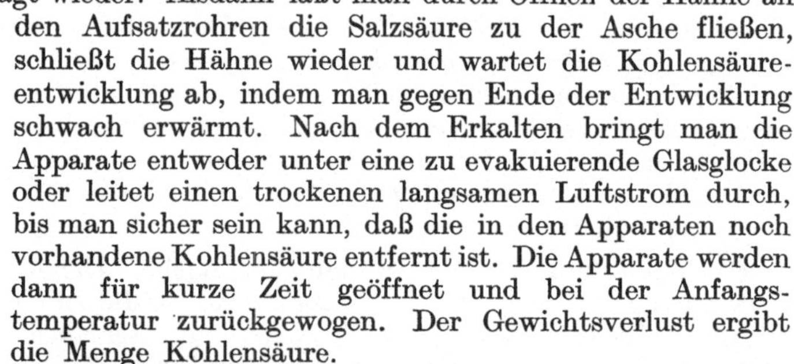

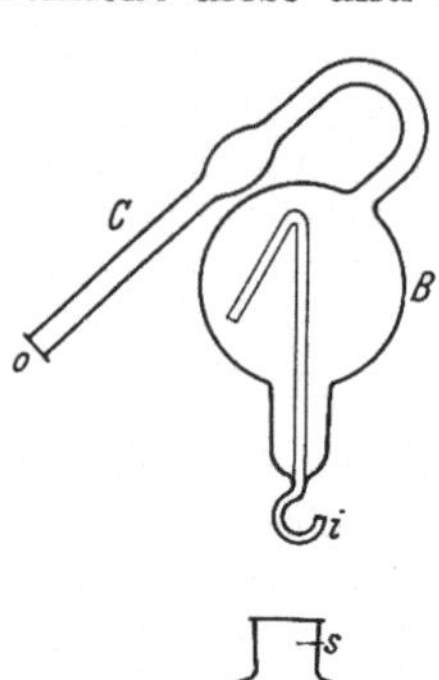

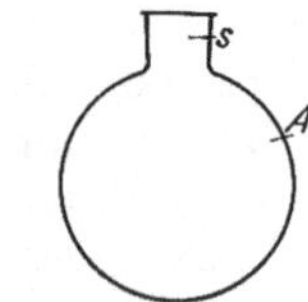

Abb. 3. Kohlensäurebestimmungsapparat nach Wittig.

β) Verfahren nach G. Wittig[1]. Er schlägt zur Bestimmung den nebenstehenden einfachen Apparat (Abb. 3) vor. Zur Bestimmung der Kohlensäure wird das Röhrchen *C* mit feingekörntem, mit Kohlendioxyd gesättigtem Calciumchlorid, das nach 4 Bestimmungen auszuwechseln ist, gefüllt. Durch Ansaugen bei *o* füllt man die Kugel *B* zur Hälfte mit etwa 2 N.-Salzsäure, die durch die feine Öffnung *i* und den im Innern der Kugel *B* befindlichen Heber einströmt (selbstverständlich muß am Ende der Füllung der längere Schenkel des Hebers frei von Flüssigkeit sein). In das Rundkölbchen *A* wägt man etwa 0,2—0,3 g Asche ein und bedeckt sie mit etwa 4 ccm Wasser. Darauf setzt man die Kugel *B* mittels Schliffes auf das Kölbchen *A*, verschließt *o* mit einem durchbohrten Kork und wägt den Apparat, den man bei *s* mit einem Aufhängedraht aus Aluminium umwickeln kann. Zur Bestimmung wird der Apparat bei *o* mit einem Calciumchloridrohr verbunden, und

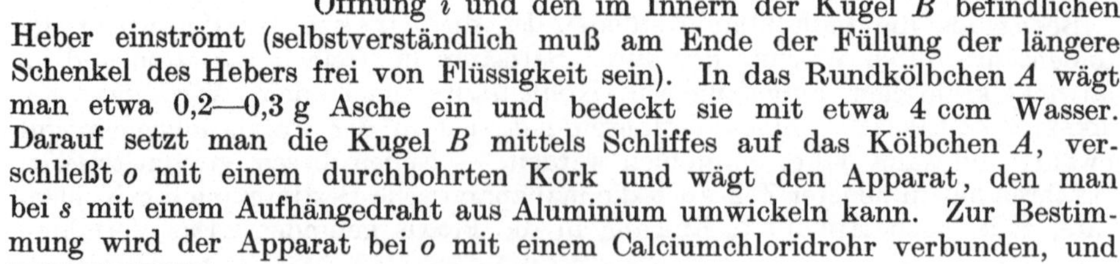

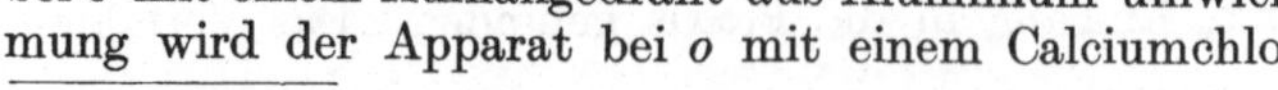

[1] G. Wittig: Ber. Deutsch. Chem. Ges. 1925, 58, 1925.

man drückt durch Anblasen mit dem Mund im Lauf von etwa 3 Minuten die Salzsäure in das Kölbchen *A*. Hierauf wird der Apparat bis zur Gewichtskonstanz evakuiert, die durchschnittlich bei der achten Wiederholung eintritt. Zwischen Apparat und Wasserstrahlpumpe schaltet man ein mit konz. Schwefelsäure beschicktes PELIGOT-Rohr und ein Manometer ein. Ein Erwärmen des Kölbchens *A* ist nicht erforderlich. Die ganze Bestimmung dauert etwa 1 bis $1^1/_2$ Stunden und liefert gute Ergebnisse.

γ) Bestimmung der Kohlensäure nach FRESENIUS-CLASSEN. Für die Bestimmung verwendet man den in Abb. 4 dargestellten Apparat.

Der Kolben *k* trägt einen doppelt durchbohrten Gummipfropfen; durch dessen eine Öffnung führt ein bis unter den Pfropfen reichendes Rohr zum Kühler *l* und weiter zu den Absorptionsapparaten (*a*—*e*), durch die andere ein Trichterrohr *t*, dessen Spitze bis nahe auf den Boden des Kolbens reicht und dessen obere Öffnung durch ein mit Natronkalk gefülltes Glasrohr *m* geschlossen wird.

Das PELIGOTsche Rohr *a* ist bis zum unteren Ende der großen Kugeln mit etwa 20 ccm konz. Schwefelsäure gefüllt, die Röhre *b* enthält Calciumchlorid[1], *c* und *d* Natronkalk und *e*

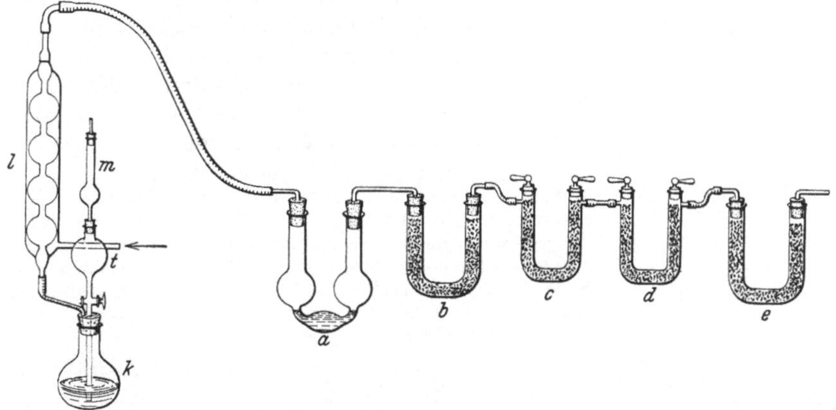

Abb. 4. Apparat zur direkten Bestimmung der Kohlensäure.

zur Hälfte Natronkalk, zur Hälfte Calciumchlorid. Das mit Natronkalk gefüllte Glasrohr *m* soll die zutretende Luft von Kohlensäure befreien; der Kühler dient zur Verdichtung der Wasserdämpfe, die Rohre *a* und *b* sollen die letzten Reste Wasserdampf beseitigen, während das Rohr *e* den Zutritt von Wasser und Kohlensäure zu *d* abhält. Die Röhrchen *c* und *d* dienen zur Bindung der entwickelten Kohlensäure; sie werden daher vor und nach dem Versuch gewogen. Der Natronkalk in dem Rohre *c* bindet die Kohlensäure, wenn die Entwicklung nicht gar zu rasch vor sich geht, sehr vollkommen, so daß das zweite Natronkalkrohr *d* meistens kaum eine Gewichtsvermehrung zeigt. Auch kann man die Rohre *c* und *d* für mehrere Versuche — bis sechs und mehr, je nach den entwickelten Mengen Kohlensäure — benutzen; erst wenn das Rohr *d* einige Milligramm Gewichtszunahme zeigt, muß der Natronkalk in dem Rohre *c* erneuert werden.

Man kann natürlich auch konz. Kalilauge im LIEBIGschen Kaliapparat zur Bindung der Kohlensäure verwenden, indes hat Kalilauge den Übelstand, daß sie beim Stoßen der Flüssigkeit, was mitunter stattfindet, leicht verspritzen kann.

Die gewogene Asche (etwa 1 g) wird in den Kolben *k* eingefüllt. Nachdem die Verbindungen des Apparates hergestellt sind, läßt man aus dem Trichterrohr *t* die verd. Salzsäure durch dessen Glashahn zufließen, schließt letzteren

[1] Man verwendet gekörntes Calciumchlorid in hirsekorngroßen Stückchen, das vor dem Gebrauch, da es häufig alkalisch ist, nach DENNSTEDT (Anleitung zur vereinfachten Elementaranalyse, III. Aufl., S. 28) mit Kohlensäure behandelt werden muß. Zu diesem Zwecke leitet man durch das Rohr *B* nach dem Füllen mit Calciumchlorid und vor dem Zusammenstellen des Apparates etwa 1 Stunde lang Kohlensäure, läßt diese nach Verschließen des Rohres über Nacht einwirken und verdrängt dann den Überschuß der Kohlensäure durch Luft.

wiederum und erwärmt den Kolben *k* mit kleiner Flamme, so daß nur langsam und gleichmäßig Gasblasen sich entwickeln; den Gang der Gasentwicklung beobachtet man in dem mit konz. Schwefelsäure beschickten Rohr *a*.

Wenn nach einigem Kochen der Flüssigkeit die Gasentwicklung aufhört und die Flüssigkeit in Rohr *a* zurückzusteigen beginnt, entfernt man für einen Augenblick die Flamme unter dem Kolben *k*, verbindet mit einem Aspirator, öffnet den Hahn am Trichterrohr *t* und leitet so lange — etwa $^1/_2$ Stunde — einen schwachen Luftstrom durch, bis alle Kohlensäure aus dem Apparat entfernt und durch die Natronkalkrohre *c* und *d* zur Bindung gelangt ist. Während des Durchleitens der Luft kann der Inhalt in Kolben *k* anfangs durch eine kleine Flamme bei gutem Kühlen schwach erwärmt werden, um die Entfernung der Kohlensäure aus dem Kolben und Kühler usw. zu unterstützen. Der Inhalt der Rohre *m*, *b* und *e* braucht nur zeitweise nach wiederholter Benutzung erneuert zu werden. Die konz. Schwefelsäure im Rohre *a* dagegen erneuert man zweckmäßig nach je 2—3 Bestimmungen.

Die mit Glashähnen versehenen Rohre *c* und *d* werden nach Beendigung des Versuches weggenommen, geschlossen etwa $^1/_2$ Stunde beiseitegestellt, dann kurze Zeit geöffnet, wieder geschlossen und gewogen. Die Gewichtszunahme ergibt die Menge Kohlensäure.

Wenn es auf eine ganz genaue Bestimmung des Chlors nicht ankommt und dasselbe in der ohne Zusatz von Natriumcarbonat und Natronlauge bzw. Barythydrat oder Kalkmilch dargestellten Asche bestimmt werden soll, so kann man die Kohlensäure auch statt mit Salzsäure mit salzsäurefreier Salpetersäure austreiben und im Filtrat der salpetersauren Lösung nach Ermittlung der Kohlensäure das Chlor durch Fällung mit Silbernitrat bestimmen.

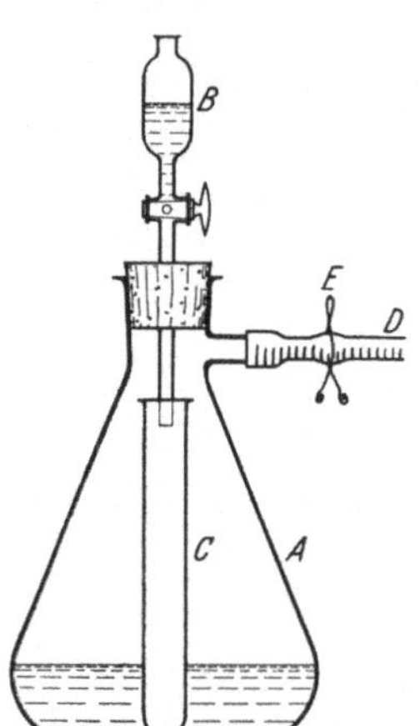

Abb. 5. Kohlensäurebestimmungsapparat nach Hepburn.

δ) Bestimmung der Kohlensäure nach J. R. I. Hepburn[1]. Der Apparat zur Bestimmung der Kohlensäure (Abb. 5) besteht aus einem Filtrationskolben *A* von etwa 750 ccm Inhalt mit aufgesetztem 50 ccm fassenden Scheidetrichter *B*. In dem Kolben befindet sich ein aufrecht stehendes Reagensrohr *C*, in welches die Röhre des Scheidetrichters hineinragt, während ein mit Schraubenquetschhahn *E* versehener Vakuumschlauch *D* den Apparat vervollständigt. Die aus der Asche in Freiheit gesetzte Kohlensäure wird von der Barytlauge in *A* absorbiert, deren Überschuß mit Oxalsäurelösung zurücktitriert wird. 0,15 bis 0,3 g der Asche werden in das Reagensrohr *C* gebracht und mit kohlendioxydfreiem Wasser überschichtet. In den Kolben *A* gibt man etwa 50 ccm 0,1 N.-Barytlauge, bringt das Reagensglas in die richtige Stellung und setzt den mit gut eingefettetem Stopfen versehenen Scheidetrichter, der mit kohlendioxydfreier 3 N.-Salzsäure gefüllt ist, auf. Darauf verbindet man den Kolben bei *D* mit einer Wasser- oder Luftpumpe, evakuiert bis auf 2 cm Quecksilberdruck und schließt den Hahn. Man läßt nun die Säure vorsichtig zu der Asche in das Reagensrohr eintropfen. Das entwickelte Kohlendioxyd füllt das Vakuum und wird von der Barytlauge rasch absorbiert. Tritt nach weiterem Zusatz von Salzsäure keine Kohlendioxydentwicklung mehr ein, so titriert man nach 12—24 Stunden das überschüssige Bariumhydroxyd mit 0,1 N.-Oxalsäure und Phenolphthalein. Als Endreaktion ist derjenige Punkt anzunehmen, bei welchem

[1] J. R. I. Hepburn: Analyst 1926, **51**, 622. — Vgl. ferner auch D. D. van Slyke: Journ. Biol. Chem. 1918, **36**, 351; C. 1919, II, 642. — U. Boklund: Biochem. Zeitschr. 1931, **233**, 478. — J. Lindner u. Fr. Heruler (Mikrochemie 1930, 191) haben die Bestimmung der Kohlensäure nach diesem Prinzip zu einer Mikromethode ausgearbeitet.

keine Färbung mehr wahrzunehmen ist, da die ursprüngliche Farbe vor Beendigung der Titration plötzlich in eine schwache Färbung übergeht. Die Oxalsäurelösung wird als Normallösung bereitet und vor dem Gebrauch mit kohlendioxydfreiem Wasser auf 0,1 N.-Lösung verdünnt. Auch bei geringen Substanzmengen erhält man Ergebnisse mit einer Genauigkeit von 0,5%.

ε) Mikrochemische Bestimmung der Kohlensäure nach W. Reich-Rohrwig [1]. Die vorgeschlagene gravimetrische Mikromethode zur Bestimmung der Kohlensäure beruht auf dem Prinzip der Fresenius-Classenschen Kohlensäurebestimmung. Der dazu verwendete Apparat zeigt verschiedene Vereinfachungen. Die Füllung mit Natronasbest und Phosphorpentoxyd verursacht eine bedeutende Verkleinerung des Absorptionsrohres, wodurch eine größere Wägegenauigkeit erzielt wird. Die Methode, die auch bei Anwesenheit von Sulfiden angewendet werden kann, zeigt neben dem Vorteil schneller Durchführbarkeit die gleiche Genauigkeit wie die Makrobestimmung. Bezüglich der näheren Ausführungen und Einzelheiten der Apparatur sei auf das Original verwiesen.

f) Bestimmung der Alkalität der Asche. Unter der „Alkalität der Asche" versteht man die ccm N.-Alkalilauge, die der Gesamtmenge der alkalisch reagierenden Stoffe der Asche äquivalent sind bzw. die ccm N.-Säure, die zur Neutralisation der Asche bzw. der darin vorhandenen Carbonate und Oxyde erforderlich sind.

Als „Alkalitätszahl" bezeichnet man die ccm N.-Säure, die zur Neutralisation von 1 g Asche erforderlich sind [2].

Man kann diese Werte aus der Gesamtanalyse der Aschenbestandteile berechnen. Da diese Art der Bestimmung aber sehr langwierig ist, bedient man sich in der Praxis der weit einfacheren direkten Bestimmung der Alkalität.

Ursprünglich bestimmte man die Alkalität der Asche nach dem Vorschlage von E. Spaeth [3] einfach in der Weise, daß man zu der Asche von 10—20 g Substanz 5 ccm N.-Schwefelsäure setzte, die Masse mit heißem Wasser in ein Becherglas spülte, 5—10 Minuten schwach erhitzte und die nicht verbrauchte Säure zurücktitrierte, wobei E. Spaeth vermutlich — Angaben darüber fehlen — Lackmus als Indicator diente. Bei späteren Versuchen hat man Phenolphthalein als Indicator gewählt.

Bei Fruchtsäften, bei denen E. Spaeth die Bestimmung der Aschenalkalität zuerst anwendete, wird diese bedingt durch den Gehalt an Carbonaten und Oxyden. Bei Aschen, welche größere Mengen von Phosphaten enthalten, wirken diese mit auf ihre Alkalität ein. Da diese aber in den meisten Fällen bestimmt wird, um lediglich die durch Carbonate und Oxyde bedingte Alkalität zu erfassen, hat K. Farnsteiner [4] ein Verfahren ausgearbeitet, bei dem die Einwirkung der Phosphate ausgeschaltet wird. Er bezeichnet die so gewonnenen Werte als die wahre Alkalität der Aschen und versteht darunter den nach normaler Bindung der Basen durch die Mineralsäuren (ausschließlich Kieselsäure) für die Kohlensäure verfügbar bleibenden Rest der Basen.

In diesem Sinne sind — zum Teil im Widerspruch mit ihrer Wirkung auf die Indicatoren — z. B. als neutral zu betrachten: $Ca_3P_2O_8$, K_3PO_4, $K_4P_2O_7$, K_2SO_4, NaCl, als alkalisch: $CaCO_3$, $MgCO_3$, K_2CO_3 usw. und schließlich als sauer: KH_2PO_4, K_2HPO_4, KPO_3, von denen aber die beiden ersteren in Aschen nicht vorkommen. Infolge eines hohen Gehaltes an Phosphor in Lebensmitteln (z. B. Mehl und Brot) können deren Aschen infolge Gehaltes an Metaphosphat eine sog. negative Alkalität aufweisen.

---

[1] W. Reich-Rohrwig: Zeitschr. analyt. Chem. 1933, **95**, 315.
[2] P. Buttenberg: Z. 1905, **9**, 141. [3] E. Spaeth: Z. 1901, **4**, 141.
[4] K. Farnsteiner: Z. 1907, **13**, 305.

Damit bei der Bestimmung der Alkalität der Aschen der gesuchte Wert für die durch Carbonate und Oxyde hervorgerufene Alkalität gefunden und die Wirkung der Phosphate in der Asche ausgeschaltet wird, haben außer K. Farnsteiner auch J. Tillmans und A. Bohrmann [1] eine Methode zur Bestimmung der Aschenalkalität beschrieben.

Demgegenüber haben Th. v. Fellenberg [2] sowie E. Vogt [3] und B. Pfyl [4] Verfahren zur Bestimmung der Alkalität von unter Zusatz von Natriumcarbonat hergestellten Aschen angegeben, die naturgemäß, namentlich bei Lebensmitteln mit hohem Phosphor- und Schwefelgehalt, abweichende Werte ergeben.

B. Pfyl bezeichnet die so gefundene Alkalität als eigentliche Alkalität und definiert diese als den in Millival ausgedrückten Überschuß der Kationen $Na^{\cdot}$, $K^{\cdot}$, $Ca^{\cdot\cdot}$, $Mg^{\cdot\cdot}$, der nach normaler Bindung der vorhandenen Anionen PO_4''', SO_4'', Cl' für O'' und die Anionen der schwachen Säuren CO_3'', SiO_3'', BO_2', MnO_3'', MnO_4'', AlO_2' übrig bleibt. Wenn ein solcher Überschuß nicht vorhanden ist, so ist die umgekehrte Differenz als eigentliche Acidität zu bezeichnen. Er bezieht die Alkalitäts- und Aciditätswerte nicht auf die Asche, sondern auf 100 g Lebensmittel-Trockensubstanz.

Die so gefundene Alkalität stellt also nicht die Alkalität der Asche dar, sondern die Alkalität der Mineralstoffe des Lebensmittels.

Bei der Herstellung der Aschen, welche für Alkalitätsbestimmungen dienen sollen, ist zu beachten, daß bei der sonst üblichen Veraschung mittels der Gasflamme durch die Schweflige Säure bzw. Schwefelsäure der Verbrennungsprodukte des Leuchtgases eine teilweise Neutralisierung der Asche bewirkt werden kann. Um eine derartige Wirkung zu vermeiden, führt man die Veraschung am zweckmäßigsten in einem elektrisch geheizten Muffelofen oder mittels eines Spiritusbrenners aus. Stehen beide nicht zur Verfügung, so hält man die Verbrennungsgase des Leuchtgases am besten dadurch von der Asche ab, daß die Platinschale in ein passendes rundes Loch einer größeren Asbestplatte möglichst dicht eingesetzt wird.

α) Verfahren nach K. Farnsteiner [5]. Man stellt zunächst fest, ob eine kohlensäurehaltige Asche vorliegt oder nicht. Im ersteren Falle verfährt man in folgender Weise: 0,2—0,3 g der scharf getrockneten Asche löst man bei gelinder Erwärmung im bedeckten Gefäß in 10—20 ccm 0,5 N.-Salzsäure, bringt die Lösung verlustlos in einen Erlenmeyer-Kolben von etwa 100 ccm, erhitzt zum Sieden und hält darin bei kleingestellter Flamme unter häufigem Umschwenken 3—5 Minuten. Nach dem Abkühlen bringt man die Flüssigkeit in einen 100 ccm-Meßzylinder mit Glasstopfen, in dem sich 5—10 ccm einer neutralen Calciumchlorid-Ammoniumchloridlösung (5 g Calciumchlorid + 10 g Ammoniumchlorid mit Wasser zu 100 ccm gelöst) und 10—20 ccm genau eingestellter 0,5 N.-Ammoniaklösung befinden. Man füllt mit Wasser bis zur Marke auf, schüttelt kräftig durch, pipettiert nach dem Stehen über Nacht von der klaren Flüssigkeit 25—50 ccm ab und titriert unter Zugabe von Methylorange mit 0,5 N.-Salzsäure zurück.

Berechnung. Ist
a = Gewicht der angewendeten Asche,
S = Volumen der zur Lösung angewendeten ccm N.-Säure,
n = Volumen des zugesetzten Ammoniaks in ccm N.-Ammoniak,
s = Volumen der zum Zurücktitrieren verbrauchten, auf die ganze Substanzmenge berechneten Säure in ccm N.-Säure, so ist die Alkalität für a g Asche $= S + s - n$.

---

[1] J. Tillmans u. A. Bohrmann: Z. 1921, **41**, 1.
[2] Th. v. Fellenberg: Mitt. Lebensmittelunters. u. Hygiene 1916, **7**, 81.
[3] E. Vogt: Z. 1921, **42**, 145.
[4] B. Pfyl: Arb. Kaiserl. Gesundh.-Amt 1914, **47**, 1; Z. 1922, **43**, 313.
[5] K. Farnsteiner: Z. 1907, 13, 305.

In Aschen mit kaum sichtbarer Kohlensäureentwicklung können Pyrophosphate enthalten sein, die man durch Erhitzen der Asche mit der 0,5 N.-Salzsäure 1 Stunde lang im schwachen Sieden in Orthophosphate überführt. Die abgekühlte Lösung wird dann wie oben weiter behandelt.

β) Verfahren nach J. Tillmans und A. Bohrmann[1]. *αα*) Das für sämtliche Aschen geeignete Verfahren beruht darauf, daß man durch Vermeidung jeglichen Erwärmens die Hydrolyse der Pyro- und Metaphosphate verhindert und diese vor der Rücktitration durch Zusatz von Calciumchlorid zur Abscheidung bringt. Die Ausführung der Bestimmung geschieht in folgender Weise:

10 g der Substanz werden in einer Platinschale verascht und die Asche auf das feinste gepulvert; die Asche darf keinerlei Körnchen oder Stückchen mehr enthalten. Darauf versetzt man die Asche mit mindestens 50 ccm 0,1 N.-Salzsäure und spült in ein Becherglas über. Geht die Lösung der Asche nicht schnell genug vor sich, so wird noch weiter Säure zugesetzt, unter Umständen bis zu 100 ccm. Auch ist nochmals zu kontrollieren, ob die Asche keine Stückchen mehr enthält. Gegebenenfalls sind diese noch nachträglich mit einem Glaspistill zu zerdrücken. Darauf läßt man längstens $^1/_4$ Stunde in der Kälte stehen, gibt einige Löffel voll fein gepulvertes chemisch reines Natriumchlorid hinzu und schüttelt den Inhalt des Becherglases zur Vertreibung der Kohlensäure kräftig um. Unter immer wiederholtem Umschütteln setzt man weiter so viel Natriumchlorid hinzu, bis die Lösung daran gesättigt ist. Die über der Flüssigkeit lagernde Kohlensäure wird zweckmäßig mittels eines kleinen Gummigebläses entfernt. Darauf werden 30 ccm einer 40%igen Calciumchloridlösung sowie 0,2 ccm Phenolphthaleinlösung (1%) zugesetzt. Nach dem Abkühlen auf 14° wird mit 0,1 N.-Natronlauge auf deutliche Rötung titriert. Man läßt die Flüssigkeit im verschlossenen Meßkölbchen 2 Stunden bei 14° stehen und, falls nach dieser Zeit Entfärbung eingetreten sein sollte, titriert man nochmals bis zur Rötung weiter. Die Differenz zwischen Säure- und Laugeverbrauch gibt sofort die (Carbonat- und Oxyd-)Alkalität an.

ββ) Verfahren für Aschen, die Carbonate und Oxyde enthalten. Solche Aschen können keine störenden Pyro- und Metaphosphate enthalten; die saure Lösung darf daher erhitzt werden.

Die Asche wird in üblicher Weise mit überschüssiger titrierter Salzsäure übergossen, in ein Becherglas umgespült und zur Vertreibung der Kohlensäure gekocht. Der einzige Unterschied gegenüber der Alkalitätsbestimmung nach E. Spaeth (S. 1215) besteht nur darin, daß vor der Rücktitration mit Phenolphthalein 30 ccm 40%ige neutrale Calciumchloridlösung zugesetzt werden. Der Unterschied zwischen Säure- und Laugeverbrauch gibt ohne weiteres und mit größerer Genauigkeit als das Farnsteinersche Verfahren die richtige Alkalität an.

γγ) Trennung von Carbonat- und Oxydalkalität. Die Asche mancher Lebensmittel enthält neben Carbonaten auch Magnesiumoxyd. Bei dem üblichen Behandeln der Aschen mit Ammoniumcarbonat (S. 1209) gelingt es nicht, das Magnesiumoxyd wieder in Carbonat zu verwandeln, da Magnesiumcarbonat äußerst leicht seine Kohlensäure abgibt. Zur Trennung der Carbonat- und Oxydalkalität bestimmt man die Gesamt-Alkalität nach *ββ*) und außerdem die Kohlensäure. Die Bestimmung kann nach den Verfahren auf S. 1211 geschehen oder volumetrisch mit Hilfe des für die Backpulveruntersuchung von J. Tillmans und O. Häublein[2] angegebenen Apparates. Da das Verhältnis zwischen Carbonaten und Oxyden bei derselben Substanz aber je nach der Art der Veraschung wechseln kann, bietet die Trennung der Carbonat- und Oxydalkalität kein besonderes Interesse.

[1] J. Tillmans u. A. Bohrmann: **Z.** 1921, **41**, 1.
[2] J. Tillmans u. O. Häublein: **Z.** 1917, **34**, 353.

γ) Verfahren nach E. Vogt[1] und B. Pfyl[2]. Bei diesen Verfahren wird zur gleichzeitigen Erfassung der gesamten in den Lebensmitteln vorhandenen anorganischen Säuren und der gesamten bei der Veraschung aus organischen Schwefel- und Phosphorverbindungen entstehenden Schwefel- und Phosphorsäuren die Veraschung unter Zusatz von Natriumcarbonat (S. 1220) vorgenommen und die zugesetzte Menge bei der Berechnung der Alkalitätswerte wieder in Abzug gebracht. Die nach diesem Verfahren gefundenen Alkalitätswerte sollen nach Pfyl gleichmäßiger und zuverlässiger ausfallen als bei der Veraschung ohne Natriumcarbonatzusatz.

Die Ausführung der Bestimmung nach Vogt und Pfyl ist im wesentlichen die gleiche. Nach Vogt verfährt man, wie folgt:

10 g der fein gepulverten Substanz werden mit 20 ccm 0,1 N.-Natriumcarbonatlösung gut durchfeuchtet und auf dem Wasserbade zur Trockne eingedampft, dann vorsichtig unter Schutz vor den Flammengasen (S. 1216) verascht, die genügend verkohlte Substanz in der Schale mit einem Achatpistill zerdrückt, darauf die verkohlte Masse einige Male mit kleinen Mengen heißem Wasser ausgezogen und die rückständige Kohle nebst Filter vollständig verascht. Man gibt dann das Filtrat zur Asche, engt, wenn die Flüssigkeitsmenge zu groß ist, auf 20—25 ccm ein, säuert mit einer gemessenen Menge eingestellter etwa 0,1 N.-Salzsäure an und fügt einige Tropfen reine Wasserstoffsuperoxydlösung (30%) hinzu.

Die Aschenlösung wird dann 15 Minuten unter Bedeckung der Platinschale mit einem Uhrglase auf dem siedenden Wasserbade erhitzt. Nach dem Erkalten wird die Lösung in eine weiße Porzellanschale filtriert und mit einem Tropfen Methylorangelösung (0,1%) versetzt. Darauf wird mit 0,1 N.-Natronlauge bis zur reinen Gelbfärbung titriert und mit 0,1 N.-Salzsäure bis zur eben beginnenden Rotfärbung zurücktitriert. Von den zur Lösung der Asche und zur Rücktitration insgesamt verbrauchten Säuremengen sind die Äquivalente der vor der Veraschung zugesetzten Natriumcarbonatlösung und der zur Titration verbrauchten Lauge abzuziehen. Der Rest der Säure, ausgedrückt in ccm N.-Säure und berechnet auf 100 g Trockenmasse, ergibt die „Alkalität gegen Methylorange".

Für die nun folgende Titration der Phosphorsäure wird die auf Methylorangeumschlag titrierte Lösung der Asche mit einigen ccm verd. Salzsäure versetzt und auf ein Volumen von 10—15 ccm eingedampft. Vermutet man in der Asche größere Mengen Kieselsäure (z. B. bei kleienreichen Cerealienmehlen), so dampft man mehrfach mit konz. Salzsäure zur Trockne, nimmt den Trockenrückstand mit konz. Salzsäure auf und löst mit wenig heißem Wasser. Die Lösung wird quantitativ in ein Kölbchen von Jenaer Glas gespült und nochmals sehr genau gegen Methylorange neutralisiert. Darauf gibt man 30 ccm neutrale 40%ige Calciumchloridlösung hinzu, kocht kurz auf, kühlt auf 14° ab, versetzt mit 2 Tropfen Phenolphthaleinlösung (0,1%) und titriert mit 0,1 N.-Natronlauge bis zur deutlichen Rotfärbung. Das festverschlossene Kölbchen wird für 2 Stunden in Wasser von 40° gestellt, währenddessen die Rotfärbung meist verschwindet. Nach Ablauf dieser Zeit titriert man nach. Die hierbei vom Neutralpunkt gegen Methylorange ab insgesamt verbrauchte Menge Lauge wird in ccm N.-Lauge und auf 100 g Trockenmasse umgerechnet. Zieht man diese Zahlen, aus denen sich durch Multiplikation 0,0475 die Millimole PO_4''' ergeben, von der „Alkalität

[1] E. Vogt: Z. 1921, **42**, 171.

[2] B. Pfyl: Z. 1922, **43**, 313. — Pfyl hat das Verfahren eingehend begründet und namentlich auch den Einfluß der nur in geringer Menge und zum Teil auch nur gelegentlich in Lebensmitteln vorkommenden Elemente Blei, Zinn, Kupfer, Zink, Eisen, Aluminium und Mangan sowie der Kieselsäure und Borsäure beleuchtet. Da diese Verbindungen wegen ihrer geringen Menge auf die Alkalitätswerte praktisch ohne Einfluß sind, wird wegen ihres Einflusses auf die Originalarbeit verwiesen.

gegen Methylorange“ ab, so erhält man die „eigentliche Alkalität der Asche“ der untersuchten Probe.

Beispiel. Untersuchung von Brot: Angewendet 10 g Brot-Trockensubstanz.

Vor der Veraschung zugesetzt. . .	20,0 ccm 0,1 N.-Natriumcarbonatlösung
Zur Lösung der Asche verwendet .	40,0 ccm 0,1 N.-Salzsäure
Zur Titration verbraucht	12,5 ccm 0,1 N.-Natronlauge
Zur Rücktitration verbraucht . . .	0,3 ccm 0,1 N.-Salzsäure

Zur Neutralisation der Asche gegen Methylorange also insgesamt verbraucht

$$40{,}0 + 0{,}3 - (20{,}0 + 12{,}5) = 7{,}8 \text{ ccm } 0{,}1 \text{ N.-Salzsäure.}$$

Zur Titration der Phosphorsäure verbraucht 20,8 ccm 0,1 N.-Natronlauge. Daraus ergibt sich 7,8—20,8 = —13,0 ccm 0,1 N.-Natronlauge oder für 100 g Brottrockensubstanz eine „eigentliche Alkalität“ von —13,0 ccm N.-Natronlauge.

g) Bestimmung der Ortho-, Pyro- und Metaphosphate der Asche. Das Verfahren von J. Tillmans und A. Bohrmann[1] beruht auf den verschiedenen Umschlagspunkten von Phenolphthalein (1×10^{-8}) und Methylorange (1×10^{-4}).

Die Wasserstoffionenkonzentration der Lösungen der tertiären Alkaliphosphate ist 1×10^{-10} bis 1×10^{-11} (sie wirken daher stark alkalisch gegen Phenolphthalein), die der sekundären Alkaliphosphate 1×10^{-8} bis 1×10^{-9} (= Umschlagspunkt des Phenolphthaleins) und die der primären Alkaliphosphate 1×10^{-4} (Umschlagspunkt des Methyloranges). Infolgedessen kann man mit Methylorange alle löslichen Phosphate bis zum primären und mit Phenolphthalein bis zum sekundären Salz titrieren im Sinne der Gleichungen:

Methylorange	Phenolphthalein
$H_3PO_4 + NaOH = NaH_2PO_4 + H_2O$	$H_3PO_4 + 2\,NaOH = Na_2HPO_4 + 2\,H_2O$
$Na_2HPO_4 + HCl = NaH_2PO_4 + NaCl$	$NH_2PO_4 + NaOH = Na_2HPO_4 + H_2O$.

Die tertiären und sekundären Erdalkaliphosphate sind in Wasser unlöslich bzw. sehr schwer löslich; sie wirken daher nicht bzw. nicht merklich auf die Indicatoren; sie werden mit Natriumoxalat aus der Lösung abgeschieden.

Ausführung der Bestimmung. Zunächst bestimmt man die Alkalität der Asche in der S. 1217 unter β), $\alpha\alpha$) beschriebenen Weise und erhalte damit den Säureverbrauch a. Dann wird ein weiterer Teil der Asche (mindestens 0,2 g) mit 100 ccm 0,1 N.-Salzsäure in ein Jenaer Becherglas gebracht und unter Bedeckung mit einem Uhrglase bei mäßiger Flamme 1 Stunde lang gekocht. Die Lösung wird nach dem Abkühlen filtriert, 1 Tropfen Methylorangelösung (0,1%) zugefügt und mit 0,1 N.-Natronlauge auf Gelbfärbung titriert (Säureverbrauch b). Dann werden 10—20 ccm gesättigter Natriumoxalatlösung[2] und 0,2 ccm Phenolphthaleinlösung (0,5 g in 100 ccm Alkohol) zugegeben, und darauf wird weiter bis zur schwachen Rötung titriert (Säureverbrauch c). Der Laugeverbrauch vom Methylorange- bis zum Phenolphthaleinumschlag sei d.

Berechnung. Bezeichnet man — alle Werte in ccm 0,1 N.-Salzsäure ausgedrückt — die Menge der für Orthophosphate verbrauchten Säure mit x, die für Pyrophosphate mit y und die für Metaphosphate mit z, so ergeben sich folgende Beziehungen:

α) Ist a positiv, ist also Alkalität vorhanden, so können nur Orthophosphate vorhanden sein, y und z sind dann $= 0$ und es ist

$$x = 2/3\,(b - a).$$

Zur Umrechnung von x in mg PO_4 multipliziert man x mit dem Faktor 3,167 und berechnet daraus unter Berücksichtigung der angewendeten Aschemenge die Orthophosphat-Prozente.

---

[1] J. Tillmans u. A. Bohrmann: Z. 1921, 41, 1.

[2] Da bei größeren Calciumoxalatniederschlägen durch Phenolphthaleinabsorption zu früh eine Rötung vorgetäuscht wird, ist es ratsam, nach erfolgtem Methylorangeumschlag erst die Lösung wieder zum Sieden zu bringen, das Natriumoxalat tropfenweise in der Hitze zuzugeben, abzufiltrieren und dann erst die erkaltete Lösung weiter zu titrieren.

β) Ist $a = 0$ oder negativ und c positiv, so ergibt sich

$$x = 3c \quad \text{und} \quad y = 2(b - 2c)$$

und man berechnet aus x die mg Orthophosphat-PO_4 wie bei α) durch Multiplikation mit dem Faktor 3,167 und aus y die mg Pyrophosphat-PO_4 durch Multiplikation mit dem Faktor 4,75 und daraus die Ortho- und Pyrophosphatprozente.

γ) Ist $a = 0$ oder negativ und auch c negativ, so liegen nur Pyro- und Metaphosphate vor und es ergibt sich

$$y = 2b \quad \text{und} \quad z = -c$$

und man berechnet y wie bei β) und z durch Multiplikation mit dem Faktor 9,5 auf mg Metaphosphat-PO_4 und diese auf Metaphosphatprozente.

δ) Den Gesamtphosphatgehalt berechnet man durch Multiplikation von d mit dem Faktor 9,5 auf mg Gesamt-Phosphat-PO_4 und diese auf Prozente.

Beispiele. Auf diese Weise wurden folgende Werte berechnet:

Asche von	Carbonat- und Oxyd-alkalität	%-Gehalt der Asche an Phosphation als		
		Ortho-phosphat	Pyro-phosphat	Meta-phosphat
Vollmilch	0,4	30—40	0	0
Rindfleisch	—0,4	6,2	47,2	0
Himbeersaft	7,6	14,9	0	0
Weizenmehl (94%)	—0,8	—	57,8	4,2
Roggenmehl (94%)	—0,7	5,0	49,0	0
Kartoffelwalzmehl	4,5	13,4	0	0
Kartoffelstärke	0	0	32,8	3,7
Kakao	2,8	33,2	0	0

2. Veraschung mit alkalischen Zusätzen.

Beim Veraschen ohne alkalische Zusätze erhält man in der Asche von Lebensmitteln, welche reich an Phosphor- und Schwefelverbindungen sind, nicht die Gesamtmenge an Phosphor und Schwefel, sondern es tritt bei der Veraschung infolge Mangels an Kationen ein Verlust an Phosphor und Schwefel — unter Umständen auch ein solcher von Chlor — ein.

Handelt es sich also darum, die Gesamtmenge dieser Elemente zu erfassen, so muß die Veraschung unter alkalischen Zusätzen bzw. unter Zusatz von Verbindungen erfolgen, welche bei der Veraschung alkalische Verbindungen liefern.

Als alkalische bzw. alkalisch wirkende Zusätze bei der Veraschung kommen vorwiegend folgende zur Anwendung:

a) Zusatz von Magnesiumacetat nach J. Grossfeld[1]. Magnesiumacetat zeichnet sich vor allen anderen vorgeschlagenen Zusatzmitteln dadurch aus, daß es eine Asche liefert, die bei Zusatz von verd. Säuren nur wenig aufbraust, wodurch Verluste vermieden werden, und ferner eine sich leicht weiß brennende lockere Asche liefert. Man verfährt, wie folgt: 5 g der trockenen, feingepulverten Substanz werden in einer Platinschale mit 20 ccm Magnesiumacetatlösung (50 g reines Magnesiumoxyd werden in überschüssiger Essigsäure gelöst und mit Wasser auf 1 l aufgefüllt und filtriert) vermischt und der Schaleninhalt zunächst auf dem Wasserbade und dann im Trockenschranke bei 100—120° völlig getrocknet und darauf in der üblichen Weise verascht. Die Veraschung geht meistens sehr glatt vor sich und eine Auslaugung der Asche mit Wasser ist in der Regel überflüssig. In der Asche werden die Phosphorsäure nach S. 1257 und die Schwefelsäure nach S. 1251 bestimmt.

B. Tollens und Schüttelworth[2] haben in ähnlicher Weise den Zusatz von Calciumacetat empfohlen.

[1] J. Grossfeld: Chem.-Ztg. 1920, 44, 285.
[2] B. Tollens u. Schüttelworth: Journ. Landw. 1899, 47, 199.

b) Zusatz von Natriumcarbonat. Dieser zuerst und auch heute noch vielfach angewendete Zusatz (S. 1218) hat den Nachteil, daß die Asche dabei leicht zusammenschmilzt und infolgedessen die Kohle schlecht verbrennt. Man durchfeuchtet die zu veraschende Substanz in einer Platinschale mit der Lösung von chemisch reinem Natriumcarbonat (50 g wasserfreies Natriumcarbonat im l enthaltend) unter Zusatz von etwas reiner Natronlauge, trocknet vollständig im Wasserbade und verascht. Nachdem die Masse verkohlt ist, zerdrückt man sie in der Platinschale mit einem Pistill, durchfeuchtet sie mit chemisch reinem Wasserstoffsuperoxyd, unter Abspülen des Pistills mit Wasser, trocknet auf dem Wasserbade ein, verbrennt weiter und wiederholt dieses nötigenfalls noch ein oder mehrere Male.

c) Sonstige Zusätze. An solchen sind noch empfohlen worden: Von H. WISLICENUS[1] neben Calciumacetat auch noch ein solcher von Kalkmilch, von B. W. HOWK und E. E. DE TURK[2] eine Vermischung der Substanz mit Calciumcarbonat und von anderer Seite Bariumhydroxyd.

3. Aufschließung mit Säuren.

Um einen Verlust an Mineralstoffen, welche bei der Veraschung sich mehr oder weniger verflüchtigen können (Arsen, Antimon, Quecksilber, Zink, Phosphor usw.) zu verhüten, empfiehlt es sich in vielen Fällen, von der Veraschung ganz abzusehen und die Lebensmittel usw. durch Erhitzung mit oxydierenden Säuregemischen zu verbrennen.

Hiervon wird insbesondere bei der Ausmittelung vieler Metallgifte Gebrauch gemacht (S. 1380—1420), wo man die Substanzen mit Salzsäure und Kaliumchlorat, Salzsäure und Chlorsäure, Salpetersäure und Kaliumpermanganat, konz. Schwefelsäure und konz. Salpetersäure, Kaliumpercarbonat und CAROscher Säure (Oxyschwefelsäure, H_2SO_5) usw. aufschließt.

Bei Lebensmitteluntersuchungen schließt man geringere Substanzmengen zweckmäßig nach dem Verfahren von A. NEUMANN und E. WÖRNER, größere Mengen nach dem von R. BERG auf.

a) Verfahren von A. NEUMANN[3] und E. WÖRNER[4]. Die Substanz wird mit einem Gemisch von gleichen Teilen konz. Schwefelsäure und konz. Salpetersäure ($d = 1{,}4$) aufgeschlossen; auf 5 g Substanz sind etwa 10 ccm dieses Säuregemisches erforderlich.

Die Substanz wird in einem Rundkolben mit der abgemessenen Menge des Säuregemisches übergossen und kalt stehengelassen, bis die Hauptreaktion beendet ist; darauf erst wird mit kleiner, später mit stärkerer Flamme erhitzt. Sobald die Entwicklung der braunen nitrosen Dämpfe geringer wird, gibt man aus einem Hahntrichter tropfenweise weiteres Gemisch (annähernd gemessene Mengen) hinzu und fährt damit fort, bis ein Nachlassen der Reaktion eintritt und die Stärke der braunen Dämpfe abgeschwächt erscheint. Um zu entscheiden, ob die Substanzzerstörung beendet ist, unterbricht man das Hinzufließen des Gemisches für kurze Zeit, erhitzt aber weiter, bis die braunen Dämpfe verschwunden sind, und beobachtet, ob sich die Flüssigkeit im Kolben dunkler färbt oder gar noch schwärzt. Ist dieses der Fall, so läßt man wieder Säuregemisch zufließen und wiederholt nach einigen Minuten die obige Probe. Wenn nach dem Abstellen des Gemisches und dem Verjagen der braunen Dämpfe die hellgelbe oder farblose Flüssigkeit sich bei weiterem Erhitzen nicht mehr dunkler färbt und sich auch keine Gasentwickelung mehr zeigt, ist die Verbrennung

[1] H. WISLICENUS: Zeitschr. analyt. Chem. 1901, **40**, 441.
[2] B. W. HOWK u. E. E. DE TURK: Ind. Engin. Chem. Analytical Edition 1932, **4**, 111; Zeitschr. analyt. Chem. 1933, **95**, 299.
[3] A. NEUMANN: Zeitschr. physiol. Chem. 1902, **37**, 116; 1904, **43**, 35.
[4] E. WÖRNER: Z. 1908, **15**, 732.

beendet. Ist die Flüssigkeit schwach gelb gefärbt, so wird sie beim Erkalten meist völlig wasserhell. Nun fügt man dreimal so viel Wasser hinzu, wie Säuregemisch verbraucht wurde, erhitzt und kocht etwa 5—10 Minuten. Dabei entweichen braune Dämpfe, welche von der Zersetzung der entstandenen Nitrosylschwefelsäure herrühren.

Bei fettreichen Substanzen oder auch bei Fetten selbst empfiehlt es sich nach A. Bäurle, W. Riedel und K. Täufel[1] nicht, das Säuregemisch zuzusetzen, sondern zunächst die Schwefelsäure einwirken zu lassen, dann erst die Salpetersäure in kleinen Anteilen zuzusetzen. Auf diese Weise wird das lästige Schäumen weitgehend beseitigt. Nach jedem Zusatz von Salpetersäure muß man so lange erhitzen, bis sich die Masse gerade wieder schwärzt. Dann erfolgt wieder Zugabe von Salpetersäure, bis die abgeschiedene Kohle oxydiert ist. Erhitzt man zu hoch, so tritt starke Verkohlung ein, und die abgeschiedene Kohle setzt ihrer Oxydation sehr große Schwierigkeiten entgegen. Will man Fette veraschen, so darf man erst am Schluß mit voller Flamme erhitzen; Zugabe von etwas Perhydrol kann zuweilen sehr wertvoll sein.

b) Verfahren von R. Berg[2]. 200—250 g gereinigte frische Substanz werden in einem 2 l-Becherglase mit 500—700 ccm reiner höchstkonzentrierter Salpetersäure übergossen, durchgerührt und mit einem Uhrglase bedeckt. Alsbald gerät die ganze Masse ins Kochen, wobei massenhaft nitrose Gase entweichen. Man läßt am besten bis zum nächsten Tage stehen; dann ist alles bis auf die groben Cellulosegebilde gelöst. Die Lösung wird darauf nach und nach in einem Kjeldahl-Kolben, in den man 50 ccm konz. Schwefelsäure gegeben hat, eingekocht, bis alle Salpetersäure verdampft ist. Gewöhnlich erzielt man auf diese Weise sofort eine wasserklare Lösung der Mineralstoffe in der heißen konz. Schwefelsäure. Sollte die Lösung noch braun oder sogar schwarz sein, so gibt man tropfenweise konz. Salpetersäure hinzu, kocht wieder bis zum Auftreten der weißen Schwefelsäurenebel und wiederholt diese Behandlung so lange, bis die Schwefelsäurelösung farblos oder höchstens durch Eisenverbindungen schwach grüngelb bleibt. Nach dem Abkühlen fügt man 3 Volumen Wasser hinzu, kocht, bis die Nitrosylschwefelsäure vollständig zersetzt ist, führt die Lösung in eine Platinschale über, verdunstet sie zunächst auf dem Wasserbade, erhitzt dann über dem Pilzbrenner, bis die Schwefelsäure verjagt ist und die sauren Sulfate zum größten Teil zerlegt worden sind; Glühen ist nicht statthaft. Nach dem Erkalten löst man unter Erwärmen in Salzsäure, verdampft wieder zur Staubtrockne und übergießt mit etwas konz. Salzsäure. Nach $^1/_2$stündigem Stehen löst man den Rückstand in heißem Wasser; ist viel Calciumsulfat vorhanden, so muß die stark mit Salzsäure angesäuerte Lösung längere Zeit gekocht werden. Die Flüssigkeit wird von der Kieselsäure und etwaigem Sand abfiltriert und nach dem Erkalten auf 250 ccm aufgefüllt. Hiervon dienen 50 ccm zur Phosphorsäurebestimmung, 50 ccm zur Bestimmung der Alkalien und der Rest zur Bestimmung von Eisen, Aluminium, Mangan, Calcium und Magnesium. Verfasser gibt einen Analysengang zur Bestimmung dieser Bestandteile an.

Bei fettreichen Substanzen werden 200—250 g Substanz in einem 2 l-Kjeldahl-Kolben mit 250 ccm konz. Schwefelsäure übergossen und nach dem Zergehen der Substanz erwärmt, bis alles Wasser verjagt ist, d. h. bis die Masse unter Entwickelung von Schwefelsäurenebeln kleinblasig und schwarz geworden ist und zu schäumen beginnt. — Bei reinen Fetten ist dieses Erhitzen unnötig. — Jetzt entfernt man die Flamme und läßt aus einer Bürette in den mit einem abgesprengten Trichter bedeckten Kolben vorsichtig tropfenweise zwischen Trichter und Kolbenwand konz. Salpetersäure hinzufließen. Bei dieser Behandlung entsteht gewöhnlich ein harziger Kuchen, den man wiederholt mit einem Glasstabe verteilt. Gleichzeitig gibt man noch 100 ccm konz. Schwefelsäure hinzu. Jetzt kann man erwärmen, anfangs vorsichtig, später stärker; dabei läßt man die Salpetersäure etwas rascher zufließen und reguliert die Flamme so, daß gleichzeitig nitrose Dämpfe und Schwefel-

[1] A. Bäuerle, W. Riedel u. K. Täufel: Z. 1934, **67**, 274.
[2] R. Berg: Chem.-Ztg. 1912, **36**, 509.

säurenebel entweichen, bis die Lösung beim Konzentrieren ohne Salpetersäurezusatz bis zur Nebelbildung farblos bleibt. Darauf wird weiter wie oben verfahren.

Für 200 g fettfreies Fleisch oder Gemüse sind zusammen etwa 700—900 ccm, für 200 g Speck oder Ölsamen etwa 1500—2000 ccm Salpetersäure erforderlich. Im ersteren Falle dauert die Bestimmung etwa 8 Stunden und im letzteren 2—3 Tage.

c) Verfahren von A. JENDRASSIK und S. PAPP[1]. Sie verfahren bei Flüssigkeiten (Wein, Most, Fruchtsäften) ähnlich wie R. BERG, wenden aber zur Oxydation gleichzeitig Wasserstoffsuperoxyd an. Sie geben die nötigenfalls eingeengte Flüssigkeit (Wein) nach und nach in 80 ccm Salpetersäure. Wenn die starke Gasentwicklung nachläßt, erhitzen sie solange auf freier Flamme, bis die Gasentwicklung aufhört. Dann werden 30—40 ccm Wasserstoffsuperoxyd in kleinen Anteilen hinzugegeben und dabei wird jedesmal erwärmt, bis eine nennenswerte Gasentwickelung nicht mehr beobachtet wird. Nachdem das Reaktionsgemisch fast ganz eingeengt ist, werden 5 ccm konz. Schwefelsäure zugegeben und der Rest der Salpetersäure durch Erhitzung vertrieben. Die dann noch entstehende Bräunung wird durch Zugabe von 2—3 ccm Wasserstoffsuperoxyd und weitere Erhitzung, bis Schwefelsäuredämpfe entweichen, zerstört.

II. Bestimmung der einzelnen Mineralstoffe.

A. Bestimmung der Basen.

Im Nachfolgenden bringen wir zunächst unter 1) einen allgemein anwendbaren Analysengang für die Trennung und Bestimmung der wichtigsten Basen der Aschen. In vielen Fällen handelt es sich aber nicht darum, alle Basen der Aschen zu bestimmen, sondern nur um die Bestimmung einzelner von ihnen; hierzu dienen die unter 2) aufgeführten Methoden zur Bestimmung der einzelnen Kationen.

1. Analysengang für die Bestimmung der Kationen der Asche.

Man stellt nach dem oben (S. 1209) beschriebenen Verfahren größere Mengen Asche dar, löst sie in mäßig verdünnter Salzsäure, verdampft diese auf dem Wasserbade[2] und trocknet den Rückstand zur vollständigen Abscheidung der gelösten Kieselsäure bis zur vollständigen Verflüchtigung der Salzsäure. Den Rückstand löst man in verdünnter Salzsäure, filtriert[3] und füllt das Filtrat auf ein bestimmtes Volumen, z. B. auf 300 ccm, auf.

a) Eisen und Aluminium. Die Aschen der Lebensmittel enthalten meist neben geringeren Mengen Eisenoxyd und Aluminiumoxyd größere Mengen Phosphorsäure, d. h. mehr als durch erstere gebunden werden kann. Man verfährt daher zur Bestimmung von Eisenoxyd und Aluminiumoxyd, wie folgt:

α) In einem aliquoten Teile, z. B. 100 ccm, der Aschenlösung bestimmt man den Gehalt an Eisenoxyd + Aluminiumoxyd und an Phosphorsäure diejenige Menge, die den ersteren äquivalent ist[4], indem man die 100 ccm in einem geräumigen Becherglase in der Kälte mit so viel Natriumcarbonatlösung

[1] A. JENDRASSIK u. S. PAPP: Z. 1935, **69**, 369. — Vgl. auch E. SCHULEK u. P. v. WILLETZ: Zeitschr. analyt. Chem. 1928, **76**, 81.

[2] Sollte die Aschenlösung Eisenoxydulverbindungen enthalten, was in der Regel nicht der Fall sein dürfte, so setzt man vor dem Eindampfen geringe Mengen Wasserstoffsuperoxydlösung hinzu. — Vgl. auch M. CARUS: Chem.-Ztg. 1921, **44**, 1194.

[3] Im Filtrationsrückstande kann man nach S. 1211 den Gehalt an Sand + Ton und an löslicher Kieselsäure bestimmen.

[4] Ist die Menge der Phosphorsäure der Asche geringer als dem Eisenoxyd- + Aluminiumoxydgehalt äquivalent ist, so ist es natürlich die Gesamt-Phosphorsäure.

versetzt, bis eine bleibende schwache Trübung entsteht. Diese bringt man durch einige Tropfen verd. Salzsäure zum Verschwinden und fügt für je 0,1—0,2 g Eisen + Aluminium 1,5—2 g Natrium- oder Ammoniumacetat hinzu, verdünnt mit siedend heißem Wasser auf 300—400 ccm, kocht 1 Minute — durch zu langes Kochen wird der Niederschlag schleimig und schlecht filtrierbar — läßt den Niederschlag sich absetzen, filtriert sofort heiß, wäscht den Niederschlag dreimal mit heißem Wasser aus, dem man etwas Natrium- oder Ammoniumacetat zugefügt hat. — Das Filtrat muß stets deutlich sauer reagieren. — Der Niederschlag wird, weil er unter Umständen Mangan und Calciumphosphat einschließen kann, wieder in Salzsäure gelöst und die Lösung nochmals in derselben Weise behandelt [1]. Der nunmehr durch ein aschefreies Filter abfiltrierte und kurz ausgewaschene Niederschlag wird alsdann getrocknet, in einem Platintiegel geglüht und gewogen (*A*). Man erhält auf diese Weise die Summe von Eisenoxyd + Aluminiumoxyd + Phosphorsäure bzw. von letzterer nur denjenigen Anteil, der den ersteren beiden äquivalent ist.

β) Weitere 100 ccm der Aschenlösung dienen zur Bestimmung des Eisens. Diese kann in zweierlei Weise erfolgen: Entweder man scheidet das Eisen in der üblichen Weise aus der mit Ammoniumchlorid versetzten [2], auf etwa 70^0 erwärmten Aschenlösung mit Ammoniak in geringem Überschuß ab und löst den abfiltrierten und ausgewaschenen Niederschlag mit warmer verdünnter Schwefelsäure auf dem Filter, oder man dampft die Aschenlösung mit einem Überschuß an Schwefelsäure auf dem Wasserbade ab. In beiden Fällen reduziert man das Eisen mit Zink zu Eisenoxydul, titriert dieses in bekannter Weise (S. 1226) mit Kaliumpermanganatlösung und berechnet seine Menge auf Eisenoxyd (Fe_2O_3).

γ) Der Rest (100 ccm) der Aschenlösung dient zur Bestimmung der Phosphorsäure. Die Aschenlösung wird in gleicher Weise wie bei α) behandelt, die erste Fällung mit verd. Salpetersäure gelöst und mit Ammoniummolybdat nach S. 1258 die Phosphorsäure (P_2O_5) gefällt.

δ) Der Aluminiumoxydgehalt ergibt sich dann aus der Differenz: $Al_2O_3 = A - (Fe_2O_3 + P_2O_5)$.

Statt dieses indirekten Verfahrens kann man sich zur Bestimmung des Aluminiums auch der unten (S. 1228) angegebenen direkten Verfahren bedienen.

Steht nur wenig Asche zur Verfügung, so daß Eisen- und Aluminiumoxyd in derselben Lösung bestimmt werden müssen, so verfährt man zunächst wie oben unter α) und erhält damit die Summe an Eisen- und Aluminiumoxyd + Phosphorsäure (*A*). Um hieraus zunächst die Phosphorsäure zu entfernen, vermengt man den Inhalt des Platintiegels in diesem nach dem Vorschlage von TREADWELL [2] mit der sechsfachen Menge eines Gemisches aus 4 Tln. Natriumcarbonat und 1 Tl. Kieselsäure, schmilzt auf dem Gebläse, zieht die Schmelze mit Wasser, dem etwas Ammoniumcarbonat zugesetzt ist, aus und filtriert. Das Filtrat enthält dann alle Phosphorsäure mit wenig Kieselsäure, der Rückstand dagegen alles Eisen- und Aluminiumoxyd und den größten Teil der Kieselsäure.

1. Der Rückstand wird mit Salzsäure in einem Porzellantiegel bis zur völligen Lösung des Eisenoxyds digeriert, hierauf mit verd. Schwefelsäure versetzt, soweit wie möglich im Wasserbade verdampft und dann über freier Flamme bis zum Entweichen von Schwefelsäuredämpfen erhitzt. Nach dem Erkalten fügt man Wasser hinzu, digeriert längere Zeit im bedeckten Tiegel im Wasserbade und filtriert von der Kieselsäure ab. Das Filtrat wird mit Schwefeldioxyd oder Zink reduziert und dann das Eisen mit Permanganatlösung nach S. 1226 titriert und auf Eisenoxyd (*B*) berechnet.

2. Das Filtrat wird mit Salzsäure zur Trockne verdampft, um die Kieselsäure abzuscheiden, der Rückstand mit wenig Wasser und Salzsäure aufgenommen, filtriert, in diesem Filtrat die Phosphorsäure nach Zusatz von Ammoniak bis zur alkalischen Reaktion nach

[1] Wenn die Aschenlösung größere Mengen Salzsäure enthält, ist natürlich ein Zusatz von Ammoniumchlorid nicht erforderlich.

[2] F. P. TREADWELL: Kurzes Lehrbuch der analytischen Chemie, 11. Aufl., Bd. II. S. 95, herausgeg. von W. D. TREADWELL. Leipzig und Wien: Franz Deuticke 1930.

S. 1261 mit Magnesiamixtur als Magnesiumammoniumphosphat gefällt und in üblicher Weise als Pyrophosphat gewogen. $Mg_2P_2O_7 \times 0{,}6376 = P_2O_5$ (C).

3. Das Aluminiumoxyd ergibt sich alsdann aus der Differenz $Al_2O_3 = A - (B + C)$.

b) Mangan. Es ist in den Aschen meist nur in geringen Mengen vorhanden.

Das Filtrat der Acetatfällung nach a), α) enthält neben Mangan, den Erdalkalien und den Alkalien noch einen Teil der Phosphorsäure. Man entfernt letztere nach den unter a), α) beschriebenen Verfahren, indem man das deutlich essigsaure Filtrat zum Sieden erhitzt und tropfenweise Ferrichloridlösung hinzugibt, bis außer dem gelblichweißen Niederschlag von Ferriphosphat auch das bräunliche basische Ferriacetat ausfällt. Man filtriert den Niederschlag ab, wäscht ihn mit heißem ammoniumacetathaltigem Wasser aus und dampft die Lösung auf ein geringes Volumen ein. Nach TREADWELL[1] bestimmt man das Mangan wegen des Gehaltes der Lösung an Calcium und Magnesium am besten als Sulfid bei Gegenwart von viel Ammoniumsalz in der Kälte, wie folgt: Man versetzt die in einem 100 ccm-ERLENMEYER-Kolben befindliche Lösung mit etwa 2 g Ammoniumchlorid oder -nitrat und Ammoniak bis zur schwach alkalischen Lösung, gibt dann frisch bereitetes farbloses Ammoniumsulfid in geringem Überschuß hinzu, füllt den Kolben mit ausgekochtem kaltem Wasser und läßt den mit einem Kork verschlossenen Kolben mindestens 24 Stunden stehen. Nachdem sich der fleischrote Niederschlag gut abgesetzt hat, dekantiert man die überstehende Flüssigkeit, ohne den Niederschlag aufzurühren durch ein Filter, das man möglichst angefüllt hält, bringt schließlich den Niederschlag auf das Filter und wäscht ihn mit verd. Ammoniumsulfidwasser aus. Da der Niederschlag in der Regel durch Calcium- und Magnesiumcarbonat verunreinigt ist, löst man ihn mit Salzsäure wieder auf, kocht die Lösung zur Entfernung von Kohlensäure und wiederholt die Fällung mit Ammoniumsulfid. Der nun erhaltene Niederschlag von Mangansulfid wird getrocknet und in einem tarierten Porzellantiegel zuerst mit kleiner Flamme und dann mit einem kräftigen Teclu-Brenner, besser in einem elektrischen Muffelofen, auf etwa 1000° erhitzt, wodurch das Sulfid zu Mangani-manganooxyd (Mn_3O_4) oxydiert wird.

Man kann den Mangansulfidniederschlag auch im Porzellantiegel in möglichst wenig überschüssiger Schwefelsäure lösen, die Lösung zunächst auf dem Wasserbade verdampfen, dann die Schwefelsäure im Luftbade vorsichtig abrauchen, darauf zur Rotglut — am besten im elektrischen Muffelofen auf 450—500° (nicht höher!) — erhitzen und als Manganosulfat ($MnSO_4$) zur Wägung bringen.

c) Calcium. Es wird entweder α) im Filtrat der Acetatfällung nach a), α) (S. 1224), wenn Mangan nicht vorhanden ist, oder β) im Filtrate der Mangansulfidfällung nach a als Calciumoxalat abgeschieden und als Calciumoxyd[2] bestimmt.

α) Im Filtrate der Acetatfällung. Das nach a) α) erhaltene essigsaure[3] Filtrat der Acetatfällung wird zum Sieden erhitzt und das Calcium mit Ammoniumoxalatlösung in der Siedehitze gefällt. Nach zwölfstündigem Stehen wird das Calciumoxalat abfiltriert, mit heißem Wasser ausgewaschen und als Calciumoxyd zur Wägung gebracht.

β) Im Filtrate der Mangansulfidfällung. Das nach *b* erhaltene phosphorsäurefreie Filtrat von der Mangansulfidfällung wird zur Entfernung des Schwefelwasserstoffs gekocht, der abgeschiedene Schwefel abfiltriert und im Filtrate das Calcium als Calciumoxalat abgeschieden und als Calciumoxyd zur Wägung gebracht.

d) Magnesium. Im Filtrate des nach *c* erhaltenen Calciumoxalatniederschlags wird, nötigenfalls nach dem Einengen der Lösung, das Magnesium nach S. 1233 als Ammonium-magnesiumphosphat oder mit 8-Oxychinolin abgeschieden.

e) Kalium und Natrium. Zu ihrer Bestimmung wird die salzsaure Lösung einer besonders hergestellten Asche (etwa 0,5 g) oder ein entsprechender aliquoter Teil der nach S. 1223 hergestellten salzsauren Aschenlösung mit so viel

---

[1] F. P. TREADWEDLL: Kurzes Lehrbuch der analytischen Chemie, 11. Aufl., Bd. II, S. 103, herausgeg. von W. D. TREADWELL. Leipzig und Wien: Franz Deuticke 1930.

[2] Das Calciumoxalat kann auch als solches nach O. BRUNCK (Zeitschr. analyt. Chem. 1933, **94**, 81) oder als Calciumcarbonat oder -sulfat bestimmt werden. Vgl. S. 1232.

[3] Die Fällung muß in essigsaurer Lösung erfolgen, weil die Lösung meist noch Phosphorsäure enthält.

Bariumchloridlösung, als zur Ausfällung der Schwefelsäure erforderlich ist, zur Entfernung des größten Teiles der freien Salzsäure auf dem Wasserbade ein, verdünnt nötigenfalls mit Wasser und setzt Kalkmilch in geringem Überschuß hinzu. Hierdurch werden alle Schwefelsäure, alle Phosphorsäure, Eisenoxyd, Manganoxydul und Magnesia gefällt. Der Niederschlag wird so lange ausgewaschen, bis das zuletzt ablaufende Waschwasser eine mit Salpetersäure angesäuerte Silberlösung nicht mehr trübt. Aus dem Filtrat fällt man das überschüssige Calcium und Barium durch mit Ammoniak versetzte Ammoniumcarbonatlösung, läßt absitzen, filtriert und wäscht den Niederschlag mit heißem Wasser bis zum Verschwinden der Chlorreaktion aus. Das Filtrat dampft man am besten in einer großen Platinschale oder, wenn diese nicht vorhanden ist, in einer gut glasierten Porzellanschale auf dem Wasserbade zur Trockne ein. Die trockene Masse wird in letzterem Falle mittels eines Platinspatels in eine kleinere Platinschale gebracht und über freier Flamme vorsichtig geglüht. Man läßt die Platinschale erkalten, spült mit heißem Wasser die noch in der Porzellanschale verbliebenen Reste in erstere hinein, verdampft auf dem Wasserbade zur Trockne, glüht, fällt nochmals und, wenn nötig, noch ein drittes Mal mit Ammoniak und Ammoniumcarbonat, bis die Lösung des gelinde geglühten Rückstandes durch letztere Fällungsmittel nicht mehr getrübt wird. F. T. Treadwell empfiehlt zur Entfernung der letzten Spuren Kalk die zweite Fällung mit Ammoniumoxalat und Ammoniak vorzunehmen, 12 Stunden stehen zu lassen und dann erst zu filtrieren. Das Filtrat bzw. die klare Flüssigkeit wird mit einigen Tropfen Salzsäure angesäuert, in einer ausgeglühten und gewogenen Platinschale zur Trockne verdampft, der Rückstand gelinde geglüht und als Gesamt-Alkalichloride gewogen.

In dieser Lösung wird das Kalium nach einem der auf S. 1234 angegebenen Verfahren bestimmt und das Natrium entweder auf indirektem Wege berechnet oder nach der Uranylmethode (S. 1238) bestimmt.

Zur Berechnung des Natriums auf indirektem Wege rechnet man das direkt bestimmte Kalium auf Kaliumchlorid um und zieht seine Menge von den oben gefundenen Gesamt-Alkalichloriden ab. Die Differenz stellt die Menge des vorhandenen Natriumchlorids dar, das, mit 0,5307 multipliziert, die Menge des Natriumoxyds ergibt.

2. Bestimmung der einzelnen Kationen.

In diesem Abschnitt werden nur die gebräuchlichsten Verfahren zur Bestimmung der namentlich in Lebensmitteln vorkommenden Kationen behandelt. Bezüglich Nachweis und Bestimmung von Kupfer und Zink sei auf den Abschnitt „Ausmittelung der Gifte" (S. 1417—1419) verwiesen.

a) Eisen. α) Gewichtsanalytische Bestimmung durch Fällung mit Ammoniak. Die ammoniumchloridhaltige Ferrisalzlösung wird bei etwa 70° mit einem geringen Überschusse von Ammoniak versetzt. Der entstandene rotbraune Ferrihydroxydniederschlag wird abfiltriert, mit heißem Wasser ausgewaschen und in einem Porzellantiegel zunächst über kleiner Flamme getrocknet und schließlich bis zur Gewichtskonstanz geglüht und als Eisenoxyd (Fe_2O_3) zur Wägung gebracht.

Das Verfahren ist nur anwendbar, wenn außer Eisen keine anderen durch Ammoniak fällbaren Metalle (Aluminium usw.) sowie Phosphate, Oxalate usw. in der Lösung vorhanden sind. Sind solche vorhanden, so kann man das Eisen zunächst nach S. 1229 als Sulfid abscheiden, dieses abfiltrieren, in Salzsäure lösen, oxydieren und dann wie oben bestimmen.

Ist das Eisen ganz oder zum Teil in Ferroform vorhanden, so muß es zunächst durch Eindampfen mit Salpetersäure oder durch Erhitzen mit Kaliumchlorat und Salzsäure in die Ferriform übergeführt werden.

β) Maßanalytische Bestimmung mit Kaliumpermanganat. Da hierfür das Eisen in Ferroform in schwefelsaurer Lösung vorliegen muß, wird die Eisenlösung zunächst durch Eindampfen mit einem mäßigen Überschuß an Schwefelsäure von Salz- und Salpetersäure befreit, der Rückstand mit Wasser aufgenommen und darauf das Ferri- zu Ferrosalz reduziert. Dies geschieht durch Reduktion mit Schwefeldioxyd oder mit Zink.

Die erkaltete Eisenlösung wird dann mit 0,1 N.-Kaliumpermanganatlösung titriert, bis die Rötung $^1/_2$ Minute bestehen bleibt.

Zur Reduktion durch Schwefeldioxyd neutralisiert man die Ferrisalzlösung mit Natriumcarbonat, fügt überschüssige Schweflige Säure hinzu und kocht, unter gleichzeitigem Durchleiten von Kohlendioxyd, bis der Überschuß an Schwefliger Säure vollständig vertrieben ist. Es genügt nicht, sich hierbei nur auf den Geruchssinn zu verlassen. Man leitet besser das entweichende Gas durch verd. Schwefelsäure, die mit einem Tropfen 0,1 N.-Permanganatlösung gefärbt ist. Findet nach 2—3 Minuten langem Durchleiten des entweichenden Gases keine Entfärbung statt, so ist sicher das überschüssige Schwefeldioxyd vertrieben.

Zur Reduktion durch Zink versetzt man die saure Ferrisalzlösung mit Schnitzeln von chemisch reinem Zink im Ventilkolben, erwärmt gelinde im Wasserbade, bis die Flüssigkeit vollständig farblos ist. Ein herausgenommener Tropfen darf mit Kaliumrhodanidlösung keine oder eine höchst unbedeutende Rotfärbung ergeben.

Nun läßt man erkalten, verdünnt die Lösung auf 300—400 ccm mit ausgekochtem Wasser und titriert. Da das Zink oft eisenhaltig ist, ist stets ein blinder Versuch auszuführen, dessen Ergebnis gegebenenfalls abzuziehen ist.

Herstellung und Titerstellung der 0,1 N.-Kaliumpermanganatlösung. Man löst 3,2—3,3 g Kaliumpermanganat in 1 l Wasser, erhitzt die Lösung 10 Minuten zum Sieden, filtriert sie, wenn nötig, durch Glaswolle und stellt ihren Titer fest, der bei Aufbewahrung in verschlossener dunkler Flasche ziemlich beständig ist. Die Titerstellung kann durch chemisch reines metallisches Eisen oder durch Oxalsäure, Natriumoxalat und Mohrsches Salz erfolgen. Zuverlässig und am einfachsten ist die Titerstellung durch Mohrsches Salz (kryst. Ferro-ammoniumsulfat, $FeSO_4 \cdot (NH_4)_2SO_4 \cdot 6\,H_2O$), welches genau $^1/_7$ seines Gewichts an Eisen enthält, indem man eine entsprechende Menge davon in Wasser unter Zusatz von etwas Schwefelsäure löst, wobei man durch einen Kohlendioxydstrom den Zutritt der Luft abhält. Ist die Lösung genau 0,1-normal (= 3,1606 g wirksames Kaliumpermanganat im l enthaltend), so entspricht 1 ccm = 5,6 mg Fe = 7,2 mg FeO = 8,0 mg Fe_2O_3.

γ) Bestimmung kleiner Eisenmengen. *αα*) Colorimetrisches Verfahren nach C. v. d. Heide und K. Hennig[1]. 5—10 g der Substanz (bei Flüssigkeiten wie Wein etwa 50 ccm) werden verkohlt und mit verd. Schwefelsäure erwärmt; die Lösung wird durch ein aschefreies Filter filtriert und einige Male mit heißem Wasser ausgewaschen. Zunächst wird das Filter mit den Rückständen in der Platinschale verascht. Dann führt man auch das Filtrat in die Platinschale über, versetzt mit 0,5 ccm Fluorwasserstoffsäure, dampft auf dem Wasserbade ein und erhitzt schließlich auf freier Flamme so lange, bis Schwefelsäuredämpfe zu entweichen beginnen. Beim Abrauchen ist besonders auf das vollständige Vertreiben der Fluorwasserstoffsäure zu achten, da sie die spätere Rhodaneisenreaktion stören würde. Den Rückstand nimmt man mit 5 ccm verd. Salzsäure auf, spült in ein 100 ccm-Meßkölbchen über, versetzt mit 10 ccm 10%iger Salzsäure, 5 ccm Kaliumpersulfatlösung (2%) und 10 ccm Kaliumrhodanidlösung (10%). Dann füllt man mit Wasser bis zur Marke auf und colorimetriert diese Lösung.

Hierzu sind folgende Lösungen erforderlich.

Lösung I. 1,7557 g Ferroammoniumsulfat werden in einer Porzellanschale mit verd. Salpetersäure wiederholt eingedampft. Der Rückstand wird mit Salzsäure mehrmals aufgenommen und eingedampft, bis die Salpetersäure völlig vertrieben ist. Man führt die Lösung in einen 250 ccm-Kolben über und füllt mit Wasser zur Marke auf. 1 ccm enthält 1 mg Eisen (Fe).

Lösung II. 50 ccm der Lösung I werden zu 500 ccm verdünnt. 1 ccm enthält 0,1 mg Eisen.

[1] C. v. d. Heide u. K. Hennig: Z. 1933, **66**, 347. — Vgl. auch L. Maquenne: Bull. Soc. Chim. de France 1921 [4], **29**, 585; C. 1922, II, 1156.

Man gibt 1, 2 und 3 ccm der Lösung II in je einen 100 ccm-Meßkolben, versetzt mit 15 ccm Salzsäure (10%), 5 ccm einer Persulfatlösung (2%) und 10 ccm Kaliumrhodanidlösung (10%) und füllt mit Wasser bis zur Marke auf. Man vergleicht die Färbung der zu untersuchenden Lösung mit derjenigen der Standardlösungen, von denen man erforderlichenfalls noch schwächer oder stärker gefärbte Lösungen herstellt.

E. Elser[1] empfiehlt eine colorimetrische Bestimmung des Eisens in Honigaschen als Berlinerblau mit Kaliumferrocyanid.

ββ) Jodometrisches Verfahren[2]. Es beruht auf der umkehrbaren Reaktion

$$2\,FeCl_3 + 2\,HJ \rightleftarrows 2\,HCl + 2\,FeCl_2 + J_2 .$$

Damit sie von links nach rechts quantitativ verläuft, muß ein großer Überschuß an Jodwasserstoff vorhanden sein.

20—30 g feste Substanz (bei Flüssigkeiten wie Wein etwa 200 ccm) werden verascht. Die Asche wird in starker eisenfreier Salzsäure gelöst und unter Nachspülen mit Wasser in einer gut glasierten Porzellanschale nach Zugabe von 3—4 ccm salpetersäurefreier Wasserstoffsuperoxydlösung (3%) auf dem Wasserbade zur Trockne gebracht, mit wenig Wasser aufgenommen und wieder zur Trockne gebracht. Der Rückstand wird mit 0,3 ccm eisenfreier Salzsäure (d = 1,19) durchfeuchtet und mit möglichst wenig Wasser in eine 200 ccm fassende Glasflasche mit eingeschliffenem Glasstopfen übergespült. Man setzt zu der Flüssigkeit, deren Raummenge 20 ccm nicht übersteigen soll, 1—1,5 g festes jodatfreies Kaliumjodid hinzu, verschließt die Flasche und erwärmt 5—10 Minuten auf 60°. Alsdann versetzt man mit 100 ccm kaltem Wasser und Stärkelösung und titriert die Menge des ausgeschiedenen Jods mit 0,01 N.-Natriumthiosulfatlösung bis zum erstmaligen Verschwinden der Farbe der Jodstärke. 1 ccm 0,01 N.-Natriumthiosulfatlösung entspricht 0,558 mg Eisen (Fe).

b) Aluminium. In der Regel ermittelt man das Aluminium in Gemischen mit Eisen und Phosphorsäure, wie es in den Aschen von Lebensmitteln vorliegt, nach dem oben (S. 1223) beschriebenen Verfahren indirekt durch Differenzberechnung.

Für die direkte Bestimmung, namentlich kleiner Mengen von Aluminium sind unter anderen folgende Verfahren in Vorschlag gebracht worden:

α) Bestimmung als Aluminiumphosphat[3]. 50—100 g Substanz (bei Flüssigkeiten, z. B. bei Wein 500 ccm) werden in 3 Teilen in derselben Platinschale nacheinander in der üblichen Weise (unter Ausziehen mit Wasser) verascht und der unslösliche Rückstand weiß gebrannt. Man nimmt diesen mit konz. Salzsäure auf, fügt die gesamten wäßrigen Auszüge hinzu, dampft zur Abscheidung der Kieselsäure auf dem Wasserbade zur Trockne und erhitzt bis kein Geruch nach Salzsäure mehr wahrzunehmen ist, durchfeuchtet den Rückstand mit konz. Salzsäure, fügt nach kurzem Stehen etwas Wasser hinzu und bringt von neuem in der beschriebenen Weise zur Trockne. Man durchfeuchtet den Rückstand mit wenig konz. Salzsäure und nimmt nach kurzem Stehen mit Wasser auf. Nach dem Abfiltrieren und Auswaschen der Kieselsäure mit kochendem Wasser versetzt man Filtrat und Waschwasser in einem Becherglase nach dem Erkalten zunächst mit 5 ccm 10%iger Ammoniumchloridlösung, hierauf

[1] E. Elser: Mitt. Lebensmittelunters. u. Hygiene 1925, **16**, 38.

[2] K. Mohr: Ann. Chem. u. Pharm. **105**, 53. — Vgl. Anweisung zur chemischen Untersuchung des Weines vom 9. Dezember 1920. Zentralbl. f. das Deutsche Reich 1920, **48**, 1601; Gesetze und Verordnungen, betreffend Nahungs- und Genußmittel, 1921, **13**, 93.

[3] Anweisung zur chemischen Untersuchung des Weines vom 9. Dezember 1920. Zentralblatt f. das Deutsche Reich 1920, **48**, 1601; Gesetze und Verordnungen, betreffend Nahrungs- und Genußmittel, 1921, **13**, 93.

mit einigen Tropfen Methylorangelösung und zuletzt vorsichtig mit Ammoniak bis zur eben noch merklichen sauren Reaktion. Zu der etwa 60 ccm betragenden Flüssigkeit gibt man 20 ccm Ammoniumacetatlösung (10%) hinzu, erhitzt langsam auf 70—80° und filtriert den ausgeschiedenen Niederschlag ab, sobald er flockig geworden ist. Man wäscht zweimal mit kochendem Wasser aus und löst dann einschließlich der im Becherglase haften gebliebenen Anteile den Niederschlag auf dem Filter in wenig kochender, stark verdünnter Salzsäure. Alsdann wäscht man das Filter mit wenig kochendem Wasser vollständig aus, sammelt Lösung und Waschwasser in einem kleinen ERLENMEYER-Kolben, fügt nach dem Erkalten 2 ccm Ammoniumchloridlösung (10%), sowie 0,3 g Citronensäure hinzu, macht mit Ammoniak alkalisch und läßt einige Zeit stehen. Entsteht ein Niederschlag, so bringt man ihn durch vorsichtigen Zusatz von Salzsäure in Lösung, setzt noch etwas Citronensäure hinzu und macht wieder mit Ammoniak alkalisch. Bleibt die alkalische Flüssigkeit dauernd klar, so versetzt man sie mit einer nicht zu großen, aber zur Fällung des Eisens sicher ausreichenden Menge Ammoniumsulfidlösung und läßt das verschlossene Kölbchen an einem warmen Orte stehen. Man filtriert von dem zusammengeballten Ferrosulfid ab und wäscht gut mit heißem ammoniumsulfidhaltigem und im Anfang auch ammoniumchloridhaltigem Wasser aus. Filtrat und Waschwasser werden mit verd. Schwefelsäure deutlich angesäuert. (Es muß so viel Schwefelsäure vorhanden sein, daß beim Eindampfen alles Chlor des vorhandenen Ammoniumchlorids als Salzsäure entweichen kann.) Nach dem Kochen filtriert man vom ausgeschiedenen Schwefel ab und wäscht aus. Filtrat und Waschwässer werden in einer Platinschale zur Trockne eingedampft, verkohlt und die Kohle nach Möglichkeit weiß gebrannt. Man befeuchtet den Verbrennungsrückstand mit starker Salzsäure, fügt nach einigem Stehen Wasser hinzu, filtriert von etwaigen Kohleflittern ab und bringt das klare Filtrat und die Waschwässer unter Nachspülen mit Wasser in ein Becherglas. Man versetzt zunächst mit einigen Tropfen Dinatriumhydrophosphatlösung, dann mit einigen Tropfen Methylorangelösung und schließlich vorsichtig mit Ammoniak bis zur eben noch wahrnehmbaren sauren Reaktion. Dann gibt man 20 ccm Ammoniumacetatlösung (10%) hinzu und erhitzt langsam auf 70—80°. Den abgeschiedenen Niederschlag filtriert man, sobald er flockig geworden ist, ab, wäscht ihn vollständig mit kochendem Wasser aus, und wägt ihn schließlich nach Veraschung des Filters als Aluminiumphosphat ($AlPO_4$). $AlPO_4 \times 0{,}222 = $ Aluminium (Al).

β) Bestimmung mit 8-Oxychinolin. Nach E. JUNG[1] verfährt man zur Bestimmung des Aluminiums neben Eisen, wie folgt: Die nach der oben (S. 1223) beschriebenen Acetatmethode gewonnene, Eisen, Aluminium und Phosphorsäure enthaltende Fällung wird in verd. Salzsäure gelöst. Die schwach salzsaure Lösung wird mit einer genügenden Menge Weinsäure versetzt und darauf Schwefelwasserstoff eingeleitet, bis die Lösung schwach opalisiert. Darauf setzt man Ammoniak bis zur schwach alkalischen Reaktion hinzu und leitet wieder Schwefelwasserstoff ein. Man filtriert vom Eisensulfidniederschlag ab und bestimmt das Eisen durch Umfällen mit Ammoniak (S. 1226). Im Filtrat vom Sulfidniederschlage wird das Aluminium durch Fällung mit 8-Oxychinolin bestimmt. Zu diesem Zweck säuert man das Filtrat schwach an und kocht, bis aller Schwefelwasserstoff entwichen ist, filtriert vom abgeschiedenen Schwefel ab und macht mit Ammoniak alkalisch. Nach dem Erwärmen auf 70° setzt man die erforderliche Menge Fällungsmittel (5 g 8-Oxychinolin in 12 g Eisessig

[1] E. JUNG: Zeitschr. Pflanzenernährung, Düngung und Bodenkunde A 1932, **26**, 1. — Vgl. auch HAHN und Mitarbeiter: Zeitschr. analyt. Chem. 1927, **71**, 122 u. 225; ferner auch BERG: Zeitschr. analyt. Chem. 1927, **71**, 369 u. 1929, **76**, 197. — LEHMANN: Arch. Hygiene 1929, **102**, 349 u. 1931, **106**, 309.

unter schwachem Erwärmen gelöst und auf 100 ccm verdünnt) hinzu und rührt $^1/_2$ Minute. Nach kurzer Zeit scheidet sich ein gelblichgrüner Niederschlag des Aluminiums ab. Am Ende der Reaktion nimmt die überstehende Flüssigkeit einen schwach orangegelben Farbton an. Wenn die Lösung farblos oder gelb ist, muß noch Fällungsmittel zugesetzt werden; ein Überschuß ist jedoch zu vermeiden. Man hält die Lösung auf 70°, da sich sonst überschüssiges Oxychinolinacetat abscheidet. Die Bestimmung des Aluminiumniederschlages kann nun gewichtsanalytisch durch Wägen des getrockneten Niederschlages erfolgen, oder maßanalytisch durch bromometrische Titration des an das Aluminium gebundenen Oxychinolinrestes.

Zur gewichtsanalytischen Bestimmung wird der Niederschlag heiß durch einen Berliner Porzellanfiltertiegel A 2 filtriert und mit heißem Wasser (unter 70°) so lange ausgewaschen, bis das Filtrat farblos ist. Der Niederschlag wird bei 110° bis zur Gewichtskonstanz getrocknet. Er enthält 5,87% Aluminium (Al) = 11,1% Aluminiumoxyd (Al_2O_3).

Zur maßanalytischen Bestimmung löst man den ausgewaschenen Niederschlag in Salzsäure (10%) und titriert mit 0,2 N.-Kaliumbromatlösung unter Zusatz von 0,5 g Kaliumbromid und einigen Tropfen Methylrot. Gegen Ende der Titration werden nochmals 2—3 Tropfen Methylrot zugesetzt. Der Umschlagspunkt ist jedoch nicht sehr scharf; es muß daher der Überschuß an Bromatlösung nach Zusatz von etwas Kaliumjodid mit Natriumthiosulfatlösung und Stärke zurücktitriert werden. 1 ccm 0,2 N.-Kaliumbromatlösung = 0,4495 mg Aluminium (Al).

F. ALTEN, H. WEILAND und H. LOOFMANN[1] haben auch ein colorimetrisches Verfahren angegeben, mit welchem 20—500 γ Aluminium bestimmt werden können.

γ) Colorimetrische Bestimmung mit Aurintricarboxylsäure. Das Verfahren beruht darauf, daß aus der bei möglichst niedriger Temperatur hergestellten Asche das Aluminium als Phosphat, und zwar an einen Überschuß von Ferriphosphat adsorbiert, zur Ausfällung gebracht und unter Lackbildung mit dem Farbstoff Aurintricarboxylsaures Ammonium („Aluminon") colorimetriert wird.

Die Bestimmung geschieht nach dem Vorschlage von G. J. COX und Mitarbeitern[2], wie folgt:

5—150 g Substanz werden in einer Platinschale bei 110° getrocknet, dann in einen kalten elektrischen Ofen gebracht, den man darauf sehr langsam während eines Tages auf Rotglut erhitzt. Während der folgenden Nacht wird der Verbrennungsprozeß zu Ende geführt, indem man einen Sauerstoffstrom langsam durch den Ofen leitet. Man löst die Asche in 10 ccm konz. Salzsäure und 25 ccm Wasser und dampft die Lösung zur Abscheidung der Kieselsäure zur Trockne. Der Rückstand wird mit 10 ccm 3 N.-Salzsäure und 25 ccm Wasser 5 bis 10 Minuten aufgekocht. Darauf zentrifugiert man 5 Minuten bei 1800 Umdrehungen und dekantiert in einen 100 ccm-ERLENMEYER-Kolben. Ist ein Rückstand vorhanden, so wird dieser nochmals ausgewaschen. Hinterbleiben Kohlenteilchen, so trocknet man den Rückstand in einer Platinschale und beseitigt daraus die Kieselsäure nach Zusatz von Fluorwasserstoffsäure und Schwefelsäure durch leichtes Glühen. Der Rückstand wird mit gleichen Teilen Kalium-Natriumcarbonat geschmolzen, die erhaltene Masse gelöst und die Lösung mit der Hauptlösung vereingt. Zu der Aschenlösung werden nunmehr 1 ccm Salpetersäure

---

[1] F. ALTEN, H. WEILAND u. H. LOOFMANN: Zeitschr. angew. Chem. 1933, **46**, 668.

[2] G. J. COX, E. W. SCHWARTZE, R. M. HANN, R. B. UNANGST u. J. L. NEAL: Ind. Eng. Chem. 1932, **24**, 403; Zeitschr. analyt. Chem. 1933, **92**, 307. — Vgl. ferner O. B. WINTER. W. E. THRUN u. O. D. BIRD: Journ. Amer. Chem. Soc. 1929, **51**, 2721 u. 2964.

(d = 1,42) und 1 ccm 0,1 N.-Ferrisulfatlösung zugesetzt. Man dampft auf etwa 10 ccm ein, verdünnt mit Wasser auf 60 ccm und versetzt mit 5 ccm N.-Mononatriumphosphatlösung sowie 2 ccm Bromphenolblaulösung (0,04%). Nach Zugabe von 7 N.-Ammoniak entsteht ein Niederschlag. Die Flüssigkeit wird durch Zusatz von 3 N.-Natriumacetatlösung auf $p_H = 4,2$ gebracht und wie oben zentrifugiert. Der aus Eisen- und Aluminiumphosphat bestehende Niederschlag wird in 0,5 ccm 6 N.-Salzsäure, 1,25 ccm Eisessig und ungefähr 15 ccm heißem Wasser aufgelöst. Unter Umrühren werden hierauf 5 ccm 6 N.-Natronlauge zugesetzt und unter öfterem Umrühren läßt man 1 Stunde stehen. Das dabei ausgefällte Eisenhydroxyd wird wiederum abzentrifugiert. Die Lösung wird durch ein 9 ccm-Filter dekantiert und mit 1,2 N.-Natronlauge und dann mit heißem Wasser bis zur Alkalifreiheit ausgewaschen. Man filtriert dabei in einen 100 ccm-Kolben, der 1 ccm 6 N.-Salzsäure enthält. Den im Zentrifugenrohr verbleibenden Rückstand behandelt man nach dem Aufrühren mit heißem Wasser, zentrifugiert und gibt die Waschwässer durch das Filter zu der Hauptlösung. Nach dem Abkühlen wird die Lösung gegen Lackmus schwach angesäuert und auf 100 ccm verdünnt. 20 ccm dieser Lösung bringt man in einen trockenen 250 ccm-ERLENMEYER-Kolben mit Glasstopfen und setzt 25 ccm einer Lösung zu, die in 1 l 1 Mol Ammoniumacetat, 1 Mol Ammoniumchlorid, 80 ccm einer 0,1%igen Lösung von Aurintricarboxylsaurem Ammonium (Aluminon) und 60 ccm 6 N.-Salzsäure enthält. Der p_H-Wert dieser Lösung schwankt zwischen 4,5 und 5,5. Auf den ERLENMEYER-Kolben setzt man einen gut passenden, tief in den Kolben reichenden Innenkühler und kocht dann 1 Minute auf. Nach dem Abkühlen auf Zimmertemperatur fügt man genügend 1,6 N.-Ammoniumcarbonatlösung (4,8—5 ccm) unter Umschwenken zu, bis ein p_H-Wert von 7,1 erreicht wird. Man schüttelt dann 20mal bei verschlossenem Kolben um und läßt von Zeit zu Zeit die Kohlensäure entweichen. Der Kolben bleibt dann 20 Minuten stehen, damit sich der Farbstoffüberschuß entfärbt. Die Lösung wird nun in einen DUBOSCQ-Colorimeter mit einer Lösung verglichen, die in 500 ccm 5 ccm einer 0,04%igen Thymolblaulösung und 8 ccm 6 N.-Salzsäure enthält. Die Aluminiumlösung wird stets auf 30 mm eingestellt, während man die Standardlösung variiert. Mittels der obenstehenden Kurve (Abb. 6) läßt sich dann der Aluminiumgehalt ermitteln, der in dem verwendeten aliquoten Teil der Lösung vorhanden ist.

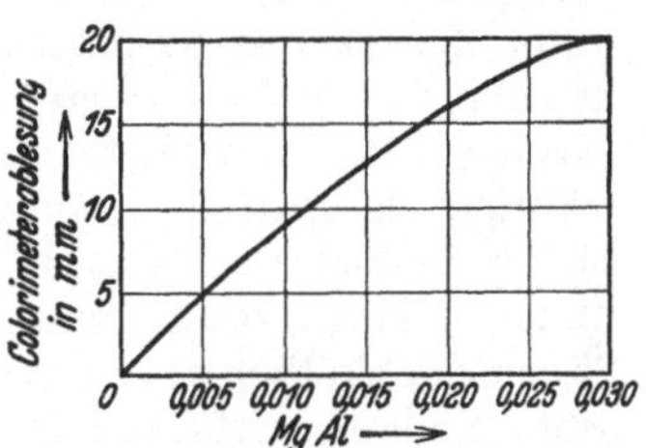

Abb. 6. Kurve zur Ermittlung des Aluminiumgehaltes nach COX und Mitarbeitern.

c) Mangan. Colorimetrische Bestimmung als Kaliumpermanganat. Geringe Mengen Mangan werden nach S. 1225 als Mangansulfid, im übrigen aber meist nach dem Verfahren von H. MARSHALL [1] nach Oxydation mit Ammonium- oder Kaliumpersulfat [2] colorimetrisch als Kaliumpermanganat bestimmt. Das Verfahren, das bisher vielfach zur Bestimmung geringer Mengen von Mangan im Wasser [3] verwendet wurde, wird nach C. V. D. HEIDE und K. HENNIG [4], wie folgt, ausgeführt:

[1] H. MARSHALL: Chem. News 1901, **83**, 76; C. 1901, I, 705.

[2] J. T. SKINNER u. W. H. PETERSON (Journ. Biol. Chem. 1930, 88, 347; C. 1930, II, 2810) oxydieren mit Kaliumperjodat.

[3] FR. HAAS: Z. 1913, **25**, 392. — E. SCHOWALTER: Z. 1913, **26**, 104. — L. HARTWIG u. H. SCHELLBACH: Z. 1913, **26**, 439. — H. LÜHRIG: Chem.-Ztg. 1914, **38**, 781. — J. TILLMANS u. H. MILDNER: Journ. Gasbel. u. Wasserversorg. 1914, **57**, 496; Z. 1918, **35**, 311.

[4] C. V. D. HEIDE u. K. HENNIG: Z. 1933, **66**, 346. — Siehe auch E. ELSER: Mitt. Lebensmittelunters. u. Hygiene 1925, **16**, 43.

Man verkohlt 5—10 g Substanz (bei Flüssigkeiten, z. B. Wein, 50 ccm). Den Rückstand erwärmt man mit verd. Schwefelsäure, filtriert durch ein aschefreies Filter und wäscht einige Male mit heißem Wasser aus. Zunächst wird das Filter samt Rückständen in der Platinschale verascht; dann führt man auch das Filtrat in die Platinschale über, versetzt mit 0,5 ccm Flußsäure, dampft auf dem Wasserbade ein und erhitzt schließlich auf freier Flamme so lange, bis Schwefelsäuredämpfe zu entweichen beginnen. Man nimmt den Salzrückstand mit 10 ccm verd. Salpetersäure auf und spült mit solcher in ein 25 ccm-Meßkölbchen mit einem Glasstopfen über. Darauf setzt man 0,5 g Kaliumpersulfat und 2 Tropfen Silbernitratlösung (10%) hinzu und füllt mit Wasser fast bis zum Kolbenhals auf. Die Lösung muß vollständig klar bleiben, d. h. Chloride dürfen auch nicht in Spuren vorhanden sein. Hierauf stellt man das Kölbchen in ein siedendes Wasserbad. Vorhandene Mangansalze werden hierbei zu Kaliumpermanganat oxydiert. Nach dem Erkalten füllt man mit Wasser, das man vorher unter Zusatz von Salpetersäure, Persulfat und Silbernitrat aufgekocht hat und das ebenfalls vollkommen frei von Chloriden sein muß, bis zur Marke auf. Diese Lösung wird colorimetriert. Hierzu verwendet man als Standardlösung eine wäßrige chloridfreie Lösung, welche 0,10152 g reinstes Manganosulfat ($MnSO_4 \cdot 4H_2O$) in 250 ccm enthält[1]; 1 ccm davon enthält 0,1 mg Mangan (Mn). Von dieser Lösung stellt man drei Vergleichslösungen her, indem man in je ein 25 ccm-Meßkölbchen 1, 3 und 5 ccm der Standardlösung (= 0,1, 0,3 und 0,5 mg Mn) gibt. Sodann verfährt man mit diesen drei Kölbchen wie oben für die Analysenlösung beschrieben ist. Die Analysenlösung vergleicht man mit derjenigen Lösung, die ihr in der Farbtiefe am ähnlichsten ist. Gegebenenfalls sind stärkere oder schwächere Vergleichslösungen herzustellen.

d) Calcium. α) Fällung als Calciumoxalat. Soll das Calcium in neutraler oder ammoniakalischer Lösung[2] als Calciumoxalat gefällt werden, so darf die Lösung außer Alkalien und geringeren Mengen Magnesium[3] keine anderen Metalle und auch keine Phosphorsäure enthalten.

Die neutrale oder schwach ammoniakalische Lösung (etwa 200 ccm) wird mit Ammoniumchlorid versetzt, zum Sieden erhitzt und mit einer siedenden Lösung von Ammoniumoxalat gefällt. Nach 4—6 Stunden Stehen wird die überstehende klare Flüssigkeit zunächst durch ein Papierfilter oder einen Filtertiegel abgegossen, der Niederschlag dann mehrmals durch warmes ammoniumoxalathaltiges Wasser ausgewaschen, dann auf das Filter gebracht und bis zum Verschwinden der Chlorreaktion mit ebensolchem Wasser nachgewaschen. Die Bestimmung des so abgeschiedenen Calciumoxalates kann dann — abgesehen von der weniger empfehlenswerten Bestimmung als Calciumcarbonat durch schwaches Glühen — in folgender Weise erfolgen:

αα) Als Calciumoxyd (CaO). Diese Bestimmung ist die einfachste; der Calciumoxalatniederschlag wird in bedecktem Tiegel zunächst über dem Brenner, dann vor dem Gebläse je nach seiner Menge 15—20 Minuten geglüht und als Calciumoxyd (CaO) zur Wägung gebracht.

---

[1] Man stellt diese Lösung zweckmäßig durch Verdünnung einer zehnfach stärkeren Lösung mit Wasser her.

[2] In schwach essigsaurer Lösung, z. B. in dem Filtrat nach a), α) auf S. 1223, kann die Fällung auch in Lösungen erfolgen, die größere Mengen Magnesium und Phosphorsäure enthalten.

[3] Die Menge des Magnesiums darf nach O. Brunck (Zeitschr. analyt. Chem. 1933, **94**, 81) 0,07—0,08 g in 100 ccm Lösung nicht übersteigen; in diesem Falle ist das Verhältnis von Calcium und Magnesium zueinander von untergeordneter Bedeutung. Im anderen Falle fällt mit dem Calciumoxalat etwas Magnesiumoxalat mit aus, das dann durch Lösen der Oxalate in Salzsäure und nochmalige Fällung des Calciumoxalates beseitigt wird.

ββ) Als Calciumoxalat ($CaC_2O_4 \cdot H_2O$). Das Verfahren ist besonders bei großen Calciummengen von S. Goy[1] empfohlen worden und wird zweckmäßig im Filtertiegel ausgeführt. Man trocknet den Niederschlag nach O. Brunck[1] entweder einige Stunden bei 60—70° vor oder wäscht ihn je dreimal mit Alkohol und Äther nach, trocknet ihn dann in beiden Fällen 1 Stunde bei 105—110° und bringt ihn als wasserhaltiges Calciumoxalat ($CaC_2O_4 . H_2O$) zur Wägung. Durch Multiplikation mit 0,3838 erhält man die Menge des Calciumoxyds (CaO).

γγ) Maßanalytisch mit Kaliumpermanganat. Man spült den noch feuchten Calciumoxalatniederschlag mit Wasser in das Fällungsbecherglas zurück, wäscht das Filter mehrmals mit warmer verdünnter Schwefelsäure aus, setzt noch 20 ccm Schwefelsäure (1 : 1) hinzu, verdünnt mit heißem Wasser auf 300—400 ccm und titriert die Oxalsäure mit 0,1 N.-Kaliumpermanganatlösung, von der 1 ccm 2,0 mg Calcium (Ca) und 2,8 mg Calciumoxyd (CaO) entspricht.

J. Bodnár u. L. Barta[2] verwenden dieses Verfahren zur mikrochemischen Bestimmung des Calciums im Tabak.

Statt den Oxalsäuregehalt des Calciumoxalat-Niederschlages zu bestimmen kann man das Verfahren dadurch vereinfachen, daß man die Fällung mit einer bestimmten Menge titrierter Oxalsäure- oder Oxalatlösung, z. B. 0 1 N.-Oxalsäure- oder Ammoniumoxalatlösung, vornimmt, auf ein bestimmtes Volumen auffüllt, filtriert und in einem aliquoten Teil des Filtrates die unverbrauchte Oxalsäuremenge mit Kaliumpermanganatlösung titriert. Der Calciumgehalt ergibt sich dann aus der Differenz der angewandten und der unverbrauchten Oxalsäuremenge[3].

β) Fällung als Calciumsulfat ($CaSO_4$). Man versetzt die zu untersuchende Lösung, welche möglichst wenig freie Salzsäure enthalten soll, mit überschüssiger verd. Schwefelsäure, hierauf mit dem vierfachen Volumen Alkohol, läßt 12 Stunden bei Zimmertemperatur stehen und filtriert. Der Niederschlag wird mit 70%igem Alkohol ausgewaschen und getrocknet. Man verbrennt zunächst das vom Niederschlage möglichst befreite Filter im Platintiegel, gibt den Niederschlag hinzu, glüht schwach und wägt als Calciumsulfat ($CaSO_4$); $CaSO_4 \times 0{,}2943 = CaO$.

γ) Colorimetrische Bestimmung mit Pikrolonsäure. F. Alten, H. Weiland und E. Knippenberg[4] haben ein colorimetrisches Verfahren zur Bestimmung von 20—150 γ Calcium in 1 ccm Lösung über das Calciumpikrolonat angegeben, das durch die Gegenwart von Eisen, Aluminium, Magnesium, Kalium, Natrium und Ammonium, sowie von Phosphorsäure nicht beeinflußt wird.

e) Magnesium. α) Bestimmung als Magnesiumpyrophosphat nach B. Schmitz[5]. Man versetzt die saure, ammoniumsalzhaltige Lösung mit einem Überschuß von Natrium- oder Ammoniumphosphat, fügt einige Tropfen Phenolphthalein hinzu, erhitzt zum Sieden und versetzt die heiße Lösung tropfenweise unter beständigem Umrühren bis zur bleibenden Rotfärbung, dann mit $^1/_5$ ihres Volumens Ammoniak (10%), läßt erkalten, filtriert nach einigem Stehen durch einen Platin-Gooch- oder Neubauer-Tiegel, wäscht mit 2,5%igem Ammoniak aus, trocknet und glüht bei starker Rotglut. Nach dem Erkalten wägt man das gebildete Magnesiumpyrophosphat ($Mg_2P_2O_7$); $Mg_2P_2O_7 \times 0{,}3622 = MgO$.

β) Bestimmung mit 8-Oxychinolin nach K. Nehring[6]. Zu der Lösung bzw. dem Filtrat der Calciumbestimmung als Oxalat gibt man etwa

[1] S. Goy: Chem.-Ztg. 1913, **37**, 1337. — Vgl ferner L. W. Winkler: Zeitschr. angew. Chem. 1918, **31**, 80 u. 83; V. Rodt u. E. Kindscheer: Chem.-Ztg. 1924, **48**, 953; O. Brunck: Zeitschr. analyt. Chem. 1933, **94**, 81.

[2] J. Bodnár u. L. Barta: Biochem. Zeitschr. 1930, **227**, 429.

[3] Derartige Verfahren sind vielfach zur Bestimmung des Calciums im Wasser vorgeschlagen. Vergl. J. Grossfeld: Z. 1917, **34**, 325.

[4] F. Alten, H. Weiland u. E. Knippenberg: Biochem. Zeitschr. 1933, **265**, 85.

[5] B. Schmitz: Zeitschr. analyt. Chem. 1906, **45**, 512. — Vgl. ferner G. Jörgensen: Daselbst S. 278.

[6] K. Nehring: Zeitschr. Pflanzenernährung Düngung und Bodenkunde A 1931, **21/22**, 300. — Vgl. auch Berg: Zeitschr. analyt. Chem. 1927, **71**, 23 sowie Hahn u. Vieweg: Zeitschr. analyt. Chem. 1917, **71**, 122.

15 ccm 2 N.-Ammoniumchloridlösung und 10 ccm 2 N.-Ammoniak hinzu und erhitzt auf 75°. Darauf versetzt man tropfenweise mit einer alkoholischen Oxychinolinlösung (4%) im geringen Überschuß. Gelbfärbung der Lösung zeigt den Überschuß an. Für 10 mg Magnesium sind etwa 3,3 ccm der Oxychinolinlösung erforderlich. Man erhitzt kurz zum Sieden, filtriert nach etwa 15 bis 20 Minuten und wäscht den Niederschlag mit heißem Wasser, dem eine geringe Menge Ammoniak zugesetzt ist, aus. Die Bestimmung kann entweder gewichts- oder maßanalytisch erfolgen.

Zur gewichtsanalytischen Bestimmung filtriert man am besten durch einen Glasfiltertiegel (3/5—7) und trocknet nach dem Auswaschen 1—2 Stunden bei 140°. Durch Multiplikation mit 0,0778 erhält man die Menge an vorhandenem Magnesium.

Für die maßanalytische Bestimmung filtriert man durch ein Wattefilter, löst nach dem Auswaschen in heißer Salzsäure (10%) und titriert dann kalt nach Zusatz von 0,5 g Kaliumbromid und ein paar Tropfen Methylrot mit 0,1 N.-Kaliumbromatlösung. Es tritt Farbumschlag nach Gelb ein. Gegen Ende der Titration setzt man noch 2—3 Tropfen Methylrot hinzu. Da der Umschlagspunkt nicht scharf ist, muß der Überschuß an Bromatlösung nach Zusatz von etwas Kaliumjodid mit Thiosulfatlösung und Stärke als Indikator zurücktitriert werden. 1 ccm 0,1 N.-Bromatlösung = 0,304 mg Mg.

F. Alten, H. Weiland u. B. Kurmies[1] geben ein colorimetrisches Verfahren an, nach welchem 10—500 γ Magnesium mit Oxychinolin bestimmt werden können.

f) Kalium. Zur Bestimmung verwendet man die klare ammoniumfreie Lösung[2] der nach S. 1225 erhaltenen Alkalichloride, bzw. man stellt aus andersartigen Lösungen zunächst die Alkalichloride dar, indem man z. B. aus Sulfaten die Schwefelsäure nach S. 1251 und aus Phosphaten die Phosphorsäure nach S. 1257 als basisches Ferriphosphat abscheidet.

α) Bestimmung als Kaliumchloroplatinat ($K_2[PtCl_6]$). Man versetzt die Kaliumchloridlösung mit einer genügenden Menge[3] einer möglichst neutralen konz. wäßrigen Lösung von Platinchlorid-Chlorwasserstoffsäure und verdampft entweder in einer Porzellanschale oder in einem Becherglase im Wasserbade, das nicht sieden soll, zur Trockne[4]. Hat man, um alle Alkalien in Chloride umzuwandeln, vor dem Verdampfen Salzsäure zugesetzt, so muß so lange im Wasserbade erhitzt werden, bis der Rückstand nicht mehr nach Salzsäure riecht. Man durchfeuchtet den Rückstand mit einigen Tropfen Wasser und versetzt dann mit Alkohol von 80—90 Vol.-%[5], bedeckt die Schale oder das Becherglas mit einer Glasplatte, läßt einige Stunden stehen und rührt von Zeit zu Zeit mit einem Glasstabe um. Die Lösung muß tiefgelb gefärbt — andernfalls ist zu wenig Platinchlorid-Chlorwasserstoffsäure zugesetzt — und der Niederschlag krystallinisch sein. Er wird entweder auf einem bei 130° getrockneten und gewogenen Filter gesammelt, mit 80—90%igem Alkohol ausgewaschen, nach völligem Abtropfen des Alkohols bei 130° getrocknet und gewogen; oder man trocknet das Filter erst bei 80—90°, sammelt den abtrennbaren Niederschlag in einer gewogenen

[1] F. Alten, H. Weiland u. B. Kurmies: Zeitschr. angew. Chem. 1933, 46, 697.

[2] Die Lösung darf aber mit Ammoniak und Ammoniumcarbonat keinerlei Trübung mehr geben.

[3] Die zugesetzte Menge Platinchlorid-Chlorwasserstoffsäure ($H_2[PtCl_6] \cdot 6\,H_2O$) muß so groß gewählt werden, daß auch alles Natriumchlorid in das alkohollösliche Natriumchloroplatinat ($Na_2[PtCl_6] \cdot 6\,H_2O$) umgesetzt wird, weil sonst Natriumchlorid auskrystallisiert, das in Alkohol unlöslich ist.

[4] Das vollständige Eintrocknen empfiehlt sich deshalb, weil das wasserfreie Natriumchloroplatinat leichter in absol. Alkohol löslich ist als das wasserhaltige Salz.

[5] Von anderer Seite wird absoluter Äthylalkohol — am besten soll Methylalkohol sein — oder gar Äther-Alkohol (1:3) als Lösungsmittel empfohlen. Bei Anwendung von absolutem Alkohol oder von Äther-Alkohol erhält man aber fast nie eine klare Lösung.

Platinschale, wäscht das Filter und nötigenfalls auch die verwendete Schale mit siedendheißem Wasser aus, gibt die Lösung zu den Krystallen in die Platinschale, dampft auf dem Wasserbade zur Trockne, trocknet bei 160° und wägt.

Das Kaliumchloroplatinat kann anstatt auf einem gewogenen Filter auch im GOOCH- oder NEUBAUER-Tiegel gesammelt und gewogen werden; indem man nachher das Kaliumchloroplatinat mit heißem Wasser auswäscht und den Tiegel nach dem Trocknen zurückwägt, erhält man das vorhandene Kaliumchloroplatinat. Oder man sammelt das Kaliumchloroplatinat in einem ALLIHNschen Asbestfilterröhrchen, trocknet den Niederschlag nach genügendem Auswaschen, glüht schwach, reduziert das Kaliumchloroplatinat im Wasserstoffstrome, zieht das Kaliumchlorid mit Wasser aus und kann nun das reduzierte Platin als solches wägen oder das Filtrat eindampfen und das Kalium als Kaliumchlorid bestimmen.

Die Umrechnung auf Kaliumoxyd bzw. Kaliumchlorid geschieht dann, wie folgt[1]:

Kaliumchloroplatinat × 0,3056 oder Platin × 0,7614 . . . . . . = Kaliumchlorid (KCl)
Kaliumchloroplatinat × 0,1931 oder Platin × 0,4812 oder Kaliumchlorid × 0,6320 . . . . = Kaliumoxyd (K_2O)

Statt das Kalium in Form von Kaliumchloroplatinat zu bestimmen, sind, wie schon angegeben, auch verschiedene Vorschläge gemacht, das letztere durch Wasserstoff- oder Leuchtgas zu reduzieren und das entstandene Platin zur Wägung zu bringen, so von J. H. VOGEL und HÄFKE[2], von H. NEUBAUER[3], der das frühere FINKENERsche Verfahren abgeändert hat. Diese Verfahren haben den Vorzug, daß man das Kalium auch bei Anwesenheit sonstiger Salze durch Platinchlorid-Chlorwasserstoffsäure ausfällen kann, weil sie mit dem durch die Reduktion entstehenden Kaliumchlorid ausgewaschen werden; auch stört die Anwesenheit von organischen Stoffen nicht, weil sie durch das Glühen des Platins zerstört werden.

β) Bestimmung als Kaliumperchlorat ($KClO_4$). Das Verfahren beruht auf der Unlöslichkeit des Kaliumperchlorats und der Löslichkeit des Natriumperchlorats in perchlorsäurehaltigem 97%igem Alkohol[4].

Nach den Vereinbarungen des Verbandes Landw. Versuchsstationen[5] dampft man die Lösung der Alkalichloride — die etwa 0,5 g Asche entspricht — in einer flachen Glasflasche auf etwa 20 ccm ein und versetzt tropfenweise mit einer 20%igen Perchlorsäure. Erforderlich ist die $1^1/_2$—$1^3/_4$fache Menge der zur Umsetzung aller Salze nötigen Perchlorsäure. Man dampft auf dem Wasserbade solange ein, bis kein Geruch nach Salzsäure mehr wahrnehmbar ist und weiße Nebel von Perchlorsäure entweichen. Der Abdampfrückstand wird nach dem Erkalten mit 15 ccm 96%igem Alkohol übergossen und mit einem am Ende breitgedrückten Glasstab oder einem Pistill sorgfältig sehr fein zerrieben. Nach kurzem Absitzenlassen wird die über dem Kaliumperchlorat stehende Flüssigkeit

---

[1] Die theoretisch richtigen Faktoren sind 0,3067 bzw. 0,7614 und 0,1941 bzw. 0,4841. Der Niederschlag von Kaliumchloroplatinat hat aber nicht genau die Formel K_2PtCl_6, sondern enthält zu wenig Chlor, dafür noch Sauerstoff und Wasserstoff, die beim Trocknen des Niederschlages nicht als Wasser sich verflüchtigen. Aus dem Grunde wird der obige Faktor als richtiger angesehen (vgl. F. T. TREADWELL: Kurzes Lehrbuch der analyt. Chemie, 11. Aufl., Bd. 2, S. 38f., 1930.

[2] J. H. VOGEL u. HÄFKE: Landw. Vers.-Stationen 1896, **47**, 97.

[3] H. NEUBAUER: Daselbst 1901, **51**, 38; 1902, **56**, 37; **57**, 11 u. 461. — Zeitschr. analyt. Chem. 1900, **39**, 481.

[4] Nach den Angaben in GMELINS Handbuch der anorganischen Chemie (8. Aufl.) Teil 6 (Chlor), S. 397 u. 400. — J. GROSSFELD: **Z.** 1929, **58**, 219 — enthalten 100 g gesättigte wäßrige Kaliumperchloratlösung 2,02 g $KClO_4$. 100 g bei 25° gesättigte Lösungen organischer Lösungsmittel enthalten mg:

Aceton	Methylalkohol	Äthylalkohol	n-Propylalkohol	n-Butylalkohol	i-Butylalkohol	Äthylacetat	Äther
155	105	12	10	4,5	5,0	1,5	0

[5] Landw. Vers.-Stationen 1906, **64**, 6.

durch einen GOOCH-Tiegel (NEUBAUER-Tiegel) filtriert. Sodann wird der Rückstand noch zweimal mit 96%igem Alkohol, der 0,2% Überchlorsäure enthält, zerrieben, dekantiert, und endlich wird das Kaliumperchlorat in den Tiegel gebracht und mit 0,2% Überchlorsäure enthaltendem Alkohol ausgewaschen. Zuletzt spritzt man zur Verdrängung der Perchlorsäure den Niederschlag mit möglichst wenig 96%igem Alkohol ab (das gesamte Filtrat soll etwa 75 ccm betragen) und trocknet ihn bei 120—130° 1/2 Stunde lang (Kaliumperchlorat ist nicht hygroskopisch).

Kaliumperchlorat ($KClO_4$) × 0,5382 = Kaliumchlorid (KCl)
Kaliumperchlorat (2 $KClO_4$) × 0,3402 = Kaliumoxyd (K_2O).

Wenn in einer Substanz nur das Kalium ohne Natrium bestimmt werden soll, so läßt sich das Verfahren, weil die perchlorsauren Salze von Barium, Calcium und Magnesium ebenso wie das Natriumperchlorat in Alkohol löslich sind, wesentlich vereinfachen, da dann die vorherige vollständige Entfernung der genannten Basen nicht notwendig ist. Man kann dann nach einem Vorschlage von V. SCHENKE und P. KRÜGER [1] in der salzsauren Lösung die Schwefelsäure mit einem nicht zu großen Überschuß von Bariumchlorid ausfällen, die gesamte Flüssigkeit zur Trockne verdampfen, fein zerreiben und schwach glühen. Durch diese Behandlung werden Eisen, Aluminium und Mangan als basische Salze, ferner Kieselsäure und Phosphorsäure unlöslich. — Zur Bindung der letzteren sind in den meisten Fällen die vorhandenen Basen ausreichend, sonst kann man auch vor dem Eindampfen einige Tropfen Eisenchlorid zusetzen, aber nicht zu viel. — Der Glührückstand wird unter wiederholtem Zerreiben mit heißem Wasser ausgelaugt und in dem mit Salzsäure versetzten Filtrat das Kalium wie vorstehend mit Perchlorsäure bestimmt. Handelt es sich um Salze (z. B. Kalisalze), die kein Eisen, Aluminium, Mangan und keine Phosphorsäure enthalten, so kann man auch das Filtrat nach dem Fällen mit Bariumchlorid eindampfen und nach dem Eindampfen direkt mit Perchlorsäure fällen.

Das Perchloratverfahren ist von zahlreichen Autoren abgeändert worden. Diese Änderungen erstrecken sich in erster Linie auf die Konzentration und Menge der Perchlorsäure sowie auch auf die Konzentration des Alkohols. Unter Berücksichtigung aller dieser Änderungsvorschläge haben G. F. SMITH und J. F. ROSS [2] nachfolgende Vorschrift ausgearbeitet:

Die wäßrige Alkalichloridlösung wird mit der zwei- bis dreifach äquivalenten Menge reiner Perchlorsäure (nicht weniger als 1 ccm 60—70%iger Säure) versetzt und auf einer heißen Platte in einem 150 ccm fassenden Pyrexbecher zur Trockne gebracht. Becher und Inhalt müssen vollkommen trocken sein, und die geringste, an den Wandungen kondensierte Säurenmenge muß durch Erhitzen mit direkter Flamme entfernt werden. Nach dem Abkühlen löst man in etwa 2—3 ccm wenig warmem Wasser und verdampft von neuem zur Trockne. Darauf bringt man in den abgekühlten Becher 10—20 ccm Äthylacetat [3].

Darauf erhält man die Lösung 2—3 Minuten bei Siedetemperatur und dekantiert nach dem Abkühlen auf Zimmertemperatur durch einen gewogenen GOOCH-Tiegel, wäscht dreimal durch Dekantation, löst in wenig heißem Wasser und verdampft wieder zur Trockne.

Die Salze werden nun ein zweites Mal wie oben mit den Lösungsmitteln ausgezogen, in den Tiegel gebracht und 10—15mal mit je 0,5—1 ccm Lösungsmittel gewaschen. Das Becherglas, in welchem die Fällung vorgenommen wurde, ist auszutrocknen und ein etwa vorhandener Rest von Kaliumperchlorat der Hauptmenge zuzufügen. Tiegel und Niederschlag werden einige Minuten bei 110° und schließlich 15 Minuten in der Muffel bei 350°

[1] V. SCHENKE u. P. KRÜGER: Landw. Vers.-Stationen 1907, **67**, 145.

[2] G. F. SMITH u. J. F. ROSS: Journ. Amer. Chem. Soc. 1925, **47**, 1780; Zeitschr. analyt. Chem. 1926, **69**, 62. Vgl. ferner auch R. L. MORRIS: Analyst 1920, **45**, 349. — J. H. YOE: Ann. Chim. anal. appl. 1925 [2], **7**, 193; Zeitschr. analyt. Chem. 1926, **69**, 61. — G. F. SMITH: Journ. Amer. Chem. Soc. 1923, **45**, 2072; Zeitschr. analyt. Chem. 1924, **64**, 231.

[3] Sind außer Kalium und Natrium noch andere Alkalimetalle vorhanden, so wendet man ein Gemisch von absolutem Äthylalkohol und Äthylacetat an. Auch Gemische von Butylalkohol und Äthylacetat können verwendet werden.

getrocknet und nach dem Erkalten gewogen. Das Erhitzen bei 350° ist unbedingt erforderlich, weil sonst das Kaliumperchlorat nicht vollständig zu trocknen ist. Filtrat und Waschflüssigkeit betragen etwa 35—45 ccm. Bei Abwesenheit von Natrium- oder Lithiumperchlorat kann die zweite Fällung und zweite Extraktion unterbleiben.

γ) Bestimmung mittels Natriumkobaltinitrits ($Na_3Co[NO_2]_6$). Das Verfahren beruht auf der erstmals von L. DE KONINGK[1] beschriebenen Reaktion des Kaliums mit Natriumnitrit und Kobaltchlorür in essigsaurer Lösung. Durch Einwirkung von Natriumkobaltinitrit auf Kaliumsalze bildet sich hierbei ein gelbes komplexes, in Wasser schwer lösliches Dikalium-natrium-kobaltinitrit.

Eine ähnliche Reaktion geben Ammonium, Lithium, Thallium, Rubidium und Caesium, dagegen stören Calcium, Magnesium, Eisen, Aluminium, Mangan, Chrom, Zink und Nickel, ferner Schwefelsäure und Salpetersäure die Reaktion nicht. Phosphorsäure in größeren Mengen wirkt störend.

Die Zusammensetzung des komplexen Salzes zeigt je nach seiner Darstellung beträchtliche Schwankungen; infolgedessen werden nur bei genau festgelegter Arbeitsweise übereinstimmende Ergebnisse erhalten.

Die Reaktion wird vorwiegend angewendet zur Anreicherung des Kaliums aus Gemischen mit viel Natriumchlorid — wobei dann das Kalium in der angereicherten Salzlösung nach einem der Verfahren α) und β) bestimmt wird — und zur Bestimmung geringer Mengen von Kalium in organischen Substanzen.

Die Bestimmung des Kaliums geschieht in letzterem Falle entweder durch Wägung des komplexen Salzes oder durch Oxydation seiner Salpetrigen Säure mittels Kaliumpermanganats oder durch colorimetrische Mikrobestimmung der Salpetrigen Säure.

αα) Anreicherung der Kaliumsalze. O. LÜNING und H. HAUTOG[2] haben das Verfahren angewendet zur Bestimmung geringer Mengen von Kalium in Kochsalz; siehe Bd. VI, S. 522.

ββ) Bestimmung durch Oxydation mit Kaliumpermanganat nach W. U. BEHRENS[3]. Das Filtrat des salzsauren Auszuges der Asche (Kaliumoxydgehalt unter 8 mg) wird zur Trockne eingedampft. Der Rückstand wird in 2 ccm Wasser gelöst; darauf fügt man 1 ccm Natriumnitritlösung (50 g Natriumnitrit auf 100 ccm aufgefüllt) hinzu und läßt unter ständigem Umrühren aus einer Meßpipette schnell 2 ccm Kobaltlösung (15 g Kobaltchlorid und 15 ccm Essigsäure auf 100 ccm aufgefüllt) hinzufließen und rührt noch etwa 1 Minute um. Nach etwa $^1/_2$stündigem Stehen läßt man die bedeckte Schale genau 3 Minuten auf einem gut kochenden Wasserbade stehen, läßt erkalten und filtriert den Niederschlag durch einen Porzellanfiltertiegel von 15 ccm Inhalt. Etwaige Reste werden mit Natriumsulfatlösung (2,5%) in den Tiegel gespült und der Niederschlag in diesem dreimal mit 7—8 ccm nachgewaschen.

Währenddessen erwärmt man in einem gut gereinigten 250 ccm-Becherglase im Wasserbade — das nicht kochen darf — ein Gemisch von 70 ccm Wasser, 1—2 ccm Schwefelsäure (50%) und einigen ccm mehr Permanganatlösung, als der zu erwartende Verbrauch beträgt; ein größerer Überschuß an Permanganat darf jedoch nicht vorhanden sein. Darauf gibt man den Tiegel mit dem Niederschlage in das erwärmte, jedoch nicht kochende Gemisch und läßt das Becherglas in dem Wasserbade bis zur völligen Lösung des gelben Niederschlages stehen. Mit einem Teil warmer Permanganatlösung spült man die Porzellenschale aus, um etwaige Reste des Niederschlages zu lösen. Sollte sich die Lösung entfärben, so ist sofort weitere Permanganatlösung zuzugeben. Zu der Permanganatlösung setzt man genau 0,02 N.-Oxalsäurelösung[4] bis zur Entfärbung hinzu und titriert nach Auflösung des etwa gebildeten Braunsteins mit Permanganatlösung bis zur schwachen Rosafärbung. Die Permanganatlösung ist gegen die Oxalsäurelösung einzustellen, indem man erstens 1 ccm (x_1)

[1] L. DE KONINGK: Zeitschr. analyt. Chem. 1881, **20**, 390.

[2] O. LÜNING u. H. HAUTOG: **Z.** 1925, **49**, 1.

[3] W. U. BEHRENS: Zeitschr. Pflanzenernährung und Düngung A. 1932, **24**, 289. — Daselbst finden sich auch weitere Literaturangaben. — Vgl. ferner J. BODNAR u. L. BARTA: Biochem. Zeitschr. 1930, **227**, 429. — R. S. HUBBARD: Journ. Biol. Chem. 1933, **100**, 557; **C.** 1933, II, 1724.

[4] Bei Zusatz von 5 Vol.%- konz. Schwefelsäure ist die Oxalsäurelösung monatelang haltbar.

und zweitens 30 ccm (x_2) Permanganatlösung nach Zusatz von Wasser und Schwefelsäure genau wie bei der Analyse im nichtsiedenden Wasserbade erwärmt, beide Lösungen mit Oxalsäurelösung im Überschuß entfärbt (y_1 und y_2) und mit Permanganatlösung zurücktitriert. Der Umrechnungsfaktor ist dann $\frac{y_2 - y_1}{x_2 - x_1}$. Mit diesem Faktor multipliziert man die bei der Bestimmung verbrauchten Permanganatmengen und von dem so erhaltenen korrigierten Permanganatverbrauch wird das Ergebnis eines Leerversuches mit den Fällungsreagenzien allein abgezogen. Die Differenz d, mit dem Faktor ($0{,}1525 + 0{,}00035\, d$) multipliziert, ergibt die vorhandenen mg Kaliumoxyd (K_2O).

$\gamma\gamma$) Colorimetrische Mikrobestimmung. Zur Bestimmung sehr kleiner Mengen (1—1000 γ in 1 ccm) Kalium bestimmt man in dem Dikaliumnatriumkobaltinitrit die Salpetrige Säure colorimetrisch. Hierfür verwendet R. A. Herzner[1] die Reaktion von P. Griess[2] mit Sulfanilsäure und α-Naphthylamin und J. Tischer[3] die Reaktion von E. Riegler[4] mit Natriumnaphthionat und β-Naphthol. Wegen der Einzelheiten der Ausführung der Bestimmung muß auf die Originalarbeiten verwiesen werden.

δ) Sonstige Verfahren. $\alpha\alpha$) G. F. Smith und A. C. Shead[5] haben zur Bestimmung des Kaliums neben Natrium eine Kombination der Perchlorat- (S. 1235) und Chloroplatinat-Methode (S. 1234) vorgeschlagen, wobei zunächst die Perchlorate hergestellt werden und dann das Kalium als Chloroplatinat bestimmt wird.

$\beta\beta$) H. Tollert[6] hat die Bestimmung des Kaliums mit Perrheniumsäure als Kaliumperrhenat ($KReO_4$) vorgeschlagen, welches in ähnlicher Weise wie das Kaliumperchlorat dargestellt wird. Das Verfahren besitzt mancherlei Vorzüge, es dürfte aber wegen des hohen Preises der Perrheniumsäure praktisch wohl kaum in Frage kommen.

$\gamma\gamma$) Fr. Marshall[7] fällt das Kalium aus der Lösung der Alkalichloride mit alkoholischer Weinsäurelösung als Kaliumbitartrat.

g) Natrium. Man ermittelt den Natriumgehalt einer Substanz in der Regel auf indirektem Wege nach dem S. 1226 angegebenen Verfahren.

Man kann den Natriumgehalt in dem Filtrate der Kaliumbestimmung als Chloroplatinat (S. 1234) auch direkt bestimmen, indem man das Filtrat in einem Porzellantiegel zur Trockne verdampft, den gelinde geglühten Rückstand im Wasserstoffstrome reduziert, das Natriumchlorid mit Wasser auszieht, die Lösung zur Trockne verdampft und den Rückstand nach schwachem Glühen als Natriumchlorid (NaCl) zur Wägung bringt.

Man kann auch aus dem Filtrat des Kaliumchlorplatinats den Alkohol verdampfen, den Rückstand mit Wasser aufnehmen, in der wäßrigen Lösung durch Zusatz von etwas Ameisensäure und Erwärmen die Platinchlorwasserstoffsäure zu Platin reduzieren, nach der Filtration die farblose wäßrige Lösung in einer Platinschale zur Trockne verdampfen und den Rückstand nach schwachem Glühen als Natriumchlorid wägen.

Bestimmung nach der Uranylmethode. Das zuerst von A. Blanchetière[8] angegebene Verfahren beruht auf der Bildung des Tripelacetates $3\,UO_2(C_2H_3O_2) \cdot Mg(C_2H_3O_2)_2 \cdot NaC_2H_3O_2 \cdot 8\,H_2O$, das einen in Wasser und wäßrigem Alkohol sehr schwer löslichen krystallinen Niederschlag bildet, bei 110° ohne Zersetzung getrocknet werden kann und beim Erhitzen bei beginnender Rotglut in $MgU_2O_7 \cdot {}^1/_2\,Na_2U_2O_7$ übergeht. Ammonium, Lithium, Calcium und Magnesium stören nach E. Kahane[9] die Bestimmung nicht, Kalium erst, wenn seine Menge das 10—100fache des Natriums beträgt; Schwermetalle stören erst bei großem Überschuß. Phosphorsäure dagegen stört die Reaktion und muß daher vorher entfernt werden, ebenso nach H. H. Barber und I. M. Kolthoff[10] Oxal- und Weinsäure.

---

[1] R. A. Herzner: Biochem. Zeitschr. 1931, **237**, 129.
[2] P. Griess: Ber. Deutsch. Chem. Ges. 1879, **12**, 427.
[3] J. Tischer: Biochem. Zeitschr. 1931, **238**, 148.
[4] E. Riegler: Zeitschr. analyt. Chem. 1897, **36**, 377.
[5] G. F. Smith und A. C. Shead: Journ. Amer. Chem. Soc. 1932, **54**, 1722; Zeitschr. analyt. Chem. 1933, **94**, 353.
[6] H. Tollert: Zeitschr. anorg. allg. Chem. 1932, **204**, 140.
[7] Fr. Marshall: Chem.-Ztg. 1914, **38**, 585.
[8] A. Blanchetière: Bull. Soc. Chim. France 1923, [4], **33**, 807; **C.** 1923, IV, 632.
[9] E. Kahane: Bull. Soc. Chim. France 1930 [4], **47**, 382; **C.** 1930, II, 2675.
[10] H. H. Barber u. I. M. Kolthoff: Journ. Amer. Chem. Soc. 1928, **50**, 1625; **C.** 1928, II, 589.

Nach E. KAHANE[1] bzw. G. B. VAN KAMPEN und L. WESTENBERG[2] verfährt man, wie folgt:

5 g feingemahlene Substanz werden bei nicht zu hoher Temperatur verascht, die Asche mit einigen ccm Salzsäure (25%) und Wasser in einen 100 ccm-Meßkolben übergeführt, einige Minuten gekocht und darauf zur Entfernung der Phosphorsäure so viel gepulvertes reines Calciumoxyd zugesetzt, daß die Flüssigkeit nach 10 Minuten langem Kochen noch deutlich alkalisch reagiert. Man kühlt ab, füllt zur Marke auf und filtriert. Zur Fällung des Kaliums dampft man 15 ccm des Filtrats mit 3 ccm Perchlorsäure in einer Porzellanschale zur Trockne, filtriert vom Kaliumperchlorat ab, wäscht zuerst mit 1% Überchlorsäure enthaltendem, dann mit reinem 96%igen Alkohol aus. Das Filtrat verdünnt man mit Wasser und dampft nach Zusatz von etwas Magnesiumoxyd (zur Einschränkung der Explosionsgefahr) zur Trockne, nimmt den Rückstand in wenig Wasser auf, filtriert, dampft auf 2 ccm ein und fällt das Natrium durch Zusatz von 15 ccm Uranylreagens (32 g kryst. Uranylacetat, 100 g Magnesiumacetat, 20 ccm Eisessig und 500 ccm Alkohol (90%) mit Wasser zu 1 Liter aufgefüllt). Man läßt den Niederschlag über Nacht stehen, filtriert durch einen GOOCH-Tiegel mit Filtrierpapiereinlage und wäscht mit etwa 96%igem Alkohol aus. Der Niederschlag wird $^1/_2$ Stunde bei 105—110° getrocknet und nach dem Erkalten gewogen. 100 mg Tripelacetat entsprechen 1,5 mg Natrium (Na) bzw. 2,07 mg Natriumoxyd (Na_2O).

F. ALTEN und H. WEILAND[3], welche das Verfahren bei Kalidüngesalzen angewendet haben, scheiden das Kalium mit Weinsäure ab und verwenden ein alkoholfreies Uranylreagens (50 g Uranylacetat, 162,5 g Magnesiumacetat (wasserfrei), 60 g Eisessig in 1 Liter); sie empfehlen ferner die Verwendung eines Glasfiltertiegels 1 G 3 und Trocknung bei 120°. H. H. BARBER und I. M. KOLTHOFF[4] verwenden statt Magnesiumacetat Zinkacetat und empfehlen das Verfahren namentlich zur Bestimmung kleiner Natriummengen.

M. TISSIER und H. BÉNARD[5] sowie F. ALTEN und H. WEILAND[6] haben eine colorimetrische Mikrobestimmung nach dem Uranylverfahren ausgearbeitet, bei der die Reaktion von Kaliumferrocyanid auf Uransalze zur Anwendung kommt. Nach ALTEN und WEILAND empfiehlt sich das Verfahren namentlich für Natriummengen bis 1 mg in 100 ccm; bei höheren Mengen ist das gewichtsanalytische Verfahren vorzuziehen.

Wiedergewinnung des Urans[7]. Die möglichst alkoholfreie Mutterlauge wird mit Kochsalz verrührt und das ausgefällte Tripelsalz abgesaugt. Es wird in einem geräumigen Kolben mit heißem Wasser aufgeschlämmt, mit viel Ammoniumchlorid und mit Ammoniak im Überschuß versetzt und einige Stunden unter häufigem Umschütteln auf dem Wasserbade belassen. Man läßt dann das Ammoniumuranat absitzen und dekantiert solange mit heißem Wasser, bis sich der Niederschlag nicht mehr klar absetzt, d. h. bis alle Elektrolyte möglichst entfernt sind. Man saugt den Niederschlag möglichst trocken und löst ihn in heißer Essigsäure. Das beim Konzentrieren der Lösung sich abscheidende Uranylacetat wird nochmals aus schwach essigsaurem Wasser umkrystallisiert. Schließlich scheidet sich beim weiteren Konzentrieren Ammonium-Uranylacetat ab, das an seiner Krystallform vom Uranylacetat leicht zu unterscheiden ist. Man scheidet dann aus der Mutterlauge mit Kochsalz das Uranylsalz ab und behandelt es wie oben.

B. Bestimmung der Säuren.

Die Säuren werden, soweit Bestimmungen in der Asche in Frage kommen, zur Vermeidung von Verlusten zweckmäßig in den nach S. 1220 unter alkalischen Zusätzen hergestellten Aschen bestimmt.

[1] E. KAHANE: Siehe Fußnote 9, S. 1238.
[2] B. G. VAN KAMPEN u. L. WESTENBERG: Chem. Weekbl. 1932, **29**, 385; C. 1932, II, 1660.
[3] F. ALTEN u. H. WEILAND: Mitt. Kali-Forsch.-Anstalt Nr. 75, S. 11—16 (1933); C. 1933, II, 2860.
[4] H. H. BARBER u. I. M. KOLTHOFF: Journ. Amer. Chem. Soc. 1928, **50**, 1625; C. 1928, II, 589.
[5] M. TISSIER u. H. BÉNARD: Compt. rend. Soc. Biol. 1928, **99**, 1144; C. 1928, II, 2582.
[6] F. ALTEN u. H. WEILAND: Zeitschr. Pflanzen-Ernährung A 1933, **31**, 252.
[7] F. ALTEN, H. WEILAND u. E. HILLE: Zeitschr. Pflanzen-Ernährung A 1933, **32**, 129.

1. Chlor.

In der Regel handelt es sich bei der Untersuchung von Lebensmitteln auf Chlorverbindungen um die Bestimmung der Chlorwasserstoffsäure; nur selten kommt auch — z. B. bei der Untersuchung von Konservierungsmitteln — die Bestimmung von Chlorsäure in Frage.

a) Chlorwasserstoffsäure (HCl).

Die Bestimmung der Chlorwasserstoffsäure nimmt man zweckmäßig nicht in der Asche, sondern nach Möglichkeit in einem Auszuge der Substanz vor.

J. Drost[1] beobachtete in der mit Natriumcarbonatzusatz hergestellten Asche von Milch Verluste an Chlor bis 10,6% und W. v. Bruchhausen[2] in ebenso hergestellten Aschen von kohlenhydratreichen organischen Stoffen Verluste bis zu 15%.

Zur direkten Chloridbestimmung ohne Veraschung eignet sich insbesondere das Verfahren von E. Votoček. Ist jedoch eine Veraschung nicht zu umgehen, so kann man Chlorverluste vermeiden, indem man die organische Substanz entweder mit Natronlauge und Salpeter aufschließt oder die Veraschung in Gegenwart von alkalischen Zusätzen bei möglichst niedriger Temperatur vornimmt. Die Bestimmung als Silberchlorid kann gewichts- oder maßanalytisch erfolgen; meist erfolgt sie maßanalytisch.

α) **Bestimmung nach Fr. Mohr oder J. Volhard.** Liegt eine wäßrige Lösung zur Untersuchung vor oder kann man eine solche aus der Substanz leicht herstellen, indem man z. B. 10 g der feingepulverten Substanz in einem 200 ccm-Kolben mit etwa 100 ccm Wasser schüttelt und nach dem Auffüllen filtriert, so titriert man die Lösung bzw. einen aliquoten Teil des Auszuges mit 0,1 N.-Silbernitratlösung in bekannter Weise nach Mohr oder Volhard. 1 ccm 0,1 N.-Silbernitratlösung = 3,55 mg Chlor.

αα) Nach Fr. Mohr. Die Lösung muß neutral sein; sie wird daher nötigenfalls unter Verwendung von Phenolphthalein als Indicator mit Essigsäure oder Salpetersäure bzw. mit Ammoniak oder Natronlauge genau neutralisiert. Zu der neutralen Lösung setzt man einige Tropfen neutraler gesättigter Kaliumchromatlösung hinzu und titriert mit der 0,1 N.-Silbernitratlösung bis zur nach dem Umschütteln bleibenden rötlichen Färbung.

ββ) Nach J. Volhard. Die Lösung muß salpetersauer sein. Man versetzt die Lösung mit etwa 10 ccm verd. Salpetersäure, fügt einen Überschuß von 0,1 N.-Silbernitratlösung hinzu und erwärmt so lange, bis das Silberchlorid sich zusammengeballt hat. Darauf gibt man 5 ccm einer kaltgesättigten Ferriammoniumsulfatlösung hinzu und titriert den Silberüberschuß mit 0,1 N.-Ammonium- oder Kaliumrhodanidlösung bis zur beginnenden Rotfärbung zurück[3].

β) **Bestimmung nach E. Votoček**[4]. In der Abänderung von J. Grossfeld[5] wird das Verfahren, wie folgt, ausgeführt: 10 g des gepulverten Stoffes bringt man in einen 200 ccm-Meßkolben, fügt etwa 0,05—0,1 g Nitroprussidnatrium und 100 ccm einer etwa 1%igen Salpetersäure hinzu und läßt unter häufigem Umschütteln etwa 1 Stunde stehen. Nach dem Auffüllen mit Wasser filtriert man durch ein feinporiges Faltenfilter, worauf man etwas chloridfreie trockene Kieselgur gegeben hat. Von dem völlig klaren Filtrat titriert man 100 ccm mit 0,1 N.-Mercurinitratlösung (10,83 g reines Quecksilberoxyd in verd. Salpetersäure gelöst und auf 1 Liter aufgefüllt) bis zur eben wahrnehmbaren bleibenden Trübung. 1 ccm 0,1 N.-Mercurinitratlösung = 3,55 mg Chlor. Das Verfahren gestattet die genaue Bestimmung sehr kleiner Chloridmengen.

---

[1] J. Drost: Z. 1925, **49**, 332. [2] W. v. Bruchhausen: Z. 1927, **54**, 485.

[3] Über die jodometrische Mikrobestimmung des überschüssigen Silbers siehe S. Prikladowizky u. Apollonow: Biochem. Zeitschr. 1928, **200**, 135.

[4] E. Votoček: Chem.-Ztg. 1918, **42**, 257 u. 270. — Vgl. auch G. Illari: Ann. Chim. appl. 1929, **19**, 443.

[5] J. Grossfeld: Z. 1924, **48**, 133 und Anleitung zur Untersuchung der Lebensmittel 1927, S. 94.

I. M. KOLTHOFF und A. BAK[1] haben das Verfahren nachgeprüft und angegeben, daß es namentlich bei Anwendung nachfolgender Korrekturen, die sich nach dem Endvolumen der Lösung und der Konzentration des Mercurichlorids richten, sehr genaue Ergebnisse liefert.

Endvolumen und Konzentration der Mercurichloridlösung	Abzuziehende ccm 0,1 n $Hg(NO_3)_2$
50 ccm 0,050 n bis 100 ccm 0,025 n	0,15—0,20 ccm 0,1 n
100 ccm 0,025 n bis 100 ccm 0,005 n	0,20—0,15 ccm 0,1 n
100 ccm 0,005 n bis 100 ccm 0,001 n	0,15—0,12 ccm 0,1 n
100 ccm 0,001 n bis 100 ccm 0,00025 n	0,12—0,09 ccm 0,1 n

Salpetersäure und Schwefelsäure stören die Titration nicht; von Metallen stören Kupfer, Kobalt-, Nickel- und Cadmiumsalze.

γ) Bestimmung nach A. WEITZEL[2]. Die Substanz wird mit 25% gebranntem Kalk und Wasser zu einem gleichmäßigen Brei angerührt, auf dem Wasserbade getrocknet und dann über einem Pilzbrenner bei möglichst niedriger Temperatur verascht. Die Veraschung verläuft ruhig und gleichmäßig und ist in verhältnismäßig kurzer Zeit beendigt. In der Asche kann das Chlor dann in bekannter Weise nach VOLHARD bestimmt werden.

A. D. HUSBAND und W. GODDEN[3] haben das Verfahren nachgeprüft und recht gute Resultate erhalten. — J. BODNÁR und L. BARTA[4] haben ein im wesentlichen auf der gleichen Arbeitsweise beruhendes Mikroverfahren beschrieben.

δ) Bestimmung nach M. BIRNER[5]. 2—5 g des frischen oder getrockneten organischen Materials werden mit der zwei- bis dreifachen Menge Natriumhydroxyd in einem hohen und schmalen Nickeltiegel überschichtet und im Wasserbade bis zur völligen Verflüssigung erwärmt. Man erhitzt darauf vorsichtig über freier Flamme und unter Zugabe kleiner Mengen Kaliumnitrat auf etwa 120°, bis völlige Zerstörung eingetreten ist, worauf noch auf kurze Zeit stärker, jedoch nicht über 450° erhitzt wird. Nach Abkühlung und Auflösung der Schmelze in Wasser filtriert man, setzt dem Filtrat einen gemessenen Überschuß von 0,1 N.-Silbernitratlösung hinzu und erhitzt danach 15 Minuten zum Sieden, um die Nitrite zu entfernen; die letzten Spuren davon können durch Zugabe einiger Tropfen Permanganatlösung entfernt werden. Der Überschuß an 0,1 N.-Silbernitratlösung wird nach VOLHARD mit 0,1 N.-Rhodanammonium- oder Rhodankaliumlösung in obiger Weise zurücktitriert.

b) Chlorsäure ($HClO_3$).

Zum Nachweis und zur Bestimmung führt man die Chlorsäure durch Reduktion mit Schwefliger Säure, Ferrosulfat oder Zink in Chlorwasserstoffsäure über und weist letztere nach bzw. bestimmt sie als Silberchlorid.

Bei Gegenwart von Chloriden versetzt man die salpetersaure Lösung mit einem Überschuß an Silbernitratlösung, filtriert das Silberchlorid ab und reduziert dann die Chlorsäure zu Clorwasserstoffsäure.

Reduktion mit Schwefliger Säure. Die Lösung bzw. das Filtrat wird mit Salpetersäure und einer hinreichenden Menge Natriumsulfitlösung (10%) zum Sieden erhitzt.

Reduktion mit Ferrosulfatlösung. Die Lösung bzw. das Filtrat wird mit einer hinreichenden Menge Ferrosulfatlösung (10%) erhitzt und 15 Minuten unter Umrühren im Sieden erhalten, bis sich das ausgeschiedene basische Ferrosulfat gelöst hat.

[1] I. M. KOLTHOFF u. A. BAK: Chem. Weekbl. 1922, **19**, 14; **C.** 1922, II, 1153.
[2] A. WEITZEL: Arb. Reichsgesundh.-Amt 1920, **52**, 635.
[3] A. D. HUSBAND u. W. GODDEN: Analyst 1927, **52**, 72.
[4] J. BODNÁR u. L. BARTA: Biochem. Zeitschr. 1930, **227**, 429.
[5] M. BIRNER: Zeitschr. ges. exp. Medizin 1928, **61**, 700; Zeitschr. analyt. Chem. 1930, **80**, 88.

2. Jod.

Über die Bestimmung von Jodid in jodierten Speisesalzen siehe Bd. VI, S. 523. Für die Bestimmung der in Lebensmitteln vorkommenden geringen Jodmengen ist eine Reihe von Verfahren[1] empfohlen worden, von denen die brauchbarsten die von Th. v. Fellenberg, J. Schwaibold und G. Pfeiffer sind, die in geschlossener Apparatur arbeiten.

a) Verfahren nach Th. v. Fellenberg[2]. Die Methode ist für Blut beschrieben, kann aber auch bei anderen Materialien mit etwaigen kleinen Abweichungen verwandt werden.

10 ccm Oxalatblut werden mit 1 ccm gesättigter Kaliumcarbonatlösung in einer Nickelschale von 8,5 cm Durchmesser und 2 cm Höhe auf einem Sandbade oder in einem elektrischen Ofen vorsichtig erhitzt. Bläht sich die Substanz auf, so wird sie von Zeit zu Zeit mit einem flachen Glasstöpsel niedergedrückt. Gerät sie an einer Stelle ins Glimmen, so wird die Schale sogleich mit einem Blech bedeckt. Entweichen keine Dämpfe mehr, bedeckt man die Schale mit einer etwas größeren Schale, die man darüber stülpt und bringt sie in einen in einem halbdunkeln Raum befindlichen Muffelofen, der folgendermaßen angeheizt wird: Man erhitzt ihn zuerst auf schwache Rotglut und schraubt dann die Flammen sorgfältig herunter, so daß nach einigen Minuten nur noch an einzelnen Stellen ein ganz leichtes Glühen zu bemerken ist. Man läßt die Schale 10—15 Minuten im Ofen und zieht nun die Kohle unter Absaugen mehrmals mit Wasser etwas aus. Das Filtrat muß farblos oder höchstens hellgelb gefärbt sein. Man dampft es in einem Becherglas aus Jenaer Glas von 200—250 ccm über freier Flamme ein. Unterdessen bringt man die ausgezogene Kohle auf eine kleine Eisen- oder Nickelrinne und verbrennt sie im Rohr in einem gut regulierten Luftstrom, indem man als Vorlage ein 10-Kugel-Rohr benutzt, welches 0,25 ccm gesättigte Kaliumcarbonatlösung und 40 ccm Wasser enthält. Das Verbrennungsrohr (aus Glas oder Quarz; Länge etwa 40 cm, Weite 2,5 cm) hat einen rechtwinklig abgebogenen, 20 cm langen, auf 0,5 mm verjüngten Schenkel. Hinter die Rinne mit der Kohle wird ein auf Rotglut erhitztes, spiralig gerolltes Platinblech als Kontakt geschaltet, um die Verbrennung der letzten Reste flüchtiger Stoffe noch besser zu gewährleisten. Ist die Verbrennung beendigt, so nimmt man die Rinne mit der Asche aus dem Rohr und zieht die Asche mit Wasser aus. Der Auszug, die bei der Verbrennung vorgelegte Flüssigkeit und das zum Ausspülen des Rohres verwendete Wasser werden zusammen in das Becherglas gegossen, welches bereits den wäßrigen Auszug der Kohle erhalten hatte, und zur Trockne eingedampft. Nun wird das Becherglas in den Muffelofen geschoben und 5 Minuten lang in der beschriebenen Weise erhitzt. Man nimmt es nun mit einer Tiegelzange heraus, welche so angewärmt ist, daß sie Holz gerade bräunt, und läßt es 5 Minuten auf einer Asbestplatte erkalten. Man löst nun den Rückstand im Becherglase in ganz wenig Wasser und dampft wieder ein, so daß ein feuchter Salzbrei bleibt. Diesen extrahiert man 4—5mal unter Verrühren mit einem Glasstabe mit wenig 95%igem Alkohol. Der alkoholische Auszug wird in einem 50 ccm-Erlenmeyer-Kölbchen aus Jenaer Glas in mehreren Portionen eingedampft, der Rückstand mit 1—2 Tropfen gesättigter Kaliumcarbonatlösung versetzt und wieder 5 Minuten lang im Muffelofen erhitzt. Man extrahiert nun noch ein letztes Mal mit Alkohol, indem man den Rückstand zuerst mit etwa 0,5 ccm 85%igem Alkohol aufweicht und dann noch mehrmals mit 95%igem Alkohol auszieht. Diese alkoholische Lösung wird wieder in einem 50-ccm-Kölbchen eingedampft, nochmals im Muffelofen erhitzt und ist nun bereit zur Titration. Nach dem Erkalten befeuchtet man den Rückstand mit etwa 0,4 ccm Wasser und gießt nach ungefähr 1 Minute in ein oben abgeschrägtes Jodausschüttelungsröhrchen von 5 mm innerem Durchmesser und 80 mm Höhe. Den in der Schale verbleibenden Rest bestimmt man ein für alle Mal durch Auswägen. Bei einer Platinnormalschale für Weinanalysen von 8 cm Durchmesser bleibt etwa $^1/_5$ der Flüssigkeit in der Schale; das Resultat ist also mit $^5/_4$ zu multiplizieren. Zu der wäßrigen Lösung gibt man bei 0,1—0,3 γ Jod 0,01 ccm Chloroform, bei größeren Mengen 0,02—0,06 ccm, ferner 1 Tröpfchen Nitritschwefelsäure und zerteilt das Chloroform durch 80—100maliges rasches und kräftiges Klopfen an den unteren Teil des fast waagerecht gehaltenen Röhrchens in feine Tröpfchen. Nach dem Zentrifugieren vergleicht man mit Lösungen bekannten Gehalts, die denselben Bedingungen an Konzentration und Chloroform-Wasser-Nitritschwefelsäurequotient entsprechen. Man verwendet Lösungen von 13,7 und 1,37 mg Kaliumjodid im Liter Wasser. Abgemessen wird mit in 0,001 ccm geteilten Pipetten von 0,1 ccm Gesamtinhalt. Nach der colorimetrischen Bestimmung fügt man zwecks Kontrolle durch Titration 0,5—1 ccm frisches Chlorwasser zur

[1] Ausführliche Literaturangaben finden sich in Zeitschr. analyt. Chem. 1925, **65**, 326; 1929, **77**, 237; 1931, **84**, 68. — Vgl. ferner G. Lunde, K. Closs u. J. Böe: Mikrochemie 1929, 272.

[2] Th. v. Fellenberg: Biochem. Zeitschr. 1930, **224**, 170 und Mikrochemie 1929, **7**, 242.

Lösung, spült in einen 50 ccm-ERLENMEYER-Kolben, setzt einige Siedesteinchen zu und dampft zur Entfernung des Chlors auf 2—3 ccm ein. Der abgekühlte Rückstand wird mit einem Krystall Kaliumjodid und einem Tropfen Stärkelösung versetzt und aus einer in 0,001 ccm geteilten Pipette mit einer 0,002 N.-Thiosulfatlösung titriert. Die Einstellung der Lösung erfolgt jedesmal neu gegen Jodlösung mit entsprechendem Jodgehalt. Die verwendeten Reagenzien müssen auf Jodfreiheit geprüft sein.

b) Verfahren nach J. SCHWAIBOLD[1]. Die organische Substanz wird im trockenen Zustand in einem geeigneten Apparat im reinen Sauerstoff verbrannt und etwa entweichendes Jod aufgefangen.

Den Verbrennungsraum bildet eine Röhre von etwa 90 cm Länge und zwischen 20 und 30 mm Durchmesser, deren eines Ende auf etwa 3 mm Durchmesser ausgezogen ist. Das Glas muß sehr schwer schmelzbar sein. In diese Röhre wird ein Porzellan- oder Nickelschiffchen eingebracht, welches die zu untersuchende Substanz enthält; diese muß trocken sein. Flüssigkeiten werden erst am besten im Verbrennungsschiffchen eingetrocknet. Alkalische Flüssigkeiten können ohne weiteres eingetrocknet werden, saure müssen erst mit reinster Kalilauge neutralisiert und schwach alkalisch gemacht werden. Zwischen dem Schiffchen und dem ausgezogenen Ende der Röhre befindet sich ein Platinkontakt. An dieses Röhrenende schließen sich zwei gut wirksame Waschflaschen, am besten solche nach GREINER & FRIEDRICHS, Glas an Glas. Diese werden mit einer sehr verdünnten Lösung von jodfreiem Kaliumcarbonat beschickt. Die Konzentration richtet sich nach der zu untersuchenden Substanz. Im allgemeinen genügen 20 bzw. 10 Tropfen einer gesättigten Kaliumcarbonatlösung in der ersten bzw. zweiten der Absorptionsflaschen. Bei Beginn der Verbrennung füllt man die Röhre mit reinem Sauerstoff, bringt den Platinkontakt nach dem Anwärmen des Glases auf Rotglut und erhitzt die Substanz auf der dem Kontakt zugekehrten Seite langsam. Je nach Art der Substanz erfolgt eine spontane Zündung und ein langsames Abbrennen — worauf die noch nicht verbrannten Reste durch Erhitzen völlig oxydiert werden — oder aber die Substanz entzündet sich nicht; dann wird sie durch fortschreitendes Erhitzen allmählich verbrannt. Die Verbrennung unter Gasstrom muß so geleitet werden, daß weder Dämpfe noch Rauch am Ende der Röhre sichtbar werden. Auf diese Weise können mehrere Gramm Trockensubstanz verbrannt werden. Nach beendeter Verbrennung werden die Waschflaschen quantitativ entleert und die Röhre ausgewaschen. Die alkalische Flüssigkeit wird eingedampft, wobei darin zu Beginn auch das Schiffchen ausgekocht wird. Ist das Wasser zum größeren Teil verdampft, so wird filtriert. Die Untersuchung der erhaltenen Lösung, die klar und farblos sein muß, gestaltet sich verschieden je nach der Menge des zu erwartenden Jods. Sind größere Mengen vorhanden, so wird einfach ein aliquoter Teil der Lösung nach L. W. WINKLER[2] titriert. Liegen sehr geringe Mengen vor, so muß die gesamte Lösung eingedampft werden. Aus dem noch feuchten Rückstand wird dann das Jod nach v. FELLENBERG, wie oben unter a) beschrieben, mit Alkohol extrahiert und nach dem Vertreiben und Abdestillieren des Alkohols ebenfalls nach WINKLER bestimmt.

c) Verfahren nach G. PFEIFFER[3]. Bei diesem Verfahren wird die Substanz mit konz. Schwefelsäure und Wasserstoffsuperoxyd verbrannt.

α) Die Aufschließungsapparatur (Abb. 7)[4] besteht im wesentlichen aus einem Verbrennungsgefäß F[5] (CORLEIGH-Kolben). Der dem weiten Halse G des Kolbens eingeschliffene Wasserkühler H wird nur als Luftkühler verwendet und dient gleichzeitig zur Aufnahme des Thermometers T. An dem Zuführungsrohr ist ein Tropftrichter J zur Perhydrolzufuhr eingeschliffen; der im rechten Winkel darunter angesetzte Rohrstutzen K dient zum Einleiten und Durchspülen des Kolbeninhaltes mit Luft während der Analyse. Tropftrichter und Luftzufuhrstutzen münden durch ein gemeinsames, verlängertes Glasrohr auf der Bodenmitte des Kolbens, so daß ein Verspritzen des Aufschlußgutes vermieden, eine gleichmäßige Durchmischung mit Wasserstoffsuperoxyd sowie ein gutes Durchspülen des Kolbeninhaltes mit Luft gewährleistet ist. Die bei der Verbrennung ausströmenden gasförmigen Produkte treten zwischen dem Luftkühler und dem weiten Kolbenhals durch den seitlichen Stutzen zur Absorptionsvorlage aus. Zur gleichzeitigen Verbrennung der während des Aufschlusses überdestillierenden Fettsäuren, in besonderen Fällen auch übergehender

---

[1] J. SCHWAIBOLD: Chem.-Ztg. 1929, **53**, 22.

[2] L. W. WINKLER: Zeitschr. angew. Chem. 1916, **29**, 342.

[3] G. PFEIFFER: Biochem. Zeitschr. 1928, **195**, 128; **201**, 298; 1930, **228**, 146. — Vgl. auch E. GLIMM u. J. ISENBRUCH: Biochem. Zeitschr. 1929, **207**, 368.

[4] Die vollständige Apparatur wird von der Firma H. Geissler Nachfolger in Bonn geliefert.

[5] Bei Anwendung von 20 g Substanz und mehr muß das Aufschließungsgefäß F 1,5 bis 2 Liter fassen.

aromatischer Verbindungen, wird zwischen das Verbrennungsgefäß F und die Absorptionsvorlagen D_1 und D_2 ein auf Rotglut erhitztes Quarzrohr ABC mit einliegendem Platinkontakt geschaltet. Die lichte Weite des Quarzrohres kann bei kleineren Substanzmengen mit etwa 7—8 mm gewählt werden; bei 20 g und mehr beträgt sie zweckmäßig etwa 15 mm. Dadurch wird die Durchströmungsgeschwindigkeit um ein Mehrfaches reduziert und die Verbrennungsgelegenheit der Gase gesteigert. Der senkrecht laufende Rohrschenkel BC ist etwa 12 cm lang; die heißen Verbrennungsgase durchlaufen dadurch, nach Passieren der Glühstelle zwischen A und B, eine Rohrlänge von etwa 24 cm, bis sie das Eintrittsrohr der ersten Absorptionsflasche D_1 erreichen. Auf dieser Strecke geht eine genügende Abkühlung der Gase vor sich, so daß die Verbindung Quarz auf Glas bei E durch ein kurzes Schlauchstück gehalten werden kann. Um stets ein leichtes Umschwenken des Verbrennungsgefäßes F durchführen zu können, ist unter der Schlauchverbindung zwischen Gasaustrittstutzen und Quarzrohr bei A 1—2 mm Spielraum zu lassen. Als Platinkontakt ist ein 8 cm langer,

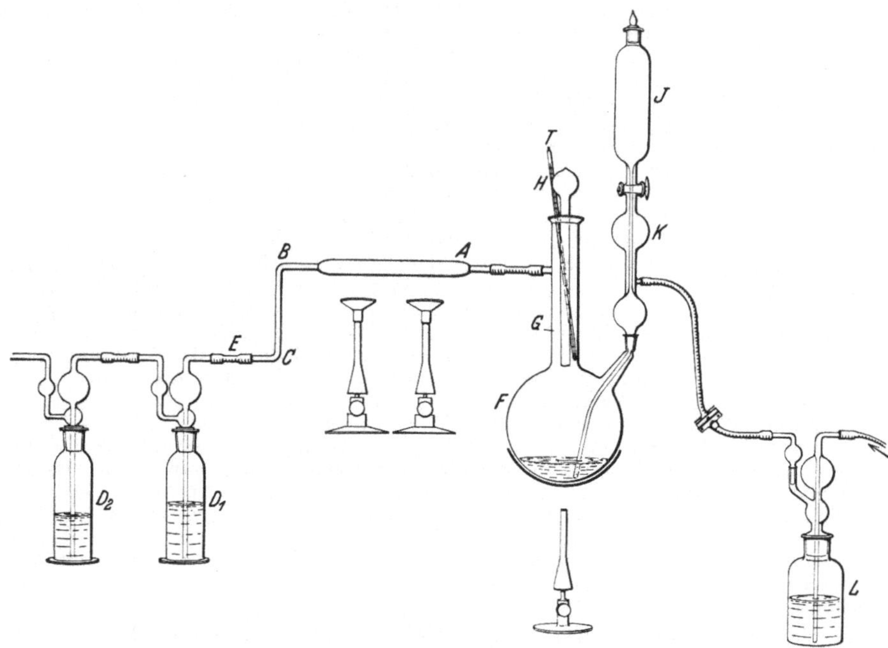

Abb. 7. Aufschließungsapparat für Jodbestimmung nach PFEIFFER.

leicht schraubenförmig gedrehter Platinstern oder eine Platindrahtspirale in die Mitte des waagerecht verlaufenden Quarzrohrteiles AB eingeschoben. Die Erhitzung des Rohres daselbst auf Rotglut geschieht durch zwei Teclu-Brenner mit Spaltaufsätzen oder auch durch ein 14 cm langes elektrisch geheiztes Mantelöfchen. Das Quarzrohr muß vor Beginn des Aufschlusses auf seine Temperatur gebracht werden, da sich manchmal bereits während des Einfüllens der Schwefelsäure in den Verbrennungskolben Spuren organischer Verbindungen verflüchtigen und nach den Absorptionsvorlagen zu austreten.

β) Verbrennung. Zur Analyse wird eine abgewogene Menge der zerkleinerten und gemahlenen Substanz nach Herausnehmen des Luftkühlers H und Einsetzen eines weiten Trichters mit bis zur Kolbenmitte reichendem Ansatzrohr mit wenig Wasser in das Verbrennungsgefäß F befördert. Darauf wird die Gesamtapparatur miteinander verbunden und man beginnt mit der Zugabe kleinerer Schwefelsäuremengen vom seitlichen Ansatztrichter J aus. Der Gesamtinhalt des Kolbens wird zwecks langsamer Einwirkung der Säure auf die Substanz jeweils vorsichtig umgeschwenkt. Erst dann wird die Hauptmenge der Schwefelsäure, ebenfalls in Teilmengen, zugefüllt. Die Reaktionstemperatur der Aufschlußsäure, die über 200° liegen soll, erreicht man bei einem 1-Liter-Gefäß (Inhalt z. B. 10 g Trockensubstanz in 150 ccm Schwefelsäure) in 3—4 Minuten durch volle Erhitzung mit einem Teclu-Brenner. Dabei ist berücksichtigt, daß der Kolben in einer 2 mm starken, passenden Asbestschale ruht, die noch in einem gleichgeformten Asbestdrahtnetz gestützt liegt. Ein gleichmäßiger Luftstrom, dessen Blasen zählbar sind, passiert während dieser

Zeit die Apparatur von L aus. Zu Beginn der einsetzenden Verbrennung reduziert man den Luftstrom auf ein Minimum, die Flammengröße unter dem Verbrennungsgefäß auf ein Viertel bis ein Fünftel der anfänglichen Stärke und läßt kontinuierlich Wasserstoffsuperoxyd (30%) von J aus zutropfen. Die Verbrennungsgase passieren das glühende Quarzrohr AB, in dem nun die Reste mitgerissener organischer Verbindungen verbrannt werden, und treten in die hintereinander geschalteten Absorptionsvorlagen D_1 und D_2. Wird der in die Vorlagen austretende Gasstrom zu lebhaft, dann muß die Wasserstoffsuperoxydzufuhr verlangsamt werden; sie darf aber auch nicht zu sehr gedrosselt werden, da sonst die Bildung von Schwefliger Säure im Verbrennungsgefäß überhandnimmt. Einen Anhaltspunkt für letzteren Vorgang hat man in dem Auftreten von Kohlensäureentwicklung in der ersten Absorptionsflasche. In diesem außergewöhnlichen Falle entfernt man für einige Zeit die Flamme ganz und steigert die Wasserstoffsuperoxydzugabe. Dadurch werden wieder normale Verhältnisse erreicht, und die Verbrennung kann wie oben begonnen und unter Ausschaltung von Reduktionsprozessen, wie früher beschrieben, zu Ende geführt werden.

γ) Absorption der jodhaltigen Verbrennungsgase. Zur Absorption der jodhaltigen Verbrennungsgase werden die Vorlageflaschen D_1 und D_2 mit Kaliumcarbonatlösung beschickt. Für 10 g Trockensubstanz genügen als erste Vorlage 5 ccm gesättigte Kaliumcarbonatlösung zu einem entsprechenden Volumen Wasser, als zweite Vorlage 1—2 ccm in Wasser. Es empfiehlt sich, den Salzgehalt der Vorlagen auf ein Mindestmaß zu halten, um dadurch die Alkoholextraktion zu erleichtern. Durch die Verwendung von Kaliumcarbonatlösung anstatt Kalilauge erübrigt sich eine unter Umständen nötige Reduktion von Jodsauerstoffverbindungen.

δ) Bestimmung des Jods in der Absorptionsflüssigkeit. Hat man keinen Anhalt über die in der Absorptionsflüssigkeit enthaltene Jodmenge, so wird zunächst der Inhalt der Vorlageflaschen, der farblos sein muß, samt Waschwasser in einem Meßzylinder vereinigt, gemischt und sein Volumen bestimmt. Die Flüssigkeitsmenge schwankt gewöhnlich zwischen 150—200 ccm, denn sie ergibt sich aus der angewandten Substanz bzw. aus dem vorgeschalteten, kaliumcarbonathaltigen Wasservolumen. Je schmaler die Absorptionsflaschen in ihrer Form gewählt werden — 6 cm Flüssigkeitshöhe in jeder Flasche genügen —, um so geringer wird das zu verarbeitende Endvolumen. Dann wird qualitativ der annähernde Jodgehalt in einigen ccm Flüssigkeit in bekannter Weise nach dem Ansäuern colorimetrisch ermittelt. Sind dabei erkennbare Jodmengen festgestellt worden, so kann die sofortige quantitative Bestimmung des Jods in der Gesamtflüssigkeit folgen.

Die unmittelbare Jodtitration in der Gesamtflüssigkeit wird nach Winkler in folgender Weise vorgenommen: Aliquote Teile, z. B. je 10 ccm, werden in 50 ccm fassende oder kleinere Erlenmeyer-Kölbchen pipettiert, mit so viel frisch bereitetem Chlorwasser versetzt, bis die Flüssigkeit stark nach Chlor riecht, und mit Salzsäure (1:1) angesäuert. Die Flüssigkeit nimmt damit eine gelbe Farbe an; sie wird nach Zugabe von ein bis zwei ausgeglühten Tonscherbchen 3—4 Minuten in lebhaftem Sieden gehalten. Nach dem Abkühlen setzt man einige Tropfen 0,2%ige Stärkelösung und ein Körnchen Kaliumjodid hinzu und titriert das frei gewordene Jod mit 0,002—0,0001 N.-Thiosulfatlösung aus der Mikrobürette. Die Titerstellung der Thiosulfatlösung hat täglich neu zu erfolgen. Zur Einstellung verwendet man bestimmte Anteile einer Kaliumjodid-Urlösung (13,08 mg Kaliumjodid = 10 mg Jod in 100 ccm).

Hat der qualitative Jodnachweis in der Gesamtflüssigkeit keine direkt nachweisbaren Mengen Jod erkennen lassen, so wird die gesamte oder geteilte Flüssigkeit in einer tiefen 250 ccm fassenden Porzellanschale eingedampft und auf einer Asbestschale mit einem Pilzbrenner unter Umrühren eingetrocknet. Den Salzrückstand, der rein weiß sein muß, zerreibt man in der Schale mit einem Pistill und befeuchtet ihn mit so viel Tropfen Wasser, daß eine langsam fließende Masse entsteht. Bei den folgenden wiederholten Alkoholextraktionen darf die Salzmasse nicht zu plastisch werden, sondern sie soll während des Umrührens stets langsam von der Schalenwand abfließen. Nötigenfalls wird etwas gesättigte Kaliumcarbonatlösung zugesetzt. Die abgegossenen Alkoholauszüge werden in einer Porzellanschale vereinigt, mit dem gleichen Volumen Wasser und 1—2 Tropfen Kaliumcarbonatlösung versetzt und eingedampft. Der Abdampfrückstand ist nur dann durch Spuren organischer Beimengungen verfärbt, wenn solche bei zu lebhaftem Verbrennungsprozeß der Zusatzverbrennung entgangen sind. Es bleibt in diesem Falle nur ein vorsichtiges Verglühen des Rückstandes in einer Platinschale übrig. Der rein weiße Salzrückstand wird, wenn er zu groß erscheint, ein zweites Mal extrahiert und kann nun zur colorimetrischen und titrimetrischen Bestimmung benutzt werden.

3. Fluor.

Fluor kommt in geringen Mengen in vielen pflanzlichen und tierischen Substanzen vor. Da Ammonium- und Alkalifluoride als Konservierungsmittel für Lebensmittel Verwendung finden, kommt ferner der Nachweis und die Bestimmung von Fluoriden in Frage. Silicofluoride finden auch als Ungeziefervertilgungsmittel Verwendung.

a) Fluorwasserstoffsäure (HF).

Nachweis. α) Das allgemeinste Verfahren zum Nachweise von Fluoriden ist das Ätzverfahren (S. 1426).

β) Verfahren von R. J. MEYER und W. SCHULZ[1]. Man dampft die zu untersuchende schwach alkalische Lösung auf etwa 10 ccm ein, säuert sie mit Essigsäure stark an, setzt in der Kälte einen Überschuß von Lanthanacetatlösung (1%) und dann reichlich festes Ammoniumacetat hinzu und kocht auf. Bei Gegenwart von Fluor scheidet sich ein zuerst flockiger, nach einigem Stehen oder Erwärmen feinkörnig werdender Niederschlag von Lanthanfluoridacetat ab. Empfindlichkeitsgrenze bei mehrstündigem Stehen 0,01 mg.

γ) J. H. DE BOER[2] gibt eine Farbenreaktion mit Zirkonsalzen und Alizarinsulfosäure an.

Bestimmung. Für die Bestimmung der löslichen Fluoride in Konservierungsmitteln erscheint neben der Bestimmung als Calciumfluorid auch das Verfahren von MEYER und SCHULZ geeignet. Für die Bestimmung von solchen Konservierungsmitteln in Lebensmitteln eignet sich namentlich das Verfahren von O. NOETZEL und für die der geringen in pflanzlichen und tierischen Stoffen vorkommenden Fluormengen das colorimetrische Verfahren von A. GAUTIER und P. CLAUSMAN.

α) Bestimmung als Calciumfluorid[3]. Liegt freie Fluorwasserstoffsäure oder eine Lösung eines sauren Fluorides vor, so setzt man Natriumcarbonatlösung bis zur alkalischen Reaktion hinzu und dann noch 20—25% mehr, als zur Neutralisation erforderlich war. Bei neutralen Fluoriden setzt man etwa 1 ccm 2 N.-Natriumcarbonatlösung hinzu. Die zum Sieden erhitzte alkalische Lösung fällt man mit einem Überschuß von Calciumchloridlösung, filtriert und wäscht mit heißem Wasser aus. Den aus Calciumfluorid und -carbonat bestehenden getrockneten Niederschlag glüht[4] man im Platintiegel, löst den Rückstand mit verd. Essigsäure in geringem Überschuß und verdampft auf dem Wasserbade zur Trockne. Die trockne Masse nimmt man mit Wasser auf, filtriert, wäscht das Unlösliche aus, glüht es nach dem Trocknen schwach im Platintiegel und wägt als Calciumfluorid. Calciumfluorid $\times$ 0,4867 = Fluor (F).

Da bei Wasserbadtemperatur 100 ccm Wasser 1,6 mg und 100 ccm 1,5 N.-Essigsäure 11,1 mg Calciumfluorid lösen, fällt die Bestimmung etwas zu niedrig aus.

β) Bestimmung nach R. J. MEYER und W. SCHULZ[1]. Das oben beschriebene Nachweisverfahren mit Lanthanacetat eignet sich auch zur Bestimmung wasserlöslicher Fluoride, da das Lanthanfluorid-acetat eine konstante, bei 180° beständige Zusammensetzung besitzt.

Man fällt die Fluoridlösung in einer Glasschale wie oben mit Lanthanacetatlösung. Nach dem Aufkochen läßt man absitzen, filtriert die überstehende klare Flüssigkeit durch einen GOOCH-Tiegel, dampft darauf den in der Glasschale[5]

---

[1] R. J. MEYER u. W. SCHULZ: Zeitschr. angew. Chem. 1925, **38**, 203; **Z.** 1925, **50**, 440.

[2] J. H. DE BOER: Chem. Weekbl. 1924, **21**, 404; **C.** 1925, I, 133. — Vgl. auch H. LÜHRIG: Pharm. Zentralh. 1926, **67**, 513.

[3] W. D. TREADWELL: Kurzes Lehrbuch der analytischen Chemie, Bd. II, 11. Aufl., S. 401, 1930.

[4] Bei größerem Niederschlag verascht man zunächst das Filter und gibt dann die Hauptmenge des Niederschlages hinzu.

[5] Die Verfasser empfehlen die Verwendung einer dunkelglasierten Porzellanschale.

verbliebenen Rückstand auf dem Wasserbade ein und trocknet ihn bei etwa 150°. Darauf kocht man ihn mit essigsaurem, ammoniumacetathaltigem, heißem Wasser auf und dekantiert mehrere Male mit heißem essigsaurem Wasser, filtriert schließlich durch den GOOCH-Tiegel und wäscht mit essigsaurem Wasser bis zum Verschwinden der Ammoniumreaktion aus. Der Niederschlag wird alsdann bei 110° bis zur Gewichtskonstanz getrocknet und gewogen. Dann wird der Tiegel schwach geglüht, bis der Inhalt nach vorübergehender Dunkelfärbung infolge Zersetzung des Lanthanacetats wieder rein weiß geworden ist. Man wiederholt das Glühen des Rückstandes während je 4—5 Minuten bis zur Gewichtskonstanz und wägt ihn als $LaF_3 + La_2O_3$.

Ist *a* die angewandte Substanz, *b* die gewogene Menge $LaF_3 + La_2O_3$, *c* der Gewichtsverlust beim Glühen, so ist

$$\% F = \frac{57\,(b - 1{,}0647\,c) \times 100}{195{,}9\,a}.$$

Das Verfahren gestattet die Bestimmung weniger mg Fluor.

γ) Bestimmung nach O. NOETZEL[1]. Sie beruht auf der Titration des Fluors mit Ferrichlorid nach A. GREEF[2]:

$$6\,NaF + FeCl_3 = (FNa)_3 \cdot FeF_3 + 3\,NaCl.$$

Das Natriumferrifluorid ist bei Gegenwart von Natriumchlorid, Alkohol und Äther unlöslich. Ein Überschuß von Ferrichlorid wird durch Ammoniumrhodanid angezeigt. Die Titration geschieht in folgender Weise:

Erforderliche Lösungen. 1. Fluoridlösung: Eine Lösung von 5,530 g reinem Natriumfluorid, gegen Phenolphthalein genau neutralisiert, wird auf 500 ccm aufgefüllt; 20 ccm davon entsprechen 0,1 g Fluor.

2. Ferrichloridlösung: Eine Ferrichloridlösung, von der etwa 10 ccm 0,1 g Fluor entsprechen (18—20 ccm der offizinellen Lösung zu 500 ccm). Die Lösung ist im Dunkeln aufzubewahren.

Zur Titerstellung gibt man etwa 20 ccm der Lösung 1 = 0,1 g Fluor in ein 100 ccm-ERLENMEYER-Kölbchen, fügt etwa 12—15 g Natriumchlorid und 5 ccm Ammoniumrhodanidlösung (10%) hinzu und titriert mit der Ferrichloridlösung bis zur eben sichtbaren Gelbfärbung. Nach Zugabe von etwa 20 ccm eines Gemisches gleicher Teile Alkohol und Äther titriert man unter lebhaftem Umschütteln bei Verschluß des Kölbchens mit einem Pfropfen bis zur bleibenden Rosafärbung mit der Ferrichloridlösung. Da die Entfärbung gegen Ende der Reaktion etwas langsamer vor sich geht, muß man zum Schluß noch 1 Minute kräftig schütteln und beobachten, ob die Rosafärbung bestehen bleibt. Bei ruhigem Stehen muß sich dann eine fleischrot gefärbte, längere Zeit hindurch bestehende Ätherschicht absetzen. Ungelöstes Natriumchlorid muß noch vorhanden sein. Zweckmäßig werden alle Bestimmungen im gleichen Flüssigkeitsvolumen von 20—25 ccm ausgeführt und auf gleichen Farbton eingestellt.

Würde man in dieser Weise den Fluoridgehalt von Aschen titrieren, so würde darin vorhandene Phosphorsäure stören und unlösliche Fluoride würden nicht zur Bestimmung kommen. Man treibt daher das Fluor der Fluoride aus der Asche unter Zusatz von Kieselsäure mit konz. Schwefelsäure als Silicofluorwasserstoffsäure in Natronlauge und bestimmt die sich dabei nach den Gleichungen

$$2\,CaF_2 + SiO_2 + 2\,H_2SO_4 = SiF_4 + CaSO_4 + 2\,H_2O$$
$$3\,SiF_4 + 4\,H_2O = 2\,H_2SiF_6 + Si(OH)_4$$
$$H_2SiF_6 + 6\,NaOH = 6\,KF + Si(OH)_4 + 2\,H_2O$$

bildende Fluorwasserstoffsäure in der obigen Weise.

[1] O. NOETZEL: Z. 1925, **49**, 31.
[2] A. GREEF: Ber. Deutsch. Chem. Ges. 1913, **46**, 2511.

Die Apparatur (Abb. 8) besteht aus einem 200 ccm-Rundkolben *A*, dessen Öffnung durch einen doppelt durchbohrten Kautschukstopfen verschlossen werden kann. Durch die eine Bohrung wird ein Scheidetrichter *B* von 50 ccm Inhalt bis fast auf den Boden, durch die andere ein Verbindungsrohr nach der Vorlage *C* geführt. Der Scheidetrichter steht oben mit einem Lufttrockenapparat in Verbindung, der sich aus einer Waschflasche *D* mit Schwefelsäure und einem Calciumchloridrohr *E* zusammensetzt. Die Vorlage *C* besteht aus zwei Erlenmeyer-Kölbchen (*I* und *II*) zu je 100 ccm und einem solchen zu 50 ccm (*III*). Das Glasrohr im Kölbchen *I* muß ziemlich weit sein und ist dicht unterhalb des Stopfens durchgeschnitten und mittels Gummischlauchs wieder verbunden, damit es zwecks leichterer Reinigung abgenommen werden kann. Die Kölbchen sind an einem Holzständer befestigt. Das Kölbchen *III* ist mit einer Wasserluftpumpe verbunden. In das Kölbchen *I* werden etwa 10 ccm Natronlauge (4%), in das Kölbchen *II* 2 ccm davon und 8 ccm Wasser, in das Kölbchen *III* noch etwa 10 ccm Wasser, einige Tropfen der Natronlauge und einige Tropfen Phenolphthaleinlösung gebracht.

Ausführung der Bestimmung. 50—100 g Substanz werden nach dem Vermischen mit 1—2 g frisch gebranntem und zu Brei zerriebenem Kalk eingetrocknet und verascht. Die Asche wird nach sorgfältiger Entfernung aus der

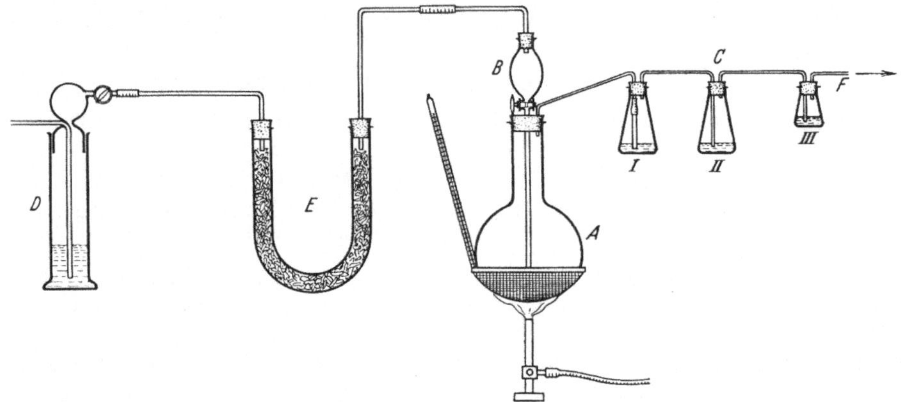

Abb. 8. Apparatur zur Fluorbestimmung nach Noetzel.

Schale in einem Achatmörser sehr fein zerrieben und mit etwa 5—7 g fein gemahlenem Quarzsand vermischt.

Vor Beginn der Bestimmung werden alle Glassachen, Gummipfropfen und Schläuche, mit Ausnahme der Erlenmeyer-Kölbchen *I*, *II*, *III*, bei 100° getrocknet. Die zu verwendende Schwefelsäure muß möglichst wasserfrei sein; sie ist vor dem Gebrauche bis zur Entwicklung weißer Dämpfe zu erhitzen und im Schwefelsäureexsiccator aufzubewahren. Nach Zusammensetzung der Apparatur wird die Asche in den Glaskolben *A* gebracht, der in einem Sandbade steht, und 40 ccm der Schwefelsäure in den Scheidetrichter gebracht. Nachdem dieser mit dem Lufttrockenapparat verbunden und die Vorlage angeschlossen ist, läßt man langsam die Schwefelsäure in den Kolben tropfen. Dabei wird der Zulauf so geregelt, daß die Reaktion nicht zu stürmisch verläuft. Ist alle Schwefelsäure zugegeben, so schüttelt man zuerst vorsichtig, dann wiederholt stärker um und erhitzt allmählich bis auf etwa 180°. Ist die Gasentwicklung fast zu Ende, so saugt man mit einer Wasserstrahlpumpe bei *F* zuerst langsam, dann gegen Ende der Reaktion schneller Luft durch den Apparat. Zeigen sich auf der Oberfläche der Schwefelsäure keine Gasbläschen mehr, so ist die Austreibung des Fluorsiliciums beendet, was in etwa 5 Stunden erreicht wird. Dann wird der Apparat auseinandergenommen, wobei zu beachten ist, daß die Flüssigkeit der Vorlage *I* nicht in die Schwefelsäure in *A* zurücksteigt. Darauf wird der Inhalt von Kölbchen *II* zu dem von Kölbchen *I* gegeben. Kölbchen *III*, das höchstens Spuren von Fluor enthält, wird für sich titriert. Sämtliche Glasröhrchen werden mit Wasser ausgespült. Die vereinigten Flüssigkeiten werden aufgekocht, das Zuleitungsrohr zu Kölbchen *I*, das stets Ablagerungen von Kieselsäure und Kieselfluornatrium enthält, wird abgenommen und mittels Glasstabs und Gummiwischers quantitativ gereinigt.

Die Lösung wird in der Hitze gegen Phenolphthalein neutralisiert. Man setzt zu diesem Zwecke tropfenweise zuerst stärkere, dann normale Salzsäure hinzu und kocht nach jedem Zusatze auf, bis keine Rotfärbung mehr entsteht. Ein großer Überschuß an Salzsäure beim Kochen ist zu vermeiden. Die heiße blaßrosa Lösung wird durch Eindampfen im Kölbchen auf 25 ccm gebracht und wie oben beschrieben mit Ferrichlorid titriert. Bei größerem Fluorgehalt, der durch die Menge der ausgeschiedenen Kieselsäure erkennbar ist, füllt man auf 50 ccm auf und titriert von dieser Lösung 25 ccm.

Die Titration von Fluormengen unter 0,025 g ist bei Verwendung der obigen Ferrichloridlösung nicht mehr genau. In solchen Fällen empfiehlt sich entweder ein genau gewogener Zusatz von etwa 0,1 g Fluor, der von dem Titrationsergebnis wieder abgezogen wird, oder die Verwendung einer entsprechend verdünnteren Ferrichloridlösung.

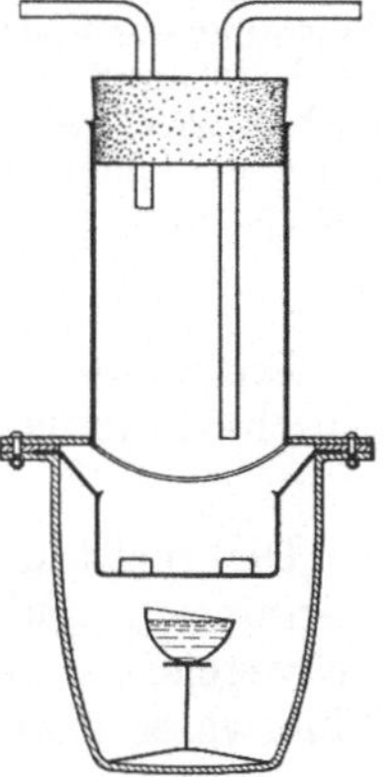

Abb. 9. Tiegel zur Fluorbestimmung nach GAUTIER und CLAUSMANN.

δ) Colorimetrische Bestimmung nach A. GAUTIER und P. CLAUSMANN[1]. Die Methode beruht darauf, daß unlösliche Calcium-, Barium- und Magnesiumverbindungen beim Fällen in neutraler oder schwach alkalischer Lösung die Fluorverbindungen mitreißen. Es wird daher zuerst eine Anreicherung des Fluors im Bariumsulfatniederschlage vorgenommen, dann das Fluor in Alkaliverbindungen übergeführt, woraus es frei gemacht wird und als Bleifluorid colorimetrisch bestimmt wird. Zur Ausführung der Bestimmung werden pflanzliche und tierische Gewebe mit 2% frisch gelöschtem pulverförmigem Calciumoxyd vermischt und bei Rotglut im Muffelofen geglüht. Man nimmt mit verd. Schwefelsäure auf, neutralisiert, ohne zu filtrieren, versetzt mit Natriumsulfat und fällt mit Bariumchlorid, dampft zur Trockne, wäscht unter Zentrifugieren mit stark verd. Alkohol von 65° aus und erhitzt den Rückstand in einem hermetisch verschlossenen Goldtiegel (Abb. 9) mit reiner konz. Schwefelsäure. In dem Goldtiegel befindet sich ein zum Umkippen geeignetes kleines Gefäß mit Schwefelsäure und, unter dem Deckel hängend, ein Behälter mit einigen Stückchen mit Wasser befeuchteten Kaliumhydroxyds. Der Deckel ist nach innen zu gewölbt und wird von außen durch einen aufgesetzten Metallkühler mit Wasser gekühlt. Nachdem der Deckel aufgeschraubt ist, läßt man das Schwefelsäuregefäß durch einen Stoß umkippen und erhitzt den Tiegel 2 Stunden lang auf 180—185° auf einem Bronzeblock. Das beim Glühen im Goldtiegel entstandene Kaliumfluorid, gemischt mit etwas Flüssigkeit und Chlorid, wird mit Wasser aufgenommen; bei sehr kieselsäurereichem Material wird die Lösung zur Zerstörung des Silicofluorids aufgekocht, neutralisiert und die Kieselsäure durch Zusatz von Ammoniumchlorid und Ammoniumcarbonat gefällt. Das Filtrat wird nochmals mit Natriumsulfat und Bariumnitrat gefällt, der Trockenrückstand mit verd. Alkohol salz- und salpetersäurefrei gewaschen und getrocknet. Man bringt ihn dann in einen Platintiegel, der genau so eingerichtet ist, wie der oben beschriebene Goldtiegel, der jedoch in dem Körbchen unter dem Deckel statt Kalilauge gepulvertes und angefeuchtetes Flintglas enthält. Man erhitzt nach Zusatz von Schwefelsäure

[1] A. GAUTIER u. P. CLAUSMANN: Compt. rend. Paris 1912, **154**, 1670 u. 1753 u. Ann. des Falsific. 1912, **5**, 329; Z. 1913, **26**, 313; 1916, **32**, 343.

4 Stunden auf 180°, behandelt den Inhalt des Körbchens mit Kaliumchlorat auf dem Wasserbade, wobei das gebildete Bleifluorid in Lösung geht, während das Flintglas nicht angegriffen wird. Man bringt die Lösung auf 20 ccm, setzt 2 Tropfen Gelatinelösung zu und leitet Schwefelwasserstoff ein. Das Bleisulfid fällt kolloidal aus und wird mit einer gleich behandelten Bleinitratlösung colorimetrisch verglichen. Durch Division mit 2,5 — bei einer gefundenen Bleimenge von 2—6 mg — erhält man die entsprechende Fluormenge.

ε) Sonstige Verfahren. Außer den vorstehenden Bestimmungsverfahren ist auch noch von Fresenius (Fresenius: Quantitative Analyse **1**, 431), sowie von S. Penfield (Chem. News **39**, 179), ferner von W. Schmitz-Dumont (Tharandter forstl. Jahrbücher 1896, **46**, 50), von W. Hempel und W. Scheffler (Zeitschr. anorg. Chem. 1899, **20**, 1), von F. P. Treadwell und A. A. Koch (Zeitschr. analyt. Chem. 1904, **43**, 469) und von H. Sertz (Zeitschr. analyt. Chem. 1921, **60**, 321) die Bestimmung als Fluorsilicium (SiF_4) bzw. als Silicofluorwasserstoffsäure (H_2SiF_6) vorgeschlagen. Ferner haben E. Ramann und Graf zu Leiningen (Inaugural-Dissertation des letzteren München 1904) sowie G. Sonntag (Arb. Kaiserl. Gesundh.-Amt 1916, **50**, 307) die Bestimmung geringer Fluormengen in tierischen und pflanzlichen Stoffen aus dem Gewichtsverlust bei der Glasätzung vorgeschlagen.

b) Silicofluorwasserstoffsäure (H_2SiF_6).

Die Säure bildet sich bei der Einwirkung von Fluorsilicium auf Wasser unter Abscheidung von Kieselsäure:

$$3\,SiF_4 + 4\,H_2O = 2\,H_2SiF_6 + Si(OH)_4.$$

Die meisten Silicofluoride sind in Wasser löslich; nur das Kalium- und Bariumsalz sind darin schwer und in 50%igem Alkohol unlöslich. — Konz. Schwefelsäure zersetzt alle Silicofluoride unter Bildung von Fluorsilicium und Fluorwasserstoffsäure:

$$Na_2SiF_6 + H_2SO_4 = SiF_4 + 2\,HF + Na_2SO_4.$$

Nachweis. α) Kaliumchlorid erzeugt in nicht zu verdünnten Lösungen eine gallertige Fällung von Kaliumsilicofluorid, das in Wasser schwer löslich, noch schwerer in Kaliumchloridlösung und unlöslich in 50%igem Alkohol ist; dagegen ist der Niederschlag leicht in Ammoniumchlorid löslich.

β) Ammoniak und Alkalilauge zersetzen Silicofluoride zu Fluoriden unter Abscheidung von Kieselsäure; mit Alkalien geht ein Teil der letzteren in wasserlösliche Alkalisilicate über.

γ) Enthält die Lösung keine Fluoride, so können die nach β) gebildeten Fluoride nach S. 1246 nachgewiesen werden.

Bestimmung. α) Enthält die Lösung keine Fluorwasserstoffsäure, so kann die Silicofluorwasserstoffsäure nach dem unter a), γ) (S. 1247) angegebenen Verfahren durch Titration mit Ferrichlorid direkt bestimmt werden, oder man führt sie durch Erwärmen mit Natriumcarbonatlösung in Fluoride über und bestimmt diese nach S. 1246 als Calciumfluorid oder als Lanthanfluoridacetat.

β) Enthält die Lösung gleichzeitig Fluoride, so kann die Bestimmung der Silicofluorwasserstoffsäure vielleicht in der Weise erfolgen, daß man in einem Teile der essigsauren Lösung die Fluorwasserstoffsäure mit Lanthanacetat nach S. 1246 bestimmt und in einem zweiten Teile der Lösung zunächst durch Erwärmen mit Natriumcarbonat die Silicofluorwasserstoffsäure in Fluorwasserstoffsäure überführt und dann ebenfalls mit Lanthanacetat fällt. Die Differenz beider Bestimmungen würde dann dem Gehalt an Silicofluorwasserstoff entsprechen.

γ) In Alkalisilicofluoriden kann der Gehalt an Silicofluorid nach Zusatz eines Überschusses von neutraler Calciumchloridlösung durch Titration mit Natronlauge und Phenolphthalein im Sinne der Gleichung

$$Na_2SiF_6 + 3\,CaCl_2 + 4\,NaOH = 3\,CaF_2 + 6\,NaCl + Si(OH)_4$$

bestimmt werden [1].

1 ccm 0,1 N.-Natronlauge = 47,08 mg Natriumsilicofluorid (Na_2SiF_6).

---

[1] L. Schucht u. W. Möller: Ber. Deutsch. Chem. Ges. 1906, **39**, 3693.

4. Schwefelsäure.

Schwefelverbindungen kommen in Lebensmitteln teils in Form von Sulfaten, teils in organischer Bindung als Proteine usw. vor, die bei der Veraschung zu Sulfaten oxydiert werden. Aufgabe der Untersuchung kann es daher sein, den Gesamt-Schwefel oder die natürlich vorhandene Schwefelsäure zu bestimmen.

Für die Bestimmung der natürlich vorhandenen Schwefelsäure zieht man die natürliche Substanz erschöpfend mit verd. Salzsäure aus und bestimmt in der klaren, nötigenfalls vorher geklärten Lösung die Schwefelsäure nach einem der nachstehend unter b) beschriebenen Verfahren.

a) Bestimmung des Gesamt-Schwefels. α) Direkte Bestimmung durch Oxydation. Hierzu können die S. 585 angegebenen Verfahren und ferner auch das Verfahren von A. KONARSKY[1] dienen.

β) Bestimmung durch Veraschung. Der Gesamt-Schwefel kann auch durch Veraschung und Bestimmung der dabei gebildeten Sulfate bestimmt werden. Hierbei ist aber zu beachten, daß bei der direkten Veraschung infolge nicht hinreichenden Gehaltes der Asche an Kationen beträchtliche Verluste an Schwefel entstehen können. Die Veraschung muß daher stets nach S. 1220 unter alkalischen Zusätzen erfolgen. Dabei ist ferner folgendes zu beachten:

αα) Die schwefelhaltigen Verbrennungsgase des Leuchtgases müssen von der Asche ferngehalten werden; dies geschieht in der oben (S. 1216) beschriebenen Weise.

ββ) Beim Veraschen mit alkalischen Zusätzen können sich durch die Reduktionswirkung der Kohle mehr oder weniger Sulfide bilden, die beim Lösen der Asche in Salzsäure einen Verlust an Schwefel zur Folge haben würden. Um solche Verluste zu verhüten, setzt man vor der Lösung der Asche etwas reine (schwefelfreie) Wasserstoffsuperoxydlösung oder schwefelfreie Kaliumpermanganatlösung bis zur bleibenden Rotfärbung zur Asche hinzu.

Die so gewonnene Asche dampft man zur Abscheidung der Kieselsäure auf dem Wasserbade zur Trockne, nimmt den Rückstand mit salzsäurehaltigem Wasser auf, filtriert und bestimmt in der Lösung oder einem aliquoten Teil davon die Schwefelsäure nach einem der unter b) beschriebenen Verfahren.

b) Bestimmung der Schwefelsäure. α) Bestimmung als Bariumsulfat[2]. Die verdünnte schwefelsäurehaltige, schwach salzsaure Lösung wird zum Sieden erhitzt und mit der ebenfalls zum Sieden erhitzten verdünnten Bariumchloridlösung unter beständigem Umrühren in einem Gusse versetzt. Nach halbstündigem Stehen — am besten in der Wärme — wird der Niederschlag durch ein Papierfilter oder einen GOOCH-Tiegel mit Asbestfilter[3] abfiltriert, ausgewaschen und bei Verwendung des Asbestfilters nach dem Trocknen mäßig stark geglüht und als Bariumsulfat gewogen; hat man ein Papierfilter verwendet, so verbrennt man nach kurzem Trocknen das Filter noch naß im Tiegel und glüht mäßig.

$$\text{Bariumsulfat} \times 0{,}3430 = \text{Schwefelsäure } (SO_3).$$

Bei der Ausführung dieser Bestimmung ist folgendes zu beachten:

1. Bei Lösungen, die größere Mengen von Ferrisalzen enthalten, muß das Eisen vor der Fällung mit Bariumchlorid durch einen größeren Überschuß an Ammoniak abgeschieden werden; ebenso müssen größere Mengen von Calcium vorher durch Ammoniumcarbonat und Ammoniak entfernt werden.

2. Salpetersäure und Chlorsäure müssen vorher durch Eindampfen mit Salzsäure zersetzt werden.

3. Die Lösung muß hinreichend verdünnt und darf nicht zu sauer sein; bei 1—2 g zu erwartendem Bariumsulfat muß die Lösung auf 350—400 ccm verdünnt werden und 1 ccm konz. Salzsäure (1,17) enthalten. Beim Vorliegen stark salzsaurer Lösung dampft man diese

[1] A. KONARSKY: Biochem. Zeitschr. 1927, **187**, 398.

[2] Nach F. P. TREADWELL: Kurzes Lehrbuch der analytischen Chemie, 11. Aufl., Bd. 2, S. 398, 1930.

[3] Vgl. J. GROSSFELD: Z. 1915, **29**, 67. Nach ihm wird das Asbestfilter zweckmäßig mit gereinigter Kieselgur gedichtet.

zur Trockne und nimmt mit Wasser auf oder man neutralisiert die Lösung mit Ammoniak gegen Methylorange und setzt in beiden Fällen zu der entsprechend verdünnten Lösung 1 ccm konz. Salzsäure hinzu.

4. Die Bariumchloridlösung darf nicht zu konzentriert sein; sie soll in 100 ccm 10 ccm N.-Bariumchloridlösung enthalten.

β) Titrimetrische Bestimmung mit Benzidinchlorhydrat. Das von W. J. Müller[1] herrührende, auch bei kleinen Mengen Schwefelsäure gut anwendbare Verfahren beruht auf der Reaktion:

$$C_{12}H_8(NH_2)_2 \cdot 2\,HCl + R_2SO_4 = C_{12}H_8(NH_2)_2 \cdot H_2SO_4 + RCl.$$

Das Benzidinsulfat ist in Wasser bzw. Benzidinchlorhydratlösung unlöslich, der Überschuß an Chlorhydrat kann daher mit Natronlauge zurücktitriert werden.

αα) W. J. Müller und K. Dürkes[2] führen die Bestimmung, wie folgt, aus: Die zu untersuchende Lösung, etwa 0,3—0,05 g Schwefelsäure (H_2SO_4) enthaltend, wird mit Natronlauge genau gegen Phenolphthalein neutralisiert; dann setzt man so viel Wasser hinzu, daß nach Zugabe der Benzidinchlorhydratlösung etwa 20 ccm bis zur Marke des (z. B. 250 ccm-) Meßkolbens fehlen. Die Lösung wird auf dem Drahtnetz zum Sieden erhitzt, eine genau gemessene Menge Benzidinchlorhydratlösung (10—20 ccm Überschuß) zugesetzt, noch einmal zum Sieden erhitzt, nach dem Erkalten mit Wasser auf 250 ccm aufgefüllt, umgeschüttelt und durch ein trockenes Filter filtriert. Unter Verwerfung der ersten Teile des Filtrates werden 200 ccm zur Rücktitration des Benzidinchlorhydratüberschusses mit 0,25 N.-Natronlauge gegen Phenolphthalein verwendet.

Bei der Ausführung der Bestimmung ist noch folgendes zu beachten: Benzidinchlorhydratlösung: 25 g Benzidinchlorhydrat werden unter Zusatz von 30 ccm verd. Salzsäure (d = 1,05) zu 1 Liter gelöst und die Lösung mit 0,25 N.-Natronlauge gegen Phenolphthalein eingestellt.

Bei geringeren Schwefelsäuregehalten (0,05—0,01 g H_2SO_4) verwendet man eine Lösung von etwa 7 g Benzidinchlorhydrat in 1 Liter und titriert mit 0,05 N.-Natronlauge.

Volumen der Lösung. Da das Benzidinsulfat immer etwas Chlorhydrat adsorptiv mitreißt und diese Menge von der Stärke der Fällung und der Konzentration der Lösung abhängig ist, verwendet man zweckmäßig bei einem Gehalt der Lösung an

Schwefelsäure (H_2SO_4) von	1—0,4	0,5—0,075	0,1—0,05	0,05—0,01 g
an Lösung	500	250	100	50 ccm.

Ebenso ist die Adsorption in der Wärme geringer als in kalten Lösungen.

ββ) F. Raschig[3] titriert nicht die Menge des unverbrauchten Benzidinchlorhydrats, sondern den Benzidinsulfatniederschlag selbst. Er verwendet ferner eine verdünntere Benzidinlösung, indem er 18,5 g Benzidin mit 200 ccm 0,1 N.-Salzsäure und 1 Liter Wasser[4] unter Erwärmen löst, die Lösung filtriert und auf 10 Liter verdünnt[4]. Von dieser Lösung verwendet er 150 ccm auf 0,1 g erwartete Schwefelsäure. Mit dieser Flüssigkeit wird die zu untersuchende Lösung, die nicht vorher neutralisiert zu werden braucht, kalt unter Umrühren gemischt und nach 5 Minuten ist alle Schwefelsäure abgeschieden. Man filtriert den Benzidinsulfatniederschlag auf einem Saugfilter ab, wäscht ihn mit nicht zuviel Wasser aus, bringt das Filter mit dem Niederschlage in einen kleinen Erlenmeyer-Kolben, gibt 50 ccm Wasser hinzu, setzt einen Gummistopfen auf, schüttelt etwa eine halbe Minute kräftig durch und titriert nach Abspülen des Stopfens und der oberen Gefäßwand und Zusatz eines Tropfens Phenolphthalein mit 0,1 N.-Natronlauge. Sobald die Rotfärbung nicht mehr schnell verschwindet, erwärmt man die Flüssigkeit bzw. den Brei auf 50° und titriert zu Ende. Die Bestimmung kann in etwa $^1/_4$ Stunde ausgeführt werden.

---

[1] W. J. Müller: Ber. Deutsch. Chem. Ges. 1902, **35**, 1587.

[2] W. J. Müller u. K. Dürkes: Zeitschr. analyt. Chem. 1903, **42**, 477.

[3] F. Raschig: Zeitschr. angew. Chem. 1903, **16**, 617. Vgl. dazu W. J. Müller: Daselbst 1903, **16**, 653.

[4] Dazu verwendetes Wasser muß kohlensäurefrei sein.

Bei geringen Sulfatmengen fallen die Ergebnisse wegen der erforderlichen Menge Waschwasser bei der immerhin zu berücksichtigenden Löslichkeit des Benzidinsulfats in Wasser — 10 ccm Wasser lösen 0,8 mg Benzidinsulfat — etwas zu niedrig aus. Eisenoxydsalze stören die Bestimmung; das Eisenoxyd muß daher vorher mit Ammoniak ausgeschieden und abfiltriert werden; ebenso müssen Zink, Mangan usw. vorher aus der Lösung ausgeschieden werden.

γ) Mikrobestimmung. $\alpha\alpha$) J. Bodnár und L. Barta[1] haben das Benzidinverfahren zu einem Mikroverfahren ausgearbeitet, bei dem der Benzidinsulfatniederschlag in einem Zentrifugenrohr mit sehr verdünnter Benzidinsulfatlösung gewaschen und dann ähnlich wie bei Raschig mit 0,01 N.-Natronlauge titriert wird.

$\beta\beta$) Colorimetrische Bestimmung nach K. Lang[2]. Die Schwefelsäure wird mittels Bariumchromats in saurer Lösung als Bariumsulfat ausgefällt und das überschüssige Bariumchromat mit Calciumhydroxyd beseitigt, wobei die freie Chromsäure in Lösung bleibt. Ihre Menge wird dann durch eine Farbenreaktion mit Diphenylcarbazid (Rotviolettfärbung) ermittelt.

5. Schweflige Säure.

Schweflige Säure (H_2SO_3) findet als Salz, in Lösung und als Anhydrid (Schwefeldioxyd, SO_2) in Gasform als Konservierungsmittel für Lebensmittel vielfache Verwendung. Gelegentlich sollen auch Thiosulfatlösungen zum gleichen Zwecke dienen.

Eigenschaften. Die kennzeichnendste Eigenschaft der Schwefligen Säure und des Schwefeldioxyds ist ihre stark reduzierende und bleichende Wirkung. Mercurichlorid wird zu Mercurochlorid, Mercuronitrat zu Quecksilber, Chromsäure zu grünem Chromisalz reduziert. Die Schweflige Säure selbst wird durch Wasserstoff zu Schwefelwasserstoff reduziert und durch Kaliumpermanganat in saurer Lösung unter gleichzeitiger Bildung von wechselnden Mengen Dithionsäure ($H_2S_2O_6$) zu Schwefelsäure oxydiert. Die Blei-, Silber- und Bariumsalze sind in Wasser schwer löslich; 100 ccm Wasser (18°) lösen 2,2 mg Bariumsulfit.

Unterschwefligsaure Salze (Thiosulfate) werden durch verd. Schwefel- und Salzsäure unter Abscheidung von Schwefel zu schwefligsauren Salzen zersetzt.

Bariumthiosulfat ist in Wasser ziemlich schwer löslich; 100 ccm Wasser (18°) lösen 200 mg. — Aus Silber-, Blei-, Mercuro- und Zinnsalzen scheiden sich beim Kochen mit Thiosulfaten die Sulfide ab. — Jodlösungen werden durch Thiosulfate unter Bildung von Jodid und Tetrathionat entfärbt:

$$J_2 + 2\,Na_2S_2O_3 = 2\,NaJ + Na_2S_4O_6.$$

a) Nachweis. α) Reduktion von Jodlösungen. Durch Einwirkung von Schwefliger Säure bzw. Schwefeldioxyd auf Alkalijodat wird Jod abgeschieden:

$$2\,KJO_3 + 5\,SO_2 = J_2 + K_2SO_4 + H_2SO_4. \qquad (I)$$

Durch Einwirkung weiterer Mengen Schwefeldioxyd wird das Jod zu Jodwasserstoff reduziert:

$$J_2 + SO_2 + 2\,H_2O = 2\,HJ + H_2SO_4. \qquad (II)$$

Ausführung. $\alpha\alpha$) Die auf Schweflige Säure zu prüfende Lösung oder Substanz wird in einem 100 ccm-Erlenmeyer-Kölbchen mit verd. Phosphorsäure angesäuert und das Kölbchen sofort mit einem Korkstopfen verschlossen, in dessen unteres, mit einem Spalt versehenes Ende ein Streifen Kaliumjodat-Stärkepapier[3] so befestigt ist, daß sein unteres, etwa 1 cm lang mit Wasser befeuchtetes Ende sich ungefähr 1—2 cm über der Mitte des zu untersuchenden Reaktionsgemisches befindet. Zeigt sich innerhalb 10 Minuten eine bleibende oder vorübergehende Bläuung des Streifens, die zuerst gewöhnlich an der Grenzlinie des feuchten und trockenen Teiles des Papiers eintritt, so ist Schweflige Säure vorhanden.

---

[1] J. Bodnár u. L. Barta: Biochem. Zeitschr. 1930, **227**, 429.

[2] K. Lang: Biochem. Zeitschr. 1929, **213**, 469.

[3] Das Kaliumjodat-Stärkepapier wird hergestellt, indem man Filtrierpapier mit einer Lösung von 0,1 g Kaliumjodat und 1 g löslicher Stärke in 100 ccm Wasser tränkt. Das getrocknete Papier muß farblos sein.

Zeigt sich keine Bläuung des Papiers, so stellt man das Kölbchen bei gelockertem Kölbchenverschluß noch 10 Minuten auf ein Wasserbad und beobachtet weiter.

Sind größere Mengen von Schwefliger Säure vorhanden, so kann eine alsbald eingetretene Bläuung durch die oben an zweiter Stelle angegebene Reaktion sehr schnell wieder verschwinden; es empfiehlt sich daher sofort nach dem Verschluß des Kölbchens das Verhalten des Reagenspapiers einige Zeit ständig zu beobachten.

ββ) J. Bougault und E. Cattelain[1] empfehlen, den Nachweis der Schwefligen Säure durch Entfärbung von durch Joddämpfe gebläutem Jod-Stärkepapier zu erbringen.

Das Jod-Stärkepapier stellt man her durch Tränken von Filtrierpapierstreifen mit einer 0,5%igen Stärkelösung und Trocknen bei 30°. Die Streifen werden in einer Flasche mit Glasstopfen aufbewahrt und vor dem Gebrauch zuerst mit 1—2 Tropfen einer Kaliumjodidlösung (0,1%), die frei von Jodat ist, angefeuchtet und dann 5—10 Sekunden über die Öffnung einer mit 0,1 N.-Jodlösung gefüllten Flasche gehalten. Die nunmehr schwach bläuliche Färbung des Papiers verschwindet bei Anwesenheit geringer Mengen Schwefliger Säure.

Zum Nachweis gibt man etwa 20 ccm der zu prüfenden Flüssigkeit in eine 150 ccm fassende Flasche mit breiter Öffnung und eingeschliffenem Glasstopfen. Nach dem Ansäuern mit verd. Schwefel- oder Phosphorsäure hängt man sogleich das Reagenspapier in die Flasche, indem man es zwischen Stopfen und Hals der Flasche derart einklemmt, daß ein Teil des Papiers frei in die Flasche hinein hängt und verschließt diese hermetisch mit einer Lösung von Acetylcellulose in Aceton.

Die Reaktion gestattet durch sofortigen Eintritt noch 0,0422 mg Schwefeldioxyd in 10 ccm Flüssigkeit nachzuweisen, was einem Gehalt von etwa 4 mg/l entspricht; bei einem Gehalt von etwa 2 mg/l tritt die Reaktion in etwa 5 Minuten ein.

β) Farbenreaktion nach E. Eegriwe[2]. Gibt man zu einer wäßrigen Lösung eines Sulfits die Lösung eines durch die Einwirkung von salzsaurem Nitrosodimethylanilin auf *β*-Naphthol gewonnenen Oxazinfarbstoffes, z. B. Echtblau R in Krystallen, Baumwollblau R oder Meldolablau, so verschwindet die violette Farbe und es tritt nach und nach eine schöne Gelbfärbung auf. Mit einer Menge von 0,01 mg Nitrition in 1 ccm Lösung können noch 8 Tropfen Reagenslösung nach und nach in Reaktion gebracht werden. In 0,35 ccm einer Natriumsulfit enthaltenden Lösung konnten noch 0,002 mg Nitrition nachgewiesen werden.

Thiosulfate und Thionate geben die Reaktion nicht, dagegen entfärben Sulfidion, Polysulfidion und Hydroxylion das Reagens ebenfalls; erstere müssen vorher am besten durch Fällung mit in Wasser aufgeschlämmtem Cadmiumcarbonat entfernt werden, während die Hydroxylionen — durch Einleiten von Kohlendioxyd bis zur Entfärbung der mit einigen Tropfen Phenolphthaleinlösung versetzten, rot gefärbten Lösung — in Hydrocarbonationen übergeführt werden, welche letzteren den Farbstoff nicht verändern.

γ) Sonstige Reaktionen. *αα*) Reaktion mit Benzidin. Nach S. Rothenfusser kann das Verfahren zur Bestimmung mit Benzidin (S. 1255) auch zum Nachweise von Schwefliger Säure dienen. Eine Ausscheidung von Benzidinsulfat nach dem Überdestillieren von einigen ccm zeigt die Gegenwart von Schwefliger Säure an.

ββ) Reaktion nach G. Denigés. Cadmium-anilinnitratlösung (5 g Cadmiumnitrat, 2,5 g Anilin und 100 ccm Wasser) fällt aus Sulfiten einen weißen krystallinen Niederschlag[3].

[1] J. Bougault u. E. Cattelain: Ann. Falsif. 1932, **25**, 138; Zeitschr. analyt. Chem. 1933, **91**, 381.

[2] E. Eegriwe: Zeitschr. analyt. Chem. 1926, **69**, 384.

[3] G. Gutzeit: Helv. chim. Acta 1929, **12**, 713; Zeitschr. analyt. Chem. 1930, **82**, 182.

$\gamma\gamma$) BÖDEKEs Reaktion. Eine neutrale Sulfitlösung gibt mit verd. Natriumnitroprussidlösung eine schwache Rosafärbung und bei Zusatz von viel Zinksulfat eine deutliche Rotfärbung. Die Reaktion ist noch empfindlicher bei Zusatz von wenig Kaliumferrocyanid, wobei ein roter Niederschlag entsteht (Unterschied von Thiosulfat)[1].

Unterscheidung von Sulfit und Thiosulfat.

Zur Unterscheidung können folgende Reaktionen dienen:

1. Bei Thiosulfatlösungen scheidet sich auf Zusatz von verd. Schwefel- oder Salzsäure neben der Entwicklung von Schwefliger Säure Schwefel ab.

2. Das Strontiumthiosulfat ist leicht löslich in Wasser (100 ccm Wasser [18°] lösen 27 g), während Strontiumsulfit darin schwer löslich ist; 100 ccm Wasser (18°) lösen 3,3 mg. W. AUTENRIETH und A. WINDAUS[1] begründen hierauf ein Verfahren zum Nachweis von Sulfid (fällbar durch Cadmiumcarbonat), Sulfit und Thiosulfat nebeneinander.

3. BÖDEKEsche Reaktion; siehe oben.

b) Bestimmung. Enthält die zu untersuchende Lösung außer Schwefliger Säure keine oxydierbaren oder halogenbindenden Stoffe, so können die Bestimmungen in der Lösung selbst erfolgen; im anderen Falle ist die Schweflige Säure zunächst durch Destillation im Kohlensäurestrome von den störenden Stoffen zu trennen.

Destillation im Kohlensäurestrome. Man bringt die zu untersuchende Substanz mit etwa 200 ccm ausgekochtem Wasser in einen Destillierkolben von etwa 500 ccm Inhalt und rührt unter Zusatz von Natriumcarbonatlösung bis zur schwach alkalischen Reaktion an. Nach einstündigem Stehen wird der Kolben mit einem zweimal durchbohrten Stopfen verschlossen, durch welchen zwei Glasröhren in das Innere des Kolbens führen. Die erste Röhre reicht bis auf den Boden des Kolbens, die zweite nur bis in den Hals. Die letztere Röhre ist mit einem LIEBIGschen Kühler verbunden, an den sich luftdicht mittels durchbohrten Stopfens eine PELIGOTsche Röhre anschließt. Man leitet durch das bis auf den Boden des Kolbens führende Rohr Kohlensäure ein, bis alle Luft aus dem Apparat verdrängt ist, bringt dann in die PELIGOTsche Röhre die Absorptions- bzw. Oxydationslösung, lüftet den Stopfen des Destillierkolbens und läßt, ohne das Einströmen der Kohlensäure zu unterbrechen, 10 ccm einer Phosphorsäurelösung (25%) einfließen. Darauf schließt man den Stopfen wieder, erhitzt den Kolbeninhalt vorsichtig und destilliert unter stetigem Durchleiten von Kohlensäure die Hälfte der wäßrigen Lösung ab.

K. K. JÄRVINEN[2] empfiehlt, die Entwicklung des Kohlendioxyds im Destillationsgefäße selbst aus Marmor und Salzsäure vorzunehmen.

α) Bestimmung als Bariumsulfat. Man gibt bei der vorstehenden Destillation in die PELIGOTsche Röhre als Oxydationsflüssigkeit 50 ccm Jod-Kaliumjodidlösung (5 g Jod und 7,5 g Kaliumjodid mit Wasser zu einem Liter gelöst) oder 50—80 ccm schwefelsäurefreie Wasserstoffsuperoxydlösung (3%). Beide Oxydationsmittel oxydieren die Schweflige Säure zu Schwefelsäure, die dann nach S. 1251 als Bariumsulfat bestimmt wird. Bariumsulfat $\times$ 0,2744 = Schwefeldioxyd (SO_2).

V. FROBOESE[3] fängt das Destillat in titrierter Natriumbicarbonatlösung auf, oxydiert mit Wasserstoffsuperoxyd und titriert mit Salzsäure den Überschuß an Natriumcarbonat gegen Methylorange zurück; außerdem kann die gebildete Schwefelsäure auch als Bariumsulfat bestimmt werden.

β) Bestimmung als Benzidinsulfat. S. ROTHENFUSSER[4] destilliert aus der zu untersuchenden Substanz die Schweflige Säure aus einem 500 ccm-Rundkolben wie oben ab und fängt bei senkrecht stehendem Kühler das Destillat in einer mit dem Apparat durch Gummistopfen dicht verbundenen, unten verjüngten zylindrischen Vorlage[5] auf, in der das Einleitungsrohr, das am

---

[1] W. AUTENRIETH u. A. WINDAUS: Zeitschr. analyt. Chem. 1898, **37**, 290.

[2] K. K. JÄRVINEN: **Z.** 1925, **49**, 283.

[3] V. FROBOESE: Arb. Reichsgesundh.-Amt 1920, **52**, 657; **C.** 1921, IV, 225.

[4] S. ROTHENFUSSER: **Z.** 1929, **58**, 98.

[5] Die Vorlage bzw. die ganze Apparatur kann von der Glasbläserei W. Neumann in München, Theresienstr. 78, bezogen werden.

Ende etwas aufgetrieben und mit kleinen Öffnungen versehen ist, bis an den Boden reicht.

In der Vorlage befinden sich 5 ccm filtrierte 5%ige Benzidinlösung (in 96%igem Alkohol), 5 ccm Essigsäure (30%), gemischt mit 5 ccm Wasserstoffsuperoxydlösung (3%). Durch letztere wird die Schweflige Säure zu Schwefelsäure oxydiert und diese durch das Benzidin gefällt (vgl. S. 1252). Das Benzidinsulfat wird 5 Minuten nach Beendigung der Destillation durch einen GOOCH-Tiegel oder einen Jenaer Glasfiltertiegel, beide mit Asbestfilter, abgesaugt, zwei- bis dreimal mit 5 ccm Wasser nachgewaschen, etwa $^1/_2$ Stunde bei 105° getrocknet und gewogen. Benzidinsulfat × 0,234 = Schwefeldioxyd (SO_2).

Eine Destillation im Kohlensäurestrom ist nach S. ROTHENFUSSER bei diesem Verfahren nicht erforderlich. Er fand die Löslichkeit des Benzidinsulfats bei 15° in Wasser zu 10 mg-%, in 95%igem Alkohol zu 4,2 mg-% und in Mischungen von 5 ccm Essigsäure (30%), 5—50 ccm Alkohol und 45—90 ccm Wasser zu 2—7,5 mg-%.

γ) Jodometrische Bestimmung. Sie kann nach jeder der beiden oben (S. 1253) angegebenen Reaktionen erfolgen.

$\alpha\alpha$) Liegt ein Salz oder eine Lösung zur Untersuchung vor, die außer der Schwefligen keine anderen oxydierbaren oder jodaufnehmenden Stoffe enthalten, so kann die unmittelbare Titration mit Jodlösung im Sinne der Gleichung (II) erfolgen: Zu 30 ccm einer mit Salzsäure angesäuerten 0,1 N.-Jodlösung (in Kaliumjodid) läßt man aus einer Bürette die nötigenfalls entsprechend verdünnte Sulfitlösung oder Schweflige Säure unter ständigem Umschütteln hinzufließen, bis Entfärbung eintritt. Hierzu sollen nicht mehr als etwa 15 ccm Säure- bzw. Sulfitlösung erforderlich sein. 1 ccm 0,1 N.-Jodlösung = 3,203 mg Schwefeldioxyd (SO_2).

$\beta\beta$) Jodat-Titration. Eine Destillation der Schwefligen Säure (S. 1255) in eine abgemessene Menge titrierter Jodlösung liefert ungenaue Ergebnisse, da durch den Kohlensäurestrom Jod aus der Vorlage mit weggerissen wird; dagegen kann man die Schweflige Säure mit einer Jodatlösung im Sinne der Gleichung (I) (S. 1253) oxydieren und den Überschuß an letzterer zurücktitrieren[1].

In Anlehnung an TH. SCHUMACHER und E. FEDER[2] verfährt man, wie folgt: Bei der Destillation im Kohlensäurestrome (S. 1255) gibt man in die als Vorlage dienende PELIGOTsche Röhre 50 ccm Kaliumjodatlösung (14,84 g Kaliumjodat im Liter enthaltend).

Die Einstellung der Kaliumjodatlösung geschieht in der Weise, daß man zu einer abgemessenen Menge der Lösung einen Überschuß von Kaliumjodid und Schwefelsäure gibt und das dabei ausgeschiedene Jod mit 0,5 oder 0,1 N.-Natriumthiosulfatlösung in bekannter Weise titriert. Nach der Umsetzung

$$KJO_3 + 5\,KJ + 3\,H_2SO_4 = 6\,J + 3\,K_2SO_4 + 3\,H_2O$$

entspricht 1 ccm 0,1 N.-Thiosulfatlösung 3,203 mg Schwefeldioxyd (SO_2).

Nach Beendigung der Destillation wird der Inhalt der Vorlage in einen ERLENMEYER-Kolben gespült und das ausgeschiedene Jod durch Kochen auf dem Drahtnetz vertrieben, dann nach 5—10 Minuten weiter gekocht und der noch vorhandene Überschuß an Jodat wie vorstehend bestimmt und in ccm 0,1 N.-Thiosulfatlösung ausgedrückt.

$\gamma\gamma$) Sonstige Oxydationsverfahren haben noch angegeben C. MAYR u. J. PEYFUSS[3], sowie W. MANCHOT und F. OBERHAUSER[4], die die Schweflige Säure mit Brom

[1] W. FEIT u. K. KUBIERSCHKY: Chem.-Ztg. 1891, 15, 351. Sie verwendeten eine Bromatlösung. — Vgl. ferner SCHWICKER: Daselbst S. 845.

[2] TH. SCHUMACHER u. E. FEDER: Z. 1905, 10, 415 u. 649. — Vgl. auch W. S. HENDRIXSON: Journ. Amer. Chem. Soc. 1925, 47, 1319 u. 2156; C. 1925, II, 585 u. 1881.

[3] C. MAYR u. J. PEYFUSS: Zeitschr. anorg. Chem. 1923, 127, 123.

[4] W. MANCHOT u. F. OBERHAUSER: Ber. Deutsch. Chem. Ges. 1924, 57, 29.

oxydieren, J. BICSKEI[1], der mit Natriumhypochlorit oxydiert und G. ALSTERBERG[2], der die Oxydation mit Kaliumpermanganat unter Zuhilfenahme von Jodcyan durchführt. PH. PHOTIADIS[3] oxydiert die Schweflige Säure im Destillat mit Wasserstoffsuperoxyd, titriert mit Ammoniumchromatlösung und bestimmt schließlich deren Überschuß jodometrisch.

Bestimmung der Unterschwefligen Säure.

1. Bestimmung der Unterschwefligen Säure. Wenn in der zu untersuchenden Substanz keine anderen oxydierbaren oder Jod bindenden Stoffe vorhanden sind, so kann die Bestimmung der Unterschwefligen Säure ($H_2S_2O_3$) mit Hilfe einer Lösung von Jod in Kaliumjodid (deren Titer mit Kaliumjodat nach S. 1256 eingestellt wird, erfolgen. 1 ccm 0,1 N.-Jodlösung = 11,212 mg Unterschwefliger Säure (S_2O_3) = 15,811 mg Natriumthiosulfat ($Na_2S_2O_3$) bzw. 24,812 mg kryst. Natriumthiosulfat ($Na_2S_2O_3 \cdot 5\,H_2O$).

2. Bestimmung von Schwefliger und Unterschwefliger Säure nebeneinander. Nach W. AUTENRIETH und A. WINDAUS[4] löst man 1—3 g Substanz in 100 ccm Wasser und nimmt von dieser Lösung bzw. von einer etwa vorliegenden Lösung: I. 10 oder 20 ccm zur Titration mit 0,1 N.-Jodlösung zur Oxydation von Sulfit + Thiosulfat. II. Weitere 20--50 ccm der ursprünglichen Lösung versetzt man in einem 100 ccm-Kolben mit Strontiumnitratlösung im Überschuß, füllt auf 100 ccm auf und schüttelt durch. Nach mehrstündigem Stehenlassen filtriert man durch ein trockenes Filter und titriert in 50 ccm das Thiosulfat mit 0,1 N.-Jodlösung. Da 100 ccm Wasser 3,3 mg Strontiumsulfit lösen (S. 1255), die 0,4 ccm 0,1 N.-Jodlösung entsprechen, so ist von dem Jodwert II ein entsprechender Abzug zu machen. Die Differenz ist der zur Oxydation der Schwefligen Säure erforderliche Jodwert. Zieht man diesen von dem nach I verbrauchten Jodwert ab, so erhält man die zur Oxydation der Unterschwefligen Säure verbrauchte Jodmenge.

3. Ein weiteres Verfahren, welches auf der Fällung mit Mercurichlorid beruht, haben W. FELD[5] sowie A. SANDER[6] beschrieben.

6. Phosphorsäure.

Phosphor findet sich in Lebensmitteln teils als Phosphorsäure in anorganischer Bindung, größtenteils aber in Bindung an organische Stoffe (Proteine, Lecithine usw.).

Man bestimmt den Gesamt-Phosphor nach den S. 587 und 600 angegebenen Verfahren oder in den sonstigen durch Aufschließung mit Säuren hergestellten Lösungen (S. 1221), meist aber in der mit alkalischen Zusätzen hergestellten Asche (S. 1220). In letzterer ist der Gesamt-Phosphor als Orthophosphat vorhanden, während bei der ohne solche Zusätze erfolgenden Veraschung bei vielen Lebensmitteln ein beträchtlicher Teil des Phosphors durch Verflüchtigung verloren geht und ein weiterer Teil als Pyro- oder Metaphosphat in der Asche vorhanden ist. Zur Bestimmung dieser drei Phosphatarten dient das S. 1219 angegebene Verfahren.

Zwecks Entfernung der bei der Phosphorsäurebestimmung störend wirkenden Kieselsäure wird die Asche mit Salpetersäure aufgenommen und auf dem Wasserbade zur Trockne verdampft.

Von den zahlreichen Verfahren zur Phosphorsäurebestimmung[7] empfiehlt H. KLEINMANN[7] bei Mengen von über 25 mg P_2O_5 die gewichtsanalytischen Verfahren, bei geringeren Mengen bis zu 1 mg herab die maßanalytische Bestimmung nach A. NEUMANN in der Abänderung von H. KLEINMANN[7]; bei Mengen unter 1 mg verwendet man die colorimetrische und bei solchen unter

[1] J. BICSKEI: Zeitschr. anorg. Chem. 1927, **160**, 64.
[2] G. ALSTERBERG: Biochem. Zeitschr. 1926, **172**, 223.
[3] PH. PHOTIADIS: Zeitschr. analyt. Chem. 1933, **91**, 181.
[4] W. AUTENRIETH u. A. WINDAUS: Zeitschr. analyt. Chem. 1898, **37**, 290.
[5] W. FELD: Zeitschr. angew. Chem. 1911, **24**, 290 u. 1161.
[6] A. SANDER: Zeitschr. angew. Chem. 1915, **28**, 9 u. 1916, **29**, 11; Chem.-Ztg. 1915, **39**, 945.
[7] Eine ausführliche Zusammenstellung bringen H. KLEINMANN (Biochem. Zeitschr. 1919, **99**, 19, 45, 95, 115, 150) und M. ISHIBASCHI (Zeitschr. analyt. Chem. 1931, **84**, 261).

0,1 mg die nephelometrische Bestimmung, durch welche noch 0,0005 mg = 0,5 γ bestimmt werden können.

a) Bestimmung als Ammoniumphosphormolybdat. Der gelbe Niederschlag, welcher in salpetersaurer Lösung bei Gegenwart von Ammoniumnitrat durch Ammoniummolybdat entsteht, hat nach Fr. Hundeshagen[1] die Zusammensetzung

$$(NH_4)_3PO_4,\ 12\,MoO_3,\ 2\,HNO_3,\ H_2O.$$

N. v. Lorenz[2] wägt diesen Niederschlag als solchen nach dem Entwässern direkt; Finkener[3] erhitzt ihn auf 160—180° und erhält dadurch $(NH_4)_3PO_4$, 12 MoO_3, während R. Woy[4] durch schwaches Glühen einen blaugrünschwarzen Rückstand von Phosphormolybdänsäureanhydrid (24 MoO_3, P_2O_5) erhält.

Wegen des hohen Molekulargewichtes dieser Verbindungen sind die Bestimmungen recht genau (1 mg P_2O_5 = 30,35 mg Ammoniumphosphormolybdat) und sie besitzen dabei den Vorzug, daß sie auch in Lösungen, welche beliebige Metalle enthalten, ausgeführt werden können. Dagegen wirken größere Mengen Salzsäure, ferner Ammoniumoxalat, -tartrat[5] und -citrat und organische Substanzen störend; auch Kieselsäure muß aus Aschenlösungen vorher entfernt werden.

α) Bestimmung nach N. v. Lorenz[2] als Ammoniumphosphormolybdat. Die Bestimmung wird nach W. Plücker[6], wie folgt, ausgeführt:

Erforderliche Reagenzien. 1. Sulfat-Molybdänreagens. In einem 2—3 Liter fassenden Kolben werden 100 g Ammoniumsulfat mit 1 Liter Salpetersäure (d = 1,35 bis 1,36) unter Umrühren gelöst. Desgleichen löst man 300 g Ammoniummolybdat in einem Literkolben in heißem Wasser, kühlt auf Zimmertemperatur ab, stellt auf die Marke ein und gießt die Lösung in dünnem Strahle unter Umrühren in die Ammoniumsulfatlösung. Man läßt wenigstens 48 Stunden bei Zimmertemperatur stehen, filtriert durch ein säurefestes, dichtes Filter und hebt die fertige Lösung gut verschlossen im Dunkeln auf.

Die Lösung scheidet beim Aufbewahren im Lichte nach einiger Zeit Molybdänsäure ab. Solange keine Krustenbildung eintritt, ist das Reagens noch verwertbar, man hat nur darauf zu achten, daß es vollständig klar zur Verwendung gelangt. Auch ist es zweckmäßig, den Hals der Flasche nach dem jedesmaligen Gebrauch trocken auszuputzen, damit sich in ihrem Halse nichts ansetzt und ein Filtrieren vor dem Gebrauch sich erübrigt. Vor Licht geschützt, bleibt die Lösung fast unbegrenzt haltbar.

2. Salpetersäure von d = 1,19—1,21.

3. Schwefelsäurehaltige Salpetersäure. Man mischt 30 ccm Schwefelsäure (d = 1,84) mit Salpetersäure (d = 1,19—1,21) zu 1 Liter.

4. Ammoniumnitratlösung (2%). Sollte die Lösung nicht an sich schon schwach sauer reagieren, so gibt man einige Tropfen Salpetersäure bis zur schwach sauren Reaktion hinzu.

5. Alkohol (90—95%); er darf nicht alkalisch reagieren.

6. Äther. Er darf ebenfalls nicht alkalisch reagieren, muß alkoholfrei und nicht zu wasserhaltig sein. 150 ccm sollen 1 ccm Wasser vollständig und klar lösen.

Ausführung. Man erhitzt die Phosphorsäurelösung, deren Volumen 50 ccm betragen und die nicht mehr als 50 mg Phosphorsäure, 10—20 ccm Salpetersäure und 1 ccm Schwefelsäure enthalten soll, auf einem Drahtnetze, bis die ersten Blasen aufsteigen, nimmt vom Drahtnetz herunter, schwenkt einige Male um,

[1] Fr. Hundeshagen: Zeitschr. analyt. Chem. 1889, **28**, 141.

[2] N. v. Lorenz: Landw. Vers.-Stationen 1901, **55**, 183.

[3] Finkener: Ber. Deutsch. Chem. Ges. 1878, **11**, 1640; Zeitschr. analyt. Chem. 1882, **21**, 566.

[4] R. Woy: Chem.-Ztg. 1897, **21**, 442 u. 469.

[5] Nach H. v. Jüptner (Oesterr. Zeitschr. Berg- u. Hüttenw. 1894, 471) wirkt Weinsäure nicht störend; er empfiehlt sogar diese zur Molybdänsäure zuzusetzen, wenn es sich um die Bestimmung von Phosphorsäure im Eisen handelt.

[6] W. Plücker: Z. 1909, **17**, 446. — Das Verfahren ist auch von anderer Seite vielfach nachgeprüft und seine vorzügliche Brauchbarkeit bestätigt worden. Auch H. Neubauer u. F. Lücker (Zeitschr. analyt. Chem. 1912, **51**, 170) geben eine genaue Vorschrift für die Anwendung des Verfahrens.

damit die Temperatur an den überhitzten Stellen ausgeglichen wird, und gießt in die Mitte der Lösung 50 ccm klares Sulfat-Molybdänreagens und zwar so, daß die Wandungen nicht benetzt werden. Wenn die Hauptmenge des Niederschlages sich zu Boden gesetzt hat, längstens nach 5 Minuten, rührt man mit Hilfe eines Glasstabes, der sich vorher nicht in der Lösung befinden soll, $^1/_2$ Minute kräftig um. Nach 12—18 Stunden filtriert man durch einen Platin-GOOCH-Tiegel. Auf seinem Boden befindet sich ein Scheibchen nicht zu dichten, aschen- und fettfreien Filtrierpapiers, so zugeschnitten, daß es die Sieblöcher bedeckt, aber die Wandungen des Tiegels nicht berührt. Den Tiegel verbindet man mit einer Saugflasche mit Hahn, läßt das Scheibchen erst trocken ansaugen, gießt etwas Wasser darauf und saugt den Niederschlag ab. Man wäscht etwa viermal mit der Ammoniumnitratlösung (2%) aus und spült damit etwa noch im Becherglase befindliche Teilchen in den Tiegel. Man füllt den Tiegel einmal ganz voll und zweimal halbvoll Alkohol[1], läßt fast vollständig absaugen und verfährt mit dem Äther[1] ebenso. Bei dem Waschen mit Äther ist darauf zu achten, daß der Niederschlag nicht trocken wird, damit nicht bei dem Aufgießen des Äthers etwas in Staubform durch den Tiegel gerissen wird, weshalb am besten möglichst rasch gearbeitet wird. Der Hahn der Saugflasche wird nun geschlossen, worauf man nach einigen Sekunden den Tiegel abnehmen kann. Man wischt ihn mit einem Tuche trocken ab und bringt ihn in einen Exsiccator, den man mit der Luftpumpe auf 100—200 mm Luftdruck evakuiert. Der Exsiccator darf weder Calciumchlorid noch sonst ein Trockenmittel enthalten. Man läßt den Tiegel $^1/_2$ Stunde in dem Exsiccator und wägt dann sofort. Das Gewicht des Niederschlages, mit 0,03295 multipliziert, ergibt die vorhandene Menge Phosphorsäure (P_2O_5).

Nach A. BÄURLE, W. RIEDEL und K. TÄUFEL[2] kann das Volumen der Lösung auch größer als 50 ccm sein; ein schädlicher Einfluß wurde bis zur dreifachen Menge (150 ccm) nicht festgestellt. Übersteigt dagegen die Konzentration an Schwefelsäure eine gewisse Grenze, so machen sich Verluste an Phosphorsäure geltend. 2 ccm konz. Schwefelsäure auf 50 ccm Flüssigkeitsvolumen beeinträchtigen die Bestimmung noch nicht. Eine Neutralisation mit Ammoniak ist nicht statthaft, da Ammoniumsulfat in höherer Konzentration die vollständige Ausfällung verhindert. Dagegen kann die störende freie Schwefelsäure ohne Schaden mit Natronlauge abgestumpft werden.

H. NEUBAUER und F. LÜCKER[3] verwenden statt Alkohol und Äther zum Auswaschen des Niederschlages Aceton. Es genügt dafür das gewöhnliche Acetonum purissimum des Handels, das in braunen Flaschen aufzubewahren ist. Es muß neutral reagieren, darf keine über 60° siedenden Anteile entalten, muß sich mit dem gleichen Volumen Wasser klar mischen und darf keine wesentlichen Mengen Wasser, Ammoniak und Aldehyd enthalten. Die Verfasser geben die für diese Prüfung dienenden Reaktionen und ferner ein Verfahren zur Rückgewinnung des Acetons an.

Wiedergewinnung des Molybdäns. W. VENATOR[4] empfiehlt, die Lösungen von Ammoniumphosphormolybdat durch Zusatz von Eisenchlorid und Ammoniak von Phosphorsäure zu befreien, im Filtrat die Molybdänsäure mit Bariumchlorid zu fällen, den ausgewaschenen, getrockneten Niederschlag durch Behandeln mit Ammoniumsulfat zu zersetzen, das gebildete Bariumsulfat abzufiltrieren und im Filtrat das Ammoniummolybdat durch Krystallisation vom Ammoniumsulfat zu trennen.

Ein anderes Verfahren beschreibt H. BORNTRÄGER[5].

β) Bestimmung nach R. WOY[6] als Phosphormolybdänsäureanhydrid.

Erforderliche Reagenzien. 1. Ammoniummolybdatlösung (3%), erhalten durch Lösen von 30 g Ammoniummolybdat, $(NH_4)_6Mo_7O_{24} \cdot 4\,H_2O$, zu 1 Liter; 1 ccm fällt 1 mg P_2O_5.

---

1 Über die Anwendung von Aceton siehe unten.
2 A. BÄURLE, W. RIEDEL u. K. TÄUFEL: Z. 1934, **67**, 274.
3 H. NEUBAUER u. F. LÜCKER: Zeitschr. analyt. Chem. 1912, **51**, 170.
4 W. VENATOR: Chem.-Ztg. 1885, **9**, 1068.
5 H. BORNTRÄGER: Zeitschr. analyt. Chem. 1894, **33**, 341
6 R. WOY: Chem.-Ztg. 1897, **21**, 442 u. 469.

2. Ammoniumnitratlösung. 340 g Ammoniumnitrat zu 1 Liter gelöst.
3. Salpetersäure (d = 1,153), 25% HNO_3 enthaltend.
4. Waschflüssigkeit. 50 g Ammoniumnitrat und 40 ccm Salpetersäure zu 1 Liter gelöst.

Ausführung. Zu 50 ccm der zu untersuchenden, neutralen oder schwach salpetersauren Lösung, welche höchstens 0,1 g Phosphorsäure (P_2O_5) enthalten darf[1], gibt man in einem 400 ccm-Becherglase 30 ccm Ammoniumnitratlösung und 10—20 ccm Salpetersäure, erhitzt bis zum Sieden und gibt 120 ccm siedend heiße Ammoniummolybdatlösung[1] in dünnem Strahle unter stetem Umschwenken mitten in die heiße Phosphorsäurelösung hinein. Man schwenkt das Becherglas noch etwa 1 Minute lang um, läßt dann $^1/_4$ Stunde stehen, gießt die überstehende Flüssigkeit durch ein Filter und dekantiert einmal mit 50 ccm heißer Waschflüssigkeit. Hierauf löst man den Niederschlag in 10 ccm Ammoniak (8%), fügt 20 ccm Ammoniumnitrat, 30 ccm Wasser und 1 ccm Ammoniummolybdatlösung hinzu, erhitzt bis zum Sieden und setzt 20 ccm heiße Salpetersäure tropfenweise unter Umschwenken hinzu. Nach 10 Minuten filtriert man den nunmehr reinen Niederschlag durch einen tarierten GOOCH-Tiegel und wäscht ihn mit der obigen Waschflüssigkeit aus, bis keine Braunfärbung durch Ferrocyankalium mehr erzeugt wird.

Der Niederschlag wird schwach geglüht, indem man den GOOCH-Tiegel in einen Nickeltiegel, auf dessen Boden sich eine ausgeglühte, 2 mm dicke Asbestpappe befindet und der mit einem Uhrglase bedeckt ist, anfangs gelinde und später stärker erhitzt, jedoch nur so stark, daß der Boden des Nickeltiegels nur schwach rotglühend wird. Der gleichmäßig blaugrünschwarze Rückstand von Phosphormolybdänsäureanhydrid ($24\,MoO_3 \cdot P_2O_5$) wird im bedeckten Tiegel im Exsiccator erkalten gelassen und gewogen. Durch Multiplikation mit 0,03949 erhält man die entsprechende Menge Phosphorsäure (P_2O_5).

Das Verfahren ist rasch ausführbar und liefert sehr gute Ergebnisse.

FINKENER[2] verfährt ähnlich, trocknet aber nur bei 160° und erhält dabei ein gelbes Ammoniumphosphormolybdat, $(NH_4)_3PO_4, 12\,MoO_3$, das zwar theoretisch 3,784% P_2O_5 enthält, aber, mit dem Faktor 0,03794 multipliziert, richtigere Ergebnisse liefert.

γ) Maßanalytische Bestimmung nach A. NEUMANN[3]. Dieses Verfahren wird in der Abänderung von H. KLEINMANN[4], wie folgt, ausgeführt:

Lösungen, welche bis 10 mg Phosphorsäure enthalten, werden mit Wasser auf 60 ccm verdünnt, 1,5 ccm konz. Schwefelsäure, 15 ccm Ammoniumnitratlösung (190 g zu 300 ccm gelöst) zugesetzt, bis zum Sieden erhitzt und nun die Phosphorsäure durch Zusatz von 5 ccm Ammoniummolybdatlösung (10%) gefällt. Nach Zusatz von 10 ccm absol. Alkohol filtriert man durch ein gehärtetes Filter (Schleicher & Schüll Nr. 589) und wäscht mit 50%igem, durch Eis gekühltem Alkohol aus. Zu dem Niederschlage mitsamt dem Filter werden 11 ccm 0,5 N.-Natronlauge gegeben, etwas Wasser hinzugefügt und bis zum Verschwinden des Ammoniaks gekocht, darauf Phenolphthalein hinzugefügt, mit 0,5 N.-Schwefelsäure angesäuert, die Kohlensäure durch Kochen ausgetrieben, mit 0,5 N.-Natronlauge bis zum Umschlag zurücktitriert und dann die vollständige Entfernung der Kohlensäure durch nochmaliges Ansäuern mit Rücktitrieren festgestellt. Letzteres muß gewöhnlich zwei- bis dreimal wiederholt werden, bis der zugegebenen Säurenmenge die gleiche Menge 0,5 N.-Natronlauge beim Zurücktitrieren entspricht. Die zugefügten ccm 0,5 N.-Natronlauge,

---

[1] Ist weniger als 0,1 g P_2O_5 vorhanden, so können natürlich die Reagensmengen geringer sein, z. B. bei 0,01—0,005 g 15 ccm Ammoniummolybdatlösung, 20 ccm Ammonnitratlösung und 10 ccm Salpetersäure.

[2] FINKENER: Zeitschr. analyt. Chem. 1882, **21**, 566.

[3] A. NEUMANN: Zeitschr. physiol. Chem. 1902, **37**, 115; 1905, **43**, 32.

[4] H. KLEINMANN: Biochem. Zeitschr. 1919, **99**, 95.

abzüglich der ccm 0,5 N.-Schwefelsäure, mit dem Faktor 0,533 multipliziert, ergeben die vorhandene Menge Phosphor (P) und, mit 1,219 multipliziert, die entsprechende Menge Phosphorsäure (P_2O_5).

F. FRODL[1] hat ein entsprechendes jodometrisches Verfahren angegeben.

b) Bestimmung als Magnesiumpyrophosphat. Diese Bestimmung kann sowohl nach vorangegangener Ausfällung der Phosphorsäure als Ammoniumphosphormolybdat als auch direkt erfolgen.

α) Bestimmung nach vorangegangener Ausfällung als Ammoniumphosphormolybdat. Für diese Ausfällung sind die verschiedensten Verfahren angegeben[2]; zuverlässig und schnell ausführbar ist das Verfahren von R. WOY (S. 1259). Das zum zweiten Male ausgefällte und abfiltrierte Ammoniumphosphormolybdat löst man in warmem verd. Ammoniak (2,5%) und versetzt die Lösung so lange mit Salzsäure, bis der entstehende Niederschlag sich nur langsam in der ammoniakalischen Flüssigkeit wieder löst.

Für die nunmehrige Fällung mit Magnesiamixtur sind die verschiedensten Verfahren angegeben, die teils in der Kälte, teils in der Hitze die Phosphorsäure als Magnesium-Ammoniumphosphat ($MgNH_4PO_4 \cdot 6\,H_2O$) fällen. Die Fällungen in der Kälte liefern unsichere, je nach den Versuchsbedingungen teils zu hohe, teils zu niedrige Ergebnisse[3]. Man fällt am besten nach dem Verfahren von B. SCHMITZ in der Hitze.

Fällung nach B. SCHMITZ[4]. Die klare ammoniakalische Flüssigkeit erhitzt man mit einem Überschuß von saurer Magnesiamixtur zum Sieden und setzt nach Zugabe eines Tropfens Phenolphthalein möglichst schnell unter beständigem Umrühren — am besten aus einer Pipette oder Bürette — verdünntes Ammoniak (etwa 2,5%) bis zur schwachen Rotfärbung hinzu. Darauf läßt man erkalten, fügt $^1/_5$ des Flüssigkeitsvolumens konz. Ammoniak hinzu und kann dann schon nach 10 Minuten filtrieren. Hierbei verwendet man am besten einen Platin-GOOCH-Tiegel mit Asbestfilter oder einen NEUBAUER-Tiegel mit Platinschwammfilter, wäscht den Niederschlag mit 2,5%igem Ammoniak aus, trocknet, erhitzt zunächst mit kleiner Flamme, glüht dann im Muffelofen oder vor dem Gebläse bei heller Rotglut und wägt das entstandene weiße[5] Magnesiumpyrophosphat ($Mg_2P_2O_7$). Dieses ergibt, mit 0,6379 multipliziert, die Phosphorsäure (P_2O_5).

Saure Magnesiamixtur wird nach B. SCHMITZ durch Lösen von 55 g kryst. Magnesiumchlorid und 105 g Ammoniumchlorid in Wasser zu 1 Liter und Zufügen von ein wenig Salzsäure hergestellt.

β) Direkte Bestimmung. αα) Wenn es sich um die Bestimmung der Phosphorsäure in reinen Phosphatlösungen handelt, so kann diese mit Magnesiamixtur in der unter α) angegebenen Weise ohne voraufgehende Ausfällung mit Ammoniummolybdat erfolgen.

ββ) Citratverfahren. Zu 50 ccm der salz-, salpeter- oder schwefelsauren Phosphatlösung setzt man 50 ccm Ammoniumcitratlösung und darauf 25 ccm

---

[1] F. FRODL: Chem.-Ztg. 1926, **50**, 825, 839, 868.

[2] Bei den verschiedenen Verfahren wechselt sowohl die Zusammensetzung der Molybdänlösung und Magnesiamixtur als auch die Art der Fällung, Menge des Ammoniakzusatzes usw. — Vgl. auch die neueren Arbeiten von M. ISHIBASHI (Zeitschr. analyt. Chem. 1931, **84**, 264), sowie von J. MCCANDLESS und J. BURTON (Ind. Engin. chem. 1924, **16**, 1267; C. 1925, I, 1230).

[3] H. NEUBAUER: Zeitschr. angew. Chem. 1896, 439. — F. A. GOOCH: Zeitschr. anorg. Chem. 1899, **20**, 135. — K. K. JÄRVINEN: Zeitschr. analyt. Chem. 1905, **44**, 333. — G. JÖRGENSEN: Zeitschr. analyt. Chem. 1906, **44**, 278.

[4] B. SCHMITZ: Zeitschr. analyt. Chem. 1906, **45**, 512. — Vgl. ferner JÄRVINEN und JÖRGENSEN in Anmerkung 3.

[5] Bei zu raschem Erhitzen bleibt das Magnesiumpyrophosphat durch Spuren von unverbrannter Kohle grau. Um sie zu entfernen, befeuchtet man nach dem Erkalten mit wenig Ammonnitratlösung und erhitzt nach dem Trocknen nochmals.

Magnesiamischung hinzu und schüttelt oder rührt die Mischung in einem mechanischen Schüttel- oder Rührwerk $^1/_2$ Stunde. Dann wird weiter wie unter α) verfahren.

Ammoniumcitratlösung. 100 g Citronensäure werden in etwa 500 ccm Wasser gelöst und zu der kalten Lösung unter Umschütteln — am besten unter Kühlung, damit Ammoniakverluste möglichst vermieden werden — 350 ccm Ammoniakflüssigkeit (d = 0,91) langsam hinzugegeben. Dann wird nach dem Erkalten auf 1 Liter aufgefüllt.

Magnesiamischung. 55 g kryst. Magnesiumchlorid und 70 g Ammoniumchlorid werden in 250 ccm 10%iger Ammoniakflüssigkeit (d = 0,96) gelöst und auf 1 Liter aufgefüllt.

Dieses sehr schnell ausführbare und einfache Verfahren wird viel zur Untersuchung von Düngemitteln verwendet, und liefert dabei brauchbare Ergebnisse, weil der durch die Mitfällung von etwas Calcium bedingte Fehler durch die geringe Löslichkeit des Magnesiumammoniumphosphats in der Flüssigkeit kompensiert wird. Für die Bestimmung der Phosphorsäure in Lebensmitteln und überhaupt von geringen Mengen Phosphorsäure ist es nicht geeignet.

$\gamma\gamma$) Oxalat-citratverfahren. Dieses von J. Grossfeld[1] beschriebene Verfahren, bei dem durch den Zusatz von Ammoniumoxalat bei dem Citratverfahren nach $\beta\beta$) die störende Wirkung des Calciums verhindert wird, hat anscheinend bis jetzt keine Nachprüfung erfahren.

c) Maßanalytische Bestimmung nach B. Pfyl[2]. Über die Grundlage dieses Verfahrens siehe S. 1219. Man verfährt, wie folgt:

25 ccm der Untersuchungsflüssigkeit (nicht mehr als 0,07 g Phosphorsäure enthaltend) titriert man in einem Erlenmeyer-Kolben mit eingeschliffenen Stopfen nach Zusatz von 4 Tropfen Methylorangelösung mit 0,1 N.-Natronlauge (*a* ccm) bis zum Farbumschlag, wobei man sich zweckmäßig einer Vergleichsflüssigkeit aus der entsprechenden Menge Wasser, 4 Tropfen Methylorangelösung und 1 Tropfen 0,1 N.-Natronlauge bedient. Die austitrierte Lösung wird sodann in einem ammoniakfreien Raume mit 30 ccm gegen Phenolphthalein neutraler Calciumchloridlösung (40%) vermischt, bis zum Sieden erhitzt und zu der siedend heißen Lösung so viel 0,1 N.-Natronlauge (*b* ccm) hinzugegeben, bis die durch den Calciumchloridzusatz bewirkte Rosafärbung wieder in Orange umschlägt; ist diese Neutralfarbe erreicht und tritt ein Farbumschlag nach Rosa auch nach einigem Warten in der Wärme nicht wieder ein, so wird auf Zimmertemperatur abgekühlt und die nun wieder gegen Methylorange saure Lösung zuerst gegen Methylorange, dann gegen Phenolphthalein neutralisiert (*c* ccm). Dann entspricht die Differenz des Verbrauchs an 0,1 N.-Natronlauge vom ersten Farbwechsel des Methylorange in Gelb (*a* ccm) bis zur endgültigen Rotfärbung des Phenolphthaleins ($b + c$ ccm), also $a - (b + c)$ dem Gehalt an Phosphorsäure. 1 ccm 0,1 N.-Natronlauge entspricht hierbei 4,752 mg PO_4''' oder 3,552 mg P_2O_5.

d) Colorimetrische Bestimmung mit Molybdänblau. Die Molybdänblaulösung entfärbt sich beim Verdünnen mit Wasser; bei Anwesenheit von Phosphorsäure (auch von Arsensäure) erscheint jedoch die Färbung allmählich wieder und ihre Stärke ist dem Gehalte an Phosphorsäure (oder Arsensäure) proportional. Sie wird mit einem Colorimeter gemessen.

Darstellung der Molybdänblaulösung von R. Zinzadze[3]. Man verreibt 3 g reines, gepulvertes Molybdäntrioxyd (für Glühfäden von Kahlbaum) in einem Porzellanmörser mit etwas reiner konz. Schwefelsäure (d = 1,48). Die sehr feine Aufschwemmung wird mit konz. Schwefelsäure in einen Kjeldahl-Kolben gespült. Für das Anreiben und Überspülen sollen genau 50 ccm konz. Schwefelsäure verbraucht werden. Man erhitzt den Kolben unter Umschütteln über freier Flamme, wobei sich das Trioxyd leicht löst. Nach völligem Abkühlen gießt man die Lösung in 50 ccm Wasser. Zu der noch heißen Lösung gibt man 0,15 g reines pulverförmiges Molybdänmetall (Kahlbaum) hinzu und erhitzt

[1] J. Grossfeld: Zeitschr. analyt. Chem. 1918, 57, 28.

[2] B. Pfyl: Arb. Kaiserl. Gesundh.-Amt 1914, 47, 1; Z. 1922, 43, 313. — B. Pfyl u. W. Samter: Z. 1923, 46, 241.

[3] R. Zinzadze: Zeitschr. Pflanzenernährung A 1930, 16, 129.

1—2 Minuten zum Sieden, wobei das Trioxyd zu blauem Dioxyd reduziert wird. Nach 10 Minuten wird die blaue Flüssigkeit von den Metallresten durch einen Glasfiltertiegel G 3 abgesaugt. Nunmehr wird die Reduktionskraft der Molybdänblaulösung in folgender Weise geprüft: In ein 10 ccm-ERLENMEYER-Kölbchen gibt man 0,2 ccm N.-Permanganatlösung und läßt aus einer geeichten 5 ccm-Meßpipette, die in 0,01 ccm geteilt ist, so lange Molybdänblaulösung hinzutropfen, bis der Inhalt des Kölbchens gerade farblos geworden ist. Da die Molybdänblaulösung schließlich so eingestellt sein muß, daß 0,2 ccm N.-Permanganatlösung 2,5 ccm Molybdänblaulösung entsprechen, so muß bei dieser Titration ein Wert für die Molybdänblaulösung gefunden werden, der kleiner ist als 2,5. Wird er größer gefunden als 2,5, so muß die Lösung unter Zusatz von Molybdänmetall abermals aufgekocht werden usw., bis schließlich ein kleinerer Faktor gefunden wird.

Angenommen, man habe die Reduktionskraft der Molybdänblaulösung zu a ccm ermittelt (a kleiner als 2,5), so wird der Verdünnungsgrad folgendermaßen berechnet:

$$100 : a = x : 2{,}5, \text{ woraus sich ergibt: } x = \frac{250}{a}.$$

Da man 100 ccm Molybdänblaulösung nicht mehr zur Verfügung hat, sondern nur b ccm, wobei also b kleiner als 100 ist, so hat man noch umzurechnen:

$$100 : x = b : z, \text{ also } z = \frac{b \cdot x}{100} = \frac{b \cdot 250}{a \cdot 100} = \frac{2{,}5 \cdot b}{a}.$$

$$\text{Ist also z. B. } a = 1{,}5 \text{ und } b = 90, \text{ so ist } z = \frac{2{,}5 \cdot 90}{1{,}5} = 150 \text{ ccm}.$$

In diesem Beispiel also wären 90 ccm der Molybdänblaulösung auf 150 ccm zu verdünnen. Zur Verdünnung darf nicht Wasser genommen werden, sondern es muß dazu eine Lösung von Molybdäntrioxyd in Schwefelsäure benutzt werden (3 g Molybdäntrioxyd + 50 ccm Schwefelsäure + 50 ccm Wasser), wie sie oben zur Herstellung der Molybdänblaulösung selbst diente.

Zum colorimetrischen Vergleich benutzt man folgende Phosphatstandardlösungen:

1. 1,4326 g reinstes primäres Kaliumphosphat (nach SÖRENSEN) löst man zu 1 Liter auf. 1 ccm dieser Lösung enthält 1 mg PO_4 = 0,7474 mg P_2O_5.

2. Von dieser ersten Lösung verdünnt man 50 ccm zu 500 ccm, so daß 1 ccm dieser Lösung 0,1 mg PO_4 enthält.

Ausführung der Bestimmung nach C. v. d. HEIDE und K. HENNIG[1]. Die Asche von etwa 0,1—0,5 g Substanz löst man in wenigen Tropfen verd. Schwefelsäure und spült die Lösung mit heißem Wasser in ein 100 ccm-Kölbchen über. Dann versetzt man mit 1,4 ccm der Molybdänblaulösung, füllt mit siedend heißem Wasser bis zu Marke auf, läßt abkühlen, stellt endgültig auf die Marke ein und colorimetriert. Zum Vergleich gibt man von der Phosphatstandardlösung (0,1 mg PO_4 in 1 ccm) in je einen 100 ccm-Meßkolben 1, 3 und 5 ccm, fügt je 1,4 ccm der eingestellten Molybdänblaulösung hinzu und füllt mit siedend heißem Wasser auf. Etwa 20—30 Minuten nach Zugabe des kochenden Wassers haben die Färbungen ihren Höhepunkt erreicht und behalten ihn tagelang unverändert bei.

H. KLEINMANN[2] hat für die colorimetrische Bestimmung die Molybdän-Rotverbindung empfohlen, die mit Kaliumferrocyanid erhalten wird.

e) Mikroverfahren. α) Als Ammoniumphosphormolybdat nach den oben (S. 1258) angegebenen Verfahren kann die Phosphorsäure nach PREGL und H. LIEB[3] auch mikrochemisch bestimmt werden.

β) Nach H. KLEINMANN. Das Verfahren ist das gleiche wie bei der Makrobestimmung (S. 1260). Zu 10 ccm Phosphorsäurelösung gibt man 1 ccm konz. Schwefelsäure und 6 ccm Ammonnitratlösung, die gleiche Menge Wasser und fügt, nach dem Erhitzen bis zum Sieden, 2 ccm Ammoniummolybdatlösung (10%) hinzu. Darauf setzt man 2 ccm absol. Alkohol hinzu und verfährt wie oben angegeben. Zweckmäßig kocht man jedoch das Filter nicht mit der Lauge aus, sondern löst den Niederschlag auf dem Filter, indem man die abgemessene Menge Lauge tropfenweise auf das Filter fallen läßt und darauf sorgfältig mit Wasser nachwäscht.

---

[1] C. v. d. HEIDE u. K. HENNIG: Z. 1933, **66**, 344. — Vergl. auch G. DENIGÈS: Mikrochemie 1929, 27.

[2] H. KLEINMANN: Biochem. Zeitschr. 1919, **99**, 45.

[3] H. LIEB: ABDERHALDENs Handbuch der biologischen Arbeitsmethoden, Abt. I, Teil 3, S. 384.

Die angewandten Lösungen sind die gleichen wie beim Makroverfahren, nur werden an Stelle der 0,5 N.-Natronlauge und Schwefelsäure 0,05 N.-Lösungen verwandt, die durch Verdünnung der genau eingestellten 0,5 N.-Lösungen hergestellt werden. Geringere Mengen als 1 mg P_2O_5 können auf diese Weise nicht bestimmt werden.

K. Samson[1] sowie J. Bodnár und L. Barta[2] haben ähnliche Abänderungen des Verfahrens von A. Neumann beschrieben.

γ) Colorimetrische Bestimmung nach Y. Terada[3]. Das Verfahren beruht auf der Fällung der Phosphorsäure mit Strychnin-molybdänreagens, Zusatz von Phenylhydrazin zu der Lösung des Niederschlages und Vergleichen der weinroten Farbe mit einer Vergleichslösung. Die Änderung der Farbtiefe ist proportional der Konzentration der Phosphorsäurelösung. Das Verfahren liefert bei Werten von 0,06—0,2 mg P_2O_5 gute Werte.

δ) Nephelometrische Bestimmung. Ein solches Verfahren hat H. Kleinmann[4] vorgeschlagen. Es zeigt Mengen von 0,1—0,0005 mg Phosphorsäure (P_2O_5) an und übertrifft in seiner Genauigkeit die anderen Mikromethoden, die mit größeren Substanzmengen arbeiten. Es wird als Nephelometer eine Abänderung des kleinen Colorimeters von Schmidt & Haensch (S. 407) empfohlen. Ausgezeichnete Ergebnisse (Meßgenauigkeit 1—0,5%) wurden mit dem Strychnin-Molybdänreagens erhalten. Acetate, Carbonate und Nitrite müssen vorher entfernt werden.

f) Sonstige Verfahren. Es ist für die Bestimmung der Phosphorsäure noch eine große Zahl anderer Verfahren vorgeschlagen, z. B. als Uranylphosphat[5], als Silberphosphat[6], als Vanadinphosphorsäure-Molybdat[7] usw. Eine ausführliche Zusammenstellung dieser Verfahren hat H. Kleinmann[8] gegeben.

7. Borsäure.

Borsäure kommt in geringen Mengen in natürlichen pflanzlichen Lebensmitteln und in etwas größeren in manchen Mineralwässern vor; sie findet ferner als Konservierungsmittel vorwiegend bei Lebensmitteln tierischen Ursprungs Verwendung.

Die Borsäure (Orthoborsäure, H_3BO_3) krystallisiert in farblosen, perlmutterglänzenden Schuppen, die in Wasser leicht löslich sind (100 Tle. Wasser lösen bei 15° 4 Tle. und bei 100° 33 Tle. Borsäure), sich ferner auch in Alkohol (100 Tle. Alkohol von 90 Vol.-% lösen 4 Tle.) und in geringen Mengen in Äther lösen (S. 1267). Beim Erhitzen auf 100° geht die Borsäure in Metaborsäure (HBO_2), auf 160° in Pyroborsäure ($H_2B_4O_7$) und beim Glühen in Borsäureanhydrid (Bortrioxyd), B_2O_3, über.

Die Salze der Borsäure leiten sich von der Meta- und Pyroborsäure ab. Die Alkalisalze sind mit alkalischer Reaktion in Wasser löslich; die übrigen Borate sind in Wasser schwer löslich, aber leicht löslich in Säuren und Ammoniumchlorid.

Über die physiologische Wirkung der Borsäure und ihrer Salze siehe Bd. I, S. 1002.

Das Deutsche Arzneibuch VI (1926) stellt an Borsäure folgende Reinheitsanforderungen:

Die wäßrige Lösung (1 + 49) darf weder durch 3 Tropfen Natriumsulfidlösung (Schwermetallsalze) noch durch Bariumnitratlösung (Schwefelsäure) oder Silbernitratlösung (Salzsäure), noch nach Zusatz von Ammoniakflüssigkeit durch Natriumphosphatlösung (Calcium-, Magnesiumsalze) verändert werden; nach Zusatz einiger Tropfen Salzsäure darf die Lösung durch 0,5 ccm Kaliumferrocyanidlösung nicht sofort gebläut werden (Eisensalze). Wird

[1] K. Samson: Biochem. Zeitschr. 1925, **164**, 288; 1929, **208**, 230.
[2] J. Bodnár u. L. Barta: Biochem. Zeitschr. 1930, **227**, 429.
[3] Y. Terada: Biochem. Zeitschr. 1924, **145**, 426. — Vgl. auch H. Kleinmann: Biochem. Zeitschr. 1919, **99**, 150.
[4] H. Kleinmann: Biochem. Zeitschr. 1919, **99**, 150.
[5] Von Pincus. Vgl. auch A. Sato: Journ. Biol. Chem. 1918, **35**, 473; C. 1919, II, 327.
[6] P. v. Liebermann: Biochem. Zeitschr. 1909, **18**, 44. — W. R. Bloor: Journ. Biol. Chem. 1915, **22**, 133.
[7] G. Misson: Chem.-Ztg. 1908, **32**, 633.
[8] H. Kleinmann: Biochem. Zeitschr. 1919, **99**, 19, 45, 95, 115, 150.

ein Gemisch von 0,5 g Borsäure und 2 ccm Schwefelsäure mit 1 ccm Ferrosulfatlösung überschichtet, so darf sich zwischen den beiden Flüssigkeiten keine gefärbte Zone bilden (Salpetersäure, Salpetrige Säure).

Das Arzneibuch stellt auch Reinheitsanforderungen an Borax, die denen an Borsäure ähnlich sind. Borax darf ferner in der wäßrigen Lösung (1 + 49) nach dem Ansäuern keine Kohlensäure entwickeln und keine Phosphorsäure enthalten. Ein Gemisch von 0,2 g Borax und 3 ccm Natriumhypophosphitlösung (20%ige salzsaure Lösung) darf nach $^1/_4$stündigem Erhitzen im siedenden Wasserbade keine dunklere Färbung annehmen (Arsenverbindungen).

a) Nachweis. α) Reaktion mit konz. Schwefelsäure und Alkohol. Versetzt man die Asche eines Lebensmittels mit Alkohol (am besten Methylalkohol) und dann mit konz. Schwefelsäure, rührt um und zündet den Alkohol an, so verbrennt dieser mit grüngesäumter Flamme unter Bildung von Borsäure-äthyl- bzw. -methylester [$B(O \cdot CH_3)_3$].

Empfindlicher ist der Nachweis bei folgendem Verfahren: Die Asche wird mit einem erkalteten Gemisch von 5 ccm Methylalkohol und 0,5 ccm konz. Schwefelsäure sorgfältig zerrieben und unter Benutzung weiterer 5 ccm Methylalkohol in einem verschlossenen 100 ccm-ERLENMEYER-Kolben unter mehrmaligem Umschütteln $^1/_2$ Stunde lang stehen gelassen. Darauf wird der Methylalkohol aus einem Wasserbade von 80—85° vollständig in ein Gläschen von etwa 40 ccm Inhalt und etwa 6 cm Höhe abdestilliert. Das Gläschen wird mit einem doppelt durchbohrten Stopfen verschlossen, durch den 2 Rohre hindurchführen, von denen das eine, bis auf den Boden des Gläschens reichende Rohr zur Einleitung von getrocknetem Wasserstoff dient, während das andere, nur bis in den Hals des Gefäßes reichende, außen verjüngte Rohr mit einer Platinspitze (aus Platinblech hergestellt) zur Ausführung des Gases dient. Bei Gegenwart von Borsäure ist die angezündete, 2—3 cm lange Flamme grün gefärbt. Man beobachtet die Färbung in zerstreutem Tageslicht.

β) Curcumin-Reaktion. Man gibt in eine Porzellanschale die auf Borsäure zu prüfende Asche, dazu 2—3 Tropfen alkoholische Curcuminlösung, säuert mit Salzsäure an und verdampft auf dem Wasserbade zur Trockne. Bei Gegenwart von 0,02 mg Borsäureanhydrid färbt sich der Rückstand rotbraun; auch 0,002 mg geben eine noch eben sichtbare Reaktion.

Meist führt man die Reaktion mit Curcuminpapier aus, indem man in die salzsaure Lösung der Asche einen Streifen geglättetes Curcuminpapier eintaucht, dieses auf einem Uhrglase bei 60—70° trocknet. Bei Gegenwart von Borsäure zeigt das Curcuminpapier eine rötliche bis orangerote Färbung, die beim Betupfen mit einer 2%igen Lösung von Natriumcarbonat (wasserfrei) je nach der Borsäuremenge in Blauviolett bis Blauschwarz übergeht. Bei Abwesenheit von Borsäure wird die gelbe Farbe des Curcuminpapiers nicht verändert und durch Natriumcarbonatlösung rotbraun gefärbt.

Darstellung von Curcuminpapier. Das Curcumin wird in der Weise hergestellt, daß man 30 g bei 100° getrocknetes Curcumawurzelpulver (von Curcuma longa) im SOXHLETschen Extraktionsapparat zunächst 4 Stunden mit Petroläther auszieht und das so entfettete und getrocknete Pulver alsdann im gleichen Apparat 8—10 Stunden mit 100 ccm heißem Benzol erschöpft, wobei man zum Erhitzen des Benzols ein Glycerinbad von 115—120° verwendet. Beim Erkalten der Benzollösung scheidet sich innerhalb 12 Stunden das Curcumin ab. — Das Curcuminpapier wird durch einmaliges Tränken von glattem, weißem Filtrierpapier mit einer Lösung von 0,1 g Curcumin in 100 ccm Alkohol (90%) hergestellt. Das Curcuminpapier ist nach dem Trocknen in gut verschlossenen Gefäßen vor Licht geschützt aufzubewahren.

b) Bestimmung. Sie erfolgt am besten in der unter alkalischen Zusätzen hergestellten Asche (S. 1220). Hierbei ist jedoch zu beachten, daß bei der Veraschung fettreicher Substanzen Verluste an Borsäure eintreten.

Nach den Untersuchungen von A. SCOTT-DODD[1] ist der Grund für diesen störenden Einfluß des Fettes im Glyceringehalt zu suchen, dadurch bedingt, daß sich wahrscheinlich bei der Veraschung flüchtige Glycerinborate bilden. Die verschiedenen Fette verursachen konstante, untereinander aber abweichende Borsäureverluste. In Pflanzenprodukten, die 8% und mehr Fett enthalten, treten beim Veraschen erhebliche Borsäureverluste auf. Um solche zu vermeiden, verfährt man nach A. SCOTT-DODD in der Weise, daß man die

[1] A. SCOTT-DODD: Analyst 1929, 54, 715; 1930, 55, 23.

mit Natronlauge deutlich alkalisch gemachte Probe im Trockenschranke trocknet, ihr Pulver nach und nach mit Petroläther verreibt und den durch ein Filter filtrierten Petroläther in einem Scheidetrichter zuerst mit 5 ccm N.-Natronlauge und dann mit 5—6 ccm Wasser wäscht. Die Natronlauge und die Waschflüssigkeit werden dann in der Platinschale nach Zusatz von weiteren 5 ccm N.-Natronlauge zur Trockne verdampft und mit dem extrahierten Pulver nach dem Auslaugeverfahren verascht. Dann geschieht die Bestimmung in der Asche nach den folgenden Verfahren.

Die einfachsten und heute am meisten angewandten Verfahren[1] sind folgende:

α) Acidimetrisches Verfahren. Es beruht auf der Eigenschaft der Borsäure, in neutralisierten wäßrigen Lösungen mit mehrwertigen Alkoholen relativ starke Estersäuren (Glycerin-, Mannitborsäure) zu bilden, die einwertig sind und acidimetrisch bestimmt werden können. An mehrwertigen Alkoholen wurde anfangs Glycerin und später Mannit[2] verwendet.

Ferner sind als Aktivatoren der Borsäure wirksam Glucose und Fructose (Invertzucker), Arabinose, Galaktose, Erythrit, Arabit, Dulcit, Sorbit usw., nicht aber Inosit, Quercit, Saccharose usw.

Das Verfahren wurde namentlich von G. JOERGENSEN[3] in die Lebensmittelanalyse eingeführt.

Ausführung. In Anlehnung an das Verfahren von G. JOERGENSEN und die Bestimmung nach A. BEYTHIEN und H. HEMPEL[4] führt man diese, wie folgt, aus:

Man nimmt die mit alkalischen Zusätzen nach dem Auslaugeverfahren hergestellte Asche (z. B. von 50 g Fleisch) mit verd. Schwefelsäure auf, erwärmt zur Vertreibung der Kohlensäure einige Zeit in einem mit einem Uhrglase bedeckten ERLENMEYER-Kolben auf etwa 60° — oder kocht kurze Zeit am Rückflußkühler — und neutralisiert die abgekühlte Lösung mit 0,1 N.-Natronlauge genau gegen Phenolphthalein. Zu der etwa 50 ccm betragenden Flüssigkeit setzt man 25 ccm Glycerin oder 1—2 g Mannitpulver und titriert ohne Rücksicht auf etwa ausfallende Phosphate — je nach der Menge der vorhandenen Borsäure — mit 0,1 oder 0,5 N.-Natronlauge bis zur schwachen Rotfärbung. Zur scharfen Erkennung des Umschlages leistet ein Zusatz von neutralem Alkohol gute Dienste. 1 ccm 0,1 N.-Natronlauge entspricht etwa 6,2 mg Borsäure (H_3BO_3) und 3,5 mg Borsäureanhydrid (B_2O_3). Für die genaue Bestimmung stellt man eine Lösung von 2 g und eine zweite von 8 g reiner Borsäure in kohlensäurefreiem Wasser zu 1 Liter her und nimmt davon so viel, wie der in dem Vorversuche ermittelten Borsäuremenge entspricht. Hatte man in diesem z. B. 0,1 g Borsäure gefunden, so nimmt man 50 ccm der ersten Lösung, hatte man 0,2 g gefunden, so verdünnt man 25 ccm der zweiten Lösung zu 50 ccm und verfährt dann genau wie oben. Nach den dabei z. B. für 0,1 g Borsäure verbrauchten ccm 0,1 N.-Natronlauge berechnet man den genauen Borsäuregehalt und findet dabei z. B. den Wirkungswert von 6,3—6,5 mg für 1 ccm 0,1 N.-Natronlauge.

Im einzelnen ist für die Bestimmung noch folgendes zu bemerken:

1. Selbstverständlich müssen Glycerin, Mannit und Alkohol genau neutral sein bzw. neutralisiert werden. Natronlauge und Wasser müssen kohlensäurefrei sein.

2. Wenn man bei beiden Titrationen Phenolphthalein als Indicator verwendet, so stört die Gegenwart von Phosphor- und Kieselsäure nicht. Verwendet man zur ersten Neutralisation zunächst Methylorange und dann Phenolphthalein und bei der zweiten

[1] Eine eingehende Zusammenstellung der älteren Literatur gibt K. WINDISCH: Z. 1905, 9, 641.

[2] VADAM: Journ. Pharm. et Chim. 1898, 8, 109; C. 1898, II, 678.

[3] G. JOERGENSEN: Nordisk farmaceutik Tidskrift 1895, 213; Zeitschr. angew. Chem. 1897, 5.

[4] A. BEYTHIEN u. H. HEMPEL: Z. 1899, 2, 842 und A. BEYTHIEN: Laboratoriumsbuch für Nahrungsmittelchemiker, S. 20. Dresden u. Leipzig: Theodor Steinkopff 1931

Neutralisation ebenfalls Phenolphthalein, so kann mit der Borsäurebestimmung auch gleichzeitig die Phosphorsäure bestimmt werden (S. 1219, 1262).

3. Zur Verhinderung der durch Phosphate eintretenden Trübung und der Ausfällung von Calciumcarbonat bei kalkreichen Aschen wird von anderer Seite[1] vor dem Zusatz von Glycerin bzw. Mannit ein Zusatz von 5—10 ccm oder noch mehr neutraler Natriumcitratlösung empfohlen.

4. Von anderer Seite ist die Aufnahme der Asche mit Salzsäure und die Titration mit Barytlauge empfohlen.

5. W. M. Deerns[2] weist darauf hin, daß bei der Bestimmung keine borsäurehaltigen Glassorten verwendet werden dürfen.

β) Gewichtsanalytische Bestimmung nach A. Partheil und J. Rose[3]. Das Verfahren beruht auf der Löslichkeit der Borsäure in Äther; 100 g wasserfreier Äther lösen 0,008, wasserhaltiger 0,188 g Borsäure. Man extrahiert sie mittels eines Perforators (Abb. 11, S. 1322) aus salzsaurer Lösung. Diese muß frei von Schwefel-, Salpeter-, Phosphor- und Arseniger Säure, ferner von größeren Mengen Eisen sein.

Sind diese störenden Stoffe vorhanden, so müssen sie vorher entfernt werden: Schwefelsäure durch Bariumchlorid, Salpetersäure durch Glühen des alkalischen Verdampfungsrückstandes, Phosphorsäure durch Fällung als Ferriphosphat, größere Mengen von Eisen durch Zusatz berechneter Mengen von Kaliumferrocyanid usw.

Der mit Natriumcarbonat versetzte Trockenrückstand der Substanz wird zuerst mit kleiner Flamme verkohlt, dann weiß gebrannt, die Asche mit Wasser aufgenommen und das Filtrat mit Salzsäure bis zur schwach sauren Reaktion versetzt. Zur Abscheidung von Phosphorsäure werden einige Tropfen Eisenchloridlösung hinzugefügt und mit Alkalilauge das überschüssige Eisen ausgefällt. Die Flüssigkeit wird nun auf dem Wasserbade erwärmt, der Niederschlag abfiltriert und mit heißem Wasser gut ausgewaschen. Das alkalische Filtrat wird sodann auf dem Wasserbade auf etwa 10—15 ccm eingedampft, nach dem Erkalten mit Salzsäure angesäuert und nun mit Äther 18 Stunden perforiert. Darauf setzt man ein zweites gewogenes Kölbchen unter und überzeugt sich durch nochmalige etwa zweistündige Perforation von der vollständigen Ausziehung der Borsäure. Das Kölbchen wird in einen Glockenexsiccator über Schwefelsäure gebracht, der außerdem ein Schälchen mit gebranntem Kalk enthält, der Äther bei einem Vakuum von 12—15 mm abgesaugt, die zurückbleibende Borsäure bis zum beständigen Gewicht getrocknet und als H_3BO_3 gewogen.

γ) Colorimetrische Bestimmung kleiner Borsäuremengen nach A. Hebebrand[4]. Die mit Zusatz von Calciumacetat[5] (S. 1220) hergestellte kohlefreie Asche löst man in möglichst wenig Salzsäure, macht darauf zur Entfernung des störend wirkenden Eisens mit reinster Natronlauge[5] schwach, aber deutlich alkalisch, kocht das Gemisch, filtriert und wäscht den Niederschlag mit kochendem Wasser aus. Das Filtrat dampft man ein und nimmt den Rückstand mit 5 ccm verd. Salzsäure auf. Die Lösung wird in ein Reagensglas oder besser in das für diese Zwecke eingerichtete Röhrchen (Abb. 10) bis zur Marke 5 gegeben. Man fügt dann unter Nachspülen der Platinschale absol. Alkohol bis zur Marke

---

[1] I. M. Kolthoff: Chem. Weekbl. 1922, **19**, 449; C. 1923, II, 605. — Vgl. auch die Amtliche Anweisung zur chemischen Untersuchung des Weines vom 9. Dezember 1920. Zentralbl. f. d. Deutsche Reich 1920, **48**, 1601; Gesetze und Verordnungen, betreffend Nahrungs- und Genußmittel 1921, **13**, 130.

[2] W. M. Deerns: Chem. Weekbl. 1922, **19**, 397; C. 1923, II, 604.

[3] A. Partheil u. J. Rose: Ber. Deutsch. Chem. Ges. 1901, **34**, 3611; Z. 1902, **5**, 1049.

[4] A. Hebebrand: Z. 1902, **5**, 55, 721, 1044.

[5] Die verwendeten Reagenzien müssen natürlich frei von Borsäure sein. Mit „Alkohol gereinigtes Natriumhydroxyd" zweier Firmen enthielt z. B. in 100 g 5—7 mg, reinstes, aus Natrium hergestelltes, 1 mg Borsäure.

20 hinzu und darauf bis zur Marke 35 konz. Salzsäure (d = 1,19), läßt abkühlen und fügt dann genau 0,2 ccm wäßrige Curcuminlösung (0,1%) hinzu.

Nach dem Umschütteln und etwa $^1/_2$stündigem Stehenlassen im Dunkeln vergleicht man die eingetretene Färbung mit einer Farbenskala, welche man sich unter Anwendung bestimmter Mengen (etwa 0,2—1,2 ccm) einer 1%igen Borsäurelösung unter genauer Einhaltung der vorstehenden Arbeitsweise hergestellt hat. Ist keine Borsäure vorhanden, so färbt sich die Flüssigkeit grünlichgelb; bei Gegenwart von Borsäure dagegen erscheint sie schwach bräunlich (0,1 mg) bis schön rosenrot (10 mg). Am deutlichsten sind die Unterschiede der Farbentöne bei Gegenwart von 1—5 mg Borsäure. Zur Vergleichung der Farbentöne empfiehlt es sich, das Reagensröhrchen schräg gegen eine weiße Unterlage zu halten, was bei dem nebenstehenden Röhrchen erleichtert wird, in dessen unterstem Teile sich die aus dem Gemisch etwa abgeschiedenen Salze (Natriumchlorid usw.) ansammeln und so die Vergleichung der Farbentöne erleichtern.

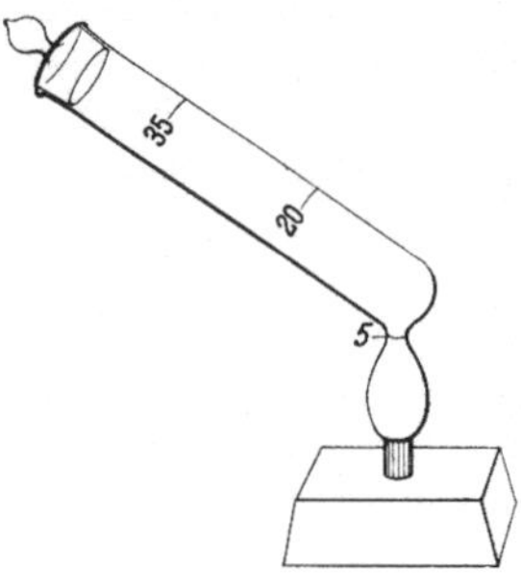

Abb. 10. Röhrchen zur Borsäurebestimmung nach HEBEBRAND.

δ) Sonstige Verfahren. Das früher gebräuchliche Verfahren zur Bestimmung der Borsäure von TH. ROSENBLADT[1] und F. A. GOOCH[2], bei dem die Borsäure aus saurer Lösung mit Methylalkohol destilliert wird, dadurch als Borsäuremethylester [$B(OHC_3)_3$] bei 65° übergeht und mit Calcium- oder Magnesiumoxyd verseift und gebunden wird, liefert zwar brauchbare Ergebnisse, ist aber in der Ausführung sehr umständlich und wird daher heute wohl in der Praxis nicht mehr verwendet. Immerhin kann die Destillation mit Methylalkohol aber dazu dienen, um die Borsäure von bei der Bestimmung nach α) und β) störenden Substanzen zu trennen.

Das von J. J. BERZELIUS[3] herrührende Verfahren, die Borsäure als Borfluorkalium (KBF_4) zu bestimmen, wurde früher auch bei der Untersuchung von Lebensmitteln angewendet, es wird aber heute wegen seiner Umständlichkeit wohl auch nicht mehr verwendet. Über die Ausführung dieser beiden und sonstiger Verfahren zur Bestimmung von Borsäure sei auf die Zusammenstellung von K. WINDISCH[4] verwiesen.

Anhang.

8. Wasserstoffsuperoxyd.

Wasserstoffsuperoxyd findet sich in sehr geringen Mengen in der Luft sowie im Regen und im Schnee. Es findet als Konservierungsmittel für Lebensmittel und Desinfektionsmittel Verwendung.

Über seine physiologische Wirkung siehe Bd. I, S. 1014.

Wasserstoffsuperoxyd (Hydroperoxyd), H_2O_2, ist eine sirupöse, bitter schmeckende, ätzende, stark oxydierend wirkende, in dicker Schicht blaue Flüssigkeit vom Spezifischen Gewicht 1,5, mit Wasser, Alkohol und Äther in jedem Verhältnis mischbar. Die wäßrige Lösung reagiert sauer und ist eine schwache Säure, deren Salze als Perhydrole oder Peroxyde bezeichnet werden. Wasserstoffsuperoxydlösungen zersetzen sich, namentlich in alkalischer Lösung, allmählich unter Abspaltung von Sauerstoff, schneller bei Gegenwart von Staub und besonders von Kontaktsubstanzen (kolloidale Metalle), wenn sie alkalisch sind. Wasserstoffsuperoxyd kommt in wäßriger Lösung von 3 Gew.-% H_2O_2 und in 30 Gew.-%iger Lösung als Perhydrol in den Handel.

Das Deutsche Arzneibuch VI (1926) stellt an konzentrierte Wasserstoffsuperoxydlösung (mindestens 30 Gew.-% H_2O_2 enthaltend) folgende Reinheitsanforderungen:

[1] TH. ROSENBLADT: Zeitschr. analyt. Chem. 1887, **26**, 18.
[2] F. A. GOOCH: Amer. Chem. Journ. 1887, **9**, 23; Zeitschr. analyt. Chem. 1887, **26**, 364.
[3] J. J. BERZELIUS: Jahresber. Chemie u. Physik 1828, **2**, 364.
[4] K. WINDISCH: Z. 1905, **9**, 641.

Die wäßrige Lösung (1 + 9) darf weder durch verd. Schwefelsäure (Bariumsalze) innerhalb 10 Minuten, noch nach Zusatz von 1 ccm verd. Essigsäure und 0,5 ccm Natriumacetatlösung durch 0,5 ccm Calciumchloridlösung (Oxalsäure) verändert werden; nach Zusatz von 1 ccm Salpetersäure darf sie durch Silbernitratlösung höchstens opalisierend getrübt werden. 5 ccm konz. Wasserstoffsuperoxydlösung dürfen nach dem Verdünnen mit 45 ccm Wasser zur Neutralisation höchstens 2 ccm 0,1 N.-Kalilauge verbrauchen, Phenolphthalein als Indicator (unzulässige Menge freie Säure). — 10 ccm konz. Wasserstoffsuperoxydlösung dürfen nach dem Verdampfen auf dem Wasserbade höchstens 0,03 g Rückstand hinterlassen; wird der Rückstand geglüht, so darf sein Gewicht höchstens 0,005 g betragen. — 5 ccm konz. Wasserstoffsuperoxydlösung werden in einem Porzellantiegel auf dem Wasserbade zur Trockne verdampft. Der Rückstand wird mit 2 ccm Natriumhypophosphitlösung (20%ige salzsaure Lösung) übergossen und $^1/_4$ Stunde lang bei aufgedecktem Uhrglas auf dem Wasserbade erhitzt. Hierbei darf keine bräunliche Färbung eintreten (Arsenverbindungen).

An die 3—3,2%ige Wasserstoffsuperoxydlösung des Arzneibuches werden ähnliche Anforderungen wie an die 1 + 9 verdünnte Lösung der konz. Wasserstoffsuperoxydlösung gestellt. Ferner darf sie zur Neutralisation höchstens 3 ccm 0,1 N.-Kalilauge verbrauchen. — 10 ccm dürfen nach dem Verdampfen höchstens 0,015 g Rückstand hinterlassen.

a) Nachweis.

Zum Nachweis des Wasserstoffsuperoxydes ist eine Reihe von Verfahren vorgeschlagen worden, die sämtlich auf der Zersetzung des Wasserstoffsuperoxyds durch Metallsalze beruhen.

α) Nachweis durch Chromsäure. Überschichtet man die zu prüfende Flüssigkeit mit einem gleichen Volumen von alkoholfreiem Äther und gibt einen Tropfen Chromsäurelösung (10%) hinzu, so färbt sich der Äther nach dem Schütteln bei Gegenwart von Wasserstoffsuperoxyd durch Chromperoxyd blau.

β) Nachweis durch Ammoniummolybdat. Man versetzt die zu prüfende Flüssigkeit mit 3—4 ccm Ammoniummolybdatlösung (10%) und gibt einige Tropfen Citronensäurelösung hinzu. Ist Wasserstoffsuperoxyd zugegen, so färbt sich die Flüssigkeit gelb.

Diese Gelbfärbung der Ammoniummolybdatlösung ist nach N. W. Matthews [1] empfindlicher als die durch Phosphorsäure.

γ) Nachweis durch Eisenammoniumsulfatlösung. Nach N. W. Matthews [1] werden zu 2 ccm Weinsäurelösung (5%) 2 Tropfen Eisenammoniumsulfatlösung (5%) zugegeben; nach Zusatz einer Wasserstoffsuperoxyd enthaltenden Lösung und 5—6 Tropfen Natronlauge entsteht Violettfärbung.

δ) Nachweis durch Titansäurelösung. Nach A. Richardson [2] gibt Wasserstoffsuperoxyd mit Titansäurelösung eine Gelbfärbung. Diese durch Pertitansäure (TiO_3) hervorgerufene Gelbfärbung kann auch zur colorimetrischen Bestimmung benutzt werden.

Zur Darstellung der Titansäurelösung kocht man Titandioxyd (TiO_2) mit starker Schwefelsäure, verdünnt, filtriert, fällt das Filtrat durch Ammoniak und löst den gut ausgewaschenen Niederschlag in kalter verd. Schwefelsäure.

ε) Nachweis durch Eisensulfat- und Kaliumcyanidlösung. Nach A. Rogai [3] mischt man in einem Reagensglase je 2—3 Tropfen frisch bereiteter Ferrosulfatlösung und Kaliumcyanidlösung, gibt 5—6 ccm Äther hinzu und schüttelt um. Versetzt man hierauf vorsichtig mit der zur prüfenden Lösung, so nimmt der Äther bei Gegenwart von Wasserstoffsuperoxyd, je nach dessen Menge, eine hellrote bis blutrote Färbung an. Der Nachweis gelingt bis zu 0,0144 mg Wasserstoffsuperoxyd.

Der Äther muß vollkommen frei von oxydierenden Verbindungen sein. Zu seiner Reinigung destilliert man ihn über Kaliumbichromatlösung und bewahrt ihn in dunkler Flasche über ziemlich konz. Eisensulfatlösung auf.

---

[1] N. W. Matthews: Chemist-Analyst 1930, **19**, Nr. 4; C. 1930, II, 1885.

[2] A. Richardson: Journ. Chem. Soc. London **63**, 1107; Zeitschr. analyt. Chem. 1896, **35**, 630.

[3] A. Rogai: Staz. sperim. agrar. ital. 1914, **47**, 569; C. 1915, I, 399.

ζ) Weitere Nachweismethoden mit Vanadin-, Cer-, Kobalt- und Uransalzen sind vorgeschlagen von J. Lukas und A. Jilek[1], K. Charitschkoff[2] und M. Leuchter[3]. N. W. Matthews[4] hat ferner einen Nachweis mit Natriumnitrat (Gelbfärbung) angegeben.

η) Mikrochemischer Nachweis.

αα) Nach C. Griebel[5] versetzt man 1 Tropfen der zu untersuchenden Flüssigkeit auf einem mit Hohlschliff versehenen Objektträger mit 1 Tropfen Vanillin-Salzsäurelösung (0,1 g Vanillin wird in 10 g Salzsäure [25%] unter Erwärmen gelöst). Mit etwas größeren Mengen Wasserstoffsuperoxyd tritt nach 5—10 Minuten eine rötlichbräunliche Färbung der Flüssigkeit ein. Bei allmählichem, freiwilligem Verdunsten erfolgt dann Abscheidung von schwarzvioletten bis schwarzblauen, haarfeinen Nadeln, die zu verzweigten Gebilden vereinigt sind.

Besonders schöne Krystalle werden erhalten bei Verwendung einer Alkohol enthaltenden Vanillin-Salzsäure, dargestellt aus 0,1 g Vanillin, 1 ccm Alkohol und 9 ccm Salzsäure (25%). Empfindlichkeitsgrenze 25 γ. Die oben beschriebenen Krystalle lassen sich auch mit Natriumperchlorat und mit Magnesiumsuperoxyd erzielen.

ββ) F. Feigl und E. Fränkel[6] haben zum mikrochemischen Nachweis eine Reihe von Tüpfelreaktionen vorgeschlagen. Der erste Nachweis beruht auf der Reduktion von Ferriferricyanid zu Berlinerblau. Je 1 Tropfen eines Gemisches gleicher Teile Ferrichloridlösung (0,4%) und Kaliumferricyanidlösung (0,8%) wird in zwei benachbarten Vertiefungen einer Tüpfelplatte mit je 1 Tropfen Wasser bzw. verd. Probelösung versetzt, worauf je nach der Wasserstoffsuperoxydmenge eine mehr oder weniger lebhafte Blaufärbung oder ein blauer Niederschlag entsteht. Erfassungsgrenze: 0,08 γ Wasserstoffsuperoxyd; Grenzkonzentration: 1 : 600000.

Entfärbung von Nickelioxyd. Zum Nachweis bringt man in zwei benachbarte Vertiefungen einer Tüpfelplatte hirsekorngroße Mengen von Nickelihydroxydpaste und versetzt mit je einem Tropfen der Probelösung bzw. Wasser. Je nach der Menge Wasserstoffsuperoxyd tritt Entfärbung oder Aufhellung des Niederschlages ein. Erfassungsgrenze: 0,01 γ Wasserstoffsuperoxyd; Grenzkonzentration: 1 : 5000000.

Herstellung der Nickelihydroxydpaste. Barytwasser wird mit Bromwasser versetzt und das so gebildete Bariumhypobromit mit Nickelsulfat zusammen erwärmt. Die Mengenverhältnisse von Barium und Nickel sind so zu bemessen, daß ein grauer Niederschlag entsteht, der abfiltriert und gut gewaschen wird. Der nasse Niederschlag von Nickelihydroxyd kann im Wägegläschen längere Zeit aufbewahrt werden.

γγ) Nach J. Meyer und A. Pawletta[7] bildet sich durch Vereinigung von Vanadat mit Wasserstoffsuperoxyd Peroxovanadat, das durch Wasserstoffsuperoxyd im Überschuß in gelbe Orthoperoxovanadinsäure $[VO_2(OH)_3]$ übergeführt wird. Ausführung: Tüpfelpapier wird mit angesäuerter Alkalivanadatlösung (1%) getränkt und dann getrocknet. Bei Auftupfen eines Tropfens Probelösung entsteht je nach der Menge des Wasserstoffsuperoxyds nach kurzer Zeit ein gelber bis rosenroter Fleck. Erfassungsgrenze: 3 γ H_2O_2; Grenzkonzentration: 1 : 16000.

δδ) Reduktion von Goldsalzen ($2\,AuCl_3 + 3\,H_2O_2 = 6\,HCl + 2\,Au + 3\,O_2$). Ausführung: 1 Tropfen Probelösung wird mit Goldchlorid kurz erwärmt. Die Lösung wird durch kolloides Gold rötlich oder bläulich umgefärbt. Erfassungsgrenze: 0,07 γ H_2O_2; Grenzkonzentration: 1 : 714000.

εε) Alkalirhodanide reagieren mit Wasserstoffsuperoxyd und anderen Oxydationsmitteln unter Bildung einer gelbroten Fällung oder Färbung. Ausführung: 1 ccm mit Schwefelsäure angesäuerte Rhodanidlösung (5%) wird mit 1 Tropfen der Probelösung versetzt und erwärmt. Je nach der Wasserstoffsuperoxydmenge bildet sich eine gelbrote Fällung oder Färbung. Erfassungsgrenze: 0,7 γ H_2O_2; Grenzkonzentration: 1 : 71400.

b) Bestimmung.

α) Maßanalytische Methoden. αα) Kaliumpermanganatmethode. Sie beruht auf folgender Reaktionsgleichung:

$$5\,H_2O_2 + 2\,KMnO_4 + 4\,H_2SO_4 = 2\,KHSO_4 + 8\,H_2O + 5\,O_2.$$

[1] J. Lukas u. A. Jilek: Zeitschr. analyt. Chem. 1929, **76**, 348.
[2] K. Charitschkoff: Chem.-Ztg. 1910, **34**, 50.
[3] M. Leuchter: Chem.-Ztg. 1911, **35**, 1111.
[4] N. W. Matthews: Chemist-Analyst 1930, **19**, Nr 4; C. 1930, II, 1885.
[5] C. Griebel: Mikrochemie 1931, **9**, 313; Zeitschr. analyt. Chem. 1933, **91**, 63.
[6] F. Feigl: Mikrochemie 1933, **12**, 303; Zeitschr. analyt. Chem. 1934, **96**, 352.
[7] J. Meyer u. A. Pawletta: Zeitschr. analyt. Chem. 1926, **69**, 15.

10 ccm 3%iges oder 1 g 30%iges Wasserstoffsuperoxyd werden in einem Meßkolben auf 100 ccm verdünnt. 20 ccm dieser Lösung werden nach dem Verdünnen auf 100 ccm und nach Zusatz von 25 ccm Schwefelsäure (25%) mit 0,1 N.-Kaliumpermanganatlösung in bekannter Weise titriert. 1 ccm 0,1 N.-Kaliumpermanganatlösung ist gleich 1,701 mg Wasserstoffsuperoxyd.

Für die Bestimmung des Wasserstoffsuperoxydes in der Technik gibt R. FEIBELMANN[1] ein Oxometer an, das gestattet, nach der Titration mit geeigneter Permanganatlösung den Gehalt in Prozenten direkt abzulesen. Das Oxometer ist ein Glaszylinder mit Glasstopfen. Man gibt die zu prüfende Flüssigkeit mit höchstens 5% H_2O_2 bis zu der dafür bestimmten Marke hinein, überschichtet mit 50%iger Schwefelsäure bis zur Marke 0 und gibt die eingestellte Permanganatlösung bis zur Rötung hinzu. Aus der Volumenzunahme der Flüssigkeit wird dann der Gehalt in Prozenten direkt abgelesen. Das Oxometer kann auch zur Bestimmung von festen Superoxyden, von Natriumperborat und von solche enthaltenden Waschmitteln dienen.

$\beta\beta$) Jodometrische Methoden. Nach dem Deutschen Arzneibuch VI wird der Gehalt an Wasserstoffsuperoxyd in folgender Weise bestimmt: 10 ccm Wasserstoffsuperoxydlösung (3%) werden in einem Meßkölbchen mit Wasser auf 100 ccm verdünnt. 10 ccm dieser Lösung werden mit 5 ccm verd. Schwefelsäure und 1 g Kaliumjodid versetzt; die Mischung läßt man in einem verschlossenen Glase $^1/_2$ Stunde lang stehen. Zur Bindung des ausgeschiedenen Jodes dürfen nicht weniger als 17,7 und nicht mehr als 18,9 ccm 0,1 N.-Natriumthiosulfatlösung verbraucht werden, was einem Gehalte von 3 bis 3,2 Gew.-% Wasserstoffsuperoxyd entspricht. 1 ccm 0,1 N.-Natriumthiosulfatlösung = 1,701 mg Wasserstoffsuperoxyd; Stärkelösung als Indicator.

E. RUPP[2] empfiehlt die Bestimmung mittels alkalischer Jodlösung; I. M. KOLTHOFF[3] erhielt jedoch nach dieser Methode etwas zu niedrige Resultate, wenn der Sauerstoff durch Kochen nicht vollends aus der Lösung entfernt wurde.

Bestimmung nach K. W. ROSENMUND[4]. Das Verfahren beruht auf der Übertragung einer von FR. L. HAHN und H. WINDISCH[5] vorgeschlagenen Methode zur jodometrischen Fe^{III}-Bestimmung unter Zusatz von Kupferjodür als Katalysator auf Wasserstoffsuperoxyd.

Darstellung des Katalysators. Man löst 4,8 g kryst. Kupfersulfat in 50 ccm Wasser, gießt die Lösung unter Umschütteln zu einer Lösung von 3,5 g Kaliumjodid in 50 ccm Wasser, entfärbt durch Zusatz von Schwefliger Säure oder einer angesäuerten Natriumsulfitlösung. Sobald das ausgefällte Kupferjodür gelblichweiß aussieht, wird es mit Wasser gewaschen, in einen 100 ccm-Kolben gespült und auf 100 ccm aufgefüllt. Für jede Titration werden 0,5—1 ccm der im Dunkeln aufzubewahrenden Aufschwemmung benutzt.

Zu 0,5—1 ccm Katalysator fügt man eine Lösung von 1 g Kaliumjodid in 5 ccm Wasser und 3—5 ccm Salzsäure (25%) hinzu, läßt dann aus einer Pipette 10 ccm der etwa 0,3%igen Wasserstoffsuperoxydlösung unter Umschütteln hinzufließen und titriert mit Thiosulfatlösung und Stärke als Indicator in bekannter Weise.

$\gamma\gamma$) Bromometrische Methode nach E. RUPP und G. SIEBLER[6]. Das Verfahren beruht darauf, daß Wasserstoffsuperoxyd in neutraler oder saurer Lösung nur träge mit Arseniger Säure reagiert, daß dagegen in ätzalkalischer Lösung die Oxydation auch bei gewöhnlicher Temperatur fast momentan verläuft. Zur Bestimmung von „Hydrogenium peroxydatum solutum" werden 10 ccm der Verdünnung von 10 g der Lösung auf 100 ccm im Becherglas von etwa 200 ccm mit 25 ccm 0,1 N.-Arseniger Säurelösung und 3—5 ccm Natronlauge (15%) versetzt. Nach 1 Minute säuert man mit 5—10 ccm Salzsäure (25%) an,

[1] R. FEIBELMANN: Chem.-Ztg. 1931, **55**, 540.
[2] E. RUPP: Zeitschr. analyt. Chem. 1921, **60**, 401.
[3] I. M. KOLTHOFF: Zeitschr. analyt. Chem. 1921, **60**, 401.
[4] K. W. ROSENMUND: Apoth.-Ztg. 1926, **41**, 696; **C.** 1926, II, 1992.
[5] FR. L. HAHN u. H. WINDISCH: Zeitschr. analyt. Chem. 1926, **68**, 370.
[6] E. RUPP u. G. SIEBLER: Pharm. Zentralh. 1925, **66**, 193.

erhitzt nach Zugabe von 50 ccm Wasser annähernd zum Sieden und titriert nach Zusatz von einem Tropfen Methylorange mit 0,1 N.-Kaliumbromatlösung auf Entfärbung. 1 ccm 0,1 N.-Arsenige Säurelösung = 1,7 mg Wasserstoffsuperoxyd.

In gleicher Weise verfahren auch W. MANCHOT und F. OBERHAUSER[1]. Ein Verfahren zur Bestimmung des Wasserstoffsuperoxydes mit Titantrichlorid haben E. KNECHT und E. HIBBERT[2] beschrieben, das sich in der Praxis recht gut bewährt hat. Das Verfahren beruht darauf, daß Wasserstoffsuperoxyd bei langsamem Zusatz einer verd. Lösung von Titantrichlorid zuerst tieforangegelb gefärbt wird, und bei weiterem Zusatz die Farbe der Lösung allmählich ganz verschwindet; 1 Mol Wasserstoffsuperoxyd entspricht hierbei 2 Mol Titantrichlorid. Zur Bestimmung werden 10 ccm einer Wasserstoffsuperoxydlösung (etwa 3%) mit Wasser auf 250 ccm verdünnt. 25 ccm dieser Lösung werden mit eingestellter Titantrichloridlösung bis zum Eintritt der Entfärbung titriert.

Die Titantrichloridlösung muß eisenfrei sein, da ihre Titerstellung gegen eine Eisenoxydsalzlösung von bekanntem Gehalt erfolgt. Man läßt die Titantrichloridlösung zur Eisenlösung zufließen, fügt nach fast vollständiger Entfärbung 1 Tropfen Kaliumrhodanidlösung hinzu und titriert bis zum Verschwinden der roten Farbe. Zur Vermeidung von Oxydation durch den Luftsauerstoff wird Kohlendioxyd in den Titrierkolben eingeleitet. Die Titerstellung ist vor jeder Bestimmung erforderlich.

β) Gasvolumetrische Bestimmung. Die Bestimmung beruht auf der Zersetzung des Perhydrols durch Kaliumpermanganatlösung und Messung des dabei frei werdenden Sauerstoffs in einem Gasvolumeter nach LUNGE.

Nach E. MERCK[3] verfährt man, wie folgt: Man bringt in das Innere des Anhängefläschchens 25 ccm einer wäßrigen Perhydrollösung (10 : 1000); den äußeren Raum des Zersetzungsgefäßes beschickt man mit 20 ccm einer kaltgesättigten wäßrigen Kaliumpermanganatlösung und 15 ccm verd. Schwefelsäure (1,110—1,114). Durch Neigen des Fläschchens läßt man die Perhydrollösung zu der sauren Kaliumpermanganatlösung fließen. Nach der Zersetzung ist noch 3 Minuten lang zu schütteln. 1 ccm Sauerstoff von 0^0 und 760 mm Druck = 1,52 mg Wasserstoffsuperoxyd.

A. FUJITA und T. KODAMA[4] haben ebenfalls eine manometrische Bestimmung des Wasserstoffsuperoxydes, die auf seiner Umsetzung mit Kaliumpermanganat beruht, beschrieben.

γ) Colorimetrische Bestimmung nach M. L. ISAACS[5]. 1 ccm einer Wasserstoffsuperoxydlösung wird in einem 50 ccm-Meßkolben, der 30 ccm Wasser und 10 ccm Citronensäurelösung (5%) enthält, gegeben, nach Schütteln wird 1 ccm Ammoniummolybdatlösung (10%) hinzugefügt und mit Wasser zur Marke aufgefüllt. Als colorimetrische Standardlösung dienen geeignete Lösungen von Kaliumchromat, da eine gleiche Gelbfärbung auftritt.

δ) Thermometrisches Verfahren. C. MAYR und J. FISCH[6] haben ein thermometrisches Verfahren zur Bestimmung des Wasserstoffsuperoxydes ausgearbeitet, das auf der Messung der Temperatursteigerung beim Zufügen der Titerlösung mittels BECKMANN-Thermometers beruht. Das Verfahren soll ebenso gute Werte liefern, wie die gewöhnliche Titration mittels Permanganatlösung. Bezüglich der Apparatur und der Ausführungsweise sei auf das Original verwiesen.

---

[1] W. MANCHOT u. F. OBERHAUSER: Zeitschr. anorg. Chem. 1924, **139**, 40.

[2] E. KNECHT u. E. HIBBERT: Ber. Deutsch. Chem. Ges. 1905, **38**, 3318.

[3] E. MERCK: Prüfung der chemischen Reagenzien auf Reinheit 1931, S. 277.

[4] A. FUJITA u. T. KODAMA: Biochem. Zeitschr. 1931, **232**, 15.

[5] M. L. ISAACS: Journ. Amer. Chem. Soc. 1922, **44**, 1662; Zeitschr. analyt. Chem. 1929, **78**, 304.

[6] C. MAYR u. J. FISCH: Zeitschr. analyt. Chem. 1929, **76**, 418.

Ausmittelung der Gifte.

Von

Professor Dr. A. Gronover-Karlsruhe.

Mit 22 Abbildungen.

In diesem Abschnitt werden nur die chemischen Methoden, die zur Isolierung und zum Nachweise der Gifte und stark wirkenden Arzneimittel dienen, beschrieben. Die Wirkung der Gifte ist in dem Abschnitt „Gifte" in Bd. 1, S. 1067 bis 1142, besonders behandelt. Auch die Isolierung der Gifte und stark wirkenden Stoffe, die in Lebensmitteln vorkommen können, wird hier nicht näher erörtert; sie wird bei den einzelnen Lebensmitteln, Bedarfsgegenständen usw. behandelt. Die Isolierung und der Nachweis dieser Gifte hält sich im übrigen mehr oder weniger auch an die hier beschriebenen Verfahren. Unmöglich ist es, alle stark wirkenden synthetischen Arzneimittel anzuführen. Die Isolierung und Reinigung dieser Stoffe erfolgt jedoch auch nach den angegebenen Methoden.

Allgemeines.

1. Allgemeine, vor der Untersuchung zu beachtende Regeln.

In den meisten Fällen handelt es sich bei dem Nachweis von Giften bzw. starkwirkenden Stoffen um solche Objekte, die von Gerichten, Staatsanwaltschaften oder auch wohl von Privaten eingesandt werden. Es liegen entweder Leichenteile, Speisen oder andere Gegenstände vor, in denen diese Gifte enthalten sein können.

Wenn seitens des Gerichtsarztes bzw. des Gerichtes oder der Staatsanwaltschaft nicht die Prüfung auf ein bestimmtes Gift verlangt wird, so muß bei der Untersuchung allgemein auf alle Gifte Rücksicht genommen werden. In diesem Falle ist es besonders wichtig, sofern der Chemiker zur Leichenöffnung nicht zugezogen wurde, die Akten einer genauen Durchsicht zu unterziehen, da das Sektionsprotokoll und auch etwaige Vernehmungen Fingerzeige geben können, welche Art von Gift vorhanden sein mag; z. B. deutet Starrkrampferscheinung auf Strychnin, Pupillenerweiterung auf Atropin (Tollkirsche) hin. Der mit der Untersuchung betraute Chemiker hat auch das Recht, zur Klärung und Erleichterung der Untersuchung diese oder jene Person zu hören, die auf Grund der Akten unter Umständen Anhaltspunkte bei weiterer Vernehmung geben kann. In solchen Fällen muß der Chemiker einen diesbezüglichen Antrag der betreffenden Behörde übermitteln.

Wenn der chemische Sachverständige zur Sektion nicht zugezogen war, so werden ihm die vom Gerichtsarzt erhobenen Leichenteile und sonstigen Objekte durch die Behörde übersandt. Als Regel sollte gelten, daß die Leichtenteile in neuen Glasgefäßen, die vorher gründlich gereinigt sind, untergebracht werden. Die Gefäße mit den Leichenteilen müssen mit dem Amtssiegel verschlossen werden. Auch ist es wichtig, daß die Glasgefäße mit Glasstöpseln versehen sind. Werden dem Sachverständigen (Chemiker) Leichenteile oder sonstige Objekte von der Behörde eingesandt, so hat er zuerst sein Augenmerk auf die Verpackung zu richten. In dem Protokoll muß der Chemiker angeben, ob die Gefäße versiegelt waren, welche Aufstempelung sie trugen und ob die Siegel unverletzt waren. Falls die Gefäße mit Pergamentpapier verschlossen waren, so ist dieses auch anzugeben. Vielfach werden noch Gefäße mit eingreifenden Glasdeckeln benutzt. Bei diesen besteht die Gefahr, daß Teile von Packmaterial zwischen die Ritzen kommen und bei der Öffnung in den Inhalt fallen. Auch wird bisweilen beobachtet, daß die eingreifenden Deckel ringsum mit Siegellack verschlossen werden. Es ist natürlich unmöglich, den Siegellack so völlig zu entfernen, daß nicht Teilchen in den Inhalt fallen. Da nun Siegellack bisweilen giftige Metalle, wie Blei, Quecksilber oder Zink, enthält, so kann dadurch eine Vergiftung vorgetäuscht werden. Alles dieses muß in einem Protokoll niedergelegt werden, damit es später im Gutachten berücksichtigt werden kann.

2. Vorbereitungen zur Durchführung der Untersuchung.

Es ist klar, daß nicht alles Material zur Untersuchung verwendet werden darf. Handelt es sich jedoch nur um sehr geringe Mengen, z. B. um einige Tropfen eines Rückstandes in einer Arzneiflasche, so ist es wohl angebracht, alles Material zu verarbeiten, damit der Erfolg gesichert wird. In solchen Fällen ist die betreffende Behörde vorher zu befragen und nach Möglichkeit ein Teil des isolierten Giftes zu assenvieren.

Bei Leichenteilen verfährt man in der Weise, daß man einen Teil des Inhaltes eines jeden Gefäßes für sich verarbeitet. In der Regel entnimmt der Gerichtsarzt folgende Teile der Leiche: Magen und Mageninhalt, Teile vom Darm nebst Darminhalt, Teile der edleren Organe von Milz, Leber, Niere, Herz und Lunge und ferner Teile vom Gehirn, Blut und Urin.

Die Art des Inhaltes der Gefäße, sein Gewicht und die in Arbeit genommene Menge sind zu notieren. Man darf durchschnittlich nicht mehr als den dritten Teil eines jeden Gefäßes zur Untersuchung verarbeiten. Um eine orientierende, schnellere Untersuchung durchführen zu können, kann ein geringer Teil, etwa ein Achtel aus jedem Gefäß, je nach der Menge des Materials, zusammen verarbeitet werden. Wird ein Gift festgestellt, so muß der Inhalt eines jeden Gefäßes alsdann getrennt untersucht werden. Ratsam ist es, stets neue Gefäße zur chemischen Untersuchung der Objekte zu verwenden. Selbstverständlich ist es, daß die Gefäße sehr gut vorher gereinigt werden. Am besten werden sie vorher mit chemisch reiner, warmer Schwefelsäure unter Zusatz von reinem Kaliumdichromat gereinigt, was der Analytiker selbst vornehmen muß.

Die Zerkleinerung der Leichenteile, die in einer Porzellanschale abgewogen werden, geschieht vermittels scharfer Schere, wobei die Leichenteile mit einer Pinzette angefaßt werden.

Vor der Weiterverarbeitung sind die Leichenteile einer Sinnenprüfung zu unterziehen. Auffallender Geruch des Magen- oder Darminhaltes oder des Gehirnes, z. B. nach Blausäure, Phosphor oder flüchtigen Giften, gibt für die spätere Untersuchung wichtige Anhaltspunkte. Bei Verätzungen zeigen die Gewebe oft charakteristische Merkmale, z. B. ist das Gewebe des Magens und der Speiseröhre bei Essigsäurevergiftung dunkelrot und bei Salpetersäurevergiftung gelb (Xanthoprotein) gefärbt. Hellrotes Blut deutet auf Kohlenoxydvergiftung, während braunschwarzes auf Chloratvergiftung hinweist. Ferner ist auch die Reaktion der Leichenteile festzustellen. Falls an den Magenschleimhäuten weiße oder gefärbte Teilchen haften, so sind diese zu isolieren.

Je besser die mechanische Zerkleinerung durchgeführt ist, um so leichter werden den Leichenteilen die Giftstoffe entzogen und die Zerstörung der organischen Substanz gefördert. Handelt es sich nicht um den Nachweis von Metallen und von Arsen, so kann man sich sehr vorteilhaft einer Fleischhackmaschine bedienen.

Nach Entnahme der Leichenteilproben sind die Gefäße zu schließen und mit dem Amtssiegel zu versiegeln. Am besten bewahrt man sie im Eisschrank auf. Keinesfalls darf den Leichenteilen ein Konservierungsmittel zugesetzt werden. Es ist verschiedentlich ein Alkoholzusatz zur Konservierung vorgeschlagen worden, was jedoch nur unter gewissen Umständen ratsam erscheint.

3. Beschaffenheit der zur Verwendung gelangenden Chemikalien.

Die sog. chemisch reinen Reagenzien genügen ohne weiteres keinesfalls für forense Untersuchungen; sie sind einer vorhergehenden Prüfung und nötigenfalls einer Reinigung zu unterziehen. Arsen z. B. findet sich in Spuren fast in allen Reagenzien. Sind diese nicht arsenfrei, so kann unter Umständen ein positiver Arsenbefund vorgetäuscht werden.

Über die Reinigung der Chemikalien und ihre Prüfung s. den Anhang S. 1434.

4. Isolierung der Gifte, Feststellung ihrer Verbindungsform und ihre Konservierung.

Die Isolierung der Gifte wird in den folgenden Abschnitten eingehend erörtert. Es genügt nicht, wenn man ein Gift, z. B. Barium, in dem Magen- und Darminhalt feststellt, vielmehr muß seine Verbindungsform nachzuweisen versucht werden. So ist z. B. Bariumsulfat wegen seiner fast absoluten Unlöslichkeit, auch in verdünnten Säuren, ungiftig. Giftig ist dagegen Bariumcarbonat, da dieses in verdünnten Säuren, also in der Säure des Magens, löslich ist. Ähnlich verhält es sich mit Quecksilbersulfid und -chlorür gegenüber Quecksilberchlorid. Wenn die Verbindungsform als solche sich nicht isolieren läßt, so ist, wenigstens bei Metallvergiftungen, das Metall als solches (Quecksilber, Arsen usw.) zu asservieren. Z. B. kann man Blei in Bleichromat überführen, Blausäure in Silbercyanid, Phosphor in seine Molybdändoppelverbindung. Alkaloide und giftig wirkende Arzneimittel sind als solche oder in Gestalt ihrer Salze als Rückstände auf Uhrgläsern oder in Präparatengläschen aufzuheben. Flüchtige Gifte, z. B. Anilin, Chloroform, bewahrt man in zugeschmolzenen Glasröhrchen auf.

5. Abfassung des Gutachtens.

Bei der Abfassung des Gutachtens schildert man zuerst, wie die Verpackung der einzelnen Objekte war, ob Glasgefäße mit Glasstopfenverschluß oder sonstige Packungen verwendet wurden, ob unverletzte Siegel und mit welcher Aufstempelung vorhanden waren. Alsdann ist der Inhalt der Gefäße und die Menge, die zur Untersuchung entnommen wurde, anzugeben. Weiterhin folgen die bei der Sinnenprüfung gemachten Wahrnehmungen. Ferner ist die Reaktion der Inhalte der einzelnen Gefäße zu vermerken, was deshalb wichtig ist, weil daran zu erkennen ist, ob z. B. die Leichenteile schon eine wesentliche Zersetzung erlitten haben.

Nun beginnt die Beschreibung des analytischen Ganges, der zum Nachweis des Giftes eingeschlagen wurde. Diese Beschreibung darf nicht weitschweifig sein, sondern muß kurz und bündig niedergelegt werden; die wesentlichsten Feststellungen sind besonders hervorzuheben. Sofern eine quantitative Bestimmung durchführbar war, muß die Menge des isolierten Giftes auf 100 g Substanz und auch auf die ganze Menge des übersandten Materials für jedes Gefäß besonders berechnet werden.

Ferner ist kurz zu erwähnen, daß die angewandten Chemikalien die nötige Reinheit besaßen.

Zum Schluß ist auch anzugeben, wenn solches überhaupt möglich war, in welcher Verbindungsform das Gift vorhanden und ob es in Wasser oder ganz verdünnter Salzsäure, dieses bei Giften, die sich noch im Magen- oder Darminhalt befanden, löslich war.

Das isolierte Gift ist als Beweismittel, Corpus delicti, sofern solches erübrigt werden konnte, dem Gutachten beizufügen.

Zu beachten ist noch, daß der Chemiker sich streng an die an ihn gestellte Frage hält. Zu beurteilen, ob die von ihm gefundene Menge Gift und die Verbindungsform giftig wirken konnten, ist lediglich Sache des medizinischen Sachverständigen.

6. Giftarten.

Die Gifte können mannigfachster Natur sein. Obgleich aber die Zahl der Gifte und namentlich die der neueren, stark wirkenden und mithin giftigen Arzneimittel außerordentlich groß ist, handelt es sich im allgemeinen doch meist nur um relativ wenige Gifte, die zu Vergiftungszwecken immer wieder benutzt werden, was wohl zum Teil an der Unkenntnis der meisten Menschen auf diesem Gebiete liegt. Natürlich können auch Gifte vorkommen, die man sehr selten antrifft, z. B. Selenige Säure oder Strophantin. Vielfach hat man in solchen Fällen Anhaltspunkte, namentlich dann, wenn es sich um Selbstmord handelt und sich nahezu geleerte Medizinflaschen oder Reste von Tabletten usw. am Tatort noch vorfinden.

Nicht berücksichtigt sind in den nachfolgenden Ausführungen die Gifte, die durch Bakterien erzeugt werden und infolge ihrer den Eiweißstoffen nahestehenden Zusammensetzung meist auf chemischem Wege nicht faßbar sind.

Prüfung auf Gifte durch Vorproben.

Wie schon oben bei der Abfassung des Gutachtens erwähnt wurde, ist vor allem die Reaktion des zu untersuchenden Materials zu prüfen. Stark alkalische Reaktion ohne Anzeichen einer Verwesung der Leichenteile lassen eine Vergiftung durch Laugen oder in Wasser lösliche alkalisch reagierende Salze schließen. Stark saure Reaktion des Magens bzw. Mageninhaltes weist auf eine Vergiftung durch Säuren hin, namentlich dann, wenn Verätzungen der Speiseröhre und der Magenschleimhaut festgestellt wurden. Ähnliche Verätzungen treten auch bei Einwirkung von ätzenden Alkalien auf. Eine Gelbfärbung der Schleimhäute kann von Salpetersäure herrühren, schwarzrote Färbung wird durch Essigsäure hervorgerufen. Grüne Verfärbung des Magen- oder Darminhaltes oder grüne Schleimfäden an den Schleimhäuten kann von Schweinfurtergrün, einer Arsen-Kupferverbindung, oder von Kupfer- oder Chromsalzen herrühren. Rotfärbung kann auf die Anwesenheit von Quecksilberoxyd, Quecksilberjodid, Mennige oder gefälltem Antimonsulfid hindeuten. Schwarzfärbung kann von schwärzlich gefärbtem Blut bei Chloratvergiftung oder von Metalloxyden oder Metallsulfiden herrühren. Gelbfärbung läßt auf die Anwesenheit von Arsensulfid, Cadmiumsulfid oder Gummigutt schließen.

Handelt es sich um gefärbte, schwer lösliche Verbindungen obiger Art, so wird man meist noch in den Falten der Schleimhäute Material sammeln und isolieren können. Bemerkt sei noch, daß Anilinfarben alle möglichen Färbungen hervorrufen können, obwohl derartige Farbstoffe sich wohl nur selten im Magen- bzw. Darminhalt bei Vergiftungen vorfinden, da sie selbst meist ungiftig sind.

Auch die geruchliche Sinnenprüfung kann Anhaltspunkte geben, nach welcher Richtung hin man auf Gifte weiter fahnden muß. So läßt sich bei einer

Vergiftung durch Blausäure im Mageninhalt und auch im Gehirn bisweilen ein an bittere Mandeln erinnernder Geruch feststellen. Die chemische Untersuchung zeigt alsdann, ob es sich um Nitrobenzol (Mirbanöl), ungiftigen Benzaldehyd oder um Blausäure handelt. Auch viele andere flüchtige Gifte, wie Schwefelkohlenstoff, organische flüchtige Halogenverbindungen, Chloroform usw., können ihre Anwesenheit durch charakteristische Gerüche zu erkennen geben. Weißer Phosphor ist an dem eigentümlichen Phosphorgeruch bei nicht in Verwesung befindlichen Leichenteilen feststellbar. Breitet man den Mageninhalt in einer Schale aus und erwärmt vorsichtig auf etwa 50°, so kann man im Dunkeln häufig noch das Aufleuchten von Phosphorteilchen beobachten.

Der Mageninhalt (Speisebrei) oder auch Erbrochenes ist ebenfalls einer genauen Durchsicht zu unterziehen. Fragmente von Samen oder Blättern können die Art der Vergiftung kennzeichnen, z. B. lassen die morphologisch typischen Blätter des Schierlings, des Fingerhutes, der Tollkirsche, die Samen des Stechapfels, des Bilsenkrautes, der Brechnuß diese Feststellung zu. Grünlich schillernde Teilchen lassen auf Anwesenheit von spanischen Fliegen schließen.

Vermittels einer Pinzette versucht man, die fraglichen pflanzlichen oder mineralischen Stoffe zu isolieren. Gelingt dieses nicht, so muß man das Ausschüttelungsverfahren anwenden. Durch Sedimentation oder durch Aufsteigen von Teilchen an die Oberfläche nach dem Schütteln mit Wasser und Stehenlassen in einem Glaszylinder oder Spitzglas kann man unter Umständen zum Ziele kommen. Auch kann man bei nicht wasserhaltigen Objekten diese mit Chloroform anschütteln.

Durch Dialyse in saurer oder alkalischer Lösung können Giftstoffe in das Dialysat übergehen und nach dem Eindampfen der Dialysierflüssigkeit nachgewiesen werden. Obgleich die Eiweißstoffe mit Metallsalzen unlösliche Verbindungen bilden, so können unter Umständen in saurer Lösung doch Metalle in Lösung übergeführt und durch Dialyse gewonnen werden. Bariumsalze, Chlorate usw. lassen sich durch das Dialysierverfahren ziemlich frei von organischen Substanzen im Dialysat anreichern. Als Dialysiermembran ist gereinigte Schweinsblase oder bleifreies Pergamentpapier anzuwenden. Auch sind im Handel Dialysierhülsen erhältlich. Über die Methode der Dialyse s. S. 1422.

Aus dem Magen- und Darminhalt bzw. Erbrochenen lassen sich durch Elektrolyse, wenn auch nicht quantitativ, die Metalle rein gewinnen, die alsdann leicht näher identifiziert werden können.

Erster Teil.

Mit Wasserdämpfen flüchtige Gifte

und einzelne nicht flüchtige, giftige Verbindungen, die chemische Verwandtschaft mit den flüchtigen Giften besitzen.

Der Nachweis der mit Wasserdämpfen flüchtigen Gifte erfolgt eigentlich erst nach der Prüfung auf Phosphor. Wenn auch beim Phosphornachweis nach MITSCHERLICH außer Phosphor ein Teil der flüchtigen Gifte in das Destillat mit übergegangen ist, so bleiben doch schwerer flüchtige Gifte noch in dem Destillationsrückstand zurück. Deshalb verfährt man nun im allgemeinen, wenn keine anderen Verfahren angezeigt sind, in der Weise, daß die gut zerkleinerten Teile, seien es Leichenteile, Mageninhalt, Erbrochenes usw., die man am besten durch eine Fleischhackmaschine treibt, in einen geräumigen Kolben gebracht werden, der des Schäumens wegen nur zu etwa $^1/_3$ angefüllt sein darf. Der Inhalt des Kolbens wird mit Weinsäure oder verd. Schwefelsäure schwach angesäuert und der Destillation unterworfen. Vielfach ist es auch ratsam, vorher den Inhalt des Kolbens mit Natriumcarbonat schwach alkalisch zu machen und dann erst anzusäuern.

Die Anordnung des Destillationsapparates ist aus Abb. 1 ersichtlich.

Der Kolben wird schräg in ein Wasserbad oder bei schwerer flüchtigen Körpern in ein Paraffinbad gestellt, und durch das bis fast auf den Boden des Kolbens ragende Rohr Wasserdampf eingeleitet. Die Destillation ist so zu führen, daß Tropfen für Tropfen aus dem gut wirkenden, mit einem Vorstoß versehenen Kühler in die Vorlage gelangt, die etwas Wasser enthält, in welches das Rohr des Vorstoßes eintaucht. Die Vorlage stellt man am besten in Eiswasser.

Bei sehr leicht flüchtigen Stoffen ist es empfehlenswert, sie bei gelinder Wärme im Kohlensäurestrom überzutreiben. Destillieren keine flüchtigen Stoffe

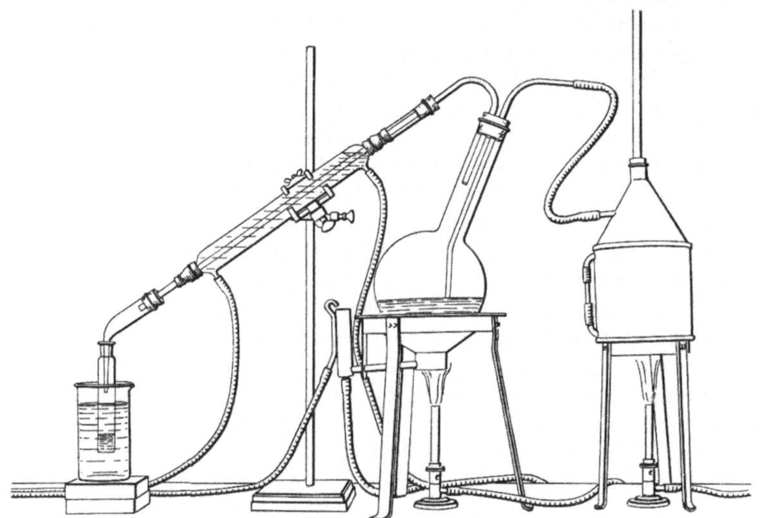

Abb. 1. Wasserdampfdestillationsapparat.

mehr über, so kann man die Destillation im Wasserdampfstrom weiter führen Die ersten übergehenden Anteile, wenige Kubikzentimeter, werden gesondert aufgefangen, und dieses fraktionierte Auffangen mehrmals wiederholt. Alsdann wird die Destillation solange fortgesetzt, bis man sicher ist, daß nichts mehr an flüchtigen Stoffen im Kolben vorhanden ist.

Die Destillate sind einer Sinnenprüfung zu unterziehen. Geruch und Geschmack können wesentliche Anhaltspunkte geben. Auch ist festzustellen, ob sich etwa Öltröpfchen auf der Oberfläche des Destillates abgeschieden, oder ob sich solche auf den Boden gesenkt haben, oder ob Krystalle in dem Destillat schwammen.

Auch die Reaktion des Destillates ist festzustellen und auf sein Verhalten gegen NESSLERs Reagens und Eisenchloridlösung zu prüfen, und ferner ist die Azofarbstoffreaktion auszuführen. Siehe Phenole, S. 1312.

Weitere Vorprüfungen s. S. 1292.

Unter Umständen ist es angezeigt und notwendig, die Destillation aus alkalischer Lösung vorzunehmen, da auf diese Weise organische Basen und Körper neutralen oder nur schwach sauern Charakters mit Wasserdampf übergehen.

Mit Hilfe der Wasserdampfdestillation können außer Phosphor aus den Untersuchungsobjekten isoliert werden: Blausäure, Alkohol, Aldehyde,

Ketone, Äther, Phenole, Säuren, Ester, organische Basen, Nitrokörper, ätherische Öle und Kohlenwasserstoffe u. a. m.

I. Phosphor und Phosphorverbindungen.

1. Phosphor.

Es kommt als Gift nur der weiße, auch wohl gelber Phosphor genannt, in Betracht, während der rote Phosphor, sofern er frei von weißem Phosphor ist, keine giftigen Eigenschaften besitzt. Weißer Phosphor wurde früher zur Herstellung von Zündhölzern benutzt, jetzt findet er nur noch Verwendung als Phosphorbrei zur Vertilgung von Nagern. Als Medikament kommt Phosphoröl in geringer Menge in den Verkehr. Giftige Verbindungen des Phosphors werden weiter unten erörtert.

a) Vorproben auf Phosphor.

Der Mageninhalt, Erbrochenes und Phosphor enthaltende Mischungen leuchten, in einer Schale ausgebreitet und auf 50° erwärmt, vielfach auf, was am besten im Dunkeln beobachtet werden kann; auch bilden sich bei größeren Mengen weißliche Dämpfe. Der Geruch ist ein typischer, den man als Phosphorgeruch bezeichnet.

Vorprobe nach Scherer[1]. Ein kleiner Teil des Objektes wird nach vorheriger guter Durchmischung mit etwa 20 ccm Wasser und mit verd. Schwefelsäure bis zur schwach sauren Reaktion versetzt und in einen ausreichend großen Kolben gegossen. In den Kolben hängt man einen Fließpapierstreifen, der mit verd. Silbernitratlösung und einen zweiten, der mit Bleiessiglösung befeuchtet ist, ein. Die Papierstreifen werden in einem Schnitt, den man in einen Korken macht, befestigt. Den Kolben setzt man alsdann auf ein etwa 50° erwärmtes Wasserbad und läßt ihn längere Zeit darauf stehen. Tritt Schwärzung des Silberpapierstreifens ein, so kann Phosphor vorliegen, dieses um so mehr, wenn der mit Bleiessiglösung befeuchtete Papierstreifen nicht geschwärzt wird. Werden beide Papierstreifen geschwärzt, so kann neben Schwefelwasserstoff dennoch Phosphor vorhanden sein. Man kann auch den Kolben 24 Stunden lang im Dunkeln stehen lassen und dann die Veränderung der Papierstreifen beobachten. Vorhandenen Schwefelwasserstoff bindet man dadurch, daß man dem Gemisch etwas Cadmiumsulfat zusetzt. Wird alsdann der Silberpapierstreifen noch geschwärzt, so kann es sich nicht um Schwefelwasserstoff handeln. Allerdings rufen z. B. Formaldehyd und Ameisensäure auch eine Schwärzung des Silberpapiers hervor.

Zur weiteren Vorprüfung behandelt man den geschwärzten Silberpapierstreifen mit etwas Königswasser und dampft die nach dem Verdünnen mit Wasser erzielte Lösung nach der Filtration ein. Der mit Salpetersäure aufgenommene Rückstand wird auf etwa 80° erwärmt und erwärmte Ammoniummolybdatlösung zugefügt. Entsteht eine gelbe Färbung oder ein gelber Niederschlag, so ist die Anwesenheit von gelbem Phosphor sehr wahrscheinlich.

b) Nachweis des Phosphors.

α) **Nachweis nach Mitscherlich**[2]. Der Nachweis des weißen Phosphors nach Mitscherlich beruht auf seiner Flüchtigkeit mit Wasserdämpfen, die sich durch Aufleuchten bemerkbar macht. Das Aufleuchten ist ein Oxydationsvorgang, der durch die im Glasrohr befindliche Luft bewirkt wird. Die Methode

[1] Scherer: Liebigs Ann. 1859, **112**, 224.

[2] E. Mitscherlich: Methode zur Entdeckung des Phosphors bei Vergiftungen. Journ. prakt. Chem. 1855, **66**, 238.

ist namentlich dann anwendbar, wenn man eine stärkere positive Reaktion nach der SCHERERschen Vorprobe erhalten hat.

Die Ausführung der Reaktion ist folgende (Abb. 2): Das zerkleinerte Untersuchungsmaterial wird in einen geräumigen, etwa zu ein Drittel gefüllten Destillationskolben mit langem Hals gebracht, mit Wasser solange versetzt, bis ein weicher Brei entsteht und mit Weinsäure oder verd. Schwefelsäure angesäuert.

Der Hals des Destillationskolbens ist mit einem Gummistopfen verschlossen, durch den ein ziemlich weites, zweimal rechtwinkelig gebogenes Glasrohr führt. Die Länge des aufsteigenden Schenkels beträgt etwa 50 cm, die des horizontalen etwa 50—60 cm und die des absteigenden Schenkels etwa 60—75 cm. Über den letzteren ist ein Kühlmantel gezogen, durch den Wasser zirkulieren kann, um die übergehenden Wasserdämpfe zu kondensieren. Die ganze Apparatur ist im Dunkelzimmer aufzustellen. Zweckmäßig setzt man den Destillationskolben in ein BABOsches Luftbad, um ein Anbrennen zu vermeiden, was beim Erhitzen auf einem Drahtnetz leicht der Fall sein kann. Als Vorlage dient ein Kölbchen, in dem sich etwas Wasser befindet, in welches das absteigende Rohr hineinragt.

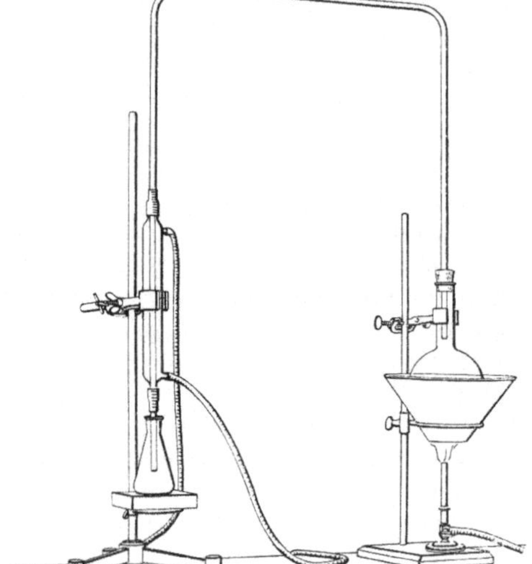
Abb. 2. Phosphornachweis nach MITSCHERLICH.

Bei Anwesenheit von Phosphor macht sich ein typischer Geruch bemerkbar. Riecht das Destillat mercaptanähnlich, so liegt wahrscheinlich Phosphorsesquisulfid vor. Im Destillat schwimmen alsdann meist krystalline, gelbe Flocken herum.

Mit der Destillation beginnt man langsam und schwenkt den Kolben zuweilen um. Wenn weißer Phosphor zugegen ist, so tritt meist schon ein Aufleuchten im Kolben, namentlich beim Umschütteln, ein. Um durch den Schein des Brenners nicht getäuscht zu werden, umgibt man diesen mit einem Pappkarton. Während des weiteren Erwärmens vermehrt sich das Aufleuchten im Kolben und schließlich tritt bei genügender Steigerung der Wärme ein leuchtendes Flämmchen in dem Halse des Kolbens auf, das dann in dem aufgesetzten Glasrohr langsam weiter gleitet. An der Stelle, wo der Kühlermantel anliegt, verweilt das Flämmchen kurze Zeit und geht schließlich in die Vorlage und verlischt. Ist dieses eingetreten, so ist der Nachweis des weißen Phosphors erbracht. Während der Destillation macht sich, wenn mehr Phosphor vorliegt, ein knoblauchartiger Geruch bemerkbar, und finden sich in der Vorlage kleine Phosphorkügelchen.

Zur weiteren Identifizierung des Phosphors oxydiert man einen Teil des vorher geschüttelten Destillates mit Chlor- oder Bromwasser oder auch mit Königswasser, löst den Abdampfrückstand in verd. Salpetersäure auf und gibt der erwärmten Lösung Ammoniummolybdatlösung zu. Liegt mehr Phosphor vor, so kann man auch den oxydierten Trockenrückstand mit Wasser aufnehmen und Magnesiamixtur zusetzen. Bildet sich im ersteren Falle eine Gelbfärbung oder tritt ein gelber Niederschlag von Ammoniumphosphat und Molybdänsäureanhydrid, $PO_4(NH_4)_3 + 12\,MoO_3$, auf, oder entsteht ein weißer krystalliner Niederschlag von Ammonium-Magnesiumphosphat, so ist auch hierdurch die Anwesenheit von weißem Phosphor erwiesen.

Ein Nichtleuchten im MITSCHERLICHschen Apparat beweist das Fernsein von weißem Phosphor nicht durchaus, da viele organische Stoffe, wie Äther, Alkohol, Essigäther, Benzin, Terpentinöl u. a. und ferner Metallsalze, z. B. die des Quecksilbers, Kupfers und Silbers, das Leuchten verhindern. Im Falle der Anwesenheit flüchtiger, störender Stoffe kann bei weiterer Destillation, wenn diese Stoffe überdestilliert sind, ein Leuchten später noch eintreten. Es ist deshalb erforderlich, nicht zu früh die Destillation zu unterbrechen.

Sind störende Substanzen nicht vorhanden, so können nach MITSCHERLICH 0,06—0,3 mg Phosphor in 200 ccm Wasser nachgewiesen werden.

Das Leuchten wird jedoch nicht allein von weißem Phosphor hervorgerufen, sondern auch von solchen Phosphorverbindungen, die weißen Phosphor abspalten. Zu diesen Verbindungen zählt das Phosphorsesquisulfid (Tetraphosphortrisulfid) P_4S_3, das jetzt in der Zündholzindustrie Anwendung findet und ungiftig ist. Dieser gelbe, krystalline Körper spaltet bei Temperaturen über 75° weißen Phosphor ab, während er bei Temperaturen bis zu 50° unverändert bleibt.

Auf jeden Fall muß bei einem positiven Befunde, d. h. wenn Leuchten eintritt, noch weiter auf die Anwesenheit von weißem Phosphor geprüft werden. Hierzu dient die Methode von SCHENCK und SCHARFF, die S. 1282 beschrieben wird.

Tritt ein Leuchten nach MITSCHERLICH nicht ein, und kann in der Vorlage Phosphor durch die Molybdänreaktion nachgewiesen werden, so wurde das Leuchten durch andere Stoffe, wie schon besprochen, verhindert. Man kann alsdann die Methode von H. NATTERMANN und A. HILGER, oder auch die Methode von FRESENIUS und BABO, bzw. SCHERER (S. 1279) anwenden.

Der weiße Phosphor kann sich aber auch bereits oxydiert haben, trotzdem man festgestellt hat, daß er nach einem Monat noch in Leichen als solcher nachweisbar war. In solchen Fällen müßten alsdann noch seine ersten Oxydationsprodukte, die Unterphosphorige und Phosphorige Säure, vorhanden sein. Um diesen Nachweis anzutreten, bedient man sich des Verfahrens nach DUSART und BLONDLOT (S. 1283).

β) **Nachweis nach H. NATTERMANN und A. HILGER**[1]. Die Methode ist der MITSCHERLICHschen ähnlich. Auch hier wird der Phosphor mit Wasserdämpfen übergetrieben, die Destillation wird im Kohlensäurestrom vorgenommen.

Der Kolben (Abb. 3), der die Objekte enthält, wird mit einem doppelt durchbohrten Gummistopfen versehen, durch dessen eine Bohrung ein Rohr bis fast zum Boden des Kolbens reicht. Durch dieses Rohr wird mit Wasser gewaschene Kohlensäure geleitet. Durch die andere Bohrung führt ein doppelt gebogenes Steigrohr, genau wie beim MITSCHERLICHschen Apparat, nur ist in der Mitte des horizontal verlaufenden Rohres ein Glasröhrchen angeblasen, über das ein kurzer Gummischlauch mit einem zu einer Spitze ausgezogenen Glasröhrchen gezogen ist, der mittels eines Quetschhahnes verschlossen werden kann. Der absteigende Teil des Glasrohres ist luftdicht mit einer Saugflasche verbunden, die ihrerseits mit einem Peligotrohr verbunden ist, welches mit einer Saugpumpe in Verbindung steht. In der Saugflasche und dem Peligotrohr befindet sich eine 3%ige Silbernitratlösung.

Nachdem nun alle Luft durch Kohlensäure verdrängt ist, was längere Zeit erfordert, wird der Kolben mit den Leichenteilen erwärmt. Am besten stellt man ihn wie beim MITSCHERLICHschen Apparat in ein BABOsches Luftbad. Wenn das Steigrohr heiß geworden ist, öffnet man von Zeit zu Zeit den Quetschhahn an dem kleinen Röhrchen. Tritt eine leuchtende Flamme auf, so ist die Anwesenheit von weißem Phosphor erwiesen. Man kann auch so verfahren, daß man die Kohlensäurezuleitung abstellt, vermittels der Saugpumpe schwach evakuiert und den Quetschhahn am Ansatzröhrchen öffnet. Es wird hierdurch

[1] H. NATTERMANN u. A. HILGER: Über den Nachweis des Phosphors bei forensisch-chemischen Arbeiten. Forschungsberichte über Lebensmittel 1897, 4, 241.

Luft eingesogen. Wenn Phosphor vorhanden ist, so tritt im ganzen Rohr ein Leuchten auf.

Wenn man länger im Kohlensäurestrom destilliert, so kann man den Phosphor mit den Wasserdämpfen quantitativ übertreiben, soweit das überhaupt möglich ist, da ein geringer Teil des Phosphors sich oxydiert hat. Durch die Silbernitratlösung in den Vorlagen wird der Phosphor in Phosphorsilber (PAg_3) umgewandelt, der sich als schwarzer Niederschlag ausscheidet (s. S. 1284).

Bemerkt sei noch, daß diesem Verfahren auch die Mängel anhaften, die schon beim MITSCHERLICHschen Verfahren besprochen wurden. Allerdings kann bei diesem Versuch noch Leuchten eintreten, wo der MITSCHERLICHsche Versuch versagt hat.

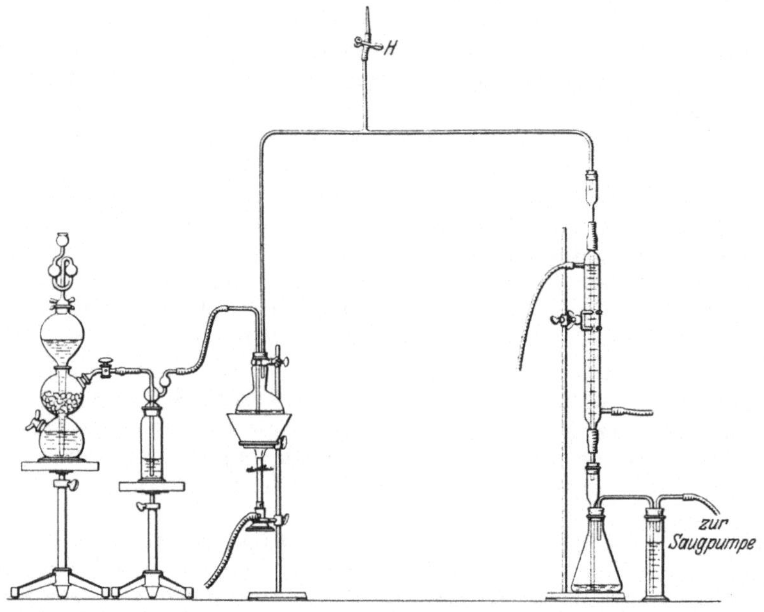

Abb. 3. Apparat zum Phosphornachweis. (Nach NATTERMANN und HILGER.)

γ) **Nachweis nach FRESENIUS und NEUBAUER**[1]. Diese Methode beruht darauf, daß mit einer einfachen Destillationsapparatur der Phosphor im Kohlensäurestrom abdestilliert und in einer Silbernitratlösung aufgefangen wird. Der Kolben, der das Untersuchungsmaterial enthält, wird auf 60—70° erwärmt und, damit nicht zuviel Wasser überdestilliert, eine geeignete Rückflußkühlung angebracht. Das ausgeschiedene Phosphorsilber wird auf einem Asbestfilterchen gesammelt und wie bei der Methode von DUSART und BLONDLOT (S. 1283) weiter untersucht.

δ) **Nachweis von R. SCHENCK und E. SCHARFF**[2]. Diese Methode ist eigentlich für den Nachweis von weißem Phosphor in Zündhölzern ausgearbeitet und beruht auf der Fähigkeit des weißen Phosphors, die Luft zu ionisieren. Es werden also die Blättchen eines geladenen Elektroskops bei Anwesenheit von weißem Phosphor bzw. seinen Dämpfen zusammenfallen, sich entladen.

Wie schon beim Phosphornachweis nach MITSCHERLICH erwähnt wurde, spaltet das ungiftige Phosphorsesquisulfid, das an Stelle des giftigen weißen Phosphors jetzt in der Zündholzindustrie benützt werden muß, bei 100° geringe

[1] FRESENIUS u. NEUBAUER: Zeitschr. analyt. Chem. 1862, **1**, 351.
[2] R. SCHENCK u. E. SCHARFF: Ber. Deutsch. Chem. Ges. 1906, **39**, 152.

Mengen Phosphor ab, die ein Leuchten bewirken und mithin weißen Phosphor vortäuschen können.

Bei 50° zersetzt sich Phosphorsesquisulfid nicht und gibt an der Luft keine Dämpfe weißen Phosphors ab.

Es ist also, wenn nach MITSCHERLICH oder NATTERMANN und HILGER ein positiver Befund auf weißen Phosphor erhalten wurde, notwendig, den Beweis noch anzutreten, daß das Leuchten nicht von zersetztem Phosphorsesquisulfid herrührt. Tritt jedoch nach R. SCHENCK und E. SCHARFF ein positiver Befund ein, so stammt das nach MITSCHERLICH oder NATTERMANN und HILGER beobachtete Leuchten von weißem Phosphor selbst her. Wie aus der Abb. 4 zu ersehen ist, befindet sich eine größere Waschflasche in einem Becherglas, das auf einer Asbestplatte steht und zu etwa $^2/_3$ mit Wasser gefüllt ist. Die Waschflasche selbst ist mit dem bis zu einem dünnen Brei mit Wasser versetzten Untersuchungsmaterial zu etwa $^1/_3$ beschickt; ihr seitlicher Ansatz ist durch ein Glasrohr mit einem Blechgefäß, der Ionisationskammer, verbunden, auf welcher ein Elektroskop, dessen Zerstreuungskörper in die Blechkanne hineinragt, aufgesetzt ist. Vor dem eigentlichen Versuch ist der Abfall des geladenen Elektroskops zu prüfen. Wenn es gut trocken ist — man kann zwecks Austrocknung durch einen seitlichen Stutzen etwas Natriummetall, auf eine Nadel gesteckt, in das Elektroskop bringen —, so ist innerhalb $^1/_4$ bis $^1/_2$ Stunde kein wesentlicher Abfall der Spannung zu beobachten. Das bis auf den Boden der Waschflasche tauchende Rohr ist mit einem Handgebläse versehen. Man wärmt nun langsam das Becherglas mit Wasser an, die Temperatur darf aber nicht über 50° steigen, was man an einem in das Becherglas gesenkten Thermometer beobachten kann. Wenn man annehmen kann, daß die Substanz in der Waschflasche 50° erreicht hat, bläst man langsam Luft durch die Flüssigkeit. Ist weißer Phosphor zugegen, so tritt Phosphordampf mit der feuchten Luft in die Ionisationskammer und bewirkt einen Abfall der Spannung, ein Zusammenfallen der Blättchen. Man kann nach vorherigem Aufladen des Elektroskops den Versuch mehrmals wiederholen. Es lassen sich so noch 0,04 mg weißer Phosphor nachweisen.

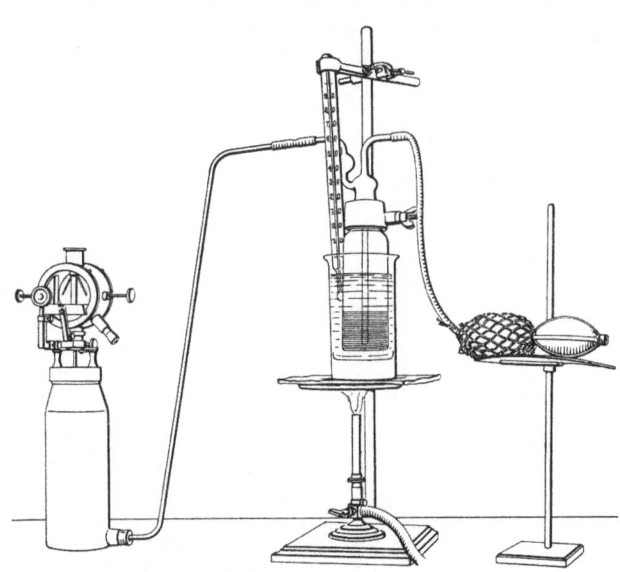

Abb. 4. Phosphornachweis. (Nach SCHENCK und SCHARFF.)

ε) **Nachweis nach DUSART und BLONDLOT**[1]. Dieser Nachweis muß dann angetreten werden, wenn die vorher beschriebenen Methoden versagt haben und die Annahme besteht, daß schon eine Oxydation des weißen Phosphors eingesetzt hat. Es handelt sich also in solchen Fällen um Leichenuntersuchungen, bei denen zwischen Tod und Vornahme der Untersuchung einige Zeit

[1] DUSART u. BLONDLOT: Compt. rend. Paris 1856, **43**, 1126 u. 1861, **52**, 1197.

verstrichen ist. Die ersten Oxydationsstufen des Phosphors sind die Unterphosphorige und die Phosphorige Säure. Diese beiden Säuren werden durch nascierenden Wasserstoff zu Phosphorwasserstoff (PH_3) reduziert, während die höchste Oxydationsstufe, die Phosphorsäure, durch Wasserstoff nicht mehr reduziert wird. Für die Beurteilung ist dieses deshalb wichtig, da phosphorsaure Salze durch die Nahrung dem Organismus zugeführt werden.

Die Objekte (Leichenteile, Mageninhalt usw.) werden gründlich zerkleinert, mit etwas Wasser zu einem dünnen Brei angerührt und in einen Kolben (Abb. 5) von etwa 150 ccm Inhalt gebracht. Zu diesem Inhalt fügt man verd. reine Schwefelsäure (1:5) und reines phosphorfreies Zink. Der Kolben ist mit einem doppelt durchbohrten Stopfen versehen. Durch die eine Bohrung führt ein Trichterrohr bis auf den Boden des Kolbens, während durch die andere Bohrung ein Glasrohr führt, durch das die Gase entweichen können. Das entweichende Gas Wasserstoff, unter Umständen auch Phosphorwasserstoff und Schwefelwasserstoff, leitet man durch ein U-Rohr mit Bimssteinstückchen, die mit Kalilauge befeuchtet sind, um den Schwefelwasserstoff zurückzuhalten. Alsdann tritt das Gas in ein mit Kugeln versehenes Rohr, in dem sich eine 3%ige neutrale Silbernitratlösung befindet. Hier wird der Phosphorwasserstoff in Phosphorsilber (PAg_3) übergeführt, welches in schwarzen Flitterchen in der Silbernitratlösung herumschwimmt. Die Reduktion ist eine sehr unvollkommene, man findet nur etwa $^1/_5$ der vorhandenen Phosphormenge wieder. Auch braucht man den Versuch nicht zu lange ausdehnen, etwa zwei Tage genügen, bis man ihn unterbricht. Jedoch muß von Zeit zu Zeit Säure zugefügt werden, damit die Wasserstoffentwicklung regelmäßig anhält.

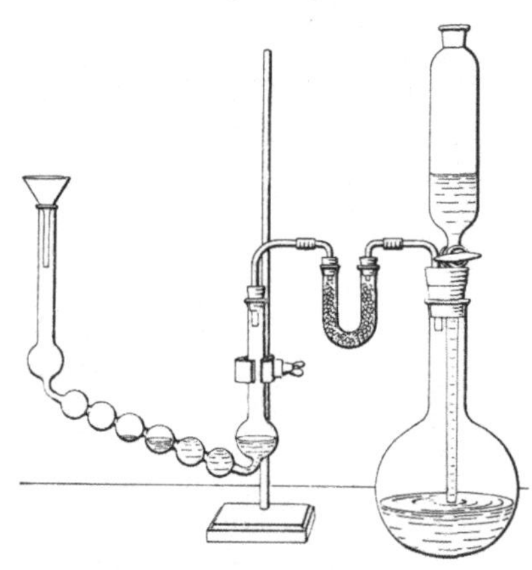

Abb. 5. Phosphornachweis nach DUSART und BLONDLOT.

Das ausgeschiedene Phosphorsilber wird auf einem Filterchen gesammelt, mit sehr wenig Wasser ausgewaschen und in dem von NATTERMANN und HILGER angegebenen Apparat auf Phosphor in folgender Weise geprüft:

In einem kleinen KIPPschen Apparat wird aus phosphorfreiem Zink und verd. Schwefelsäure Wasserstoff entwickelt, der durch zwei Waschflaschen, von denen die erstere mit Silbernitrat, die zweite mit konz. Schwefelsäure zu etwa $^1/_4$ angefüllt ist, in ein Kölbchen von etwa 100 ccm Inhalt, das mit dreifach durchbohrtem Gummistopfen verschlossen ist, geleitet wird. In dieses Kölbchen bringt man den auf dem Filterchen gesammelten Niederschlag nebst Filter, welches zerschnitten ist, und einige Stückchen reinen Zinks. Durch die eine Öffnung des Stopfens führt ein Trichterrohr bis auf den Boden des Kölbchens, aus der anderen Öffnung wird das Gas durch ein U-Rohr geleitet, das mit Bimssteinstückchen angefüllt ist, die mit Kalilauge getränkt sind. An dieses Rohr schließt sich ein rechtwinklig gebogenes Glasrohr an, dessen Ende eine Platinspitze trägt. Zündet man, nachdem alle Luft entwichen ist, den Wasserstoff an, so darf er nur mit bläulicher Flamme verbrennen. Ist dieses der Fall, so ist das im KIPPschen Apparat entwickelte Wasserstoffgas frei von Phosphorwasserstoff. Nun preßt man durch das Trichterrohr verd. Schwefelsäure (1:5). Ist Phosphor zugegen, so wird die Flamme durch den im Kölbchen sich entwickelnden Phosphorwasserstoff intensiv grün gefärbt.

Einfacher verfährt man nach C. STICH[1] (Abb. 6); man sammelt das ausgeschiedene Phosphorsilber auf einem ALLIHNschen Röhrchen, in dem sich unten eine etwa $1^1/_2$ cm hohe Asbestschicht befindet, wäscht schnell mit wenig Wasser aus und trocknet es. Der in einem KIPPschen Apparat aus reinem Zink entwickelte Wasserstoff wird in zwei zwischengeschalteten Waschflaschen, von denen die eine Silbernitratlösung, die andere konz. Schwefelsäure enthält, gewaschen. Das Wasserstoffgas tritt alsdann in das eingeschaltete ALLIHNsche Rohr, das den Phosphorsilberniederschlag enthält, und von dort in ein U-Rohr, das mit Bimssteinstückchen beschickt ist, die mit Kalilauge getränkt sind, um alsdann durch ein Glasrohr, das eine Platinspitze trägt, zu entweichen. Nachdem durch den Wasserstoff die Luft aus dem Apparat gedrängt ist, wird das entweichende Wasserstoffgas an der Platinspitze angezündet. Brennt die Flamme nur bläulich, so ist der im KIPPschen Apparat entwickelte Wasserstoff phosphorfrei. Alsdann setzt man unter das ALLIHNsche Röhrchen eine kleine Bunsenflamme; es bildet sich aus dem Phosphorsilber Phosphorwasserstoff, der nun die Wasserstofflamme grün färbt.

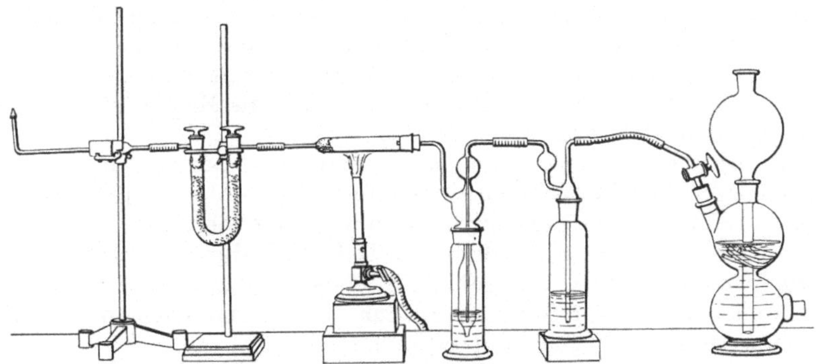

Abb. 6. Apparat zur Erhitzung des Phosphorsilberniederschlages. (Nach STICH.)

Man kann auch den Phosphorwasserstoff nach NATTERMANN und HILGER statt in Silbernitratlösung in eine Kupferchlorürlösung leiten. Die Lösung wird in folgender Weise bereitet: 4 g reines Kupferchlorür werden in 20 ccm reiner Salzsäure vom Spez. Gew. 1,19 gelöst und mit 30 ccm einer 12%igen Kalilauge versetzt. Nach etwa 3 Stunden wird die Lösung von den ausgeschiedenen Krystallen abgegossen und 20 ccm davon benutzt. Man läßt die Entwicklung zur Reduktion der Säuren etwa 14 Tage lang gehen. An Stelle des ALLIHNschen Rohres nach STICH (s. oben) wird eine Kugelröhre, in der sich die Kupferchlorürlösung befindet, eingeschaltet. Alsdann folgt noch ein Chlorcalciumrohr, dann das U-Rohr mit Bimssteinstückchen und Kalilauge und schließlich das Rohr mit Platinspitze. Das Kugelrohr stellt man in ein Gefäß mit Wasser und erwärmt auf etwa 70°. Es muß bei Gegenwart von Phosphor bzw. Phosphorwasserstoff die gleiche Grünfärbung eintreten.

Ferner kann man auch die grüne Phosphorflamme im Spektralapparat beobachten. Die geringsten Spuren von Phosphor geben drei grüne Linien, von denen zwei stärker gefärbt sind als die dritte. Auf diese Weise kann man sich auch vorher durch Leerversuche von der Reinheit des Zinks überzeugen.

Es sollen noch 0,00006 mg Phosphor angezeigt werden.

Zu der Methode der Reduktion ist noch zu bemerken, daß aus phosphorreichen Organen, z. B. dem Gehirn, sich flüchtige Phosphorverbindungen

[1] C. STICH: Über die Bildung gasförmiger Phosphorverbindungen bei der Fäulnis. Mitt. a. d. analyt. Laboratorium d. Krankenhaus-Apotheke zu Leipzig.

abspalten können, namentlich wenn die Organe in Fäulnis übergegangen sind, die die Anwesenheit von weißem Phosphor bzw. seinen Oxydationsprodukten vortäuschen. SELMI will solche nachgewiesen haben, was jedoch von Z. HALÁSZ[1] bestritten wurde. Auch MARPMANN und STICH wollen flüchtige Phosphorverbindungen gefunden haben. Aus alledem geht hervor, daß man mit der Deutung eines positiven Befundes nach DUSART und BLONDLOT sehr vorsichtig sein muß.

Phosphorsesquisulfid, amorpher Phosphor und Hypophosphite, welch letzteres wohl als Arzneimittel Anwendung findet, können Oxydationsprodukte des weißen Phosphors vortäuschen. Bei Einnahme von Hypophosphiten sind diese schon nach 24 Stunden wieder aus dem Organismus ausgeschieden.

Der Nachweis von weißem Phosphor mißlingt auch, wenn Quecksilbersalze zugegen sind.

c) Bestimmung des Phosphors.

Die Bestimmung des Phosphors in Leichenteilen, Mageninhalt usw. kann durch Übertreiben im Kohlensäurestrom nach FRESENIUS und NEUBAUER oder NATTERMANN und HILGER erfolgen. Der entweichende Phosphor wird in 3%iger Silbernitratlösung aufgefangen, das ausgeschiedene Phosphorsilber abfiltriert und oxydiert (S. 1279). Das Filtrat enthält nun den Phosphor als Phosphorsäure, die mit Magnesiamixtur gefällt und als Magnesiumpyrophosphat zur Wägung gebracht wird.

In Phosphorlatwergen kann nach F. MACH und LEDERLE die Bestimmung des Phosphorgehaltes in der Weise vorgenommen werden, daß man die Masse mit Gips verreibt und im Schüttelzylinder mit einer gemessenen Menge Schwefelkohlenstoff ausschüttelt. Ein aliquoter Teil wird durch Ausschüttelung mit Bromwasser oxydiert und die gebildete Phosphorsäure nach Verjagung des Schwefelkohlenstoffes mit Magnesiamixtur gefällt und nach dem Glühen als Magnesiumpyrophosphat zur Wägung gebracht.

In Phosphorölen wird der Phosphor nach KATZ[2] in der Weise bestimmt, daß man 10 ccm Öl mit etwa 20 ccm 5%iger Kupfernitratlösung solange stark schüttelt, bis sich eine beständige schwarze Emulsion gebildet hat. Alsdann fügt man 10 ccm Äther und in kleinen Mengen 10 ccm Wasserstoffsuperoxydlösung hinzu. Wenn nach starkem Schütteln die Schwarzfärbung nicht völlig verschwinden sollte, so gibt man noch mehr Wasserstoffsuperoxyd hinzu. Dann wird die wäßrige Lösung vom Äther getrennt und der Äther dreimal mit Wasser ausgeschüttelt. Die wäßrigen Ausschüttelungen werden zur Entfernung von geringen Ölspuren durch ein angefeuchtetes Filter filtriert. Dem Filtrat setzt man Ammoniak hinzu, fällt die gebildete Phosphorsäure mit Magnesiamixtur und bringt sie als Magnesiumpyrophosphat zur Wägung.

Nach STICH[3] kann man Phosphoröl in einem Gemisch von Alkohol, Äther und Aceton lösen und mit gesättigter konz. acetonischer Silbernitratlösung versetzen. Die auftretende Trübung in der Mischung wird im Colorimeter oder Stufenphotometer, nach KÖSZEGI[4], mittels einer Vergleichslösung verglichen, und so der Gehalt an Phosphor ermittelt.

2. Phosphorwasserstoff (PH_3) und Phosphine.

Durch Einatmung von Phosphorwasserstoff sind schon wiederholt Vergiftungen vorgekommen. Der Phosphorwasserstoff setzt sich im Organismus schnell unter Bildung von Phosphoriger Säure und Phosphorsäure um.

[1] Z. HALÁSZ: Zeitschr. anorgan. allg. Chem. 1900, **26**, 438.
[2] KATZ: Arch. Pharm. **1904**, **121**.
[3] STICH: Zeitschr. anorg. Chem. 1927, **40**, 1014.
[4] KÖSZEGI: Pharm. Zentralh. 1934, **75**, 34.

Vergiftungen bei Zersetzung von Ferrosilicium[1], welches Phosphor, als Phosphorcalcium, enthält und durch Feuchtigkeit Phosphorwasserstoff abspaltet, sind häufiger beobachtet worden.

Aus der Luft läßt sich der Phosphorwasserstoff durch Durchleiten der Luft durch Silbernitratlösung oder Kupferchlorürlösung auffangen, nachweisen und auch bestimmen; s. S. 1284.

In Leichenteilen kann der Nachweis nach DUSART-BLONDLOT versucht werden.

Im Phosphorwasserstoff kann der Wasserstoff durch 1—3 Alkylreste ersetzt werden. Es entstehen die primären, sekundären und tertiären Phosphine, die einen furchtbaren Geruch aufweisen. Bisher wurden Vergiftungen durch diese Art von Phosphorverbindungen nicht beobachtet. Auch die quaternären Verbindungen dürften bedeutungslos sein.

3. Phosphorhalogene.

Von den Halogenverbindungen des Phosphors sind die des Chlors die bekanntesten und zwar Phosphortrichlorid, PCl_3, Phosphorpentachlorid, PCl_5 und Phosphoroxychlorid, $POCl_3$. Alle drei Verbindungen werden durch Wasser zersetzt und bilden neben freier Salzsäure Phosphorige Säure bzw. Phosphorsäure. Auch ihr Nachweis ist bei Vergiftungen erschwert, da Salzsäure und Phosphorsäure bzw. ihre Salze Bestandteile des normalen Gewebes sind. Vor allem wirken diese Gifte ätzend. Nachweis s. unter Halogene, S. 1425.

II. Blausäure, Cyanide, komplexe Cyanide und Rhodanide.

1. Blausäure.

Von den Salzen der Blausäure, Cyanwasserstoffsäure, HCN, sind die komplexen Cyanide wenig giftig oder ungiftig. Da sie aber in der Hitze Blausäure abspalten können, so müssen die zu untersuchenden Objekte vorher auf diese Verbindungen geprüft werden, um eine Vortäuschung giftiger Blausäure zu vermeiden. Wichtig ist es, festzustellen zu versuchen, an welches Metall die Blausäure, sofern keine Komplexverbindungen vorliegen, gebunden ist. Z. B. kann Quecksilbercyanid oder Kaliumcyanid vorliegen. Eine alkalische Reaktion bei Anwesenheit von Blausäure würde im Mageninhalt anzeigen, daß die Blausäure an ein Leichtmetall, Kalium oder Natrium, gebunden ist. Zu erwähnen ist noch, daß das Blut bei Blausäurevergiftungen hell kirschrot ist und die Leibeshöhlen, Bauchhöhle, Schädelhöhle, nach Blausäure riechen. Spektralanalytisch läßt sich die Blausäure im Blut nicht direkt nachweisen. Die Blausäure ist ein Enzymgift. Trotz genügenden Sauerstoffgehaltes des Blutes tritt Erstickung ein.

a) Vorprobe nach SCHÖNBEIN.

Die gut zerkleinerten Objekte (Leichenteile, Mageninhalt, Erbrochenes usw.) werden mit Weinsäure schwach angesäuert und mit Wasser hinreichend verdünnt.

Oft macht sich schon beim Öffnen der Gefäße, in denen die Objekte eingesandt wurden, oder auch wenn man die zerkleinerten Objekte einige Zeit im verschlossenen Kolben stehen läßt, ein typischer Geruch nach Blausäure bemerkbar.

Die SCHÖNBEINsche Probe wird in der Weise ausgeführt, daß man einen Filtrierpapierstreifen, der mit einer schwach alkoholischen Lösung von Guajacharz getränkt und nach dem Verdunsten des Alkohols mit ganz verdünnter Kupfersulfatlösung (1 : 1000) übergossen wurde, in einen Einschnitt eines

[1] P. LEHNKERING: Z. 1906, 12, 132.

Korkes einklemmt und in den Kolben hängt, der einen geringen Teil des angesäuerten und zerkleinerten Objektes enthält. Ist Blausäure vorhanden, so tritt schon nach kurzer Zeit eine starke Blaufärbung ein. Zu lange darf man nicht warten, da schon die Einwirkung der Luft eine schwache Blaufärbung bewirkt.

Die Reaktion ist eine Oxydasenreaktion, indem die Blausäure bei Gegenwart von Kupfersulfat atomaren Sauerstoff bildet, der die Guajaconsäure des Harzes blau färbt.

Tritt die Reaktion nicht ein, so sind Blausäure oder deren giftige Salze mit Ausnahme von Schwermetallsalzen nicht vorhanden.

b) Nachweis der Blausäure.

Nachweis bei Anwesenheit von Ferro- und Ferricyaniden und Rhodaniden: Man stellt einen wäßrigen Auszug aus dem Objekte her und setzt zu einem Teil, der schwach mit Salzsäure angesäuert ist, verd. Eisenchloridlösung. Eine Rotfärbung deutet auf die Anwesenheit von Rhodaniden, tritt dagegen eine Blaufärbung ein, so sind Ferrocyanide, gelbes Blutlaugensalz, die ferner mit Kupfersulfat eine Rotfärbung geben, vorhanden. Zu einem anderen Teil des Auszuges setzt man verd. Salzsäure und verd. Ferrosulfatlösung. Eine Blaufärbung würde Ferricyanide, rotes Blutlaugensalz, anzeigen. Berlinerblau, das in Wasser unlöslich ist und sich, falls mehr vorhanden ist, durch die Farbe zu erkennen gibt, bringt man entweder durch Oxalsäurelösung oder Ammoniumtartrat in Lösung, aus welcher es auf Zusatz von Salzsäure wieder abgeschieden wird.

Nitroprussidverbindungen lassen sich ebenfalls mit Wasser ausziehen. Die Lösung gibt auf Zusatz von Natriumsulfidlösung eine Blaufärbung.

Sind diese Cyanide nicht vorhanden, so kann man die Blausäure, wie folgt, nachweisen: Man destilliert, wie schon bei der allgemeinen Methode der Wasserdampfdestillation angegeben wurde, einige Kubikzentimeter ab und fängt noch einige weitere Kubikzentimeter getrennt auf. Mit den ersten und eventuell auch nachfolgenden Destillaten können folgende Reaktionen auf Blausäure ausgeführt werden:

α) Prüfung nach SCHÖNBEIN, wie schon oben (S. 1287) beschrieben.

β) Prüfung mit schwach alkalischer Phenolphthalinlösung, der Leukobase des Phenolphthaleins. Fügt man zu einigen Tropfen dieser Lösung eine kleine Menge des Destillates und einige Tropfen einer Kupfersulfatlösung (1:2000), so wird infolge der Bildung von atomarem Sauerstoff, wie beim SCHÖNBEINschen Versuch, die Leukobase des Phenolphthaleins unter Bildung von Phenolphthalein oxydiert, das in alkalischer Lösung eine Rotfärbung hervorruft. Auch diese Reaktion ist eine Oxydasenreaktion.

γ) Berlinerblau-Reaktion: Schüttelt man wenige Tropfen des Destillates einige Minuten unter vorheriger Zugabe von etwas Ferro- und Ferrisalzlösung und etwas Natronlauge und erwärmt gelinde, so bildet sich Berlinerblau. Wenn man die Anschüttlung mit verd. Schwefelsäure ansäuert, so tritt entweder eine starke Blaufärbung oder, wenn wenig Blausäure vorhanden ist, eine Grünfärbung auf. Läßt man die Lösung längere Zeit stehen, so setzen sich auch in der grün gefärbten Lösung blaue Flöckchen von Berlinerblau, $[Fe(CN)_6]_3Fe_4$, ab.

2 mg Blausäure in 1 Liter Wasser können so noch nachgewiesen werden.

δ) Rhodanprobe nach LIEBIG. Ein Teil des Destillates wird mit wenigen Tropfen frischen gelben Schwefelammoniums und einigen Tropfen Kalilauge versetzt und in einem Porzellanschälchen auf dem Wasserbade zur Trockne verdampft. Der Rückstand, der nun Rhodankalium enthält, wird in wenig

Wasser unter Zusatz von etwa Salzsäure gelöst und die Lösung durch ein gehärtetes Filter, um den fein verteilten Schwefel zurückzuhalten, filtriert. Auf Zusatz von einigen Tropfen Eisenchloridlösung tritt bei Gegenwart von Blausäure eine blutrote Färbung von Ferrirhodanid, $(CNS)_3Fe$, ein.

Es kann 0,1 mg Blausäure in 1 Liter Wasser noch nachgewiesen werden.

ε) Nitroprussid-Reaktion. Zu einem Teil des Destillates setzt man einige Tropfen Kaliumnitritlösung, 2—4 Tropfen Eisenchloridlösung und vorsichtig so viel verd. Schwefelsäure, daß die Färbung eben in Hellgelb umschlägt. Die Lösung wird zum Sieden erhitzt, Ammoniak in geringem Überschuß zugegeben und dem Filtrat stark verdünnte Schwefelammoniumlösung zugesetzt. Eine Violettfärbung, die bald in Blau, Grün und Gelb übergeht, zeigt Blausäure an. 0,3 mg Blausäure können noch in 1 Liter Wasser nachgewiesen werden.

ζ) Pikrinsäure-Reaktion. Erwärmt man einige Tropfen des Destillates mit einigen Tropfen Kalilauge und einigen Tropfen Pikrinsäurelösung, so geht bei Gegenwart von Blausäure die Gelbfärbung in eine Rotfärbung über.

η) Silbernitrat-Reaktion. Einige Tropfen des Destillates, mit wenig Wasser verdünnt, geben auf Zusatz von Silbernitratlösung einen weißen Niederschlag von Silbercyanid, CNAg. Um eine Täuschung mit Chlorsilber zu vermeiden, was eigentlich schon ausgeschlossen ist, da Salzsäure aus verdünnten wäßrigen Lösungen nicht überdestilliert, kann man das Destillat nochmals über Borax destillieren, der die Salzsäure zurückhält.

Wird das gesammelte Cyansilber länger erhitzt, so spaltet es sich in Silber und Dicyan, NC—CN, das an seinem charakteristischen stechenden Geruch erkennbar ist.

c) Nachweis der Blausäure bei Gegenwart von komplexen Cyaniden und Rhodaniden.

Da die komplexen Cyanide und Rhodanide beim Erhitzen unter Einwirkung von Säuren Spuren Blausäure abspalten, so verfährt man am besten nach der Methode von JACQUEMIN[1], indem man die zu untersuchenden Objekte mit Natriumbicarbonat im Überschuß versetzt, den Kolbeninhalt auf 60° erwärmt und Kohlensäure in langsamem Strome durchleitet. Am besten stellt man den Kolben in ein Wasserbad von 60°. Man leitet das Übergehende in eine Vorlage, die etwas Wasser enthält, in die der Stutzen des Vorstoßes hineinragt. Die Vorlage selbst stellt man in Eiswasser. Quecksilbercyanid spaltet hierbei keine Blausäure ab, setzt man aber einige Kubikzentimeter Schwefelwasserstoff zu, das die komplexen Cyanide nicht zersetzt, so kann man auch aus dem Quecksilbercyanid die Blausäure übertreiben.

Das aufgefangene Destillat wird alsdann auf Blausäure wie oben geprüft.

Man kann auch an Stelle der Methode von JACQUEMIN sich der Ausschüttlung der Cyanide nach der Methode von BARFOED[2], die von BEKURTS modifiziert worden ist, bedienen. Komplexe Cyanide sind in Äther nicht löslich, während Blausäure und Quecksilbercyanid aus der wäßrigen, weinsauer gemachten Lösung der Objekte mit Äther ausgeschüttelt werden können. Um keinen Verlust zu erleiden, ist der Äther nach jeder Ausschüttlung, die mehrmals zu wiederholen ist, mit alkoholischer Kalilauge bis zur schwach alkalischen Reaktion zu versetzen, wodurch die Blausäure in das beständigere Salz übergeführt wird. Der nach dem Austreiben des Äthers verbleibende Rückstand wird mit Weinsäurelösung versetzt und die Blausäure überdestilliert und wie oben nachgewiesen.

---

[1] JACQUEMIN: Ann. Chim. Phys. 4, 135; Arch. Pharm. 1876, 208, 170.

[2] BARFOED: Lehrbuch der organisch qualitativen Analyse. Kopenhagen: Hort u. Sohn.

Ist Quecksilbercyanid, das auch in Äther löslich ist, vorhanden, so setzt man zum Rückstand Schwefelammoniumlösung hinzu. Tritt eine Schwarzfärbung ein, so kann Quecksilber zugegen sein, das noch als solches (s. S. 1409 unter Quecksilber) nachgewiesen werden muß.

Den Rückstand der Ätherausschüttlung kann man mit gelbem Schwefelammonium versetzen und abdampfen, dann mit verdünnter Säure schwach ansäuern, vom ausgeschiedenen Schwefel und Quecksilbersulfid durch Filtration trennen und einige Tropfen verd. Eisenchloridlösung zugeben. Wird die Lösung blutrot, so ist Blausäure, die in Rhodan übergeführt wurde (s. Rhodanreaktion S. 1288) nachgewiesen. Gibt der Rückstand der ätherischen Ausschüttlung, in Wasser aufgenommen und schwach mit Salzsäure angesäuert, auf Zusatz von einigen Tropfen Eisenchloridlösung eine blutrote Färbung, so ist ein Rhodanid zugegen, das ebenfalls in Äther löslich ist. Bei Anwesenheit von Rhodan verfährt man in der Weise, daß man die Blausäure nach vorherigem Zusatz von Natriumbicarbonat bei 60° im Kohlensäurestrom übertreibt (s. Methode von JACQUEMIN, S. 1289). Rhodanwasserstoffsäure geht nach dieser Methode, wie von uns festgestellt wurde, nicht mit über.

d) Nachweis von Blausäure in Samen und Blättern.

In den Kirschlorbeerblättern, den bitteren Mandeln und Kernen von Prunaceen, sowie in Bohnensorten befindet sich ein Glykosid, das in Gegenwart eines Fermentes durch Wasser zerlegt wird und Blausäure teils frei, teils in gebundener Form abspaltet; so ist z. B. im Bittermandelwasser die Blausäure an Benzaldehyd, als Cyanhydrin, $C_6H_5CH(OH)CN$, gebunden, während in Mondbohnen die Blausäure an Aceton als Acetoncyanhydrin gebunden ist (s. unter Glykoside, S. 1333).

Die Blausäure kann auch in solchen Fällen nach der Destillationsmethode isoliert und nachgewiesen werden. Bei dieser Destillation geht auch Benzaldehyd mit über, der jedoch nicht so leicht flüchtig ist wie die Blausäure. Ist im Destillat Blausäure nicht nachweisbar und riecht es trotzdem nach Blausäure bzw. Benzaldehyd, so ist nur ungiftiges Benzaldehyd vorhanden. Auch der Destillationsrückstand riecht in solchen Fällen meist nach Benzaldehyd, falls solcher vorhanden ist, da er schwer flüchtig ist.

Eine vollständige Spaltung des Benzaldehydcyanhydrins erreicht man im Destillat dadurch, daß man Ammoniak zusetzt und dann mit Mineralsäure ansäuert. Dieses ist für die quantitative Bestimmung der Gesamtblausäure wichtig.

In einigen Lebensmitteln, z. B. den Mond-, Rangoon- oder Lima-Bohnen (Phaseolus lunatus) befindet sich ebenfalls Blausäure (s. oben) in glykosidartiger Bindung[1]. Der Nachweis kann durch Ausziehen der fein zermahlenen Bohnen mit Wasser in einem geschlossenen Kolben und nachfolgende Destillation, wie oben beschrieben, erbracht werden. Die Spaltung des Glykosides verläuft am besten bei einer p_H-Stufe von p_H 6[1], also bei sehr schwach saurer Reaktion.

e) Nachweis von Blausäure in der Luft und im Blut.

Nach SIEVERTS und HEMRSDORF kann man in der Luft qualitativ mittels Benzidin-Kupferacetatpapier Blausäure nachweisen. Selbst bei einem Gehalt von nur 0,015 g in 1 cbm tritt nach einigen Sekunden Grünfärbung des Papiers ein. Reagens: 150 ccm H_2O + 10 ccm 3% Kupferacetatlösung und 50 ccm kaltgesättigte essigsaure Benzidinlösung. Oder man leitet die Luft durch verd. Kalilauge; vorhandene Blausäure wird in Cyankalium übergeführt. Die Lösung

[1] S. K. HAGEN: Z. 1928, 55, 284.

wird mit Weinsäurelösung angesäuert und die in Freiheit gesetzte Blausäure abdestilliert. Der Nachweis im Destillat geschieht, wie oben (S. 1288) angegeben.

Im **Blut** läßt sich die Blausäure auf spektralanalytischem Wege nachweisen. Das meist auffallend rote bzw. kirschrote Blut wird 1 : 100 mit Wasser verdünnt und in eine Küvette gefüllt. Zugleich richtet man eine reine Blutlösung, Menschen- oder Tierblut, 1:100 her und füllt dieselbe ebenfalls in eine Küvette. Nun stellt man bei beiden Lösungen im Spektralapparat fest, daß sie die typischen Absorptionsstreifen des Oxyhämoglobins zeigen. Die beiden luftdicht verstöpselten Küvetten läßt man 12 Stunden und noch länger unter Umständen bei etwa 25—30° stehen. War die Küvette mit dem reinen Blut dunkler gefärbt und zeigte nicht mehr das Spektrum des Oxyhämoglobins, zeigte dagegen das fragliche Blut eine noch hellrote Färbung und das Spektrum des Oxyhämoglobins, so enthielt das Blut dieser Küvette Blausäure. Hier ist durch die Blausäure die Selbstreduktion des Blutes verhindert worden.

f) Bestimmung der Blausäure.

Die Bestimmung der Blausäure erfolgt in der Weise, daß man sie durch Destillation entweder in weinsaurer Lösung oder, wenn auch komplexe Cyanverbindungen vorhanden sind, in natriumbicarbonat-alkalischer Lösung bei 50° im Kohlensäurestrom übertreibt und in gemessener 0,05 oder 0,01 N.-Silbernitratlösung auffängt. Hierzu bedient man sich am besten eines PELIGOT-Rohres oder eines Kugelröhrenapparates.

Das ausgeschiedene Cyansilber kann nach Filtration und Auswaschen mit Wasser, Alkohol und Äther und Trocknen bei 105° zur Wägung gebracht werden.

Wenn das Cyansilber nicht rein weiß ist, so kann das davon herrühren, daß Spuren Schwefelsilber sich mit ausgeschieden haben. Man löst den Niederschlag alsdann in überschüssigem Ammoniak und filtriert vom ungelösten Schwefelsilber ab. Das Filtrat wird mit verd. Salpetersäure angesäuert, und das so gereinigte Cyansilber, wie oben, zur Wägung gebracht.

0,1 g Cyansilber = 0,0201 g Blausäure, CNH.

Man kann auch die überschüssig vorgelegte, gemessene Silberlösung mit 0,05 oder 0,01 N.-Rhodanlösung zurückmessen. Die Lösung ist alsdann mit Salpetersäure anzusäuern und nach Zusatz von Ferriammonsulfat als Indicator mit Rhodanlösung nach der Methode von VOLHARD zurückzumessen.

Zu bemerken ist noch, daß, wenn mit sehr verdünnten Lösungen gearbeitet wird, z. B. 0,01 N.-Lösung, leicht übertitriert werden kann, da der Farbumschlag durch die geringe, sich nicht zusammenballende Menge Rhodansilber unscharf wird. Man nimmt die Titration alsdann in einem Stöpselglase vor und überschichtet die wäßrige Lösung mit einer etwa $^1/_2$ cm hohen Schicht Äther. Nach jedem Zutropfen der Rhodanlösung schüttelt man kräftig um. Das Rhodansilber schwimmt alsdann oben und läßt den Umschlag des Ferrirhodanids scharf erkennen. Es ist zweckmäßig, zum Vergleich eine Stöpselflasche mit der gleichen, nahezu austitrierten Menge Silbernitratlösung, Salpetersäure und Ferriammonsulfatlösung neben die zu bestimmende Flüssigkeit zu stellen, um den Farbenumschlag besser beobachten zu können.

1 ccm 0,05 N.-Silbernitratlösung = 1,35 mg Blausäure.
1 ccm 0,01 N.-Silbernitratlösung = 0,27 mg Blausäure.

Enthalten die Objekte freie Salzsäure, so kann etwas Salzsäure unter Umständen mit übergehen. Man fängt alsdann das Destillat in Natronlauge auf, säuert schwach mit Weinsäure an und destilliert die Lösung über etwas Borax. Alsdann kann man das Destillat in Silbernitratlösung auffangen.

g) Bestimmung des Benzaldehydcyanhydrins.

Benzaldehydcyanhydrin, Mandelsäurenitril und die abgespaltene Blausäure in Destillaten der Mandeln und Prunaceenkerne (s. oben) können durch Titration nach VOLHARD bestimmt werden. Um die quantitative Spaltung des Cyanhydrins zu bewirken, wird die vorgelegte und gemessene Silbernitratlösung mit Ammoniak versetzt, nach beendeter Destillation mit Salpetersäure angesäuert und nach Volhard zurücktitriert.

Setzt man kein Ammoniak zu, so wird das Benzaldehydcyanhydrin nicht zerlegt, und nur die freie Blausäure als Cyansilber ausgefällt. Sammelt man den Niederschlag, trocknet und wägt ihn (s. oben), so kann man daraus den Gehalt an freier Blausäure berechnen. Die Silbernitratlösung enthält nun noch das unveränderte Benzaldehydcyanhydrin in Lösung. Fügt man Ammoniak hinzu, so spaltet sich das Benzaldehydcyanhydrin. Säuert man nun mit Salpetersäure an, so scheidet sich die Blausäure als Cyansilber ab. Man kann das ausgeschiedene Cyansilber zur Wägung bringen oder auch die unzersetzte Silbernitratlösung nach Volhard zurückmessen und aus dem Gesamtverbrauch so die freie und gebundene Blausäure berechnen, von der man den Wert an freier Blausäure abzuziehen hat, um die gebundene Blausäure zu erhalten.

2. Cyankohlensäuremethylester, $C\begin{smallmatrix}\diagup OCH_3\\ = O\\ \diagdown CN\end{smallmatrix}$.

Dieses auch als Zyklon bezeichnete Schädlingsbekämpfungsmittel stellt eine scharf riechende Flüssigkeit vor. In Wasser spaltet sich Blausäure ab, die durch die bei Blausäure angegebenen Reaktionen sich als solche charakterisieren läßt.

3. Chlorcyan, CNCl.

Chlorcyan ist ein farbloses, stechend riechendes, stark giftiges Gas, das mit Wasser in Salzsäure und Cyansäure, CNOH, zerfällt. Durch Einwirkung von Kalilauge bildet sich Kaliumcyanat und Chlorkalium. Kocht man die Lösung, so bildet sich Ammonium- und Kaliumcarbonat. Es muß sich also zur Feststellung von Chlorcyan Salzsäure und Ammoniak nachweisen lassen.

4. Dicyan, CN—CN.

Dicyan ist ein farbloses Gas, das sich in Hochöfen bildet.

Wird das Gas durch verd. Kalilauge geleitet, so bildet sich Kaliumcyanid und -cyanat. Durch Nachweis dieser Salze (s. bei Chlorcyan) läßt sich die Identität des Dicyans feststellen. Auch kann man das Gas durch Schwefelwasserstoff leiten. Es bilden sich alsdann gelbe, bzw. rote Krystalle, Flavean- bzw. Rubeanwasserstoff.

5. Calciumcyanamid, NC—NCa.

Das Calciumcyanamid findet als Düngemittel (Kalkstickstoff) Anwendung. Sein Nachweis läßt sich durch Aufschließen nach Kjeldahl erbringen. Man kann im Aufschluß Stickstoff, der als Ammoniak jetzt vorhanden ist, und Calcium, das jetzt als Sulfat vorliegt und durch eine Natrium-Kaliumcarbonatschmelze noch aufgeschlossen werden muß, nachweisen. Der Kjeldahl-Aufschluß kann auch zur quantitativen Bestimmung benutzt werden.

III. Schwefelkohlenstoff und mit Wasserdämpfen flüchtige Halogenverbindungen.

Vorproben. Das Destillat aus weinsaurer Lösung kann außer den früher erwähnten Verbindungen Schwefelkohlenstoff und flüchtige Halogenverbindungen enthalten, die durch die Vorprobe nach Vitali und Tornani[1] sich nachweisen lassen (Abb. 7).

[1] Vitali u. Tornani: L'Orosi 7, 377; Arch. Pharm. 1885, **223**, 234.

In einem kleinen KIPPschen Apparat wird gewaschener Wasserstoff entwickelt, der durch ein dickwandiges, weites Reagensglas mit seitlichem Stutzen geleitet wird; es ist mit einem zweifach durchbohrten Gummistopfen verschlossen. Durch die eine Bohrung führt ein Glasrohr bis zum Boden des Reagensglases, durch das der Wasserstoff in dasselbe geleitet wird. Der rechtwinklig stehende Stutzen des Reagensglases ist mit einem rechtwinkligen Glasrohr

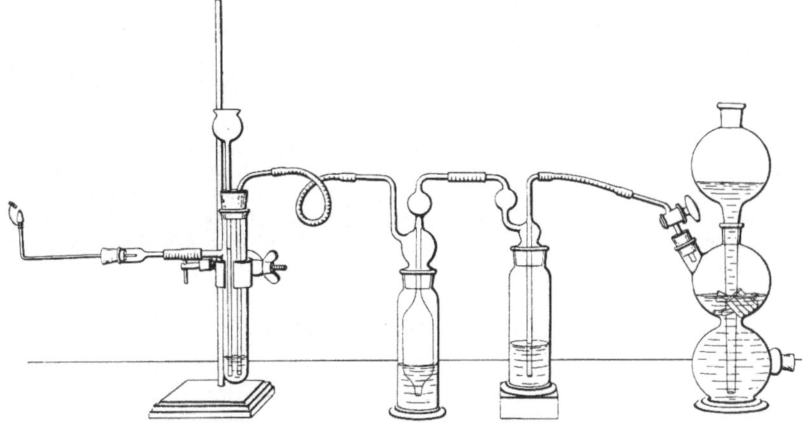

Abb. 7. Vorprobe auf Halogene und Schwefelkohlenstoff. (Nach VITALI und TORNANI.)

verbunden, an dessen oberem Ende eine Platinspitze angekittet ist, durch deren Öffnung die Gase entweichen können. In der zweiten Öffnung des Gummistopfens befindet sich ein Trichterohr, das bis auf den Boden des Reagensglases führt. Vermittels eines Drahtes ist ein kleines Kupferoxydstäbchen so befestigt, daß es sich unmittelbar über der Platinspitze befindet und von der Wasserstofflamme umspült werden kann, die das Kupferoxydstäbchen aber nur zum Glühen bringen darf.

Sobald man nun flüchtige Halogenverbindungen oder Schwefelkohlenstoff, einen kleinen Teil des bei der Untersuchung auf flüchtige giftige Verbindungen erhaltenen Destillates, durch das Trichterrohr in den Kolben bringt, tritt eine intensiv bläulich-grüne Färbung des Wasserstoffflämmchens auf. Diese Färbung ist verschieden, je nachdem ob es sich um Chloride, Jodide oder Schwefelkohlenstoff handelt, welch letzterer die Flamme bläulich färbt. Andere Halogenverbindungen, z. B. Chloralhydrat, können dadurch noch zum Nachweis gebracht werden, daß man Kalilauge durch das Trichterrohr gießt. Dadurch entstehen mit Wasserstoff sich verflüchtigende Halogenverbindungen, die alsdann die obige Reaktion auslösen.

Das Halogen selbst kann noch näher dadurch identifiziert werden, daß man die Verbrennungsgase über der Wasserstoffflamme vermittels einer übergestülpten Absaugevorrichtung in Wasser auffängt und dieses auf die Halogene, Chlor, Brom und Jod, prüft.

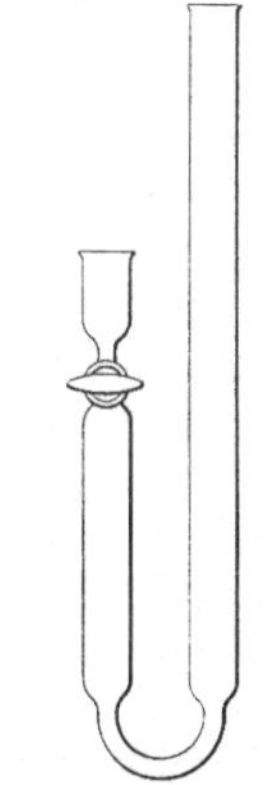

Abb. 8. Siedepunktsbestimmungsapparat. (Nach SCHLEIERMACHER.)

Siedepunktsbestimmung. Handelt es sich um etwas größere Mengen einer isolierten Flüssigkeit, so kann man zur Feststellung des Siedepunktes den gewöhnlichen Fraktionskolben benutzen. Meist wird jedoch hierzu die isolierte Menge nicht ausreichen. In solchen Fällen kann man sich der Methode von SCHLEIERMACHER[1] bedienen.

Hierzu benutzt man den Apparat (Abb. 8), der etwa $^1/_4$ der natürlichen Größe entspricht. Es ist bekannt, daß der Siedepunkt der Temperatur entspricht, bei der der Dampfdruck

[1] SCHLEIERMACHER: Ber. Deutsch. Chem. Ges. 1891, **24**, 944.

gleich dem Atmosphärendruck ist. Man gießt durch den langen Schenkel des Apparates Quecksilber und öffnet vorsichtig den Hahn des kürzeren Schenkels; wenn der kürzere Schenkel einige Millimeter über dem Hahn mit Quecksilber gefüllt ist, so schließt man denselben. Man läßt nun durch seitliches Neigen des Schenkelrohres mit dem Hahn nach unten soviel Quecksilber auslaufen, daß nur der kürzere Schenkel mit Quecksilber gefüllt bleibt. Alsdann gibt man etwa 0,2 ccm der zu prüfenden Flüssigkeit in den Trichter, öffnet vorsichtig den Hahn, läßt etwa 0,1 ccm in das Rohr eintreten, schließt den Hahn sofort und hängt den Apparat in ein größeres Becherglas, das je nach dem Siedepunkt der Flüssigkeit mit Wasser oder Paraffinöl gefüllt ist. Der kurze Schenkel muß völlig in die Flüssigkeit eintauchen. In dem Becherglas befindet sich ein Rührer und ein in 0,1 Grade eingeteiltes Thermometer. Man heizt nun das auf einer Asbestplatte stehende Becherglas langsam an und hält die Flüssigkeit durch den Rührer in Bewegung. Das Quecksilber wird aus dem kürzeren Schenkel nun in den langen Schenkel gedrückt. Der Siedepunkt der Flüssigkeit ist erreicht, wenn die Quecksilbersäule in beiden Schenkel gleich hoch steht. Bei vorsichtigem Erwärmen hält sich das Niveau der beiden Schenkel kurze Zeit. Die Temperatur, die das Thermometer anzeigt, wenn die Quecksilbersäulen sich auf das gleiche Niveau eingestellt haben, entspricht dem Siedepunkt der Flüssigkeit. Nach dem Abkühlen kann man ohne erneute Füllung den Versuch wiederholen.

1. Schwefelkohlenstoff.

In der Technik findet Schwefelkohlenstoff, CS_2, vielfach Anwendung, z. B. zum Extrahieren von Fetten usw. Der Schwefelkohlenstoff ist eine farblose, stark lichtbrechende Flüssigkeit von typischem Geruch.

Bei der Wasserdampfdestillation wird Schwefelkohlenstoff nur langsam übergetrieben, infolgedessen darf man die Destillationszeit nicht zu kurz bemessen. Wenn mehr Schwefelkohlenstoff vorhanden ist, so scheiden sich klare, farblose, stark lichtbrechende Öltröpfchen von charakteristischem Geruch ab. Siedepunkt = 46°, Dichte (15°) = 1,27.

a) Nachweis.

Zum Nachweis verwendet man einige Kubikzentimeter des Destillates oder man schüttelt ein im Destillat ausgeschiedenes Tröpfchen mit Wasser an und nimmt einige Kubikzentimeter hiervon.

α) Reaktion mit Bleiacetat. Schüttelt man einige Kubikzentimeter des Destillates mit einigen Tropfen Bleiacetatlösung, so darf direkt eine Dunkelfärbung nicht eintreten, ebenfalls darf kein schwarzer Niederschlag sich bilden, der Schwefelwasserstoff anzeigen würde. Wird nun der farblosen Lösung Kalilauge zugesetzt, und die Lösung gekocht, so deutet eine Schwarzfärbung bzw. schwarzer Niederschlag auf Schwefelkohlenstoff hin.

β) Rhodanreaktion. Erwärmt man in einem Porzellanschälchen einige Kubikzentimeter des Destillates mit starkem Ammoniak, unter Zusatz von etwas Alkohol, und dampft die Lösung auf dem Wasserbade bis auf einige Kubikzentimeter ein, so bildet sich Rhodan. Den Rückstand verdünnt man mit etwas Wasser und fügt Salzsäure in geringem Überschuß zu. Bei Gegenwart von Schwefelkohlenstoff tritt auf Zusatz von einigen Tropfen sehr verdünnter Eisenchloridlösung eine blutrote Färbung auf.

γ) Xanthogenreaktion. Werden einige Kubikzentimeter des Destillates mit der dreifachen Menge konz. alkoholischer Kalilauge mehrere Minuten stark geschüttelt, dann mit Essigsäure schwach angesäuert und mit 1—2 Tropfen Kupfersulfatlösung versetzt, so entsteht bei Anwesenheit von Schwefelkohlenstoff zuerst ein schwärzlich brauner Niederschlag, der bald in gelbe Flocken übergeht, die aus xanthogensaurem Kupferoxydul, $C\begin{cases}SCu\\S\\OC_2H_5\end{cases}$, bestehen. Man kann auch nach Vitali so verfahren, daß man die alkoholische Anschüttelung mit verd. Schwefelsäure und Molybdänlösung versetzt. Tritt beim Erwärmen eine Rotfärbung auf, so ist ebenfalls der Nachweis erbracht. Empfindlichkeit der Reaktion: 0,05 g in 1 ccm.

b) Bestimmung.

Die Bestimmung beruht auf der Überführung von Schwefelkohlenstoff mittels alkoholischer Kalilauge in xanthogensaures Kalium, welch letzteres durch Titration mit Jodlösung bestimmt werden kann.

Dieses Verfahren läßt sich auch bei der Bestimmung von Schwefelkohlenstoff in der Luft anwenden. Im ersteren Falle wird ein aliquoter Teil des Destillates mit alkoholischer Kalilauge versetzt, in letzterem eine gemessene Menge Luft durch eine Kugelröhre, die alkoholische Kalilauge enthält, gesogen. Zur Messung der Luft kann eine Gasuhr dienen oder man bestimmt die Kapazität einer Saugflasche, die man benutzt. In beiden Fällen wird die alkoholische Kalilauge mit 96%igem Alkohol auf ein bestimmtes Volum gebracht, einem aliquoten Teil Wasser hinzugesetzt und mit Essigsäure schwach angesäuert. Den Überschuß der Säure nimmt man mit Natriumbicarbonat weg und titriert unter Zusatz von Stärkelösung mit 0,1 oder 0,05 N.-Jodlösung bis zur Blaufärbung. Nach der Gleichung kommt auf 1 Mol Jod 1 Mol Xanthogensäure.

$$2\,C\begin{matrix}\diagup SK\\ =S\\ \diagdown OC_2H_5\end{matrix} + 2\,J = 2\,KJ + \begin{matrix}\diagup OC_2H_5\\ C=S\\ \diagdown S\\ \diagup S\\ C=S\\ \diagdown OC_2H_5\end{matrix}$$

Xanthogensaures Kali — Äthylxanthogendisulfid.

Nach Rupp und Krauss bildet sich auch noch Trithiokohlensäure, bzw. ihr Kaliumsalz, $C\begin{matrix}\diagup SH\\ =S\\ \diagdown SH\end{matrix}$. Der Jodverbrauch ist der gleiche, wie bei der vorhergehenden Umsetzung.

1 ccm 0,1 N.-Jodlösung = 0,00760 g und 1 ccm 0,05 N.-Jodlösung = 0,0038 g Schwefelkohlenstoff.

2. Halogenverbindungen.

a) Chloroform (Trichlormethan).

Chloroform, $CHCl_3$, ist eine farblose, süßlich schmeckende Flüssigkeit von hohem Spez. Gewicht. In Wasser ist es wenig löslich, leichter in Alkohol.

Chloroform geht mit Wasserdämpfen leicht über und findet sich in den ersten Fraktionen des Destillates. Gut ist es, das Destillat in etwas Alkohol aufzufangen und für gute Kühlung bei der Destillation zu sorgen. Ein süßlicher Geschmack und Geruch ist für die Anwesenheit von Chloroform charakteristisch.

Siedepunkt = 60—62°. Dichte (15°) = 1,47—1,48.

α) Nachweis.

1. Isonitrilreaktion. Einige Kubikzentimeter des Destillates mit etwas alkoholischer Kalilauge und zwei Tropfen Anilin erwärmt, geben bei Anwesenheit von Chloroform einen sehr unangenehmen, typischen Geruch nach Isonitril. Es ist angebracht, eine Gegenprobe ohne Destillat anzustellen, da schon Anilin allein einen unangenehmen Geruch aufweist.

$$\underset{\text{Chloroform}}{CHCl_3} + 3\,KOH + \underset{\text{Anilin}}{C_6H_5NH_2} = 3\,KCl + \underset{\text{Isonitril, Phenylcarbylamin.}}{C_6H_5—N\equiv C} + 3\,H_2O.$$

Schärfe des Nachweises: 0,2 g in 1 Liter.

Die Reaktion ist für Chloroform nicht typisch, da auch Chloral, Bromal, Jodoform, Bromoform, Tetrachlorkohlenstoff u. a. m. diese Reaktion geben.

2. Resorcinreaktion nach SCHWARZ. Man löst etwa 0,1 g Resorcin in 2 ccm Wasser, setzt einige Tropfen 15%ige Natronlauge und einige Kubikzentimeter des Destillates zu. Ist Chloroform zugegen, so tritt nach dem Sieden eine gelbrote Färbung auf, die zuweilen fluoresciert. Diese Reaktion ist ebenfalls nicht eindeutig.

3. Naphtholreaktion nach LUSTGARTEN. Löst man etwa 0,05 g α- oder β-Naphthol in etwa 2 ccm konz. Kalilauge auf, erwärmt auf 50° und setzt nun einige Kubikzentimeter Destillat hinzu, so tritt bei Anwesenheit von Chloroform eine Blaufärbung ein, die bei Benutzung von β-Naphthol weniger beständig ist. Durch Zusatz von verd. Säure entsteht ein ziegelroter Niederschlag. Die Reaktion ist ebenfalls nicht eindeutig.

4. Cyanreaktion. Schmilzt man in einem Glasrohr einige Kubikzentimeter Destillat mit etwas festem Chlorammonium und alkoholischer Kalilauge ein und erhitzt einige Stunden im Wasserbad, so bildet sich Blausäure, bzw. ihr Ammoniumsalz. Das Druckrohr darf nur bis zu etwa $^1/_4$ gefüllt sein. Der Reaktionsvorgang ist folgender:

$$CHCl_3 + 2\,NH_3 + 3\,KOH = 3\,KCl + 3\,H_2O + CN(NH_4).$$

Die gebildete Blausäure kann durch die Berlinerblaureaktion nachgewiesen werden (s. Blausäure S. 1288).

5. Reduktionsnachweis. Das Destillat reduziert beim Kochen FEHLINGsche Lösung und ammoniakalische Silberlösung. Auch diese Reaktionen sind nicht eindeutig.

β) Bestimmung.

1. Die gut zerkleinerten und abgewogenen Leichenteile werden mit Wasser vermischt und der Wasserdampfdestillation unterworfen. Die Destillation ist solange fortzuführen, bis einige Kubikzentimeter des Destillates keine Isonitrilreaktion mehr geben. Um freie Salzsäure, die etwa mit überdestilliert ist, zu binden, wird das Destillat mit sehr wenig Kaliumcarbonat versetzt, die Flüssigkeit auf 60° erwärmt und mit Wasser gewaschene Luft durchgesogen. Das Gemenge von Luft und Chloroformdämpfen leitet man durch ein glühendes Verbrennungsrohr. In der Glühhitze zerfällt das Chloroform bei Gegenwart von Wasser in Kohlenoxyd, Ameisensäure und Salzsäure.

$$CHCl_3 + H_2O = CO + 3\,HCl \text{ und } CHCl_3 + 2\,H_2O = HCOOH + 3\,HCl.$$

Dieses Gasgemisch wird nun in mit Salpetersäure angesäuerte Silbernitratlösung geleitet und entweder das Chlorsilber zur Wägung gebracht, oder die Lösung, falls gemessene Silbernitratlösung vorgelegt wurde, nach VOLHARD titriert. Titrimetrisch zeigt 1 ccm 0,1 N.-Silbernitratlösung 0,00398 g Chloroform an. Gewichtsanalytisch zeigen 3 Mol AgCl 1 Mol Chloroform an. $3\,AgCl : CHCl_3$ = gefundene Menge AgCl:x.

2. Man kann auch in das Verbrennungsrohr chlorfreies, aus Marmor hergestelltes Calciumoxyd bringen. Nach 1—2stündigem Durchleiten der Gase durch das glühende Rohr wird das Calciumoxyd in Salpetersäure gelöst und die aus dem Chloroform gebildete Salzsäure durch Titration mit Silbernitrat nach VOLHARD bestimmt.

3. Oder es wird durch Erhitzen eines aliquoten Teiles des chloroformhaltigen, durch nochmalige Destillation gereinigten Destillates mit alkoholischer Kalilauge am Rückflußkühler auf dem Wasserbade das Chloroform in Ameisensäure und Salzsäure nach der Gleichung

$$CHCl_3 + 4\,KOH = HCOOK + 3\,KCl + 2\,H_2O$$

gespalten, und nach dem Abdampfen des Alkohols der Rückstand mit Wasser aufgenommen, mit Salpetersäure angesäuert und die gebildete Salzsäure mit Silbernitrat als Chlorsilber gefällt und zur Wägung gebracht oder nach Zusatz von einer überschüssig, gemessenen 0,1 oder 0,05 N.-Silbernitratlösung nach VOLHARD titriert. 3 Mol AgCl = 1 Mol $CHCl_3$.

b) Bromoform (Tribrommethan, Brommethyl).

Das Bromoform, $CHBr_3$, ist eine spezifisch schwere, aromatisch riechende Flüssigkeit, die starke Lichtbrechung zeigt. Bei der Destillation verfahre man wie beim Chloroform.

Siedepunkt = 149—150°. Dichte (15°) = 2,8—2,9.

Nachweis. Bromoform gibt die gleichen Reaktionen wie Chloroform. Beim Kochen mit alkoholischer Kalilauge bildet sich Bromkalium, welch letzteres vermittels Silbernitratlösung identifiziert werden kann.

Die Bestimmung kann wie beim Chloroform unter 3. erfolgen. Zur Wägung wird Bromsilber gebracht, oder der Silberüberschuß nach VOLHARD zurückgemessen. 3 Mol AgBr = 1 Mol $CHBr_3$.

c) Jodoform (Trijodmethan).

Das Jodoform, CHJ_3, besteht entweder aus gelben, hexagonalen Krystallen oder es stellt ein gelbes Pulver vor, das einen stark typischen Geruch besitzt. Bei der Isolierung des Jodoforms durch Destillation wird das Wasser, wenn es sich um mehr als Spuren handelt, weißlich getrübt. Man kann durch Äther das Jodoform aus dem wäßrigen Destillat ausschütteln. Es ist das Destillat vor dem Ausschütteln schwach alkalisch zu machen. Nach dem Verdunsten des Äthers verbleibt das Jodoform in hexagonalen Krystallen, die unter dem Mikroskop leicht erkennbar sind, zurück. Schmelzpunkt = 120°.

Nachweis. Das Destillat hat den typischen Jodoformgeruch. Die Reaktionen auf Chloroform treffen auch meistens hier zu.

Reaktion nach LUSTGARTEN. In einem engen Reagensglas löst man etwas Phenol in einigen Tropfen alkoholischer Kalilauge, fügt hierzu etwas Verdunstungsrückstand, der durch Ausschütteln des Destillates mit Äther gewonnen wurde, zu und erhitzt über ganz kleiner Flamme. Es bildet sich bei Anwesenheit von Jodoform am Boden des Reagensglases ein roter Beschlag, der in einigen Tropfen verdünnten Alkohols mit carminroter Farbe löslich ist.

In gleicher Weise wie bei Bromoform, läßt sich bei Jodoform durch Kochen mit alkoholischer Kalilauge das Jod in Jodwasserstoff überführen und nachweisen.

Zur Bestimmung kann man die ätherische Lösung im Vakuum über Schwefelsäure verdunsten und den Rückstand zur Wägung bringen.

d) Chloralhydrat (Trichloracetaldehyd).

Das Chloralhydrat, $CCl_3CH(OH)_2$, bildet farblose Krystalle von stechendem Geruch und schwach bitterem, brennendem Geschmack. Infolge seiner leichten Löslichkeit befindet es sich im wäßrigen Destillat gelöst. Schmelzpunkt: Bei 49° sintern die Krystalle und bei 53° tritt Schmelzen ein. Es ist darauf zu achten, daß vor der Destillation nur eine schwach saure Reaktion vorherrscht.

Nachweis: Sämtliche Reaktionen des Chloroforms zeigt auch das Chloralhydrat. — Beim Nachweis des Chloralhydrats nach VITALI-TORNANI gibt es keine Blau-Grünfärbung; diese tritt erst nach Zusatz von Alkali ein. Die NESSLERsche Reaktion ist positiv. Diese beiden Reaktionen zeigen Unterschiede gegenüber dem Chloroform und können somit zur näheren Identifizierung des Chloralhydrats dienen.

Liegt eine genügende Menge isolierten Materials vor, so kann man das Destillat mit etwas Magnesiumoxyd $^1/_2$ Stunde am Rückflußkühler kochen und die Zersetzungsprodukte, das Chloroform und die Ameisensäure, nachweisen (s. S. 1295 und 1317).

$$2\,CCl_3CH(OH)_2 + MgO = 2\,CHCl_3 + (HCOO)_2Mg + H_2O.$$

Bestimmung. Ein aliquoter Teil des Destillates wird mit überschüssiger alkoholischer Kalilauge 5—6 Stunden am Rückflußkühler erhitzt und alsdann auf dem Wasserbade eingedampft. Der Rückstand wird in Wasser gelöst, mit verd. Salpetersäure angesäuert und das Chlor durch Silbernitrat gefällt. Entweder wird das Halogensilber zur Wägung gebracht oder, wenn man gemessene Silbernitratlösung angewendet hat, nach VOLHARD titriert. Nach nachstehender Formel zeigen 3 Chlor ein Mol Chloralhydrat an.

$$CHCl_3 + 4\,KOH = 3\,KCl + HCOOK + 2\,H_2O.$$

Es zerfällt zuerst das Chloralhydrat in Chloroform, das dann weiter aufgespalten wird.

$$CCl_3CH(OH)_2 + KOH = CHCl_3 + H_2O + HCOOK.$$

Bildung von Urochloralsäure.

Vielfach gelingt es wegen der leichten Zersetzlichkeit des Chlorhydrates nicht mehr, solches in Leichenteilen nachzuweisen. In solchen Fällen ist es unter Umständen noch möglich, Urochloralsäure im Harn nachzuweisen. Die Urochloralsäure ist eine gepaarte Glucuronsäure (Trichloräthylglucuronsäure) $C_8H_{11}Cl_3O_7$. Sie bildet farblose seidenglänzende Nadeln, die in Wasser und Alkohol leicht löslich sind. — Schmelzpunkt = 142°; $[\alpha]_D = -60°$. — Die Isolierung aus dem Harn geschieht am besten nach v. MEHRING und MUSKULUS[1]: Man engt den Harn auf dem Wasserbade bis zur Sirupkonsistenz ein und verrührt mit verd. Schwefelsäure. Alsdann extrahiert man mehrmals mit einem Äther-Alkoholgemisch (3 Tle. Äther und 1 Tl. Alkohol) und unterwirft den Auszug der Destillation. Der Rückstand wird vorsichtig mit Kalilauge neutralisiert, eingedampft, mit 90%igem Alkohol aufgenommen und vom Ungelösten abfiltriert. Das Filtrat fällt man mit Äther, wäscht den Niederschlag mit einem Gemisch von Alkohol und Äther aus und trocknet ihn im Vakuum über Schwefelsäure. Nach dem Trocknen kocht man den Rückstand mit absol. Alkohol aus und filtriert ihn noch heiß. Wenn sich nach dem Erkalten farblose, seidenglänzende Nadeln in Büscheln ausscheiden, so liegt das Kaliumsalz der Urochloralsäure vor. Die Krystalle trocknet man im Vakuum über Schwefelsäure, wäscht sie zur Entfernung der letzten Spuren von Verunreinigung mit einem Gemisch von Alkohol und Äther aus und streicht den Krystallbrei auf einen Tonteller. Die so gereinigten Krystalle werden in wenig Wasser gelöst, die Lösung mit verd. Salzsäure schwach angesäuert und mit einer Mischung von 2 Tln. Äther und 1 Tl. Alkohol ausgeschüttelt. Nach einiger Zeit krystallisiert das gebildete Chlorkalium aus. Durch Zusatz von weiteren Äthermengen und Stehenlassen erreicht man eine völlige Ausscheidung des Chlorkaliums, die nach etwa 2—3 Tagen beendet ist. Die Äther-Alkohollösung des Filtrates wird zur Entfernung des Alkohols und Äthers destilliert und der Rückstand mit soviel feuchtem Silberoxyd versetzt, bis alles Chlor als Chlorsilber ausgefällt ist. Das ausgeschiedene Chlorsilber wird abfiltriert und zur Ausfällung des überschüssigen Silbers Schwefelwasserstoff eingeleitet und das klare Filtrat vorsichtig bis zur Sirupkonsistenz eingedampft. In der Ruhe scheiden sich nach einigen Stunden farblose, seidenglänzende Nadeln der Urochloralsäure aus.

Nachweis: Eine wäßrige Lösung dreht das polarisierte Licht nach links. Der Schmelzpunkt liegt bei 142°. Die Lösung selbst reagiert stark sauer und reduziert FEHLINGsche Lösung. Beim Erhitzen färbt sich die Säure unter Caramelgeruch gelb. Erhitzt man die Säure 2—3 Stunden mit 7%iger Salzsäure oder Schwefelsäure am Rückflußkühler, so bilden sich Trichloräthylalkohol und Glucuronsäure. Der Trichloräthylalkohol siedet bei 151°.

Die meisten Chloralhydrat enthaltenden Arzneimittel spalten in saurer Lösung bei der Destillation Chloral ab, das alsdann nachgewiesen werden kann.

---

[1] v. MEHRING u. MUSKULUS: Ber. Deutsch. Chem. Ges. 1875, 8, 662; 1882, 15, 1020.

e) Bromal (Bromalhydrat).

Das Bromal, $CBr_3CH(OH)_2$, bildet farblose Krystalle vom Schmelzpunkt 53,5°. Das Bromal verhält sich wie das Chloral bzw. Chloralhydrat. Es spaltet die entsprechende Bromverbindung, das Bromoform, $CHBr_3$, ab.

f) Seltener bei Vergiftungen beobachtete Halogenverbindungen.

Solche Verbindungen sind: Methylenchlorid, Tetrachlorkohlenstoff, Äthylenchlorid, Äthylidenchlorid, Trichloräthylen. Für ihren Nachweis sind folgende Konstanten und Reaktionen von Wichtigkeit (Tabelle von GADAMER, für Trichloräthylen erweitert):

Verbindung	Siedepunkt	Spez. Gewicht bei 15°	Isonitril-Reaktion	Konz. Schwefelsäure	Erwärmen mit alkoholischer Kalilauge
Methylenchlorid (CH_2Cl_2) . . .	40—41°	1,35	negativ	bräunt nicht	Formaldehyd
Chloroform ($CHCl_3$)	62°	1,5	positiv	„	Kaliumformiat
Tetrachlorkohlenstoff (CCl_4) . .	77—78°	1,6	„	„	Kaliumcarbonat
Äthylenchlorid ($CH_2Cl — CH_2Cl$)	85°	1,25	negativ	„	Schon in der Kälte Geruch nach Vinylchlorid
Äthylidenchlorid ($CH_3 — CHCl_2$)	58,5°	1,18	„	bräunt	Vinylchlorid und Acetal
Trichloräthylen ($CCl_2 = CHCl$) .	88°	1,47	positiv	gelblich	—

In neuerer Zeit sind Vergiftungsfälle mit Bromäthyl, $CH_3—CH_2Br$, Siedepunkt 36—38,5°, beobachtet worden. Als Narkoticum findet Äthylenchlorid, $CH_2Cl—CH_2Cl$, Anwendung.

IV. Alkohole.

Die Alkohole sind mit Wasserdämpfen flüchtig und können nach NEUBERG[1] vermittels α-Naphthylisocyanat nachgewiesen werden. Das Destillat wird zur Anreicherung einer fraktionierten Destillation mit einem gut wirkenden Destillationsaufsatz unterworfen. Die so gewonnene Fraktion wird alsdann mit Calciumoxyd oder entwässertem Kupfersulfat entwässert und mit etwas weniger als einem Äquivalent α-Naphthylisocyanat bei Abschluß von Feuchtigkeit in einem Reagensglas mit Steigrohr erwärmt. Das Reaktionsgemisch wird dann mit Ligroin ausgekocht. Ein kleiner Teil bleibt ungelöst. Es handelt sich um Dinaphthylharnstoff, der sich aus dem α-Naphthylisocyanat gebildet hat. Die gebildete Urethanverbindung löst sich in dem Ligroin und krystallisiert aus dem Lösungsmittel aus. Durch Bestimmung des Schmelzpunktes und evtl. noch eine Stickstoffbestimmung, nach KJELDAHL, läßt sich der betreffende Alkohol identifizieren.

Die Reaktion ist folgende:

$$C_{10}H_7—N=C=O + ROH = C\begin{cases} OR \\ =O \\ NH—C_{10}H_7 \end{cases}$$

Gewisse Schwierigkeiten bestehen bei geringen Mengen, da der nachzuweisende Alkohol völlig wasserfrei sein muß. In solchen Fällen kommt man zum Ziele, wenn man vermittels p-Nitrobenzoylchlorid den betreffenden Ester herstellt, der durch seinen Schmelzpunkt charakterisiert werden kann; s. unter Äthylalkohol, S. 1303.

[1] NEUBERG: Biochem. Zeitschr. 1909, 20, 445.

Schmelzpunkte der Urethane.

Methylalkohol .	117,5—118,0°	n-Butylalkohol .	71— 72°	Iso-Amylalkohol .	67—68°
Äthylalkohol . .	79— 79,5°	Iso-Butylalkohol	103—105°	l-Amylalkohol . .	82°
n-Propylalkohol	80°	Sec. Butylalkohol	97— 98°	Sec. Amylalkohol .	76—79°
Iso-Propylalkohol . . .	105—106°	Tert. Butylalkohol . . .	100—101°	Tert. Amylalkohol.	71—72°
				Allylalkohol . . .	109°

1. Methylalkohol (Methanol), $CH_3 \cdot OH$.

(Eigenschaften s. S. 990 und Bd. I, S. 1051.)

a) Nachweis.

α) Nachweis als Methylalkohol. Durch Destillation läßt sich der Methylalkohol mit Wasserdämpfen übertreiben. Bei Leichenteilen wird man am besten nach A. Juckenack[1] die Destillation in folgender Weise vornehmen: Die gut zerkleinerten und, wenn notwendig, mit Wasser versetzten Leichenteile werden mit soviel Natriumchlorid versetzt, daß eine 15—20% ige Lösung entsteht. Alsdann destilliert man unter vorheriger Ansäuerung mit Phosphorsäure im Ölbad ohne Wasserdampf durchzuleiten bei 150° langsam die Hälfte an Gewicht der angewandten Leichenteile ab. Dieses Destillat prüft man nach Hehner (s. S. 1308) auf Anwesenheit von Formaldehyd. Verläuft die Reaktion negativ, so verfährt man in der Weise weiter, daß man das Destillat durch Filtration von den mitüberdestillierten und sich später abscheidenden Fettsäuren befreit, mit Natriumcarbonat neutralisiert und wieder soviel Natriumchlorid zusetzt, daß eine etwa 20% ige Lösung entsteht. Alsdann destilliert man hiervon etwa $^1/_3$ ab. Den Destillationsrückstand hebt man zur Prüfung auf Ameisensäure auf.

Fiel die Prüfung auf Formaldehyd positiv aus, so muß die erste Destillation aus den Leichenteilen nach Juckenack alkalisch gemacht und etwas Silbernitrat zugesetzt werden, damit vorhandene Aldehyde und Glycerin zerstört werden. Alsdann wird von diesem Destillat erneut $^1/_3$ zur weiteren Verarbeitung auf Methylalkohol abdestilliert. Bei der Verwesung von Leichen wird nach Juckenack aus Methylalkohol kein Formaldehyd gebildet. Notwendig ist es, dem zweiten Destillat etwas Äthylalkohol zuzusetzen, wenn man darin nicht direkt den Methylalkohol nachweisen, sondern diesen erst zu Formaldehyd oxydieren will.

Nachweis. Wenn man nun den Methylalkohol als solchen fassen und nachweisen will, so verfährt man in der Weise, daß man das direkt gewonnene oder das nach Juckenack erhaltene Destillat einer fraktionierten Destillation mit gut wirkendem Aufsatz unterwirft. Das so erhaltene Destillat wird zur Entfernung noch vorhandenen Wassers mit ausgeglühtem Calciumcarbonat versetzt und die Flüssigkeit alsdann noch am Rückflußkühler unter Zusatz von Calciumoxyd gekocht. Siedepunkt und Spez. Gewicht müssen alsdann dem des reinen Methylalkohols entsprechen. Diese Reinigung ist nur möglich, wenn es sich um größere Mengen Methylalkohol handelt, wie sie wohl nie aus Leichenteilen isoliert werden können.

Um kleinere Mengen Methylalkohol zu fassen und nachzuweisen, bedient man sich der Methode von Autenrieth[2]. Das direkt oder nach Juckenack erhaltene Destillat wird, wie oben beschrieben, nachdem es neutralisiert und mit Natriumchlorid versetzt wurde, der nochmaligen Destillation unterworfen und etwa 40—50 ccm davon abdestilliert. Diese Menge bringt man in ein Glasstöpselgefäß, setzt etwa 10 ccm 10%ige Natronlauge

[1] A. Juckenack: Z. 1912, 24, 7.
[2] Autenrieth: Arch. Pharm. 1920, 258, 1.

zu und erwärmt das Gemisch auf etwa 40—50°, setzt alsdann 1—3 g zerriebenes p-Brombenzoylchlorid zu und schüttelt solange in der Schüttelflasche kräftig durch, bis die Flüssigkeit erkaltet ist. Ist Methylalkohol zugegen, so scheidet sich der p.-Brombenzoesäuremethylester als weiße, krümelige Masse ab. Man muß beim Schütteln von Zeit zu Zeit die Reaktion des Gemisches prüfen; sie muß immer schwach alkalisch gehalten werden. Die weiße Masse wird mit Wasser gewaschen und auf einen Tonteller gestrichen.

Man kann auch durch Ausschüttelung mit Äther den Ester von der wäßrigen Lösung trennen; zweimalige Ausschüttelung mit je 10 ccm Äther genügt. Nach dem Entwässern der ätherischen Lösung mit etwas geschmolzenem Chlorcalcium läßt man sie in einem Glasschälchen verdunsten. Um ein ganz reines Präparat zu erhalten, kann der gesammelte Ester aus Äthylalkohol oder Aceton umkrystallisiert werden. 0,3 g des Esters lösen sich in 14 ccm Alkohol und scheiden auf Zusatz von Wasser und Einstellen in Eis 0,26 g des Esters wieder aus.

Phenole, Kresole und Ammoniak stören die Reaktion insofern, als diese Körper das p-Brombenzoylchlorid unter Bildung krystallisierbarer Verbindungen zersetzen. Gibt das gewonnene zweite Destillat nach JUCKENACK mit MILLONschem Reagens nach vorherigem Erwärmen eine Reaktion auf Phenole, also Rotfärbung, so muß nach Zusatz von Natronlauge eine nochmalige Destillation vorgenommen werden. Ist Ammoniak vorhanden, so muß das Destillat angesäuert und nochmals destilliert werden.

Falls Methylalkohol zugegen ist, so riecht der isolierte Ester anisartig und hat einen Schmelzpunkt von 78—79°. Unter Umständen kann auch eine Brombestimmung nach CARIUS ausgeführt werden.

$$CH_3OH + C_6H_4BrCOCl + NaOH = NaCl + C_6H_4BrCOOCH_3 + H_2O.$$

Schärfe des Nachweises 0,05—0,1 g.

β) Nachweis durch Oxydation zu Formaldehyd. Wenn man Methylalkohol als solchen nicht nachweisen will, so kann man ihn nach verschiedenen Methoden zu Formaldehyd oxydieren. Man nimmt hierzu einen aliquoten Teil des nach JUCKENACK erhaltenen zweiten Destillates, das durch mehrfache Destillation in saurer und alkalischer Lösung weiter gereinigt wurde, und oxydiert den Methylalkohol zu Formaldehyd. Nach FENDLER und MANNICH soll auch Äthylalkohol geringe Mengen Formaldehyd bei der Oxydation geben. Den Nachweis von Formaldehyd s. S. 1308.

γ) Oxydation mit einer rotglühenden Kupferspirale. Man taucht mehrmals eine glühende Kupferspirale in das Destillat, das sich in einem Reagensglas befindet. Hierdurch wird der Methylalkohol zu Formaldehyd oxydiert, dessen Geruch charakteristisch ist.

δ) Oxydation mit Permanganat nach JUCKENACK[1]. 5—10 ccm des Destillates werden mit dem gleichen Volum verd. Schwefelsäure versetzt und allmählich nach und nach in kleinen Mengen fein zerriebenes Kaliumpermanganat eingetragen. Falls nach der ersten Zugabe keine baldige Reduktion eintritt, so setzt man das Reagensglas kurze Zeit in ein Wasserbad von 50°. Ist die Reduktion eingetreten, so fährt man mit dem Permanganatzusatz solange fort, bis etwa 5 Minuten lang die rote Permanganatfärbung bestehen bleibt. Alsdann stellt man das Reagensglas einige Zeit in ein Wasserbad von 50° und filtriert vom ausgeschiedenen Mangandioxyd ab. Bleibt eine schwache Rosafärbung des Filtrates bestehen, so kann diese durch einige Tropfen Äthylalkohol oder etwas Oxalsäure weggenommen werden. Das klare, farblose Filtrat wird dann auf Formaldehyd geprüft. Nachweis s. S. 1308.

ε) Oxydation nach G. DENIGÈS. Die Oxydation wird ebenfalls mit Permanganat vorgenommen. Zur Entfärbung wird Oxalsäure benutzt. Falls es sich um Leichenteile handelt, setzt man zur Verschärfung des Nachweises und

[1] JUCKENACK: Z. 1912, 24, 7.

Begünstigung des Reaktionsverlaufes einige ccm reinen Äthylalkohol zu, was bei Branntweinen nicht notwendig ist.

5 ccm des Destillates, dessen Gehalt 3—4% Methylalkohol nicht überschreitet, wird mit 0,2 ccm reinstem Äthylalkohol, wenn solcher nicht schon zugesetzt worden ist, versetzt. Alsdann fügt man 2 ccm 3%ige Kaliumpermanganatlösung und 0,4 ccm Schwefelsäure zu. Nach 2—3 Minuten wird mit kaltgesättigter Oxalsäurelösung und 1 ccm Schwefelsäure Entfärbung bewirkt. Besser ist es, nach KOLTHOFF[1] bei der Oxydation an Stelle von Schwefelsäure 1,5—2,0 ccm 4fach N.-Phosphorsäure zu nehmen, die Reaktion erfordert 15 Minuten. Diese farblose Lösung kann nun auf Formaldehyd geprüft werden. Nachweis s. S. 1309.

ζ) Oxydation mit Platinschwarz[2]. Einige Kubikzentimeter des Destillates werden in einem Kölbchen mit frisch gefälltem Platinschwarz versetzt und eine Stunde lang geschüttelt. Durch diese Manipulation wird der Methylalkohol zu Formaldehyd oxydiert. Nachweis s. S. 1308.

In Branntweinen kann der Methylalkohol direkt oder besser nach vorheriger Destillation und nötigenfalls Aussalzung zur Entfernung der ätherischen Öle durch Oxydation zu Formaldehyd als solcher nachgewiesen werden. Hierüber berichten FENDLER und MANNICH[3] und ferner PFYL, REIF und HANNER[4]. E. DINSLAGE und O. WINDHAUSEN[5] bringen eine kritische Zusammenstellung des Methylalkoholnachweises. Tinkturen und Liköre werden vor der Oxydation destilliert. Das Destillat ist alsdann mit 20%iger Schwefelsäure und etwas Kieselgur kräftig zu schütteln und nach der Filtration der Methylalkohol zu Formaldehyd zu oxydieren. Nachweis s. S. 1308.

b) Bestimmung.

α) Durch Bestimmung des Spez. Gewichtes der gereinigten und durch fraktionierte Destillation konzentrierten Destillate.

β) Nach LANGE und REIF[6] kann der Methylalkoholgehalt durch refraktometrische Bestimmung ermittelt werden. Diese Methode ist nur bei größeren Mengen anwendbar, wie sie wohl in Leichenteilen nicht vorkommen dürften. Näheres s. S. 994.

γ) Nach AUTENRIETH (S. 1300) kann man den isolierten p-Brombenzoesäureäthylester zur Wägung bringen und so annähernd den Gehalt bestimmen.

δ) Durch colorimetrische Bestimmung des Methylalkohols nach vorheriger Oxydation zu Formaldehyd (S. 1310).

ε) Die Oxydation des Methylalkohols zu Kohlensäure ist ebenfalls zur Bestimmung ausgearbeitet worden, unter anderem z. B. nach der Methode von HEIDUSCHKA und WOLF[7] (S. 998). Wenn auch Äthylalkohol nicht wie Formaldehyd zu Kohlendioxyd oxydiert wird, so werden doch zweifellos, namentlich bei Leichenteilen, mitüberdestillierte andere Substanzen zu Kohlensäure oxydiert, die einen höheren Gehalt an Methylalkohol vortäuschen können.

---

[1] KOLTHOFF: Pharm. Weekblad 1922, **59**, 1268.

[2] A. PERATONER u. A. TAMBURELLO: Giorn. d. Scienze Nat. et Econ. 1905, **25**, 272.

[3] FENDLER u. MANNICH: Ministerialerlaß vom 20. VI. 1905 betr. Nachweis von Holzgeist in branntweinhaltigen Arzneimitteln.

[4] PFYL, REIF u. HANNER: Z. 1921, **42**, 218.

[5] E. DINSLAGE u. O. WINDHAUSEN: Z. 1926, **52**, 117.

[6] LANGE u. REIF: Z. 1921, **41**, 216.

[7] HEIDUSCHKA u. WOLF: Pharm. Zentralh. 1920, **61**, 361.

2. Äthylalkohol (Äthanol), $CH_3 \cdot CH_2 \cdot OH$.

(Eigenschaften S. 1004 und Bd. I, S. 1050.)

a) Nachweis.

Der Nachweis in dem Destillat kann, wenn genügend Material vorliegt, das durch fraktionierte Destillation und Entwässerung mit frischgeglühtem Ätzkalk sich reinigen läßt, durch seine physikalischen Konstanten erbracht werden. Zu bemerken ist, daß in faulenden Leichen sich nicht unerhebliche Mengen Äthylalkohol bilden.

α) LIEBENsche Jodoformreaktion. Einige Kubikzentimeter des Destillates werden mit Natronlauge alkalisch gemacht, auf 60° erwärmt und in kleinen Mengen fein zerriebenes Jod nach und nach zugesetzt. Die Lösung trübt sich weißlich und scheidet kleine, gelbe, hexagonale Kryställchen aus. Es tritt zugleich der typische Jodoformgeruch auf. Tritt die Reaktion nicht ein, so kann man etwas Jodkalium und Kaliumpersulfat zusetzen. Auf diese Weise gelingt es wohl, noch geringe Mengen Alkohol nachzuweisen; die LIEBENsche Reaktion wird auch durch viele andere Körper, wie Aceton, Essigäther u. a. m. hervorgerufen.

β) VITALIsche Reaktion. Ausführung wie bei Schwefelkohlenstoff (S. 1294) beschrieben, nur daß man keinen Alkohol, sondern etwas Schwefelkohlenstoff zusetzt. Acetaldehyd und Acetessigsäure geben eine ähnliche Reaktion.

γ) BERTHELOTsche Probe. Schüttelt man einige Kubikzentimeter des Destillates kräftig mit Benzoylchlorid und läßt einige Minuten stehen, so bildet sich bei Gegenwart von Äthylalkohol der Benzoesäureäthylester. Um das überschüssige Benzoylchlorid zu zersetzen, damit es bei der Sinnenprüfung nicht störend wirkt, gibt man einige Kubikzentimeter Natronlauge bis zur stark alkalischen Reaktion zu. Jetzt tritt bei Gegenwart von Äthylalkohol der charakteristische, angenehme Estergeruch auf. Man kann an Stelle des Benzoylchlorids auch p-Nitrobenzoylchlorid verwenden. Die Anwendung ist die gleiche, wie eben beschrieben. Wenn man das Reaktionsprodukt einige Zeit stehen läßt, damit die Umsetzung zu Ende geführt wird, so kann man den p-Nitrobenzoesäureaethylester gewinnen, der nach der Umkrystallisation durch seinen Schmelzpunkt (57°) noch weiter zu charakterisieren ist.

δ) TAYLOR-BUCHHEIMsche Probe. Die Reaktion beruht auf der Oxydation des Äthylalkohols durch Platinmohr als Katalysator. Unter eine dicht schließende tubulierte Glasglocke setzt man ein Schälchen mit einigen Kubikzentimetern des Destillates und darüber ein Schälchen mit etwas Platinmohr. Die Alkoholdämpfe werden durch Platinmohr zu Essigsäure oxydiert. Es tritt nach einiger Zeit in der Glasglocke ein Geruch nach Essigsäure auf. Zugleich ist auch ein Geruch nach Acetaldehyd bemerkbar. Blaues Lackmuspapier, das in die Nähe des Platinmohres gelegt wird, rötet sich.

Eine einwandfreie Deutung lassen die Reaktionen γ und δ zu.

b) Bestimmung.

Meist wird man von der quantitativen Bestimmung absehen können, da in Leichenteilen, sofern es sich um solche handelt, infolge der leichten Zersetzbarkeit des Alkohols größere Mengen dem Nachweis bzw. der Isolierung entgehen. Durch fraktionierte Destillation mit gut wirkenden Destillationsaufsätzen ist man mit Hilfe des Spez. Gewichtes in der Lage, in dem Destillat die Alkoholmenge zu bestimmen.

Bestimmung des Alkohols im Blut.

Die Feststellung einer alkoholischen Beeinflussung hat durch die Verschärfung der Kraftverkehrsordnung, nach der eine unter der Wirkung geistiger Getränke stehende Person kein Kraftfahrzeug führen darf, namentlich also auch bei Autounfällen, eine erhöhte Bedeutung erlangt. Sie erfolgt durch die Bestimmung des Alkohols im Blut der betreffenden Person.

1. Verfahren von WIDMARK[1]. Das Prinzip dieses Verfahrens besteht darin, daß man in besonderen Fläschchen (Abb. 9) Blut bei 50—60° zur Verdampfung bringt, wobei der Alkohol von einer genau gemessenen, räumlich getrennten Menge Kaliumbichromat-Schwefelsäure oxydiert wird; aus dem Verbrauch an Bichromat berechnet man die Menge Alkohol. Erforderlich sind:

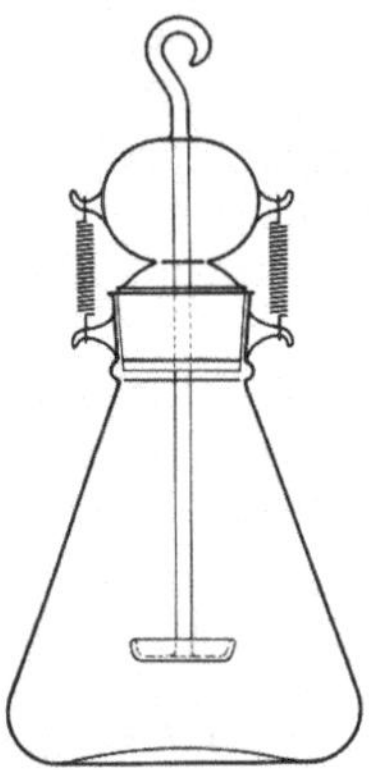

Abb. 9. Alkoholbestimmungskölbchen. (Nach WIDMARK.)

1. Eine Lösung von 0,2 g Kaliumbichromat in 100,0 ccm konz. Schwefelsäure. (Das Bichromat wird in 1 ccm Wasser gelöst und dann mit Schwefelsäure bis zur Marke aufgefüllt.)
2. Eine 0,01 N.-Thiosulfatlösung, jedesmal frisch zu bereiten; ihr Titer wird mit 0,01 N.-Bichromatlösung festgestellt.
3. Eine 1%ige Stärkelösung, mit Natriumchlorid gesättigt.
4. Eine 5%ige Jodkaliumlösung, aus jodatfreiem Jodkalium bereitet.

Die Kölbchen sind peinlich zu reinigen und zu trocknen; man spült sie zunächst mit Bichromat-Schwefelsäuremischung, dann mit dest. Wasser gut aus, läßt einige Minuten Wasserdampf hindurchströmen und trocknet sie dann im Trockenschrank.

Das genaue Abmessen der Bichromat-Schwefelsäure verursacht einige Schwierigkeiten; WIDMARK benutzt dazu eine besondere Glasspritze, HEIDUSCHKA und FLOTOW[2], sowie KAISER und WETZEL[3] empfehlen statt dessen eine Kapillarbürette mit feinster Ausflußmündung (Auslaufzeit von 2 ccm etwa 3 Minuten). Auch nach unseren Erfahrungen läßt sich auf diese Weise die Bichromat-Schwefelsäure sehr genau und gleichmäßig abmessen, wie die zur Kontrolle ausgeführten Wägungen ergaben. Das Füllen dieser Kapillarbürette geschieht durch Aufsaugen mittels eines Gummischlauches. Die anzuwendende Blutmenge bestimmt WIDMARK durch Entleerung und Zurückwägung des Kapillarröhrchens, in welchem das Blut aufgefangen wurde, mittels einer Torsionswaage. Die oben erwähnten Analytiker messen das Blut in Kapillarpipetten ab, was ebenfalls sehr genau und gleichmäßig geht.

Ausführung. Man bringt in 3 der, wie oben angegeben, gereinigten und getrockneten Kölbchen je 2 ccm der Bichromat-Schwefelsäure und in das an dem Glasstopfen befindliche Näpfchen je 0,2 ccm des fraglichen Blutes oder Blutserums. Gleichzeitig setzt man 3 weitere Kölbchen mit Bichromat-Schwefelsäure und 0,2 ccm Wasser, ohne Blut, an. Die gut verschlossenen Kölbchen (konz. Schwefelsäure zum Dichten zu verwenden, ist nicht ratsam) stellt man dann 2 Stunden lang in einen auf 50—60° angeheizten elektrischen Trockenschrank und titriert nach dieser Zeit den Bichromatüberschuß in folgender Weise zurück: Man öffnet die erkalteten Kölbchen vorsichtig (es darf natürlich keine Spur des eingetrockneten Blutes zur Bichromat-Schwefelsäure gelangen), verdünnt mit 25 ccm Wasser, läßt vollkommen erkalten, setzt 0,5 ccm

---

[1] E. M. P. WIDMARK: Die theoretischen Grundlagen und die praktische Verwendbarkeit der gerichtlich-medizinischen Alkoholbestimmung. Fortschr. d. naturw. Forschung 1932, [N. F.] Heft 11.

[2] HEIDUSCHKA u. FLOTOW: Pharm. Zentralh. 1933, **74**, 329.

[3] KAISER u. WETZEL: Zeitschr. angew. Chem. 1933, **46**, 622.

Jodkaliumlösung hinzu und titriert 1 Minute später mit der 0,01 N.-Thiosulfatlösung aus einer in 0,05 ccm eingeteilten 10 ccm-Bürette das ausgeschiedene Jod zurück, indem man stets die gleiche Menge Stärkelösung (0,5 ccm) erst ganz gegen Ende der Titration zusetzt.

Da für die erste Titration meist längere Zeit gebraucht wird, so nimmt man für die Berechnung das Mittel von dem 2. und 3. Versuch.

Berechnung. Der Alkoholgehalt x in der angewandten Blutmenge, in mg ausgedrückt, berechnet sich aus der Differenz der verbrauchten ccm 0,01 N.-Thiosulfatlösung bei dem blinden Versuch a und bei der Blutprobe b, multipliziert mit dem Faktor 0,113, d. i.

$$x = (a - b) \cdot 0{,}113.$$

0,113 mg ist die von WIDMARK für 1 ccm 0,01 N.-Thiosulfatlösung durch den Versuch ermittelte Äthylalkoholmenge.

Den Blutalkohol drückt WIDMARK in mg in 1 g Blut aus, da er die Blutmenge abwägt. Wenn man das Blut abgemessen hat, wie oben angegeben, so gibt man den Alkoholgehalt in mg in 1 ccm an; bei dem Spez. Gewicht des Blutes von etwa 1,05 bedingt dieses keinen wesentlichen Unterschied.

Beispiel: Angewandt 0,183 ccm Blut, Leerversuch 9,38 ccm, Hauptversuch 5,15 ccm 0,01 N.-Thiosulfatlösung. x = (9,38—5,15) · 0,113 = 0,478 mg Alkohol in 0,183 ccm Blut, folglich in 1 ccm Blut = 2,61 mg = eine Konzentration von 2,61‰.

Der normale Alkoholgehalt des Blutes ist zu 0,03‰ geschätzt worden; nach den Angaben von WIDMARK deutet ein Alkoholgehalt von über 0,8‰ auf eine mögliche Alkoholwirkung hin, von über 1,6‰ (bei 80% der untersuchten Personen) auf eine deutliche und von über 2‰ auf eine sichere Alkoholbeeinflussung hin. Diese Grenzzahlen scheinen jedoch für deutsche Verhältnisse reichlich hoch gegriffen zu sein.

Weitere Literatur: E. M. P. WIDMARK: Blutproben für gerichts-medizinische Alkoholbestimmungen. Biochem. Zeitschr. 1930, **218**, 465. — R. M. MAYER: Zur Methodik der Alkoholbestimmung. Deutsch. Zeitschr. ges. gerichtl. Med. 1932, **18**, H. 6. — J. KOLLER: Zur Technik der quantitativen Bestimmung des Alkohols im Blut nach der Methode von WIDMARK. Deutsch. Zeitschr. ges. gerichtl. Med. 1932, **19**, H. 6. — R. GOLDHAHN: Blutalkoholbestimmung bei Unfällen. Klin. Wochenschr. 1932, Nr. 44. — Feststellung von Trunkenheit bei Unfällen mittels Blutalkoholbestimmung. Deutsch. Zeitschr. Chir. 1933, **239**, H. 5—6. — F. J. HOLZER: Zur Technik der Alkoholbestimmung im Blut. Deutsch. Zeitschr. ges. gerichtl. Med. 1933, **20**, H. 4.

2. Interferometrisches Verfahren von KIONKA[1]. Was die Genauigkeit anbelangt, so ist die Bestimmung des Alkohols durch die Lichtbeugung mittels des Interferometers der durch die Lichtbrechung mittels des Refraktometers weit überlegen und dürfte wohl überhaupt das genaueste Verfahren sein.

Über die Einrichtung und den Gebrauch des Interferometers s. S. 293. Da der tatsächliche Nullpunkt mit dem Nullpunkt der Trommelablesung (Gleichheit der Interferenzstreifen) fast nie ganz übereinstimmt, so ist der Nullpunkt jedes Instrumentes ein für allemal festzustellen.

Zur bequemen Ablesung des Alkoholgehaltes fertigt man sich eine Tabelle in graphischer Darstellung auf Koordinatenpapier an, indem man die Trommelablesungswerte genau bekannter Alkoholkonzentrationen in der Abseisse und die entsprechenden Alkoholwerte in der Ordinate einträgt. Für die vorliegenden Zwecke der Blutalkoholbestimmung genügt es vollauf, wenn man die Tabelle in Intervallen von 0,20‰ zwischen 0 und 4‰ Alkohol ausführt.

KIONKA schreibt für die Eichung des Instrumentes zur Alkoholbestimmung die Verwendung absoluten, reinsten Alkohols vor; wir haben es als zweckmäßig empfunden, sich aus reinstem Alkohol zunächst eine etwa 20%ige wäßrige

[1] KIONKA: Pharmakologische Beiträge zur Alkoholfrage, H. 1: Der Alkoholgehalt des menschlichen Blutes. Jena: Gustav Fischer.

Verdünnung herzustellen, deren Alkoholgehalt man pyknometrisch auf das Genaueste ermittelt. Aus dieser Mischung werden dann durch weitere Verdünnung die zur Eichung erforderlichen Konzentrationen hergestellt.

Während das WIDMARKsche Verfahren eine Mikromethode ist, bei der man etwa 0,2 ccm Blut anwendet, sind für die interferometrische Bestimmung nach KIONKA etwa 20 ccm Blut erforderlich.

Zunächst ist der Alkohol aus dem Blute durch Destillation abzutrennen. KIONKA benutzt zu diesem Zweck den nebenstehend abgebildeten Destillationsapparat (Abb. 10), dessen Anwendung ohne weiteres ersichtlich ist.

Der Destillationskolben A hat einen Fassungsraum von etwa $^1/_2$—1 l; die Destillation ist so schnell als möglich zu Ende zu führen und muß durch Regulation der Erwärmung des Kolbens in einem auf 40° angeheizten Wasserbade so geleitet werden, daß die Ventilkugeln in dem aufrecht stehenden Energiekühler nicht zu tanzen anfangen und die oberen Teile des Kühlers sich überhaupt nicht beschlagen. Das Vakuum soll mindestens 15 mm betragen; ist dies erreicht, dann setzt man das Wasserbad unter und destilliert, wie angegeben. Starkes Schäumen kann man durch Zudrehen des Quetschhahns b, oder indem man etwas Luft durch den Quetschhahn a hinzutreten läßt, verhindern. Die Destillation wird unterbrochen, wenn sich in der Vorlage etwa $^1/_3$—$^1/_2$ des Volumens der zu destillierenden Flüssigkeit angesammelt hat. Die Vorlage ist durch Eiswasser gut zu kühlen.

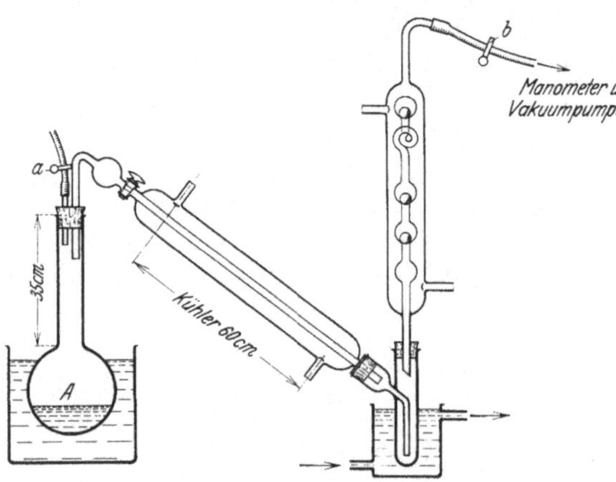

Abb. 10. Alkoholdestillationsapparat. (Nach KIONKA.)

Von Blut verwendet man 20 ccm, die, um das Gerinnen zu verhindern, bei der Entnahme mit 5 ccm 2%iger Natriumoxalatlösung versetzt und mit der gleichen Menge Wasser verdünnt werden; bei einem Vacuum von 30—20 mm nimmt die Destillation etwa $^3/_4$ Stunden in Anspruch; länger darf sie keinesfalls dauern. Nach beendeter Destillation nimmt man die Vorlage ab, verdünnt den Inhalt auf 50 ccm, füllt einen Teil davon in die linke Kammer des Interferometers und stellt nach der Temperaturausgleichung an der Trommelablesung die Ablenkung bei einer Temperatur von etwa 18° im Vergleich zu destilliertem Wasser in der rechten Kammerhälfte fest. Das Einhalten der Temperatur spielt keine große Rolle, da es sich um eine Differenzbestimmung handelt.

Mit Hilfe der Eichungstabelle läßt sich aus den abgelesenen Trommelteilen der Alkoholgehalt des Destillates in % bzw. $^0/_{00}$ feststellen und aus der angewandten Blutmenge (20 ccm) der Alkoholgehalt des Blutes berechnen.

KIONKA hat die Beeinflussung der interferometrischen Messung durch andere Stoffe nachgeprüft und dabei gefunden, daß Milchsäure, Glycerin, Fettsäure und Kohlensäure bei der Methode nicht in Betracht kommen, daß aber Acetessigsäure oder Aceton einen Fehler bedingen würde; es ist deshalb erforderlich, zuvor die Destillate auf die Abwesenheit von Aceton zu prüfen, und zwar durch eine der empfindlichen Reaktionen nach GUNNING oder FROMMER und EMILEWICZ. Nach KIONKA finden sich andere, die Beugung des Lichtes beeinflussende Substanzen in den Blutdestillaten nicht vor, so daß die Trommelwertveränderungen nur auf einen Gehalt an Alkohol zurückzuführen sind.

3. Propylalkohol (n-Propylalkohol), $CH_3 \cdot CH_2 \cdot CH_2 \cdot OH$.

(Eigenschaften S. 1014.)

Der n-Propylalkohol bietet in der forensen Chemie kein besonderes Interesse.

4. Isopropylalkohol, Propanol (sec. Propylalkohol), $\frac{CH_3}{CH_3}{>}CHOH$.

(Eigenschaften S. 1014 und Bd. I, S. 1055.)

Dieser Alkohol findet neuerdings an Stelle von Äthylalkohol in der Parfümerie vielfach Verwendung, da er billiger als der Äthylalkohol ist. Auch ist mit der Möglichkeit zu rechnen, daß er Trinkbranntweinen zugesetzt wird.

Nachweis.

α) Nitrobenzaldehydprobe (BODENDORF)[1]. Man unterschichtet einige Kubikzentimeter des Destillates, das vorher mit 0,2 g Kohlenpulver 1 Minute geschüttelt wurde, mit einer frisch bereiteten Lösung von m-Nitrobenzaldehyd in konz. Schwefelsäure (1 g Aldehyd auf 50 ccm Schwefelsäure) und stellt das Reagensglas eine Minute in heißes Wasser. Bei Gegenwart von Isopropylalkohol ist ein leuchtend roter Ring vorhanden.

β) Piperonalprobe nach R. REIF[2]. Von Branntweinen werden 10 ccm in einen kleinen Meßzylinder, der in Eiswasser steht, abdestilliert. Wenn nichts mehr übergeht, wird 1 ccm mit 2 ccm Wasser verdünnt. Davon werden 0,3 ccm mit 2 ccm Wasser vermischt und 0,04 g Kohle zur Adsorption der ätherischen Öle zugesetzt, das Ganze durchgeschüttelt und durch ein kleines Filter von etwa 4,5 ccm Durchmesser filtriert, das Filtrat wird in einem 100 ccm Rundkolben aufgefangen. Man gibt alsdann dazu 5 ccm einer 0,5%igen alkoholischen Piperonallösung und sehr vorsichtig 20 ccm reine Schwefelsäure. Hierbei ist zu beachten, daß keine zu große Erwärmung auftritt. Das Gemisch wird gut durchgeschüttelt. 4—5 ccm dieses Gemisches werden in einem Bechergläschen von etwa 50 ccm Inhalt und 3—4 cm Durchmesser 4—5 Minuten auf einem siedenden Wasserbad erwärmt. Bildet sich alsdann nur eine grünbraune bis braune Färbung, so ist Isopropylalkohol nicht zugegen, wenn jedoch eine rotbraune bis rote Färbung auftritt, so ist Isopropylalkohol vorhanden. Fügt man zu dem Inhalt des Bechergläschens sofort nach dem Erwärmen 30 ccm einer 30%igen Essigsäure, so bildet sich eine rosa bis rote Färbung, die längere Zeit bestehen bleibt. Entsteht keine oder nur eine schwache rote Färbung, die bald verschwindet, so ist kein Isopropylalkohol vorhanden.

Bei Destillaten aus Leichenteilen sind nur geringe Mengen des Destillates zu verwenden, die zweckmäßig genau wie oben behandelt werden.

5. Isoamylalkohol (Amylalkohol), $\frac{CH_3}{CH_3}{>}CH \cdot CH_2 \cdot CH_2OH$.

(Eigenschaften S. 1020 und Bd. I, S. 1056.)

Die Amylalkohol enthaltenden Destillate sind trübe. Durch Ausschüttelung mit Äther oder Chloroform kann man den Amylalkohol dem Destillat entziehen. Nach Verdunsten des Extraktionsmittels bleibt er als ölige Tröpfchen zurück, die den charakteristischen Geruch besitzen.

Zum Nachweise dienen folgende Reaktionen:

1. MARQUARDTsche Reaktion: Die öligen Tröpfchen des Verdunstungsrückstandes werden mit wenig Wasser angeschüttelt und Kaliumpermanganat solange zugesetzt, bis die Rotfärbung bestehen bleibt. Nach 24stündigem Stehen im verschlossenen Reagensglas tritt beim Öffnen ein Geruch nach Baldrianester und zuletzt nach Baldriansäure auf.

2. UFFELMANNsche Probe: Zu den öligen Tröpfchen setzt man in einem weißen Porzellanschälchen eine frisch bereitete Lösung von Methylviolett in

[1] BODENDORF: Z. 1930, **59**, 616.
[2] R. REIF: Z. 1928, **55**, 204.

Salzsäure, die eine grüne Färbung besitzt, zu. Die öligen Tropfen schwimmen auf der grün gefärbten Salzsäure und sind selbst violett gefärbt.

6. Tertiärer Amylalkohol (Amylenhydrat), $\genfrac{}{}{0pt}{}{CH_3}{CH_3}\!>\!COH \cdot CH_2 \cdot CH_3$.

Er ist eine farblose Flüssigkeit, deren Geruch an Campher und Pfeffermünz erinnert. Das Amylenhydrat findet als Schlafmittel Verwendung. Siedepunkt = 102,5, Spez. Gewicht bei 15° 0,814.

Charakteristische Reaktionen zum Nachweis fehlen.

V. Aldehyde.

Wichtig von den Aldehyden der aliphatischen Reihe sind der Formaldehyd und Acetaldehyd. Weniger wichtig und zu Vergiftungen wohl kaum geeignet sind die meisten aromatischen Aldehyde, wie Salicylaldehyd, Piperonal, Vanillin usw.

Über die allgemeinen Aldehydreaktionen mit NESSLERschem Reagens, ammoniakalischer Silberlösung usw. s. S. 1023.

1. Formaldehyd (Ameisensäurealdehyd) H · CHO.

(Eigenschaften s. S. 1035 und Bd. I, S. 1019.)

a) Nachweis.

Der Formaldehyd ist ziemlich lange in Leichenteilen nachweisbar. Wegen seiner leichten Flüchtigkeit befindet er sich in den ersten Fraktionen des Destillates gelöst. Die Isolierung aus den Leichenteilen geschieht nach dem Destillationsverfahren. Bei Anwesenheit von Formaldehyd besitzen die ersten Destillate einen stechenden Geruch.

α) Nachweis als Hexamethylentetramin s. S. 1037.

β) Morphin-Schwefelsäure-Reaktion[1]. 1—2 ccm der zu prüfenden Lösung werden mit 5 ccm konz. Schwefelsäure unter vorsichtiger Abkühlung versetzt. Nach dem Erkalten setzt man 2,5 ccm einer frisch bereiteten Lösung von 0,2 g Morphinhydrochlorid in 10 ccm konz. Schwefelsäure gelöst zu. Je nach der Menge vorhandenen Formalins tritt die Violettfärbung früher oder später ein; sie kann von hellem Violett ins dunkle Violett und zuletzt in eine Rotfärbung übergehen. Die Beobachtungsdauer kann bis zu 1 Stunde ausgedehnt werden.

An Stelle des Morphins wird auch Kodein angewendet. Es entsteht eine intensive Blaufärbung; die angewandte Schwefelsäure muß absolut eisenfrei sein. Acetaldehyd und Furfurol geben keine Blaufärbung. Schärfe des Nachweises 1:100000.

γ) Nachweis nach O. HEHNER. Einige Kubikzentimeter oder wenige Tropfen der Flüssigkeit bzw. des Destillates, je nach der zu vermutenden Menge an Formaldehyd, werden nach S. 1030 geprüft. Größere Mengen Acetaldehyd, Alkohol und ätherische Öle stören diese Reaktion. Die Probe kann auch als Schichtreaktion angewendet werden. Einige Kubikzentimeter der zu prüfenden wäßrigen Lösung mit der gleichen Menge Milch, die mit einigen Tropfen verd. Eisenchloridlösung versetzt ist, gemischt und mit konz. Schwefelsäure überschichtet, bildet an der Berührungszone eine violette Schicht, die Reaktion verstärkt sich nach einigen Stunden. Nach E. SALKOWSKI[2] kann man an Stelle

---

[1] A. JÖRISSEN: Rev. intern. Falsific. 1898 **11**, 12. — G. FENDLER u. C. MANNICH: Arb. a. d. Pharm. Inst. der Univ. Berlin 1906, **3**, 243.

[2] E. SALKOWSKI: Biochem. Zeitschr. 1914, **68**, 337.

von Milch auch Albumosen nehmen, besonders ist Pepton zu empfehlen. Die Lösung wird intensiv violett gefärbt.

δ) Probe nach G. DENIGÈS[1]. Diese Methode ist deshalb sehr brauchbar, da sie selbst bei Gegenwart von viel Acetaldehyd eine eindeutige Reaktion gibt; selbst in stark schwefelsaurer Lösung wirkt der Acetaldehyd nicht störend. Folgende abgeänderte Methode gibt sehr gute Resultate. Bei Methylalkohol muß zuvor die Oxydation nach DENIGÈS (S. 1301) durchgeführt werden. Man setzt 3 ccm SCHIFF-ELVOVEsches[2] Reagens der zu prüfenden Flüssigkeit zu. Nach einiger Zeit tritt eine Blau- oder Violettfärbung ein, die nach 1 Stunde noch vorhanden ist. Das Reagens wird in der Weise hergestellt, daß man 0,2 g gepulvertes Fuchsin in 120 ccm heißem Wasser löst, nach dem Erkalten 2 g wasserfreies Natriumsulfit, das in 20 ccm Wasser gelöst war, zufügt und nach Zusatz von 2 ccm konz. Salzsäure auf 200 ccm auffüllt.

Nachweis mit mehrwertigen Phenolen in saurer oder alkoholischer Lösung.

ε) Resorcin-Probe nach LEBBIN. Gleiche Volumen einer 5%igen wäßrigen Resorcinlösung und eine 40%ige Ätznatronlösung werden gemischt. Dieser Mischung setzt man etwa die gleiche Menge des Destillates zu, das gegebenenfalls vorher noch verdünnt wurde. Man hält das Gemisch 1 Minute lang im Sieden. Eine Rotfärbung zeigt Formaldehyd an. Störend wirken etwa vorhandene Eiweißstoffe, die durch Destillation abgetrennt werden können. Chloroform und Chlorat können die Anwesenheit von Formaldehyd vortäuschen.

ζ) Phloroglucin-Probe nach COUNCLER[3]. Wird die zu prüfende Flüssigkeit mit einem Gemisch gleicher Raumteile 38%iger Salzsäure und Wasser unter Zugabe von sehr wenig Phloroglucin zum Sieden erhitzt, so tritt nach Auflösung des Phloroglucins eine Trübung unter Abscheidung gelbroter Flocken ein. Alle CH_2-Gruppen enthaltenden Körper geben ähnliche Reaktionen.

η) Guajacol-Probe nach B. PFYL, G. REIF und A. HANNER[4]. Auf eine weiße Unterlage gibt man in ein Uhrglas 0,5 ccm einer gut gekühlten Lösung von 0,02 Guajacol in 10 ccm reiner konz. Schwefelsäure und tropft in die Mitte dieser Lösung etwa 0,1 ccm der gut gekühlten farblosen Flüssigkeit. Wenn es sich um Methylalkohol handelt, setzt man das farblose, ebenfalls gut gekühlte Oxydationsgemisch, das auf Formaldehyd geprüft werden soll, zu. Eine rote Färbung zeigt Formaldehyd an. An Stelle von Guajacol kann man auch Apomorphin nehmen, wobei eine dunkelgraue, violette Färbung entsteht. Den Nachweis kann man durch Bildung von Niederschlägen wesentlich verfeinern. Man verfährt wie ausgeführt und fügt nach 1 Stunde mit einer Pipette 0,5 ccm Wasser tropfenweise in die Mitte der auf dem Uhrglas befindlichen Flüssigkeit zu und läßt ohne Umrühren das Uhrglas ruhig stehen. Nach etwa 12 Stunden hat sich alsdann ein deutlich sichtbarer krystalliner Niederschlag gebildet in Form eines Kranzes. B. OLSZEWSKI[5] hält diesen Nachweis für den besten.

ϑ) Phenylhydrazin-Probe nach SCHRYVER. Die auf Formaldehyd zu prüfende Lösung, etwa 10 ccm, versetzt man mit 2 ccm einer 1%igen frisch bereiteten Lösung von Phenylhydrazin und 1 ccm einer frisch bereiteten 1%igen Kaliumferricyanidlösung und 5 ccm konz. Salzsäure. Bei Gegenwart von Formaldehyd wird die Lösung fuchsinrot. Acetaldehyd und Furfurol reagieren nicht.

---

1 G. DENIGÈS: Compt. rend. Paris 1910, **150**, 529.
2 Journ. Ind. and Engin. Chem. 1917, **9**, 295; **C.** 1920, IV, 269.
3 COUNCLER: Chem.-Ztg. 1896, **20**, 585.
4 B. PFYL, G. REIF u. A. HANNER: **Z.** 1921, **42**, 223.
5 B. OLSZEWSKI: Roczniki Farmacji 1925, **3**, 77; **C.** 1926, II, 801.

Bei Kondensationsprodukten des Formaldehyds ist das Kondensationsprodukt erst durch Erwärmen mit der salzsauren Phenylhydrazinlösung zu zerlegen, alsdann wird die Kaliumferricyanidlösung zugesetzt.

b) Bestimmung.

Größere Mengen Formaldehyd werden zweckmäßig durch Titration bestimmt, kleinere Mengen lassen sich sehr gut colorimetrisch bestimmen. Diese letztere Methode ist auch für Methylalkohol, der vorher zu Formaldehyd oxydiert worden ist, gut anwendbar, weshalb die colorimetrische Methode namentlich auch zur Bestimmung von Methylalkohol in Leichenteilen Anwendung findet.

α) Jodometrische Methode nach G. ROMIJN s. S. 1041.

Colorimetrische Methoden.

Die colorimetrischen Methoden sind auch für Methylalkohol anwendbar, wenn er vorher zu Formaldehyd oxydiert worden ist. Methoden der Oxydation s. unter Methylalkohol, S. 1301.

β) Bestimmung mit Fuchsinbisulfit[1]. Über die Ausführung der Farbreaktion mit dem SCHIFF-ELVOVEschen Reagens s. auch unter Nachweis von Formaldehyd nach DENIGÈS, S. 1309.

Für die Vergleichszwecke stellt man sich eine 0,1%ige Formaldehydlösung, bzw., wenn es sich um Methylalkohol handelt, eine 1%ige Methylalkohollösung her, die nach den Vorschriften beim Nachweis von Methylalkohol unter ε (S. 1301) oxydiert wird. Da sich schwache Farbtöne am besten vergleichen lassen, so stellt man durch einen Vorversuch die ungefähre Stärke der Färbung fest. Falls diese zu stark ist, so muß mit stärkerer Verdünnung gearbeitet werden. — Die Vergleichsversuche setzt man mit entsprechenden bestimmten Mengen obiger Formaldehyd- oder vorher oxydierter Methylalkohollösung an, so daß man eine in der Intensität der Farbtönung vom schwächsten Blau ansteigende Reihe erhält, z. B. mit 0,3, 0,5, 1,0, 1,5 und 2 ccm.

Bei Methylalkohol wird die Oxydation unter Zusatz von 0,5 ccm Äthylalkohol durchgeführt und auf jeweils 5 ccm mit Wasser aufgefüllt. Die Einhaltung dieser Oxydationsvorschrift ist notwendig, da der Methylalkohol nur zu etwa $^1/_{18}$ zu Formaldehyd oxydiert wird; mithin sind die einzelnen Vergleichsmengen, also 0,3, 0,5, 1,0, 1,5 und 2 ccm, getrennt für sich zu oxydieren.

Die Reaktion und Farbintensitätsbeobachtung wird zweckmäßig in Schüttelzylindern mit Glasstopfen von etwa 25 ccm Inhalt vorgenommen. Sämtliche Versuche müssen zur selben Zeit angesetzt werden, da die Intensität der Färbung mit der Zeit zunimmt.

Die Beobachtung geschieht nach 20 Minuten bei auffallendem und durchfallendem Licht auf weißer Unterlage. Ohne Schwierigkeiten gelingt es, den Farbton herauszusuchen, der der fraglichen Lösung am nächsten steht; liegt der Farbton z. B. zwischen 0,3 und 0,5 ccm, so kann man zwischen diesen Werten liegende weitere Verdünnungen, wie eben beschrieben, herstellen und mit der fraglichen, neu mit Reagens versetzten Lösung vergleichen. Sollte der Vergleich mit dem bloßen Auge nicht genau genug erscheinen, so kann man sich noch eines Kolorimeters bedienen.

Bei genauem Arbeiten kann man bei niederem Formaldehyd- bzw. Methylalkoholgehalt gute Werte erlangen, bei Lösungen von 3—5% eine Genauigkeit erreichen, deren Fehlergrenze etwa 0,2% beträgt.

---

[1] TH. v. FELLENBERG: Biochem. Zeitschr. 1918, 85, 45—117.

Bestimmung nach AUTENRIETH[1].

Zu dieser Bestimmung wird eine alkalische Phloroglucinlösung verwendet. Bei Gegenwart von Formaldehyd tritt eine mehr oder weniger starke Gelbrotfärbung auf. Zum Vergleich dient eine haltbare Lösung, die dem Keilcolorimeter von AUTENRIETH und KÖNIGSBERGER, in dem die colorimetrische Bestimmung vorgenommen wird, beigegeben ist (Bezugsquelle Fr. Hellige & Co., Freiburg, Baden).

Kondensationsprodukte des Formaldehyds werden arzneilich verwendet. Aus verschiedenen dieser Körper kann Formaldehyd abgespalten und nachgewiesen werden.

2. Acetaldehyd, $CH_3 \cdot CHO$.

(Eigenschaften und Nachweis s. S. 1045.)

VI. Ketone.

1. Aceton, Dimethylketon, $CH_3 \cdot CO \cdot CH_3$.

(Eigenschaften und Nachweis s. S. 1058.)

Aceton als solches ist wohl kaum giftig. Bei Zuckerkranken findet man häufiger in Leichenteilen Aceton.

2. Acetophenon (Hypnon), $C_6H_5 \cdot CO \cdot CH_3$.

Acetophenon ist eine aromatisch riechende Flüssigkeit, die nur wenig in Wasser löslich ist. Siedepunkt 202°.

Reaktionen. Acetophenon gibt die Jodoformreaktion und die LEGALsche Probe (S. 1058). Bei Anwesenheit von Acetophenon entsteht eine tiefrote Färbung, die durch überschüssige Essigsäure in Violett umschlägt.

VII. Äther.

Äther (Diaethyläther) $C_2H_5 \cdot O \cdot C_2H_5$, ist eine farblose, leicht bewegliche Flüssigkeit von typischem Geruch und löst sich in 10 Teilen Wasser. Siedepunkt = 34,9°; Spez. Gewicht (15°) = 0,72.

Nachweis. Infolge seiner großen Flüchtigkeit und mangels typischer Reaktionen ist der Äther in Leichenteilen meist nicht nachweisbar. Ist genügend Material vorhanden, so können die physikalischen Konstanten zur Identifizierung dienen.

VIII. Phenole.

Die einwertigen Phenole und ihre Ester sind mit Wasserdämpfen, ebenso wie die Naphthole, flüchtig. Die zweiwertigen Phenole sind mit Wasserdämpfen nicht flüchtig und können erst im späteren Gang durch Extraktion aufgefunden werden. Die mit Wasserdämpfen flüchtigen Phenole weisen einen mehr oder weniger typischen Geruch auf.

Allgemeine Reaktionen.

1. Mit Eisenchloridlösung. Die Destillate geben mit verd. Eisenchloridlösung starke Färbungen, die blau, violett, grün oder rot sein können. Hierdurch schon kann man die Phenole unter sich unterscheiden. Durch andere organische Verbindungen, die eine Hydroxylgruppe besitzen, können Phenole vorgetäuscht werden, auch kann die Reaktion bei Gegenwart gewisser Stoffe ausbleiben. Vor allem müssen freie Säuren oder Alkalien neutralisiert werden, bevor die Reaktion auf Phenole angestellt wird.

---

[1] AUTENRIETH: Münch. med. Wochenschr. 1921.

2. Mit MILLONS Reagens. Läßt man die Destillate mit gleichen Teilen Reagens gemischt längere Zeit stehen oder erwärmt schwach, so tritt bei Anwesenheit von Phenolen eine hell- bis dunkelrote Färbung auf.

3. EYKMANNsche Probe. Setzt man dem Destillat einige Tropfen Spiritus aetheris nitrosi zu und unterschichtet mit konz. Schwefelsäure, so tritt eine rote Zone an der Berührungsstelle auf.

4. Bromwasser gibt mit phenolhaltigen Flüssigkeiten Trübungen bzw. Fällungen.

5. Azoreaktion. Man fügt zu einigen ccm 1% salzsaure Anilinlösung, kühlt auf etwa 0° ab, setzt einige Tropfen Nitritlösung (5%) zu, macht mit Natronlauge alkalisch und fügt schnell die Phenollösung zu.

1. Phenol (Benzophenol, Karbolsäure), $C_6H_5 \cdot OH$.

Das Phenol bildet farblose, lange, stark typisch riechende Krystallnadeln, die in wäßriger Lösung schwach saure Reaktion zeigen. Mit wenig Wasser versetzt, entsteht eine spez. schwere Flüssigkeit, die flüssige Carbolsäure. Es findet sich zu etwa 1% im Steinkohlenteer.

Mit Wasserdämpfen ist Phenol leicht flüchtig. Bei Anwesenheit größerer Mengen trübt sich das Destillat milchig. Bei Fäulnis bilden sich aus den Eiweißstoffen geringe Mengen von Phenol. Das Phenol wird im Organismus an Schwefelsäure zu Phenolschwefelsäure gebunden. Sind größere Mengen von Phenol vorhanden, so bildet sich Phenol-Glucuronsäure. Ein Teil des Phenols wird auch in Dioxybenzole, Hydrochinon bzw. Brenzkatechin, übergeführt.

Schmelzpunkt = 42—43°; Siedepunkt 178—182°; Spez. Gew. (15°) = 1,066.

a) Nachweis.

Um in Leichenteilen Phenol nachzuweisen, unterwirft man sie aus schwach weinsaurer Lösung einer langsamen, aber länger durchgeführten Wasserdampfdestillation. Gibt das Destillat auf Zusatz von Bromwasser keine Trübung mehr, so ist alles Phenol, das als freies Phenol vorhanden war, übergetrieben.

Dasjenige Phenol, das an Schwefelsäure gebunden ist, kann man durch Zusatz von verd. Schwefelsäure in Freiheit setzen und dann überdestillieren. Die Schwefelsäuremenge muß so reichlich bemessen sein, daß eine 2%ige Lösung entsteht. Alsdann werden die Leichenteile erneut einer Destillation unterworfen. Dieses Destillat ist meist stark verunreinigt. Am besten schüttelt man die Phenole mit Äther aus und läßt diesen verdunsten. Von weiteren Verunreinigungen kann das Phenol dadurch gereinigt werden, daß man den Verdunstungsrückstand in Wasser löst und filtriert.

Zum Nachweise des Phenols dienen folgende Reaktionen:

α) MILLONsche Reaktion. Beim Erwärmen des Destillates mit gleichen Teilen MILLONS-Reagens tritt bei Gegenwart von Phenolen eine schöne Rotfärbung auf. Diese Reaktion ist jedoch für Phenol nicht typisch, da Kresole, Salicylsäure und auch Eiweißstoffe die gleiche Reaktion geben. Schärfe der Reaktion: 1:20000.

β) Bromwasser-Reaktion nach LANDOLT. Einige Kubikzentimeter des Destillates geben, wenn Phenol vorhanden ist, mit überschüssigem Bromwasser eine Trübung unter Bildung von schönen Kryställchen von Tribromphenolbrom, $C_6H_2Br_3OBr$, Schmelzpunkt 131—133°. Die Trübung als solche ist nicht charakteristisch, da auch andere, Hydroxylgruppen enthaltende Körper, wie Salicylsäure u. a. m., Trübungen geben. Der Schmelzpunkt der Bromverbindung gibt jedoch eindeutigen Aufschluß. Schärfe der Reaktion: 1:40000.

γ) Eisenchlorid-Reaktion. Das mit wenigen Tropfen verd. Eisenchloridlösung versetzte Destillat gibt bei Anwesenheit von Phenol eine blaue bis blauviolette Färbung, die auf Zusatz von Salzsäure in Gelb übergeht und durch Alkoholzusatz verschwindet. Die Reaktion ist nicht eindeutig. Schärfe der Reaktion: 1:1000.

δ) Lexsche Probe. Das Destillat wird zu $^1/_4$ Volumen mit Ammoniak und einigen Tropfen einer Chlorkalklösung (1:20) versetzt und erwärmt. Bei Anwesenheit von Phenolen entsteht Blaufärbung. Ist die Phenollösung sehr verdünnt, so tritt nach längerer Zeit eine Grünblaufärbung ein. Auch diese Reaktion ist nicht eindeutig.

ε) Melzersche Probe. Fügt man zu 1 ccm des Destillates 2 ccm konz. Schwefelsäure und 2 Tropfen Benzaldehyd und kocht einmal auf, so färbt sich die Flüssigkeit dunkelrot. Bei konz. Lösungen scheiden sich rote Harze ab. Verdünnt man die Lösung mit etwa 10 ccm Wasser und macht mit Kalilauge alkalisch, so tritt eine Tiefviolettrotfärbung auf. o-Kresol gibt die gleiche Reaktion. Schärfe der Reaktion 1:2000.

ζ) Pikrinsäure-Reaktion. Erwärmt man das Destillat einige Zeit am Rückflußkühler mit konz. Salpetersäure, so bildet sich bei Gegenwart von Phenol Pikrinsäure. Nach dem Verdünnen des Reaktionsproduktes mit Wasser kann die gebildete Pikrinsäure durch Äther ausgeschüttelt werden. Der Verdunstungsrückstand zeigt die Eigenschaften der Pikrinsäure (s. S. 1367). Schmelzpunkt = 122,5°.

b) Bestimmung nach Beckurts[1].

Die Methode beruht auf der Ausscheidung des Phenols als Tribromphenol. Um eine Lösung zu haben, die stets die gleiche Menge Brom zur Ausfällung des Phenols enthält, stellt man sich aus Kaliumbromid und Kaliumbromat zwei getrennte Lösungen von bestimmtem Gehalt her, die auf Zusatz von überschüssiger Säure stets eine bestimmte Menge Brom liefern, wie die nachstehende Gleichung zeigt.

Bei Gegenwart von Phenol wirkt das freie Brom auf das Phenol unter Bildung von Tribromphenolbrom und Tribromphenol ein. Es muß dabei Brom im Überschuß vorhanden sein. Gibt man nun zu der Lösung Kaliumjodid, so wird von dem überschüssigen Brom die äquivalente Menge Jod in Freiheit gesetzt, und ferner wird das eine labile Bromatom des Tribromphenolbroms gebunden, so daß jetzt alles Phenol als Tribromphenol sich ausscheidet. Die Reaktionsgleichung ist letzten Endes folgende:

$$5\,KBr + KBrO_3 + 6\,H_2SO_4 + C_6H_5-OH = 6\,KHSO_4 + 3\,HBr + C_6H_2Br_3OH + 3\,H_2O.$$

Demnach kommen auf 1 Mol Phenol 6 Atome Brom, von denen 3 Atome an Phenol und 3 als Bromwasserstoff an Wasserstoff gebunden sind.

Das überschüssige Brom wird mit Kaliumjodid umgesetzt, wobei die äquivalente Menge Jod frei wird, die man mit 0,1 N.-Natriumthiosulfatlösung zurückmessen kann. Man stellt dadurch fest, wieviel Brom nicht an Phenol gebunden ist, und kann die gebundene Menge Brom und damit die Phenolmenge daraus berechnen.

Es werden in einen Kolben mit Glasstöpsel 50 ccm einer Kaliumbromidlösung, die im Liter 5 × 1,1902 = 5,951 g Kaliumbromid enthält, und 50 ccm einer Kaliumbromatlösung, die im Liter 1,6702 g Kaliumbromat enthält, und die zu untersuchende abgemessene Phenolmenge, 10—50 ccm, gebracht. Alsdann fügt man 5 ccm konz. Schwefelsäure hinzu und schüttelt einige Minuten mit aufgesetztem Glasstöpsel durch. Es scheidet sich die Phenolbromverbindung in feinen weißen Kryställchen ab. Die Lösung selbst muß noch gelblichbraun gefärbt sein; es muß also Brom sich im Überschuß befinden. Nach Verlauf von 15 Minuten setzt man reines Kaliumjodid zu und titriert das ausgeschiedene Jod unter Zusatz von Stärkelösung als Indicator mit 0,1 N.-Natriumthiosulfatlösung zurück.

[1] Beckurts: Arch. Pharm. 1886, **224**, 56, 572.

Die Berechnung des Phenols ist folgende: 100 ccm der Kaliumbromid- und der -bromatlösung liefern $^6/_{2000}$ Atome Brom = 0,23976 g Brom. Nach der Gleichung

$$^6/_{100} \text{ Atome Brom} : {}^1/_{100} \text{ Mol Phenol}$$
$$4{,}7952 : 0{,}9405 = 0{,}23976 : x,$$

zeigen diese 0,23976 g Brom = 0,04703 Phenol an. Nun fügte man zur Bindung des unverbrauchten Broms Kaliumjodid hinzu, wodurch die dem Brome äquivalente Menge Jod in Freiheit gesetzt wird, welches mittels 0,1 N.-Natriumthiosulfatlösung zurückgemessen wird. Da nun 0,1 Atom Jod = 0,1 Atom Brom = 1000 ccm 0,1 N.-Natriumthiosulfat äquivalent ist, so zeigen $^6/_{10}$ Atome Jod = 0,1 Mol Phenol oder 1 ccm 0,1 N.-Natriumthiosulfatlösung = 0,001567 g Phenol an. Die verbrauchten Kubikzentimeter Natriumthiosulfatlösung werden mit 0,001567 g multipliziert und der gefundene Wert von 0,04703 abgezogen. Der verbleibende Rest zeigt alsdann die Menge Phenol an, die sich in der abgemessenen Phenollösung befindet.

Phenolbestimmung im Harn.

Da bei Phenolvergiftungen das Phenol in größerer Menge als Phenol-Schwefelsäure vorhanden ist, so ist auch seine Bestimmung im Harn von Wichtigkeit. Geringe Mengen Phenol werden normalerweise täglich ausgeschieden, allerdings zum größten Teil in Form von p-Kresol. Die Menge beträgt innerhalb 24 Stunden 0,03 g.

In normalen Harnen finden sich schwefelsaure Salze in nicht unerheblichen Mengen. Diese sog. Sulfat-Schwefelsäure unterscheidet sich von der präformierten Schwefelsäure, der an Phenole gebundenen, dadurch, daß letztere keine SO_4-Ionen besitzt und mithin auch durch Bariumchlorid nicht aus der wäßrigen Lösung ausgefällt werden kann. Kocht man aber die präformierte Schwefelsäure mit Salzsäure, so wird sie zerlegt und kann alsdann durch Bariumchlorid als Bariumsulfat gefällt werden. Da in Phenolharnen sich sehr viel präformierte Schwefelsäure vorfindet, deren Menge erheblich größer ist als die der Sulfatschwefelsäure, so ist die Bestimmung beider Schwefelsäuren von Wichtigkeit.

α) Phenolbestimmung im Harn nach MOOSER[1]. Eine gemessene Menge Harn, 250—500 ccm, wird mit Natronlauge schwach alkalisch gemacht und bis zur Hälfte auf dem Wasserbade eingedampft. Durch Zusatz von Wasser wird das ursprüngliche Volum wieder hergestellt und der Harn in einen Destillierkolben gebracht, der des Schäumens wegen nur zu etwa $^1/_3$ angefüllt sein darf. Aus einem Scheidetrichter läßt man sirupöse Phosphorsäure allmählich zufließen. Unter guter Kühlung wird abdestilliert und die Destillation solange fortgesetzt, bis noch etwa 100 ccm Rückstand im Destillationskolben sich befinden. Alsdann läßt man durch den Scheidetrichter 100 ccm Wasser zufließen und destilliert erneut. Diese Manipulation ist so lange zu wiederholen, bis 5 ccm Destillat mit MILLONschem Reagens keine Rotfärbung mehr geben. Das Destillat wird mit Kaliumcarbonat alkalisiert bzw. neutralisiert und unter Durchleiten von Kohlensäure, wie bei der ersten Destillation, erneut destilliert.

Die Bestimmung kann nach KOSSLER und PENNY[2] in der Weise ausgeführt werden, daß ein aliquoter Teil des Destillates mit 0,1 N.-Alkalilauge stark alkalisch gemacht, auf 60° erwärmt und gemessene überschüssige Jodlösung zugesetzt wird. Nach dem Erkalten wird die Flüssigkeit mit Salzssäure angesäuert und das überschüssige Jod mit 0,1 N.-Natriumthiosulfatlösung unter Zusatz von Stärkelösung zurückgemessen. 6 Mol Jod zeigen, da sich Trijodphenol, $C_6H_2J_3OH$, und 3 Mol Jodwasserstoff bilden, 1 Mol Phenol an. 1 ccm verbrauchter 0,1 N.-Jodlösung ist daher = 0,001567 g Phenol, s. oben.

[1] MOOSER: Zeitschr. physiol. Chem. 1909, 63, 153.
[2] KOSSLER u. PENNY: Zeitschr. physiol. Chem. 1893, 17, 117.

β) Bestimmung der Sulfat- und präformierten Schwefelsäure im Harn. Eine gemessene Menge, etwa 50 ccm, Harn wird mit der gleichen Menge Wasser, 5 ccm verd. Essigsäure und überschüssiger Bariumchloridlösung versetzt und erwärmt. Die Erwärmung wird solange fortgesetzt, bis sich der Niederschlag völlig abgesetzt hat; er wird aldsann abfiltriert und zuerst mit Wasser, dann mit kalter, verd. Salzsäure und zuletzt nochmals mit Wasser ausgewaschen. Das zur Wägung gebrachte Bariumsulfat ist die Sulfat-Schwefelsäure.

Das Filtrat und die Waschwässer werden gesammelt und mit verd. Salzsäure erwärmt. Hierdurch wird die präformierte Schwefelsäure gespalten. Nach dem klaren Absetzen wird das ausgeschiedene Bariumsulfat gesammelt, mit Wasser und zuletzt mit heißem Alkohol, um die mitgerissenen harzigen Produkte zu entfernen, ausgewaschen. Dieses zur Wägung gebrachte Bariumsulfat entspricht der präformierten Schwefelsäure, deren Wert bei Phenolvergiftungen höher ist, als der Wert der Sulfat-Schwefelsäure.

Nachweis von Phenol in Hutschweißleder nach FROBOESE[1].

200 qcm fein zerschnittenen Leders werden mit 75 ccm 10%iger Natronlauge 2 Stunden auf dem Wasserbade erhitzt. Die Flüssigkeit wird abfiltriert und nachgewaschen. Unter Eiskühlung wird Kohlensäure bis zur Sättigung eingeleitet, das Phenol mit Äther ausgeschüttelt und letzterer vorsichtig bei gelinder Wärme abdestilliert. Die letzten Reste des Äthers entfernt man durch Durchleiten von Luft. Der verbleibende Rückstand wird mit 40 ccm Wasser aufgenommen und von dem Ungelösten, Harzstoffen usw. abfiltriert. In dieser wäßrigen Lösung kann man nun das Phenol nachweisen.

2. Kresole und Lysol, Methylphenole, $C_6H_4 \cdot CH_3(OH)$.

Das o-, m- und p-Kresol sind die Hauptbestandteile des Rohkresols. Die Kresole sind in Wasser schwer löslich. Um sie für technische Zwecke, Desinfektion usw. brauchbar zu machen, führt man sie entweder durch Zusatz von Alkali und Kaliseifen, oder durch Zusatz von Salzen aromatischer Säuren in lösliche Form über.

Nachweis.

Bei der Prüfung auf Kresole, einschließlich Lysol, genügt der Nachweis der Kresole selbst.

Die zerkleinerten Leichenteile werden, nachdem sie mit Wasser versetzt und mit Weinsäure oder verd. Schwefelsäure stark angesäuert sind, der Wasserdampfdestillation unterworfen. Es gehen dabei außer den Kresolen auch Kohlenwasserstoffe anderer Art mit über. Das Destillat wird ausgeäthert. Die ätherische Lösung läßt man bei gewöhnlicher Temperatur verdunsten. Um Reste von anderen Kohlenwasserstoffen, die mit überdestilliert sind, zu entfernen, nimmt man den Rückstand mit verd. Natronlauge auf und schüttelt die wäßrige Lösung mit Petroläther aus, der diese Kohlenwasserstoffe in Lösung überführt. Die wäßrig-alkalische Lösung wird nun mit Salzsäure angesäuert, und die frei gewordenen Kresole werden mit Äther ausgeschüttelt. Nach dem Verdunsten des Äthers bleiben die Kresole zurück.

Den Rückstand schüttelt man mit Wasser an und benutzt die filtrierte Lösung zum Nachweis der Kresole.

o-Kresol bildet stark riechende Krystalle, die in Wasser löslich sind. Schmelzpunkt = 31—31,5°, Siedepunkt = 185—186°.

m-Kresol ist eine stark riechende Flüssigkeit, die in Wasser schwer löslich ist. Siedepunkt = 201°.

[1] FROBOESE: Z. 1921, 42, 113.

p-Kresol bildet durchdringend riechende Krystalle, die in Wasser löslich sind. Schmelzpunkt = 35—36°; Siedepunkt = 198—199°.

Reaktionen der drei Kresole.

1. LEXsche Probe. Siehe Phenol S. 1313. Dieselbe gibt nur mit o- und m-Kresol eine Reaktion. p-Kresol gibt nur eine schmutzig-grüne Färbung.

2. MELZERsche Probe. Nur o-Kresol gibt die Reaktion, s. Phenol.

Es ist wichtig, auch den Harn auf Anwesenheit von Kresolen zu prüfen und wie bei Phenol das Verhältnis der Sulfat- und präformierten Schwefelsäure zu bestimmen, s. unter Phenol, S. 1314.

3. Kreosot und Guajacol.

Der Buchenholzteer enthält als Hauptbestandteile das Guajacol, $C_6H_4<^{OCH_3}_{OH}$, und das Kreosol, $C_6H_3(CH_3)<^{OCH_3}_{OH}$. Das Kreosot ist, ebenso wie Guajacol und Kreosol, flüssig. Ganz rein bildet Guajacol eine rhomboedrische Krystallmasse. Mit Wasserdämpfen können diese Phenolabkömmlinge übergetrieben werden. Es sind farblose, stark lichtbrechende und typisch riechende Körper, die in Wasser schwer löslich sind. Guajacol: Schmelzpunkt = 33°; Siedepunkt = 205°; Spez. Gewicht: (15°) = 1,143. Kreosol: Siedepunkt = 221°. Kreosot Siedepunkt = 205—210°. Spez. Gewicht (15°) = 1,08.

An Reaktionen sind zu nennen: MILLONs Reagens ruft Rotfärbung hervor; die EJKMANNsche Probe erzeugt Kirschrotfärbung; mit Eisenchloridlösung entstehen Blaugrünfärbungen.

4. Thymol (Methylisopropylphenol), $C_6H_3 \cdot \overset{(1)}{CH_3} \cdot \overset{(4)}{C_3H_7} \cdot \overset{(3)}{OH}$.

Thymol ist ein Hauptbestandteil verschiedener ätherischer Öle. Es bildet feste Krystalle von typischem aromatischem Geruch, die in Wasser schwer löslich sind; sie schmelzen bei 50—51° und sieden bei 230°; Spez. Gewicht (15°) = 1,028.

Mit MILLONs und EJKMANNs Reagens tritt Rotfärbung ein. Konz. Schwefelsäure verändert Thymol in der Kälte nicht; beim Erwärmen tritt eine rosarote Färbung auf.

5. Carvacrol (Oxycymol), $C_6H_3 \cdot \overset{(1)}{CH_3} \cdot \overset{(2)}{OH} \cdot \overset{(4)}{C_3H_7}$.

Das Carvacrol kommt in ätherischen Ölen vor und ist eine farblose Flüssigkeit, die in Wasser unlöslich ist. Der Geruch erinnert an Nelken. Siedepunkt = 233°; Spez. Gewicht (15°) = 0,983.

Mit Eisenchloridlösung versetzt, färbt sich die alkoholische Lösung blau und dann grün.

6. Naphthole (Oxynaphthaline), $C_{10}H_7OH$.

Es gibt α- und β-Naphthol. Beides sind farblose Krystalle, die in Wasser schwer löslich sind und phenolartig riechen.

Physikalische Konstanten: Der Schmelzpunkt beträgt bei α-Naphthol 95°, bei β-Naphthol 123°.

Reaktionen. Es färbt in Lösungen:

α-Naphthol	β-Naphthol
MILLONs Reagens rotbraun	scharlachrot
EJKMANNs Reagens schön grün	schwarzgrün
Chlorwasser erzeugt weißen Niederschlag, der in Ammoniak farblos löslich ist.	weißen Niederschlag, der mit Ammoniak eine bläuliche Färbung gibt.

IX. Säuren.

1. Ameisensäure, H·COOH.

Eigenschaften s. Band I, S. 636 und 1023. — Nachweis und Bestimmung auch Band II, S. 1075. Ameisensäure spielt eine größere Rolle bei Methylalkoholvergiftungen.

a) Nachweis.

Über den Nachweis in Leichenteilen und Harn s. Methylalkohol, S. 1300. Die Ameisensäure ist im Rückstand des zweiten Destillates nach JUCKENACK enthalten, das vor der Destillation neutralisiert wurde. Man säuert mit verdünnter Schwefelsäure an und destilliert die freie Ameisensäure über.

α) Quecksilberchlorid-Reaktion. Kocht man das fragliche Destillat mit Quecksilberchloridlösung, so scheidet sich bei Anwesenheit von Ameisensäure weißes Quecksilberchlorür aus.

β) Silber-Reaktion. Aus Silbernitratlösung scheidet Ameisensäure Silber aus, das sich an den Wandungen des Glases als glänzender Spiegel absetzt.

γ) Überführung in Formaldehyd. Nach FENTON[1] wird das Destillat schwach mit verd. Schwefelsäure angesäuert und unter langsamem Zusatz von Magnesiumspänen während einer Stunde eine lebhafte, aber nicht zu heftige Wasserstoffentwicklung unterhalten. Bei größeren Mengen Ameisensäure genügen zur Reduktion 4—5 Minuten. Im Filtrat kann man alsdann Formaldehyd nachweisen (S. 1308).

b) Bestimmung.

Da Ameisensäure quantitativ schwer überdestilliert, so verfährt man in der Weise, daß man etwa 300 ccm gemessene Flüssigkeit, auch Harn, mit etwa 30 ccm Phosphorsäure (25%) ansäuert und unter lebhaftem Sieden bis auf etwa 30 ccm abdestilliert. Alsdann setzt man 300 ccm Wasser zu und destilliert erneut; dieses ist so oft zu wiederholen, bis etwa 1500 ccm überdestilliert sind. Man kann zur Erkennung des Endes der Destillation auch so verfahren, daß man 10 ccm überdestilliert, mit Phenolphthaleinlösung versetzt und hierzu 1 Tropfen 0,1 N.-Alkalilauge zusetzt. Bleibt die Rotfärbung bestehen, so ist alle Ameisensäure überdestilliert.

Das Destillat wird mit aufgeschlämmtem Calciumcarbonat versetzt und gut durchgeschüttelt, alsdann wird es auf dem Wasserbade bis auf etwa 30 ccm eingedampft, vom Ungelösten abfiltriert und der Filterrückstand mit heißem Wasser ausgewaschen. Zum Filtrat in einem ERLENMEYER-Kolben fügt man 50 ccm kaltgesättigte Quecksilberchloridlösung und nach H. FINKE[2] 3—5 g Natriumacetat hinzu. Der Kolben, mit Steigrohr versehen, wird zwei Stunden auf einem lebhaft siedenden Wasserbade erhitzt. Das ausgeschiedene Quecksilberchlorür wird noch heiß in einem Filtriertiegel abfiltriert, zuerst mit Wasser, dann mit Alkohol und zuletzt mit Äther ausgewaschen, 1 Stunde bei 100—110° getrocknet und gewogen. Quecksilberchlorür × 0,0977 = Ameisensäure.

2. Essigsäure, CH_3·COOH.

Eigenschaften s. Band I, S. 637. — Nachweis und Bestimmung auch Band II, S. 1081.

Nachweis. α) Die Essigsäure ist mit Wasserdämpfen flüchtig.

β) Essigester-Reaktion. Mit konz. Schwefelsäure und etwas Alkohol erwärmt, gibt Essigsäure sich durch den typischen Essigäther-Geruch zu erkennen.

γ) Eisenchlorid-Reaktion. Die neutralisierte essigsaure Lösung gibt auf Zusatz von 1—2 Tropfen Eisenchloridlösung eine tiefrote Färbung.

[1] JUCKENACK: Z. **1912**, **24**, 13. [2] H. FINKE: Z. 1911, **22**, 88.

δ) Kakodyl-Reaktion. Erwärmt man in einem Schmelzröhrchen Kaliumacetat mit Arsentrioxyd, so bildet sich der typische unangenehme Geruch nach Kakodyloxyd.

3. Salicylsäure (o-Oxybenzoesäure), $C_6H_4<^{OH}_{COOH}$.

Eigenschaften s. Band I, S. 655 und 1034. — Nachweis und Bestimmung auch Band II, S. 1135.

a) Nachweis.

Die Salicylsäure ist mit Wasserdämpfen in sauren Lösungen leicht flüchtig. Das Destillat wird zur Isolierung der Salicylsäure mit Äther ausgeschüttelt, der ätherische Rückstand wird durch Umkrystallisation gereinigt. Salicylsäure wird durch den Harn sehr schnell ausgeschieden und zwar an Glucuronsäure oder Schwefelsäure, präformierte Schwefelsäure, gebunden.

α) Eisenchlorid-Reaktion. Eisenchloridlösung gibt bei Anwesenheit von Salicylsäure eine intensiv violette Färbung. Empfindlichkeit 1:50000.

β) Bromwasser-Reaktion. Bromwasser erzeugt einen weißen Niederschlag.

γ) MILLONS-Reagens. Auf Zusatz von MILLONschem Reagens tritt eine blutrote Färbung auf.

δ) Salicylsäure-Methylester. Mit konz. Schwefelsäure und Methylalkohol erwärmt, bildet sich aus Salicylsäure der Methylester, dessen Geruch charakteristisch ist.

b) Bestimmung.

Die Bestimmung kann ähnlich wie beim Phenol mit Brom durchgeführt werden[1]. Auch auf colorimetrischem Wege lassen sich kleine Mengen Salicylsäure bestimmen[2].

X. Ester.

Amylnitrit, $C_5H_{11}ONO$.

Amylnitrit ist eine schwach gelbliche, leicht bewegliche, neutrale Flüssigkeit von fruchtartigem Geruch. Es verbrennt mit gelber, leuchtender, rußender Flamme. Bei Vergiftungen mit Amylnitrit bildet sich im Blut Methämoglobin. Nachweis s. S. 1431. Siedepunkt: 94—95°. Spez. Gewicht (15°) = 0,902—0,9026.

Nachweis. Im Destillat erkennt man den Ester am typischen Geruch. Mit Kalilauge verseift, bildet sich Amylalkohol und Kaliumnitrit, in welchem man Salpetrige Säure mit Jodzink-Stärkelösung nachweisen kann.

XI. Organische Basen.

1. Anilin (Aminobenzol), $C_6H_5 \cdot NH_2$.

Anilin ist eine stark lichtbrechende, farblose, ölige Flüssigkeit von eigenartigem, aromatischem Geruch. In Wasser ist Anilin 1:30 löslich. Als Base gibt es mit Säuren Salze. Siedepunkt = 184,5°; Spez. Gewicht (15°) = 1,025.

Nachweis.

Anilin geht als schwache Base in weinsaurer Lösung mit Wasserdämpfen über. Besser ist es, aus stark alkalischer Lösung das Anilin mit Wasserdämpfen überzutreiben. Es bleiben aber ziemlich große Mengen im wäßrigen Destillat gelöst; durch Zusatz von Natriumchlorid kann man die Löslichkeit im Wasser herabdrücken und das Anilin ausäthern. Anilin ist ein typisches Blutgift. Der

[1] Zeitschr. analyt. Chem. 1899, 38 298.
[2] FREUND: Leitfaden der colorimetrischen Methoden.

Blutfarbstoff wird in Methämoglobin umgewandelt (s. S. 1431). Das Blut bekommt eine schokoladenbraune Färbung.

α) Holzspan-Reaktion. Ein Fichtenspan wird durch wäßrige Anilinlösung gelb gefärbt.

β) Isonitril-Reaktion. Versetzt man einige Kubikzentimeter des Destillates mit einigen Tropfen Chloroform und etwas Kalilauge, so entsteht nach dem Erwärmen der unangenehme Isonitril-Geruch.

3. Chlorkalk-Reaktion. Wird das Destillat tropfenweise mit wäßriger Chlorkalk- oder Natriumhypochloritlösung versetzt, so tritt bei Anwesenheit von Anilin eine violettblaue Färbung auf, die allmählich in Rot übergeht. Wird alsdann wenig Phenollösung zugesetzt, die schwach ammoniakalisch ist, so tritt eine tiefblaue Färbung ein. Schärfe des Nachweises 1:60000.

4. Bromwasser-Reaktion. Das Destillat gibt auf Zusatz von Bromwasser bei Anwesenheit von Anilin einen fleischfarbigen Niederschlag. Schärfe der Reaktion: 1:60000.

Über den Nachweis des Methämoglobins s. S. 1431.

2. Methylierte Aniline.

o-, m- und p-Toluidin, die sich untereinander durch ihre Siedepunkte unterscheiden, sind viel giftiger und geben die gleichen Reaktionen wie Anilin. Siedepunkte: = o-Toluidin 197°, m-Toluidin 200°, p-Toluidin 198°; Schmelzpunkt des p-Toluidin 43°.

XII. Nitroverbindungen.

1. Nitrobenzol (Mirbanöl), $C_6H_5 \cdot NO_2$.

Das Nitrobenzol ist eine gelbliche, stark lichtbrechende, nach Bittermandelöl riechende Flüssigkeit, die in Wasser fast unlöslich ist. Siedepunkt = 209°; Spez. Gewicht (15°) = 1,209.

Nachweis. Schon der äußerst starke Geruch, auch in Leichenteilen, läßt erkennen, daß es sich entweder um Bittermandelöl oder Nitrobenzol handeln muß. Das gewonnene Destillat scheidet bei Anwesenheit von Nitrobenzol ölige Tröpfchen ab, die durch Ausschütteln mit Äther gewonnen werden können. Nach dem Verdunsten des Äthers bleibt Nitrobenzol als gelbliches Öl von typischem Geruch zurück. Das Nitrobenzol ist ein starkes Blutgift. Bei Vergiftung damit wird das Blut schokoladenbraun gefärbt; es bildet sich dabei Methämoglobin. Nachweis s. S. 1431.

Überführung in Anilin. Man löst einige Tröpfchen des Öles oder wenige Kubikzentimeter des gut geschüttelten Destillates in Alkohol und setzt Zink und Salzsäure hinzu. Nach einiger Zeit, wenn der entwickelte Wasserstoff genügend reduziert hat und nachdem der Geruch nach Nitrobenzol verschwunden ist, wird die Reaktion durch Abgießen der wäßrig-alkoholischen Lösung unterbrochen und Natronlauge im Überschuß zugesetzt. Das frei gewordene Anilin schüttelt man mit Äther aus. Nach dem Verdunsten des Äthers kann man mit dem Rückstand die Reaktionen auf Anilin (S. 1318) ausführen.

2. Nitrotoluole, $C_6H_5{<}^{NO_2}_{CH_3}$.

Die in der chemischen Industrie eine Rolle spielenden Nitrotoluole zählen ebenfalls zu den starken Giften und verhalten sich beim Nachweis ähnlich wie Nitrobenzol.

XIII. Ätherische Öle.

Ätherische Öle werden zuweilen als Abortivmittel benutzt. Sie sind mit Wasserdämpfen flüchtig und lassen sich aus den Destillaten durch Zusatz von

Natriumchlorid aussalzen und durch Ausschüttelung mittels gereinigten Petroläthers und dessen Verdunsten bei gewöhnlicher Temperatur anreichern.

Typische Nachweismethoden zur einwandfreien Identifizierung fehlen.

1. Sadebaumöl (Oleum Sabinae).

Die Zweigspitzen des Juniperus Sabina enthalten ein mit Wasserdämpfen flüchtiges Öl. Das Öl ist farblos oder gelblich und dünnflüssig, dreht das polarisierte Licht stark nach rechts und besitzt einen durchdringenden, widerlichen Geruch. Es besteht aus verschiedenen Terpenen. Bei Vergiftungen ist vor allen Dingen auf typische Fragmente der Zweigspitzen im Darm und Magen zu fahnden. Der Harn riecht nach dem Öl und enthält Sabinolglucuronsäure.

Nachweis. Die Zweigspitzen zeigen nach dem Abkochen eine rote Färbung. Auf Leinen hinterlassen sie einen roten Fleck. Im Harn kann man die Sabinolglucuronsäure nachweisen; man verfährt dabei in folgender Weise: Der neutrale oder schwach saure Harn wird mit neutralem Bleiacetat versetzt und filtriert. Zum ammoniakalisch gemachten Filtrat gibt man solange Bleiessig, bis noch ein Niederschlag entsteht. Der gesammelte und ausgewaschene Bleiniederschlag wird mit verd. Schwefelsäure zerlegt und das Filtrat mit Bariumcarbonat neutralisiert. Das Filtrat vom Bariumsulfatniederschlag wird alsdann im Vakuum über Schwefelsäure eingeengt und dem Rückstand heiße konz. Strychninsulfatlösung zugesetzt. Es scheidet sich eine Doppelverbindung von sabinolglucuronsaurem Strychnin aus, das bei 196—197° scharf schmilzt.

2. Senföl, Isothiocyanallyl, $C_3H_5 \cdot N:C:S$.

Das Senföl ist ein helles bis gelblich gefärbtes, stark lichtbrechendes Öl von typischem Geruch, das auf der Haut Blasen zieht. Siedepunkt = 149°; Spez. Gewicht (15°): 1,020.

Nachweis. Das Destillat riecht intensiv nach Senföl. Wie schon erwähnt, werden auf der Haut Blasen erzeugt. Schüttelt man das Destillat bei Gegenwart von Alkohol mit 12%igem Ammoniak, so entsteht Thiosinamin, $C{\lt}^{NHC_3H_5}_{NH_2}{=}S$, das beim Verdunsten als farblose Krystalle vom Schmelzpunkt 74° zu erhalten ist.

XIV. Kohlenwasserstoffe.

1. Petroleum.

Durch Einatmung der Dämpfe von Benzin, Ligroin und Petroleum können tödliche Vergiftungen hervorgerufen werden. Durch Einnahme dieser Kohlenwasserstoffe kann wohl eine vorübergehende Erkrankung entstehen.

Nachweis. Da die aliphatischen Kohlenwasserstoffe chemisch nur wenig angreifbar sind, so gibt es keine brauchbaren chemischen Reaktionen. Mit Wasserdämpfen sind die Kohlenwasserstoffe flüchtig. Lediglich durch die Ausscheidung von öligen Tröpfchen, die auf der Oberfläche des wäßrigen Destillates sich befinden, und durch den typischen Geruch der Kohlenwasserstoffe zeigen sie sich an. Weitere Eigenschaften sind kaum feststellbar. Es mag noch erwähnt werden, daß die Kohlenwasserstoffe in 90%igem Alkohol nicht löslich und im Butterrefraktometer durch eine niedrige Brechung (35—50°) charakterisiert sind. Auch sind diese Kohlenwasserstoffe weder durch alkoholische Kalilauge verseifbar, noch werden sie durch eine Mischung von konz. Salpetersäure und Schwefelsäure nitriert.

2. Benzol, C_6H_6.

Benzol ist eine farblose, eigenartig riechende Flüssigkeit, die mit stark rußender Flamme brennt. Siedepunkt = 80,5°; Spez. Gewicht (15°) = 0,8841.

Nachweis. Benzol ist längere Zeit im Organismus nachweisbar, nur langsam wird es in Phenol übergeführt. Im Harn tritt eine Vermehrung der präformierten Schwefelsäure als Phenolschwefelsäure ein.

Man verfährt bei Leichenteilen zum Nachweise von Benzol am besten in der Weise, daß man die Destillation nach vorheriger Ansäuerung mit verd. Schwefelsäure vornimmt und das Destillat mittels eines Vorstoßes in etwa 100 ccm Tetrachlorkohlenstoff auffängt. Dann trennt man in einem Scheidetrichter den Tetrachlorkohlenstoff vom Wasser, bringt ihn in eine Stöpselflasche, setzt 10 ccm einer Mischung von 2 Vol. rauchender Salpetersäure und 1 Vol. konz. Schwefelsäure zu und schüttelt die Mischung 10 Minuten lang kräftig durch. Alsdann verdampft man den Tetrachlorkohlenstoff in einer Porzellanschale auf dem Wasserbade. Der Rückstand enthält neben Schwefelsäure und Salpetersäure, falls Benzol vorhanden war, Dinitrobenzol. Er wird mit Wasser verdünnt, in einen Scheidetrichter gebracht, mit Natronlauge schwach alkalisch gemacht und mit Äther nochmals ausgeschüttelt. Der Äther wird zur Entwässerung mit wasserfreiem Natriumsulfat versetzt und nach einiger Zeit abfiltriert. Nach dem Verdunsten des Äthers in einer Schale bleiben Krystalle des Dinitrobenzols zurück, das durch Reduktion mit Zinn und Salzsäure in wäßriger Lösung in Diamidobenzol umgewandelt wird und durch Überführung in Bismarckbraun vermittels Nitrit erkannt werden kann.

3. Naphthalin, $C_{10}H_8$.

Naphthalin bildet farblose, glänzende Krystalle von typischem Geruch. Schmelzpunkt 79,2°.

Nachweis. Mit Wasserdämpfen ist Naphthalin flüchtig und scheidet sich auf dem wäßrigen Destillat in Krystallen ab. Durch Ausäthern können diese vom Wasser getrennt und durch den Schmelzpunkt charakterisiert werden.

Zweiter Teil.

Organische Gifte,

soweit sie nicht mit Wasserdämpfen flüchtig sind.

I. Allgemeiner Teil.

1. Allgemeiner Untersuchungsgang.

Allgemein verfährt man bei der Untersuchung von Leichenteilen, oder wenn es sich um wäßrige Lösungen handelt, die auf Gifte dieser Art geprüft werden sollen, so, daß man die Leichenteile fein zerkleinert, während man wäßrige Lösungen, z. B. Kaffee oder Tee, zuvor auf dem Wasserbade bis zu einem dünnen Sirup verdickt, dann mit Weinsäure schwach ansäuert und mit einer hinreichenden Menge Alkohol, etwa der dreifachen Gewichtsmenge, unter Erwärmen bei 60° in einem Kolben mit Steigrohr auszieht. Man läßt den Kolben unter häufigem Schütteln etwa 15—20 Minuten auf dem Wasserbade stehen, nimmt ihn dann vom Wasserbade weg, schüttelt den Inhalt während einer Stunde noch häufig durch und filtriert nach dem Erkalten auf einer Nutsche die Flüssigkeit ab. Falls sie nicht mehr sauer reagieren sollte, so ist erneut etwas Weinsäure zuzusetzen. Der Rückstand wird noch zweimal in der gleichen Weise mit Alkohol extrahiert. Die vereinigten Auszüge werden alsdann auf dem Wasserbade bei geringer Temperatur oder im Vakuum eingeengt, wodurch die Einengung wesentlich beschleunigt und die Umsetzung leicht zersetzlicher Körper, wie z. B. Physostigmin und Glucoside, hintangehalten wird. Ratsam ist es, Gehirnmasse stets getrennt zu verarbeiten.

In dem alkoholischen Auszug gehen einige giftige Eiweißstoffe, die jedoch meist eine untergeordnete Bedeutung besitzen, wie Ricin, Abrin, Krotin und andere in Lösung; sie sind gegebenenfalls durch wäßrige Extraktion zu gewinnen und können nur physiologisch nachgewiesen werden. Auch befinden sich die meisten Metallgifte im Rückstand. In Lösung gehen außer den Pflanzengiften und Arzneimitteln verschiedene Quecksilbersalze und auch organisch gebundene Metallverbindungen.

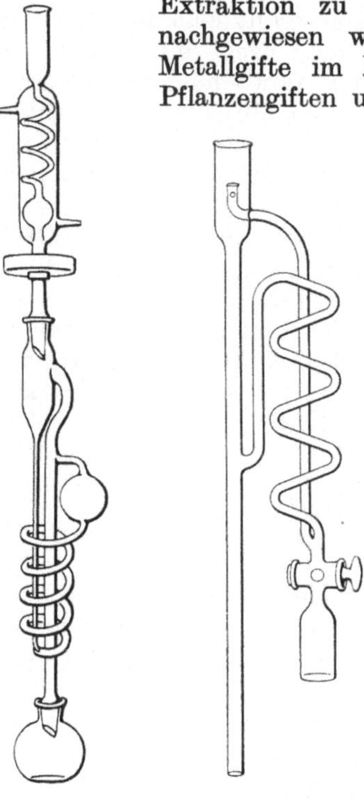

Abb. 11. Perforationsapparat. (Nach PARTHEIL und ROSE.)

Abb. 12. Universalapparat für schwere und leichte Extraktionsmittel. (Nach GADAMER.)

Der Verdampfungsrückstand des alkoholischen Auszuges stellt meist eine bräunliche, sirupartige Masse dar, die in der Regel nur gering ist, aber auch, je nach der Menge der verwendeten Leichenteile, mehr betragen kann. Diesen Rückstand verrührt man langsam mit Hilfe eines Pistills und gebogenen Spatels mit wenig Wasser und setzt nach und nach mehr Wasser zu, bis zu etwa 100—150 ccm.

Man überzeugt sich, ob die wäßrige Lösung noch sauer reagiert, was der Fall sein muß. Alsdann läßt man sie einige Zeit stehen, wobei sich Eiweißstoffe und Peptone abscheiden, die die fettigen Bestandteile meist an sich reißen. Man filtriert durch ein angefeuchtetes Filter, gießt zuletzt die Trübungsstoffe mit auf das Filter und wäscht den Rückstand auf dem Filter mit Wasser aus. Wenn man die wäßrige Lösung wenige Stunden stehen läßt, so klärt sie sich; die Trübungsstoffe setzen sich fest zu Boden und die Filtration geht wesentlich schneller vonstatten.

Die auf dem Filterchen verbleibenden Rückstände und auch das Fett können Bitterstoffe, Ricinusöl, Krotonöl, Harze und in Fett lösliche Körper enthalten.

Man kann diesen Rückstand mit wenig heißem Wasser und mit Alkohol auskochen. Etwa vorhandene Gifte oder Arzneimittel würden alsdann nach dem Eindampfen der wäßrigen oder alkoholischen Lösung sich ausscheiden.

Mit dem fettigen Rückstand kann man auch eine Hautreaktion vornehmen. Man streicht etwas von dem Fett auf ein kleines Läppchen und befestigt es auf dem Oberarm. Sind nach einigen Stunden keine Hautreize vorhanden, so sind Vesicantia nicht zugegen.

Die wäßrige klare Lösung des alkoholischen Auszuges wird nun auf dem Wasserbade unter Benutzung einer Absaugvorrichtung für die Dämpfe bei gelinder Wärme eingeengt, bis eine sirupöse Flüssigkeit zurückbleibt. Diesen Sirup verreibt man mit etwas absolutem Alkohol, von dem man langsam unter fortwährendem Durchkneten der sich ausscheidenden Eiweißstoffe soviel zugibt, etwa 100—150 ccm, bis keine weitere Trübung mehr entsteht. Nach dem Absetzen der Ausscheidungsprodukte filtriert man die alkoholische Lösung ab und wäscht den Rückstand auf dem Filter mit wenig Alkohol aus. Den alkoholischen Auszug engt man, wie oben beschrieben ist, auf dem Wasserbade ein, nimmt den sirupösen Rückstand mit Wasser auf und filtriert die wäßrige Lösung vom Ungelösten ab. Zur weiteren Reinigung können die in Abb. 11 und 12 abgebildeten Extraktionsapparate nach PARTHEIL und nach GADAMER dienen.

2. Methoden der Reinigung von Alkaloiden und alkaloidähnlichen Giften.

Um eindeutige Reaktionen oder physikalische Konstanten (Schmelzpunkte usw.) zu erhalten, ist es in vielen Fällen geboten, eine weitere Reinigung, als sie eben beschrieben ist, vorzunehmen.

Allgemein sind die auf verschiedene Weise gewonnenen Rückstände durch Lösen in Wasser und erneute Ausschüttlung in schwach saurer oder alkalischer Lösung weiter zu reinigen. Reinigung über die Doppelsalze s. S. 1340.

Ein wichtiges Hilfsmittel zur Reinigung der isolierten Gifte, die man nach erneutem Lösen in Wasser und erneuter Ausschüttlung mit Äther nicht mehr weiter reinigen kann, ist die

Mikrosublimation.

Die Mikrosublimation liefert nicht allein in den meisten Fällen ein einheitliches, reines Sublimat, sondern man kann auch auf Grund der Temperatur, bei der sie erfolgt, Schlüsse auf die Art des fraglichen Stoffes ziehen.

Der beste, allerdings auch teuerste Apparat hierzu ist der von W. C. HERAEUS angefertigte Mikrosublimationsapparat bei gewöhnlichem Luftdruck, der nach den Versuchen von KEMPF außerordentlich befriedigende Resultate zeitigt.

α) **Verfahren nach KEMPF**[1]. Um diese Mikrosublimation durchzuführen, bedient man sich der Apparatur von W. C. HERAEUS-Hanau (Abb. 13).

Abb. 13. Mikrosublimationsapparat. (Nach KEMPF.)

Eine Platte wird elektrisch geheizt. Die Regulierung der Heizung, die auf 1° genau ist, geschieht durch eine mit Skala versehene Schraubentrommel, mit der Temperaturen bis zu 300° erreicht werden können. Die Platte besitzt eine Bohrung, in die das Thermometer eingeführt werden kann. Die Substanz wird auf eine etwa 1 mm dicke Unterlage aus Glas, Glimmer oder eine vernickelte Messingplatte in möglichst dünner Schicht aufgetragen. Man kann auch wäßrige Lösungen auf der Unterlage zuvor verdunsten lassen. Um die Unterlage legt man eine etwa 3 mm dicke, ausgeschnittene Asbestplatte, die die Kammer umschließt, und auf die Asbestplatte einen Objektträger. Um der Sublimationskammer einen besseren Halt zu geben, bedeckt man

[1] KEMPF: Zeitschr. analyt. Chem. 1923, **62**, 284.

den Objektträger mit einer etwa 5 mm dicken ausgestanzten Asbestplatte so, daß der Objektträger frei bleibt. Unter Umständen kann man ihn noch durch eine Kühlvorrichtung abkühlen.

Nach Beschickung der Kammer wird die Temperatur allmählich, etwa von Stunde zu Stunde, um 10° erhöht. Sobald man einen hauchartigen Anflug eines Sublimates auf dem Objektträger beobachtet, wird die Temperatur nicht mehr gesteigert. Nach wenigen Stunden ist die Sublimation beendet.

β) **Verfahren nach EDER**[1]. Bei diesem Verfahren nimmt man die Mikrosublimation im Vakuum vor.

Wie aus der Abb. 14 zu ersehen ist, besteht die Sublimationsvorrichtung aus einem dickwandigen Rohr von etwa 2,5 cm Durchmesser und 5 cm Länge, das mit einem Gummistopfen, durch welchen ein Glasrohr mit Glashahn führt, verschlossen ist. Das dickwandige Rohr selbst ist unten etwa auf $^3/_4$ cm verjüngt und besitzt Näpfchenform. In die Vertiefung bringt man die zu sublimierende Substanz entweder in pulverisiertem Zustand oder in Lösung und entfernt das Lösungsmittel vorher durch Erwärmen. Alsdann legt man ein rundes Deckgläschen auf die verengte Stelle und evakuiert auf etwa 10 mm Innendruck. Nun senkt man das Gläschen in konz. Schwefelsäure, die sich in einem Becherglase befindet, soweit ein, daß nur die untere Spitze des Näpfchens in die Schwefelsäure taucht, hängt ein abgekürztes Thermometer in die Schwefelsäure, so daß die Quecksilberkugel unmittelbar neben dem Näpfchen sich befindet, und wärmt das auf einer Asbestplatte stehende Bechergläschen mittels eines Bunsenbrenners langsam an. Durch einen Rührer aus Glas sorgt man dafür, daß die Temperatur der Schwefelsäure gleichmäßig verteilt wird. Sobald man sieht, daß sich das Deckgläschen trübt, ein Zeichen, daß die Sublimation einsetzt, steigert man die Temperatur nicht mehr und wartet, bis die Sublimation beendet ist. Die Steigerung der Temperatur bis auf etwa 160° darf nicht schneller als innerhalb 12 Minuten, bis auf 200°, von 25° an gerechnet, als innerhalb 25 Minuten erreicht werden.

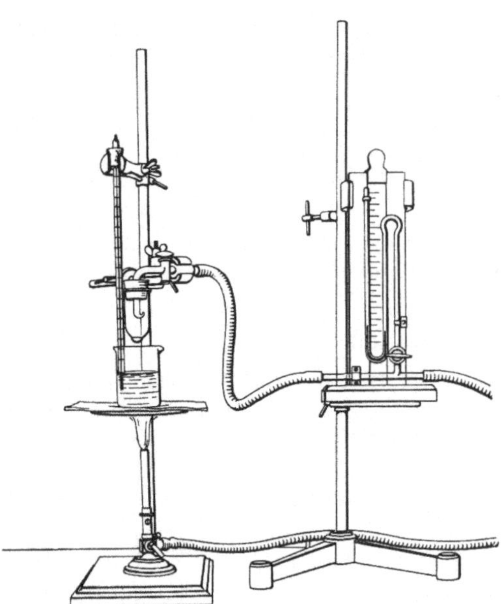

Abb. 14. Mikrosublimationsapparat. (Nach EDER.)

Nach Beendigung der Sublimation wird der Glashahn geschlossen, die Wasserstrahlpumpe abgestellt, das Gläschen aus der Schwefelsäure herausgenommen, nach dem Erkalten die Schwefelsäure außen entfernt und nun der Glashahn vorsichtig geöffnet.

Zu bemerken ist noch, daß die Substanz vor der Sublimation im Vakuum über Schwefelsäure gut getrocknet werden muß. Die Substanz muß eng an den Wandungen des Näpfchens anliegen und darf durchschnittlich nicht mehr als 1 mg betragen. Um zu verhüten, daß bei Nachlassen des Druckes der Wasserstrahlpumpe Wasser in die Apparatur steigt, schaltet man eine umgekehrte Saugflasche oder ein Rückschlagventil ein.

Die nach der einen oder anderen Art erhaltenen Sublimate, die amorph oder krystallin sein können, werden der weiteren Untersuchung unterzogen. Zum Vergleich stellt man sich Sublimate der in Betracht kommenden reinen Substanzen her.

Sublimationstemperaturen nach EDER. Die Temperaturen bezeichnen die bei einem Druck von 7—12 mm sich bildenden Sublimate. Unter Umständen kann man eine Trennung zweier Körper, deren Sublimationstemperatur weiter auseinander liegen, erreichen.

---

[1] EDER: Vierteljahrsschr. naturforsch. Ges. Zürich 1912, **55**, 291.

Sublimationstemperaturen nach EDER.

Cocain	75— 90°	Pilocarpin-HCl	121—133°	Delphinin	155—166°
Homatropin	81— 92°	Theobromin	125—138°	Apomorphin-HCl	157—175°
Coffein	81— 94°	Hydrastin	128—144°	Brucin	158—175°
Atropin	93—110°	Piperin	130—147°	Yohimbin	165—175°
Hyoscyamin	94—107°	Chinidin	136—146°	Strychnin	165—175°
Physostigmin	97—112°	Papaverin	132—149°	Solanin	168—184°
Cantharidin	98—110°	Chinin	133—148°	Emetin	170—180°
Codein	100—130°	Cinchonin	134—155°	Narcein	171—186°
Pilocarpin	110—120°	Cinchonidin	137—148°	Aconitin	176—190°
Thebain	111—127°	Narkotin	146—156°	Veratrin	180—200°
Arecolin-HBr	115—133°	Scopolamin-HBr	146—160°	Spartein-H_2SO_4	kein
Coniin-HBr	120—139°	Morphin	150—190°	Nicotin-HCl	Sublimat

EDER gliedert die Sublimate der von ihm untersuchten Alkaloide in 5 Gruppen, die in 3 Hauptgruppen zusammengefaßt werden können:

Hauptgruppe A: Stoffe, die ohne zu schmelzen sublimieren.

1. Stoffe, die anscheinend direkt krystalline Sublimate geben: Coffein, Theobromin, Cinchonin, Solanin, Cantharidin.

2. Stoffe, deren erstes Sublimat aus Tröpfchen besteht, die unter dem Mikroskop wenigstens als solche erscheinen. Im weiteren Verlauf der Sublimation bilden sich alsdann in dem Anhauch der sublimierten Substanz Krystalle; zu diesen zählen: Strychnin, Morphin, Apomorphinhydrochlorid, Codein, Thebain, Narkotin, Pilocarpinhydrochlorid, Johimbin, Cinchonidin, Chinidin, Chinin, Coniinhydrobromid, Arecolinhydrobromid, Hyoscyamin.

3. Stoffe, die bei der Sublimation zuerst amorphe Tröpfchen abscheiden, die jedoch keine oder nicht regelmäßige Krystalle bilden: Cocain, Brucin, Papaverin, Piperin, Atropin, Homatropin, Physostigmin, Hydrastin; ferner solche Stoffe, die stets tröpfchenförmig bleiben: Aconitin, Delphinin, Scopolamin als Bromid.

Hauptgruppe B: Stoffe, die erst über dem Schmelzpunkt Sublimate geben und aus Tröpfchen ohne Krystallbildung bestehen: Narcein, Pilocarpin, Veratrin, Emetin, Colchicin.

Hauptgruppe C: Stoffe, die kein Sublimat geben; vielleicht tritt hier Zersetzung ein: Nicotin als Chlorid, Spartein als Sulfat.

Wenn auch diese Einteilung eine allgemeine Gültigkeit hat, so können doch Übergänge vorkommen.

Nach dem KEMPFschen Verfahren kommt man vielfach mit viel niedrigeren Temperaturen aus als nach EDER, was sicher als Vorzug zu bewerten ist. Die durch die Mikrosublimation oder durch Krystallisation aus der Ätherausschüttelung erhaltenen Krystalle können weiterhin noch durch physikalische Untersuchungen identifiziert werden.

3. Allgemeine Verfahren des Nachweises.

a) Bestimmung des Brechungsindex nach P. KLEY[1]. Er hat diese Methode zur Identifizierung der Alkaloide ausgearbeitet. Farblose Krystalle sind um so deutlicher zu erkennen, je größer der Unterschied der Brechungsexponenten des Krystalls und des ihn umgebenden Mediums ist. Zur Bestimmung der Brechungsindices isotroper Krystalle hat man also nur nach einer Einbettungsflüssigkeit von bekanntem Brechungsexponent zu suchen, bei deren Anwendung die Kanten des Krystalls, unter dem Mikroskop betrachtet, unsichtbar werden, und kann dann Rückschlüsse auf das zu ermittelnde Brechungsvermögen des betreffenden Krystalls ziehen.

Bei anisotropen Krystallen, und zu diesen gehören sämtliche bekannten Alkaloide, ist dieses Verfahren nur anwendbar, wenn man paralleles und polarisiertes Licht verwendet und die Brechungsexponenten auf bestimmte Richtungen im Krystall bezieht. Man erhält so 2 oder 3 Zahlen, die für die betreffende Substanz charakteristisch sind.

[1] P. KLEY: Zeitschr. analyt. Chem. 1904, **43**, 160.

Zur Ausführung dieser Methode benötigt man lediglich ein Polarisationsmikroskop und eine Reihe von Einbettungsflüssigkeiten mit bekannten Brechungsindices, die man zur Sicherheit öfters im ABBÉschen Refraktometer kontrolliert. Wenn man die Versuchsbedingungen von KLEY genau einhält, bekommt man noch zuverlässige Ergebnisse bei 500—1000facher Vergrößerung an Krystallen von 3 μ.

Da die freien Alkaloide vielfach schwerer krystallisieren als ihre Salze, wurden die letzteren öfters zur Durchführung dieser optischen Identifizierung herangezogen.

b) Bestimmung des Spezifischen Drehungsvermögens. Man bedient sich der Mikropolarisation in Röhren, die nur einen Durchmesser von 1 mm besitzen. Da viele Alkaloide optisch aktiv sind und bei einzelnen das optische Drehungsvermögen ziemlich groß ist, kann durch das Spezifische Drehungsvermögen die Art des Giftes bzw. des Alkaloides erkannt und auch die Menge bestimmt werden. Wichtig ist, daß die freien Basen häufig eine andere Drehungsrichtung besitzen als ihre Salze.

c) Mikroreaktionen. Es sei hier auf das Werk von H. BEHRENS[1] und L. EKKERT[2] verwiesen. Man läßt die Reaktion unter dem Deckgläschen vor sich gehen, auf dem sich die Substanz befindet. Die Beobachtung erfolgt unter dem Mikroskop.

d) Absorptionsphotometrie. Näheres hierüber s. Bd. II, S. 353.

e) Weitere allgemeine Erkennungsreaktionen. Der durch Ausschüttelung mit Äther oder durch Sublimation gewonnene Rückstand wird einer weiteren Prüfung unterzogen.

α) Aussehen des Rückstandes. Ob ölig, krystallin oder in Lösung sich Fluorescenz zeigt.

β) Geruch und Prüfung auf der Zungenspitze. Mäusegeruch kann von Coniin herrühren. Unempfindlichkeit wird durch Cocain und seine synthetischen Ersatzmittel hervorgerufen. Bitteren Geschmack zeigen viele Alkaloide, stark bitter ist Strychnin.

γ) Schmelzpunkt. Er wird in bekannter Weise bestimmt. Schließt man aus dem Schmelzpunkt auf ein bestimmtes Gift oder stark wirkendes Arzneimittel, so muß eine Mischung des fraglichen Körpers mit dem reinen vermuteten Körper den gleichen Schmelzpunkt aufweisen.

δ) Siedepunkt. Er wird, wie auf S. 1293 ausgeführt, bestimmt.

ε) Nachweis von Stickstoff in organischer Bindung. Über diesen Nachweis s. unter Veronal S. 1369.

Weiterhin haben die Untersuchungen, wie schon erörtert, sich auf die Sublimate nach KEMPF oder EDER zu erstrecken. Auch kann hier ein physiologischer Versuch an einem Frosch oder einer Maus weiteren Aufschluß geben, s. S. 1327.

Nachdem man so gewisse Anhaltspunkte erhalten hat, werden die für verschiedene Gifte und Arzneimittel charakteristischen Spezialreaktionen ausgeführt, s. unter IV., und zwar zuerst die Reaktionen, die der vermuteten Substanz zukommen.

4. Allgemeine Alkaloidreaktionen.

Zur Prüfung, ob der Verdampfungsrückstand Alkaloide überhaupt enthält, löst man etwas von dem Rückstand in einigen Tropfen 0,1 N.-Salzsäure und Wasser, gibt hiervon einige Tropfen auf verschiedene Uhrgläser und fügt dann

---

[1] H. BEHRENS: Mikrochemische Analyse organischer Verbindungen und mikroskopische Technik. Verlag. Leop. Voß.

[2] L. EKKERT: Erkennung organischer Verbindungen im besonderen von Arzneimitteln. Stuttgart: Verlag Ferdinand Enke.

folgende sog. allgemeine Alkaloidreagenzien, wie Wismutjodidjodkalium, Quecksilberjodidjodkalium, Cadmiumjodidjodkalium, Phosphormolybdänsäure, Platinchloridchlorwasserstoffsäure, Goldchloridchlorwasserstoffsäure, Tanninlösung u. a. hinzu.

Diese Reagenzien erzeugen mit Alkaloiden Niederschläge, deren Farbe bei einzelnen Alkaloiden einige Schlüsse zuläßt. Entstehen keine Niederschläge mit diesen Reagenzien, so sind Alkaloide nicht zugegen, ein positiver Ausfall der Reaktionen ist aber noch kein Beweis für das Vorhandensein von Alkaloiden, da Niederschläge auch durch andere Stoffe sich bilden können, Verunreinigungen usw., was häufig der Fall ist. Ratsam ist es auch, den etwa vorhandenen Stickstoff nachzuweisen. Man schmilzt einige Kryställchen mit metallischem Natrium im Reagensglas zusammen und führt die Berlinerblaureaktion aus, s. S. 1288, 1369.

Nun schreitet man zu den speziellen Nachweisen der in der sauren wäßrigen Lösung durch Äther ausschüttelbaren stark wirkenden Arznei- und Giftstoffe, die später (S. 1330), nachdem alle Ausschüttelungsverfahren, in saurer und alkalischer Lösung, besprochen sind, angeführt werden.

In dieser Gruppe finden sich hauptsächlich: Mekonin, Colchicin, Pikrotoxin, Santonin, Cantharidin, Pikrinsäure, Nitrokresole, und ferner die Arzneimittel: Acetanilid, Phenacetin, Resorcin, Pyrogallol, Salicylsäure, Veronal und andere, Bromural, Piperin, Capsaicin, Anthrachinon, Phenolphthalein. Antipyrin, Coffein sowie Pyrogallol findet man nur in Spuren in der sauren Ausschüttelung.

Wie schon oben (S. 1322) erwähnt, gehen auch Metallsalze in organischer oder anorganischer Bindung in Lösung, dieses trifft namentlich für Quecksilbersalze und Quecksilbercyanid zu. Der Nachweis ist unter den betreffenden Metallen zu ersehen.

5. Vorprüfung der sauren wäßrigen Lösung.

Um Fingerzeige zu erhalten, wie man die nach S. 1321 erhaltene wäßrige Lösung weiter behandeln soll, können nachstehende Versuche dienen.

Wenn die Lösung bzw. ein Teil davon besonders nach Zusatz von verd. Schwefelsäure fluoresciert, was unter der Ultralampe leicht feststellbar ist, so können Hydrastin-, Gelsemin- oder Solaneengifte vorhanden sein; nach Zusatz von Alkalien auftretende Fluorescenz läßt β-Naphthol vermuten. Ist die wäßrige Lösung gelb gefärbt, so können Derivate des Anthrachinons, des Berberins oder Gummigutti zugegen sein.

Starkes Schäumen der Lösung läßt auf Anwesenheit von Saponinen schließen.

Ein Zusatz von einem Tropfen Eisenchloridlösung ruft in der nur schwach sauren Lösung eine Veränderung der Färbung bei Anwesenheit von Phenolen oder ihren Derivaten hervor.

Ferner ist es ratsam, eine geringe Menge des wäßrigen Auszuges auf Arsen und Quecksilber zu prüfen, deren Anwesenheit den Nachweis der Alkaloide erschweren kann. Zu diesem Zweck wird eine geringe Menge des Auszuges mit reinem Natriumcarbonat gemischt und eingetrocknet. Den Rückstand bringt man in ein Glühröhrchen und erwärmt. Tritt ein Geruch nach Knoblauch auf, so ist auf die Anwesenheit von Arsen zu schließen. Es kann sich das Arsen entweder als schwarzer Belag im Glühröhrchen zeigen oder als weißes, krystallines Sublimat (Arsenige Säure). Kleine glänzende Tröpfchen, die man unter dem Mikroskop besser sichtbar machen kann, würden von Quecksilber herrühren.

Physiologische Prüfung. Spritzt man eine kleine Menge der fast neutralen oder neutralisierten Lösung einer Maus unter die Haut, so zeigt das

Tier bei Anwesenheit von Giften Krankheitserscheinungen, die oft auch über die Art des Giftes, Strychnin, Morphin usw., Aufschluß geben können. Treten keine Erscheinungen auf, so ist anzunehmen, daß in der Lösung keine Gifte vorhanden sind.

Werden einige Tropfen des neutralisierten Auszuges einer Katze in das Auge geträufelt, so kann eine Verengerung oder Erweiterung der Pupille eintreten. Eine pupillenverengernde Wirkung, Myosis, oder erweiternde Wirkung, Mydriasis, besitzen Physostigmin, Arecolin bzw. Atropin, Hyoscyamin, Scopolamin, Cocain und zum Teil seine künstlichen Ersatzmittel.

Bringt man eine Spur des Auszuges, der evtl. vorher zu konzentrieren ist, auf die Zungenspitze, so kann Gefühllosigkeit hervorgerufen werden, wenn Cocain oder seine synthetischen Ersatzmittel vorlagen.

Hämolytisch wirkende Gifte werden in der Weise nachgewiesen, daß man ungefähr 1 ccm einer 1% igen Aufschwemmung gewaschener Hammelblutkörperchen in physiologischer Natriumchloridlösung zu etwa 0,5 ccm des wäßrigen Auszuges gibt. Der Auszug ist vorher zu neutralisieren und, um zu vermeiden, daß eine Hämolyse der Blutkörperchen durch die wäßrige Lösung des Auszuges selbst hervorgerufen wird, soviel Natriumchlorid zuzusetzen, wie einer physiologischen (8‰igen) Natriumchloridlösung entsprechen würde.

Tritt Hämolyse ein, entsteht also eine Rotfärbung der Flüssigkeit, so können Saponine, Digitalisglucoside, Solanin oder Convallamarin vorliegen. Aus Leichenteilen mit ausgezogenes Cholesterin, das diese Stoffe bindet, kann die Hämolyse verzögern oder auch ganz aufheben.

6. Verarbeitung und Untersuchung des alkoholischen Auszuges.

a) Ätherausschüttelung in saurer wäßriger Lösung.

Die gereinigte wäßrige Lösung des sauren alkoholischen Auszuges (S. 1321) wird nunmehr nach STAS-OTTO[1] mit etwa 100 ccm Äther im Scheidetrichter mehrmals ausgeschüttelt. An Stelle der Ausschüttelung kann man sich auch der Perforation mit Äther bedienen. Als Perforatoren sind die von PARTHEIL, KATZ u. a. im Gebrauch. Meist wendet man die Perforation dann an, wenn es sich um einen in Äther schwer löslichen Körper handelt.

Die gesammelten ätherischen Auszüge schüttelt man zweimal mit etwa 10—15 ccm Wasser aus, zieht die wäßrige Schicht ab, läßt den Äther sich klären, was meist in etwa 2 Stunden erreicht ist, und filtriert durch ein trockenes Filter. Alsdann destilliert man den Äther bei gelinder Wärme auf etwa 25 ccm ab und verdampft letzteren in der Weise, daß man ein kleines Uhrschälchen auf ein warmes Wasserbad stellt und aus einem Scheidetrichter Tropfen für Tropfen je nach der Verdunstungsschnelligkeit zutropfen läßt. Auch wenn die Leichenteile oder Speisereste keine Gifte enthalten, so verbleibt immer noch ein geringer Rückstand, der aus Spuren Weinsäure, Fleischmilchsäure, färbenden Substanzen, Fett und harzartigen Bestandteilen bestehen kann.

Man unterwirft den Rückstand einer genauen Sinnenprüfung. Wenn mit unbewaffnetem Auge keine Krystalle zu erkennen sind, so durchsucht man den Rückstand vermittels des Mikroskopes. Handelt es sich um Arzneimittel, so findet man wohl meist noch solche Mengen vor, daß sie krystalline Konglomerate bilden, die nach weiterer Reinigung nicht zu unschwer zu identifizieren sind. Ist jedoch die Menge gering, so ist die Reinigung des Rückstandes erschwert. Ölige Rückstände krystallisieren erst nach einiger Zeit oder auch dann, wenn man sie mit einem scharfen Glasstab reibt und alsdann noch einige Zeit

[1] STAS: Ann. Chem. u. Pharm. 1852, 84, 379.

im Eisschrank stehen läßt. Ausgeschiedene Krystalle können auf ein Tonscheibchen gestrichen werden, wo man sie mit einem Tropfen eines Lösungsmittels, in dem die Krystalle selbst unlöslich bzw. schwer löslich sind, befeuchtet. Die Verunreinigungen werden hierdurch in die Tonscheibe eingesogen.

Eine Spur des Rückstandes kann man auch auf die Zungenspitze bringen und etwaig auftretende Erscheinungen beobachten. Ein bitterer Geschmack kann von Colchicin, Pikrotoxin oder Pikrinsäure herrühren, auch Veronal und viele andere Arzneimittel schmecken bitter (Nachweis s. S. 1330 u. 1366).

b) Ätherausschüttelung in alkalischer wäßriger Lösung.

Die mit Äther ausgeschüttelte saure wäßrige Lösung wird mit verd. Natronlauge stark alkalisch gemacht und nun erneut mit Äther ausgeschüttelt. Die Ausschüttelung wird zwei- bis dreimal wiederholt und die vereinigten Auszüge, wie schon bei der sauren Ausschüttelung beschrieben, weiter behandelt. Die in einem Uhrglas zurückbleibenden Stoffe werden nun der Sinnenprüfung, wie auf S. 1326 ausgeführt, unterworfen.

Es können die Abdampfungsrückstände ölige Tropfen bilden und einen typischen Geruch besitzen, der von Anilin, Nicotin oder Coniin herrührt. Auch können die öligen Tropfen später erstarren; dann zeigen sie unter dem Mikroskop häufig krystalline Struktur. Auch gut ausgebildete Krystalle können auf dem Uhrglas zurückbleiben. Auf jeden Fall muß man eine Geschmacksprobe auf der Zungenspitze vornehmen.

Ist der Geschmack stark bitter, so kann Strychnin oder Brucin vorliegen. Chinin besitzt einen typisch bitteren Geschmack. Wird die Zungenspitze unempfindlich, so kann Cocain oder eines der synthetischen Cocainersatzmittel vorliegen. Auch muß auf die Färbung des Rückstandes geachtet werden.

Die auf S. 1327 gemachten Angaben bezüglich der Vorprobenuntersuchung und des physiologischen Tierversuches finden auch hier Anwendung. Die ätherische Lösung der alkalischen Ausschüttelung enthält außer vielen Arzneimitteln, wie z. B. Phenylhydrazin, Paraphenylendiamin, Antipyrin und seinen Ersatzmitteln, Pyramidon, Thallin, Chinolin, Piperazin, Lysidin, fast alle Alkaloide, wie: Coniin, Nicotin, Veratrin, Strychnin, Brucin, Atropin, Scopolamin, Cocain und seine Ersatzmittel wie Eucain, Novocain, Anästhesin, Novain, Holocain, ferner Physostigmin, Codein, Narkotin, Papaverin, Hydrastin, Pilocarpin, Gelsemin, Homatropin, Ephedrin, Aconitin, Emetin, Arecolin, Yohimbin, Chinaalkaloide u. a. m.

Auf die Anwesenheit von Alkaloiden prüft man, wie auf S. 1326 beschrieben, vermittels mehrerer der angegebenen Alkaloidreagenzien.

Sind die Ätherverdampfungsrückstände unrein, so reinigt man sie, indem man sie in schwach salzsaurem Wasser löst, einigemal mit wenig Äther ausschüttelt, die salzsauren Salze dann wieder mit Natronlauge zersetzt und die frei gewordenen Alkaloide erneut mit Äther ausschüttelt. Gelingt diese Reinigung nicht, so kann man sich vorteilhaft auch der Mikrosublimation bedienen. Nur reine Stoffe geben einwandfreie Reaktionen.

Da nun namentlich in die Ätherausschüttelung der alkalisch wäßrigen Lösung leicht Ptomaine mit in Lösung gehen können, die viele Eigenschaften der Alkaloide besitzen und Reaktionen aufweisen, die vielfach denen der Alkaloide ähnlich sind und vor allem auch die allgemeinen Reaktionen mit Alkaloidreagenzien geben, so ist Vorsicht geboten. Reich an Ptomainen sind stark faulende Gehirnmassen. Es ist deshalb ratsam, wie schon erwähnt, bei der Verarbeitung der Leichenteile für die Untersuchung auf Alkaloide und Arzneimittel das Gehirn vorerst von der Untersuchung auszuschließen. Bei der oben angegebenen Reinigung der Alkaloide durch Überführen in die salzsauren Salze und Ausschütteln mit Äther gehen die Ptomaine in den Äther über, während die salzsauren Salze der Alkaloide im Wasser zurückbleiben; hierdurch können die Ptomaine beseitigt werden.

Über die speziellen Reaktionen der in alkalischer Lösung durch Äther ausschüttelbaren Gifte und stark wirkender Arzneistoffe s. unten S. 1339.

c) Weitere Verarbeitung und Untersuchung der in der alkalischen wäßrigen Lösung noch vorhandenen Gifte.

In natronalkalischer wäßriger Lösung verbleiben noch die Alkaloide des Opiums, Apomorphin, Morphin und Narcein; Spuren Antipyrin, Coffein und Colchicin können sich auch hier noch vorfinden. Um diese Gifte nun zu isolieren, wird folgendermaßen verfahren: Ist die alkalische Lösung rot oder violettrot gefärbt, was die Anwesenheit von Apomorphin anzeigen würde, so wird zunächst mit verd. Salzsäure angesäuert, dann mit Ammoniak alkalisch gemacht und mit Äther mehrmals ausgeschüttelt. In dem Äther befindet sich jetzt etwa vorhandenes Apomorphin, das als solches (s. unter Apomorphin, S. 1356) nachgewiesen werden kann. Spuren Morphin gehen auch in den Äther über.

Wenn Apomorphin nicht zugegen ist, so wird die wäßrige, salzsauer gemachte Lösung mit Natriumbicarbonat bis zur alkalischen Reaktion versetzt und sofort mit heißem Chloroform etwa vorhandenes Morphin und Narcein ausgeschüttelt. Bei Gegenwart von Apomorphin kann man Morphin und Narcein auch nach der Ausschüttelung des Apomorphins mit Äther isolieren, indem man die ammoniakalische Lösung mit heißem Chloroform auszieht.

Sind die Verdampfungsrückstände des Chloroforms und Äthers nicht rein, so kann eine weitere Reinigung durch Lösen in salzsäurehaltigem Wasser und Ausschütteln mit frisch destilliertem Amylalkohol vorgenommen werden, der die Verunreinigung aufnimmt.

Eine weitere Reinigung kann, wenn nötig, durch Mikrosublimation bewirkt werden.

Quaternäre Basen lassen sich nur aus dem mit Seesand eingetrockneten alkoholischen Auszug mit Alkohol extrahieren.

Über die Reaktionen der isolierten Alkaloide s. S. 1364.

II. Nachweis der einzelnen Gifte.

A. Aus saurer Lösung ausschüttelbare Gifte.

a) Bitterstoffe, Purgativa, Drastica.

1. Santonin. Dieser in dem Wurmsamen, Artemisia maritima, vorkommende Bitterstoff ist ein Lacton von der Formel $C_{15}H_{18}O_3$ und nebenstehender Konstitutionsformel:

```
     CH3   H2
      |
      C     C     O
   /    \\ /  \  /  \
H2C      C     CH    CO
 |       |     |     |
O=C      C     CH ── CH
   \   // \   /      |
      C     C        CH3
      |     H2
     CH3
```

Durch ätzende Alkalien bildet sich das Salz der Santoninsäure. Bei Vergiftungen tritt Gelb- bzw. Violettsehen ein. Der Harn ist gelb gefärbt und dreht das polarisierte Licht nach links. In den Harn scheint auch chemisch verändertes Santonin überzugehen, durch Alkalien wird er rot gefärbt. Die Rotfärbung kann von Amylalkohol und Chloroform aufgenommen werden.

Das Santonin bildet weiße glänzende Blättchen, die farblos und geruchlos sind und stark bitter schmecken.

Am Licht nehmen sie eine Gelbfärbung an. Santonin ist in Wasser fast unlöslich, dagegen leicht löslich in heißem Wasser, Alkohol, Äther usw.

Schmelzpunkt = 170°. Spez. Gewicht (21°) 1,247. Es sublimiert unzersetzt.

Nachweis. Wenn auch nach dem STAS-OTTOschen Ausschüttelungsverfahren das Santonin in den Äther übergeht, so verfährt man zur Isolierung bei Leichenteilen und Zubereitungen doch in folgender Weise: Man säuert mit Weinsäure schwach an und zieht am Rückflußkühler mit absolutem Alkohol aus. Der heiß abfiltrierte alkoholische Auszug wird auf dem Wasserbade eingeengt, der Rückstand in heißem Wasser gelöst und mit Tierkohle auf dem Wasserbade unter häufigerem Umschütteln entfärbt. Alsdann filtriert man heiß von der Kohle ab. Meist scheiden sich schon, sofern Santonin vorhanden ist, Krystalle ab. Geringe Mengen kann man aus der wäßrigen Lösung durch Chloroform ausschütteln. Die geklärte Chloroformschicht wird durch ein trockenes Filter gegossen und eingeengt. Die erhaltenen Krystalle werden der Bestimmung des Schmelzpunktes, des Brechungsindex usw. unterzogen. Man kann auch nach DRAGENDORFF die Objekte mit kalkmilchhaltigem Wasser einige Stunden der Digestion auf dem Wasserbade unterwerfen. Das Filtrat wird zur Entfernung von Verunreinigungen zuerst mit Benzol und nach dem Ansäuern mit Salzsäure mit Chloroform ausgeschüttelt und wie oben weiter behandelt. Besser ist es, das Filtrat mit der dreifachen Menge Alkohol zur Ausfällung der Verunreinigungen zu verdünnen und nach Abdestillieren des Alkohols weiter zu verarbeiten.

Reaktionen auf Santonin. 1. Erwärmt man Santonin mit alkoholischer Kalilauge, so tritt eine Rotfärbung auf, die zuerst in Rotgelb, Gelb und dann zuletzt in Farblos übergeht.

2. Man trägt gepulvertes Santonin in eine kalte Mischung aus gleichen Teilen Schwefelsäure und Wasser ein. Wird alsdann dieses Gemisch bis fast zum Sieden erhitzt, so bleibt die Mischung farblos. Auf Zusatz von einigen Tropfen Eisenchlorid tritt eine Violettfärbung ein.

3. Werden einige Tropfen alkoholischer Santoninlösung mit einigen Tropfen einer alkoholischen 2%igen Furfurollösung und 2 ccm konz. Schwefelsäure in einer Porzellanschale erwärmt, so tritt eine purpurrote Färbung ein, die bei weiterem Erhitzen in Carminrot und schließlich in Dunkelblau übergeht.

4. Wird gepulvertes Cyankalium mit gepulvertem Santonin gemischt und erwärmt, so entsteht eine dunkelrote Masse, die in Wasser, auch nach Zusatz von Alkali, eine stark grün fluorescierende Lösung gibt.

Bestimmung. Durch Wägung des gereinigten ätherischen Rückstandes kann die ungefähre Menge des Santonins festgestellt werden.

2. Pikrotoxin. In den Kokkelskörnern, Früchten von der Größe des Pfeffers, befindet sich ein betäubendes Gift, Pikrotoxin, von stark bitterem Geschmack, das zum Betäuben der Fische verwendet wird und ein unerlaubtes Fischfangmittel ist. Auch soll es früher bisweilen als Bitterstoff zum Bier, um einen höheren Hopfengehalt vorzutäuschen, zugesetzt worden sein. Pikrotoxin geht unverändert in den Harn über. Es ist in ammoniakalischem Wasser leicht löslich unter Bildung salzartiger Verbindungen.

Pikrotoxin, $C_{30}H_{34}O_{13}$, bildet lange weiße Nadeln und spaltet sich leicht in siedendem Benzol oder Chloroform in das giftige Pikrotoxinin, $C_{15}H_{16}O_6$, und das ungiftige Pikrotin $C_{15}H_{18}O_7$. In wäßriger Lösung vereinigen sich beide Körper wieder zu Pikrotoxin. Das Pikrotoxin ist leicht löslich in vielen Lösungsmitteln. Mit Brom verbindet es sich zu Brompikrotoxinin. Schmelzpunkte: Pikrotoxin 199—200°, Pikrotin 248—250°, Pikrotoxinin 200—201°, Brompikrotoxinin 259° (α und β).

Nachweis. Pikrotoxin läßt sich aus saurer, wäßriger Lösung mit Äther oder Chloroform ausschütteln. Sollte der Rückstand noch verunreinigt sein, so kann man ihn in Wasser lösen und durch Zusatz von Bleiessig reinigen. In dem Filtrat wird das überschüssige Blei durch Schwefelwasserstoff gefällt und die Lösung eingedampft. In Leichenteilen, die in stärkere Fäulnis übergegangen sind, läßt sich Pikrotoxin nicht mehr nachweisen.

Reaktionen. 1. Pikrotoxin reduziert FEHLINGsche Lösung. Man löst einige Kryställchen in einigen Tropfen verd. Natronlauge und erwärmt langsam mit einigen Tropfen FEHLINGscher Lösung. Es trübt sich die Mischung und scheidet einen gelbroten bis roten Niederschlag aus.

2. Ammoniakalische Silberlösung wird beim Kochen mit etwas Pikrotoxin reduziert.

3. Bringt man eine Spur Pikrotoxin in 1—2 Tropfen einer Mischung von Benzaldehyd und Alkohol (1:1) und fügt einen Tropfen konz. Schwefelsäure hinzu, so tritt eine Rotfärbung ein. Nimmt man die Reaktion in einem Porzellanschälchen vor, so sieht man beim Hin- und Herbewegen von den Pikrotoxinkrystallen sich rote Streifen in die Flüssigkeit ziehen. Auch diese Reaktion ist, ebenso wie die beiden ersten Reaktionen, nicht eindeutig; Veratrin und Morphin geben ähnliche Reaktionen.

4. Mischt man nach LANGLEY Pikrotoxin mit der dreifachen Menge Salpeter und fügt eine Spur konz. Schwefelsäure und alsdann konz. Natronlauge zu, so tritt eine intensive Rotfärbung ein.

Durch einen physiologischen Versuch kann der chemische Befund noch gestützt werden. Wird in ein etwa $^1/_2$ Liter enthaltendes Gefäß ein kleiner Fisch gebracht, so zeigt dieser auf Zusatz von einigen Milligrammen Pikrotoxin, je nach seiner Größe und der zugesetzten Menge Pikrotoxin, nach einiger Zeit ein unruhiges Wesen und nach etwa 10—24 Stunden durch Querlage und darauffolgenden Tod die Einwirkung des Giftes an. Wichtig ist es, den Versuch zu wiederholen und während der Dauer des Versuchs Luft durch das Wasser zu leiten.

Auch hämolytische Eigenschaften zeigt Pikrotoxin. Ausführung des hämolytischen Versuches s. S. 1336.

3. Cicuta virosa. Das Gift des Wasserschierlings ist nicht bekannt. Es soll nach BÖHM ein harzartiger Körper sein, das Cicutoxin. Ferner enthält die Wurzel des Wasserschierlings noch Umbelliferon, ein Oxycumarin, $C_9H_6O_3$, das in Wasser unter blauer Fluorescenz löslich ist. Den Nachweis kann man mit Sicherheit nur erbringen, wenn es gelingt, Fragmente der Pflanze im Magen oder Darm zu finden. Der alkoholische Auszug wird, nachdem der Alkohol verjagt ist, in Wasser aufgenommen und durch Äther der Giftstoff ausgeschüttelt. Das isolierte Gift muß einer physiologischen Untersuchung unterworfen werden.

4. Cantharidin. Es ist die wirksame Substanz der spanischen Fliege, Lytta vesicatoria. Der Gehalt an Cantharidin kann bis zu 2% betragen. Das Cantharidin ruft auf der Haut Blasenbildung hervor. Nach GADAMER kommt ihm die nebenstehende Formel zu; es ist das Anhydrid der Cantharidinsäure, die mit Alkalien in Wasser lösliche Salze gibt. In Wasser ist Cantharidin sehr schwer löslich, Chloroform, Aceton und Essigäther lösen es leichter. Schmelzpunkt = 218°. Es bildet unzersetzte Sublimate.

```
       CH
H2C/ | \C<CH3
   |     CO
   | O |   >O
   |     CO
H2C\ | /C<CH3
       CH
```

a) Nachweis. Wenn spanische Fliegen als solche eingenommen worden sind, so kann man im Magen- und Darminhalt (Erbrochenem) leicht bläulich glitzernde Fragmente der Flügeldecken auffinden, die alsdann mikroskopisch identifiziert werden können. Andernfalls werden die fraglichen Objekte mit Natronlauge bis zur stark alkalischen Reaktion versetzt und längere Zeit erwärmt. Die klare Flüssigkeit wird zur Entfernung störender Substanzen mit Chloroform ausgeschüttelt und die Lösung mit Schwefelsäure angesäuert, mit der vierfachen Menge Alkohol versetzt und durch längeres Kochen am Rückflußkühler die Cantharidinsäure in Cantharidin zurückverwandelt. Das Filtrat wird alsdann mit Natronlauge ganz schwach alkalisch gemacht, der Alkohol auf dem Wasserbade verdampft und der Rückstand nach dem Ansäuern mit Chloroform ausgeschüttelt. Der Verdunstungsrückstand enthält das Cantharidin, das leicht durch Sublimation, wenn nötig, weiter gereinigt werden kann.

Nach DRAGENDORFF läßt sich Cantharidin auch durch schwefelsäurehaltigen Alkohol ausziehen. Besser zieht man es nach MARCHIOLO mit konz. Ameisensäure aus. Man erwärmt die Substanz mit der dreifachen Menge konz. Ameisensäure am Rückflußkühler auf etwa 50—60° und fügt nach $^1/_2$ Stunde das gleiche Volum Wasser, also die vierfache Menge, zu und läßt noch 24 Stunden unter häufigem Schütteln die Mischung stehen. Die Mischung wird abgenutscht und die Flüssigkeit auf dem Wasserbade eingeengt. Zur Zerstörung des Fettes wird der Rückstand mit 20—30 g konz. Schwefelsäure versetzt und solange auf dem Wasserbade erwärmt, bis die Einwirkung, Verkohlung, beendet ist. Nach Zusatz von Wasser wird der Lösung durch Chloroform das Cantharidin entzogen. Weitere Isolierung s. oben.

Da chemische Reaktionen fehlen, kann neben der Schmelzpunktbestimmung ein physiologischer Versuch durchgeführt werden. Etwas von dem Rückstand wird in einem Tropfen Öl gelöst, ein Leinenstückchen damit befeuchtet und dieses auf dem Oberarm befestigt. Es tritt nach einiger Zeit Rötung der Haut und auch wohl Pustelbildung ein.

5. Coloquinten. Der wirksame Stoff der Coloquinten, einer Frucht, deren Mark die größte Mengen davon enthält, ist ein Glucosid, das Colocynthin, welches durch Säuren in wasserunlösliches Colocynthein und Elaterin gespalten wird. Das Colocynthein läßt sich in Leichen, da es im Gegensatz zum Colocynthin ziemlich beständig ist, nachweisen. Das Colocynthein ist in Wasser und Alkohol leicht löslich und läßt sich aus wäßrigen Lösungen, die mit Ammoniumsulfat gesättigt sind, mit alkoholischem Chloroform, 10% Alkohol, ausschütteln.

Reaktionen. FRÖHDES Reagens färbt Colocynthin kirschrot und Colocynthein allmählich schmutzigrot.

MANDELINS Reagens färbt Colocynthin tiefrot und Colocynthein blau, größere Menge rot.

Konz. Schwefelsäure löst beide Körper mit leuchtend gelbroter Farbe auf, die allmählich braun wird.

6. Gummigutt. Das Gummigutt ist ein gelbes Harz, das aus der angeschnittenen Rinde des Gummiguttibaumes herausquillt. Es findet als Malerfarbe Anwendung. Mit Wasser gibt Gummigutt eine gelbe Emulsion, die durch Zusatz von Alkalien unter blutroter Färbung sich löst. Der wirksame, giftige Stoff ist die Cambogiasäure; sie kann durch Äther aus der Emulsion in Wasser ausgeschüttelt werden.

Reaktionen. Eisenchloridlösung färbt die alkalische Lösung von Gummigutt schwarzgrün.

Bleiaacetatlösung gibt mit der durch Alkalizusatz rot gefärbten Lösung einen gelben Niederschlag.

b) Glucoside.

Zur Gruppe der Glucoside zählen Körper mit Säure- oder Phenolcharakter, die esterartig mit Zuckerarten, meist Glucose, Galaktose, oder auch Mannose, Rhamnose usw., unter Austritt von Wasser verbunden sind. Die meisten Glucoside zeigen in wäßriger Lösung neutrale oder schwach saure Reaktion und sind meist krystallisierbar. Schon durch verdünnte Säure tritt unter Aufnahme von Wasser eine Spaltung in ihre Komponenten ein. Vielfach ist die Bindung so fest, daß längeres Erwärmen mit Säuren erst die Spaltung bewirkt, die auch dann noch unvollkommen ist. Die in den Pflanzenzellen vorhandenen Fermente spalten dagegen bei Gegenwart von Wasser die Glucoside vollkommen, s. Blausäure S. 1290 und Zucker. Mit Tannin und Phosphormolybdänsäure geben einige Glucoside Niederschläge.

Als allgemeine Reaktion auf Glucoside dient die BRUNNER-PETTENKOFERsche Gallenreaktion: Fügt man zu der wäßrigen Lösung des Glucosids ein Körnchen Ochsengalle und unterschichtet nach dem Lösen der Ochsengalle die Mischung mit dem gleichen Volum konz. Schwefelsäure, so entsteht an der Berührungsschicht ein blauroter Ring, der nach dem Umschwenken der ganzen

Flüssigkeit eine rote Färbung verleiht. Diese Reaktion ist jedoch, sofern noch Zucker vorhanden ist, nicht eindeutig.

Zur Gewinnung und Reinigung der Glucoside kann die Fällung durch Tannin oder durch Adsorption mit Tierkohle gute Dienste leisten. Durch Ausziehen der Niederschläge mit Alkohol kann dann das Glucosid, falls es krystallisiert, durch Krystallisation gereinigt und zwecks Nachweis physiologischen Untersuchungen unterworfen werden.

1. Digitalisglucoside. In den Samen und Blättern des roten Fingerhutes (Digitalis purpurea) sind auf das Herz stark giftig wirkende Glucoside enthalten, von denen das Digitoxin vorwiegt.

Die Glycoside des Fingerhutes gehören zu den Oxylactonen. Zwischen den Glucosiden der Samen und Blätter besteht kaum ein Unterschied. Man kann nach H. RUNNE[1] alle zuckerfreien Spaltungsprodukte der Digitalisglucoside auf das Digitoxigenin zurückführen und als Derivate des Digitoxins bezeichnen.

Digitoxigenin $C_{23}H_{34}O_4$
Gitoxigenin $C_{23}H_{34}O_5$ (Oxydigitoxigenin)
Gitaligenin $C_{23}H_{36}O_6$ (Oxydigitoxigeninhydrat)
Digitaligenin $C_{23}H_{30}O_3$ (Dianhydrogitoxigenin)

Es seien folgende wichtigere Glucoside und ihre Spaltungsprodukte noch aufgeführt:

Digitoxin spaltet sich in Digitoxigenin und Digitoxose.
Digitalin spaltet sich in Digitaligenin, Glucose und Digitalose.
Digitonin spaltet sich in Digitogenin und Glucose und Galactose.

a) Digitonin ($C_{55}H_{90}O_{29} + 10\,H_2O$) wird zu den Saponinen gezählt. Es krystallisiert aus Alkohol in feinen Nadeln, verd. Salzsäure spaltet Digitonin in Digitogenin, Galaktose und Glucose. Das Digitonin besitzt giftige Eigenschaften; es ist aber kein Herzgift im Gegensatz zu Digitalin und Digitoxin. Bei 235^0 sintert Digitonin und wird unter Gelbfärbung weich.

Reaktionen. 1. Mit konz. Schwefelsäure entsteht eine auf Zusatz von wenig Bromwasser intensiver werdende Rotfärbung.

2. Mischt man eine alkoholische Lösung von Digitonin mit einer alkoholischen Lösung von Cholesterin, so scheiden sich feine Nadeln einer Digitonin-Cholesterin-Doppelverbindung aus.

b) Digitalin (Digitalinum verum) $C_{35}H_{56}O_{14}$ findet sich in den Samen und in Spuren in den Blättern, hat stark giftige Eigenschaften. Durch Kochen mit verd. Säuren findet eine Spaltung in Digitaligenin, Glucose und Digitalose, eine Zuckerart, statt. Das Digitalin ist schwer löslich in Wasser, leicht löslich dagegen in Alkohol und fast unlöslich in Äther und Chloroform. Es besitzt einen schwach bitteren Geschmack. Schmelzpunkt 214^0; bei 210^0 tritt Sinterung ein.

Reaktionen. Nach KILIANI gibt Digitalin mit arsenhaltiger Schwefelsäure eine kirschrot bis blaurote Färbung, die allmählich in eine beständige Violettfärbung übergeht.

c) Digitoxin ($C_{44}H_{70}O_{14}$) findet sich fast ausnahmslos in den Blättern. Es ist sehr stark giftig und krystallisiert aus Alkohol in weißen Blättchen. Äther und Wasser lösen es kaum. Aus der Lösung in Alkohol oder Chloroform wird durch Zusatz von Äther das Digitoxin in Digitoxigenin und Digitoxose gespalten. Der Schmelzpunkt des aus verd. Alkohol umkrystallisierten Digitoxins liegt bei 145^0. In Chloroform oder Methylalkohol gelöst und daraus durch Äther ausgefällt, zeigt das gereinigte Digitoxin den Schmelzpunkt 252^0.

Nachweis. Da die Fragmente der Digitalispflanze (Blätter und Samen) leicht mikroskopisch erkannt werden können, so fahndet man im Magen- und Darminhalt sowie Erbrochenem nach diesen Fragmenten. Von den drei benannten Glucosiden verschwinden im Organismus das Digitonin und Digitalin sowie ihre Spaltungsprodukte völlig. Mithin richtet sich die Ausmittelung lediglich auf das Digitoxin. Mageninhalt und zerkleinerte Leichenteile säuert

[1] H. RUNNE: Pharm. Zentralh. 1929, **70**, 453.

man nach CLOËTTA[1] mit Essigsäure schwach an und versetzt die Mischung mit 50%igem Alkohol. Das Gemisch erwärmt man auf dem Wasserbade und filtriert oder koliert nach einigen Stunden von dem Ungelösten ab. Den Auszug engt man auf dem Wasserbade ein und verrührt den Rückstand unter allmählichem Zusatz von absol. Alkohol bis keine Fällung von Eiweißstoffen usw. mehr auftritt. Das Filtrat wird eingeengt und in 10%igem Alkohol gelöst, dem man sehr wenig Ammoniak zugefügt hat. Diese Lösung wird mehrmals mit Chloroform ausgeschüttelt, der Verdunstungsrückstand zwecks Reinigung in einigen Kubikzentimetern Chloroform gelöst und nach Zusatz von 10 ccm Äther und 70 ccm Petroläther einige Tage stehen gelassen. Es scheidet sich Digitoxin aus, das gesammelt und identifiziert werden kann.

Bei Harn kann man in der Weise verfahren, daß man ihn schwach alkalisch macht und bis zum Sirup verdampft. Den Rückstand knetet man mit der etwa fünffachen Menge absol. Alkohol durch und gibt alsdann der Alkoholmenge entsprechende gleiche Mengen Chloroform und Benzol zu. Die dunkelbraune Lösung versetzt man mit Bleiessig unter kräftigem Umschütteln, bis die überstehende Flüssigkeit hellgelb erscheint. Der Niederschlag wird abfiltriert und mit einer Mischung von 5 Tln. Alkohol und je 1 Tl. Chloroform und Benzol ausgewaschen. Das Filtrat wird durch Einleiten von Schwefelwasserstoff von Blei befreit und zum Sirup eingeengt. Der Rückstand wird wiederum mit Alkohol, dem man wenig Ammoniak zugesetzt hat, aufgenommen und mit einer Benzol-Chloroformmischung (1:3) ausgeschüttelt. Durch Filtration über Kieselgur, mit dem die Flüssigkeit angeschüttelt wird, kann man die noch vorhandenen färbenden Stoffe entfernen.

Die klare Lösung wird eingeengt und kann zum näheren Nachweis dienen.

Reaktionen. 1. Gallenreaktion nach PETTENKOFER und BRUNNER s. unter Glucoside, S. 1333.

2. Eine Spur des isolierten Digitoxins wird in etwa 3 ccm Eisessig gelöst, der etwas Eisen enthält (100 ccm Eisessig + 1 ccm 5%Ferrisulfatlösung). Unter diese Lösung schichtet man einige Kubikzentimeter konz. Schwefelsäure, welche die gleiche Menge Ferrisulfatlösung wie der Eisessig enthält. Die Berührungsschicht zeigt bei Anwesenheit von Digitoxin einen dunklen Ring, der blau und nach längerem Stehen die ganze Eisessiglösung tief blau färbt.

Diese und andere Reaktionen sind jedoch nicht typisch. Es ist am zweckmäßigsten, mit dem isolierten Glucosid physiologische Versuche am überlebenden Froschherz anzustellen. Auch kann man den Befund quantitativ deuten.

2. Strophantin. Glucosidartige Stoffe, die auch zu den Herzgiften zählen, sind in den Samen verschiedener Strophantusarten enthalten. Diese Glycoside sind unter sich chemisch verschieden, wenn ihnen auch die gleiche oder ähnliche Wirkung zukommt. Durch Hydrolyse werden die Strophantine in Zucker, Rhamnose oder Mannose und Strophantidine gespalten.

a) Nachweis. In dem Magen- oder Darminhalt und in Erbrochenem kann man nach Fragmenten der Samen fahnden. Die Fragmente werden durch Betupfen mit Schwefelsäure grün, wenn sie glucosidarm sind, rot gefärbt. Um die Objekte auszuziehen, verwendet man alkalischen Alkohol. Den Verdampfungsrückstand nimmt man mit Wasser auf. Die wäßrige Lösung wird zur Entfettung mit Äther ausgeschüttelt, dann durch Zusatz von Bleiessig entfärbt, das Filtrat durch Schwefelwasserstoff entbleit und das Filtrat vom Bleisulfidniederschlag bis zur Sättigung mit Ammoniumsulfat versetzt. Es scheidet sich alsdann vorhandenes Strophantin ab, das gesammelt, in Alkohol gelöst und durch Äther gefällt wird. Nachdem durch das Lösen in Alkohol

[1] CLOËTTA: Arch. exp. Pathol. Pharmakol. 1906, **54**, 294.

und Fällen mit Äther eine weitere Reinigung erfolgt ist, kann mit dem Rückstand der chemische Nachweis angetreten werden.

b) Reaktionen. 1. Gallenreaktion nach PETTENKOFER und BRUNNER, s. S. 1333.
2. Wird eine geringe Menge des isolierten Stoffes in einem Tropfen Wasser gelöst, mit einer geringen Menge Eisenchlorid und einigen Tropfen konz. Schwefelsäure versetzt, so tritt bei Anwesenheit von Strophantin ein rotbrauner Niederschlag auf, der nach einiger Zeit sich intensiv grün färbt.

3. Der physiologische Versuch wird am überlebenden Froschherzen ausgeführt.

3. Neriin. Der Oleander (Nerium Oleander) enthält in allen seinen Teilen giftige Glucoside verschiedener Art, die ebenfalls Digitaliswirkung besitzen. Die Isolierung kann nach der allgemeinen Ausmittelung der Glucoside, s. S. 1333, erfolgen.
Die chemischen Reaktionen sind wie bei allen Glucosiden nicht eindeutig.

4. Scilla-Glucoside. Die Blätter des zu den Liliaceen gehörenden Zwiebelgewächses Scilla maritima enthalten keine einheitlichen Giftkörper. Die Scilla-Glucoside besitzen ebenfalls Digitaliswirkung.

c) Saponine und saponinähnliche Körper.

In sehr vielen Pflanzen finden sich Stoffe, Saponine genannt, vor, die glykosidischer Natur sind und bei der Hydrolyse durch verd. Säuren in Zucker, Pentosen oder Hexosen und sog. Sapogenine, die in Wasser unlöslich sind, zerfallen. Durch die Aufspaltung in Zucker können die Saponine zum Teil durch FEHLINGsche Lösung reduziert werden. Ihnen allen ist gemeinsam, daß sie stickstoffrei sind, mit Ausnahme des Solanins, und in wäßriger Lösung stark schäumen. Werden Saponine in die Blutbahn gebracht, so üben sie eine starke Giftwirkung aus, da sie die roten Blutkörperchen auflösen, also hämolytisch wirken, während sie eingenommen, keine oder nur geringe darmreizende Eigenschaften besitzen. Ihr Geschmack ist kratzend, bitter. In Wasser sind sie wahrscheinlich kolloidal löslich.

Über die chemische Zusammensetzung ist noch wenig bekannt. Die Saponine sind unter sich nicht identisch. In der Technik wird die saponinhaltige Quillajarinde als Waschmittel benützt. Andere saponinhaltige Pflanzenteile werden als Heilmittel angewendet, z. B. die Senegawurzel.
Folgende Saponine finden sich in Pflanzen vor:

Digitonin im Fingerhut, Githagin im Samen der Kornrade, Senegin in der Senegawurzel, Sapotoxin in der Quillajarinde, Cyclamin in dem Wurzelstock von Cyclamen europaeum. Die Isolierung der Saponine, die aus Leichenteilen, Mageninhalt, Erbrochenem usw. wenig Erfolg verspricht, kann in der Weise durchgeführt werden, daß die mit Magnesiumcarbonat neutralisierte Masse mit Alkohol ausgekocht wird. Das alkoholische Filtrat wird durch Erwärmen auf dem Wasserbade von Alkohol befreit und der wäßrige Rückstand zur Entfernung des Fettes mit Äther ausgeschüttelt. Aus dieser Lösung werden neutrale Saponine mit Bleiessig oder Bleiacetat, saure Saponine mit Bariumhydroxyd gefällt. Die ausgewaschenen Niederschläge werden durch Schwefelwasserstoff oder Kohlensäure zerlegt und das Filtrat auf dem Wasserbade eingeengt. Aus der wäßrigen konz. Lösung kann das Saponin durch Aussalzen oder Zusatz von Alkohol und Äther ausgeschieden oder auch nach Zusatz von Ammoniumsulfat durch Amylalkohol, Isobutylalkohol oder Amylalkohol ausgeschüttelt werden. Durch Lösen des gefällten oder ausgeschüttelten Saponins in Alkohol und erneutes Fällen mit Äther kann es weiter gereinigt werden.

Nachweis. 1. Hämolyse. Die Saponine haben die Eigenschaft, rote Blutkörperchen zu lösen. Zur Ausführung der Hämolyse wird frisches Blut, Hammel- oder Rinderblut, in einem dickwandigen Glasgefäß, das steril ist und in dem sich sterile Glasperlen befinden, steril aufgefangen. Durch Schütteln scheidet sich an den Glasperlen das Blutfibrin ab. Die trübe Blutlösung, die nun nicht mehr gerinnt, wird zentrifugiert, am besten in kleinen sterilen Zentrifugengläschen, die mit einer sterilen Gummikappe versehen sind. Das überstehende Serum wird abgegossen, und das Gläschen mit steriler physiologischer Natriumchloridlösung, 9,0 g Natriumchlorid in 1 Liter Wasser gelöst, gefüllt und kräftig geschüttelt. Alsdann werden die Blutkörperchen abzentrifugiert; diese Manipulation ist mehrmals zu wiederholen. Die nun mit physiologischer Natriumchloridlösung aufgefüllten Zentrifugengläschen werden gut geschüttelt, damit man eine gleichmäßige Blutkörperchenaufschwemmung erhält, die direkt benutzbar ist.

Die isolierte Saponinlösung wird mit soviel Natriumchlorid versetzt, daß eine 0,9% ige Lösung entsteht. Man nimmt etwa den $^1/_{100}$. Teil der Lösung und fügt in einem Reagensglas noch soviel Natriumchloridlösung hinzu, daß die Lösung etwa 2 ccm beträgt und gibt alsdann noch etwa 2 ccm der auf 1% herabgesetzten Blutkörperchenaufschwemmung hinzu. Tritt nach kurzer Zeit eine Rotfärbung der Flüssigkeit ein, so ist ein Stoff, Saponin, vorhanden, der Hämolyse bewirkt.

Um sicher zu sein, daß diese Hämolyse durch Saponin hervorgerufen worden ist, macht man sich die Beobachtung zunutze, daß die Saponine durch Cholesterin abgefangen bzw. chemisch gebunden werden und verfährt nach Ransom in der Weise, daß die fragliche, natriumchloridhaltige Lösung mit soviel einer in Äther gelösten Cholesterinlösung durchschüttelt wird, daß auf 20 Tln. Saponin etwa 1 Tl. Cholesterin kommt. Diese Lösung wird einige Stunden auf 36° erwärmt, wodurch der Äther, der noch in Wasser gelöst war, sich verflüchtigt. Diese so bereitete Lösung darf keine Hämolyse zeigen.

Die hämolytische Kraft der einzelnen Saponine ist sehr verschieden, z. B. wirkt Digitonin noch in einer Verdünnung 1:80000, Quillajasapotoxin 1:10000, Solanin 1:8300.

Tritt Hämolyse nicht ein, so braucht eine weitere Untersuchung nicht vorgenommen zu werden.

2. Versuch mit lebenden Fischen. Über die Ausführung s. S. 1332. In einer Verdünnung 1:200000 wird ein kleines Fischchen nach 12—24 Stunden typische Vergiftungserscheinungen zeigen.

Über die quantitative Bestimmung der Saponine siehe Kofler[1].

Reaktionen. Gallenreaktion nach Pettenkofer und Brunner s. S. 1333.

4. Konz. Schwefelsäure. Durch konz. Schwefelsäure werden die Saponine unter Auftreten roter oder gelbroter Färbung gelöst. Die Färbung geht allmählich in Violett über.

5. Froehdes Reagens. Durch Vanadinschwefelsäure werden die Saponine unter verschiedener Färbung gelöst. Die Färbungen sind braun, rotbraun, blau, grün und violett.

1. Mutterkorn. In dem Mycel des Mutterkorns (Claviceps purpurea), das auf dem Getreidekorn sich entwickelt und ein braunschwarzes, etwa 1—2 cm langes, gebogenes Mycel bildet, befinden sich 5 giftige Bestandteile, die zum Teil zu den Saponinen und zum Teil zu den Alkaloiden gezählt werden. Neben diesen Stoffen kommt auch ein Farbstoff in den peripheren Teilen des Mycels vor, das Sklererythrin, das zur Ausmittelung bei Mutterkornvergiftungen von Wichtigkeit ist. Zu den Alkaloiden zählt man Ergotinin, $C_{35}H_{39}N_5O_5$, und Hydroergotinin, $C_{35}H_{41}N_5O_6$, auch wohl Ergotoxin genannt. Der Schmelzpunkt des Ergotinins liegt bei 229° und der des Hydroergotinins bei 162—164°. Neben Säuren, der Sphazelinsäure und Sklerotinsäure, kommt im Mutterkorn nach Kobert ein stark giftig wirkendes Herzgift vor, das Sphacelotoxin.

Ergotinin und Hydroergotinin sind in Wasser und Petroläther fast unlöslich. In Alkohol sind sie mit blauer Fluorescenz löslich. Da die beiden

[1] Kofler: Z. 1922, **43**, 278.

Körper zu den Basen zählen, so können sie aus neutralen oder nur schwach sauren Lösungen durch Benzol oder Chloroform ausgeschüttelt werden.

Nachweis. Im Mageninhalt oder Erbrochenen kann man nach Fragmenten des Mutterkorns fahnden. Die isolierten Teilchen, die mikroskopisch ein feinmaschiges Gewebe vorstellen und deren Randpartien stark gefärbt sind, werden mit etwa 60%iger Chloralhydratlösung verrührt und von der Lösung abfiltriert. Bei Anwesenheit von Mutterkornfragmenten wird das chloralhydrathaltige Filtrat hell kirschrot gefärbt. Wird Filtrierpapier mit einem Tropfen der Lösung befeuchtet, so tritt nach dem Trocknen ein hellrötlicher, am Rande brauner Flecken auf, der mit ammoniakhaltigem Alkohol betupft, im Farbenton in Violett umschlägt.

Wenn eine Isolierung von Mycelfragmenten nicht gelingt, so kann man der Masse den Farbstoff des Sklererythrins mit 80% igem Alkohol durch 12stündige Digestion bei 40° entziehen; nach der Filtration wird das Filtrat im Vakuum über Schwefelsäure eingeengt. Der Rückstand wird mit alkoholhaltigem saurem Wasser aufgenommen und der Farbstoff mit Äther ausgeschüttelt.

Ist der Äther rötlich gefärbt, so kann man spektralanalytisch den Farbstoff charakterisieren. Hierzu wird der Farbstoff dem Äther durch Ausschüttelung mit etwa 1 ccm kalt gesättigter wäßriger Natriumbicarbonatlösung entzogen und unmittelbar spektralanalytisch untersucht. Das Sklererythrin zeigt dann Absorptionsstreifen, den stärksten rechts von der D-Linie in Gelb, zwei schwächere, von denen einer bei E und der andere rechts von E liegt, und einen dritten bei F und links davon im Grün. Säuert man die Lösung an und schüttelt mit Äther aus, so zeigt der nun den Farbstoff enthaltende Äther zwei Absorptionsstreifen in Grün bei E und F, aber näher an E, und einen zweiten, breiteren Absorptionsstreifen im Blau in der Mitte zwischen F und G.

2. Solanin. In Nachtschattengewächsen und in der Kartoffel, die ja zu den Solanaceen gehören, befinden sich giftige Körper, die mehr zu den Saponinen als zu den Alkaloiden zu zählen sind und wie echte Saponine wirken. Solanin enthalten wohl die Früchte und Samen, während in Blättern und jungen Trieben, z. B. den Trieben der Kartoffelknolle, hauptsächlich Solanidin vorkommt. Außer Solanin und Solanidin, das ein Spaltungsprodukt des Solanins ist, kommt noch ein amorpher Körper, das Solanein, vor. Solanin krystallisiert in weißen bitter schmeckenden Nadeln, es ist in Wasser und Äther sehr wenig löslich, leichter in siedendem Alkohol. Die Reaktion ist schwach alkalisch. Durch heißen Amylalkohol kann man aus saurer oder alkalischer Lösung das Solanin ausschütteln. Der Schmelzpunkt liegt bei 244°. Durch 2% ige Säuren, Salzsäure oder Schwefelsäure, wird das Solanin in der Wärme hydrolysiert und in Galaktose, Rhamnose und Solanidin, $C_{40}H_{61}NO_2$, gespalten. Aus dem schwefelsauren oder salzsauren Salz kann das Solanidin durch Ammoniak frei gemacht und aus Äther umkrystallisiert werden. Der Schmelzpunkt der seidenglänzenden Krystalle liegt bei 207°.

Nachweis. Man zieht die neutralisierten Objekte am besten kalt nach Zusatz von etwas Essigsäure mit Wasser oder Alkohol aus. Die abfiltrierten Auszüge werden mit Magnesiumoxyd neutralisiert und durch Petroläther entfettet. Das Filtrat wird alsdann auf dem Wasserbade zur Trockne eingedampft. Den Rückstand kocht man mit Alkohol aus und filtriert heiß. Erheblichere Mengen Solanin bedingen eine gallertige Erstarrung des Alkohols in der Kälte. Nach Verdampfen des Alkohols kann man den Rückstand dadurch noch reinigen, daß man ihn in schwach essigsaurem Wasser aufnimmt und das Solanidin mit Äther oder Chloroform ausschüttelt. Mit dem Verdampfungsrückstand werden folgende chemische Reaktionen angestellt:

Reaktionen. 1. Selenschwefelsäure: 0,3 g Natriumselenat + 8 ccm Wasser + 6 ccm konz. Schwefelsäure gibt mit einem Körnchen Solanin oder Solanidin eine himbeerrote Farbe. Schärfe der Reaktion 0,025 mg bei Solanin und 0,01 mg bei Solanidin.

2. Vanadinschwefelsäure. Auf Zusatz von Vanadinschwefelsäure färben sich Solanin und Solanidin orangegelb, die Färbung geht bald in Rot und dann in Blauviolett über.

3. Alkoholschwefelsäure. Solanin und Solanidin lösen sich in einem Gemisch gleicher Volumen konz. Schwefelsäure und absoluten Alkohols unter johannisbeerroter Färbung auf. Schärfe der Reaktion 0,05 mg Solanin und 0,01 mg Solanidin.

4. Dampft man Solanin oder Solanidin mit 1—2 Tropfen sehr verd. Platinchloridlösung ein, so entsteht eine purpurne bis violette Färbung, die beim Abkühlen verschwindet und beim Erwärmen wieder auftritt.

d) Purinabkömmlinge.

Im Kaffee, Tee, der Kakaobohne und den Colanüssen kommen reichlichere Mengen von Purinbasen vor, die infolge ihrer Wirkung auf das Herz Vergiftungen hervorrufen können.

In der Kaffeebohne und im Tee findet sich das Coffein (Trimethyldioxypurin), in der Kakaobohne das Theobromin (Dimethyldioxypurin). Ferner findet sich im Tee noch das Theophyllin, ein dem Theobromin isomeres Dimethyldioxypurin.

Verschiedene Arzneimittel, die an anderer Stelle besprochen werden, enthalten Purinabkömmlinge. Bei der Ausmittelung der Gifte nach dem Verfahren von Stas-Otto findet man diese Körper in der weinsauren und alkalischen Ätherausschüttelung. Zur quantitativen Ausschüttelung ist Chloroform am besten geeignet.

Verhalten der isolierten Purinkörper. Die Purinkörper besitzen keinen Alkaloidcharakter, sie geben mit Alkaloidreagenzien nur in konz. Lösungen Fällungen. Gerbsäurelösung fällt weiße Doppelverbindungen, die im Überschuß des Fällungsmittels löslich sind. Die Schmelzpunkte sind deshalb nicht genau, weil schon vor dem Schmelzen eine Sublimation stattfindet. Sehr leicht lassen sich die Körper durch Mikrosublimation reinigen. — Schmelzpunkte: Coffein 234°, Theobromin (sublimiert) 290°, Theophyllin 265°.

Verhalten gegen Chlorwasser[1]. Man übergießt Coffein mit der 10fachen, Theobromin und Theophyllin mit der 100fachen Menge Chlorwasser oder Wasserstoffsuperoxyd und etwas Salzsäure. Bei Coffein wird langsam, bei den beiden letzteren Verbindungen jedoch schnell auf dem Wasserbade zur Trockne verdampft. Wenn man über die rot gefärbten Rückstände ein Uhrglas deckt, in dem sich ein Tropfen Ammoniak befindet, so färbt sich der Rückstand schön rotviolett. Zum näheren Nachweis dienen die Goldchloriddoppelverbindungen.

Coffein läßt sich von Theobromin in der Weise trennen, daß man das trockene Gemisch mit kaltem Tetrachlorkohlenstoff behandelt, in welchem Theobromin unlöslich ist. Aus wäßrig-alkalischer Lösung kann das Coffein mit Chloroform ausgeschüttelt werden, während Theobromin und Theophyllin in saurer wäßriger Lösung nicht in Chloroform übergehen.

Die Bestimmung kann durch Wägung der isolierten Purinabkömmlinge und durch eine Stickstoffbestimmung nach Mikrokjeldahl durchgeführt werden. Näheres über die quantitative Bestimmung der Purinabkömmlinge s. unter Kaffee und Tee, Bd. VI.

B. Aus alkalischer und ammoniakalischer Lösung ausschüttelbare Gifte (Alkaloide) und die der quaternären Basen.

a) Allgemeine Eigenschaften der Alkaloide.

Die Alkaloide haben basischen Charakter und bilden mit Mineralsäuren meist gut krystallisierende Salze, die jedoch zuweilen stark hygroskopisch sind.

[1] C. A. Rojahn u. F. Struffmann: Pharm. Zentralh. 1929, 70, 405.

Mit Platinchloridchlorwasserstoffsäure, Goldchloridchlorwasserstoffsäure, Quecksilberchlorid, Pikrinsäure und anderen mehr bilden sie gut charakterisierte, vielfach schwer lösliche Doppelsalze, die durch Umkrystallisation gereinigt werden können. Mit Jodjodkalium geben sie Perjodide, die man zur Reinigung der Alkaloide ebenso benutzen kann, wie die Metalldoppelsalze, welche letztere zur Isolierung des Alkaloides durch Schwefelwasserstoff zerlegt werden.

Zwei Alkaloide sind flüssig, das Coniin und Nikotin, während die anderen Alkaloide meist feste Körper sind.

Über ihre physiologische Wirkung s. Bd. I, S. 1107.

b) Quantitative Bestimmung der Alkaloide.

1. Die Alkaloide können nach der Reinigung entweder als freie Base oder als salzsaure Salze auf der Mikrowaage zur Wägung gebracht werden. Da viele Alkaloide und vor allem ihre Salze hygroskopisch sind, so muß man sie im Vakuumexsiccator über Schwefelsäure trocknen und im Wägegläschen wägen.

2. In vielen Fällen kann man die schwer lösliche Doppelverbindung der Alkaloide mit Pikrolonsäure zur Wägung bringen und daraus den Alkaloidgehalt berechnen[1]. Die Pikrolonsäure ist 1-p-Nitrophenyl-3-methyl-4-isonitro-5-pyrazolon. Bringt man diese Säure mit Lösungen von Alkaloiden zusammen, so fallen schwer lösliche Alkaloidpikrolonate aus, die auf einem Filtertiegel gesammelt, getrocknet und gewogen werden können.

3. Vorteilhaft kann man auch die Alkaloide, als Basen, auf alkalimetrischem Wege bestimmen. Die Basen müssen rein und vor allem frei von jeder Spur Alkali oder Säure sein, da sonst die Ergebnisse zu hoch oder zu niedrig ausfallen. Die aus dem Salz in Freiheit gesetzte Base ist deshalb in ätherischer oder Chloroformlösung zwecks Befreiung des zugesetzten Alkalis mehrmals im Scheidetrichter mit Wasser auszuwaschen. Die nach dem Verdunsten des Äthers oder Chloroforms zurückbleibende Base ist in 0,1, 0,05 oder 0,01 N gemessener überschüssiger Salzsäure oder Schwefelsäure zu lösen.

Bei Anwendung von 0,1 oder 0,05 N.-Säure läßt sich die Base bzw. die überschüssig zugesetzte Säure direkt zurückmessen, wenn man als Indicator Methylrot verwendet, von dem man einen Tropfen (1:1000 in Alkohol) zusetzt. Es ist ratsam, zum Vergleich in einen anderen Kolben die gleiche Menge Wasser einzufüllen, 1 Tropfen Indicator und 1 Tropfen 0,1 oder 0,05 N.-Alkalilauge zuzusetzen. Man erkennt alsdann den Endpunkt der Titration besser. Die Titration ist beendet, wenn die Rosafärbung in gelb umschlägt.

Ist die Menge des Alkaloids gering, so muß man mit 0,01 N.-Säure arbeiten. Als Indicator wird alsdann Jodeosin verwendet. Für diese Zwecke verwendet man Stöpselflaschen von etwa 150 ccm Inhalt aus weißem Glase, die kein Alkali abgeben. Man läßt neue Flaschen einige Tage ganz gefüllt mit 0,1 N.-Salzsäure stehen und dämpft sie nach dem Ausgießen der Säure mit Wasserdämpfen aus. Derartig gereinigte Flaschen dürfen, zu etwa $^1/_3$ mit Wasser gefüllt und mit einer etwa 1 Finger hohen Ätherschicht und einigen Tropfen ätherischer Jodeosinlösung versehen, kein Alkali an das Wasser abgeben. Man verfährt nun bei der Bestimmung des Alkaloides in der Weise, daß man 0,1 ccm 0,01 N.-Säurelösung zusetzt, bis nach kräftigem Umschütteln das Wasser farblos ist. Meist ist jedoch der Äther sauer und man muß deshalb solange 0,01 N.-Alkalilauge zufließen lassen, bis das Wasser schwach rosa gefärbt ist. Alsdann nimmt man vorsichtig mit 0,01 N.-Säurelösung die Rosafärbung weg. Nach einigem Stehen und nach kräftigem Umschütteln darf die Lösung nicht rosa gefärbt werden. Jetzt setzt man die in gemessener überschüssiger 0,01 N.-Säure gelöste Base,

[1] MATTHES u. RAMMSTEDT: Zeitschr. analyt. Chem. 1907, **46**, 565.

das Alkaloid, zu und titriert vorsichtig unter kräftigem Umschütteln mit 0,01 N.-Alkalilauge zurück, bis eine Rosafärbung auftritt. Zieht man die zurückgemessenen Kubikzentimeter Lauge von der angewandten Säure ab, so ergibt sich aus der Differenz die zur Bindung des Alkaloids benötigte Säure.

Sehr schwache Basen können mit 0,01 N.-Säure bzw. Lauge nicht bestimmt werden, so z. B. Hydrastin, Narcein, Narkotin, Papaverin, Theobromin, Coffein. Die starken Basen der Chinarinde lassen sich nur mit 0,1 N.-Lösung titrieren, und zwar muß als Indicator Hämatoxylin angewendet werden. In diesem Falle reagieren Chinin und Cinchonin als einsäurige Base.

1 ccm 0,1 N.-Säurelösung zeigt an g:

Atropin	0,0289	Cocain	0,0303	Nicotin	0,0162
(Hyoscyamin)	0,0289	Coniin	0,0127	Pilocarpin	0,0208
Brucin	0,0394	Morphin	0,0285	Strychnin	0,0334

Nach der Titration kann aus den Lösungen das Alkaloid wieder gefällt und als Corpus delicti aufgehoben werden.

4. Auf colorimetrischem Wege lassen sich nach ROJAHN[1] die Alkaloide ebenfalls quantitativ bestimmen. Mit Hilfe eines allgemeinen Fällungsmittels, z. B. Pikrinsäure, Phosphorwolframsäure, lassen sich die Alkaloide ausfällen. Die gesammelten und ausgewaschenen Alkaloiddoppelverbindungen werden zerlegt und colorimetrisch das frei gewordene Fällungsmittel bestimmt und daraus die Alkaloidmenge berechnet.

c) Die einzelnen Alkaloide.

1. Coniin(α-n-Propylpiperidin) $C_8H_{16}NH$.

Im Schierlingskraut (Conium maculatum), einer Umbellifere, finden sich verschiedene in alkalischer wäßriger Lösung durch Äther ausschüttelbare Alkaloide, das Coniin, α-n-Propylpiperidin (s. Formel), Conhydrin, γ-Conicein und Pseudoconhydrin. Das Kraut kann leicht mit Petersilie und auch wohl mit Sellerie verwechselt werden. Es enthält 0,1%, die Samen bis zu 1% Alkaloide. Coniin ist eine ziemlich starke Base von betäubendem, an Mäuseurin erinnerndem Geruch und scharfem Geschmack. Die Base ist ein flüchtiges, verharzendes Öl, das in kaltem Wasser ziemlich schwer, in heißem Wasser noch weniger löslich ist. In Alkohol, Äther und Chloroform ist Coniin löslich, mit Wasserdämpfen ist es in alkalischer Lösung leicht flüchtig. Siedepunkt: 166,5°; Schmelzpunkt: Goldsalz = 77°, Platinsalz = 175°. — $[\alpha]_D^{19}$ + 15,6°. — Spez. Gewicht (15°) = 0,85.

CH_2
H_2C CH_2
H_2C $CH—C_3H_7$
NH

Nachweis. Bei der Ausmittelung nach STAS-OTTO ist darauf zu achten, daß das Alkaloid sich nicht verflüchtigt. Man schüttelt den Äther der alkalischen Ausschüttelung mit salzsäurehaltigem Wasser aus und verdunstet die wäßrige salzsaure Lösung des Alkaloids. Um das Alkaloid zu reinigen, bedient man sich der leichten Flüchtigkeit der Base mit Wasserdämpfen aus alkalisch-wäßriger Lösung.

Reaktionen. 1. Sinnenprüfung. Nach Mäuseurin riechende, ölige Tropfen, namentlich wenn man die Base auf einem Uhrgläschen in der Hand erwärmt. Die frisch hergestellten Krystalle des Chlorhydrates sind doppelbrechend, Unterscheidung von Nicotin, (die allgemeinen Farbreagenzien geben keine Reaktion).

2. Pikrolonat. Die rhombischen Krystalle schmelzen bei 195,5° und sind in heißem Äther und Alkohol leicht löslich.

3. Reaktion nach MELZER. Nach Zusatz von 2 Tropfen Schwefelkohlenstoff und 2 ccm Alkohol entsteht bei Gegenwart von Coniin ein thiocarbaminsaures Salz, das mit verd. Kupferchlorid- und Eisenchloridlösung braune Färbungen gibt. Beweis einer sekundären Base.

[1] ROJAHN: Arch. Pharm. 1930, **268**, 499.

3. Der physiologische Nachweis am Frosch besteht bei subcutaner Einspritzung in einer typischen Lähmung, Curarewirkung.

Die anderen Alkaloide des Schierlings geben eine dem Coniin ähnliche Reaktion.

Besonders sei hervorgehoben, daß in faulenden Leichenteilen häufiger dem Coniin ähnliche Ptomaine gefunden wurden, und ist deshalb Vorsicht geboten.

2. Nicotin ($C_{10}H_{14}N_2$).

In den Blättern des Tabaks (Nicotiana tabacum, einer Solanacee) finden sich neben dem sehr giftigen Nicotin, dem α-Pyridyl-β-tetrahydro-n-methylpyrrol (s. Formel), das eine bitertiäre Base ist, noch die Alkaloide Nicotein, Nicotimin und Nicotellin, die für die Ausmittelung von Giften jedoch belanglos sind. Der Nicotingehalt des Tabaks schwankt zwischen 1—5%. Die freie Base des Nicotins stellt ein an der Luft verharzendes, farbloses Öl vor, das stark alkalische Reaktion besitzt und mit Wasserdämpfen flüchtig ist. In Wasser, Alkohol, Äther und Petroläther ist das Nicotin leicht löslich. Wegen der Flüchtigkeit ist bei der Ausmittelung gleiches wie beim Coniin zu beachten.

```
      CH           N(CH3)
HC//   \C——HC/    \CH2
HC\    //CH  H2C——CH2
      N
```

Siedepunkt = 246—247°; $[\alpha]_D = -168{,}2°$; Spez. Gewicht (20°) = 1,01101.

Reaktionen. 1. Sinnenprüfung. Geruch eigenartig; ölige Tropfen, die verharzen.

2. Die allgemeinen Farbreagenzien geben keine Reaktion.

3. Das Nicotinpikrolonat bildet prismatische Nadeln vom Schmelzpunkt 213°.

4. ROUSSINS-Krystalle[1]. Versetzt man eine ätherische Nicotinlösung mit der gleichen Menge ätherischer Jodlösung, so bildet sich bei Anwesenheit von wenig Nicotin eine Trübung. Allmählich scheiden sich, namentlich wenn mehr Nicotin vorhanden ist, rote Krystalle ab, die das Licht mit blauer Farbe reflektieren.

5. SCHINDELMEIERsche Reaktion. Wird eine Menge von etwa 0,01 g Nicotin in 1 Tropfen 30% reinem Formaldehyd gelöst und fügt man nach einigen Stunden einen Tropfen konz. Salpetersäure zu, so entsteht alsdann eine dunkelrote Färbung.

6. Einige Krystalle p-Dimethylamidobenzaldehyd werden in rauchender Salzsäure gelöst. Fügt man nun diesem Reagens, das sich auf einem Uhrglas befindet, von der Seite her einen Tropfen des in Wasser gelösten Nicotins zu, so entsteht an der Berührungszone eine Violettfärbung, die sich später in der Flüssigkeit verteilt. Coniin und Pyridin geben diese Reaktion nicht (TUNMANN[2]). Kleinste Nicotinmengen können nach A. WENUSCH[3] mittels Chlordinitrobenzol und der Kaliumplatinjodid-Reaktion nach SELMI nachgewiesen werden.

7. Physiologische Wirkung. Spritzt man eine Spur des salzsauren Salzes, in etwas physiologischer Natriumchloridlösung gelöst, einem Frosch unter die Haut, so entsteht nach vorheriger Reizung eine Lähmung des Gehirns und der Atemmuskeln, scheinbare Curarewirkung. Es tritt eine ganz typische Stellung, Sitzstellung mit ausgebreiteten Vorderbeinen, ein. Ferner beobachtet man Flimmern der Muskeln in den Flanken. Die Versuche sind durch den Physiologen auszuführen oder nachzuprüfen.

3. Taxin.

In den Blättern, Zweigen und Früchten des Taxus (Taxus baccata), ausgenommen der fleischige süße Arillus der Frucht, kommt ein Alkaloid, das Taxin, vor. Außerdem findet sich noch ein Glucosid, das Taxikatin, neben ätherischem Öl in den Blättern und Zweigen. Taxin ist leicht löslich in Alkohol und Äther. — Schmelzpunkt 105—110°.

Nachweis: Mageninhalt und Erbrochenes sind auf Fragmente von Blatt- und Stengelteilen zu untersuchen. Das Taxin geht nach STAS-OTTO in der natronalkalischen Ausschüttlung in den Äther über.

Reaktionen: 1. Nach VREVEN: Konz. Salpetersäure ruft eine blaßblaue Färbung hervor, die auf Zusatz von rauchender Salzsäure rosenrot wird[4].

---

[1] C. KIPPENBERGER: Zeitschr. analyt. Chem. 1903, **42**, 232.

[2] O. TUNMANN: Apoth.-Ztg. 1918, **33**, 485; C. 1919, II, 227.

[3] A. WENUSCH: Z. 1934, **67**, 601.

[4] Pharm. Jahresb. 1896, 507.

2. Konz. Schwefelsäure ruft eine rötlichbraune Färbung hervor, die auf Zusatz von Molybdänlösung dunkelviolett und auf Zusatz von Kaliumbichromat rotblau wird.

4. Veratrin ($C_{32}H_{49}O_9N$).

In dem Samen von Sabadilla officinarum und der Wurzel von Veratrum album, weißer Nieswurz, zu den Liliaceen gehörenden Pflanzen, wurden verschiedene Alkaloide gefunden, die wenigstens teilweise physiologisch ähnliche Wirkungen besitzen. Chemisch verhalten sich die Alkaloide des Sabadillsamens und der Nieswurzel verschieden. Im Sabadillsamen finden sich hauptsächlich Veratrin und Cevadin, letzteres ist krystallin. Durch alkoholische Kalilauge zerfällt das Cevadin in Cevin und Angelicasäure, das Veratrin in Verin und Veratrumsäure. Die Alkaloide der Nieswurzel sind Jervin und Protoveratrin neben anderen Alkaloiden.

Nachweis. Da Veratrin nur schwach basische Eigenschaften besitzt, so findet man es in der nach STAS-OTTO bereiteten, schwach sauren Ätherausschüttelung. Das offizinelle Veratrin ist ein Gemisch zweier isomerer, amorpher Alkaloide. Der isolierte Rückstand ist amorph. Es schmeckt brennend, und reizt der Staub zum Niesen. Schmelzpunkt 150—155° zu einer gelben Flüssigkeit, die später erstarrt.

Reaktionen. 1. Konz. Schwefelsäure löst Veratrin mit gelber Farbe auf, die bald einen orangefarbenen Ton annimmt und stark fluoresciert, später wird die Flüssigkeit rot. FRÖHDES und ERDMANNS Reagens rufen ähnliche Farbreaktionen hervor.

2. Konz. Salpetersäure gibt mit Veratrin eine gelbe Färbung.

3. WEPPENS Reaktion. Wird Veratrin mit der fünffachen Menge Saccharose verrieben, so tritt auf Zusatz von konz. Schwefelsäure zuerst eine Gelbfärbung ein, die vom Rande des Uhrglases her grün und später blau wird. Auf Zusatz von Wasser verschwindet die Reaktion.

4. GRANDEAUS Reaktion. Konz. Schwefelsäure färbt Veratrin gelb. Setzt man sogleich nach der Gelbfärbung etwas Bromwasser zu, so tritt eine Purpurrotfärbung auf.

Physiologischer Versuch. Eine geringe Menge des in das essigsaure Salz übergeführten Veratrins wird einem Frosch unter die Haut gespritzt. Es treten Brechbewegungen auf, und der Puls fällt von 60 bis auf 30 und weniger Schläge herab. Größere Mengen lösen eine bemerkbare Veränderung in der Bewegung aus, die zu Streckkrämpfen führt.

Die Alkaloide des Nieswurzes unterscheiden sich nach GADAMER (Lehrbuch der chemischen Toxikologie) durch folgende Reaktionen:

Alkaloid	Konz. Schwefelsäure	Konz. Salzsäure	Zucker + konz. Schwefelsäure (WEPPEN)	VITALIsche Reaktion
Jervin $C_{26}H_{37}O_3N + H_2O$	gelb, grüngelb, dunkelgrün, schmutziggrün und braun	erst farblos, dann schwach hellrosa	goldgelb, braun, dunkelbraun	dunkelgelb
Rubjervin $C_{26}H_{43}O_2N + H_2O$	goldgelb, orangerot, dunkelrot	in der Kälte farblos, in der Wärme rotviolett, dann gelblich unter Abscheidung einer amorphen Substanz	hellbraun, rotbraun, dunkelbraun	—
Pseudojervin $C_{29}H_{43}O_7N$	grünlichgelb, grün, schmutziggrün	in der Kälte farblos, heiß hellgrünlich	—	—
Protoveratrin $C_{32}H_{51}O_{11}N$	gelbgrün, grünlich blau, blauviolett	kalt farblos, heiß rosa	goldgelb, grüngelb, grünbraun, dunkelbraun	dunkelgelb

Zu bemerken ist noch, daß verschiedentlich Leichenalkaloide, Leichenveratrin, mit ähnlichen Reaktionen wie Veratrin gefunden wurden, die jedoch die Weppensche Reaktion nicht gaben und auf Zusatz von Schwefelsäure sich violett färbten. Auch blieb die typische physiologische Wirkung aus.

5. Colchicin $C_{22}H_{25}NO_6$.

In den Samen der Herbstzeitlose (Colchicum autumnale), einer Liliacee, findet sich, wie auch in ihrer Zwiebel, ein stark giftiges Alkaloid, das Colchicin, vor. Es bildet eine gelblichweiße, amorphe Masse von bitterem Geschmack. In Wasser, Alkohol und Chloroform löst es sich leicht, während Äther es nur schwer löst. Aus weinsaurer Lösung läßt sich das Colchicin durch Äther, leichter aus ammoniakalischer Lösung durch Chloroform ausschütteln. Das Colchicin wird durch Kochen in angesäuerter wäßriger Lösung in Methylalkohol und Colchicein zerlegt. Infolge geringer Resorption tritt die Giftwirkung erst nach Stunden ein. — Schmelzpunkt 145—147°. Colchicin dreht das polarisierte Licht nach links.

Nachweis. Mageninhalt und Erbrochenes sind auf Fragmente des Samens und der Zwiebelschalen zu untersuchen. Auf Colchicin ist in erster Linie Magen- und Darminhalt zu prüfen. Da Colchicin infolge seiner Enolform nur schwach basische Eigenschaften besitzt, so findet es sich in der wäßrig weinsauren Ätherausschüttelung nach Stas-Otto. Mineralsäurelösungen sind zu vermeiden. Es ist deshalb eine vorherige Neutralisation notwendig. Besser als Äther führt Chloroform das Colchicin in Lösung. Vorher sind Fettspuren aus der wäßrigen weinsauren Lösung durch Petroläther, in dem Colchicin fast unlöslich ist, zu entfernen. Das Colchicin widersteht in Leichen längere Zeit der Zersetzung. Das Mikrosublimat des Colchicins besteht aus öligen Tröpfchen.

Reaktionen. 1. Konz. Schwefelsäure färbt Colchicin gelb. Auf Zusatz einer Spur Salpeter tritt eine Grün-Blau-Violett- und zuletzt blasse Gelbfärbung ein. Fröhdes und Erdmanns Reagens geben ähnliche Färbungen.

2. Konz. Salzsäure löst Colchicin mit gelber Farbe auf. Setzt man eine Spur Eisenchloridlösung zu und kocht einige Minuten, so tritt eine dunklere Färbung auf. Nach dem Erkalten färbt sich die Flüssigkeit auf Zusatz von Wasser olivgrün. Wird diese Lösung mit einigen Tropfen Chloroform geschüttelt, so wird das Chloroform gelbbraun und dann granatrot gefärbt.

3. Konz. Salpetersäure (Spez. Gew. 1,4) löst Colchicin mit violetter Farbe, die alsdann in Gelb übergeht. Setzt man dieser gelb gewordenen Lösung verd. Natron- oder Kalilauge bis zur alkalischen Reaktion zu, so färbt sich die Lösung orangegelb oder orangerot.

Physiologischer Versuch. Weiße Mäuse zeigen bei Anwesenheit von Colchicin Durchfälle, die zum Tode führen. Frösche reagieren bei einer Temperatur von 30—32° stärker als bei Zimmertemperatur. Baumert konnte ein Leichencolchicin aus einer faulenden Leiche isolieren. Dieses verhält sich gegenüber Schwefelsäure, Salzsäure, Salpetersäure und Salzsäure-Eisenchloridlösung anders als Colchicin.

6. Aconitin und Pseudoaconitin.

In dem Sturmhut (Aconitum napellus) und einigen andern Aconitum-Arten, die zu den Ranunculaceen zählen, finden sich hauptsächlich zwei Alkaloide, die von besonderer Wichtigkeit sind, das Aconitin und Pseudoaconitin; dem Pseudoaconitin kommt die stärkere Giftwirkung zu. Durch Erhitzen bei Gegenwart von Mineralsäuren werden diese Alkaloide in Essigsäure, Benzoesäure, Veratrumsäure und Aconin und Pseudoaconin gespalten, es sind esterartige Verbindungen.

Aconitin (Acetyl-benzoyl-Acoin), $C_{34}H_{47}O_{11}N$, ist in Wasser wenig löslich, aber leicht löslich in Alkohol, Äther und Chloroform, fast unlöslich in Petroläther.

Das Aconitin hat einen brennenden, scharfen Geschmack und besitzt als Base eine jedoch nur schwach alkalische Reaktion. Schmelzpunkt 197—198°. Aconitin ist optisch aktiv, seine Salze sind linksdrehend, während die Base rechtsdrehend ist.

Pseudoaconitin, $C_{36}H_{49}O_{12}N$. Die Löslichkeitsverhältnisse sind ähnlich denen des Aconitins. In Äther ist es fast unlöslich. Ein geschmacklicher Unterschied besteht gegenüber Aconitin nicht. Da Aconitin, wie erwähnt, bei der Hydrolyse Essigsäure und Benzoesäure bildet, während Pseudoaconitin in Essigsäure und Veratrumsäure gespalten wird, so geben beide nicht die gleichen Reaktionen.

Das im Handel befindliche Aconitin besteht aus Gemischen beider Alkaloide, neben den noch in der Pflanze vorhandenen anderen Alkaloiden.

Nachweis. Im Mageninhalt und Erbrochenen kann man nach Pflanzenfragmenten fahnden. Das Aconitin selbst geht in das Blut und die edleren Organe über. Da die Alkaloide durch Mineralsäuren leicht zersetzt werden, so müssen bei der Ausmittelung die Auszüge vorher alkalisch und dann schwach weinsauer gemacht werden. Die Auszüge sind bei niederer Temperatur herzustellen, der Alkohol ist ebenfalls bei geringer Temperatur zu verdunsten, der mit Wasser aufgenommene schwachsaure Rückstand wird zur Entfernung des Fettes mit Petroläther ausgeschüttelt, die Lösung alsdann mit Natriumbicarbonat alkalisch gemacht und mit Äther ausgeschüttelt. Mit einem Teil des Rückstandes wird nach JÜRGENS das Jodid in folgender Weise hergestellt: der Rückstand wird in verd. Essigsäure gelöst und etwas Jodkalium zugesetzt. Die Lösung läßt man verdunsten und nimmt das überschüssige Jodkalium mit einer Spur Wasser weg. Unter dem Mikroskop betrachtet, läßt die Krystallform des Alkaloidjodides Schlüsse zu, ob es sich um Aconitin oder Pseudoaconitin handelt. Reines Aconitin gibt rhombische, tafelförmige Krystalle, die an den spitzen Kanten abgestumpft und mitunter schief kreuzförmig durchwachsen sind.

Das Alkaloid ist zwecks physiologischer Untersuchung möglichst zu reinigen. MECKE fand in Leichenteilen und altem Harn ein Leichen-Aconitin; es gibt die gleichen Reaktionen mit Schwefelsäure usw., wie das Aconitin selbst.

7. Delphinin, $C_{22}H_{35}NO_6$.

In den Samen einiger Delphinium-Arten kommen verschiedene giftige Alkaloide, unter andern Delphinin, Delphinoidin, Staphisagrin, vor. Die Zersetzlichkeit ist ähnlich der der Aconitalkaloide. Bei der Ausmittelung müssen deshalb auch die gleichen Vorsichtsmaßregeln angewendet werden.

8. Hydrastisalkaloide.

Hydrastin, $C_{21}H_{21}NO_6$. In der Hydrastis-Wurzel (Hydrastis canadensis), einer Ranunkulacee, finden sich verschiedene Alkaloide, das Hydrastin, das Berberin, $C_{20}H_{18}NO_4OH$ und das Canadin, $C_{20}H_{21}NO_4$, die giftig wirkende Eigenschaften besitzen. Das Fluidextrakt findet arzneiliche Anwendung. Das Hydrastin ist eine tertiäre Base. Durch Einwirkung von Salpetersäure bildet sich Hydrastinin, $C_{11}H_{11}NO_2 + H_2O$, das auch synthetisch hergestellt worden ist. Hydrastin und Hydrastinin stehen chemisch in enger Beziehung zum Narkotin. In Wasser ist Hydrastin unlöslich, leicht löslich in heißem Alkohol, Chloroform und Benzol. Das Hydrastin bildet glänzende, weiße, bitterschmeckende und alkalisch reagierende Prismen mit dem Schmelzpunkt 132°. In verd. Salzsäure gelöst, dreht das Hydrastin rechts, während die in Chloroform gelöste Base links dreht.

Berberin, $C_{20}H_{18}O_4N \cdot OH$, ist eine quaternäre Ammoniumbase. Aus alkalischen wäßrigen Lösungen wird es von Chloroform oder Äther aufgenommen und scheidet sich nach Verdunsten des Lösungsmittels als braungefärbte Masse aus. Die Salze des Berberins sind stark gelb gefärbt.

Canadin spielt nur eine untergeordnete Rolle und ist für den Nachweis der Alkaloide in der Hydrastiswurzel nebensächlich.

Nachweis. Der nach dem STAS-OTTOschen Verfahren bereitete Auszug wird mit Petroläther von fettigen Anteilen befreit. Aus dem schwach ammoniakalisch gemachten wäßrigen Auszug werden die Alkaloide mit Äther ausgeschüttelt, die zur Identifizierung in üblicher Weise vorher gereinigt werden müssen.

Hydrastin gibt folgende Reaktionen: 1. Konz. Schwefelsäure färbt Hydrastin in der Kälte nicht, beim Erwärmen tritt Violettfärbung ein.

2. FRÖHDEs Reagens färbt grün und dann braun.

3. MANDELINS Reagens färbt rot und dann orange.

4. Wird Hydrastin in verd. Schwefelsäure gelöst und setzt man einige Tropfen verd. Kaliumpermanganatlösung zu, so tritt eine blaue Fluorescenz ein, die durch die Bildung von Hydrastinin hervorgerufen wird.

Das Berberin kann man aus der schwach ammoniakalischen Lösung, nachdem sie mit Natronlauge stark alkalisch gemacht ist, mit Äther ausschütteln. Die stark gelbe Farbe der Salze weist schon auf die Anwesenheit des Berberins bzw. der Alkaloide der Hydrastiswurzel hin. Die Reaktionen des Berberins sind nicht charakteristisch. Die gelbe Fluorescenz tritt schon unter der Quarzlampe auf.

9. Opium und Opiumalkaloide.

a) Allgemeines.

Die Kapseln des Mohns (Papaver somniferum), eine im Orient vorkommende Mohnart, enthalten einen Milchsaft, der beim Anritzen der Kapseln austritt und erhärtet. Dieser erhärtete Saft wird gesammelt und ist das Opium des Handels. In ihm findet sich eine Reihe von Alkaloiden, etwa 20 verschiedene Arten, die teils an Schwefelsäure, teils an Milchsäure oder Meconsäure gebunden sind. Ferner finden sich noch zwei indifferente Stoffe, das Meconin und Meconoisin, im Opium vor. Die Mengenverhältnisse der hauptsächlichsten Alkaloide im Opium siehe folgende Seite.

Konstitution der wichtigsten Opiumalkaloide.

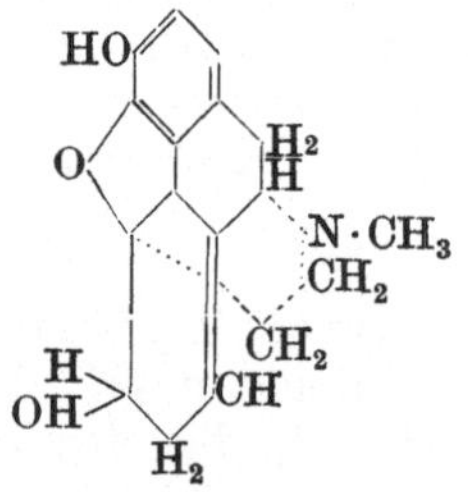

Morphin

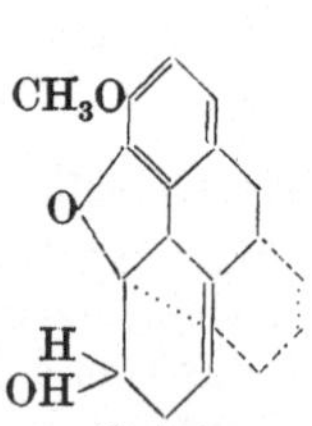

Codein (Morphin-methyläther)

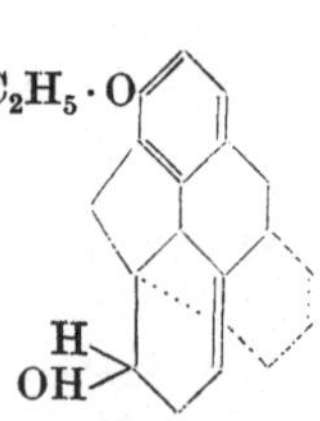

Dionin (Morphin-äthyläther)

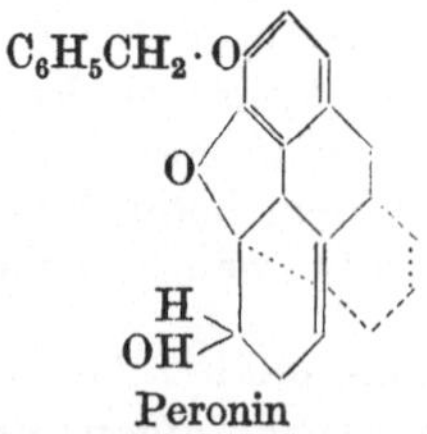

Peronin (Morphin-benzyläther)

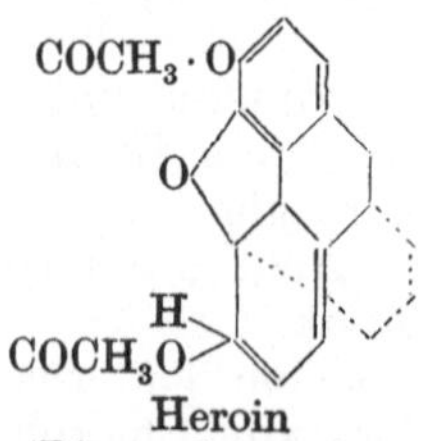

Heroin (Diacetyl-morphin)

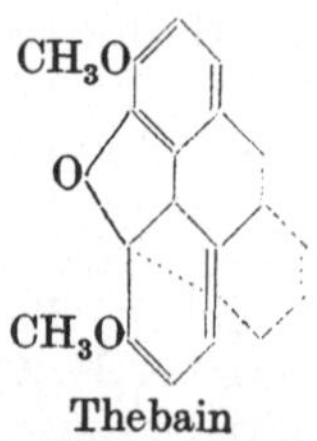

Thebain (Dimethoxy-morphin)

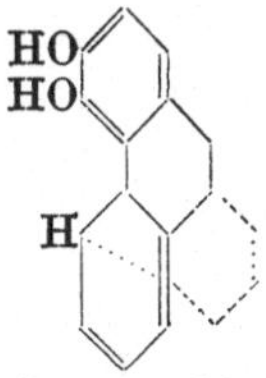

Apomorphin 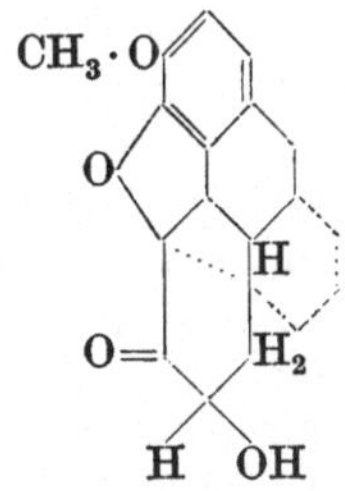 — Eukodal (Dihydroxy-codeinon) — Dicodid (Dihydro-codeinon)

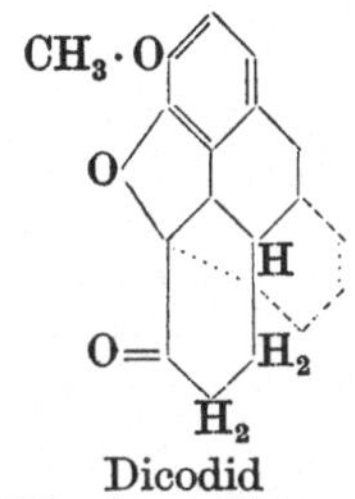

In allen 9 Formeln ist die N-tragende Spange, deren Stellung noch fraglich ist, gestrichelt.

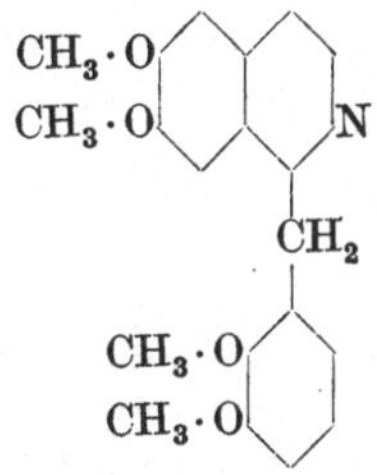

Papaverin 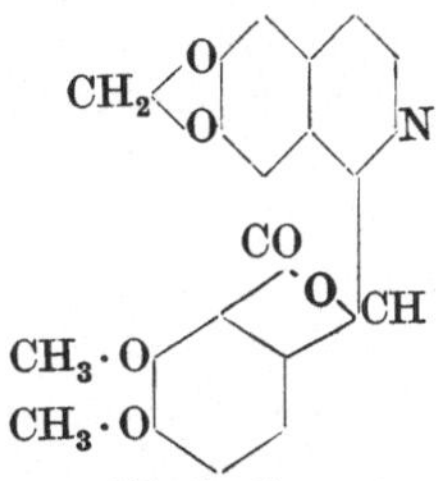 — Narkotin 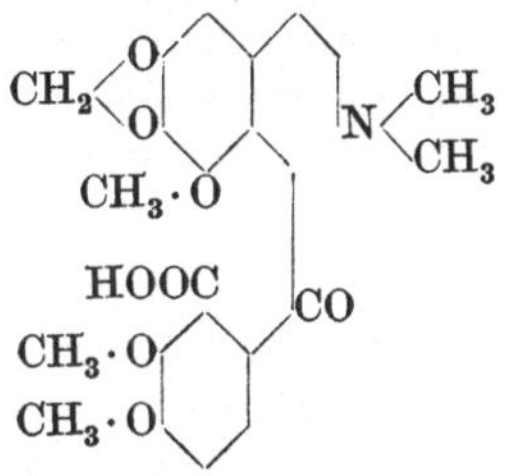 — Narceïn

Papaverin, Narkotin und Narceïn sind Isochinolinderivate.

Morphin	10—14%	Papaverin . . .	0,5—1%	Thebain	0,2—0,5%
Narkotin	4— 8%	Codein	0,2—0,8%	Narcein	0,1—0,4%

Morphin, Oxydimorphin, Codein und Thebain stehen in Beziehung zum Phenanthren, während Narkotin, Narcein, Papaverin, Laudanosin zu Abkömmlingen des Isochinolins zu rechnen sind.

In der Arzneikunde wird Opium, sein alkoholischer Auszug, Opiumtinktur, und ein gereinigtes Opium, das Pantopon angewandt, in welchem Morphin, Codein und Narkotin, wie unten beschrieben, nachweisbar sind. Ferner sind ähnliche Präparate im Handel unter dem Namen Laudopon, Opon, Opiopan, Nealpon u. a. Das Opon soll kein Morphin enthalten. Laudopon enthält die Alkaloide an Mekonsäure gebunden.

Opiumalkaloide, die in der Arzneikunde Verwendung finden, und deren Derivate sind vornehmlich folgende:

1. Morphin, Morphosan, Apomorphin, Euporphin, Heroin. — 2. Codein, Eukodal, Dionin, Peronin. — 3. Narkotin, Cotarnin. — 4. Papaverin. — 5. Thebain. — 6. Narcein.

Neben den Alkaloiden des Opiums findet sich Mekonsäure zu rund 4% und Mekonin zu 0,3% im Opium.

Mekonsäure, Oxypyrondicarbonsäure. $C_7H_4O_7 + 3\,H_2O$.

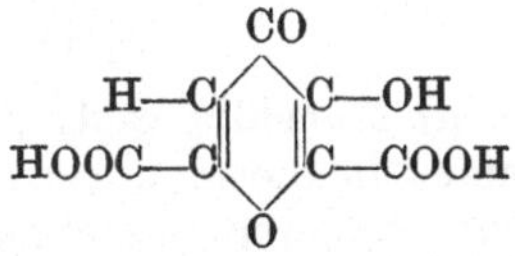

Die Mekonsäure bildet Blättchen oder rhombische Tafeln, die bei 100° ihr Krystallwasser verlieren. Als Lösungsmittel, die in der Wärme Mekonsäure lösen, kommen neben Wasser Alkohol, Äther und Amylalkohol in Betracht. In der Kälte lösen Essigäther und Methylalkohol Mekonsäure leicht. Durch Kochen mit Wasser, namentlich bei Gegenwart von etwas Salzsäure, spaltet die Mekonsäure Kohlensäure ab und geht in Komensäure (Oxy-pyron-carbonsäure) über. Mekonsäure: Schmelzpunkt 150°. Ausmittelung S. 1348.

Mekonin, $C_{10}H_{10}O_4$, ist das innere Anhydrid der Mekonsäure.

```
        C——CO
       //\    >O
CH3OC    C—CH2
   |      ||
CH3OC    CH
     \\  /
       C
       H
```

Die Löslichkeit des Mekonins in kaltem Wasser ist sehr gering, während es in siedendem Wasser, Alkohol, Äther, Benzol und Chloroform leicht löslich ist. Es reagiert neutral und sublimiert unzersetzt. Das Mekonin ist das Lacton einer α-Oxysäure und gibt deshalb mit Alkalien leicht lösliche Salze. Schmelzpunkt = 102—103°.

Nachweis. Man bereitet einen alkoholischen, schwach schwefelsauren Auszug der Objekte nach der Methode von STAS-OTTO. Die Lösung schüttelt man mit Benzol aus, in welcher sich das Mekonin löst. In dem Verdampfungsrückstand der Benzollösung bleiben vielfach schon bei Gegenwart von Mekonin dessen Krystalle zurück. Fügt man zu dem Rückstand einige Tropfen konz. Schwefelsäure, so wird er bei Anwesenheit von Mekonin grünlich gefärbt. Nach Verlauf von zwei Tagen ist die Grünfärbung in eine Rotfärbung übergegangen; erwärmt man diese rote Lösung, so geht sie von Smaragdgrün über Blauviolett wieder in Rot über.

b) Nachweis von Opium.

Den Nachweis von Opium in Leichenteilen, Mageninhalt, Erbrochenem oder Harn führt man durch den Nachweis der Opiumalkaloide sowie der Mekonsäure. Die Objekte werden mit Alkohol versetzt und mit Salzsäure schwach angesäuert. Man läßt die Mischung bei etwa 60° einige Stunden stehen und filtriert oder koliert von dem Ungelösten ab. Die klare Lösung wird auf dem Wasserbade eingeengt, bis der Alkohol verdunstet ist, dann mit Wasser aufgenommen und zwecks Entfernung färbender Substanzen mit Äther ausgeschüttelt. Man gibt nunmehr erwärmten Amylalkohol zu und schüttelt die warme Lösung mehrmals damit aus. Im Verdunstungsrückstand des Amylalkohols kann die Mekonsäure nachgewiesen werden. Man säuert mit Salzsäure schwach an und fügt einige Tropfen Eisenchloridlösung zu. (Weiteres s. unten.) Auch kann man so verfahren, daß man den alkoholischen Auszug bis zur Trockene verdampft, den Rückstand mit heißem Wasser aufnimmt und filtriert. Ist die Lösung stärker gefärbt, so kann man durch Ausschütteln mit Benzol den Farbstoff wegnehmen. Der wäßrigen Lösung setzt man nun Magnesiumoxyd zu, kocht und filtriert von dem ungelösten Magnesiumoxyd ab. Nachdem man das Filtrat auf ein kleines Volumen eingedampft hat, fügt man einige Tropfen Salzsäure bis zur schwach sauren Reaktion zu. Nach Zusatz von einigen Tropfen Eisenchloridlösung muß bei Anwesenheit von Mekonsäure eine blut- bis braunrote Färbung entstehen. Fügt man alsdann noch einige Tropfen verd. Salzsäure zu, so darf keine Gelbfärbung bzw. Entfärbung, selbst nach dem Erhitzen nicht, eintreten. Einige Tropfen Goldchloridlösung dürfen die Färbung nicht zum Verschwinden bringen.

Die durch Abspaltung von Kohlensäure aus der Mekonsäure sich bildende Komensäure gibt mit Eisenchlorid dieselbe Reaktion wie Mekonsäure.

c) Opiumalkaloide und Abkömmlinge.

α) **Morphin,** $C_{17}H_{19}NO_3 + H_2O$, krystallisiert mit 1 Mol Krystallwasser und bildet farblose, durchscheinende Nadeln oder kurze rhombische Prismen von stark bitterem Geschmack. Als tertiäre Base gibt das Morphin mit Salzsäure, Schwefelsäure, Essigsäure, Salicylsäure u. a. krystallisierende Salze, die meist als solche in der Arzneimittelkunde Anwendung finden. Das Morphin bzw. seine Salze werden von sämtlichen Alkaloiden des Opiums in der Medizin am meisten gebraucht. Die Base selbst ist in den meisten Lösungsmitteln schwer löslich. Die besten Lösungsmittel sind heißer Alkohol, Chloroform und Amylalkohol. Infolge seines Phenolcharakters gibt Morphin mit ätzenden Alkalien lösliche Salzverbindungen, Phenolate, die in Wasser leicht löslich sind. Durch Ammoniak oder Natriumbicarbonat wird Morphin aus seinen Salzverbindungen in wäßriger Lösung als Base abgeschieden.

Die Base ist leicht oxydierbar, wirkt auf Metallsalzlösungen reduzierend und scheidet aus Jodsäure Jod ab. — Schmelzpunkt 230° bei langsamem Erhitzen. Die Lösungen des Morphins und seiner Salze haben linksdrehende Eigenschaften. $[\alpha]_D = -98{,}41^0$ für das salzsaure Salz.

β) **Apomorphin** ($C_{17}H_{17}O_2N$). Wird Morphin oder Codein mit überschüssiger Salzsäure erhitzt, so spaltet es unter Umlagerung des Alkohol-Hydroxyls Wasser ab und bildet ein zweites Phenolhydroxyl, das sog. Apomorphin. Frisch gefällt, ist Apomorphin eine weiße, schwer krystallisierbare Masse, die in Wasser schwer löslich ist, leicht löslich dagegen in Alkohol, Äther und Chloroform. Mit ätzenden Alkalien bildet es infolge seiner zwei Phenolgruppen, wie Morphin, in Wasser lösliche Phenolate. An der Luft nimmt Apomorphin bald eine grüne Färbung an; Wasser und Alkohol nehmen die Farbe des Apomorphins an. Aus einer solchen Lösung nehmen Äther und Benzol grün gefärbtes Apomorphin nach Zusatz von Ammoniak mit purpurroter Farbe auf, während Chloroform es mit violetter Farbe löst. Die grüngefärbte Apomorphinlösung wird auf Zusatz von Alkalien purpurrot. Mit Säuren bildet Apomorphin infolge seines Basencharakters in Wasser lösliche Salze.

γ) **Morphosan** (Morphinmethylbromid) $C_{17}H_{19}O_3N{<}^{CH_3}_{Br} + H_2O$. Wird Morphin mit Methylbromid bei Gegenwart von Alkohol erhitzt, so lagert sich Methylbromid an. Es bilden sich farblose, feine Nadeln, die in kaltem Wasser löslich und leicht löslich in heißem Wasser sind. Methyl- und Äthylalkohol lösen Morphosan ziemlich schwer auf. In Aceton, Chloroform und Äther ist es unlöslich. Durch Bromkalium läßt sich Morphosan aussalzen. Durch Alkalilauge, Ammoniak und Natriumcarbonat wird Morphosan aus wäßriger Lösung nicht gefällt. Morphosan ist eine quaternäre Base. Schmelzpunkt 265—266°.

δ) **Euporphin,** $C_{17}H_{17}O_2N{<}^{CH_3}_{Br}$. Es wird durch längere Einwirkung von Brommethyl auf Apomorphin in ätherischer Lösung hergestellt; es bildet kleine, schwach glänzende Nädelchen von stark bitterem Geschmack. Euporphin ist als Salz einer quaternären Base aus diesem Grunde in Äther, Chloroform usw. nicht löslich. Mit Natronlauge geschüttelt, wird die Lösung dunkelrot gefärbt. — Schmelzpunkt 155—156°.

ε) **Heroin** (Diacetylmorphin), $C_{17}H_{17}O_3N(C_2H_3O)_2$. Durch Einwirkung von Essigsäureanhydrid auf Morphin entsteht Heroin, das als salzsaures Salz medizinische Anwendung findet. Die Base bildet weiße Prismen von bitterem Geschmack; sie ist in Wasser fast unlöslich, in Äther und kaltem Alkohol nur schwer, in heißem Wasser, Alkohol, Chloroform und Benzol ziemlich leicht löslich. Durch Einwirkung von Alkalien, Ammoniak und Natriumcarbonat wird die Base gefällt, ein Überschuß von Ammoniak oder Alkalien löst aber die Base wieder auf. Durch verd. Säure und auch schon durch Kochen mit Wasser wird die Base in Morphin und Essigsäure gespalten. — Schmelzpunkt 171—173°.

ζ) **Codein** (Methyl-morphin) $C_{18}H_{21}O_3N$. In geringer Menge findet sich Codein im Opium. Das meiste Codein, das arzneilich eine Rolle spielt, wird synthetisch durch Erhitzen von 1 Molekül Morphin, Natriumhydroxyd und Jodmethyl in methylalkoholischer Lösung auf 60° hergestellt. Aus wasserfreiem Äther oder Benzol scheidet es sich in kleinen, rhombischen, wasserfreien Krystallen aus, die stark bitter schmecken. Aus wasserhaltigen Lösungen krystallisiert es mit 1 Mol. Krystallwasser und schmeckt schwach bitter. In kaltem Wasser und Petroläther ist Codein schwer, in heißem Wasser leicht löslich, ebenso in Alkohol, Äther, Chloroform, Benzol und Amylalkohol. Mit Säuren bildet es Salze. Arzneilich wird meist phosphorsaures Codein verwendet. Wird Codein mit starken Mineralsäuren erhitzt, so bildet sich Apomorphin. Alkalilaugen fällen Codein quantitativ, während es aus seinen Salzlösungen durch Ammoniak nicht gefällt wird. — Schmelzpunkt 155° (wasserfrei); $[\alpha]_D^{20} = -137{,}75°$.

η) **Dicodid** (Dihydrocodeinon) $C_{18}H_{21}NO_3$. Arzneilich wird das weinsaure- und salzsaure Salz benutzt. Das salzsaure Salz bildet feine weiße Nadeln, die in Alkohol und Wasser leicht löslich sind. Dem salzsauren Salz kommt die Formel $C_{18}H_{21}NO_3 \cdot HCl + 2\,H_2O$ zu. — Schmelzpunkt der Base 193—194°.

ϑ) **Dionin** (salzsaures Äthylmorphin) $C_{17}H_{17}NO(OH)(OC_2H_5) \cdot HCl + 3\,H_2O$. Unter Dionin wird das salzsaure Salz des Äthylmorphins verstanden. Die Darstellung ist ähnlich der des Codeins. Das salzsaure Salz ist ein weißes, krystallines Pulver, das in Alkohol und Wasser leicht löslich ist. Die freie Base ist in Wasser schwer, leicht löslich in Alkohol, Äther und Chloroform. — Schmelzpunkt der Base 110—120°.

ι) **Peronin** (salzsaures Benzylmorphin) $C_{17}H_{17}NO(OH)(OC_7H_7).HCl$. Die Base bildet glänzende Prismen oder Tafeln, die in Wasser fast unlöslich, dagegen in Alkohol, Äther, Benzol und Chloroform leicht löslich sind. Peronin wird durch Kochen von Morphin mit Natriumäthylat und Benzoylchlorid hergestellt. Das salzsaure Salz ist in Wasser und Alkohol schwer löslich, von bitterem Geschmack und spaltet sich beim Kochen in Benzoylchlorid und Apomorphin. — Schmelzpunkt der Base 131—132°, bei vorheriger Trocknung bei 100°.

κ) **Narkotin,** $C_{22}H_{23}NO_7$. Es ist ein Bestandteil des Opiums. Aus Alkohol krystallisiert es in langen, farblosen, glänzenden Nadeln, die geschmacklos sind und keine alkalische Reaktion zeigen. In kaltem Wasser ist Narkotin nicht, in heißem Wasser nur sehr schwer löslich. Leichter löslich ist es in siedendem Alkohol und Chloroform, ferner in Äther, Essigäther und Benzol, zum Unterschied von Morphin, welches sich in Benzol nicht löst. Der Basencharakter des Narkotins ist sehr schwach; es bildet deshalb nur mit starken Säuren Salze, die in Wasser hydrolytisch gespalten werden und deren Lösungen deshalb sauer reagieren. Durch Chloroform läßt es sich schon in saurer Lösung ausschütteln, durch Natriumacetat wird es aus seinen wäßrigen Salzlösungen als Base gefällt. Narkotin zählt zu den Isochinolin-Derivaten. — Schmelzpunkt 176°. Die Base dreht das polarisierte Licht nach links, die Salze dagegen in saurer Lösung nach rechts ab.

λ) **Cotarnin,** $C_{12}H_{15}NO_4$. Es ist ein Oxydations- und Spaltungsprodukt des Narkotins. Aus Benzol krystallisiert, bildet es farblose, sternförmige Nadeln, die in heißem Wasser schwer, leicht in Alkohol und Äther, nicht aber in Kalilauge sich lösen. Cotarnin ist eine einsäuerige, alkalisch reagierende, bitter schmeckende, quaternäre Base, die mit Säuren leicht lösliche und gut krystallisierende Salze gibt. Das salzsaure Salz, Stypticin, und das phthalsaure Salz, Styptol, finden arzneiliche Anwendung. — Schmelzpunkt 102—105°.

μ) **Papaverin,** $C_{20}H_{21}NO_4$. Es ist ein weiterer, wenn auch in bedeutend geringerer Menge als Morphin vorkommender Bestandteil des Opiums und bildet farblose, geschmacklose, neutral reagierende Prismen, die in heißem Alkohol, Chloroform und Aceton leicht, in kaltem Alkohol, Äther und Benzol schwer löslich sind. Als schwache Base reagieren die Salze in wäßriger Lösung stark sauer, infolgedessen ist Papaverin aus saurer Lösung als freie Base ausschüttelbar. Am geeignetsten als Ausschüttelungsmittel ist Chloroform. Neuerdings findet Papaverin in der Arzneikunde häufiger Anwendung. — Schmelzpunkt 147°.

ν) **Thebain,** $C_{19}H_{21}NO_3$. Es kommt ebenfalls in sehr geringer Menge im Opium vor. Thebain ist eine tertiäre Base, die als Methyläther des Codeinons in seiner Enolform aufzufassen ist. Thebain krystallisiert aus verd. heißem Alkohol in farblosen Blättchen, aus hochprozentigem Alkohol in derben Prismen, die alkalisch reagieren. In Wasser ist es fast unlöslich, schwer löslich in Äther, leicht löslich dagegen in Alkohol, Chloroform und Benzol. Durch Kalilauge und Ammoniak wird es aus seinen Salzlösungen als Base ausgefällt; überschüssiges Ammoniak löst die Base wieder auf. Von seinen Salzen ist das Bitartrat und Salicylat schwer löslich in Wasser. — Schmelzpunkt 193°. Thebain dreht in seinen Lösungen das polarisierte Licht nach links.

ξ) **Eukodal** (Dihydrooxycodeinon); salzsaures Salz, $C_{18}H_{21}NO_4 \cdot HCl$: Durch Oxydation mit Wasserstoffsuperoxyd wird Thebain in schwefelsaurer Lösung in Oxycodeinon übergeführt. Das salzsaure Salz führt in der Arzneikunde den Namen Eukodal. Als salzsaures Salz einer tertiären Base fehlen ihm die Eigenschaften eines Phenols. Durch Ammoniak oder Alkalien wird eine Fällung der Base aus ihren Salzlösungen bewirkt. Die Base ist in Äther schwer, leicht dagegen in Chloroform löslich. — Schmelzpunkt der Base 218—220°, des salzsauren Salzes 270°. Für eine 5%ige wäßrige Lösung ist $[\alpha]_D^{20} = -125°$.

o) **Narcein,** $C_{23}H_{27}NO_8 + 3H_2O$. Es ist das in geringster Menge im Opium vorkommende Alkaloid. Synthetisch kann es aus Narkotin hergestellt werden. Aus heißem Wasser krystallisiert Narcein mit 3 Mol. Krystallwasser in langen, weißen, glänzenden Büscheln, die einen schwach bitteren Geschmack besitzen und neutral reagieren. In Äther, Benzol und Petroläther ist Narcein unlöslich, in kaltem Alkohol, Amylalkohol und Chloroform schwer, leichter dagegen in diesen drei Lösungsmitteln in der Wärme löslich. Aus einer mit Ammoniak oder Natriumbicarbonat alkalisch gemachten wäßrigen Lösung seiner Salze ist es mit Chloroform, das 10% Alkohol enthält, in der Kälte ausschüttelbar. Narcein ist eine tertiäre Base mit zwei Methylgruppen und einer Carboxylgruppe. Infolge seines basischen und zugleich sauren Charakters kann es aus saurer oder stärker alkalischer Lösung nicht ausgeschüttelt werden. — Schmelzpunkt der lufttrockenen Krystalle 165°.

d) Ausmittelung und Trennung der Opiumalkaloide und deren Derivate.

Um die Anwesenheit von Opium festzustellen, wird vor allem versucht, die Mekonsäure (S. 1348) nachzuweisen. Ferner wird noch Morphin und das eine oder andere Alkaloid des Opiums, am besten Narkotin, zu identifizieren versucht.

Über die spezielle Isolierung des Morphins als solches s. S. 1352.

Die Ausmittelung der Opiumalkaloide erfolgt nach der Methode von Stas-Otto. Hierbei findet sich ein Teil der Alkaloide in der Ausschüttelung der sauren, ein Teil in der natronalkalischen und der Rest in der ammoniakalischen oder natriumbicarbonatalkalischen Lösung vor. Auch die Unlöslichkeit oder Schwerlöslichkeit in diesem oder jenem Ausschüttelungsmittel wird hierzu mit angewendet.

Man verfährt am besten nach dem von Gadamer[1] aufgestellten Gang:

1. Leichenteile, Erbrochenes, Magen- und Darminhalt, Urin oder sonstige Objekte werden unter Zusatz von verd. Schwefelsäure bis zur schwach sauren Reaktion mit Alkohol ausgezogen und nach vorsichtiger Vertreibung des Alkohols aus dem Filtrat auf dem Wasserbade und weiterer Reinigung (S. 1322) ein schwach schwefelsaurer, wäßriger Auszug hergestellt, der dann mehrmals mit Äther ausgeschüttelt wird. In den Äther gehen außer färbenden Substanzen auch Spuren von Narkotin und Papaverin sowie Mekonin mit über.

[1] Gadamer: Lehrbuch der chemischen Toxikologie.

2. Der saure, wäßrige Anteil wird durch Erwärmen vom Äther befreit und nun mit Amylalkohol mehrmals ausgeschüttelt. Von diesem Amylalkohol wird die Mekonsäure aufgenommen.

3. Der in der sauren, wäßrigen Lösung verbliebene Amylalkohol wird nun zunächst durch Ausschütteln mit Petroläther entfernt, dann die schwach schwefelsaure Lösung mit Natronlauge schwach alkalisch gemacht und nun durch Ausschüttelung mit Äther Papaverin, Thebain, Narkotin und Codein im wesentlichen der Lösung entzogen.

Um aus diesem Alkaloidgemisch das Narkotin abzutrennen, wird der Verdampfungsrückstand der in dem Äther in Lösung gegangenen Alkaloide in schwach mit Schwefelsäure angesäuertem Wasser aufgenommen, von ungelösten, harzigen Stoffen abfiltriert und die wäßrige Lösung solange mit gesättigter Natriumacetatlösung versetzt, bis keine Ausfällung mehr stattfindet. Als schwache Base werden hierdurch Narkotin und Papaverin abgeschieden, während Codein und Thebain in Lösung bleiben[1].

4. Die abgeschiedenen Basen des Narkotins und Papaverins werden auf einer kleinen Nutsche gesammelt, ausgewaschen und wiederum in schwach schwefelsaurem Wasser gelöst. Die Lösung wird alkalisch gemacht und alsdann mit Benzol ausgeschüttelt, in dem Narkotin leicht und Papaverin schwer löslich ist.

5. Die Benzollösung läßt man auf dem Wasserbade bei geringer Temperatur verdunsten. Das Narkotin bleibt als nicht krystalline, harzige Masse zurück und kann aus Alkohol umkrystallisiert werden. Diese Krystalle dienen alsdann zum näheren Nachweis des Narkotins (S. 1354).

6. Die natronalkalische Lösung, der durch Petroläther das Narkotin, Papaverin, Thebain und Codein entzogen wurde, wird zunächst zur Entfernung der Verunreinigungen mit Chloroform ausgezogen, dann mit verd. Schwefelsäure angesäuert, mit Natriumbicarbonat schwach alkalisch gemacht und mehrmals mit heißem, alkoholhaltigem Chloroform ausgeschüttelt. Der Verdampfungsrückstand des Chloroformauszuges enthält das Morphin und wird nach weiterer Reinigung (S. 1353, unter Morphinnachweis) zum Nachweis benutzt. Spuren Narcein, die mit dem Morphin in Lösung gehen, sind für den Nachweis des Morphins bzw. des Opiums selbst belanglos. Die Spezialreaktionen auf Morphin und Narkotin s. S. 1353, 1354.

e) Isolierung des Morphins.

Da Morphin am meisten medizinische Anwendung findet, so ist auch die Zahl der Morphiumvergiftungen nicht unerheblich.

Die bei dem analytischen Gang von Stas-Otto nach der zweiten Ätherausschüttelung restierende natronalkalische, wäßrige Lösung wird nach vorherigem Ansäuern mit verd. Schwefelsäure entweder mit Ammoniak oder besser mit Natriumbicarbonat bis zur deutlich alkalischen Reaktion versetzt. Ist Apomorphin zugegen, so ist die weinsaure Lösung nach Stas-Otto grün gefärbt und wird beim Alkalisieren nach einiger Zeit rot. In diesem Falle schüttelt man zunächst mit Äther aus, in welchem Apomorphin löslich ist. Ist keine derartige Färbung zu beobachten, so schüttelt man am besten die erwärmte alkalische Lösung mit warmem Chloroform mehrmals aus. Nach Kippenberger setzt man zweckmäßig dem Chloroform etwa $^1/_{10}$ Teil Alkohol zu, jedoch ist hier die Gefahr vorhanden, daß mehr Verunreinigungsstoffe vom Chloroform gelöst werden. Auch warmer Amylalkohol kann zur Ausschüttelung verwendet werden. Da Morphin in Äther sehr schwer löslich ist, so läßt sich durch häufigere Ausschüttelung mit Äther, dem 1—1,5% Alkohol zugesetzt ist, Morphin ziemlich

[1] Plugge: Arch. Pharm. 1887, 343.

rein erhalten und wird auch von etwa vorhandenem Narcein frei sein, das nicht in den Äther mit übergeht. Eine weitere Reinigung kann durch Lösung in verd. Säure und erneutes Ausschütteln der Base erfolgen.

Über die Reaktionen auf Morphin s. unten.

Nach DRAGENDORFF und auch nach KIPPENBERGER soll Morphin nach der Einnahme im Organismus sich in Oxydimorphin umlagern, ein strikter Beweis hierfür ist jedoch nicht erbracht. MARQUIS und CLOETTA haben Verfahren ausgearbeitet, um auch das umgewandelte Morphin durch Rückverwandlung zum Nachweis zu bringen.

CLOETTA[1] verfährt in der Weise, daß man die in der Hackmaschine fein zerkleinerten Leichenteile, Erbrochenes, Magen- oder Darminhalt innig mit Wasser durchmischt, mit Essigsäure ansäuert, aufkocht, und vom Ungelösten durch Abkolieren und spätere Filtration befreit. Die zurückbleibende Masse wird nochmals mit heißem Wasser, das etwas Essigsäure enthält, gut durchgemischt und wie vorhin von dem Ungelösten getrennt. Die vereinigten Filtrate werden mit Bleiessig gefällt, der Bleiessigniederschlag gesammelt und mit heißem Alkohol solange extrahiert, bis eine kleine Probe mit FRÖHDEs Reagens keine Reaktion mehr gibt. Der so gewonnene Alkoholauszug enthält noch gelöstes Blei. Durch Einleiten von Schwefelwasserstoff wird das Blei gefällt und im Filtrat der überschüssige Schwefelwasserstoff durch Durchsaugen von Luft verjagt. Der Alkohol, der essigsauer sein muß, wird auf dem Wasserbade bis auf etwa 200 ccm eingeengt und, um auch Spuren von Blei noch zu entfernen, erneut Schwefelwasserstoff eingeleitet und weiter behandelt wie vorher. Die Lösung wird nun auf etwa 20 ccm eingeengt, mit Ammoniak bis zur schwach alkalischen Reaktion versetzt und mit heißem Chloroform oder Isobutylalkohol ausgeschüttelt. Nachdem Chloroform oder Isobutylalkohol sich geklärt haben, wird filtriert und die Lösung bei niederer Temperatur langsam verdunstet. Den Rückstand nimmt man mit einem Gemisch von absol. Alkohol, Chloroform und Benzol (2:2:1) unter schwachem Erwärmen auf. Nach der Klärung, die bis zu 24 Stunden ausgedehnt werden muß, damit die Extraktivstoffe und sonstigen Verunreinigungen sich ausscheiden können, wird die Lösung filtriert, eingedunstet, der verbleibende Rückstand in wenig essigsaurem Wasser gelöst, nach vorheriger Filtration auf 2—3 ccm eingedampft und jetzt mit einigen Tropfen Ammoniak bis zur schwach alkalischen Reaktion versetzt. Wenn die Ausscheidung des Morphins nicht nach einigen Stunden erfolgt ist, so impft man mit einem Morphinkrystallstäubchen. Man kann den entstandenen Niederschlag auf einem kleinen Filterchen oder in einem Filtertiegel sammeln, mit etwa 2 ccm Wasser auswaschen, bei 100^0 trocknen und zur Wägung bringen oder das Morphin auch auf titrimetrischem Wege bestimmen.

Die in Salzsäure gelöste Base kann zum Identitätsnachweis benutzt werden.

MARQUIS säuert schwach mit Salzsäure an und erwärmt den Brei bis zu 5 Minuten auf dem siedenden Wasserbad zur Zerlegung des Oxydimorphins.

f) Reaktionen und sonstiges analytisches Verhalten der Opiumalkaloide.

α) **Morphin.** 1. Das isolierte Morphin muß die Reaktionen mit den allgemeinen Alkaloidreagenzien geben. Allerdings gibt Tannin nur eine schwache Trübung. Die Platin- und Golddoppelsalze sind ziemlich leicht löslich in Wasser. Auch der Schmelzpunkt des salzsauren Salzes, der jedoch nicht scharf ist, und die Linksdrehung seiner Lösung kann zur Identifizierung benutzt werden.

2. Konz. Salpetersäure löst Morphin mit blutroter Farbe, die allmählich in Gelb übergeht, auf. Setzt man der gelben Lösung ein Reduktionsmittel, Schwefelammonium oder Zinnchlorürlösung, zu, so tritt eine violette Färbung auf (Unterschied von Brucin).

[1] CLOETTA: Arch. exper. Pathol. u. Pharmakol. 1903, 455.

3. HUSEMANNsche Reaktion. Löst man etwas Morphin in konz. Schwefelsäure, so tritt keine oder nur eine schwach rötliche Färbung auf. Wird eine derartige Lösung nun $^1/_2$ Stunde auf dem Wasserbade in einem Uhrglase erwärmt — man kann auch das Uhrgläschen ganz kurz über einer kleinen Flamme bis zur Entwicklung weißer Dämpfe erhitzen —, so tritt eine rötlich bis braune Färbung auf. Setzt man nun nach völligem Erkalten einen Tropfen konz. Salpetersäure oder ein Körnchen Kaliumnitrat zu, so tritt zuerst eine rotviolette Färbung auf, die bald in Blutrot übergeht, später gelb wird und dann verblaßt. (Überführung in Apomorphin.)

4. PELLAGRIsche Reaktion. Man löst auf einem Uhrglas eine Spur Morphin in konz. Salzsäure, fügt konz. Schwefelsäure zu und erwärmt das Uhrglas auf dem Wasserbade solange, bis die Salzsäuredämpfe entwichen sind, setzt dann das Erwärmen noch $^1/_4$ Stunde fort. Der rotgefärbte Rückstand wird in 2—3 ccm Wasser gelöst und mit Natriumbicarbonat vorsichtig bis zur schwach alkalischen Reaktion versetzt. Fügt man alsdann einige Tropfen Jodtinktur zu, so entsteht eine smaragdgrüne Färbung. Ein Jodüberschuß ist, da er die Färbung verdeckt, zu vermeiden. Gibt man die Lösung in ein Reagensglas und schüttelt mit Äther durch, so färbt sich der Äther rot, während die wäßrige Lösung die grüne Färbung behält. (Überführung in Apomorphin.)

5. FRÖHDEs Reagens gibt eine violette Farbe, die über Blau und Grün in schwaches Rot übergeht. Ziemlich charakteristisch.

6. MARQUIS' Reagens gibt eine purpurrote Färbung, die von Violett in Blau übergeht. Apomorphin, Narkotin, Papaverin und Codein geben eine ähnliche Farbreaktion. Schärfe 1:25000.

7. Erwärmt man eine wäßrige Morphinsalzlösung mit ammoniakalischer Silbernitratlösung, so tritt Braunfärbung und Abscheidung von Silber ein.

8. Eisenchloridprobe. Infolge seines Phenolcharakters geben Morphinsalze in neutraler Lösung mit 1—2 Tropfen Eisenchloridlösung eine blaue Färbung. Man kann auch eine Mischung von etwas Eisenchlorid und Ferricyankali zusetzen. Es tritt infolge Reduktion des Ferricyankalis eine Blaufärbung, Berlinerblau, auf.

9. Jodsäureprobe. Wird eine schwach schwefelsaure Morphinlösung mit etwas Jodsäure versetzt, so tritt eine schwache Gelbfärbung der Lösung durch ausgeschiedenes Jod ein. Schüttelt man die wäßrige Lösung mit einigen Tropfen Chloroform durch, so sind die sich abscheidenden Chloroformtröpfchen violett gefärbt.

10. Uransalzprobe. Fügt man zu einer kleinen Menge der freien Base einige Tropfen reinen Methyl- oder Äthylalkohol und einen kleinen Krystall Uranylnitrat, so entsteht nach dem Umrühren eine rotgefärbte Lösung. Ist viel Morphin vorhanden, so scheidet sich Morphinuranat aus, das bei weiterem Zusatz von Uranylnitrat wieder verschwindet. Die Reaktion zeigt die Anwesenheit freier Phenolgruppen an.

Oxydimorphin gibt mit MARQUIS' Reagens gelb-rote Färbung. Mit konz. Schwefelsäure und Rohrzucker tritt Blaufärbung ein, die in Grün übergeht. Morphin wird rot.

Physiologischer Versuch. Eine kleine Menge des salzsauren Morphins wird in einigen Tropfen physiologischer Natriumchloridlösung gelöst und einer weißen Maus unter die Rückenhaut gespritzt. Schon nach wenigen Minuten tritt die typische S-Stellung des Schwanzes ein. Der Gang des Tieres ist erschwert, was auf Lähmungserscheinungen der Hinterbeine beruht. Das Tier zeigt starke Erregungserscheinungen. Außer Morphin bewirken Codein, Dionin, Thebain usw. ähnliche Auslösungen.

Die quantitative Bestimmung des Morphins kann entweder gewichtsanalytisch oder titrimetrisch erfolgen. Siehe unter Alkaloidbestimmung S. 1340. Im Harn finden sich bei Einnahme von Morphin geringe Mengen desselben an Glucuronsäure gebunden vor.

Zu bemerken ist noch, daß auch Morphin-Ptomaine mit starker Reduktionswirkung bekannt sind. Durch genügende Reinigung des Alkaloids lassen sie sich entfernen. Diese Ptomaine geben nicht die anderen Morphinreaktionen.

β) Narkotin. Über die Eigenschaften s. S. 1350. Narkotin kann im STAS-OTTOschen Verfahren schon in saurer Lösung durch Lösungsmittel ausgeschüttelt werden.

1. Konz. Schwefelsäure färbt Narkotin grünlichgelb. Die Färbung geht in Gelbrot über, und nach einigen Tagen wird die Lösung himbeerrot. Verd. Schwefelsäure färbt Narkotin nach dem Verdunsten auf dem Wasserbade rotgelb; erwärmt man den Rückstand stärker, so tritt eine carmoisinrote Färbung auf; wenn die überschüssige Schwefelsäure zu verdampfen beginnt, bilden sich am Rande blauviolette Streifen. Allmählich geht die Farbe der ganzen Lösung in Rotviolett über (DRAGENDORFF).

2. FRÖHDES Reagens ruft eine blaugrüne, dann grüne und zuletzt rötlichgelbe Färbung hervor. Wendet man konz. FRÖHDEsches Reagens an, so löst dieses Narkotin mit grüner Farbe, die in schönes Kirschrot übergeht. (Reagens 0,05 g Ammoniummolybdat + 1 ccm konz. Schwefelsäure.)

3. Reaktion von WANGERIN. Fügt man zu einer Narkotinlösung, 0,01 in 20 Tropfen konz. Schwefelsäure, 1—2 Tropfen einer konz. Saccharoselösung und erwärmt die Lösung 1 Minute lang unter Umrühren auf einem kochenden Wasserbade, so geht die grünlichgelbe Färbung über eine braune, braunviolette in eine intensiv blauviolette Färbung über, die sich einige Stunden hält.

4. Reaktion von COUERBE. Setzt man zu einer Lösung von Narkotin in konz. Schwefelsäure nach etwa 2 Stunden eine Spur Salpetersäure, so tritt eine Rotfärbung ein, die nach einiger Zeit noch intensiver wird. Das Reagens nach ERDMANN löst eine ähnliche Reaktion aus.

γ) Papaverin. Im analytischen Gang nach STAS-OTTO kann das Papaverin aus der sauren Lösung vermittels Chloroform ausgeschüttelt werden. Allgemeine Eigenschaften s. unter Papaverin S. 1350.

Reaktionen. 1. Konz. Schwefelsäure löst Papaverin ohne Färbung auf. Nach längerem Erhitzen tritt eine schwache Blauviolettfärbung auf.

2. Konz. Schwefelsäure ruft eine Gelbfärbung hervor.

3. FRÖHDES Reagens wird in der Kälte grün, in der Wärme blau gefärbt.

4. Konz. Schwefelsäure, die in 10 ccm 1 Tropfen Eisenchloridlösung enthält, färbt Papaverin beim Erwärmen blau bis blaurot.

5. MECKES Reagens färbt Papaverin in der Kälte grünlich, dann dunkelstahlblau. In der Wärme geht die Färbung in Dunkelviolett über.

6. MARQUIS' Reagens ruft eine schwache Rosafärbung hervor, die allmählich dunkel violettrot wird.

δ) Thebain. Es läßt sich infolge seiner stark basischen Eigenschaften nur in natronalkalischer Lösung durch Lösungsmittel ausschütteln. Am geeignetsten ist Chloroform. Allgemeine Eigenschaften s. unter Thebain S. 1351.

Reaktionen. 1. Konz. Schwefelsäure ruft eine blutrote Färbung hervor, die langsam gelbrot wird. Ähnliche Reaktionen geben FRÖHDES, MANDELINS und ERDMANNS Reagens.

2. MECKES Reagens bewirkt in der Kälte eine tief orangerote Farbe, die bald verschwindet.

3. MARQUIS' Reagens gibt gelbrote bis braune Färbung.

ε) Narcein. Es läßt sich am besten in schwach ammoniakalischer oder natriumbicarbonatalkalischer Lösung zusammen mit Morphin ausschütteln. Die Trennung von Morphin kann nach KIPPENBERGER[1] vermittels der verschiedenen Löslichkeit der gerbsauren Salze in schwach salzsaurer Lösung durchgeführt werden.

Reaktionen. 1. Konz. Schwefelsäure färbt Narcein gelb. Die Gelbfärbung geht nach einigen Stunden in eine blutrote über; schneller bildet sich die Rotfärbung durch Erwärmen.

2. Konz. Salpetersäure ruft gelbliche Färbung hervor.

3. FRÖHDES Reagens löst Narcein mit braungrüner Farbe, die allmählich in Grün und schließlich in Rot übergeht.

4. Jodwasser färbt festes Narcein blau. Morphin verhindert oder beeinträchtigt die Farbe erheblich.

5. ERDMANNS Reagens löst Narcein mit gelber Farbe, beim Erwärmen wird die Farbe dunkelorange.

6. Resorcin-Schwefelsäure. Wird etwa 0,01 g Resorcin mit einigen Tropfen Schwefelsäure verrieben und setzt man alsdann der intensiv gelbgefärbten Lösung unter Umrühren auf dem kochenden Wasserbade eine Spur Narcein zu und erwärmt, so tritt eine carmoisinrote bis kirschrote Färbung ein. Beim Erkalten geht die Färbung in Orangegelb über.

7. Chlorwasserreaktion. Wird Narcein mit Chlorwasser übergossen und etwas Ammoniak zugesetzt, so tritt eine tiefrote Färbung auf.

8. Tannin-Schwefelsäure. Erhitzt man eine Spur Narcein, etwa 0,005 g mit etwas Tannin, etwa 0,01 g, und 10 Tropfen konz. Schwefelsäure auf dem Wasserbade unter Umrühren, so nimmt die erst gelbbraune Lösung einen rein grünen Farbenton an. Erwärmt man länger, so schlägt die Farbe über einen blauen Farbenton in schmutziges Grün um. Ähnliche Reaktion geben Narkotin und Hydrastin.

[1] KIPPENBERGER: Grundlagen für den Nachweis von Giftstoffen.

ζ) **Apomorphin.** Ist Apomorphin zugegen, so sind die wäßrigen Auszüge nach STAS-OTTO grün gefärbt und nehmen bei einigem Stehen an der Luft nach Zusatz von Natronlauge bis zur schwach alkalischen Reaktion eine blutrote Farbe an. Die Ätherauszüge sind bei Gegenwart von Apomorphin blutrot oder violettrot gefärbt. Apomorphin ist aus der ammoniakalischen oder natronbicarbonatalkalischen Lösung mit Äther ausschüttelbar.

Reaktionen. 1. Konz. Schwefelsäure löst Apomorphin ohne Färbung auf. Fügt man der Lösung eine Spur Salpetersäure zu, so tritt eine vorübergehende violette Färbung ein, die in Blutrot und dann in Gelbrot übergeht. Konz. Salpetersäure allein ruft eine violettrote, dann rotbraune und schließlich braunrote Färbung hervor.

2. MARQUIS Reaktion. Auf Zusatz dieses Reagenzes entsteht eine schnell vorübergehende Violettfärbung, die alsdann schwarzgrün wird.

3. Eisenchlorid ruft eine völlig blaue Färbung hervor, die violett und endlich schwarz wird. Morphin wird blau, Codein, Dionin und Heroin geben braune Färbung.

4. WANGERINsche Reaktion. Die Lösung von salzsaurem Apomorphin wird mit etwa 4 Tropfen einer 0,1%igen Kaliumbichromatlösung versetzt und dann 1 Minute geschüttelt. Es tritt eine dunkelgrüne Färbung auf. Schüttelt man dieses Gemisch mit einigen Kubikzentimetern Essigäther, so wird dieser schön violett gefärbt. Setzt man nun einige Tropfen einer 1%igen Zinnchlorürlösung zu, so wird nach dem Umschütteln der Essigäther grün, nach Zusatz von Bichromatlösung wieder violett gefärbt.

5. FEINBERGsche Reaktion[1]. Wird salzsaures Apomorphin in ziemlich viel Wasser gelöst und alsdann mit einigen Tropfen einer 1%igen Ferricyankaliumlösung versetzt und mit 1 ccm Benzol gut geschüttelt, so färbt sich das Benzol amethystfarben und wird auf Zusatz von einigen Tropfen verd. Natriumbicarbonatlösung nach dem Umschütteln zuerst violettrot und dann violett gefärbt. Die Reaktion ist sehr scharf und wird durch andere Opiumalkaloide nicht gehindert.

6. Ammoniakalische Silbernitratlösung wird von Apomorphin, zum Unterschied von Morphin, Codein, Dionin und Heroin, bereits in der Kälte reduziert.

η) **Euporphin.** Es kann als quaternäre Base in saurer und alkalischer, bzw. natriumbicarbonatalkalischer Lösung nicht ausgeschüttelt werden (Unterscheidung von Apomorphin). Die Isolierung kann durch Extraktion des nach STAS-OTTO erhaltenen, mit Seesand vermischten Abdampfrückstandes mittels Alkohol vorgenommen werden.

Das Euporphin gibt die gleichen Reaktionen, bzw. gleicht in seinen Reaktionen dem Apomorphin. Durch Jodlösung wird es braungelb gefärbt.

ϑ) **Morphosan** ist eine quaternäre Base, die infolgedessen nach STAS-OTTO die gleiche Ausschüttelungsunmöglichkeit bietet wie das Euporphin. Deshalb ist auch hier die Eintrocknung mit Seesand und Extraktion mit Alkohol vorzunehmen.

Morphosan gibt die meisten Reaktionen, die auch das Morphin aufweist. Es macht aus Jodsäure Jod frei und färbt Eisenchloridlösung blau, die PELLAGRIsche Reaktion tritt nicht ein. FRÖHDEs Reagens ruft eine direkt eintretende schöne violette Färbung hervor, die sehr bald schmutzig grün und später braun wird.

ι) **Heroin.** Es spaltet leicht seinen Acetylrest ab und wird infolgedessen in Morphin zurückverwandelt und als solches im Gang nach STAS-OTTO gefunden. Aus ganz schwach alkalischer Lösung kann es unter Umständen mit Äther oder Chloroform unverändert ausgeschüttelt werden. Da seine Hydroxylgruppen besetzt sind, so kann es nicht, wie z. B. Morphin, Reaktionen auf Phenol geben, wenn aber eine Verseifung vorhergeht und die Hydroxylgruppen frei werden, so treten dann alle die Reaktionen ein, die für Morphin charakteristisch sind.

Reaktionen. 1. Konz. Salpetersäure gibt mit einer Spur Heroin eine gelbgefärbte Lösung. Erwärmt man das Gemisch auf einem Uhrglase schwach, so entsteht sofort eine Grünblaufärbung, die von der Mitte zum Rande fortschreitet. Die Färbung verblaßt nach einiger Zeit und es tritt wieder die Gelbfärbung ein.

2. Hexamethylentetramin, in geringer Menge in 5%iger Schwefelsäure gelöst, färbt Heroin goldgelb, dann safrangelb und zuletzt dunkelblau. Morphin wird sofort violettblau.

3. Wenn genügend Heroin vorliegt, so erwärmt man es mit konz. Schwefelsäure und einigen Tropfen Alkohol; es muß alsdann ein Essigäthergeruch auftreten.

[1] FEINBERG: Zeitschr. physiol. Chem. 1912, 84, 363.

ϰ) **Codein.** Es findet sich nach dem Gang von STAS-OTTO in der alkalischen Ätherausschüttelung. Da die Phenolgruppe durch eine Methylgruppe besetzt ist, so gibt es zum Unterschied von Morphin nicht die Reaktionen, die die Phenolgruppen als solche charakterisieren. Es macht aus Jodsäure kein Jod frei, Eisenchlorid wird nicht blau gefärbt.

Reaktionen. 1. Konz. Schwefelsäure färbt Codein in der Kälte nicht. Beim Erwärmen wird die Lösung schwach rötlich-blau.

2. Konz. Salpetersäure färbt Codein gelb.

3. ERDMANNS Reagens bewirkt in der Kälte keine Färbung, in der Wärme wird die Lösung blau.

4. MANDELINS Reagens ruft eine grüne, dann blau werdende Färbung hervor.

5. MECKES Reagens färbt Codein in der Kälte smaragdgrün, bei längerem Stehen geht die Farbe in Stahlblau über und ist in der Wärme beständig.

6. MARQUIS' Reagens löst Codein mit rötlichvioletter Farbe, die bald in Blauviolett übergeht und lange anhält. Es findet, im Spektralapparat betrachtet, eine Auslöschung in Orange und Gelb statt.

7. Die Reaktion mit Saccharose und konz. Schwefelsäure führt man in der Weise aus, daß man etwas Codein in konz. Schwefelsäure löst und 2—3 Tropfen konz. Saccharoselösung zusetzt und gelinde erwärmt. Es tritt eine purpurrote Färbung ein.

8. PELLAGRIsche Reaktion. Sie ist in gleicher Weise auszuführen, wie unter Morphin beschrieben; es entstehen dieselben Farbtöne, da es eine Apomorphinreaktion ist.

In der Literatur ist auch Leichencodein erwähnt; die PELLAGRIsche Reaktion gab es nicht.

λ) **Eukodal** ist aus natronalkalischer Lösung im Gang nach STAS-OTTO ausschüttelbar. Es gibt die Reaktionen nicht, die auf eine Phenolgruppe schließen lassen.

Reaktionen. 1. Konz. Schwefelsäure und ERDMANNS Reagens geben keine Färbung.

2. Salpetersäure färbt gelb.

3. MARQUIS' Reagens färbt gelb, braun und über violett rot.

μ) **Dicodid** findet sich im Gang nach STAS-OTTO in der natronalkalischen Ätherausschüttelung.

MARQUIS-Reagens färbt gelb, später schwach rotviolett.

Eisenchlorid gibt keine Reaktion. Jodsäure wird nicht reduziert.

ν) **Dionin und Peronin** finden sich auch im STAS-OTTOschen Gang in der natronalkalischen Ausschüttelung, s. die Tabelle S. 1365, 1366.

Reaktionen: MECKES Reagens färbt Dionin olivengrün, die Farbe geht beim Erhitzen in Blaugrün, dann Blau über. Peronin wird rot.

MARQUIS' Reagens färbt grün.

MECKES Reagens färbt Peronin olivengrün; nach dem Erwärmen ändert sich die Farbe nicht.

10. Cytisin, $C_{11}H_{14}N_2O$.

Im Samen, den Blättern und Schoten des Goldregens, Cytisus laburnum, einer Papilionacee, findet sich ein Alkaloid, das Cytisin, welches zu den Krampfgiften gehört. Es ist eine sekundäre einsäurige Base von stark alkalischer Reaktion, die große prismatische Krystalle bildet, welche ohne Zersetzung sublimieren. In Wasser, Alkohol, Chloroform und Essigäther ist es leicht löslich. Die Löslichkeit in Äther ist sehr gering. Das Cytisin ist in natronalkalischer Lösung durch Chloroform ausschüttelbar. — Schmelzpunkt 152—153°; $[\alpha]\,D_D - 119{,}6^0$.

Reaktionen. 1. VAN DE MOERsche Reaktion[1]: Eisenchlorid färbt Cytisin blutrot. Durch Zusatz einiger Tropfen Wasserstoffsuperoxydlösung verschwindet die blutrote Farbe. Wird alsdann die Mischung auf dem Wasserbade erwärmt, so tritt die blaue Farbe wieder auf. Die Reaktion gelingt am besten, wenn man auf 8 mg Cytisin 0,2 ccm Eisenchloridlösung (5%) und 2—5 ccm 0,5% Wasserstoffsuperoxydlösung anwendet.

11. Physostigmin und 12. Eseridin.

In der Calabarbohne (Physostigma venenosum), einer Papilionacee, finden sich neben anderen Alkaloiden das Physostigmin und Eseridin vor.

[1] MOER: Arch. Pharm. 1891, 57.

Physostigmin, $C_{15}H_{21}N_3O_2$, ist eine einsäurige Base von alkalischer Reaktion. Aus Benzollösung scheiden sich rhombische Krystalle ab. Die Base kann im Gang nach STAS-OTTO aus der schwach natronalkalischen Lösung durch Äther, Benzol oder Chloroform ausgeschüttelt werden, besser aber ist es, ihrer leichten Zersetzlichkeit wegen, die Base aus natriumbicarbonathaltiger Lösung auszuschütteln. Aus demselben Grunde stellt man die Auszüge mit weinsäurehaltigem Alkohol bei gewöhnlicher Temperatur und im Dunkeln her und dampft dieselben im Vakuum ein. Die Base ist leicht löslich in Alkohol. Schmelzpunkt 105°. Physostigmin dreht das polarisierte Licht nach links.

Reaktionen. 1. Wenn die Base aus ihren Salzen durch viel Natronlauge in Freiheit gesetzt wird, so zersetzt sie sich und färbt die Lösung rot.

2. Die schwach schwefelsaure Lösung scheidet auf Zusatz einer Spur Jodsäure kein Jod aus. Wird die Lösung mit Chloroform ausgeschüttelt, so bleibt dasselbe ungefärbt.

Das Alkaloid bewirkt Verengerung der Pupillen.

Eseridin, $C_{15}H_{23}N_3O_3$, bildet farblose Tetraeder. In Wasser ist die Base unlöslich, etwas leichter löslich in Alkohol, Äther und Benzol, leicht löslich in Chloroform. Das Eseridin ist lichtbeständig. Beim Erhitzen mit verdünnten Säuren geht es in Physostigmin über. — Schmelzpunkt 132°.

Reaktionen. Eseridin gibt beim Versetzen mit Jodsäure oder Kaliumjodat in schwefelsaurer Lösung an Chloroform Jod ab. Es tritt eine Reduktionswirkung ein, Unterscheidung von Physostigmin.

Eseridin ruft Pupillenverengerung hervor. Die Wirkung ist schwächer als die des Physostigmins.

13. Pilocarpin, $C_{11}H_{16}N_2O_2$.

In den Blättern von Pilocarpus pennatifolius, einer Rutacee, findet sich neben anderen Alkaloiden das Pilocarpin (s. nebenstehende Formel), eine tertiäre Base. Die Base ist schwer löslich in Wasser, leicht löslich in Alkohol, Äther, Chloroform; sie krystallisiert sehr schwierig und wirkt auf die Pupille verengernd. — Schmelzpunkt des Chlorids 193—196°, des Pikrats 159 bis 160° (aus Alkohol krystallisiert); $[\alpha]_D$ des Chlorids + 91°.

C_2H_5—CH——CH—CH_2 CH_3
O=C O CH_2 C—N CH HC—N

Im Gang nach STAS-OTTO kann die Base ihrer Lactongruppe wegen nicht aus natronalkalischer Lösung ausgeschüttelt werden. In natriumbicarbonathaltiger Lösung läßt sich die Base mit Chloroform ausschütteln.

Reaktionen. 1. Die Base löst sich in konz. Säuren ohne Farberscheinung.

2. Wird etwas Pilocarpin in 1 ccm Wasser gelöst, mit 3 Tropfen einer 2%igen Nitroprussidlösung und 3 Tropfen 1,0 N.-Natronlauge versetzt, so tritt, wenn man die Lösung nach wenigen Minuten ansäuert, eine weinrote Färbung ein. Setzt man einige Tropfen Natriumthiosulfatlösung zu, so wird nach einiger Zeit die Lösung graugrün. Auf vorsichtigen Zusatz von Wasserstoffsuperoxyd tritt eine carminrote Färbung auf. Apomorphin gibt die gleiche Reaktion.

3. Fügt man zu etwas Pilocarpin im Reagensglas ein Kryställchen Kaliumdichromat und 1—2 ccm Chloroform und schüttelt mit konz. Wasserstoffsuperoxydlösung kräftig durch, so geht in das Chloroform ein blauer Farbstoff über. Die Flüssigkeit verblaßt allmählich. Apomorphin und Strychnin verhalten sich ähnlich.

14. Cocain (Methylbenzoylekgonin), $C_{17}H_{21}NO_4$.

In den Blättern des Cocastrauches (Erythroxylon Coca) befindet sich neben andern Alkaloiden das Cocain. Es bildet große, farblose, stark alkalisch reagierende, vier- bis sechsseitige, monokline Prismen, die einen bitterlichen Geschmack besitzen und die Zungenspitze unempfindlich machen. Mit Säuren gibt die Base Salze. Durch Erhitzen mit verd. Säuren spaltet Cocain Benzoesäure und Methyl-

CH_2—CH——CH·$OOCCH_3$
N·CH_3 CH·OOC·C_6H_5
CH_2—CH——CH_2

alkohol ab und geht in Ekgonin über. Durch Kochen mit Wasser spaltet sich nur die Methylgruppe ab, und es bildet sich Benzoylekgonin. Die Base kann aus natronalkalischer Lösung mit Äther, Benzol oder Chloroform ausgeschüttelt werden. — Schmelzpunkt 98°, Pikrat 165—166°; $[\alpha]_D^{20}$: — 16,4°.

Nachweis. Dieser ist vielfach unmöglich, da Cocain im Organismus sehr schnell in Ekgonin gespalten wird, dessen Isolierung wohl kaum gelingen dürfte. Größere Mengen können wohl noch im Magen- und Darminhalt gefaßt werden.

Reaktionen. 1. Konz. Schwefelsäure, konz. Salpetersäure, ERDMANNS Reagens, FRÖHDES- und MANDELINS-Reagens geben mit Cocain keine Färbung.

2. Reaktion mit gesättigter Kaliumpermanganatlösung. Man löst die Base in etwas verd. Salzsäure und verdunstet die Lösung auf dem Wasserbade. Der Rückstand wird in sehr wenig Wasser gelöst, fügt man dann einige Tropfen gesättigter Kaliumpermanganatlösung zu, so fällt violett gefärbtes Cocainpermanganat krystallin aus.

3. Reaktion mit Chromsäure. Setzt man einer Cocainsalzlösung, die nicht zu verdünnt sein darf, tropfenweise 5%ige Chromsäure zu, so ruft jeder einfallende Tropfen einen Niederschlag hervor, der sich beim Umschütteln jedoch löst.

4. Eine Mischung von salzsaurem Cocain und Quecksilberchlorür färbt sich beim Befeuchten mit verd. Alkohol und schwachem Erwärmen grau.

5. Nachweis der Benzoylgruppe. Zu dieser Reaktion benötigt man 0,2 g Cocain, dasselbe wird in einem Reagensglase in etwa 2 ccm konz. Schwefelsäure gelöst und einige Minuten im kochenden Wasserbade erhitzt. Nach dem Abkühlen fügt man tropfenweise Wasser hinzu. Es bildet sich ein krystalliner Niederschlag, der aus Benzoesäure besteht. Die Benzoesäure kann man mit Äther ausschütteln. Vorher schüttelt man zur Entfernung der Schwefelsäure zweimal mit Wasser aus. Der nach dem Verdunsten des Äthers verbleibende Rückstand zeigt direkt oder nach der Umkrystallisation einen Schmelzpunkt von 120°.

6. Benzoesäuremethylesterbildung. Verreibt man etwas Cocain mit Quecksilberchlorür und haucht eine Spur Alkohol auf, so tritt Grünfärbung und Abscheidung von Quecksilber ein. Wird die Mischung auf dem Wasserbade erhitzt, so tritt der typische Geruch des Benzoesäuremethylesters auf.

Cocainsalzlösung erzeugt, in die Augen geträufelt, eine Erweiterung der Pupillen. Auf die Zungenspitze gebracht, wird Gefühllosigkeit hervorgerufen.

15. Tropacocain (Benzoylpseudotropin) $C_{15}H_{19}O_2N$.

Ein weiteres Alkaloid der Cocablätter ist das Tropacocain. Es bildet stark alkalisch reagierende Tafeln, die in Wasser schwer löslich, in Alkohol, Äther, Chloroform, Benzol jedoch leicht löslich sind. Durch Alkali wird die Base in Freiheit gesetzt und kann mit Äther ausgeschüttelt werden. Schmelzpunkt 49°, des Pikrats 240—242° (Schwärzung bei 215—220°.)

Nachweis. Die Base läßt sich nach Alkalisieren der wäßrigen Lösung mit Äther ausschütteln. Das Tropacocain gibt ähnliche Reaktionen wie das Cocain. Beim Erhitzen mit Salzsäure spaltet sich Benzoesäure ab.

Kaliumdichromatreaktion. Setzt man einer etwa 0,5%igen Tropacocainlösung eine 20%ige Kaliumdichromatlösung zu, so entsteht direkt ein dicker, krystalliner Niederschlag, der sich beim Erwärmen ziemlich schwer löst und nach dem Erkalten in derben Krystallen ausscheidet. Cocain gibt auf Zusatz von Kaliumdichromat erst nach dem Ansäuern einen harzartigen Niederschlag.

Dem Tropacocain kommt eine anästhesierende Wirkung zu.

Synthetische Ersatzpräparate des Cocains s. S. 1372.

16. Atropin, $C_{17}H_{23}NO_3$.

In der roten Kirsche und dem Samen der Tollkirsche (Atropa belladonna), einer Solanacee, und auch in der Wurzel und den Blättern findet sich das Atropin. Auch im Stechapfel und dem Bilsenkraut kommt neben anderen Alkaloiden Atropin vor. Dem Atropin ist das Hyoscyamin (S. 1360) isomer. Das

Atropin ist ein Derivat der r-Tropasäure, während Hyoscyamin das Derivat der l-Tropasäure ist. Ihnen kommt die nebenstehende Formel zu.

```
CH2—CH———CH2    C6H5
|    |      |       |
|   N·CH3  CHOOC·CH
|    |      |       |
CH2—CH———CH2    CH2OH
  (Atropin, Hyoscyamin)
```

Das Atropin ist inaktiv, während das Hyoscyamin linksdrehend ist. Atropin bildet farblose, glänzende, säulenförmige oder spießartige Krystalle oder glänzende Nadeln. Die alkalisch reagierende Base ist in kaltem Wasser wenig löslich, in heißem ist die Löslichkeit größer. In Alkohol, Chloroform und Amylalkohol ist es leicht, in Äther und Benzol schwer löslich. Aus natronalkalischer Lösung, besser aus natriumbicarbonathaltiger Lösung, ist Atropin nach STAS-OTTO mit Äther, Benzol oder Chloroform ausschüttelbar. — Schmelzpunkt 115—115,5°, des Goldsalzes135—137°, des Pikrats 176—177°. Atropin ist optisch inaktiv, das Handelsatrop in dreht schwach links infolge seiner Verunreinigung mit Hyoscyamin.

Nachweis. Nach Ansicht von IPSEN soll sich das Atropin noch nach längerer Zeit in Leichenteilen nachweisen lassen. In dem Harn wird Atropin wieder ausgeschieden. Magen- und Darminhalt und Erbrochenes sind auf Fragmente der Tollkirsche zu untersuchen. Ein isoliertes Samenkorn genügt, um nach Ausziehen die pupillenerweiternde Eigenschaft festzustellen. Nach dem Gang von STAS-OTTO findet sich das Atropin in der natronalkalischen Ausschüttelung. Besser ist es, die Base durch Natriumbicarbonat in Freiheit zu setzen, da Natronlauge zu leicht eine Verseifung hervorruft. Die Alkaloidreagenzien geben gute Niederschläge. Auch das Goldsalz und das Pikrat können zur Identifizierung herangezogen werden.

Reaktionen. 1. VITALIsche Reaktion: Wird etwas Atropin in einem Schälchen auf dem Wasserbade mit einigen Tropfen rauchender Salpetersäure eingedampft, so bleibt ein gelblich gefärbter Rückstand, der mit alkoholischer Kalilauge befeuchtet, violett wird.

2. Erhitzt man in einem kleinen Reagensglase wenig Atropin bis zum Auftreten weißer Nebel, so tritt ein Geruch nach Schlehenblüten auf. Setzt man alsdann 1 ccm konz. Schwefelsäure zu und erwärmt erneut bis zur Bräunung, so tritt auf Zusatz von etwa 2 ccm Wasser der Geruch nach Schlehenblüten kräftiger hervor.

Physiologischer Versuch. Eine Spur Atropin wird in einigen Tropfen stark verd. Salzsäure gelöst und einer Katze in das Auge geträufelt. Es tritt eine Erweiterung der Pupille ein, die längere Zeit, bis zu 8 Tagen, anhalten kann.

17. Hyoscyamin, $C_{17}H_{23}NO_3$.

Dieses Alkaloid kommt im Samen und den Blättern von Hyoscyamusarten neben einem zweiten Alkaloid, dem Scopolamin, vor, die zu den Solanaceen gehören. Die chemische Verwandtschaft zum Atropin wurde bereits (S. 1359) besprochen. In seinen Eigenschaften und seinen Reaktionen verhält es sich wie Atropin. Es bildet farblose, glänzende Nadeln. Die Wirkung ist auf das Auge weniger anhaltend als beim Atropin. — Schmelzpunkt 108,5°, des Goldsalzes 160—162°, des Pikrats 161—163°; $[\alpha]_D$ — 23,07°. Die VITALIsche Reaktion und der Schlehenblütengeruch nach der Verseifung ist identisch mit dem des Atropins. Auch kommt ihm eine geringere physiologische Wirkung als dem Atropin zu.

18. Scopolamin, $C_{17}H_{21}NO_4 . H_2O$.

Das Scopolamin befindet sich in den Mutterlaugen bei der Hyoscyamingewinnung. Auch der Samen des Stechapfels (Datura stramonium) enthält Scopolamin. Es kommt ihm nebenstehende Formel zu:

```
   CH—CH———CH2    C6H5
  /  |  |      |       |
 O   | N·CH3  CHOOC·CH
  \  |  |      |       |
   CH—CH———CH2    CH2OH
```

Das Scopolamin gleicht in seinen chemischen Eigenschaften und seiner Löslichkeit dem Atropin. Es bildet schwer krystallisierbare

Nadeln und bleibt meist bei der Isolierung als Sirup zurück. — Schmelzpunkt 59°, des Goldsalzes 210—214°, inaktive Form 208°, des Pikrats 190 bis 191°. Das Scopolamin dreht das polarisierte Licht nach links. Durch Einwirkung von Natronlauge wird die Linksdrehung aufgehoben. Die VITALIsche Reaktion und die Verseifung ergeben gleiches wie beim Atropin. Physiologisch ist die Wirkung geringer als die des Atropins.

19. Homatropin, $C_{16}H_{21}NO_3$.

Homatropin ist der Tropinester der Mandelsäure und wird synthetisch hergestellt. Es kommen ihm die gleichen Eigenschaften wie dem Atropin zu; es ist aus alkalischer Lösung ausschüttelbar; das Homatropin bildet farblose, hygroskopische Prismen. — Schmelzpunkt 93,5—98,5°.

Die Reaktion nach VITALI ist gleich der des Atropins. Beim Erwärmen mit verd. Schwefelsäure tritt ein Geruch nach Benzaldehyd auf. Homatropin wirkt auf das Auge wie Atropin, die Wirkung hält jedoch nur 12—24 Stunden an.

20. Strychnin, $C_{20}H_{22}ON_2CO$.

In den Samen verschiedener Strychnos-Arten finden sich die beiden Alkaloide Strychnin und Brucin. Die wichtigste Strychnin und Brucin liefernde Pflanze ist Strychnos nux vomica, deren flache Samen die stark bitteren Alkaloide enthalten. Beide Alkaloide sind einsäurige tertiäre Basen, die in Wasser kaum löslich sind, leichter in heißem Alkohol, Äther und Benzol, leicht in Chloroform. Die Krystalle des Strychnins bilden rhombische Prismen von intensiv bitterem Geschmack, der noch in einer Verdünnung 1 : 50,000 bemerkbar ist. — Schmelzpunkt des Strychnins 265—268°; $[\alpha]_D^{20}$: = —114,7°.

Nachweis: Im Magen- und Darminhalt sowie Erbrochenem kann man nach Fragmenten des Samens fahnden. Nach dem Gang von STAS-OTTO ist Strychnin in natronalkalischer Lösung durch Äther oder Chloroform ausschüttelbar. Die Base bleibt meist schon krystallin beim Abdunsten des Lösungsmittels zurück. Durch nochmaliges Lösen in verd. Säure und erneutes Ausschütteln aus alkalischer Lösung läßt sie sich meist schön krystallin erhalten. In der Regel wird das salpetersaure Salz verwendet. Da das Strychnin sich im Darm umsetzt und nur etwa $^1/_{10}$ des einverleibten Giftes wieder gefunden wird, so ist es ratsam, Magen- und Darminhalt getrennt zu untersuchen. Strychnin erhält sich sehr lange in Leichenteilen, selbst noch nach Monaten läßt es sich nachweisen. Man kann nach WELBORN auch in der Weise verfahren, daß man die Leichenteile mit einer Lösung auszieht, die aus drei Teilen essigsäurehaltigem Wasser und 1 Teil Alkohol besteht. Die Extraktion wird bei 60° während drei Stunden durchgeführt. Das Filtrat muß deutlich sauer reagieren. Vor dem Eindampfen bis zum dünnen Sirup ist es zweckmäßig, die Lösung mit Petroläther auszuschütteln, um das Fett zu lösen. Den Sirup übergießt man mit Chloroform und fügt so viel entwässerte Soda zu, bis eine pastenartige Masse entsteht, die mit Chloroform durchgeknetet wird. Nach dem Verdunsten der Chloroformlösung bleibt fast rein weißes Strychnin zurück.

Reaktionen. 1. Konz. Schwefelsäure, ERDMANNs- und FRÖHDEs-Reagens lösen reines, brucinfreies Strychnin farblos auf. Konz. Salpetersäure löst Strychnin mit gelber Farbe auf. Ferricyankali- und Kaliumdichromatlösungen fällen goldgelbe bzw. orangegelbe, schwer lösliche Salze des Strychnins aus.

2. Reaktion mit Kaliumdichromat: Dampft man auf einem Uhrgläschen etwas von der Ausschüttelung ein, fügt 1—2 Tropfen konz. Schwefelsäure und 1 Kryställchen Kaliumdichromat zu, das man über den Rückstand im Uhrgläschen unter Druck mit einem Glasstab schiebt, so bilden sich bei Gegenwart von Strychnin blau bis blauviolett gefärbte Streifen. Schärfe der Reaktion 0,001 mg. — Die gleiche Färbung kann auch durch andere

Oxydationsmittel z. B. Cerdioxyd, Ceroxyduloxyd nach SONNENSCHEIN, Vanadinschwefelsäure, MANDELINs Reagens oder Kaliumpermanganat, Bleisuperoxyd usw. hervorgerufen werden.

Die Dichromat- und Ferricyanidsalze geben die Färbung mit konz. Schwefelsäure sehr schön. Die Reaktion als solche ist nicht eindeutig, z. B. geben Curarin, Gelsemin und Yohimbin die gleiche Reaktion.

3. Chlorwasser ruft in Strychninsalzlösungen eine weiße Fällung hervor. Brucin enthaltendes Strychnin oder Brucin bewirken eine Rotfärbung.

4. Kocht man etwa 5—10 mg Strychnin mit 4 ccm Salzsäure (1,18) und 2—3 Stückchen granuliertem Zink auf, gießt nach wenigen Minuten die Flüssigkeit ab und setzt zu der Lösung 1—2 Tropfen einer 0,1%igen Natriumnitritlösung, so tritt bei Gegenwart von Strychnin eine intensive Rotfärbung ein. Empfindlichkeit 0,003 mg.

5. Reaktion nach WHARTON[1]. Eine geringe Menge Strychnin wird in einem Reagensglas in Chloroform gelöst und das Chloroform vorsichtig im heißen Wasserbade abgedampft. Den Rückstand löst man in einer Mischung aus gleichen Teilen konz. Schwefelsäure und Wasser durch Umschütteln auf. Nun läßt man vorsichtig Bromdampf unter häufigerem Umschütteln der Lösung zutreten. Nach wenigem Umrühren tritt eine carminrote Farbe auf, die stärker wird, je mehr von dem aufgenommenen Brom verdampft, was auf dem Wasserbade durch Erwärmen beschleunigt werden kann.

Häufig findet man, daß die chemischen Reaktionen auf Strychnin nicht typisch verlaufen, z. B. kann die Gelbfärbung von Salpetersäure durch Strychnin bisweilen auch wohl mehr oder minder blutrot sein, was den Schluß zuläßt, daß diese nicht typische Reaktion von Brucin, dem ebenfalls in der Brechnuß vorhandenen Alkaloid, herrührt. Will man nun das Strychnin von dem Brucin befreien, um typische Reaktionen zu erhalten, so löst man die isolierten Alkaloide in 2 ccm verd. Schwefelsäure und fügt 2 Tropfen konz. Salpetersäure zu. Nachdem das Gemisch 4 Stunden gestanden hat, setzt man Natronlauge bis zur stark alkalischen Reaktion zu und schüttelt die alkalische Lösung mit Äther aus. Nach dem Eindunsten ist der Rückstand frei oder fast frei von Brucin und gibt jetzt einwandfreie Reaktionen auf Strychnin.

Man kann auch die essigsaure Lösung der Alkaloide mit Kaliumdichromat versetzen. Es fällt schwer lösliches Strychninchromat aus, während leichter lösliches Brucinchromat in Lösung bleibt. Das Strychninchromat gibt nun eine einwandfreie Strychninreaktion.

Physiologischer Nachweis. Eine geringe Menge des fraglichen Verdunstungsrückstandes wird in verd. Salzsäure gelöst und zur Trockene verdampft. Den Rückstand nimmt man in etwa 1/4 ccm physiologischer Natriumchloridlösung auf und spritzt ihn einer Maus unter die Haut oder einem Frosch in den Lymphsack. Je nach der Menge Strychnin treten die ersten Starrkrampferscheinungen schon nach einigen Minuten oder nach Verlauf einer halben Stunde auf. Die Tiere zeigen tetanische Krämpfe, die durch Anklopfen an das Gefäß, in welchem sie sich befinden, plötzlich wieder ausgelöst werden.

Curarin findet sich beim Nachweis von Strychnin nicht in der natronalkalischen Ausschüttelung nach STAS-OTTO und es ist deshalb schon keine Verwechslung mit diesem, auch im Handel kaum vorkommenden Alkaloid gegeben.

Die Literatur berichtet von in Leichen gefundenen Leichenstrychninen. AMTHOR und MECKE beschreiben diese isolierten Ptomaine. Diese unterscheiden sich wesentlich dadurch von dem Strychnin, daß sie nur schwach bitteren Geschmack aufweisen und keine tetanische Krämpfe auslösen. Die Reaktionen sind denen des Strychnins, wenigstens teilweise, ähnlich.

21. Brucin, $C_{20}H_{20}(OCH_3)_2ON_2\text{-}CO$.

Wie schon erwähnt, findet sich Brucin ebenfalls in den Strychnos-Samen. Es bildet monokline Prismen oder glänzende Blättchen, die aus Alkohol mit 2 Mol Krystallwasser krystallisieren. Diese Base reagiert stark alkalisch und schmeckt stark bitter. Brucin löst sich in Wasser und Alkohol leichter als Strychnin; leicht löslich ist es in Chloroform und Amylalkohol. Aus diesen Lösungen bleibt es nach dem Eindunsten meist amorph zurück. Brucin läßt

[1] WHARTON: Journ. Pharm. 1901, 8, 201.

sich aus natronalkalischer Lösung im Gange nach STAS-OTTO ausschütteln. — Schmelzpunkt der wasserfreien Base 178°.

Reaktionen. 1. In konz. Schwefelsäure löst sich Brucin farblos, setzt man eine Spur Salpetersäure zu, so tritt eine rosarote- bis blutrote Färbung auf, die allmählich in Gelb übergeht; Strychnin bleibt farblos.

2. Konz. Salpetersäure färbt Brucin blutrot, die Farbe geht alsdann in Gelb über (Strychnin nur gelb). Verdünnt man die gelb gewordene Lösung mit wenig Wasser und setzt etwas farbloses Schwefelammon oder Zinnchlorürlösung zu, so geht die Färbung in Violett über. (Strychnin bleibt unverändert.) FRÖHDES Reagens verhält sich wie konz. Salpetersäure.

3. Einwirkung von Chlorwasser auf Brucin, s. bei Reaktionen auf Strychnin (S. 1362).

Die Trennung des Brucins vom Strychnin s. S. 1362.

22. Curarin.

In der Rinde verschiedener Strychnos-Arten befindet sich ein Alkaloid, das Curarin, neben Curin. Das Curin ist kaum giftig, während dem Curarin eine dem Strychnin ähnliche Wirkung zukommt. Da es sich um eine quaternäre Base handelt, so zieht man die Leichenteile mit weinsaurem Alkohol aus, verdunstet diesen und extrahiert den mit Seesand vermischten Rückstand mit Alkohol im SOXHLET-Apparat.

Reaktionen: 1. Konz. Schwefelsäure. Wird der Rückstand auf einem Uhrgläschen mit 1—2 Tropfen konz. Schwefelsäure versetzt und zieht man mit dem Glasstab ein Kaliumdichromatkryställchen hindurch, so entstehen blauviolette Streifen. Konz. Schwefelsäure allein bewirkt schon eine Violettrotfärbung.

2. MANDELINS Reagens ruft eine violette Färbung hervor, die langsam in Violettbraun übergeht. Strychnin gibt eine beständige Johannisbeerrotfärbung.

3. FRÖHDES Reagens bewirkt eine dunkelgrüne, dann bläuliche Färbung. Strychnin bleibt farblos.

23. Chinin, $C_{19}H_{20}N_2<^{OCH_3}_{OH}$.

In der Rinde verschiedener Cinchona-Arten findet sich neben anderen Alkaloiden das Chinin. Aus alkalischer Lösung läßt sich die Base mit Äther, Chloroform oder Benzol ausschütteln. Das Chinin ist schwer löslich in Wasser, leichter in Alkohol, reagiert stark alkalisch und schmeckt sehr bitter. Die alkoholische Lösung zeigt nach Zusatz von vielen Säuren eine stark blaue Fluorescenz, bei der schwefelsauren Lösung ist diese noch in einer Verdünnung 1 : 100000 deutlich wahrnehmbar. — Schmelzpunkt 57°; der erneute Schmelzpunkt des geschmolzenen und wieder erstarrten Chinins liegt bei 174,6° und $[\alpha]_D^{15}$ —158,2° in 99%igem Alkohol.

Nachweis. Nach dem STAS-OTTOschen Verfahren läßt sich Chinin in alkalischer Lösung ausschütteln. Das Chinin scheidet sich im Harn zum größten Teil unverändert wieder aus.

Reaktionen. 1. Fluorescenzprobe: Chinin gibt auf Zusatz von verd. Schwefelsäure stark blaue Fluorescenz.

2. Thalleiochinprobe. Wird wenig Chinin in etwas verd. Essigsäure gelöst und werden hierzu einige Tropfen starkes Chlorwasser zugesetzt, so entsteht eine farblose, schwach bläulich fluorescierende Lösung. Auf Zugabe von überschüssigem Ammoniak tritt eine schön grüne Färbung auf. Wenn mehr Chinin verwendet wird, so bildet sich ein grüner Niederschlag.

3. Erythrochininreaktion. Wird die Lösung einer kleinen Menge Chininbase in verd. Essigsäure mit je einem Tropfen halbgesättigten Bromwassers und einer Ferricyankaliumlösung (1:10) und der gleichen Menge 10%igen Ammoniaks versetzt, so färbt sich das Gemisch nach dem Umschütteln allmählich rot. Schüttelt man die rote Flüssigkeit sofort mit Chloroform aus, so nimmt dieses eine violettrote Färbung an. Schärfe der Reaktion 1:100000.

4. Herapathitreaktion. Löst man etwa 0,01 g Chinin in 20 Tropfen einer Mischung, bestehend aus 30 Tropfen Essigsäure, 20 Tropfen absol. Alkohol und 1 Tropfen 20%iger Schwefelsäure, erhitzt zum Sieden und fügt 1 Tropfen einer alkalischen Jodlösung (1:10)

zu, so scheiden sich, zuweilen erst nach einiger Zeit, metallisch grün schimmernde glänzende Krystallblättchen aus, Herapathit genannt. Im reflektierten Licht erscheinen die Kryställchen schön cantharidingrün.

24. Yohimbin, $C_{21}H_{26}N_2O_3$ (Anhydrid).

Das Yohimbin kommt in der Rinde des Yohimbebaumes, einer westafrikanischen Rubiacee, vor. Yohimbin ist eine rechtsdrehende tertiäre Base, die durch Einwirkung von Kalilauge unter Abspaltung von Methylalkohol in Yohimboasäure übergeht. Das salzsaure Salz findet arzneiliche Anwendung. Die Base bildet weißliche Krystalle, die allmählich gelblich werden; sie ist in Wasser fast unlöslich, schwer löslich in Benzol und Petroläther, leicht dagegen in Alkohol, Äther und Chloroform. Das salzsaure Salz ist in Wasser ziemlich schwer löslich, leicht löslich dagegen in Alkohol. Nach STAS-OTTO kann in der natronalkalischen Lösung durch Äther oder Chloroform das Yohimbin ausgeschüttelt werden. — Schmelzpunkt der Base 234—235°, des salzsauren Salzes gegen 300°.

Reaktionen. 1. Alkaloidfällungsmittel. Mit diesen gibt das Yohimbin starke Fällungen.

2. Farbreaktionen. Das Yohimbin gibt mit FRÖHDES, MANDELINS und MECKES Reagens sofort eine intensive Blauviolettfärbung, die später in Grün übergeht. Konz. Schwefelsäure färbt Yohimbin nicht, setzt man ein Kryställchen Kaliumdichromat zu, so entstehen violettrote Streifen, die bald in Grün übergehen.

3. MELZERS Probe. Setzt man zu Yohimbin 1 Tropfen MELZERS Reagens (1 g Benzaldehyd in 4 g absol. Alkohol gelöst) und alsdann 2 Tropfen konz. Schwefelsäure, so tritt eine dunkelbraune Färbung auf, die allmählich in Kirschrot und endlich in Violett übergeht.

Übersicht der wichtigsten Alkaloidreaktionen.

I. Farbreaktionen[1].

(E = beim Erwärmen; R = vom Rande her.)

Alkaloid	Konz. Schwefelsäure	ERDMANNS Reagens	FRÖHDES Reagens
Aconitin	gelb	gelb	gelb
Apomorphin . . .	farblos	farblos	schmutzig grün, allmählich blau[2]
Berberin.	olivgrün, bald gelb	olivgrün, gelbbraun	braungrün
Brucin	farblos	blutrot, allmählich gelb	rot, allmählich gelb
Cytisin	farblos	orangegelb, gelbbraun	farblos
Emetin	farblos[3] oder braungrün[4]	grün[4]	braun[3], rot[4], bald blaugrün
Eukodal.	farblos, beim Erwärmen gelblich	farblos	gelb, grün; (R) schwach bläulich (nach 5—10 Minuten), dann in der Mitte schmutzig violett
Euporphin. . . .	farblos; (E) braungrün	fast farblos; (E) schmutzig violett, dann braungrün	sofort dunkelgrün
Hydrastin	farblos; (E) violett	gelb	grün, später braun
Hydrastinin . . .	gelblich, blau fluorescierend; (E) bräunlich	gelb; (E) bräunlich	gelb; (E) dunkelbraun
Codein (Dionin) .	farblos; (E) rötlich, bläulich	farblos; (E) blau	gelbgrün, später blau

[1] Nach GADAMER: Lehrbuch der chemischen Toxikologie.
[2] Verändertes Apomorphin wird durch FRÖHDE sofort blau.
[3] Reines Emetin. [4] Basen der Wurzel.

Alkaloid	Konz. Schwefelsäure	ERDMANNs Reagens	FRÖHDEs Reagens
Colchicin	gelb	violett, schnell gelb	violett, schnell gelb
Cotarnin.	gelblich; (E) rötlich, schnell mißfarben	gelb; (E) schmutzig rot	gelbgrün; (E) schmutzig himbeerrot, zuerst dunkler grün
Lobelin	gelblich, rötlich	gelblich, rötlich	braun, intensiv grün [1]
Morphin (Heroin).	farblos, höchstens schwach rötlich	farblos, höchstens schwach rötlichgelb; (E) dunkler	violett, allmählich blau, schmutzig grün, gelb blaßrosa
Morphosan. . . .	farblos; (E) schmutzig braungrün	farblos; (E) wie vor	sofort schön violett, dann schmutzig grünlich braun
Narcotin	grüngelb, gelbrot; (E) Orange; (R) blauviolett purpurn, schmutzig rotviolett	rot, allmählich intensiver; (E) kirschrot	blaugrün, grünrötlich, gelb
Narcein	gelb; (E) blutrot	braun; (R) violett, schmutzig rot	dunkeloliv, schnell grün; (E) rötlichbraun, blutrot; (R) kornblumenblau
Oxydimorphin . .	farblos	braunrot, bald braun	zuerst blau, dann violett, dann wie Morphin
Papaverin	farblos; (R) lang, (E) schwach blauviolett	dunkelrot	grün; (E) blau [2]
Peronin	rötlichgelb; (E) braunrot	rötlichgelb; (E) rot	rotviolett, schnell braungrün
Physostigmin . .	farblos; (E) farblos bleibend	schwach rötlichgelb; (E) etwas stärker	wie ERDMANN
Solanin	orange; (E) braunrot, vorher schmutzig violett	orange; (E) ähnlich wie vor	orange; (E) ähnlich wie vor
Thebain	blutrot, allmählich gelbrot	blutrot, allmählich gelbrot	wie vor
Veratrin	gelb, orange, grün, rot, carminrot	wie vor, aber schnellerer Farbenwechsel	wie vor
Yohimbin	farblos; (E) farblos bleibend	allmählich rötlich; (E) schmutzig rot	intensiv blau; (R) grün

II. Reaktionen mit Arsen-Schwefelsäure nach ROSENTHALER und F. TÜRK[3].

Man löst ein Körnchen der zu prüfenden Substanz im Reagensgläschen in 2—3 ccm einer 1%igen Lösung von Arsensäure in konz. Schwefelsäure und beobachtet die Reaktion in der Kälte, nach Zusatz von Salzsäure oder nach dem Erwärmen im siedenden Wasserbad.

Alkaloid	Kalt	Nach Zusatz von Salzsäure	Warm	Nach Zusatz von Salzsäure
Apomorphin . .	gelbgrün	rosaviolett	grün	braun
Berberin . . .	gelb, dann dunkel gelbgrün	zwiebel- bis kirschrot	dunkel, keine bestimmte Färbung	zwiebel- bis kirschrot
Brucin	schwach violett	—	schwach violett	—

[1] Unrein mit FRÖHDE, nach kurzer Zeit Violettfärbung, nach 1—2 Stunden braun, gelb.
[2] Unrein mit konz. Schwefelsäure gleich blauviolett.
[3] ROSENTHALER u. F. TÜRK: Apoth.-Ztg. 1904, **19**, 186.

Alkaloid	Kalt	Nach Zusatz von Salzsäure	Warm	Nach Zusatz von Salzsäure
Chinin.	—	gelbgrüne Fluorescenz	—	—
Codein	blauviolett	—	dunkelblauviolett	purpurrot
Dionin	gelb	braun	blau, dann grün	purpurrot mit Stich ins violett
Heroin	gelbbraun mit rötlichem Stich	—	schwarzgrün	kirschrot
Hydrastin . . .	gelb	—	kirschrot	—
Hydrastinin . .	Fluorescenz	—	kirschrot	—
Morphin . . .	grünlichblau, dann grün	rotviolett	blau, rasch in smaragdgrün, später dunkelgrün übergehend	rotviolett
Narcein	safrangelb, später dunkel gelbrot	rötlich	braunrot	blutrot
Narkotin. . . .	grünlichgelb	—	kirschrot	gelbrot
Papaverin . . .	hellviolett	—	hellviolett	—
Thebain	gelblichrot	—	gelblichrot	gelb
Veratrin . . .	Fluorescenz	—	—	—

C. Stark wirkende Arzneimittel und technische Chemikalien.

Stark wirkende Arzneimittel und gebräuchlichere technische organische Chemikalien finden sich nach dem Verfahren von STAS-OTTO meist in der sauren Ausschüttelung; wenn es solche sind, die basischen Charakter besitzen, so findet man sie in der natronalkalischen oder ammoniakalischen Ausschüttelung. Quaternäre Basen können aus der Lösung nach vorheriger Eintrocknung mit Seesand durch Extraktion mit Alkohol isoliert werden. Näheres über die Auffindung und den Nachweis von Arzneimitteln s. auch ROJAHN[1], GADAMER[2] und L. EKKERT[3]. Es seien hier nur die wichtigsten dieser Stoffe in den Kreis des Nachweises mit einbezogen, da sich die Zahl dieser Stoffe tagtäglich vermehrt und es der Findigkeit des Chemikers überlassen sein muß, die nach den beschriebenen Methoden isolierten und gereinigten Gifte und stark wirkenden Arzneimittel zu identifizieren.

a) Phenole.

1. Resorcin (m-Dioxybenzol), $C_6H_4(OH)_2$. Das Resorcin bildet weiße, rombische Kryställchen, die einen süßlichen Geschmack besitzen und in Wasser, Alkohol, Äther leicht, in Chloroform schwer löslich sind. — Schmelzpunkt 111°; Siedepunkt 276°.

Nachweis. Resorcin läßt sich aus der sauren Lösung nach STAS-OTTO ausschütteln.

Reaktionen. 1. Eisenchloridlösung bewirkt Violettfärbung.
2. Bromwasser erzeugt einen gelblichweißen Niederschlag von Tribromresorcin.
3. Ammoniakalische Silberlösung wird reduziert.

[1] ROJAHN: Pharm. Zentralh. 1929, **70**, 325.
[2] GADAMER: Lehrbuch der chemischen Toxikologie.
[3] L. EKKERT: Erkennung organischer Verbindungen im besonderen von Arzneimitteln. Stuttgart: Ferdinand Enke.

5. Resazurinprobe nach WESELSKY. Versetzt man eine Spur Resorcin mit etwas Äther und fügt einige Tropfen rauchende Salpetersäure hinzu, so scheidet sich nach 24stündigem Stehen Resazurin ab, das in Ammoniak gelöst, dieses blauviolett färbt.

2. Pikrinsäure (Trinitrophenol), $C_6H_2(NO_2)_3(OH)$. Es stellt stark gelb gefärbte Blättchen vor, die in Wasser schwer, leicht dagegen in Alkohol, Äther und Benzol löslich sind. Die Lösung hat einen stark bitteren Geschmack. — Schmelzpunkt 122,5°.

Nachweis. Nach dem Gang von STAS-OTTO läßt sich Pikrinsäure durch Äther aus der sauren Lösung ausschütteln. Bei Anwesenheit von Pikrinsäure fällt die Lösung schon durch die gelbe Färbung auf. Durch Vergiftung mit Pikrinsäure erleidet das Blut eine Zersetzung unter Bildung von Methämoglobin. Nachweis s. S. 1431.

Reaktionen. 1. Wollprobe: Wolle und auch Seide werden durch wäßrige Pikrinsäurelösung gelb gefärbt. Schärfe 1:100000.

2. Isopurpursäure-Reaktion. Wird eine wäßrige Pikrinsäurelösung auf etwa 60° erwärmt und fügt man ihr einige Tropfen einer gesättigten wäßrigen Cyankaliumlösung zu, so entsteht eine tiefrote Färbung, isopurpursaures Kalium. Schärfe 1:50000.

3. Pikraminsäure-Reaktion. Wird eine Pikrinsäurelösung mit je 1—2 Tropfen Natronlauge und Glucoselösung versetzt, so tritt eine Dunkelrotfärbung ein; die Natronlauge darf nicht im Überschuß vorhanden sein.

4. Fluoresceinprobe. Wird etwas Resorcin mit Phthalsäureanhydrid einige Minuten bis nahe zum Sieden erhitzt und in Natronlauge gelöst, so entsteht eine grüne, stark fluorescierende Lösung.

Der Harn wird durch gebildete Pikraminsäure hochrot gefärbt.

Martiusgelb (Dinitro-α-Naphthol), $C_{10}H_5(NO_2)_2OH$, kommt als Kalium- und Natriumsalz im Handel vor und besitzt intensiv gelbe Färbung. — Schmelzpunkt 138°.

b) Säuren.

1. Oxalsäure, HOOC—COOH, und ihr saures Kaliumsalz, das Kleesalz, HOOC—COOK, haben schon häufiger Vergiftungen hervorgerufen. Beide sind in Wasser leicht löslich; das saure Kaliumsalz ist jedoch weniger leicht löslich. Die Oxalsäure ist ein normales Stoffwechselprodukt. Der Organismus scheidet innerhalb 24 Stunden 0,1 g Oxalsäure aus (Bd. I, S. 1062).

Nachweis: Um aus Leichenteilen, Mageninhalt oder Erbrochenem die Oxalsäure zu isolieren, verfährt man in folgender Weise: Das Untersuchungsmaterial wird mit etwa der vierfachen Menge Alkohol und mit verd. Salzsäure bis zur sauren Reaktion versetzt. Unter häufigerem Umrühren läßt man die Mischung mehrere Stunden kalt stehen und koliert durch ein Tuch. Der dann noch filtrierten Flüssigkeit werden etwa 25 ccm Wasser zugesetzt und der Alkohol auf dem Wasserbade verdampft. Der Wasserzusatz ist notwendig, damit die Oxalsäure nicht durch den Alkohol verestert wird und sich verflüchtigt. Der wäßrige Rückstand wird filtriert, das Filtrat mehrmals mit reichlichen Mengen Äther ausgeschüttelt, der Äther abdestilliert und der Rückstand mit einigen Kubikzentimetern Wasser aufgenommen. Die klare Lösung wird mit Ammoniak neutralisiert und mit etwa 15 ccm gesättigter Gipslösung versetzt. Die Ausscheidung eines weißen Niederschlages zeigt Oxalsäure an. Die Krystalle haben meist, unter dem Mikroskop betrachtet, Oktaederform, Briefkuvertform. Man kann auch die Fällung zugleich quantitativ durchführen und das nach dem Glühen im Gebläse vorhandene Calciumoxyd zur Wägung bringen. 1 Mol CaO = 1 Mol Oxalsäure. CaO × 2,25 = Oxalsäure mit 2 Mol Krystallwasser.

Beim Glühen darf keine Schwärzung auftreten, sonst können andere organische Säuren, Weinsäure, Citronensäure usw. vorliegen.

2. Salicylsäure s. S. 1318. Die Salicylsäure ist in der sauren Lösung nach STAS-OTTO auffindbar und kann durch Äther der Lösung entzogen werden.

c) Schlafmittel.

1. Sulfonal, Trional, Tetronal.

Diese drei Schlafmittel haben häufiger zur Vergiftung geführt. Sie werden teils unverändert und teils als Alkylsulfonsäure im Harn ausgeschieden. Ferner tritt eine Zersetzung des Blutes bei Sulfonalvergiftung ein. Im Harn kann man vielfach Hämatoporphyrin nachweisen.

Sulfonal, Dimethylmethandiäthylsulfon = $\frac{CH_3}{CH_3}>C<\frac{SO_2—C_2H_5}{SO_2—C_2H_5}$. Schmelzpunkt 125,5°,

Trional, Methyläthylmethandiäthylsulfon = $\frac{C_2H_5}{CH_3}>C<\frac{SO_2—C_2H_5}{SO_2—C_2H_5}$. Schmelzpunkt 76°.

Tetronal, Diäthylmethandiäthylsulfon = $\frac{C_2H_5}{C_2H_5}>C<\frac{SO_2—C_2H_5}{SO_2—C_2H_5}$. Schmelzpunkt 86—89°.

Nachweis. Die drei Schlafmittel sind in kaltem Wasser schwer löslich und bilden farblose, weiße Krystalle. Auch in faulenden Leichenteilen sind sie noch lange haltbar. Der saure alkoholische Auszug nach STAS-OTTO muß nach Entfernung des Alkohols mit viel heißem Wasser mehrmals aufgenommen werden. Aus den wäßrigen Lösungen werden alsdann die Schlafmittel durch Äther ausgeschüttelt. Durch Umkrystallisieren können sie gereinigt werden.

Reaktionen. Werden die isolierten Krystalle mit Reduktionsmitteln (Holzkohlepulver, Pyrogallol usw.) erhitzt, so bildet sich Mercaptan, das an seinem typischen Geruch erkennbar ist. Schmilzt man einige Krystalle mit der doppelten Menge Cyankalium im Reagensglas zusammen, so tritt Mercaptangeruch auf und es bildet sich gleichzeitig Rhodankalium, das im Filtrat, das schwach angesäuert wurde, mit Eisenchlorid nachgewiesen werden kann.

Isolierung der Schlafmittel aus dem Harn. Der Harn wird bis auf etwa $^1/_{10}$ seines Volumens eingedampft und der Rückstand mit Äther extrahiert. Nach Klärung des Äthers wird abdestilliert und der Rückstand mit etwa 10%iger Natronlauge auf dem Wasserbade eingedampft. Auf diese Weise werden die färbenden Substanzen zerstört. Der Rückstand wird erneut mit Äther ausgezogen und der nach dem Verdunsten des Äthers zurückbleibende Rückstand näher identifiziert.

Hämatoporphyrin-Nachweis im Harn. Im Harn kann man ferner noch bei Sulfonalvergiftung das Hämatoporphyrin nachweisen. Ist der Harn rot, braunrot oder auch kirschrot gefärbt, so wird er tropfenweise mit Natronlauge bis zur stärker alkalischen Reaktion versetzt. Um den Blutfarbstoff niederzuschlagen, setzt man Bariumchloridlösung zu. Nach dem Absetzen des Niederschlages wird er gesammelt und gut ausgewaschen. Alsdann setzt man heißen Alkohol zu, dem etwas verd. Schwefelsäure zugegeben ist. Einige Tropfen genügen. Der Alkohol enthält nun den Blutfarbstoff, der spektroskopisch (S. 1431) untersucht werden kann. Die sauren Hämatoporphyrinlösungen sind im konzentrierten Zustande kirschrot und im verdünnteren violett gefärbt. Das Spektrum zeigt die zwei charakteristischen Absorptionsstreifen. Setzt man jetzt Ammoniak oder Alkalilauge zu, so treten die vier charakteristischen Absorptionsstreifen des Hämatoporphyrin in alkalischer Lösung auf. Bei Trional ist eine Hämatoporphyrinausscheidung nicht beobachtet worden.

2. Veronal, Luminal, Phanodorm, Noctal, Curral, Allional, Santoptal und Veramon: Diese Schlafmittel sind Abkömmlinge der Barbitursäure, Malonylharnstoff, in dem die H-Atome des Malonsäurerestes durch Alkyl- oder andere Gruppen ersetzt sind. Auch kommen diese Abkömmlinge in Molekularverbindung mit anderen Stoffen z. B. Pyramidon usw. in den Handel.

Man kann in Leichenteilen und im Harn vielfach die Komponenten, z. B. Pyramidon und den Barbitursäure-Abkömmling, als solche nachweisen. Der Nachweis aller dieser Schlafmittel kann, wie bei Veronal beschrieben, erfolgen. Am gebräuchlichsten dürfte wohl das Veronal sein, während Luminal weniger häufig benützt wird.

$$\begin{matrix} C_2H_5 \\ C_2H_5 \end{matrix} > C < \begin{matrix} CO-NH \\ CO-NH \end{matrix} > CO$$

Veronal, Diäthyl-malonyl-harnstoff, Schmelzpunkt 190—191°.

$$\begin{matrix} C_2H_5 \\ C_6H_5 \end{matrix} > C < \begin{matrix} CO-NH \\ CO-NH \end{matrix} > CO$$

Luminal, Äthylphenyl-malonyl-harnstoff, Schmelzpunkt 170—171°.

Die beiden Schlafmittel bilden weiße, schwach bitter schmeckende Krystallblättchen von schwach saurer Reaktion. In Wasser sind Veronal und Luminal schwer löslich, leicht löslich in verd. Natronlauge, Äther und Alkohol.

Nachweis. Aus Leichenteilen, Erbrochenem usw. lassen sich nach STAS-OTTO Veronal und Luminal, sowie verschiedene andere Abkömmlinge der Barbitursäure aus der saueren Lösung mit Äther ausschütteln. Durch den Harn werden Veronal und Luminal als solche unverändert ausgeschieden.

Die Isolierung aus dem Harn wird in der Weise durchgeführt, daß man ihn auf dem Wasserbade auf ein kleines Volum eindampft und etwa 3—4mal mit viel Äther ausschüttelt, oder im Extraktionsapparat auszieht. Nach Abdestillieren des Äthers wird der dunkel gefärbte Rückstand in nicht zuviel heißem Wasser gelöst, mit Tierkohle längere Zeit (15—20 Minuten) gekocht und heiß filtriert. Die wäßrige Lösung wird alsdann in Eiswasser gestellt. Scheiden sich keine Krystalle ab, so wird die Lösung eingeengt und in gleicher Weise nochmals abgekühlt. Die abgeschiedenen Krystalle können nötigenfalls durch Sublimation weiter gereinigt werden. Auch kann man den Verdampfungsrückstand in pyridinhaltigem Wasser lösen und der Lösung je nach der Menge des Rückstandes eine Mischung aus 4 ccm einer 10%igen wäßrigen Kupfersulfatlösung + 1 ccm Pyridin und 5 ccm Wasser zusetzen. Es entstehen schwer lösliche Doppelverbindungen, die aus Veronal bzw. einem andern Barbitursäurederivat bestehen. Den gesammelten Niederschlag kann man durch verd. Säure zerlegen und erhält dann reine Produkte[1].

Gut bewährt hat sich auch die Methode nach MOLLE: Man setzt neutrale Bleiacetatlösung solange dem Harn zu, als noch ein Niederschlag erfolgt. Das Filtrat wird durch Schwefelwasserstoff vom Blei befreit, durch Kochen mit Tierkohle entfärbt, eingedampft und mit Natriumchlorid bis zur Sättigung versetzt. Diese Lösung wird alsdann mit Äther ausgeschüttelt. Die isolierten Krystalle können durch Bestimmung des Schmelzpunktes näher charakterisiert werden. Liegt der Schmelzpunkt bei dem des Veronals oder Luminals, so kann man mit Veronal oder Luminal den Mischschmelzpunkt feststellen. Wenn dadurch der Schmelzpunkt nicht wesentlich verändert wird, dann liegt Veronal bzw. Luminal vor.

Als weiterer Nachweis kann die für alle Barbitursäureabkömmlinge charakteristische Blaufärbung ihrer Barium-Kobalt-Verbindungen dienen. Fügt man zu der in Methylalkohol gelösten Substanz etwas Kobaltchloridlösung und 0,25 g Bariummethylat, so entsteht eine intensiv blaue Färbung. Weiter kann man noch den Stickstoff durch die Berlinerblaureaktion qualitativ nachweisen, indem man einige Kryställchen mit metallischem Natrium im Reagensglas schmilzt und in Cyannatrium überführt (s. S. 1288). Durch eine quantitativ durchgeführte Mikro-KJELDAHL-Stickstoffbestimmung kann nachgewiesen werden, ob Veronal oder Luminal vorliegt, während man durch Wägung des isolierten und gereinigten Rückstandes die Menge als solche bestimmen kann.

[1] Pharm. Weekbl. 1931, 68, 975.

Außer Veronal und Luminal werden noch andere Abkömmlinge der Barbitursäure als Schlafmittel verwendet, nämlich Medinal das Natriumsalz des Veronals, welches man jedoch aus den Leichenteilen nur in Gestalt von Veronal isolieren kann, Phanodorm, Noctal, Curral, Allional, Sandoptal, Veramon.

Zum Teil werden diese Stoffe im Organismus verändert und ihre Zersetzungsprodukte durch den Harn ausgeschieden[1], wie oben erwähnt.

3. Adalin und Bromural. Adalin (Diäthyl-bromacetylharnstoff) $(C_2H_5)_2CBr$—CO—NH—$CONH_2$, und Bromural, (α-Monobrom-isobaldriansäureharnstoff), $(CH_3)_2$—CH—CHBr—CO—NH—CO—NH_2, sind in kaltem Wasser ziemlich schwer löslich, leicht löslich in Alkohol und Benzol, Bromural jedoch auch in Äther. — Schmelzpunkte: Adalin 117—118°, Bromural 145°.

Bei längerem Erhitzen mit Wasser entsteht aus Adalin α-Diäthyl-hydantoin (Schmelzpunkt 182—183°) und aus Bromural Isopropylhydantoin (Schmelzpunkt 216—217°).

Nachweis. Kocht man Adalin mit alkoholischer Kalilauge, so entsteht Bromkalium und Cyankalium unter Entwicklung von Ammoniak. Man kann also hier den Nachweis von Cyan, Brom und Ammoniak antreten.

Wird Bromural mit alkoholischer Kalilauge gekocht, so bildet sich Bromkalium und Cyankalium und zugleich Isopropylhydantoin. Kocht man Bromural mit 50%iger Schwefelsäure, so tritt ein Geruch nach Baldriansäure auf.

d) Fiebermittel.

1. Antifebrin (Acetanilid), $C_6H_5NH(OC\cdot CH_3)$ bildet farblose, glänzende Blättchen von schwach brennendem Geschmack, die in Wasser schwerer, leicht dagegen in Alkohol, Äther und Chloroform sich lösen und von neutraler Reaktion sind. — Schmelzpunkt 113—114°, Siedepunkt 295°.

Nachweis. Acetanilid kann nach STAS-OTTO aus der weinsauren Lösung durch Äther ausgeschüttelt werden. Eingenommen, findet es sich im Harn an Schwefelsäure gebunden als Acetyl-p-Amino-Phenolschwefelsäure vor, z. T. ist es auch an Glucuronsäure gebunden. Beim Kochen des Harnes mit konz. Salzsäure und darauffolgender Übersättigung mit Natriumcarbonat kann man das p-Aminophenol mit Äther ausschütteln. Der Verdunstungsrückstand gibt wie Acetanilid selbst die Indophenolprobe.

Reaktionen. 1. Indophenolreaktion: Wird Acetanilid mit etwa 4 ccm rauchender Salzsäure gekocht, die Lösung auf etwa 10 Tropfen eingedampft und der Rückstand nach dem Erkalten mit einigen Kubikzentimetern Carbolwasser versetzt, so wird durch tropfenweises Zugeben einer Chlorkalklösung eine schmutzig-rotviolette Farbe hervorgerufen, die beim Umschütteln zunimmt. Phenacetin gibt die gleiche Reaktion.

2. Isonitrilprobe: Wird zwecks Verseifung etwas Acetanilid mit alkoholischer Kalilauge einige Minuten gekocht und nach dem Abkühlen mit 2 Tropfen Chloroform versetzt, so tritt nach erneutem Aufkochen der widerliche Isonitrilgeruch auf. Phenacetin gibt die Reaktion nicht.

2. Phenacetin (p-Acetphenetidin), $C_6H_4{<}{NH(OC\cdot CH_3) \atop OC_2H_5}$, bildet farblose Krystallblättchen, die fast geschmacklos sind. In kaltem Wasser ist die Löslichkeit sehr gering; leicht löslich ist Phenacetin in Alkohol, Äther und Chloroform. Die Lösungen reagieren neutral. — Schmelzpunkt 134—135°.

Nachweis: In dem Gang nach STAS-OTTO kann Phenacetin aus weinsaurer Lösung durch Äther ausgeschüttelt werden. Im Harn wird Phenacetin wie Antifebrin gepaart an Schwefelsäure oder Glucuronsäure ausgeschieden. Durch die Indophenolprobe ist es nachweisbar, s. Antifebrin.

---

[1] Beiträge zum Nachweis wichtiger Barbitursäurederivate von Dr. KAISER. Stuttgart: Verlag. Südd. Apoth.-Ztg. 1932.

1. Indophenolreaktion. Wie bei Antifebrin.

2. Kocht man Phenacetin mit konz. Salzsäure und fügt, nachdem man einige Minuten gekocht hat, etwa 10 ccm Wasser und einige Tropfen Chromsäurelösung zu, so tritt eine rubinrote Färbung auf. Antifebrin wird gelb.

2. Salpetersäureprobe nach AUTENRIETH[1]. Wird Phenacetin mit einigen Kubikzentimetern einer etwa 10%igen Salpetersäure zum Sieden erhitzt, so tritt eine gelbe bis rote Farbe der Lösung auf. Nach dem Abkühlen scheiden sich gelbe Nadeln von Nitrophenacetin mit dem Schmelzpunkt 103° aus. Antifebrin und Antipyrin geben farblose Lösungen.

3. Antipyrin (Dimethyl-phenyl-pyrazolon), $C_{11}H_{12}ON_2$, bildet weiße, monokline Krystallnadeln, die nur schwach bitterlich schmecken und in Wasser, Alkohol und Chloroform leicht, schwerer löslich in Äther sind. — Schmelzpunkt 113°, Pikrat 188°.

Nachweis. Antipyrin läßt sich nach dem Gang von STAS-OTTO aus der weinsauren Ausschüttelung in geringer Menge isolieren, die Hauptmenge aber kann aus der natronalkalischen Lösung mit Äther ausgeschüttelt werden. Antipyrin kann bei Vergiftung in allen Organen nachgewiesen werden. Im Harn findet es sich z. T. unverändert, z. T. an Schwefelsäure gebunden als gepaarte Schwefelsäure. Solcher Harn gibt mit Eisenchlorid eine Rotfärbung und ist vielfach selbst schon etwas rötlich gefärbt. Zur Isolierung des Antipyrins aus dem Harn säuert man ihn mit verd. Schwefelsäure an und fällt das Antipyrin mit Kaliumwismutjodidlösung aus. Den Niederschlag sammelt man auf der Nutsche, wäscht ihn mit angesäuertem Wasser aus und zerlegt ihn mit einer Anreibung von krystallisiertem Natriumcarbonat und 10%iger Natronlauge. Die ganze Mischung bringt man in einen Schüttelzylinder und schüttelt das Antipyrin mit Chloroform aus. Nach Verdunsten des Chloroforms bleibt das Antipyrin zurück.

Reaktionen. 1. Die Alkaloidreagenzien geben mit Antipyrin Niederschläge.

2. Eisenchloridprobe. Eine verd. Antipyrinlösung wird durch 1—2 Tropfen Eisenchloridlösung tiefrot gefärbt; durch Zusatz von Schwefelsäure geht die Färbung in Hellgelb über.

3. Probe mit rauchender Salpetersäure. Auf Zusatz von 1—2 Tropfen rauchender Salpetersäure wird eine Antipyrinlösung grün gefärbt. Wird die Lösung zum Sieden erhitzt und fügt man noch 1—2 Tropfen konz. Salpetersäure zu, so schlägt die Farbe in Rot um.

4. Wird eine geringe Menge Antipyrin in einigen ccm einer Lösung von 1 g p-Dimethylamido-benzaldehyd in 5 ccm 25%iger Salzsäure und 95 ccm absol. Alkohol gelöst und auf dem Wasserbade zur Trockene verdampft, so bleibt ein hellroter Rückstand. (Unterschied von Pyramidon.)

4. Pyramidon (Dimethyl-amido-antipyrin), $C_{11}H_{11}[N(CH_3)_2]N_2O$, bildet geruchlose, weiße Krystalle von bitterem Geschmack. In kaltem Wasser und Äther ist Pyramidon schwer löslich, leicht löslich dagegen in Alkohol und Chloroform. Die wäßrige Lösung zeigt schwach alkalische Reaktion. — Schmelzpunkt 108°.

Nachweis. Pyramidon läßt sich im Gang von STAS-OTTO aus natronalkalischer Lösung durch Äther oder Chloroform ausschütteln. Im Harn findet sich unverändertes Pyramidon.

Reaktionen. 1. Eisenchloridprobe: Eine verd. Pyramidonlösung wird nach Zusatz von wenig Salzsäure und Eisenchlorid blauviolett gefärbt.

2. Silbernitratreaktion. Die wäßrige Lösung wird auf Zusatz von Silbernitratlösung violett gefärbt. Später scheidet sich Silber aus.

3. Überschichtet man Harn mit alkoholischer Jodlösung, so bildet sich bei Gegenwart von Pyramidon ein violetter Ring, der nach einiger Zeit rotbraun wird.

5. Salophen (Acetyl-p-amidophenol-salicylsäureester), $C_6H_4<^{OOC\cdot C_6H_4OH}_{NH(OCCH_3)}$, ist ein farb- und geruchloses Krystallpulver, das in Wasser sehr schwer, leichter löslich dagegen in Alkohol ist. — Schmelzpunkt 187—188°.

Nachweis. Nach dem Gang von STAS-OTTO wird das Salophen aus saurer Lösung durch Äther ausgeschüttelt.

[1] AUTENRIETH: Arch. Pharm. 1891, **229**, 456.

Reaktionen. 1. Indophenolreaktion: Wird Salophen mit Salzsäure gekocht, so gibt es die Indophenolreaktion, jedoch etwas schwächer als Antifebrin (S. 1370).

2. Die alkoholische Lösung gibt mit Eisenchlorid eine Gelbfärbung.

3. Essigätherreaktion. Erhitzt man Salophen mit konz. Schwefelsäure und einigen Tropfen Alkohol einige Minuten lang im siedenden Wasserbade, so tritt ein Geruch nach Essigäther auf.

e) Organische Basen.

1. Anilin (S. 1318). Wenn Anilin nicht durch Wasserdämpfe aus der alkalischen Lösung übergetrieben worden ist, so findet man es in dem natronalkalischen Auszug nach Stas-Otto, aus dem es mit Äther ausgeschüttelt werden kann. Nach Verdunsten des Äthers bleibt das Anilin als ölige Tropfen zurück.

2. Paraphenylendiamin, $C_6H_4(NH_2)_2$, bildet farblose Krystalle, die an der Luft sich schnell bräunen. Es sublimiert bei 267° unzersetzt. In Wasser ist die Base löslich, leicht löslich in Alkohol, Äther und Benzol. — Schmelzpunkt 147°.

Nachweis. Im Gang nach Stas-Otto läßt es sich aus der schwach natronalkalischen Lösung durch Äther ausschütteln.

Reaktionen. 1. Setzt man zu der schwach salzsauren Lösung einige Tropfen einer 5%igen Natriumnitritlösung, so tritt eine Gelbfärbung ein; gibt man etwas Natronlauge bis zur alkalischen Reaktion zu, so geht die Farbe in Dunkelbraunrot über.

3. Mit Anilin und etwas Eisenchloridlösung versetzt, entsteht eine blaue Färbung (Methylenblaubildung).

4. Mit Schwefelwasserstoff und Eisenchloridlösung gelinde erwärmt, tritt eine violette Färbung auf.

5. Holz wird durch p-Phenylendiamin eine rote Färbung erteilt. Nicht typisch.

3. Pyridin ist eine tertiäre Base. Im Benzolkern ist eine CH-Gruppe durch N ersetzt. Es ist eine farblose Flüssigkeit von unangenehmem, charakteristischem Geruch. Mit Säuren bildet es Salze, die in Wasser leicht löslich sind und mit Goldchlorid und Platinchlorid typische Doppelsalze geben. Die Base ist in kaltem Wasser, Alkohol und Äther leicht löslich, in heißem Wasser dagegen schwer löslich. — Siedepunkt 115,2°, Spez. Gewicht (15°) 0,989. Schmelzpunkt des Platindoppelsalzes 236°.

CH
HC CH
HC CH
N

Nachweis. Nach dem Gang von Stas-Otto läßt sich Pyridin aus der natronalkalischen Lösung mit Äther ausschütteln. Um beim Verdunsten des Äthers keine Verluste zu erleiden, säuert man den zu verdunstenden Äther mit Salzsäure an.

Pyridin gibt mit den allgemeinen Alkaloidreagenzien Niederschläge.

Wird Pyridin mit Jodmethyl eingedampft, so verbleibt das Jodid einer quaternären Base. Verreibt man diesen krystallinen Rückstand mit gepulvertem Natriumhydroxyd, so entsteht ein stechender, senfölähnlicher Geruch.

4. Cocain-Ersatzmittel. An Stelle des vielfach stark toxisch wirkenden Cocains finden synthetisch hergestellte Ersatzmittel in der Medizin Anwendung. Zu diesen zählen unter anderen: Acoin, Anästhesin, Eucain, Holocain, Nirvanin, Novocain, Orthoform, Psicain, Stovain und Percain. Diese Ersatzmittel sind Basen, die im Gang nach Stas-Otto aus wäßrig-alkalischer Lösung mittels Äther oder Chloroform ausschüttelbar sind. Die salzsauren

Salze geben meist mit den Alkaloidreagenzien Fällungen, wie die Alkaloide selbst. Die Basen und ihre Salze rufen Gefühllosigkeit auf der Zungenspitze hervor.

R. FISCHER[1] gibt eine Methode an, mittels der es gelingt, Cocain und andere synthetische Anästhetica nachzuweisen. Als Fällungsreagenzien benutzt er hierzu Trinitroresorcin, Trinitrobenzoesäure, Platinchlorid und Pikrinsäure.

Es werden krystallin gefällt durch:

1. Trinitroresorcin: Pantokain, Stovain, Larokain, Novocain, Cocain, Tutocain, Alypin und Eucain.
2. Trinitrobenzoesäure: Perkain, Psicain und Panthesin und ferner Eucain und Panthesin.
3. Platinchlorid: Psicain, Holokain, Percain, Larocain, Cocain, Psicain neu.
4. Pikrinsäure: Stovain, Pantocain, Novocain, Cocain, Larocain, Alypin und Eucain.

Zuerst prüft man mit Reagens 1; tritt keine Fällung ein, so geht man zu 2, 3 und 4 über. Die Schmelzpunkte der Doppelverbindungen sind charakteristisch.

Von wichtigeren Cocainersatzmitteln seien kurz aufgeführt:

a) Novocain (salzsaures p-Amidobenzoesäure-diäthylamin-äthylester), $C_6H_4{<}^{NH_2}_{COO-CH_2-CH_2-N{<}^{C_2H_5}_{C_2H_5}}$. Das salzsaure Salz ist farb- und geruchlos; die Krystallnadeln besitzen einen schwach bitteren Geschmack, sie sind in Wasser leicht, schwerer löslich in Alkohol und sehr schwer löslich in Äther. Die Base selbst ist in Wasser unlöslich, leicht dagegen in Alkohol, Äther, Benzol und Chloroform löslich. Schmelzpunkt der Base 61—63°, des Novocains 155°, des Pikrats 153°.

Reaktionen. 1. Diazoreaktion: Zu der wäßrigen Lösung des Novocains setzt man einige Tropfen verd. Salzsäure und einige Tropfen einer 0,5%igen Kaliumnitritlösung. Fügt man nun eine Lösung von β-Naphthol in Natronlauge zu, so tritt eine scharlachrote Färbung auf (Unterschied von Cocain und den Cocainersatzmitteln). — Anästhesin und Nirvanin geben eine ähnliche Reaktion.

2. Quecksilberchlorürprobe. Gleiche Teile Novocain und Quecksilberchlorür innig verrieben und mit einigen Tropfen verd. Alkohol versetzt, schwärzen sich nach einiger Zeit.

3. Jodoformreaktion. Auf Zusatz von Jodjodkaliumlösung scheidet sich das Novocain als brauner Niederschlag ab, der beim Erwärmen mit Natronlauge sich unter gleichzeitiger Bildung von Jodoform löst, kenntlich an dem typischen Jodoformgeruch.

4. Wird Novocain mit etwa 5%iger Quecksilberchloridlösung versetzt, so bildet sich eine weiße Fällung, die auf Zusatz von wenigen Tropfen verd. Salzsäure sich löst. Cocain gibt eine gleiche Fällung, die jedoch nicht in Salzsäure löslich ist.

5. Kaliumpermanganatlösung (1%) wird durch eine Lösung von 0,25 g Novocain in 5 ccm Wasser unter Abscheidung von Mangandioxyd zersetzt. Cocain scheidet violettes, krystallines Cocainpermanganat aus.

Physiologischer Versuch: Novocain, 1 : 1 in Wasser gelöst, ruft eine starke, aber kurz andauernde Anästhesie hervor.

b) Orthoform (m-Amido-p-oxybenzoesäure-methylester), $C_6H_3{<}\begin{matrix}COOCH_3\\NH_2\\OH\end{matrix}$, ist ein gelblich bis weißes Krystallpulver. Die Löslichkeit in Wasser ist sehr gering; leicht löslich ist es in Alkohol, Benzol und Chloroform, etwas schwerer in Äther. Aus weinsaurer Lösung läßt es sich nach STAS-OTTO mittels Chloroform ausschütteln. Infolge seines Phenolcharakters ist es auch aus natriumbicarbonatalkalischer Lösung ausschüttelbar. Der Geschmack des Orthoforms ist schwach säuerlich. Auf der Zunge ruft es eine schwach anästhesierende Wirkung hervor. — Schmelzpunkt 142°.

Reaktionen. 1. Diazoreaktion: Diese Reaktion wird, wie beim Novocain beschrieben, ausgeführt. Es tritt eine schöne, rote Färbung auf.

[1] R. FISCHER: Arch. Pharm. 1933, 271, 466.

2. Eisenchloridreaktion. Die alkoholische Lösung des Orthoforms wird durch wenig Eisenchloridlösung violett gefärbt.

3. Salpetersäureprobe. Verreibt man Orthoform mit wenig konz. Schwefelsäure und fügt einen Tropfen Salpetersäure zu, so tritt eine Rot- oder Blauviolettfärbung auf, die durch Zusatz von Natronlauge in Rot übergeht.

c) Stovain ist das salzsaure Salz des Benzoyl-dimethyl-aminoäthyl-iso-propylalkohols: $C_6H_5—CO—O—C\begin{cases}CH_3\\C_2H_5\\CH_2—N(CH_3)_2\end{cases}$

Das Stovain ist ein weißes, bitter schmeckendes Pulver, das infolge seiner leichten Zersetzbarkeit schwach aminartig riecht. Auf die Zungenspitze gebracht, wirkt es anästhesierend. In Wasser ist Stovain leicht löslich, schwerer in Alkohol und Chloroform, fast unlöslich in Äther und Aceton. — Schmelzpunkt des Chlorhydrates 175—176°.

Nachweis der Benzoylgruppe. Erhitzt man das Stovain einige Minuten mit einigen Tropfen konz. Schwefelsäure und Alkohol, so tritt der typische Geruch nach Benzoesäureäthylester auf.

Permanganatreaktion. Löst man etwa 0,1 g Stovain in 5 ccm Wasser und fügt einige Tropfen Permanganatlösung (1%) hinzu, so bleibt die Flüssigkeit klar. Nach längerer Zeit scheidet sich Mangandioxyd aus. Cocain scheidet direkt violette Krystalle von Cocainpermanganat aus.

d) Percain (2 Butyl-oxycinchoninsäure-diäthyl-äthylendiamin)

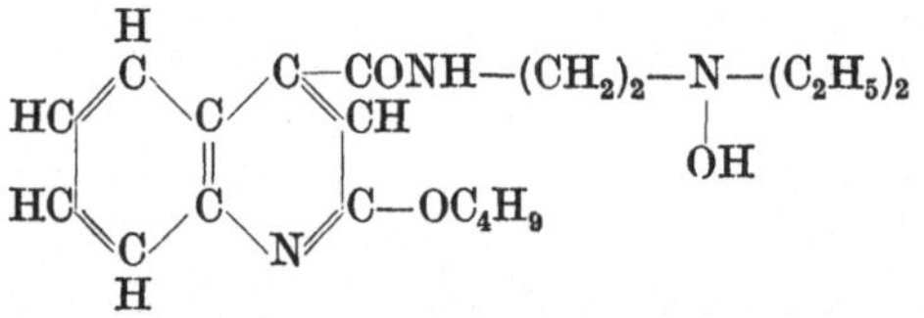

$$\text{Chinolinring mit } C—CONH—(CH_2)_2—N(OH)—(C_2H_5)_2 \text{ und } C—OC_4H_9$$

Das salzsaure Salz, das als Anästheticum verwendet wird, ist in Wasser und Alkohol ziemlich leicht löslich. Die Base ist in Wasser schwer löslich, leicht jedoch in Äther. An die Zungenspitze gebracht, bewirkt sie Gefühllosigkeit. Aus Leichenteilen läßt sich nach dem STAS-OTTOschen Verfahren aus alkalischer Lösung die Base mit Äther ausschütteln. Der Verdunstungsrückstand wird nach einiger Zeit krystallin. Minimale Spuren Percain gehen auch aus saurer Lösung in den Äther über. — Schmelzpunkt des Chlorhydrates 97—98°.

Nachweis. Das Percain gibt mit den allgemeinen Alkaloidreagenzien Fällungen. Mit Alkaloidfarbreagenzien, z. B. konz. Schwefelsäure, MARQUIS-Reagens, MANDELIN-Reagens usw. treten keine Farbreaktionen auf.

Fluorescenzerscheinung[1]. Unter der Ultralampe fluoresciert das salzsaure Salz stark violett. Die gleiche Fluorescenz wird von Chininsalzen hervorgerufen. Perkain gibt jedoch nicht die für Chinin charakteristische Thalleiochinreaktion.

e) Adrenalin, Suprarenin, Epinephrin (o-Dioxyphenyl-äthanol-methylamin) $C_6H_3\begin{cases}OH\\OH\\CH(OH)—CH_2 \cdot NH(CH_3)\end{cases}$

In der Nebenniere findet sich Adrenalin in seiner optisch links drehenden Modifikation vor. Das synthetisch hergestellte Präparat, Suprarenin, ist optisch inaktiv. Durch racemische Spaltung kann man l-Suprarenin herstellen, das mit dem Adrenalin identisch ist. Adrenalin läßt sich krystallisiert nur als weinsaures oder salzsaures Salz herstellen. Die Base selbst ist in Alkohol und Äther unlöslich. — Schmelzpunkt des Adrenalins 211—212°, des r-Suprarenins 208° $[\alpha]_D^{19,6}$ des Adrenalins $-51{,}4°$.

Reaktionen. 1. Die Alkaloidfällungsmittel geben mit Adrenalin keine typischen Niederschläge, selbst nicht in konz. Lösungen.

2. Farbbildungsreaktionen. MARQUIS Reagens färbt Adrenalin rosenrot, später kirschrot. FRÖHDES Reagens färbt braun, später grünlich.

[1] F. RIECHEN: Z. 1932, **63**, 557.

3. Reduktionserscheinungen. Jodsäurelösung wird reduziert unter Freiwerden von Jod. Phosphorwolframsäure wird grünlich gefärbt.

4. Eisenchloridreaktion. Sehr verdünnte Eisenchloridlösung färbt Adrenalin smaragdgrün; die Färbung geht auf Zusatz von Ammoniak in Blutrot über.

Keine Reaktion geben: Alypin, Anästhesin, Antipyrin, Eucain B, Euphthalmin, Exalgin, Formopyrin, Holocain, Lycetol-Base, Novocain, Orexin, Orthoformneu, Phenetidin, Piperacin, Pyramidon, Quietol, Stovain, Thallin, Tolipyrin.

Übersicht der Farbreaktionen alkaloidähnlicher, künstlicher Arzneimittel[1].

Arzneimittel	Konz. Schwefelsäure	ERDMANNs Reagens	FRÖHDEs Reagens
Acoin	farblos	farblos	schwach schmutzig grün
Analgen	stark gelb	wie vor	wie vor
Nirvanin	farblos	farblos	schön blau, allmählich verschwindend
o-Oxychinolin	gelb	wie vor	wie vor
Phenokoll	farblos	wie vor	rotgelb

D. Kampfstoffe (Giftgase).

Im Kriege wurden Giftstoffe verwendet, die folgende Wirkungen ausübten und demnach in folgende Wirkungsarten eingeteilt wurden: 1. Tränengase, 2. Reizstoffe der Schleimhäute, 3. Lungengifte und 4. Hautgifte.

Als die hauptsächlichsten Gifte seien angeführt: Chlor, Phosgen, $COCl_2$, Perstoff, Perchlorameisensäureester, Cl-COO-CCl_3, Chlorpikrin, CCl_3NO_2, Chloracetophenon, C_6H_5-$COCH_2Cl$, Dichlordiäthylsulfid, $S<^{CH_2-CH_2-Cl}_{CH_2-CH_2-Cl}$, Diphenylarsinchlorid, $(C_6H_5)_2AsCl$, Äthylarsindichlorid, $C_2H_5AsCl_2$, Dichlordivinylarsinchlorid, $(CHCl = CH)_2AsCl$, Diphenylaminarsinchlorid, $(C_6H_4)NHAsCl$, Diphenylarsincyanid, $(C_6H_5)_2AsCN$.

Ein Teil dieser Stoffe, z. B. Phosgen, Perstoff usw., spalten in den feuchten Atmungsorganen Salzsäure ab, die giftig wirkt. Man wird also saure Spaltungsprodukte nachzuweisen versuchen. Bei Arsen enthaltenden Giftstoffen wird man in den Lungen nach dem Zerstören der organischen Substanz Arsen nachweisen können. Näheres über Giftgase ist aus der Buchliteratur: PRANDTL, GEBELE und FESSLER, ARNOLD VATTER, W. UTERMARK, H. STOLTZENBERG (Buch-Literatur S. 1437) zu ersehen.

Darüber, wie Kampfgase (Giftgase) auf Lebensmittel einwirken, ist noch wenig bekannt. Wasserreiche Lebensmittel zersetzen einige Kampfgase unter Bildung von freier Salzsäure, z. B. Phosgen und Perstoff, andere Kampfgase werden von Lebensmitteln nicht zersetzt (W. PLÜCKER[2]).

E. Ptomaine.

a) Allgemeines.

Zu den Ptomainen zählt man die aus faulenden Leichenteilen, Fleisch, durch die Tätigkeit von Bakterien bei Luftabschluß oder Luftzutritt auftretenden Zersetzungsprodukte des Eiweißes oder die in den Leichen- oder Fleischteilen vorkommenden anderen Stickstoff enthaltenden organischen Verbindungen. Auch die in normalen und pathologischen Harnen gefundenen giftigen, stickstoffhaltigen Substanzen rechnet man zu den Ptomainen. Durch die Lebenstätigkeit von Bakterien, namentlich den pathogenen Bakterien, werden Giftstoffe gebildet, die im Zelleib der Bakterien verbleiben oder in das Substrat hinaus diffun-

[1] Nach GADAMER: Lehrbuch der chemischen Toxikologie.
[2] W. PLÜCKER: Z. 1934, 68, 313.

dieren. Diese Giftstoffe bezeichnet man als Toxine und zählt sie auch zu den Ptomainen.

Auch Lebensmittel, die stickstoffhaltige Substanzen enthalten, können bei ihrer Fäulnis giftige Ptomaine bilden. So können in Wurst, Käse, Fischen, Weichtieren und Fleisch, wie schon erwähnt, Ptomaine bei der Fäulnis entstehen.

Beim Beginn der Fleischfäulnis bilden sich meist Zersetzungsprodukte des Eiweißes, die keine giftigen Eigenschaften besitzen, erst nach einiger Zeit findet die Bildung giftiger Zersetzungsprodukte statt. Nach BRIEGER entsteht zuerst meist Cholin, alsdann giftiges Neuridin. Im weiteren Verlauf der Zersetzung kommen auch Diamine, z. B. Cadaverin, Putrescin u. a. vor.

In der Toxikologie verdienen hauptsächlich die Ptomaine deshalb Beachtung, weil sie infolge ihrer chemischen Eigenschaften geeignet sind, Alkaloide vorzutäuschen.

Diese Ptomaine geben, da sie zu den organischen Basen zählen, mit den allgemeinen Alkaloidreagenzien häufig Fällungen. Außerdem bilden sie Platin- und Golddoppelsalze und mit Pikrinsäure und Pikrolonsäure krystalline Verbindungen. Auch geben sie häufiger mit diesem oder jenem Spezialreagens auf Alkaloide gleiche oder ähnliche Reaktionserscheinungen, z. B. auf Strychnin.

Die meisten dieser Ptomaine müssen als primäre, sekundäre oder tertiäre Basen aus den alkalischen, wäßrigen Lösungen sich mit Äther ausschütteln lassen. Die quaternären Basen aber sind erst aus den eingedampften Auszügen durch Extraktion mit Alkohol ausziehbar.

Man stößt aber nur in seltenen Fällen auf solche Ptomaine, die Alkaloide vortäuschen können. Es ist nicht ausgeschlossen, daß ein Teil dieser Ptomaine im Gang des chemischen Nachweises sich so verändert, daß sie nicht mehr in der Ausschüttelung nach STAS-OTTO im alkalischen Teile auffindbar sind.

Die chemischen und physikalischen Eigenschaften sind meist gegenüber den Alkaloiden so verschieden, daß von einer Täuschung nicht die Rede sein kann, zumal wenn die Alkaloide genügend gereinigt vorliegen. Wenn die Ptomaine auch die eine oder andere Spezialalkaloidreaktion geben, so beschränkt sich diese nur auf eine Reaktion; mehrere solcher Spezialnachweisreaktionen dieses oder jenes Alkaloids zugleich gibt jedoch das Ptomain nicht. Auch physiologisch verhalten die Ptomaine sich stets anders als das betreffende Alkaloid, mit dem sie eine Spezialreaktion gemeinsam haben.

In der Regel wirken die Ptomaine im Gegensatz zu den meisten Alkaloiden reduzierend. Ferricyankalium wird sofort in Ferrocyankalium übergeführt. Die Ptomaine werden also auf Zusatz eines sehr verdünnten Gemisches von Eisenchlorid und Ferricyankalium eine Berlinerblauausscheidung hervorrufen. Allerdings tritt die gleiche Reaktion auch bei dem Morphin ein.

Bei den einzelnen Alkaloiden wurden bereits diejenigen Ptomaine erwähnt, die mit dem betreffenden Alkaloid einige Ähnlichkeit haben.

b) Darstellung der Ptomaine nach BRIEGER[1].

Zur Gewinnung der Ptomaine werden Fleischteile mehrmals durch eine Fleischhackmaschine getrieben und nach Zusatz von Wasser und verd. Salzsäure einige Minuten ausgekocht. Während des Kochens muß die schwach saure Reaktion bestehen bleiben. Das Ungelöste wird durch ein Koliertuch von der Flüssigkeit getrennt und diese filtriert. Das Filtrat wird alsdann auf dem Wasserbade bis zur Sirupkonsistenz, am besten im Vakuum, eingedampft.

[1] BRIEGER: Untersuchungen über Ptomaine, III. Teil, S. 19. (Berlin 1886.)

Der Sirup wird mit 96%igem Alkohol aufgenommen, vom Ungelösten durch Filtration getrennt und das Filtrat mit warmer alkoholischer Bleiacetatlösung solange versetzt, bis kein Niederschlag mehr entsteht. Am besten trennt man den Bleiniederschlag von der Flüssigkeit durch Abnutschen. Das klare Filtrat wird erneut bis zur Sirupkonsistenz eingedampft, dann nochmals mit 96%igem Alkohol ausgezogen, filtriert, eingedampft und mit Wasser aufgenommen. Das noch in Lösung befindliche Blei wird durch Schwefelwasserstoff gefällt, und die Flüssigkeit nach vorherigem Ansäuern mit Salzsäure erneut bis zur Sirupkonsistenz eingedampft. Den Rückstand nimmt man mit 96%igem Alkohol auf und setzt solange eine alkoholische Quecksilberchloridlösung zu, bis nichts mehr ausgefällt wird. Der durch Abfiltration und Auswaschen verbleibende Rückstand (A) wird mit Wasser ausgekocht. Es gehen die Ptomain-Quecksilberdoppelsalze in Lösung, die durch fraktionierte Krystallisation eine Trennung verschiedener Ptomaine gestatten.

Das alkoholische Filtrat (B) wird eingedampft, mit Wasser aufgenommen und durch Schwefelwasserstoff das überschüssige Quecksilber entfernt. Alsdann wird die saure Reaktion durch Natriumcarbonatlösung abgestumpft, die Flüssigkeit auf dem Wasserbade abgedampft und der Rückstand mit Alkohol ausgezogen. Die klaren alkoholischen Auszüge werden vom Alkohol befreit, der Rückstand wird in Wasser gelöst, mit Natriumcarbonat neutralisiert, alsdann mit Salpetersäure angesäuert, und nunmehr werden durch Phosphormolybdänsäure die Ptomaine gefällt. Der Niederschlag wird auf dem Wasserbade mit neutralem Bleiacetat zerlegt, die abfiltrierte Flüssigkeit durch Einleiten von Schwefelwasserstoff entbleit und zum Sirup eingedampft. Dieser Sirup wird mit Alkohol ausgezogen; hierdurch können verschiedene Ptomaine als salzsaure Salze schon erhalten werden.

Zwecks weiterer Trennung und Reinigung der Ptomaine kann man die Platin-, Gold- oder Quecksilberchloriddoppelsalze herstellen, auch die Pikrate können zur Reinigung der Ptomaine benutzt werden, die mit ihnen gut krystallisierende Doppelverbindungen geben. Ferner läßt sich auch durch fraktioniertes Umkrystallisieren der Doppelverbindungen eine Trennung und Reinigung erzielen.

Goldsalze werden leicht reduziert. Derartige Doppelsalze krystallisiert man aus schwach salzsaurer Lösung um. Als Kontrolle der Reinheit dient die Bestimmung des Schmelzpunktes. Aus den Metalldoppelsalzen kann durch Schwefelwasserstoff das Metall ausgefällt, und die Chlorhydrate nach dem Eindampfen und vorheriger Filtration rein erhalten werden.

Brieger konnte nach dieser Methode aus faulenden Leichen Ptomaine isolieren.

Der Quecksilberniederschlag A enthält die Hauptmenge Cadaverin und Putrescin und nur wenig Mydatoxin. Cadaverin und Putrescin sind schwer löslich beim Umkrystallisieren, am schwersten das Cadaverin. In den Mutterlaugen verbleiben Verunreinigungen und Mydatoxin. Die Isolierung von Cadaverin und Putrescin geschieht in folgender Weise: Durch Schwefelwasserstoff werden die Quecksilberdoppelsalze zerlegt, das Filtrat vorsichtig eingeengt und mit Alkohol behandelt, in welchem die Chlorhydrate leichter löslich sind. Durch nochmalige Überführung zuerst in die Golddoppelsalze und dann in die Quecksilbersalze lassen sich die beiden Ptomaine trennen. Von den Goldsalzen ist das Putrescin- und von den Quecksilbersalzen das Cadaverin schwerer löslich. Das Mydatoxin findet sich in den Mutterlaugen des Putrescin- und Cadaverindoppelsalzes. Durch Schwefelwasserstoff wird das Quecksilber entfernt und das Chlorhydrat in das Platindoppelsalz $(C_6H_{14}O_2N)_2PtCl_6$ übergeführt. — Schmelzpunkt 193°.

Das Filtrat B vom Niederschlag A. Der aus dem Filtrat durch Phosphormolybdänsäure bewirkte Niederschlag wird, wie oben schon erwähnt, mit neutralem Bleiacetat zerlegt und die Lösung entbleit. Aus der alkoholischen Lösung wird ein Chlorhydrat gewonnen, das reduzierende Eigenschaften besitzt, also eine Lösung von Eisenchlorid und Ferricyankalium bläut. Aus diesem Grunde stellt man keine Golddoppelsalze her, sondern das Pikrat. Das so isolierte Mydin ($C_8H_{11}ON$) bildet ein Pikrat vom Schmelzpunkt 195°. Die Base des Mydins ist nicht giftig, reagiert stark alkalisch und riecht ammoniakalisch.

Aus faulem Pferdefleisch gelang es BRIEGER, im Quecksilberniederschlag Cadaverin, Putrescin und Mydatoxin ($C_7H_{17}O_2N$) zu isolieren. Das Goldsalz des Mydatoxins ist dimorph. Nadeln vom Schmelzpunkt 176°. Die Base hat, wie auch das Chlorhydrat, Curarewirkung.

Im Phosphormolybdänniederschlag des Filtrates fand er ein Ptomain, dessen Golddoppelsalz von der Formel $C_2H_7N_3.HCl.AuCl_3$ den Schmelzpunkt 198° hatte. Es ist ein Methylguanidin $\left(HN{-}C{<}{NH{-}CH_3 \atop NH_2}\right)$ und besitzt stark giftige Eigenschaften, es verursacht Krämpfe und Herzstillstand.

c) Trennung von Diaminen nach UDRÁNSZKY und BAUMANN[1].

Diamine lassen sich selbst in kleineren Mengen durch Überführung in die Dibenzoylverbindung voneinander trennen, z. B. Cadaverin (Pentamethylendiamin), $NH_2(CH_2)_5NH_2$, von Putrescin (Tetramethylendiamin), $NH_2(CH_2)_4NH_2$.

Bei Putrescin entsteht die Dibenzoylverbindung des Tetramethylendiamins, $C_6H_5CO.NH(CH_2)_4NHOCC_6H_5$.

Die Ausführung ist folgende: Man bringt auf je 100 ccm der zu prüfenden Lösung 5 ccm Benzoylchlorid und 40 ccm 10%ige Natronlauge und schüttelt anhaltend solange durch, bis kein stechender Geruch nach Benzoylchlorid mehr vorhanden ist. Es ist notwendig, von Zeit zu Zeit mit Lackmuspapier zu prüfen, ob noch alkalische Reaktion vorwaltet, sonst muß noch Natronlauge zugesetzt werden. Der entstandene Niederschlag wird nach 24 Stunden gesammelt und ausgewaschen. Alsdann löst man ihn in wenig Alkohol und gießt die Lösung in Wasser. Die zunächst entstehende milchige Trübung wird nach längerer Zeit krystallin. Durch fraktionierte Krystallisation können die Dibenzoylverbindungen getrennt werden. Man löst die Krystalle in Alkohol und setzt Äther im Überschuß zu. Es krystallisiert die Putrescinverbindung aus, in der Lösung bleibt die Cadaverinverbindung. Durch mehrmalige Wiederholung der Umkrystallisation lassen sich die Verbindungen weiter reinigen. — Schmelzpunkt der Dibenzoylverbindung des Cadaverins 130°, der des Putrescins 176—177°. Durch Verseifen mit alkoholischer Kalilauge können die Basen in Freiheit gesetzt werden.

d) Einige Ptomaine, nach GADAMER[2] näher beschrieben.

1. Putrescin (Tetramethylendiamin), $H_2N{-}(CH_2)_4{-}NH_2$. Die Isolierung nach BRIEGER ist oben (S. 1376) beschrieben worden. Putrescin ist ein Zersetzungsprodukt des Eiweißes bei der Fäulnis. Es stellt eine weiße, krystalline, hygroskopische, alkalisch reagierende Masse vor. Der Geruch ist dem des Piperidins ähnlich. Putrescin ist nicht giftig.

Von Reaktionen seien erwähnt:

1. Phosphormolybdänsäure: Gelber Niederschlag.
2. Phosphorwolframsäure: Weißer Niederschlag, im Überschuß löslich.
3. Jodjodkalium: Brauner krystalliner Niederschlag.

---

[1] UDRÁNSZKY u. BAUMANN: Ber. Deutsch. Chem. Ges. 1888, **21**, 2744.
[2] GADAMER: Lehrbuch der chemischen Toxikologie.

4. Pikrinsäure:	Gelbe Krystalle (schwer löslich).
5. Platinchlorwasserstoff:	Gelbe Nadeln oder sechsseitige Blättchen.
6. Goldchlorwasserstoff:	Gelbe Blättchen; Schmelzpunkt 210°.
7. Dibenzoylverbindung:	Weiße Krystalle; Schmelzpunkt 176—177°.

2. Cadaverin (Pentamethylendiamin), $H_2N—(CH_2)_5—NH_2$, bildet sich auch als Zersetzungsprodukt der Eiweißkörper und stellt eine weiße krystalline Krystallmasse vor, deren Geruch an Piperidin erinnert. Die Base hat alkalische Reaktion.

Reaktionen:

1. Phosphormolybdänsäure:	Gelber krystalliner Niederschlag, im Überschuß etwas löslich.
2. Phosphorwolframsäure:	Weißer Niederschlag, der im Überschuß löslich ist.
3. Jodjodkalium:	Braune Nadeln.
4. Wismutjodidjodkalium:	Rote Nadeln.
5. Pikrinsäure:	Gelbe Nadeln; Schmelzpunkt 220—222°.
6. Platinchlorwasserstoff:	Orangegelbe Prismen; Schmelzpunkt 215°.
7. Goldchlorwasserstoff:	Gelbe Nadeln, in Wasser leicht löslich; Schmelzpunkt 186—188°.
8. Quecksilberchlorid:	Lange weiße Nadeln, schwer in kaltem Wasser löslich; Schmelzpunkt 214°.
9. Dibenzoylverbindung:	Weiße Krystalle; Schmelzpunkt 130°.

Kaliumdichromat und konz. Schwefelsäure: Vorübergehende Rotbraunfärbung.

3. Saprin, $C_5H_{14}N_2$, ist isomer mit dem Cadaverin. Die Base ist von Brieger in menschlichen Leichenteilen gefunden worden. Sie gibt mit Eisenchlorid und Ferricyankalium eine Blaufärbung. Mit konz. Schwefelsäure und Kaliumdichromat bildet sich keine rotbraune Färbung.

4. Mydalein soll sich im Quecksilberniederschlag stark angefaulter Fleischteile vorfinden. Die Zusammensetzung ist nicht näher bekannt. Mydalein wirkt giftig. Krystallisierende Verbindungen und ihre Schmelzpunkte sind in der Literatur nicht angegeben. Eisenchlorid und Ferricyankalium sollen gebläut werden.

5. Cholin (Oxäthyl-trimethyl-ammonium-hydroxyd) (s. Formel) ist eine quaternäre Base, die aus den eingedampften Lösungen durch Alkohol extrahierbar ist. Es bildet sich zuerst bei der Fäulnis des Fleisches. Die Base zeigt alkalische Reaktion und ist ebenso wie ihr Chlorhydrat eine leicht zerfließende Krystallmasse. Das Cholin besitzt nur geringe Giftigkeit.

$$\begin{array}{l} CH_2OH \\ | \\ CH_2—N{\equiv}(CH_3)_3 \\ \quad\quad\;\; \diagdown OH \end{array}$$

Reaktionen.

1. Phosphormolybdänsäure:	Voluminöser Niederschlag.
2. Phosphorwolframsäure:	Weißer Niederschlag, der beim Kochen krystallin wird.
3. Jodjodkalium:	Brauner körniger Niederschlag.
4. Quecksilberchloridlösung:	Weißer körniger Niederschlag.
5. Platinchlorwasserstoff:	Rotgelbe, monokline Tafeln; Schmelzpunkt 234—235°.
6. Goldchlorwasserstoff:	Gelbe Nadeln; Schmelzpunkt 244—245°.

6. Neurin (Trimethyl-vinyl-ammonium-hydroxyd) (s. Formel) ist eine quaternäre Base von alkalischer Reaktion. Die Base und ihr Chlorhydrat bilden zerfließliche, weiße Krystallmassen. Das Neurin wirkt stark giftig.

$$\begin{array}{l} CH_2 \\ \| \\ CH—N{\equiv}(CH_3)_3 \\ \quad\quad\;\; \diagdown OH \end{array}$$

Reaktionen.

1. Phosphormolybdänsäure:	Weißer, krystalliner Niederschlag.
2. Phosphorwolframsäure:	Keine Fällung.
3. Jodjodkalium:	Braune Fällung.
4. Quecksilberjodidjodkalium:	Weißgelber Niederschlag.
5. Quecksilberchlorid:	Weiße Niederschläge. Je nach der zugesetzten Quecksilbermenge bildet sich ein leichter lösliches Salz von der Zusammensetzung $C_5H_{12}NCl \cdot HgCl_2$ (Schmelzpunkt 198,5—199,5) oder ein schwer lösliches Salz, das die Formel $C_5H_{12}NCl \cdot 6\,HgCl_2$ besitzt (Schmelzpunkt 230,5—234°).
6. Platinchlorwasserstoff:	Oktaedrische, schwer lösliche gelbliche Krystalle; Schmelzpunkt: 195,5—198°.
7. Goldchlorwasserstoff:	Gelbe Nadeln, in heißem Wasser löslich; Schmelzpunkt: 232—236°.
8. Pikrinsäure:	Goldgelbe Nadeln; Schmelzpunkt: 263—264°.

7. **Neuridin,** $C_5H_{14}N_2 \cdot 2\,HCl$ (Chlorid). In stärker faulen Leichenteilen findet sich Neuridin; es ist das am häufigsten vorkommende Ptomain und wird, trotzdem es einen quaternären Basencharakter besitzt, aus alkalischer wäßriger Lösung von Äther und anderen organischen Lösungsmitteln aufgenommen und findet sich deshalb wohl im Gang nach Stas-Otto in den alkalischen Ausschüttelungen. Bei der Isolierung der Ptomaine nach Brieger ist es in dem Quecksilberniederschlag auffindbar. Die Base ist leicht zersetzlich und besitzt einen unangenehmen, spermaartigen Geruch. Wird sie mit Natronlauge gekocht, so entwickeln sich gleiche Mengen Trimethylamin und Dimethylamin.

Reaktionen.

1. Phosphormolybdänsäure: Weißer, krystalliner Niederschlag.
2. Phosphorwolframsäure: Weißer, amorpher Niederschlag.
3. Wismutjodidjodkalium: Roter, amorpher Niederschlag.
4. Platinchlorwasserstoff: Das Doppelsalz ist in Wasser leicht löslich, jedoch durch Alkohol fällbar.
5. Goldchlorwasserstoff: Hellgelbe, büschelförmige Nadeln.
6. Quecksilberchlorid: Kein Niederschlag.
7. Pikrinsäure: Federförmige Nadeln, bei 230° gelbe Dämpfe bildend und bei 250° ohne zu schmelzen verkohlend.

8. **Muscarin** (Dioxyäthyl-trimethyl-ammoniumhydroxyd) (s. Formel). Das Muscarin findet sich im Fliegenpilz, dem dieser seine Giftigkeit verdankt. Eine Reihe anderer Körper bildet bei der Fäulnis Muscarin. Durch die Lebenstätigkeit von Bakterien wird Cholin in Muscarin umgewandelt. Das Muscarin ist eine quaternäre Base, die aus alkalischer Lösung nicht ausschüttelbar ist und nur durch Eindicken des Lösungsmittels und Ausziehen mit Alkohol in Lösung übergeführt werden kann. Die Base und das Chlorid bilden leicht zerfließende Krystallmassen, die beim Erhitzen mit Natronlauge Trimethylamin abspalten. Das Muscarin ist ein sehr starkes Gift; es wirkt pupillenverengend und auf das Herz ein.

$$\begin{array}{l} CH(OH)_2 \\ | \\ CH_2{-}N{=}(CH_3)_3 \\ \qquad\quad \diagdown OH \end{array}$$

Sein Platindoppelsalz ist schwer löslich und bildet Oktaeder oder gelbe Nadeln. Noch schwerer löslich ist das Golddoppelsalz.

Das Muscarin gibt keine typischen chemischen Reaktionen und kann nur an seiner physiologischen Wirkung erkannt werden.

Die aus faulendem Fisch, Muscheln und Käse isolierten Ptomaine, die zu häufigen Vergiftungen Anlaß gegeben haben, sind nicht einheitlicher Natur.

Die aus Leichen isolierten Ptomaine zeigen physiologische Wirkungen, wie sie für Vergiftungen mit Aconitin, Curarin, Codein, Colchicin, Strychnin und Veratrin typisch sind.

Dritter Teil.

Anorganische Gifte.

I. Metallgifte, die erst nach Zerstörung der organischen Substanz nachweisbar sind.

Zu dieser Gruppe zählen die Gifte, die nicht direkt chemisch nachweisbar sind, da sie, wie die Schwermetalle, in Leichenteilen bzw. in dem Organismus selbst an Eiweiß gebunden sind und durch Schwefelwasserstoff aus ihrer Eiweißverbindung nicht als Sulfide gefällt werden können. Nach Zerstörung der organischen Substanz kann man das giftige Metall nachweisen, unmöglich ist es jedoch, wenigstens in den allermeisten Fällen, auch die Verbindungsform dieser Metallgifte noch zu bestimmen. So genügt es z. B. bei weitem nicht zu sagen, daß in Leichenteilen bzw. im Mageninhalt Quecksilber nachgewiesen wurde. Es gibt Verbindungsformen des Quecksilbers, die ungiftig sind, da sie im Magensaft entweder unlöslich oder nur in geringer Menge bzw. in Spuren löslich sind, wie Quecksilbersulfid (Zinnober) und Quecksilberchlorür (Kalomel). Wenn Metallgifte in den zerstörten Leichenteilen nicht gefunden wurden, so erübrigt es sich selbstverständlich, nach den Verbindungsformen zu fahnden; ist aber letzteres notwendig, so muß der Nachweis in der unzerstörten Substanz versucht werden.

Alle Zerstörungsarten der organischen Substanz, des Eiweißes und auch wohl des Fettes fußen darauf, daß eine Oxydation vorgenommen wird.

Als Oxydationsmittel finden Anwendung: Chlor, Salpetersäure, Chlorsäure und ihre Salze, Schwefelsäure, Persäuren, z. B. Überschwefelsäure [1], Perchlorsäure, Kaliumpermanganat, Natriumsuperoxyd, Percarbonate und Wasserstoffsuperoxyd.

Je nach der Art des Materials wird man das eine oder andere Oxydationsmittel bzw. die diesbezügliche Methode wählen. In den allermeisten Fällen braucht die Zerstörung (Mineralisierung) nicht völlig durchgeführt zu werden. Meist genügt es, wenn das Eiweiß genügend weit verändert ist; hat man jedoch die organische Substanz vollständig zerstört, wie z. B. nach der Methode von DENIGÈS, so ist die Weiterbehandlung wesentlich vereinfacht. Besondere Vorsicht ist bei Quecksilber und Arsen wegen ihrer leichten Flüchtigkeit angezeigt.

A. Zerstörung der organischen Substanz.

1. Methode von FRESENIUS und v. BABO mit Salzsäure und Kaliumchlorat.

Es ist dies wohl die am meisten angewendete Methode. Man verfährt in folgender Weise: Die Organteile, Magen- und Darminhalt, Erbrochenes und sonstige Objekte werden mittels einer scharfen, vernickelten Schere zerkleinert, breiige Substanzen müssen im Mörser zerrieben werden. Diese Massen versetzt man alsdann mit soviel Wasser, daß eine sehr dünne Brühe entsteht und bringt sie in einen gut gereinigten Kolben, der so groß sein muß, daß die Flüssigkeit nur etwa stark $^1/_3$ des Rauminhaltes beansprucht. Am besten läßt man sich mehrere Glaskolben verschiedener Größe mit gleicher Halsöffnung herstellen, auf die ein gemeinsam passender, eingeschliffener Scheidetrichter und ein Steigrohr von etwa 1 m Länge aufgesetzt werden kann. Zu dem Inhalt gibt man etwa 2—3 g Kaliumchlorat und rund 50 ccm ungefähr 12%iger Salzsäure. Alsdann ist die Mischung häufiger zu schütteln. Nachdem die Einwirkung etwa 1 Stunde in der Kälte vor sich gegangen ist, setzt man den Kolben auf ein siedendes Wasserbad und schlägt um den Kolben ein Tuch, damit der Inhalt möglichst gleichmäßig warm bleibt. Man läßt nunmehr tropfenweise eine konz. wäßrige Lösung von Kaliumchlorat zufließen und schüttelt häufiger um. Von Zeit zu Zeit fügt man noch etwa 10 ccm Salzsäure zu und führt in dieser Weise die Zerstörung solange fort, bis die organische Substanz völlig zerfallen ist, und die Flüssigkeit eine hellgelbe Farbe angenommen hat. Nach 3 Stunden ist dieser Punkt meist erreicht. Dann läßt man abkühlen, filtriert ab und wäscht das Ungelöste mit schwach salzsaurem Wasser gut aus. Die Lösung und der Rückstand, letzterer nach dem Trocknen, werden, wie auf S. 1385, 1389 beschrieben, weiter auf Metallgifte verarbeitet.

Die Zerstörung kann auch in einer Porzellanschale vorgenommen werden. Hier besteht natürlich die erhöhte Gefahr einer Verflüchtigung des Arsens und Quecksilbers.

2. Abänderungen der Methode von FRESENIUS und v. BABO.

a) Methode von SONNENSCHEIN und JESERICH. An Stelle von Kaliumchlorat verwendet JESERICH reine Chlorsäure, die er in kleinen Mengen nach und nach der Untersuchungssubstanz auf dem Wasserbade zusetzt. Ist die Masse schwammig geworden, so wird nach und nach Salzsäure zugesetzt, bis sie genügend zerstört ist. Der einzige Vorteil dieser Methode, wenn man von einem solchen sprechen will, ist der, daß keine Kaliumsalze in die Lösung kommen.

---

[1] Z. 1932, 63, 501.

b) Methode von VINTILESCO[1]. Die fein zerkleinerte, mit Wasser verdünnte Substanz wird in einer Porzellanschale mit 10% ihres Gewichtes Kaliumchlorat versetzt und auf dem Wasserbade solange erhitzt, bis die Ammoniakentwicklung aufhört. Es wird jetzt rauchende Salzsäure in kleinen Mengen von 5 zu 5 ccm etwa alle 10 Minuten zugesetzt und zugleich die Masse fortwährend gut durchgerührt. Es genügen bei etwa 200 g Substanz 35 ccm Salzsäure. Das Erhitzen des Schaleninhaltes wird solange fortgesetzt, bis die Chlorentwicklung beendet ist, was etwa 40 Minuten dauert. Nun fügt man 10—20 ccm einer etwa 60%igen Salpetersäure hinzu und läßt die Schale noch eine Weile auf dem Wasserbade stehen. Häufigeres Umrühren ist notwendig, damit der größte Teil der Säure verdampft. In der abfiltrierten, gelblich gefärbten und stark mit Wasser verdünnten Flüssigkeit lassen sich alsdann die Metalle nachweisen. Der geringe unzerstörte Anteil besteht meist aus Fett und Fettsäuren.

c) Methode von C. MAI[2]. Die zerkleinerten Organteile werden mit Salzsäure (25%) zu einem dünnen Brei angerührt und der Masse wenig Kaliumchlorat zugesetzt. Alsdann erwärmt man in einer Porzellanschale über freier Flamme und fügt dann und wann kleine Mengen Kaliumchlorat erneut zu. Nach der Verflüssigung läßt man die Masse erkalten und trennt die Flüssigkeit von der etwa aufschwimmenden Fettschicht. Das Fett kocht man noch ein- bis zweimal mit verd. Salpetersäure aus, gibt diese Flüssigkeit zu der anderen in die Schale und fügt unter weiterem Erhitzen nun langsam kleine Mengen von Ammoniumpersulfat zu, bis der Schaleninhalt klar geworden ist und nur noch eine gelblichweiße Färbung besitzt. Das Filtrat wird dann, wie bei der Zerstörung nach FRESENIUS und v. BABO angegeben ist, weiter verarbeitet und Schwefelwasserstoff eingeleitet.

Zur Beschleunigung des Zerstörungsvorganges werden auch wohl Mangansalze zugesetzt. KIPPENBERGER empfiehlt Manganchlorür. HALENKE, der die Zerstörung mit Schwefelsäure vornehmen läßt, empfiehlt Quecksilberoxyd, welcher Zusatz natürlich nur dann zulässig ist, wenn die Substanzen nicht auf Quecksilber geprüft werden sollen.

3. Methode von G. DENIGES[3].

In einer Porzellanschale von etwa 2 Liter Fassungsvermögen werden die zu zerstörenden Substanzen über freier Flamme erhitzt, denen, falls sie wasserarm sein sollten, etwa 25% Wasser zuzusetzen sind. Vorher fügt man zu 100 g Substanz mindestens 250 ccm konz. Salpetersäure und 5 ccm einer 2%igen Kaliumpermanganatlösung und erhitzt über freier Flamme auf einer Asbestplatte oder im Luftbade unter häufigem Rühren solange, bis die Masse nicht mehr schäumt und zerfallen ist. Alsdann spült man sie mit 100 ccm konz. Salpetersäure in eine etwa 1 Liter fassende Schale und erwärmt bzw. kocht weiter. Ratsam ist es, einen Glastrichter über die Schale zu hängen, der in die Schale hineinpassen muß, jedoch die Flüssigkeit nicht berühren darf. Man dampft auf etwa 70—80 ccm ein, fügt der heißen Masse rasch 100 ccm konz. Schwefelsäure und nach einigen Minuten etwa 4—5mal je 5 ccm konz. Salpetersäure zu. Die Erhitzung wird nun gesteigert, damit die Schwefelsäure das oben aufschwimmende Fett zerstört. Nach einiger Zeit nimmt man die Flamme weg und fügt erneut von 2 zu 2 Minuten dreimal je 5 ccm Salpetersäure zu. Alsdann erhitzt man bis zum Kochen und läßt aus einem Scheidetrichter durch den Stutzen des umgestülpten Trichters Salpetersäure, etwa 50—60 Tropfen in der Minute, zutropfen.

---

[1] VINTILESCO: Bull. Chim. 1915, **17**, 99.
[2] C. MAI: **Z.** 1902, **5**, 1106.
[3] G. DENIGÈS: Journ. Pharm. et Chim. 1901, [6] **14**, 241; **C.** 1901, II, 956.

Wenn der Salpetersäurezusatz nur noch eine gelbe Färbung hervorruft, so steigert man die Wärme, unterbricht das Zutropfen der Salpetersäure und raucht die Schwefelsäure bis auf etwa 15 ccm ab, indem man zwischendurch dann und wann die gleiche Tropfenmenge Salpetersäure zufügt. Man verdünnt nun mit ziemlich viel Wasser, wodurch die gebildete Nitrosylschwefelsäure unter Entwicklung von nitrosen Dämpfen zum Zerfall gebracht wird, dampft ein und raucht nochmals einen Teil der Schwefelsäure ab. Hierdurch werden die letzten Reste der Salpetersäure entfernt. Diese Methode wird namentlich dann Anwendung finden, wenn es sich um Arsennachweis handelt. Zum Nachweis von Quecksilber ist die Methode nicht brauchbar.

4. Methode von LOCKEMANN[1].

Diese Methode ist der von DENIGÈS sehr ähnlich. Die zu untersuchende Substanz wird nach und nach mit einem Gemisch von konz. Schwefelsäure und rauchender Salpetersäure (5—10 Tle. konz. Schwefelsäure, 100 Tle. rauchende Salpetersäure) übergossen. Der Zusatz wird so reguliert, daß immer Mengen von 1—2 ccm nach beendeter Reaktion, also nach dem Aufhören der Schaumbildung, zugefügt werden. Für 20 g Untersuchungsmaterial genügen 10—20 ccm des Säuregemisches. Man erwärmt die Porzellanschale solange auf dem Wasserbade, bis die dunkelgefärbte Masse eine breiige Beschaffenheit und braune Farbe angenommen hat, setzt 30 g eines Gemisches aus gleichen Teilen Kalium- und Natriumnitrat zu und verdampft zur Trockene. Die resultierende, gelbe, krystalline Masse wird nach und nach in einen in einem Platintiegel befindlichen Schmelzfluß von Kalium- und Natriumnitrat eingetragen und dabei die Erhitzung des Tiegels so reguliert, daß die Schmelze im Fluß bleibt. Zum Schluß wird sie noch einige Zeit stärker erhitzt. Diese Methode hat LOCKEMANN besonders für den Arsennachweis ausgearbeitet.

5. Methode von HALENKE.

Wir verfahren in der Weise, daß wir die organische Substanz in einen geräumigen KJELDAHL-Kolben bringen, zu 25 g Substanz etwa 20 g konz. Schwefelsäure zusetzen und die Mischung, die sich nur wenig erwärmt, über Nacht ruhig stehen lassen. Diese Menge Schwefelsäure ist meist ausreichend, sonst wird noch etwas zugefügt. Alsdann wird der Kolben in ein Luftbad von v. BABO gesetzt und erwärmt. Die Erwärmung muß des starken Schäumens wegen zuerst mit ganz kleiner Flamme erfolgen. Zugleich läßt man aus einem Tropftrichter langsam konz. Salpetersäure in der Weise und Menge zutropfen, daß immer braune Stickoxyddämpfe sich im Halse des Kolbens befinden. Zuerst muß man gut acht geben, weil die Masse bisweilen stark schäumt, allmählich kann die Flamme dann größer gestellt werden, wodurch die völlige Zerstörung beschleunigt wird. Man kommt so meist mit geringen Mengen Säuren aus. Der Rückstand wird im KJELDAHL-Kolben durch Erhitzen noch weiter von der Schwefelsäure befreit. Nach dem Erkalten fügt man Wasser hinzu, spült alles in ein Porzellanschälchen, verdampft das Wasser und raucht die Schwefelsäure bis auf einen geringen Rest ab. Ein ungelöster Rückstand kann von Blei, Silber (Chlorsilber), Barium und Calcium herrühren. Die Lösung kann nach dem Verdünnen mit Wasser auf Metallgifte geprüft werden, mit Ausnahme von Quecksilber, da dieses bei der Zerstörung zum Teil oder völlig flüchtig gegangen ist. Soll nur auf Arsen geprüft werden, so wird zur Trennung von etwa vorhandenem Antimon mit dem Rückstand in der Porzellanschale die MEYERsche

[1] LOCKEMANN: Zeitschr. angew. Chem. 1905, 18, 416.

Schmelze mit Natriumnitrat und Natriumcarbonat durchgeführt und in der üblichen Weise (s. unten) weiter verfahren.

6. Methode nach TARUGI.

Leichenteile, Mageninhalt usw. werden mit der gleichen Gewichtsmenge Kaliumpercarbonat gemischt und alsdann zur genügenden Durchfeuchtung noch einige Kubikzentimeter Wasser zugefügt. Nachdem das Salz etwa 12 Stunden auf die zu zerstörende Substanz eingewirkt hat, kocht man die Masse in einer geräumigen Porzellanschale und setzt, wenn notwendig, weitere Mengen Kaliumpercarbonat zu. Nach etwa einstündigem Kochen läßt man erkalten, gießt die Flüssigkeit ab, fügt ihr CAROsche Säure in einer Menge zu, die dem Fünffachen der angewandten Substanz entspricht und kocht dann bis zur Klärung. Um die Entfärbung zu beschleunigen, setzt man dann und wann noch kleine Mengen Ammoniumpersulfat zu. Ist die Zerstörung beendet, so läßt man die klar gewordene Lösung auf den noch in der Porzellanschale verbleibenden Rückstand tropfen. TARUGI hat die Methode für den Nachweis von Arsen ausgearbeitet. Es sollen 99,4% des zugesetzten Arsens wieder gefunden werden. Nach diesem Verfahren gelangen viel Kaliumsalze in die Lösung, was nicht von Vorteil ist. Das angewandte Kaliumpercarbonat muß frei von Arsen sein.

Für den Nachweis von Metallgiften wird wohl die Zerstörung durch Chlor bzw. Salzsäure und Kaliumchlorat oder mit Überchlorsäure zu empfehlen sein. Wenn es sich um den Nachweis von Arsen handelt, so ist die Methode nach DENIGÈS bzw. die von LOCKEMANN, die beide auf dem gleichen Prinzip beruhen, zu empfehlen. Die Zerstörung kann, wie ausgeführt, in einem KJELDAHL-Kolben vorgenommen werden.

Die Zerstörung nach FRESENIUS und v. BABO mit Salzsäure und Kaliumchlorat hat den Nachteil, daß das Fett nicht zerstört wird und ein, wenn auch geringer unzerstörter Rückstand zurückbleibt, z. B. Zinn[1]. Das Fett löst geringe Mengen Quecksilber auf und das Unzerstörte kann unter Umständen geringe Mengen Metalle einschließen, die dem Nachweis entgehen. Bei nicht flüchtigen Giften wird der Rückstand nach dem Trocknen mit Natriumcarbonat und Salpeter geschmolzen und werden in dieser Schmelze die Metalle nachgewiesen; bei Quecksilber ist diese Methode jedoch seiner Flüchtigkeit wegen nicht anwendbar. Durch mehrmaliges Auskochen mit verd. Salzsäure am Rückflußkühler wird Quecksilber bis auf Spuren dem Rückstand entzogen.

Wenn man bei der Zerstörung nach FRESENIUS und v. BABO am Rückflußkühler arbeitet, so kann von einer wesentlichen Verflüchtigung des Quecksilbers nicht gesprochen werden. Eine spezielle Zerstörung von organischer Substanz zur Prüfung auf Quecksilber s. S. 1409.

7. Zerstörung von Knochen.

Die Zerstörung von Knochen, die von den Fleischteilen befreit sind, wird in arsenfreien Einschmelzröhren, die durch einen Leerversuch auf Abgabefähigkeit von Arsen aus dem Glasfluß zu prüfen sind, durchgeführt. Die zerkleinerten Knochen werden mit 25%iger Salzsäure und etwas Kaliumchlorat versetzt. Nachdem die Einwirkung bei gewöhnlicher Temperatur beendet ist, wird die Masse, die sich im Einschmelzrohr befindet, auf 50° bis zum Erweichen der Knochen erwärmt. Ist keine Gasentwicklung mehr zu beobachten, so wird das Glasrohr zugeschmolzen und das Rohr im Wasserbade bei 100° erhitzt, bis die Masse gallertartig zerfallen ist. Damit das Rohr bei etwaigem Zerspringen kein Unheil anrichtet, umwickelt man es mit einem Tuch.

---

[1] E. DEUSSEN: Arch. Pharm. 1926, **264**, 360.

B. Allgemeiner Analysengang für metallische Gifte.

Um in Lösung befindliche Metalle nach dem Zerstören der organischen Substanz zu fassen, werden sie durch Schwefelwasserstoff in salzsaurer Lösung als Sulfide gefällt. Nachdem das Chlor zur Hauptsache durch Einleiten von Kohlensäure in der Kälte in die Lösung entfernt ist, stumpft man mit etwas reinem Natriumcarbonat oder -bicarbonat die überschüssige Säure ab, verdünnt noch mit Wasser, setzt einige Kubikzentimeter verd. Salzsäure zu und erwärmt die Lösung auf dem Wasserbade unter Einleiten von absolut reinem Schwefelwasserstoff (s. hierüber S. 1436).

Zweckmäßig verfährt man zur Fällung der Metalle in der Weise, daß man den Kolben mit einem doppelt durchbohrten Korken verschließt, durch dessen eine Bohrung das Einleitungsrohr, durch dessen andere ein Steigrohr geht. Man treibt durch Einleiten von Schwefelwasserstoff in die erwärmte Lösung zuerst die Luft aus, leitet noch etwa 1 Stunde lang langsam Schwefelwasserstoff durch und senkt dann das Steigrohr unter weiterem Einleiten von Schwefelwasserstoff in die Flüssigkeit. Nunmehr nimmt man den Kolben vom Wasserbade und läßt ihn mit dem geöffneten Schwefelwasserstoffapparat verbunden über Nacht unter Schwefelwasserstoffatmosphäre stehen. Man filtriert den etwa vorhandenen Niederschlag ab.

Es ist darauf zu achten, daß die zerstörte Flüssigkeit auch in der Tat mineralsaurer (salzsauer) ist; eine saure Reaktion kann auch von Oxalsäure herrühren, die aus organischen Teilen beim Zerstören sich gebildet hat. Wenn keine freie Mineralsäure vorherrscht, so kann eine Trennung der Metalle der Schwefelwasserstoffgruppe und Schwefelammoniumgruppe verhindert werden, da in oxalsaurer Lösung zum Teil Metalle der Schwefelammoniumgruppe mit ausfallen.

Es ist ratsam, auch wenn sich äußerlich keine Veränderung bemerkbar macht, die Lösung nochmals durch das gleiche Filter zu filtrieren. Meist wird das Filtrat durch Luftzutritt unter Abscheidung von fein verteiltem Schwefel trübe. Dieser ausgeschiedene Schwefel reißt noch in kolloider Lösung befindliche Metallsulfide mit nieder. Auch ist es zu empfehlen, in diese trübe Lösung noch Schwefelwasserstoff vor der Filtration einzuleiten. Gegebenenfalls ist diese Behandlung zu wiederholen, namentlich dann, wenn es sich um Arsen handelt. Der gesammelte Niederschlag wird mit Schwefelwasserstoffwasser ausgewaschen und das Filtrat nach c) (S. 1388) weiter verarbeitet.

Hat man die Zerstörung der organischen Substanz unter Zusatz von Schwefelsäure ausgeführt, so ist die Schwefelsäure vorher abzurauchen und der Rückstand mit Wasser aufzunehmen, dem man etwas Salzsäure zusetzt. Eine trübe Lösung wird filtriert, und der Rückstand auf Blei, Silber und Barium geprüft (s. S. 1389). In das klare Filtrat kann man nun, wie eben beschrieben, Schwefelwasserstoff zur Ausfällung der Schwermetalle usw. einleiten.

a) Untersuchung der in Schwefelammonium löslichen Metalle des Schwefelwasserstoffniederschlages (Arsen, Antimon, Zinn und Spuren Kupfer).

Der auf dem Filter verbliebene Rückstand wird nunmehr mit einer Lösung von gelbem Schwefelammonium behandelt. In Lösung gehen als Sulfosalze Arsen, Antimon und Zinn, ferner geringe Mengen Kupfer, sowie auch Gold und Platin.

Um aus dem Schwefelwasserstoffniederschlag Arsen, Antimon und Zinn zu entfernen, bringt man auf den Niederschlag im Filter, das sich zweckmäßig auf einem Glastrichterchen mit Glashahn befindet, eine warme Mischung aus gleichen Teilen Schwefelammonium und Ammoniak und rührt mit einem Glasstäbchen den Niederschlag durch, damit die Schwefelammoniumlösung mit dem Sulfidniederschlag in innige Berührung kommt. Nach etwa 1 Stunde läßt man die Lösung nach Öffnen des Hahnes abtropfen und gießt erneut Schwefelammoniumlösung auf. Zuletzt wäscht man den Niederschlag mit verd. Schwefelammoniumlösung aus. Die Schwefelammoniumlösung, die fast immer eine braune Färbung hat, und das Waschwasser werden nunmehr auf dem Wasserbade zur Trockne verdampft, mit einigen Tropfen konz. Salpetersäure durchfeuchtet und wiederum eingedampft. Diese Behandlung wird so oft wiederholt, bis der Rückstand eine gelbe Färbung zeigt. Der noch feuchte Rückstand wird alsdann mit etwa der dreifachen Menge einer Mischung aus gleichen Teilen Natriumnitrat und entwässertem Natriumcarbonat innig vermischt und auf dem Wasserbade völlig getrocknet und pulverisiert. Diese Mischung trägt man nun nach und nach in einen glühenden Porzellantiegel ein, in dem sich etwas geschmolzenes Natriumnitrat befindet, sog. MEYERsche Schmelze, Kaliumnitrat darf hierzu nicht verwendet werden, da sonst, wegen der Löslichkeit des Kaliumpyroantimoniats, keine Trennung von Arsen und Antimon erzielt werden kann. Nachdem alles eingetragen ist, wird die Schmelze noch etwa $^1/_4$ Stunde in ruhigem Fluß gehalten. Meist ist die Schmelze farblos, sofern aber Spuren Kupfer vorhanden sind, ist sie durch unlösliches Kupferoxyd mehr oder weniger grau gefärbt. Man bringt den Tiegel nebst Inhalt in ein Bechergläschen, in dem sich etwa 50 ccm Wasser befinden. Ist der Tiegelinhalt gelöst, so wird der Tiegel herausgenommen und abgespritzt. In die trübe Flüssigkeit, deren Trübung durch aus dem Porzellantiegel gelöstes Aluminium mit herrühren kann, wird nun Kohlensäure eine kurze Zeitlang eingeleitet, damit kleine Mengen etwa gelösten Natriumstannats als Zinnsäure (Zinnoxyd) völlig ausgefällt werden. Durch Filtration wird das ungelöste Zinnoxyd und Kupferoxyd und ferner das unlösliche Natriumpyroantimoniat von dem gelösten Natriumarsenat getrennt. Der Niederschlag wird ausgewaschen und die wäßrige Lösung nun mit Schwefelsäure angesäuert, eingedampft und die überschüssige Säure zum Teil abgeraucht, bis dicke weiße Dämpfe von Schwefelsäure sich entwickeln. Nach dem Erkalten prüft man einige Tropfen mit Diphenylamin-Schwefelsäure oder, falls Eisen in der Lösung, mit Brucinschwefelsäure. Ist noch Salpetersäure vorhanden, so fügt man erneut Wasser zu, um die Nitrosylschwefelsäure zu zersetzen und raucht nach dem Abdampfen des Wassers wiederum solange ab, bis weiße Dämpfe sich entwickeln. Die von Salpetersäure freie Lösung kann nun auf Arsen (S. 1389) geprüft werden.

Der auf dem Filterchen zurückgebliebene, durch Filtration von Arsen getrennte Niederschlag kann Zinn, Antimon und, wenn die Schmelze grauschwarz erscheint, auch Kupfer enthalten. Man bringt das Filterchen nebst Niederschlag in einen Porzellantiegel, trocknet und verascht es vorsichtig. Alsdann setzt man die etwa fünffache Menge Cyankalium zu, schmilzt das Ganze eine Zeitlang, löst die Schmelze in Wasser und filtriert vom ungelösten Kupfer bzw. Kupferoxyd Zinn und Antimon ab. Den ausgewaschenen Rückstand behandelt man mit 10—15%iger Salzsäure, wobei Zinn als Zinnchlorid und Kupfer als Kupferchlorid sich lösen, während Antimon ungelöst bleibt. Die Anwesenheit von Kupfer wird durch eine blaue bzw. blaugrüne Farbe angezeigt.

Man filtriert das Antimon ab, löst den Filterrückstand in Königswasser, verdampft zur Trockne und nimmt den Rückstand in wenig verd. Salzsäure auf. Im Filtrat befinden sich Zinn und Spuren Kupfer. Über die Reaktionen auf Antimon, Zinn und Kupfer, siehe unter diesen (S. 1406, 1407, 1417).

b) Untersuchung des in Schwefelammonium ungelösten Anteils des Schwefelwasserstoffniederschlages (Blei, Silber, Wismut, Kupfer, Cadmium und Quecksilber).

Der in Schwefelammonium unlösliche Anteil enthält die Sulfide von Blei, Silber, Kupfer, Cadmium, Quecksilber, Wismut und außerdem noch mitausgefällte organische Substanz. Ist die ursprüngliche Zerstörung der organischen Substanz mit Salzsäure und Kaliumchlorat vorgenommen worden, so findet sich im Schwefelwasserstoffniederschlag kein Silber vor; es ist im unzerstörten Anteil der organischen Substanz als Chlorsilber zurückgeblieben (s. S. 1389). Um die störende organische Substanz zu entfernen, verfährt man in der Weise, daß man den Niederschlag mit Salzsäure und Kaliumchlorat schwach erwärmt, nach Lösung des Niederschlages mit Wasser verdünnt, das Chlor durch Einleiten von Kohlensäure entfernt, mit Natriumcarbonat bis zur schwach sauren Reaktion abstumpft und erneut Schwefelwasserstoff in das Filtrat einleitet. Der auf dem Filter verbleibende Rückstand kann Chlorsilber enthalten; Nachweis s. S. 1389. Dieses Verfahren ist nur bei Abwesenheit von Quecksilber anzuwenden, da immerhin, wenn sehr wenig Quecksilber vorliegt, mit dessen Verflüchtigung gerechnet werden muß; näheres siehe unter Quecksilber (S. 1409). Der erhaltene Schwefelwasserstoffniederschlag wird auf einem Filter gesammelt, gut mit Schwefelwasserstoffwasser ausgewaschen und wiederholt mit einer heißen Mischung von 1 Vol. konz. Salpetersäure und 2 Vol. Wasser übergossen.

Ungelöst bleibt Quecksilber. Der Rückstand wird ausgewaschen und in Königswasser gelöst. Es muß immer auf Quecksilber geprüft, bzw. der Niederschlag mit Königswasser behandelt werden, auch wenn er nicht rein schwarz gefärbt ist. Der Nachweis von Quecksilber geschieht wie S. 1409 unter Quecksilber angegeben.

Die salpetersaure Lösung kann Silber, Blei, Wismut, Kupfer und Cadmium enthalten. Ist mit der Anwesenheit von Silber zu rechnen, und sind Quecksilber und Cadmium nicht vorhanden, so kann man die Sulfide im Tiegel durch Verbrennen der organischen Substanz in Metalle bzw. Oxyde überführen und diese in Salpetersäure lösen. Spuren Blei bleiben als Sulfate ungelöst. Die salpetersaure Lösung wird eingedampft und mit Schwefelsäure versetzt, wie nachstehend ausgeführt. Aus der vom schwefelsauren Blei befreiten Lösung wird mit Salzsäure das Silber als Chlorsilber ausgefällt. Reaktionen auf Silber, s. S. 1416. Alsdann prüft man, nach Zusatz von Ammoniak, auf Kupfer, Cadmium und Wismut, wie unten angegeben, weiter.

Man dampft die Lösung nach Zusatz von Schwefelsäure auf der Asbestplatte in einer Porzellanschale ein, bis weiße Dämpfe aufsteigen. Nach dem Erkalten fügt man langsam Wasser und die gleiche Menge Alkohol hinzu und filtriert vom Ungelösten ab. Der ausgewaschene Niederschlag enthält Blei als Bleisulfat. Nach dem Trocknen wird er mit Natriumcarbonat und Kaliumnitrat geschmolzen, die Schmelze in kaltem Wasser gelöst, das Ungelöste abfiltriert, gut ausgewaschen, in verd. Salpetersäure gelöst, die überschüssige Salpetersäure verdampft und der Abdampfrückstand auf Blei geprüft s. S. 1412).

Die schwefelsaure Lösung kann noch die Metalle Wismut, Kupfer und Cadmium enthalten. Durch Erwärmen wird die Lösung von Alkohol befreit und mit Ammoniak im Überschuß versetzt. Das Wismut wird als Hydroxyd abgeschieden, während Kupfer und Cadmium als komplexe Salze in Lösung gehen.

Das Wismuthydroxyd wird abfiltriert, ausgewaschen und in schwach salzsäurehaltigem Wasser gelöst. Näherer Nachweis des Wismuts s. S. 1416.

Die ammoniakalische Lösung, die noch Kupfer und Cadmium enthalten kann und bei Anwesenheit von Kupfer blau gefärbt ist, wird mit Cyankalium versetzt und in diese Lösung Schwefelwasserstoff eingeleitet. Fällt ein gelber Niederschlag von Cadmiumsulfid aus, so wird er von der Flüssigkeit abfiltriert, ausgewaschen und in verd. Säure gelöst. Weiterer Nachweis s. S. 1418. Die Cyankalium enthaltende Lösung kann noch komplexes Kupfersalz enthalten, das durch Schwefelwasserstoff nicht gefällt wurde. Zersetzt man das komplexe Salz vorsichtig durch Zusatz von Salzsäure und leitet Schwefelwasserstoff ein, so fällt vorhandenes Kupfer als Sulfid aus. Die Zersetzung muß wegen der sich bildenden Blausäure unter einem gut ziehendem Abzug vorgenommen werden. Dieses Kupfersulfid wird in Salpetersäure gelöst und dient zum weiteren Nachweis von Kupfer (s. S. 1417). Man kann auch so verfahren, daß man einen Teil der ursprünglichen ammoniakalischen Lösung mit Salzsäure ansäuert und auf Kupfer prüft.

c) Untersuchung des Filtrates vom Schwefelwasserstoffniederschlag.

In dem Filtrat des Schwefelwasserstoffniederschlages finden sich noch die als giftig wirkend anzusehenden Metalle Zink, Chrom und Barium.

Man dampft das Filtrat auf dem Wasserbade ein; wenn hierbei eine Braunfärbung der Flüssigkeit eintritt, so setzt man zum Zerstören der organischen Substanz etwas Salzsäure und Kaliumchlorat zu, bis die Lösung wieder gelb geworden ist. Der Rückstand, der etwa 200 ccm beträgt, wird mit verd. Schwefelsäure versetzt. Nach einigen Stunden wird ein entstandener Niederschlag, der aus Bariumsulfat bestehen kann, abfiltriert, nach dem Auswaschen mit Kalium- und Natriumcarbonat geschmolzen, die Schmelze in kaltem Wasser gelöst und vom Ungelösten durch Filtration getrennt. Der gut ausgewaschene Niederschlag, der aus Bariumcarbonat bestehen kann, wird in Essigsäure gelöst und weiter auf Barium (S. 1420) geprüft.

In dem schwefelsauren Filtrat können noch Chrom und Zink enthalten sein. Durch Zusatz von Ammoniak macht man das Filtrat alkalisch und fügt solange Essigsäure zu, bis eine stark saure Reaktion vorherrscht. Alsdann setzt man noch 2—3 g Natriumacetat zu und leitet in die erhitzte Lösung Schwefelwasserstoff ein. Ein Niederschlag kann Zink enthalten. Der durch Eisensulfid meist dunkel gefärbte Niederschlag wird mit heißem Wasser ausgewaschen, in heißem Königswasser gelöst und filtriert. Zu der kalten Lösung setzt man Ammoniumchlorid und Ammoniak bis ein starker Ammoniakgeruch bemerkbar ist, läßt die Lösung etwa 1 Stunde in der Wärme stehen und filtriert vom abgesetzten Eisenhydroxyd ab. Das Filtrat, das das Zink als Zinkammonium-Doppelsalz enthält, wird wiederum mit Essigsäure sauer gemacht und nach Zusatz von 2—3 g Natriumacetat erneut Schwefelwasserstoff eingeleitet. Es fällt nun reines Schwefelzink aus, das abfiltriert, ausgewaschen, in wenig warmer Salzsäure gelöst und weiter auf Zink (S. 1418) geprüft wird.

Das Filtrat vom Schwefelwasserstoffniederschlag des Zinks wird eingedampft und mit Natriumcarbonat und Kaliumnitrat geschmolzen. Ist Chrom zugegen, so ist die Schmelze und auch die wäßrige Lösung von gebildetem Kaliumchromat gelb gefärbt. Man weist das Chrom noch näher nach, indem man die Schmelze in Wasser löst, das Filtrat mit Salzsäure ansäuert und nach Vertreiben der Salpetersäure durch Abdampfen mittelst Schwefliger Säure die Chromsäure zu Chromoxydsalz reduziert. Durch Zusatz von Ammoniak wird Chromhydroxyd ausgeschieden, das man nach dem Abfiltrieren und Auswaschen durch Lösen in verd. Salzsäure weiter auf Chrom prüfen kann, wie auf S. 1419 angegeben ist.

Nickel und Kobalt. Diese beiden Metalle würden, wenn sie vorhanden wären, ebenfalls im Filtrat vom Schwefelwasserstoffniederschlag sich vorfinden und bei dem Nachweis des Zinks den Zinksulfidniederschlag schwarz färben. Wenn man aber an Stelle der Essigsäure Ameisensäure verwendet, so wird wohl etwa vorhandenes Zink durch Schwefelwasserstoff gefällt, Nickel und Kobalt dagegen nicht. Im übrigen ist Nickel und Kobalt nach dem allgemeinen analytischen Gang nachzuweisen und zu isolieren. Über den Nachweis von Selen und Uran siehe unter S. 1408, 1419.

d) Untersuchung des bei der Zerstörung der organischen Substanz verbleibenden Rückstandes (Blei, Barium, Strontium und Silber).

Bei der Zerstörung der organischen Substanz mit Salzsäure und Kaliumchlorat oder Perchlorsäure verbleibt ein geringer Rückstand, der noch Blei, Barium, Strontium als Sulfate und Silber als Chlorid enthalten kann. Um ihn möglichst von Fett zu befreien, wird das Filter im Trichter in einen Wärmeschrank gestellt, damit das Fett abtropfen kann. Der Rückstand, der nun nicht mehr viel Fett enthält und auch trocken geworden ist, wird mit der dreifachen Gewichtsmenge Natriumcarbonat und Kaliumnitrat gemischt und nach und nach in einen geräumigen, glühenden Porzellantiegel eingetragen, in dem sich etwas geschmolzenes Kaliumnitrat befindet. Wenn alles eingetragen ist, hält man die Schmelze noch einige Zeit in Fluß, zieht sie nach dem Erkalten mit Wasser aus und leitet in die trübe Lösung etwa $^1/_4$ Stunde lang Kohlensäure ein, kocht auf und filtriert. Der gut ausgewaschene Niederschlag wird in verd. warmer Salpetersäure gelöst, zur Trockene verdampft und dann in kochend heißer verd. Salzsäure aufgenommen. Ungelöst Bleibendes würde Chlorsilber sein, das zum weiteren Nachweis erneut mit Kalium-Natriumcarbonat geschmolzen wird. Der Rückstand der Schmelze wird in Salpetersäure gelöst und durch die unter Silber (S. 1416) angeführten Reaktionen näher nachgewiesen.

Die warme salzsaure Lösung enthält nun noch Blei, Barium und Strontium. Man leitet in dieselbe Schwefelwasserstoff ein und identifiziert das Bleisulfid nach Überführung in Bleinitrat noch näher (S. 1412).

Im Filtrat vom Bleisulfid befindet sich noch etwaiges Barium als Bariumchlorid und Strontium als Strontiumchlorid die nach S. 1420 noch näher zu charakterisieren sind.

Strontium. Dieses Metall spielt eine untergeordnete Rolle; es kann nach S. 1420 nachgewiesen werden.

C. Nachweis und Bestimmung der einzelnen metallischen Gifte.

Über den spektroskopischen Nachweis der Metalle siehe Bd. II, Teil 1, S. 298—355 und ferner Gerlach und Schweizer[1]. Über Mikronachweis siehe N. Schoorl[2] und Feigl[3].

1. Arsen.

Das Arsen ist dasjenige Gift, das in seinen Verbindungen wohl am häufigsten zu Vergiftungen benutzt wird (s. Bd. I, S. 1090).

Das in der Natur als Fliegenstein oder Scherbenkobalt vorkommende Mineral oxydiert sich an der Luft unter Bildung kleiner Mengen giftigen Arsentrioxyds, das Anhydrid der Arsenigen Säure.

Arsenige Säure und ihre Salze. Die Arsenige Säure (As_2O_3), ein weißes Krystallmehl, das in kaltem Wasser schwer, leichter in heißem Wasser löslich ist. Ihre Salze sind

[1] Gerlach u. Schweizer: Die chemische Emissions-Spektralanalyse.
[2] Schoorl: Zeitschr. analyt. Chem. 1907, **46**, 658.
[3] F. Feigl: Quantitative Analyse mit Hilfe von Tüpfelreaktionen. Leipzig: Akadem. Verlagsgesellschaft.

teils in Wasser, teils in Mineralsäuren löslich. Medizinische Anwendung findet das metarsenigsaure Kalium, der Liquor Kalii arsenicosi der Apotheken.

Als Malerfarbe wird das SCHEELEsche Grün, AsO_3HCu, und das Schweinfurtergrün, $(AsO_2)_3(CH_3COO)Cu_2$, gebraucht, die auch noch unter anderen Namen gehandelt werden. Auch der rote Realgar (As_2S_2) und das gelbe Auripigment (As_2S_3) haben, da sie in verd. Mineralsäuren löslich sind, giftige Eigenschaften.

Arsensäure (AsO_4H_3) und ihr Anhydrid, Arsenpentoxyd (As_2O_5), finden in der Technik Anwendung. Sie sind, wie auch ihre Salze, ebenfalls giftig, da sie im Organismus, wenn auch langsam, zu Arseniger Säure reduziert werden.

Arsenwasserstoff (AsH_3) ist ein schwach nach Knoblauch riechendes Gas. In Fabriken, in welchen mit unreinen, arsenhaltigen Säuren, Salzsäure, und Metallen gearbeitet wird, sind schon Vergiftungen mit Arsenwasserstoff vorgekommen. Auch Ferrosilicium soll an feuchter Luft neben Phosphorwasserstoff Arsenwasserstoff entwickeln. Arsen-Halogenverbindungen sind für die forense Chemie von nebensächlicher Bedeutung.

Organische Arsenverbindungen. In der Arzneikunde finden verschiedene organische Arsenverbindung Anwendung, auch solche werden angewendet, die neben Arsen noch Antimon und Wismut enthalten. Wichtigere Verbindungen sind: das Atoxyl, Arrhenal, Kakodylsäure, Salvarsan u. a.

Für die forense Chemie ist es wichtig zu wissen, daß wohl alle unsere Nahrungsmittel minimale Spuren Arsen enthalten[1]. Spuren Arsen findet man auch überall in der Erde, im Wasser usw. Normale menschliche und tierische Gewebe enthalten nach GAUTIER minimale Spuren Arsen. Auch unsere meisten Reagenzien sind nicht frei von minimalsten Spuren Arsen. Es ist deshalb erforderlich, namentlich wenn Arsenvergiftungen in Frage kommen, die zur Verwendung gelangenden Reagenzien einer ganz besonderen Prüfung auf Arsen zu unterziehen. Aus einem ganz geringen Belag in einer MARSHschen Arsenröhre, Arsenspiegel, kann man daher auch nicht schließen, daß nun eine Arsenvergiftung vorliegen muß. GADAMER schreibt: „Für den Chemiker ist die Tatsache des normalen Vorkommens von Arsen in unseren Nahrungsmitteln und im menschlichen Organismus von größter Bedeutung, wie bei der Auswahl des Untersuchungsmaterials und der Deutung der etwa gefundenen Arsenmenge zum Ausdruck kommt." Eine Menge von 0,1 mg und mehr deuten auf eine Vergiftung hin.

Wenn auch Arsen langsam vom Organismus ausgeschieden wird, so verbleibt ein Teil doch lange im Organismus zurück. Bei akuten Vergiftungen mit Arsenverbindungen findet sich Arsen nicht in Nägeln, Haut, Haaren, Knochen und Röhrenknochen. Bei chronischer Vergiftung und bei längerer medizinaler Einnahme von Arsen aber wird es in Nägeln, Haut, Haaren und Röhrenknochen deponiert und wird sehr langsam wieder abgegeben, und kann auch darin nachgewiesen werden, hierzu siehe Arsennachweis in Leichenasche von M. H. REMUND[2]. In die Haare wandert das Arsen nur zur Lebzeit, nach dem Tode findet kein Einwandern von Arsen statt. Noch nach Jahren läßt sich Arsen in Leichenteilen nachweisen, jedoch kann es, wenn der Sarg mit der Leiche im Grundwasser steht, ausgelaugt werden, auch kann umgekehrt Arsen aus dem Grundwasser in die Leiche hinein diffundieren. Aus den Haaren der Leichen wird jedoch nach HEFFTER Arsen weder abgegeben, noch darin aufgenommen.

a) Vorproben bei Arsenvergiftungen.

Mit besonderer Sorgfalt sind Magen- und Darminhalt, sowie Erbrochenes auf Arsenige Säure und sonstige Arsenverbindungen zu prüfen, den Magenschleimhäuten wird man besondere Beachtung schenken. Arsenige Säure ist schwer löslich und findet sich wohl mit Schleim vermengt als weiße Streifchen an der Schleimhaut. Man sucht mit der Pinzette nach Möglichkeit derartige

[1] Siehe Band I, S. 671, 1069, 1092.

[2] M. H. REMUND: Zeitschr. ges. gerichtl. Med. 1929, 13, 33; Z. 1934, 67, 457.

Schleimfäden zu isolieren. Kupferverbindungen des Arsens würden grüne Streifen hinterlassen. Die so gesammelten Partikelchen werden mit Wasser verdünnt, kräftig geschüttelt und in einem spitzen Zentrifugenglas stark zentrifugiert. So gelingt es meist, fragliche Arsenverbindungen ziemlich rein zu isolieren. Das Aussehen, ob weiß, grün oder gelb, und wenn unter dem Mikroskop Kryställchen zu erkennen sind, geben wichtige Anhaltspunkte. Man kann mit den isolierten Teilchen folgende Reaktionen anstellen:

α) In ein Glühröhrchen, das auf der einen Seite in eine Spitze ausgezogen ist, bringt man eine Spur der isolierten Substanz und darüber ein Kohlesplitterchen von etwa 1 cm Länge. Nun erhitzt man das Kohlestückchen bis zum Glühen und beobachtet die Veränderung. Bildet sich oberhalb der Kohle ein schwarzer Beschlag und entwickelt sich ein Geruch nach Knoblauch, so kann Arsen vorliegen. Man sprengt nun das Glühröhrchen an der Spitze ab, so daß Luft zutreten kann. Verflüchtigt sich der schwarze Belag, und bildet sich etwas oberhalb des Belages ein weißer Ring, der unter dem Mikroskop aus Krystallen besteht und Oktaederform erkennen läßt, so liegt Arsenige Säure vor. Antimon gibt keine Krystalle von Oktaederform. Man kann den krystallinen Ring in heißem Wasser lösen und bis auf einige Tropfen auf einem Uhrglas verdampfen. Setzt man nun 1 Tropfen Silbernitratlösung zu, so entsteht ein gelber Niederschlag von Silberarsenit (AsO_3Ag_3).

Grüne Teilchen können aus der Kupferverbindung des Arsens bestehen. In der Spitze des Glühröhrchens bleibt in diesem Falle nach dem Glühen Kupferoxyd zurück, das sich in verd. Salzsäure löst und auf Zusatz von Ammoniak blau wird.

Rote und gelbe Teilchen können von Schwefelarsenverbindungen herrühren. Man mischt die Teilchen mit geringen Mengen einer Mischung aus Cyankalium, Natriumcarbonat und Magnesiumcarbonat. Nach dem Trocknen im Vakuum über Schwefelsäure bringt man die Mischung in ein Glühröhrchen, zieht das Röhrchen aus, aber so, daß keine Einwirkung der Hitze auf die Mischung stattfindet, bringt in den verjüngten Teil ein Kohlesplitterchen und glüht, wie oben beschrieben. Ein im Glasrohr sich bildender schwarzer Spiegel wird als Arsen identifiziert, wie oben angegeben.

Gelingt es nicht, Krystalle zu isolieren, so stellt man mit dem Mageninhalt oder dem Erbrochenen noch folgende Vorproben an:

β) Vorprobe nach Reinsch. Man verrührt je nach der Menge vorhandenen Arsens 1—5 g, wenn möglich mehr, des gut gemischten Mageninhaltes mit einigen Kubikzentimetern etwa 16%iger reiner Salzsäure, fügt noch etwa 10 ccm Wasser zu und erwärmt die Mischung schwach. Alsdann gießt man sie durch ein angefeuchtetes Filterchen und sammelt das Filtrat in einem kleinen Bechergläschen. In die Flüssigkeit bringt man ein Streifchen Kupferblech, das durch Salpetersäure gereinigt und zur Entfernung von Fettspuren mit Äther abgewaschen wurde. Je nach der Menge Arsen wird das blanke Metall mehr oder weniger schnell grau; liegen erhebliche Mengen Arsen vor, so blättert die Kupferarsenverbindung schnell ab.

$$2\,AsCl_3 + 6\,Cu = 3\,CuCl_2 + Cu_3As_2\,.$$

Antimon gibt eine ähnliche Reaktion.

Wäscht man den Kupferstreifen mit Wasser, Alkohol und Äther ab, rollt ihn zusammen und bringt ihn in ein Glühröhrchen, so bildet sich beim Erhitzen an den kalten Stellen bei Gegenwart von Arsen ein weißer Kranz, der zum Unterschied von Antimon Oktaederform aufweisen muß.

γ) Vorprobe nach Gutzeit. Man stellt die gleiche Lösung wie bei der Vorprobe nach Reinsch her, nimmt jedoch an Stelle von Salzsäure reine

Schwefelsäure (1:3). Einen Teil der Lösung bringt man in ein Kölbchen von etwa 50 ccm Fassungsvermögen, setzt einige Stäbchen (etwa 2 g) reines, arsenfreies Zink zu, schiebt einen Wattepfropfen in das Glas, bedeckt das Kölbchen mit Fließpapier und gibt in die Mitte desselben mit einem Glasstab einen Tropfen konz. Silbernitratlösung oder ein Körnchen festes Silbernitrat. Wenn nach kurzer Zeit eine Gelbfärbung auftritt, so kann Arsen vorhanden sein.

$$3\,AgNO_3 + AsH_3 = 3\,HNO_3 + [AsAg_3 + 3\,AgNO_3].$$

Fügt man zu dem gelben Flecken Wasser, so entsteht eine unmittelbare Schwärzung. Die Reaktion ist jedoch nicht eindeutig, da Phosphorwasserstoff, Antimonwasserstoff und Schwefelwasserstoff eine ähnliche Reaktion geben. Wenn keine Gelbfärbung eintritt, so ist Arsen nicht vorhanden.

δ) Vorprobe nach Gosio (Biologischer Nachweis). Der Schimmelpilz Penicillium brevicaule besitzt die Fähigkeit, aus arsenhaltigen Verbindungen flüchtige, stark knoblauchartig riechende Arsenverbindungen zu bilden, die durch ihren Geruch leicht erkannt werden können. Nach Abel und Buttenberg[1] bringt man etwa 5 g des Untersuchungsmaterials in einen 100 ccm fassenden Kolben und schüttelt die Masse mit etwas Wasser durch. Wenn die Reaktion sauer ist, so muß man die Masse mit etwas Calciumcarbonat anschütteln; ist sie alkalisch, so wird etwas Weinsäure zugegeben. Alsdann setzt man soviel zerkrümeltes Brot zu, bis das Wasser völlig aufgesogen ist. Der Kolben wird mit einem Wattebausch verschlossen und $^1/_2$ Stunde in einem Autoklaven bei 1—$1^1/_2$ Atmosphären erhitzt. Nach dem Erkalten fügt man die Pilzkultur zu, die man mit einem sterilen Platindraht vom Substrat losgelöst und in etwas steriler Bouillon aufgeschwemmt hat. Alsdann verschließt man den Kolben mit dem Wattebausch, zieht eine Gummikappe über die Öffnung und stellt ihn in einen Brutschrank von 37°. Hat sich in 24—72 Stunden ein Rasen von Pilzfäden gebildet, so wird sich bei Gegenwart von Arsen auch der typische Geruch entwickeln. (Ein ähnlicher Geruch wird auch von flüchtigen Selen- und Tellur-Verbindungen hervorgerufen.) In einem zweiten Kolben wird die gleiche Reinkultur mit Brot angesetzt, jedoch ohne das fragliche Objekt und in einem dritten Kolben fügt man außer diesen Zutaten 0,1 mg Arsenige Säure zu. Der zweite Kolben darf keinen typischen Geruch aufweisen, während in dem dritten Kolben ein deutlich knoblauchartiger Geruch auftreten muß, der wahrscheinlich von Diäthylarsin $[As(C_2H_5)_2H]$ herrührt. Der Pilz muß nach Abel und Buttenberg schnell wachsen und darf keine Gerüche entwickeln.

b) Nachweis des Arsens.

Wie bereits auf S. 1381 ausgeführt, kann man verschiedene Methoden zur Zerstörung der organischen Substanz anwenden. Die Substanz ist vermittels einer guten Schere sehr fein zu zerkleinern. Handelt es sich um den direkten Arsennachweis, so wird man sich vorteilhaft der Methode von Denigès oder Lockemann bzw. der angeführten Abänderung oder einer anderen angegebenen Methode bedienen. Um das Antimon sicher auszuschalten, muß die Schmelze mit Natriumcarbonat und Natriumnitrat, Meyerscher Schmelze, durchgeführt werden, näheres siehe S. 1386.

α) **Nachweis nach Marsh.** Dieser ist immer noch der beste und sicherste Nachweis. Die Meyersche Schmelze wird, wie S. 1386 ausgeführt, von Salpetersäure befreit. Die konz. Schwefelsäure und gegebenenfalls Arsen enthaltende Lösung wird mit soviel Wasser verdünnt, daß etwa 25 ccm Flüssigkeit resultieren.

[1] Abel u. Buttenberg: Zeitschr. Hygiene 1899, **32**, 449.

Der MARSHsche Apparat (Abb. 15) besteht aus einer Entwicklungsflasche, die durch einen dreifach durchbohrten Gummistopfen verschlossen ist. Die Entwicklungsflasche darf nicht zu groß sein, ein Fassungsvermögen von 150—200 ccm reicht völlig aus. Durch die eine Bohrung führt ein Heberrohr bis auf den Boden des Gefäßes, in der zweiten Bohrung befindet sich ein Trichterrohr mit Hahn, das ebenfalls bis auf den Boden des Gefäßes reicht. Die dritte Bohrung ist mit einem rechtwinkligen Gasableitungsrohr versehen, an das ein U-Rohr anschließt, das mit Chlorcalcium und mit einigen Kalihydratstückchen angefüllt ist. An dieses Rohr ist vermittels Gummischlauch ein dreimal verengtes, schwer schmelzbares Rohr von etwa 4 mm Durchmesser angeschlossen, dessen Ende in eine aufgebogene, etwa 10 cm lange Spitze endet. Die nicht ausgezogenen Stellen des Rohres ruhen auf Eisenringen und können durch Bunsenflammen erhitzt werden.

Der Kolben enthält etwa 15—20 g chemisch reines, arsenfreies, granuliertes oder in Stangen gegossenes Zink. Das Zink darf keine anderen Metalle, wie z. B. Eisen, Blei, enthalten. Zur besseren Entwicklung des Wasserstoffs ist zu empfehlen, 1—2 kleine Stückchen Zink ganz kurze Zeit in eine sehr stark

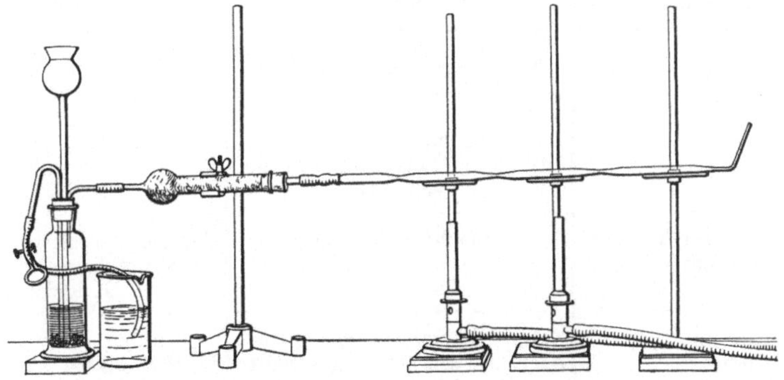

Abb. 15. Nachweis von Arsen. (Nach MARSH.)

verdünnte Kupfersulfatlösung zu legen und nach gutem Abspülen in die Entwicklungsflasche zu bringen. Das Kupfersulfat muß durch mehrmaliges Umkrystallisieren vorher gereinigt werden. Alsdann fügt man etwa 10 ccm verdünnte, arsenfreie Schwefelsäure (1 + 8) zu. Über das aufgebogene Ende der schwer schmelzbaren Röhre stülpt man ein Reagensglas. Nachdem etwa $^1/_4$ Stunde die Entwicklung ruhig vor sich gegangen ist, hält man das Reagensglas an eine Bunsenflamme. Tritt keine Explosion (Knall) ein, so ist alle Luft aus dem Apparat verdrängt, andernfalls muß man noch warten und den Versuch wiederholen. Ist der Apparat nun luftfrei, so stellt man unter die nicht verjüngten Stellen des Rohres Bunsenbrenner und reguliert die Temperatur so, daß die Röhren wohl glühen, aber nicht erweichen. Man läßt die Wasserstoffentwicklung nun 2 Stunden lang gehen. Ist sie zu heftig, so setzt man das Gefäß in kaltes Wasser und fügt, wenn nötig, etwas Eis zu. Nach dieser Zeit darf sich nicht die geringste Schwärzung hinter der geglühten, also an der verjüngten Stelle des Rohres bilden. Ist dieses der Fall, so sind die Reagenzien genügend rein, arsenfrei, und man kann nun zum eigentlichen Arsennachweis schreiten. Man fügt von der vorbereiteten Lösung, die man noch mit verd. Schwefelsäure weiter verdünnt hat, etwa $^1/_5$ durch den Trichter dem Entwicklungsgefäß zu. Sind größere, also toxische Mengen Arsen vorhanden, so macht sich schon nach kurzer Zeit an der ersten verjüngten Stelle des Rohres ein dunkler Anflug bemerkbar. Man nimmt jetzt die Flammen weg und zündet den Wasserstoff an der ausgezogenen Spitze des Rohres an. Ist Arsen vorhanden, so brennt die Flamme blau. Man hält nun in die Flamme nacheinander mehrere Porzellanschälchen und erzeugt auf diesen Flecken, die man zur weiteren Identifizierung benutzt. Der Arsenwasserstoff wird durch die angedrückte Schale abgekühlt, und da nun die Temperatur zur Verbrennung des Wasserstoffs nicht ausreicht, so scheidet sich Arsen in Flecken als fester Arsenwasserstoff (AsH_3) ab. Alsdann löscht man die Flamme aus und stellt den Geruch fest. Ist der Geruch knoblauchartig, so ist ein weiterer Beweis, daß es sich um Arsen handelt, erbracht. Antimonwasserstoff riecht nicht nach Knoblauch. Leitet man das Gas in eine Silbernitratlösung, so scheidet sich schwarzes Silber ab.

$$2\,AsH_3 + 12\,NO_3Ag + 3\,H_2O = 12\,Ag + As_2O_3 + 12\,NO_3H.$$

Nun kann man die Bunsenbrenner wieder unter das schwer schmelzbare Rohr stellen und weiter Arsen im Rohr niederschlagen. Nach und nach fügt man den Rest der fraglichen Lösung zu.

Verhalten des Spiegels (oder der Flecken)	Arsen	Antimon
Bildung	Nach der Erhitzungsstelle	Vor und hinter der Erhitzungsstelle
Aussehen	Glänzend schwarz. In dünneren Schichten braunschwarz	Schwarz, samtartig, glanzlos
Beim Erhitzen im Wasserstoffstrom	Leicht beweglich	Schwer beweglich. Zusammenschmelzen zu kleinen Kügelchen
Beim Glühen unter Luftzutritt	Mikroskopisch weiße Oktaeder, die aus Arseniger Säure bestehen, erkennbar. (Sehr wichtig!)	Bildung einer amorphen weißen Masse von Antimonoxyd (Sb_2O_3)
Gegen Natriumhypochloritlösung	Leicht löslich $2\,As : 3\,ClONa = As_2O_3 + 3\,NaCl$. (Sehr wichtig!)	Unlöslich (wenigstens die Flecken als solche)
Beim Erhitzen und Überleiten von trockenem Schwefelwasserstoff	Bildet gelbes Arsentrisulfid (As_2S_3), unlöslich in trockenem Salzsäuregas	Bildet orangefarbiges oder schwarzes Antimontrisulfid (Sb_2S_3), löslich in trockenem Salzsäuregas
Salpetersäure vom Spez. Gewicht 1,3	Die Flecken lösen sich ziemlich leicht zu Arsentrioxyd (As_2O_3) [1]	Die Flecken werden zu Antimonoxyd (Sb_2O_3) oxydiert [2]
Leitet man das Gas in verd. Silbernitratlösung,	so scheidet sich metallisches Silber ab und geht Arsenige Säure in Lösung. Das Filtrat gibt, mit Ammoniak überschichtet, gelbes Arsenigsaures Silber	so scheidet sich Antimonsilber ($SbAg_3$) ab. Durch dessen hydrolytische Spaltung entsteht Antimonige Säure unter Abscheidung von metallischem Silber. Beim Überschichten des Filtrates mit Ammoniak tritt keine Änderung ein.

[1] Fügt man einen Tropfen Silbernitratlösung zu und läßt von der Seite her Ammoniak vorsichtig zufließen, so entsteht an der Berührungszone eine gelbe Zone von arsenigsaurem Silber (AsO_3Ag_3). Wird die Lösung mit der Salpetersäure erwärmt, so bildet sich Arsensäure (As_2O_5), die, wie bei der Arsenigen Säure mit Silbernitrat und Ammoniak behandelt, einen rotbraunen Flecken gibt.

[2] Läßt man die Salpetersäure verdunsten, fügt ammoniakalische Silberlösung zu und erwärmt, so scheidet sich metallisches Silber unter Schwärzung ab.

Der weitere Nachweis des ausgeschiedenen Arsens wird in vorstehender Weise geführt; zum Unterschied von Antimon ist in vorstehender vergleichenden Zusammenstellung das Verhalten des Antimon- und Arsenspiegels angegeben.

Es sei noch auf einige Fehlerquellen bei dem Nachweis des Arsens durch die MARSHsche Probe hingewiesen. Die nach MARSH zu prüfende Substanz darf kein Quecksilber enthalten; dieses muß vorher nach den allgemeinen Methoden entfernt werden. Die komplexen Quecksilber-Arsen-Verbindungen können nach KÜHL und SZYZEWSKY[1] unter Benutzung elektrolytischer Amalgamierung und an Hand der Sublimationsbilder Arsen und Quecksilber nachgewiesen werden. Gleiches gilt von Wismutsalzen. Ferner darf die Entwicklung nicht zu heftig sein, und die Entwicklungsflüssigkeit sich nicht zu stark erwärmen, da sich sonst Schwefelwsserstoff bilden kann, der beim Glühen zerfällt und Schwefel in den kälteren Stellen des Glühröhrchens absetzt. Selen und Tellur bilden ebenfalls mit nascierendem Wasserstoff flüchtige Verbindungen, die auch im Glührohr bräunliche Niederschläge geben. Man kann diese Gase durch Einschalten eines Rohres, das mit Bleiacetat angefeuchtete Bimsteinstückchen enthält, zurückhalten. Ferner sollen organische Arsenverbindungen, die jedoch durch Salpetersäure und Schwefelsäure und auch durch die MEYERsche Schmelze nicht zerstört werden, im Glührohr gleichfalls Niederschläge geben, die allerdings gelbrot aussehen. Nach VITALI kann durch Aktivierung des Zinks mit Platinchlorid diese Ringbildung von flüchtigen, organischen Arsenverbindungen verhindert werden; wenigstens bei den Alkylarsenverbindungen ist dieses der Fall.

Ist Arsen im Magen- und Darminhalt und auch in den edleren Organen, Herz, Leber, Milz, Niere, Hirn, und auch im Urin festgestellt worden, so ist es notwendig, auch Haare, Nägel und Haut auf Anwesenheit von Arsen zu untersuchen. Hierzu sind die verfeinerten Methoden des Nachweises (S. 1399) anzuwenden. Auch ist eine quantitative Bestimmung des Arsens nach S. 1400 auszuführen.

β) **Nachweis der Verbindungsform.** Ist im Magen- bzw. Darminhalt oder Erbrochenen Arsen gefunden worden, so ist es wichtig festzustellen, soweit solches möglich ist, in welcher Verbindungsform das Arsen vorliegt. Vielfach findet man im Magen weiße Krystalle; geben diese beim Erhitzen in einem Glühröhrchen ein Sublimat von weißen, unter dem Mikroskop feststellbaren Oktaederchen, die, wenn man in das Glühröhrchen ein Kohlenstückchen schiebt, das fast bis an das Sublimat reicht, und nun die Kohle erhitzt, einen schwarzen glänzenden Spiegel bilden, so liegt Arsenige Säure vor. Grüne Kryställchen, die beim Glühen ebenfalls ein weißes Sublimat von oktaedrischen Krystallen geben, lassen auf die Anwesenheit von Kupferarsenat schließen. Im Glührückstand kann man dann Kupfer nachweisen, während das Sublimat, wie eben beschrieben, über Kohle erhitzt, einen Arsenspiegel bildet, siehe S. 1391. So kann es gelingen, bei Arsenvergiftungen diese oder jene Verbindungsform festzustellen.

γ) **Prüfung der Friedhofserde.** Handelt es sich um eine exhumierte Leiche, in der man Arsen nachgewiesen hat, so ist es wichtig festzustellen, ob die Friedhofserde Arsen enthält. Man entnimmt Erdproben aus verschiedenen Tiefen, am Kopfende, Fußende und der Mitte, wo der Sarg aufgestanden hat. Steht der Sarg im Grundwasser, so ist auch solches zu erheben.

Die Erdproben, in Menge von etwa 200 g, werden mit Wasser ausgekocht. In diese Lösung wird nach dem Zerstören mit Salzsäure und Kaliumchlorat Schwefelwasserstoff eingeleitet und ein entstehender Niederschlag durch seine Löslichkeit in Schwefelammonium und die MEYERsche Schmelze nach MARSH auf Arsen geprüft.

In gleicher Weise werden Auszüge der Erden mit Ammoniumcarbonat und Schwefelammonium hergestellt und auf Arsen geprüft. Ergibt sich die Abwesenheit von Arsen, so ist daraus zu schließen, daß Arsen durch die Erde, bzw. das Grundwasser, falls der Sarg in solchem gestanden hat und dieses eben-

[1] KÜHL u. CZYZEWSKY: Pharm. Zentralh. 1934, 75, 660.

falls frei von Arsen ist, nicht in die Leiche gelangt sein kann. Seine Bestätigung findet dieses ferner noch, wenn auch die Hobelspäne, auf der die Leiche gelegen hat, frei von Arsen sind. Aus der Leiche kann bei der Verwesung Arsen in dieselben gelangen s. S. 1406 unter Antimon.

Ist in der Erde Arsen nachgewiesen, so bleibt nichts anderes übrig, als einen Tierkadaver in unmittelbarer Nähe des Grabes zu vergraben und diesen nach einigen Monaten auf Arsen zu prüfen.

δ) **Prüfung auf organische Arsenverbindungen.** Wird in Leichenteilen Arsen gefunden, so kann es von organisch gebundenem Arsen herrühren. In den letzten 20 Jahren werden solche Arsenverbindungen (Salvarsan, Atoxyl usw.) in großer Menge in der Heilkunde subcutan oder intravenös angewendet. Da diese prozentual viel Arsen enthalten, so können hierdurch unter Umständen große Mengen Arsen in Leichen festgestellt werden, ohne daß es sich um eine Arsenvergiftung handelt. Noch nach Monaten findet man Arsen in solchen Leichen. Das intravenös und subcutan einverleibte Arsen wird meist in Leber, Milz und Nieren abgelagert.

Nach GADAMER[1] lassen sich die organischen Arsenverbindungen in zwei Gruppen einteilen: Zu der ersten Gruppe gehören die Verbindungen, die gegen Salzsäure und Kaliumchlorat nicht beständig sind. Zu ihnen zählen die Verbindungen, welche die Atoxylgruppe enthalten, sowie Salvarsan, Neosalvarsan und Silbersalvarsan, die schon im Organismus zum Teil zerlegt und in der forensen Analyse zu Mineralarsen aufgespalten werden.

Die organischen Arsenverbindungen der zweiten Gruppe, die Methylarsensäuren usw., werden durch Salzsäure und Kaliumchlorat nicht in Mineralarsen übergeführt und können von den Verbindungen der ersten Gruppe durch Schwefelwasserstoff getrennt werden, welcher nur das Mineralarsen ausfällt. Dieser Gruppe kommt therapeutisch nur eine untergeordnete Bedeutung zu.

αα) Atoxyl-Gruppe: Atoxyl (p-Amidophenyl-arsinsaures Natrium), $NH_2—C_6H_4AsO<^{OH}_{ONa} + 4H_2O$, Arsacetin (p-Acetyl-amidophenyl-arsinsaures Natrium), $[CH_3CO]NHC_6H_4AsO<^{OH}_{ONa} + 4\,H_2O$, oder Kondensationsprodukte mit Aldehyden oder Ketonen können nicht vorhanden sein, wenn nach dem Zerstören mit Kaliumchlorat und Salzsäure kein Arsen gefunden wurde. Wird Arsen gefunden, so ist festzustellen, ob Mineralarsen oder organisch gebundenes Arsen bzw. ein Gemisch vorliegt.

1. Schwefelwasserstoff fällt aus Atoxyl-Verbindungen Schwefelarsen erst bei langer Einwirkung. Wird eine Atoxylverbindung durch Schweflige Säure reduziert, so tritt durch Schwefelwasserstoff eine gelbe bis orangegelbe Fällung ein. Wird dagegen Schwefelwasserstoff in eine stark salzsaure Atoxylverbindung eingeleitet, so entsteht ein weißer, krystalliner Niederschlag, der die Phenylamidogruppe noch enthält und Diazoreaktion gibt.

2. BETTENDORFFs Reagens gibt allmählich, beim Erwärmen schneller einen citronengelben Niederschlag.

3. Die REINSCHsche Probe ist positiv, jedoch langsamer als bei Mineralarsen.

4. Die MARSHsche Probe ist ebenfalls positiv wie bei Mineralarsen.

5. Im Chlorstrom destilliert, liefert Atoxyl kein flüchtiges Arsen ($AsCl_3$), fügt man jedoch Eisenchlorürlösung zu, so destilliert Arsen über. Die Derivate des Atoxyls müssen erst durch Erhitzen mit Säure in Atoxyl aufgespalten werden.

6. Atoxyllösung wird mit einigen Tropfen Natriumnitritlösung versetzt und mit Salzsäure angesäuert. Die so gebildete Diazoverbindung gibt mit salzsaurem α-Naphthylamin eine purpurrote und mit β-Naphthylamin eine ziegelrote Färbung und nachfolgenden roten Niederschlag. Diese Reaktion ist in rein wäßrigen Lösungen nicht eindeutig wegen der überschüssigen salpetrigen Säure. Für den Nachweis von Arsen im Harn kann sie jedoch benutzt werden, da der Harnstoff die Salpetrige Säure zersetzt. Der Harn wird zuvor durch Tierkohle in schwach schwefelsaurer Lösung entfärbt. Die Reaktion ist alsdann, wie eben beschrieben, auszuführen.

---

[1] GADAMER: Lehrbuch der chemischen Toxikologie.

Wird der Diazolösung eine alkalische Phenollösung, z. B. Resorcin, bis zur alkalischen Reaktion zugesetzt, so entsteht eine purpurrote Färbung.

Diese Reaktionen beweisen nicht die Anwesenheit von Arsen, sondern nur die Gegenwart aromatischer Amidoverbindungen. Den obigen sich gebildeten Niederschlag kann man sammeln, auswaschen und mit Natriumnitrat schmelzen. Ist Arsen vorhanden, so wird dasselbe mineralisiert und kann nach MARSH nachgewiesen werden.

Organteile zieht man nach der Zerkleinerung mehrere Stunden mit dem mehrfachen Volumen Alkohol aus und setzt dem Auszug soviel verd. Schwefelsäure zu, daß eine schwach saure Reaktion vorherrscht. Der Auszug wird auf dem Wasserbad bis zum Sirup eingeengt und mit soviel Alkohol versetzt, bis keine Ausfällung mehr stattfindet. Das klare Filtrat wird wiederum auf dem Wasserbade bis zur Entfernung des Alkohols eingeengt und mit Wasser aufgenommen..

Mit der Lösung stellt man folgende Versuche an:

Die Lösung wird nach REINSCH oder MARSH auf Arsen geprüft. Verläuft die Reaktion negativ, so ist kein Atoxyl vorhanden. Ist Arsen zugegen, so wird zu einem Teil der Lösung direkt nach Zusatz von Salzsäure und zu dem anderen Teil nach Zerstörung mit Salzsäure und Kaliumchlorat BETTENDORFFs Reagens zugesetzt und die Lösungen alsdann schwach erwärmt. Gibt nun die direkte Lösung keine Reaktion oder nur einen citronengelben Niederschlag, die zerstörte Lösung aber einen braunen Niederschlag, so ist kein Mineralarsen, wohl jedoch Atoxyl oder eines seiner Derivate vorhanden, was noch durch die Reaktionen 6 entschieden werden kann. Bei den Reaktionen sind die Nitritüberschüsse durch Zufügen von Harnstoff zu zerlegen, bevor Naphthylamin zugesetzt wird. Arsacetin und Aldehydkondensationsprodukte müssen vorher durch Alkalien oder Mineralsäure zerlegt werden. Die letzteren Verbindungen können durch ihre gelbe oder orangerote Farbe noch unterschieden werden.

Gibt BETTENDORFFs Reagens sowohl mit der ursprünglichen, als auch mit der oxydierten Lösung eine braune Abscheidung, so kann neben Mineralarsen Atoxylarsen vorhanden sein. Dieser Fall ist von praktischer Bedeutung, da Atoxylarsen und Arsacetin usw. durch die Diazoreaktion erkannt werden können, die letzteren jedoch erst nach vorheriger Behandlung mit Mineralsäuren, d. h. nach Umwandlung in Atoxyl.

$\beta\beta$) Salvarsan-Gruppe. Diese Gruppe unterscheidet sich analytisch nur wenig von den Verbindungen der Atoxylgruppe. Im Salvarsan (Diamino-dioxy-arsenobenzol-hydrochlorid), $(HO)C_6H_3(NH_2) \cdot As = As \cdot (HN_2)C_6H_3(OH) \cdot 2HCl \cdot (2H_2O)$, liegt dreiwertiges Arsen vor.

Aus seinen Lösungen wird es durch Schwefelwasserstoff nicht gefällt. Durch BETTENDORFFs Reagens wird ein gelber, amorpher Niederschlag erzeugt, der sich in der Wärme löst und beim Erkalten sich wieder abscheidet. Die REINSCH- und MARSH-Probe verlaufen positiv. Die nach REINSCH erhaltene Lösung ist dunkelrot, der auf dem Kupfer entstandene Arsenniederschlag ist mit einem leicht abwischbaren roten Überzug bekleidet. Im Chlorwasserstrom destilliert auch ohne Reduktionsmittel Arsen über. Durch Eisenchloridlösung wird Salvarsanlösung verfärbt. Die Farbe geht von Grün in Rot über. Als Reduktionsmittel ruft Salvarsan in Goldchloridlösung eine intensiv rote Färbung hervor, eine Phosphormolybdänlösung wird intensiv blau gefärbt. Durch Jodlösung wird Salvarsan zu Amidophenolarsinsäure $\left([HO]C_6H_3[NH_2]\text{—}As\lessgtr^{[OH]_2}_{O}\right)$ oxydiert. Diese Reaktion ermöglicht, Salvarsan quantitativ zu bestimmen, da 8 Jod 1 Mol. Salvarsan oxydieren. Die Diazoreaktion kann bei Salvarsan nur mit α-Naphthylamin durchgeführt werden, während Atoxyl sie auch mit β-Naphthylamin gibt. Man kühlt eine mit etwas Salzsäure versetzte Salvarsanlösung auf 0° ab und fügt Natriumnitritlösung (0,5%) in geringem Überschuß zu. Um überschüssige Nitritlösung zu zerstören, setzt man Harnstofflösung in kleinen Mengen zu, bis Jodkalium-Stärkepapier durch einen Tropfen nicht mehr gebläut wird und gibt eine wäßrige, mit Salzsäure angesäuerte, gesättigte α-Naphthylaminlösung zu. Eine rubin- bis violettrote Färbung zeigt Salvarsan an. Durch Erwärmen wird die Intensität der Färbung erhöht und die Reaktion beschleunigt. Diese Reaktion ist nur im Verein mit den anderen Reaktionen, vor allem dem Arsennachweis als solchem, eindeutig, da die Diazoreaktion für sich nur die Aminogruppe anzeigt.

Infolge der leichten Zersetzbarkeit des Salvarsans gelingt es nicht, solches in Leichenteilen, Geweben und Harn nachzuweisen. Es kann im Harn der Nachweis der gebildeten Oxyaminophenylarsinsäure versucht werden.

Nach ABELIN[1] wird die Reaktion, wie eben beschrieben, ausgeführt, jedoch braucht das überschüssige Nitrit nicht durch Harnstoffzusatz zerstört zu werden, da solcher schon im

---

[1] ABELIN: Münch. med. Wochenschr. 1911, 1002.

Urin vorhanden ist; für die Kupplung der Diazoverbindung wird 1%ige alkoholische Resorcinlösung verwendet. Die Reaktion kann als Zonenreaktion ausgeführt werden, wenn man die Resorcinlösung mit dem Harngemisch überschichtet. Es entsteht eine dunkle Färbung, Atoxyl gibt nur eine Orangefärbung. Die quantitative Bestimmung des Arsens in Salvarsanlösungen läßt sich nach dem Zerstören der Substanz nach DENIGÈS oder LOCKEMANN oder im KJELDAHL-Kolben durchführen; siehe hierüber quantitative Bestimmung von Arsen (S. 1400).

$\gamma\gamma$) Methylarsinsäure-Gruppe. Zu ihnen zählen Arrhenal, Monomethylarsinsaures Natrium $\left(CH_3As{<}^{O}_{[ONa]_2} + 6H_2O\right)$ und die Kakodylsäure, Dimethylarsinsaures Natrium $\left([CH_3]_2As{<}^{O}_{[ONa]} + 2H_2O\right)$.

Durch Salzsäure und Kaliumchlorat werden die Methylarsinverbindungen nicht zerstört und sind deshalb durch Schwefelwasserstoff als Arsensulfid nicht fällbar. Die Kakodylsäure geht aber in Kakodylsulfid ($As_2[CH_3]_4S$) über, das sich durch seinen furchtbaren Geruch charakterisiert.

Kakodylsäure liefert bei der Prüfung nach MARSH einen gelbroten Ring unter Entwicklung weißer Dämpfe, Arrhenal gibt einen dem Arsen ähnlichen Arsenring.

Die Leichenteile werden mit angesäuertem Alkohol ausgezogen, der Alkohol verdampft, der Rückstand mit Wasser aufgenommen und folgende Reaktionen ausgeführt:

Reagens	Kakodylsäure	Arrhenal
1. Zink und Schwefelsäure	Nach einiger Zeit weiße Dämpfe, sehr starker Geruch nach Kakodyloxyd	Keine weißen Dämpfe; allmählich wird die Flüssigkeit gelbgrün. Im oberen Teil des Reagensrohres weißes Sublimat, das nach Aufhören der Reaktion rot wird
2. BOUGAULTsches Reagens 20 g Natriumhypophosphit in 20 ccm Wasser gelöst, mit 200 ccm Salzsäure (d = 1,17) versetzt und filtriert.	In der Wärme sofort, langsam in der Kälte milchig getrübt; entwickelt weiße Dämpfe unter Bildung eines rotbraunen Sublimates in den oberen Teilen des Reagensrohres	Trübt sich in der Kälte und nimmt langsam Rotfärbung an. In der Wärme entsteht zunächst ein weißgrauer, dann brauner Niederschlag
3. Zehnfache Menge Phosphorige Säure (d = 1,15)	Sofort einen intensiven Kakodyloxydgeruch	Kein Kakodylgeruch
4. BETTENDORFFs Reagens	Weiße Dämpfe und Knoblauchgeruch; keine Färbung	Zunächst keine Reaktion oder gelbe Färbung. Bei längerem Erhitzen an den oberen Teilen des Rohres ein weißes, dann gelbes, endlich braunes Sublimat
5. Quecksilberchlorid	In neutraler Lösung ein weißer, beständiger Niederschlag	Unter den gleichen Bedingungen gelbweißen, beim Schütteln rötlich werdenden Niederschlag
6. Silbernitrat	Weiße Trübung; beim Erhitzen stärker werdend und sich schwärzend	Sofort weißer Niederschlag; beim Schütteln gelb. Auf weiteren Silberzusatz wieder weiß, beim Erhitzen schwarz

Um das Arsen in Kakodylsäure und Arrhenal zu mineralisieren, bedient man sich der Schwefelsäure-Salpetersäuremethode und nimmt die Zerstörung im KJELDAHL-Kolben vor. In der Lösung kann man das Arsen in der üblichen Weise nachweisen.

Nachweis kleinster Arsenmengen.

α) Nach LOCKEMANN. Die Zerstörung der organischen Substanz wird nach LOCKEMANN (S. 1383) vorgenommen. Die MEYERsche Schmelze (zur Trennung von Antimon) wird mit Wasser aufgenommen, filtriert, das Filtrat mit Schwefelsäure angesäuert und die Salpetersäure wie bei der MARSHschen Methode (S. 1392) durch Abrauchen entfernt. Alsdann fügt man 10 ccm einer reinen, völlig arsenfreien N.-Ferrisulfat- oder Aluminiumsulfatlösung und einen Überschuß von Ammoniak zu. Man erwärmt die Lösung samt Niederschlag etwa $^1/_2$ Stunde auf dem Wasserbade, filtriert ab und wäscht den Niederschlag mit verd. Ammoniak aus. Das Filtrat, das noch nach Ammoniak riechen muß, wird mit Schwefelsäure angesäuert, nochmals wie oben mit Aluminium- oder Eisensulfatlösung versetzt und in gleicher Weise mit Ammoniak behandelt. Die vereinigten Niederschläge, die das Arsen enthalten, werden in etwa 20 ccm 10%iger Schwefelsäure gelöst und solange auf dem Wasserbade erwärmt, bis keine Salpetersäure mehr mit Diphenylamin bzw. Brucin, siehe S. 1386, nachweisbar ist. Die Lösung wird alsdann in den Hahntrichter des Apparates (Abb. 16) gebracht.

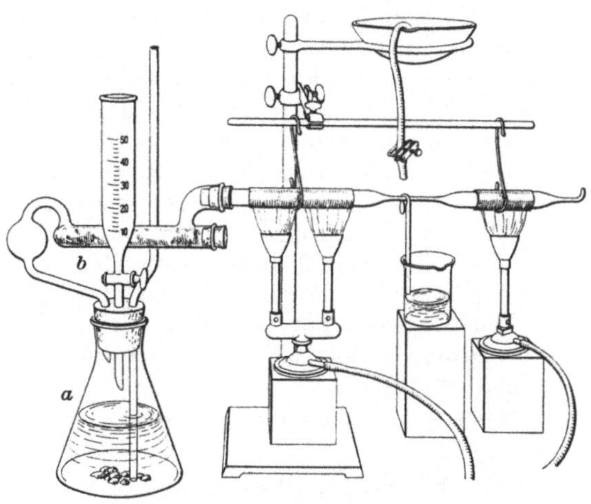

Abb. 16. Apparat zum Nachweis kleinster Arsenmengen. (Nach LOCKEMANN.)

Der Apparat gleicht dem MARSHschen Apparat. Der Inhalt des Kolbens *a* beträgt etwa 150 ccm. Das Trockenrohr *b* wird mit etwa haselnußgroßen Stücken krystallisierten Chlorcalciums beschickt. An das Chlorcalciumrohr schließt sich direkt das schwer schmelzbare Arsenrohr an. Die zum Glühen zu erhitzenden Stellen des Rohres werden mit einem Drahtnetz umwickelt und die verjüngte Stelle, wo sich das Arsen niederschlägt, durch eine Kühlvorrichtung, einen Wollfaden, der ständig feucht gehalten wird, abgekühlt. In den Apparat bringt man etwa 15 g verkupfertes Zink, wie bei der Methode nach MARSH (S. 1392), und läßt nun nach Zusatz von etwa 10 ccm Wasser und nach Prüfung der Dichte des Apparates aus dem Hahntrichter zuerst etwa 10 ccm 40%ige Schwefelsäure zufließen. Man verfährt dann weiter, wie bei dem Arsennachweis nach MARSH angegeben ist.

Nach LOCKEMANN kann man noch 0,0001 mg Arsen nachweisen.

Verkleinert man die Apparatur nach MARSH, so können nach BILLETER[1] noch geringere Arsenmengen als nach LOCKEMANN nachgewiesen werden.

β) Nach STRZYZOWSKI[2]. Das Verfahren beruht ebenfalls auf der Methode nach MARSH.

Der Entwicklungsapparat ist durch einen Gummistopfen in einem weithalsigem ERLENMEYER-Kolben aufgehängt, der so weit mit kaltem Wasser gefüllt ist, daß der Apparat bis zu seinem Inhalt von diesem umspült wird. Der Apparat besteht aus einem Rohr von etwa 16 cm Länge und 2 cm Durchmesser. Dieses Rohr verjüngt sich unten zu einer Trichterröhre, die nach oben gebogen und eine eingeschliffene Kappe trägt, die in einem Rohr endet, durch das Kohlensäure durch die Apparatur geleitet werden kann. Letzteres

[1] BILLSTER: Helv. chim. Acta 1918, 1, 475.

[2] STRZYZOWSKI: Österr. Chem.-Ztg. 1904, Nr. 4.

Rohr selbst trägt wiederum eine eingeschliffene Kappe, die durch ein angeschmolzenes Glasrohr mit einer ganz kleinen Waschflasche durch Gummischlauch verbunden ist, die einige Tropfen konz. Schwefelsäure enthält. An diese Waschflasche schließt sich ein schwer schmelzbares Kaliglasrohr an, dessen Lumen etwa 4 mm beträgt. Dieses Rohr ist in eine sehr enge etwa 4 cm lange Capillare ausgezogen, deren Lumen etwa 0,1 mm beträgt. Unter dem nicht verjüngten Teil des Rohres befindet sich eine Bunsenflamme, die durch einen Schornstein geschützt ist. Über dem Rohr an der Glühstelle ist ein Porzellandeckel, der den Abfluß der Wärme der Bunsenflamme verringern soll, angebracht. Das Ende des Rohres steht durch Gummischlauch mit einer Waschflasche von 50 ccm Inhalt in Verbindung, die ihrerseits mit einer Saugpumpe verbunden ist und eine 3%ige Silbernitratlösung enthält.

In das Entwicklungsrohr bringt man 10 g arsenfreies, reinstes Stangenzink, das in kleine Stückchen zerteilt ist. Durch die Apparatur leitet man mit Wasser und Schwefelsäure gewaschene Kohlensäure, bis alle Luft aus dem Apparat verdrängt ist, was in etwa 1 Minute erreicht wird. Alsdann zündet man unter dem Kalirohr die Bunsenflamme an und bringt in das Trichterrohr einen Tropfen Platinchloridlösung (1:1000) und etwa 10 ccm einer Mischung, bestehend aus 50% iger Schwefelsäure und der zu untersuchenden wäßrigen oder nur gering schwefelsäurehaltigen Flüssigkeit, deren Gehalt an Schwefelsäure 15% nicht überschreitet. Man schließt die Kappe und setzt nun die Saugpumpe langsam in Tätigkeit, und zwar so, daß in dem Trichterrohr die Flüssigkeit stets etwas niedriger steht als in dem Entwicklungsgefäß. Nach etwa 30 Minuten wird der Rest, etwa 10 ccm, zugegeben. Hat sich in der Capillare des Kalirohres nach etwa 2 Stunden kein bräunlicher Anflug gebildet — den man leichter feststellen kann, wenn man hinter der Capillare einen glänzenden Porzellandeckel anbringt —, so ist die Substanz arsenfrei. Zu bemerken ist, daß diese Methode nur beim Nachweis kleinster Arsenmengen Anwendung findet; sie ist namentlich geeignet, die Chemikalien auf Arsenfreiheit zu prüfen.

Nach Strzyzowski soll man noch 0,0001 mg Arsenige Säure (As_2O_3) nachweisen können.

γ) Colorimetrischer Nachweis nach Beck und Merres[1]. Dieses Verfahren beruht darauf, daß der aus Zink und Schwefelsäure sich entwickelnde Wasserstoff, der das Arsen als Arsenwasserstoff mit sich reißt, auf einen Papierstreifen einwirkt, der mit alkoholischer Quecksilberbromidlösung getränkt ist. Der Arsenwasserstoff färbt das Quecksilberbromid, je nach der Menge des vorhandenen Arsens, gelb bis braunrot. Näheres siehe unter quantitativer Bestimmung des Arsens nach Beck und Merres (S. 1403).

c) Bestimmung des Arsens.

α) Gewichtsanalytische Bestimmung.

1. Bei der gewichtsanalytischen Methode wird das in Arsensäure übergeführte Arsen mit Magnesiamixtur als Ammonium-Magnesium-pyroarsenat ($AsO_4(NH_4)Mg + 6\,H_2O$) gefällt. Da nun die in allen Organen vorhandene Phosphorsäure zusammen mit der Arsensäure niedergeschlagen wird, so müssen beide zuvor voneinander getrennt werden, indem man entweder das Arsen durch Schwefelwasserstoff ausscheidet oder mit Salzsäure und Eisenchlorürlösung nach Schneider-Fyfe-Beckurts[2] als Arsentrichlorid ($AsCl_3$) überdestilliert. In beiden Fällen wird nach der Oxydation zu Arsensäure dasselbe als Ammonium-Magnesiumarsenat gefällt und dieses nach dem Sammeln und Auswaschen im Filtertiegel durch Glühen in Magnesiumpyroarsenat überführt und zur

[1] Beck u. Merres: Arb. a. d. Kaiserl. Gesundheitsamt 1917, 50, 38.

[2] Schneider, Fyfe, Beckurts: Arch. Pharm. 1884, 222, 653.

Wägung gebracht. Die gewichtsanalytisch gefundene Menge, mit 0,6373 multipliziert, ergibt den Gehalt an Arseniger Säure (As_2O_3).

2. Man kann auch den nach MARSH erhaltenen Arsenspiegel auf der Mikrowaage wägen. Zu diesem Zweck schneidet man das Rohr ober- und unterhalb des Arsenspiegels ab, wägt es, löst alsdann den Arsenspiegel in konz. Salpetersäure, wäscht das Rohr aus, trocknet es und wägt es zurück. Die Differenz gibt das Arsen an. Multipliziert man den gefundenen Wert mit 1,32, so erhält man den Gehalt an Arseniger Säure (As_2O_3).

3. Nach SMITH bzw. BECK und MERRES[1] wird der aus der dreiwertigen Arsenverbindung durch nascierenden Wasserstoff in einem kleinen Kölbchen von etwa 150 ccm erzeugte Arsenwasserstoff durch ein Kugelrohr nach MAI und HURT (S. 1402) geleitet, das eine 5%ige Quecksilberchloridlösung enthält. Liegt fünfwertiges Arsen vor, so tut man gut, dieses durch Schweflige Säure, die durch Kochen wieder entfernt werden muß, oder durch Zusatz von etwas reinem Jodkalium zu reduzieren. Eine entstandene Jodausscheidung bzw. durch freies Jod erzeugte Braunfärbung muß durch einige Tropfen Zinnchlorürlösung weggenommen werden. Der Arsenwasserstoff verbindet sich mit dem Quecksilberchlorid zu einem gelben Niederschlag, der aus $AsH(HgCl)_2$ und auch aus $As(HgCl)_3$ bestehen kann. Wird nach beendeter Einwirkung der Inhalt der Kugelröhre nebst Niederschlag erhitzt, so tritt eine Umsetzung in der Weise ein, daß sich Quecksilberchlorür (Hg_2Cl_2) und Arsenige Säure bilden; dieser Niederschlag wird, je nach der Menge, in einem Filtertiegel oder Mikrofilterröhrchen gesammelt, ausgewaschen und nach dem Trocknen bei 105° zur Wägung gebracht. 0,1 g Quecksilberchlorür = 0,00701 g Arsenige Säure (As_2O_3).

β) Maßanalytische Bestimmung.

αα) Diese Methoden beruhen darauf, daß Arsen aus seiner dreiwertigen Verbindungsform in Arsenwasserstoff übergeführt wird, der, in eine 0,01—0,02 N.-Silbernitratlösung eingeleitet, metallisches Silber ausscheidet. Der Silberverbrauch wird durch Titration mit Rhodanammoniumlösung zurückgemessen. Die Umsetzung ist folgende:

$$2\,AsH_3 + 12\,NO_3Ag + 12\,NH_3 + 3\,H_2O = As_2O_3 + 12\,Ag + 12\,NO_3NH_4.$$

Es ist ratsam, die Silberlösung mit etwas Ammoniak zu versetzen, da sonst die frei werdende Salpetersäure ausgeschiedenes Silber wieder auflöst. Am besten verfährt man, wie bei der gewichtsanalytischen Arsenbestimmung 3) nach SMITH bzw. BECK und MERRES beschrieben wurde. Lag fünfwertiges Arsen vor, so wird die Reduktion des Arsens vorgenommen, wie dort auch ausgeführt wurde. Nun leitet man den sich entwickelnden Arsenwasserstoff durch ammoniakalische, gemessene 0,05 oder 0,01 N.-Silbernitratlösung. Über die Ausführung der Titration und die Berechnung siehe unter Bestimmung des Arsens nach MAI und HURT und auch unter γγ), S. 1402.

Man kann auch nach NEY[2] im Ölbad die Substanz, 100 g, mit 100 ccm konz. Salzsäure, D. 1,19, 2 g Bromkali und 5 g Hydrazinsulfat bis zur Sirupdicke überdestillieren und in 200 ccm Wasser auffangen. Mittels 0,1 oder 0,01 N.-Jodlösung läßt sich das Arsen titrimetrisch bestimmen. Die Lösung muß vorher mit Natriumbicarbonat in geringem Überschuß versetzt werden. 1 ccm 0,1 N.-Jodlösung = 0,004946 g As_2O_3.

ββ) Durch Reduktion des durch Zerstören der organischen Substanz nach LOCKEMANN oder DENIGÈS in Arsensäure übergeführten Arsens zu Arseniger Säure mittels Schwefliger Säure s. oben unter 3 und Zerlegung der Arsenigen

[1] BECK und MERRES: Arb. a. d. Kaiserl. Gesundheitsamt 1917, 50, 38.
[2] Ney: Pharm. Ztg. 1911, 56, 615.

Säure durch den elektrischen Strom in Arsenwasserstoff, der in ammoniakalische Silberlösung eingeleitet wird. Die Zersetzung kann in dem von C. MAI und H. HURT[1] oder H. FRERICHS und G. RODENBERG[2] beschriebenen Apparat vorgenommen werden.

Beim Apparat von MAI und HURT[1] (Abb. 17) wird das U-Rohr *A* bis zu $^2/_3$ durch ein Trichterrohr *c* mit 12%iger Schwefelsäure gefüllt und ein Strom von 6—8 Volt und 2—3 Amp. durchgeleitet. Die Elektrodenplatten *a* und *b* bestehen aus Blei. Das sich entwickelnde Gas wird durch ein kleines Rohr *d* geleitet, das Bimssteinstückchen enthält, die mit alkalischer Bleilösung getränkt sind. An dieses Rohr schließt sich ein Kugelrohr *B* an, das ammoniakalische 0,01 N.-Silbernitratlösung in abgemessener Menge enthält. Der positive Pol wird mit der Bleiplatte *a* des einen Schenkels, der negative Pol *b* mit der Bleiplatte des andern Schenkels des Glasgefäßes verbunden, in welchem sich auch das Hahntrichterrohr *c* befindet, dessen Abflußrohr etwa 2 cm tief in die Schwefelsäure eintaucht. Die zu prüfende Flüssigkeitsmenge darf 10 ccm nicht überschreiten. Erst nachdem im Apparat über 1 Stunde Wasserstoff entwickelt worden ist und sich in dem Kugelrohr kein brauner Belag von ausgeschiedenem Silber gebildet hat, mithin die Schwefelsäure und das Kathodenblei absolut arsenfrei sind, läßt man ganz langsam die zu prüfende Flüssigkeit aus dem Hahntrichter zuträufeln. Der Hahntrichter wird mit etwas Wasser nachgewaschen. Nach 3 Stunden ist die Überführung in Arsenwasserstoff vollendet. Der Inhalt der Kugelröhre wird durch ein Asbeströhrchen filtriert und der Überschuß an Silbernitrat in salpetersaurer Lösung mit 0,01 N-Rhodanlösung nach VOLHARD zurückgemessen. Als Indicator dient Ferriammonsulfatlösung. Um den Umschlag scharf zu erkennen, nimmt man die Titration in einem kleinen Glasstöpselgefäß vor und setzt vor der Titration soviel reinen Äther zu, daß derselbe eine etwa $^1/_2$ cm hohe Schicht ausmacht. Sobald sich Rhodansilber bei der Titration ausscheidet, schüttelt man kräftig um. Das Rhodan- und Halogensilber setzt sich in der Ätherschicht ab, so daß der wäßrige untere Teil klar wird und das Ende der Titration sich scharf erkennen läßt. Bei Anwendung von 0,01 N.-Silbernitratlösung zeigt 1 ccm verbrauchter Silberlösung = 0,165 mg Arsenige Säure (As_2O_3) an. Die Methode gibt bei Mengen von 0,1—20 mg Arseniger Säure gute Resultate. Empfehlenswert ist es, das Schenkelrohr durch ein Tondiaphragma in zwei Zellen zu zerlegen, wie es auch bei der Apparatur von FRERICHS und RODENBERG[3] der Fall ist; näheres hierüber berichten auch QUINCKE und SCHMETTKA[4].

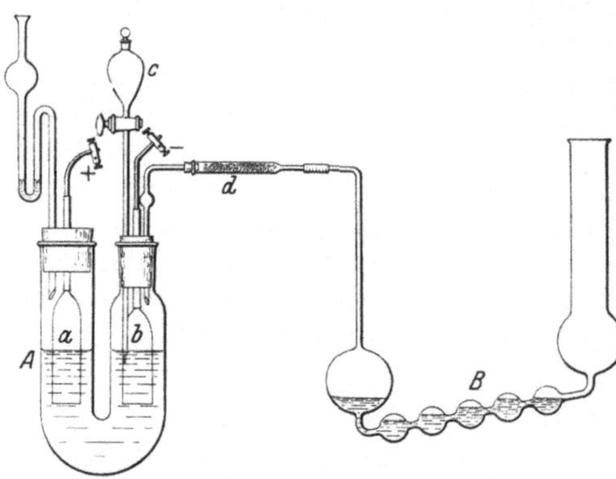

Abb. 17. Apparat zur Bestimmung von Arsen. (Nach MAI und HURT.)

$\gamma\gamma$) Im MARSHschen Apparat wird Wasserstoff entwickelt und dieser genau, wie oben bei MAI und HURT beschrieben, durch ein kleines Rohr, das mit Bimssteinstückchen gefüllt und mit alkalischer Bleiacetatlösung getränkt ist, durch ein oder zwei Kugelrohre geleitet, die gemessene ammoniakalische

[1] C. MAI u. H. HURT: Z. 1905, **9**, 193.
[2] H. FRERICHS u. G. RODENBERG: Arch. Pharm. 1905, **243**, 348.
[3] FRERICHS u. RODENBERGER: Arch. Pharm. 1905, **243**, 348.
[4] QUINCKE u. SCHMETTKA: Z. 1933, **66**, 581.

Silberlösung enthalten (Abb. 18). Ist nach Verlauf von 1 Stunde keine Dunkelfärbung der Kugelröhre durch ausgeschiedenes Silber, namentlich dort, wo der etwa vorhandene Arsenwasserstoff zuerst mit der Silberlösung in Berührung kommt, entstanden, so ist das Zink und die Schwefelsäure rein. Es ist ratsam, einige Zinkstückchen, wie beim Arsennachweis nach MARSH (S. 1392) angegeben, zu verkupfern, damit die Wasserstoffentwicklung nicht zu träge ist. Alsdann fügt man nach und nach die zerstörte arsenhaltige, schwefelsaure Lösung zu. Man reduziert auch hier zuvor das fünfwertige Arsen durch Schweflige Säure, die durch Erhitzen der Lösung wieder völlig zu vertreiben ist, oder durch Zusatz von Jodkalium und Wegnahme des Jods mit einigen Tropfen Zinnchlorürlösung. Nach 3 Stunden ist bei nicht zu großen Mengen

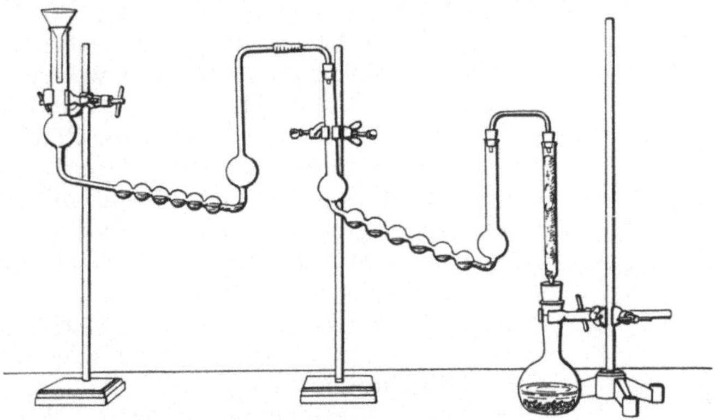

Abb. 18. Apparat zur titrimetrischen Bestimmung von Arsen.

die Reaktion beendet. Die Titration der vorgelegten 0,01 N.-Silberlösung wird nach VOLHARD, wie bei dem Verfahren von MAI und HURT (S. 1402) beschrieben, ausgeführt.

γ) Colorimetrische Bestimmung.

Diese Methode beruht darauf, daß man Arsen in Arsenwasserstoff überführt und diesen über einen Papierstreifen leitet, der mit Quecksilberchlorid oder -bromidlösung getränkt ist. Je nach der Menge des vorhandenen Arsenwasserstoffs tritt eine gelbe bis braune Färbung des Papierstreifens ein. Durch Vergleich mit Papierstreifen, über die eine bestimmte größere oder kleinere Menge Arsenwasserstoff bzw. zu Arsenwasserstoff reduzierte Arsenige Säure geleitet wurde, kann man den Arsengehalt schätzen. Diese Methode wurde von HEFTI und THORPE[1] angewendet, die jetzt gebräuchlichste Methode ist die von BECK und MERRES, die bei kleinsten Arsenmengen, bis zu 0,07 mg Arsenige Säure, anwendbar ist.

Methode von BECK und MERRES[2]. Die Zerstörung der organischen Substanz erfolgt nach einer der bekannten Methoden (LOCKEMANN, DENIGÈS usw.), bei welchen das Arsen in fünfwertiger Form vorliegt. Man neutralisiert die nicht zu stark saure Lösung mit Ammoniak und fügt soviel Ammoniak zu, daß eine etwa 2,5%ige ammoniakalische Flüssigkeit entsteht. Zu dieser gibt man alsdann 10 ccm einer 10%igen Natriumphosphatlösung und 100 ccm Magnesiamixtur. Der entstandene Niederschlag von Ammonium-Magnesiumphosphat reißt auch Spuren von Ammonium-Magnesiumarsenat völlig aus der Lösung mit nieder.

---

[1] TREADWELL: Lehrbuch der analytischen Chemie.
[2] BECK u. MERRES: Arb. a. d. Kaiserl. Gesundheitsamt 1917, 50, 38.

Nachdem man den Niederschlag am besten 12 Stunden hat stehen lassen, filtriert man ab. Der gesammelte und mit ammoniakalischem Wasser ausgewaschene Niederschlag wird feucht noch in chemisch reiner verd. Salzsäure oder Schwefelsäure gelöst und zur Reduktion der Arsensäure zur Arsenigen Säure Jodkalium zugegeben. Das ausgeschiedene Jod wird durch 4—5 Tropfen 40%iger Zinnchlorürlösung gebunden.

Die so vorbereitete Lösung oder einen aliquoten Teil davon bringt man zur Bestimmung des Arsens in ein starkwandiges Gefäß von etwa 150—200 ccm Fassungsvermögen, das mit einem durchbohrten Gummistopfen versehen ist. In der Bohrung befindet sich, wie die Abb. 19 zeigt, ein nach unten verjüngtes Glasröhrchen von etwa 15 cm Länge und 1—1,25 cm lichter Weite.

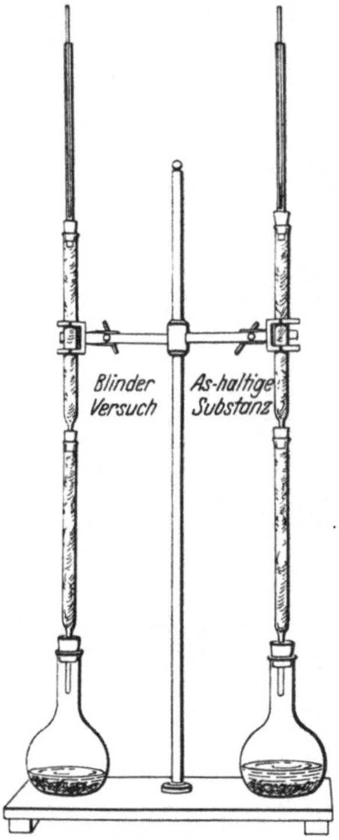

Auf dieses Röhrchen ist mit Gummistopfen ein gleiches Röhrchen aufgesetzt, an welches sich endlich ein Glasröhrchen von 15 cm Länge und 3 mm lichter Weite anschließt. Das unterste Röhrchen ist mit Filtrierpapierstreifchen, das darauf folgende mit Baumwollfäden gefüllt, die beide mit 5%iger Bleiacetatlösung getränkt sind. In das oberste, dünne Röhrchen wird ein in der Breite genau passender Zeichenpapierstreifen von 20 cm Länge gebracht, der in folgender Weise präpariert ist: Man legt die Papierstreifen 1 Stunde lang in eine alkoholische 5%ige Quecksilberbromidlösung, zieht sie dann durch zwei schwach zusammengepreßte Finger, damit die überschüssige Quecksilberbromidlösung entfernt wird und trocknet sie bei Lichtabschluß. Die Streifen sind längere Zeit im Dunkeln, in einem verschlossenen Röhrchen aufbewahrt, haltbar.

Blinder Versuch

As-haltige Substanz

Abb. 19. Apparat zur colorimetrischen Arsenbestimmung. (Nach BECK und MERRES.)

In das Entwicklungsgefäß gibt man nun etwa 100 ccm von der Säure, die zur Lösung der Ammonium-Magnesium-Verbindungen benutzt wurde (10%ige Salzsäure oder Schwefelsäure) und fügt 15 g Stangenzink in zwei Stücken zu. Der sich entwickelnde Wasserstoff streicht durch die mit Bleiacetatpapier bzw. Wollfäden gefüllten beiden Röhrchen an dem Quecksilberbromidpapier vorbei und färbt dieses bei Anwesenheit von Arsen mehr oder weniger stark gelb bis braunrot. Durch Vergleich mit der Farbenstärke von Papierstreifen, die man in gleicher Weise mit steigenden Mengen Arseniger Säure, z. B. 0,002, 0,005, 0,01, 0,02 und 0,04 mg, hergestellt hat, ermittelt man den Arsengehalt der verwendeten Lösung. Bei größeren Mengen als 0,04 mg Arsenige Säure (As_2O_3) wird die Färbung des Streifens zu stark, so daß ein colorimetrischer Vergleich nicht gut mehr möglich ist. Für eine regelmäßige Wasserstoffentwicklung ist, nötigenfalls durch Einstellen des Entwicklungsgefäßes in Eiswasser, Sorge zu tragen. Nach etwa 1—2 Stunden ist die Reaktion beendet und das Arsen als Arsenwasserstoff übergetrieben.

Zuvor prüft man die Apparatur und die verwendeten Reagenzien, Zink und Säure, mit demselben Apparat in ganz derselben Weise auf ihre Reinheit. Macht sich nach Verlauf einer Stunde bei regelmäßiger Wasserstoffentwicklung in dem unteren Teil des Papierstreifens keine Gelbfärbung bemerkbar, so sind die Reagenzien rein. Ein minimaler gelber Hauch an dem Quecksilberbromidpapierstreifen ist belanglos, da diese minimalsten Spuren Arsen nicht ins Gewicht fallen.

Man entleert alsdann den Apparat und füllt ihn für den eigentlichen Versuch von neuem in der oben angegebenen Weise.

Man kann auch die abgeänderte Apparatur nach SCHROEDER u. LÜHR[1] benutzen, die das Quecksilberbromidpapier aufrollen.

POLJAKOW u. KOLOKOW[2] bestimmen den Grad der Blaufärbung, den eine Arsensäurelösung in einer Ammoniummolybdatlösung hervorruft.

δ) Nephelometrische Bestimmung.

Leichenteile und sonstige organische Substanzen enthaltende Objekte können nach bekannten Methoden zerstört werden. Am besten ist die Zerstörung mit Schwefelsäure und Salpetersäure. Das Arsen wird in Arsentrichlorid übergeführt und abdestilliert. Das überdestillierte Arsen wird vermittels konz. Wasserstoffsuperoxydlösung in schwach natronalkalischer Lösung zu Arsensäure oxydiert, und die Lösung alsdann eingedampft. Nach Zusatz von Phenolphthalein als Indicator wird die Lösung mit Salzsäure ganz schwach angesäuert und kurze Zeit auf dem Wasserbade angewärmt. Tritt eine Rosafärbung auf, so fügt man noch einige Tropfen Salzsäure zu. Ist die Lösung trübe, so filtriert man sie durch Glasfilter von SCHOTT und füllt auf ein bestimmtes Volumen auf. Zu einem aliquoten Teil fügt man in einer Flasche mit Glasstopfen das Trübungsreagens zu. Dieses besteht aus einer Lösung von Kaliummolybdat, Salzsäure und Cocainhydrochloridlösung. Zum Vergleich im Nephelometer benutzt man Lösungen mit bestimmtem Arsensäuregehalt. Näheres siehe in der Literatur[3].

ε) Nachweis von Arsen in Lebensmitteln und Gebrauchsgegenständen.

Die organische Substanz der Lebensmittel wird nach der einen oder anderen der beschriebenen Methoden zerstört und nach MARSH auf Arsen geprüft. In besonderen Fällen, z. B. bei der Feststellung von arsenhaltigen Schädlingsbekämpfungsmitteln auf Früchten, Äpfeln usw., kann man nach LENDRICH und MAYER[4] in der Weise verfahren, daß man die Früchte 2 Stunden lang unter häufiger Bewegung bei 40—50° in 5%iger Salpetersäure liegen läßt. Die abgegossene Lösung wird dann eingedampft, mit konz. Schwefelsäure versetzt und nach dem Zerstören der gelösten organischen Substanz und Verjagen der Salpetersäure auf Arsen geprüft.

Auch nach der Methode nach STRZYZOWSKI kann die Zerstörung von Lebensmitteln in folgender Weise vorgenommen werden: In einen etwa 25 ccm fassenden Porzellantiegel bringt man 1 g Magnesiumoxyd und 5—10 g halbflüssiges Untersuchungsmaterial, dem man noch 10 ccm Wasser zufügt, und setzt diesem Gemisch 0,5—1 ccm konz. Salpetersäure zu. Nachdem die Masse auf dem Wasserbade eingetrocknet ist, wird der Tiegel auf freier Flamme langsam stärker und schließlich solange erhitzt, bis die Masse weiß geworden ist. Eine Zerkleinerung des Materials ist hierbei unter Umständen notwendig. Den Rückstand nimmt man mit 10 ccm Wasser auf und setzt 5,5 ccm 50%ige Schwefelsäure zu. Das Ganze wird, wenn notwendig, filtriert und mit 12,5%iger Schwefelsäure nachgewaschen, so daß insgesamt 20—25 ccm Filtrat entstehen, die nach MARSH auf Arsen geprüft werden. Die Chemikalien sind selbstverständlich durch einen Leerversuch auf Arsenfreiheit zu prüfen.

Arsenwasserstoff. Um Arsenwasserstoff in Luft nachzuweisen, leitet man eine gemessene Menge Luft durch Silbernitratlösung und weist die nun vorhandene arsenige

[1] SCHROEDER u. LÜHR: Z. 1933, **65**, 168.
[2] POLJAKOW u. KOLOKOW: Biochem. Zeitschr. 1929, **213**, 375; Z. 1934, **67**, 457.
[3] Biochem. Zeitschr. 1927, **185**, 14, 44 u. Deutsch. Zeitschr. gerichtl. Med. 1927, **11**, 61.
[4] LENDRICH u. MAYER: Z. 1927, **54**, 137.

Säure nach Ausfällung des überschüssigen Silbers mit Salzsäure im Filtrat nach (s. S. 1392). Die Luft muß vorher von Schwefelwasserstoff befreit werden. H. LOCKEMANN [1] absorbiert die gasförmigen Arsenverbindungen durch Kohlepulver und weist alsdann in derselben das Arsen nach.

2. Antimon.

Vergiftungen können hervorgerufen werden durch verstäubtes metallisches Antimon sowie durch Antimonoxyd, Sb_2O_3, infolge seiner leichten Löslichkeit im Organismus. Von Wichtigkeit wegen ihrer giftigen Wirkung sind ferner die in der Technik und der Arzneikunde angewandten, in Wasser löslichen Antimonverbindungen, wie der Brechweinstein, Fluordoppelsalze, Bleiantimoniat usw. (s. Band I, S. 1096).

Antimonwasserstoff (SbH_3) wirkt ähnlich wie Arsenwasserstoff.

Antimonhalogenverbindungen, wie Antimontrichlorid, Antimonpentachlorid u. a. haben eine untergeordnete Bedeutung; es kommt ihnen eine starke Ätzwirkung infolge Abspaltung von Salzsäure zu.

Organische Antimonverbindungen finden, ebenso wie organische Arsenverbindungen, auch in Verbindung mit diesen medizinische Anwendung.

Antimon ist wie Arsen nach Jahren in Leichenteilen noch nachweisbar. Zur Sicherheit ist es ratsam, bei exhumierten Leichen Bestandteile des Sarges, Hobelspäne, Leintücher, gefärbte Stoffe usw. zu entnehmen, damit diese gegebenenfalls auf Antimon geprüft werden können; siehe bei Arsen S. 1395.

a) Nachweis. α) Prüfung nach REINSCH: Sie ist wie bei Arsen (S. 1391) beschrieben auszuführen. Es schlägt sich auf Kupfer ein schwärzlicher Beschlag nieder. Bringt man das Kupferblech in ein Glühröhrchen und glüht, so bildet sich kein Beschlag von oktaedrischen Krystallen wie bei Arsen.

β) Prüfung nach MARSH. In der schwer schmelzbaren Röhre bildet sich ein nicht glänzender, schwarzer Spiegel, dessen Eigenschaften bei Arsen (S. 1394) beschrieben sind.

γ) Im Gang der Analyse (S. 1386) wird das durch die Schmelze mit Cyankalium in Metall übergeführte Antimon in Königswasser gelöst und die Lösung zur Trockene verdampft. Leitet man in die Lösung des in wenig verd. Salzsäure gelösten Rückstandes Schwefelwasserstoff ein, so scheidet sich orangerotes Antimonpentasulfid (Sb_2S_5) ab, das in gelbem Schwefelammonium löslich ist.

δ) Zink und Zinn fällen aus der schwach salzsauren Lösung von Antimon metallisches Antimon aus.

b) Bestimmung. Die Bestimmung erfolgt durch Fällen des Antimons mit Schwefelwasserstoff. Da meist eine Zerstörung organischer Substanzen vorangegangen ist und nach der Trennung von etwa vorhandenem Arsen durch die MEYERsche Schmelze das Antimon durch die reduzierende Cyankaliumschmelze als Metall abgeschieden und vermittels Königswasser in Lösung übergeführt wird, so liegt das Antimon in fünfwertiger Verbindungsform vor. Das durch Schwefelwasserstoff in der erwärmten Lösung ausgefällte Antimonpentasulfid wird auf einem gewogenen Filter gesammelt, mit warmem, schwefelwasserstoffhaltigem Wasser, dann nacheinander mit Alkohol, Schwefelkohlenstoff und wieder Alkohol und zuletzt mit Äther ausgewaschen und nach dem Trocknen als Antimonpentasulfid zur Wägung gebracht. Man kann auch den Antimonsulfidniederschlag nach dem Auswaschen in Schwefelammonium lösen und in einem gewogenen Tiegel zur Trockene verdampfen. Den Tiegel setzt man dann unter eine Glasglocke, unter der sich ein kleines Schälchen mit rauchender

[1] LOCKEMANN: Zeitschr. analyt. Chem. 1926, **39**, 1125.

Salpetersäure befindet. Ist der Tiegelinhalt weiß geworden, so raucht man die Schwefelsäure mit aufgelegtem Deckel ab; leichter läßt diese sich entfernen, wenn man mehrmals etwas Ammoniumnitrat zugibt. Alsdann glüht man den Rückstand im offenen Tiegel bis zur Gewichtskonstanz. Der Rückstand enthält Antimontetroxyd, Sb_2O_4, was bei der Berechnung zugrunde zu legen ist.

Antimonwasserstoff kann, wie bei Arsenwasserstoff angegeben, aufgefangen und alsdann nachgewiesen werden, siehe hierzu SCHOORL, S. 1389.

3. Zinn.

Von Wichtigkeit in toxikologischer Hinsicht sind nur die in der Färberei zur Anwendung gelangenden Salze, das Zinnchlorür ($SnCl_2$) und die Doppelsalze des Zinns, z. B. Pinksalz ($SnCl_4(NH_4Cl)_2$ (s. Band I, S. 1082).

Nach WIRTHLE[1] und auch DEUSSEN[2] wird in organischen Verbindungen durch Zerstören der organischen Substanz mit Salzsäure und Kaliumchlorat nicht alles Zinn in Lösung übergeführt. Es ist in solchen Fällen ratsam, den nicht zerstörten Rest mit konz. Schwefelsäure zu zersetzen und den zerriebenen kohligen Rückstand mit Natriumcarbonat und Salpeter zu schmelzen. Die Schmelze wird mit Wasser aufgeweicht, Kohlensäure eingeleitet und filtriert. Der Filterrückstand wird mit Cyankalium in bedecktem Tiegel geschmolzen, die ausgeschiedenen Zinnkügelchen werden in warmer, verd. Salzsäure gelöst und zum Nachweis benutzt.

a) Nachweis. 1. Schwefelwasserstoff fällt braunschwarzes Zinnsulfür (SnS), das unlöslich in Ammoniumcarbonat und farblosem Schwefelammonium ist; in gelbem Schwefelammonium löst es sich als Sulfosalz auf.

2. Dampft man die salzsaure Zinnlösung mit konz. Salpetersäure ein, so entsteht weiße Zinnsäure ($Sn(OH)_4$).

3. Fügt man zu der salzsauren Lösung Quecksilberchloridlösung, so bildet sich ein weißer Niederschlag von Quecksilberchlorür, der bei überschüssiger Zinnlösung unter Abscheidung von Quecksilber schwarz wird.

4. Einige Tropfen Goldchloridlösung der Zinnchlorürlösung zugesetzt, rufen eine braune bis violette Färbung hervor, die man in einer weißen Porzellanschale gut beobachten kann, CASSIUS-Goldpurpur ($3\,SnCl_2 + 2\,AuCl_3 = 2\,Au + 3\,SnCl_4$).

b) Bestimmung. Bestimmung als Zinndioxyd (SnO_2), Das Zinn wird durch Schwefelwasserstoff gefällt und die Fällung solange stehen gelassen, bis der Geruch nach Schwefelwasserstoff verschwunden ist. Den Niederschlag sammelt man auf einem Filter, wäscht ihn mit verd. Ammoniumnitratlösung aus, verkohlt das Filter in einem Porzellantiegel, und glüht den Rückstand mit aufgelegtem Tiegeldeckel einige Zeit. Dann läßt man erkalten, setzt ein kleines Stückchen Ammoniumcarbonat zu und erhitzt den Tiegel zuerst gelinde, später zum Glühen. Diese letzte Behandlung wird nach erfolgter Wägung wiederholt, damit man sicher ist, daß keine Schwefelsäure im Tiegel zurückgeblieben ist.

Auch durch Elektrolyse kann Zinn bestimmt werden.

Um kleine Mengen Zinn, die bei der Zerstörung von Leichenteilen durch Absorption an den unzerstörten Anteilen haften, zu erfassen, ist es ratsam, die Zerstörung mit Schwefelsäure und nachfolgendem Zusatz von Perhydrol durchzuführen[3].

[1] WIRTHLE: Chem.-Ztg. 1900, **24**, 263.
[2] DEUSSEN: Arch. Pharm. 1926, **264**, 360.
[3] Pharm. Zentralh. 1927, **68**, 161.

4. Selen.

Ähnliche Wirkung wie Arsen übt auch Selen aus (s. Band I, S. 1098). In Glashütten findet Natriumselenit Verwendung[1]. Salzsaure Lösungen von Selen dürfen wegen Verflüchtigung des Selens nicht eingedampft werden. Nach Zerstörung der organischen Substanz mit Salzsäure und Kaliumchlorat am Rückflußkühler kann Selen, das jetzt als Selensäure vorliegt, als Schwefelselen durch Schwefelwasserstoff gefällt werden. Der auf dem Filter gesammelte und ausgewaschene Niederschlag wird durch rauchende Salpetersäure in Selensäure übergeführt und die überschüssige Salpetersäure auf dem Wasserbade abgedampft. Der Rückstand wird in Schwefelsäure gelöst und zur Entfernung der Salpetersäure bis zur Entwicklung weißer Dämpfe über der Flamme erhitzt. Diese selenhaltige Schwefelsäure dient nach dem Verdünnen mit Wasser zum Nachweis des Selens. Da Selen und Arsen häufiger zusammen vorkommen, so kann man den Schwefelwasserstoffniederschlag mit Ammoniumcarbonatlösung ausziehen, die Arsen in Lösung überführt, während Schwefelselen auf dem Filter zurückbleibt.

a) Nachweis. α) REINSCHsche Probe: Über die Ausführung siehe S. 1391. Es bildet sich auf dem Kupferblech ein schwarzer Überzug. Bringt man das Kupferblech in ein Glührohr, so kann man durch Überleiten von getrocknetem Sauerstoff und Erhitzen des Kupfers das Selen in Selendioxyd überführen, das ein Sublimat von prismatischen Krystallen liefert, die leicht zerfließen.

β) GUTZEITsche Probe. Über die Ausführung siehe bei Arsen S. 1391. Es entsteht ein gelber Flecken.

γ) Zinnchlorür-Lösung gibt einen roten Niederschlag, kleine Mengen Selen geben erst nach längerer Zeit eine braune Färbung.

b) Bestimmung. Das durch Schwefelwasserstoff gefällte Selen wird auf einem Filter gesammelt und der Niederschlag nebst Filter in ein Kölbchen mit Rückflußkühler gebracht und mit rauchender Salpetersäure versetzt. Nachdem die Haupteinwirkung stattgefunden hat, wird erwärmt und nach erfolgter Auflösung auf ein bestimmtes Volum gebracht. Ein aliquoter Teil wird mit Ammoniak neutralisiert, mit verd. Salzsäure schwach angesäuert, und das Selen in der Wärme mit Hydrazinsulfat gefällt, gesammelt, getrocknet und gewogen.

5. Tellur.

Vergiftungen mit Tellur sind noch nicht beobachtet worden. Tellurwasserstoff soll starke Giftwirkung zeigen. Der Tellurwasserstoff wird ebenso wie Selenwasserstoff von Bleiacetatlösung gebunden, im Gegensatz zum Arsenwasserstoff.

6. Quecksilber.

Das metallische Quecksilber kann durch Einatmen von Quecksilberdampf in den Organismus gelangen. Auch aus Zahnamalgamplomben verflüchtigt sich nach STOCK[1] Quecksilber und teilt sich dem Organismus mit. Alle in Wasser und verd. Säuren löslichen Verbindungen des Quecksilbers spielen in der forensen Chemie eine Rolle, wie Quecksilberchlorid (Sublimat), Quecksilberjodid, Quecksilbercyanid, Quecksilberrhodanid usw. Auch organische Quecksilberverbindungen, die in der Medizin Anwendung finden, können zu Vergiftungen führen. Ungiftig ist das natürlich vorkommende Quecksilbersulfid (Zinnober); geringere Giftigkeit besitzt Quecksilberchlorür (Kalomel). Ein Teil des Quecksilbers wird durch den Harn ausgeschieden (s. Band I, S. 1077).

[1] Z. 1927, **53**, 264.

a) Zerstörung der organischen Substanz.

Wegen der Flüchtigkeit des Quecksilbers muß die Zerstörung der organischen Substanz am Rückflußkühler vorgenommen werden. Am besten eignet sich dazu die Methode von Fresenius und v. Babo mit Salzsäure und Kaliumchlorat, die S. 1381 näher beschrieben ist. Minimale Spuren Quecksilber bleiben in den nicht zerstörten Anteilen zurück. Das überschüssige Chlor ist durch einen langsamen Strom von Kohlensäure zu entfernen. Alsdann leitet man in die schwach saure Lösung Schwefelwasserstoff bei etwa 50° ein und läßt die Fällung über Nacht absitzen. Der auf dem Filter gesammelte Niederschlag wird mit Schwefelwasserstoffwasser ausgewaschen und nach Zusatz von Salzsäure durch Einleiten von Chlor oder durch Salzsäure und wenig Kaliumchlorat bei gelinder Wärme in Lösung gebracht; das überschüssige Chlor wird durch Kohlensäure vertrieben. Die schwach salzsaure, wäßrige Lösung dient zum Nachweis des Quecksilbers.

b) Nachweis.

1. Bringt man 1 Tropfen der Lösung auf ein blankes Kupferblech, so scheidet sich Quecksilber ab. Wird die Stelle mit einem Tuch poliert, so tritt ein silberglänzender Fleck auf, der beim Erhitzen verschwindet.

2. Jodkalium fällt aus der Lösung rotes Quecksilberjodid (HgJ_2) aus, das bei weiterem Zusatz von Jodkalium sich als komplexes Doppelsalz löst.

3. Phosphorige Säure scheidet zuerst einen weißen Niederschlag von Quecksilberchlorür (Hg_2Cl_2) aus, der beim Erwärmen unter Abscheidung von metallischem Quecksilber schwarz wird. Die gleiche Fällung wird durch Zinnchlorürlösung bewirkt.

4. Handelt es sich um sehr geringe Quecksilbermengen, so schlägt man diese auf einem blanken Kupferblech, das durch Äther entfettet wurde, nieder, spült das Blech mit Wasser, Alkohol und Äther ab und bringt es vollkommen trocken in ein unten zugeschmolzenes Glasröhrchen, das etwa eine lichte Weite von 5 mm und eine Länge von 20 cm besitzt und dessen oberer Teil zu einer dünnen, langen Spitze ausgezogen wird. Nach dem Abkühlen erwärmt man das Kupferblech mit einer kleinen Bunsenflamme und steigert die Temperatur allmählich bis zur Glühhitze. Zweckmäßig wird das Röhrchen so befestigt, daß es nicht ganz horizontal geneigt ist. An den kälteren Stellen des Röhrchens setzt sich das sublimierte Quecksilber in Form von winzigen Kügelchen an, die man noch deutlich als solche unter dem Mikroskop erkennen kann. Um die Kügelchen deutlicher sichtbar zu machen, kann man sie durch Erwärmen in die Spitze des Glasröhrchens treiben, die durch Auflegen eines feuchten Fließpapierstreifens gekühlt wird. Schneidet man das Röhrchen an dem Quecksilberbelag ab und stellt es so in ein Reagensglas, auf dessen Boden sich einige Jodkryställchen befinden, daß die Dämpfe des Jods an das Glasröhrchen kommen können, so werden die Quecksilbertröpfchen zackig, krystallin und bekommen eine rote Farbe von gebildetem Quecksilberjodid (HgJ_2) Die Röhrchen kann man oben und unten zuschmelzen und als Beweismaterial aufheben.

c) Bestimmung.

α) Nach Zerstörung der organischen Substanz, die, wie oben beschrieben, ausgeführt wird, wird das Quecksilber als Sulfid gefällt und nach dem Absetzen auf einem Filter gesammelt, mit Schwefelwasserstoffwasser ausgewaschen, und der Niederschlag unter Zusatz von Bromwasser in Salzsäure gelöst, filtriert und das Brom durch Einleiten von Kohlensäure vertrieben. In diese Lösung wird nach dem Verdünnen mit Wasser erneut Schwefelwasserstoff eingeleitet, und der Niederschlag auf ein gewogenes Filter oder einen Filtertiegel gebracht, ausgewaschen, bei 100—110° getrocknet und gewogen.

β) Man kann auch den Niederschlag von Quecksilbersulfid noch feucht in einen Kolben mit Glasstopfen bringen und mit gemessener 0,1 oder 0,05 N.-Jodlösung kurze Zeit kräftig schütteln. Der ausgeschiedene Schwefel wird mit 2—5 ccm reinem Schwefelkohlenstoff aufgenommen und das überschüssige Jod mit Natriumthiosulfatlösung zurückgemessen. Durch einen Leerversuch mit den gleichen Mengen Schwefelkohlenstoff und Jodlösung wird der Wirkungswert der Jodlösung festgestellt. Nach der Gleichung, $HgS + 2J = HgJ_2 + 2S$, zeigen 2 Mol Jod 1 Mol Quecksilber an.

Mithin entspricht 1 ccm 0,10 N.-Natriumthiosulfatlösung = 0,01003 g Hg.

d) Nachweis kleinster Mengen Quecksilber in Harn, Faeces, organischen Geweben und Luft.

Diese Methoden beruhen darauf, daß das Quecksilber aus der Lösung durch Aluminiumhydroxyd mitgerissen oder auf Kupfer oder Gold niedergeschlagen wird. Man kann das Quecksilber auch als solches oder auf Gold niedergeschlagen, auf der Mikrowaage zur Wägung bringen.

Es seien die Methoden von F. GLASER und A. ISENBURG[1], A. JOLLES, modifiziert von M. OPPENHEIM[2], SCHUMACHER und JUNG[3], H. BUCHTALA[4] erwähnt.

Auf colorimetrischem Wege haben AUTENRIETH und W. MONTIGNY[5] das Quecksilber bestimmt.

Die neuerdings am meisten angewendete Methode des Quecksilbernachweises und seine Bestimmung von A. STOCK[6] sei kurz erläutert.

Bestimmung kleinster Mengen Quecksilber nach A. STOCK.

Nachweis in Harn und Speichel: In den Harn (700—1200 ccm) oder den Speichel (150—400 ccm) wird unter Bedeckung des Gefäßes Chlorgas in mäßigem Strome zunächst $^1/_2$ Stunde lang in der Kälte, dann noch 1 Stunde lang bei 70—80° auf dem Wasserbade eingeleitet. Über Aufschließungsverfahren bei anderem organischem Material siehe STOCK, CUCUEL, KÖHLE[7]. Hierauf vertreibt man das überschüssige Chlor durch mehrstündiges Durchleiten von Luft bei Zimmertemperatur, filtriert, gibt zum Filtrat 20 mg Kupfersulfat und soviel konz. Salzsäure, daß der Chlorwasserstoffgehalt der Flüssigkeit etwa 5% beträgt und fällt nun mit Schwefelwasserstoff in der Kälte etwa vorhandenes Quecksilber zusammen mit Kupfer aus. Der Niederschlag wird nach dem Absetzen, Dekantieren und Auswaschen mit Schwefelwasserstoffwasser in 5 ccm Wasser aufgeschlämmt und durch Einleiten von Chlor in Lösung gebracht. Nachdem man wieder wie oben mit Luft das Chlor vertrieben, filtriert und ausgewaschen hat, verdünnt man auf etwa 250 ccm, säuert mit Salzsäure an und fällt nochmals mit Schwefelwasserstoff in der Kälte. Der nun gereinigte, fast immer dichte, rein schwarze Niederschlag wird nach dem Zentrifugieren, Filtrieren und Auswaschen in 3 ccm Wasser aufgeschlämmt, wieder mit Chlorgas in Lösung gebracht und in die von Chlor befreite, durch ein kleines Filter filtrierte, mit 2 ccm Wasser nachgewaschene Flüssigkeit nach und nach 0,1—0,2 g fein gepulvertes Ammoniumoxalat eingetragen, bis eine blaugrüne Lösung entstanden ist und einige Körnchen Ammoniumoxalat ungelöst bleiben.

In diese Lösung stellt man dann einen $^1/_2$ mm dicken, 16 cm langen, zweimal auf 4 cm Länge umgebogenen, gründlichst gereinigten, blanken Kupferdraht so hinein, daß die ganze Flüssigkeit durchsetzt ist und läßt 48 Stunden stehen. Hierauf wird der Kupferdraht durch längeres Eintauchen in Wasser gewaschen, in einem kleinen Exsiccator (Wägegläschen) über P_2O_5 einige Stunden getrocknet, dann in ein auf der einen Seite geschlossenes, 6—7 mm

---

[1] F. GLASER u. A. ISENBURG: Chem.-Ztg. 1909, **33**, 1258.
[2] M. OPPENHEIM: Zeitschr. analyt. Chem. 1903, **42**, 431.
[3] SCHUMACHER u. JUNG: Arch. exp. Pathol. Pharmakol. **62**, 138; Zeitschr. analyt. Chem. 1902, **41**, 461.
[4] H. BUCHTALA: Zeitschr. physikal. Chem. 1913, **83**, 249.
[5] AUTENRIETH u. W. MONTIGNY: Münch. med. Wochenschr. 1920, **32**, 928.
[6] A. STOCK: Zeitschr. angew. Chem. 1926, **39**, 461, 466.
[7] A. STOCK, CUCUEL, KÖHLE: Zeitschr. angew. Chem. 1933, **46**, 187.

weites, in der Mitte verjüngtes, am anderen Ende fein ausgezogenes, höchst sorgfältig gereinigtes und absolut trockenes Röhrchen (Abb. 20) aus schwer schmelzbarem Glase gebracht und nun in waagrechter Lage zunächst langsam und schließlich einige Minuten bis zum Glühen erhitzt; der verjüngte Teil des Röhrchens wird durch einen nassen Papierstreifen gekühlt.

Das Quecksilbersublimat bildet in dem gekühlten, verjüngten Teil des Röhrchens einen ringförmigen Beschlag oder Tröpfchen, die bei Mengen von 0,02 mg an meist mit bloßem Auge sichtbar sind; unter dem Mikroskop kann man bis zu 0,001 mg (1 γ) noch erkennen.

Zur noch deutlicheren Sichtbarmachung führt man das Quecksilber in sein Jodid über, indem man den abgesprengten Teil des Röhrchens 1 Stunde lang in ein Reagensglas stellt, auf dessen Boden sich einige Körnchen Jod befinden. Die Jodidkryställchen treten bei mikroskopischer Betrachtung schärfer hervor und lassen sich noch bei 0,0002 mg Quecksilber erkennen.

Zur quantitativen Bestimmung kann man sich des von A. STOCK[1] angegebenen colorimetrischen Verfahrens mit Diphenylcarbazon bedienen, welches mit den geringsten Spuren von Quecksilber eine Färbung gibt. Man löst das Quecksilbersublimat in etwa $^1/_4$ ccm Chlorwasser in einem möglichst engen Rohr, bläst die Lösung aus der Verengung heraus, spült mit einigen Tropfen Wasser nach und vertreibt durch Luft das überschüssige Chlor. Die Lösung versetzt man mit 1 Tropfen kaltgesättigter Harnstofflösung und colorimetriert nach Zugabe 1 Tropfens Diphenylcarbazonlösung (kaltgesättigte alkoholische Lösung) rasch bei gelbem Licht im 0,5 ccm Tauchgefäß des Mikrocolorimeters nach DUBOSCQ. Als Vergleichslösung dient eine Quecksilberchloridlösung, die, je nach der Menge des zu bestimmenden Quecksilber, in 0,5 ccm 0,1 oder 0,5 γ Quecksilberchlorid enthält und der man kurz vor der Bestimmung die gleiche Menge Harnstoff- und Diphenylcarbazonlösung zusetzt.

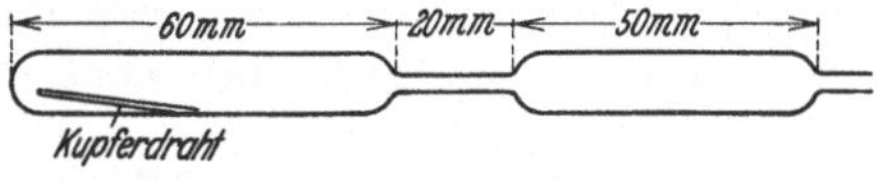

Abb. 20. Bestimmung von Quecksilber. (Nach A. STOCK.)

Man kann auf diese Weise noch 0,05 γ Quecksilber quantitativ bestimmen.

In einer neueren Arbeit gibt STOCK[2] eine Verbesserung der quantitativen Bestimmungsmethode bekannt, welche in einer elektrolytischen Abscheidung des Quecksilbers und Messen des Quecksilbertröpfchens unter dem Mikroskop besteht.

Der, wie oben beschriebene, durch zweimalige Fällung gereinigte, 20 mg Kupfer enthaltende Sulfidniederschlag wird mit Chlor wieder in Lösung gebracht und in salzsaurer Lösung 36–48 Stunden lang bei einer Klemmenspannung von 1,48 $\pm$ 0,02 V und einer Stromstärke von etwa 4 mA elektrolysiert. Als Anode dient ein 0,5 mm starker Platindraht, als Kathode ein 25 cm langer, 0,5 mm dicker, sorgfältigst gereinigter, mehrfach umgebogener Kupferdraht aus reinstem Kupfer (Elektrolytkupfer), die in ein Becherglas von 20 ccm eintauchen. Nach Beendigung der Elektrolyse wird das auf dem Kupferdraht niedergeschlagene Quecksilber in einem besonders hergerichteten, peinlichst gereinigten Glasrohr sublimiert, das sublimierte Quecksilber durch Zentrifugieren zu einer oder mehreren Kugeln vereinigt, und deren Durchmesser dann mittels eines Mikroskopes mit Meßvorrichtung bestimmt.

Das Quecksilbergewicht in γ ergibt sich aus dem Kugeldurchmesser (d in μ) zu $\frac{7{,}096 \cdot d^3}{10^6}$.

In der erwähnten Arbeit sind noch alle zu beachtenden Einzelheiten genau angegeben, die dort nachzulesen sind.

Nach STOCK sind auf diese Weise 0,1 γ Quecksilber ohne Schwierigkeiten zu bestimmen, erst bei 0,01 γ erfordert die Bestimmung besondere Erfahrung und Kenntnis.

Über die Bestimmung des Quecksilbergehaltes in der Luft siehe A. STOCK und CUCUEL[3].

7. Blei.

Das metallische Blei führt durch Verstäubung und Einatmung häufiger zu chronischen Vergiftungen. Giftwirkung besitzen ferner die in Wasser und verd. Mineralsäuren löslichen Bleisalze. Zu ihnen zählen: Bleioxyd, Mennige, Bleichromat, Bleicarbonat, Bleiacetat usw., die zum Teil in der Technik häufige Anwendung finden. Glasuren von Gefäßen enthalten oft nicht unerhebliche Mengen in verd. Säuren löslicher Bleiverbindungen (s. Bd. I, S. 1085).

---

[1] A. STOCK u. W. ZIMMERMANN: Zeitschr. angew. Chem. 1928, **41**, 546.

[2] A. STOCK u. H. LUX: Zeitschr. angew. Chem. 1931, **44**, 200; STOCK, CUCUEL, LUX, KÖHLE: Z. angew. Chem. 1933, **46**, 62.

[3] A. STOCK u. CUCUEL: Ber. Deutsch. Chem. Ges. 1934, **67**, 122.

Man kann Blei in der beim Zerstören mit Salzsäure und Kaliumchlorat erhaltenen Lösung dadurch abscheiden und isolieren, daß man der Flüssigkeit einige Tropfen nicht zu verd. Schwefelsäure zusetzt; es fällt alsdann das Blei als schwer lösliches Bleisulfat aus. Auch findet man Blei, zumal wenn mehr vorhanden ist, in dem nach obiger Zerstörung verbleibenden Rückstand, aus dem es nach S. 1389 isoliert werden kann. Wenn man die Zerstörung der organischen Substanz mit Schwefel- und Salpetersäure vorgenommen hat, so bleibt der größte Teil des Bleis als unlösliches Bleisulfat zurück. Über Zerstörung von Knochen, in denen sich Blei anreichert, s. DANCKWORTT[1]. Aus Lösungen kann das Blei als unlösliches Sulfid durch Schwefelwasserstoff gefällt werden.

a) Nachweis.

α) Bleilösungen werden durch Schwefelsäure als Bleisulfat gefällt, das in Natronlauge oder Kalilauge löslich ist (Unterschied von Baryum).

$$PbSO_4 + 4\,NaOH = Pb(ONa)_2 + SO_4Na_2 + 2\,H_2O.$$

Auch in basisch weinsaurem oder essigsaurem Ammonium ist Bleisulfat löslich.

Die Reaktionen stellt man am besten, wenn es sich um kleine Mengen handelt, auf einem Uhrglas, das auf einen dunklen Untergrund gelegt wird, an.

β) Jodkalium gibt mit neutralen Bleilösungen Fällungen von gelbem Bleijodid (PbJ_2).

γ) Kaliumchromat und Kaliumbichromat fällen aus neutralen Bleisalzlösungen gelbes Bleichromat (CrO_4Pb), das in Essigsäure unlöslich, in Natronlauge dagegen leicht löslich ist.

δ) Durch Elektrolyse wird Blei als Bleisuperoxyd an der positiven Elektrode als brauner Überzug niedergeschlagen. Der Lösung ist vorher etwas reines Kupfersulfat, 0,2—0,5 g, zuzusetzen.

b) Bestimmung.

α) Liegen nicht zu kleine Mengen Blei vor, so wird das Blei durch Schwefelsäure gefällt, die Schwefelsäure bis zur Entwicklung weißer Dämpfe abgeraucht und nach dem Erkalten mit Wasser und der doppelten Menge Alkohol versetzt. Der Niederschlag wird im Filtertiegel gesammelt, mit Alkohol ausgewaschen, bei 100° getrocknet und als Bleisulfat (SO_4Pb) zur Wägung gebracht. Auch elektrolytisch läßt sich das Blei als Bleisuperoxyd durch Wägung oder Titration bestimmen, siehe S. 1414, unten.

β) Titrimetrisch lassen sich kleine Mengen Blei in der Weise bestimmen, daß man es als Bleichromat[2] fällt. Die salpetersaure Bleilösung wird bis zur Trockne verdampft und mit heißem Wasser, dem man etwas Natriumacetat und Essigsäure zugesetzt hat, aufgenommen. Zu dieser Lösung, etwa 100 ccm, setzt man Kaliumbichromatlösung, das durch mehrfaches Umkrystallisieren gereinigt worden ist, zu. Die Lösung muß gelb gefärbt bleiben. Man wartet, bis der Bleichromatniederschlag sich vollständig niedergeschlagen hat, was meistens innerhalb 24 Stunden erreicht ist. Bei sehr geringem Bleigehalt läßt man die Lösung 3 Tage lang in dem mit Glasstopfen verschlossenen Kolben stehen. Alsdann bringt man den Niederschlag auf ein Asbeströhrchen, wäscht dreimal mit geringen Mengen Wasser zuerst den Kolben, dann den Niederschlag aus und löst ihn heiß in wenig reiner 10%iger Salzsäure. Die Lösung gibt man in den Glaskolben zurück, um die geringen Mengen Bleichromat, die sich am Boden festgesetzt haben, zu lösen und wäscht das Asbeströhrchen

[1] DANCKWORTT: Arch. Pharm. 1928, **266**, 492.
[2] Arb. a. d. Kaiserl. Gesundheitsamt 1910, **33**, 203.

mit destilliertem Wasser nach. In die erkaltete Lösung leitet man Kohlensäure zur Verdrängung der Luft ein, fügt nach kurzer Zeit 5 ccm Jodkaliumlösung zu, läßt den Kolben 5 Minuten nach vorherigem Umschwenken stehen, setzt etwas Stärkelösung zu und mißt das ausgeschiedene Jod mit eingestellter 0,05 oder 0,01 N.-Natriumthiosulfatlösung unter Durchleiten von Kohlensäure zurück. Um sich zu überzeugen, daß man auch genügend Jodkalium zugesetzt hat, kann man noch etwas Jodkaliumlösung zusetzen, tritt keine Blaufärbung ein, so ist Bleichromat völlig umgesetzt worden. 0,01 N.-Natriumthiosulfatlösung zeigt 0,6906 mg Blei an.

γ) Colorimetrische Bestimmung. $\alpha\alpha$) Durch Vergleich der fraglichen Bleilösung mit einer Bleilösung von bekanntem Gehalt, denen Natriumsulfidlösung zugesetzt wird, läßt sich an der auftretenden braunen Trübung, bzw. Färbung der Gehalt geringer Bleimengen colorimetrisch oder nephelometrisch bestimmen.

$\beta\beta$) Nachweis von kleinsten Spuren Blei und ihre Bestimmung s. HECKE[1] und FREUND[1].

Quantitative Bestimmung von Blei in Blut, Urin, Faeces und Knochen.

Über die Bestimmung kleinster Mengen von Blei in organischem Material liegt eine Reihe von Arbeiten vor, nach welchen das Blei sowohl titrimetrisch (FAIRHALL, MINOT, REZNIKOFF[2], FRETWURST und HERTZ[3], FROBOESE[4], SCHÜTZ und BERNHARD[5]), als auch colorimetrisch (TANNAHILL[6], MEILLÈRE[7]), sowie nephelometrisch (BADHAM und TAYLOR[8], DANKWORTH und UDE[9]) und elektrolytisch-colorimetrisch[10] bestimmt wird.

Von diesen verschiedenen Methoden sei nur die letztere, als die wohl jetzt gebräuchlichste, näher beschrieben.

Sie zerfällt 1. in die Zerstörung der organischen Substanz und Fällung des Bleies mit Schwefelwasserstoff, 2. in die Trennung des Bleies von den übrigen Schwermetallen auf dem Asbestfilter und 3. in die elektrolytische Abscheidung und colorimetrische Bestimmung des Bleies.

Blut, nicht weniger als 100 ccm, wird in einer Duranglasschale mit 5 Vol.-% konz. Schwefelsäure versetzt, 10—12 Stunden im Trockenschrank bei 120—150° getrocknet und dann in einem elektrischen Muffelofen bei einer Temperatur von 500—530° (nicht über 550°) innerhalb 8 Stunden verascht. Die Asche wird mit 10—15 ccm konz. Salpetersäure und 15—20 ccm konz. Schwefelsäure in der Duranglasschale aufgekocht, bis weiße Schwefelsäuredämpfe auftreten, dann in einen KJELDAHL-Kolben übergespült und dort in der üblichen Weise unter Zutropfenlassen konz. Salpetersäure bis zur völligen Zerstörung der organischen Substanz weiter erhitzt.

In Ermangelung eines elektrischen Muffelofens kann man die Zerstörung der organischen Substanz wohl auch von vornherein naß mit Schwefelsäure-Salpetersäure in bekannter Weise, wie auf S. 1383, Methode 5 beschrieben, ausführen. Auch bei Organteilen und bei Faeces ist die nasse Zerstörung mit Schwefelsäure-Salpetersäure anzuwenden, da die Schalen und Tiegel im Muffelofen angegriffen werden. Bei Blut ist der geringe Bodensatz durch Kochen mit Wasser in Lösung zu bringen, während man bei Faeces, wenn sich der Niederschlag nicht völlig löst, nach SEISER, NECKE und MÜLLER[11] mit Ammoniak neutralisiert,

---

1 Dr. HUGO FREUND: Leitfaden der colorimetrischen Methoden für Chemiker und Mediziner. Wetzlar: Selbstverlag 1928. — HECKE: Deutsch. med. Wochenschr. 1926, **52**, 1855.

2 FAIRHALL, MINOT, REZNIKOFF: Lead poisoning. Baltimore: The Williams and Wilkins Comp. 1926.

3 FRETWURST u. HERTZ: Arch. Hygiene 1930, **104**, 215.

4 FROBOESE: Arch. Hygiene 1926, **96**, 286.

5 SCHÜTZ u. BERNHARD: Zeitschr. Hyg., Infekt.-Krankh. 1925, **104**, 441.

6 TANNAHILL: The Med. Journ. of Austr., Febr. 1929.

7 MEILLÈRE: Compt. rend. Soc. Biologie 1903, **55**, 517.

8 BADHAM u. TAYLOR: Extrakt from the Rep. Dir. Gen. Publ. Health. New South Wales 1927.

9 DANKWORTH u. UDE: Arch. Pharm. 1926, **264**, 712.

10 P. SCHMIDT u. Mitarbeiter: In verschiedenen Veröffentlichungen, zusammengefaßt in „Über die Diagnostik der Bleivergiftung im Lichte moderner Forschung" von P. SCHMIDT und F. WEYRAUCH. Jena: Gustav Fischer 1933.

11 SEISER, NECKE, MÜLLER: Arch. Hygiene 1928, **99**, 158.

filtriert und den Rückstand zur Lösung von etwa vorhandenem Bleisulfat mit Natriumacetatlösung auskocht und das Filtrat mit dem ersten Filtrat vereinigt.

Die schwefelsauren Lösungen werden mit Ammoniak neutralisiert; bei Blut erkennt man den Neutralisationspunkt durch die Trübung von Eisenhydroxyd, bei Faeces bedient man sich des p-Nitrophenols als Indicator. Nach Zugabe von einigen Tropfen Salpetersäure bis zum Verschwinden der Eisentrübung bzw. bis zur Gelbfärbung des Indicators leitet man in die schwach saure Lösung einige Minuten lang einen lebhaften Schwefelwasserstoffstrom ein und gibt dann tropfenweise Ammoniak zu, bis ein tiefschwarzer Niederschlag von FeS ausfällt. Bei Faeces muß man zuvor etwa 5 mg zweiwertiges Eisen in Form einer Lösung von Mohrschem Salz zusetzen. Nach Verdünnen auf 200 ccm läßt man über Nacht unter H_2S-Druck stehen.

Die Vorverarbeitung von Urin wird nach Litzner, Weyrauch, Barth [1], da die vorhandenen großen Phosphatmengen sehr stören, in anderer Weise ausgeführt. Sie fällen unter Zugabe von Calciumchlorid in essigsaurer Lösung Calcium und Blei zusammen als Oxalat, führen das Oxalat in Oxyd über und scheiden aus der salpetersauren und schwach ammoniakalisch gemachten Lösung in Gegenwart von Kupfer das Blei als Bleisulfid ab.

1 Liter Urin wird mit Essigsäure (50%) mittels Methylorangepapiers bis zum beginnenden Umschlag in Rot neutralisiert. Dann fügt man etwa 3 ccm der 50% Essigsäure, 5 ccm einer 5% Chlorcalciumlösung und unter beständigem Umrühren tropfenweise 10 ccm gesättigte Kaliumoxalatlösung (33%) hinzu und läßt über Nacht stehen. Nachdem die überstehende Flüssigkeit klar abgegossen ist, wird der Niederschlag 5 Minuten lang aufgekocht, damit er körnig wird, und durch einen Gooch-Tiegel filtriert. Nach dem Trocknen im Trockenschrank wird der Tiegel 4 Stunden im Muffelofen bei 500° erhitzt, sein Inhalt dann in 20% Salpetersäure gelöst, mit Wasser verdünnt und noch 10 ccm Salpetersäure (20%) und 5 ccm Kupfersulfatlösung (1%) zugegeben. Nun neutralisiert man vorsichtig mit Ammoniak bis zum Auftreten der blauen Färbung, nimmt den Ammoniaküberschuß mit Salpetersäure (20%) wieder weg und setzt 1—2 Tropfen Ammoniak zu, wodurch eine hellblaugrünliche Färbung und ganz schwach alkalische Reaktion entsteht, welche bei der Fällung mit Schwefelwasserstoff in ganz schwach sauer übergeht; es ist dies die für die Ausfällung der Sulfide günstigste Bedingung.

Bei der Untersuchung von Knochen wird gleichfalls die Fällung mit Kaliumoxalat ausgeführt. Die bei 120—150° getrockneten Knochen werden bei höchstens 550° verascht. 3 g der Knochenasche werden in einem 1-Liter-Becherglas in 30 ccm konz. Salpetersäure gelöst und zur Klärung etwas Perhydrol zugesetzt. Nach Verdünnen mit etwa 500 ccm Wasser wird mit Ammoniak gegen Methylorangepapier neutralisiert, nach Zusatz von 3 ccm Essigsäure (1 Tl. Eisessig + 1 Tl. Wasser) auf etwa 900 ccm verdünnt und unter Umrühren mit 25 ccm gessätigter Kaliumoxalatlösung versetzt. Dann wird wie bei Urin weiter verfahren.

Die Fällung läßt man über Nacht unter H_2S-Druck stehen. Die so erhaltenen Sulfide werden nun durch ein Schottsches Glasfilter abfiltriert und zweimal mit Wasser nachgewaschen. Zur Entfernung von Eisen und Mangan übergießt man den Niederschlag auf dem Filter mit frisch bereitetem schwefelsäurehaltigem, mit Schwefelwasserstoff gesättigtem Alkohol (50 ccm Wasser mit Schwefelwasserstoff sättigen, dann 50 ccm Alkohol (96%) und 3 ccm konz. Schwefelsäure zusetzen) und läßt eine halbe Stunde lang einwirken; nach Ablaufenlassen des Alkohols wäscht man zweimal mit Wasser, läßt, um das Kupfer zu beseitigen, $^1/_4$ Stunde lang Cyankaliumlösung (3%) einwirken und wäscht wieder zweimal mit Wasser nach. Da Eisen und Kupfer sich oft gegenseitig einschließen, wird die $^1/_4$stündige Behandlung mit Schwefelsäure-Schwefelwasserstoff-Alkohol wiederholt und dann nochmals zweimal nachgewaschen. Nun wird das Bleisulfid auf dem Filter einige Male mit heißer Salpetersäure (20%) übergossen, in ein Saugröhrchen abgesaugt und zweimal mit Wasser nachgespült.

Die salpetersauren Lösungen werden nun noch mit 10 ccm Salpetersäure (20%) und 5 ccm Kupfersulfatlösung (1%) versetzt, mit Ammoniak neutralisiert (Blaufärbung) und dann soviel stickoxydfreie Salpetersäure zugegeben, daß die Säurekonzentration etwa 0,7% beträgt.

Für die Elektrolyse werden als Anode nach Seiser, Necke und Müller Winklersche Netzelektroden von etwa 50 mm Netzhöhe verwendet. Wir bedienten uns Platindrähte von 1 mm Stärke, die mit Platindrahtnetz umwickelt und von der spiralförmigen Kathode aus demselben Draht umgeben sind. Nach Beendigung der Elektrolyse (etwa $^1/_2$ Stunde) wird unter Stromdurchgang mit Wasser völlig ausgewaschen, bis die Stromstärke auf wenige Milliampère abgesunken ist. Dann nimmt man die Anode heraus, schleudert das anhaftende Wasser ab und stellt sie in eine farblose Lösung von Tetramethyldiamido-

[1] Litzner, Weyrauch, Barth: Arch. Gewerbepath. u. Gewerbehyg. 1931, 330.

diphenylmethan in Eisessig, wobei das niedergeschlagene Bleisuperoxyd die bekannte blaue Farbe erzeugt.

Aus einer Bleinitratstandardlösung, die in 1 ccm 0,1 mg Blei enthält und zur Haltbarkeit mit einigen Tropfen Salpetersäure angesäuert ist, werden in derselben Weise durch elektrolytische Abscheidung des Bleisuperoxyds eine Reihe von Vergleichsproben hergestellt, welche annähernd dieselben Bleimengen enthalten.

Beträgt die abgeschiedene Bleimenge über 0,3 mg, wobei sich ein gelblichbrauner Belag auf der Anode zeigt, so verwendet man einen aliquoten Teil der blaugefärbten Lösung zu dem colorimetrischen Vergleich, oder man bestimmt das Blei jodometrisch durch Titration mit 0,005 N.-Thiosulfatlösung in bekannter Weise. Sind die Bleimengen noch größer, über 0,5 mg, was aber selten vorkommen dürfte, so muß die Säurekonzentration verdoppelt oder verdreifacht werden, weil sonst das Blei anodisch nicht quantitativ abgeschieden wird, oder man bestimmt in diesen Fällen das Blei durch Fällen als Chromat und Titrieren mit Thiosulfat.

Sämtliche Reagenzien müssen natürlich absolut bleifrei sein. In dieser Beziehung geben die Autoren folgendes an: bleifreies Ammoniak wird durch Sättigen von destilliertem Wasser aus einer Ammoniakbombe hergestellt. Der Asbest ist durch Kochen mit konz. Schwefelsäure und etwas Salpetersäure zu reinigen. Die Cyankaliumlösung wird mit Wasserstoffsuperoxyd aufgekocht und durch Asbest filtriert. Das Natriumacetat wird durch Neutralisation von reinem Natriumhydroxyd mit Essigsäure hergestellt. Das Tetramethyldiamidodiphenylmethan wird aus heißem Alkohol unter Zusatz von etwas Schwefelammonium als Reduktionsmittel umkrystallisiert und mit Wasser gewaschen. Der Eisessig darf durch die Farbbase nicht gefärbt werden. Das destillierte Wasser, die Salpetersäure und Schwefelsäure müssen gleichfalls bleifrei sein und sind nötigenfalls durch Destillation bleifrei zu machen. Die übrigen Reagenzien, unter Garantie als chemisch rein bezogen, sind in der Regel bleifrei. Calciumchlorid wird bleifrei durch Auflösen von Calc. carbon. praec. pro analysi Merck in chemisch reiner Salzsäure und Filtrieren durch ein Asbestfilter hergestellt.

Die Genauigkeit der Methode liegt nach den Autoren innerhalb 0,02 mg; Fehler über 0,02 mg kommen selten vor. Bei Bleimengen bis 0,06 mg findet man etwas zuviel, von 0,07 mg an etwas zu wenig Blei.

Der Nullwert liegt nicht bei 0,00, sondern etwa bei 0,01, gelegentlich 0,03 mg, wahrscheinlich bedingt durch aktiven Sauerstoff, der auf der Platinoberfläche der Anode haftet. Es genügt jedoch anscheinend schon ein Gehalt von 0,01 mg Blei, um die Adsorption des Sauerstoffs auf der Anode zu verhindern.

Im Wasser läßt sich Blei nach dem Eindampfen von mehreren Litern auf ein kleines Volumen nach vorheriger Zugabe von etwas Salzsäure und einigen Körnchen Kaliumchlorat nach der Chromatmethode jodometrisch, wie oben ausgeführt, bestimmen.

8. Thallium.

Die Thalliumsalze werden in der Technik z. B. in der Glasindustrie und als Schädlingsbekämpfungsmittel gebraucht, sie haben stark giftige Eigenschaften, die denen des Bleis ähneln. Durch den Harn wird das Thallium ausgeschieden (s. Bd. I, S. 1089).

Nachweis. Entweder schließt man die Leichenteile mit Kaliumchlorat und Salzsäure oder mit Schwefelsäure-Salpetersäure auf. Aus diesen Lösungen kann nach vorheriger Neutralisation das Thallium durch Schwefelammonium ausgefällt werden. Schwefelwasserstoff fällt in mineralsaurer Lösung kein Thallium aus. Am besten wird es durch Elektrolyse auf Platin aus den Lösungen niedergeschlagen. Das niedergeschlagene Metall wird in Schwefelsäure gelöst; diese Lösung kann zur näheren Identifizierung dienen.

Reaktionen. α) Im Spektralapparat zeigt sich nahe bei E eine intensiv grüne Linie.

β) Salzsäure fällt aus schwach saurer Lösung einen weißen käsigen Niederschlag aus, Jodkalium und Platinchloridchlorwasserstoffsäure erzeugen gelbe Fällungen.

γ) Auf Zusatz von Schwefelammonium fällt schwarz-braunes Sulfid aus.

9. Silber.

Die löslichen Silbersalze besitzen stark ätzende Wirkung. Für den forensen Chemiker kommt nur Silbernitrat, seltener Silbersulfat in Betracht, das in der Technik und Arzneikunde angewendet wird (s. Bd. I, S. 1081).

Bei der Zerstörung der organischen Substanz mit Salzsäure und Kaliumchlorat findet sich das Silber als unlösliches Chlorsilber in dem Rückstand. Nach dem Trocknen und Entfetten wird der Rückstand mit Natriumcarbonat und Salpeter gemischt und geschmolzen. In der Schmelze findet sich metallisches Silber, das auf einem Filter gesammelt und nach dem Auswaschen in Salpetersäure gelöst wird. Nach dem Abdampfen der Salpetersäure wird der Rückstand mit Wasser aufgenommen und dient zum Nachweis des Silbers.

a) Nachweis. α) Auf Zusatz von Salzsäure entsteht ein weißer Niederschlag von Chlorsilber, der in Ammoniak löslich ist. $AgCl + NH_3 = NH_3AgCl$.

β) Jodkalium gibt mit Silbersalzen einen gelben Niederschlag von Jodsilber, der in Ammoniak unlöslich ist, leicht löslich dagegen in Natriumthiosulfat und Cyankalium.

γ) Kaliumchromat fällt rotbraunes Silberchromat, das in Essigsäure unlöslich, dagegen in Salpetersäure und Ammoniak leicht löslich ist.

δ) Schwefelwasserstoff scheidet schwarzes Schwefelsilber ab, das in Ammoniak und Schwefelalkalien unlöslich, in warmer Salpetersäure leicht löslich ist.

ε) Wird die ammoniakalische Silberlösung mit Formaldehyd versetzt, so scheidet sich nach einiger Zeit metallisches Silber im Reagensglas als Silberspiegel ab, den man nach vorsichtigem Abspülen mit Wasser, Alkohol und Äther als Beweisstück aufheben kann.

b) Bestimmung. α) Gewichtsanalytisch läßt sich Silber als Chlorsilber fällen, in einem Filtertiegel sammeln und nach dem Auswaschen und Trocknen bei 130° zur Wägung bringen.

β) Maßanalytisch läßt sich Silber am besten mit 0,1 oder 0,01 N.-Rhodanlösung nach VOLHARD in salpetersaurer Lösung und unter Zusatz von Ferriammonsulfatlösung als Indicator bestimmen.

1 ccm 0,1 N.-Rhodanlösung = 0,0127 g Silber.

10. Wismut.

Die Wismutverbindungen finden kosmetische und medizinische Anwendung. Wismutsubnitrat und Wismutcarbonat sind die Salze, die am meisten Anwendung finden. Auch organische Wismutverbindungen werden in der Arzneikunde gebraucht.

a) Nachweis. In Organteilen kann man neben den bekannten Methoden Wismut nach DALCHE und VILLEJEAN[1] in der Weise nachweisen, daß man sie mit Salpetersäure bei Gegenwart von Kaliumbisulfat verkohlt und mit Schwefelsäure vollkommen zerstört. Nach dem Abrauchen der Schwefelsäure ist der Rückstand in wenig Säure zu lösen und durch Schwefelwasserstoff zu fällen.

Reaktionen. α) Wismutsulfid (Bi_2S_3) ist dunkelbraun, unlöslich in Schwefelammonium, löslich in warmer Salzsäure.

β) Durch Zusatz von Wasser bildet sich aus dem Wismutnitrat ein weißes basisches Salz, das in Wasser unlöslich ist und je nach der Menge zugesetzten Wassers eine wechselnde Zusammensetzung besitzt. Setzt man vor dem

[1] DALCHE u. VILLEJEAN: C. 1888, 229.

Wasserzusatz Chlorammonium zu, so scheidet sich Wismutoxychlorid (BiOCl) aus, das im Gegensatz zu Antimon in Weinsäure unlöslich ist.

γ) Jodkalium fällt aus Wismutlösungen schwarzviolettes Wismutjodid (BiJ_3) aus, das in einem Überschuß des Fällungsmittels löslich ist.

δ) Reaktion nach LÉGER. Fügt man zu einer schwach salpetersauren Lösung von Wismutnitrat Cinchoninreagens im Überschuß zu, so fällt ein orangefarbener Niederschlag, der in Alkohol löslich ist, aus. Die zu untersuchende Lösung muß frei sein von Salzsäure und anderen Metallen der Schwefelwasserstoffgruppe. Das Reagens besteht aus einer Lösung von 1 g Cinchonin in hinreichender Menge Salpetersäure, der man 2 g Jodkalium zusetzt und auf 100 g Wasser auffüllt.

b) Bestimmung. Man fällt das Wismut in der Wärme aus schwach saurer Lösung als Sulfid aus, das im Filtertiegel gesammelt, mit Schwefelwasserstoffwasser und zur Entfernung von Schwefel weiterhin mit Alkohol und reinem Schwefelkohlenstoff und alsdann wieder mit Alkohol und Äther ausgewaschen wird. Den Niederschlag trocknet man bei 100° und bringt ihn zur Wägung. Unter Umständen ist eine doppelte Fällung mit Schwefelwasserstoff erforderlich.

11. Kupfer.

Wohl alle menschlichen und tierischen Organe enthalten minimale Spuren von Kupfer, zuweilen auch deutlichere Mengen. Die Kupfersalze finden in der Technik und Medizin, in letzterer allerdings nur eine untergeordnete Anwendung. Viele Kupfersalze dienen zur Schädlingsbekämpfung. Verbindungen der Arsenigen Säure mit Kupfer sind bereits beim Arsen besprochen (s. Bd. I, S. 1078).

a) Nachweis. α) Schwefelwasserstoff fällt aus saurer Lösung schwarzes Kupfersulfid (CuS), das in Schwefelammonium in geringer Menge löslich, in Schwefelnatrium jedoch unlöslich ist.

β) Ammoniak bewirkt in Kupfersalzen eine blaue Fällung, die unter Bildung eines komplexen Salzes in überschüssigem Ammoniak mit intensiv blauer Farbe sich auflöst.

$$2\,SO_4Cu + 2\,NH_4OH = SO_4(NH_4)_2 + SO_4(CuOH)_2$$
$$SO_4(CuOH)_2 + SO_4(NH_4)_2 + 6\,NH_3 = 2\,[SO_4Cu(NH_3)_4 + H_2O].$$

γ) Jodkalium fällt aus Kupfersalzlösungen weißes Kupferjodür (Cu_2J_2).

δ) Ferrocyankalilösung fällt rotbraunes Ferrocyankupfer ($Fe[CN_6]Cu_2 + 7\,H_2O$) aus.

ε) Ein blanker Eisennagel überzieht sich nach einigen Stunden mit rotem metallischem Kupfer.

b) Bestimmung. α) Das Kupfer wird aus schwach salzsaurer, warmer Lösung als Kupfersulfid gefällt. Den mit Schwefelwasserstoffwasser ausgewaschenen Niederschlag löst man in warmer Salpetersäure, verdünnt mit viel Wasser und leitet in die warme Lösung erneut Schwefelwasserstoff ein. Den Niederschlag sammelt man auf einem Filter, wäscht mit Schwefelwasserstoffwasser aus und bringt ihn feucht samt Filter in einen gewogenen Porzellantiegel, verascht vorsichtig und glüht. Den Rückstand raucht man zweimal mit konz. Salpetersäure ab und glüht abermals bis zum konstanten Gewicht. Der Glührückstand ist als Kupferoxyd (CuO) in Rechnung zu setzen.

β) Elektrolytische Bestimmung. Den Schwefelwasserstoffniederschlag löst man in konz. Salpetersäure, verdampft zur Trockene, raucht mit wenig Schwefelsäure ab, nimmt mit Wasser auf, setzt 10 ccm 2 N.-Schwefelsäure zu, verdünnt die ganze Lösung mit Wasser auf 100 ccm und elektrolysiert bei 2—2,5 V. Klemmenspannung und 0,2 Amp. Am besten scheidet man das Kupfer auf einer Netzelektrode ab. Durch Erwärmen auf 70—80° wird die Elektrolyse beschleunigt, so daß nach 2 Stunden alles Kupfer ausgeschieden ist. Mittels Heber läßt man die Lösung unter ständigem Zufließen von Wasser ablaufen. Alsdann stellt man den Strom ab, taucht die Elektrode mehrmals in destilliertes Wasser, dann in Alkohol, trocknet bei 80° und wägt nach dem Erkalten. Bevor das Auswaschen vorgenommen wird, überzeugt man sich, ob auch alles Kupfer ausgefällt ist. Zu diesem Zwecke entnimmt man der Lösung einige Tropfen und setzt Ferrocyankalilösung zu; tritt keine Rotfärbung auf, so ist alles Kupfer ausgefällt.

γ) Colorimetrische Bestimmung. Das Kupfersulfid wird in verd. Salpetersäure gelöst, zur Trockne verdampft und mit 25 ccm etwa N.-Schwefelsäure aufgenommen. Diese Lösung bringt man in einen geeigneten Glaszylinder und setzt tropfenweise 1%ige Ferrocyankalilösung zu. Zum Vergleich dienen Kupfersulfatlösungen von bekanntem Kupfergehalt, für den man den gleichen Glaszylinder und die gleichen Reagens- und Flüssigkeitsmengen verwendet. Die colorimetrische Methode ist nur bei geringen Kupfermengen anwendbar.

12. Cadmium.

Die Cadmiumsalze finden nur geringe Verwendung. Als Malerfarbe wird Cadmiumsulfid benutzt (s. Bd. I, S. 1077).

a) Nachweis. α) Schwefelwasserstoff fällt gelbes Cadmiumsulfid (CdS).

β) Glüht man mit dem Lötrohr auf der Kohle eine Mischung von Cadmiumsulfid und Natriumcarbonat in der Oxydationsflamme, so bildet sich ein brauner Belag, dessen äußerer Saum bläulich schimmert, Pfauenauge.

b) Bestimmung. α) Man fällt das Cadmium als Sulfid aus, der ausgewaschene Niederschlag wird in verd. warmer Schwefelsäure gelöst, filtriert, in einem gewogenen Tiegel eingedampft, mit aufgelegtem Deckel schwach geglüht und als Cadmiumsulfat, $CdSO_4$, zur Wägung gebracht.

β) Elektrolytische Bestimmung. Man schlägt das Cadmium auf einer gewogenen, mit Kupfer überzogenen Platinnetzelektrode elektrolytisch nieder. Die Lösung des Cadmiumsulfates wird mit Natronlauge unter Zusatz von Phenolphthalein als Indicator ganz schwach alkalisch gemacht. Sodann fügt man soviel Cyankaliumlösung zu, bis sich das durch die Natronlauge ausgefällte Cadmiumhydroxyd eben wieder gelöst hat und elektrolysiert. Die auf etwa 100 ccm verdünnte Lösung elektrolysiert man bei 0,5—0,7 Ampère und 5 Volt Klemmenspannung. Dann erhöht man die Ampèrezahl auf 1—1,2 und elektrolysiert noch 1 Stunde. Man wäscht unter Abhebern der Flüssigkeit mit Wasser aus, unterbricht den Strom und spült die Elektrode noch mit Alkohol ab, trocknet bei 100° und bringt das Cadmium (Cd) zur Wägung. Zur Sicherheit, ob alles Cadmium niedergeschlagen ist, kann man die Flüssigkeit nach vorherigem Ansäuern mit Salzsäure noch mit Schwefelwasserstoff prüfen. Vorsicht beim Ansäuern, da Blausäure entweicht.

13. Zink.

Die Zinksalze finden medizinische und technische Anwendung. Zinkweiß, Zinkoxyd, Zink dienen als Malerfarbe. Alle in Wasser und verdünnten Säuren löslichen Zinksalze wirken giftig (s. Bd. I, S. 1075).

a) Nachweis. 1. Durch Schwefelwasserstoff wird in essigsaurer und ammoniakalischer Lösung Zink als weißes Zinksulfid gefällt, das in Mineralsäuren löslich ist.

2. Ferrocyankaliumlösung fällt weißes Ferrocyanzink $[Fe(CN)_6Zn_2]$, sehr scharfe Reaktion 0,5 mg.

3. Wird die salpetersaure Zinklösung mit etwas Kobaltnitratlösung auf einen Fließpapierstreifen gebracht, getrocknet und derselbe an einer Platinspirale verbrannt und geglüht, so verbleibt eine grüne Asche, RINNMANNS Grün.

b) Bestimmung. Der in essigsaurer oder ammoniakalischer Lösung durch Schwefelwasserstoff erzeugte Niederschlag von Zinksulfid wird nach dem Auswaschen in verd. Salzsäure gelöst und die wäßrige, klare Lösung mit Natriumcarbonat bis zur bleibenden Trübung versetzt, alsdann zum Kochen erhitzt und noch Natriumcarbonatlösung bis zur schwach alkalischen Reaktion zugesetzt. Der durch Dekantation gewaschene Niederschlag wird auf einem Filter gesammelt und getrocknet. Der getrocknete Niederschlag wird möglichst vollständig von dem Filter entfernt, und das zusammengerollte Filter nach vorherigem Befeuchten mit einer Ammoniumnitratlösung am Platindraht über einem Tiegel verascht. Nach Zugabe des Niederschlages wird der Tiegel bis zur Gewichtskonstanz geglüht. Das Zink wird als Zinkoxyd (ZnO) zur Wägung gebracht.

Auch kann das Zink als Phosphat bestimmt werden.

c) Nachweis von Zink in Lebensmitteln. Durch Befeuchten der zu prüfenden Lebensmittel mit konz. Salpetersäure und Schwefelsäure, vorsichtiges Verkohlen in einer Porzellanschale und späteres Veraschen läßt sich das Zink von der organischen Substanz befreien.

14. Chrom.

Die Chromverbindungen, sowohl der Chromoxyde, als auch der Chromsäure, finden in der Technik als Malerfarbe Anwendung. Die Chromsäure dient in der Medizin als Ätzmittel. Die Salze, die sich vom Chromoxyd ableiten, haben geringe Giftigkeit, während der Chromsäure und den chromsauren und überchromsauren Salzen starke Giftwirkung zukommt. Im Gang der toxikologischen Analyse wird das Chrom zum Nachweis durch die Salpeterschmelze in Chromsäure übergeführt (s. Bd. I, S. 1088).

a) Nachweis. Aus der mit Essigsäure angesäuerten Schmelze kann die Chromsäure durch Bariumsalze gefällt werden. Es entsteht ein gelber Niederschlag von Bariumchromat (CrO_4Ba). Durch Bleinitratzusatz wird gelbes Bleichromat gefällt, das in Natronlauge löslich ist.

β) Schüttelt man die schwefelsaure Lösung von Chromaten mit einigen Kubikzentimetern Äther und fügt vorher einen Tropfen Wasserstoffsuperoxydlösung zu, so färbt sich der Äther blau.

b) Bestimmung. α) Da nach dem Gang der Analyse chromsaures Salz vorliegt, so säuert man die Schmelze mit Salzsäure an und erwärmt die wäßrige Lösung zwecks Reduktion der Chromsäure auf dem Wasserbade unter Zusatz von Alkohol. Wenn der Geruch nach Alkohol verschwunden und die Lösung grün gefärbt ist, fügt man Ammoniak in geringem Überschuß zu und läßt das gefällte Chromhydroxyd absetzen. Man wäscht durch Dekantation den Niederschlag mehrmals aus, löst ihn in wenig überschüssiger Salzsäure und fällt erneut durch Ammoniak. Nach dem Auswaschen mit heißem Wasser und Trocknen bringt man den Niederschlag in einen Porzellantiegel und glüht bis zum konstanten Gewicht. Zur Wägung gelangt das Chrom als Chromoxyd (Cr_2O_3).

15. Uran.

Die Uransalze finden als Zusätze zu Glasflüssen und in der Porzellanmalerei Anwendung.

In Wasser und verd. Säuren lösliche Uransalze wirken stark giftig. Zu ihrem Nachweis wird die Zerstörung der Leichenteile zweckmäßig mit Kaliumchlorat und Salzsäure durchgeführt.

Nachweis. Durch Schwefelwasserstoff werden die Uranverbindungen nicht, wohl aber durch Schwefelammonium hellgrün gefällt, das schnell in dunkelbraun übergeht. In Ammoniumcarbonat ist dieser Niederschlag löslich. Wird der Niederschlag mit Kaliumsulfhydrat digeriert, so geht er in Uranrot über. Durch ätzende und kohlensaure Alkalien werden Uranoxydsalze gelb gefällt.

Uranverbindungen färben die Phosphorsalz- und Boraxperle in der reduzierenden Flamme grün, in der oxydierenden Flamme gelb, nach dem Erkalten gelbgrün. Die Perlen zeigen Fluorescenz.

16. Barium.

Die Bariumsalze finden in der Medizin und in der Technik Anwendung. Das Bariumsulfat, das wegen seiner Unlöslichkeit ungiftig ist, wird bei Röntgenaufnahmen verwendet und dient auch als Anstrichmittel. Die in Wasser und verd. Säuren löslichen Bariumverbindungen, z. B. Bariumchlorid, Bariumcarbonat, Bariumsilicofluorid u. a. m. sind für die forense Chemie beachtenswert, da vielfach diese Bariumverbindungen zum Töten von Ungeziefer dienen.

Wichtig ist es deshalb festzustellen, ob in Wasser oder in verd. Säuren lösliche Bariumsalze im Magen- und Darminhalt vorhanden sind. Bei Anwesenheit von Bariumhydroxyd reagiert der Mageninhalt alkalisch.

Im Gang der toxikologischen Analyse wird das Barium durch Zusatz von Schwefelsäure nach vorheriger Zerstörung der organischen Substanz als unlösliches Bariumsulfat abgeschieden. Zum Teil findet es sich als solches auch in den noch unzerstörten Anteilen und wird bei deren weiteren Behandlung durch Schmelzen mit Natriumcarbonat und Salpeter aufgeschlossen. Das in der Schmelze sich befindende Bariumcarbonat wird abfiltriert, ausgewaschen und in verd. Essigsäure gelöst. Diese Lösung wird zum Nachweis benutzt.

a) Nachweis. 1. Gesättigte Strontiumsulfatlösung erzeugt einen Niederschlag von Bariumsulfat.

2. Mit Kaliumdichromatlösung entsteht ein gelber Niederschlag von Bariumchromat (CrO_4Ba), der in verd. Salzsäure löslich ist.

3. Dampft man einige Tropfen der Lösung mit Salzsäure ein und bringt den Rückstand in die nicht leuchtende Bunsenflamme, so tritt eine Grünfärbung auf; im Spektralapparat zeigen sich typische grüne Linien.

b) Bestimmung. Das Barium wird in schwach salzsaurer, zum Kochen erhitzter Lösung mit verd. heißer Schwefelsäure als Bariumsulfat gefällt, der Niederschlag nach dem Absetzen filtriert und mit heißem Wasser ausgewaschen. Das Filter mit Inhalt kann feucht verkohlt und dann geglüht werden, man muß dann aber, um etwa reduziertes Bariumsulfat wieder zu oxydieren, mit einigen Tropfen konz. Schwefelsäure abrauchen; schließlich wird der Rückstand bis zur Konstanz geglüht und als Bariumsulfat ($BaSO_4$) gewogen.

17. Strontium.

Die Salze des Strontiums finden in der Technik, z. B. in der Zuckerindustrie und zu Feuerwerkszwecken, Anwendung. Das Strontium verhält sich ähnlich wie das Barium und kann in gleicher Weise isoliert werden.

Nachweis. 1. Gesättigte Gipslösung erzeugt einen weißen Niederschlag von Strontiumsulfat.

2. Die salzsaure Lösung färbt die Bunsenflamme carmoisinrot. Die Bestimmung erfolgt als Sulfat.

II. Freie Alkalien und Erdalkalien.

Zu den freien Alkalien und Erdalkalien, die ätzend auf Schleimhäute wirken, sind Kaliumhydroxyd, Natriumhydroxyd, Bariumhydroxyd, Ammoniak und auch die in ihrer ätzenden Wirkung schwächer wirkenden Carbonate der Alkalien zu rechnen. Meist zeigen sich bei Einnahme dieser Alkalien die typischen Verätzungen. Das Gewebe der Speiseröhre und des Magens reagiert alkalisch, allerdings kann die alkalische Reaktion durch die Säure des Magens im Mageninhalt schon aufgehoben sein. Freies Ammoniak läßt sich geruchlich und beim Erwärmen des alkalisch reagierenden Mageninhaltes oder des Erbrochenen mittels roten Lackmuspapiers feststellen, jedoch trifft dieses nur bei frischen Objekten zu, da bei eintretender Zersetzung sich Ammoniak aus organischen Stoffen bildet.

Um die ätzenden Alkalien zu fassen, was aber mit Ausnahme von Barium in den edleren Organen, wie Herz, Niere, Milz, Leber und Gehirn, kaum von Erfolg begleitet sein dürfte, unterwirft man Mageninhalt und Erbrochenes der Dialyse, Seite 1422. Besser jedoch ist es, die ätzenden Alkalien vermittels Alkohol aus den Objekten auszuziehen.

1. Ammoniak und Ammoniumcarbonat.

Durch vorsichtige Destillation läßt sich das Ammoniak aus den Objekten übertreiben. Man fängt es in Alkohol auf oder setzt besser noch dem Objekt Alkohol zu und treibt das Ammoniak bei niederer Temperatur mit dem Alkohol über. Da nun ein Teil des Ammoniaks an die Säuren des Magens gebunden sein kann, so fügt man dem Destillationsrückstand Magnesiumoxyd und Alkohol zu und destilliert, damit sich nicht aus den Eiweißstoffen Ammoniak abspaltet, bei möglichst geringer Erwärmung den Alkohol mit dem Ammoniak ab.

a) Nachweis. Es ist zu berücksichtigen, daß normalerweise sich im Mageninhalt und Erbrochenen Ammoniumsalze vorfinden können. Es ist deshalb unerläßlich, neben dem Nachweis auch die Menge des Ammoniaks festzustellen.

α) Ein Teil des Destillates wird in einem Reagensglas erwärmt. Man legt darüber Fließpapier, das mit verd. Kupfersulfatlösung getränkt ist. Eine Blaufärbung durch gebildetes komplexes Kupferammoniumsalz zeigt Ammoniak an. Wird das Fließpapier statt mit Kupfersulfat mit Mercurinitratlösung befeuchtet, so bildet sich ein schwarzer Flecken von Mercuroammoniumnitrat ($NO_3NH_2Hg_2$).

β) Ein Teil des Destillates wird unter Zusatz von etwas Salzsäure und Platinchlorwasserstoffsäure auf dem Wasserbade abgedunstet. Bei Gegenwart von Ammoniak kann man unter dem Mikroskop die regulären Krystalle des Platinammoniumdoppelsalzes feststellen [$PtCl_6(NH_4)_2$].

b) Bestimmung. α) In einem aliquoten Teil des Objektes bzw. Destillates kann man das Ammoniak in der Weise bestimmen, daß man es in einer gemessenen Menge 0,5 N.-Salzsäure auffängt und die überschüssig vorgelegte Säure mit 0,5 N.-Alkalilauge unter Verwendung von Methylorange oder Methylrot zurückmißt.

β) Das gebundene Ammoniak kann man in einem aliquoten Teil des mit Magnesiumoxyd erhaltenen Destillates in gleicher Weise bestimmen.

Die gefundenen Ammoniakwerte addiert, geben die ganze vorhandene Ammoniakmenge an.

Den Ammoniakgehalt in Fabrikräumen kann man durch Durchleiten einer gemessenen Menge Luft durch 0,1 N.-Schwefelsäure und Zurückmessen mit 0,1 N.-Alkalilauge bestimmen.

2. Kaliumhydroxyd, Natriumhydroxyd und ihre Carbonate.

Die zerkleinerten Objekte werden innig gemischt und ein aliquoter Teil, wenn Hydroxyde vorliegen, mit Alkohol ausgezogen. In diesem Auszug wird die Lauge unter Tüpfeln mit Lackmuspapier solange mit 0,25 oder 0,1 N.-Säure versetzt, bis der Neutralpunkt erreicht ist. Aus dem Verbrauch an Säure kann man alsdann den Gesamtalkaligehalt berechnen.

Man kann auch die Alkalien, wie schon oben ausgeführt, durch Dialyse ausziehen, was bei Carbonaten stets durchgeführt werden muß, wozu man am besten die Dialysierhülsen von Schleicher und Schüll verwendet. Die Hülse mit dem zu untersuchenden Objekt hängt man in Wasser derart ein, daß die Außenflüssigkeitsmenge nicht zu groß ist und erneuert letztere alle 2 Stunden. Das Dialysat wird unmittelbar abgedampft. Am besten nimmt man die Dialyse unter einer Glasglocke vor, damit freie Alkalien nicht in Carbonate umgewandelt werden können.

Den Gehalt an Alkalicarbonat neben Hydroxyd kann man in der Weise bestimmen, daß man überschüssiges Bariumchlorid zusetzt, wodurch unlösliches Bariumcarbonat ausgeschieden wird und die äquivalente Menge Alkalihydroxyd in Lösung geht. Man titriert in dem Filtrat wie oben das freie Alkali mit 0,25 oder 0,1 N.-Säure; ist die Lösung nur schwach gefärbt oder farblos, so kann man auch Methylrot als Indicator verwenden.

Zieht man die Kubikzentimeter der jetzt verbrauchten Säure von dem zuerst gefundenen Wert ab, so erhält man das an Kohlensäure gebundene Alkali.

3. Wasserglas.

Das gebräuchlichste Wasserglas ist Natronwasserglas = Natriummetasilicat (SiO_3Na_2); auch Kaliwasserglas wird benutzt; sie sind in ungefähr 40%iger wäßriger Lösung im Handel.

Die wäßrigen Lösungen reagieren infolge hydrolytischer Spaltungen stark alkalisch. In den zu untersuchenden Objekten kann man das freie Alkali durch Titration bestimmen. Die Kieselsäure läßt sich in dem Abdampfrückstand in der Weise nachweisen, daß man den Rückstand in konz. Salzsäure aufnimmt und zur Trockene verdampft. Eine kleine Menge des Rückstandes an eine Phosphorsalzperle gebracht, muß ein Kieselsäureskelett geben. Weiterer Nachweis s. Kieselfluorwasserstoffsäure (S. 1427, Silicofluoride).

4. Kaliumsulfid, Ammoniumsulfid, Kaliumpolysulfid.

Die Sulfide bzw. Polysulfide reagieren alkalisch und verleihen den Objekten, Mageninhalt oder Erbrochenem, alkalische Reaktion. Auf Zusatz von Säuren entwickelt sich Schwefelwasserstoff, der geruchlich feststellbar ist und Bleiacetatpapier, das man in den Kolben hängt, in dem sich der wäßrige Auszug befindet, schwärzt. Eine schwache Reaktion ist nicht eindeutig; in faulenden Leichenteilen entwickelt sich auch Schwefelwasserstoff. Die alkalisch reagierende Lösung gibt auf Zusatz von Nitroprussidnatrium eine blauviolette Färbung.

III. Freie Säuren und freie Halogene.

1. Kohlensäure (CO_2).

Eine Vergiftung mit Kohlensäure kann durch den Nachweis von Kohlensäure in Organen nicht erbracht werden, da alle Gewebe Kohlensäure, das Endprodukt des Stoffwechsels, enthalten. Auch eine quantitative Bestimmung führt deshalb nicht zum Ziele.

Durch eine Bestimmung der Kohlensäure in Räumen können jedoch unter Umständen Schlüsse auf eine Kohlensäurevergiftung gezogen werden. Zu diesem Zwecke wird in den fraglichen Raum eine geeichte Flasche von etwa 5 Liter Inhalt gestellt, in welche man durch eine Blasevorrichtung die Luft des Raumes hineinpumpt. Es ist zu beachten, daß man längere Zeit die Luft durchbläst, damit sicher keine fremde Luft mehr in der Flasche sich befindet, alsdann setzt man eine gemessene, überschüssige Menge 0,05 N.-Barytlauge zu und schüttelt, nach aufgesetztem Gummistopfen, die Flasche längere Zeit durch. Nach der Gleichung $CO_2 + Ba(OH)_2 = BaCO_3 + H_2O$ findet die Abscheidung der Kohlensäure als Bariumcarbonat statt. Nach dem Umschütteln läßt man die Lösung klar absetzen, entnimmt mit einer Pipette einen aliquoten Teil und mißt unter Zusatz von Phenolphthalein die überschüssige Bariumhydroxydlösung mit 0,05 N.-Salzsäure zurück. 1 ccm 0,05 N.-Salzsäure = 1,1 mg Kohlensäure (CO_2).

2. Schwefelwasserstoff (H_2S).

Eine Vergiftung kann durch Einatmung schwefelwasserstoffhaltiger Luft hervorgerufen werden.

Chemisch läßt sich Schwefelwasserstoff dadurch nachweisen, daß man in das Gefäß, in dem sich die Leichenteile befinden, Bleiacetatpapier hineinhängt. Wird dieses braun bis schwarz gefärbt, so ist Schwefelwasserstoff vorhanden. Es darf jedoch der Inhalt des Gefäßes noch nicht in Fäulnis übergegangen sein.

Der Nachweis des Schwefelwasserstoffs im Blut auf spektroskopischem Wege ist ungenau. Der rote Blutfarbstoff ist in schmutzig-braun übergegangen, da nach dem Tode sich Sulfmethämoglobin bildet. Absorptionsspektrum s. S. 1433.

In der Luft kann man den Schwefelwasserstoff in der Weise nachweisen, daß man sie mittels eines Aspirators durch eine Waschflasche leitet, in der sich etwas ammoniakalisches Wasser befindet, das mit einigen Tropfen Nitroprussidnatriumlösung versetzt ist. Wird die Lösung violett gefärbt, so enthält die Luft Schwefelwasserstoff. Meist kann man auch schon durch Geruch in solchen Räumen Schwefelwasserstoff feststellen.

Die Bestimmung des Schwefelwasserstoffs kann in der Weise erfolgen, daß man vermittels einer Saugvorrichtung eine gemessene Menge Luft, etwa 10 Liter, durch eine gemessene Menge 0,01 N.-Jodlösung saugt, die sich in einer Kugelröhre befindet. Da beim Durchsaugen aus der Jodlösung Jod entweicht, so legt man noch eine zweite Flasche, am besten eine Waschflasche, vor, in der sich eine gemessene Menge 0,01 N.-Natriumthiosulfatlösung befindet. Die eintretende Reaktion ist folgende: $H_2S + 2\,J = 2\,HJ + S$.

Hat man in die Gefäße gleiche Mengen 0,01 N.-Jodlösung bzw. Natriumthiosulfatlösung gegeben und nach dem Durchsaugen der Luft beide Lösungen quantitativ in einen Kolben gespült, so ist infolge der Bildung von Jodwasserstoffsäure durch Schwefelwassertoff die Jodlösung schwächer geworden und ein Überschuß von Thiosulfatlösung vorhanden, den man unter Zusatz von Stärkelösung mit Jodlösung zurückmißt. Die hierzu verbrauchten Kubikzentimeter Jodlösung zeigen den Gehalt an Schwefelwasserstoff an. 1 ccm 0,01 N.-Jodlösung = 0,17 mg Schwefelwasserstoff (SH_2). Sehr geringe Mengen Schwefelwasserstoff in Lösungen lassen sich auf colorimetrischem Wege bestimmen[1].

---

[1] Beythien: Handbuch der Nahrungsmitteluntersuchung Bd. 1, 889.

3. Schweflige Säure (SO_2).

In Organteilen ist Schweflige Säure nach einer Vergiftung nicht mehr nachweisbar, da sie infolge ihrer stark reduzierenden Wirkung sich schnell zersetzt. Auch im Mageninhalt wird es kaum gelingen, sie noch nachzuweisen. Da Schwefelsäure bzw. ihre Salze ein Bestandteil vieler Nahrungsstoffe ist, so wird man auch aus dem Gehalt an Schwefelsäure im Mageninhalt keine Schlüsse ziehen können.

Wenn das Blut jedoch braunrot gefärbt ist, so kann man aus dem vorhandenen Hämatinspektrum auf ein Reduktionsmittel schließen, zu denen auch die Schweflige Säure gehört. Spektrum s. S. 1431.

Luft, die Schweflige Säure enthält, charakterisiert sich durch ihren stechenden Geruch. Jodsäure-Stärkekleisterpapier wird durch Schweflige Säure blau gefärbt.

Quantitativ läßt sich Schweflige Säure, genau wie bei Schwefelwasserstoff erörtert, vermittels Jodlösung bestimmen. $2\,J + SO_2 + 2\,H_2O = SO_4H_2 + 2\,HJ$. 1 ccm 0,05 N.-Jodlösung = 1,6 mg Schweflige Säure (SO_2).

Man kann auch die gebildete Schwefelsäure nach Vertreibung des Jods mit Bariumchlorid fällen und zur Wägung bringen. $BaSO_4 \times 0{,}274$ = Schweflige Säure (SO_2).

4. Schwefelsäure (H_2SO_4).

Freie Schwefelsäure, namentlich wenn es sich um konz. Säure handelt, besitzt sehr starke Ätzwirkung unter Schwärzung des Gewebes. Der Nachweis braucht nicht näher beschrieben zu werden. Im Mageninhalt finden sich immer schwefelsaure Salze, die aus den Nahrungsmitteln stammen, vor. Es ist deshalb eine quantitative Bestimmung unerläßlich. Zu diesem Zweck kann man das Dialysat mit Kaliumhydroxyd neutralisieren, eindampfen, verkohlen und veraschen. In der mit Salzsäure schwach angesäuerten Lösung wird die Schwefelsäure mit Bariumchlorid gefällt und als Bariumsulfat zur Wägung gebracht. Vorher kann man die Gesamt-Acidität durch Titration mit N.-Lauge bestimmen.

5. Säuren des Stickstoffs.

Zu diesen zählen die Sauerstoff-Stickstoffverbindungen, das Stickoxyd (NO), Stickstofftrioxyd, Salpetrigsäureanhydrid (N_2O_3), Stickstofftetroxyd (N_2O_4) und die Salpetersäure (HNO_3). Von den freien Säuren ist nur die Salpetersäure beständig; sie zersetzt sich aber sehr leicht, wenn sie mit organischer Substanz in Berührung kommt. Es bilden sich braungefärbte sog. nitrose Gase, zu denen Stickstofftrioxyd und Stickstofftetroxyd zählen. Das unbeständige Stickoxyd nimmt aus der Luft Sauerstoff auf und bildet damit die sog. nitrosen Gase, deren Ätzwirkung darauf beruht, daß sie mit dem Wassergehalt der Luft bzw. der Schleimhäute Säure bilden.

Infolge der schnellen Zersetzung sind diese Säuren bzw. die nitrosen Gase nach Einatmung in den Lungen nicht mehr nachweisbar. Zuweilen gelingt es aber, Methämoglobin nach Vergiftung mit nitrosen Gasen spektralanalytisch im Blut festzustellen. Man kann bei Erbrochenem versuchen, diese Gase nach dem Ansäuern mit Essigsäure überzudestillieren und das Destillat in Wasser aufzufangen und in diesem vermittels angesäuerter Jodzink-Stärkelösung nachzuweisen. Bei Anwesenheit dieser Gase wird die Lösung durch ausgeschiedenes Jod blau gefärbt. Salpetersäure erkennt man bei Vergiftungen, wenn sie eingenommen wird, daran, daß die Speiseröhre und Schleimhäute des Magens verätzt sind und außerdem das Gewebe gelb gefärbt ist, Xanthoprotein-Bildung.

Weiteres s. unter Nitraten und Nitriten S. 1428.

6. Halogenwasserstoffsäuren.

Zu den Halogenwasserstoffsäuren zählen Chlor-, Brom-, Jod- und Fluorwasserstoffsäure. Diesen Säuren kommt eine allgemeine Ätzwirkung zu. Im Mageninhalt oder Erbrochenen kann die Säure direkt mit Phenolphthalein als Indicator titriert werden. Es ist jedoch zu beachten, daß der Mageninhalt infolge freier Salzsäure stets sauer ist..

Den Nachweis der Halogenwasserstoffverbindungen s. S. 1426.

7. Freie Halogene.

Bei Einatmung oder Einnahme der freien Halogene Chlor, Brom und Jod treten Zerstörungen des Gewebes auf. Es bilden sich mit den Eiweißkörpern halogenierte Verbindungen, die wahrscheinlich schnell zerfallen, wobei die Halogene in ihre Wasserstoffverbindungen übergeführt werden. Länger hält sich das Jod als solches im Mageninhalt und in den Geweben.

Nach VITALI weist man die Halogene sowohl im alkoholischen als auch im wäßrigen Auszug nach. Man zieht die zerkleinerten Objekte zunächst mit absol. Alkohol aus, wozu man am besten sich eines Perkolators bedient. Den alkoholischen Auszug unterwirft man der fraktionierten Destillation, fängt die übergehenden Halogenäthylverbindungen gesondert auf und prüft sie auf Anwesenheit von organisch gebundenem Halogen nach VITALI-TORNANI (S. 1292). Der Rückstand vom Alkoholauszug wird mit Wasser der Perkolation unterworfen, bis kein Halogen mehr in Lösung geht. Der nunmehr verbleibende Rückstand wird mit chlorfreier Natronlauge versetzt und verkohlt. Alsdann wird der kohlige Rückstand mit Wasser aufgenommen, die Lösung mit reiner Salpetersäure schwach angesäuert und auf dem Wasserbade zur Entfernung der gebildeten Blausäure erwärmt. In dem Filtrat wird alsdann das Halogen nach den bekannten Methoden nachzuweisen versucht.

Zu berücksichtigen ist das normale Vorkommen von Chlor und von Spuren Jod in organischer Bindung.

Bei Halogenvergiftungen ist der Harn vielfach tiefbraun gefärbt.

Bei Chlorvergiftungen kann man versuchen, im Lungengewebe, Blut und Gehirn nach der Methode von BINZ mit der Abänderung von GADAMER aus den zerkleinerten Objekten die sich bildende Unterchlorige Säure im Kohlensäurestrom überzudestillieren. Diese läßt sich geruchlich leicht erkennen. Auf Zusatz von mit Schwefelsäure angesäuerter Jodzink-Stärkelösung tritt bei Gegenwart von Unterchloriger Säure Blaufärbung ein.

Ebenso wie bei Chlorvergiftungen wird bei man bei Bromvergiftungen versuchen, den gebildeten Bromwasserstoff zu gewinnen und nach den eben beschriebenen Methoden nachzuweisen.

Da Brom im normalen Gewebe nicht vorkommt, so kann man Organteile mit Natriumcarbonat verkohlen, die Kohle mit Wasser ausziehen und nach Zusatz von Salpetersäure bis zur schwach sauren Reaktion und Erwärmen zur Vertreibung der sich nebenbei bildenden Blausäure auf Bromwasserstoffsäure prüfen. Außer der Reaktion gegenüber Silbernitratlösung kann man noch durch vorsichtiges Zufügen von Chlorwasser Brom in Freiheit setzen, das sich in einigen Tropfen Chloroform beim Schütteln mit braunroter Färbung löst.

Eingeatmetes Jod hält sich längere Zeit in den Geweben; auch im Mageninhalt und Erbrochenen kann man vielfach noch freies Jod nachweisen.

Man leitet in der Wärme durch die zerkleinerten Leichenteile einen Luft- oder Kohlensäurestrom, der das Jod mit sich führt. Um es aufzufangen, schickt man das Gas durch zwei Waschflaschen, in denen sich Chloroform befindet. Ist Jod vorhanden, so färbt sich das Chloroform violett. Schüttelt man diese

Chloroformlösung mit Wasser, dem etwas Stärkekleister zugesetzt ist, kräftig durch, so wird die wäßrige Lösung blau gefärbt, fügt man alsdann Natriumthiosulfatlösung zu, so tritt Entfärbung ein.

Organteile, in denen kein freies Jod mehr nachweisbar ist, kann man wie beim Bromnachweis mit Natriumcarbonat veraschen und in der sauren Lösung die Jodwasserstoffsäure, wie oben beschrieben, mit Silbernitratlösung nachweisen.

IV. Salze.

A. Salze der Halogenwasserstoffsäuren und Chlorate.

1. Alkalichloride.

Da die Kaliumsalze viel heftiger auf den Organismus wirken als die entsprechenden Natriumsalze, so ist es unbedingt erforderlich, neben dem Chlor auch das Alkalimetall, Kalium oder Natrium, quantitativ zu bestimmen.

Bestimmung von Kalium und Natrium. Man verfährt in der Weise, daß man das Objekt zur Trockene verdampft und verkohlt, den kohligen Rückstand mit Wasser auszieht und die wäßrige Lösung zur Entfernung der letzten Reste organischer Substanz vorsichtig nochmals nach dem Eintrocknen verkohlt. Die störenden Metalle, Eisen, Aluminium, Calcium, Magnesium sowie Phosphorsäure und Schwefelsäure müssen entfernt werden. Nach dem allgemeinen analytischen Gang fällt man durch Zusatz von Bariumchlorid die Schwefelsäure aus. Auf Zusatz von Chlorammonium und Ammoniumcarbonat werden die Erdalkalien, Eisen und Aluminium sowie die Phosphorsäure niedergeschlagen. Um die Magnesiumsalze quantitativ zu entfernen, dampft man das Filtrat zur Trockene, verjagt die Ammoniumsalze durch Glühen, nimmt den Rückstand mit Wasser und einigen Tropfen Salzsäure auf, fügt etwas Bariumhydroxydlösung bis zur stark alkalischen Reaktion zu, kocht die Lösung auf und filtriert vom Niederschlag ab. Um das überschüssige Bariumhydroxyd zu entfernen, wird die Lösung eingedampft, zur Entfernung der Ammoniumsalze sehr gelinde geglüht, mit Wasser und etwas Salzsäure aufgenommen, alsdann mit Ammoniak bis zur alkalischen Reaktion versetzt und nach Zusatz von Ammoniumcarbonat auf 60—70° erwärmt und mit dem Filtrat die gleiche Operation wiederholt. In dem zweiten Filtrat befindet sich nun noch Natrium und Kalium. Man verdampft das Filtrat in einer gewogenen Platinschale zur Trockene, bevor alles Wasser verdampft ist, fügt man einige Tropfen Salzsäure zu und erwärmt den Rückstand mit bedecktem Uhrglas 2 Stunden bei 120—130°, glüht gelinde und wägt den Rückstand. Man erhält so die Summe der Chloride des Kaliums und Natriums. Der Rückstand wird in etwa 20 ccm Wasser gelöst und mit einigen Tropfen Salzsäure versetzt. Zu der Lösung, die sich zweckmäßig in einer dunkel glasierten Porzellanschale befindet, fügt man tropfenweise 5—10 ccm einer 20%igen Überchlorsäurelösung und nach dem Erkalten noch 15 ccm 96%igen Alkohol zu. Nach einigen Stunden filtriert man den vorher mit einem breitgedrückten Glasstab zerriebenen Niederschlag durch einen gewogenen Filtertiegel. Man gießt zuerst die Lösung ab und dekantiert den Niederschlag zweimal mit etwa 5 ccm einer Waschflüssigkeit, die aus 100 Teilen 96%igem Alkohol besteht, dem 0,2% Überchlorsäure zugesetzt sind. Nun bringt man den Niederschlag in den Tiegel und wäscht ihn mehrmals mit wenig 96%igem Alkohol aus. Das gesamte Filtrat darf nicht mehr als 75 ccm betragen. Den Tiegel trocknet man bei 120—130° und bringt ihn zur Wägung. Durch Subtraktion des dem Kaliumperchlorat entsprechenden Kaliumchlorids von den Gesamtchloriden erhält man den Gehalt an Natriumchlorid.

Ist die Kaliummenge gering, so liegt keine Vergiftung durch Kalisalze vor.

2. Bromide, Jodide, Fluoride.

Neuerdings kommen häufiger Vergiftungen mit Silicofluoriden vor, da solche jetzt häufiger zur Schädlingsbekämpfung angewendet werden.

Die Salze dieser Säuren können mit Ausnahme der Silicofluoride aus den Objekten (Speisebrei oder Erbrochenem) durch Dialyse isoliert werden. Auch kann man die Säuren durch Alkohol den Objekten entziehen.

a) Bromide. Durch Silbernitrat wird in salpetersaurer Lösung hellgelbliches Silberbromid gefällt. Setzt man einer Bromsalzlösung vorsichtig Chlorwasser und etwas Chloroform zu und schüttelt nach jeweiligem Zusatz von Chlorwasser um, so tritt bei Gegenwart von Brom eine Braunfärbung des Chloroforms ein.

Handelt es sich um Mageninhalt, so muß man bedenken, daß die Chloride und die freie Salzsäure des Mageninhaltes die Reaktion auf Bromwasserstoff stören, wenigstens die Reaktion mit Silbernitrat.

b) Jodide. Durch Silbernitrat wird in salpetersaurer Lösung gelbes Jodsilber gefällt, das in Ammoniak unlöslich ist. Setzt man einer Jodlösung, wie bei Brom erwähnt, Chlorwasser zu, so wird das Chloroform violett gefärbt.

c) Fluoride. Um die löslichen Fluoride und Fluorwasserstoff nachzuweisen, wird die Lösung mit etwas Kalkbrei eingedampft und geglüht. Den Glührückstand bringt man in einen Platintiegel und bedeckt ihn mit der konkaven Seite eines Uhrglases, die mit einer Paraffinschicht überzogen ist, in welche Buchstaben eingekratzt sind. Zu dem Inhalt fügt man konz. Schwefelsäure. Nach Verlauf von einigen Stunden sind bei Anwesenheit von Fluoriden auf dem Uhrglas nach Entfernung des Paraffins Ätzungen, d. h. die Schriftzeichen, zu erkennen.

d) Silicofluoride. Das Fluor weist man in gleicher Weise nach wie bei den Fluoriden (s. oben). Zum Nachweis der Kieselsäure wird die Asche in einem Platin- oder Bleitiegel mit konz. Schwefelsäure versetzt. Das sich entwickelnde Gas, Siliciumfluorwasserstoffsäure, trübt einen an einen Glasstab gebrachten Tropfen Wasser, indem sich Metakieselsäure abscheidet. Nach SPAETH kann man die freie Kieselfluorwasserstoffsäure durch 50%igen Alkohol aus dem Untersuchungsobjekt ausziehen und nachweisen (s. auch S. 1422).

e) Chlorate. Bei Vergiftungen durch Chlorate wird man wohl nie solche im Magen- und Darminhalt finden, da die Resorption außerordentlich schnell verläuft. Man kann versuchen, durch Dialyse das Salz zu fassen. Der größte Teil des Chlorates wird mit dem Harn ausgeschieden. Das aus den Organteilen hergestellte Dialysat bzw. das isolierte Salz gibt mit verd. Schwefelsäure und wenigen Tropfen Indigolösung versetzt, erst auf vorsichtigen Zusatz von Schwefliger Säure eine Grünfärbung, die auf Zersetzung des blauen Indigofarbstoffes beruht, sofern Chlorate noch vorhanden sind, was jedoch meist nicht mehr der Fall ist. Fällt man aus dem Dialysat mit Silbernitrat alles Chlor als Chlorsilber aus, so muß in dem Filtrat bei Gegenwart von Chlorsäure auf Zusatz von Schwefliger Säure durch Reduktion von Chlorat zu Chlorid ein Niederschlag von weißem Chlorsilber erfolgen.

Die Bestimmung im Harn oder Dialysat kann vermittels der Zinkstaubdestillation durchgeführt werden: Die zu untersuchende Flüssigkeit wird in zwei gleiche Teile geteilt. In der einen Hälfte bestimmt man das Chlor, das stets als Chlorid vorhanden ist, durch Titration nach VOLHARD.

In dem zweiten Teil reduziert man die Chlorsäure mit Zink und verd. Schwefelsäure, indem man die Lösung $^1/_2$ Stunde auf dem Wasserbade stehen läßt. Man filtriert vom Ungelösten ab, wäscht dieses aus und titriert wiederum nach VOLHARD. Die Differenz zwischen der ersten und zweiten Titration gibt den Gehalt an Chlor an, der auf Chlorsäure oder Chlorat berechnet wird. 1 Mol. Chlor = 1 Mol. Chlorsäure bzw. Kaliumchlorat.

B. Borate, Nitrate und Nitrite.

1. Borate.

Liegen Salze der Borsäure vor, so ist die Reaktion der wäßrigen Objekte stark alkalisch. Zum Nachweis verdampft man den nötigenfalls alkalisch gemachten wäßrigen Auszug. Dem Rückstand kann man nach dem Ansäuern mit Salzsäure durch Alkohol die freie Borsäure entziehen.

Nachweis. α) Taucht man in die wäßrige, mit Salzsäure angesäuerte Lösung Curcumapapier und trocknet dieses, so tritt eine rote Färbung auf, die nach Betupfen mit Ammoniak schwarzblau wird.

β) Ein kleiner Teil der sauren Lösung eingedampft und in einem Porzellanschälchen mit etwas Methylalkohol versetzt, färbt beim Anzünden des Methylalkohols die Flamme grün.

Bestimmung. Die salzsaure wäßrige Lösung wird in einen Perforationsapparat gebracht und mit Äther extrahiert[1]. Nach dem Verdunsten des Äthers im Vakuum über Schwefelsäure kann das Extrahierte als Borsäure, $B(OH)_3$, zur Wägung gebracht werden. Um sicher zu gehen, daß keine anderen Stoffe mit extrahiert worden sind, wird der Rückstand im Kölbchen oder Wägeglas mit einigen Kubikzentimetern Methylalkohol versetzt und auf dem Wasserbade die Borsäure als Methylester verflüchtigt. Diese Behandlung wird bis zur Gewichtskonstanz wiederholt. Das nun gewogene Gefäß enthält jetzt die fixen Bestandteile, die von dem ursprünglichen Wert abgezogen werden müssen (s. auch S. 1267).

2. Nitrate.

Die Nitrate werden schnell resorbiert. Im Harn kann es gelingen, die Salpetersäure nachzuweisen. Der Harn wird eingeengt und mit wenig Wasser aufgenommen. Setzt man der Lösung den gleichen Raumteil konz. Schwefelsäure zu und überschichtet mit einer kaltgesättigten Ferrosulfatlösung, so bildet sich bei Gegenwart von Salpetersäure eine braune Zone von Stickoxyd, das sich mit brauner Farbe in der Ferrosulfatlösung löst.

Diese und andere in den toxikologischen Lehrbüchern beschriebenen Methoden versagen jedoch meist.

Man weist die Nitrate im Harn nach eigenen Versuchen am besten mit Nitron nach. Der Harn wird zunächst mit Tierkohle nach Möglichkeit entfärbt. Alsdann erhitzt man ihn zum Sieden, gibt einige Tropfen verd. Schwefelsäure und Nitronreagens (10%ige Lösung von Nitron in 5%iger Essigsäure) zu und läßt unter Umständen 24 Stunden lang stehen. Ist mehr Nitrat zugegen, so erfolgt alsbald eine krystalline Ausscheidung, sonst erst nach längerer Zeit. Es scheiden sich häufiger mit dem Nitronnitrat auch noch Harnsäure und andere Salze aus. Aus diesem Grunde ist es erforderlich, in der ausgeschiedenen Masse, die man auf einem kleinen Nutschfilterchen sammeln und auswaschen kann, noch die Salpetersäure nachzuweisen. Man nimmt einige Kryställchen, gibt sie in ein Reagensglas und fügt etwa 1 ccm Wasser hinzu. Alsdann unterschichtet man mit Diphenylaminschwefelsäure. An der Berührungsstelle und an den an dieser Stelle befindlichen Kryställchen tritt eine positive Reaktion, Blaufärbung, auf. Liegen größere Ausscheidungsmengen vor, so kann man durch Umkrystallisieren aus heißem Wasser das Nitronnitrat reinigen. Es können so noch 0,5 mg Salpetersäure (N_2O_5) bzw. salpetersaure Salze nachgewiesen werden (s. auch S. 650).

3. Nitrite.

Nitrite können bei Einnahme von Salpeter durch Reduktion im Organismus entstehen. Man stellt ein Dialysat des Mageninhaltes oder Erbrochenen her und destilliert es unter Zusatz von Essigsäure. Setzt man zu einem Teil des Destillates verd. Schwefelsäure und Jodzink-Stärkelösung, so wird die Lösung gebläut. Versetzt man die Lösung mit einigen Tropfen verd. Schwefelsäure und alsdann mit kalt gesättigter Sulfanilsäurelösung und mit α-Naphthylamin, das in 50%iger Essigsäure gelöst ist, so entsteht eine rote Färbung, bei größerer Menge eine gelbe Färbung. Liegen größere Mengen Nitrit vor, so bildet sich ein roter Niederschlag von Azobenzol-naphthylamin-sulfosäure (s. auch S. 660).

In dem Blute kann man Methämoglobin nach S. 1431 nachweisen.

---

[1] A. Partheil u. J. Rose: Ber. Deutsch. Chem. Ges. 1901, **34**, 3611; **Z.** 1902, **5**, 1049.

V. Kohlenoxyd (CO).

Kohlenoxyd ist das unvollkommene Verbrennungsprodukt der organischen Verbindungen; so bildet es sich beim Verbrennen der Kohle im Ofen, wenn nicht genügend Luftzufuhr vorhanden ist. Leuchtgas enthält rund 4—10%, Wassergas über 40% und Gichtgase 24% Kohlenoxyd.

Das Kohlenoxyd ist ein farbloses und geruchloses Gas. Nach dem Einatmen von Kohlenoxyd bildet sich im Blut Kohlenoxydhämoglobin. Charakteristisch ist, daß das Blut eine hellrote Farbe durch das gebildete Kohlenoxydhämoglobin annimmt. Ein Schütteln des Blutes mit Luft ist zu vermeiden, da das Kohlenoxyd wieder von den roten Blutkörperchen abgegeben wird.

a) Nachweis.

Chemischer Nachweis im Blut. α) Methode von HOPPE-SEYLER: Versetzt man eine etwa 20fach verdünnte Blutlösung mit dem gleichen Volum 30%iger Natronlauge, so entsteht zuerst eine weißliche Trübung und alsdann eine hellrote Färbung. Normales Blut wird schmutzig braungrün gefärbt.

β) Methode von SALKOWSKI. Zu der wie oben verdünnten Blutlösung setzt man etwa die Hälfte des Volums gesättigten Schwefelwasserstoffwassers zu. Es tritt keine Farbänderung ein, die Farbe ist hellrot. Normales Blut wird schmutzig dunkelgrün gefärbt.

γ) Methode von RUBNER. Wird das Blut mit dem ein- bis fünffachen Volum Bleiessig 1 Minute geschüttelt, so färbt sich Kohlenoxydblut schön rot. Normales Blut nimmt eine bräunliche Färbung an.

δ) Methode von KUNKEL. Wird 1 Volum Blut mit 4 Volum Wasser verdünnt, setzt man zu dieser Mischung die dreifache Menge 3%iger Tanninlösung zu und schüttelt kräftig durch, so färbt sich die Flüssigkeit rot. Normales Blut wird graubraun gefärbt.

ε) Methode von WETZEL. Versetzt man unverdünntes Blut mit dem gleichen Volum 20%iger Ferrocyankaliumlösung und auf 20 ccm Mischung 2 ccm Essigsäure (1 Tl. Eisessig und 2 Tle. Wasser), so tritt eine Carmoisinrotfärbung nach einigen Stunden auf, die nach 24 Stunden die höchste Rotfärbung erreicht hat. Normales Blut wird grau gefärbt. Nach den Methoden α), δ) und ε) lassen sich noch 10% Kohlenoxyd im Blut nachweisen.

ζ) Methode von LIEBMANN. Setzt man zu einer verdünnten Blutlösung Formaldehydlösung, so bleibt die rote Farbe bestehen. Normales Blut wird schmutzigbraun gefärbt.

Spektroskopischer Nachweis im Blut. Die verdünnte, klar filtrierte Blutlösung wird in eine Küvette gefüllt und vor den Spalt des Spektralapparates gestellt. Ist die Blutlösung genügend stark verdünnt, so sieht man 2 Absorptionsstreifen, die denen des Oxyhämoglobins sehr ähnlich sind. Es ist jedoch der bei D, also im Gelben, liegende Absorptionsstreifen etwas nach E verschoben, wenn es sich um kohlenoxydhaltiges Blut handelt. Der Gehalt an Kohlenoxyd muß über 26,5% betragen, da sonst das noch vorhandene Oxyhämoglobin die Verschiebung des Absorptionsstreifens des kohlenoxydhaltigen Blutes verdeckt. Jedoch können geringere Gehalte an Kohlenoxydhämoglobin noch dadurch nachgewiesen werden, daß man 2 Tropfen Schwefelammoniumlösung zu der fraglichen Blutlösung in die Küvette bringt. Liegt reines Blut vor, so tritt das Spektrum des Hämoglobins auf, nämlich ein breites diffuses Absorptionsband zwischen D und E. Enthält das Blut Kohlenoxyd, so bleiben die beiden Absorptionsbänder des Kohlenoxydhämoglobins zwischen D und E bestehen, wenn sich auch zwischen ihnen das diffuse Band des Hämoglobins noch zeigt, wie es meist der Fall ist. Es ist ratsam, stets Vergleiche mit reinem Blut anzustellen.

Eine quantitative Bestimmung des Kohlenoxydgehaltes im Blute erübrigt sich vielfach, da man doch wohl nie die ursprüngliche Menge an Kohlenoxyd wieder findet und man aus dem qualitativen Nachweis meist ersehen kann, ob viel Kohlenoxyd vom Blut aufgenommen worden ist. Annähernd kann man auf spektralanalytischem Wege den Kohlenoxydgehalt nach WELZEL in der Weise bestimmen, daß man dem in der Küvette befindlichen Blut soviel normales Blut zusetzt, bis nach der Reduktion mit Schwefelammoniumlösung die beiden Absorptionsstreifen bei *D* und *E* verschwunden sind und nur das diffuse Band des Hämoglobins zwischen *D* und *E* zu sehen ist. Da nun Blut mit nicht über 26,5% Kohlenoxyd sich gegenüber Reduktionsmitteln wie normales Blut verhält, so kann man aus der Zusatzmenge normalen Blutes annähernd den Gehalt an Kohlenoxyd berechnen. Berücksichtigt werden muß der Verdünnungsgrad der beiden Blutproben.

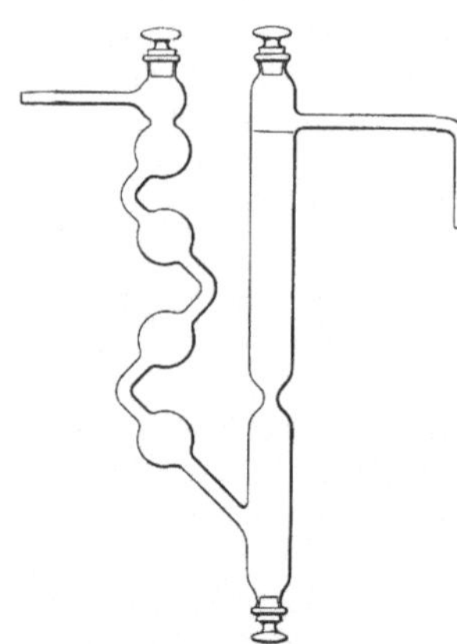
Abb. 21. Absorptionsgefäß. (Nach WOLFF.)

Nach W. M. PILAAR[1] bestimmt man das Kohlenoxyd im Blut nach einer Mikromethode, die im Prinzip der Methode von L. P. KINNIENT und G. R. SANDFORT, S. 1431, entspricht.

Nachweis von Kohlenoxyd in der Luft. Um in Räumen Kohlenoxyd nachzuweisen, verfährt man nach HEMPEL in der Weise, daß man eine 10 Liter-Flasche mit Wasser füllt und in dem Raum, in dem Kohlenoxyd nachgewiesen werden soll, entleert. Die Flasche verschließt man mit einem Korken, an dessen untere Seite ein Platindraht hineingesteckt ist, an dem ein mit verdünnter neutraler Palladiumchlorürlösung getränkter Filtrierpapierstreifen befestigt ist. Etwas Wasser muß in der Flasche zurückbleiben, damit der Filtrierpapierstreifen feucht bleibt.

Tritt nach 24 Stunden keine Schwärzung des Papiers ein, so enthielt die Luft kein Kohlenoxyd. Tritt jedoch Schwärzung des Papiers ein, so kann diese auch durch Ammoniak, Schwefelwasserstoff und durch andere organische Stoffe hervorgerufen sein. Um Ammoniak und Schwefelwasserstoff auszuschalten, kann man auch so verfahren, daß man ein bestimmtes Luftquantum zuerst durch verd. Schwefelsäure und Bleiacetatlösung und dann durch einen Kugelapparat leitet, in dem sich Palladiumchlorürlösung befindet. Wenn die Luft Kohlenoxyd enthält, so scheidet sich metallisches Palladium aus. Auch dieser Methode haften noch Mängel an.

C. H. WOLFF[2] leitet Luft durch einen besonderen Absorptionsapparat (Abb. 21), in dem 2 ccm verdünntes Blut 1:40, auf Glaspulver sich befindet. Die Blutflüssigkeit wird alsdann, wenn etwa 10—20 Liter Luft durchgeleitet sind, spektralanalytisch, wie oben beschrieben, auf Kohlenoxydhämoglobin geprüft.

Diese Methode ist von HEMPEL in der Weise verfeinert worden, daß er die Luft durch ein Gefäß leitete, in der sich eine lebende Maus befand. Nach Durchsaugen von etwa 30 oder 40 Liter Luft innerhalb 3—4 Stunden tötet man die Maus und entnimmt ihr das Herzblut, das spektralanalytisch alsdann auf Kohlenoxydhämoglobin geprüft wird. Es können so noch 0,032% Kohlenoxyd nachgewiesen werden.

[1] W. M. PILAAR: Chem. Weekbl. 1928, *25*, 509; Z. 1933, **65**, 589.
[2] C. H. WOLFF: Korresp.-Blatt d. Vereins analyt. Chem. 1880.

b) Bestimmung.

Bestimmung des Kohlenoxydgehaltes der Luft. Nach L. P. KINNICUT und G. R. SANDFORD[1] in von FROBOESE abgeänderter Form leitet man eine bestimmte Menge Luft über Jodsäureanhydrid, es tritt eine Oxydation des Kohlenoxyds zu Kohlensäure unter Freiwerdung von Jod ein. $J_2O_5 + 5\,CO = 5\,CO_2 + 2\,J$. Man leitet zunächst durch Watte filtrierte und durch Waschen mit Schwefelsäure und Kalilauge gereinigte Luft, die frei von Kohlenoxyd und Kohlensäure ist, während einer Stunde über 20 g Jodsäureanhydrid, das sich in einem U-Rohr befindet, welches in einem Ölbad auf 100° erhitzt wird. Dann saugt man die gemessene fragliche Luft und zuletzt noch einmal wie am Anfang gereinigte Luft durch den Apparat. Die gebildete Kohlensäure leitet man in titriertes Barytwasser ein und mißt den Überschuß des Barytwassers mit Oxalsäurelösung von bestimmtem Gehalt zurück. 1 Mol. CO_2 = 1 Mol. CO.

Spektroskopische Untersuchung von Blut, das durch Gifte verändert wurde.

Bereits bei Blutgiften, Anilin, Nitrobenzol, Chloraten usw. wurde auf die spektroskopische Veränderung des Blutes durch dieses oder jenes Gift hingewiesen.

Da bei Vergiftungen meist eine genügende Menge Blut zur Verfügung steht, so kann man die verschiedensten Spektrographen benutzen.

Durch Metallspektren fixiert man verschiedene Wellenlängen, die für die Blutuntersuchung von Wichtigkeit sind, Näheres s. Spektroskopie (S. 298).

Zur Beobachtung der Spektren werden die zu untersuchenden Blutlösungen klar filtriert und genügend mit Wasser verdünnt, in planparallele Küvetten von etwa 2—3 ccm Fassungsvermögen gefüllt. Sind die Absorptionsbänder zu dunkel, so wird die Blutlösung stärker verdünnt. Man muß z. B. bei normalem Blut so stark verdünnen, daß man in Gelb und Grün zwischen den Linien *D* und *E* zwei Absorptionsbänder sieht, die denen des Oxyhämoglobins entsprechen. Setzt man jetzt ein Reduktionsmittel, z. B. ein Tröpfchen Schwefelammoniumlösung, hinzu, so verändert sich das Spektrum des Blutes in der Küvette. Man erhält zwischen den Linien *D* und *E* ein diffuses Band, das dem Spektrum des Hämoglobins entspricht.

Schon äußerlich kann man gewisse Blutgifte an der Färbung des Blutes selbst erkennen. Bei Blausäurevergiftungen ist das Blut hellrot und bei Kohlenoxydvergiftungen kirschrot gefärbt. Der Nachweis von Kohlenoxyd im Blut ist auf S. 1429 näher beschrieben.

Bei Vergiftungen mit Anilin und Nitrobenzol, Chloraten usw. nimmt das Blut eine schokoladenbraune Färbung an. Man kann das Spektrum des Methämoglobins in saurer oder alkalischer Lösung feststellen, siehe S. 1432. Um sicher zu gehen, reduziert man dieses Blut mit Schwefelammonium und muß alsdann das Hämoglobinspektrum erhalten. Dieses ist wichtig, um eine Verwechslung mit dem Hämatinspektrum zu vermeiden. Der Nachweis des Methämoglobins hat nur Wert, wenn das Blut von noch lebenden Personen stammt, da in Leichen sich Methämoglobin bildet.

Durch Vergiftung mit Schwefliger Säure findet eine weitgehende Zersetzung des Blutes statt. Man findet in solchen Fällen in saurer oder alkalischer Lösung das charakteristische Hämatinspektrum. Häufiger sieht man daneben auch noch das Häminspektrum.

---

[1] L. P. KINNICUT u. G. R. SANDFORD: Journ. Amer. Chem. Soc. 1900, 22, 14.

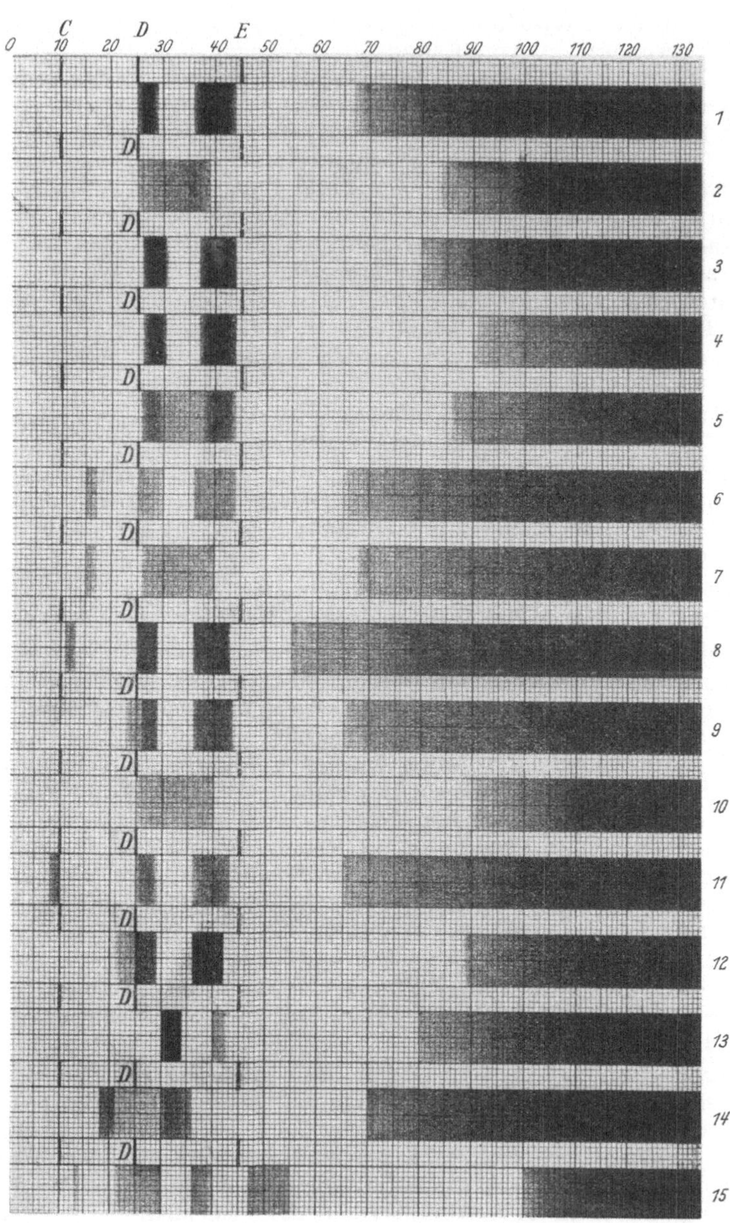

Abb. 22. Blutspektren nach LEWIN.

1 Oxyhämoglobin.
2 Hämoglobin.
3 Kohlenoxydhämoglobin.
4 Kohlenoxydhämoglobin mit Reduktionsmitteln.
5 Kohlenoxydhämoglobin (+ Sauerstoffhämoglobin nach der Reduktion).
6 Sulfhämoglobin (+ Oxyhämoglobin).
7 Sulfhämoglobin (+ Hämoglobin).
8 Methämoglobin.
9 Alkalisches Methämoglobin.
10 Methämoglobin nach der Reduktion.
11 Hämatin in saurer Lösung.
12 Hämatin in alkalischer Lösung.
13 Reduziertes Hämatin (Hämochromogen).
14 Hämatoporphyrin in saurer Lösung.
15 Hämatoporphyrin in alkalischer Lösung.

Liegen Vergiftungen mit Morphin, Sulfonal oder chronische Bleivergiftung vor, so tritt das Hämatoporphyrinspektrum auf, das auch in sauren oder alkalischen Lösungen verschiedene Absorptionsbänder zeigt.

Schwer ist es, bei Vergiftungen mit Schwefelwasserstoff das Spektrum des Sulfhämoglobins zu erkennen. Zum Nachweis soll sich besonders das Gehirnblut eignen. Für das Sulfhämoglobinspektrum ist das zwischen C und D liegende Absorptionsband charakteristisch (Abb. 22).

Anhang.

Reinigung und Prüfung der Reagenzien.

1. Allgemeine Alkaloidreagenzien.

Platinchloridchlorwasserstoffsäure. Auflösung von Platinchlorid 1:25 in Wasser.

Goldchloridchlorwasserstoffsäure. Auflösung von Goldchlorid 1:25 in Wasser.

Quecksilberchlorid. Auflösung von Quecksilberchlorid 1:20 in Wasser.

Jodjodkaliumlösung. 5 g Jod und 12 g Jodkalium werden in wenig Wasser gelöst und auf 100 ccm mit Wasser aufgefüllt.

Wismutjodidjodkalium. 80 g Wismutsubnitrat werden in 200 ccm Salpetersäure (Spez. Gewicht 1,18) gelöst und diese Lösung in eine konz. Jodkaliumlösung (272 g Jodkalium in wenig Wasser gelöst) eingegossen. Nachdem der Salpeter auskrystallisiert ist, gießt man nach einigen Tagen die Lösung ab und verdünnt sie mit Wasser auf 1 l.

Cadmiumjodid-Jodkalium. 20 g Jodkalium werden in der gleichen Menge heißen Wassers gelöst und 10 g Cadmiumjodid zugefügt, alsdann wird die Lösung mit Wasser auf 100 ccm verdünnt.

Quecksilberjodid-Jodkalium. 1,35 g Quecksilberchlorid und 5 g Jodkalium werden in 100 ccm Wasser gelöst.

Phosphormolybdänsäure (Sonnenscheins Reagens): Ammoniumphosphormolybdat wird in wenig Natriumcarbonatlösung gelöst. Die Lösung dampft man auf dem Wasserbad zur Trockne ein und glüht solange, bis kein Ammoniak mehr entweicht. Den Rückstand löst man in der 10fachen Menge Wasser und versetzt solange mit Salpetersäure, bis ein zunächst entstehender Niederschlag sich wieder gelöst hat.

Phosphorwolframsäure (Reagens nach Scheibler). 1 Tl. Natriumwolframat wird in 3 Tln. Wasser gelöst und mit $^1/_2$ Tl. 25%iger Phosphorsäure versetzt.

Tanninlösung. Frisch bereitete 5%ige Tanninlösung.

Pikrinsäurelösung. Eine gesättigte, wäßrige Pikrinsäurelösung.

Pikrolensäure. Alkoholische 0,1 N.-Pikrolensäurelösung, 2,64 g in 100 ccm Wasser gelöst.

2. Spezielle Alkaloidreagenzien.

Reine konz. Schwefelsäure.

Konz. Salpetersäure.

Arsen-Schwefelsäure (Reagens von Rosenthaler und Türk). 1 g zerriebenes Kaliumarsenat wird in 100 ccm konz. Schwefelsäure gelöst.

Erdmanns Reagens. 20 ccm reine, konz. Schwefelsäure werden mit 10 Tropfen einer Mischung, die aus 10 Tropfen konz. Salpetersäure und 100 ccm Wasser besteht, versetzt.

Mandelins Reagens. 1 g fein zerriebenes Ammoniumvanadat wird kalt in 200 g konz. Schwefelsäure gelöst.

Fröhdes Reagens:. 1 g Ammoniummolybdat wird durch Schütteln mit 100 ccm konz. Schwefelsäure in Lösung gebracht. Die Lösung ist nur beschränkt haltbar.

Meckes Reagens. 1 g Selenige Säure wird in 200 ccm konz. Schwefelsäure gelöst.

Marquis' Reagens. 2—3 Tropfen einer 40%igen Formaldehydlösung werden in 3 ccm konz. Schwefelsäure gelöst.

3. Spezialreagenzien auf Gifte und stark wirkende Arzneimittel, soweit im Text ihre Zusammensetzung nicht beschrieben ist.

Denigès' Reagens. Eine Lösung von 5 g gelbem Quecksilberoxyd in einer Mischung aus 20 ccm Schwefelsäure in 100 ccm Wasser.

Diazo-Reagens. Lösung I 0,5% Sulfanilsäure, 5 g Salzsäure in 100 ccm Wasser. — Lösung II 0,5% Natriumnitritlösung. — Zum Gebrauch sind 10 ccm der Lösung I mit 2 Tropfen der Lösung II frisch zu mischen.

FEHLINGsche Lösung. Lösung I 34,64 g Kupfersulfat zu 500 ccm Wasser. — Lösung II 173,0 g Seignettesalz, 50 g Ätznatron zu 500 ccm Wasser. — Für den Gebrauch sind beide Lösungen zu gleichen Teilen zu mischen.

Fuchsinbisulfitlösung nach DENIGÈS. Zu einer Lösung von 1 g Fuchsin in 1 l Wasser setzt man 50 ccm gesättigte Natriumsulfitlösung hinzu und säuert mit 1 ccm konz. Schwefelsäure an.

GÜNZBURGs Reagens. Eine Lösung von je 1 Tl. Phloroglucin und Vanillin in 30 Tln. Alkohol.

Jodeosin. 1:500 Alkohol. 2 Tropfen 0,01 N.-Lauge bzw. Säure müssen beim Umschütteln mit neutralem Äther einen Farbenumschlag geben.

Jodzink-Stärkelösung. 4 g lösliche Stärke werden mit Wasser angerieben, in einem dünnen Strahl in eine kochende Lösung von 20 g Zinkchlorid in 100 Tln. Wasser eingegossen und $^1/_2$ Stunde unter Ersatz des verdampfenden Wassers gekocht. Nach dem Erkalten und Absetzen wird eine Jodzinklösung (1 g Zink, 2 g Jod in 10 g Wasser durch Erwärmen gelöst) zugegeben und auf 1 l aufgefüllt. — Verd. Schwefelsäure darf keine Blaufärbung hervorrufen; mit 1 Tropfen 0,1 N.-Jodlösung auf 5 ccm Lösung muß Blaufärbung entstehen.

MILLONs Reagens. 1 Tl. Quecksilber wird kalt in 1 Tl. rauchender Salpetersäure gelöst und mit 2 Tln. Wasser verdünnt.

NESSLERs Reagens. Zu einer Lösung von 2 g Jodkalium in 5 ccm Wasser gibt man soviel Quecksilberjodid, bis sich nichts mehr löst, setzt dann eine Lösung von 13,4 g Kalihydrat in 46,6 ccm Wasser hinzu, läßt absitzen und filtriert durch Asbest.

Morphin-Schwefelsäure (JORRISENs Reagens). Eine Lösung von 0,2 g Morphinchlorhydrat in 10 ccm reiner, konz. Schwefelsäure. Jeweils frisch zu bereiten, da die Lösung nicht haltbar ist.

Perhydrol-Schwefelsäure. Eine Mischung von 1 Vol. 30% Perhydrol MERCK mit 10 Vol.-% konz. Schwefelsäure.

Phloroglucin-Reagens. Eine Lösung von 1 g Phloroglucin in 100 ccm 10%iger Natronlauge. Dieses Reagens auf Formaldehyd ist stets frisch zu bereiten.

Urannitrat-Reagens (Reagens auf Morphin und Phenole). Einer Lösung von 10 g Uranylnitrat oder -acetat in 60 ccm Wasser setzt man verd. Ammoniak bis zur beginnenden Trübung zu, filtriert und verdünnt mit Wasser bis auf 100 ccm.

Zinnchlorürlösung (BETTENDORFFs Reagens). In eine Anreibung von 5 Tln. krystallisiertes Zinnchlorür mit 1 Tl. Salzsäure wird trockenes Chlorwasserstoffgas bis zur Sättigung eingeleitet und die Lösung nach dem Absetzen durch Asbest filtriert.

4. Anorganische Reagenzien, die einer besonderen Prüfung und Reinigung bedürfen.

Ammoniak. Ammoniak, das dem Deutschen Arzneibuch entspricht, wird unter Zusatz von etwas Permanganat destilliert. Das entweichende Ammoniakgas wird durch eine Waschflasche mit starker Natronlauge geleitet und in reinem destilliertem Wasser aufgefangen. Da dieses Ammoniakwasser noch immer Spuren Arsen enthalten kann, wird es mit frisch gefälltem, gut ausgewaschenem Eisen- oder Aluminiumhydroxyd längere Zeit kräftig geschüttelt und nach etwa 1 Stunde abfiltriert.

Prüfung. 1. Auf Arsen: 100 ccm der Ammoniaklösung werden mit überschüssiger Permanganatlösung versetzt und zur Trockene abgedampft. Den Rückstand nimmt man mit verd. Schwefelsäure auf und prüft nach MARSH (Modifikation nach LOCKEMANN).

2. Auf Schwefelwasserstoff. Ammoniakalische Bleiacetatlösung darf durch die Ammoniaklösung nicht gefärbt werden.

3. Auf organische Basen. Man schüttelt die Ammoniaklösung mit Äther aus. Der Äther wird mittels entwässertem Natriumsulfat getrocknet und durch Durchblasen von Luft die Spuren gelösten Ammoniaks entfernt. Alsdann fügt man im Scheidetrichter etwa 10 ccm Wasser zu und säuert das Ganze schwach mit Salzsäure an. Die wäßrige salzsaure Lösung wird auf einem Uhrglas eingedampft und mit einigen Tropfen Wasser aufgenommen. Nach Zusatz von einigen Tropfen eines allgemeinen Alkaloidreagenzes, z. B. Wismutjodid-Jodkalium, darf keine Fällung eintreten.

Ammoniumcarbonat. Es wird eine gesättigte Lösung von Ammoniumcarbonat in schwach ammoniakalischem Wasser hergestellt. Die Prüfung ist die gleiche wie bei Ammoniak angegeben.

Chlorsäure. Zur Anwendung gelangt eine 32%ige Lösung. Sie muß frei sein von Arsen, Metallen und alkalischen Erden. Zur Prüfung auf Reinheit werden etwa 20 g Chlorsäure langsam in 100 ccm arsenfreier Salzsäure eingetragen. Alsdann dampft man in einer Porzellanschale auf dem Wasserbade zur Trockene, nimmt den Rückstand mit verd. arsenfreier Schwefelsäure auf und prüft wie bei Ammoniak auf Arsen.

Jodkalium. Es muß arsenfrei sein. Die Prüfung auf Arsen kann wie bei Ammoniak erfolgen. Ferner darf Jodkalium kein Jodat enthalten. Ein Zusatz von Säure würde eine Blaufärbung von Stärkelösung hervorrufen.

Kaliumchlorat. Es darf keine Schwermetalle, alkalische Erden und Arsen enthalten. Durch Einleiten von Schwefelwasserstoff darf keine Trübung, auch nicht nach Zusatz von Ammoniak, eintreten. Ammoniumoxalatlösung darf ebenfalls keine Trübung hervorrufen. Auf Arsen prüft man wie bei Chlorsäure unter Verwendung von 20 g.

Kaliumhydroxyd. Es darf Metalle, Arsen, alkalische Erden und Ammoniak nicht enthalten. Schwefelammonium- und Ammoniumoxalatlösung dürfen keine Trübung hervorrufen. Auf Arsen wird nach dem Neutralisieren mit Schwefelsäure wie bei Ammoniak geprüft.

Kaliumcarbonat. Es muß frei von Metallen, Arsen, Schwefelverbindungen und Cyan sein. Die mit Säure neutralisierte Lösung darf auf Zusatz von Ammoniumsulfidlösung nicht getrübt werden. Arsen weist man nach der Neutralisation mit Säure wie bei Ammoniak nach. Auf Cyanverbindungen prüft man in der Weise, daß man zu der mit etwas Natronlauge versetzten wäßrigen Lösung eine Spur Eisenchlorid und Ferrosulfat zusetzt und schwach erwärmt; nach Zusatz von überschüssiger Salzsäure darf keine Grünfärbung auftreten.

Kaliumnitrat. Da es zuweilen Spuren Arsen enthält, kann man das schon durch Umkrystallisation gereinigte Salz von Spuren Arsen in der Weise befreien, daß man sich eine fast gesättigte Lösung von Kaliumnitrat bei 0° herstellt und mit 10 ccm einer durch mehrmaliges Umkrystallisieren gereinigten Eisenalaunlösung versetzt, die im Liter 225 g Eisenalaun enthält. Der durch Eis gekühlten Lösung setzt man 3 ccm einer 2,4%igen Ammoniaklösung hinzu, läßt nach dem Umrühren 15 Minuten stehen und fügt noch weitere 7 ccm Ammoniaklösung hinzu, rührt um und filtriert das ausgeschiedene Eisen nach 15 Minuten ab. Die nach dem Abdampfen zurückbleibenden Krystalle sind nun völlig arsenfrei und werden von der Mutterlauge getrennt. Die Prüfung auf Arsen wird in der Weise ausgeführt, daß man etwa 10—15 g mit reiner Schwefelsäure abraucht und wie bei Ammoniak weiter verfährt. Einige Tropfen verd. Schwefelsäure zu einer Lösung 1:20 zugesetzt, dürfen nach vorheriger Zugabe von 1 ccm Jodzink-Stärkelösung eine Blaufärbung nicht hervorrufen (Jodate).

Natriumcarbonat ist zu prüfen wie Kaliumcarbonat.

Natriumchlorid muß frei sein von Arsen, Metallen und alkalischen Erden. Prüfung auf Arsen in schwefelsaurer Lösung wie bei Ammoniak.

Natriumnitrat ist zu prüfen wie Kaliumnitrat.

Salpetersäure. Sie findet Anwendung als verdünnte, konzentrierte und rauchende Säure. Im Handel ist arsenfreie Salpetersäure zu erhalten, deren Reinheitsgrad genügt. Rein kann man die Säure herstellen durch Destillation von reinem Salpeter mit reiner, d. h. arsenfreier Schwefelsäure. Die Prüfung auf Arsen erfolgt wie bei Kaliumnitrat. Die Salpetersäure darf ferner nach dem Abstumpfen mit Ammoniak in verd. Lösung durch Schwefelwasserstoff nicht verändert werden (Metalle). Die Säure ist in Porzellanflaschen aufzuheben.

Salzsäure. Die Säure wird als verdünnte und rauchende Salzsäure benutzt. Metallsalze werden durch Einleiten von Schwefelwasserstoff in die durch Ammoniak fast neutralisierte Lösung nachgewiesen. Auf Arsen wird nach MARSH, LOCKEMANN oder BECK und MERRES geprüft. Da man beim Zerstören der organischen Substanz viel Salzsäure benötigt, so ist auf ihre Arsenfreiheit besonders zu achten. Es sind deshalb etwa 500 ccm der konz. Salzsäure nach Zusatz von aus Blumendraht hergestellter Eisenchlorürlösung der Destillation zu unterwerfen. Die zuerst übergehenden 30% der Säure werden nach LOCKEMANN oder BECK und MERRES auf Arsen geprüft. Die reine Säure ist zweckmäßig in Porzellanflaschen aufzuheben. — Arsenfreie Salzsäure läßt sich am besten aus arsenfreiem Natriumchlorid und arsenfreier Schwefelsäure herstellen, indem man die Salzsäure aus einer Retorte (Jenaer Glas) abdestilliert. Das reine Natriumchlorid läßt sich nach der Eisenfällungsmethode, wie beim Ammoniak, von Spuren Arsen befreien.

Schwefelammonium wird rein durch Einleiten von arsenfreiem Schwefelwasserstoff in reines Ammoniak hergestellt.

Schwefelsäure. Für die meisten Zwecke genügt die heute als „arsenfrei" bezeichnete Schwefelsäure des Handels. Nach LOCKEMANN[1] läßt sich völlig arsenfreie Schwefelsäure durchl Durchleiten von Salzsäuregas durch erhitzte konz. Schwefelsäure herstellen. Eine Porzel anflasche von etwa 1 l Fassungsvermögen wird in ein Sandbad gesetzt, so daß der Sand ringsherum fast die Höhe der Flasche erreicht. Wenn ein in den Sand gestecktes Thermometer 150° anzeigt, leitet man Chlorwasserstoff durch den Inhalt der Flasche bis die Temperatur des Thermometers auf etwa 220—250° gestiegen ist. Alsdann leitet man Kohlensäure durch, um die letzten Reste der Salzsäure zu vertreiben. Zur Entfernung von

---

[1] LOCKEMANN: Zeitschr. angew. Chem. 1922, **35**, 357.

Spuren gebildeter Schwefliger Säure wird die Schwefelsäure nach Zusatz einiger Permanganatkrystalle aus einer Glasretorte (Jenaer Glas) destilliert. Zur Herstellung der Chlorwasserstoffsäure bringt man in einen Kolben ein Gemisch aus 3 g Jodkalium, in 10 g Wasser gelöst, und 50 g chemisch reinem Natriumchlorid. Auf dieses feuchte Salzgemisch läßt man aus einem Tropftrichter 60 ccm konz. Schwefelsäure tropfen. Das entweichende Gas wird durch konz. Salzsäure geleitet, die sich in einer Waschflasche befindet. Die Schwefelsäure kann nach LOCKEMANN, MARSH oder BECK und MERRES auf Arsen geprüft werden.

Die mit Ammoniak abgestumpfte Säure darf durch Schwefelwasserstoff nicht verändert werden. Eine Trübung oder Färbung würde Schwermetalle anzeigen. Mit BETTENDORFFschem Reagens gemischt, darf die Schwefelsäure in einer Verdünnung mit 2 Tln. Wasser und dem doppelten Volum Zinnchlorürlösung keine rote Abscheidung geben.

Schwefelwasserstoff. Die bequemste Darstellung arsenfreien Schwefelwasserstoffs ist die, gewöhnlichen Schwefelwasserstoff aus Schwefeleisen und Salzsäure herzustellen und diesen in Natronlauge zu leiten. Es entsteht eine wäßrige Lösung von Natriumsulfid bzw. Natriumsulfhydrat. Diese Lösung läßt man langsam aus einem Scheidetrichter in eine Entwicklungsflasche tropfen, in der sich verd. Schwefelsäure befindet. Der sich entwickelnde Schwefelwasserstoff wird vor dem Einleiten in die Flüssigkeit noch durch Wasser gewaschen.

Auch aus Bariumsulfid, das in Würfeln gepreßt ist und sich in einem KIPPschen Apparat befindet, kann durch Zersetzung mit verd. Salzsäure reiner, arsenfreier Schwefelwasserstoff hergestellt werden.

Ferner kann man aus arsenhaltigem Schwefelwasserstoff durch Überleiten über Jod arsenfreien Schwefelwasserstoff herstellen. Die Reaktion ist folgende:

$$AsH_3 + 6\,J = AsJ_3 + 3\,HJ.$$

Man leitet den aus Schwefeleisen und Salzsäure entwickelten Schwefelwasserstoff durch eine Glasröhre von etwa 40 cm Länge und 0,7—1 cm lichter Weite, in der sich auf Glaswolle fein verteiltes Jod befindet. Der Schwefelwasserstoff muß vorher durch Chlorcalcium getrocknet werden. Bevor er in die zu untersuchende Flüssigkeit eingeleitet wird, muß er noch zur Entfernung von Jod durch Jodkaliumlösung, das sich in einer Waschflasche befindet, gewaschen werden. Wichtig für eine völlige Arsenabsorption ist, daß nur Blase für Blase des Schwefelwasserstoffgases die Jodröhre passieren darf. Um zu prüfen, daß kein Arsen mehr mit übergeht, kann man am Ende des Rohres, also bevor das Gas in die Waschflasche mit Jodkaliumlösung gelangt, ein etwa 10 cm langes Rohr, das ebenfalls mit Jod und Glaswolle gefüllt ist, einschalten. In diesem Rohr darf nach beendetem Einleiten Arsen nicht nachweisbar sein.

Um allgemein Schwefelwasserstoff auf Arsengehalt zu prüfen, verfährt man in der Weise, daß man das entwickelte Schwefelwasserstoffgas durch mehrere Waschflaschen, die 10%ige Natronlauge enthalten, leitet und das vom Schwefelwasserstoff befreite Gas in etwa 25%iger arsenfreier Salpetersäure auffängt. Nach einigen Stunden wird die Salpetersäure mit etwa 10 ccm arsenfreier, konz. Schwefelsäure versetzt, die Lösung eingedampft und solange in einer Porzellanschale auf einem Sandbade erhitzt, bis weiße Nebel sich bilden. Der Rückstand wird mit Wasser verdünnt und wie bei Ammoniak auf Arsen geprüft.

Wasser. Auch das destillierte Wasser kann Spuren Arsen enthalten. Um es zu reinigen, wird es der Destillation über Natriumbicarbonat unterworfen. Zur Prüfung auf Arsen werden einige Liter mit etwas Salpetersäure angesäuert und nach dem Eindampfen und Abrauchen der Salpetersäure unter Zusatz von Schwefelsäure wie bei Ammoniak auf Arsen geprüft. Die Anwesenheit von Schwermetallen wird durch Einleiten von Schwefelwasserstoff festgestellt. Eine bräunliche Färbung würde solche anzeigen.

Wasserstoff. Um den aus Zink und Säure entwickelten Wasserstoff von Arsenwasserstoff zu befreien, leitet man ihn durch Waschflaschen, die eine Kaliumpermanganatlösung enthalten.

Weinsäure. Sie darf keine Schwermetalle enthalten; eine wäßrige Lösung darf durch Schwefelwasserstoff nicht gefärbt werden.

Zink. Das Zink darf weder Phosphor noch Arsen enthalten. Auch muß es frei von Eisen sein. Die Prüfung auf Phosphor s. S. 1284. Auf Arsen kann man das Zink nach LOCKEMANN oder BECK u. MERRES prüfen (S. 1399). Im Handel ist jetzt arsenfreies Zink leicht erhältlich.

5. Lösungsmittel für organische Stoffe.

Äther. Zur Reinigung wird der Äther zuerst mit schwefelsäurehaltigem Wasser, dann mit Wasser in einem Scheidetrichter mehrmals ausgeschüttelt und über gekörntem Chlorcalcium getrocknet. Der Äther wird der fraktionierten Destillation unterworfen und die mittlere Fraktion für Untersuchungszwecke aufgehoben, die zur völligen Reinigung über metallischem Natrium nochmals rektifiziert wird.

Alkohol. 96%iger absoluter Alkohol wird unter Zusatz von etwas Weinsäure destilliert.

Aceton wird durch fraktionierte Destillation unter Zusatz von Weinsäure gereinigt.

Amylalkohol wird wie Aceton behandelt.

Chloroform und Tetrachlorkohlenstoff werden wie Äther gereinigt.

Glycerin enthält wohl stets Arsen und darf bei Nachweis von Arsen nicht mit den fraglichen Objekten in Berührung gekommen sein.

Petroläther wird wie Äther gereinigt.

Buch-Literatur.

W. Autenrieth: Die Auffindung der Gifte und stark wirkenden Arzneistoffe. — Nachweis und Bestimmung der Gifte auf chemischem Wege (Handbuch der biologischen Arbeitsmethoden, Lief. 32). — G. Baumert: Lehrbuch der gerichtlichen Chemie, Bd. 1 u. 2. — H. Dragendorff: Die gerichtlich-chemische Ermittlung von Giftstoffen. — L. Ekkert: Erkennung organischer Verbindungen im besonderen von Arzneimitteln. Stuttgart: Ferdinand Enke. — F. Feigl: Qualitative Analyse mit Hilfe von Tüpfelreaktionen. Leipzig: Akad. Verlagsgesellschaft. — H. Freund: Leitfaden der colorimetrischen Methoden. — H. Führer: Nachweis und Bestimmung von Giften auf pharmakologischem Wege. Handbuch der biologischen Arbeitsmethoden, Lief. 67. — J. Gadamer: Lehrbuch der chemischen Toxikologie und Anleitung zur Ausmittelung der Gifte. — Gerlach u. Schweizer: Die chemische Emissions-Spektralanalyse. — C. Kippenberger: Grundlagen für den Nachweis von Giftstoffen. — A. J. Kunkel: Handbuch der Toxikologie. — Prandtl, Gebele u. Fessler: Gaskampfstoffe und Gasvergiftungen. München: Verlag der Ärztlichen Rundschau. — Th. Sabalitschka: Nachweis und Bestimmung von Giften auf physikalischem Wege. Handbuch der biologischen Arbeitsmethoden, Abt. IV, Teil 7, Heft 3. — E. Schmidt: Lehrbuch der pharmazeutischen Chemie. — P. Schmidt u. F. Weyrauch: Über die Diagnostik der Bleivergiftung im Lichte moderner Forschung. Jena: Gustav Fischer. — G. Schumm: Die spektrochemische Analyse natürlicher organischer Farbstoffe. — H. Stoltzenberg: Darstellungsvorschriften für Ultragifte, Hamburg. — F. P. Treadwell: Kurzes Lehrbuch der analytischen Chemie, Bd. 1 u. 2. — Utermark: Chemische Kampfstoffe und Industriegifte. Hamburg: Otto Meissner. — Arnold Vatter: Giftgase und Gasschutz. Stuttgart: Dieck-Verlag.

Mathematische Auswertung von Untersuchungsergebnissen.

Von

Professor Dr. A. Timpe und Professor Dr. J. Grossfeld-Berlin.

Mit 6 Abbildungen.

Da unsere Lebensmittel in der Regel aus einer größeren Anzahl chemischer Verbindungen bestehen, anderseits aber auch die Stoffe, mit denen Lebensmittel verfälscht zu werden pflegen, die Stoffe, in die sie bei Verbesserungen oder Verschlechterungen durch natürliche oder vom Hersteller gewollte Vorgänge ungewandelt werden können, Gemische oder Verbindungen chemischer Stoffe, nicht selten qualitativ gleicher oder ähnlicher Art wie beim normalen Lebensmittel aber in anderen Mischungsverhältnissen sind, kann die Entscheidung der Frage, ob das untersuchte Lebensmittel abweicht, und in welchem Grade es abweicht, gewöhnlich nur aus quantitativen Feststellungen abgeleitet werden. Die Fixierung nach Bewertung dieser quantitativen Feststellungen oder Meßergebnisse vollzieht sich nach mathematischen Methoden, insbesondere nach den Regeln der mathematischen Statistik und Fehlerlehre. Ihre Nichtbeachtung besonders bei der Auswertung der gefundenen Zahlenwerte, also weiterhin bei der Beurteilung der Lebensmittel kann leicht zu erheblichen Irrtümern Veranlassung geben. Nach der anderen Seite hin kann die mathematische Verarbeitung einer Reihe von Messungen außerordentlich zur Erhöhung der Klarheit und Schärfe bei der Beurteilung beitragen, gesetzmäßige Zusammenhänge herausstellen und unter Umständen selbst neue Wege und Mittel für das Erkennen und Forschen auf dem Gebiete der Lebensmittelchemie aufzeigen.

Im folgenden sollen kurz die wichtigsten Hilfsmittel, die zur mathematischen Auswertung der Untersuchungsergebnisse in Frage kommen, behandelt werden.

A. Zuverlässigkeit von Untersuchungsergebnissen und ihre Prüfung.

1. Genauigkeit der Messungen. Streuung der Beobachtungsfehler.

Wie bei allen zahlenmäßigen Feststellungen auf dem Gebiete der Naturwissenschaften sind auch die bei der Untersuchung der Lebensmittel erhaltenen Zahlenwerte von begrenzter Genauigkeit. Für die Ableitung von Schlüssen aus den Ergebnissen ist es zunächst notwendig, die Genauigkeit derselben richtig zu beurteilen.

Zur Überschätzung der Genauigkeit verleitet oft ein hoher, aber der Natur der Sache nicht entsprechender Rechenaufwand: Mitschleppen von zahlreichen Dezimalstellen usw. Wenn die Beobachtungsunterlagen unsicher sind, z. B. gewisse Nebenumstände wie Temperatur, Lösungsgeschwindigkeit, nicht genügend beachtet werden, so kann ein solcher Mangel keineswegs wettgemacht werden durch minutiöse Genauigkeit bei der rechnerischen Auswertung. Die Angabe vieler Dezimalstellen im endgültigen Zahlenausdruck, in dem nur wenige zuverlässig gesichert sind, würde zu unzulässigen Schlußfolgerungen führen.

Die Genauigkeit der rechnerischen Auswertung soll also zur Genauigkeit der Unterlagen im richtigen Verhältnis stehen. Den Ausgangspunkt für die Beurteilung der Genauigkeit bei Messungen bildet der Beobachtungsfehler. Eine Steigerung der Genauigkeit setzt Erkennung der Umstände, die den oder die Beobachtungsfehler verursachen, voraus. Sind mehrere solche Umstände vorhanden, so gibt stets der Umstand den Ausschlag, der den größten Fehler bedingt. Man wird zunächst dessen Beseitigung erstreben.

Wir nennen Fehler, bei denen eine einheitliche Tendenz nicht feststellbar ist, zufällige Fehler, im Unterschied von den erkennbar durch die Methode bedingten systematischen Fehlern, die nach einer Richtung liegen; letztere lassen sich durch Abänderung der Methode beseitigen oder, nachdem ihr Durchschnittswert gesondert ermittelt ist, durch Rechnung ausschalten.

Das Folgende bezieht sich im allgemeinen nur auf zufällige Fehler.

a) Begriff des mittleren und des wahrscheinlichen Fehlers[1].

Die Größe eines Fehlers erkennt man, indem man dieselbe Messung wiederholt ausführt und dann die Abweichungen miteinander vergleicht. Man berechnet zunächst von sämtlichen Beobachtungen den arithmetischen Mittelwert und stellt dann fest, um wieviel die Einzelmessungen von diesem Mittelwert abweichen. Der Mittelwert stellt den wahrscheinlichsten Wert der gesuchten Größe dar und wird als Ergebnis des ganzen Verfahrens genommen. Die Abweichungen ξ_i vom Mittelwert bilden die Grundlage für die Beurteilung der Verteilung der wahren Fehler x_i.

Man kann nun wieder das arithmetische Mittel dieser Abweichungen ohne Beachtung des Vorzeichens berechnen und hat in dieser Zahl ein Maß für die Genauigkeit des Ergebnisses.

Vom Standpunkt einer einheitlichen Fehlertheorie aus erweist es sich als zweckmäßiger, mit der quadratischen Streuung oder dem sog. mittleren Fehler ε zu arbeiten. Sein Quadrat ist definiert als der Mittelwert der Quadrate der wahren Fehler x_i bei einer hinreichend großen Zahl n der Messungen:

$$\varepsilon^2 = \frac{\Sigma x_i^2}{n}.$$

Bei einer begrenzten Zahl n von Messungen erhalten wir, wie die Fehlertheorie zeigt, seinen wahrscheinlichsten Wert, wenn wir die Summe S der Quadrate der Abweichungen ξ_i durch $n - 1$ dividieren und die Quadratwurzel aus dem Quotienten bilden:

$$\varepsilon = \pm \sqrt{\frac{S}{n-1}}.$$

Es zeigt sich, daß die aus verschiedenen Versuchsreihen abgeleiteten Mittelwerte ihrerseits eine quadratische Streuung E aufweisen, und zwar ist

$$E = \frac{\varepsilon}{\sqrt{n}} = \sqrt{\frac{S}{n(n-1)}}.$$

[1] E. Czuber: Theorie der Beobachtungsfehler. Leipzig 1891. — E. Czuber: Wahrscheinlichkeitsrechnung. Leipzig 1924. — F. Hack: Wahrscheinlichkeitsrechnung. Leipzig: S. Göschen 1911.

Genügt die Fehlerverteilung dem von GAUSS aufgestellten normalen Häufigkeitsgesetz (vgl. Abb. 1)

$$y = \frac{1}{\sqrt{2\pi}\,\varepsilon}\, e^{-\frac{x^2}{2\varepsilon^2}},$$

so errechnet sich der „wahrscheinliche Fehler" aus dem mittleren Fehler durch Multiplikation mit 0,674.

Bezeichnen wir den wahrscheinlichen Fehler einer einzelnen Messung mit f, den des Mittelwertes mit F, so ist also

$$f = \pm 0{,}674 \sqrt{\frac{S}{n-1}}; \quad F = \pm 0{,}674 \sqrt{\frac{S}{n(n-1)}}.$$

Diese Ausdrücke besagen, daß die der Einzelmessung bzw. dem Mittelwert anhaftenden Fehler mit gleicher Wahrscheinlichkeit — d. h. mit gleicher relativer Häufigkeit — kleiner und größer als f und F ausfallen.

Diese Formeln können uns auch ein Maß in die Hand geben, wie oft es sich empfiehlt, eine Feststellung durch weitere Einzelversuche zu wiederholen, um Sicherheit des Ergebnisses und Aufwand an Versuchsarbeit gegeneinander abzustimmen. Nach der obigen Gleichung

$$E = \frac{\varepsilon}{\sqrt{n}}$$

ist der mittlere Fehler des Versuchsergebnisses umgekehrt proportional nicht mit der Anzahl der Beobachtungen n, sondern mit der Quadratwurzel aus n. Durch 4malige Beobachtung erreicht man also nicht eine 4fache, sondern nur eine doppelte Genauigkeit, durch 100malige Beobachtung erst eine 10malige Genauigkeit usw.

b) Einfluß der Beobachtungsfehler auf das Endergebnis. Aus verschiedenen Komponenten resultierender Fehler.

Für die Ausschaltung von systematischen, z. B. einem Meßinstrument anhaftenden Fehlern, und für die praktisch außerordentlich wichtige Feststellung, welcher einzelne Fehler das Endresultat mehr als ein anderer beeinflußt, ist es von großer Bedeutung, den Einfluß einer einzelnen Abweichung zu erkennen. Das einfachste Mittel hierzu gibt uns die Differentialrechnung. Ein Beispiel möge dies erläutern. Bei Fetten berechnen wir gewöhnlich die Verseifungszahl V aus dem Titrationswert mit halbnormaler Salzsäure a und der Vorlage v, dem halben Molekulargewicht von KOH sowie der Einwaage A nach der Gleichung:

$$V = \frac{56{,}11}{2} \cdot \frac{v-a}{A}.$$

Wenn wir nun feststellen wollen, welchen Einfluß ein Titrationsfehler bei v oder a, bzw. $(v-a)$ auf V hat, setzen wir, wie es in der Differentialrechnung üblich ist:

$$V = Y \qquad v - a = X$$

und erhalten

$$Y = \frac{56{,}11}{2} \cdot \frac{X}{A}.$$

Nun muß offenbar eine sehr kleine Änderung von X (der Versuchsfehler), die wir ΔX nennen wollen, bei Y eine der letzten Gleichung entsprechende Änderung bewirken, die wir ΔY nennen wollen. Das Verhältnis beider zu einander stimmt mit dem Differentialquotienten $\frac{dY}{dX}$ um so genauer überein, je kleiner ΔX und demgemäß auch ΔY. Nun ist $\frac{\Delta Y}{\Delta X} \approx \frac{dY}{dX} = \frac{56{,}11}{2} \cdot \frac{1}{A}$. Daher $\Delta Y \approx \Delta X \cdot \frac{56{,}11}{2} \cdot \frac{1}{A}$. Betrug die Einwaage $A = 2$ g, so können wir leicht ausrechnen:

$$\Delta Y \approx 14{,}0\, \Delta X.$$

Ein Titrationsfehler (ΔX) von z. B. 0,1 ccm bewirkt also einen 14,0fachen Verseifungszahlfehler, also von 1,4 Einheiten.

Diese Art der Berechnung — nach dem Begriff der Differentialrechnung um so genauer, je kleiner die Abweichungen sind, wie es gerade hier am wertvollsten ist — ist stets dann anwendbar, wenn das Endergebnis eine bestimmte, wenn auch verwickelte, Funktion der Beobachtungsgröße ist.

Bei zufälligen Fehlern drückt sich der mittlere Fehler ε_y des Ergebnisses Y ganz entsprechend durch den mittleren Fehler ε_x der Beobachtungsgröße X aus.

$$\varepsilon_y \approx \frac{dy}{dx} \cdot \varepsilon_x.$$

Ist das Endergebnis W eine Funktion $W = \varphi\,(X, Y, Z \ldots)$ von mehreren Beobachtungsgrößen X, Y, Z, .., so ist der Zusammenhang zwischen den Einzelfehlern ΔX, ΔY, ΔZ,.. und ΔW gegeben durch

$$\Delta W = \frac{\partial W}{\partial X} \cdot \Delta X + \frac{\partial W}{\partial Y} \Delta Y + \frac{\partial W}{\partial Z} \Delta Z.$$

Für die mittleren Fehler ε_x, ε_y, ε_z,.. und ε_n gilt der verallgemeinerte pythagoräische Lehrsatz

$$\varepsilon_w \approx \sqrt{\left(\frac{\partial W}{\partial X}\,\varepsilon_x\right)^2 + \left(\frac{\partial W}{\partial Y}\,\varepsilon_y\right)^2 + \left(\frac{\partial W}{\partial Z}\,\varepsilon_z\right)^2 + \cdots\cdots}$$

2. Biologische Streuung und deren mathematische Festlegung.

Unsere Lebensmittel sind zum großen Teil Produkte von biologischen, oft außerordentlich verwickelt verlaufenden Vorgängen, deren restlose Erkenntnis von uns bei weitem noch nicht erreicht ist, von denen wir aber wissen, daß diese Produkte in ihrer Zusammensetzung außerordentlich verschieden ausfallen können. Wir sprechen von „Schwankungen" an bestimmten Bestandteilen und zahlenmäßig feststellbaren Eigenschaften, den sog. „Kennzahlen". Besser ist es, diese Erscheinung, wie es sonst in Naturwissenschaft und Technik üblich ist, als Streuung zu bezeichnen. Diese biologische Streuung[1] hat auf die Zuverlässigkeit der Ergebnisse den gleichen Einfluß wie die Versuchsfehler.

In vielen Fällen ist diese Streuung um ein Mehrfaches größer als die Höhe der Beobachtungsfehler. Dann ist die biologische Streuung ausschlaggebend für die Zuverlässigkeit des Endergebnisses.

Beispiel: Bei der Ermittlung des Wasserzusatzes von Fleischwaren nach FEDER bestimmen wir zunächst Wasser, Fett und Asche. Von diesen gilt die Fettbestimmung als am wenigsten genau. Sie ist es also zunächst, die für die Genauigkeit der folgenden Berechnung des organischen Nichtfettes den Ausschlag gibt. Das organische Nichtfett aber unterliegt bei Fleisch in seinem Mengenverhältnis zum Wassergehalt (FEDERsche Zahl) Schwankungen, die um ein Mehrfaches größer sind als die Unsicherheiten in der Fettbestimmung. Also wird die Genauigkeit der Ermittlung des Wasserzusatzes von der Größe dieser Streuung, nicht mehr von den Fehlern der Fettbestimmung wesentlich beeinflußt.

a) Zuverlässigkeit sog. Grenzzahlen.

Man hat früher versucht, die beobachteten äußersten Grenzen für Gehalte von Lebensmitteln an bestimmten Stoffen, seien sie nun wertvoller oder in

[1] Neben dieser biologischen kennen wir auch eine sonstige — z. B. durch Bearbeitungsverfahren bedingte — Streuung, die der gleichen Gesetzmäßigkeit unterliegt, aber meist viel kleiner ist.

anderen Fällen wertloser bzw. schädlicher Art, als Grenzzahlen (Grenzwerte) festzulegen und dann angenommen, daß Überschreitungen dieser Grenzen nicht vorkommen. Dieses Verfahren mußte daran scheitern, daß die Zahl der Beobachtungen, aus denen die Grenzwerte gezogen waren, naturgemäß ebenfalls eine begrenzte war. So hat man nach A. BÖMER[1] bei Butterfett für die REICHERT-MEISSLsche Zahl zunächst als untere Grenzzahl 26 angenommen, ging dann nach umfangreicheren Untersuchungen auf 24, 22, 20 herunter und stellte unter gewissen Umständen auch bei reinem Butterfett sogar Zahlen unter 20 fest. Ähnliche Erfahrungen machte man mit anderen Fettkennzahlen oder z. B. bei dem Aschengehalt von Himbeersäften.

BÖMER unterscheidet bei derartigen Grenzzahlen, die er als „physiologische" Grenzzahlen bezeichnet, eine besondere Gruppe, die durch bestimmte, verhältnismäßig konstante physiologische Eigenschaften des tierischen oder pflanzlichen Organismus bedingt sind, und rechnet hierzu z. B. die Grenzzahlen für die Gefrierpunktserniedrigung der Milch, die FEDERsche Zahl bei Fleisch u. a. Immerhin zeigen aber auch diese Zahlenwerte gewisse Streuungen, die im Einzelfalle Berücksichtigung verdienen und deren Kenntnis die Zuverlässigkeit des Ergebnisses richtiger beurteilen läßt.

Unbedingt berechtigt sind physikalische und chemische Grenzzahlen als Kennzeichen bestimmter chemischer Verbindungen oder bestimmter Gemische von solchen sowie Grenzzahlen bei gewissen künstlichen Produkten (Wassergehalt der Margarine, Alkoholgehalt von Branntwein), wie sie gesetzlich vorgeschrieben sind, und zwar deshalb, weil hierbei natürliche, ungewollte Streuungen nicht mehr in Frage kommen.

b) Größe der biologischen Streuung und ihre mathematische Festlegung.

Für wissenschaftliche Überlegungen sind also Grenzzahlen meist wenig brauchbar. Zuverlässiger ist es, auch hier wie bei der Fehlerberechnung vom Mittelwert auszugehen. Dieser Mittelwert wird durch einzelne Ausnahmen nicht wesentlich beeinflußt und durch Erhöhung der Zahl der Untersuchungen immer weiter gesichert. Dafür entsteht dann aber für den Beurteiler im Einzelfalle die Aufgabe, die Größe der biologischen Streuung zu ermitteln und zu berücksichtigen.

Die Streuungen bei biologischen Vorgängen und Produkten unterliegen, soweit die bisherigen Erfahrungen reichen, dem normalen Häufigkeitsgesetze und den darauf ruhenden Regeln der Wahrscheinlichkeitsrechnung bzw. mathematischen Statistik (neuerdings von K. DAEVES[2] Großzahlforschung genannt).

Die Berechnung der auf den Mittelwert bezogenen mittleren (quadratischen) Streuung σ und der „wahrscheinlichen" Streuung vollzieht sich demgemäß genau so wie die Berechnung des mittleren und des wahrscheinlichen Beobachtungsfehlers. Hat man die mittlere Streuung σ der beobachteten Verteilung ermittelt, so kann man die relative Häufigkeit der Fälle, in denen eine gewisse Grenzzahl $\pm b$ überschritten wird, mit Hilfe des GAUSSschen Fehlerintegrals

$$\Phi(\beta) = \frac{2}{\sqrt{\pi}} \int_0^\beta e^{-x^2} dx$$

---

[1] A. BÖMER: **Z.** 1925, **30**, 75—84.

[2] K. DAEVES: Praktische Großzahlforschung. Berlin 1933.

angeben. Eine genaue Tabelle der Funktion findet sich z. B. im Anhang von R. BECKER, H. PLAUT, J. RUNGE[1]. $\Phi\left(\frac{b}{\sqrt{2}\,\sigma}\right)$ bedeutet den Bruchteil der Gesamtheit, der sich innerhalb eines zum Mittelwert M symmetrischen Wertebereichs von der Gesamtbreite $2\,\frac{b}{\sigma}$ befindet. In dem nebenstehenden Tabellenauszug gibt die dritte Spalte an, wieviel Prozent der Gesamtheit außerhalb dieses Bereichs (unterhalb $M - b$ und oberhalb $M + b$) liegen.

$\Phi\left(\frac{b}{\sqrt{2\cdot\sigma}}\right)$	$\frac{b}{\sigma}$	$(1-\Phi)\cdot 100$ %
0,1	0,126	
0,2	0,253	
0,3	0,383	
0,4	0,526	
0,5	0,675	50
0,6	0,841	40
0,683	1,00	31,8
0,7	1,04	30
0,8	1,28	20
0,9	1,65	10
0,93	1,82	7
0,95	1,96	5
0,96	2,06	4
0,97	2,17	3
0,98	2,33	2
0,99	2,56	1
0,995	2,82	0,50
0,998	3,09	0,20
0,9990	3,39	0,10
0,9995	3,48	0,05
0,9998	3,68	0,02
0,9999	3,82	0,01
0,99994	4,00	0,006

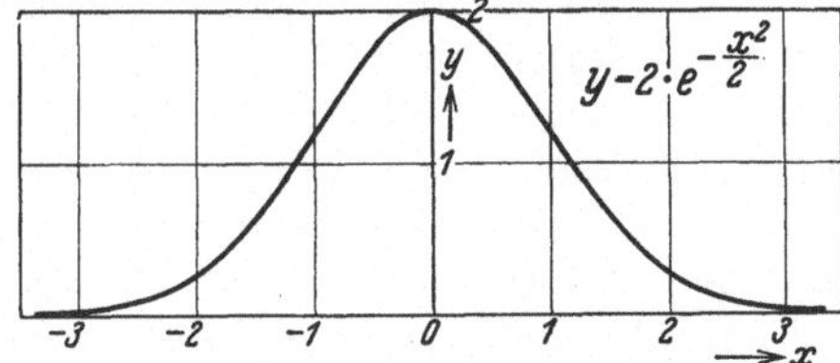

Abb. 1. Normale Häufigkeitskurve nach GAUSS.

Faßt man beispielsweise eine Grenzzahl b ins Auge, die das Doppelte der mittleren Streuung σ beträgt, so wird man nur noch in etwa 4—5% der Beobachtungsfälle „Ausreißer" vor sich haben (solche, die unterhalb $M - 2\sigma$ und oberhalb $M + 2\sigma$ liegen). Je mehr Einzelversuche man anstellt, um so größere Abweichungen vom Mittelwert wird man in einzelnen Fällen antreffen.

Über den Normalbegriff, weitere Grundlagen (Begriffsbestimmungen, Normalverteilung, Wahrscheinlichkeitsnetz) und Anwendung der Großzahlforschung in der Lebensmittelchemie (Urverteilung, numerische und logarithmische Teilungsklassenhäufigkeit, Häufigkeitsreihen mit verschiedener Streuungsbreite, Gemenge von Einzelkollektiven, Einfluß zeitlicher Veränderungen auf Häufigkeitsverteilungen, analytische Zerlegung einer Häufigkeitskurve) vgl. A. BECKEL[2].

Als Hauptgrenzwert für Normalfestsetzungen in der Lebensmittelchemie schlägt BECKEL denjenigen Merkmalswert vor, unter- bzw. oberhalb dessen 5% der Proben fallen. In dem Normalbereich sind demnach 90% aller Befunde enthalten.

BECKEL hat ferner ein Wahrscheinlichkeitspapier zur klaren Darstellung von Häufigkeitskurven angegeben[3].

B. Ableitung von Gesetzmäßigkeiten aus Untersuchungsergebnissen.

Wenn durch eine ausreichende Reihe von Untersuchungen dargetan ist, daß zwischen verschiedenen für die Lebensmitteluntersuchung wesentlichen Beobachtungsgrößen ein gesetzmäßiger Zusammenhang besteht, so entsteht die Aufgabe, diesen Zusammenhang in mathematischer Form darzustellen, um in einem vorgelegten Einzelfall von dem Wert einer oder einiger dieser Größen

[1] R. BECKER, H. PLAUT u. J. RUNGE: Anwendungen der mathematischen Statistik auf Probleme der Massenfabrikation. Berlin: Julius Springer 1927.

[2] A. BECKEL: Z. 1933, **66**, 158.

[3] Hersteller: Carl Schleicher & Schüll in Düren (Rhld.).

auf den einer anderen schließen zu können. Der Anblick der tabellarisch geordneten Statistik der Untersuchungsergebnisse selbst bietet hierfür nur ein unvollkommenes Hilfsmittel, weil er der gefühlsmäßigen Einstellung zu dem gesamten Zahlenmaterial, dem man gerecht werden soll, zu viel Spielraum läßt. Handelt es sich um zwei zu einander in Beziehung stehende, verschiedener Werte fähige Beobachtungsgrößen x, y, so verschafft oft schon die graphische Darstellung zusammengehöriger Werte in einem rechtwinkligen ebenen Koordinatensystem eine gute Einsicht in das zugrunde liegende Verknüpfungsgesetz.

Zeigt sich als Repräsentant desselben eine eindeutig erkennbare Kurve, so kann man mit ihrer Hilfe an einem beliebigen x-Wert den zugehörigen y-Wert interpolieren.

Die Extrapolation, bei der es sich um einen aus dem alten Beobachtungsbereich herausfallenden x-Wert handelt, bereitet schon Schwierigkeiten. Es entsteht also in vielen Fällen der Wunsch, den Zusammenhang der Beobachtungsgrößen durch einen analytischen Ausdruck darzustellen. Das gilt insbesondere dann, wenn der Zusammenhang, vielleicht wegen gewisser neben den Beobachtungsfehlern vorhandener biologischer Schwankungen, keinen eindeutig festen Charakter hat, sondern, wie man sagt, stochastischer Natur ist, d. h. ein im großen und ganzen zutreffendes, aber Abweichungen zulassendes Durchschnittsgesetz widerspiegelt. Je nach der Sachlage ergeben sich damit verschiedene Aufgaben der mathematisch-analytischen Erfassung der Gesetzmäßigkeit.

1. Erfassung fehler- und streuungsfreier Untersuchungsergebnisse durch Interpolationsformeln.

Darstellungen auf logarithmischem Papier.

Kennt man eine Reihe von als fehler- und streuungsfrei anzunehmenden zusammengehörigen Werten $x_1, y_1; x_2, y_2; \ldots\ldots x_n, y_n$ zweier Beobachtungsgrößen x, y, so wird man dem Ergebnismaterial gerecht durch den Ansatz

$$y = y_1 + c_1(x - x_1) + c_2(x - x_1)(x - x_2) + \ldots + c_{n-1}(x - x_1)(x - x_2)\ldots(x - x_{n-1}).$$

Dieser Ansatz liefert in der Tat $y = y_1$ für $x = x_1$, und die Konstanten $c_1, c_2, \ldots c_n$, muß man nun der Reihe nach so bestimmen, daß auch zu $x = x_2, \ldots x = x_n$ die richtigen Werte $y_2, \ldots y_n$ herauskommen. Z. B. liefert die Bedingung, daß $y = y_2$ für $x = x_2$ herauskommen muß, die Formel:

$$y_2 = y_1 + c_1(x_2 - x_1); \text{ also } c_1 = \frac{y_2 - y_1}{x_2 - x_1}.$$

Die Bedingung, daß $y = y_3$ für $x = x_3$ herauskommen muß, ergibt sodann c_2, und so fort. Auf diese Weise erhält man für y einen einfachen mathematischen Ausdruck, mit dem man zu jedem im alten Beobachtungsbereich oder außerhalb desselben liegenden x-Wert den zugehörigen y-Wert errechnen kann.

Beispiel: Das Volumen von 1 kg Wasser beträgt

für $x =$	30°	40°	60°	70°
$y =$	1,0043	1,0078	1,0171	1,0227

Wie groß ist das Volumen für $x = 50°$?

Ansatz: $y = 1{,}0043 + c_1(x - 30) + c_2(x - 30)(x - 40) + c_3(x - 30)(x - 40)(x - 60)$.

1. Bedingung: $1{,}0078 = 1{,}0043 + c_1 \cdot 10$; $c_1 = \frac{1{,}0078 - 1{,}0043}{10} = 0{,}00035$.

2. Bedingung: $1{,}0171 = 1{,}0043 + 0{,}00035 \cdot 30 + c_2 \cdot 30 \cdot 20$; $c_2 = \frac{0{,}0023}{30 \cdot 20} = 0{,}0000038$.

3. Bedingung: $1{,}0227 = 1{,}0043 + 0{,}00035 \cdot 40 + 0{,}0000038 \cdot 40 \cdot 30 + c_3 \cdot 40 \cdot 30 \cdot 10$;

$$c_3 = -\frac{0{,}0004}{40 \cdot 30 \cdot 10} = -0{,}00000003.$$

Die Interpolationsformel lautet also

$$y = 1{,}0043 + 0{,}00035\,(x - 30) + 0{,}0000038\,(x - 30)\,(x - 40)$$
$$- 0{,}00000003\,(x - 30)\,(x - 40)\,(x - 60).$$

Damit ergibt sich für $x = 50^0$:

$$y = 1{,}0043 + 0{,}00035 \cdot 20 + 0{,}0000038 \cdot 20 \cdot 10 + 0{,}00000003 \cdot 20 \cdot 10 \cdot 10 = 1{,}0121.$$

Die gewöhnliche „lineare" Interpolation zwischen 40^0 und 60^0 hätte den Wert $y = 1{,}0125$ geliefert. Da die vierte Dezimale bei den Beobachtungsergebnissen noch als gesichert angesehen werden kann, ist anzunehmen, daß die Anwendung der verbesserten Interpolationsformel der Sachlage mehr gerecht wird.

Sie besitzt den Vorteil, daß die Verwertung neuer Beobachtungsergebnisse durch Hinzunahme weiterer Glieder ohne weiteres möglich ist, wenn dies zur

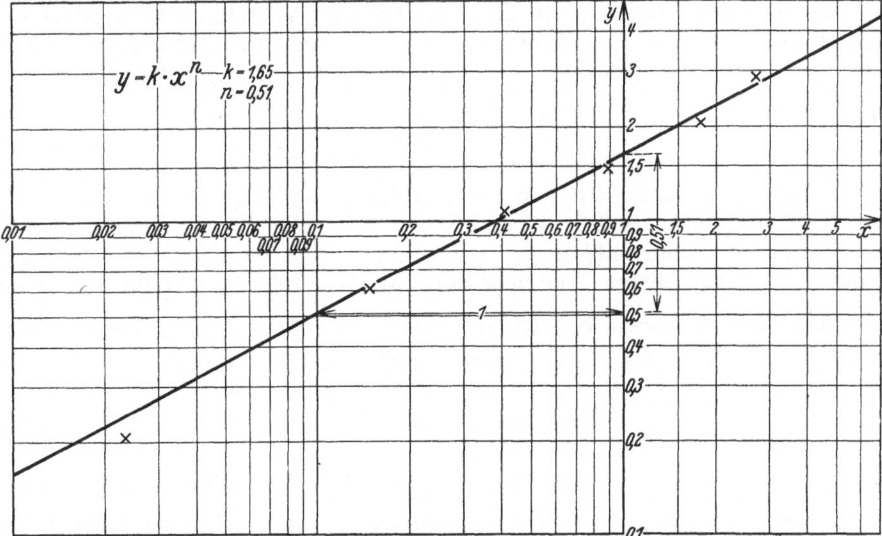

Abb. 2. Adsorptionsisotherme nach FREUNDLICH in doppelt logarithmischer Darstellung.

Erreichung größerer Genauigkeit geboten erscheint. Die schon bestimmten Koeffizienten c erleiden dadurch keine Änderung. Im vorliegenden Beispiel liefert das vierte Glied den Beitrag 0,00006.

Die Formel ist aufgebaut aus einem konstanten, einem linearen Glied und einfachen Potenzausdrücken a_2x^2, $a_3x^3 \ldots$, d. h. Gebilden, deren graphisches Bild die Mathematik als Parabeln 2., 3. und höheren Grades bezeichnet.

Besteht die Vermutung, daß der Zusammenhang zwischen x und y durch einen einzigen Ausdruck $y = a_n x^n$ wiedergegeben wird, so daß es sich bei der graphischen Darstellung in den gewöhnlichen rechtwinkligen Koordinaten um eine Parabel n-Grades handeln würde, so empfiehlt sich zur einfachen Ermittlung der Konstanten a_n und n die Darstellung auf doppelt logarithmischem Papier[1]. Auf solchem besitzt sowohl die Abscissen- wie die Ordinatenachse die vom Rechenschieber her bekannte logarithmische Teilung: Abgetragen sind die Strecken $\xi = \log x$, $\eta = \log y$, angeschrieben sind die Werte x bzw. y. Durch Logarithmieren geht nun der Ausdruck $y = a_n x^n$ über in $\log y = \log a_n + n \log x$ oder $\eta = \alpha_n + n\xi$, wenn $\log a_n = \alpha_n$ gesetzt wird. Im (ξ,η)-System wird dies durch eine gerade Linie dargestellt, und zwar bedeutet n die Steigung,

[1] Zu beziehen durch Schleicher & Schüll-Düren.

d. h. den Tangens des mit der Abscissenachse gebildeten Winkels, α_n den Abschnitt auf der Ordinatenachse, dessen Endpunkt mit a_n beziffert ist, weil $\alpha_n = \log a_n$. Also können n und a_n unmittelbar aus der graphischen Darstellung auf doppelt logarithmischem Papier entnommen werden, wenn die Gerade durch zwei Punkte (ξ_1, η_1) und (ξ_2, η_2) festgelegt ist, die zwei Paaren zusammengehöriger Beobachtungswerte x_1, y_1 und x_2, y_2 entsprechen. Die Steigung erhält man aus

$$n = \frac{\eta_2 - \eta_1}{\xi_2 - \xi_1} = \frac{\log y_2 - \log y_1}{\log x_2 - \log x_1}$$

graphisch oder rechnerisch. Dabei kann n auch eine gebrochene Zahl bedeuten.

Beispiel: Die FREUNDLICHsche Adsorptionsisotherme. Variiert man bei konstantem Volumen der Lösung und konstanter Temperatur die Menge m der absorbierenden Kohle und die des Adsorbendum, so steht nach eingetretenem Adsorptionsgleichgewicht die Konzentration x des noch in Lösung befindlichen Adsorbendum zur adsorbierten Menge y desselben in folgender Beziehung[1]:

$$y = \frac{\mathfrak{y}}{m} = k\,x^n,$$

worin m die Gewichtsmenge der Kohle bedeutet. k ist eine Konstante, die von der zufälligen Beschaffenheit der Kohle abhängt und als ein Maß für ihr Adsorptionsvermögen angesehen werden kann; n ist eine Konstante, die von der Art des Adsorbendum abhängt. Bei einer mit Aceton (100 ccm Lösungsquantum) durchgeführten Versuchsreihe wurden folgende Zahlen ermittelt:

Menge der Kohle in Gramm	$m = 0{,}8987$	1,0320	1,0688	1,0951	1,2425	1,2556
Konzentration in Normalität	$x = 0{,}0234$	0,1465	0,4103	0,8862	1,776	2,690
Adsorbierte Menge Aceton im ganzen	$\mathfrak{y} = 0{,}187$	0,638	1,154	1,64	2,58	3,62
Adsorbierte Menge Aceton je Gramm Kohle	$y = 0{,}208$	0,618	1,077	1,498	2,08	2,88

Stellen wir die den Werten x, y entsprechenden Punkte auf doppelt logarithmischem Papier fest (vgl. Abb. 2), so liegen sie mit ausreichender Annäherung auf einer Geraden: $\log y = \log k + n \log x$. Der Abschnitt auf der Ordinatenachse liefert uns $k = 1{,}65$. Die Steigung n der Geraden erhalten wir, wenn wir mit einem Millimetermaßstab den Ordinatenzuwachs ablesen, der zum Abscissenzuwachs 1 gehört. Letzterer findet sich z. B. zwischen der mit 0,1 und 1 bezifferten Punkten der x-Achse, da $\log 0{,}1 = -1$; $\log 1 = 0$. Auf diese Weise ermitteln wir $n = 0{,}51$.

Bemerkung. Die Gerade, die der Theorie entsprechend bereits durch zwei Wertepaare bzw. Punkte festzulegen wäre, ist hier aus sämtlichen Wertepaaren durch graphischen Ausgleich gewonnen. Wegen der mathematischen Durchführung der Ausgleichung vgl. unter B. 2.

Bei chemischen Vorgängen spielt erfahrungsgemäß das Gesetz vom organischen Wachstum und das Abklingungsgesetz eine große Rolle. Der mathematische Ausdruck ist die allgemeine Exponentialfunktion $y = y_0 10^{\mu x}$; die Konstante μ ist im ersten Fall positiv, im zweiten Fall negativ; die Konstante y_0 ist der Wert, den y für $x = 0$ annimmt. In den Anwendungsbeispielen bedeutet x meist die Zeit. Besteht bei einer Versuchsreihe die Vermutung, daß der Zusammenhang zwischen den Beobachtungsgrößen x, y durch eine

[1] Vgl. L. MICHAELIS: Praktikum der physikalischen Chemie, 2. Aufl. S. 128, wo c statt x und x statt y gesetzt ist.

solche allgemeine Exponentialfunktion ausgedrückt werden kann, so empfiehlt sich zur einfachen Ermittelung der Konstanten y_0 und μ die Darstellung auf einfach logarithmischem Papier. Auf solchem besitzt die Abscissenachse die reguläre Teilung. Dagegen besitzt die Ordinatenachse logarithmische Teilung: abgetragen sind die Strecken $\eta = \log y$, angeschrieben sind die Werte y. Durch Logarithmieren geht nun der Ausdruck $y = y_0 \cdot 10^{\mu x}$ über in $\log y = \log y_0 + \mu x$, oder $\eta = \eta_0 + \mu x$, wenn $\log y_0 = \eta_0$ gesetzt wird. Im (x, η)-System wird dies durch eine gerade Linie dargestellt; und zwar bedeutet μ die Steigung, die beim organischen Wachstum positiv, beim Abklingungsgesetz negativ ist; η_0 bedeutet den Abschnitt auf der Ordinatenachse, dessen Endpunkt mit y_0 beziffert ist, da $\eta_0 = \log y_0$. Also können y_0 und μ unmittelbar aus der Darstellung auf einfach logarithmischem Papier abgelesen werden, wenn

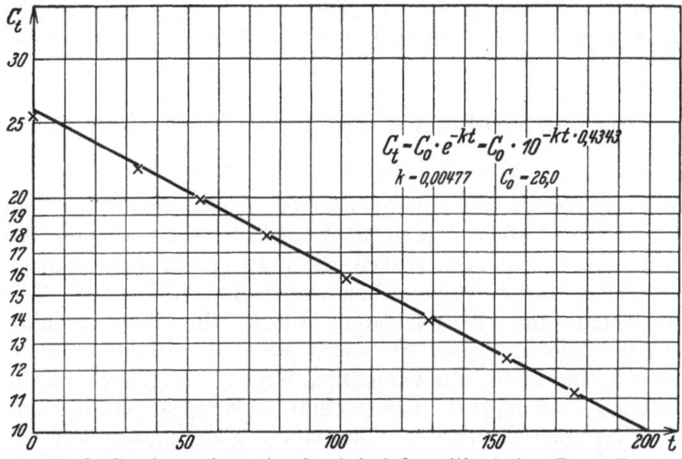

Abb. 3. Saccharoseinversion in einfach logarithmischer Darstellung.

die Gerade durch zwei Punkte festgelegt ist, die zwei Paaren zusammengehöriger Werte x_1, y_1 und x_2, y_2 entsprechen.

Beispiel[1]. Inversionsgeschwindigkeit eines Geisenheimer Weines (1902er) bei ungefähr 76°. Durch Zusatz eines genau bestimmten Quantums Saccharose zu fermentfreiem Wein wird ein Inversionsvorgang eingeleitet, der nach dem Gesetz

$$C_t = C_0 \cdot e^{-kt} = C_0 \cdot 10^{-kt \cdot 0{,}4343}$$

erfolgt, worin C_0 die Konzentration der Saccharose in der Lösung zur Zeit $t = o$, C_t diejenige nach t Minuten, e die Basis des natürlichen Logarithmensystems, k die den Säuregrad des Weines bestimmende Inversionskonstante sind. Beobachtet wurde für

$t =$	0	34	54	76	102	129	154	176
$C_t =$	25,5	21,8	19,8	17,9	15,7	13,8	12,4	11,2
$k = \dfrac{\log C_0 - \log C_t}{0{,}4343\, t} =$		0,00461	0,00468	0,00465	0,00475	0,00476	0,00468	0,00468
k reduziert auf 76,0°		0,00468	0,00476	0,00472	0,00484	0,00483	0,00475	0,00475

Wir haben $\log C_t = \log C_0 - k\,t \cdot \log e = \log C_0 - 0{,}4343\, k \cdot t$ oder $\eta = \eta_0 - 0{,}4343\, k \cdot t$. Bei der Darstellung auf einfach logarithmischem Papier (Abb. 3)

[1] Vgl. R. Hammerschmidt: Z. Ver.Rübenzuckerind. 1890, **40**, 465—479 und Th. Paul: Z. 1914, **28**, 559.

müssen die zu t, $\log C_t$ gehörenden Punkte, wenn einheitlich auf 76,0° reduziert wird, auf einer Geraden liegen. Ihr Abschnitt auf der Ordinatenachse ist durch $\eta_0 = \log C_0$ (reduziert = 26,0) festgelegt. Für die Festlegung ihres Gefälles $-\mu = 0{,}4343\, k = \frac{\log C_0 - \log C_t}{t}$ würde an sich ein weiterer Punkt, d. h. ein weiteres Wertepaar t, C_t genügen, und damit wäre k bestimmt. Berechnet man die k-Werte, die den verschiedenen aus dem Beobachtungsmaterial sich ergebenden Punkten entsprechen (Zeile 3 der Tabelle) und reduziert sie auf 76,0° (Zeile 4), so ergibt sich als Mittelwert $k = 0{,}00477$. (Dabei ist der zu $t = 34$ gehörende Punkt als unsicher außer acht gelassen.) Ihm entspricht die in der Abb. 3 eingetragene Gerade.

Auch biologische Abklingungsvorgänge wie die Abhängigkeit der Abtötung von Tuberkelbacillen in Milch von Pasteurisierungstemperatur und -zeit lassen sich ebenso wie die Zeit-Temperatur-Maxima, auf die Milch ohne Schädigung der Aufrahmung die erhitzt werden kann, nach A. C. DAHLBERG[1] auf einfachlogarithmischem Papier als gerade Linien darstellen.

2. Glätten der die Beobachtungsergebnisse darstellenden Kurve.

Ausgleichungspolynome[2].

Hat man eine Reihe zusammengehöriger Werte von zwei zueinander in Beziehung stehenden Größen x, y durch Punkte in einem ebenen Koordinatensystem dargestellt, so zeigt eine Kurve, die man genau durch diese sämtlichen Punkte hindurchlegt, in der Regel einen wenig glatten Verlauf. Man wird dies oft den unvermeidbaren Beobachtungsfehlern, die den einzelnen Werten anhaften, und in vielleicht noch größerem Maße der biologischen oder natürlichen Streuung zuschreiben und versuchen, eine glatte Kurve zu ziehen, durch die diese Einflüsse bestmöglich ausgeglichen werden, so nämlich, daß sich die ursprünglich erhaltenen Punkte einigermaßen gleichmäßig auf beide Seiten der Ausgleichungskurve verteilen. Nach einem in der Meteorologie üblichen Verfahren wird dies in dem Falle, in dem die x-Werte äquidistant sind, d. h. um gleiche Dekremente wachsen, mit einiger Annäherung dadurch erreicht, daß man an der Stelle x_i den Mittelwert des zugehörigen Ordinatenwerts y_i und der beiden Nachbarordinatenwerte y_{i-1} und y_{i+1} aufträgt, also die Strecke $\frac{y_{i-1} + y_i + y_{i+1}}{3}$. Besser wird die Annäherung in demselben Falle nach einem von RUNGE mit der Methode der kleinsten Quadrate begründeten Verfahren, das den zu x_i gehörigen Ordinatenwert y_i und die vier Nachbarwerte y_{i-2}, y_{i-1}, y_{i+1}, y_{i+2} berücksichtigt. Aufgetragen wird an der Stelle x_i der Ordinatenwert

$$\eta_i = y_i - \frac{3}{35}(y_{i-2} - 4y_{i-1} + 6y_i - 4y_{i+1} + y_{i+2}).$$

Die Klammerwerte erhält man am einfachsten als die sog. vierten Differenzen Δ^4_{-2} nach nebenstehendem Schema.

x_{i-2}	y_{i-2}				
		Δ^1_{-2}			
x_{i-1}	y_{i-1}		Δ^2_{-2}		
		Δ^1_{-1}		Δ^3_{-2}	
x_i	y_i		Δ^2_{-1}		Δ^4_{-2}
		Δ^1_0		Δ^3_{-1}	
x_{i+1}	y_{i+1}		Δ^2_0		
		Δ^1_1			
x_{i+2}	y_{i+2}				

Das Verfahren werde erläutert an folgendem

Beispiel. Eine Luftpumpe evakuiert in (5 × 12 =) 60 Minuten ein Gefäß von Atmosphärendruck $y_0 = 760$ mm bis zu einem Druck von $y_{12} = 200$ mm. Beobachtet wurden für die von 5 zu 5 Minuten wachsenden Zeiten x die in der zweiten Kolonne des

[1] A. C. DAHLBERG: Milk Plant Monthly 1933, 22, Nr 3, 30—35.

[2] Vgl. H. v. SANDEN: Praktische Analysis, Bd. 8, S. 2; Bd. 9, S. 2. Leipzig-Berlin 1923.

nebenstehenden Schemas notierten Werte des Drucks y.

In den letzten Kolonnen sind die ausgeglichenen Ordinatenwerte $\eta_2, \ldots \eta_{10}$ eingetragen. Zum Beispiel wurden ermittelt:

$$\begin{aligned}\eta_2 &= y_2 - \frac{3}{35}\cdot \Delta_0^4\\ &= 540 - \frac{3}{35}\cdot 20\\ &= 540 - 1{,}7\\ &= 538{,}3.\end{aligned}$$

Entsprechend findet man die übrigen Werte der letzten Kolonne. Für die vier Randstellen x_0, x_1, x_{11}, x_{12} liefert das Verfahren keinen Ausgleich. Die durch die Ausgleichung erhaltenen Punkte ergeben eine glatte Kurve. Der Mangel des Verfahrens liegt darin, daß die beiden Anfangs- und Endwerte y als festliegend angenommen wurden, was bei kleineren Versuchsreihen den Wert der Ausgleichung stark beeinträchtigt.

x	y	Δ^1	Δ^2	Δ^3	Δ^4	η
0	760					(760)
		—120				
5	640		20			(640)
		—100		—10		
10	540		10		20	538,3
		— 90		+10		
15	450		20		—20	451,7
		— 70		—10		
20	380		10		10	379,1
		— 60		0		
25	320		10		0	320
		— 50		0		
30	270		10		— 5	270,4
		— 40		— 5		
35	230		5		5	229,6
		— 35		0		
40	195		5		0	195
		— 30		0		
45	165		5		0	165
		— 25		0		
50	140		5		— 5	140,4
		— 20		— 5		
55	120		0			(120)
		— 20				
60	100					(100)

Wenn nun auch eine solche geglättete Kurve es ermöglicht, zu jedem anderen x-Wert den zugehörigen y-Wert zu entnehmen, so ist es doch oft, besonders für neu anschließende Untersuchungen, Bestimmung von Differentialquotienten usw. erwünscht, einen ausgleichenden einfachen analytischen Ausdruck zu besitzen, der den Zusammenhang zwischen x analog darstellt. Am bequemsten für die Rechnung sind die in B. 1 als Interpolationsausdrücke benutzten Polynome, die sich aus einfachen Potenzausdrücken zusammensetzen:

$$\eta = a + b\,x + c\,x^2 + \ldots + k\,x^m,$$

worin $a, b, c \ldots k$ zu bestimmende Koeffizienten bedeuten.

Man wird versuchen, mit Polynomen von möglichst niedrigem Grade m auszukommen. Nach der Methode der kleinsten Quadrate bestimmt man die Koeffizienten $a, b, \ldots k$ so, daß die Summe der Quadrate der Unterschiede zwischen den beobachteten Ordinatenwerten y und den ausgeglichenen Werten η ein Minimum wird. Das Verfahren soll an einem Beispiel erläutert werden, bei dem ein Polynom zweiten Grades zugrunde gelegt wird.

Beispiel. Von G. Bruhns[1] wurde die Ausscheidung von Kupfer aus Fehlingscher Lösung durch Saccharose mit verschiedenem Invertzuckergehalt in 6 Messungen mittels Thiosulfat bestimmt:

x	0	1	2	3	4	5
y	0,81	3,12	5,37	9,41	13,34	16,96

Man stelle die Abhängigkeit zwischen x und y ausgleichend durch einen Ausdruck

$$\eta = a + b\,x + c\,x^2$$

dar.

Soll $z = \Sigma(\eta - y)^2 = \Sigma(a + b\,x + c\,x^2 - y)^2$ zum Minimum gemacht werden so muß man die partiellen Ableitungen (Differentialquotienten) von z in bezug auf die zu ermittelnden Koeffizienten a, b, c gleich 0 setzen. Also:

[1] Vgl. F. W. Küster: Logarithmische Rechentafeln für Chemiker, Pharmazeuten, Mediziner und Physiker. Bearbeitet von A. Thiel, 35.—40. Aufl. S. 157. Berlin und Leipzig 1928.

$$\frac{\partial z}{\partial a} = \Sigma\, 2\,(a + b\,x + c\,x^2 - y) = 0$$

$$\frac{\partial z}{\partial b} = \Sigma\, 2\,(a + b\,x + c\,x^2 - y) \cdot x = 0$$

$$\frac{\partial z}{\partial c} = \Sigma\, 2\,(a + b\,x + c\,x^2 - y) \cdot x^2 = 0.$$

Diese Gleichungen lassen sich so schreiben:

$$a \cdot n + b\,\Sigma\,x + c\,\Sigma\,x^2 = \Sigma\,y, \qquad \text{(I)}$$

$$a\,x + b\,\Sigma\,x^2 + c\,\Sigma\,x^3 = \Sigma\,x\,y, \qquad \text{(II)}$$

$$a\,x^2 + b\,\Sigma\,x^3 + c\,\Sigma\,x^4 = \Sigma\,x^2\,y, \qquad \text{(III)}$$

wobei n die Anzahl der Beobachtungen bedeutet, hier also gleich 6 ist. Diese drei Gleichungen genügen zur Bestimmung der drei Unbekannten a, b, c. Das Rechenschema gestaltet sich folgendermaßen:

	x	x^2	x^3	x^4	y	xy	x^2y
	0	0	0	0	0,81	0	0
	1	1	1	1	3,12	3,12	3,12
	2	4	8	16	5,37	10,74	21,48
	4	16	64	256	9,41	37,64	150,56
	6	36	216	1296	13,34	80,04	480,24
	8	64	512	4096	16,96	135,68	1085,44
Summenwerte	21	121	801	5665	49,01	267,22	1740,84

Die Gleichungen lauten also

$$6\,a + 21\,b + 121\,c = 49{,}01 \qquad \text{(I)}$$

$$21\,a + 121\,b + 801\,c = 267{,}22 \qquad \text{(II)}$$

$$121\,a + 801\,b + 5665\,c = 1740{,}84 \qquad \text{(III)}$$

Aus (I) und (II): $95\,b + 755\,c = 191{,}37$ (IV)

„ (I) „ (III): $22\,656\,c + 19\,349\,c = 4514{,}83$ (V)

„ (IV) „ (V): $128\,080\,c = -\,4\,544{,}20$

$$\boldsymbol{c = -\,0{,}03548.}$$

Damit ergibt sich aus IV:

$$95\,b = 218{,}1574;\quad \boldsymbol{b = 2{,}2964.}$$

Mit b und c ergibt sich aus I:

$$6\,a = 5{,}07868;\quad \boldsymbol{a = 0{,}8464.}$$

Das gesuchte Ausgleichungspolynom lautet also:

$$\eta = 0{,}8464 + 2{,}2964\,x - 0{,}03548\,x^2.$$

Stellt man die hiernach berechneten y-Werte den beobachteten y-Werten gegenüber, so ergibt sich folgendes Bild:

Prozent Invertzucker (x)	0	1	2	4	6	8
Kubikzentimeter Thiosulfatlösung,						
y beobachtet	0,81	3,12	5,37	9,41	13,34	16,96
y ausgeglichen	0,85	3,11	5,30	9,46	13,35	16,95

Liegen die x-Werte symmetrisch zu ihrem Mittelwert $\frac{\Sigma x}{n}$, so kann man die Rechnung erheblich vereinfachen, indem man als Ausgang (Nullwert) der Zählung der Abscissen, die dann x' heißen mögen, diesen Mittelwert einführt. Dann verschwinden x', x'^3, x'^5, . . aus Symmetriegründen.

Das hier besprochene Ausgleichsverfahren ist natürlich auch anwendbar für die auf einfachem bzw. doppeltlogarithmiertem Papier erhaltenen Kurven, die durch eine Gerade ausgeglichen werden sollen.

Beispiel. W. GRIMMER und H. BENDUSKI[1] vermuten, daß die Wasserstoffionenkonzentration y in der Milch im allgemeinen[2] in einer gewissen gesetzmäßigen Abhängigkeit zur Titrationsacidität x steht, und haben dafür die Formel

$$y = y_0 a^x = y_0 \cdot 10^{x \log a}$$

angegeben. Zu 16 verschiedenen Werten x wurden die in untenstehender Tabelle angegebenen Werte y beobachtet. Man soll hieraus durch Ausgleich die besten Werte für die Konstanten y_0 und a ermitteln.

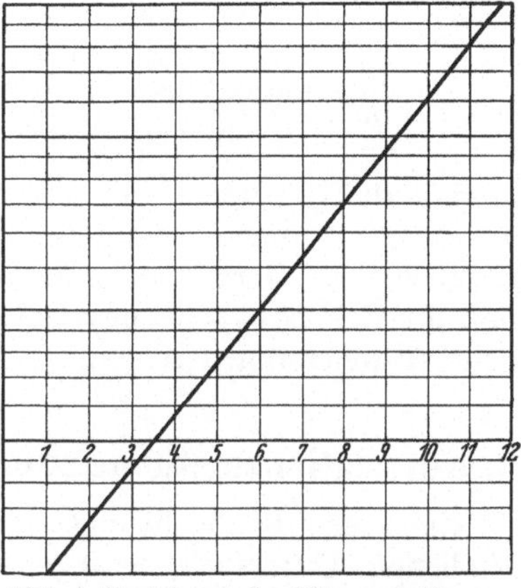

Abb. 4. Beziehung der Wasserstoffionenkonzentration zur Titrationsacidität bei Milch in einfach logarithmischer Darstellung.

Wir haben hier $\log y = \log y_0 + x \cdot \log a$. Die Darstellung auf einfach logarithmischem Papier (vgl. Abb. 4) muß eine Gerade $\eta = \eta_0 + \mu x$ ergeben, d. h. eine Gerade von der Steigung $\mu = \log a$, die auf der Ordinatenachse die Strecke $\eta_0 = \log y_0$ abschneidet. Die den Beobachtungswerten x, $\log y$ entsprechenden Punkte weichen von dieser Geraden um Beträge $\eta_0 + \mu x - \log y$ ab, und man muß die Summe der Quadrate dieser Abweichungen zum Minimum machen:

$$z = \Sigma(\eta - \log y)^2 = \Sigma(\eta_0 + \mu x - \log y)^2 = \text{Min.},$$

um die besten Werte für η_0 und μ zu erhalten. Man muß also die partiellen Differentialquotienten dieses Ausdrucks in bezug auf η_0 und μ gleich Null setzen:

$$\frac{\partial z}{\partial \eta_0} = \Sigma 2 (\eta_0 + \mu x - \log y) = 0 \qquad \frac{\partial z}{\partial \mu} = \Sigma 2 (\eta_0 + \mu x - \log y) \cdot x = 0.$$

Diese Gleichungen lassen sich so schreiben:

$$\eta_0 \cdot n + \mu \Sigma x = \Sigma \log y \qquad \eta_0 \Sigma x + \mu \Sigma x^2 = \Sigma x \log y,$$

wobei n die Anzahl der Beobachtungen bedeutet, hier also 16 ist. Diese beiden Gleichungen genügen zur Bestimmung der beiden Unbekannten η_0, μ. Man erhält:

$$\eta_0 = \frac{\Sigma \log y \, \Sigma x^2 - \Sigma x \log y \, \Sigma x}{n \Sigma x^2 - (\Sigma x)^2}, \qquad \mu = \frac{-\Sigma \log y \, \Sigma x + n \Sigma x \log y}{n \Sigma x^2 - (\Sigma x)^2}.$$

Das Rechenschema gestaltet sich danach folgendermaßen:

x	x^2	$y \cdot 10^7$	$\log y$	$x \log y$
5,5	30,25	1,74	— 6,759 451	— 37,176 980
6,0	36,00	2,00	— 6,698 970	— 40,193 820
6,5	42,25	2,30	— 6,638 272	— 43,148 768
7,0	49,00	2,65	— 6,576 754	— 46,037 278
7,5	56,25	3,05	— 6,515 700	— 48,867 750
8,0	64,00	3,51	— 6,454 693	— 51,637 544
8,5	72,25	4,04	— 6,393 619	— 54,345 761
9,0	81,00	4,65	— 6,332 547	— 56,992 923
9,5	90,25	5,35	— 6,271 646	— 59,580 637
10,0	100,00	6,16	— 6,210 419	— 62,104 190
10,5	110,25	7,08	— 6,149 967	— 64,574 653
11,0	121,00	8,15	— 6,088 842	— 66,977 262
11,5	132,25	9,38	— 6,027 797	— 69,319 665
12,0	144,00	10,80	— 5,966 576	— 71,598 912
12,5	156,25	12,43	— 5,905 529	— 73,819 112
13,0	169,00	14,27	— 5,845 576	— 75,992 488
148,0 $= \Sigma x$	1454,00 $= \Sigma x^2$		— 100,836 358 $= \Sigma \log y$	— 922,367 753 $= \Sigma x \log y$

[1] W. GRIMMER u. H. BENDUSKI: Milchw. Forsch. 1929, 7, 76—99.

[2] Abgesehen von einzelnen, noch nicht aufgeklärten Störungen.

Hieraus ergibt sich

$$\eta_0 = \frac{-100{,}836 \cdot 1454 + 922{,}368 \cdot 148}{16 \cdot 1454 - 148^2} = \frac{631{,}44}{85} = -7{,}4286 = 0{,}5714 - 8 = \log y_0;$$

$$y_0 = 0{,}373 \cdot 10^{-7};$$

$$\mu = \frac{100{,}836 \cdot 148 - 16 \cdot 922{,}368}{16 \cdot 1454 - 148^2} = \frac{10{,}36}{85} = 0{,}1219 = \log a;\ a = 1{,}324$$

(womit die von den Verfassern angegebenen Werte $y_0 = 0{,}370 \cdot 10^{-7}$; $a = 1{,}325$ ausreichend übereinstimmen). Trägt man die diesen Werten entsprechende ausgleichende Gerade auf dem einfach logarithmischen Papier ein, so sieht man, daß die den Beobachtungswerten entsprechenden Punkte von ihr kaum merkliche Abweichungen zeigen.

3. Korrelationsmethode zum Vergleich zweier natürlicher Funktionen.

Bei vielen Beobachtungsreihen verschiedener Art an demselben oder einem ähnlichen Untersuchungsgegenstande trifft man auf Beziehungen, die sich zwar nicht direkt durch eine feste mathematische Formel ausdrücken lassen, die sich aber doch hinsichtlich der Häufigkeit gleichgerichteter Werte oder umgekehrt einer eigentümlichen Gegensätzlichkeit auszeichnen. So entspricht z. B. einem hohen Proteingehalt des Weizens bzw. des Mehles „im allgemeinen" eine hohe Backfähigkeit, die wir zahlenmäßig ausdrücken können. Man spricht in diesem Falle von einer positiven Korrelation zwischen Proteingehalt und Gebäckvolumen. Eine ähnliche positive Korrelation besteht zwischen vielen Kennzahlen, z. B. Aschengehalt von Mehlen und elektrischer Leitfähigkeit von Mehlauszügen, Verseifungszahl und REICHERT-MEISSLscher Zahl bei Butterfett, REICHERT-MEISSLscher Zahl und Buttersäurezahl, Jodzahl und Lichtbrechung bei Fetten gleicher oder ähnlicher Art. Auch zwischen Fettbestandteilen, z. B. zwischen Buttersäuregehalt und Capronsäuregehalt wurde von uns eine positive Korrelation gefunden. Andere Kennzahlen verhalten sich gerade umgekehrt. Einem hohen Schmelzpunkt oder Erstarrungspunkt eines Fettes entspricht eine niedrige Jodzahl, einem hohen Gehalt der Milch an Chloriden entspricht ein niedriger Milchzuckergehalt usw. Man spricht in diesen Fällen von negativer Korrelation. Daneben gibt es sehr viele Beziehungen, die miteinander verglichen weder positiv noch negativ „korrelieren", oder bei denen eine Korrelation ohne weiteres nicht erkennbar ist.

Die Feststellung von Korrelationen, besonders auch ihrer zahlenmäßigen Höhe ist nicht nur an sich von großer Bedeutung, sondern kann auch z. B. als ein gutes Mittel zur Einschätzung des Wertes verschiedener Untersuchungsmethoden in bezug auf das zu erreichende Ziel gelten. In anderen Fällen kann der Nachweis des Bestehens einer Korrelation auf sonst schwer erkennbare Beziehungen zwischen den verglichenen Funktionen hinweisen und zur Erforschung dieser den Anstoß geben. Auch der Nachweis des Nichtbestehens einer Korrelation kann oft von Wert sein und bedeuten, daß die verglichenen Zahlen nicht miteinander in Beziehung stehen, also jede als unabhängige Kennzahl gelten kann.

Unter Korrelation versteht man also den Zusammenhang zwischen irgendwelchen veränderlichen Dingen, ohne daß natürlich etwas über die Ursache (die Kausalität) dieses Zusammenhanges gesagt wird. Es erhebt sich nun die Frage, auf welche Weise man eine derartige Korrelation am besten darstellt. Früher pflegte man oft Korrelationen durch Zeichnung von Kurven und den Vergleich solcher Kurven miteinander — ob sie einen gleichsinnigen oder gegensätzlichen Verlauf zeigen — zu untersuchen. Dieser Weg kam praktisch auf eine Abschätzung nach Augenmaß hinaus und konnte naturgemäß keinen genauen Ausdruck für die Korrelation liefern. Dazu kommt noch, daß bei solchen Kurven, damit man sie überhaupt zeichnen kann, ein Faktor (z. B. die Zeit) mit hereingenommen werden muß, der für die Korrelation selbst zwecklos ist.

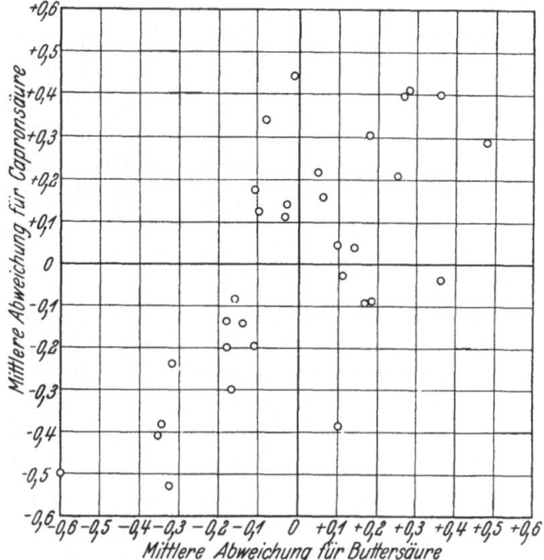

Abb. 5. Korrelation zwischen Buttersäuregehalt und Capronsäuregehalt in Butterfett.

Ein besseres Mittel, eine Korrelation zu erkennen, besteht darin, daß man die Abweichungen vom Mittelwert der beiden zu vergleichenden Zahlen als Ordinaten und Abscissen abträgt und dadurch einen Punkt festlegt. Die Maßstäbe der Zeichnung wählt man am besten so, daß ein quadratisches von einem Halbierungskreuz durchschnittenes Diagramm entsteht. Trägt man nun ebenso die Abweichungen vom Mittelwert in den weiteren Fällen ein, so erhält man eine größere Zahl von Punkten, die entweder über das ganze Feld verstreut liegen bzw. sich „kreisförmig" anordnen, oder sich in einer bestimmten Richtung ordnen, in einigen Fällen selbst zu einem mehr oder weniger breiten Streifen zusammengedrängt werden. Wenn keine Korrelation vorliegt, wird keine Richtung zu bemerken sein. Diese Richtung wird um so mehr in ein schmales Band übergehen, je enger die Korrelation ist. Nebenstehende Abbildungen (Abb. 5 u. 6) geben die Korrelation zwischen Buttersäuregehalt und Capronsäuregehalt einerseits und zwischen Buttersäurezahl und Buttersäuregehalt anderseits bei Butterfett an, wie sie von J. GROSSFELD und A. BATTAY[1] an 32 Proben ermittelt worden sind. Zwischen Buttersäure- und Capronsäuregehalt (Abbildung 5) besteht eine positive Korrelation, wie aus der Anordnung der Punkte von oben rechts nach unten links hervorgeht. Diese Korrelation ist aber weit schwächer als die zwischen Buttersäurezahl und Buttersäuregehalt (Abb. 6), die in Form eines ziemlich schmalen Streifens der

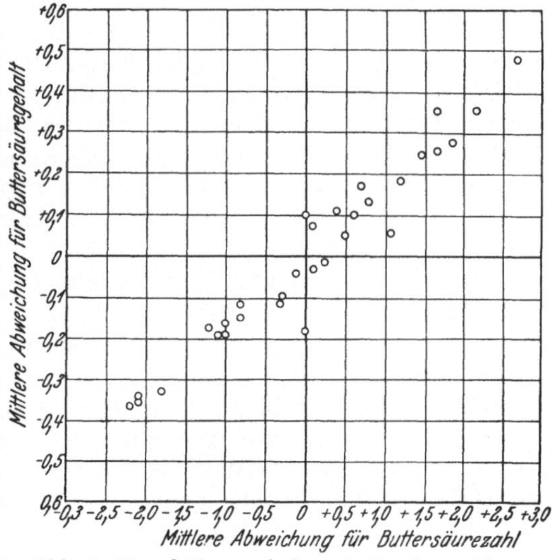

Abb. 6. Korrelation zwischen Buttersäurezahl und Buttersäuregehalt in Butterfett.

[1] J. GROSSFELD u. A. BATTAY: Z. 1931, 62, 99.

Punkte in Erscheinung tritt. — Bei negativer Korrelation würde, wie leicht zu erkennen ist, ein solcher Streifen von oben links nach unten rechts verlaufen.

Indes geben uns diese Zeichnungen auch noch keinen zahlenmäßigen Ausdruck für die Korrelation, es sei denn wieder durch Schätzung der mittleren Breite des Streifens. Ein solcher zahlenmäßiger Ausdruck besteht aber im Korrelationsfaktor, der, wie folgt[1], abgeleitet wird:

Man berechnet aus einer größeren Zahl von Beobachtungen zunächst den Mittelwert und die einzelnen positiven und negativen Abweichungen von diesem Mittelwert. Nennen wir eine einzelne Abweichung der einen Größe x_1, die entsprechende der anderen, mit der korreliert werden soll, x_2, so ist bei positiver Korrelation das Produkt $x_1 \cdot x_2$ im allgemeinen positiv, bei negativer Korrelation ist die eine Abweichung im allgemeinen der anderen entgegengesetzt, also $x_1 \cdot x_2$ negativ. Bilden wir nun aus sämtlichen sich entsprechenden Beobachtungen die Produkte $x_1 \cdot x_2$ und addieren diese, so wird bei positiver Korrelation $\Sigma x_1 \cdot x_2$ positiv, bei negativer Korrelation negativ werden. Wenn keine Korrelation besteht, wird $\Sigma x_1 \cdot x_2$ mehr oder weniger 0 werden.

Um $\Sigma x_1 x_2$ von den Maßeinheiten und der Zahl der Feststellungen unabhängig zu machen, nimmt man, um einen Mittelwert ihrer absoluten Größe zu erhalten, die Quadrate aller Größen x_1 und addiert sie; dividiert man nun durch ihre Anzahl n, so erhält man das mittlere Quadrat. Die Wurzel daraus, σ_1, gibt die mittlere Größe von x_1 an. In gleicher Arbeitsweise ergibt sich σ_2, also

$$\sigma_1 = \sqrt{\frac{\Sigma x_1^2}{n}}, \quad \sigma_2 = \sqrt{\frac{\Sigma x_2^2}{n}}.$$

Setzt man nun

$$r = \frac{\Sigma x_1 \cdot x_2}{n \, \sigma_1 \cdot \sigma_2},$$

so ist r eine von den Maßeinheiten befreite Zahl und proportional der Summe der Produkte. Diese Größe r nennt man den Korrelationsfaktor (Korrelationskoeffizienten). Wie eine einfache Überlegung zeigt, wird

$r = 1$, wenn alle $x_1 = C x_2$ und C eine Konstante sind, also die ursprünglichen Kurven sich — abgesehen von dem Verjüngungsfaktor C — decken,

$r = 0$, wenn x_1 und x_2 bei genügender Anzahl keine Beziehungen miteinander haben,

$r = -1$, wenn x_1 und x_2 die größte Gegensätzlichkeit zeigen.

Zahlenwerte von r zwischen $+1$ und -1 geben die Größe der Verwandtschaft an, in exakter Weise jedoch erst, wenn unendlich viele Feststellungen gemacht worden sind.

Bei praktischen Arbeiten kommt indes nur eine endliche Anzahl von Beobachtungen in Frage, was zur Folge hat, daß unser Korrelationsfaktor eine gewisse Unsicherheit besitzt, mit einem „wahrscheinlichen Fehler" behaftet ist. Dieser wahrscheinliche Fehler, den wir f nennen, läßt sich nach PEARSON nach der Gleichung

$$f = \frac{0{,}674\,(1 - r^2)}{\sqrt{n}}$$

berechnen. f ist also um so größer, je kleiner die Zahl der Beobachtungen und je kleiner der Korrelationsfaktor r ist.

Man pflegt bei Angabe des Korrelationsfaktors r die Größe von f als Maß für die Sicherheit hinzuzufügen. Im allgemeinen wird gefordert, daß f nicht

[1] Vgl. F. M. EXNER: Die Korrelationsmethode. Jena 1913.

größer als $r/6$ sein darf, wenn r noch ein verläßlicher Wert sein soll. Doch kommen auch Fälle vor, bei denen die Korrelation r sich als das Ergebnis des Zufalles erweist, wenn f noch kleiner als $r/6$ ist.

Es ist nun ein Leichtes, auch für unsere Beziehungen zwischen Buttersäuregehalt und Capronsäuregehalt bzw. zwischen Buttersäurezahl und Buttersäuregehalt r auszurechnen[1]; so wird erhalten:

Korrelation zwischen Buttersäuregehalt und Capronsäuregehalt	Korrelation zwischen Buttersäurezahl und Buttersäuregehalt
$\Sigma x_1 \cdot x_2 = 1{,}4929$	$\Sigma x_1 \cdot x_2 = 9{,}607$
$\sigma_1 = 0{,}2780 \quad \sigma_2 = 0{,}2414$	$\sigma_1 = 0{,}241 \quad \sigma_2 = 1{,}40$
$r = 0{,}70 \quad f = \pm 0{,}060$	$r = 0{,}89 \quad f = \pm 0{,}026$

Im ersteren Falle beträgt der wahrscheinliche Fehler etwa $^1/_{12}$, im anderen Falle etwa $^1/_{34}$ des Korrelationsfaktors. Anderseits zeigt der Vergleich, daß eine mäßige Erhöhung des Korrelationsfaktors bereits eine viel stärkere Korrelation anzeigt, als die Zeichnung erkennen läßt. Daraus folgt aber auch umgekehrt, daß ein Sinken des Korrelationsfaktors, etwa unter 0,5, anzeigt, daß praktisch keine brauchbare Korrelation mehr vorhanden ist.

Wenn nun weiter mit Hilfe des Korrelationsfaktors aus einer gegebenen Größe auf die andere Größe geschlossen werden soll, so faßt man die eine Größe x_1 als lineare[1] Funktion der andern auf, entsprechend einer allgemeinen Gleichung

$$x_1 = bx_2 + \delta .$$

Der Wert b hat dann für alle Wertpaare die gleiche Größe. δ hat für jedes Paar einen anderen Wert. Es bedeutet den Fehler, den wir machen, wenn wir allgemein

$$x_1 = bx_2$$

setzen. Letztere Gleichung stellt die durchschnittliche Beziehung, die Korrelation aller Werte x_1 zu den Werten x_2 dar. Man nennt sie Regressionsgleichung[2]. Die Gleichung wird um so genauer der Wirklichkeit entsprechen, je kleiner δ wird. Eine genauere Betrachtung ergibt, daß

$$b = r \frac{\sigma_1}{\sigma_2}$$

zu setzen ist. Man nennt b den Regressionskoeffizienten.

Bleiben wir bei unserem Beispiel der Korrelation zwischen Buttersäurezahl und Buttersäuregehalt, so ist also in unserem Falle

$$b = r \frac{\sigma_1}{\sigma_2} = 0{,}89 \frac{0{,}241}{1{,}40} = 0{,}15;$$
$$x_1 = 0{,}15\, x_2 .$$

Liegt also die Buttersäurezahl um 1 über dem Mittelwert, so wird wahrscheinlich der Buttersäuregehalt um 0,15 über dem Mittelwert liegen.

In dem bei statistischen Berechnungen sehr häufigen Fall, daß nicht nur zwei veränderliche Größen, sondern drei oder mehr x_1, x_2, x_3 ... miteinander in Beziehung stehen, kann man fragen, wie genau x_1 von den anderen Größen bestimmt wird. Bei dieser Erweiterung der Korrelationsmethode spricht man von partieller Korrelation[3]. Diese Methode geht von den gewöhnlichen Korrelationsfaktoren aus und untersucht zunächst den Einfluß der Variabelen auf x_1, indem sie partielle Korrelationsfaktoren aufstellt. Da die Größen x_2, x_3 .....

[1] Bezüglich der einzelnen Zahlenwerte von x_1 und x_2 sei auf die Originalstelle **Z.** 1931, **62**, 119, verwiesen.
[2] Als einfachste Voraussetzung.
[3] C. U. YALE: Introduction to the Theory of Statistics. London: Ch. Griffin & Co. 1912.

meist voneinander selbst nicht unabhängig sind, so fragt man zunächst, wie die Korrelation zwischen x_1 und x_2 beschaffen ist, wenn x_3, x_4 .... Null sind. Sodann kann man x_1 als Funktion der Größen x_2, x_3 .... ausdrücken, indem man

$$x_1 = b_2 x_2 + b_3 x_3 + b_4 x_4 + \dots$$

setzt. Die Faktoren b_2, b_3, b_4 .... werden ähnlich wie oben berechnet.

Über weitere Möglichkeiten zur graphischen Darstellung von Korrelationen, das sog. Korrelationsfeld, sowie die Korrelationsfläche, welche die Umschreibung durch die 1%-Grenzlinie ergibt, vgl. A. BECKEL [1], der auch die Berechnung des Korrelationsfaktors daraus zeigt.

Nach BECKEL haben die einzelnen Nahrungsmittel jeweils charakteristische Lage und Form der Korrelationsflächen, z. B. Fleisch für Wasser und organisches Nichtfett, Himbeer-Rohsaft für Asche und Alkalität, Milch für Brechung des Serums und Chlorgehalt. Durch willkürliche Eingriffe, z. B. durch Wässerung wird das natürliche Gefüge der Korrelationsfläche geändert.

[1] A. BECKEL: Z. 1934, **68**, 41.

Biologische Methoden.

Verdaulichkeit der Lebensmittel.

Von

Professor **Dr. A. Bömer**-Münster i. W.

Unter der Verdaulichkeit oder Ausnutzung der Lebensmittel versteht man die prozentuale Angabe — Verdaulichkeits- oder Ausnutzungskoeffizienten — derjenigen Nährstoffmengen, welche beim Genusse in den Verdauungsorganen ausgenutzt, d. h. entweder im Körper angesetzt oder verbrannt werden bzw. werden können. Man bestimmt die Verdaulichkeit oder Ausnutzung der Lebensmittel aus der Differenz der flüssigen und festen Einnahmen und Ausgaben des Körpers. Hierdurch werden aber nicht diejenigen Stoffmengen ermittelt, welche dem Körper wirklich zugute kommen, d. h. von ihm in der Form von Fleisch und Fett angesetzt werden, und diejenigen, welche zur Erhaltung des Körpers und seiner Leistungen verbrannt werden (siehe den Anhang auf S. 1466).

Die Bestimmung der Verdaulichkeit der Lebensmittel geschieht teils durch Verdauungsversuche am Menschen selbst, teils künstlich durch Behandlung der Lebensmittel mit Verdauungsenzymen außerhalb des Körpers. Darüber, welches dieser beiden Verfahren die brauchbarsten Ergebnisse liefert, bestehen Meinungsverschiedenheiten. Bisher war man allgemein der Ansicht, daß der Verdauungsversuch am Menschen selbst — oder am Hunde, dessen Verdauungsorgane den menschlichen ähnlich sind — angestellt werden müsse, und infolgedessen ist eine große Zahl von solchen Versuchen mit den wichtigsten Lebensmitteln angestellt worden. Diesen Versuchen haften aber, wie unten gezeigt werden wird, erhebliche Mängel an. Infolgedessen tritt H. Steudel[1] neuerdings dafür ein, daß die künstliche Verdauung mit den Verdauungsenzymen außerhalb des Körpers, die auch früher schon vielfach angewendet wurde, brauchbarere Ergebnisse liefere und daher allgemein angewendet werden sollte.

I. Verdauungsversuche am Menschen.

Solche Verdauungsversuche am Menschen sind in ihrem Prinzip zwar sehr einfach, in der praktischen Ausführung sind sie aber mit großen Schwierigkeiten und Mängeln verbunden.

1. Schwierigkeiten und Mängel der Verdauungsversuche.

a) Einförmigkeit der Kost. Zunächst machen solche Versuche den tagelangen ausschließlichen Genuß eines einzelnen Lebensmittels notwendig. Der erwachsene Mensch kann aber ein einzelnes Lebensmittel kaum einige Tage ohne Widerstreben verzehren, selbst wenn gleichzeitig Getränke, wie Bier, Wein oder Mineralwasser gestattet werden. Sodann aber ist auch die genaue Sammlung

[1] H. Steudel: Zeitschr. ges. exp. Medizin 1935, **95**, 580.

des dem betreffenden Lebensmittel oder der Nahrung entsprechenden Kotes schwierig. An abwechslungsreiche Kost gewöhnte Menschen verschmähen mitunter schon nach wenigen Mahlzeiten ein und dasselbe Lebensmittel. Es eignen sich daher zu solchen Versuchen zunächst nur Menschen, die an einfache und sparsame Kost gewöhnt sind und dabei gute Verdauungsorgane besitzen.

In anderen Fällen kann man, wenn man die Ausnutzungsfähigkeit verschiedener Nahrungsmittel (z. B. verschiedener Brot- oder Mehlsorten, verschiedener Gemüse usw.) vergleichend nebeneinander prüfen will, in der Weise verfahren, daß man eine gleiche geringe Menge eines anderen zusagenden Lebensmittels (Fleisch oder Milch), dessen fast völlige Ausnutzungsfähigkeit erwiesen ist, zulegt und neben diesem in der überwiegenden Menge das vergleichsweise zu prüfende Lebensmittel verabreicht. Als anregende Mittel kann man je nach der Art des zu prüfenden Lebensmittels auch Fleischsuppe, Kaffee, Bier oder Wein genießen lassen.

Selbstverständlich muß auch das Gewicht der Versuchspersonen (ohne Kleidung) vor und nach dem Versuche durch eine hinreichend genaue Waage kontrolliert werden.

b) Abgrenzung des Kotes. Diese bereitet große Schwierigkeiten. Bei Tieren, die tagaus tagein dasselbe Futter verzehren, hält die Abgrenzung nicht schwer; man füttert die Tiere (Wiederkäuer, Schweine, Pferde usw.) 7—10 Tage mit dem zu prüfenden Futtermittel, bis man sicher sein kann, daß aller Inhalt der Verdauungsorgane von einem vorhergehenden Futter entfernt ist und der entleerte Kot nunmehr dem zu prüfenden Futtermittel entspricht; man sammelt und wägt von da an den Kot täglich, indem man die Fütterung in derselben Weise noch 7—10 Tage fortsetzt. Man erhält so genügend richtige Durchschnittswerte für die dem täglich verzehrten Futter entsprechende Kotmenge.

Dieses Verfahren läßt sich aber beim Menschen nicht anwenden, weil er, wie schon gesagt, eine einseitige Nahrung nur wenige Tage erträgt. Deshalb sucht man hier durch ein Vor- und Nachnahrungsmittel, das einen sehr kennzeichnenden Kot liefert, den dem zu prüfenden Nahrungsmittel entsprechenden Kot abzugrenzen. J. RANKE verwendete für diesen Zweck Preißelbeeren, deren Hüllen mit dem Kot wieder abgehen und darin leicht aufgefunden werden können. Indes hat sich dieses Mittel, weil die Beerenteile an den Darmwandungen hängen bleiben, nicht bewährt[1]. Dagegen ist nach M. RUBNERs Vorgange reine Milchnahrung für den Zweck sehr geeignet. Der Kot nach Milchgenuß ist weiß bis hellgelb[2] und bildet, wenn nicht Diarrhöen[3] danach eintreten, feste, knollige, Maiskolben vergleichbare Massen, die sich wie Seife schneiden und vom Kot nach Genuß anderer Nahrung scharf abgrenzen lassen.

Um z. B. die Ausnutzung einer während 3 Tagen gegebenen Fleischmenge zu erfahren, reicht M. RUBNER[4] am Tage vor Beginn des Versuches etwa 2 l — nicht unter 1,5 l und nicht über 2,5 l — Milch, läßt zwischen der Milchaufnahme und dem Beginn der eigentlichen Versuchsreihe eine Pause von 16—24 Stunden eintreten, um die Vermischung der Kotsorten zu vermeiden; 15 Stunden vor Abschluß der Versuchsreihe wird die letzte Mahlzeit eingenommen, worauf dann gewöhnlich 6 Stunden nach dem Abschluß, also 21 Stunden

[1] Beim Hunde kann man den Kot auch durch Knochen abgrenzen; die Hunde werden 12—24 Stunden vor Beginn und nach Abschluß einer Versuchsreihe mit Knochen gefüttert und liefern dann den kennzeichnenden Knochenkot von weißer krümeliger Beschaffenheit. Die für die Kotabgrenzung empfohlenen Korkstückchen oder Kohlenpulver haben sich nicht bewährt.

[2] Der Kot nach Fleischgenuß ist dunkelbraun, der Eierkot goldgelb, der Blutwurstkot schwarz, der nach gemischter Kost hellbraun.

[3] Diarrhöen treten häufig nach Aufnahme von kalter, nicht von gekochter oder warmer Milch auf; auch ist meistens mit einer einmaligen dünnflüssigen Entleerung die Erscheinung verschwunden.

[4] M. RUBNER: Zeitschr. Biol. 1879, 15, 115.

nach der letzten Mahlzeit, wieder Milch genommen wird. Dadurch schließt man den dunklen Fleischkot — bzw. den nach anderer Kost erhaltenen Kot — zwischen den weißen, leicht erkennbaren Milchkot ein. Folgende Tabelle aus den Versuchen RUBNERs möge die Versuchsanordnung erläutern:

Tag		Speise	Kot: Zeit	Kot: Menge
Vortag . .	12. Febr.	Milch	—	0
Versuchstage	13. Febr.	Weißbrot	—	0
	14. Febr.	Weißbrot	4 Uhr nachm.	Gemischter Kot, Milchkot (10,6 g trocken) und erster Brotkot (14,8 g trocken)
	15. Febr.	Weißbrot	10 Uhr vorm.	Brotkot (27,3 g trocken)
Nachtage	16. Febr.	Milch	12 Uhr mittags	Brotkot (28,5 g) und Milchkot
	17. Febr.	gemischte	—	
	18. Febr.	gemischte	—	Milchkot und gemischter Kot

Wie man sieht, erscheinen die letzten Reste der genossenen Nahrung — hier Brot — im Kot erst am 2. Tage nach der letzten Aufnahme.

Wenn es sich daher ermöglichen läßt, daß das auf Verdaulichkeit zu prüfende Nahrungsmittel 4 oder besser 5 Tage lang — unter Mitverwendung von den genannten, die Verdaulichkeit nicht beeinflussenden Zusätzen oder Getränken — genossen wird, so kann man auch ohne wesentlichen Fehler in der Weise verfahren, daß man die Nahrung erst 2 oder 3 Tage verabreicht, ohne den während dieser Vortage ausgeschiedenen Kot zu berücksichtigen, dann dieselbe Nahrung noch 2 Tage weiter verabreicht und den Kot erst an den letzten beiden Versuchstagen, also am 3. und 4., oder am 4. und 5. Tage nach Beginn des Versuches sammelt und wägt.

Von anderer Seite[1] sind auch zur Abgrenzung des Kotes die Farbstoffe Carmin und Indigocarmin empfohlen worden.

c) Mängel der Ergebnisse. Selbstverständlich müssen zu den Verdauungsversuchen gesunde Personen mit normal wirkenden Verdauungsorganen ausgewählt werden, und zwar, da auch die Organe solcher Personen noch verschiedene Verdauungskraft besitzen können, am besten mehrere Personen. Aber auch, wenn diese Bedingungen erfüllt sind, bleibt eine Unsicherheit der Verdaulichkeitsergebnisse in folgender Richtung bestehen:

α) Der Kot besteht nicht lediglich aus den unverdauten Bestandteilen der Nahrung, sondern er enthält auch mehr oder weniger unkontrollierbare Beimengungen von Darmsekreten, die aus Stickstoffverbindungen und ätherlöslichen Stoffen bestehen. Infolgedessen dürfte die Verdaulichkeit von Protein und Fett auch mehr oder weniger größer sein, als durch den Verdauungsversuch sich ergibt. Andererseits können nach H. STEUDEL infolge von Darmgärung und Fäulnis die Ergebnisse des Verdauungsversuches auch, namentlich hinsichtlich der Kohlenhydrate, günstiger erscheinen, als sie in Wirklichkeit sind.

β) Die Verdaulichkeit eines Lebensmittels wird beim Verdauungsversuch am Menschen auch dadurch beeinflußt, in welcher Kombination mit anderen Lebensmitteln das betreffende Lebensmittel verzehrt wird. Wird ein Lebensmittel, z. B. Brot, Kartoffeln, Gemüse usw. allein verzehrt, so zeigt es eine geringere Verdaulichkeit, als wenn es in Kombination mit anderen Lebensmitteln, z. B. Fleisch, verzehrt wird[2]. Infolgedessen sind die Ergebnisse solcher Verdauungsversuche von Fall zu Fall verschieden und nicht reproduzierbar.

[1] R. FERRARI: Pflügers Arch. 1932, **230**, 215.

[2] Vgl. P. ALBERTONI und F. ROSSI: Arch. exp. Pathol. Pharmakol. 1908, Suppl.-Bd., S. 29. — R. FERRARI: Pflügers Arch. 1932, **230**, 215. — J. M. VOIGT: Pflügers Arch. 1934, **234**, 570.

2. Ausführung der Verdauungsversuche.

α) **Menge und Zusammensetzung der Nahrung.** Bei der Ermittlung der Menge der eingenommenen Nahrung ist es wesentlich, daß die Versuchsperson die ihr zugewogene Nahrung auch vollständig verzehrt; geschieht dies nicht, so müssen auch die Reste gesammelt und untersucht werden.

α) Probenahme. Von großer Wichtigkeit ist es, daß jedesmal eine gute Durchschnittsprobe der Nahrung für die Analyse gezogen wird.

Getränke, wie Bier, Wein, Mineralwasser usw. lassen sich von gleicher Beschaffenheit stets in solchen Mengen erhalten, daß sie für den ganzen Versuch ausreichen. Sie brauchen daher nur einmal untersucht zu werden.

Milch, Fleischbrühe Mehlsuppen, breiartige Speisen, gekochte Gemüse usw. schwanken dagegen täglich im Gehalt, je nach der Mischung und Kochdauer. Hiervon müssen also täglich Proben entnommen und untersucht werden. Da die täglich zubereiteten Mengen verschieden ausfallen werden, so müssen die für die Untersuchung zu entnehmenden Proben stets im gleichen Verhältnis zu den zubereiteten Mengen stehen. Zu dem Zweck verfährt man zweckmäßig in der Weise, daß man morgens — oder bei Gemüsen auch abends vorher — eine solche Menge der Flüssigkeit bzw. des Breies zubereitet und kocht, daß sie für den Versuchstag mehr als ausreicht, nach dem Erkalten das Gewicht ermittelt und nun jedesmal $^1/_5$ oder $^1/_{10}$ der zubereiteten Speise für die Untersuchung nach gehörigem Durchmischen entnimmt; die verbleibenden $^4/_5$ oder $^9/_{10}$ der Speise werden dann für jede Mahlzeit (3—5mal) unter Bedecken in heißem Wasser aufgewärmt und davon aliquote Teile je nach Bedürfnis genossen, indes so, daß bei der letzten Mahlzeit die letzten Reste verzehrt werden. Geschieht dieses nicht, so müssen die Reste zurückgewogen und, weil sie infolge Wasserverdunstung einen höheren Trockensubstanzgehalt als die ganze Speise am Morgen haben werden, für sich zur weiteren Untersuchung gesammelt werden. Zur Erläuterung möge folgendes Beispiel dienen:

	Zubereitete Menge Speise (Gemüse)	Davon $^1/_5$ für die Untersuchung	Verzehrt den Tag über	Reste
1. Tag. . .	1735,0 g	347,0 g	1332,5 g	55,5 g
2. Tag. . .	1794,4 ,,	338,9 ,,	1343,2 ,,	12,3 ,,

usw. für die noch folgenden 2 oder 3 Versuchstage.

Die täglich abgewogenen Mengen breiiger Speisen werden in Porzellanschalen oder emaillierte flache Eisenschalen gegeben und auf dem Wasserbade oder im Lufttrockenschrank bei 40—50° tunlichst schnell eingedampft. Hat man von den zubereiteten Speisen stets die Anteile für die Untersuchung jeden Tag in dem gleichen Verhältnis ($^1/_5$ oder $^1/_{10}$) abgewogen, so kann man die abgewogenen Mengen von vornherein oder nach dem Wägen im lufttrockenen Zustande zusammengeben und zusammenverarbeiten. Sind die $^1/_5$ Anteile an den einzelnen Versuchstagen nicht zusammengegeben, sondern jeder Anteil für sich vorgetrocknet und hat man z. B. gewogen:

Speise	1. Tag	2. Tag	3. Tag	4. Tag	5. Tag	Zusammen
Frisch . .	1332,5 g	1343,2 g	1290,3 g	1405,4 g	1350,6 g	6722,0 g
Lufttrocken	199,8 ,,	206,5 ,,	185,6 ,,	196,4 ,,	204,5 ,,	992,8 ,,

so werden die 992,8 g lufttrockne Speise nach dem Mischen zusammen vermahlen. Man kann aber auch die jedesmaligen $^1/_5$ oder $^1/_{10}$ Anteile von vornherein zusammengeben, zusammen trocknen und zuletzt zusammen wägen.

Feuchtfeste Lebensmittel, wie Fleisch, Wurst, Käse, Eier, Brot, Kuchen, Kartoffeln, Gemüse, Obst, haben, besonders was den Wassergehalt anbelangt, eine mehr oder weniger wechselnde Zusammensetzung; es müssen daher Proben von den täglich verzehrten Mengen entnommen werden; aber auch hier kann man, wenn man die Proben jedesmal in demselben Verhältnis (sei es $^1/_5$ oder $^1/_{10}$ g) von der zubereiteten Menge entnimmt, die täglich abgewogene Menge wie bei breiartigen Speisen zusammengeben und schließlich die gesammelten und vorgetrockneten Proben zusammen verarbeiten und als Durchschnittsprobe untersuchen.

Von den täglich zugemessenen Eiern werden zwei Stück von mittlerer Größe verwendet, gewogen, der Inhalt in eine gewogene Porzellan- oder emaillierte Eisenschale entleert, gewogen und auf einem Wasserbade eingetrocknet[1]. Die eingetrocknete Masse wird zusammen zurückgewogen, fein zerhackt oder verrieben und dann weiter untersucht.

[1] Man kann das Gewicht des Eierinhalts auch in der Weise ermitteln, daß man die entnommenen Eier wägt, in die Porzellanschale usw. entleert und die Eierschalen zurückwägt. Auf diese Weise kann man den Inhalt der täglich entnommenen Eier immer in dieselbe Porzellanschale entleeren und im Wasserbade weiter trocknen bis zur Beendigung des Versuches. Auch kann man, da der Wassergehalt der Eier beim Kochen sich nur unwesentlich ändert, die entnommenen Eier sehr hart kochen und das Gewicht des Inhaltes nach dem Kochen ermitteln.

Zu Fleischversuchen wird man zweckmäßig von anhängendem Fett tunlichst befreite Stücke nehmen. Man wägt hiervon $^1/_5$ oder $^1/_2$ mehr ab, als für den Verzehr in Aussicht genommen ist, bereitet diese in gewünschter Weise (roh gehackt, gekocht, gedämpft oder gebraten) zu, wägt und nimmt von den zubereiteten Stücken an verschiedenen Stellen im ganzen $^1/_5$ oder $^1/_2$ des Gewichtes für die chemische Untersuchung; diese wird entweder täglich ausgeführt und aus den an den einzelnen Tagen gewonnenen Ergebnissen das Mittel genommen, oder man bewahrt die täglich für die Untersuchung entnommenen Proben in gut schließenden Porzellan- oder Blechgefäßen auf, auf deren Boden sich Formaldehyd oder Chloroform befindet, die einer Zersetzung des Fleisches während der mehrtägigen Aufbewahrung vorbeugen, aber die chemische Untersuchung nicht beeinträchtigen. Die gesamten Proben Fleisch werden dann am Schlusse des Versuches zusammen in einer Fleischhackmaschine fein zerhackt und hiervon aliquote Teile untersucht. Hat man sehr mageres Fleisch, so kann man es nach dem Zerschneiden in kleinere Stückchen gleich in Schalen trocknen, die lufttrockenen Rückstände am Schlusse des Versuches nach dem Wägen mahlen und so weiter untersuchen. Enthalten die Fleischstücke aber viel anhängendes Fett, so ist es kaum möglich, durch direkte Verarbeitung der Stücke eine gute Durchschnittsprobe für die Untersuchung zu erhalten. Dann trennt man äußerlich anhängendes Fett möglichst vollständig ab, ermittelt von ihm wie von dem reinen Fleisch das Gewicht und untersucht beide getrennt für sich.

Wurst und sonstige Fleischdauerwaren besitzen durchweg eine gleichmäßigere Zusammensetzung als Fleisch; auch halten sie sich für die Versuchstage genügend gut, so daß von der für jeden Versuch ausgewählten Gesamtmenge nur aus verschiedenen Stücken bzw. an verschiedenen Stellen Proben entommen zu werden brauchen, um einen guten Durchschnitt zu erhalten.

Käse. Auch eine und dieselbe Käsesorte besitzt eine genügend gleichmäßige Zusammensetzung bzw. Haltbarkeit, um durch eine einzige Entnahme bei Beginn des Versuches eine gute Durchschnittsprobe erhalten zu können. Verwendet man kleinere Käse, die ohne Abfall verzehrt werden, so entnimmt man einem größeren Vorrat etwa 10—15 Stück, wägt und untersucht sie wie üblich; den für den ganzen Versuch ausreichenden Vorrat gibt man in ein verschlossenes Blechgefäß und bewahrt ihn in einem kühlen Raum auf, so daß ein Wasserverlust ausgeschlossen ist. Die täglich verzehrte Menge wird durch besondere Wägung festgestellt. In ähnlicher Weise verfährt man mit Käse in großen Laibformen. Hiervon schneidet man je nach der Größe der letzteren ein Kreisteilstück (Segment) von $^1/_4$, $^1/_8$ oder $^1/_{16}$ (im ganzen etwa 500—1000 g) heraus, entrindet, wägt und untersucht in üblicher Weise. Für den täglichen Verzehr werden ebenfalls Segmente der Käselaibe abgewogen und entrindet verabreicht. Die Aufbewahrung geschieht wie bei den kleinen Käsen.

Brot und ähnliche Gebäcke werden zweckmäßig täglich frisch zubereitet, und zwar doppelt in der zugedachten Gewichtsmenge; die eine Hälfte dient zur chemischen Untersuchung, die andere zum Verzehr; es empfiehlt sich, nur so viel Brot bzw. Gebäck zuzubereiten, daß die Hälfte im Tage genau verzehrt wird; hat man zwei Laibe Brot gebacken, so durchteilt man beide und nimmt je die Hälfte für die Untersuchung und zum Verzehr. Die zur Untersuchung bestimmte Hälfte (bzw. Hälften) wird in Scheiben geschnitten und in üblicher Weise bei 40—50° vorgetrocknet. Wenn man in dieser Weise verfahren hat, so kann man die von jedem Tag verbleibenden lufttrockenen Proben am Schlusse zusammengeben, gemeinschaftlich wägen, vermahlen und als eine richtige Durchschnittsprobe weiter untersuchen. Verbleiben von dem Brot oder Gebäck unverzehrte Rückstände, so müssen diese für sich gesammelt und wegen des im Tage eintretenden Wasserverlustes für sich untersucht und deren Trockensubstanz von der des zugewogenen Brotes abgezogen werden.

Lufttrockene Lebensmittel (Trockenobst, Trockengemüse usw.) lassen sich in Blechbehältern in trockenen Räumen so aufbewahren, daß sie für den ganzen Versuch ihren Wassergehalt bewahren, weshalb von ihnen für die Untersuchung auch nur einmal eine gute Durchschnittsprobe entnommen zu werden braucht.

Liefern die Lebensmittel Abfälle, die nicht mitgegessen werden (z. B. Kerne, Steine, Mark usw.), so werden diese abgetrennt und nur der eßbare Teil untersucht; selbstverständlich darf dann für die Abwägung der für den täglichen Genuß bestimmten Menge auch nur der eßbare, nach Entfernung der Abfälle verbleibende Anteil verwendet werden. Werden diese Nahrungsmittel nicht roh (wie etwa Zwieback, Trockenobst), sondern gekocht (wie Gemüse) genossen, so entnimmt man die Proben für die chemische Untersuchung wie oben (S. 1460) angegeben ist.

β) Untersuchung. Diese erfolgt nach den bei den einzelnen Lebensmitteln üblichen Verfahren. Bei den wenig haltbaren wasserreichen Lebensmitteln ist durch rechtzeitiges Vortrocknen (S. 551) ihr Verderben zu verhindern. Die Untersuchung erstreckt sich in der Regel auf die Bestimmung von Wasser, Stickstoffsubstanz, Fett, Stickstofffreie Extraktstoffe, Rohfaser und Asche.

Verbrennungswärme (Caloriengehalt). Diese kann man direkt bestimmen durch Verbrennung der Substanz in einem Calorimeter (S. 122). Vielfach aber berechnet man die Verbrennungswärme aus den Ergebnissen der chemischen Analyse und legt dabei die von M. RUBNER (Bd. I, S. 1197) angegebenen Verbrennungswärmen zugrunde, nämlich in runden Zahlen für 1 g.

Proteine	Fett	Kohlenhydrate
4100	9300	4100 cal

Diese Berechnung ist bei Fetten mit 9200—9500 cal und Kohlenhydraten (Zucker, Stärke) mit 3700–4200 cal einfach und ziemlich einwandfrei, nicht dagegen bei den Proteinen, weil diese im Körper nicht wie im Calorimeter vollständig zu Stickstoff, Kohlendioxyd und Wasser verbrannt werden und damit 5500—5900 cal liefern, sondern zum Teil als Harnstoff usw. den Körper im Harn verlassen. Nach M. RUBNER hat sich die von ihm vorgeschlagene mittlere Verbrennungswärme von 4100 cal bewährt.

Da aber die Nährstoffe bzw. Lebensmittel im Körper nicht vollständig verbrannt werden, sondern ihr unverdaulicher Teil im Kot ausgeschieden wird, so gibt man bei den Lebensmitteln die Verbrennungswärme vielfach in Reincalorien an und bezeichnet damit die Verbrennungswärme des verdaulichen Teiles der Lebensmittel, der dem Körper wirklich zugute kommt. Bei den aus dem Tierreich stammenden Lebensmitteln, ferner bei Zucker, Stärke und Pflanzenfetten weicht der Gehalt an Reincalorien nur wenig von dem Gesamt-Caloriengehalt (Rohcalorien) ab; dagegen ist der Unterschied bei rohfaserreichen Lebensmitteln (grobem Brot, Obst, Gemüse usw.) je nach deren Rohfasergehalt mehr oder weniger beträchtlich (z. B. nach M. RUBNER bei Vollkornbrot 24,3%).

b) Sammlung und Untersuchung des Kotes. Zum Auffangen des Kotes bedient sich W. PRAUSNITZ[1] einer besonderen Vorrichtung.

Diese Vorrichtung besteht aus einer 1 m langen, 32 cm hohen und 43 cm breiten Bank, auf der in der Mitte der beiden Seiten zwei 35 cm lange, 8 cm dicke, 15 cm hohe, oben abgerundete Holzleisten aufgesetzt sind, zwischen welchen das zur Aufnahme des Kotes bestimmte Gefäß, eine emaillierte rechteckige Schüssel von 58 cm Länge, 8 cm Höhe und 27 cm Breite, auf der Bank nach vorn und nach rückwärts geschoben werden kann.

Um den vor und nach dem Versuch durch den Milchgenuß oder auf sonstige Weise (S. 1458) erhaltenen Abgrenzungskot genau von dem der Versuchsnahrung entsprechenden Kot trennen zu können, muß dafür gesorgt werden, daß die entleerten Teile nicht aufeinander, sondern in Strängen (wurstartig) hintereinander zu liegen kommen. Dieses erreicht man am besten dadurch, daß man während der Entleerung des Kotes das Gefäß mit der Hand langsam hin oder her bewegt. Wenn der Kot weich und breiartig ist, so kann die Abgrenzung erschwert werden; bei fester Beschaffenheit bietet sie dagegen keine Schwierigkeit. Man entfernt mittels eines Hornmessers die vor und nach dem Genuß der Versuchsnahrung entleerten Kotanteile mitsamt dem Milchkot und läßt nur die zwischen den beiden Milchkoten befindlichen Kotanteile in der Schale zurück; diese werden in der Schale, deren Leergewicht vorher festgestellt ist, gewogen und in dieser bei 40—50° vorgetrocknet und nach S. 551 weiter behandelt. Wenn der der Versuchsnahrung entsprechende Kot erst am 3. und 4. Tage voll entleert wird, so werden diese Mengen nach Entfernung des Milchkotes und des darauffolgenden Kotes ebenfalls für sich gesammelt, gewogen, zu dem ersten bzw. zu dem ersten und mittleren Anteile gegeben und mit diesem zusammen vorgetrocknet und weiter behandelt.

Besser ist es, wenn man den Versuch volle 5 Tage ausdehnen und den Kot, bei regelmäßigem täglichen Stuhlgang, am 4., 5., vielleicht auch noch am 6. Tage entnehmen kann; bei einer Ausdehnung des Versuches auf 4 Tage und normalem Verlauf der Verdauung kann der am 3. und 4. (und vielleicht auch

[1] W. PRAUSNITZ: Zeitschr. Biol. 1894, [N. F.] 12, 335.

noch am 5.[1]) Tage entleerte Kot gesammelt werden. Hierzu kann man sich glasierter Eisentöpfe mit Deckel bedienen, die vor und nach der Entleerung des Kotes gewogen und in denen der Kot direkt entweder im Wasserbade oder auch im Lufttrockenschrank vorgetrocknet und im lufttrockenen Zustande gewogen werden kann. Selbstverständlich muß sowohl während der Kotentleerung als auch der Trocknung der Deckel entfernt werden, aber man wird auf diese Weise — bei guten Abzügen — in keiner Weise von dem Geruch belästigt. Auch erhält man bei einigermaßen regelrechtem Stoffwechsel der Versuchsperson aus den zwei- oder dreitägigen Kotmengen einen genügend zuverlässigen Mittelwert für die täglich entleerte, der täglichen Nahrung entsprechende Kotmenge. Der vorgetrocknete Kot wird in lufttrockenem Zustande gewogen, mit einer Kaffee- oder Gewürzmühle gemahlen und wie üblich untersucht.

c) Sammlung und Untersuchung des Harnes. Zur Bestimmung der Verdaulichkeit eines Lebensmittels oder einer Nahrung ist zwar die Sammlung und Untersuchung des während des Versuches abgeschiedenen Harnes nicht erforderlich, doch empfiehlt es sich, den Stoffumsatz im Körper während des Versuches zu verfolgen; dieses geschieht am einfachsten durch eine quantitative Sammlung des Harnes an jedem Versuchstage und durch eine Stickstoffbestimmung in ihm. Durch eine Vergleichung des in der Nahrung aufgenommenen Stickstoffes mit dem im Kot und Harn ausgeschiedenen erfährt man alsdann, ob die Versuchsperson Stickstoff vom Körper abgegeben oder im Körper angesetzt hat[2]. Bei Gleichheit der Mengen des eingenommenen und ausgeschiedenen Stickstoffs spricht man von Stickstoffgleichgewicht.

Der Harn wird vom 2. Versuchstage an bis zum Schlusse gesammelt und untersucht, und zwar am zweckmäßigsten von einem Morgen zum andern, entweder von 7 oder 8 Uhr vor dem ersten Frühstück bzw. nach der um diese Zeit etwa stattfindenden regelmäßigen Kotentleerung. Die Festsetzung der Tagesstunde muß nur gleichmäßig für die Versuchstage geschehen. Wesentlich hierbei ist es, dafür zu sorgen, daß an den Versuchstagen die Menge des entleerten Harnes tunlichst gleichmäßig ist, damit bei zu geringen Harnmengen kein gebundener Stickstoff im Körper zurückgehalten und bei zu großen Mengen aus dem Körper gleichsam ausgeschwemmt wird. Man erreicht das zunächst durch eine gleichmäßige Temperatur in dem Aufenthaltsraume und durch eine gleichmäßige Beschäftigung der Versuchsperson während der Versuchstage, und weiter durch eine gleichmäßige Wasseraufnahme. Letztere läßt sich in der Weise bewirken, daß man die Menge des Tagesharnes am Abend bestimmt und dann noch so viel Wasser genießen läßt, als an der durchschnittlichen Menge für 24 Stunden fehlt. Es wird dann bis zum anderen Morgen (der Wechselstunde) regelmäßig diejenige Menge Harn entleert werden, die an der Durchschnittsmenge noch fehlte. Der während des Tages und der Nacht außer bei der Kotentleerung ausgeschiedene Harn wird am zweckmäßigsten in einer 2—3 l fassenden Flasche mit augfesetztem Trichter gesammelt und nach jedem Tage entweder genau gemessen oder besser gewogen. Von dem gut durchgemischten Harn dienen alsdann aliquote Teile zur Untersuchung; in der Regel genügt eine Bestimmung des Gesamt-Stickstoffs, die doppelt in je 100 ccm oder 100 g nach Kjeldahl ausgeführt wird.

d) Berechnung der Ergebnisse. Diese wird am einfachsten durch ein Beispiel erläutert. Es rührt von J. König[3] her, der den Versuch gelegentlich seiner Untersuchungen über Pentosane ausführen ließ.

Beispiel. Die Versuchsperson (32 Jahre alt, 99 kg schwer) erhielt — neben $^3/_4$ l Kaffee mit Milch (Aufguß von 8 g Kaffee), 3 Zwiebäcken (44,7 g) und Leibniz-Kakes (8,7 g) zum ersten Frühstück und 1,55 l Bier (mittags und abends) — gekochte reife Erbsen (ohne Schalen in der Form von Erbsensuppe) und dazu geräucherte Mettwurst. Von der gekochten Erbsen-

---

[1] Am 6. bzw. 5. Tage nach Beginn des Versuches kann aber nur dann noch der Kot, als zu der vorhergehenden Nahrung gehörig, entnommen werden, wenn er regelmäßig nur einmal im Tage, und zwar morgens vor oder gleich nach dem ersten Frühstück entleert wird.

[2] Die geringen, durch die Haut abgegebenen Mengen gebundenen Stickstoffs können hierbei unberücksichtigt bleiben.

[3] J. König u. Fr. Reinhardt: Z. 1902, 5, 110 und 1904, 7, 529.

suppe[1] verzehrte die Versuchsperson täglich 1500 g und von der geräucherten Mettwurst 277,0 g. Die hierbei entleerte Kotmenge betrug für den Tag 220,3 g mit 43,35 g Trockensubstanz, die tägliche Harnmenge im Durchschnitt 2410 ccm mit 20,94 g Stickstoff.

Die chemische Zusammensetzung der Nahrungsmittel und des Kotes war folgende:

Nahrungsmittel bzw. Kot	Wasser %	Stickstoff %	Protein %	Fett %	N-freie Extraktstoffe %	Pentosane %	Rohfaser %	Asche %
Zwieback	8,55	2,43	15,19	4,28	66,06	4,13	0,98	0,81
Leibniz-Kakes	5,90	1,36	8,50	8,75	72,71	3,13	0,27	0,74
Erbsensuppe	78,88	0,80	5,00	1,82	11,90	1,07	0,62	0,71
Geräucherte Mettwurst	43,43	3,87	24,19	30,95	(0,34)	—	—	1,09
Kaffee } g in 100 ccm	—	0,0899	0,560	0,229	0,688	—	—	0,122
Bier } g in 100 ccm	—	0,092	0,560	—	3,984	0,321	—	0,194
Kot.	80,33	1,54	9,63	2,70	2,09	0,27	2,24	2,74

Hieraus berechnen sich die wirklich verzehrten und aufgenommenen Mengen Nährstoffe, wie folgt:

Nahrungsmittel bzw. Getränke	Täglich verzehrte Menge g	In der täglich verzehrten Menge: Trockensubstanz g	Organische Substanz g	Stickstoff g	Fett g	N-freie Extraktstoffe g	Pentosane g	Rohfaser g	Asche g
Erbsensuppe . . .	1500,0	316,80	306,15	12,60	27,30	178,50	16,05	9,30	10,65
Ger. Mettwurst . .	277,0	156,69	153,67	10,72	85,73	—	—	—	3,02
Zwieback	44,7	40,87	40,52	1,09	1,91	29,53	1,85	0,49	0,36
Leibniz-Kakes . .	8,7	8,18	8,12	0,12	0,76	6,33	0,27	0,02	0,06
Kaffee mit Milch .	3/4 l	12,02	11,10	0,67	1,72	5,16	—	—	0,92
Bier	1,55 l	78,64	75,63	1,43	—	61,75	4,98	—	3,01
Einnahme im ganzen	—	613,20	595,19	26,03	117,42	281,27	23,15	9,91	18,02
Ausgeschieden im Kot (220,3 g) . .	—	43,35	37,30	3,39	5,95	4,60	0,59	4,93	6,04
Verdaut	—	569,85	557,89	22,64	111,47	276,67	22,56	4,96	11,98
Oder in Prozenten der verzehrten Bestandteile:		%	%	%	%	%	%	%	%
Ausgenutzt	—	92,93	93,74	86,88	94,93	98,37	97,45	50,25	66,48
Unausgenutzt (im Kot)	—	7,07	6,26	13,12	5,07	1,63	2,55	49,75	33,52

Stickstoff-Bilanz:

	in der Nahrung	im Harn	im Kot	am Körper angesetzt
Stickstoff:	26,03 g	20,94 g	3,39 g	+ 1,70 g

In einem vorhergehenden Versuch (mit grünen Büchsenerbsen) aber unter sonst gleichen Verhältnissen hatte die Versuchsperson 1,26 g Stickstoff vom Körper verloren.

Hier wurde eine gemichte Kost verabreicht, weil es nur darauf ankam, die Ausnutzung der Pentosane zu ermitteln. Soll aber die Ausnutzung (Verdaulichkeit) eines einzelnen Nahrungsmittels für sich allein ermittelt werden, so muß dieses selbstverständlich auch nur für sich allein verabreicht werden; es können dann höchstens einige Zutaten, z. B. für Erbsensuppe Fett und etwas Fleischextrakt sowie als Getränk mäßige Gaben Bier gestattet werden, welche die Verdauung nicht wesentlich beeinflussen.

[1] Die Erbsensuppe wurde in der Weise zubereitet, daß 600 g Erbsen mit 6 g Fleischextrakt und rund 300 g geräucherter Mettwurst bis zum völligen Weichwerden gekocht und dann durch ein Sieb gerührt wurden, um die gröbsten Schalen abzutrennen. Von dem Erbsenbrei (bzw. der Suppe) wurden dann entsprechende Anteile zum zweiten Frühstück, mittags und abends verabreicht.

II. Künstliche Verdauung.

Unter künstlicher Verdauung versteht man die Behandlung der Lebensmittel mit den Verdauungsenzymen außerhalb des Körpers; man beschränkt sich dabei heute meist auf die Bestimmung des verdaulichen Proteins und des Gehaltes an Calorien.

Die künstliche Verdauung ist bereits im Jahre 1880 von A. STUTZER (S. 610) namentlich für die Bestimmung des verdaulichen Proteins in Futtermitteln vorgeschlagen worden und wird auch heute noch zu diesem Zwecke vielfach angewendet, wobei seit 1899 an Stelle des von A. STUTZER empfohlenen, aus Schweinemägen hergestellten, wenig haltbaren künstlichen Magenwandauszuges nach dem Vorschlage von B. SJOLLEMA und K. WEDEMEYER das käufliche Pepsin angewendet wird.

Wie schon oben (S. 1457) erwähnt, tritt H. STEUDEL neuerdings dafür ein, den Verdauungsversuch am Menschen, auf dessen Schwierigkeiten und Mängel bereits oben hingewiesen wurde, durch die künstliche Verdauung zu ersetzen.

1. Vorzüge und Mängel der künstlichen Verdauung.

Die Vorzüge der Bestimmung der Verdaulichkeit durch künstliche Verdauung mittels der Verdauungsenzyme gegenüber der durch Verdauungsversuche am Menschen bestehen darin, daß bei ersterer der individuelle Faktor des einzelnen Menschen, der Einfluß der Darmfäulnis und -gärung, ferner auch die Schwierigkeiten der Kotabgrenzung fortfallen und die Bestimmung außerordentlich vereinfacht und abgekürzt wird. Ferner fallen die Störungen der Ergebnisse durch die unkontrollierbaren Beimischungen von Darmsekreten im Kot fort und die Versuche sind jederzeit reproduzierbar.

Die Mängel der künstlichen Verdauung bestehen natürlich darin, daß sie unter anderen Bedingungen stattfindet als beim Versuch am Menschen: Die Verdauungsflüssigkeiten wirken 48 Stunden im Brutschrank bei 37° ein, der Einfluß der Magen- und Darmbewegungen fällt fort; dafür wird das Lebensmittel mit der Verdauungsflüssigkeit geschüttelt. Die allerdings individuelle Bekömmlichkeit und der Einfluß der Zubereitung fallen natürlich beim künstlichen Verdauungsversuch fort.

2. Ausführung der Bestimmung.

Nach H. STEUDEL[1] führt man die Bestimmung, wie folgt, aus: Die einzelnen Lebensmittel werden entweder direkt oder nach entsprechender küchenmäßiger Zubereitung ohne weitere Zusätze mit Wasser gar gekocht und hinreichend zerkleinert.

In den so gewonnenen Produkten werden Wasser, Stickstoff, Asche und Wärmewert bestimmt, letzterer im Calorimeter (S. 122). Darauf wird die Verdaulichkeit in folgender Weise festgestellt: 100 g werden mit je 1 Liter der Verdauungsflüssigkeiten 48 Stunden in den Brutschrank von 37° gestellt und während dieser Zeit häufig umgeschüttelt. Man läßt zunächst die Pepsinlösung und dann die Trypsinlösung einwirken, sowie bei stärkereichen Lebensmitteln zwischen beiden einmal oder mehrere Male die Diastaselösung.

Die dabei ungelösten Rückstände werden vor der weiteren Behandlung abgenutscht und mit Alkohol und Äther getrocknet; sie ergeben die Menge des „Unverdauten" und werden wie oben auf Wasser, Stickstoff, Asche und Wärmewert untersucht. Die Differenz der Ergebnisse der beiden Untersuchungen, in Prozenten der ursprünglichen Substanz berechnet, ergibt den bei der Ernährung verwertbaren Anteil des Lebensmittels.

---

[1] H. STEUDEL: Zeitschr. ges. exp. Medizin 1935, **95**, 580.

Verdauungsflüssigkeiten. Alle Lösungen werden mit toluolgesättigtem Wasser hergestellt, und zwar

1. Pepsinlösung. 0,5 g Pepsin DAB VI + 8 ccm konz. Salzsäure werden auf 1 l verdünnt.

2. Trypsinlösung. 0,5 g Pankreatin (Kahlbaum) + 2 g krystall. Natriumcarbonat werden auf 1 l verdünnt[1].

3. Diastaselösung. 0,05 g Diastase (puriss. Merck) werden in 1 l Wasser gelöst und mit Natriumcarbonatlösung gegen Phenolphthalein ganz schwach alkalisch gemacht.

3. Ergebnisse der Bestimmung.

H. STEUDEL fand bei tierischen Lebensmitteln, ferner bei Gemüsen, Kartoffeln, Reis und Weizenmehl gute Übereinstimmung zwischen den durch künstliche Verdauung und den beim Verdauungsversuch am Menschen erhaltenen Werten. Größere Unterschiede ergaben sich bei Brot, Haferflocken und gelben Erbsen; STEUDEL glaubt aber, daß die durch künstliche Verdauung gefundenen Werte die „wirkliche“ Verdaulichkeit anzeigen und daß die durch den Verdauungsversuch am Menschen gefundenen höheren Werte durch die im Darm neben der Verdauung vor sich gehende lebhafte Bakterientätigkeit zu erklären seien.

Anhang.

Stoffumsatz und thermische Energie.

Die im Vorstehenden beschriebene Bestimmung der Verdaulichkeit der Lebensmittel gibt keinen Aufschluß über die Stoffmengen, welche von den verdauten Nährstoffen dem Körper wirklich zugute gekommen sind. Zur Erfassung dieser Mengen dient die Bestimmung des Stoffumsatzes mittels des Respirationsapparates.

Um ferner diejenige Wärmemenge zu bestimmen, welche die Lebensmittel im tierischen Körper erzeugen, dient die Bestimmung der thermischen Energie im Tiercalorimeter.

1. Bestimmung des Stoffumsatzes im Respirationsapparat.

Um Aufschluß über die Stoffmengen zu erhalten, welche von den verdauten Nährstoffen dem Körper wirklich zugute gekommen sind, d. h. in Form von Fleisch oder Fett im Körper angesetzt bzw. zur Erhaltung der tierischen Wärme oder zur Leistung von Arbeit verbraucht sind, bedarf es der Bestimmung des Stoffumsatzes im Respirationsapparat. Bei dieser Bestimmung werden nicht nur die flüssigen und festen Einnahmen und Ausgaben wie oben, sondern auch die nicht sichtbaren Einnahmen und Ausgaben in Einatmungs- und Ausatmungsluft, von der Haut und in Darmgasen ebenfalls festgestellt; das sind Kohlensäure und Wasser in der Einatmungsluft sowie Methan und Wasserstoff in den Darmgasen. Der in der Luft eingeatmete Stickstoff ist am Stoffwechsel nicht beteiligt, und der in der Nahrung aufgenommene gebundene Stickstoff erscheint als solcher, wenn auch in veränderter, gebundener Form, wieder in Harn und Kot; nur ein verschwindend kleiner Teil des in der Nahrung aufgenommenen Stickstoffs verläßt unter regelmäßigen Ernährungsbedingungen als Ammoniak gasförmig den Körper — nur bei größerer Aufnahme von Nitraten in der Nahrung kann freies Stickstoffgas in den Darmgasen auftreten — und die

[1] Wenn das Pankreatin der Trypsinlösung Stickstoffsubstanzen enthält, die in der Verdauungslösung nach 48stündiger Verdauung unlöslich sind, so muß deren Menge beim Verdauungsversuch mit einer Substanz in Abzug gebracht werden.

durch die Haut im Schweiß ausgeschiedene Harnstoffmenge kann als sehr gering ebenfalls vernachlässigt werden. Die in der Einatmungsluft aufgenommene Menge Sauerstoff läßt sich durch Differenzberechnung feststellen. Denn wenn man das Anfangs- und Endgewicht des Tierkörpers, ferner die Menge der aufgenommenen Nahrung, sowie die ausgeschiedenen sichtbaren Stoffe und die Menge der nicht sichtbaren gasförmigen Stoffe kennt, so ergibt die Differenz zwischen dem Anfangsgewicht + Nahrung und sämtlichen Ausgaben + Endgewicht des Körpers die Menge des aufgenommenen Sauerstoffs. Das nachfolgende Beispiel möge diese Verhältnisse erläutern.

Stoffwechsel-Gleichung bei einem Hunde.

Einnahmen:		Ausgaben:	
Anfangsgewicht des Hundes . . .	33590 g	Endgewicht des Hundes	33557 g
Futter (Fleisch)	1500 „	Kot	52 „
		Harn	1099 „
Im ganzen	35090 g	Kohlensäure	545,5 „
		Wasserdampf	369,5 „
		Methan	0,8 „
		Wasserstoff	3,4 „
		Im ganzen	35627,2 g

Gesamt-Ausgaben	35627,2 g
Gesamt-Einnahmen	35090,0 „
Überschuß = Sauerstoff	537,2 g

In dieser Stoffwechsel-Gleichung bietet die Ermittlung der sichtbaren Einnahmen und Ausgaben keine Schwierigkeit; umfangreichere Einrichtungen und mehr Arbeit erfordert aber die Ermittlung der nicht sichtbaren Ausgaben. Hierfür die Grundlagen geschaffen zu haben, ist das Verdienst M. v. PETTENKOFERS [1], der dafür seinen Respirationsapparat konstruierte (s. Bd. I, S. 1207). M. RUBNER hat diesen Apparat insbesondere für Versuche beim Menschen eingerichtet. Von einer Beschreibung des Respirationsapparates und Angaben über die Ausführung der Versuche damit sei hier abgesehen, da nur wenige Fachgenossen Gelegenheit haben werden, mit einem solchen Apparat zu arbeiten. Diejenigen, welche Respirationsversuche anzustellen beabsichtigen, seien auf die Veröffentlichungen von M. v. PETTENKOFER und C. VOIT [2], W. HENNEBERG [3] sowie O. KELLNER [4] verwiesen.

2. Bestimmung der thermischen Energie.

Die in den Nährstoffen der Nahrung in ruhender (latenter) Form aufgespeicherte, direkt oder indirekt durch Sonnenwärme und -licht gebildete potentielle Energie wird durch ihre Zersetzung und Oxydation im Tierkörper in erkennbare aktive Form, in kinetische Energie umgewandelt, die einerseits als freie Wärme, als thermische Energie, auftritt, andererseits zu den Lebensfunktionen der Zellen als dynamische Energie dient, welche letztere aber auch bei dem Vollzuge ihrer Leistungen in den Zellen ohne Verlust den Endzustand der Wärme annimmt. Die Verwertung der in den Nährstoffen aufgenommenen Energie zu thermischer Energie hängt namentlich von

[1] M. v. PETTENKOFER: Journ. prakt. Chem. **82**, 40.
[2] M. v. PETTENKOFER u. C. VOIT: Ann. Chem. Pharm. 1862, II. Suppl.-Bd., S. 1; Zeitschr. Biol. 1866, **2**, 472.
[3] W. HENNEBERG: Neue Beiträge zur Begründung einer rationellen Fütterung der Wiederkäuer, S. 5. Göttingen 1870.
[4] O. KELLNER: Arbeiten der Landwirtschaftlichen Versuchsstation Möckern 1894; Landw. Vers.-Stationen 1894, **44**, 264.

der Umgebungstemperatur ab, während die dynamische Energie unabhängig hiervon in Funktion tritt. Bei 30—33° liegt der kritische Punkt, bei dem der Körper keine Wärme mehr zur Deckung des Wärmeverlustes zu erzeugen hat; von diesem Punkte an beschränkt sich der Stoffzerfall lediglich noch auf die Deckung des Bedarfes an dynamischer Energie; die direkt erzeugte Wärme ist physiologisch bedeutungslos (s. Bd. I, S. 1223).

Um auch die Grundlagen für diese Verhältnisse zu gewinnen, ist in erster Linie die Beantwortung der Frage notwendig, wie sich die einzelnen Nährstoffe bezüglich des Wärme- (Calorien-) Wertes im lebenden Körper verhalten, ob sie hier denselben oder einen anderen Wärmewert äußern wie außerhalb des Körpers. Zur Prüfung dieser Frage hat M. Rubner[1] sich des Tiercalorimeters bedient. Von einer Beschreibung dieses Calorimeters und seiner Verwendung kann aus den schon beim Respirationsapparat angegebenen Gründen abgesehen werden.

Nach diesem Verfahren hat M. Rubner gefunden, daß die Nährstoffe im Tierkörper dieselbe Verbrennungswärme (isodynamen Wert) äußern wie im Calorimeter. Man kann also den physiologischen Nutzwert der Nährstoffe der Nahrung nach ihrem calorischen Werte berechnen. Hierbei ist aber zu berücksichtigen, daß von dem zugeführten calorischen Werte bei den einzelnen Nährstoffen ein verschiedener Anteil in nutzbarer Form dem Körper zugute kommt.

Von dem Gesamt-Wärmewert des aschen- und fettfreien Muskelfleisches (Proteinstoffe) = 534,5 Calorien werden z. B. nach Abzug der in Kot und Harn abgeschiedenen Calorien dem Körper nur 400,0 Calorien oder 73,3% zugeführt, während die 940 Calorien von Fett und die 395,5 Calorien von Saccharose für je 100 g Substanz keine wesentlichen Verluste im Kot oder Harn erleiden, sondern dem Körper als vollwertig zugeführt werden. In welchem Verhältnis nun diese Nährstoffe sich an der Lieferung von thermischer und dynamischer Energie beteiligen, kann aus einem Versuche M. Rubners an einem Hunde berechnet werden. Der hungernde Hund gab z. B. bei 30° in 24 Stunden für 1 kg Körpergewicht 55,4 Calorien an Wärme ab; als dann dem Hunde in Form von Fleisch, Fett und Saccharose annähernd so viel Calorien gereicht wurden, wie dem Wärmeverluste bei 30° entsprachen, trat eine Wärmevermehrung gegenüber dem Hungerzustand ein, und zwar betrug bei der Fütterung mit

		Fleisch	Fett	Saccharose
die Wärmevermehrung		30,9	12,7	5,8%
100 g Nährstoffe lieferten	dynamische Energie	276,0	821,6	372,6 Cal.
	thermische Energie	124,0	118,4	22,9 „
	im ganzen	400,0	940,0	395,5 „

[1] M. Rubner: Beiträge zur Physiologie. Festschrift der medizin. Fakultät zu Marburg zum 50jährigen Doktor-Jubiläum von C. Ludwig 1891; vgl. auch Ed. Cramer: Arch. Hygiene 1890, **10**, 283.

Vitamine.

Von

Professor **Dr. A. Scheunert** und Privatdozent **Dr. M. Schieblich**-Leipzig.

Mit 47 Abbildungen.

Noch heute ist es bei keinem einzigen Vitamin gelungen, eine einwandfrei arbeitende Methode zu schaffen, die es gestattet, auf Grund chemischer oder physikalischer Reaktionen mit kurzer Laboratoriumsarbeit den Nachweis des Vorkommens zu führen oder gar quantitativ die Wirksamkeit zu ermitteln. Allerdings sind hoffnungsvolle Ansätze zum Ausbau solcher Methoden vorhanden, z. B. die Farbreaktionen und spektroskopischen Eigenschaften der fettlöslichen Vitamine und die Tillmanssche Titrationsmethode, die sich auf die reduzierenden Eigenschaften des Vitamins C gegen sehr reduktionsempfindliche Farbstoffe gründet. Noch immer aber ist die Spezifität solcher Methoden nicht befriedigend sichergestellt, und es bestehen große Schwierigkeiten, die Vitamine aus den Gemischen der mit ihnen gleichzeitig vorkommenden anderen Naturstoffe leicht und so vollkommen zu isolieren, daß die gewonnenen Lösungen den Ansprüchen der chemischen Untersuchungsmethode zur Erlangung einwandfreier Ergebnisse entsprechen. Somit bleibt nur der Weg des biologischen Versuches, der es mit für die betreffenden Vitamine geeigneten Versuchstieren gestattet, die Mangelerscheinungen beim Fehlen des nachzuweisenden Vitamins zum Ausdruck zu bringen und durch Darstellung der charakteristischen biologischen Wirkungen den Nachweis des Vorhandenseins des betreffenden Vitamins zu führen. Die Vitaminmethodik ist also genötigt gewesen, den Tierversuch so exakt zu gestalten, daß die klinische Inspektion der Versuchstiere das Fehlen oder die Anwesenheit des nachzuweisenden Vitamins einwandfrei ergibt. Dies ist aber nur möglich bei entsprechender biologischer Eignung der Versuchstiere, ihrer sachgemäßen Pflege, Haltung und Wartung, der richtigen Fütterung und dem sorgfältigen Ausbau der Auswertung der klinischen Symptome.

I. Versuchstiere.

Mit Ausnahme des Vitamins C steht für alle Vitaminarbeiten die Ratte als Versuchstier an erster Stelle. Durch ihre große Fortpflanzungsfähigkeit, ihre Wüchsigkeit und ihre Handlichkeit ist dieses Tier ganz hervorragend für alle derartigen Versuchszwecke und damit überhaupt für das Studium und die Erforschung von Ernährungsfragen geeignet. Neben dieses Versuchstier treten, als für Vitaminarbeiten geeignet, noch die anderen bekannten Laboratoriumstiere. Man wird sich ihrer aber im allgemeinen nur für spezielle Zwecke bedienen. Unter ihnen ragen nur einige wenige heraus, die im Laufe der Entwicklung der Vitaminforschung für dieses oder jenes Vitamin besondere Bedeutung gewonnen haben. Für Vitamin A sind dies Kücken, für Vitamin B_1 unter unseren europäischen Verhältnissen die Taube und vielleicht noch das Huhn, für Vitamin B_3 ebenfalls die Taube. Für die speziellen Zwecke der Toxizitätsbestimmung von Vitamin-D-Konzentraten hat sich die Maus als Versuchstier besser als die Ratte bewährt. Für das Vitamin C endlich, für dessen

Mangel Ratten nicht empfindlich sind, ist das Meerschweinchen allgemeines Versuchstier geworden.

Im folgenden sollen Zucht, Haltung und Ernährung der einzelnen Versuchstierarten kurz geschildert werden.

1. Ratte.

a) Rasse.

Zu allen ernährungsphysiologischen Untersuchungen werden gezüchtete Ratten verwendet, und zwar werden dazu die domestizierten Formen der grauen oder braunen Wanderratte, Mus norvegicus Erxleben s. Mus decumanus Pallas benutzt. Diese, aus Liebhaberei und als Laboratoriumstiere schon seit langer Zeit gezüchtet, sind in einer schwarzweißen Varietät mit dunklen Augen und auch in der albinotischen Form, ganz weiß mit roten Augen, als die in Frage kommenden Versuchstiere eingebürgert.

Die Wildform, also die eigentliche graue Ratte, die sich überall findet, und die alte, nur noch selten anzutreffende Hausratte, Mus rattus, kommen für Vitaminversuche nicht in Frage, die letztgenannte schon wegen ihrer Seltenheit, die wilde Wanderratte, Mus decumanus, vor allem wegen ihrer verhältnismäßig schweren Zucht und ihrer großen Wildheit. Diese Tiere pflanzen sich in der Gefangenschaft sehr unregelmäßig fort; die Zahl der Würfe ist schwankend und unsicher und die Entwicklung der einzelnen Tiere und ihr Wachstum sind sehr verschieden. Vor allem aber macht die große Wildheit und Angriffslust, die den in hartem Kampfe ums Dasein stehenden Tieren innewohnt, das Arbeiten mit ihnen ungemein schwierig. Unter Laboratoriumsverhältnissen gehalten, sind sie ängstlich und scheu, infolgedessen bissig und stets darauf bedacht, zu entfliehen, so daß ein experimentelles Hantieren mit ihnen mit großen Unzuträglichkeiten verbunden ist.

Alle diese unbequemen Eigenschaften besitzen die genannten domestizierten Formen nicht, insbesondere sind sie bei guter Ernährung und freundlicher Behandlung sehr zutraulich, lernen ihren Pfleger kennen und können ohne Schutzmaßnahmen mit bloßer Hand angegriffen und untersucht werden. Auch die Gefahr eines Entlaufens ist bei ihnen so gut wie ausgeschlossen, da bei ihnen Fluchtabsichten nicht mehr bestehen.

Will man Vitaminuntersuchungen mit Ratten anstellen, so wird man im allgemeinen nur dann Erfolg haben, wenn die jungen Tiere aus einer für Ernährungszwecke sachgemäß geleiteten Rattenkolonie stammen.

Im freien Handel gekaufte junge Tiere sind oft lebensschwach, wachsen schlecht und gehen an Krankheiten, deren Keim sie schon aus dem Zuchtstall mitbringen, zugrunde. Man kann bei solchem Vorgehen sehr große Enttäuschungen und Geldverluste erleiden. Da zu den Vitaminversuchen immer große Tierreihen angesetzt werden müssen, ist der Geldaufwand, wenn auch die Kosten für die einzelnen Tiere gering sind, oft recht erheblich. Verluste von 50% und mehr sind bei gekauften jungen Tieren häufig. Abgesehen von der Geldeinbuße wird aber bei Absterben eines größeren Prozentsatzes der angesetzten Tiere das Versuchsergebnis unsicher, ja, meist wird es überhaupt in Frage gestellt. Es geht daraus hervor, daß es zweckmäßig ist, die Ratten selbst zu züchten. Kauft man erwachsene Tiere im freien Handel, so wird man im allgemeinen immer nur verhältnismäßig leichte und schwache Tiere erhalten, und man kann auch von diesen eine wüchsige Nachkommenschaft nicht sofort erwarten. Naturgemäß wird der zu Handelszwecken züchtende Tierhändler keinen besonderen Wert darauf legen, große, starke und wüchsige Tiere zu erzielen, da solche Tiere nur bei hohem Kostenaufwand, sorgfältiger Pflege und guter Fütterung erzielt werden können und es für ihn in erster Linie darauf ankommt, zahlreiche und große Würfe zu erhalten, also einen raschen Umsatz zu erreichen. Auch wird man leicht alte, nicht mehr gut fortpflanzungsfähige Tiere erhalten. So kommt es, daß man als erwachsene Tiere im Handel Weibchen nicht höher als mit 150 g und Männchen nur bis zu 250 g Gewicht erhält. Züchtet man aber bei sorgfältiger Haltung solches Tiermaterial in Inzucht über einige Generationen fort, so kommt man sehr bald zu viel besser ausgebildeten Tieren, und wenn man auch nur schwierig Rekordgewichte, wie sie mit 600 g für ein Rattenmännchen in der amerikanischen Literatur (Osborne und Mendel) angegeben werden, erzielen wird, so erhält man doch leicht ausgewachsene Männchen im Gewicht bis 400 g und Weibchen bis 250 g. Kräftige Elterntiere müssen aber vorhanden sein, wenn man eine wüchsige und widerstandsfähige Nachkommenschaft erzielen will. Mit solcher steht und fällt die Sicherheit der Ergebnisse jeglicher Vitaminforschung. Wird die junge wachsende Ratte mit 40—50 g, also durchschnittlich 45 g bei einem Alter von 3—4 Wochen in den Versuch genommen, so muß eine männliche Ratte bei vollwertiger, also keine Mängel aufweisender Ernährung innerhalb 10—15 Tagen ihr Gewicht verdoppeln, innerhalb 40—50 Tagen vervierfachen. Bei weiblichen Ratten ist das Wachstum nicht ganz so rasch, doch muß auch hier die erste Gewichtsverdopplung bei gleichem Anfangsgewicht und Anfangsalter in mindestens 20 Tagen erreicht sein. (DONALDSEN[1]). Diese Zahlen sind natürlich Durchschnittszahlen. Bei guten Versuchstieren muß man sie aber als Maßstab zugrunde legen. In der Originalliteratur und in solchen Arbeiten, die sich speziell mit der Wüchsigkeit der zahmen Ratte befassen, wird man noch steilere Gewichtsanstiege feststellen können. In Abb. 1 geben wir Wachstumskurven unserer Zuchtratten aus den Jahren 1926/27 wieder.

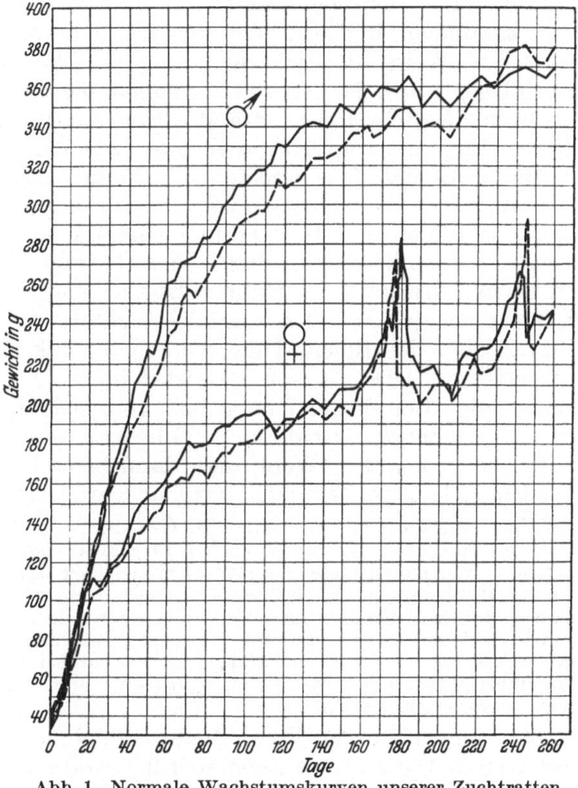

Abb. 1. Normale Wachstumskurven unserer Zuchtratten.

b) Anlage der Zucht.

Durch die Erfahrungen vieler Laboratorien hat es sich als zweckmäßig erwiesen, zur Erzielung ständig gleichbleibenden Jungtiermaterials Inzucht zu treiben. Man kann dazu von einem oder mehreren Stammwürfen ausgehen und baut dann daraus die Zucht soweit aus, wie es die laufend benötigte Anzahl von Versuchstieren erfordert. Inzuchtschädigungen treten bei optimaler Ernährung der Zuchttiere nicht auf, besonders dann nicht, wenn man darauf bedacht ist, die Elterntiere nicht zu jung zu paaren und die Muttertiere nicht zu sehr zu überanstrengen. Optimale Ernährung, über die auf S. 1477—1480 Näheres nachzulesen ist, ist aber sowieso unerläßlich, wenn man reichhaltige Würfe von großer Wüchsigkeit erzielen will. Naturgemäß wird man auch darauf bedacht sein, schwächliche und kränkliche oder sonstwie körperlich unbefriedigende Tiere auszuschalten. Die Hereinnahme frischen Blutes ist nach unseren eigenen und zahlreichen anderen Erfahrungen dann auch bei jahrelanger Inzucht nicht notwendig.

Wir haben die Erfahrung gemacht, daß Aufstellung neuer, aus anderen Instituten oder aus dem Handel zugekaufter Elterntiere regelmäßig zu Rückschlägen in der Zucht führte. Muß also die Zucht vergrößert werden, so empfiehlt sich ein allmählicher Ausbau unter Verwendung des eigenen Tiermaterials. Wir haben mehrfach bei durch äußere Verhältnisse plötzlich gebotene Vermehrung durch Hereinnahme fremder ausgewachsener Tiere starke Rückgänge in der Produktion von Jungen, manchmal unter das frühere Ausmaß gehabt, trotzdem eine größere Anzahl neuer Elterntiere in die Zucht eingefügt wurden, als vorher vorhanden waren. Die zugekauften Tiere müssen sich stets erst an die neuen Haltungs- und Ernährungsverhältnisse gewöhnen, und oft vergehen Monate, bis die neuen Weibchen die volle Produktionsfähigkeit erlangen. Weiter besteht die Gefahr, daß Krank-

[1] H. H. DONALDSEN: The rat. Data and reference tables. 2. Aufl. Philadelphia 1924.

heiten, wie Schnupfen, infektiöse Pneumonien, infektiöse Magendarmerkrankungen und vor allem Räude, eingeschleppt werden und hierdurch schwere Rückschläge erfolgen.

Nach unseren Erfahrungen hat sich am besten das Vorgehen bewährt, das in Kleintierzüchterkreisen unter dem Namen „wilde" Zucht bekannt ist. Es werden dazu in größeren Käfigen etwa 10—15 Weibchen mit etwa der Hälfte Männchen zusammengehalten. Es empfiehlt sich, nicht zu viel Männchen zu nehmen, da bei zu häufiger Begattung eines Weibchens die Resorption des Spermas zu Sterilität führen könnte. Bei Meerschweinchen zeigte dies Beuchelt[1]. Die Tiere leben unter den geschilderten Verhältnissen durchaus friedlich zusammen, und es finden keinerlei Kämpfe der Männchen statt. Man hat auf diese Weise die Sicherheit, daß ein Weibchen, sobald es brünstig wird, auch belegt wird, da man von vornherein nicht wissen kann, ob bei einem Einzelpärchen die Brünstigkeit des Weibchens sogleich Begattung und Befruchtung herbeiführt. Es empfiehlt sich dann, aus einem solchen von mehreren Tieren beiderlei Geschlechts besetzten Zuchtstall einmal oder zweimal wöchentlich die Weibchen herauszunehmen und zu kontrollieren. Stellt man bei ihnen durch Befühlen und Betrachtung Dickwerden des Leibes und Ausbildung der Zitzen fest, so kann man dieses Tier als tragend betrachten. Es wird nunmehr in einen Einzelkäfig überführt. Hierbei wird, was schon an dieser Stelle hervorgehoben sei, das Tier genau betrachtet, ob sich Anzeichen von Räude bei ihm zeigen. In diesem Falle werden die erkrankten Stellen mit Perubalsam eingerieben. Dies ist zur Räudebekämpfung in der Rattenzucht unbedingt notwendig. Bei einiger Übung gelingt es leicht, die Trächtigkeit festzustellen, und ebenso macht es bald keine Schwierigkeiten mehr, die einzelnen Tiere auseinander zu kennen. Wenn man dann bemerkt, daß das eine oder andere der Weibchen längere Zeit nicht tragend geworden ist, so ist es auszuschalten.

Von manchen Laboratorien, z. B. Greenman und Duhring[2], ist empfohlen worden stets ein Männchen und ein Weibchen in Einzelkäfigen zu halten und auf diese Weise zu züchten. Wir haben diese Methode ebenfalls über längere Zeit geprüft, sind aber von ihr wieder abgekommen. Es stellte sich heraus, daß zwischen zwei Würfen oft sehr große Zwischenräume lagen, ja, manchmal Monate vergingen, bis das Weibchen wieder tragend wurde, während es, mit anderen Männchen zusammengebracht, sofort wieder erfolgreich gedeckt wurde. Zu besseren Erfolgen kamen wir bei Zuchtversuchen mit Zusammensetzen von 1 Männchen mit 2 Weibchen, wobei aber auch keineswegs sofortiges Zukommen der beiden Weibchen gesichert ist.

Zur Durchführung dieser Zuchtmaßnahmen ist es notwendig, einen interessierten und den Tieren gegenüber liebevoll eingestellten Pfleger zu verwenden. Zweifellos eignen sich dazu am besten wissenschaftlich gebildete Kräfte, die züchterisches Verständnis besitzen, also Akademiker oder sehr erfahrene Laboranten oder Laborantinnen. Am besten ist es, wenn Zuchtbücher geführt und alle Daten genau registriert werden. Um so leichter werden sich ungeeignete Zuchttiere ausschalten lassen, und es wird möglich sein, zur Zucht immer wieder nur diejenigen Tiere zu verwenden, die die beste Nachkommenschaft erzielen. Ein solches Vorgehen zum Ausbau einer vorbildlichen, gut geleiteten Zucht ist im Grunde genommen eine Personal-, Raum- und damit natürlich Kostenfrage.

c) Zucht und Haltung.

α) **Käfige.** Zur Zucht der zahmen Ratte eignet sich jedweder Käfig, sofern er geräumig genug ist. Nach unseren Erfahrungen haben sich am besten Käfige bewährt, die aus Stampfbeton in Zellenform an den Wänden des Zuchtraumes rasch und ohne allzu erhebliche Kosten angebracht werden können. Die Art

---

[1] H. Beuchelt: Arch. wiss. u. prakt. Tierheilk. 1932, **64**, 345.

[2] M. J. Greenman and F. A. Duhring: Breeding and care of the albino rat for research purposes. Philadelphia 1923.

der Anlage und die Größenverhältnisse gehen aus Abb. 2 hervor. Die Käfige sind gekalkt und werden von Zeit zu Zeit ausgescheuert und durch erneute Kalkung desinfiziert. Bei den Einzelkäfigen, die zum Werfen bestimmt sind, erfolgt diese Kalkung bei jeder Neubesetzung mit einem tragenden Tier. Die Böden der Käfige sind horizontal und verlaufen vor der Türöffnung einige Zentimeter schräg nach oben. Dadurch wird Herausfallen der Bettung vermieden und sie können leicht mit Schaufel und Handbesen gesäubert werden.

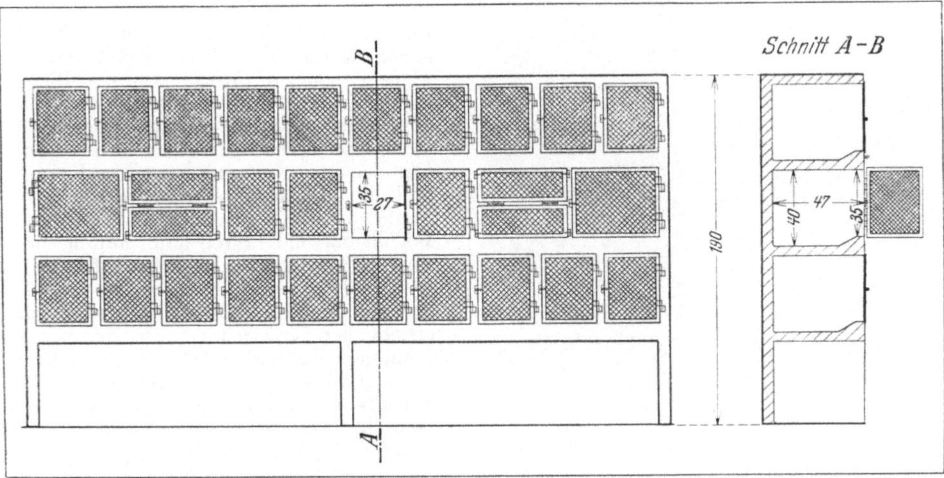

Abb. 2. Rattenzuchtkäfige aus Stampfbeton (Maße in Zentimetern).

Als Verschluß haben sich einfache Drahttüren in Eisenrahmen bewährt, die sich, in Scharnieren drehbar, zweckmäßigerweise alle nach der gleichen Seite öffnen lassen. Das Drahtgeflecht muß aus starkem Draht und die Maschengröße so gering sein, daß die kleinen Ratten nicht hindurchklettern können. Die Bettung besteht aus gewöhnlichen, ungesiebten Sägespänen, von denen man so viel hineingibt, daß der Boden leicht bedeckt ist. In die Einzelkäfige, in denen die Ratten werfen sollen, gibt man einige Hände voll Sägespäne mehr, damit sich die Ratten ein Nest bauen können. Die Sägespäne dienen dazu, den Tieren eine warme und scharrfähige Unterlage zu bieten und gleichzeitig die Exkremente aufzusaugen. Damit werden Abflußeinrichtungen für Harn u. dgl. überflüssig. Selbstverständlich muß eine entsprechend häufige Reinigung erfolgen. In den Paarungskäfigen wird die alte Unterlage zwei- bis dreimal in der Woche durch neue Sägespäne ersetzt. In den Wurfkäfigen wird ebenfalls zweimal in der Woche neue Bettung gegeben und nur nach dem Tag des Werfens wird der Wurf 2 Tage bei der gerade vorhandenen Bettung belassen. Dann wird bei jeder Reinigung der Wurf herausgenommen und nach Einbringen neuer Sägespäne in den Käfig zurückgebracht.

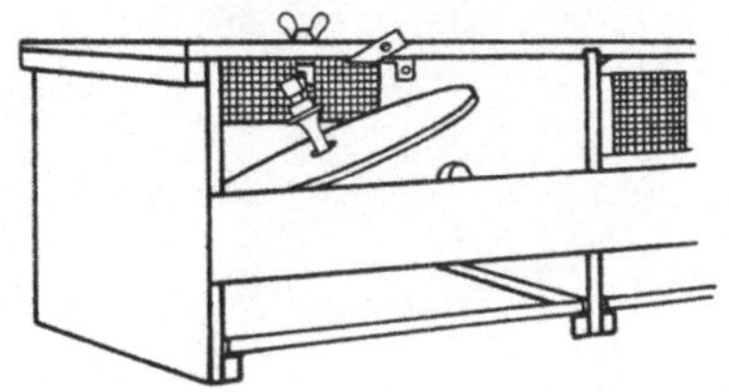

Abb. 3. Rattenzuchtkäfig aus Holz nach GREENMAN und DUHRING.

Es eignen sich, wie schon erwähnt, auch gewöhnliche Drahtkäfige oder irgendwelche andere Behältnisse. Bedingung ist auch hier größte Sauberkeit.

In englischer und amerikanischer Zucht hat man eine Zeitlang großen Wert darauf gelegt, daß die Ratten und insbesondere die Nachkommenschaft sich ausreichend bewegen und somit auch ihre Körperkräfte üben können. Es wurde angegeben, daß hierdurch besonders die Wüchsigkeit und Widerstandsfähigkeit, also die Vitalität der Würfe begünstigt wird. Greenman und Duhring[1] geben zweiteilige Holzkäfige an, in deren einem Teil sich ein wie die Drehplatte eines Grammophons konstruiertes Karussel befindet (Abb. 3). Auch kann man mit Hilfe eines Fahrradrades leicht eine drehbare Drahttrommel an den Käfigen anbringen, die, durch eine Öffnung vom Inneren zugänglich, von den Tieren als Laufrad benutzt werden kann (Abb. 4 und 5). Wir haben auch solche Zuchtkäfige durchprobiert, ohne darin besondere Vorteile zu sehen. Vor allem erwies sich ihre Konstruktion aus Holz, wie Holzkäfige überhaupt in jeder Kleintierzucht zu wissenschaftlichen Zwecken, als nicht empfehlenswert. Wenngleich daran Drahtböden, auf denen die Tiere sitzen und herausziehbare Blechkästen zum Auffangen der Exkremente angebracht sind, so ist es doch unmöglich, die Holzteile ganz trocken zu erhalten. Die feuchte Nahrung, das Trinkwasser und die Exkremente gelangen doch im Laufe der Zeit mit den Holzteilen in Berührung und führen dann Fäulnis und Verrottung herbei, so daß die Käfige nach 1—2 Jahren so morsch sind, daß sie erneuert werden müssen, was stets mit erheblichen Kosten wegen der damit verbundenen Maßtischlerarbeit verknüpft ist. Auch gewinnen die Holzkäfige bald ein unsauberes Aussehen und verbreiten üblen Geruch. Abgesehen davon ist aber nach unserer Ansicht das Halten von Zuchttieren und Würfen auf Drahtnetzen nicht empfehlenswert, zum mindesten kann es für die Tiere sehr unbequem sein, ferner fallen stets Teile der Bettung und Nahrungsreste durch die Drahtgitter hindurch und erhöhen die Verschmutzungsmöglichkeiten. Wir sind infolgedessen immer wieder zu den geschilderten Betonkäfigen zurückgekehrt. Bei Sauberhaltung ist der Geruch einer solchen Rattenkolonie trotz starker Besetzung mit Hunderten von Ratten gering, die Tiere sitzen warm, haben in der Tiefe des Käfigs bei der dort herrschenden Dämmerung erwünschte Zufluchtsmöglichkeiten und können trotzdem auf den ersten Blick durch die Drahttür gesehen werden.

Abb. 4. Rattenzuchtkäfig mit Lauftrommel.

Abb. 5. Rattenzuchtkäfig mit Lauftrommel.

β) Zuchtraum. Der Zuchtraum muß gut ventiliert sein. Wenn sich starke Ammoniakentwicklung durch Harnzersetzung nicht vermeiden läßt, so kann durch Aufstellung einer Schale mit dem Säuregemisch nach Prof. v. Kapff in kurzer Zeit eine vollständige Reinigung der Atmosphäre erzielt werden. Ferner muß der Zuchtraum heizbar sein. Am besten wäre eine Dauerheizung mit Temperaturregulierung, die immer das Einhalten von 22° als der für die Ratten am zuträglichsten Temperatur gestattet. Es ist dafür zu sorgen, daß der Zuchtraum nicht gleichzeitig zu anderen Manipulationen, Futterkochen usw. verwendet wird, um die Tiere nicht zu beunruhigen. Ebenso sollen die Räume nicht unnötig betreten werden, und es ist durch geeigneten Verschluß von

[1] M. J. Greenman and F. A. Duhring: Breeding and care of the albino rat for research purposes. Philadelphia 1923.

Fenstern, Türen und sonstigen Öffnungen dafür zu sorgen, daß nicht andere Tiere, Katzen, Hunde, vor allem aber wilde Ratten und Mäuse zu ihnen Zutritt haben. Auch der sich häufig einstellenden Fliegenplage ist mit allen Mitteln entgegenzuarbeiten. Durch Insekten, und besonders wilde Ratten und Mäuse können Krankheiten übertragen oder sonstige naheliegende Störungen, Begattungen, Wegfressen des Futters usw. bei schlechter Anlage der Käfige verursacht werden.

γ) **Zucht und Behandlung.** Die zahme Ratte hat eine Tragdauer von 21 bis 22 Tagen und bringt dann Würfe von 6—12 Stück zur Welt. Stärkere Würfe kommen bei kräftigen Tieren und guter Ernährung ebenfalls nicht allzu selten vor. Wir beobachteten Würfe bis zu 16 Stück. Es empfiehlt sich in solchen Fällen, die Würfe auf 10—12 Stück zu reduzieren. Die entfernten Jungtiere können, falls Gelegenheit dazu vorhanden ist, einer anderen säugenden Mutter, die einen schwächeren Wurf hat, untergelegt werden. Sie werden meist ohne weiteres angenommen. Würfe unter 6 Stück werden auch beobachtet, sind aber als unbefriedigend zu bezeichnen. Es empfiehlt sich deshalb, eine Mutter, die mehrmals solche kleine Würfe gebracht hat, aus der Zucht auszuschalten. Manche Laboratorien reduzieren grundsätzlich alle Würfe auf 6 oder 8 Stück, um dadurch eine bessere Aufzucht zu sichern. Je nach der Art der vorzunehmenden Untersuchungen und dem Bedarf an jungen Ratten muß man sich diesem Vorgehen anschließen oder, wie wir es tun, auch größere Würfe bei der Mutter belassen. Die weiblichen Ratten kommen oft schon in recht jugendlichem Alter zu. Ein zu früher Beginn der Zucht ist aber nicht zu empfehlen, da solche Nachkommenschaft nicht befriedigt, entweder von der Mutter selbst zerstört oder nur schwer aufgezogen wird. Die weiblichen Tiere sollten deshalb ein Alter von 120 Tagen besitzen, ehe sie mit den Männchen zusammengebracht werden, schwächere Tiere wird man auch dann noch nicht zur Zucht verwenden. Nach unseren Erfahrungen hat es sich bewährt, auch nicht allzu alte Tiere zu benutzen und den Ratten nicht zu häufige Würfe zuzumuten. Im allgemeinen zieht eine Mutterratte ihren Wurf in 3—4 Wochen so weit auf, daß die jungen Ratten selbständig fressen und ein Gewicht von 40—45 g erreichen. Die jungen Ratten werden dann abgesetzt und kommen in den Versuch. Der Mutterratte wird bei uns hiernach eine Ruhepause von 14 Tagen gegönnt, während der sie reichlich gefüttert wird und ihre Reserven ergänzen kann. Junge Mutterratten wachsen nach dem ersten Wurf noch erheblich und bedürfen dazu auch noch ausreichender Nährstoffe. Nach diesen 14 Tagen kommt die Ratte wieder in den Paarungskäfig. Im allgemeinen folgt der nächste Wurf wieder nach 4 bis 5 Wochen und so fort. Wir beobachteten regelmäßig, daß in den Wintermonaten November bis Februar die Fruchtbarkeit nachläßt und die Tiere nur mit größeren Zwischenräumen tragend werden. Man kommt so im Jahr auf 3—4 Würfe und könnte die Wurfzahl günstigstenfalls auf 5 steigern, doch erscheint uns diese Wurfzahl im Interesse der Tiere nicht als erwünscht. Im allgemeinen verwenden wir die Mutterratten im Höchstfall bis zum Alter von $1^1/_2$ Jahren zur Zucht, wobei 5—6 Würfe erhalten werden. Mit stärkerer Ausnutzung haben wir, wie schon gesagt, keine befriedigenden Erfolge gehabt. Die Böcke kommen ebenfalls im Alter von 120 Tagen zum Decken und werden ebenfalls höchstens $1^1/_2$ Jahre lang zur Zucht verwendet. Ihr Ersatz ist, da in der Zucht stets reichliches männliches Material vorhanden ist, leicht möglich, und es empfiehlt sich, lieber jüngere als überalterte Tiere zu benutzen.

Zucht und Pflege der Tiere sollen immer in der Hand derselben Person liegen. Die Ratten sind sehr intelligent und lernen sehr bald ihren Pfleger kennen. Um sie an sich zu gewöhnen, empfehlen amerikanische und englische Autoren und auch wir selbst, sich mit den Tieren gelegentlich zu beschäftigen, mit ihnen in freundlichem Tone zu sprechen und ab und zu auch einmal mit ihnen zu spielen. Die gut gehaltene und ernährte Ratte ist, auch wenn sie tragend ist und ihren Wurf aufzieht, ja, sogar, wenn sie eben geworfen hat, außerordentlich gutmütig und freundlich, durchaus nicht mißtrauisch und angriffslustig. Die ihr bekannte Person kann sie jederzeit mit bloßer Hand ergreifen, aus dem Käfig herausnehmen, ja selbst, ohne daß die Ratte sich feindlich zeigt, den Wurf mit bloßer Hand aus dem Käfig nehmen. Bei solcher Haltung lassen sich die Ratten auch von fremden Personen ohne Gefahr angreifen. Unbedingt notwendig ist es aber, daß die Tiere ruhig und freundlich behandelt werden, und ihnen beim Ergreifen kein Schmerz verursacht wird. Auch ist Herumjagen und Erschrecken zu unterlassen. Ganz verwerflich ist es, die Ratten mit Zangen oder anderen Instrumenten zu ergreifen, und auch das Erfassen und Hochheben an den Schwänzen ist nicht empfehlenswert, da es den Tieren Schmerzen verursachen kann und sie sich dann natürlich zur Wehr setzen. Ein Rattenbiß ist nicht angenehm, geht meist sehr tief und birgt auch Infektionsgefahren in sich. Werden die Ratten bissig, ängstlich und mißtrauisch, so ist dies ein Zeichen, daß irgendwelche Ernährungsstörungen und andere Ursachen, Mißbefinden oder Krankheiten bei ihnen bestehen.

Es ist vielleicht noch darauf aufmerksam zu machen, daß bei Hineinstecken eines Fingers durch das Drahtgitter in den Käfig auch die gutmütigste Ratte zuzubeißen pflegt, da sie annimmt, daß ihr etwas Eßbares gegeben werden soll oder etwas Feindliches auf sie eindringt. So kommt es auch, daß beim Halten der Ratten in Drahtkäfigen, die neben- und übereinander stehen, das Herunterhängen eines Rattenschwanzes in ein anderes Bereich häufig den Verlust dieses Körperteiles zur Folge hat.

Schließlich sei noch bemerkt, daß Saubermachen der Käfige, Zählen und Angreifen der Würfe oder auch der Besuch fremder Personen in der Rattenkolonie nach allgemeinen Erfahrungen niemals zum Auffressen der Jungen führt. Hierfür sind andere Ursachen (vgl. S. 1477) verantwortlich zu machen.

δ) Bekämpfung von Erkrankungen. Auf Grund unserer 13jährigen Erfahrungen sind wir zu der Überzeugung gekommen, daß große Seuchengänge, die eine Rattenzucht zu dezimieren vermögen, zu den größten Seltenheiten gehören, wenn man nur für ausreichende hygienische Verhältnisse sorgt. Gelegentlich haben wir Pneumonien und Pseudotuberkulose der Nager beobachtet, die aber nur sporadisch auftraten.

Einmal sahen wir einen Befall mit Katzenbandwurmfinnen. Dies war dadurch hervorgerufen worden, daß eine zum Fangen von Mäusen im Institut gehaltene Katze mit diesen Bandwürmern behaftet war. Da sie in den Boden- und Lagerräumen des Institutes ihrer Pflicht nachging, hatte sie die Exkremente in einen Haufen von Sägespänen abgesetzt, die dann zur Bettung in die Rattenkäfige gegeben wurden und zur Infektion der Ratten führten. Auf solche Möglichkeiten, die scheinbar ganz fern liegen, muß aufmerksam gemacht werden, da durch sie Schädigungen der Rattenzucht zustande kommen können.

Die naheliegendste Störung des Wohlbefindens der Kolonie wird durch Befall mit Räude bewirkt. Die Räude zu bekämpfen und ständig auf ihr Vorkommen zu achten, ist deshalb eine der wichtigsten Aufgaben. Durch die oben geschilderten Maßnahmen, Einsetzen jeder trächtigen Ratte nach vorheriger Behandlung etwaiger Räudestellen mit Perubalsam in einen desinfizierten, frisch gekalkten Käfig und das häufige Wechseln der als Bettung dienenden Sägespäne gelingt es leicht, der Räude Herr zu werden. Nur in seltenen Fällen wird bei uns noch Räude angetroffen.

Häufig beobachtet man, daß die Tiere niesen oder bei der Atmung vernehmliche Geräusche von sich geben. Treten bei einzelnen Tieren solche Erscheinungen verstärkt auf, so empfiehlt es sich, sie auszumerzen. Im übrigen scheint dieses Symptom mit Reizung durch Sägespänepartikelchen, Staub, vielleicht auch Ammoniakentwicklung zusammenzuhängen und führt zu keinen die Versuche störenden Folgen. Gelegentlich werden auch Vereiterungen des Mittelohres beobachtet, die auch auf das innere Ohr übergreifen und zu Gleichgewichtsstörungen führen können. Auch solche Tiere wird man ausschalten.

d) Fütterung.

Die Fütterung der Zuchtratten erfordert große Sorgfalt und muß dauernd, wenn sie in den Händen von Angestellten liegt, kontrolliert werden. Wenn Zahl und Stärke der Würfe abnehmen, und wenn die Muttertiere nicht in der Lage sind, die Würfe befriedigend aufzuziehen und die Jungen ganz oder teilweise auffressen oder töten, so sind das Anzeichen von Ernährungsstörungen. Auch scheues Verhalten, Angriffslust und Bissigkeit sind im allgemeinen Anzeichen dafür, daß mit der Ernährung irgend etwas nicht stimmt, und selbstverständlich müssen schlechtes Aussehen, struppiges Fell, Krankheiten und starker Räudebefall Veranlassung dazu sein, zunächst einmal die Zusammensetzung der Kost der Ratten nachzuprüfen. Die Ratte reagiert ungemein fein auf kleinste qualitative Mängel ihrer Kost und ebenso auf ungenügende mengenmäßige Zufuhr. Meist reagiert sie darauf mit Störungen in der Fortpflanzung und der Aufzucht. Um solche qualitativen Mängel von vornherein einzuschränken, ist auf genügenden Eiweißgehalt, auf ausreichende biologische Wertigkeit des Eiweißgemisches und vor allem auf die Verwendung solcher Nahrungsmittel zu achten, die bezüglich Eiweißqualität, Mineralstoff- und Vitamingehalt die vortrefflichsten Ergänzungseigenschaften besitzen. McCollum bezeichnet diese Nahrungsmittel als Schutznahrungsmittel. Als solche kommen für die Rattenfütterung im wesentlichen Vollmilch und grünes Gemüse in Frage. Der Eiweißgehalt muß, um befriedigende Fortpflanzung zu gewährleisten, hoch sein und sollte deshalb 15—20%, auf Trockensubstanz gerechnet, betragen.

Da aber stets zahlreiche Nahrungsmittel verwendet werden, ist es wichtig, daß aus ihnen ein so gleichmäßiges Gemisch hergestellt wird, daß die Ratten nicht mehr in der Lage sind, aus den Bestandteilen eine Auswahl zu treffen. Es würde also z. B. falsch sein, den Ratten Fleischstückchen mit Getreidekörnern und Mohrrüben und Gemüse in grober Mischung vorzusetzen. Sie suchen sich in solchen Fällen das heraus, was ihnen besonders gut schmeckt, und eine einseitige Ernährung ist die Folge. Sie fressen von diesem oder jenem Nahrungsmittel aus dem genannten Grunde so viel, daß sie nicht mehr genügend von den anderen Nahrungsmitteln aufnehmen. Die Ratten sehen dann zwar sehr wohlgenährt aus und können auch gut im Haarkleid und befriedigend hinsichtlich der Beweglichkeit sein, aber sie werden nicht mehr tragend oder vermögen die Würfe nicht mehr aufzuziehen. Wir sind auf Grund unserer Erfahrungen dazu gekommen, die Futtermischungen stets durch den Wolf zu drehen und somit gleichmäßige Mischungen herzustellen. Dies ist auch bei Versuchen mit Vitamin A und D deshalb wichtig, weil die Ratten Reserven von diesen Vitaminen aufzuspeichern vermögen, was dazu führen kann, daß die Mangelerscheinungen erst sehr spät oder jedenfalls nicht in der üblichen Versuchszeit auftreten. Sind die jungen Ratten aber einmal über ein gewisses Alter und Gewicht bei der betreffenden vitaminfreien Ernährung hinausgewachsen, so sind die Versuche nicht mehr durchzuführen oder ergeben keine einwandfreien Resultate. Um vergleichbare Ergebnisse zu erhalten und besonders bei Arbeiten, die zur quantitativen Erfassung der Vitaminwirkung angestellt werden, ist es wichtig, die jungen Tiere mit einem möglichst geringen und gleichen Vorrat an solchen speicherungsfähigen Vitaminen in den Versuch zu nehmen. Um dies mit möglichster Sicherheit zu erreichen, sind von verschiedenen Autoren Standard-Futtermischungen vorgeschlagen worden, die, in großer Masse auf einmal hergestellt, eine ganz gleichmäßige Fütterung der Rattenzucht über viele Monate oder 1 Jahr hinweg gewährleisten sollen.

1. Kost nach SHERMAN. Die ursprünglich von SHERMAN[1] angegebene Diät wird sehr häufig verwendet, um junge Ratten für Vitamin-A- und -D-Versuche zu erhalten. Sie enthält genügend Vitamin A und auch Vitamin D, um gutes Wachstum und Fortpflanzung zu sichern, so daß die Jungen im Alter von 21—29 Tagen bei einem Anfangsgewicht von 35—50 g mit geringen Vitamin-A-Reserven und beträchtlichen Reserven an Vitamin D in den Versuch genommen werden können. Diese Kost besteht aus 66% fein geschrotenem Weizen, 33% Vollmilchpulver und 1% Kochsalz. Es hat sich zur Erhöhung der Wachstumsfreudigkeit der Jungen und rascheren und besseren Fortpflanzung als zweckmäßig erwiesen, täglich jeder erwachsenen Ratte 5 g mageres Rindfleisch zuzugeben. Diese Kost nimmt nicht in Anspruch, optimal für Wachstum oder Fortpflanzung zu sein, doch sichert sie ausreichende Fortpflanzung bei der Zucht und geeignete Tiere für den Vitamin-A- und auch Vitamin-D-Nachweis. Bezüglich des letzteren Vitamins ist allerdings darauf hinzuweisen, daß unter Umständen die jungen Tiere doch zu große Vitamin-D-Reserven haben (SHERMAN[1]). Für Vitamin-D-Versuche empfiehlt es sich infolgedessen, andere Kostsätze zu wählen. Wir fanden die unter Nr. 3 gegebene gemischte Kost als am zweckmäßigsten.

Die Vitamin-D-Versorgung durch die genannten Kostsätze wird durch den Vitamin-D-Gehalt des Weizens (DE RUYTER DE WILDT und BROUWER[2]) und den der Trockenvollmilch bedingt. Da besonders die letztere bezüglich ihres Vitamin-D-Gehaltes Schwankungen aufzuweisen vermag, hat man die Mengen der Vitamin-D-Reserven nicht fest in der Hand. Auch bezüglich des Vitamins A sind Schwankungsmöglichkeiten vorhanden (Wintervollmilch, Sommervollmilch, Fütterungseinflüsse, vgl. Bd. 1, S. 816).

Bei längerer Anwendung dieser Kost haben wir mehrfach beobachtet, daß die Fortpflanzung zögernder wurde und die Würfe an Zahl zurückgingen, zum Teil auch zerstört wurden. Es ist vielleicht dann zweckmäßig, die Tiere vorübergehend auf eine gewöhnliche gemischte Kost (S. 1479) zu setzen. Mit Modifikationen und Ergänzungen, etwa durch öftere Zulage von Gemüse, kommt man zu keinen entscheidenden Verbesserungen.

2. Kost nach GUDJONSSON. Im Kopenhagener Laboratorium von FRIDERICIA hat S. V. GUDJONSSON[3] eine „Diet 4“ genannte Kost für Zuchtratten zum Vitamin-A-Versuch ausgearbeitet. Sie besteht aus: Magermilchpulver 30%, Reismehl 40%, autolysierter Hefe 15%, gehärtetem Cocosnußfett mit 0,3% Haifischlebertran 15%. Das Magermilchpulver ist aus pasteurisierter Milch hergestellt und enthält etwa 1% Fett. Die Hefe wird bei 40° autolysiert und ohne vorherige Trocknung verwendet. GUDJONSSON gibt an, daß er diese Kost über 3 Jahre erfolgreich verwendet habe.

3. Die Forschungslaboratorien der Firma E. Merck in Darmstadt und der I. G. Farbenindustrie A.G. in Elberfeld halten ihre Zuchttiere bei einer Kost folgender Zusammensetzung: Maisschrot 7, ganzer Weizen 15, Vollmilch 10, ganzer Hafer 3, Brot 5, Calciumcarbonat 0,03 und Natriumchlorid 0,06 Teile. Das Maismehl wird mit der Milch kurz aufgekocht und die übrigen Bestandteile einschließlich der Körner werden mit dem Brei zu einer leicht bröckelnden, wenig feuchten Masse gut vermischt. Je Woche erhalten die Tiere zu

---

[1] H. C. SHERMAN and S. L. SMITH: The vitamins. 2. Aufl., Chemical Catalog Company, New York 1931.
[2] J. C. DE RUYTER DE WILDT und E. BROUWER: Tierernährung 1932, 4, 573.
[3] S. V. GUDJONSSON: Biochem. Journ. 1930, 24, 1591.

diesem Futter eine Zulage von zweimal 4 g magerem, fettfreiem, gemahlenem Pferdefleisch und abwechselnd damit viermal 2 g frische Gemüse (Salat und Grünkohl). Vgl. hierzu MOLL, DALMER, V. DOBENECK, DOMAGK u. LAQUER[1].

4. Wir haben die verschiedensten einfachen Standardgemische, die wir nach unseren Erfahrungen und unter Benutzung der vorstehenden und anderer Vorschriften zusammengesetzt haben, in Ernährungsversuchen durchgeprüft, ohne einen gleichbleibenden und befriedigenden Erfolg erzielen zu können. Stets stellten sich nach einiger Zeit Störungen in der Fortpflanzung heraus, und auch die Reserven der jungen Tiere an den Vitaminen A und D wiesen Schwankungen auf, die besonders dann oft sehr lästig bemerkbar wurden, wenn die Kostgemische von neuem hergestellt wurden und demgemäß neue Bestandteile zur Verwendung kamen. Wir halten infolgedessen eine gemischte Kost für die Rattenernährung für am zweckmäßigsten. Hierbei ist streng darauf zu achten, daß extrem vitamin-A- und -D-reiche Nahrungsmittel wie Lebertran vollkommen ausgeschaltet werden und daß auch frische grüne Futtermittel (Spinat, Grünkohl) nur selten und in geringen Mengen zur Verwendung kommen. Unsere gemischte Kost *wird stets gekocht und durch den Wolf gedreht verabreicht*. Das Kochen ist nach unseren Erfahrungen zur Erhöhung der Bekömmlichkeit, Erzielung gleichmäßigerer Mischung und Verhinderung von Infektionen wichtig. Die Kost besteht morgens aus: Brot und mit Wasser verdünnter Vollmilch ($^2/_3$ Milch, $^1/_3$ Wasser). Das Brot ist gewöhnliches Graubrot 70—82%ig ausgemahlen, das in große Würfel geschnitten wird. Je Ratte werden 20 g Brot und 50 ccm verdünnte Milch gerechnet. Beides wird gemeinsam in einem Näpfchen verabreicht. Mittags erhalten die Ratten dann eine gemischte Kost, die jeden Tag gewechselt und frisch zubereitet wird. Diese wird aus Fleisch, Fisch, Cerealien, Kartoffeln und anderen Wurzelgewächsen, frischem und Trockengemüse, Teigwaren u. a. so zusammengesetzt, daß je Tag 3—4 verschiedene Bestandteile verwendet und auf einen ausreichend hohen (vgl. S. 1477) Eiweißgehalt Rücksicht genommen wird. Es kommen dabei auch Futtermittel, wie Sojaschrot, Kleie, Reis, Leguminosen und gelegentlich, alle 14 Tage einmal, etwas Futterhefe zur Verwendung. Ab und zu wird etwas Seesalz und Schlämmkreide, Knochenmehl oder phosphorsaurer Futterkalk zugegeben. Von diesen Gemischen erhalten die Ratten reichliche Mengen. Außerdem wird ihnen als Getränk Leitungswasser zur Verfügung gestellt. Bei der Wahl des Fleisches sind Drüsen, Herz und Leber, die außerordentlich vitamin-A-reich sind, zu vermeiden und ebenso dürfen grüne Gemüse und Möhren wegen ihres Vitamin-A-Reichtums nicht regelmäßig verwendet werden. Der Kostzettel wird täglich neu aufgestellt und ständig die Zubereitung überwacht. Wir erzielen mit dieser Kost gute Fortpflanzung, große Würfe und wüchsige Jungtiere. Die Reserven an den Vitaminen A und D, mit denen die Jungtiere in den Versuch gehen, können leicht durch passende Auswahl der Kost dem Versuchszweck entsprechend niedrig gehalten werden.

5. Ähnliche Kostsätze sind schon lange in den verschiedensten Laboratorien in Gebrauch. Für Kliniken empfiehlt es sich, die Küchenabfälle und Mahlzeitreste zu verwenden, die mit frischen Gemüsen (grüne Gemüse, Karotten u. dgl.) zweimal in der Woche ergänzt werden. Auch Hundekuchen werden statt der Küchenabfälle oder mit ihnen zusammen empfohlen. Hierbei hat man naturgemäß den Vitamin-A-Gehalt wenig in der Hand (HAWK[2]).

6. Man hat sich auch bemüht, solche gemischte Kostformen im wesentlichen auf Vegetabilien umzustellen und dabei gleichmäßig zusammengesetzte

[1] TH. MOLL, O. DALMER, P. v. DOBENECK, G. DOMAGK u. F. LAQUER: Arch. exp. Pathol. Pharmakol. 1933, **170**, 176.

[2] HAWK: Practical physiological Chemistry, Philadelphia, 8. Aufl.

Gemische zu verwenden. So hat McCOLLUM[1] eine Kost, bestehend aus Weizenschrot 30, gequetschtem Hafer 30, Maismehl 30, Leinsamen 10, Kochsalz 0,5 und Knochenmehl 1,5 Teile empfohlen. Dieses wird in heißem Wasser zu einem Brei verrührt und $^1/_2$ Stunde in einem geschlossenen Topf gekocht, dann durch den Wolf gedreht, daraus makkaroniartige Stangen durch Hindurchpressen durch ein entsprechendes Sieb bereitet und leicht getrocknet. Es wird dann mit etwas Vollmilch an die Ratten verabreicht. Bei regelmäßiger Fütterung ist es zu empfehlen, das Gemisch stets frisch zu bereiten und dann mit Milch anzurühren und feucht zu verabreichen. Gelegentliche Ergänzungen mit grünen Gemüsen und Fleisch dürften nach unseren Erfahrungen empfehlenswert sein.

7. Eine noch etwas komplizierter zusammengesetzte ähnliche Kost haben SMITH und CHICK[2] empfohlen. Sie verwenden Kuhmilch, dunkles oder weißes Brot, Cerealien, Reis, Weizen, Hafer u. a. mit frischen rohen Vegetabilien, wie Karotten, Rüben, Kohl und Spinat. Hefeextrakt wird täglich zugemischt, um die Tiere reichlich mit Vitamin B zu versorgen. Zweimal in der Woche wird außerdem rohes Rindfleisch gereicht. Die Kost bietet große Abwechslungsmöglichkeiten, die sich deshalb empfehlen, um die Tiere bei gutem Appetit und damit gleichmäßig reichlicher Futteraufnahme zu halten. Während der letzten Tage der Trächtigkeit und während der Säugeperiode erhalten die Muttertiere Milch, Cerealien und rohe Gemüse mit Hefeextraktzugaben. Nach den Erfahrungen dieser Autoren empfiehlt es sich, besonders dann mageres Rindfleisch zuzugeben, wenn die Tiere Neigung zeigen, die Jungen zu fressen.

2. Maus.

Mäuse sind verschiedentlich zu Vitaminarbeiten empfohlen worden, doch haben sich diese Tiere wegen ihrer Kleinheit, der Kürze ihrer Wachstumsperiode und der verhältnismäßig geringen Gewichtsunterschiede zwischen jungen und erwachsenen Tieren nicht eingebürgert. Die Unterschiede im Wachstum kommen nicht deutlich heraus, und es ist auch schwierig, bei Untersuchungen irgendwelcher Naturstoffe auf Vitamine, die davon benötigten, nur sehr kleinen Mengen in befriedigender Genauigkeit abzuwiegen und zu verabreichen. Sie werden deshalb immer nur zu speziellen Zwecken Verwendung finden können. Als Versuchstier ist die weiße Maus, die auch bei Vitaminuntersuchungen in Frage kommt, für andere Zwecke in vielen Instituten eingeführt. Ihre Zucht und Pflege ist äußerst einfach und auch weit verbreitet. Jederzeit sind auch Mäuse der in Frage kommenden Altersklasse und vom nötigen Gewicht im freien Handel und in beliebiger Menge erhältlich. Zur Zucht benutzt man hohe, mit glatten Wänden versehene, aus Holz, verzinktem Eisenblech oder Beton hergestellte Käfige oder Boxen, für die man Ausmaße in weiten Grenzen wählen kann. Für kleine Zuchten werden Maße 50:50:40 cm angegeben. Als Bettung werden Sägespäne, Holzwolle, Torfmull oder ähnliches Material verwendet, und oft hat es sich als zweckmäßig erwiesen, hierüber noch eine Schicht von Heu, Haferstroh (lang gehäckselt), Papier oder Zellstoff zu geben. Die Tiere pflegen sich dann darin Gänge zu graben, ihre Nester anzulegen und sich zu verstecken. Es genügt, die Käfige in großen Zwischenräumen zu reinigen und mit neuem Unterlagematerial zu beschicken. Zweimal im Jahre empfiehlt sich eine gründliche Säuberung durch Ausscheuern mit Seifenwasser und Soda. Bei größeren Käfigen ist es anzuraten, durch eine mit Löchern versehene Scheidewand einen Teil des Käfigs abzugrenzen und diesen als Futterraum zu benutzen. Dort stellt man einen Napf mit Wasser auf und streut das Futter ein. In kleinen Käfigen bringt man erhöht, durch ein Laufbrett zugänglich, ein Futterbrett an, auf dem Wasser- und Futternapf aufgestellt werden.

Zur Zucht soll in einem Zuchtkäfig ein Bock mit etwa 20 Weibchen gehalten werden. Die Tiere sind sehr fortpflanzungsfreudig. Die Tragzeit beläuft sich auf 16 Tage, so daß man häufige Würfe erhält. Es werden 4—6 Junge geworfen, und es kann bequem mit 5 Würfen im Jahre je Weibchen gerechnet werden.

Als Nahrung erhalten die Tiere trockenes Brot oder Semmel und gelegentlich Körnerfutter (Hafer, Weizen, Roggen), ferner empfiehlt sich die Zugabe von Samen des Glanzgrases (Glanz). Milch ist nur für säugende Mütter und die junge Nachzucht notwendig.

---

[1] M. J. GREENMAN and F. A. DUHRING: Breeding and care of the albino rat for research purposes. Philadelphia 1923.

[2] H. H. SMITH and H. CHICK: Biochem. Journ. 1926, 20, 131—136.

Die Verabreichung von Fleisch ist unnötig und nicht anzuraten. Zu beachten ist, daß nicht Tiere fremder Familien oder Zuchten einer schon länger bestehenden Zuchtfamilie beigegeben werden, da sonst leicht Kämpfe und Tötung der fremden Tiere eintreten. Es empfiehlt sich ferner, darauf zu achten, ob Junge gefressen werden. Dies würde dann das Zeichen für ungenügende Ernährung sein (KLIMMER[1], KRAUS-UHLENHUTH[2]).

3. Meerschweinchen.

Zu Untersuchungen über Vitamin C werden Meerschweinchen verwendet. Ausgedehnte Versuche in dieser Richtung erfordern eine ziemlich umfangreiche Zucht, da die Meerschweinchen ziemlich lange tragen und das Heranziehen der Jungen, bis sie die nötige Größe von 250—300 g besitzen, ziemlich lange währt. Man wird deshalb häufig bei reichlichem Tierbedarf genötigt sein, Meerschweinchen anzukaufen. Hierbei ist darauf zu achten, daß man nur Tiere aus einwandfreien Zuchten erhält, die auch wirklich völlig gesund und noch nicht etwa zu anderen Versuchen verwendet worden sind.

In der Nähe von Städten, in denen sich wissenschaftliche Institute, Kliniken, Krankenhäuser und sonstige mit Tieren arbeitende Laboratorien befinden, kommen manchmal von solchen Anstalten nicht verwendete Meerschweinchen oder solche, die bereits einmal zu Versuchszwecken benutzt worden sind, zum Verkauf. Da Meerschweinchen vielfach zu biologischen Prüfungen von Krankheitserregern verwendet werden, kommt es vor, daß solche Bestände nicht ganz einwandfrei sind, sondern kranke Tiere beherbergen können. Man bekommt dann Tiermaterial in die Hände, das zwar äußerlich vollkommen gesund erscheint, aber doch irgendwie geschwächt oder gar Träger von Infektionserregern ist. Werden solche Tiere dann zu Arbeiten über das Vitamin C benutzt und auf Skorbut erzeugende Kost gesetzt, so werden bei eintretendem Vitaminmangel die latenten Krankheiten akut und die Tiere gehen sehr schnell an ihnen ein. Wir haben auf diese Weise schwere Störungen unserer Versuche erlebt. Besonders gefährlich sind solche Erkrankungen, die durch Mund- oder Nasensekret der Tiere übertragen werden können, da bei der oft notwendigen Zwangsfütterung eine Übertragung mit den dabei benutzten Instrumenten erfolgt. Auch von Käfig zu Käfig ist das Überspringen von Infektionen leicht möglich. Besonders kommen infektiöse Lungenentzündung, Pseudotuberkulose und Coccidiose in Frage.

Es kommt oft auch vor, daß über die Wintermonate, wenn grünes Material, das für die Meerschweinchen lebensnotwendig ist, fehlt, die Ernährung in der Zucht sehr kärglich ist und auch die Haltung zu wünschen übrig läßt. Dann werden die Bestände leicht mit Erkältungskrankheiten verseucht, und die Tiere sind, auch dann, wenn sie wieder aufgefüttert sind, zu Vitaminversuchen ungeeignet. Bei Ankauf von Tieren ist es also geboten, gesunde, auf dem Lande befindliche Zuchten heranzuziehen oder sich vor dem Ankauf der Tiere persönlich davon zu überzeugen, daß der betreffende Züchter wirklich in der Lage ist, einwandfreies Material zu liefern und die Tiere unter richtigen Lebensbedingungen hält und aufzieht. Es empfiehlt sich unter allen Umständen, die angekauften Tiere zunächst einige Zeit in Quarantäne zu halten. Allen solchen Schwierigkeiten entgeht man durch die eigene Zucht.

Hierzu werden die Meerschweinchen in Holz-, Draht- oder Betonkäfigen und -boxen gehalten. Wir haben auch hier wieder die besten Erfahrungen mit den gleichen Betonkäfigen, wie sie S. 1472 bei der Rattenzucht beschrieben wurden, gemacht. Zur Zucht verfährt man so, daß man die Böcke in Einzelkäfigen hält und ihnen zur Begattung 1—2 Weibchen zur Verfügung stellt. Entweder beobachtet man den Deckakt und setzt dann die begatteten Weibchen in Einzelkäfige oder man läßt die Weibchen einige Tage bei den Männchen und kann dann annehmen, daß Begattung erfolgt ist. Um Raum, Arbeit und Personal zu sparen, kann man nach unseren Erfahrungen auch so vorgehen,

[1] M. KLIMMER: Technik und Methodik der Bakteriologie und Serologie. Berlin: Julius Springer 1923.

[2] KRAUS-UHLENHUTH: Handbuch der mikrobiologischen Technik, Bd. 2, S. 1568f. Berlin und Wien: Urban & Schwarzenberg 1923.

daß man etwa 10 Weibchen und 4 Männchen in eine große Boxe zusammensetzt und dann nach etwa 14 Tagen, wenn man die ersten Anzeichen von Trächtigkeit beobachten kann, die tragenden Tiere in Einzelkäfigen isoliert. Nur am ersten Tage, wenn man die Tiere neu zusammengesetzt hat und sie sich noch nicht aneinander gewöhnt haben, kommen Beißereien, die aber nur unbedeutend sind und zu keinerlei Störungen der Zucht führen, vor. Die Meerschweinchenkäfige selbst werden mit einer Bettung von Torfmull versehen, darauf gibt man etwas Heu, an dem die Tiere nagen und in das sie sich auch zu verkriechen pflegen. In jedem Meerschweinchenkäfig sollte dann weiter mit der offenen Seite nach unten ein Kasten eingestellt werden, der je nach Größe einen oder mehrere Eingänge besitzt. Die Tiere bevorzugen diese Kästen sehr, um sich zu verstecken. In Käfigen mit reichlichem Tierbesatz kann das Dach des Kastens durch Scharniere aufklappbar gemacht werden, so daß man bequem die darin befindlichen Tiere ergreifen kann.

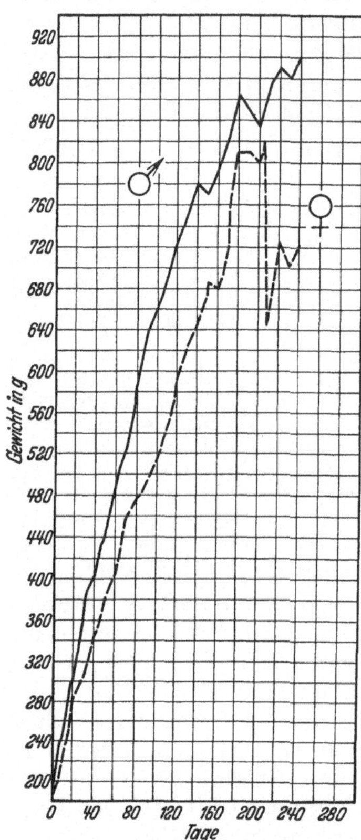

Abb. 6. Normale Wachstumskurven von Zuchtmeerschweinchen des Vet.-Physiologischen Instituts zu Leipzig.

Die Fütterung der Meerschweinchen ist einfach, wenn man immer dafür Sorge trägt, ihnen reichliche Mengen von frischen grünen Vegetabilien zur Verfügung zu stellen. Dies ist auch im Winter leicht möglich, wenn man sich die Abfälle von Kraut und gelagerten Gemüsen aus Markthallen und von Gemüsehändlern besorgt. Besonders wertvoll und geeignet sind die vom Blumenkohl abfallenden äußeren Blätter. Als Basis der Kost bekommen die Tiere bei uns Hafer, der mit in den Institutsstallungen anfallenden Resten anderer Getreidearten vermischt werden kann. Auch Brot, gekochte Kartoffeln und Kartoffelschalen werden ihnen gelegentlich geboten. Hierzu werden Heu und frische Futtermittel gegeben. Als solche eignen sich Futterrüben aller Art, Kohlrüben, Mohrrüben, im Winter die genannten Abfälle, im Sommer außerdem jegliche Grünfuttermittel, Luzerne, Klee, Gras. Besondere Getränkzufuhr ist nicht notwendig, wenn immer frisches Material gereicht wird. Bei reiner Trockenfütterung, die aber nach gar nicht langer Zeit stets zu Skorbut führt, muß Wasser gegeben werden. Auch für Meerschweinchen haben wir ausschließliche Stallhaltung als zweckmäßig gefunden und auch für sie sind die Ställe so einzurichten und aufzustellen, daß die Meerschweinchen nicht durch andere Tiere beunruhigt oder in der Nahrungsaufnahme gestört werden können.

Die Meerschweinchen tragen ziemlich lange. Allgemein werden 8—9 Wochen von der Begattung bis zum Werfen gerechnet. Nach genauen Untersuchungen von Beuchelt (S. 1472) soll sich die Tragezeit jedoch im Durchschnitt nur auf 42 Tage belaufen und die Angaben über längere Dauer auf einem durch die Literatur verschleppten Irrtum beruhen. Für eine Zucht zu dem ausgesprochenen Zweck, reichliche Nachkommenschaft zu erzielen, kommt auch eine etwas kürzere Tragezeit nicht zur Auswirkung, da meist Zeit und Personal fehlen dürften, um die Zucht in ganz streng wissenschaftlichem Sinn aufzuziehen. Die tragenden Meerschweinchen werden in gleicher Weise unter

Berücksichtigung stets reichlicher Grünfutterzufuhr gehalten. Die Meerschweinchen werfen 2—3, in seltenen Fällen 4, manchmal sogar 5 Junge, die bereits vollkommen entwickelt sind und sehr bald mit vom Futter der Mutter zu fressen vermögen. Die Säugezeit dauert 2—3 Wochen. Nach 5 Wochen sollen bei guter Ernährung die jungen Tiere ein Gewicht von etwa 200 g erreicht haben. Es empfiehlt sich, die Tiere nach 3—4 Wochen von der Mutter zu entfernen und in gemeinsame größere Boxen, die wie die S. 1472 beschriebenen Zuchtboxen eingerichtet sind, zu verbringen. Sie werden daselbst in gleicher Weise weiter gefüttert und hieraus nach Bedarf zu Versuchszwecken entnommen. Da die Tiere erst in einem Alter von 4—6 Monaten zeugungsfähig werden, liegen gegen eine gemeinsame Haltung bis zu Versuchsbeginn, bei dem die Tiere 250—300 g schwer sein sollen, keine Bedenken vor. Es empfiehlt sich, die Meerschweinchen nicht länger als etwa 3 Jahre zur Zucht zu verwenden und die Böcke dementsprechend zu wechseln (RAEBIGER[1], KLIMMER S. 1481, KRAUS-UHLENHUTH S. 1481). In Abb. 6 geben wir Wachstumskurven von Meerschweinchen aus unserer Zucht wieder.

4. Taube.

Zu Versuchen über Vitamin B_1 sind Tauben sehr geeignet. Es empfiehlt sich, sofern ausreichender Platz und Aufzuchtmöglichkeit gegeben sind, auch diese selbst zu züchten. Als Taubenschlag eignet sich gut ein abgeteilter Bodenraum, der zur Reinigung und Entnahme der Tauben durch eine Tür zugänglich ist und eine oder zwei Ausflugsöffnungen besitzt. Diese Öffnungen müssen durch Falltüren verschließbar sein, die außerhalb des Schlages, also bei geschlossener Zugangstür, betätigt werden können. Dies ist notwendig, um die Ausflugsöffnungen vor dem Betreten des Schlages verschließen und die Tauben so aussuchen und ergreifen zu können. Die Ausflugsöffnungen sollten mit kleinen Anflugbrettern versehen sein, damit die Tauben gut ein- und ausgehen, an- und abfliegen können. Es ist zweckmäßig, wenn sich nicht allzu weit entfernt andere Gebäude oder Dächer befinden, zu denen die Tauben fliegen und sich niederlassen können, ehe sie etwa zur Futteraufnahme auf den Boden niedergehen. Bei Neueinrichtung eines Taubenschlages macht man oft die Beobachtung, daß die Tauben nicht darin bleiben, sondern entfliegen. Es ist deshalb notwendig, wenn man den Schlag erstmalig mit Tauben besetzt hat, ihn längere Zeit geschlossen zu halten, so daß die Tiere sich zunächst an den Raum gewöhnen und diesen vor allen Dingen mit ihren Exkrementen und sonstigen Körperabfällen (Federn) und auch mit Futterresten etwas verschmutzen. Die Einrichtung ist denkbar einfach; es genügen einige Sitzstangen, Sitzbretter und einige zum Nisten geeignete Holzkästen. Den Boden kann man mit etwas Sand bestreuen. Eine Reinigung empfiehlt sich nur, um eine allzu große Anhäufung von Schmutz und Exkrementen zu entfernen. An einen alten, schon benutzten Schlag gewöhnen sich die Tiere sehr schnell, sie kehren dorthin immer wieder zurück und häufig fliegen auch neue Tiere zu, die dann etwa sich einmal verfliegende Angehörige des Schlages ersetzen. Haben sich die Tauben eingewöhnt, so nisten sie auch und brüten, so daß es unter Umständen notwendig wird, allzu großer Vermehrung durch Herausnehmen von Tieren Einhalt zu tun. Daß der Taubenschlag gegen Eindringen von Katzen, Ratten u. dgl. gesichert sein muß, ist selbstverständlich.

Die Fütterung der Tauben erfolgt, wenn sie sich an den Schlag gewöhnt haben, am besten außerhalb desselben und ist denkbar einfach, da man dazu

[1] H. RAEBIGER: Das Meerschweinchen, seine Zucht, Haltung und Krankheiten. Hannover 1923

jegliche Getreidekörner und auch sonstige Mischungen, die als Taubenfutter im Handel erhältlich sind, verwenden kann. Das Futter wird in Näpfchen (besonders bei Fütterung im Schlag) auf den Boden aufgestellt oder ausgestreut. Auch Trinkwasser muß zur Verfügung gestellt werden, sofern nicht Wasserbassins oder fließendes Wasser in der Nähe sind. Auch anderweit beim Ausfliegen suchen sich die Tauben Futter im umliegenden Gelände zusammen.

Als Tiermaterial ist jedwede Taubenart (Feldtaube, Haustaube), die man im freien Handel billig erwerben kann, geeignet, wobei man natürlich Ziertauben, die sorgfältige Pflege verlangen, vermeiden wird.

II. Vitamin A.

1. Grundlagen der Methodik.

Der Nachweis des Vitamins A baut sich auf die grundlegenden Untersuchungen von McCOLLUM und seinen Mitarbeitern und von OSBORNE und MENDEL über dieses Vitamin auf. Das Prinzip der Methode beruht darauf, daß junge wachsende Ratten eine vitamin-A-freie, aber sonst in allen Einzelheiten für normales Wachstum der Tiere voll ausreichende Kost erhalten und mit dieser so lange gefüttert werden, bis sich die Erscheinungen des Vitamin-A-Mangels deutlich ausprägen. Ist dies der Fall, so wird der weitere Versuch als Heilversuch, im internationalen Sprachgebrauch als „kurative Methode“, bezeichnet. Er wird derart zu Ende geführt, daß man die zu untersuchenden vitamin-A-haltigen Materialien täglich zugibt und beobachtet, ob die Mangelerscheinungen verschwinden und das Wachstum wieder einsetzt.

Man kann aber auch den Versuch nach der Schutzmethode, im internationalen Sprachgebrauch „prophylaktische Methode“ genannt, durchführen. Hierzu wird das zu prüfende Material von vornherein in entsprechenden Tagesdosen neben der vitamin-A-freien Nahrung an die Tiere gefüttert. Bei genügender Zugabe wachsen die Tiere dann normal weiter, bei ungenügender Menge beginnt das Wachstum allmählich nachzulassen, um schließlich unter Entwicklung anderer Mangelerscheinungen still zu stehen, worauf dann auch bald Gewichtsabfall einsetzt.

2. Versuchstiere.

Die jungen Ratten eines oder mehrerer Würfe werden im Alter von 23 bis 30 Tagen bei einem Gewicht von 30—35 g von der Mutter abgesetzt und mit normaler Kost, wie sie oben geschildert worden ist, einige Tage gefüttert, damit sie sich an selbständige Nahrungsaufnahme und die Abwesenheit der Mutter gewöhnen. Es ist nicht so wichtig, daß das angegebene Alter genau eingehalten wird. Wichtig ist nur, daß die Tiere nicht zu schwer sind, da sie sonst bereits sehr reichliche Reserven an Vitamin A besitzen können, die den Eintritt der Mangelerscheinungen verzögern. Bei der gemischten Kost erreichen die Tiere in wenigen Tagen ein Gewicht von 40—45 g bis höchstens 50 g und sind damit versuchsreif. Schwerere Tiere sind für den Vitamin-A-Versuch meist ungeeignet, da sie ebenfalls schon zu viel Vitamin-A-Reserven aufgespeichert haben. Im übrigen kann man sich auf ganz gleichmäßige Gewichte der Versuchsratten deshalb nicht beschränken, weil auch in ein und demselben Wurf verschieden schwere Tiere vorkommen, die Nahrungsaufnahme und damit die Wüchsigkeit wechselt und es im allgemeinen ratsam ist, zu einem Versuchszwecke die gesamte benötigte Rattenzahl gleichzeitig an ein- und demselben Tage anzusetzen. Durch Übung und Erfahrung gelingt es im übrigen bald, die Tiere gleichmäßig in den Versuch zu bringen.

Soll eine quantitative Bestimmung der Vitamin-A-Wirkung vorgenommen werden, so ist auf gleichmäßiges Tiermaterial ganz besonders zu achten, und es empfiehlt sich, die oben geschilderte Methode der vitamin-A-armen Standardfütterung der Zuchttiere durchzuführen und dann alle Würfe durch Wegnahme der überschüssigen Tiere auf eine gleiche Zahl (6 oder 8) zu bringen. Nochmals sei darauf hingewiesen, daß selbstgezüchtete Tiere für quantitative Untersuchungen unerläßlich, aber auch bei weniger genauen Untersuchungen von größtem Vorteil sind, da es für den raschen und sicheren Verlauf der Versuche von großer Wichtigkeit ist, daß die Vitamin-A-Reserven der einzelnen Tiere möglichst gleich groß sind und außerdem die Tiere auch gleiche Vitalität und Wachstumsfreudigkeit besitzen. Bei angekauften Tieren kann man das nicht überblicken. Es kommt auch vor, daß angekaufte Tiere zwar mit dem verlangten niedrigen Gewicht (40—50 g) geliefert werden, aber dieses Gewicht nur deshalb besitzen, weil sie kärglich ernährt, also künstlich im Wachstum zurückgehalten worden sind. Solche Tiere haben zwar keine beträchtlichen Reserven, wachsen dann aber, auf vitamin-A-freie Kost gesetzt, die sie begierig und in großen Mengen aufnehmen, außerordentlich rasch und erreichen in wenigen Tagen unerwünscht hohe Gewichte. Wir geben als Beispiel eine Reihe von Kurven, wie sie sein sollen (Abb. 7) und wie sie nicht sein sollen (Abb. 8). Zur Frage der Aufspeicherung von Vitamin-A-Reserven sei auf Bd. 1, S. 796 verwiesen und hierzu noch angeführt, daß hohe Reserven die Versuche zum mindesten außerordentlich verlängern, weiter aber auch die Versuche überhaupt ergebnislos verlaufen lassen können. Deshalb sind ältere und schwerere Tiere von vornherein ungeeignet.

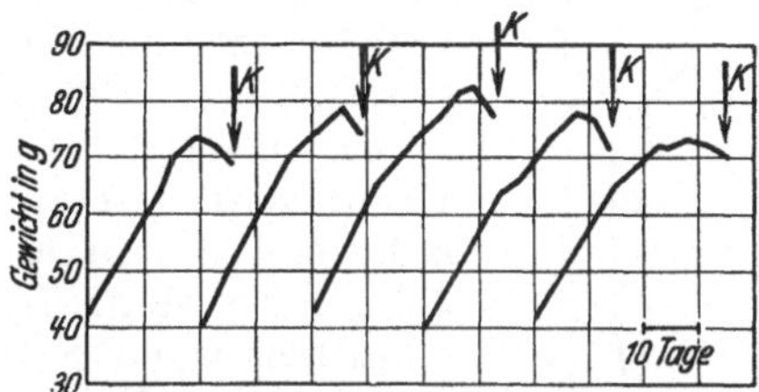

Abb. 7. Gewichtskurven von vitamin-A-frei ernährten Ratten, wie sie sein sollen. *K* Keratomalacie.

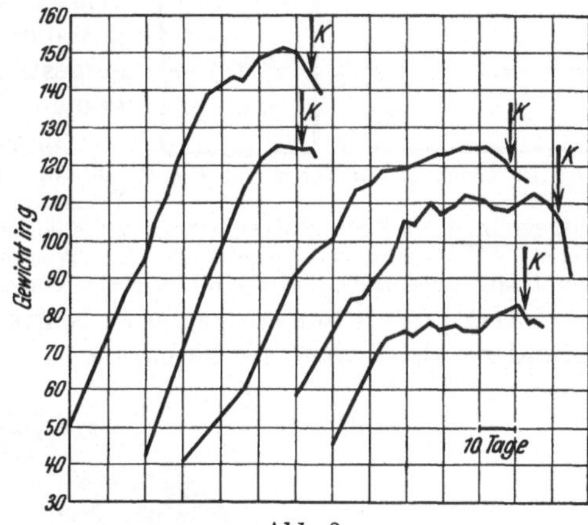

Abb. 8. Gewichtskurven von vitamin-A-frei ernährten Ratten, wie sie nicht sein sollen. *K* Keratomalacie.

Sichere Ergebnisse sind nur dadurch zu erhalten, daß stets mehrere Ratten nebeneinander zu den Versuchen verwendet werden. Die Mindestzahl ist nach unseren Erfahrungen 3, doch empfiehlt es sich, 4 oder noch besser 5 Ratten anzusetzen. Die letztere Zahl entspricht auch etwa dem von amerikanischen Autoren geübten Brauch. Für quantitative Untersuchungen halten wir es für unerläßlich, 10 Tiere für jede zu prüfende Dosis gleichzeitig in den Versuch zu bringen.

3. Käfige.

Zu allen Untersuchungen müssen die Ratten in Einzelkäfigen gehalten werden. Mehrere Tiere in einem Käfig zu halten, verbietet sich schon deshalb, weil es dann schwierig ist, die Nahrungsaufnahmen zu beurteilen und besondere Vorrichtungen notwendig sind, um den Tieren die zuzuwiegende Tagesdosis der zu untersuchenden Präparate zu verabreichen. Auch durch gegenseitiges

Belecken und Inberührungkommen mit den fremden Exkrementen sind Irrtumsmöglichkeiten vorhanden.

Als Versuchskäfige werden im allgemeinen auf Vorschlag der amerikanischen und englischen Autoren runde Drahtkäfige verwendet. OSBORNE und MENDEL[1] benutzten runde zweiteilige Käfige. Der obere Teil ist aus verzinktem Drahtnetz von etwa 0,6 cm Maschenweite hergestellt und besitzt einen Durchmesser von etwa 23 und eine Höhe von etwa 28 cm. Der Halt wird durch Zinkblechleisten gegeben. Dieser Oberteil hat keinen Boden, sondern wird in einen runden Emaillenapf gesetzt, dessen Boden etwa 25 cm im Durchmesser mißt und dessen schräg nach oben gehende Seitenwände etwa 6 cm hoch sind. In den Boden werden 5—6 entsprechend geschnittene runde Filtrierpapierbogen gebracht, um den Harn und verschüttetes Wasser aufzusaugen. Das Papier selbst wird mit einem runden Drahtnetz mit 0,3 cm Maschenweite bedeckt. Ein Futternäpfchen aus Ton oder Porzellan und ein Trinkgefäß aus Glas oder anderem Material werden eingestellt. Die Käfige müssen mindestens einmal in der Woche gereinigt werden und werden zweckmäßig mit warmem Wasser gewaschen und in Dampf sterilisiert. Selbstverständlich kann aber auch jeder andere Käfig benutzt werden. Zur Wasserzufuhr werden vielfach runde Glaskölbchen mit langem Hals, der unten etwas zugespitzt ist, verwendet (vgl. Abb. 9). Diese werden mit Wasser gefüllt und mit der Öffnung nach unten durch ein Loch in dem Deckel des Käfigs eingesteckt und ermöglichen den Tieren beliebige Wasserentnahme.

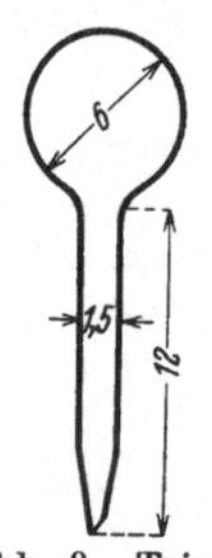

Abb. 9. Trinkwasserkölbchen aus Glas für Versuchsratten.

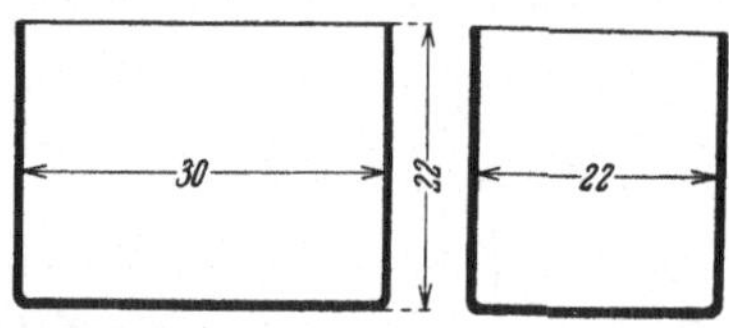

Abb. 10. Glaskäfig für Versuchsratten.

Der Vorteil, den diese Behältnisse durch Frischhaltung und Vermeidung der Verschmutzung des Wassers bieten, wird nach unserer Erfahrung dadurch ausgeglichen, daß die Ratten daran zu spielen beginnen und besonders dann, wenn der Vorrat an Wasser vermindert ist, das Wasser leicht in großen Mengen austropft und den Käfig durchnäßt. Wir sind deshalb von dieser Apparatur wieder abgekommen.

Käfige nach SCHEUNERT und SCHIEBLICH. Wir haben es als zweckmäßig gefunden, als Käfige Glasaquarien zu verwenden, die 30 cm Länge, 22 cm Breite und 22 cm Höhe besitzen und im Glashandel en gros billig bezogen werden können (vgl. Abb. 10). Die Glaskäfige werden mit auf einfachste Weise hergestellten Deckeln aus verzinktem Eisendraht von 4 mm Maschenweite verschlossen. Es ist wichtig, die Maschenweite nicht zu groß zu wählen, damit

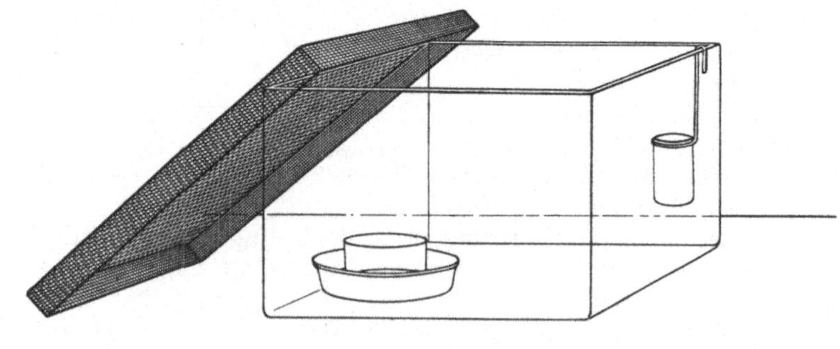
Abb. 11. Glaskäfig für Versuchsratten mit Drahtdeckel und Inneneinrichtung.

[1] Lit. bei HAWK: S. 602; siehe oben S. 1479.

nicht Insekten wie Fliegen usw., die von der Ratte gejagt und gefressen werden und den Versuch stören können, hineingelangen (vgl. Abb. 11). Auf den Boden des Glaskäfigs wird eine dünne Lage Sägespäne gegeben, worauf sich die Ratten warm und bequem lagern können. Außerdem wird der Käfig mit einem kleinen Blumenuntersetzer aus glasiertem Ton beschickt (Durchmesser 12 cm, Höhe 3 cm), in dessen Mitte ein kleines Vogelfutternäpfchen aus Glas (Durchmesser 6 cm, Höhe 4 cm) gestellt wird (Abb. 12). In dieses kommt die vitamin-A-freie Nahrung. Die Ratten pflegen sehr unsauber zu fressen und Teile der Nahrung herauszuwühlen, diese fallen dann in den Tonuntersetzer und gehen auf diese Weise nicht verloren. Außerdem kann durch entsprechend konstruierte Blechaufsätze (Abb. 13) dem Verstreuen des Futters entgegengearbeitet werden. Als Trinkgefäß benutzen wir die üblichen in der Apotheke verwendeten Salbenkruken von 6 cm Wandhöhe und 4 cm lichtem Durchmesser (Abb. 14). Um ein Umwerfen zu vermeiden, werden diese in einen Aluminiumhalter geklemmt (Abb. 15), an dessen Stiel sich ein Haken befindet, mittels dessen der Halter an einer Käfigwand aufgehangen wird. Wenn die Käfige mit Tieren besetzt sind, ist es notwendig, die Deckel zu belasten, damit die Tiere diese nicht hochheben und hinausklettern können. Besonders große Tiere, die länger im Versuch und lebhaft sind, versuchen dies zuweilen. Es hat sich als zweckmäßig erwiesen, auf mehrere nebeneinanderstehende Käfige ein entsprechend langes und breites Brett zu legen. Die Verwendung der Glaskäfige hat sich nach unseren langjährigen Erfahrungen immer wieder außerordentlich bewährt. Die Tiere sitzen warm und sind vor Zug geschützt. Dies ist oft deshalb wichtig, weil an Vitaminmangel leidende Tiere gegen Zug und Verkühlung sehr empfindlich sind, und wir führen die bei Vitamin-A-Mangel häufig auftretenden Blasen- und Nierenerkrankungen zum Teil mit auf Erkältung zurück. Ist Erkältungsmöglichkeit gegeben, so treten diese auf Vitamin-A-Mangel beruhenden Erscheinungen (vgl. Bd. 1, S. 793) in verstärktem Maße und oft in großem Umfang auf. Auch die Verwendung von Sägespänen wirkt in dieser Richtung vorbeugend, und wir sind infolgedessen von der Verwendung der Drahtböden bei Vitamin-A-Versuchen ganz abgekommen, nachdem wir in mehreren Versuchen bis 90% der Tiere an solchen Blasen- und Nierenerkrankungen verloren hatten. Der gegen Käfige mit festen Wänden sich ergebende Einwand, daß bei ruhigem Verhalten der Tiere eine Anhäufung von Kohlensäure am Boden des Käfigs eintreten und dadurch Beschwerden der Tiere verursachen könnte, ist nicht zutreffend. Durch gasanalytische Untersuchung haben wir festgestellt, daß im ungünstigsten Fall am Boden des Käfigs der Kohlensäuregehalt bis zu 0,15—0,16% ansteigen kann, eine Menge, die keineswegs störend wirkt. Infolge des Drahtmaschendeckels und da die Tiere sich ab und zu auch hin- und herbewegen und oft sehr lebhaft sind, ist ausreichende Ventilationsmöglichkeit und Vermeidung von Kohlensäureanhäufung gegeben.

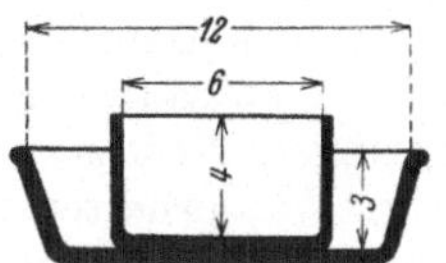

Abb. 12. Futternapf für Versuchsratten.

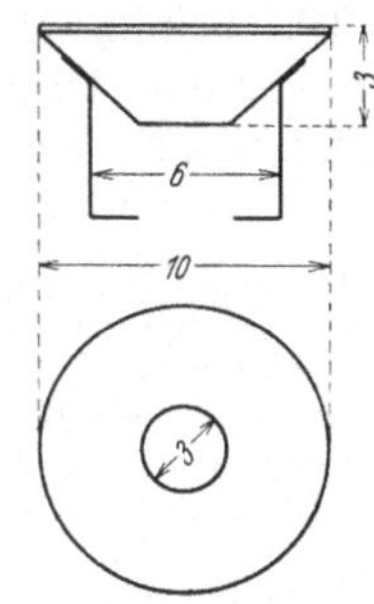

Abb. 13. Blechaufsatz, der zwecks Verhinderung des Verstreuens von Futter auf die Futternäpfe aufgesetzt wird.

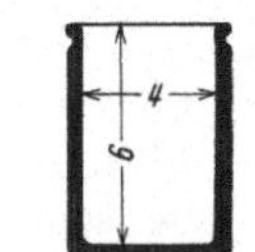

Abb. 14. Trinkgefäß für Versuchsratten.

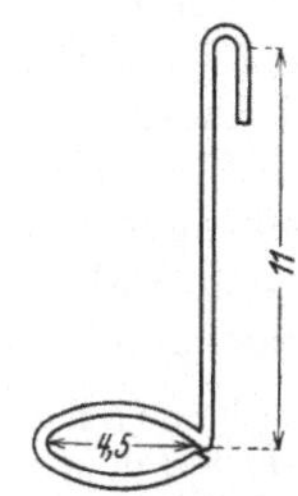

Abb. 15. Aluminiumhalter für die Trinkgefäße von Versuchsratten.

Die Glaskäfige haben den weiteren Vorteil, daß man die Tiere stets sieht und bequem jederzeit beobachten kann, ob im Käfig alles in Ordnung ist. Weiter ist die Reinigung der Käfige einfach. Wir pflegen sie in der Woche einmal zu wechseln. Es wird dann die Ratte in einen neuen Käfig übergesetzt. Der alte Käfig wird ausgeschüttet und mit heißem Seifen- und Sodawasser gewaschen, dann in klarem Wasser nachgespült und getrocknet. Bruch ist natürlich nicht immer zu vermeiden, der Verschleiß ist aber gering und im Hinblick auf die geringen Kosten solcher Glasaquarien leicht zu ertragen. Näpfchen, Deckel und Wasserhalter werden in gleicher Weise gesäubert. Um auch die Übertragung von Vitaminspuren bei der Reinigung zu vermeiden, was bei der Verwendung von hochkonzentrierten Präparaten möglich erscheint, werden die für jedes Vitamin benutzten Käfige gesondert gereinigt.

Die Kennzeichnung der Käfige während des Versuches erfolgt durch ein mit dünnem Draht an dem Deckel befestigtes Pappschildchen, auf dem die Nummer der Ratte, der Tag des Beginns der Vorperiode und der Hauptperiode, sowie Art und Menge der Zulage angegeben sind.

In anderen Laboratorien sind gute Erfahrungen mit gewöhnlichen Emailletöpfen gemacht worden, die mit Deckel versehen gegen Bruch und Stoß widerstandsfähig sind und sehr bequemes Hantieren ermöglichen. Da man die Ratten hierin aber nicht sehen kann, worauf wir besonderen Wert legen, ziehen wir die, wenn auch etwas kostspieligere Verwendung von Glaskäfigen vor. Im übrigen werden in allen diesen Fragen persönliche Ansichten mehr oder weniger ausschlaggebend sein.

4. Versuchsraum.

Zur Aufstellung der Versuchskäfige eignen sich am besten kleine, nicht zu hohe Laboratorien, die nur durch eine Tür zugängig sind und in denen an den Wänden und auch im Innern die Käfige aufgestellt sind. Die Gestelle können in einfachster Weise aus Gasrohren angefertigt werden, und wenn dann die Räume mit Ölanstrich versehen oder noch besser mit Kacheln ausgelegt sind, ist eine Reinigung und Sterilisation des ganzen Raumes leicht möglich. Da die Tiere, wie schon erwähnt, gegen Temperaturschwankungen sehr empfindlich sind und stets warm gehalten werden müssen, ist die ideale Lösung durch eine Dauerheizung mit Thermoregulation gegeben, die die Raumtemperatur stets auf 22° hält. Da die Ratten über eine verhältnismäßig geringe Wärmeregulationsfähigkeit verfügen, ist für die warme Jahreszeit auch für Abkühlungsmöglichkeit Sorge zu tragen. Derartig ideal eingerichtete Laboratorien sind in den Vereinigten Staaten und in England z. B. im Lister-Institute mit Erfolg in Gebrauch. Wenn solche Einrichtungen nicht zur Verfügung stehen, muß man sich anders behelfen und versuchen, den Versuchsraum so weit wie möglich den geschilderten optimalen Verhältnissen anzugleichen.

Wir benutzen zur Aufstellung der Käfige einfache aus rohen Latten zusammengeschlagene Gestelle, auf denen die Käfige in 4—5 Reihen übereinander und mit dem notwendigen Spielraum, daß sie bequem herausgenommen werden können, aufgestellt sind. Es ist zweckmäßig, die Gestelle nicht zu hoch zu machen, damit man nicht mit Leitern und Tritten zu arbeiten genötigt ist, sondern auch ohne Anstrengung zu den oberen Käfigen gelangen kann. Da zu den Vitaminarbeiten in großem Stil in erster Linie weibliche Hilfskräfte verwendet werden, ist darauf besonders Bedacht zu nehmen. Da in Instituten mit Zentralheizung häufig nur an bestimmten Stunden des Tages geheizt wird und in Übergangszeiten, sowie an Sonn- und Feiertagen mit der Heizung gespart wird, ist es notwendig, zusätzliche Heizmöglichkeiten zu schaffen. Dazu eignen sich Gasöfen, doch sind diese etwas teuer im Betrieb und deshalb besser durch Dauerbrandöfen zu ersetzen, die man auch ohne Sorge über Nacht in Betrieb halten kann. Nach unseren Erfahrungen werden die Versuche durch Arbeiten und ständiges Hin und Her in den Laboratorien nicht gestört, doch wird natürlich gleichmäßige Ruhe und wenig Verkehr in den Räumen nur förderlich sein können.

5. Versuchsnahrung.

Die vitamin-A-freie Versuchsnahrung setzt sich aus Eiweiß, Fett, Kohlenhydrat, Salzgemisch zur Mineralversorgung und Zugaben der anderen Vitamine zusammen. Es gibt dafür ein ganz bestimmtes Schema, das sich auf die grundlegenden Arbeiten von McCollum, Osborne und Mendel, Sherman, Drummond und Coward, Steenbock u. a. aufbaut und dem sich anzuschließen deshalb unbedingt empfohlen werden muß.

a) Eiweiß. Als Eiweißquelle wird Casein (nach der englischen Bezeichnung Caseinogen) verwendet. Das im Handel käufliche technische Casein oder das handelsübliche gereinigte Casein ist keineswegs für Vitaminversuche geeignet, da ihm eine noch so große Menge der Vitamine A und B anhaften, daß bei seiner Verwendung Mangelerscheinungen nicht erzielt werden können[1]. Für uns hat es sich immer als empfehlenswert gezeigt, das Casein selbst zu reinigen. Es ist anzuraten, das Casein in großen Quantitäten anzukaufen und dabei eine besonders feine Mahlung vorzuschreiben. Dieses technische Casein wird dann einer mehrmaligen Extraktion unterworfen. Unsere von Dr. J. Reschke ausgearbeitete Methode verfährt wie folgt:

Die Extraktion wird in Rundkolben unter Rückflußkühlung auf dem Wasserbade zunächst mit Trichloräthylen vorgenommen, wozu auf 700 g technisches Casein 1 Liter Trichloräthylen gegeben wird. Dieses Gemisch wird 6 Stunden kochend erhalten. Hierauf wird durch einen großen Büchner-Trichter an der Luftpumpe abgesaugt, der Rückstand bei gewöhnlicher Temperatur ausgebreitet und getrocknet (Dauer ungefähr 24 Stunden) und dann dreimal wiederum je 6 Stunden mit vergälltem 94,6%igem (Petroläther 1%) Alkohol in genau der gleichen Weise und über dieselbe Dauer wie oben beschrieben, ausgekocht. Nach dem letzten Absaugen wird das Material in Emailletöpfe entleert, mit heißem Wasser reichlich versetzt und unter Umrühren auf dem Wasserbad 5—6 Stunden erhitzt. Auch diese Behandlung wird dreimal wiederholt und jeweils mit heißem Wasser nachgewaschen. Das so vorbereitete Material wird dann durch ein Drahtnetz gedrückt, um es fein zu zerteilen und endlich auf Trockenhorden ausgebreitet und über der Zentralheizung getrocknet. Das fertige Produkt stellt ein gelbbraunes Pulver dar, das weder fettlösliche noch wasserlösliche Vitamine enthält und damit zu allen Vitaminversuchen benutzt werden kann.

Andere Methoden zur Entfernung der Vitamine aus Casein bedienen sich der allerersten, von Osborne und Mendel[2] gegebenen Vorschrift des mehrfachen Auskochens mit Alkohol. Dazu werden 200 g fein gemahlenes, lufttrockenes Casein in einer 2 Liter-Kochflasche mit $^1/_2$ Liter 95%igem Alkohol vermischt und 1 Stunde mit Rückflußkühler auf dem Wasserbade gekocht. Dann wird rasch heiß abgenutscht und diese Behandlung noch zweimal wiederholt. Nach der Lufttrocknung bei Zimmertemperatur erhält man ein vitamin-A-freies Material. Bei nicht geeignetem, vor allem grobkörnigem Casein kann man hierbei Enttäuschungen erleben.

Eine weitere Methode bedient sich der oxydativen Zerstörung des Vitamins A durch langdauernde Erhitzung im Trockenofen (Potter[3]). Hierbei wird gewöhnliches Handelscasein in dünner Lage im elektrischen Ofen 7 Tage lang auf 110° erwärmt und durch tägliches Umrühren für gute Durchlüftung gesorgt. Infolge der hohen Temperatur nimmt das Casein rötliche bis braune Farbe an. Geschmack und Verdaulichkeit sollen dadurch nicht beeinträchtigt werden.

An Stelle von Casein haben verschiedene Autoren auch andere Eiweisquellen benutzt, z. B. Fleischpulver oder auch vitamin-A-freie Rationen aus Gemischen solcher natürlicher

---

[1] Für Vitaminversuche gereinigtes Casein liefern die Firmen: Chemische Fabrik Merck, Darmstadt; Glaxo Research Laboratory, London N. W. 1; The Harris Laboratories, Inc., Tuckahoe, N. Y., U.S A.

[2] T. B. Osborne and L. B. Mendel: Journ. Biol. Chem. 1921, **45**, 277.

[3] M. T. Potter: Science (N.Y.) 1932 II, 195.

Nahrungsmittel hergestellt, die bekanntermaßen kein Vitamin A enthalten. Im letzteren Fall hat man keinen Überblick über den Gehalt an den anderen lebenswichtigen Nährstoffen und bezüglich des Fleischmehles wechselt das im Handel befindliche Material häufig seine Qualität und Zusammensetzung, namentlich hinsichtlich des Mineralstoffgehaltes (Knochenbestandteile). Casein bleibt somit unter allen Umständen die zweckmäßigste Eiweißquelle.

b) Kohlenhydrat. Zur Versorgung mit Kohlenhydraten wird ganz allgemein Stärke verwendet. Nach den Erfahrungen der verschiedenen Institute eignen sich dazu alle reinen Stärkearten, insbesondere finden aber Maisstärke, Reisstärke und auch Kartoffelstärke Verwendung. Die Hauptsache ist, daß man schon ein bei der technischen Herstellung gut gereinigtes und ausgewaschenes Produkt bekommt. Reis- und Kartoffelstärke können dann in Vitamin-A-Versuchen ohne weitere Extraktion verwendet werden, da in den Ausgangsprodukten kein Vitamin A vorhanden zu sein pflegt. Bei Maisstärke wird, falls diese aus gelbem Mais hergestellt worden ist, eher etwas Vitamin A anwesend sein können (vgl. Bd. I, S. 809).

Wir benutzen seit Jahren Maisstärke, weil diese von den Maizenawerken in großer Reinheit dargestellt wird und sich nach unseren Erfahrungen als sehr gut geeignet erwiesen hat. Auch diese Stärke wird einer Extraktion unterworfen, um sie nicht nur von möglichen Vitamin-A-Spuren, sondern auch von Vitamin B zu befreien, so daß wir für alle in Frage kommenden Vitaminversuche ebenso wie beim Casein ein von allen Vitaminen sicher befreites Material zur Verfügung haben.

Als Ausgangsmaterial dient das unter dem Namen Sirona-Maispuderstärke in den Handel gebrachte Produkt der Deutschen Maizena-Gesellschaft. 500 bis 1000 g dieser Stärke werden mit 1 Liter vergälltem (Petroläther 1%) 94,6%igem Alkohol 5—6 Stunden am Rückflußkühler gekocht und dann im BÜCHNER-Trichter bis zu völlig fester Konsistenz an der Luftpumpe heiß abgesaugt. Dazu ist es notwendig, die Stärke ständig mit einem Messer zu zerteilen. Anschließend wird die Stärke bei gewöhnlicher Temperatur auf Filtrierpapier ausgebreitet und getrocknet und dann zur weiteren Zerkleinerung durch ein Drahtnetz gedrückt. Sie ist dann versuchsbereit.

Die ausländischen Vitaminforscher benutzen vielfach nicht die rohe Stärke, sondern sie dextrinisieren sie vorher. Dies geschieht in einfachster Weise durch längeres Erwärmen der Stärke auf 212—275°, was in einem gewöhnlichen Trockenofen geschehen kann. Man kann natürlich auch ein anderes der üblichen Dextrinisierungsverfahren mit Säure anwenden, wenn man die Stärke in Breiform verwenden will; naturgemäß ist sie dann nur kurze Zeit haltbar. Diese Schwierigkeit kann man durcb anschließende Trocknung, die aber wieder Zeit und Kosten erfordert, vermeiden.

c) Fett. α) Pflanzliche Fette. Als Fettanteil in der vitaminfreien Kost kann jedes gehärtete reine Pflanzenfett verwendet werden. In den ausländischen Laboratorien wird vielfach gehärtetes Cocosnußfett benutzt. Wir verwenden das in Deutschland in Tafelform in jeder Lebensmittelhandlung erhältliche Palmin. Um jegliche Möglichkeit des Vorhandenseins von Spuren von Vitamin A auszuschließen, wird das Palmin in einem Emailletopf über dem BUNSEN-Brenner geschmolzen, auf etwa 150—165° erhitzt und 8 Stunden lang mit einem langsamen Luftstrom durchlüftet. Auf die gleiche Weise empfiehlt es sich, jegliche anderen Pflanzenfette vorzubereiten.

β) Tierische Fette. Vielfach wird auch Schweineschmalz empfohlen. Dieses wird geschmolzen, in absolutem Alkohol verteilt und auf 60° erwärmt. Man läßt dann über Nacht abkühlen und saugt ab. Der Vorgang muß dreimal wiederholt werden, dann schließt sich eine Trocknung in einer Blechschale auf dem Wasserbade an. Dieses etwas umständliche Vorgehen kann nach unseren Erfahrungen mit Vorteil durch mehrstündiges Durchlüften in geschmolzenem Zustand ersetzt werden.

d) Vitaminzufuhr. α) Vitamin D. Beim Vitamin-A-Versuch ist es unbedingt notwendig, die vitamin-A-frei ernährten Ratten mit den von ihnen benötigten anderen Vitaminen ausreichend zu versorgen, da sie sonst auf Vitamin-A-Zugabe nicht zu wachsen vermögen. Insbesondere darf auch nicht die Zufuhr an antirachitischem Vitamin D vernachlässigt werden. Hierzu verfährt man derart, daß man dem, wie oben beschrieben, durchlüfteten Fett vor dem Abkühlen, also in flüssigem Zustande, Vitamin D zusetzt. Dies geschieht am besten in Gestalt von Vigantol, und zwar setzt man auf 300 g Fett 0,1 ccm Vigantol zu. Zur Abmessung empfiehlt es sich, das Vigantol in Sesamöl 10fach zu verdünnen und dann 1 ccm zu nehmen.

β) Vitamin B. Zur Zugabe der Vitamine der B-Gruppe verwendet man Hefe oder Hefepräparate. Unter den in ausländischen Laboratorien benutzten verschiedenen Hefepräparaten steht das als „Marmite“ bezeichnete wohl an erster Stelle. Ihm würde der bei uns in Deutschland im Handel erhältliche ungesalzene Hefeextrakt der Cenovis-Werke entsprechen. Wir bedienen uns einer für menschliche Genußzwecke im Handel befindlichen Biertrockenhefe dieser Werke. Um ganz sicher zu gehen, daß nicht doch Spuren fettlöslicher Vitamine, insbesondere Vitamin A, darin enthalten sind, extrahieren wir die Trockenhefe mit Äther, wovon 1 Liter auf 500 g Hefe verwendet wird. Die Extraktion erfolgt durch 2—3stündiges Erhitzen unter Rückfluß auf dem Wasserbade. Dann wird erkalten gelassen und der Äther am BÜCHNER-Trichter abgesaugt. Nach Trocknung bei gewöhnlicher Temperatur und entsprechend feiner Zerkleinerung, am besten mit Hilfe eines Nudelholzes, ist die Hefe verwendungsfähig.

e) Salzgemisch. Zur Sicherung der Mineralsalzversorgung wird der vitaminfreien Kost ein Salzgemisch zugefügt. Vorschriften zur Herstellung solcher Salzgemische finden sich in der Literatur ziemlich zahlreich. Die am häufigsten verwendeten Salzgemische dieser Art geben wir im folgenden wieder:

α) Salzgemisch Nr. 185 nach McCOLLUM und DAVIS[1]:

Natriumchlorid (NaCl)	0,173 g
Magnesiumsulfat ($MgSO_4$, wasserfrei)	0,266 g
Mononatriumphosphat ($NaH_2PO_4 + H_2O$)	0,347 g
Dikaliumphosphat (K_2HPO_4)	0,954 g
Monocalciumphosphat ($CaH_4[PO_4]_2 + H_2O$)	0,540 g
Calciumlactat ($Ca[C_3H_5O_3]_2 + 5\,H_2O$)	1,300 g
Eisenlactat (Merck)	0,113 g

Wir ergänzen dieses Salzgemisch durch Zugabe von Kaliumjodid und Mangansulfat in Spuren.

β) Salzgemisch nach OSBORNE und MENDEL[2]:

Calciumcarbonat ($CaCO_3$)	13,48 g
Magnesiumcarbonat ($MgCO_3$)	2,42 g
Natriumcarbonat (Na_2CO_3)	3,42 g
Kaliumcarbonat (K_2CO_3)	14,13 g
Phosphorsäure (H_3PO_4)	10,32 g
Salzsäure (HCl)	5,34 g
Schwefelsäure (H_2SO_4)	0,92 g
Citronensäure ($+ H_2O$)	11,11 g
Eisencitrat ($+ 1.5\,H_2O$)	0,634 g
Kaliumjodid (KJ)	0,0020 g
Mangansulfat ($MnSO_4$)	0,0079 g
Natriumfluorid (NaF)	0,0062 g
Kalium-Aluminiumsulfat ($K_2Al_2[SO_4]_4 + 24\,H_2O$)	0,0024 g

[1] E. V. McCOLLUM and M. DAVIS: Journ. Biol. Chem. 1915, **20**, 641.

[2] T. B. OSBORNE und L. B. MENDEL: Zeitschr. physiol. Chem. 1912, **80**, 307. — Journ. Biol. Chem. 1913, **15**, 311.

Bei der Darstellung dieses Salzgemisches werden von den Bestandteilen zunächst die verschiedenen Säuren in etwa 450 ccm Wasser gelöst und dieser Lösung dann das Calcium- und Magnesiumcarbonat zugefügt. Nach Auflösung dieser Salze wird eine inzwischen aus den übrigen Bestandteilen in etwa 100 ccm Wasser dargestellte Lösung der ersten beigemischt. Die resultierende milchige, leicht alkalisch reagierende Flüssigkeit wird dann bei etwa 70° eingedampft.

γ) Eine Modifikation des Salzgemisches von OSBORNE und MENDEL, die leichter herstellbar ist, wird von HAWK und OSER[1] angegeben:

Calciumcitrat (+ 4 H_2O)		309,67 g
Tricalciumphosphat ($Ca_3[H_2PO_4]_2$ + H_2O)		113,25 g
Dikaliumphosphat (K_2HPO_4)		219,72 g
Kaliumchlorid (KCl)		125,29 g
Natriumchlorid (NaCl)		77,41 g
Calciumcarbonat ($CaCO_3$)		68,90 g
Magnesiumcarbonat ($MgCO_3$)		33,43 g
Magnesiumsulfat ($MgSO_4$, wasserfrei)		38,50 g
Eisencitrat (+ 1.5 H_2O)	94,18 g	13,80 g
Natriumfluorid (NaF)	3,68 g	
Mangansulfat ($MnSO_4$)	1,17 g	
Kalium-Aluminiumsulfat ($K_2Al_2[SO_4]_4$ + 24 H_2O)	0,67 g	
Kaliumjodid (KJ)	0,30 g	

4,4 g dieses Gemisches entsprechen 4,0 g des Gemisches nach OSBORNE und MENDEL.

f) Cellulosezusatz. Vor allem in früheren Zeiten ist vielfach empfohlen worden, den Tieren zur Anregung der Darmperistaltik Cellulose zum Futter zuzumischen. Es wurde dazu aschefreies Filtrierpapier in Mengen von 5% empfohlen (ARON und GRALKA[2]). Von anderer Seite ist Agar-Agar verwendet worden. Nach unseren Erfahrungen werden hierdurch keine Vorteile erzielt, und man kann deshalb von diesen Zusätzen absehen.

g) Vitamin-A-freies Futtergemisch, seine Herstellung und Fütterung. Unter Zuhilfenahme der wie vorstehend geschildert gereinigten Bestandteile wird das vitamin-A-freie Futtergemisch zusammengestellt. Man verwendet dazu 18—20% Casein, 15% Palmin (mit Vitamin-D-Zusatz), 55—57% Stärke, 5% Salzgemisch Nr. 185 nach McCOLLUM und DAVIS, 5% Trockenhefe. Zum Zusammenmischen benutzt man eine große Emailleschüssel und gibt in diese zunächst die trockenen Bestandteile, die mit der Hand gründlich durchmischt werden, und fügt dann das Fett in geschmolzenem Zustand hinzu. Nach guter Durchmischung wird das Material zweimal mit der Hand durch ein Sieb gedrückt, um ihm pulverförmige Beschaffenheit zu geben. Es empfiehlt sich, je nach Bedarf etwa 3—6 kg vorzubereiten, die dann, in sauberen Glaskäfigen als Behältnis aufbewahrt, den Bedarf für etwa 14 Tage decken. Die Herstellung größerer Vorräte empfiehlt sich wegen der Gefahr des Ranzigwerdens nicht.

In amerikanischen Laboratorien ist vielfach empfohlen worden, die vitamin-A-freie Kost durch Verwendung von Wasser oder Erhöhung des Fettanteiles bei Verminderung der Stärke in Pastenkonsistenz zu bringen, um dadurch das Verstreuen des Futters zu verhindern. Solches Futter hält sich naturgemäß nicht sehr lange. Man kann es auch in weite Glasröhren füllen und den Ratten durch eine Öffnung in der Seitenwand des Käfigs, in die das Rohr paßt, anbieten. Die Tiere können dann nur mit dem Kopf zu dem Futter gelangen. Zum Nachschieben der Futtersäule kann ein Stempel verwendet werden. In unserem Laboratorium hat sich die trockene Verabreichung mit Hilfe der oben beschriebenen ineinandergesetzten Näpfchen als zweckmäßig erwiesen.

ARON und GRALKA[3] haben vorgeschlagen, die vitaminfreie Nahrung in kleine Kuchen zu backen. Dazu wird die, wie oben geschildert zunächst in einer Emailleschüssel vermischte

[1] P. B. HAWK and B. L. OSER: Science (N.Y.) 1931 II, 369.

[2] H. ARON und R. GRALKA: Abderhaldens Handbuch der biologischen Arbeitsmethoden, Abt. IV, Teil 9, S. 145. 1925.

[3] H. ARON und R. GRALKA: OPPENHEIMERS Handbuch der Biochemie, 2. Aufl., Bd. 6. 1924.

Nahrung nach Zusatz von Wasser zu einem etwa $^1/_2$—$^3/_4$ cm dicken Teig ausgewalzt und daraus mit einer kleinen runden Blechform, wie sie zu Backzwecken käuflich ist, kleine runde Kuchen im Durchmesser von 3 ccm ausgestochen. Diese werden dann auf einem Kuchenblech in einem Trockenofen bis zur Trocknung und harten Konsistenz leicht gebacken. Die kleinen Kuchen können in Pulverflaschen aufbewahrt werden, sind gut haltbar und werden den Ratten direkt vorgelegt. Sie bieten ihnen auch Nagegelegenheit. Allerdings wird dadurch das Verstreuen der Nahrung keineswegs vermieden, weil die Tiere mit den Kuchen herumspielen und beim Fressen stets mehr oder weniger große Teile abbröckeln, die dann unter die Bettung geraten und verloren gehen. Ferner bedingt das Backen immerhin eine nicht unbedeutende Arbeitsbelastung, die man bei der an und für sich schon großen Kleinarbeit, die alle Vitaminversuche erfordern, gern vermeiden wird.

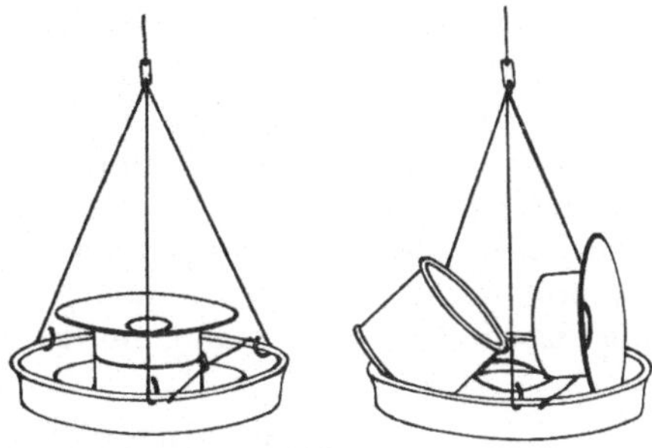

Abb. 16. Aufhängbare Fütterungsvorrichtung für Versuchsratten nach McCOLLUM.

Erscheint es notwendig, eine quantitative Aufnahme des Futters zu sichern, so muß man die Tiere ohne Einstreu auf etwas erhöhte Drahtunterlage setzen und das etwa verstreute und durchgefallene Futter zurückzuwiegen versuchen. Um dies zu erleichtern, legt man einige Lagen Fließpapier in den Käfig, die den Harn aufsaugen, während man die Kotballen leicht zu entfernen vermag. Natürlich ist diese Methode trotz allem mit Ungenauigkeiten verknüpft. Deshalb sind verschiedentlich Einrichtungen beschrieben worden, die in der Art von Futterautomaten für Geflügelfütterung oder in irgendeiner Form so angeordnet sind, daß die Ratten nur durch ein Rohr zum Futter gelangen, dieses aber nicht mit den Vorderextremitäten erreichen können.

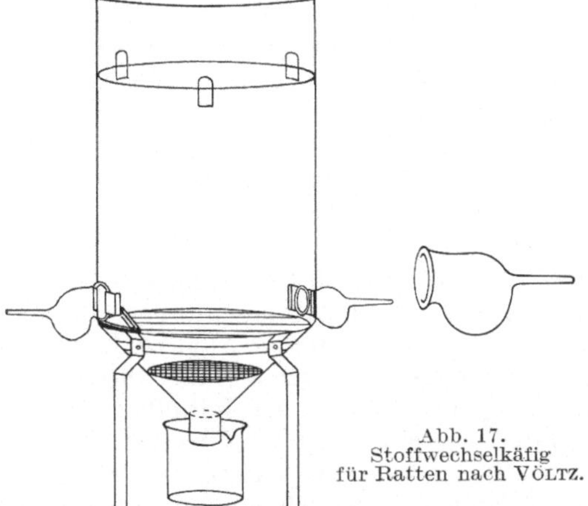

Abb. 17. Stoffwechselkäfig für Ratten nach VÖLTZ.

Alle solche Einrichtungen, von denen auch wir die verschiedensten ausprobiert und selbst neu konstruiert haben, vermögen aber eine quantitative Aufnahme nicht zu sichern und sind außerdem kostspielig und unhandlich. Die Ratte ist so beweglich und gewandt, hat auch während der Versuche so viel Zeit und Langeweile, daß sie es doch immer wieder fertig bringt, das Futter herauszuwühlen und auch mit Exkrementen zu beschmutzen.

Gegen die Verunreinigung, die dabei zustande kommt, daß die Ratten beim Fressen oder Herumklettern im Käfig auch den Futternapf besteigen, hat McCOLLUM (zit. nach GREENMAN und DUHRING, s. oben S. 1472) eine Einrichtung empfohlen, die an der Decke des Käfigs aufgehängt wird (Abb. 16). Hierdurch werden die Ratten am Hinaufsteigen verhindert, und es soll auch Verstreuen des Futters vermieden werden. Am besten sind die für Stoffwechselversuche bei Ratten beschriebenen Einrichtungen zu verwenden (VÖLTZ[1] [vgl. Abb. 17]). Den Chemiker befriedigendes quantitatives Arbeiten dürfte aber trotzdem nur unter ungeheuren Schwierigkeiten zu erreichen sein.

Für die Vitaminversuche dürften solche Einrichtungen entbehrt werden können. Um einen Einblick in die quantitative Futteraufnahme, die für die durchschnittlichen Erfordernisse der Vitaminversuche genügt, zu erlangen, sind die eingangs erwähnten Vorsichtsmaßregeln ausreichend.

[1] W. VÖLTZ: Abderhaldens Handbuch der biologischen Arbeitsmethoden, Abt. IV, Teil 9, S. 324. 1925.

Die Futternäpfchen werden täglich mit Futter ergänzt und beim Wechseln der Käfige die Reste entfernt und ein neues Näpfchen verwendet. Die Ratten nehmen von dem vitamin-A-freien Futter je nach Größe und Beifütterung 5—10 g täglich auf. Bei sehr großen Tieren kann der Verzehr noch wesentlich ansteigen und die Futterbeschaffung erschweren; deshalb ist stets für genügenden Vorrat zu sorgen.

Als Getränk wird den Tieren täglich frisches Leitungswasser verabreicht. Es ist besonders sorgfältig darauf zu achten, daß die Tiere hiermit gut und regelmäßig, auch über Nacht, versorgt werden. Da die Temperatur des Versuchsraumes hoch sein soll, tritt rasche Verdunstung ein und die Tiere können dadurch leicht Durst leiden, was unbedingt vermieden werden muß. Auch Sonntags ist deshalb Ergänzung nötig.

6. Durchführung des Versuchs.

Die zu den Untersuchungen ausgewählten Ratten werden zu qualitativen Versuchen in einer Anzahl von mindestens 3—5 Stück, zu quantitativen Versuchen in Reihen zu 10 Stück in Einzelkäfigen und möglichst an demselben Tag angesetzt. Vielfach werden bei kleineren Versuchen Ratten desselben Wurfes genommen. Da für jedweden umfangreichen Versuch ein Wurf niemals genügend stark ist, um alle Vergleichsserien dadurch zu decken, müssen mehrere Würfe herangezogen werden. Wenn man eine ausgeglichene Zucht hat, werden hierdurch keinerlei Unsicherheiten bedingt, sofern die Ratten gleichartig — 22—35 (große Würfe) Tage alt — und gleich schwer — 40—45, höchstens 50 g — sind. Man wird dann zweckmäßig so verfahren, daß man die Würfe gleichmäßig auf die verschiedenen Vergleichsgruppen verteilt. Hierbei ist besonders auf das Geschlecht zu achten, da Männchen im allgemeinen besser wachsen als Weibchen. Besondere Sicherheit wird dadurch gewonnen, daß man durchweg gleichgeschlechtliche Tiere, am besten Männchen, für sämtliche Versuchsgruppen verwendet. Eine Notwendigkeit besteht aber dafür nicht.

Erscheinungen des Vitamin-A-Mangels, Xerophthalmie, Keratomalacie. Die, wie oben genau beschrieben, in den Versuchskäfigen untergebrachten und gefütterten Ratten werden zu Beginn des Versuchs gewogen. Die Wägung wird während der ganzen Dauer des Versuchs zweimal wöchentlich, also etwa Dienstag und Freitag, wiederholt und die Gewichte auf Millimeterpapier (vgl. S. 1498) zur Erzielung von Wachstumskurven eingetragen. Die Tiere wachsen bei geringen Vitamin-A-Reserven 20—30 Tage, stehen dann im Gewicht still und beginnen anschließend langsam abzunehmen. In ihrem Verhalten ändert sich zunächst nichts. Der Zeitpunkt des Eintretens des Gewichtsstillstandes kann sich bei Vorhandensein deutlicher Vitamin-A-Reserven mehr oder weniger lange hinauszögern, so daß auch 40, 50 und mehr Tage vergehen können, oder selbst monatelang ein Hinschleppen der Kurve unter ganz allmählichem Anstieg eintreten kann. Große Vitamin-A-Reserven zeigen sich auch darin an, daß der anfängliche Gewichtsanstieg sehr steil und rasch erfolgt. Tiere, die in wenigen Tagen Gewichte von 100 g und mehr erreichen, schaltet man am besten aus, ebenso solche, die nach mehr als 50 Tagen noch immer Gewichtsanstieg zeigen (vgl. hierzu die Abb. 7 und 8, S. 1485). Es ist in solchen Fällen notwendig, die Kost der Zuchtratten (vgl. S. 1477) vitamin-A-ärmer zu gestalten. Fast regelmäßig wird man mit solchen Störungen rechnen können, wenn man schwerere Tiere mit mehr als 50 g in den Versuch nimmt. Selbstverständlich treten solche Störungen auch ein, wenn die Versuchskost infolge ungenügender Extraktion nicht völlig vitamin-A-frei ist.

Mit der allmählichen Abnahme des Wachstums bilden sich auch die anderen Erscheinungen des Vitamin-A-Mangels aus. Diese machen sich in Verschlechterung des Aussehens der Tiere und insbesondere in der Abnahme des Turgors, den man beim Aufnehmen der Tiere mit der Hand an der Spannung des Tierkörpers feststellen kann, bemerkbar. Die Tiere werden weich und schlaff. Noch ehe Gewichtsstillstand erfolgt, manchmal aber auch noch einige Tage später, beginnt sich die typische Mangelerscheinung (Xerophthalmie, Keratomalacie) zunächst an den inneren Augenwinkeln bemerkbar zu machen. Diese sehen entzündet aus, und bald bemerkt man Absonderung von blutig-serösem Sekret. Alsbald werden die entzündlichen Erscheinungen deutlicher, und es tritt völlige oder teilweise Verklebung der Lidränder ein. Die Cornea beginnt sich zu trüben, und schließlich scheint der ganze Augapfel gelblich verfärbt (vgl. Abb. 18 und Abb. 19). Zur Feststellung der Keratomalacie genügt nach unseren Erfahrungen makroskopische Betrachtung vollauf. Erscheint eine besonders frühe Diagnose der ersten mikroskopisch erkennbaren Symptome angezeigt, so leistet

Abb. 18. Normales Auge einer Ratte. (Nach GUDJONSSON[1]: Acta ophthalm. (København.) 1932, 8.)

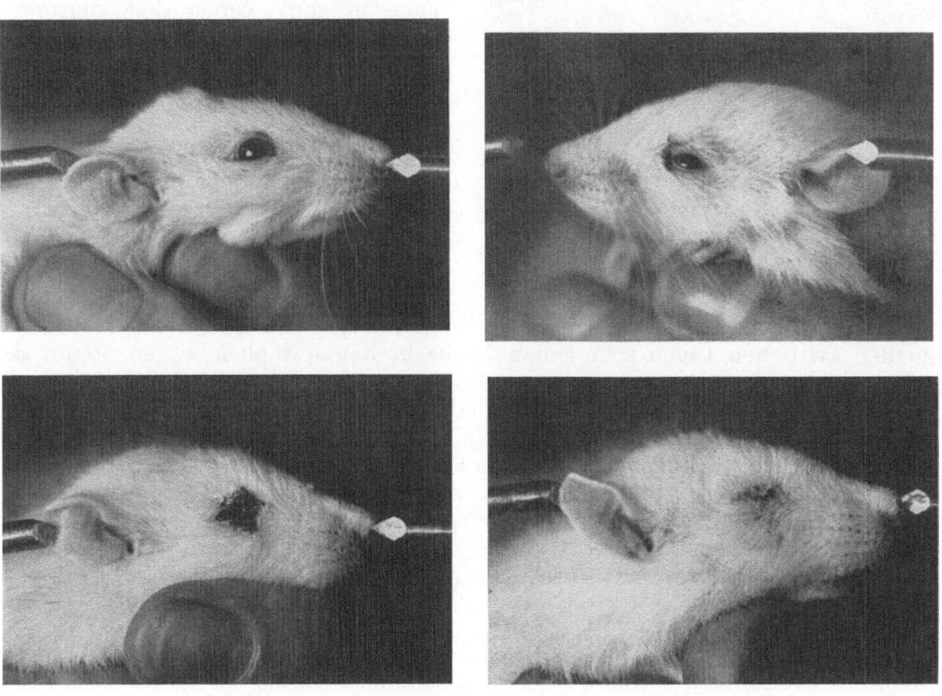

Abb. 19. Verschiedene Stadien der Xerophthalmie. (Nach GUDJONSSON: Acta ophthalm. (København.) 1932, 8.]

[1] Die Abb. 18—22 wurden uns von Herrn GUDJONSSON in liebenswürdiger Weise zur Verfügung gestellt.

eine Betrachtung unter einem binokulären Mikroskop oder einer Lupe gute Dienste. Bei mikroskopischer Betrachtung unter der Spaltlampe kann man nach MOURIQUAND, ROLLET und CHAIX[1] die ersten Veränderungen (leicht fleckige Trübung der vorderen Hornhautschichten und Verdickung der Hornhaut) bereits 7—19 Tage vor dem makroskopischen Sichtbarwerden erkennen. Besitzen die Ratten zu Beginn des Versuchs nur geringe Vitamin-A-Reserven, so tritt die Xerophthalmie eigentlich in allen Fällen ein. Nur selten finden sich Tiere ohne diese Erkrankung. Bei weniger sorgfältig vorbereiteten Tieren kann der Prozentsatz der nicht an Xerophthalmie erkrankten Ratten größer sein. Es ist nicht notwendig, sie auszuschalten. Man kann allgemein etwa annehmen, daß, wenn die Tiere 14 Tage keine Gewichtszunahme mehr gezeigt haben, der Vitamin-A-Mangel so deutlich dargetan ist, daß nunmehr mit der Zulage eines auf Vitamin-A-Wirkung zu prüfenden Präparates begonnen werden kann. Im übrigen kann man für diesen Zeitpunkt eine bestimmte Regel nicht geben. Übung und Erfahrung sind hier die besten Lehrmeister. Wartet man zu lange mit der Zugabe, besonders wenn der Gewichtsabfall schon erheblich gewesen ist, so können die Tiere in ganz kurzer Zeit zugrunde gehen oder so geschädigt sein, daß sie auf Vitamin-A-Zulage nicht mehr zu reagieren vermögen.

Abb. 20. Periokulare Reaktion. [Nach GUDJONSSON: Acta ophthalm. (Københ.) 1932, 8.]

Ferner ist daran zu denken (vgl. Bd. I, S. 793), daß neben den geschilderten Mangelerscheinungen Infektionskrankheiten eintreten können, insbesondere kommen Vereiterung der Nasen- und Stirnhöhlen, Pneumonie, Blasenentzündung mit Steinbildung und hämorrhagische Magendarmentzündung in Frage. Man muß die Tiere deshalb in den kritischen Tagen sehr genau beobachten und täglich wägen, damit sie nicht durch solche Erkrankungen so schwer geschädigt werden, daß der Versuch in Frage gestellt wird. Die Tiere erhalten das zu prüfende Material, sofern es fest ist, zugewogen, sofern es flüssig ist, mit der Pipette eingegeben, wobei das Tier von einer Hilfsperson am Genick erfaßt und in Rückenlage gehalten wird. Größere Mengen von Flüssigkeit werden entweder mit Hilfe eines elastischen Katheters direkt in den Magen eingebracht oder sind in vitamin-A-freier Nahrung aufzusaugen und vorzusetzen. Im allgemeinen nehmen die vitamin-A-verarmten Ratten das vitamin-A-haltige Material, welcher Art es auch sei, gern auf.

Tun sie es nicht, so muß man verschiedene Kunstgriffe anwenden, um es ihnen beizubringen. Solche sind z. B. Entfernung des gewöhnlichen Futters über Nacht aus dem Käfig, so daß nur das aufzunehmende Material zur Verfügung steht, Vermischen des Materials mit Honig oder Zucker unter gleichzeitigem Zusatz vitamin-A-freier Nahrung, Verbacken des Materials mit vitamin-A-freier Nahrung, unter Umständen auch Zwangsfütterung. Die Schwierigkeiten erhöhen sich dann, wenn das zu prüfende Material vitamin-A-arm ist und in verhältnismäßig großer Menge gereicht werden muß. Dann empfiehlt es sich, das betreffende Material als Prozentanteil der vitamin-A-freien Kost von vornherein beizumischen und mit dieser zu verabreichen. Allerdings ist dann die Aufnahme einer bestimmten Tagesmenge nicht gewährleistet.

Durch die fortgesetzte Wägung der Ratten wird das weitere Verhalten des Körpergewichts kurvenmäßig ermittelt. Nehmen die Tiere trotz der Zugabe

[1] G. MOURIQUAND, J. ROLLET et CHAIX: Bull. Histol. appl. 1931, 8, 72.

nicht zu und verschwindet die Xerophthalmie nicht, so war die Vitamin-A-Zulage zu gering. Bei ganz ungenügendem Gehalt sinkt das Gewicht weiter, die Augenerscheinungen verschlimmern sich und die Ratten sterben schließlich. Die Sektion zeigt, ob Vitamin-A-Mangel bestanden hat oder etwa andere Ursachen für den Tod vorliegen.

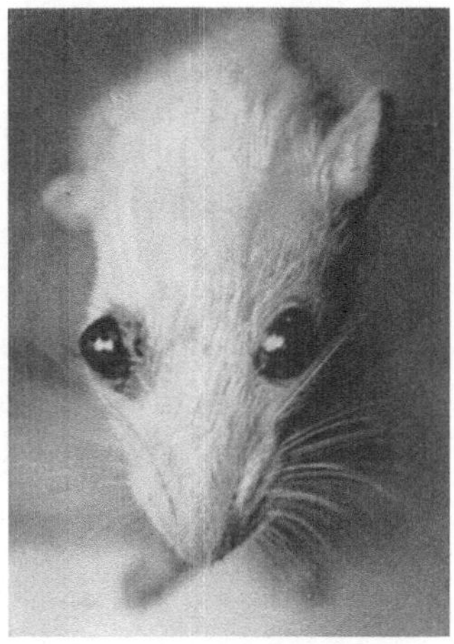
Abb. 21. Buphthalmus. [Nach GUDJONSSON: Acta ophthalm. (Københ.) 1932, 8.]

Bei ausreichender Zufuhr des fehlenden Vitamins beginnen die Ratten sogleich erheblich an Gewicht zuzunehmen und die Mangelerscheinungen verschwinden innerhalb weniger Tage. Als sicheres Zeichen der Anwesenheit von Vitamin A gilt die Heilung der Keratomalacie. Hierbei tritt als nach GUDJONSSON[1] besonders charakteristisch ein Haarausfall an den Augenlidern über eine ziemlich breite Zone auf (periokulare Reaktion, vgl. Abb. 20). Waren die Augenerscheinungen stark ausgeprägt, so kommt es bei der Heilung häufig zum Auftreten des Buphthalmus (Abb. 21), der sog. Ochsenäugigkeit, in selteneren Fällen zur Ausbildung eines Cornealeukoms (Abb. 22), bzw. zum Verlust des ganzen Augapfels.

Eine 35tägige Beobachtung der Wirkung der täglichen Zulage genügt im allgemeinen, um zu einem Schluß zu kommen. Die Zulage über 60 Tage zu verabreichen, erscheint, sofern nicht spezielle Zwecke dies erfordern, als unnötig.

Zum Aufschreiben der Wachstumskurven bedient man sich am besten großer Kartothekkarten, die auf der einen Seite die Millimetereinteilung und die nötigsten Versuchsangaben, auf der anderen Seiten Angaben über Herkunft, Alter, Fütterung und schließlich das Versuchsergebnis evtl. mit Sektionsbefund enthalten. Die nach unseren Angaben angefertigte und seit vielen Jahren bewährte Form dieser Tafel ist in Abb. 23 und 24 wiedergegeben (Größe 16 : 20,5 cm).

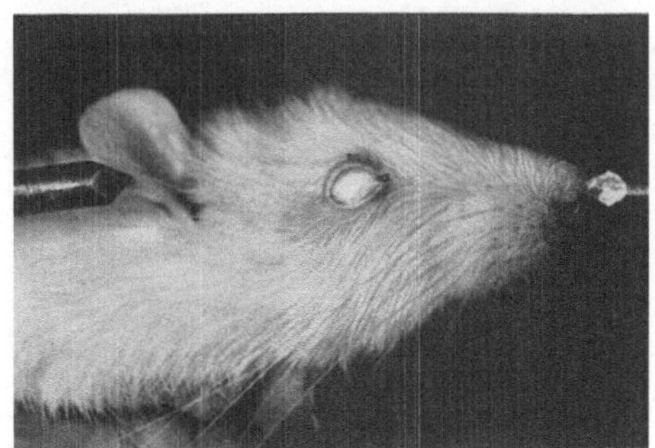
Abb. 22. Cornealeukom. [Nach GUDJONSSON: Acta ophthalm. (Københ.) 1932, 8.]

Wägung. Sofern es sich um zahlreiche Tiere handelt, ist die Wägung auf gewöhnlichen Wagen wegen des damit verbundenen Zeitverlustes untunlich. Man verwendet infolgedessen Tafelwagen mit Dämpfungseinrichtung, die sich sehr rasch in die Ruhelage einstellen und eine Genauigkeit von etwa 1 g besitzen. Auf diese Wagen (vgl. Abb. 25), die von den Firmen Dresdener Wagenbau G.m.b.H. (Radebeul), Wagenfabrik A. Bizer A.-G. (Balingen, Wttbg.) und anderen hergestellt werden, werden tarierte Aluminiumgefäße gestellt und in diese dann die zu wägenden Ratten nacheinander eingesetzt und gewogen. Eine Person bringt dazu die Ratten einzeln heran, sagt die Nummer und das Gewicht des Tieres an, während eine zweite

[1] S. V. GUDJONSSON: Xerophthalmia in rats and „periocular reaction". Acta ophthalm. 1930, 8, 184.

Person die Eintragungen auf der Kurventafel bewirkt. Auf diese Weise können mehrere Hundert Ratten in verhältnismäßig kurzer Zeit durchgewogen werden.

Vers.-Tg. Dat. Gew. Nahrg. Bemerkungen
Versuch Nr.
150
140
130
120
110
100
90
80
70
60
50
40
30
10 20 30 40 50 60 70 80 90

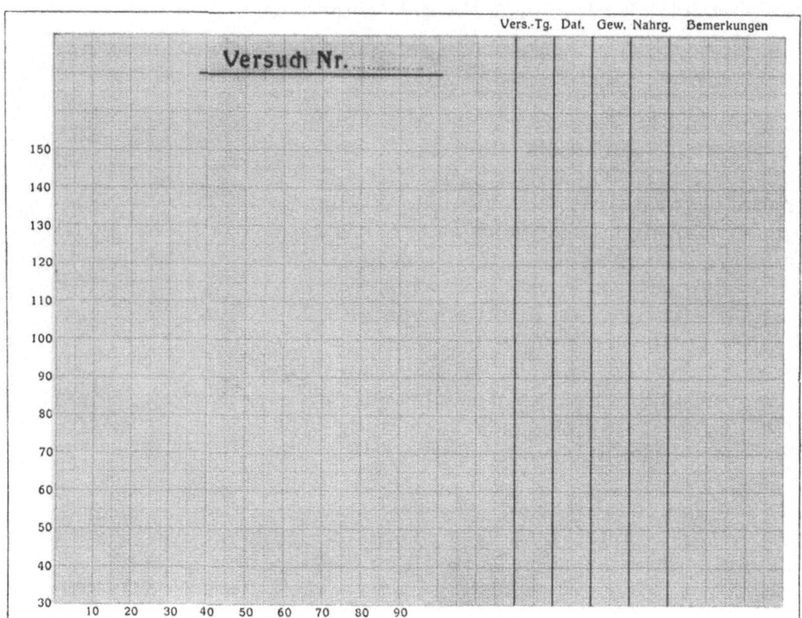

Abb. 23. Kurventafel, Vorderseite.

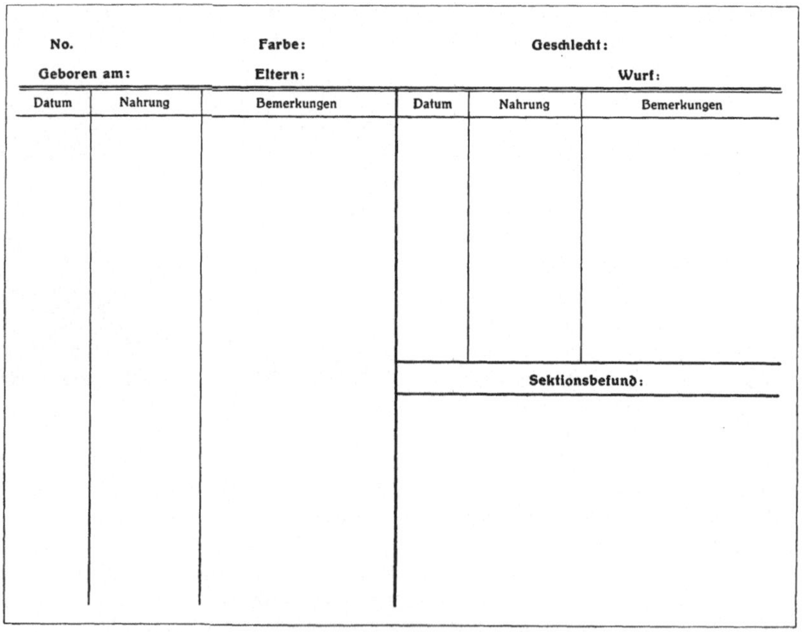

No.
Farbe:
Geschlecht:
Geboren am:
Eltern:
Wurf:
Datum
Nahrung
Bemerkungen
Datum
Nahrung
Bemerkungen
Sektionsbefund:

Abb. 24. Kurventafel, Rückseite.

Quantitative Bestimmung. a) Methode nach SHERMAN (S. 253; siehe oben S. 1478). Es werden dazu Gruppen von 10 und mehr Tieren für jede zu prüfende

Dosis des zu untersuchenden Präparates verwendet. Die Tiere sind sog. standardisierte Tiere, d. h. sie stammen aus einer Zucht, die nach der Methode von SHERMAN gefüttert worden ist (vgl. S. 1478). Bei vitamin-A-freier Diät wachsen die Tiere noch 4—5 Wochen weiter und zeigen eine Gewichtszunahme von 35—50 g. Einzeltiere oder Würfe, die ein zu geringes oder zu starkes Wachstum zeigen und somit vom allgemeinen Durchschnitt abweichen, werden ausgeschaltet. Sobald das Wachstum stockt und sich sonstige Zeichen des Vitamin-A-Mangels deutlich bemerkbar machen, ist die die Vitamin-A-Verarmung herbeiführende erste Periode abgeschlossen. Die Tiere sollen dann ein Gewicht von mindestens 70—75 g und höchstens 100 g besitzen. Gleichgeschlechtliche Tiere zu verwenden, scheint in manchen Fällen ratsam. Die geeigneten Tiere kommen in Einzelkäfige auf Drahtnetze, um sie am Kotfressen zu verhindern. Wenigstens ein Tier jedes Wurfes erhält keine Zulage, bleibt also bei der vitamin-A-freien Diät als „negative Kontrolle". Jede der Gruppen erhält eine verschieden große Zulage. Es wird nunmehr die Zulage ermittelt, die eine Gewichtszunahme von durchschnittlich 3 g je Woche innerhalb einer Versuchsdauer von 5 Wochen bedingt. Längere Ausdehnung des Versuches ist nicht zu empfehlen, da dann größere Schwankungen in der Zunahme bemerkbar werden. Man kann dann eine Berechnung der Wirkung in Einheiten durchführen (vgl. S. 1501).

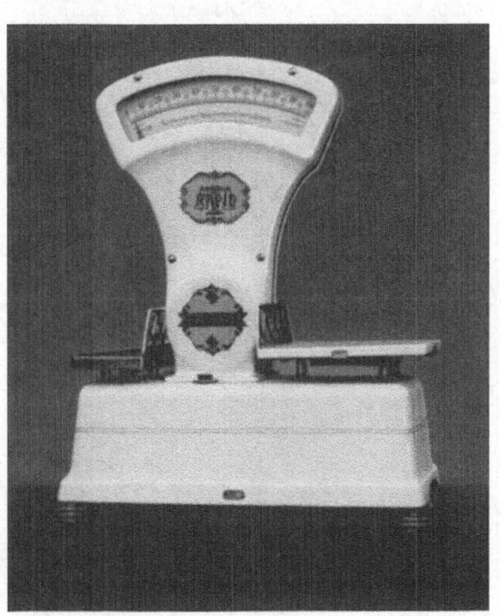

Abb. 25.

b) Methode nach SCHEUNERT und SCHIEBLICH[1]. Wir haben verschiedentlich versucht, aus der Steilheit der Wachstumskurven quantitative Beziehungen abzuleiten, kamen aber bei der rechnerischen Auswertung vieler Hunderte solcher Kurven zu der Überzeugung, daß trotz allen Vorsichtsmaßregeln Variationen unvermeidlich sind. Manche Tiere sind wüchsiger oder bessere Futterverwerter als andere usf. Uns erscheint danach eine beliebig gewählte Gewichtszunahme keine voll befriedigende Grundlage für die quantitative Erfassung einer Vitamin-A-Wirkung zu sein. Wir gehen deshalb so vor, daß wir diejenige Menge einer zu untersuchenden Substanz ermitteln, die, täglich an jedes Tier einer 10 vitamin-A-verarmte Ratten umfassenden Gruppe verabreicht, genügt, um 80% dieser Tiere über 35 Tage am Leben zu erhalten und von Keratomalacie zu befreien, bzw. vor nachträglichem Auftreten von Keratomalacie zu bewahren. Es wird dabei so vorgegangen, daß Gruppen zu je 10 Tieren aus gleichmäßiger Zucht in Einzelkäfigen auf vitamin-A-freie Nahrung gesetzt werden. Nach 20—40 Tagen sollen die Vitamin-A-Mangelerscheinungen ausgebildet und damit die Verarmungsperiode beendet sein. Dann erfolgt die Zugabe der zu prüfenden Substanz, die für jede Gruppe verschieden hoch bemessen wird. Nach weiteren 35 Tagen wird diejenige Gruppe ausgewählt, die mindestens 8 Tiere aufweist, die in dieser Zeit nicht gestorben sind und bei denen die vorher bestehende Keratomalacie geheilt, bzw. Keratomalacie nicht noch im Versuchsverlauf aufgetreten ist. Ratten, die innerhalb der ersten Versuchstage sterben, werden nicht gerechnet, sondern durch neue ersetzt. Später gestorbene Tiere und solche, die noch Keratomalacie aufweisen, gelten als negativ. Bei

[1] A. SCHEUNERT u. M. SCHIEBLICH: Biochem. Zeitschr. 1933, **263**, 444.

der Gruppe mit der nächst niedrigeren Dosis müssen mehr als 2 Tiere gestorben sein oder Keratomalacie aufweisen. In Abb. 26 findet sich ein Kurvenbild eines derartigen Versuches. Es ist nach unseren Erfahrungen nicht nötig, die Tiere auf Drahtnetzen zu halten. Als Getränk wird Leitungswasser verwendet.

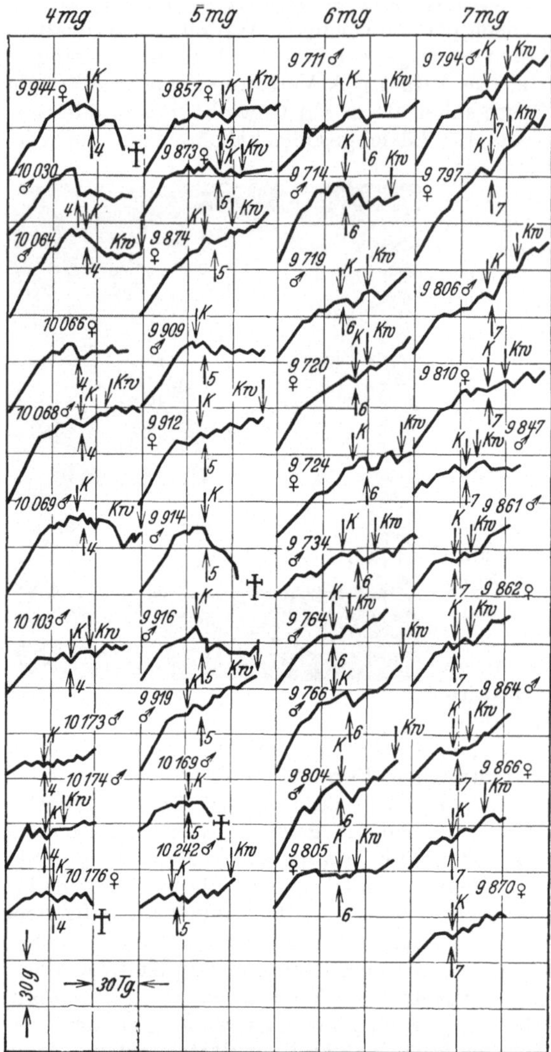

Abb. 26. Bestimmung der nach unserem Vorgehen gerade noch wirksamen Grenzdosis (6 mg) einer Lebertranemulsion. *K* Keratomalacie; *Kw* Keratomalacie geheilt.

c) Methode nach MOLL, DALMER, DOBENECK, DOMAGK und LAQUER (S. 1479). Junge, von in bestimmter Weise ernährten Mutterratten (vgl. S. 1478) stammende Ratten im Gewicht von 35—45 g und einem Alter von 4—5 Wochen werden in Einzelkäfigen auf eine vitamin-A-freie Kostform gesetzt. 7 Tage nach dem Einsetzen des Wachstumsstillstandes wird mit der Darreichung des zu prüfenden Präparates begonnen, und zwar werden mindestens 8—10 Tiere für jede Dosis benutzt. Bei starkem Gewichtsabfall wird mit der Verabreichung des Präparates 1—2 Tage früher begonnen. Es kommen nur Ratten zur Verwendung, die zu Beginn der Zulageperiode ein Gewicht von 60—100 g besitzen. Leichtere und schwerere Ratten, sowie solche, die ausgeprägte ophthalmische Erscheinungen zeigen, scheiden aus. Die Verabreichung flüssiger Präparate geschieht in gleicher Weise, wie oben geschildert. Die Dauer der eigentlichen Versuchsperiode beträgt 35 Tage. Bei der Auswertung der Versuche bleiben Ratten, die im Verlauf der ersten 20 Tage zugrunde gehen, unberücksichtigt, ebenso solche, die im Vergleich zu den übrigen der ganzen Gruppe einen auffallend unregelmäßigen oder durch eine interkurrente Krankheit veränderten Wachstumsverlauf zeigen.

Als Vitamin-A- oder Ratten-Einheit wird diejenige kleinste Tagesdosis angenommen, die unter den geschilderten Versuchsbedingungen eine Gewichtszunahme von mindestens 15 g (3 g je Woche) im Durchschnitt bei 60% der Tiere herbeiführt, sowie das Auftreten von ophthalmischen Erscheinungen verhütet.

Berechnung in Einheiten. Die Wirkungsweise wird in Einheiten ausgedrückt, wofür in verschiedenen Ländern und Laboratorien etwas verschiedene Vorschriften gelten, die leider zu einer großen Unklarheit geführt haben.

1. SHERMANsche Einheiten (S. 265; siehe oben S. 1478). SHERMAN bezeichnet als eine Einheit die Wirkung derjenigen Substanzmenge, die, an eine nach seiner Methode vorbereitete vitamin-A-verarmte Ratte täglich verabreicht, in einer Periode von 4—8 Wochen eine Gewichtszunahme von 3 g je Woche bedingt.

2. Einheiten der Pharmacopoe der Vereinigten Staaten[1]. Diese 1926 definierten Einheiten sind zur Bewertung von Lebertran bestimmt. Eine Einheit enthält diejenige kleinste tägliche Menge eines Lebertrans, die erforderlich ist, um die bei jungen Ratten durch Mangel an Vitamin A erzeugten Symptome zu beseitigen und während einer Periode von 35 Tagen eine Gewichtszunahme von 10—20 g zu bewirken.

3. Dänische Einheiten. Sie sind zur Bewertung der Margarine (Dänisches Margarinegesetz) ausgearbeitet worden. Eine Einheit enthält diejenige Menge einer Margarine, die, an eine vitamin-A-verarmte Ratte täglich gefüttert, gerade genügt, um in einer Periode von 8 Wochen eine Gewichtszunahme von täglich 1 g zu erzielen.

4. Internationale Einheiten. Die durch den Völkerbund einberufene Vitaminkonferenz im Juni 1931 ging von dem Gedanken aus, daß biologische Einheiten in der vorerwähnten Art niemals sichere Anhaltspunkte zu geben vermögen, da der individuelle Einfluß des Versuchstieres zu groß ist. Sie legte deshalb zur Definition der Einheit die Wirkung eines nach internationaler Vereinbarung vom National Institute for Medical Research in London dargestellten, weitgehend gereinigten Carotinpräparates zugrunde. Die Wirkung von 1 γ = 0,001 mg dieses Carotinpräparates entspricht einer internationalen Einheit. 3—5 γ genügen, täglich an eine junge Ratte verabreicht, die sich im Zustand des Vitamin-A-Mangels befindet, um Wiederanstieg des Gewichtes und Heilung der Xerophthalmie herbeizuführen[2]. Zur Einheitsbestimmung ist es also notwendig, daß man diejenige Menge des Standard-Carotins bestimmt, die dem nach den oben unter Nr. 1—3 beschriebenen Methoden ermittelten Grenzwert entspricht. Hierzu ist es notwendig, das Carotin quantitativ zu lösen, wobei man die Konzentration so wählt, daß den Ratten die täglich zu verabreichenden Dosen in 0,1 ccm der Lösung durch eine geeichte Pipette eingegeben werden. Da das Carotin sehr oxydationsempfindlich ist, sind nur bestimmte Öle als Lösungsmittel zulässig. Empfohlen wird Cocosnußöl. Wir verwenden Sesamöl, das zur Befreiung von Sauerstoff $^1/_2$—1 Stunde mit sauerstofffreier Kohlensäure oder sauerstofffreiem Stickstoff durchperlt wird. Die Lösungen werden in einem mit Kohlensäure oder Stickstoff gefüllten Exsiccator im Dunkeln und kühl (Eisschrank) aufbewahrt und sind dann bis zur Dauer von etwa $1^1/_2$ Jahren haltbar (SCHEUNERT und SCHIEBLICH[3]).

7. Nachweis der Vitamin-A-Wirkung mittels der Kolpokeratosemethode.

Nach neueren Ergebnissen äußert sich der Vitamin-A-Mangel in weitgehender Umwandlung normalen in verhorntes Plattenepithel (vgl. Bd. I, S. 793). Methodisch ist dieser Nachweis noch nicht vollständig durchgearbeitet, wird aber von verschiedenen Autoren als brauchbar angesehen. KLUSSMANN und SIMOLA[4] benutzten das Auftreten verhornter Epithelschollen in Vaginalabstrichen nach dem Vorgehen von HOHLWEG und DOHRN[5]. Es wurden dazu kastrierte (zur Ausschaltung des normalen oestrischen Zyklus) Rattenweibchen mit einem Anfangsgewicht von 40—60 g verwendet. Nach der Kastration wurden die Tiere etwa 1 Woche lang normal gefüttert und erhielten dann anschließend die übliche vitamin-A-freie Nahrung. Nach 3 Wochen wurde mit den Abstrichproben begonnen. Diese enthielten zuerst, wie gewöhnlich bei kastrierten Tieren, reichlich Schleim und Leukocyten. Unter Verminderung des Schleimgehaltes

[1] The United States „Pharmacopoeia", 10. Aufl. 1926.
[2] Deutsch. Ärzte-Ztg. 1931, Nr. 291.
[3] A. SCHEUNERT u. M. SCHIEBLICH: Biochem. Zeitschr. 1933, **263**, 454.
[4] E. KLUSSMANN u. P. E. SIMOLA: Biochem. Zeitschr. 1933, **258**, 194.
[5] HOHLWEG u. DOHRN: Zeitschr. ges. exper. Med. 1930, **71**, 762.

traten allmählich Schollen auf und schließlich trat ein reines Schollenstadium ein, das bis zum Tode anhielt. Neuerdings haben BAUMANN und STEENBOCK[1] das Auftreten der Kolpokeratose an Vaginalausstrichen ausführlich verfolgt und halten diese Methode zur quantitativen Auswertung von Vitamin A für geeignet. Es gelingt in kurzer Zeit, die Wirkung ganz bestimmter Vitamin-A-Dosen einwandfrei zu bestimmen, und es können Tiere verschiedenen Alters und auch ein Tier öfter verwendet werden. Die Reaktion selbst ist nach ihnen durchaus spezifisch, was von der üblichen Wachstumsprobe nicht angenommen werden kann.

MOLL und Mitarbeiter (S. 1479) fanden, daß zwar der Genauigkeitsgrad der Bestimmung des Vitamin-A-Gehaltes von Vitamin-A-Präparaten mit Hilfe des Kolpokeratosetestes gegenüber dem unter Verwendung der Wachstumsprüfung nicht günstiger ist, daß aber der erstere gegenüber dem letzteren den Vorteil hat, in verhältnismäßig kurzer Zeit über den Vitamin-A-Gehalt eines Präparates biologisch Aufschluß zu geben. Bei der Durchführung des Testes ist zu beachten, daß Tiere, die zum ersten Male Kolpokeratose zeigen und behandelt werden, verschieden stark reagieren, während die Reaktion gleichmäßiger verläuft, wenn nach dem Wiederauftreten des 100%igen Schollenstadiums die Zeitdauer bis zur Wiederbehandlung (auf 4—5 Tage) abgegrenzt wird. Ein von MOLL und Mitarbeitern (S. 1479) ausgearbeitetes Koordinatensystem gestattet es, Wirkungszahlen, d. h. einen zahlenmäßigen Ausdruck für die Stärke und die Dauer der Reaktion nach einmaliger Verabreichung einer wirksamen Vitamin-A-Menge zu gewinnen.

Im Zusammenhang mit dieser Methodik sei noch auf die Befunde von HOHLWEG und FISCHL[2] hingewiesen, nach denen in der Vagina kolpokeratotischer Ratten eine bestimmte Spirochätenart vorkommt. Durch Vitamin-A-Zufuhr werden die Spirochäten mit der Kolpokeratose zum Verschwinden gebracht. Die Spirochäten scheinen eine spezifische Begleiterscheinung des Vitamin-A-Mangels zu sein, da sie weder in der Vagina normaler noch kastrierter Ratten anzutreffen sind. Inwieweit sich diese Beobachtungen für die Methodik der Vitamin-A-Bestimmung nutzbar machen lassen werden, ist zunächst nicht zu überblicken, doch dürften darin immerhin erfolgversprechende Aussichten liegen.

8. Toxizität des Vitamins A.

Nach v. DRIGALSKI[3], MOLL, DOMAGK und LAQUER[4], MOLL und Mitarbeitern (S. 1479) und COLLAZO und RODRIGUEZ[5] wirken Vitamin-A-Präparate in hoher Konzentration toxisch. Die Prüfung erfolgt an erwachsenen Mäusen, denen die zu prüfende Vitamin-A-Lösung durch eine Schlundsonde in Mengen von 0,2 ccm täglich eingegeben wird. Bei einer 20000 Ratteneinheiten betragenden Dosis nehmen die Tiere an Gewicht ab und gehen unter ähnlichen Erscheinungen wie bei der Vitamin-D-Hypervitaminose (vgl. S. 1514) zugrunde. Bei der histologischen Untersuchung fehlen die für Vitamin-D-Hypervitaminose charakteristischen Verkalkungen, jedoch finden sich in zahlreichen Organen pathologische Verfettungen und Lipoidspeicherungen (KUPFERsche Sternzellen, Endothelien der Nieren, der Lungencapillaren und anderer Organe). Junge wachsende Ratten reagieren auf toxische Dosen mit Wachstumsstillstand, trophischen Hautveränderungen mit haarlosen und seborrhoischen Zonen, spastischen Kontrakturen der Extremitäten, Lidödem und besonders regelmäßig mit bilateralem Exophthalmus und generalisierter fibröser Osteodystrophie und dadurch bedingten multiplen Frakturen.

9. Antimontrichloridreaktion nach CARR und PRICE[6] als Nachweismittel für Vitamin A.

Bei der Suche nach geeigneten Farbreaktionen, mit Hilfe deren in Lebertran die Vitamin-A-Aktivität nachgewiesen werden könnte, fanden ROSENHEIM

[1] C. A. BAUMANN and H. STEENBOCK: Science (N.Y.) **1932** II, 417.
[2] W. HOHLWEG u. V. FISCHL: Klin. Wschr. **1933** II, 1139.
[3] W. v. DRIGALSKI: Klin. Wschr. 1933 I, 308.
[4] TH. MOLL, G. DOMAGK u. F. LAQUER: Klin. Wschr. 1933 I, 465.
[5] J. A. COLLAZO u. J. S. RODRIGUEZ: Klin. Wschr. **1933** II, 1732 u. 1768.
[6] F. H. CARR u. E. A. PRICE: Biochem. Journ. 1926, **20**, 494.

und DRUMMOND[1] 1925 das Arsentrichlorid als geeignet. Sie erhielten dabei eine auffallend blaue Färbung und konnten feststellen, daß deren Intensität mit dem Vitamin-A-Gehalt wechselte. Auch wurde bald gezeigt, daß die Reaktion mit Carotin positiv verläuft, obwohl der aus Vitamin A und der aus seiner Vorstufe Carotin mit diesem Reagens entstehende Körper gewisse Unterschiede, die sich spektroskopisch nachweisen lassen, zeigen. Die jetzt allgemein angewandte Reaktion wurde von CARR und PRICE 1926 beschrieben, die das giftige Arsentrichlorid durch Antimontrichlorid ersetzten. Schon ROSENHEIM und DRUMMOND[1] zeigten, daß die Reaktion zur Anwendung bei Medizinallebertran und ähnlichen wenig gefärbten Leberölen geeignet ist. Durch Ultraviolettbestrahlung von Lebertran wird zwar die Vitamin-A-Wirkung vernichtet, wohl aber bleibt die Farbreaktion zu 50—75% ihrer ursprünglichen Stärke erhalten (NORRIS[2]). Das Vitamin dürfte somit bei der Bestrahlung keine so eingreifende strukturelle Umwandlung erfahren, daß die Fähigkeit, mit Antimontrichlorid zu reagieren, verloren ginge (KARRER und WEHRLI[3]). Da auch andere Carotinoide (Xanthophyll, Crocetin u. a.), die nicht Vorstufen des Vitamins A sind, mit dem Reagens Blaufärbung geben, ist die Reaktion nicht spezifisch, sondern beschränkt sich nur auf die genannten Öle. Später wiesen insbesondere COWARD, DYER, MORTON und GADDUM[4] noch weiter darauf hin, daß es sich empfiehlt, die Reaktion mit dem Unverseifbaren anzustellen. Das Ergebnis steht dann besser in Einklang mit der biologischen Prüfung, als es bei der Verwendung des ursprünglichen Öles oder Fettes ist. Im Unverseifbaren besteht eine lineare Beziehung zwischen Blaueinheiten und Konzentration (WISE und HEYL[5]). Die Reaktion ist auch bei reinen Carotinlösungen (α-, β-, γ-Carotin) verwendbar.

Antimontrichloridlösung. Antimontrichlorid wird mit Chloroform (wasserfrei) gewaschen und getrocknet. Von diesem Produkt wird eine 30%ige Lösung derart hergestellt, daß 30 g Antimontrichlorid mit wasserfreiem Chloroform auf 100 ccm aufgefüllt werden. Das Reagens wird dunkel und trocken aufbewahrt, zum Gebrauch die klare Flüssigkeit abgegossen und zur Verwendung in eine Bürette gegeben.

Vorbereitung des Öles. Das zu untersuchende Öl wird ebenfalls in wasserfreiem Chloroform gelöst derart, daß 2 ccm Öl auf 10 ccm mit Chloroform aufgefüllt werden. Diese Lösung wird in eine 1 ccm-Bürette gegeben.

Reaktion. 0,2 ccm der Öllösung werden mit 2 ccm der Antimontrichloridlösung versetzt und das Gemisch in ein Colorimetergefäß gegeben und hierauf colorimetriert. Nach der ursprünglichen Vorschrift verwendet man ein Lovibond-Colorimeter (ROSENHEIM und SCHUSTER[6]) und vergleicht die Intensität der blauen Farbe mit der Loviband-Farbskala.

Um vergleichbare Resultate zu erhalten, ist es unerläßlich, daß ganz genau die gleichen Bedingungen eingehalten werden. Auch ist zu bedenken, daß die Farbe sehr bald Veränderungen erleidet, und zwar von Blau über Gelb nach Rot. STEUDEL und PEISER[7] empfehlen deshalb, die Reaktion oft zu wiederholen und zu zweien zu arbeiten, um schnell den richtigen Farbton beim Vergleich zu treffen. Nur die blaue Farbe ist charakteristisch für Vitamin A. Wichtig ist ferner die Einhaltung ganz gleicher Temperaturen, da eine Erhöhung der Temperatur die Geschwindigkeit der Reaktion beeinflußt. Empfohlen werden 16°. Unterschiede von mehr als 1° bedingen bereits Veränderungen des Ausfalls der Reaktion und somit Korrekturen. Ebenso muß darauf geachtet werden, daß die colorimetrische Bestimmung immer in derselben Zeit nach der Mischung der Reagenzien erfolgt; vorgeschlagen werden 30 Sekunden. Die Reaktion ist demnach außerordentlich empfindlich.

---

[1] O. ROSENHEIM u. J. C. DRUMMOND: Biochem. Journ. 1925, **19**, 752.
[2] R. J. NORRIS: Bull. Bas. Sci. Res. 1931, **3**, 89.
[3] P. KARRER u. H. WEHRLI: Nova Acta Leopoldina, N. F. 1933, **1**, 205.
[4] K. H. COWARD, F. J. DYER, R. A. MORTON and J. H. GADDUM: Biochem. Journ. 1931, **25**, 1102.
[5] E. C. WISE and F. W. HEYL: Journ. Amer. pharmac. Assoc. 1932, **21**, 1142.
[6] O. ROSENHEIM u. E. SCHUSTER: Biochem. Journ. 1927, **21**, 1329.
[7] H. STEUDEL u. E. PEISER: Zeitschr. physiol. Chem. 1928, **174**, 191.

Die englische Pharmacopoe-Kommission hat genaue für die dortigen Verhältnisse gültige Vorschriften aufgestellt, um vergleichbare Lebertranuntersuchungen durchführen zu können. Diese Kommission rät auch davon ab, nach der Blaureaktion den Vitamingehalt mit Hilfe von Blaueinheiten auszudrücken, da ein Farbgrad einer technisch und willkürlich hergestellten Farbskala nicht als Maßstab für eine biologische Wirksamkeit geeignet erscheint. Steht ein Lovibond-Colorimeter nicht zur Verfügung, so können selbstverständlich auch andere Colorimeter verwendet werden. Es müssen dann entsprechende Vergleichslösungen Verwendung finden. Über eine solche Methodik vgl. BLEYER, SCHLEMMER und MÜLLER-PERCHAM[1] und ORLOW[2]. VAN EEKELEN, EMMERIE und Mitarbeiter[3] empfehlen zur Verbesserung der Methodik das Stufophotometer nach PULFRICH-ZEISS unter Verwendung des Filters S. 61. Über die Durchführung der Antimontrichloridreaktion für die speziellen Zwecke der Wertbestimmung des Vitamin-A-Konzentrates „Vogan" vgl. MOLL und Mitarbeiter (S. 1479).

Die Reaktion hat eine außerordentlich häufige Bearbeitung hinsichtlich ihrer Fehlerquellen und Verwendbarkeit erfahren. Bezüglich der Sicherheit ihrer Ergebnisse ist sie der biologischen Prüfung keineswegs als ebenbürtig zu erachten. Sie wird im Gegenteil von verschiedenen Autoren als ungeeignet zur Erlangung quantitativer Ergebnisse und zum Ersatz der biologischen Methode angesehen [STEUDEL und PEISER (S. 1503), STEUDEL[4], COWARD (S. 1503), COWARD, DYER und MORTON[5], SCHMIDT-NIELSEN[6]].

Spektroskopische Untersuchung. Für wissenschaftliche Zwecke hat die spektroskopische Untersuchung der blaugefärbten Lösungen zu weitgehenden Aufschlüssen geführt. Es hat sich gezeigt (GILLAM und MORTON[7]), daß der blauen Farbe kein einheitlicher Körper zugrunde liegt. Sie besitzt bei spektroskopischer Untersuchung 2 Absorptionsbanden, deren Maxima bei 572 mμ und 606 mμ liegen. Einige Autoren nehmen an, daß die Bande bei 572 mμ dem Vitamin-A-Gehalt zuzuschreiben ist, die Bande bei 606 mμ aber dem Oxydationsprodukt einer anderen im Tran enthaltenen Substanz entspricht (HEILBRON, GILLAM und MORTON[8]). Die Ansichten gehen also noch sehr auseinander, und es ist noch nicht entschieden, welchen der möglichen Stoffe die einzelnen Banden zuzuordnen sind (EVERDINGEN[9]). Auf jeden Fall empfiehlt es sich, mit dem Unverseifbaren zu arbeiten, da dann störende Begleitstoffe und Hemmungskörper entfernt werden.

COWARD und Mitarbeiter[5] (S. 1503) haben den Vitamin-A-Gehalt von Lebertran im Tierversuch biologisch, mit der Blaureaktion chemisch und physikalisch durch Spektrophotometrie der blauen Lösungen vergleichend geprüft, wobei sie den unverseifbaren Anteil berücksichtigten. Sie fanden, daß die Unterschiede zwischen der physikalisch-spektrometrischen Bestimmung und dem biologischen Ergebnis viel größer waren, als die Fehler, die nach allgemeiner Erfahrung bei der biologischen Prüfung vorkommen können. Sie kamen ferner zu der Ansicht, daß die Lovibond-Werte, die man von dem Tran direkt erhalten kann, ebenfalls wenig zuverlässig sind, und halten es deshalb für bedenklich, diese Methode zur Vitamin-A-Bestimmung von Tran zu verwenden. Sie vermag nur einen sehr rohen Anhaltspunkt für den Vitamin-A-Gehalt zu geben.

Spektroskopische Untersuchung von Fischtran. Lebertran zeigt bei spektroskopischer Untersuchung des ultravioletten Anteils des Spektrums eine Absorptionsbande bei 328 mμ, die nach zahlreichen Arbeiten dem Vitamin A zugeschrieben werden muß. Nach den Untersuchungen von COWARD, DYER und MORTON[5] (S. 1503) ist die Intensität dieser Absorption auch zur Bestimmung des Vitamin-A-Gehaltes brauchbar und gibt in guter Übereinstimmung mit der biologischen Untersuchung stehende Werte. Wenn nicht ganz frische Öle zur Verfügung stehen, empfiehlt es sich dann, das Unverseifbare zu verwenden. CHEVALLIER und CHABRE[10] beschreiben ein ähnliches Vorgehen mit besonderer Apparatur und halten diese Methode wegen ihrer Genauigkeit und Schnelligkeit für die beste, sogar der biologischen überlegene Bestimmungsweise.

---

[1] B. BLEYER, F. SCHLEMMER u. W. MÜLLER-PERCHAM: Arch. Pharm. 1931, **269**, 566.

[2] N. I. ORLOW: Z. 1930, **60**, 254, 267.

[3] M. VAN EEKELEN, A. EMMERIE, H. W. JULIUS and L. K. WOLFF: Proceed. Roy. Acad. Amsterd. 1932, **35**, 1347; Acta brev. neerl. Physiol. etc. 1933, **2**, 155. — A. EMMERIE, H. W. JULIUS u. L. K. WOLFF: Nederl. Tijdschr. Geneeskunde **1933**, 605. — A. EMMERIE: Nature (Lond.) **1933**, I, 364; Acta brev. neerl. Physiol. 1933, **2**, 156.

[4] H. STEUDEL: Biochem. Zeitschr. 1929, **207**, 437.

[5] K. H. COWARD, F. J. DYER and R. A. MORTON: Biochem. Journ. 1932, **26**, 1593.

[6] SCHMIDT-NIELSEN, SIGNE u. SIGVAL: Det Kgl. Norske Videnskabers Selskab. Forhandlinger 1928 I, Nr. 29.

[7] A. E. GILLAM u. R. A. MORTON: Biochem. Journ. 1931, **25**, 1346.

[8] I. M. HEILBRON, E. A. GILLAM u. R. M. MORTON: Biochem. Journ. 1931, **25**, 1352.

[9] W. A. G. VAN EVERDINGEN: Proceed. Roy. Acad. Amsterd. 1932, **35**, 1339.

[10] A. CHEVALLIER and P. CHABRE: Biochem. Journ. 1933, **27**, 298.

Andere Farbreaktionen sind mehrfach beschrieben worden (ROSENHEIM und DRUMMOND[1]: Purpurrotfärbung mit Schwefelsäure, FEARON[2]: Rotfärbung mit Pyrogallol und Trichloressigsäure), haben sich aber nicht bewährt. Die Pyrogallolreaktion ist überdies unspezifisch (ROSENHEIM und WEBSTER[3]).

III. Vitamin D.

Zur Prüfung auf das antirachitische Vitamin D werden junge wachsende Ratten aus einer, wie S. 1471—1480 beschrieben, geleiteten und ernährten Zucht verwendet. Bei der Fütterung ist, wie schon S. 1477—1479 ausgeführt wurde, auf Vitamin-D-Armut der Kost zu achten. Zugaben von Lebertran, Vigantol oder anderen vitamin-D-haltigen Präparaten zur Kost der Muttertiere macht das Gelingen des Versuchs zweifelhaft. Die jungen Tiere speichern Reserven auf, die die Erzeugung einer experimentellen Rachitis in Frage stellen.

Die allgemeine Durchführung der Versuche schließt sich auch an die S. 1485—1488 gegebenen Beschreibungen an. An Besonderheiten, die für den Vitamin-D-Versuch maßgebend sind, ist folgendes zu beachten:

Käfige. Es können Käfige jeglicher Art verwendet werden. Da z. B. bei der quantitativen Auswertung nach der Schutzmethode häufig Ratten unter 40 g Gewicht zum Versuch verwendet werden und die Tiere im Verlauf des Versuches nur wenig wachsen, sind auch kleine Käfige geeignet. Wir benutzen Aquariengläser von den Ausmaßen: 14 cm breit, 19 cm lang und 18 cm hoch. Die Ratten werden zweckmäßigerweise auf weitmaschigen Drahteinsätzen gehalten (die Maschenweite beträgt etwa 1 cm), damit abgesetzter Kot sofort hindurchfällt. Die Höhe der Drahteinsätze beträgt 4 cm. Die Drahteinsätze werden auf den Boden des Käfigs, der zum Aufsaugen des Harns usw. mit einer dünnen Schicht Sägespänen beschickt ist, eingestellt. Trink-, Futtergefäße und Deckel sind die gleichen, wie S. 1487 beschrieben.

Versuchsraum. Der Versuchsraum wird, obwohl dies nicht unbedingt notwendig ist, am besten dunkel gehalten, um jede Möglichkeit des Eindringens ultravioletter Strahlen auszuschließen. Im übrigen gelten die S. 1488 beschriebenen Verhältnisse.

1. Fütterung.

a) Rachitogene Diät nach STEENBOCK und BLACK Nr. 2965[4]. Die Kost besteht aus:

Mais, gelber	76%	Calciumcarbonat	3%
Weizenkleber	20%	Natriumchlorid	1%

Die Bestandteile sollen fein gemahlen sein und bedürfen keinerlei chemischen Vorbereitung. Damit aber den Tieren Vitamin A zur Verfügung steht, ist gelber Mais, der vitamin-A-haltig ist, zu wählen. Bei anderem Mais, können Störungen durch Vitamin-A-Mangel eintreten. Mit dieser Kost entwickeln junge wachsende Ratten, die keine Vitamin-D-Reserven besitzen, innerhalb 30 Tagen schwere Rachitis.

b) Rachitogene Kost nach MCCOLLUM, SIMMONDS, SHIPLEY und PARK Nr. 3143[5]. Die Kost setzt sich aus folgenden Bestandteilen zusammen:

Weizen	33%	Gelatine	15%
Mais, gelber	33%	Calciumcarbonat . . .	3%
Weizenkleber	15%	Natriumchlorid	1%

[1] O. ROSENHEIM u. J. C. DRUMMOND: Lancet (Lond.) 1920 I, 862.
[2] W. R. FEARON: Biochem. Journ. 1925, **19**, 888.
[3] O. ROSENHEIM u. F. A. WEBSTER: Biochem. Journ. 1926, **20**, 1342; Lancet (Lond.) 1926 II, 806.
[4] H. STEENBOCK and A. BLACK: Journ. Biol. Chem. 1925, **64**, 263.
[5] E. V. MCCOLLUM, N. SIMMONDS, P. G. SHIPLEY and E. A. PARK: Journ. Biol. Chem. 1921, **47**, 507.

Es besteht die Möglichkeit, daß sich geringe Spuren von Vitamin D sowohl im Weizenkleber als im Weizen finden (Brouwer und de Ruyter de Wildt, S. 1478). Besonders störend kann sich der Vitamin-D-Gehalt des Klebers auswirken. Deshalb wird dieser viermal je 2 Stunden mit heißem Wasser und anschließend einmal 2 Stunden lang mit 96%igem Alkohol (mit Petroläther vergällt) unter Rückfluß extrahiert. Auch ein zu hoher Phosphorgehalt des verwendeten Weizens kann sich störend bemerkbar machen. Deshalb wird eine weiche Weizensorte vorgeschrieben. Der Mais, der aus der gelben Varietät (Vitamin-A-Zufuhr) bestehen muß, kann hinsichtlich seiner chemischen Zusammensetzung und seines Gehaltes an Vitamin D ebenfalls gewisse Schwankungen aufweisen (Holmes und Tripp[1]), doch machen sich diese nach allgemeinen Erfahrungen kaum bemerkbar.

Das Gemisch kann fein vermahlen oder auch in Kuchenform verabreicht werden. Dazu werden die Bestandteile außer der Gelatine mit Wasser angerührt, in dem Rest des Wassers wird die Gelatine aufgelöst. Die heiße Lösung wird mit dem feuchten Gemisch gründlich vermengt. Insgesamt werden auf 1 kg trockene Bestandteile 975 ccm Wasser verwendet, wovon 375 ccm zum Auflösen der Gelatine dienen. Nach dem Erstarren wird der Kuchen in Würfel von etwa 20—25 g Gewicht zerschnitten. Ein Würfel je Tag und Ratte ist zur Fütterung ausreichend. Junge Ratten von 40—45 g werden innerhalb 14 Tagen bei dieser Kost schwer rachitisch.

2. Durchführung des Versuches.

Der Rachitisversuch wird entweder als Schutzversuch (prophylaktische Methode) oder als Heilversuch (kurative Methode) durchgeführt. Dazu werden junge Ratten mit einem der oben beschriebenen rachitogenen Kostsätze gefüttert. Beim Heilversuch erhalten die Tiere, nachdem sie einwandfrei rachitisch geworden sind, unter Beibehaltung der rachitogenen Kost die auf Vitamin D zu untersuchenden Zulagen. Beim Schutzversuch bekommen sie zur rachitogenen Kost diese Zulagen sogleich.

Die experimentelle Erzeugung der Rachitis wird durch ein ungünstiges Verhältnis von Calcium:Phosphor in der Kost bewirkt. Die einseitige Kost ist abnorm reich an Calcium und enthält nur wenig Phosphor. Wird dieses Verhältnis durch Zugabe eines Stoffes, der viel Phosphor enthält, verschoben, so wirkt es nicht mehr rachitogen, d. h. die Tiere werden nicht rachitisch. Zu dem Schluß, daß eine Substanz Vitamin D enthält, ist man also nur berechtigt, wenn sicher feststeht, daß die zur Erlangung dieses Nachweises neben der rachitogenen Diät zu fütternde Menge der Substanz so wenig Phosphor enthält, daß dadurch das rachitogene Verhältnis nicht gestört werden kann. Zur Sicherung ist es in unklaren Fällen notwendig, die Zulage zu veraschen und mit der entsprechenden Aschemenge eine Kontrolle durchzuführen. Noch sicherer ist es, das Vitamin D durch erschöpfende Ätherextraktion auszuziehen. Man kann dann entweder den Ätherextrakt selbst verfüttern oder, wenn man ganz exakt arbeiten will, diesen verseifen und das Unverseifbare, das das Vitamin D enthält, verwenden.

Nach unseren Erfahrungen ist der Schutzversuch sicherer und führt schon bei wesentlich geringeren Dosen als der Heilversuch zu klaren Ergebnissen. Beim Heilversuch ist es vor allem schwierig, allgemeingültige Vorschriften dafür zu finden, was als vollzogene Heilung angesehen werden muß oder nicht. Es besteht sehr leicht die Möglichkeit, daß in verschiedenen

[1] A. D. Holmes and F. Tripp: Journ. Biol. Chem. 1932, **97**, IX.

Laboratorien und von verschiedenen Bearbeitern beim Heilversuch verschiedene Heilstadien der Beurteilung einer Heilwirkung zugrunde gelegt werden. Dadurch kommen Unsicherheiten zustande. Beim Schutzversuch hingegen läßt sich einwandfrei feststellen, ob Rachitis auch nur andeutungsweise zur Entwicklung gekommen ist.

a) Schutzversuch.

α) Schutzversuch, qualitativ durchgeführt. 4—5 Ratten werden auf rachitogene Diät gesetzt und erhalten täglich die zu prüfende Zulage. 1 bis 2 Ratten bekommen keine Zulage und dienen als negative Kontrollen. Bei STEENBOCK-BLACK-Diät am 31. Tage, bei McCOLLUM-Diät am 15. Tage werden die Ratten durch Chloroform getötet und von den Hinterextremitäten Röntgenaufnahmen hergestellt. Zur Diagnose dienen die Bilder der Kniegelenke. Geschützte Tiere zeigen bei Betrachtung der Filme, also der Negative, am proximalen Ende der Tibia eine als dünne Linie erscheinende scharf begrenzte Epiphysenfuge. Bei rachitischen Tieren ist je nach dem Grade der Rachitis statt der Linie ein mehr oder weniger breiter Spalt mit unscharfen Rändern zwischen Epi- und Diaphyse zu sehen (vgl. Abb. 27). Es ist bei der Stellung der Röntgendiagnose zu beachten, daß die Betrachtung des Films oder der Platte vor einer Beleuchtungslampe die klarsten Bilder ergibt. Abzüge oder Reproduktionen, wie die in Abb. 27 gegebenen, lassen die Verhältnisse nicht so deutlich in Erscheinung treten. Ist bei den Tieren, die Zulagen erhielten, keine Rachitis vorhanden, bei den Kontrollen aber starke Rachitis ausgeprägt, so ist die Diagnose leicht zu stellen.

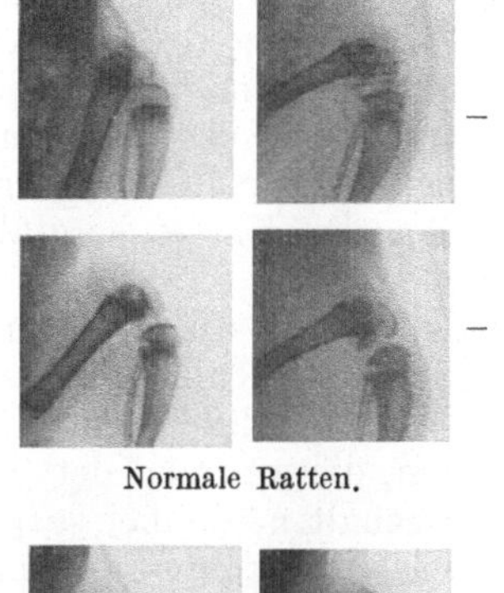

Normale Ratten.

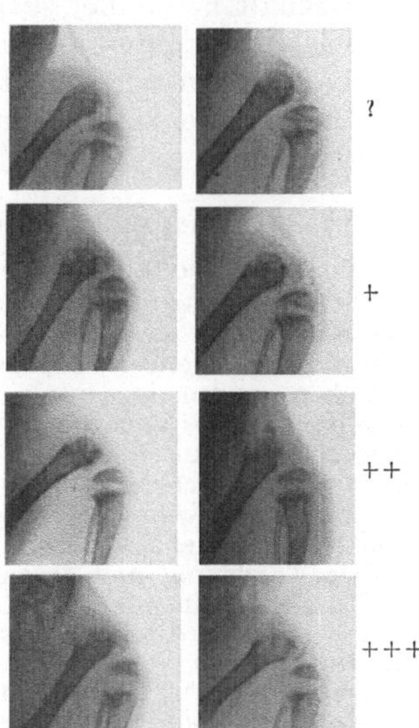

Rachitische Ratten.

Abb. 27. Röntgenbilder der Kniegelenke normaler und rachitischer Ratten.

β) Schutzversuch, quantitativ durchgeführt. Am besten bewährt hat sich die Methode nach SCHEUNERT und SCHIEBLICH[1], die auch in zahlreichen anderen Laboratorien ausgeführt und auch in den Fabriklaboratorien der I. G. Farbenindustrie und von E. MERCK verwendet wird. Ausführliche Beschreibungen der dortigen Erfahrungen finden sich bei HOLTZ, LAQUER, KREITMAIR und MOLL[2]. Es werden stets 10 Tiere für jede Dosis des zu prüfenden Materials angesetzt und mit der McCOLLUM-Kost Nr. 3143 gefüttert. Kontrolltiere, am besten von jedem der zu den Versuchen verwandten Würfe, die keinerlei Zulage zu der rachitogenen Diät erhalten, sind unerläßlich. Die zu prüfende Substanz muß quantitativ verabreicht werden. Bei Ölen, Tranen und ähnlichen löslichen Substanzen ist Auflösung in Sesamöl empfehlenswert. Die Konzentration der Lösungen ist so zu wählen, daß die zu prüfenden Dosen immer in 0,1 ccm enthalten sind. Die Aufbewahrung der Lösungen erfolgt kühl und im Dunkeln. Bei Lösung der Substanz in Paraffinöl, wie früher beschrieben wurde, ist die Resorption verzögert und man braucht

[1] A. SCHEUNERT u. M. SCHIEBLICH: Biochem. Zeitschr. 1929, **209**, 290.

[2] F. HOLTZ, F. LAQUER, H. KREITMAIR u. TH. MOLL: Biochem. Zeitschr. 1931, **237**, 247.

etwa die doppelte Menge der Substanz, um die gleiche Wirksamkeit zu erzielen. Die Verabreichung der Lösung erfolgt durch Pipette direkt in das Maul der Tiere. Der Versuch dauert 14 Tage, und es werden 14 Dosen gegeben. Am 15. Tag werden die Tiere getötet und, wie oben beschrieben, Röntgenaufnahmen hergestellt und diagnostiziert. Es wird diejenige täglich je Ratte zu verabreichende Dosis ermittelt, die in der beschriebenen Weise an eine Gruppe von 10 Ratten täglich gegeben, gerade genügt, um mindestens 8 von 10 Ratten vollkommen vor Rachitis zu schützen. Die Wirkung einer solchen Dosis würde dann einer Rattenschutzeinheit entsprechen, die wir als SED (Schutzeinheit für Vitamin D) bezeichnet haben.

Bei Prüfung von festen Materialien (Futtermitteln u. dgl.) oder voluminösen zähen Extrakten ist es empfehlenswert, diese mit rachitogener Kost zu Kuchen zu verbacken. Die Kuchen dürfen nicht zu groß sein, um quantitative Aufnahme sicherzustellen. Drahtnetze sind dann nicht zu verwenden. Täglich werden die Käfige sorgfältig auf etwa nicht gefressene Kuchenbröckelchen durchgesehen. Sind solche vorhanden, so erhalten die Tiere solange kein Grundfutter, bis sie die Reste aufgefressen haben. Die quantitative Aufnahme ist damit nach Möglichkeit gesichert.

Während des Versuches wird auch das Gewicht der Ratten kontrolliert. Ratten, die während der Versuchszeit weniger als 5 g zugenommen haben, sind auszuschalten, da bei so geringem Wachstum Rachitis oft nicht deutlich zur Entwicklung kommt. Kümmernde und schlecht aussehende Tiere sind deshalb von vornherein ungeeignet und nicht mit anzusetzen. Ferner müssen die Kontrollratten, die keine Zulage erhalten haben, sämtlich deutlich rachitisch geworden sein.

b) Verwendung des Aschengehaltes der Knochen zur Rachitisdiagnose.

Von STEENBOCK und seinen Mitarbeitern[1] ist eine Methode ausgearbeitet worden, die den Aschengehalt der Knochen der Hinterextremitäten oder von Humerus und Femur der Ratten zugrunde legt. Dieser schwankt, gleichaltrige Tiere und gleiche Diät vorausgesetzt, nur in engen Grenzen und erniedrigt sich stark bei bestehender Rachitis. Die Knochen werden dazu nach Schluß des Versuches sorgfältig herauspräpariert, die Kniescheibe und alles anhaftende Gewebe muß entfernt sein. Dann erfolgt Trocknung 2 Tage lang bei 96°. Anschließend werden die Knochen dann nochmals von allen Gewebsresten befreit und nunmehr mit einer Zange zerkleinert (wir haben staubfeine Zerreibung in Mörsern als zweckmäßig befunden). Hierauf erfolgt eine 18stündige Extraktion mit 95%igem Alkohol und dann eine ebensolche mit 2% Alkohol enthaltendem Äther. Nunmehr erfolgt abermalige Trocknung und anschließend Feststellung des Gewichts. Alsdann wird verascht (3 Stunden in einem elektrischen Ofen oder auch in Quarzschalen unter Erhitzung zu Rotglut). Dann wird wieder gewogen und der Aschegehalt berechnet. Extraktion und Veraschung können verschieden gehandhabt werden (CHICK, KORENCHEVSKY und ROSCOE[2] und SCHULTZER[3]. Wichtig ist vor allem, daß immer dasselbe Vorgehen eingehalten wird und daß eine sorgfältige Extraktion gewährleistet ist, da verbleibender Fettgehalt die Ergebnisse beeinflußt.

Der Grad der Rachitis kann ausgedrückt werden erstens durch den Aschegehalt der getrockneten extrahierten Knochen (A) oder zweitens durch das Verhältnis A:R, das ist der Aschegehalt zur Menge der fettfreien organischen Substanz der Knochen. Es wird in allen Fällen angezeigt sein, für die in einem Laboratorium übliche Methodik zunächst die maßgebenden Zahlen für vollkommen geschützte, also gesunde Tiere und für schwer rachitische Tiere festzulegen, da die Diät und wohl auch die Abstammung von Einfluß sind (CHICK, KORENCHEVSKY und ROSCOE[2]). Wenn auch die Methodik gute Ergebnisse zu zeitigen vermag, so ist sie doch der Röntgen-Methode nach unseren Erfahrungen unterlegen. Insbesondere ist aber zweifellos auch die Schutzmethode der Heilmethode hierbei vorzuziehen (SCHULTZER[3]).

[1] R. M. BETHKE, H. STEENBOCK and M. T. NELSON: Journ. Biol. Chem. 1923/24, **58**, 71. H. STEENBOCK and A. BLACK: Journ. Biol. Chem. 1924, **61**, 405. — H. STEENBOCK, M. T. NELSON and A. BLACK: Journ. Biol. Chem. 1924/25, **62**, 275.

[2] H. CHICK, V. KORENCHEVSKY and M. H. ROSCOE: Biochem. Journ. 1926, **20**, 622.

[3] P. SCHULTZER: Biochem. Journ. 1931, **25**, 1745.

c) Verwendung des Calcium- und Phosphorspiegels des Blutes bzw. des p_H-Wertes der Faeces zur Rachitisdiagnose.

α) Sehr viel Arbeit ist auch darauf verwendet worden, mit Hilfe der Bestimmung des Calcium- und Phosphor-Spiegels des Blutes Nachweis- und Bestimmungsmethoden der Rachitis auszuarbeiten. Für die praktische Vitaminarbeit haben diese Methoden keine Bedeutung erlangt, haben dafür aber eine größere Bedeutung für die menschliche Klinik und die Erforschung der entsprechenden Krankheitszustände gewonnen (vgl. Bd. 1, S. 834).

β) BACHARACH und JEPHCOTT[1] haben eine Methode des Vitamin-D-Nachweises auf die Veränderungen des p_H-Wertes des Faeces der Ratten gegründet. Diese Methode ist von verschiedenen Autoren abgelehnt worden, wird aber von ihren Schöpfern aufrecht erhalten. Eine praktische Bedeutung hat sie nicht gewonnen.

d) Heilversuch.

α) Allgemeine Durchführung. Füttert man die rachitogene Diät an junge 50—60 g schwere Ratten über eine Zeit von 3—4 Wochen, so werden sie, vorausgesetzt, daß höchstens geringe Reserven vorhanden sind, in dieser Zeit schwer rachitisch. Es sind dann die Metaphysen der Extremitätenknochen frei von allen Kalkeinlagerungen. Dies zu erzielen ist die Aufgabe der Vorbereitungsperiode der Tiere. Äußerlich ist nur wenig an den Tieren zu sehen, zuweilen hat man, wenn sie laufen, den Eindruck, daß die Tiere mit der Hinterhand schwanken. Alsdann beginnt die eigentliche Versuchsperiode, in der nunmehr das auf Vitamin D zu prüfende Material täglich zugelegt wird. Bei den verschiedenen Autoren, die solche Methoden beschrieben haben, zu etwas wechselnden Zeiten, werden die Tiere getötet und nunmehr die Enden der Tibia oder von Radius und Ulna auf das Vorhandensein von Rachitis bzw. Heilungserfolg geprüft.

Nach diesen Prinzipien durchgeführte Methoden kranken an einem schweren Mangel, der darin besteht, daß man nicht weiß, ob die Tiere zu Beginn der eigentlichen Versuchsperiode rachitisch gewesen sind oder nicht. Eine Reihe von Autoren gehen deshalb so vor, daß sie vor Beginn der Versuchsperiode eine Röntgenuntersuchung einschalten. Diese gestattet einwandfrei das Vorhandensein und den Grad der Rachitis zu ermitteln. Sind starke Apparate, die schon klare Aufnahmen bei Belichtungsdauer von $^1/_{10}$ Sekunde ermöglichen, verfügbar, so brauchen die Ratten nicht narkotisiert zu werden. Die Tiere müssen dann in irgendeiner Weise festgehalten werden. Bei weniger wirksamen Apparaten empfiehlt es sich, die Tiere in leichten Ätherrausch (Einsetzen der Ratten in eine Glasbüchse, in der sich ein Wattebausch mit Äther befindet) zu versetzen. Die Ratten sind gegen größere Ätherdosen oft sehr empfindlich, deshalb Vorsicht!

Die Feststellung der Heilung erfolgt am einfachsten wieder durch die Röntgenmethode, die bei Zugrundelegung klarer Bilder über den Grad der Heilung gut unterrichtet. Je nach dem Heilungsgrade ist die bei bestehender Rachitis unverkalkte Metaphysenzone mehr oder weniger vollkommen mit Einlagerungen verkalkten Gewebes angefüllt. Oft erfolgt die Kalkeinlagerung auch in Gestalt eines mehr oder weniger breiten Streifens. Für quantitative Zwecke hat O. SCHULTZ[2] vorgeschlagen, den Spalt der unverkalkten Metaphyse zu messen. Für den Grad der Heilung hat er bestimmte Weitenverhältnisse angegeben (vgl. S. 1512). Eine ausführliche Diskussion über die Diagnose des Heilungsgrades mit der Röntgenmethode haben BOURDILLON, BRUCE, FISCHMANN und WEBSTER[3]

---

[1] A. L BACHARACH. and H. JEPHCOTT: Journ. Biol. Chem. 1929, 82, 751.

[2] O. SCHULTZ: Zeitschr. Kinderheilk. 1929, 47, 449.

[3] R. B. BOURDILLON, H. M. BRUCE, C. FISCHMANN and T. A. WEBSTER: The quantitative estimation of vitamin D by radiography. Med. Res. Council Spec. Rep. Ser. No 158, London 1931.

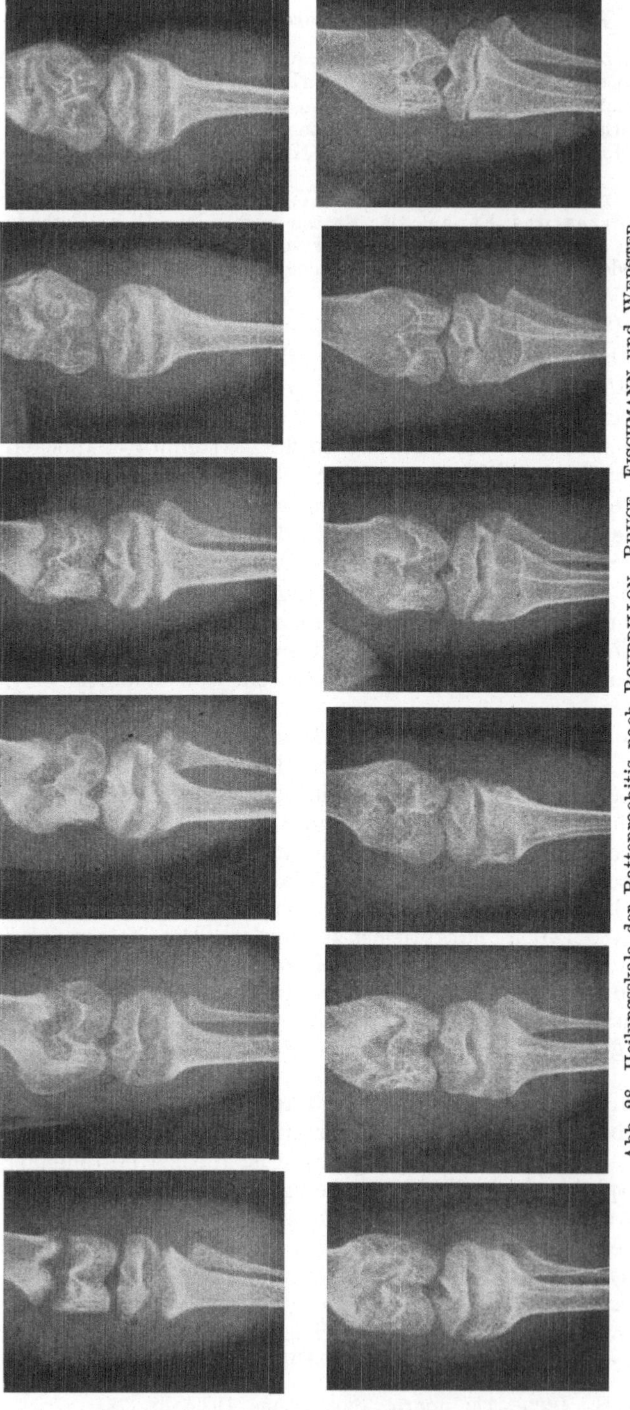

Abb. 28. Heilungsskala der Rattenrachitis nach BOURDILLON, BRUCE, FISCHMANN und WEBSTER.

gegeben. Abb. 28 zeigt die von ihnen aufgestellte Heilungsskala der Rattenrachitis (vgl. hierzu ferner SCHIEBLICH[1]).

Zur Technik der Röntgenkontrolle der Heilung von rachitischen Knochenveränderungen haben VAN NIEKERK und EVERSE[2] einen sehr hübschen und handlichen Apparat konstruiert.

Line-test. Als klassische Methode ist der von McCOLLUM, SIMMONDS, SHIPLEY und PARK[3] erstmalig beschriebene „line-test“ zu bezeichnen. Die Knochen, und zwar am besten die Tibien, ebensogut aber auch Ulna und Radius, werden von anhängenden Fleisch- und Sehnenteilen befreit und in 4—10 %igen Formaldehyd für etwa 5 Stunden eingelegt. Kann man nicht gleich weiter untersuchen, so können sie mehrere Wochen auf diese Weise aufbewahrt werden. Sie werden dann mit einem scharfen Messer längs durchschnitten und 1 bis 2 Minuten in 1—1,5%ige Silbernitratlösung eingebracht. Danach werden sie mit der Schnittfläche nach oben für kurze Zeit dem Sonnenlicht ausgesetzt. Dieses kann vorteilhaft durch ultraviolette Bestrahlung von 10 Sekunden Dauer ersetzt werden. Das entstandene

[1] M. SCHIEBLICH: Biochem. Zeitschr. 1931, **230**, 312. — [2] J. VAN NIEKERK u. J. W. R. EVERSE: Biochem. Zeitschr. 1929, **215**, 85. — [3] E. V. McCOLLUM, N. SIMMONDS, P. G. SHIPLEY and E. A. PARK: Journ. Biol. Chem. 1922, **51**, 41.

Silberphosphat wird dann zu schwarzem kolloidalem Silber reduziert. Auf diese Weise werden die verkalkten Teile der Metaphyse sichtbar gemacht und können nunmehr verglichen werden.

Die Hauptschwierigkeit besteht nun darin, einen bestimmten Heilungsgrad, der bei allen untersuchten Knochen gleich ist, zu ermitteln. In schweren Fällen von Rachitis, wenn die Metaphyse als ein breiter unverkalkter Raum erscheint, tritt bei beginnender Verkalkung zunächst eine sehr schmale schwarze Linie zutage, die die Mitte der Metaphyse durchzieht. Dieser Linie hat die Probe ihren Namen „line-test" (Linienprobe) gegeben. Bei reichlichen Vitamin-D-Gaben wird diese Linie breiter, streifenförmig und schließlich vermag die Verkalkungszone den Zwischenraum zwischen Epiphyse und Diaphyse bis auf eine schmale Epiphysenlinie total auszufüllen. War die Rachitis zu

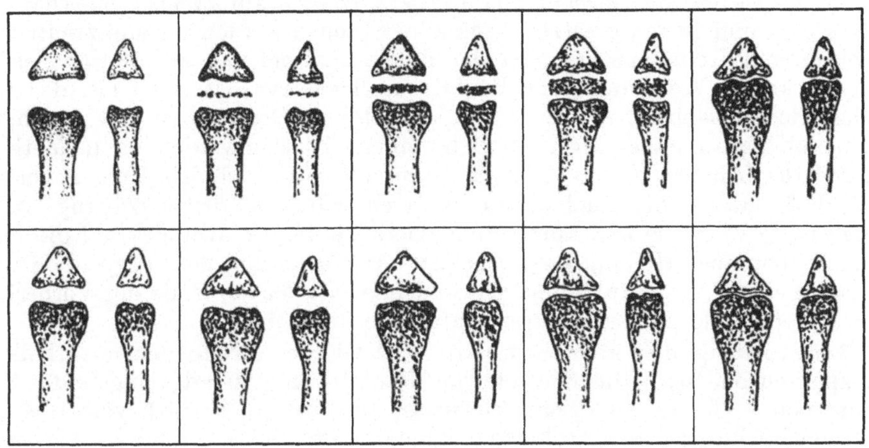

Abb. 29. Schematische Darstellung der Linienprobe nach COWARD.

Beginn des Versuches weniger schwer, so braucht eine Linie nicht aufzutreten, sondern die Verkalkung beginnt dann an der Diaphyse und schreitet mit der Erhöhung der Vitamin-D-Zufuhr epiphysenwärts fort. Es ist in diesen Fällen naturgemäß sehr schwierig zu entscheiden, wieweit die Verknöcherung vor Heilungsbeginn reichte und welcher Zuwachs an verknöchertem Gewebe der Heilwirkung zuzuschreiben ist (Abb. 29). Es wird empfohlen, die Breite der Verkalkungszone als Maßstab für den Grad der Heilung zugrunde zu legen. Dazu ist es notwendig, eine Skala aufzustellen, in die der betreffende Untersucher die mit seiner Handhabung der Methode und auf Grund seiner Erfahrung deutlich unterscheidbaren Heilungsgrade einträgt. Bei Versuchen wird hiermit der Befund jeder Ratte zu vergleichen, einzuordnen und entsprechend zu bezeichnen sein. Bei einer Gruppe von Ratten kann man dann aus den Befunden bei den einzelnen Tieren den Gruppendurchschnitt errechnen. Für quantitative Bestimmungen sind in dieser Beziehung Richtlinien von COWARD[1], DYER[2], BILLS, HONEYWELL, WIERICK und NUSSMEIER[3] ausgearbeitet worden.

β) Heilversuch, quantitativ durchgeführt.

1. Methode nach COWARD[1]. Ratten eines Wurfes von 50—60 g Gewicht, die nur geringe Vitamin-D-Reserven besitzen, werden in einem gemeinsamen Käfig 3—4 Wochen mit rachitogener Kost gefüttert. Damit ist die Vorperiode

[1] K. H. COWARD: Quart. Journ. Pharm. 1928, 1, 27; Biochem. Journ. 1933, 27, 451.
[2] F. J. DYER: Quart. Journ. Pharm. 1931, 4, 503.
[3] C. E. BILLS, E. M. HONEYWELL, A. M. WIERICK and M. NUSSMEIER: Journ. Biol. Chem. 1931, 90, 619.

beendet. Hierauf werden sie in Einzelkäfige verbracht und das zu prüfende Material über 10 Tage lang täglich als Zulage verabreicht. Quantitative Aufnahme muß sichergestellt werden. Ferner sind Futteraufnahme und Wachstum zu kontrollieren, da bei nicht wachsenden, hungernden Ratten in kurzer Zeit Spontanheilung eintreten kann. Hierauf erfolgt Prüfung durch line-test und Auswertung wie oben beschrieben. Zur quantitativen Erfassung der Wirkung ist ein Vergleich mit der internationalen Standardlösung für Vitamin D notwendig. Orientierende Vorversuche mit verschiedenen Dosen der zu prüfenden Substanz sind erforderlich, um diejenige Menge davon festzustellen, die der anzuwendenden Dosis des internationalen Standards entspricht. Für ausreichende Kontrolle ist Sorge zu tragen.

2. Methode nach POULSSON und LÖVENSKJOLD[1]. Junge Ratten im Alter von 24 Tagen und im Gewicht von 45—50 g werden auf rachitogene Diät von STEENBOCK und BLACK gesetzt. Nach 2—3 Wochen werden sie zum zweitenmal gewogen und Röntgenaufnahmen der linken Kniegelenke angefertigt (leichte Äthernarkose). Wenn deutliche Rachitis nachgewiesen ist, wird mit der Versuchsperiode begonnen, während der die Ratten in Gruppen zu je 4 zusammen in einem Käfig auf Sägespänen gehalten werden. Hierbei werden, da die Methode speziell für Lebertranuntersuchungen verwendet wird, täglich 5 mg Lebertran zusätzlich verabreicht. Nach genau 10 Tagen erfolgt die dritte Wägung. Nicht genügend gewachsene und kümmernde Tiere werden im Hinblick auf die Möglichkeit spontaner Heilung ausgeschaltet. Am Ende der Versuchsperiode wird abermals eine Röntgenaufnahme gemacht und mit der am Ende der Vorperiode von derselben Ratte hergestellten Aufnahme verglichen.

Beurteilung der Röntgenbilder. Nach der Breite der unverkalkten Metaphysenzone wird die Schwere der Rachitis in 4 Grade eingeteilt. Eine Breite von 4—5 mm entspricht schwerster Rachitis (++++), von 3—4 mm schwerer Rachitis (+++); schmälere Zonen werden mit ++ und + bezeichnet. Es wird gefordert, daß zu Beginn des Versuchs in jeder Gruppe von 4 Ratten mindestens 2 +++ bis ++++-Rachitis zeigen. Beim Vergleich zu Anfang und zu Ende des Versuchs wird festgestellt, ob sich die Erkrankung gebessert oder verschlechtert hat und danach die Beurteilung des Präparates bewirkt. Auch eine quantitative Auswertung soll möglich sein. POULSSON und LÖVENSKJOLD kommen danach zur Feststellung von biologischen Einheiten und definieren diese derart, daß, wenn 2 mg einer Substanz ein positives Resultat ergeben, diese Substanz in 1 g 500 Vitamin-D-Einheiten enthält.

3. Methode nach O. SCHULTZ (S. 1509). Diese sorgfältig ausgearbeitete Methode beruht auf denselben Grundlagen wie die von POULSSON und LÖVENSKJOLD. Die Ratten werden mit 27 Lebenstagen im Gewicht von 30—50 g eingesetzt und erhalten die MCCOLLUM-Diät Nr. 3143. Die Tiere werden unter Lichtabschluß gehalten und in Gruppen zu je 4 verwendet. Die Vorfütterung dauert 14 Tage, worauf eine Röntgenaufnahme der Hinterextremitäten hergestellt wird. Der verkalkte Spalt der Metaphyse wird gemessen (v_1). Die Breite soll mindestens 2, höchstens 2,5 mm betragen. Nur solche Tiere sind zum Heilversuch geeignet, der mit abgestuften Dosen ausgeführt wird. Nach weiteren 21 Tagen werden die Tiere getötet und nochmalige Röntgenaufnahmen angefertigt, wovon abermals die Metaphysenspalten der Tibien gemessen werden (v_2). Als Differenz $v_1 - v_2$ wird der Beurteilungstest x ermittelt. Positiv hat die Menge eines antirachitischen Stoffes gewirkt, wenn für alle 4 oder mindestens 3 Tiere x größer als 1,8 ist. Zweifelhaft ist die Wirkung, wenn nur bei 2 Tieren x über 1,8 mm beträgt. Ist bei noch weniger Tieren x größer als 1,8, so ist die

[1] E. POULSSON u. H. LÖVENSKJOLD: Biochem. Journ. 1928, **22**, 135.

Wirkung negativ. Als Definition der antirachitischen Einheit wird angegeben, daß dies die kleinste Menge eines antirachitischen Stoffes ist, die in der Lage ist, innerhalb 21 Tagen die wie oben diagnostizierte ++++-Rachitis in eine — Rachitis zu verwandeln.

Zur Wertbestimmung von Vitamin-D-Präparaten wird die Wirkung in Vitamin-D-Einheiten ausgedrückt. Auch hier sind vielfach biologische, also Ratteneinheiten üblich, wie sie bei den oben unter 1, 2 und 3 beschriebenen Methoden definiert worden sind. Für sie gelten die allgemein auf S. 1501 gemachten Einwände gegen biologische Einheiten aller Art. Die internationale Vitaminkonferenz hat deshalb auch für Vitamin D vorgeschlagen, ein Standardpräparat von stets gleicher Wirkung als Vergleichspräparat zu benutzen. Dieses Präparat wird vom National Institute for Medical Research, London, hergestellt und ist für Deutschland durch das Reichsgesundheitsamt zu beziehen. Diese Standardlösung ist eine in bestimmter Weise ultraviolett bestrahlte 0,1%ige Ergosterinlösung. Eine internationale Einheit für Vitamin D wird durch die Aktivität von 1 mg der internationalen Standardlösung dargestellt (S. 1501). Die Lösung muß dunkel und im Eisschrank oder bei noch tieferen Temperaturen aufbewahrt werden.

3. Farbreaktionen.

Auch für das Vitamin D ist, vor allem in der Zeit, als man reines Vitamin D noch nicht kannte, eine Reihe von Farbreaktionen beschrieben worden, deren Spezifität aber durchweg bestritten oder unsicher ist. Sie haben infolgedessen keine Bedeutung zu gewinnen vermocht. Viele von ihnen wurden zudem nicht mit Naturstoffen, sondern mit reinen Lösungen von Ergosterin und bestrahltem Ergosterin vorgenommen.

STOELTZNER[1] beschrieb, daß Vigantolöl (1%ige Lösung von Vitamin D in Olivenöl) mit Phosphorpentoxyd eine rotbraune, allmählich stark nachdunkelnde Färbung ergab. FORSCHNER und HATTINGER[2] fanden sie bei einer Nachprüfung unspezifisch.

SHEAR[3] beschrieb eine Reaktion mit Anilin und konz. Salzsäure, die mit Vitamin D eine deutliche Rotfärbung geben sollte. In der Tat haben ROSENHEIM und WEBSTER[4] sowie SEXTON[5] bestätigt, daß eine solche Farbreaktion mit bestrahltem Ergosterin erhalten wird. Ihre Anwendbarkeit für den Nachweis von Vitamin D in Naturstoffen ist fraglich. Zwei Farbreaktionen, die mit Ergosterin positiv ausfielen, beschrieb ROSENHEIM[6]: 1. mit Chloralhydrat karminrote Lösung, die in 1 Minute in Grün und dann in Dunkelblau umschlägt, 2. Trichloressigsäure in wäßriger Lösung gibt mit einer Ergosterinlösung in Chloroform Rotfärbung. Beide Reaktionen haben einen weiteren Ausbau nicht gefunden. CRUZ-COKE[7] gibt an, daß eine alkoholische Lösung von bestrahltem Ergosterin mit Salzsäure bei 80° eine Fällung gibt, die sich dann wieder unter Grünfärbung auflöst. Weiterer Salzsäurezusatz fällt wieder aus. Es sollen auf diese Weise noch 0,5 mg Ergosterin nachweisbar sein. BLUNT und COWAN[8] geben an, daß bestrahltes Ergosterin mit fuchsinschwefliger Säure eine violette Färbung ergibt, unbestrahltes aber nicht. MEESEMAECKER[9] will mit Hilfe von Essigsäureanhydrid und Zinkchlorid in Chloroformlösung unbestrahltes Ergosterin von bestrahltem unterscheiden, ersteres gibt Rot-, letzteres Grünfärbung.

4. Spektrographischer Nachweis.

Das Vitamin D hat ein charakteristisches Absorptionsspektrum im ultravioletten Bereich. Besonders bei den Versuchen, reine Präparate vom Vitamin D darzustellen, hat die spektrographische Untersuchung eine große Rolle gespielt und wesentlich zum Erfolg dieser Bestrebungen beigetragen. Sichere und klare Ergebnisse über das Vorkommen von Vitamin D in Naturprodukten dürften mit dieser Methode keineswegs zu erlangen sein,

[1] W. STOELTZNER: Münch. med. Wschr. 1928 II, 1584.
[2] H. FORSCHNER u. A. HATTINGER: Münch. med. Wschr. 1929 I, 156.
[3] M. J. SHEAR: Proc. Soc. exp. Biol. a. Med. 1926, **23**, 546; vgl. auch V. E. LEVINE, C. LE ROY SEAMAN and E. J. SHAUGHNESSY: Biochem. Journ. 1933, **27**, 2047.
[4] O. ROSENHEIM and T. A. WEBSTER: Biochem. Journ. 1926, **20**, 537.
[5] W. A. SEXTON: Biochem. Journ. 1928, **22**, 1133.
[6] O. ROSENHEIM: Biochem. Journ. 1929, **23**, 47.
[7] E. CRUZ-COKE: Compt. rend. Soc. Biol. Paris 1930, **105**, 238.
[8] K. BLUNT and R. COWAN: Journ. Amer. med. Assoc. 1929, **93**, 1301.
[9] R. MEESEMAECKER: Compt. rend. Acad. Sci. 1930, **190**, 216.

während sie bei Verwendung reiner Lösungen, z. B. in Olivenöl, sogar quantitative Auswertungen gestattet. Genaue Angaben über die spektrographische Methode vgl. Bd. II/1, über die Frage des Vitamin-D-Nachweises mit Hilfe dieser Methode bei FUCHS und BECK[1].

5. Toxizität.

Methode von HOLTZ, LAQUER, KREITMAIR und MOLL (S. 1507): Bestrahlte Ergosterinpräparate und auch das reine Vitamin D wirken in sehr großen Dosen toxisch. Deswegen ist zu verlangen, daß zu therapeutischen Zwecken bestimmte Präparate auch auf ihre Toxizität untersucht werden. Die Giftgrenzdosis wird an Mäusen bestimmt, wobei Gruppen von je 4 Mäusen verschieden abgestufte Dosen des zu prüfenden Präparates erhalten. Es wird empfohlen, mindestens 4—5 abgestufte Dosen gleichzeitig zu prüfen. Die Giftgrenzdosis liegt bei den üblichen Bestrahlungsprodukten zwischen der 2000—5000fachen der bei Ratten ermittelten kleinsten antirachitisch wirksamen Dosis. Zu den Versuchen sollen gesunde, ausgewachsene, 16—22 g schwere Tiere Verwendung finden. Die 4 Tiere jeder Gruppe (Weibchen und Böcke trennen, trächtige Weibchen ungeeignet) werden in Mäusegläsern auf Torfstreu gehalten. Die Fütterung erfolgt täglich mit Hafer und feuchtem Brot. Vor Beginn des Versuches werden die Tiere in nüchternem Zustand gewogen.

Die Verabreichung der zu prüfenden Produkte erfolgt in Sesamöllösung, die derartig konzentriert hergestellt wird, daß nicht mehr als 0,2 ccm die zu prüfende Tagesdosis enthalten. Die Verabreichung erfolgt mit der Schlundsonde. Dazu werden elastische Katheter im Durchmesser von 1,4 mm, die in etwa 12 cm lange Stücke zerschnitten werden, verwendet. Die Mäuse werden am Nacken erfaßt, das Maul mit einer Pinzette geöffnet und die Sonde vorsichtig eingeführt. Durch eine mit 0,02 ccm-Einteilung versehene Spritze wird die Tagesdosis appliziert. Sorgfältige Reinigung der Spritzen und Sonden darf nicht vergessen werden. Die Darreichung erfolgt insgesamt zehnmal, wobei am Sonntag mit der Eingabe der Dosis ausgesetzt wird. Somit erhalten die Tiere die letzte Dosis am 11. Tage. Am 12. Versuchstage wird der Versuch abgeschlossen. Toxisch wirkende Dosen beginnen schon nach kürzerer Zeit die Tiere zu beeinflussen. Diese werden traurig, fressen schlecht und zeigen struppiges und von durchfälligen Exkrementen beschmutztes Haarkleid. Alle 2 Tage werden die Tiere gewogen und das Verhalten des Körpergewichtes kontrolliert. Toxische Dosen führen häufig schon nach wenigen Tagen zum Tode. Bei den den 12. Tag überlebenden Tieren wird die Körpergewichtsabnahme ermittelt und hieraus die Durchschnittsabnahme berechnet. Jede Abnahme von über 2,5 g gilt als Giftwirkung.

Bei getöteten Tieren können Verkalkungen, insbesondere der Nieren, mit histologischen Methoden nachgewiesen werden. Die Definition des Giftgrenzwertes wird von HOLTZ, LAQUER, KREITMAIR und MOLL (S. 1507) wie folgt gegeben: „Der Giftgrenzwert des bestrahlten Ergosterins ist diejenige kleinste Tagesmenge pro Tier, die bei mindestens 4 ausgewachsenen weißen Mäusen im Gewicht von über 16 g, in 12 Tagen zehnmal verabreicht, entweder Tiere tötet oder im Durchschnitt eine Gewichtsabnahme von 2,5 g oder mehr herbeiführt, wobei die Mehrzahl der mit höheren Dosen behandelten Mäuse Ablagerung von Kalk in den Nieren haben soll."

Ferner wird auf Vorschlag dieser Autoren für geprüfte Vitamin-D-Präparate der therapeutische Index ermittelt. Als solcher wird das Verhältnis des an der Ratte festgestellten antirachitischen Grenzwertes zu dem an der Maus bestimmten Giftgrenzwert bezeichnet.

[1] L. FUCHS u. Z. BECK: „Pharmazeutische Presse", Wissenschaftlich-praktisches Heft Juli, August, September 1933.

IV. Vitamin E.

Studien mit Vitamin E sind außerordentlich schwierig und beruhen auch heute noch im wesentlichen auf den Arbeiten der Entdecker dieses Vitamins, die in dem zusammenfassenden Werk von EVANS und BURR[1] niedergelegt sind. Es handelt sich dabei methodisch darum, die Versuchstiere, deren Fruchtbarkeit vorher feststehen muß, durch die Fütterung steril zu machen. Nach EVANS und BURR sind hierzu folgende Rationen geeignet:

1. Casein 18%
   Maisstärke (gekocht und dann getrocknet) . . . . 54 „
   Schweinefett . . . . 19 „
   Butterfett . . . . 5 „
   Salzgemisch nach McCOLLUM und DAVIS Nr. 185 . . . . 4 „
   Hierzu Trockenhefe 0,4—0,6 g täglich.
2. Später von den genannten Autoren angegebene Diät:
   Casein 32%
   Maisstärke . . . . 40 „
   Schweinefett . . . . 22 „
   Lebertran . . . . 2 „
   Salzgemisch nach McCOLLUM und DAVIS Nr. 185 . . . . 4 „
   Hierzu Trockenhefe 0,4—0,6 g täglich.
3. (Zit. nach SHERMAN und SMITH, S. 1478)
   Casein (vitaminfrei) . . . . 50 g
   Saccharose (umkrystallisiert mit 80%igem Alkohol) . . . 150 „
   Salzgemisch nach McCOLLUM und DAVIS Nr. 185 . . . . 8 „
   Lebertran: 2—3 Tropfen täglich
   Trockenhefe: 0,7—1 g täglich
   Trinkwasser: Destilliertes Wasser mit Spuren von Kaliumjodid

Weibliche Tiere, die mit dieser Ration gefüttert werden, zeigen durchweg normale Brunsterscheinungen, die histologisch durch Vaginalausstriche zu kontrollieren sind. Werden sie bei Eintritt der Brunst von fortpflanzungsfähigen Männchen gedeckt, so werden sie tragend, und es ist im allgemeinen damit zu rechnen, daß sie zunächst noch keine Fortpflanzungsstörungen zeigen, sondern die Jungen austragen, werfen und vielleicht auch teilweise aufziehen. Es empfiehlt sich deshalb, die Vorfütterung länger auszudehnen oder noch besser jugendliche weibliche Tiere mit vitamin-E-freier Kost aufzuziehen. Je nach dem Vorhandensein von Reserven können trotz Beibehaltung der vitamin-E-freien Ration noch 2, ja selbst 3 Würfe erhalten werden. Nach einiger Zeit sind aber die Reserven erschöpft. Trotzdem zeigen die Weibchen noch normale Brunsterscheinungen, also den histologisch kontrollierbaren normalen Ablauf des östrischen Zyklus. Es geht also die Ovulation normal vor sich, und es findet auch beim Belegen eine Befruchtung des Eies statt (Untersuchung auf lebensfähige Spermatozoen im Vaginalschleim). Auch die Einpflanzung des Eies ist normal und das Wachstum der Feten setzt ein. Die Tiere nehmen infolgedessen nach erfolgter Befruchtung ähnlich wie normale Ratten, wenn auch etwas langsamer, an Gewicht zu. Während nun normale Ratten nach etwa 22 Tagen werfen und dann einen starken Gewichtsabfall erleiden, verhalten sich die vitamin-E-verarmten Ratten anders. Etwa am 15. Tag der Trächtigkeit sterben nämlich die Feten ab, und während bei normalen Ratten von diesem Tage an infolge der raschen Entwicklung der Feten die Gewichtszunahme schneller vonstatten geht, findet bei den vitamin-E-frei ernährten Ratten nur noch eine allmähliche und viel geringfügigere Gewichtszunahme statt, die meist am 20. Tage beendet ist. Dann beginnt vom 20. Tage ab eine allmähliche Körpergewichtsabnahme, da die abgestorbenen Embryonen resorbiert werden. Die Ratte wirft

---

[1] H. M. EVANS and G. O. BURR: The antisterility Vitamine fat soluble E. University of California Press Berkeley, California 1927. Memoirs of the University of California, Bd. 8.

also nicht und zeigt keinen plötzlichen Gewichtsabfall (vgl. Abb. 30). So vorbereitete, vitamin-E-freie Ratten können nunmehr zur Prüfung irgendwelchen Materials auf seinen Gehalt an Vitamin E benutzt werden. Unter Beibehaltung der vitamin-E-freien Diät erfolgt dann eine entsprechende Zulage, und als Erfolg der damit etwa verbundenen Vitamin-E-Zufuhr wird die Ratte, nachdem der nächste Oestrus eingetreten ist, wiederum belegt, tragend, zeigt aber jetzt keine Resorptionssterilität, sondern normalen Verlauf der Trächtigkeit und der Geburt entwicklungsfähiger Junger.

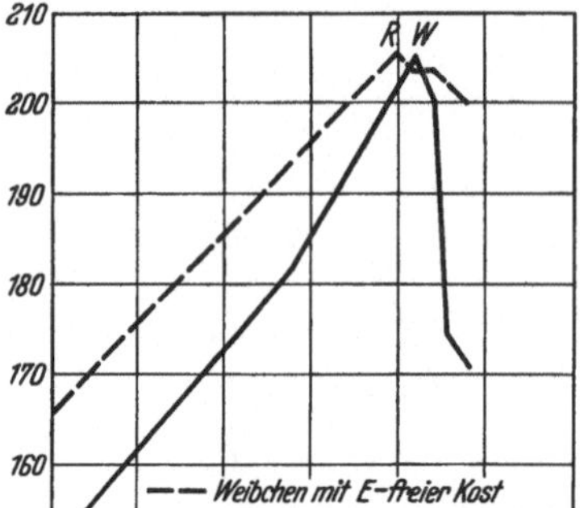

Abb. 30. Durchschnittsgewichtskurven von 107 weiblichen Ratten während der Trächtigkeit bei vitamin-E-freier Kost, die zur Resorption (R) führte, und von 105 auf derselben Kost unter Zugabe von täglich 6 Tropfen Weizenkeimöl gehaltenen Ratten, die Würfe (W) brachten. (Nach EVANS und BURR.)

Die Prüfung an Männchen wird in gleicher Weise einzurichten sein. Zunächst zeigen die Tiere normale Sexualität, und wenn man das nach der Begattung eines Weibchens erhältliche Ejakulat untersucht, so findet man darin noch reichlich lebensfähige Spermatozoen. Bei Fortdauer der Fütterung verlieren die Spermatozoen ihre Beweglichkeit und verschwinden schließlich ganz aus dem Ejakulat. Später wird solches überhaupt nicht mehr ergossen und schließlich erlischt bei den Männchen jegliches sexuelles Interesse. Heilversuche können bei Männchen nur in den ersten Stadien der Vitamin-E-Verarmung mit Erfolg durchgeführt werden, da die Vitamin-E-Verarmung dauernde Schädigung der Keimepithelien zur Folge hat und dauerndes Unvermögen zur Spermiogenese bedingt. Bei Arbeiten über dieses Gebiet ist es unerläßlich, die Originalliteratur, die aus Band 1, S. 856f. hervorgeht, eingehend zu studieren, da noch in mancher Richtung, namentlich über die Einheitlichkeit des Vitamins, Unklarheiten bestehen (GRIJNS und DINGEMANSE[1]).

V. Vitamin B.

Unter Vitamin B versteht man eine Gruppe von zur Zeit etwa 7 wasserlöslichen Vitaminen, die vor allem in der Hefe gleichzeitig vorkommen, und die aber nicht durchweg von allen Tierarten benötigt werden. Am wichtigsten sind davon die Vitamine B_1 und B_2, die auch eine große Bedeutung für die menschliche Ernährung besitzen und mit gut durchgearbeiteten Methoden ermittelt werden können. Diese sind im folgenden ausführlich dargelegt.

Von den üblichen Versuchstieren benötigen Ratten B_1, B_2 und B_4, Tauben B_1, B_3 und B_5, Kücken vor allem B_1 und B_2, während von ihnen das hitzelabile Vitamin B_3 entbehrt werden kann. Die noch wenig verwendete Methodik mit Kücken wurde kürzlich von KLINE und Mitarbeitern[2] ausführlich beschrieben.

1. Methodik des Rattenversuches.

Allgemeines (auch für Vitamin B_2 gültig): Es werden junge wachsende Ratten im Alter von etwa 4 Wochen und im Gewicht von 50—60 g benutzt. Selbstverständlich können auch jüngere Tiere, wie sie zu den Vitamin-A- und -D-Versuchen gefordert werden, Verwendung finden. Während sich aber für

[1] G. GRIJNS u. E. DINGEMANSE: Koninkl. Akad. van Wetensch. te Amsterdam Proceedings 1933, **36**, 242.

[2] O. L. KLINE, J. A. KEENAN, C. A. ELVEHJEM and E. B. HART: Journ. Biol. Chem. 1932, **99**, 295.

Vitamin A und D ältere und schwerere Tiere weniger eignen, können solche ohne Schaden, ja mit Vorteil für den B-Versuch benutzt werden. Für das Vitamin B bestehen nennenswerte Speicherungsmöglichkeiten im Tierkörper nicht, so daß bei vitamin-B-freier Nahrung die Verarmung bereits in kurzer Zeit einzutreten pflegt. Es ist deshalb zweckmäßiger, kräftigere Tiere zu B-Versuchen zu verwenden, da leichte und dementsprechend schwächere Tiere oft nach wenigen Tagen durch den Vitamin-B-Mangel in der Nahrung so schwer geschädigt werden, daß starke Körpergewichtsverluste eintreten und der Tod nicht mehr aufzuhalten ist, bzw. die Ratten nicht mehr befriedigend auf eine Vitamin-B-Zulage ansprechen. Man kann deshalb noch Tiere selbst mit Gewichten über 60 g benutzen, wenn dies auch für den späteren Verlauf der Wachstumskurven nicht zu empfehlen ist. Häufig wird es als zweckmäßig empfunden werden, bei umfänglichen Arbeiten über verschiedene Vitamine die in der Zucht anfallenden Tiere zu sortieren und die schwereren dann den B-Versuchen zuzuführen. Eine besondere Fütterung der Zuchtratten ist nicht notwendig. Ankauf junger Ratten ist aber aus den auf S. 1470 dargelegten Gründen nicht zu empfehlen.

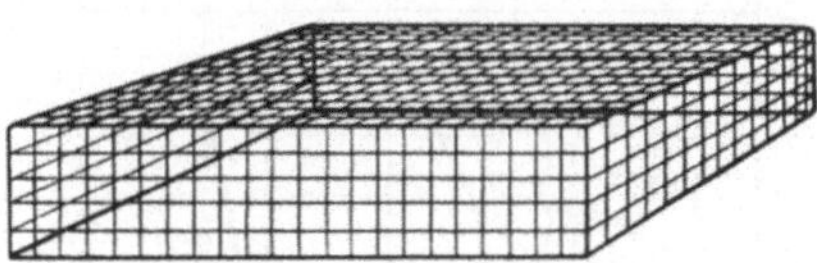

Abb. 31. Drahtboden zur Verhinderung des Kotfressens bei Vitamin-B-Versuchen.

Käfige (auch für Vitamin B_2 gültig): Es werden genau dieselben Käfige wie für den Vitamin-A-Versuch benutzt. Die Inneneinrichtung ist nur insofern verschieden, als es bei Arbeiten über Vitamin B unbedingt notwendig ist, das Kotfressen zu verhindern. Da im Kot durch bakterielle Vorgänge im Darm neugebildetes Vitamin B vorhanden sein kann, weiter aber auch bei Vitamin-B-Zulage nicht resorbierte Teile desselben im Kot auftreten können, führt Kotfressen häufig zu Störungen. Dies ist besonders dann der Fall, wenn die sog. Refection (FRIDERICIA[1]) (vgl. Bd. 1, S. 889) besteht. Vitamin-B-verarmte Ratten sind ganz besonders geneigt, der den meisten Nagern eigenen Koprophagie zu huldigen. Deshalb müssen die Ratten auf Drahtböden gehalten werden. Die unserigen aus verzinktem Drahtgeflecht haben eine Höhe von 7 cm und eine Maschenweite von 1 cm, so daß der abgesetzte Kot sofort hindurchfällt und die Höhe des Drahteinsatzes es der Ratte unmöglich macht, mit den Extremitäten die Kotballen wieder zu erlangen (vgl. Abb. 31).

Vitamin B_1.

Vitamin-B_1-freie Versuchskost. Die Versuchskost ist aus den gleichen Bestandteilen zusammengesetzt, die auch bei Vitamin-A-Versuchen verwendet werden. Die dort beschriebene Vorbereitung führt auch zu Vitamin-B_1- und B_2-Freiheit. Besonders ist darauf zu achten, daß die verwendete Stärke ausreichend mit Wasser ausgewaschen und mit heißem Alkohol extrahiert worden ist, da sonst Vitamin-B-Spuren darin vorhanden sein können. Verwendet man rohe, unvorbereitete Stärke, so wird man mit Fehlschlägen rechnen müssen. Diese bestehen dann darin, daß die Ratten weiter wachsen und man keinen Vitamin-B-Mangel erzielt. Besonders gefährlich ist rohe, unextrahierte Kartoffelstärke, weil diese sehr leicht zu der mit Refektion bezeichneten Erscheinung führen kann.

Refektion: Diese besteht in der Neubildung großer Vitamin-B-Mengen im Darmkanal der Tiere durch einen unzüchtbaren vibrioartigen Mikroorganismus (FRIDERICIA[1],

[1] L. S. FRIDERICIA: Vortrag XII. Int. Physiol.-Kongr. Stockholm 1926, 3. bis 6. Aug., S. 55; Ber. ges. Physiol. 1927, **38**, 526. — L. S. FRIDERICIA, P. FREUDENTHAL, S. GUDJONSSON, G. JOHANNSEN u. N. SCHOUBYE: Journ. Hygiene 1927, **27**, 70; Hospitalstidende 1928, **19**, 71.

SCHEUNERT, SCHIEBLICH und RODENKIRCHEN[1], SCHIEBLICH und RODENKIRCHEN[2]). Die Ratten wachsen dann meist außerordentlich rasch und ohne Stockung und bleiben monatelang bei bestem Wohlbefinden. Der Kot solcher Tiere ist voluminös und besitzt eine helle, beim Eintrocknen direkt weiße Farbe, die auf die Anwesenheit großer Mengen von Stärke zurückzuführen ist. Es empfiehlt sich, wenn bei Versuchen mit vitamin-B-verarmten Ratten unerwarteterweise plötzlich Gewichtsanstiege eintreten, stets an Refektion zu denken. In Abb. 32a und 32b geben wir Wachstumskurven eines Rattenversuches wieder, die den störenden und unter Umständen auch sehr irreführenden Einfluß des Auftretens von Refektion deutlich erkennen lassen. Der Nachweis für das Bestehen von Refektion ist wie folgt zu sichern: Von der verdächtigen Ratte wird ein Kotballen gewonnen, hieraus mit steriler Nadel eine Probe entnommen, damit in üblicher Weise ein Ausstrich hergestellt, dieser nach GRAM gefärbt und mit Ölimmersion betrachtet. Bei bestehender Refektion sieht man zahlreiche kommaartige, im allgemeinen gramnegative Mikroorganismen (vgl. Abb. 33). Bei stark ausgeprägter Refektion machen diese bis zu 90% der gesamten im Präparat sichtbaren Flora aus. Solche Ratten sind auszuschalten und die Käfige sorgfältig zu desinfizieren, da Übertragungsgefahr besteht (vgl. Abb. 34). Bei Verwendung vorschriftsmäßig extrahierter Stärke ist die Gefahr einer Refektion sehr gering. Sie könnte dann nur durch infizierte Zugaben hervorgerufen werden.

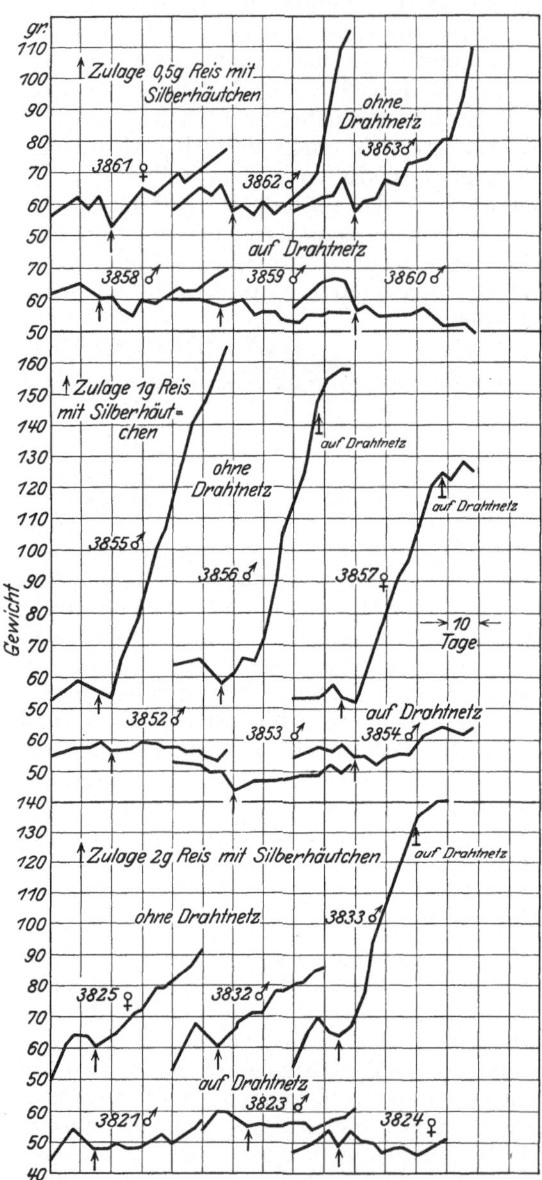

Abb. 32a. Beispiel für das außerordentlich irreführende Auftreten von Refektion bei Haltung der Versuchsratten ohne Drahtnetz im Vitamin-B-Versuch.

Der Zusammensetzung der vitamin-B_1-freien Kost liegen die klassischen Beschreibungen und Mengenverhältnisse der amerikanischen Autoren OSBORNE und MENDEL sowie MCCOLLUM und Mitarbeiter zugrunde. Die Zufuhr von Vitamin A erfolgt im allgemeinen durch Lebertran oder Butterfett. Da bei der Herstellung der Kost eine feine Vermischung und somit Verteilung auch dieser vitamin-A-haltigen Fette auf eine sehr große Oberfläche bewirkt wird, sind Oxydationsmöglichkeiten für das Vitamin A gegeben. Dies ist vor allem dann der Fall, wenn das als Fettanteil der Kost verwendete Fett ungünstige Eigenschaften hat (vgl. Bd. 1, S. 789). Besonders gefährlich

[1] A. SCHEUNERT, M. SCHIEBLICH u. J. RODENKIRCHEN: Biochem. Zeitschr. 1929, 213, 226.
[2] M. SCHIEBLICH u. J. RODENKIRCHEN: Biochem. Zeitschr. 1929, 213, 234, 245.

ist ranziges Fett. Da bei längerer Aufbewahrung der fertiggestellten Versuchskost namentlich im Sommer auch bei Verwendung anfänglich einwandfreien Fettes leicht Ranzigwerden eintritt und, wie erwähnt, sowieso unter den gegebenen Umständen Oxydationsmöglichkeiten vorhanden sind, ist es unbedingt notwendig, die Kost nur in geringen Mengen, die für nicht mehr als 8 Tage reichen, herzustellen und die Kost auch kühl und dunkel aufzubewahren. Andernfalls kann es vorkommen, daß gleichzeitig Vitamin-A-Mangel besteht, das Wachstum deshalb stockt oder sogar Xerophthalmie auftritt. Aus diesem Grund wird auch der Prozentsatz an Lebertran oder Butterfett verhältnismäßig hoch gewählt. Es sei auch daran erinnert (vgl. Bd. 1, S. 792), daß Eisensalze die oxydative Zerstörung befördern.

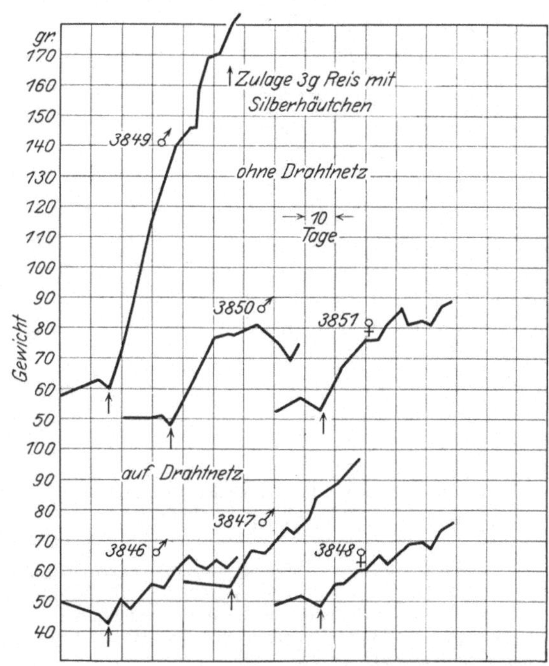

Abb. 32b. Fortsetzung der Abb. 32a.

Reines Butterfett wird nach OSBORNE, MENDEL und Mitarbeitern[1] dadurch erhalten, daß Butter in einem in ein Wasserbad getauchtes Gefäß bei Temperaturen von über 45° geschmolzen und anschließend etwa 1 Stunde lang scharf zentrifugiert wird. Durch sorgfältiges Abhebern wird dann das reine klare Fett von den übrigen Butterbestandteilen getrennt.

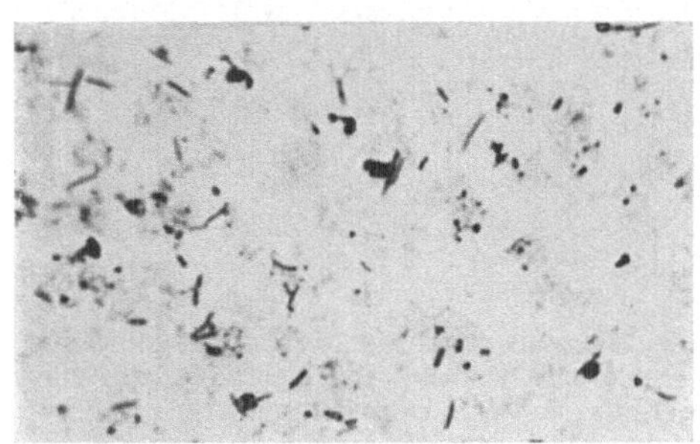
Ohne Refektion.

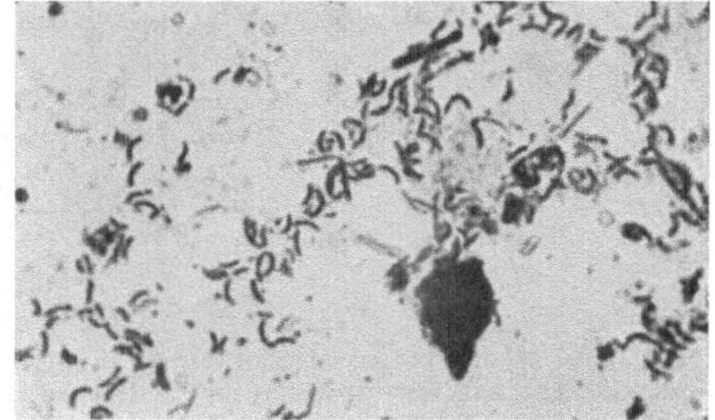
Mit Refektion.

Abb. 33. Kotausstrich von Ratten mit vitamin-B-freier Kost.

Besondere Vitamin-D-Zufuhr ist nur dann notwendig, wenn Butterfett, das sehr vitamin-D-arm ist, Verwendung findet. Sie erfolgt dann in gleicher Weise wie auf S. 1491 beschrieben.

Zum Vitamin-B_1-Nachweis müssen die Tiere Vitamin B_2 erhalten. Dies geschieht am einfachsten nach dem Vorschlag von CHICK und ROSCOE[2] mit

[1] TH. B. OSBORNE, L. B. MENDEL, E. L. FERRY and A. J. WAKEMAN: Journ. Biol. Chem. 1913/14, **16**, 423.

[2] H. CHICK and M. ROSCOE: Biochem. Journ. 1929, **23**, 498.

Hilfe von energisch autoklavierter Hefe. Hierbei wird das Vitamin B_1, das relativ hitzeempfindlich ist (Bd. 1, S. 872), zerstört, während das Vitamin B_2 und vermutlich auch die für das Rattenwachstum erforderlichen anderen Vitamine der B-Gruppe erhalten bleiben. SURE[1] hat neuerdings als Vitamin-B_2-Quelle unter sehr hohem Druck autoklaviertes Pferdefleisch empfohlen. Da es sich ferner unter Umständen nötig machen kann, bestehenden Vitamin-B_4-Mangel durch Zugabe eines Vitamin-B_4-Präparates auszugleichen, sei auf die von BARNES und Mitarbeitern[2] beschriebene Herstellungsmethodik eines solchen Präparates verwiesen.

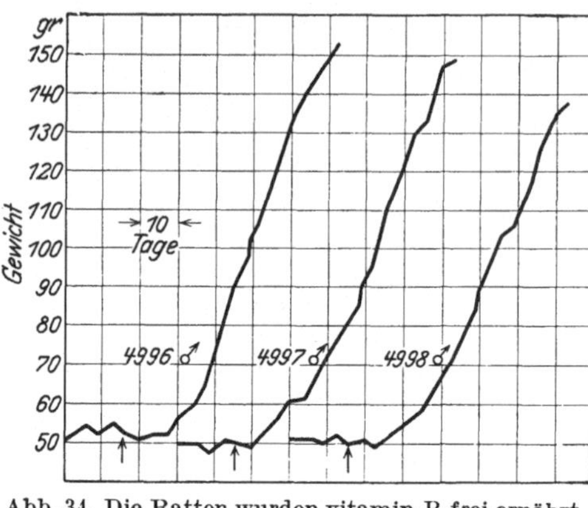

Abb. 34. Die Ratten wurden vitamin-B-frei ernährt. ↑ Zugabe von Kot, der von Ratten stammte, die sich im Zustande der Refektion befanden.

Neuere Kostformen für Vitamin-B_1-Versuche.

a) Futtermischungen nach CHICK und ROSCOE[3]:

α) P_2L (Caseinogen)-Diät:

Casein (gereinigt)	100 g
Reisstärke	300 „
Baumwollsaatöl	75 „
Salzgemisch nach McCOLLUM und DAVIS	25 „
Wasser	500 „

Die fertige Futtermischung wird zur Vermeidung des Auftretens von Refektion gedämpft. Zwecks Zufuhr des Vitamins B_2 werden täglich je Ratte 0,4 g fünf Stunden lang bei 120° im Autoklaven erhitzte Trockenhefe (Bierhefe) gereicht. Die Vitamine A und D werden in Gestalt von 3—5 Tropfen = 0,05—0,1 g Lebertran (je nach der Größe der Ratte) je Tier und Tag zugeführt.

SCHEUNERT und SCHIEBLICH modifizierten diese Kostform mit Erfolg in nachstehender Weise:

Casein (mit Wasser und Alkohol extrahiert)	168 g
Maisstärke (mit Wasser und Alkohol extrahiert)	552 „
Palmin	70 „
Lebertran	80 „
Trockenhefe (Bierhefe) 5 Stunden bei 1 Atm. autoklaviert	80 „
Salzgemisch nach McCOLLUM und DAVIS	50 „

β) E. L. (Eiereiweiß)-Diät:

Eiereiweiß (Eiweiß 100, Wasser 700)	800 g
Reisstärke	300 „
Baumwollsaatöl	75 „
Salzgemisch nach McCOLLUM und DAVIS	25 „
Wasser	50 „

Das Eiereiweiß (Vitamin-B_2-Träger) wird im Wasserbade zur Koagulation gebracht, mit Hilfe eines Wolfes zerkleinert und mit den trockenen Bestandteilen der Kostform vermischt. Der Zusatz des destillierten Wassers erfolgt zum Schluß. Die fertige Futtermischung wird wie die Mischung P_2L erhitzt; zwecks Zufuhr der Vitamine A und D wird wie bei dieser Lebertran gereicht.

b) Futtermischung nach SHERMAN und SMITH (S. 1478):

Casein (mit 60%igem Alkohol extrahiert)	18%
Stärke	53 „
Butterfett	8 „
Lebertran	2 „
Trockenhefe (Bäckereihefe [autoklaviert])	15 „
Salzgemisch nach OSBORNE und MENDEL	4 „

[1] B. SURE: Proc. Soc. exper. Biol. a. Med. 1933, **30**, 779.
[2] H. BARNES, J. R. P. O'BRIEN and V. READER: Biochem. Journ. 1932, **26**, 2035.
[3] Siehe Fußnote 2, S. 1519.

Die Trockenhefe wird zwecks Zerstörung des Vitamins B_1 nach Zusatz von 0,1 N.-Natronlauge (125 ccm auf 100 g Trockenhefe) 6 Stunden lang bei 120° im Autoklaven erhitzt und anschließend mit einer standardisierten Salzsäurelösung neutralisiert, getrocknet und gemahlen.

Durchführung des Versuches. Die auf der vitamin-B_1-freien Kost gehaltenen jungen Ratten wachsen durchschnittlich noch 14—25 Tage und nehmen dann an Gewicht oft sehr schnell ab. Die gleichzeitig ausgebildeten Mangelerscheinungen bestehen in kümmerlichem Aussehen, Abgemagertsein, Struppigwerden des Felles, blassem Aussehen der unbehaarten Körperteile infolge Anämie. Mit einsetzendem Gewichtsabfall ist täglich zu wiegen und nicht zu lange mit der Zugabe des zu prüfenden Materials zu zögern. Die Zugabe erfolgt dann, wenn man der Überzeugung ist, daß sich das Tier in fortlaufendem Gewichtsabnahmestadium befindet. Es kann vorkommen, daß auch die nervösen Symptome der Polyneuritis auftreten, allerdings nur in sehr seltenen Fällen. Dieses Stadium kommt in der Regel erst nach sehr lange bestehendem Vitamin-B_1-Mangel zur Entwicklung, also dann, wenn die zu prüfende Zulage nicht genügt. Die Erscheinungen sind in Bd. 1, S. 877 beschrieben worden. Der positive Ausfall einer Prüfung auf Vitamin B_1 wird bei der vorstehenden Versuchsanordnung durch Wiederaufnahme des Wachstums und allmähliche Wiederherstellung des normalen Aussehens der Tiere gekennzeichnet. Die Aufzeichnung des Versuches erfolgt kurvenmäßig, wie auf S. 1497 für Vitamin A angegeben. Abb. 35 zeigt den typischen Verlauf der Wachstumskurve beim Vitamin-B_1-Versuch.

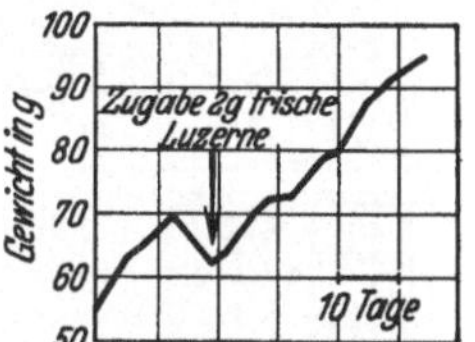

Abb. 35. Typische Gewichtskurve von im Vitamin-B_1-Versuch befindlichen Ratten.

Die quantitative Bestimmung schließt sich dem geschilderten Vorgehen an. Die Einrichtung solcher Versuche ist leicht unter sinngemäßer Verwendung der eingehenden Angaben beim Vitamin-A-Versuch auf den Vitamin-B_1-Versuch zu übertragen.

Einheiten für Vitamin B_1. CHICK und ROSCOE (S. 1519) bezeichnen als eine Einheit des Vitamins B_1 diejenige Menge einer Substanz, die bei täglicher Verabreichung an eine junge Ratte im Anschluß an eine Periode vitamin-B_1-freier Fütterung dazu ausreicht, um das Wachstum wieder in Gang zu bringen und eine Gewichtszunahme von etwa 10—14 g je Woche herbeizuführen. SHERMAN und SMITH (S. 1478) definieren eine Einheit des Vitamins B_1 als diejenige Menge einer Substanz, die bei täglicher Verabreichung an eine gut standardisierte und kontrollierte Ratte nach einer Periode vitamin-B_1-freier Fütterung während einer Versuchsperiode von 4—8 Wochen eine wöchentliche Zunahme von 3 g gewährleistet.

Wir selbst verwenden auch bei Vitamin-B_1-Versuchen Gruppen von je 10 Tieren, die wie beim qualitativen Versuch vorbereitet und dann 35 Tage lang mit verschieden gestaffelten Dosen des zu untersuchenden Materials gefüttert werden. Die Grenzdosis hierbei ist diejenige, die gerade genügt, mindestens 8 von den 10 Ratten einer Gruppe vor dem Tod oder dem Ausbruch der Polyneuritis zu schützen und das Körpergewicht mindestens zu erhalten.

Internationale Einheiten. Die Vitamin-B_1-Wirkung einer Substanz wird mit derjenigen eines internationalen Standardpräparates[1] verglichen. Dieses stellt ein Adsorbat des nach der Methode von JANSEN und DONATH dargestellten, hochgereinigten Vitamins B_1 an Fullers Erde dar. Die Wirkung von 10 mg dieses internationalen Standardadsorptionsproduktes entspricht einer antineuritischen Einheit (S. 1501). Es ist dazu ein Vergleichsversuch mit derselben Methode, die für die Auswertung des zu prüfenden Präparates benutzt

[1] Zu beziehen durch das Reichsgesundheitsamt.

worden ist, nötig, um diejenige Menge des internationalen Standardpräparates zu ermitteln, die den gleichen geforderten Wirkungseffekt hervorruft.

Weitere Heilversuchsmethoden: Dazu werden bei Ratten nach 50—80tägiger Fütterung polyneuritische Krämpfe erzeugt. Dann erfolgt die Verabreichung des zu prüfenden Präparates, nach SMITH[1] intravenös, nach KINNERSLEY und PETERS[2] per os. Der Erfolg ist bereits nach sehr kurzer Zeit feststellbar. Auch quantitative Vergleiche sollen möglich sein.

2. Methodik des Taubenversuches.

Der Taubenversuch geht bis in die Anfänge der Vitaminforschung zurück und ist somit der klassische Versuch der Vitamin-B_1-Methodik geworden. Er beruht darauf, daß Tauben, vitamin-B_1-frei gefüttert, nach einigen Wochen an typischen, polyneuritischen Krämpfen erkranken. Ausführliches hierüber wird in Bd. 1, S. 876 geschildert. Man kann den Versuch dementsprechend entweder als Heilversuch oder als Schutzversuch ausführen. Beide Methoden werden verwendet.

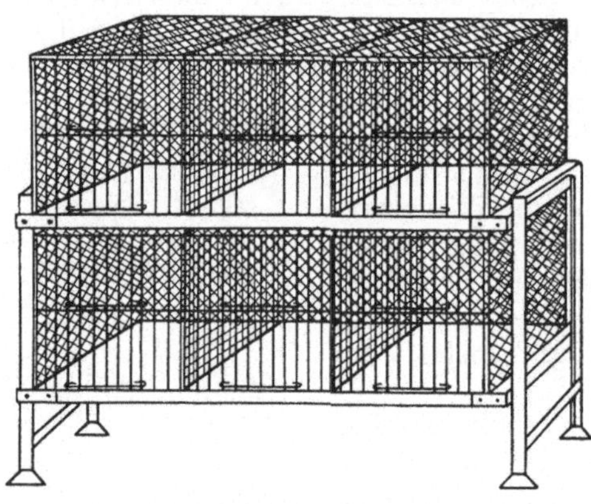

Abb. 36. Versuchskäfig für Tauben.

Statt der Tauben werden auch häufig Hühner und Reisvögel benutzt. Die letzteren kommen für deutsche Verhältnisse nicht in Frage. Die ersteren sind als Versuchstiere teurer zu halten, da sie größere Nahrungsmengen erfordern und auch an sich teurer sind. Vor allem aber haben Hühner andere Vitaminansprüche. Insbesondere muß bei ihnen der Bedarf an den Vitaminen A und D gedeckt werden, während dieser bei Tauben so gering ist, daß er vernachlässigt werden kann. Hühner werden infolgedessen nur für Spezialuntersuchungen Verwendung finden können, z. B. zum Nachweis von Vitamin B_1 in Grünfutter, da dieses in für den Schutz vor Vitamin-B_1-Mangel erforderlichen Mengen Tauben nicht beigebracht werden kann (SCHEUNERT und SCHIEBLICH[3]).

Schutzversuch. Versuchstiere, Käfige und Versuchsnahrung. Auf Grund unserer Erfahrungen haben wir im Laufe der Jahre das folgende Vorgehen als besonders zweckmäßig erachtet: Die aus dem Schlag entnommenen Tauben sollen sich möglichst im gleichen Gewicht von 250 bis 300 g befinden. Es empfiehlt sich, durchweg graublaue Tauben zu verwenden. Schwarze Tauben sind gegen Vitamin-B_1-Mangel widerstandsfähiger, weiße und hellgefiederte Tauben hingegen zeigen nach ABDERHALDENs Beobachtungen, die wir bestätigen konnten, größere Empfindlichkeit. Als Versuchskäfige können jedwede ausreichend geräumigen Käfige aus Draht, Holz oder auch ausgesprochene Geflügelkäfige dienen. Wir verwenden zusammenklappbare Ausstellungskäfige üblicher Anfertigung (Abb. 36). Die Tauben werden nach dem Verbringen in die Versuchskäfige zur Vorbereitung 8 Tage vorgefüttert, um sie an den Käfig, das Laboratorium und das mit ihnen arbeitende Personal zu gewöhnen und auf die Versuchsnahrung umzustellen. In den ersten Tagen wird noch das gewöhnliche Futter gereicht, dann durch die Versuchskost ersetzt und ihnen täglich zwecks

1 M. E. SMITH: Publ. Health Rep. Washington 1930, 45, 116.
2 H. W. KINNERSLEY, R. A. PETERS and V. READER: Biochem. Journ. 1930, **24**, 1820.
3 A. SCHEUNERT u. M. SCHIEBLICH: Zeitschr. Tierzüchtung u. Züchtungsbiol. 1927, **8**, 315; Biochem. Zeitschr. 1927, **186**, 222.

Zufuhr von Vitamin B in Form einer Pille 1 g Trockenhefe (mit Wasser angerührt) zwangsweise verabreicht. Bei Beginn des eigentlichen Versuches werden die Tauben gewogen, wozu man sie zweckmäßig in eine große Papiertüte steckt. Gleichzeitig wird die Körpertemperatur gemessen. Dazu werden die Tauben in ein Handtuch eingewickelt und das Fieberthermometer in die Kloake eingeführt. Wenn sich die Quecksilbersäule mehrere Minuten nicht mehr verändert hat, wird die Temperatur abgelesen. Weitere Wägungen und Temperaturmessungen erfolgen dann während des Versuches zweimal wöchentlich, in kritischen Zeiten, d. h. bei zu erwartendem Ausbruch der polyneuritischen Krämpfe jedoch täglich. Nach der ersten Wägung und Messung in den Versuchskäfig zurückgebracht, erhalten die Tauben als alleinige Nahrung 8 Stunden bei 120^0 in einem Trockenofen erhitzten Reis. Als Trinkwasser dient gewöhnliches Leitungswasser. Der erhitzte Reis, der leicht bräunlich aussieht, ist natürlich keine vollwertige Nahrung. Die Mängel an Vitaminen und Mineralstoffen und vielleicht auch die Eiweißqualität wirken sich aber erfahrungsgemäß während der Dauer des Taubenversuches nicht aus. Will man in dieser Richtung ganz sicher gehen, so empfiehlt es sich, ein vollwertiges Gemisch aus denselben Kostbestandteilen, wie sie zum Rattenversuch verwendet werden, aber ohne Fett, zu benutzen. Dies würde den Tauben allerdings in der Regel zwangsmäßig zu verabreichen sein. Auch bezüglich des Reises ist häufig Zwangsfütterung empfohlen worden. Ob man sie anwendet, ist nach den Versuchszwecken zu entscheiden. Als Beispiele anderer Kostformen seien folgende Kostsätze angegeben:

1. Futtermischung nach SIMONNET[1]:

Fleischrückstände (mit Alkohol und Äther extrahiert)	11%
Kartoffelstärke	60 „
Erdnußöl (3 Stunden auf 130^0 erhitzt)	5 „
Butterfett	10 „
Salzgemisch nach OSBORNE und MENDEL	4 „
Agar, pulverisiert	5 „
Cellulose (aschefreies Filtrierpapier)	5 „

Das Gemisch wird unter Zusatz von 80% Wasser zu Pillen geformt und in der Menge von $^1/_5$ des Körpergewichtes den Tauben auf zweimal täglich zwangsweise verabreicht.

2. Futtermischung nach LOPEZ-LOMBA und RANDOIN[2]:

Casein (B-frei)	18%
Reisstärke	54 „
Saccharose	4 „
Erdnußöl	6 „
Butterfett	10 „
Salzgemisch nach OSBORNE und MENDEL	4 „
Filtrierpapier, gewöhnliches	4 „

Die Bestandteile werden zu Teig verarbeitet und zu Kuchen gebacken. Zwangsfütterung ist, wenigstens anfänglich, nicht erforderlich.

Bei völlig vitamin-B-freier Kost ist auch an die Vitamin-B_2- und unter Umständen auch an die B_3- und B_5-Zufuhr zu denken, da bei Mangel an diesen Vitaminen das Körpergewicht der Tauben nicht erhalten werden kann. So erfolgt z. B. bei Prüfung reiner Vitamin-B_1-Präparate die Zufuhr des Vitamins B_2 in Gestalt von Trockenhefe, deren Vitamin-B_1-Gehalt durch Autoklavieren (vgl. S. 1519) zerstört worden ist. Untersucht man Naturstoffe oder Extrakte aus solchen auf ihren Vitamin-B_1-Gehalt, so kann meist eine gesonderte Vitamin-B_2-Zufuhr entbehrt werden, da die zuzugebenden Stoffe auch die anderen Vitamine mit enthalten.

[1] H. SIMONNET: Compt. rend. Soc. Biol. Paris 1920, **83**, 1508.
[2] J. LOPEZ-LOMBA et L. RANDOIN: Compt. rend. Acad. Sci. 1923, **176**, 1249.

Durchführung des Versuchs. Der Versuch gestaltet sich nun weiter so, daß die Tauben täglich das zu untersuchende Material in abgewogenen Mengen zwangsmäßig einverleibt erhalten, wobei darauf zu achten ist, daß die Tiere das Material auch tatsächlich behalten und nicht etwa nach einiger Zeit durch Würgbewegungen wieder entleeren. Flüssige Substanzen werden mit Hilfe eines an einer Rekordspritze befestigten dünnen Gummischlauches direkt in den Kropf der Tauben eingebracht (SCHEUNERT und SCHIEBLICH[1]). Für jede zu prüfende Dosis werden 3—4 Tauben verwendet, die in Einzelkäfigen gehalten werden. Ziel der Methode ist es, diejenige Dosis zu finden, bei der die Tauben Körpergewicht und Körpertemperatur über eine ausreichend lange Periode (40—50 Tage) konstant erhalten. Geringe Schwankungen treten dabei auf, und es kann auch ein geringes Steigen des Körpergewichtes stattfinden. Die Körpertemperaturen liegen normalerweise zwischen 41,5 und 43°. Zur Erreichung dieser Grenzdosis kann man so vorgehen, daß man die zu prüfende Zulagemenge entsprechend dem Verhalten der Temperatur- und Gewichtskurven so lange erhöht oder erniedrigt, bis man die Dosis, die gerade Konstanz sichert, gefunden hat. Der Versuch wird durch die beigegebene Abb. 37 demonstriert. Die Tauben reagieren sehr schnell auf kleine Variationen der Zulagemenge.

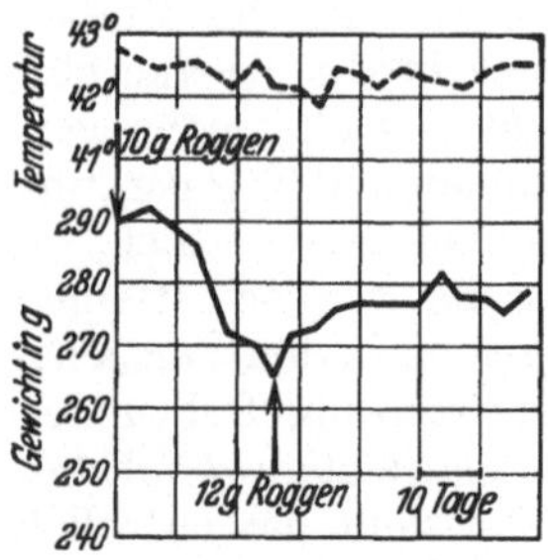

Abb. 37. Typischer Verlauf der Temperatur- und Gewichtskurve bei Bestimmung der Vitamin-B_1-Grenzdosis einer Substanz im Schutzversuch an Tauben.

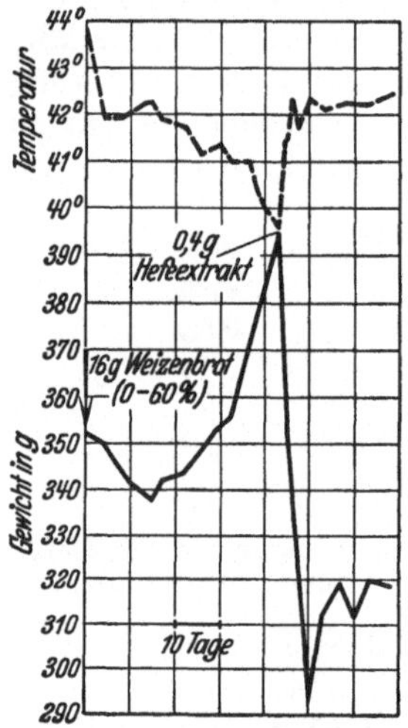

Abb. 38. Anormaler Verlauf der Gewichtskurve (scheinbarer Anstieg) von Tauben im Vitamin-B_1-Versuch infolge Atonie des Kropfes und des übrigen Verdauungstraktus.

Bei Prüfung sehr vitamin-B-armer Stoffe, z. B. Brot, muß man sehr große Mengen (10 g und mehr) verabreichen. Infolge des Vitamin-B-Mangels findet dann unter Atonie des Kropfes und des Verdauungstraktus überhaupt keine ordnungsgemäße Entleerung statt, sondern es entsteht eine Anhäufung dieses Materials im Kropf. Diese führt dann zu einem Ansteigen der Gewichtskurve, das meist sehr steil erfolgt. Gleichzeitig fällt dann aber infolge des Vitamin-B_1-Mangels die Temperaturkurve ab, der Versuch verläuft also trotz des Gewichtsanstieges negativ (vgl. Abb. 38). Will man solche Tauben retten, so gibt man ihnen am besten flüssige vitamin-B_1-haltige Extrakte.

Der im vorstehenden beschriebene Schutzversuch ist in zahlreichen Arbeiten schon seit Beginn der Vitaminforschung verwendet worden, jedoch wurden dabei entweder die Schutzwirkung gegen das Auftreten der Polyneuritis (EIJKMAN[2], VEDDER und CLARK[3], COOPER[4], CHICK und HUME[5], JANSEN und DONATH[6]. REYHER[7] u. a.) oder das Erhalten des Gewichtes (WILLIAMS und SEIDELL[8], SEIDELL[9]) zugrunde gelegt. Das Auftreten polyneuritischer Krämpfe ist nun aber keineswegs regelmäßig und kommt außerdem

[1] A. SCHEUNERT u. M. SCHIEBLICH: Zentralbl. Bakteriol. I. Abt. Orig. 1922, 88, 290.
[2] C. EIJKMAN: Arch. Schiffs- u. Tropenhyg. 1897, 1, 268.
[3] E. B. VEDDER u. E. CLARK: Philippine J. Sci. (B) 1912, 7, 423.
[4] E. A. COOPER: Journ. Hygiene 1912, 12, 436; 1914, 14, 12. — Biochem. Journn. 1914, 8, 250.
[5] H. CHICK and E. M. HUME: Proceed. Roy. Soc., London Serie B 1917—19, 90, 44.
[6] B. C. P. JANSEN u. W. F. DONATH: Proc. Kon. Akad. Wetensch., Amsterdam 1926, **29**, 1390.
[7] P. REYHER: Zeitschr. Ernährung 1931, 1, 81.
[8] R. R. WILLIAMS and A. SEIDELL: Journ. Biol. Chem. 1916, **26**, 431.
[9] A. SEIDELL: Publ. Health Rep. Washington 1922, **37**, 801.

bei verschiedenen Tieren zu oft ganz verschiedenen Zeiten vor. Gegen die alleinige Bewertung der Gewichtskonstanz ist einzuwenden (PETERS[1]), daß außer Vitamin B_1 noch andere Vitamine der B-Gruppe zur Erhaltung der Gewichtskonstanz nötig sind.

Heilversuch. Der Heilversuch, der schon seit den Anfängen der Vitamin-B-Forschung ausgeführt worden ist, beruht darauf, daß durch Reisfütterung in das Krampfstadium gebrachte Tauben durch Gaben von Vitamin B_1 beinahe plötzlich davon befreit und bald völlig geheilt werden können. Das Krampfstadium ist besonders durch Opisthotonus (Zurückbiegen des Kopfes) charakterisiert. Verschiedene Befunde haben im Laufe der Zeit gezeigt, daß dieser Versuch aber große Irrtumsmöglichkeiten bietet. Vor allem vermögen verschiedene chemische Substanzen, obwohl sie nicht identisch mit Vitamin B_1 sind, das Krampfstadium zu beheben und so Heilung, wenigstens für eine Zeitlang, vorzutäuschen (FUNK[2], WILLIAMS[3]). Auch andere Irrtumsmöglichkeiten sind bekannt geworden (Verschwinden der Krämpfe durch künstliche Erhöhung der Körpertemperatur, Eingeben von Glucose (PETERS[1], ROCHE[4]). Auch vorübergehende Spontanheilung (KON und DRUMMOND[5]) kann vorkommen.

Trotzdem ist diese Methode bei sorgfältiger Einhaltung richtiger Bedingungen neuerdings sehr in Aufnahme gekommen. Die Vorschriften knüpfen sich an die Namen von KINNERSLEY, PETERS und READER[6]. Die im Schlag gehaltenen Tauben werden für die Dauer von 20—30 Tagen in einen Freiluftkäfig auf eine Standardkörnerkost gesetzt. Diese besteht aus 1 Teil Buchweizen, 1 Teil Dari, 1 Teil gespaltenem Mais, 1 Teil gespaltenem Weizen und 2 Teilen Weizen. Hierauf kommen die Tauben zum Versuch in Käfige mit Drahtboden und erhalten als Versuchsnahrung polierten Reis. Dieser wird 3 Stunden mit fließendem Wasser unter Umrühren gewaschen. Dann wird das Wasser abgegossen und der Reis unter Erwärmen getrocknet. Hierauf wird er für die Dauer von 2 Stunden bei 120° autoklaviert. Während die Käfige zunächst bei gewöhnlichen Temperaturen gehalten werden, kommen die Versuchstiere, sobald sie Anzeichen beginnender Polyneuritis zeigen, in engere Käfige, die in einem warmen Raum bei 21° stehen. Hierauf bekommen die Tauben 50 mg reiner Glucose in 5 ccm Wasser gelöst und verbleiben 2—3 Stunden in diesem warmen Raum. Diese Maßnahmen sind notwendig, um Irrtümer und Spontanheilungen (s. oben) auszuschließen. Hierauf erfolgt die Zugabe der zu prüfenden Präparate durch eine Sonde in den Kropf. Dann wird der Heilerfolg studiert. Durch Variation der Dosen sind auch quantitative Beurteilungen möglich, da die Geschwindigkeit der Heilung den gegebenen Mengen an Vitamin B_1 proportional ist. Die Methode ist allerdings für Konzentrate und reine Präparate gedacht. Bei ihrer Anwendung für die Auswertung von Nahrungsstoffen treten andere Schwierigkeiten auf, und man muß den Verlauf der Verdauung berücksichtigen. Man verwendet, wenn eine verzögerte Resorption zu befürchten ist, zweckmäßigerweise Extrakte. Quantitative Schlüsse sind dann allerdings nicht mehr möglich, weil Verluste bei der Herstellung dieser Extrakte unvermeidlich sind. Als Vorteile dieser Methode werden besonders die kurze Zeit, die sie erfordert und die benötigten geringen Präparatmengen hervorgehoben. Wichtig ist, daß die Tauben, nachdem die Probe erfolgt ist, wieder durch Hefegaben und warme Haltung in 2—3 Tagen völlig geheilt werden und daß dieselben Tiere dann, nachdem sie wiederum

[1] R. A. PETERS: Biochem. Journ. 1924, **18**, 858.
[2] C. FUNK: Journ. Physiol. 1912/13, **45**, 489.
[3] R. R. WILLIAMS: Journ. Biol. Chem. 1916, **25**, 437.
[4] J. ROCHE: Compt. rend. Acad. Sci. 1925, **180**, 467.
[5] S. K. KON and J. C. DRUMMOND: Biochem. Journ. 1927, **21**, 632.
[6] H. W. KINNERSLEY, R. A. PETERS and V. A. READER: Biochem. Journ. 1928, **22**, 276.

20—30 Tage die eingangs erwähnte Vorfütterung erhalten haben, erneut zu Versuchen benutzt werden können.

Es empfiehlt sich, bei der Auswahl der Versuchstiere diejenigen herauszunehmen, die in kurzer Zeit polyneuritische Krämpfe entwickeln. Man findet immer unter einer Anzahl von Tauben einen erheblichen Prozentsatz solcher Tiere und weiß von ihnen dann ganz genau, innerhalb welcher Zeit sie bei Fütterung mit poliertem Reis Krämpfe bekommen. Diese von den genannten englischen Autoren erhobene Beobachtung ist auch bei uns schon lange bekannt und hat sich für uns als sehr geeignet erwiesen, sicher reagierende Versuchstiere zu gewinnen und mehrmalig auszunutzen.

Vitamin B_2.

Bei Mangel an Vitamin B_2 entwickeln sich bei jungen Ratten nach kurzem Stillstand des Wachstums charakteristische, bilateral symmetrische Hautsymptome in Gestalt einer handschuhartigen, scharf abgesetzten, squamösen Dermatitis an den Extremitäten. Ähnliche Veränderungen zeigen sich an der Maulspalte, und ebenso treten Augenerscheinungen (Blepharitis) mit Verklebung der Lider ein, die aber nicht mit der Xerophthalmie bei Vitamin-A-Mangel zu verwechseln sind. Auch das Auftreten wachsartiger, gelbbrauner Hautbeläge ist eine charakteristische Erscheinung des Vitamin-B_2-Mangels (SMITH[1]). Zum Nachweis dieses Vitamins kann man nur sichere Schlüsse mit Hilfe des Heilversuches ziehen. Allerdings empfiehlt es sich nicht, diesen, wie ebenfalls vorgeschlagen worden ist, auf das Verschwinden der genannten Hautsymptome zu gründen. Die Symptome treten sehr spät auf, so daß oft Todesfälle zu verzeichnen sind. Die Heilwirkung der vitamin-B_2-haltigen Präparate ist zwar absolut sicher, aber mengenmäßig auf diese Weise kaum auszuwerten. Wesentlich sicherer ist die Prüfung auf Vitamin B_2 mit Hilfe der Wiederaufnahme des Wachstums durch vorher vitamin-B_2-verarmte Ratten (Abb. 39). Dabei sei hier daran erinnert, daß man ursprünglich, ehe man Vitamin B_2 von Vitamin B_1 zu unterscheiden vermochte, bereits von einem wachstumsfördernden Faktor des Vitamins B sprach.

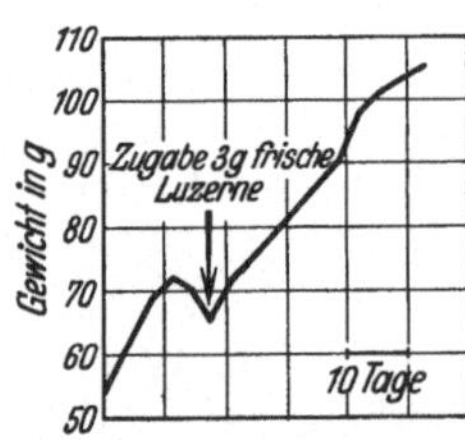

Abb. 39. Typische Gewichtskurve von im Vitamin-B_2-Versuch befindlichen Ratten.

Methode des Vitamin-B_2-Nachweises an Ratten. Käfige, Versuchstiere und Haltung sind dieselben wie für Vitamin B_1 geschildert (S. 1516). Auch die Versuchsnahrung ist bis auf die Vitaminversorgung die gleiche wie oben angegeben. Wir verwenden ähnlich wie ursprünglich OSBORNE und MENDEL:

Casein	20%
Maisstärke	60 „
Lebertran	8 „
Salzgemisch (nach MCCOLLUM und DAVIS No. 185)	5 „
Palmin	7 „

Hierzu muß nun noch Vitamin B_1 und B_4 gegeben werden. Dazu haben sich bisher, sofern nicht ein hochgereinigtes Vitamin-B_1-Konzentrat zur Verfügung steht, folgende Futtermischungen und Präparationen am besten bewährt:

a) Futtermischung nach CHICK und ROSCOE[2]:

Casein (hochgereinigt)	20 g
Reisstärke	60 „
Baumwollsaatöl	15 „
Salzgemisch nach MCCOLLUM und DAVIS	5 „
Wasser	100 „

[1] S. G. SMITH: Proc. Soc. exper. Biol. a. Med. 1932, **30**, 198.

[2] H. CHICK and M. H. ROSCOE: Biochem. Journ. 1928, **24**, 790.

Die fertige Mischung wird zur Vermeidung von Refektion 3 Stunden lang auf 100° erhitzt. Dazu erhält jede Ratte täglich 0,05—0,1 g Lebertran und 0,1 ccm des antineuritischen Konzentrates von PETERS[1] (S. 1525). Das antineuritische Konzentrat wird erhalten, indem das aus einem wäßrigen Hefeextrakt, der vorher mit Bleiacetat, Quecksilbersulfat und Schwefelwasserstoff behandelt worden ist, gewonnene Holzkohlenkonzentrat mit 50%igem angesäuertem Alkohol extrahiert wird. Dieser Extrakt wird dann bei niederen Temperaturen unter vermindertem Druck eingeengt. Der Rückstand wird von CHICK und ROSCOE in Wasser aufgenommen, derart, daß 0,1 ccm 0,6 g Trockenhefe entsprechen.

b) Futtermischung nach BOURQUIN[2]:

Casein (gereinigt)	18%
Maisstärke	68 „
Butterfett	8 „
Lebertran	2 „
Salzgemisch nach OSBORNE und MENDEL	4 „

Ein Teil der Stärke trägt das antineuritische Vitamin B_1 in Gestalt des alkoholischen Extraktes aus 50 g ganzem Weizen für je 100 g der Futtermischung. Dieser Extrakt wird folgendermaßen bereitet: 800 g frisch gemahlener Weizen wird mit 1,5 Litern 80%igem Alkohol $1^1/_2$ Stunden lang geschüttelt. Anschließend wird durch ein Büchnerfilter abgesaugt. Der Rückstand wird erneut mit 80%igem Alkohol versetzt, eine Stunde lang geschüttelt, filtriert und der Rückstand mit 300 ccm Alkohol gewaschen. Die kombinierten Extrakte werden dann im Vakuum 1—$1^1/_2$ Stunden oder so lange eingeengt, bis etwa $^1/_4$ des ursprünglichen Volumens erreicht ist, auf 300 g Maisstärke gegossen und unter einem elektrischen Ventilator bei Zimmertemperatur getrocknet. Bei der Alkoholzugabe wird der Wassergehalt des Weizens (im Durchschnitt etwa 10%) in Rechnung gesetzt.

Quantitative Messung. Ein internationaler Standard für Vitamin B_2 steht vorläufig noch nicht zur Verfügung, so daß man auf biologische Einheiten angewiesen ist.

BOURQUIN[2] versteht unter einer Einheit des Vitamins B_2 diejenige Menge einer Substanz, die bei täglicher Verabreichung an eine junge Ratte anschließend an eine Periode vitamin-B_2-freier Fütterung dazu genügt, um eine wöchentliche Gewichtszunahme von etwa 3 g zu unterhalten.

AYKROYD und ROSCOE[3] definieren die Einheit des Vitamins B_2 ähnlich, nur verlangen sie eine wöchentliche Zunahme von 11—14 g.

Zur quantitativen Auswertung muß man sich wieder unter Verwendung von je 10 Ratten je Gruppe dem schon mehrfach beschriebenen Vorgehen (für die Vitamine A und B_1) anschließen. Unser bei den anderen Vitaminen zugrunde gelegtes Vorgehen der Ermittlung einer Grenzdosis, die Heilung oder Schutz vor Mangelerscheinungen und Lebenserhaltung über eine bestimmte Versuchsdauer verlangt, ist hier nicht anwendbar. Bei Vitamin-B_2-Mangel gehen nämlich die Tiere erst nach sehr langer Zeit zugrunde. Man muß infolgedessen, entsprechend dem Vorgehen von SHERMAN (S. 1478) bei Vitamin A und BOURQUIN[2] bei Vitamin B_2 eine wöchentliche Gewichtszunahme von etwa 3 g oder die von AYKROYD und ROSCOE[3] geforderte wöchentliche Zunahme von 11—14 g zugrunde legen.

Andere Vitamine der B-Gruppe.

Bezüglich der anderen Vitamine der B-Gruppe sind sichere Methoden bisher nicht bekannt. Die Untersuchungen befinden sich darüber noch in einem rein wissenschaftlich-theoretischen Stadium, aus dem sich scharf umrissene Methoden noch nicht entwickeln konnten. Es handelt sich hierbei im wesentlichen um Arbeiten mit Hefe bzw. reinen Vitaminpräparaten. Bei Arbeiten über diese Vitamine ist infolgedessen von der Originalliteratur (vgl. Bd. 1, S. 896) auszugehen.

[1] H. W. KINNERSLEY and R. A. PETERS: Biochem. Journ. 1925, **19**, 820.
[2] A. BOURQUIN: Diss. Columbia University New York 1929.
[3] W. R. AYKROYD and M. H. ROSCOE: Biochem. Journ. 1929, **23**, 483.

VI. Vitamin C.

Das geeignete Versuchstier ist das Meerschweinchen, über dessen Zucht S. 1481 berichtet worden ist.

1. Käfige. Als Käfige sind jedwede für diese Tierart geeigneten Behälter verwendbar. Bei der Größe der Tiere sind Glasaquarien, wie wir sie der Gepflogenheit unserer Versuchsanordnung entsprechend zunächst benutzten

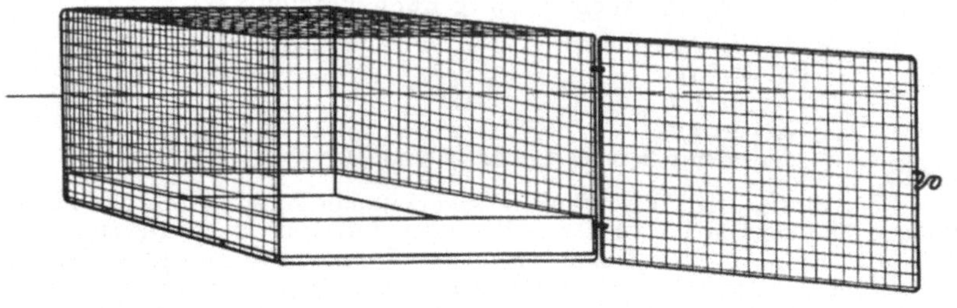

Abb. 40. Versuchskäfig für Meerschweinchen.

(Scheunert und Mitarbeiter[1]), etwas unhandlich und auch kostspieliger. Wir verwenden jetzt einfache rechteckige Käfige aus Drahtgeflecht ohne Boden, wie aus Abb. 40 zu ersehen ist. Eine Schmalseite dieses Käfigs ist als Tür eingebaut. Als Boden wird in die Käfige ein Blecheinsatz eingestellt, der auf zwei die Längsseitenwände verbindenden Metallstangen ruht. Es handelt sich also im Prinzip um eine ähnliche Konstruktion wie bei den auf S. 1486 geschilderten Rattenkäfigen nach Osborne und Mendel. Der Blechuntersatz wird zum Aufsaugen von Harn mit Torfmull beschickt. v. Hahn[2] verwendet statt Torfmull ungebleichten Zellstoff. Die Futternäpfe müssen verhältnismäßig groß und schwer sein (Maße vgl. Abb. 41), damit sie von den Tieren nicht umgeworfen werden können.

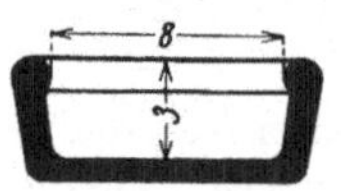

Abb. 41. Futternapf für Meerschweinchen.

Versuchsraum und Aufstellung entsprechen den S. 1488 für Ratten geschilderten Einrichtungen. Nur ist es bei Meerschweinchen nicht notwendig, daß besonders warme Räume benutzt werden.

1. Versuchsnahrung.

Die Versuchsnahrung geht auf die Untersuchungen von Holst und Frölich[3] zurück. Meerschweinchen erkranken, mit Cerealien und Trockenfutter ernährt, an Skorbut. Es ist deshalb vielfach als Skorbutkost lediglich ein Gemisch von Hafer und Kleie oder anderen Cerealien, Brot u. dgl. verwendet worden. Alle solche und ähnliche Nahrungsgemische führen in kurzer Zeit zum Auftreten der genannten Mangelkrankheit, haben aber den großen Nachteil, daß sie außer dem Fehlen des Vitamins C noch andere Mängel aufweisen. Es fehlen ihnen andere Vitamine, das Mineralstoffverhältnis in ihnen ist ungünstig und auch die Eiweißqualität nicht befriedigend. Deshalb können solche Gemische zu Störungen des Versuchsergebnisses führen und sind vor allem für irgendwelche Arbeiten über die Beeinflussung des Stoffwechsels u. dgl. unbrauchbar. Diese Mängel können ausgeglichen werden, etwa durch Zugabe von Heu (alt, gelagert und gut getrocknet, nicht frisch) oder noch besser durch

---

[1] A. Scheunert, M. Schieblich u. E. Schwanebeck: Biochem. Zeitschr. 1923, **139**, 47.
[2] F.-V. v. Hahn: Z. 1930, **59**, 4.
[3] A. Holst u. T. Frölich: Journ. Hyg. 1907, **7**, 634; Zeitschr. Hygiene 1912, **72**, 1.

Zugabe von autoklavierter Milch (1 Stunde bei 1 Atm. Überdruck autoklaviert), 60 ccm je Tag (DELF[1]). Solche Milch ist sicher vitamin-C-frei und bietet gute Ergänzung dar. Allerdings besteht hier noch der Einwand, daß die Mengen, in denen die Milch bzw. das Heu aufgenommen werden, wechseln und somit Mängel dem Ausgleich entgehen können. Deshalb empfiehlt es sich, von vornherein vollwertige Kostformen zusammenzusetzen und diese den Tieren zu verabreichen. Solche sind die folgenden: Am meisten bewährt hat sich die Kost des LISTER-Institutes.

a) Futtermischung des LISTER-Institutes (BRACEWELL, HOYLE und ZILVA[2]).

Kleie	6 Raumteile	Fischmehl	1 Raumteil
Gerstenmehl	2 „	Hafer, gequetscht	4 Raumteile
Weizenfuttermehl	1 „		

Hierzu werden je Tag und Tier 40—60 ccm autoklavierte Milch gegeben, die aus Milchpulver bereitet wird.

MATMON[3] modifizierte diese Futtermischung in folgender Weise:

Weizenkleie	20%	Hafer	49%
Gerstenmehl	20 „	Kochsalz	1 „
Fischmehl	10 „		

100 g dieses Gemisches werden mit 40—50 ccm wie oben autoklavierter Milch zusammen gemischt.

SCHEUNERT ergänzt dieses Gemisch noch durch Zugabe von 0,1% Calciumcarbonat.

b) Futtermischung nach SHERMAN, LA MER und CAMPBELL[4].

Hafer, gemahlen	59%
Magermilchpulver (in offenen Schalen bis zur Zerstörung des Vitamins C bei 110° erhitzt)	30 „
Butterfett, frisch bereitet	10 „
Kochsalz	1 „

Der Hafer wurde später durch ein Gemisch von gerolltem Hafer 39% und Kleie 20% der Ration ersetzt.

Als Getränk wird Leitungswasser angeboten, sofern nicht autoklavierte Milch gesondert gegeben wird.

Bei Verwendung von keimungsfähigem Hafer oder anderen Cerealien ist es von größter Wichtigkeit, daß die Käfige alle 2—3 Tage vollkommen gereinigt und mit neuer Bettung versehen werden. Die Meerschweinchen verstreuen Hafer und diese verstreuten Körner vermögen in der durch Harn und vielleicht auch verschüttetes Trinkwasser feuchten Bettung zu keimen. Bei der Quellung und Keimung bildet sich dann Vitamin C (vgl. Bd. 1, S. 935), und es ist eine Selbstverständlichkeit, daß die Tiere dann nicht mehr an Vitamin-C-Mangel erkranken können.

2. Durchführung des Versuchs.

Die meisten Autoren bedienen sich des Schutzversuches, der auf HOLST und FRÖLICH (S. 1528) zurückgeht. Große Unterschiede zwischen dem Vorgehen verschiedener Autoren bestehen im allgemeinen nicht. Besonders

[1] E. M. DELF: Biochem. Journ. 1918, 12, 416.
[2] M. F. BRACEWELL, E. HOYLE and S. S. ZILVA: Med. Res. Council, Spec. Rep. Ser. Nr. 146, S. 45, London 1930.
[3] A. MATMON: Zeitschr. Ernährung 1931, 1, 233.
[4] H. H. SHERMAN, V. K. LA MER and H. L. CAMPBELL: Proc. nat. Acad. Sci. 1921, 7, 279; Journ. Amer. Chem. Soc. 1922, 44, 165.

umfangreiche Erfahrungen besitzen die Autoren des LISTER-Institutes, von denen als gegenwärtig erfahrenster Forscher auf diesem Gebiet ZILVA (S. 1529) vor kurzem sein Vorgehen ausführlich geschildert hat.

Auswahl und Vorbereitung der Versuchstiere. In der Regel werden junge Meerschweinchen im Gewicht von 300—350 g in den Versuch genommen. Jedoch werden vielfach auch niedrigere Anfangsgewichte gewählt. Wir haben immer die Erfahrung gemacht, daß solche jungen Tiere sehr wenig widerstandsfähig sind und leicht zugrunde gehen, vor allem aber sehr wenig geneigt sind, die zu prüfenden Stoffe freiwillig aufzunehmen. Es empfiehlt sich, aus der Meerschweinchenzucht und auch von angekauften Tieren (vgl. S. 1481) zunächst diejenigen herauszusuchen, die freiwillig die Versuchskost fressen. Andere Tiere sind ungeeignet. Es ist deshalb anzustreben, alle Tiere vor dem Versuch an die Aufnahme der Kost zu gewöhnen. Für diesen Zweck ist es ratsam, den Tieren als Hartfutter lediglich die Versuchskost zu verabreichen und zur Deckung des Vitamin-C-Bedarfes entweder Grünfutter oder Rüben, am besten weiße oder Kohlrüben, anzubieten. Wir haben es sogar manchmal für geboten erachtet, schon die Muttertiere mit den Jungen auf diese Weise zu füttern. Die jungen Meerschweinchen gewöhnen sich dann, durch das Beispiel des Muttertieres angeregt, leichter daran, die Kost aufzunehmen. Auch bei Kostsätzen, bei denen autoklavierte Milch gesondert gegeben wird, leistet dieses Verfahren gute Dienste, da junge Tiere, die keine Milch kennen, diese erst verweigern. Um die Verluste von Tieren durch interkurrente Krankheiten intestinalen Ursprunges während des Versuches nach Möglichkeit herabzusetzen, impfen BRACEWELL, HOYLE und ZILVA (S. 1529) vor Versuchsbeginn alle Tiere mit einem Vakzin, das gleiche Mengen von B. enteritidis Gärtner und B. aertrycke enthält.

Es empfiehlt sich, für jede Dosis des zu untersuchenden Materials 3, besser 5 Tiere zu verwenden. Zu quantitativen Zwecken sind Gruppen zu 10 Tieren empfehlenswert. Die Meerschweinchen wachsen auf Skorbutkost noch einige Zeit, und zwar je nach der vorherigen Fütterung bis zu etwa 25 Tagen. Die Versuchszeit zwischen dem 20. und 30. Tag ist gewissermaßen die kritische Zeit des Versuches, da in dieser Zeitspanne bei Vitamin-C-Freiheit der Nahrung das Auftreten klinischer Skorbutsymptome, der Gewichtssturz und meist auch schon der Tod erfolgt.

Hat man Meerschweinchen, die schon vorher mit ungenügenden Vitamin-C-Mengen versehen wurden, was z. B. bei angekauften Tieren und dann besonders im Winter der Fall ist, so kann das Wachstum bereits zwischen dem 10. und 20. Tag stocken und Skorbut eintreten. Ältere, reichlich mit Vitamin C ernährte Tiere vermögen eine vitamin-C-freie Ernährung viel länger, bis 60 und mehr Tage ohne äußerlich erkennbare Anzeichen zu ertragen (SCHEUNERT und RESCHKE[1]). Bei Durchführung des Schutzversuches erhalten die Meerschweinchen die zu prüfende Zulage vom ersten Tage an. Es ist notwendig, die Futteraufnahme zu beobachten, und wenn diese nicht befriedigend erscheint, durch zwangsweise Einverleibung von autoklavierter Milch nachzuhelfen. Die Milch wird dazu dem Meerschweinchen langsam aus einer Rekordspritze eingegeben. Sie gewöhnen sich daran leicht. Die Verabreichung des zu prüfenden Materials ist genau zu beachten. Es ist dabei zu fordern, daß dieses rasch und sofort nach dem Vorsetzen von dem Tier gefressen wird. Das Vitamin C ist gegen Oxydation sehr empfindlich (vgl. Bd. 1, S. 920). Längeres Stehen im Käfig, vor allem Austrocknen, können den Vitamin-C-Gehalt des zu prüfenden Materials in kurzer Zeit erheblich vermindern. Es kommt hinzu, daß die Tiere häufig die Zugaben nicht fressen wollen, auch wenn es sich um frisches Obst und

[1] A. SCHEUNERT u. J. RESCHKE: Klin. Wochenschr. 1931 II, 1452.

Gemüse handelt, vor allem aber, wenn solches irgendwie eine Zubereitung (Kochen) oder auch eine längere Aufbewahrung in gefrorenem Zustand erfahren hat. Auch hier hilft gut eine vorherige Auswahl der Versuchstiere. Einer größeren Anzahl von Meerschweinchen ist dazu das Material anzubieten, und nur solche Tiere sind zum eigentlichen Versuch geeignet, die es gut fressen. Den Ausführungen, die v. HAHN (S. 1528) zu diesen Fragen macht und den von ihm gegebenen Vorschriften ist deshalb durchaus zuzustimmen. Auch wir haben oft beobachtet, daß die Tiere besonders dann auf einmal zur Spontanaufnahme bereit sind, wenn sich bei ihnen Vitamin-C-Mangel nach einigen Tagen bemerkbar macht. Führt alles nicht zum Ziel, so muß man zur Zwangsfütterung schreiten.

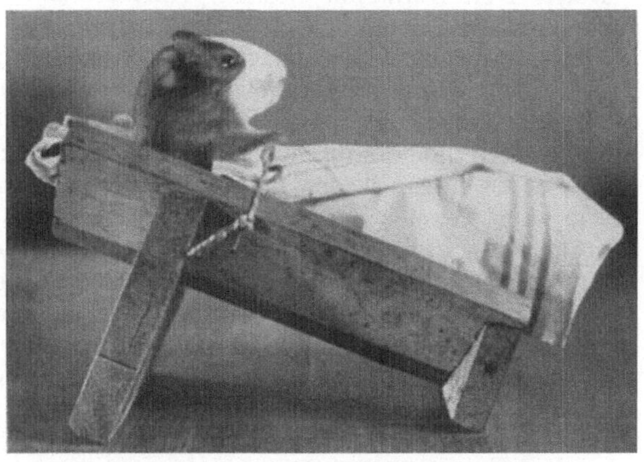

Abb. 42. Holzgestell für die Zwangsfütterung von Meerschweinchen.

Zwangsfütterung. Bei Verabreichung flüssiger Nahrungsmittel und vitamin-C-haltiger Lösungen ist die quantitative Aufnahme am besten durch Fütterung mit der Rekordspritze oder durch eine Pipette zu sichern[1]. v. HAHN (S. 1528) rechnet diese Methode nicht direkt zur Zwangsfütterung. Wie man dieses Vorgehen bezeichnen will, ist im übrigen nebensächlich, und schließlich wird aber doch, vor allem, wenn man eine größere Menge verabreichen muß, ohne Rücksicht, ob das Tier diese Menge noch freiwillig aufnehmen würde oder nicht, die Aufnahme durch aktives Einfüllen in das Maul des Tieres befördert und zeitlich abgekürzt werden müssen. Bei festem Material haben wir die Aufnahme durch Stopfen der Tiere gesichert. Diese werden dazu in ein Handtuch eingewickelt, derart, daß nur der Kopf und die Vorderbeine herausragen und dann auf den Rücken in ein Holzgestell eingelegt, dessen Form und Maße aus Abb. 42 hervorgehen. Mit Hilfe der Finger, einer Pinzette, eines Glasstabes oder eines anderen Instrumentes kann man leicht das Meerschweinchen zu einer geringen Öffnung der Maulspalte veranlassen und dann in diese mit Hilfe eines geeigneten Instrumentes eine kleine Portion des Materials einbringen (vgl. Abb. 43). Durch Rütteln am Gestellchen oder Bewegen des Kopfes oder sonstige Maßnahmen, die die Erfahrung bald ergibt, lassen sich die Tiere leicht zum Kauen und Abschlucken veranlassen. Auf diese Weise wird den Meerschweinchen nach und nach das gesamte Material beigebracht. Sie gewöhnen sich bald daran. v. HAHN

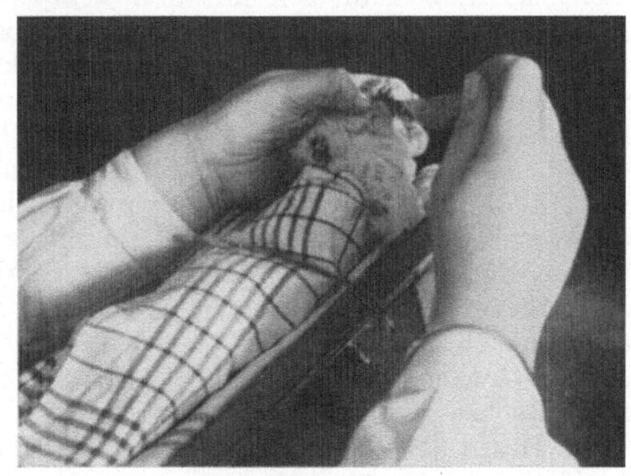

Abb. 43. Zwangsfütterung von Meerschweinchen.

[1] Größere Mengen flüssiger Nahrungsmittel verabreichen wir neuerdings mit Hilfe eines an einer Rekordspritze befestigten elastischen Katheters direkt in den Magen.

(S. 1528) hält dieses Vorgehen für nicht empfehlenswert, da es nach seiner Ansicht zu Versuchsfehlern führen kann. Wir vermögen dem auf Grund unserer Erfahrungen seit 1920 (Scheunert, Schieblich und Schwanebeck S. 1528) nicht zuzustimmen und konnten bei unseren sehr zahlreichen Versuchen der Zwangsfütterungsmethode eine andere gleich sichere Methode, die Tiere zur quantitativen Aufnahme des zu prüfenden Materials zu bringen, nicht an die Seite stellen.

Aufbewahrung des Materials. Wenn es sich darum handelt, ein vegetabiles Produkt auf seinen Vitamin-C-Gehalt zu prüfen, so ist im Hinblick auf die leichte Zerstörbarkeit dieses Vitamins die Aufbewahrung von Wichtigkeit. Auch kann es sich notwendig machen, eine große Anzahl verschiedener Produkte, die in den wenigen Tagen der Erntezeit anfallen, so lange aufzubewahren, bis sie in den Versuch genommen werden können. Das ideale Vorgehen wäre natürlich das, daß man sofort beim Anfallen der Produkte diese untersucht. Wenn es sich aber um viele Dutzende von Proben handelt, würden dann viele Hunderte von Meerschweinchen und entsprechendes Personal vorhanden sein müssen. Dies gleichzeitig zu bewältigen, dürfte im allgemeinen nicht möglich sein, also muß man zur Aufbewahrung schreiten. Diese ist immer gefährlich und kann zu Verlusten führen. Wir finden ebenso wie Delf[1] und ferner Zilva[2], die über diese Fragen außerordentlich große Erfahrungen besitzen, das Einfrieren des Materials bei tiefen Temperaturen unter Vakuum als in dieser Richtung die größte Sicherheit gewährend. Dazu wird das Material (Gemüse, Obst) so rasch wie möglich nach der Ernte in Glasbüchsen, wie sie zur Hitzesterilisation im Haushalt üblich sind, fest eingedrückt, Gummiringe und Deckel aufgelegt und zwischen diese eine feine Hohlnadel eingeschoben, die mit einer Ölvakuumpumpe in Verbindung steht. Alsdann wird scharf evakuiert und schließlich eingefroren, am besten bei -20^{0}. Hat man so tiefe Temperaturen nicht, so muß man sich mit den Temperaturen begnügen, die in modernen Kühlhäusern zur Verfügung stehen und bei etwa -8^{0} liegen. Zu den Versuchen werden diese Gläser aus dem Stapelkühlraum, wo sie aufbewahrt werden, in einen Tiefkühlschrank des Laboratoriums verbracht, daraus entnommen, rasch geöffnet, das für eine Tagesfütterung benötigte Material herausgenommen, die Büchse sofort wieder verschlossen, evakuiert und in den Kühlschrank zurückgestellt. Mit größter Beschleunigung werden die Zugaben abgewogen und an die Versuchstiere verabreicht, nötigenfalls zwangsgefüttert. In den kleinen Portionen, die verwendet werden, findet in den wenigen Minuten, die bis zum Füttern verstreichen dürfen, ausreichende Erwärmung statt, so daß die Meerschweinchen nicht geschädigt werden. Nachdem aus einer Büchse etwa dreimal Material entnommen worden ist, wird der weitere Inhalt verworfen und eine neue Büchse geöffnet und so fort.

v. Hahn (S. 1528) empfiehlt, das anfallende Material frisch sogleich zu verfüttern und während der ganzen Erntezeit immer wieder neu anfallendes Material sofort zu verwenden. Man hat dann natürlich nicht die Gewähr, daß der Vitamin-C-Gehalt immer gleich bleibt. Das muß man dann ebenso in Kauf nehmen, wie die nicht von der Hand zu weisende Möglichkeit, daß trotz aller Sorgfalt und Schnelligkeit der Handhabung bei der Einfriermethode dennoch Verluste eintreten.

Versuchsdauer. Der Versuch ist in der geschilderten Weise mit täglicher Zugabe des zu prüfenden Materials fortzuführen. Sofern die Tiere die kritische Zeit überleben und weitere Gewichtszunahme zeigen, ist möglichst zu verlangen, ihn über 50, besser 60, wenn man ganz sicher gehen will, 90 Tage auszudehnen. Wir haben uns in letzter Zeit mit 50—60 Tagen begnügt.

[1] E. M. Delf: Biochem. Journ. 1925, **19**, 141. — [2] Zilva: Mündliche Mitteilung.

3. Skorbutdiagnose.

a) Klinische Diagnose. Beim Fehlen des Vitamins C oder ganz ungenügender Vitamin-C-Zufuhr beginnen die Tiere alsbald nach den ersten Tagen ihr äußeres Verhalten zu ändern. Sie hocken traurig im Käfig, machen einen müden Eindruck, werden struppig und unsauber. Oft beginnen sie, ohne sich zunächst im äußeren Habitus zu verändern, auch auf dem einen oder anderen Bein zu schonen. Beim Herausnehmen der Tiere fällt dann ein Nachlassen des Turgors, Schlaffheit der Muskulatur, geringe Bewegungsfreudigkeit und Nachlassen der Abwehrbewegungen auf. Bei Befühlen der Sprung-, Knie-, Vorderfußwurzel- und Ellbogengelenke kann man unter Umständen Auftreibungen und Schmerzempfindlichkeit beobachten. Die in der ausländischen Literatur häufig beschriebene Schmerzäußerung durch entsprechende Lautgebung haben wir sehr

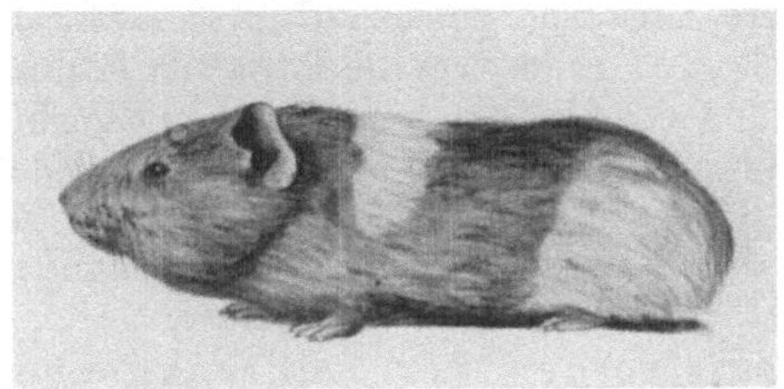

Abb. 44. Gesundes Meerschweinchen.

Abb. 45. Erste Symptome des Skorbuts.

Abb. 46. Ausgeprägter Skorbut, Hinterextremitäten sind entlastet, sog. Skorbutstellung.

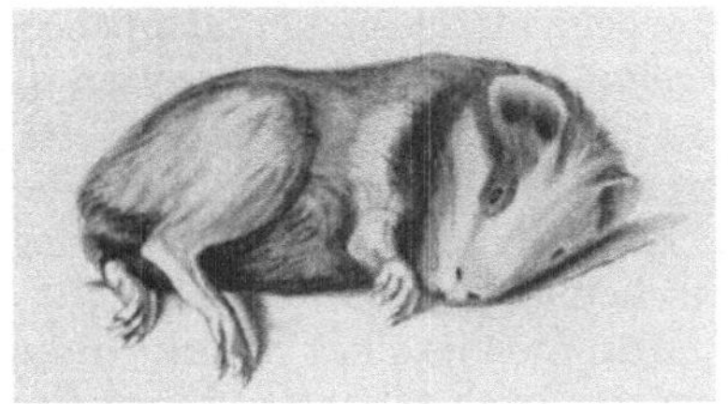

Abb. 47. Schwerste klinische Symptome, Endstadium.

oft vermißt. Die Tiere werden immer weniger geneigt, Bewegungen auszuführen und entlasten die schmerzenden Extremitäten, indem sie sich vor allem zunächst auf der Hinterhand auf die Seite legen und die Beine seitwärts strecken. In schweren Fällen nehmen sie völlige Seitenlage ein (Abb. 44—47). Bei größerer, aber noch nicht zureichender Vitamin-C-Zufuhr treten diese Symptome erst später auf, und die Gewichtskurve kann dabei immer noch allmählich ansteigen. Bei ausreichender Vitamin-C-Zufuhr wachsen die Tiere rasch und gut, behalten ihre Lebhaftigkeit, und die Straffheit ihrer Muskulatur ist beim Halten in der Hand auffallend deutlich. Irrtümer können sich dadurch einschleichen, daß die Tiere an Durchfall erkranken, hervorgerufen durch ungewohnte Zulagen. Auch dann werden die Meerschweinchen traurig und verlieren an Straffheit, nehmen ab und werden äußerst hinfällig. Will man also bei einem während des Versuchs gestorbenen Tier oder bei solchen, die den ganzen Versuch überdauert haben, sicher feststellen, ob Skorbut vorgelegen hat, so ist die Sektion ein unbedingtes Erfordernis. Ferner empfiehlt es sich zur Sicherung der Schlüsse, eine ausreichende Zahl von Kontrolltieren, die keine Zulage erhalten, anzusetzen und deren Gewichtskurven sowie die Entwicklung der Skorbutsymptome zu verfolgen.

b) Pathologisch-anatomische Diagnose. Zur Sicherung der Ergebnisse werden dreierlei pathologisch-anatomische bzw. histo-pathologische Befunde herangezogen:

α) Makroskopische Betrachtung des eröffneten Tieres. Beim Abziehen der Haut von den Extremitäten zeigen sich in schweren Skorbutfällen, namentlich in der Umgebung der Kniegelenke, ausgedehnte Blutungen, die in leichten Fällen nur an einem oder dem anderen Gelenk auftreten können. Die Gelenke sind in der Regel verdickt. Bei Eröffnung des Thorax sieht man Blutungen in der Umgebung der meist verdickten Knochenknorpelsymphysen der Rippen. In mehr chronischen Fällen ist die Rosenkranzbildung besonders ausgeprägt. Rosenkranz wird auch dann beobachtet, wenn der Skorbut bei Ausführung der Sektion noch im Abheilen begriffen ist. Hämorrhagien können ganz fehlen. Blutungen im Darm unterstützen die Diagnose Skorbut, können aber, falls Durchfall bestanden hat, auch auf andere Ursachen zurückzuführen sein. In schweren Fällen sind die Nage- und Backenzähne locker, die letzteren können mit der Pinzette leicht herausgezogen werden. Die für den menschlichen Skorbut charakteristischen Blutungen des Zahnfleisches finden wir nur selten. Nach unserer Ansicht genügt die sorgfältige Überprüfung des getöteten oder gestorbenen Tieres auf diese Symptome durchaus zur Stellung der Diagnose. Zu ihrer Sicherung werden noch andere Untersuchungen empfohlen.

β) Entkalkung und dadurch Brüchigwerden der Röhrenknochen wird häufig beobachtet, was sich zuweilen schon makroskopisch durch Spontanfrakturen, namentlich an den Gelenkköpfen, bemerkbar macht. Histologisch findet man nach 2—3 Wochen Veränderungen besonders an den Knochenknorpelsymphysen der Rippen, charakterisiert durch verschieden starke Unregelmäßigkeit der Symphysen als Ganzes, leichte Störungen in der Anordnung und gewöhnlich Verkürzung der Knorpelzellen- und Knochenbälkchenreihen, ferner vermehrten Blutgehalt der Markhöhle und Verminderung der Knochendicke, besonders in der Nähe der Symphyse. In späteren Stadien treten diese Erscheinungen immer deutlicher hervor.

Insbesondere hat Tozer[1] diese Verhältnisse studiert und eine Gradeinteilung gegeben, doch sei darauf hingewiesen, daß in milden Fällen Täuschungen dadurch vorkommen können, daß Vitamin-A-Mangel besteht, bei dem ähnliche Veränderungen auftreten. In schweren Fällen wird aber durch Hämorrhagien in der Markhöhle, Frakturen und Auftreten von Bindegewebe an den Rippensymphysen eine klare Erkennung der skorbutischen Veränderungen ermöglicht. Ausführliche Beobachtungen hierüber brachte Höjer[2] bei.

γ) Als besonders zeitiges Symptom des Vitamin-C-Mangels ist die Veränderung der histologischen Zahnstruktur bekannt (Jackson und Moore[3], Zilva und Wells[4]). Höjer[5] hat darauf eine Methode zur Bestimmung des Vitamins C aufgebaut. Die Veränderungen zeigen sich besonders im Dentin, Prädentin und in den Odontoblasten. Bei der Färbung von Schnitten der Schneidezähne kann man die Unterschiede deutlich feststellen. Das innere Dentin ist dann mehr oder weniger unregelmäßig breit und mit Vorsprüngen in die Pulpa versehen; das Prädentin ist verkalkt; die Odontoblasten sind desorganisiert und die Tomesschen Kanäle finden sich nur im äußeren Dentin. Mit Hilfe dieser Methode gelingt es, den Skorbutgrad, der aus der Betrachtung

[1] F. M. Tozer: Biochem. Journ. 1918, **12**, 445; 1921, **15**, 28. — Journ. Path. Bact. 1921, **24**, 306.

[2] J. A. Höjer: Acta paedriat. Vol. 3, Suppl. 1924, S. 34.

[3] L. Jackson and J. J. Moore: Journ. Jnfect. Dis. 1916, **19**, 478.

[4] S. S. Zilva and F. M. Wells: Proc. Roy. Soc. B. 1919, **90**, 505.

[5] J. A. Höjer: Brit. Journ. exp. Path. 1926, **7**, 356.

der Hämorrhagien nicht sicher erschlossen werden kann, genau auszuwerten. KEY und ELPHICK[1] haben ein Schema für eine solche Beurteilung verschiedener Skorbutgrade ausgearbeitet. Eine histologische Methode unter Benutzung der Backenzähne beschreibt GÖTHLIN[2].

c) Röntgenologische Diagnose. Die hierzu geeignete Methode wurde von GÖTHLIN[2] in Gemeinschaft mit SUNDBERG im Jahre 1929 ausgearbeitet und später von anderen Autoren (NAESLUND[3], RYGH[4], v. EULER[5] und ZILVA[6]) aufgegriffen. Sie beruht darauf, daß bei bestehendem Skorbut an den Knochenknorpelsymphysen der Rippen in einer bandartigen Zone eine stärkere Absorption der Röntgenstrahlen auftritt. Bei gesunden Tieren unter 400 g ist die Zone nur sehr schmal und überschreitet $^1/_3$ mm nicht, bei schwereren Tieren (400—550 g) ist sie nicht breiter als $^1/_2$ mm. Die bei skorbutkranken Meerschweinchen verbreiterte Zone ist außerdem in einer großen Anzahl der Fälle gegen den knorpeligen Teil der Rippe konkav eingezogen. Zwecks Vornahme der Röntgenaufnahme werden zunächst alle Muskeln von der Thoraxwand abpräpariert und die „Brustplatte" herausgeschnitten, wobei die Rippen nahe der Wirbelsäule abgetrennt werden und mit dem Brustbein in Verbindung bleiben. Die frische, nicht mit Formalin behandelte Brustplatte wird dann mit ihrer Vorderseite glatt auf den Film gelegt und die Röntgenaufnahme angefertigt. Von den Filmen werden Abzüge auf hartem Papier hergestellt. Die oben beschriebenen Bänder erscheinen dann dunkel.

Die röntgenologische Methode kommt zwar der mikroskopischen Untersuchung der Zähne an Empfindlichkeit keineswegs gleich, ist aber der makroskopischen Betrachtung und der Palpation der Rippenknochenknorpelsymphysen etwas überlegen. GÖTHLIN glaubt, daß im allgemeinen die Durchführung der röntgenologischen Untersuchung ausreichend sein dürfte und daß die mikroskopische Untersuchung der Zähne nur auf Fälle mit negativem Ausfall dieser Untersuchung beschränkt bleiben kann.

4. Bewertung des Vitamin-C-Gehaltes.

Für Fälle, in denen ein Schutz überhaupt nicht erzielt wird, haben SHERMAN, LA MER und CAMPBELL (S. 1529) ein Beurteilungsschema aufgestellt, das die Körpergewichtsbewegung während des Versuches, die Dauer des Experimentes, die Symptome und Sektionsbefunde, die sich auf Betrachtung des Knochensystems (Kinnbacken, Zähne, Rippen, Gelenke) stützen, sowie das Auftreten von Hämorrhagien (Rippen, Darm, Gelenke, Muskeln) berücksichtigt. Man kann mit Hilfe dieses Systems den Grad der Veränderungen quantitativ beurteilen. Zur Ausarbeitung dieses Schemas verwendeten die Autoren eine vitamin-C-freie Kost, der verschieden gestaffelte Dosen (0,1, 1,5, 2 und 3 ccm) von Tomatensaft zugegeben worden waren, dessen Vitamin-C-Gehalt aber nicht genügte, um vollen Schutz hervorzurufen.

Quantitative Auswertung. Bei der quantitativen Auswertung kommt es bei unserem Vorgehen darauf an, diejenigen Mengen zu ermitteln, die die Tiere über eine Versuchsdauer von 60 Tagen gerade sicher vor Skorbut schützen. Es ist dazu notwendig, stets mehrere Gruppen von Tieren mit gestaffelten

[1] K. M. KEY and G. K. ELPHICK: Biochem. Journ. 1931, **25**, 888.
[2] G. F. GÖTHLIN: Antiscorbutic potency of vegetable products. Acta med. scand. (Stockh.), Suppl. **53**, 1933.
[3] C. NAESLUND: Upsala Läk.för. Förh., N. F. 1931, **36**, 407.
[4] O. RYGH: Avhandl.utg. av det Norske Videnskaps-Akademi i Oslo, Mat.-Naturv. Klasse, **1931**, Nr 8.
[5] H. v. EULER u. M. RYDBOM: Biochem. Zeitschr. 1932, **249**, 149.
[6] R. L. GRANT, S. SMITH and S. S. ZILVA: Biochem. Journ. 1932, **26**, Plate VI.

Dosen laufen zu lassen und die Tiere dann am Ende des Versuches der Sektion zu unterwerfen. Außerdem dient die Feststellung der Gewichtskurve, die durch zweimalige Wägung in der Woche erhalten wird, dazu, schon während des Versuchsverlaufes den Erfolg zu beurteilen. Tiere, die ungenügende Zugaben erhalten, wachsen schlechter oder stellen das Wachstum allmählich ein und zeigen dann Gewichtsabfall. Bei ganz ungenügenden Dosen tritt noch während des Versuches der Tod ein. Selbstverständlich kann man die oben gestellte Forderung dadurch verschärfen, daß man die Versuchsdauer verlängert und 90 Tage Dauer als Grenze stellt, wie z. B. von ZILVA (S. 1529) unter Verwendung von 6 Tieren für jede zu prüfende Dosis empfohlen wird. Uns scheint die dadurch bedingte starke Erschwerung und Verteuerung des Versuches nicht im Einklang mit dem erzielten Erfolg zu stehen.

Früher sind wir auch so vorgegangen, daß wir bei einer Gruppe von Tieren (mindestens 3) mit einer Dosis, die gerade etwas unter dem Optimum liegend angesehen werden konnte, den Versuch begannen. Dann wurde nach dem klinischen Verhalten und den Gewichtskurven der Meerschweinchen der Skorbutbeginn festgestellt und hierauf die Dosis in Zwischenräumen allmählich derart erhöht, bis keine klinischen Symptome mehr zu beobachten waren und das Wachstum normal erschien. Mit dieser Dosis wurde der Versuch dann bis zum 90. Tage fortgesetzt und das Ergebnis durch den klinischen Befund und die Sektion erhärtet. Bei diesem Vorgehen spart man Tiere und damit Zeit und Versuchsmaterial, doch sind dagegen Einwände zu erheben, da die Tiere durch die zu geringen Dosen leicht an Skorbut erkranken und immerhin geschädigt werden. Auch tritt dann oft die Form des chronischen Skorbuts auf, und man kann am Ende nicht sicher aus dem Sektionsbefund erkennen, ob die zuletzt gegebene Dosis wirklich genügt hat oder doch etwas zu niedrig war. Immerhin gibt dieses Vorgehen zur ungefähren Orientierung bei Materialknappheit brauchbare Anhaltspunkte, was wir trotz aller Einwände, wie wir ausdrücklich betonen, aufrechterhalten. Da bei der Untersuchung natürlicher Nahrungsmittel der Vitamingehalt je nach der Herkunft sowieso Schwankungen aufweist und die benötigten Mengen oft ziemlich groß sind, ist der mögliche Fehler verhältnismäßig gering.

Methode nach REYHER[1]. REYHER verfährt in der Weise, daß gleichzeitig verschiedene Dosen des zu untersuchenden Materials geprüft werden, derart, daß diese so lange verabreicht werden, bis die Tiere an Skorbut eingehen. Beim Vergleich der Anzahl der Versuchstage, die bis zum Tode der Meerschweinchen verstreichen, ist eine quantitative Beurteilung möglich.

Methode nach v. HAHN[2] (S. 1528). v. HAHN gibt ausführliche Vorschriften. Zu orientierenden Versuchen werden 6 Meerschweinchen benutzt, von denen je 1 Paar mit der gleichen Menge des zu untersuchenden Stoffes gefüttert wird. Für genaue Versuche werden 5 Tiere je Dosis in den Versuch genommen und mindestens 4 verschiedene Mengen geprüft. Er legt größten Wert darauf, daß gleichzeitig eine positive Kontrolle mit einem sicheren Antiskorbitucum und eine negative Kontrolle ohne jede Vitamin-C-Zugabe läuft. Als sicheres Antiskorbuticum ist Apfelsinen- oder Citronensaft zu wählen, der in Mengen von 1 ccm (frisch ausgepreßt) genügt, um Tiere jahrelang skorbutfrei zu halten. Da die negativen Kontrollen binnen 40—44 Tagen an Skorbut eingehen, nachdem sie etwa vom 22. Tage ab rapid an Körpergewicht abgenommen haben, wird für Versuche, in denen die Anwesenheit von Vitamin C dargetan werden soll, eine Versuchszeit von 6 Wochen als ausreichend erachtet. Wenn nach dieser Zeit noch befriedigende Gewichtszunahme bestanden hat und die Sektion Skorbutfreiheit ergibt, so muß unbedingt Vitamin C vorhanden sein. Zur Erlangung einer sicheren Entscheidung, ob eine ausreichende Menge Vitamin C vorhanden gewesen ist, ist nach v. HAHN[2] (S. 1528) unbedingt eine 90tägige Versuchszeit zu fordern. Zur Bewertung der Versuche verwendet v. HAHN den Gewichtsverlauf (Wachstumsziffern) und die Sektionsprotokolle, wobei Meerschweincheneinheiten errechnet werden. Das Vorgehen hierzu ist

[1] Siehe Fußnote 7, S. 1524. — [2] F.-V. v. HAHN: Z. 1931, **61**, 545.

infolge der vielen Fehlermöglichkeiten, die ausgeschaltet werden müssen, von v. HAHN sehr sorgfältig beschrieben worden. Die Wachstumsziffern werden derart gewonnen, daß mit einem Transporteur bestimmt wird, wie die durchschnittliche Richtung der einzelnen Gewichtskurven innerhalb des bei fehlerfrei durchgeführten Versuchen zwischen der Gewichtskurve der positiven Kontrolle (1 ccm Apfelsinensaft täglich) und derjenigen der negativen Kontrolle befindlichen rechten Winkels liegt. Die gefundene Richtung wird in % angegeben, wobei die Richtung der negativen Kontrolle = 0, diejenige der positiven Kontrolle = 100 gesetzt wird. Die Kurven, die steiler abfallen als die der jeweiligen negativen Kontrolle, werden mit „minus“ bezeichnet. Die Stärke des Skorbuts wird in Zahlen angegeben, wobei 0 = skorbutfrei, 1 = leichter Skorbut, 2 = mittelstarker Skorbut und 3 = starker Skorbut bedeuten. Als Meerschweincheneinheit (ME.) wird die Tagesmenge eines untersuchten Stoffes bezeichnet, die genügt, um Meerschweinchen vor Skorbut zu schützen. 100 g, dividiert durch diese Menge, gibt dann die ME. je 100 g.

Zum Ausdruck des Vitamin-C-Gehaltes kann man auch ungefähre Angaben heranziehen. So haben wir bei unseren ersten Arbeiten, denen eine quantitative Auswertung in modernem Sinne nicht zugrunde lag, einem Stoff die Bewertung „sehr gut“ gegeben, wenn von ihm bis 3 g die Meerschweinchen skorbutfrei hielten. Wurden 4—10 g benötigt, so wurde der Vitamin-C-Gehalt als „gut“, bei 11—25 g als „gering“, darüber hinaus als „sehr gering“ oder als „Spur“ bezeichnet. v. HAHN setzt die Grenzen schärfer, da er den im übrigen kaum einwandfrei festgelegten Bedarf des Menschen an Vitamin C zugrunde legt. Liegt die vor Skorbut sicher schützende Menge eines Stoffes bei 0,5 g, so bezeichnet v. HAHN seinen Vitamin-C-Gehalt als außerordentlich hoch, liegt sie bei 0,6—2 g, als sehr gut, 3—6 g als gut, 6—12 g als gering. Mengen von über 12 g zeigen nach seiner Ansicht an, daß der Vitamin-C-Gehalt praktisch belanglos ist, da davon mindestens 600 g von einem Menschen aufgenommen werden müßten, wenn er damit allein seinen Vitamin-C-Bedarf decken wollte. Also man sieht, daß alle diese Meßversuche nur einen sehr bedingten Wert besitzen, deshalb muß man auch hier von der biologischen Einheit abgehen und ein Standardpräparat heranziehen. Dazu würde jetzt zweifellos die Ascorbinsäure (vgl. Bd. 1, S. 95) sehr geeignet sein.

Methode nach GÖTHLIN[1]. Bei seinen hauptsächlich den Vitamin-C-Gehalt von Beerensäften betreffenden Untersuchungen verwendete GÖTHLIN, sofern es sich um gesüßte Säfte handelte, die Originalskorbutkost nach SHERMAN, LA MER und CAMPBELL (S. 1529), weil dann der an sich in dieser Kost vorhandene Überschuß an Eiweiß für eine günstige Gestaltung des Verhältnisses zwischen Eiweiß und Kohlenhydrat willkommen war. Bei ungesüßten Fruchtsäften modifizierte er die Kost, um den Eiweißgehalt zu verringern, in der folgenden Weise:

Hafer, gemahlen	50 g
Weizenkleie	24 g
Magermilchpulver, in einem Autoklaven in trockener Luft 2 Stunden lang in einer 1 cm in der Dicke nicht überschreitenden Schicht auf 110° erhitzt	15 g
Butterfett	10 g
NaCl	1 g

Die zu den Versuchen benutzten Meerschweinchen hatten ein Gewicht von 280—340 g. In der Regel wurden für jede Versuchsserie 20 Stück verwendet. Die Versuchsdauer betrug 50 Tage.

Zubereitung, Aufbewahrung und Verabreichung der Beerensäfte. Die Beeren wurden zuerst gemahlen, in einem Tuch ausgepreßt und dann nochmals durch ein

[1] Siehe Fußnote 2, S. 1535.

anderes Tuch filtriert. Der erhaltene Saft wurde in Flaschen gefüllt und, so lange reife Beeren erhältlich waren, sogleich verwendet. Da der Versuch jedoch länger fortgeführt werden mußte, wurden die Säfte für den Rest der Versuchsdauer durch Zusatz von 1 g Natriumbenzoat auf 1 l konserviert. Die Säfte wurden in vorher sterilisierten Flaschen bei Temperaturen von 1—4° im Kühlschrank aufbewahrt.

Die Verabreichung der Säfte an die Meerschweinchen geschah mit Hilfe von Pipetten. Die Tagesdosis überschritt in keinem Fall 9 ccm. Um von vitamin-C-armen Säften größere Dosen prüfen zu können, wurden sie in dem von GAEDE und STRAUB[1] konstruierten Schnelltrockenapparat in der Regel auf $^1/_4$ eingeengt.

Die Beurteilung des Versuchsergebnisses geschah mit Hilfe der Wachstumskurven, der klinischen und pathologisch-anatomischen Symptome, sowie der mikroskopischen Untersuchung der Zähne und röntgenologischen Untersuchung der Rippenknochenknorpelsymphysen (vgl. S. 1535).

Internationale Einheiten (vgl. S. 1554). Die internationale Vitaminkonferenz, bei deren Tagung die Ascorbinsäure noch nicht entdeckt war, wählte nach dem Vorschlag von ZILVA als demjenigen Autor, der die größten Erfahrungen auf diesem Gebiet besaß, als Standardpräparat den Saft der Citrone, also der Frucht von Citrus limonum.

Der als Standardlösung frisch ausgepreßte Citronensaft wird durch Musselin filtriert und mit Calciumcarbonat im Überschuß bis zum Aufhören der Gasentwicklung versetzt. Die Mischung bleibt eine Stunde stehen und wird dann durch einen BÜCHNER-Trichter filtriert. Dadurch ist dem Saft die Citronensäure entzogen und seine Reaktion beträgt ungefähr $p_H = 6{,}0$. Innerhalb 2 Stunden nach der Filtration ist diese Standardlösung zu benutzen. 1 ccm davon täglich an ein Meerschweinchen verabreicht, genügt im allgemeinen, um dieses vor Skorbut zu schützen. Die Aktivität von 0,1 ccm solchen decitrierten Citronensaftes wird als 1 internationale Einheit angesehen. Bei der Ermittlung der internationalen Einheiten handelt es sich also darum, die Wirkung des zu prüfenden Präparates mit der des Standard-Citronensaftes zu vergleichen. Dies kann auch wieder dadurch geschehen, daß die Grenzdosen, die gerade Skorbutschutz über eine bestimmte Zeit sichern, ermittelt werden. Hierzu eignen sich die oben beschriebenen Methoden.

Heilversuch.

Auch der Heilversuch ist zum Studium des Vitamin-C-Gehaltes verwendet worden. Das Vorgehen bedarf einer näheren Beschreibung nicht, da ihm eine größere Verwendungsfähigkeit zur Zeit abzusprechen ist. Es gibt kein sicheres Kriterium für den zeitlichen Eintritt eines gleichmäßig schweren Vitamin-C-Mangels beim Meerschweinchen, da dazu Gewichtskurven und klinischer Befund bei lebenden Tieren nicht ausreichen. Der Heilerfolg wird aber durch die Schwere der Erkrankung wesentlich beeinflußt, weil schwer erkrankte Tiere häufig selbst durch hohe Vitamin-C-Gaben nicht mehr gerettet werden können. Dies ist insbesondere dann der Fall, wenn schwere Darmschädigungen eingetreten sind. Dann sind Durchfälle, die zum Tode führen, leicht durch die Zugabe des zu prüfenden Materials auslösbar. Ferner ist es, wenn man Heilung erzielt und dann nicht sehr lange die heilenden Dosen verabreicht, oft nicht möglich, festzustellen, ob wirklich vollständige Heilung erfolgt ist oder doch noch chronischer Skorbut besteht. Insbesondere bleiben Knochenveränderungen, wie Rosenkranz und Gelenkverdickungen, bestehen und trüben den Sektionsbefund. Deshalb kann zur Zeit dieses Vorgehen nicht empfohlen werden.

5. Titrationsmethode nach TILLMANS (vgl. S. 1551).

TILLMANS[2] und seine Schüler haben festgestellt, daß in vitamin-C-haltigen Naturprodukten ein schwach reduzierender Körper vorkommt, der gleiches

[1] W. GAEDE u. W. STRAUB: Biochem. Zeitschr. 1925, **165**, 247.

[2] J. TILLMANS: Z. 1930, **60**, 34. — F. SIEBERT: Dissertation, Frankfurt a. M. 1931. — J. TILLMANS u. P. HIRSCH: Biochem. Zeitschr. 1932, **250**, 312. — J. TILLMANS, P. HIRSCH u. J. JACKISCH: Z. 1932, **63**, 241, 276. — J. TILLMANS, P. HIRSCH u. H. DICK: Z. 1932, **63**, 267. — J. TILLMANS, P. HIRSCH u. R. VAUBEL: Z. 1933, **65**, 145. — J. TILLMANS u. P. HIRSCH: Naturwissenschaften, 1933, **21**, 314.

Verhalten besitzt wie das Vitamin C, also mit ihm identisch ist. Der reduzierende Körper vermag den Farbstoff 2,6-Dichlorphenol-indophenol zu reduzieren und kann mit Hilfe dieses Farbstoffes titrimetrisch bestimmt werden. Im folgenden geben wir die Vorschrift für die Durchführung der Titrationsmethode nach den neuesten Erfahrungen wieder, wie sie uns von Herrn Professor TILLMANS liebenswürdigerweise zur Verfügung gestellt wurde.

Für die Titration der Ascorbinsäure (Vitamin C) hat sich von verschiedenen geprüften Indophenolfarbstoffen am besten das 2,6-Dichlorphenol-indophenol bewährt. Das im Handel erhältliche Produkt (Th. Schuchardt-Görlitz) ist nicht rein. Zur Herstellung von 1 Liter ungefähr 0,001 N.-Lösung übergießt man etwa 0,25 g Substanz mit Wasser (oder auch Phosphatpufferlösung von Stufe 7,0), läßt über Nacht stehen und filtriert dann das Ungelöste ab. Der Rückstand wird nochmals mit Wasser behandelt. Es ist zu empfehlen, die Lösung im Eisschrank aufzubewahren und jeweils nicht mehr davon herzustellen, als in ungefähr 3 Wochen verbraucht wird, weil bei längerem Stehen der Lösung in dieser rosa bis bräunlich gefärbte Zersetzungsprodukte auftreten, die die Erkennung des Umschlages bei der Titration beeinträchtigen.

Einstellung der Farblösung. Die Einstellung kann mittels Ferrosalzes, Titantrichlorids, sowie auch Natriumthiosulfats erfolgen; am bequemsten ist die Einstellung mittels Ferrosalzes.

a) Einstellung mittels Ferrosalzlösung. Ferrosalz für sich allein reduziert den Farbstoff nicht vollständig. Durch Zusatz von organischen Salzen kann jedoch das Reduktionsvermögen so weit verstärkt werden, daß die Umsetzung quantitativ verläuft. Man bereitet durch Einwägen von MOHRschem Salz eine 0,01 N.-Lösung, die man mit Schwefelsäure schwach ansäuert und unter Stickstoff aufbewahrt. Beim Stehen im Dunkeln hält sich diese Lösung mindestens 3 Monate lang. Sie kann ihrerseits mittels Kaliumpermanganat kontrolliert bzw. eingestellt werden.

Eine abgemessene Menge Farbstofflösung (10 ccm) wird mit 5 ccm gesättigter Natriumoxalatlösung versetzt und dann aus einer Fein-Bürette mit obiger Ferrosalzlösung bis zur Entfärbung titriert. Die Titration darf nicht in direktem Sonnenlicht oder zu hellem Tageslicht ausgeführt werden, weil sonst der bereits reduzierte Farbstoff schnell wieder gebläut wird, wodurch Fehler entstehen. Ferner soll die Titration nicht länger als etwa $^3/_4$ Minute dauern.

b) Einstellung gegen Titantrichlorid. Die zum Titrieren dienende, sehr luftempfindliche Titantrichloridlösung wird von KNECHT und HIBBERT stets unter Kohlensäure gehalten. Für den vorliegenden Zweck genügt es jedoch auch, die Titanlösung jedesmal frisch aus der käuflichen Lösung zu verdünnen und einzustellen. Man verdünnt die käufliche, salzsaure 15%ige Titantrichloridlösung auf das 100fache oder noch stärker, die etwa 0,01-normale oder auch noch dünnere Titantrichloridlösung wird gegen 0,01 N.-Ferrisalzlösung eingestellt (4,8221 g Ferriammoniumsulfat ($Fe(NH_4)(SO_4)_2 \cdot 12\,H_2O$) in 0,02 N.-Schwefelsäure zu 1 Liter gelöst). Wegen der Luftempfindlichkeit der Titanlösung wird möglichst rasch hintereinander einerseits die Titanlösung gegen die 0,01 N.-Ferrisalzlösung, andererseits die Farbstofflösung gegen die Titanlösung titriert, z. B. in folgender Weise:

α) 5 ccm 0,01 N.-Ferrilösung werden mit 5 ccm Schwefelsäure (1:3) und 5 ccm 10%iger Rhodankaliumlösung versetzt und mit einer ungefähr 0,01 N.-Titantrichloridlösung auf Farblos titriert.

β) 20 ccm Farbstofflösung werden mit einigen Tropfen verdünnter Essigsäure versetzt, so daß die Farbe nach Rot umschlägt, dann mit so viel Natriumacetat, daß die Farbe wieder blau wird und während der Titration auch blau bleibt. Sodann wird mit der Titanlösung auf Verschwinden der blauen Farbe titriert (Natriumacetatzusatz wegen des Salzsäuregehaltes der Titanlösung).

c) Über die Einstellung mittels Natriumthiosulfats, die unter Einhaltung bestimmter Versuchsbedingungen ebenfalls möglich ist, vgl. Dissertation H. DICK, Frankfurt a. M. 1932.

Ausführung der Titration. In neutraler Lösung verläuft die Reaktion zwischen der Ascorbinsäure und dem Farbstoff zu langsam. Alkalische Reaktion der Lösung ist bei der Titration auszuschließen, weil einerseits der reduzierende Stoff dann sehr empfindlich, andererseits auch der Leukofarbstoff stark oxydabel ist. Stark mineralsaure Lösungen von etwa $p_H < 1{,}7$ (in Natriumbisulfatlösung) sind ebenfalls für die Titration nicht geeignet, weil durch starke Mineralsäure der Farbstoff schnell zerstört wird. Für die Titration kommt also saure, jedoch nicht zu stark saure Reaktion in Frage.

a) Titration in schwach saurer Lösung. Bei schwach saurer Reaktion (Essigsäure + viel Natriumacetat) ist der Farbstoff rein blau. Bei stärker saurer Reaktion schlägt der Farbstoff über Violett nach Rosa um (ungefähr bei Stufe 4—5). Die blaue Form des Farbstoffes ist intensiver gefärbt als die rote, auch ist das Blau in den meisten Pflanzenauszügen leichter wahrzunehmen als der Umschlag nach Rosa. Es ist deshalb ratsam, im allgemeinen mit der blauen Form zu titrieren und die Lösung hierzu so vorzubereiten, daß sie sauer gegen Lackmus ist, daß der einfallende Tropfen aber noch blau bleibt. Bei sauren Flüssigkeiten, wie z. B. Citronensaft, geschieht das Abstumpfen durch Zugabe von Natriumacetat (fest oder in konzentrierter Lösung). Zu neutralen Lösungen gibt man vor der Titration etwas verdünnte Essigsäure (1%ig) und nach Bedarf noch etwas Natriumacetat.

b) L. J. HARRIS hat darauf hingewiesen, daß gewisse störende Stoffe durch Titration in kräftig saurer Lösung ausgeschaltet werden können. Offenbar ist dies in der Tat in gewissen Fällen zutreffend, doch kann ein abschließendes Urteil hierüber noch nicht abgegeben werden, weil die Untersuchungen über diese Frage noch nicht beendet sind. Da die Ascorbinsäure in schwach saurer Lösung genau so viel titriert wie in kräftig saurer Lösung, muß, wenn in bestimmten Fällen Unterschiede zwischen der Titration in kräftig saurer und der Titration in schwach saurer Lösung auftreten, angenommen werden, daß der höhere Wert von andersartigen Beimengungen beeinflußt ist. In diesen Fällen ist der niedrigere Wert als der richtigere anzusehen.

c) Titration gefärbter Lösungen (z. B. Heidelbeersaft, Auszug von roten Rüben usw.). Die meisten Pflanzenfarbstoffe sind in organischen Lösungsmitteln unlöslich, die saure Form (rote) des Indophenolfarbstoffes hingegen kann durch organische Lösungsmittel ausgeschüttelt werden. Am besten bewährte sich hier das Nitrobenzol. In Zentrifugenröhrchen von etwa 1,5 cm lichter Weite werden je 5 ccm Nitrobenzol mit dem verdünnten Auszug überschichtet. Vor der Titration mit der Farblösung wird mit wenigen Tropfen 20%iger Essigsäure angesäuert. Der Zusatz der Farblösung erfolgt vorsichtig ohne Umschütteln. Die Verteilung in der wäßrigen Phase geschieht lediglich durch leichtes Umschwenken. Nach $^1/_2$ Minute wird vorsichtig und nicht zu heftig geschüttelt, so daß immer noch eine kleine Menge Nitrobenzol am Boden des Röhrchens bleibt. Nach kurzem Stehen trennen sich die beiden Flüssigkeiten wieder. Tritt bei dem einen oder dem anderen Stoffe nach dem Schütteln Emulsionsbildung auf, so führt die Zuhilfenahme der Zentrifuge zur Schichtentrennung immer zum Ziel. Der Umschlag von Grünlichgelb nach Rötlichgelb ist bei einiger Übung gut zu erkennen, besonders neben einem Parallelversuch ohne Farblösung.

Herstellung der Pflanzenauszüge. Nur ausnahmsweise ist das zu untersuchende Objekt eine Flüssigkeit, die ohne weiteres titriert werden kann.

Meist handelt es sich darum, aus Pflanzenmaterial, sei es in rohem, sei es in irgendwie verarbeitetem oder zubereitetem Zustand, einen Auszug herzustellen, der die Ascorbinsäure enthält. Man kann solche Auszüge auf verschiedene Weise herstellen. Zur Beurteilung des Vitamingehaltes wird diejenige Art des Extrahierens benutzt, die die größte Menge an reduzierendem Stoff liefert. In dieser Hinsicht hat sich am besten das Auskochen mit verdünnter Schwefelsäure bewährt. Es wird hierbei in folgender Weise verfahren:

Die möglichst zerkleinerte Substanz wird mit $2^1/_2$%iger Schwefelsäure übergossen, wobei wenigstens so viel Flüssigkeit anzuwenden ist, daß die Substanz vollständig davon bedeckt wird. In einem ERLENMEYER-Kolben, der mit doppelt durchbohrtem Stopfen versehen ist, wird dann unter Durchleitung von Stickstoff 10 Minuten lang gekocht, dann unter Stickstoff durch Einstellen in kaltes Wasser abgekühlt. Die Flüssigkeit wird durch ein Seihtuch gegossen, möglichst gut abgepreßt und mit Wasser auf ein bestimmtes Volumen aufgefüllt. Ein aliquoter Teil der Lösung wird titriert, nachdem die darin enthaltene Schwefelsäure mittels Natriumacetat abgestumpft ist.

Durch wiederholte Ausführung der angegebenen Extraktionsbehandlung gewinnt man die in dem Extraktionsrückstand noch zurückgehaltenen Mengen an reduzierender Substanz, bzw. überzeugt sich davon, daß dieselbe vollständig ausgezogen ist. In vielen Fällen enthält schon der erste Kochauszug praktisch die gesamte Menge des reduzierenden Stoffes. Bei Materialien von festerer Beschaffenheit (z. B. Wurzel- und Stengelgemüse) sind jedoch 2 oder auch 3 Kochungen nacheinander erforderlich, um durch weitergehende Zerstörung der Pflanzenzellen die Gesamtheit des reduzierenden Stoffes zu erfassen.

Störende Stoffe, „ziehende Titration". Im Citronensaft wird durch die Indophenoltitration offenbar nur die Ascorbinsäure erfaßt. Auch in anderen Fällen, bei frischen Pflanzensäften und -auszügen, darf dies angenommen werden. Allem Anschein nach gibt es aber in gewissen Pflanzenauszügen außer dem Vitamin C noch andere Stoffe, die die Titration mehr oder weniger beeinflussen. Mit dieser Frage und mit Versuchen, für diese Fälle die Titration spezifischer zu gestalten, sind TILLMANS und Mitarbeiter beschäftigt.

Besonders tritt in einer Reihe von Fällen am Ende der Titration eine weitergehende, langsam verlaufende, „ziehende" Entfärbung des Farbstoffes auf. Dies ist vor allem bei solchen Produkten bzw. Auszügen der Fall, die durch längere Lagerung oder Lufteinwirkung eine mehr- oder weniger weitgehende Zerstörung ihres Vitamingehaltes erfahren haben. Je nach der Stärke, in der diese Erscheinung auftritt, wird die Erkennung des Endpunktes der Titration erschwert, unsicher und manchmal sogar unmöglich gemacht. Derartige „ziehende Titration" tritt z. B. bei Auszügen aus Zwiebel und Sellerie ein.

In vielen Fällen solcher „ziehender Titrationen" läßt sich trotzdem ein Titrationswert für den Vitamin-C-Gehalt gewinnen, wenn natürlich auch mit verminderter Genauigkeit. TILLMANS und Mitarbeiter gehen in solchen Fällen zur Zeit nach der im folgenden geschilderten Arbeitsweise vor, von der sie aber ausdrücklich betonen, daß den damit gewonnenen Werten ein mehr oder weniger hoher Unsicherheitsfaktor anhaftet. Der Arbeitsweise liegt die Überlegung zugrunde, daß die Ascorbinsäure den Farbstoff in glatt und schnell verlaufender Reaktion entfärbt, so wie dies z. B. bei der Titration von frischem Citronensaft zu beobachten ist. Die „ziehende Titration" verläuft sehr viel langsamer, woraus zu schließen ist, daß sie auf der Anwesenheit anderer Stoffe oder von Umwandlungsprodukten des Vitamins C beruht. Sie ist daher bei der Bestimmung des Vitamins C nicht zu berücksichtigen. Es wird also nur in Rechnung gesetzt, was sofort mit dem Farbstoff reagiert. Dabei ist darauf zu achten, daß die

Lösung nicht zu schwach sauer ist. Die Grenze zwischen schnell und langsam verlaufender Reduktion kann allerdings je nach den Umständen mehr oder weniger unscharf sein.

Anwesenheit von Ferroeisen. Kleine Mengen von Ferroeisen, wie sie bei der Zubereitung der Gemüse durch die Anwendung eiserner Geräte in das Produkt gelangen können, reduzieren ebenfalls den Indophenolfarbstoff. Sie lassen sich, wie TILLMANS in Gemeinschaft mit BEIER feststellte, mittels einer Methylenblaulösung titrieren, wobei die Ascorbinsäure nicht mit reagiert.

Eine etwa 0,001 N.-Lösung von Methylenblau (I ad Höchst) in luftfreiem Wasser wird in einer Vorratsflasche aufbewahrt, die dauernd unter Stickstoff steht und aus der die Lösung direkt in eine, ebenfalls unter Stickstoff stehende Bürette abgelassen werden kann. Die zu untersuchende Lösung wird in einem von Stickstoff durchströmten Kölbchen zur Entfernung des Sauerstoffes ausgekocht und darin wieder erkalten gelassen. Auf 100 ccm Lösung werden 3—5 ccm (höchstens 10 ccm) 5%ige Salzsäure zugegeben. Nach dem Erkalten wird 1 ccm der Methylenblaulösung zugesetzt und sodann so viel festes Natriumoxalat, bis Entfärbung eintritt. Wird der Farbstoff nicht entfärbt, so ist Ferroeisen nicht in nennenswerter Menge vorhanden. Tritt Entfärbung ein, so wird mit Methylenblau zu Ende titriert.

Die Methylenblau-Lösung wird in der gleichen Vorrichtung und in der soeben geschilderten Weise mit einer Ferrosalzlösung bekannter Konzentration oder mit Titantrichlorid eingestellt.

6. Schnellmethode zum Nachweis des Vitamins C in den Nebennieren.

Durch die Untersuchungen von SZENT-GYÖRGYI[1] ist das Vorkommen der mit dem Vitamin C identischen Ascorbinsäure in der Nebennierenrinde nachgewiesen worden. Auf die stark reduzierenden Eigenschaften dieses Vitamins haben BOURNE[2] und SIEHRS und MILLER[3] einen einfachen Nachweis gegründet. Wir geben die Methode nach SIEHRS und MILLER, die uns die klarsten Resultate zu geben scheint, im folgenden wieder:

Es werden dazu die Nebennieren gelegentlich der Autopsie der im Vitamin-C-Versuch befindlichen Meerschweinchen herausgenommen, durchgeschnitten, in eine neutrale 0,4%ige Silbernitratlösung für 15 Minuten eingelegt und mit einer 115 Watt-Lampe in einer Entfernung von etwa 20 cm (Originalvorschrift 8 inches) belichtet. Es findet sowohl seitens der Rinde als auch der Markschicht eine Reduktion des Silbernitrates statt, doch geht sie in der Marksubstanz wesentlich langsamer vor sich als in der Rinde. Bei gesunden Tieren färben sich die Schnittflächen stark dunkelbraun bis schwarz. Mit der fortschreitenden Vitamin-C-Verarmung der Meerschweinchen nimmt diese Färbung immer mehr ab und schlägt von dem Schwarzbraun allmählich zu einem Rotorange um. Diese Färbung soll bereits nach dem 5. Tag vitamin-C-freier Fütterung auftreten. Nach dem 6. Tag tritt entweder überhaupt keine Reduktion mehr ein oder sie ist so gering, daß sie kaum festzustellen ist. Genaue Nachprüfungen der Methode sind noch notwendig, doch scheint sie erfolgversprechend zu sein.

7. Beurteilung des Vitamin-C-Bestandes im menschlichen Körper nach GÖTHLIN.

Zur Beurteilung, ob beim Menschen eine Vitamin-C-Unterernährung besteht, haben GÖTHLIN[4], GEDDA[5] und FALK, GEDDA und GÖTHLIN[6] eine auf der Resistenz der Hautcapillaren beruhende Methode beschrieben. Es wird dabei so vorgegangen, daß eine Blutdruckmanschette proximal der Ellbogenbeuge angelegt und hierin ein bestimmter Druck erzeugt wird. Dieser Druck wird 15 Minuten lang konstant erhalten. Es kommt dann zum Auftreten von Petechien in der Ellbogenbeuge, deren Zählung etwa $^1/_2$ Stunde nach Absetzen des Druckes in einer kreisförmig abgegrenzten Zone von 3 cm Radius erfolgt. Unter normalen Verhältnissen werden durch einen Druck von 50 mm Hg, der 15 Minuten angehalten hat, nicht mehr als 4 Petechien erzielt. Werden mehr als 8 Petechien erzeugt, so ist der Vitamin-C-Bestand des Körpers deutlich herabgesetzt.

---

[1] A. SZENT-GYÖRGYI: Biochem. Journ. 1928, **22**, 1387.

[2] G. BOURNE: Nature (Lond.) **1933** I, 874.

[3] A. E. SIEHRS and C. O. MILLER: Proc. Soc. exper. Biol. a. Med. 1933, **30**, 696.

[4] G. F. GÖTHLIN: Skand. Arch. Physiol. 1931, **61**, 225; J. Labor. a. clin. Med. 1933, 18, 484.

[5] K. O. GEDDA: Skand. Arch. Physiol. 1932, **63**, 306.

[6] G. FALK, K. O. GEDDA u. G. F. GÖTHLIN: Skand. Arch. Physiol. 1932, **65**, 24.

8. Bezssonoffsche Reaktion.

Diese Reaktion hat vor allen Dingen in früheren Jahren eine große Rolle gespielt und sei deshalb hier nochmals angeführt, obwohl alle Untersucher bei kritischer Nachprüfung feststellen mußten, daß die Reaktion nicht spezifisch für Vitamin C ist (Janowskaja[1], Schepilewskaja[2], v. Hahn und Wieben[3], Salvatori[4]). Sie ist deshalb für Arbeiten auf diesem Gebiet ungeeignet. Es wird dabei nach einer der letzten Vorschriften (Bezssonoff[5]) so vorgegangen, daß 3,6 g Natriumwolframat und 4 g Phosphormolybdänsäure bei etwa 50° in 200 ccm Wasser gelöst werden. Hierzu werden 5 ccm 85%ige Phosphorsäure und unter Umrühren tropfenweise 10 ccm konzentrierte Schwefelsäure gegeben. Die Lösung wird bei 40—42° innerhalb 20—24 Stunden allmählich auf $^1/_3$ eingedunstet. Es scheiden sich blaßgelbe Krystalle aus. Diese werden mehrmals mit 2—3 ccm Wasser rasch gewaschen bis 1 Tropfen des Waschwassers mit Hydrochinon eine blaue, oder mit Pyrogallol braungelbe Färbung gibt (beide Phenole in 0,1%iger Lösung). Von den zwischen Filtrierpapier getrockneten Krystallen werden 15 g in 100 ccm einer 5 Vol.-%igen Schwefelsäure gelöst. In dunklen Flaschen aufbewahrt, hält sich das Reagens mindestens 2 Monate lang. Säfte oder Extrakte des vitamin-C-haltigen Materials soll man mit 5%iger Salzsäure zunächst 5—10 Minuten lang in siedendem Wasserbade erwärmen und hierzu das Reagens geben. Es entsteht eine blaue Färbung, die die Anwesenheit von Vitamin C anzeigen soll.

Wie schon erwähnt, haben diese Angaben bezüglich der Spezifität der Reaktion für Vitamin C bei Nachprüfung nicht Stand gehalten.

Nachtrag.

Infolge Verzögerung der Drucklegung des vorstehenden Artikels ist ein Zeitraum von mehr als einem Jahr verstrichen, in dem zahlreiche Arbeiten auf dem Vitamingebiet erschienen sind. Dabei sind naturgemäß auch viele methodische Angaben neu gemacht worden, die zwar im allgemeinen die Grundlage des biologischen Vitaminversuches nicht verändern, aber doch in mancher Richtung wertvolle Ergänzungen und Vertiefungen der Kenntnisse gebracht haben. Deshalb sehen wir uns veranlaßt, im folgenden den Benutzern des Handbuches die Möglichkeit zu bieten, sich über diese neueren Errungenschaften kurz zu unterrichten und gegebenenfalls die einschlägige Originalliteratur einzusehen. Es sei auch darauf hingewiesen, daß in der Zwischenzeit ein zusammenfassendes Werk über die Vitaminmethodik von Chr. Bomskov[6] erschienen ist, das nicht nur den Nachweis, sondern auch die Darstellung der Vitamine ausführlich behandelt.

I. Vitamin A.

Besonderes Interesse hat die Weiterentwicklung der quantitativen Bestimmungsmethoden gewonnen, wobei sich der Schwerpunkt auf Durcharbeitung und Verfeinerung der colorimetrischen Bestimmung unter Verwendung der Carr-Priceschen und anderer Farbreaktionen gelegt hat.

Der Tierversuch hat auch weitere Bearbeitung erfahren, obwohl hier, da er seit Beginn der Vitaminforschung ausgeführt und experimentell gut begründet worden ist, verhältnismäßig nur geringere Neuerungen gemacht worden sind.

1. Tierversuch.

Internationaler Standard. Die im Juni 1934 in London abgehaltene 2. Vitaminkonferenz hat als neues internationales Standardpräparat reines β-Carotin angenommen. Bei gleicher Wirksamkeit wie das frühere Standard-

[1] B. Janowskaja: Arch. Tierern. u. Tierzucht 1931, **6**, 155.
[2] N. E. Schepilewskaja: Arch. Tierern. u. Tierzucht 1932, **7**, 279.
[3] F.-V. v. Hahn u. M. Wieben: Z. 1932, **63**, 481.
[4] A. Salvatori: Atti R. Accad. Lincei (Roma), Rend. VI. s., 1932, **16**, 369.
[5] N. Bezssonoff: Biochem. Journ. 1923, **17**, 420.
[6] Chr. Bomskov: Methodik der Vitaminforschung. Leipzig: Georg Thieme 1935.

präparat ist festgesetzt worden, daß eine internationale Einheit in 0,6 γ reinem β-Carotin enthalten ist. 2—4 internationale Einheiten, an vitamin-A-verarmte Ratten verabreicht, stellen das Wachstum wieder her und etwas größere Dosen führen auch Heilung der Xerophthalmie herbei. Die Herstellung und Verteilung ist die gleiche geblieben.

Als Ersatz für das internationale Standard-β-Carotin kann auch nach den Beschlüssen der Konferenz ein standardisierter Lebertran benutzt werden, der bisher schon in den Vereinigten Staaten zu gleichen Zwecken Verwendung gefunden hat. Dieses Öl ist besonders für die spektroskopische Bestimmungsmethodik geeignet, und es sind über Verwendung und Vorgehen ausführliche Angaben von der Vitaminkonferenz aufgestellt worden[1].

Quantitative Bestimmung im Tierversuch. Miß COWARD[2] hat mit ihren Mitarbeitern schon 1930 den Verlauf der Wachstumskurven von Ratten ermittelt, die nach entsprechender vitamin-A-freier Vorbereitung steigende Dosen von Lebertran erhielten. Die Kurven wurden mathematisch berechnet, und es stellte sich bei sorgfältiger Durchführung von Vergleichsversuchen heraus, daß diese Kurven eine gute Grundlage für die Bestimmung des Vitamingehaltes gewähren. Es ist dabei allerdings darauf hinzuweisen, daß diese Kurven nur dann von anderen Laboratorien mit Erfolg gebraucht werden können, wenn sie vorher in diesen Laboratorien erneut festgestellt worden sind, also gewissermaßen eine Eichung stattgefunden hat. COWARD[3] gibt an, daß 10 männliche und 10 weibliche Ratten für je 3 Dosen, z. B. 0,5, 2 und 8 mg eines durchschnittlichen Lebertrans genügen dürften, um die Gültigkeit der Kurven für die Zwecke des betreffenden Laboratoriums zu erhärten und ihren Verlauf festzulegen.

Wie wir früher feststellten[4] (vgl. auch S. 1499), konnte die Steilheit der Wachstumskurven als Mittel der Vitamin-A-Bestimmung nicht als geeignet angesehen werden. Wir wollen damit aber nicht bestreiten, daß bei Vorhandensein eines ganz gleichmäßigen Tiermaterials mit zu Beginn der eigentlichen Testperiode völlig gleichen Vitamin-A-Reserven oder — anders ausgedrückt — völlig gleicher Vitamin-A-Verarmung ein gleichmäßiger Kurvenanstieg bei verschiedenen Dosen möglich ist. Wir halten allerdings die Schwierigkeiten, solche Tiere zu bekommen, für außerordentlich groß. Neuerdings hat auch VAN ESVELD[5] große Schwierigkeiten bei der Ermittlung einer zuverlässigen Carotin-Standardkurve gehabt, so daß ihre alleinige Anwendung infolge großer Abweichungen befriedigende Sicherheit nicht bietet.

Es wird deshalb von allen Autoren immer wieder betont, daß bei quantitativen Untersuchungen gleichzeitig das internationale oder ein anderes, genau bekanntes Standardpräparat zum Vergleich in Kontrollgruppen geprüft wird, wie es auch im Hauptartikel aufgeführt worden ist und schon zur Vermeidung von Saisonschwankungen in der Wirkung unerläßlich ist (COWARD und Mitarbeiter[6]). Nur so ist man vor Täuschungen sicher. Dann aber ist die Genauigkeit durchaus befriedigend, wie unsere eigenen Erfahrungen immer wieder lehren. Nach den Erfahrungen von COWARD[7] werden im biologischen Versuch die gleichen Ergebnisse auch dann erhalten, wenn die zu prüfenden Dosen nicht täglich, sondern in größeren Zwischenräumen (halbwöchentlich) verabreicht werden. Statistische Berechnungen zeigen, daß die Wahrscheinlichkeit übereinstimmender Resultate bei solchem Vorgehen sehr

---

[1] Report of the second international conference on vitamin standardisation (London June 12th to 14th, 1934). Quarterly Bulletin of the Health Organisation of the League of Nations, Vol. III, Extract Nr. 15. Genf 1934.

[2] K. H. COWARD, K. M. KEY, F. J. DYER u. B. G. E. MORGAN: Biochem. Journ. 1930, **24**, 1952.

[3] K. H. COWARD: Biochem. Journ. 1934, **38**, 865.

[4] A. SCHEUNERT u. M. SCHIEBLICH: Biochem. Zeitschr. 1933, **263**, 444.

[5] L. W. VAN ESVELD: Nederl. Tijdschr. Geneesk. 1934, S. 735. — Acta brev. neerl. Physiol. etc. 1933, **3**, 167; Ber. ges. Physiol. 1934, **78**, 242 u. 588.

[6] K. H. COWARD, K. M. KEY u. B. G. E. MORGAN: Biochem. Journ. 1933, **27**, 873.

[7] K. H. COWARD u. K. M. KEY: Biochem. Journ. 1934, **38**, 870.

hoch ist. Mit 77% kann angenommen werden, daß die Resultate innerhalb einer 3% betragenden Fehlergrenze liegen. Wichtig ist ferner, daß die Dauer der eigentlichen Versuchsperiode ausreichend lang gewählt wird. Bei Verwendung einer Gruppe von 10 männlichen Tieren und einwöchiger Versuchsdauer beträgt der wahrscheinliche Fehler noch 44%, sinkt aber bei fünfwöchiger Versuchsdauer auf 15% herab (COWARD[1]). Die für quantitative Versuche verlangte Dauer von 35 Tagen (S. 1497f.) ist deshalb unbedingt einzuhalten. Endlich ist auch auf die Wahl des Lösungsmittels für ölige Vitamin-A- oder Carotinlösungen hinzuweisen. So hat z. B. die Lösung des internationalen Standards in Erdnußöl die 5—6fache Wirksamkeit gegenüber einer Lösung in gehärtetem Baumwollsaatöl und Laurinsäureäthylester. Es müssen also stets dieselben Öle gleicher Herkunft verwendet werden, da auch durch verschiedene Herkunft Schwankungen bedingt werden (DYER, KEY und COWARD[2]). Auch die resorptionsschädigenden Wirkungen von Mineralölen sind gegebenenfalls zu berücksichtigen (DUTCHER, HARRIS, HARTZLER und GUERRANT[3]).

2. Antimontrichloridreaktion nach CARR-PRICE.

Die S. 1503 erörterten Schwierigkeiten der CARR-PRICEschen Reaktion haben zu den verschiedensten methodischen Vorschlägen geführt, die einerseits dahin zielen, die auftretende Blaufärbung dauerhafter zu gestalten, andererseits die leicht auftretende Trübung und Emulsionsbildung durch Wassergehalt und ähnliches zu vermeiden. Eine Hauptbedingung ist, daß die Chloroformantimontrichloridlösung immer frisch hergestellt wird, da sie nur geringe Haltbarkeit besitzt. Ebenso ist es nicht möglich, eine Vitamin-A-Chloroformlösung längere Zeit unverändert aufzubewahren. Dies macht sich besonders bei Eichung von Apparaten oder Aufstellung von Standardkurven sehr störend bemerkbar. Die Schwierigkeiten häufen sich, sobald man tierische oder pflanzliche Gewebe, die extrahiert oder verseift werden müssen, der Untersuchung unterwirft, da dann noch andere Chromogene mit ähnlichen Absorptionsspektren auftreten. GOLDHAMMER und KUEN[4] haben hierüber neue Befunde beigebracht.

Zur Vergleichscolorimetrie ist das LOVIBOND-Colorimeter mit seiner konstanten Farbskala am bequemsten. Hierbei macht vor allem die Vergleichslösung Schwierigkeiten. BROCKMANN und TECKLENBURG[5] empfehlen Kupfersulfatlösungen, denen eine bestimmte Menge Kobaltnitrat zugesetzt ist. So hat eine Lösung von 5 g $CuSO_4 + 5\,H_2O$ und 0,125 g $Co(NO_3)_2$ in 50 ccm Wasser im LOVIBOND-Tintometer 6,2 blau und 2,0 gelb als Farbwerte. Diese Autoren haben eine Serie derartiger Vergleichslösungen in zugeschmolzenen Reagensgläsern hergestellt und mit einem LOVIBOND-Colorimeter geeicht. Eichung ist auf jeden Fall auch nach unseren Erfahrungen notwendig. Ohne Vergleichslösung kann man mit dem Pulfrich-Zeissschen Stufenphotometer, und zwar mit dem Filter S 61, arbeiten; allerdings nur auf der Grundlage einer sorgfältig aufgestellten Eichungskurve, die man mit einem genau bekannten Vitamin-A-Präparat ermittelt hat.

Zur Vermeidung der leicht auftretenden Trübungen, Emulsionsbildung und sonstigen Störungen werden verschiedene Hilfsmittel empfohlen. SAPEGNO[6] schlägt als Lösungsmittel statt Chloroform Eisessig vor, der sich besonders für Carotinbestimmungen eignen

[1] K. H. COWARD: Biochem. Journ. 1933, **27**, 445.
[2] F. J. DYER, K. M. KEY u. K. H. COWARD: Biochem. Journ. 1934, **38**, 875.
[3] R. A. DUTCHER, P. L. HARRIS, E. R. HARTZLER u. N. B. GUERRANT: Journ. Nutrit. 1934, **8**, 269.
[4] H. GOLDHAMMER u. F. M. KUEN: Biochem. Zeitschr. 1933, **267**, 406, 417.
[5] H. BROCKMANN u. M.-L. TECKLENBURG: Zeitschr. physiol. Chem. 1933, **221**, 117.
[6] E. SAPEGNO: Boll. Soc. ital. Biol. sper. 1933, **8**, 794; Ber. ges. Physiol. 1934, **76**, 276.

soll. DAVIES[1] hat die ursprüngliche Extraktionsmethode von ROSENHEIM und WEBSTER[2] und MOORE[3] nach Verseifung von tierischen Geweben vereinfacht. Alle diese Modifikationen bedürfen vor endgültiger Anwendung sorgfältiger Prüfung und Einarbeitung auf dieselben.

Modifikationen nach ROSENTHAL und ERDÉLYI[4] mit Brenzcatechin und Guajacol.

Nach Verdünnung des zu untersuchenden Öles (Lebertran, Vogan) mit Chloroform wird 1 ccm einer 0,5%igen Brenzcatechinlösung in Chloroform zugefügt und hierauf 2—3 ccm der kaltgesättigten $SbCl_3$-Chloroformlösung nach CARR-PRICE zugegeben. Das Gemisch wird sogleich 1—2 Minuten im Wasserbad auf 60° erwärmt, wobei die zu Anfang entstandene Blaureaktion in Violettrot übergeht. In der Kälte entsteht die Reaktion nicht. Die Methode eignet sich auch zur quantitativen colorimetrischen Bestimmung.

Die gleiche Reaktion entsteht auch mit Hydrochinol, Guajacol und anderen Polyphenolen. Am besten soll sich für quantitative Bestimmungen das Guajacol, und zwar in 5%iger Lösung (5 g Guajacol in 100 ccm trockenem reinem Chloroform) eignen. Die Farbe dieser Reaktion, für die sich eine 0,01%ige $KMnO_4$-Lösung als Vergleichslösung empfiehlt, ist sehr beständig. Die Verfasser geben an, mit dem LEITZschen Absolutcolorimeter der „grauen Lösung" und dem Spezialfilter Nr. 7 bei monochromatischem Licht genaue Ergebnisse erhalten zu haben. Diese Methoden könnten über die bestehenden Schwierigkeiten der CARR-PRICEschen Methodik hinweghelfen, erfordern aber noch Durcharbeitung.

3. Spektroskopische Methoden.

Es hat sich immer deutlicher herausgestellt, daß die Absorption des Vitamin A bei 328 mμ sehr gut zur quantitativen Messung Verwendung finden kann. Auch die Internationale Standardisierungskommission (S. 1544) hat sich auf Grund der vorliegenden Arbeiten dahingehend entschieden, die Messung des Absorptionskoeffizienten (E) bei 328 mμ als zuverlässige Methode zur Bestimmung des Vitamin-A-Gehaltes von Leberölen und Konzentraten anzuerkennen. Um die für $E^{1\%}_{1\,\text{ccm}}$ 328 mμ gefundenen Werte in internationale Vitamin-A-Einheiten umzurechnen, wird der Faktor 1600 empfohlen.

Die vorgeschriebene Methode verläuft wie folgt: Die Messung muß im Unverseifbaren ausgeführt werden, wenn nicht das Material einen höheren Gehalt als 10000 internationale Einheiten im Gramm aufweist. Da der Fehler, der bei der Verseifung gemacht werden könnte, möglicherweise stören würde, wird folgendes einheitliche Vorgehen empfohlen: 1 g des zu untersuchenden Öles wird mit 10 ccm frisch hergestellter alkoholischer 0,5 N.-Kalilauge derart verseift, daß so lange gekocht wird, bis die Lösung klar erscheint (Dauer ungefähr 5 Minuten). Nach Zugabe von 20 ccm Wasser wird in einem kleinen Scheidetrichter zweimal mit 25 ccm peroxydfreiem Äther ausgeschüttelt. Die Ätherextrakte werden zuerst mit 10—20 ccm Wasser, dann mit 20 ccm 0,5 N.-Kalilauge und dann wieder mit Wasser gewaschen, wobei der Trichter unter Vermeidung von Schütteln sanft geschwenkt wird. Die ätherische Lösung wird dann zweimal mit je 10 ccm Wasser gründlich ausgeschüttelt und in einen Kolben filtriert. Der Äther wird bis zur Trockne verdampft und der Rest in Äthylalkohol oder Cyclohexan gelöst und hierauf so weit eingeengt, wie es das gebrauchte Spektrophotometer erfordert. Ein Vorversuch mit dem rohen Öl gibt Hinweise auf die zu verwendende Menge von Öl und Lösungsmittel.

Reiner Äthylalkohol oder Cyclohexan müssen als Lösungsmittel verwendet werden. Reines Cyclohexan, das für spektrographische Untersuchungen geeignet ist, muß die folgenden Konstanten besitzen: $d_{4^0}^{20^0} = 0{,}7784$; Siedepunkt 81,4°; Schmelzpunkt 6,5°. Das

[1] A. W. DAVIES: Biochem. Journ. 1933, **27**, 1770.

[2] O. ROSENHEIM u. TH. A. WEBSTER: Biochem. Journ. 1927, **21**, 111.

[3] TH. MOORE: Biochem. Journ. 1930, **24**, 692.

[4] E. ROSENTHAL u. J. ERDÉLYI: Biochem. Zeitschr. 1933, **267**, 119; 1934, **271**, 414. — Biochem. Journ. 1934, **28**, 41. — Magy. orv. Arch. 1934, **35**, 232; Ber. ges. Physiol. 1934, **80**, 433.

Spektrum muß im Gebiet von 328 mμ absolut klar sein und darf keine Spur von Absorption aufweisen. Die Intensität der Absorption bei 328 mμ kann mit $\pm 2^1/_2$% durch geeignete spektrophotometrische Methoden dargestellt werden. Der Faktor 1600 ist ein Mittelwert, der bei vergleichenden Prüfungen der unverseifbaren Fraktion von Lebertran und hohen Vitaminkonzentraten gewonnen worden ist. Falls der Gehalt des Präparates in internationalen Einheiten mit dieser Methode festgestellt wird, ist dies anzuführen.

II. Vitamin D.

1. Allgemeine Versuchsbedingungen.

Der S. 1506 unter „Fütterung“ erwähnte geringe Vitamin-D-Gehalt des Maises, der die Wirkung der rachitogenen Kostform unsicher zu gestalten vermag, machte sich neuerdings mehrfach bei Versuchen störend bemerkbar. HARRIS und BUNKER[1] empfehlen, den Mais vor der Verwendung mindestens 6 Monate in gemahlenem Zustand aufzubewahren, da dann die erzeugte Rachitis gleichmäßiger und schwerer ist. Auch der Phosphorgehalt des Maises weist nach diesen Autoren so große Schwankungen auf, daß er bei Verwendung der STEENBOCK-BLACK-Kost zur Unterdrückung der rachitogenen Wirkung führen kann. Es muß deshalb der zu verwendende Mais auf Vitamin D und auch auf seinen Gehalt an Phosphor geprüft werden. Auch BRUCE und CALLOW[2] empfehlen bei Verwendung von Cerealien in rachitiserzeugenden Kostsätzen die Bestimmung von Gesamtphosphor und auch von Phytinphosphor. Bei der Lagerung der rachitogenen Kost können sich die Verhältnisse von Gesamtphosphor zu Phytinphosphor und damit die rachitogenen Eigenschaften der Kost ändern. Wie groß die durch Anwendung verschiedener Getreidearten in der rachitogenen Kost erforderlichen Vitamin-D-Mengen sein können, wurde beim Vergleich von Weizen und Buchweizen als Grundlage der McCOLLUM-Kost Nr. 3143 von SCHIEBLICH[3] gezeigt. Die rachitiserzeugende Wirkung dieser Kostform wurde durch die Verwendung von Buchweizen und die damit verbundene Erniedrigung ihres Phosphorgehaltes wesentlich verstärkt. Es ist deshalb unbedingt notwendig, auf die Qualität der verwendeten Getreidearten zu achten und nicht zulässig, Versuche, die mit Getreide verschiedener Herkunft oder gar Sorte ausgeführt worden sind, miteinander zu vergleichen.

2. Internationale Standardlösung.

Während die bisherige internationale Standardlösung aus einem Ultraviolettbestrahlungsprodukt von Ergosterin hergestellt worden war, das neben Vitamin D auch noch andere Bestrahlungsprodukte enthielt, wird nunmehr eine neue Lösung gleicher Stärke als internationale Standardlösung in Aussicht genommen, die reines krystallisiertes Vitamin D in Olivenöl gelöst enthält. 1 mg dieser Lösung enthält 0,025 γ krystallisiertes Vitamin D, liegt also über der Schutzdosis, die WINDAUS und Mitarbeiter[4] mit 0,02 bzw. 0,015 γ für das reine Vitamin D seinerzeit angegeben hatten. Die Definition, daß 1 mg der Standardlösung einer internationalen Einheit entspricht, bleibt bestehen.

Es sei noch darauf hingewiesen, daß die Konferenz die allgemeine Verwendung von genau bekannten Lebertranproben als behelfsmäßigen Standard nicht empfohlen hat, da sie vor allem im Hinblick auf die Lagerungsfrage dies für unzweckmäßig hielt. Jedoch hält sie trotzdem die Verwendung von Lebertran-Standardlösungen für die speziellen Zwecke eines Landes für angängig, empfiehlt aber, dann trotzdem den Gehalt der geprüften Präparate in internationalen Einheiten auszudrücken.

---

[1] R. S. HARRIS u. J. W. M. BUNKER: Journ. Lab. clin. Med. 1934, **19**, 390.

[2] H. M. BRUCE u. R. K. CALLOW: Biochem. Journ. 1934, 28, 517.

[3] M. SCHIEBLICH: Biochem. Zeitschr. 1933, **265**, 1.

[4] A. WINDAUS, O. LINSERT, A. LÜTTRINGHAUS u. G. WEIDLICH: Liebigs Ann. 1932, **492**, 226.

III. Vitamin E.

Auf Grund der Erfahrungen im Laboratorium von GRIJNS (Wageningen) beschrieb SCHOORL[1] eine neue Diät. Diese ist zusammengesetzt aus:

Casein (technisch)	60	Lebertran	2
Kartoffelstärke	100	Butterfett	13
Dextrin (technisch)	130	Salzgemisch McCOLLUM Nr. 185	15
Bierhefe	20		

Die Kost soll Sterilität weiblicher Ratten mit großer Sicherheit gewährleisten. Männliche Tiere bleiben länger zeugungsfähig.

IV. Vitamine der B-Gruppe.

A. Vitamin B_1.

1. Rattenversuch.

Wie schon S. 1520 vermerkt wurde, ist unter Umständen die Zugabe eines reinen Vitamin-B_4-Präparates zur Sicherung der Vitaminbedürfnisse der Versuchstiere unbedingt erforderlich. Dies ist auch in den letzten Jahren immer deutlicher geworden. Die Herstellung dieser Präparate ist sehr langwierig und erfordert die Benutzung der Originalvorschriften von BARNES und Mitarbeitern (vgl. S. 1520), sowie KINNERSLEY und Mitarbeitern[2].

Zur Vitamin-B_2-Versorgung empfehlen BENDER und Mitarbeiter[3] 2 Stunden bei 120° autoklavierte Trockenmolken. Die Untersuchungen sollen durch Verwendung solcher Präparate, die, da sie käuflich nicht zu erwerben sind, naturgemäß immer erst Herstellung im Laboratorium und Prüfung im Rattenversuch bei gänzlich vitamin-B-freier Nahrung erfordern, sicherere Resultate ergeben, als mit autoklavierter Hefe. Wir sind im üblichen Testversuch bisher im allgemeinen mit autoklavierter Hefe ausgekommen, obwohl gelegentlich Störungen des Versuchsverlaufes, die wir auf Vitamin-B_4-Mangel zurückführen möchten, beobachtet werden.

Bei Untersuchung von Getreidearten hat MITCHELL[4] eine neue Modifikation des Vitamin-B_1-Versuches empfohlen. Die 4 Wochen alten Ratten werden auf einer Grundkost von 18% Casein, 10% Zucker, 50% Stärke, 10% filtriertem Butterfett, 5% autoklavierter Hefe, 2% Lebertran, 1% Kochsalz und 4% Salzgemisch nach OSBORNE und MENDEL so lange gehalten, bis sie keine Gewichtszunahme mehr zeigen. Dann werden sie nach Paaren geordnet, wobei nur Tiere gleichen Wurfes, Alters, Geschlechts und Gewichts herangezogen werden. Das zu prüfende Material wird als Ersatz der Stärke in Mengen von 35, 40 und 45% der Grundkost zugesetzt und jeder Ratte die gleiche Menge der Versuchskost vorgelegt. Von jedem Paar bekommt außerdem ein Tier noch eine voll genügende Menge eines konzentrierten Vitamin-B_1-Präparates. Ergibt sich zwischen den Ratten eines Paares keine Gewichtsdifferenz, so enthält die zu prüfende Getreidezulage ausreichend Vitamin B_1, ist eine Gewichtsdifferenz vorhanden, so genügt die Menge nicht. Auch der Eiweißgehalt der Kost kann nach diesem Autor die Resultate beeinflussen.

a) Methode von SCHEUNERT und SCHIEBLICH. Wir haben den in unserem Laboratorium üblichen Rattenversuch für den Vitamin-B_1-Nachweis weiterhin durchgearbeitet, wobei sich die folgende, auch für quantitative Zwecke geeignete

---

[1] P. SCHOORL: Arch. néerl. Physiol. 1934, **19**, 403.
[2] H. W. KINNERSLEY, J. R. O'BRIEN, R. A. PETERS u. V. READER: Biochem. Journ. 1933, **27**, 225.
[3] R. C. BENDER, G. E. FLANIGAN u. G. C. SUPPLEE: Journ. Nutrit. 1934, **8**, 357.
[4] H. H. MITCHELL: Amer. Journ. Physiol. 1933, **104**, 594.

Methode als recht sicher erwiesen hat. Die Ratten werden, wie S. 1521 ausgeführt, vorbereitet, wobei als Kost unsere S.1520 angeführte modifizierte Kostform nach CHICK und ROSCOE verwendet wird. Es werden stets Gruppen von 10 Ratten im Anfangsgewicht von je 55—60 g in den Versuch genommen. Haben die Ratten mehrere Tage deutliche Gewichtsabnahmen gezeigt, was nach etwas verschiedener Dauer der Vorfütterung eintritt, so erfolgt die Zulage der zu prüfenden Substanz, deren Höhe für jede Gruppe verschieden groß gewählt wird. Die Versuchsdauer beträgt 35 Tage. Es wird diejenige Dosis ermittelt, die gerade genügt, um 8 Ratten von 10 die Versuchsperiode durchlaufen zu lassen und die Bedingungen des Versuches zu erfüllen. Diese Bedingungen sind: Die Ratten müssen sich zum mindesten auf ihrem Gewicht halten, wobei eine Abnahme bis zu höchstens 2 g gegenüber dem Gewicht am ersten Zulagetag noch als Erhaltung des Gewichts gilt. Tiere mit größeren Abnahmen gelten als negativ. Zunahmen sind zulässig. Als negativ gelten Ratten, die während des Versuchsverlaufes polyneuritische Krämpfe zeigen oder sterben. Als Beispiel sei die Auswertung eines Versuches über den Vitamin-B_1-Gehalt getrockneter Bierhefe gegeben, wie wir sie tabellarisch geordnet darzustellen pflegen.

Bierhefe, getrocknet.

Tagesdosis je Ratte g	Anzahl der Ratten	Genügend	Ungenügend			
			Gewichtsabnahme mehr als 2 g	Krämpfe	Krämpfe und tot	tot
0,01	10	10	—	—	—	—
0,005	10	5	3	—	1	1

Die gesuchte Grenzdosis lag bei 0,01 g.

Die Methode hat bei zahlreichen Versuchen beim Vergleich verschiedener Trockenhefen und anderer Materialien zu recht befriedigenden Ergebnissen geführt. Sie eignet sich auch sehr gut zur Auswertung des internationalen Standardpräparates.

b. Internationales Standardpräparat. Die 2. Internationale Vitaminkonferenz hat das bisherige Standardpräparat beibehalten. Nach RANDOIN[1] enthält dieses übrigens neben dem Vitamin B_1 noch andere Vitamine der B-Gruppe (B_2, B_3). Wir möchten annehmen, daß auch Vitamin B_4 darin enthalten ist.

2. Taubenversuch.

Die S. 1525 beschriebene Heilmethode nach KINNERSLEY, PETERS und READER ist von verschiedenen Autoren als sehr brauchbar immer wieder erhärtet worden. SCHULTZ und LAQUER[2] machen auf einige Vorsichtsmaßregeln aufmerksam, die sorgfältig beobachtet werden müssen, um sichere Ergebnisse zu erzielen. Wichtig ist vor allem die Temperaturfrage. Niedrige Temperaturen und Witterungsumschläge befördern das Auftreten der Krämpfe. Solche Tiere, in warme Räume verbracht, können scheinbar wiederhergestellt werden, wobei die Krämpfe verschwinden. Nach einiger Zeit tritt aber stets dann auch im warmen Raum ein neuer Krampfanfall ein, der nunmehr bestehen bleibt. In diesem Stadium sind die Tiere zum Versuch geeignet. Die genannten Autoren verwenden nur solche Tiere, die erstens die rein spastische Form der Beriberi zeigen und zweitens bei der Temperatur des Versuchsraumes mehrere Stunden ununterbrochen im Krampfzustand verweilen. Es werden von ihnen nur die Versuche anerkannt, bei denen die Heilung innerhalb 3—6 Stunden eintritt und bei denen sie mindestens 36 Stunden einwandfrei anhält. Als besonders wichtig

[1] L. RANDOIN: Bull. Soc. Chim. biol. Paris 1934, **16**, 440.
[2] F. SCHULTZ u. F. LAQUER: Zeitschr. physiol. Chem. 1933, **219**, 158.

zur Vermeidung von Täuschungen wird vorgeschrieben, daß nach Eintreten der anscheinenden Heilung der Kopf der betreffenden Taube einige Male nach rückwärts in die Lage zu biegen ist, die er im Opisthotonus innehatte. Liegt keine spezifische Heilung vor oder war die angewandte Dosis zu gering, so wird auf diese Weise wenigstens vorübergehend ein erneuter Krampfzustand ausgelöst. Dieser Zustand wird als Pseudoheilung bezeichnet. War diese Behandlung ohne Einfluß, so wird das Tier mehrere Male im Kreise geschwenkt. Tritt auch dann kein neuer Krampfzustand ein, so kann man fast mit Sicherheit von echter Heilung sprechen. Um jeder Täuschungsmöglichkeit vorzubeugen, soll die Probe mindestens an 6 Tieren geprüft werden. Dann werden auch die ganz vereinzelten Fälle, in denen trotz positiven Ausfalls der Proben dennoch Pseudoheilung bestand, erkannt und können ausgeschaltet werden.

COWARD und Mitarbeiter[1] haben zur Auswertung des Taubenversuches den Quotienten aus der Anzahl der Tage der Heilungsdauer und dem Gewicht des verwendeten Präparates (bei einmaliger Gabe) ermittelt und damit gute Erfolge erzielt.

3. Andere Methoden, Farbreaktionen.

Von SPRUYT[2] ist zum Zwecke der Prüfung von Reis eine colorimetrische und eine chemische Methode ausgearbeitet worden. Die Methoden haben bisher eine weitere Verbreitung nicht gefunden, können aber, da mit ihrer Hilfe zahlreiche Proben von Reis untersucht werden können, Bedeutung gewinnen. Abgesehen davon, daß sie an sich noch weiterer Bestätigung bedürfen, müssen sie zur Anwendung auf andere Materialien zunächst für diese geprüft werden. Die colorimetrische Methode wurde von indischen Autoren (ACTON und Mitarbeiter[3]) zum Vergleich des Vitamingehaltes von verschieden vorbereiteten Reissorten verwendet und zeigte je nach der Behandlungsweise des Reises Unterschiede. Die Methoden können eventuell praktische Bedeutung gewinnen. Deshalb sei hier auf sie verwiesen.

Eine weitere Farbreaktion haben für krystallisierte Vitamin-B_1-Präparate KINNERSLEY und PETERS[4] unter dem Namen Formaldehyddiazoreaktion beschrieben. 0,5 ccm diazotierte Sulfanilsäure (KOESSLER und HANKE[5]) wird mit 1,25 ccm einer spezifischen Reagenslösung in einem kleinen Reagensglas versetzt. Die Reagenslösung ist wie folgt zusammengesetzt:

Natronlauge	Natriumbicarbonat	Wasser
100 ccm	5,76 g	100 ccm

Nach 1 Minute wird ein Tropfen (0,03 ccm) 40%iger Formaldehydlösung hinzugefügt und darauf unmittelbar das Vitaminkonzentrat in 0,1—0,3 ccm einer Lösung von einem p_H, der größer als 4 ist, zugesetzt. Es tritt eine blaßrote Farbe auf, die in ihrer Intensität während 30—60 Minuten zunimmt. Nach dieser Zeit bleibt sie nahezu konstant. Es wird ein Vergleich mit bekannten Vitaminlösungen empfohlen. Die Verwendung eines Colorimeters hat sich dabei nicht bewährt.

B. Vitamin B_2.

Im Verfolg der weiteren Unterteilung der Vitamine ist die Frage aufgeworfen worden, ob die bisher dem Vitamin B_2 zugeschriebenen Wirkungen nicht verschiedenen Vitaminen zuzusprechen sind. Insbesondere hat man, abgesehen von anderen Möglichkeiten, in Erwägung gezogen, ob nicht in dem Vitamin B_2 ein Wachstums-Vitamin und ein Antidermatitis-Vitamin enthalten seien. Die Fragen sind zur Zeit keineswegs schon so weit geklärt, daß sie bei Vitaminuntersuchungen für praktische Zwecke, insbesondere der Lebensmittelchemie, größere Bedeutung besitzen. ROSCOE[6] neigt zur Annahme, daß die dermatitisheilende und die Wachstumswirkung von denselben Substanzen hervorgerufen würden

[1] K. H. COWARD, J. H. BURN, H. W. LING u. B. G. E. MORGAN: Biochem. Journ. 1933, **27**, 1719.

[2] J. P. SPRUYT: Meded. Dienst Volksgezdh. Nederl.-Indië 1930, **19**, **46**; Ber. ges. Physiol. 1931, **58**, 286. — Diss. Amsterdam 1933, S. 177 u. englische Zus.-Fassung; Ber. ges. Physiol. 1934, **76**, 461.

[3] H. W. ACTON, S. GHOSH u. A. DUTT: Indian Journ. med. Res. 1933, **21**, 103.

[4] H. W. KINNERSLEY u. R. A. PETERS: Biochem. Journ. 1934, **28**, 667.

[5] K. K. KOESSLER u. M. T. HANKE: Journ. Biol. Chem. 1919, **39**, 505.

[6] H. M. ROSCOE: Biochem. Journ. 1933, **27**, 1533, 1537, 1540.

und nur quantitative Unterschiede bestünden. Nach den Untersuchungen von GYÖRGY[1] dürfte aber doch eine Verschiedenheit vorliegen.

Nach GYÖRGY und Mitarbeitern[2] gehört das Vitamin B_2 zu einer neu entdeckten Gruppe von Farbstoffen, die als Flavine bezeichnet werden. Zum Nachweis im Tierversuch eignet sich die Kost und Methode von SHERMAN und BOURQUIN, die S. 1527 beschrieben worden ist. Es muß darauf geachtet werden, daß auch hier, wie beim Vitamin-B_1-Versuch, die Zufuhr von Vitamin B_4 (vgl. hierzu GYÖRGY und Mitarbeiter[3]) gesichert ist. Gegebenenfalls muß dann ein Vitamin-B_4-Präparat (KINNERSLEY und Mitarbeiter, S. 1548) zugegeben werden. Nach diesen Untersuchungen erfolgt das Auftreten einer Dermatitis unabhängig von der Zugabe von Vitamin B_2 oder reinem Flavin. Es muß danach eine Verschiedenheit des Antidermatitisfaktors vom Vitamin B_2 oder dem reinen Flavin angenommen werden.

a) Dermatitis erzeugende Kost nach GYÖRGY[1]. Es gelingt regelmäßig, die bei Pellagra typischen Hauterkrankungen hervorzurufen, wenn man Ratten mit einer Kost aus:

Casein (Glaxo)	Reisstärke	Butterfett	Lebertran	Salzgemisch
18	68	9	1	4%

füttert. Als Vitamin B_1 ist dabei ein reines Konzentrat (4—6 Taubeneinheiten) und als Vitamin B_2 täglich 10 γ reines Flavin zuzugeben. Das Antidermatitis-Vitamin wird vorläufig als Vitamin B_6 bezeichnet.

b) Fluorescenzmethode. Nach den Untersuchungen von KUHN und Mitarbeitern[4] zeigen die Flavine und damit auch das Vitamin B_2 hochgradige Fluorescenz. Neuerdings sind die ersten Ansätze dazu gemacht worden, diese Eigenschaft zu einer Nachweismethode zu verwenden. Vorerst ist die Reaktion aber noch zu unspezifisch, um eine praktische Bedeutung gewinnen zu können. Vielleicht bestehen aber für die Zukunft hier gut auswertbare Möglichkeiten (JOSEPHY[5], COHEN[5]).

c) Lumiflavinmethode. Die weitere Beobachtung, daß die Flavine bei Bestrahlung mit einer starken elektrischen Lampe in grüngelb gefärbte neue Farbstoffe, sog. Lumiflavine, übergehen, ist ebenfalls zur methodischen Verwertung herangezogen worden. Die Luminflavine lassen sich nach dem Ansäuern der Lösung mit Chloroform ausschütteln und können dann colorimetrisch im Stufenphotometer bestimmt werden. Auch dieses Vorgehen ist vielleicht für die Zukunft erfolgversprechend. Vorläufig sind diese Methoden durch andere fluorescierende Begleitsubstanzen leicht Irrtümern unterworfen (WAGNER-JAUREGG[6]).

V. Vitamin C.

1. Allgemeine Versuchsbedingungen.

Eine einfache Versuchskost, die von Meerschweinchen gern gefressen wird und somit Zwangsfütterung vermeiden läßt, gibt DEMOLE[7] an. 2 kg Haferflocken, 1 kg gezuckertes Trockenmilchpulver und 6 Eiereiweiße werden mit Wasser zu einem festen Teig verarbeitet. Hieraus werden kleine dicke Kuchen mit 5 cm Durchmesser geformt und auf einem mit Olivenöl schwach eingefetteten Blech 20—25 Minuten gebacken. Auf der Oberfläche bildet sich eine braune Kruste, die für die Nagetiere angenehm ist. Kühl gelagert halten sich die Kuchen 2—3 Wochen. Wenn sie ausgetrocknet sind, können sie mit Wasser aufgeweicht werden. Das aus dem Handel bezogene Trockenmilchpulver wird in dünner Schicht im Trockensterilisator auf 120° erhitzt, wobei leichtes Braunwerden nicht schadet. Die Erhitzung kann auch im Autoklaven bei 110° über 2—3 Stunden ausgeführt werden. Es wird

[1] P. GYÖRGY: Nature (Lond.) **1934 I**, 498.

[2] P. GYÖRGY, R. KUHN u. TH. WAGNER-JAUREGG: Ber. Deutsch. Chem. Ges. 1933, **66**, 317, 676, 1034, 1577; Naturwiss. 1933, **21**, 560; Klin. Wchschr. 1933, **12**, 1241; Zeitschr. physiol. Chem. 1934, **223**, 21, 27, 241.

[3] P. GYÖRGY, F. W. VAN KLAVEREN, R. KUHN u. TH. WAGNER-JAUREGG: Zeitschr. physiol. Chem. 1934, **223**, 236.

[4] R. KUHN, P. GYÖRGY u. TH. WAGNER-JAUREGG: Ber. Deutsch. Chem. Ges. 1933, **66**, 317.

[5] B. JOSEPHY: Nederl. Tijdschr. Geneesk. **1934**, 2667. — Acta brev. neerl. Physiol. etc. 1934, **4**, 46. — Ber. ges. Physiol. 1934, **81**, 616, 617.

[6] TH. WAGNER-JAUREGG: Angew. Chem. 1934, **47**, 318.

[7] V. DEMOLE: Zeitschr. Vitaminforsch. 1934, **3**, 89.

empfohlen, die Tiere in Gruppen von 10—20 Tieren zu halten und ihnen genügend Wasser und ein dickes Heulager, von dem sie auch fressen können, zur Verfügung zu stellen. Zweimal wöchentlich werden die Käfige gereinigt und den Tieren mit der Pipette 0,1—0,2 ccm Lebertran gegeben. Die Tiere nehmen schon nach 10—16 Tagen an Gewicht ab und sind dann für den Heilversuch geeignet.

2. Quantitativer Nachweis.

Die S. 1535 kurz erwähnte Methode von KEY und ELPHICK gestattet nach den Untersuchungen von MOLL[1] nur bei größerer Erfahrung und Verwendung vieler Versuchstiere eine quantitative Auswertung der Befunde. MOLL, der hierüber die größten Erfahrungen besitzt, verwendet als Mangeldiät die Diät von SHERMAN, LA MER und CAMPBELL (vgl. S. 1529) bei Versuchstieren im Alter von 6—8 Wochen und im Gewicht von 300—350 g. Die skorbutanzeigenden charakteristischen Zahnveränderungen treten schon sehr frühzeitig auf (vgl. S. 1534 und auch bei MOLL). Bei der Durchführung des Versuches wird der Todestag der unbehandelten Kontrollen abgewartet, der im Durchschnitt etwa am 27. Tag erfolgt. Die behandelten Tiere werden etwa gleichzeitig, nachdem die Kontrollen eingegangen sind, getötet und nunmehr die Schutzwirkung unter Berücksichtigung des Sektionsbefundes, des Verlaufes der Gewichtskurven und der nach dem Schema von KEY und ELPHICK (S. 1535 und MOLL[1]) gefundenen Veränderungen an den Schneidezahnwurzeln beurteilt. Beim Sektionsbefund werden die Skorbuterscheinungen in schwer, mittel, leicht und fehlend eingeteilt. Bei Berücksichtigung der Gesamtheit der Befunde ergibt sich dann ein klares Bild, wobei sich die quantitative Auswertung besonders auf den Zahnbefund stützt. Das Vorgehen von MOLL, das im Forschungslaboratorium der Firma E. Merck, Darmstadt ausgearbeitet worden ist, erfordert Einübung und ist infolge der vorzunehmenden histologischen Untersuchungen nur unter Einsichtnahme in die Originalliteratur durchzuführen.

Für reine Ascorbinsäure haben die Untersuchungen von MOLL bei dieser Methode ergeben, daß 0,25 mg täglich die Lebensdauer vitamin-C-frei ernährter Meerschweinchen um mehr als das Doppelte verlängern. 0,5 mg erhalten die Tiere am Leben, jedoch besteht nach der Wachstumskurve eine Störung des Wachstums. 1 mg täglich sichert für 90 Tage optimales Wachstum, doch sind trotzdem noch gewisse pathologische Zahnveränderungen vorhanden. Erst 1,5—2 mg sind als minimale Schutzdosis zu bezeichnen.

3. TILLMANSsche Methode.

Für die TILLMANSsche Methode werden verschiedene Verbesserungen und Abänderungen vorgeschlagen, die sie zu verschiedenen Zwecken geeignet machen. Die experimentellen Schwierigkeiten, die die Eichung der Indicatorlösung mit Hilfe von Ferroammoniumsulfat erfordert, haben zur Suche nach Ersatzmethoden geführt. Hierzu ist besonders die Titration einer reinen Vitamin-C-Lösung gegen Jod empfohlen worden. HARRIS und RAY[2] stellten fest, daß reine Ascorbinsäurelösungen mit großer Genauigkeit gegen Jodlösung titriert werden können, wobei 1 Molekül Ascorbinsäure 2 Atome Jod reduziert. Es gelingt auf diese Weise leicht, auch den Phenolindophenolindicator auf reine Ascorbinsäure umzurechnen.

BESSÉ und KING[3] benutzen frisch hergestellten filtrierten Citronensaft. 5 ccm werden davon mit 0,01 N.-Jodlösung, die pro Liter 15 g Kaliumjodid enthält, bis zur bleibenden Blaufärbung des Stärkeindicators titriert. 1 ccm 0,01 N.-Jodlösung entspricht 0,88 mg Vitamin C. Eine weitere Portion von 5 ccm desselben Saftes wird dann mit 2,6-Dichlorphenolindophenol-Lösung tritiert, bis bleibende Rötlichfärbung besteht. Damit kann man den Vitamin-C-Wert der Phenolindophenol-Lösung feststellen. Apfelsinensaft oder andere Pflanzensäfte sind nicht brauchbar, da man dabei einen zu hohen Jodverbrauch erhält.

---

[1] TH. MOLL: Mercks Jahresber. **1933**. — Deutsch. med. Wchschr. **1934 II,** 1197. — O. DALMER u. TH. MOLL: Zeitschr. physiol. Chem. 1933, **222,** 116.

[2] L. J. HARRIS u. S. N. RAY: Biochem. Journ. 1933, **27,** 303.

[3] O. A. BESSÉ u. C. G. KING: Journ. Biol. Chem. 1933, **103,** 687.

4. Mikromethode von Birch, Harris und Ray[1] zur Vitamin-C-Bestimmung in verschiedenen Nahrungsstoffen.

Die Methode gründet sich auf die Arbeiten von Harris und Ray[2] und stellt eine modifizierte Tillmanssche Methode dar, wobei, entgegen Tillmans, in kräftig saurer Lösung ($p_H = 2{,}5$) titriert wird. Hierbei ist der Indicator rot, im Gegensatz zum Blau der ursprünglichen Tillmansschen Methode.

Methode. Eine kleine Menge des zu untersuchenden Nahrungsstoffes wird abgewogen und mit Sand und unter Zugabe von so viel 20%iger Trichloressigsäure fein verrieben, daß die Endkonzentration der Säure 5% beträgt. Der Extrakt wird dann auf ein bestimmtes Volumen aufgefüllt, wobei bei wenig vitamin-C-haltigen Stoffen eine geringere, bei vitamin-C-reichen Stoffen eine größere Verdünnung gewählt wird (bei Citronensaft z. B. 1 : 10). Der filtrierte Extrakt wird in eine Mikrobürette (0,1 ccm-Teilung) eingefüllt. Hierauf wird in ein kleines Reagensröhrchen 0,05 ccm einer frisch bereiteten und eingestellten 2,6-Dichlorphenolindophenol-Lösung (ungefähr 0,1 M) eingefüllt. Danach läßt man den Trichloressigsäureextrakt der Mikrobürette so lange einfließen, bis die rote Farbe, die der Indicator in saurer Lösung sofort annimmt, gerade verschwindet. Die Titration muß in 2—3 Minuten beendet sein. Andernfalls kann ein Irrtum durch Verblassen der Farbe des Indicators eintreten.

Herstellung der Indicatorlösung. Etwa 0,1 g des Farbstoffes wird in eine kleinere Menge kochenden destillierten Wassers gegeben. Der Rest des ungelösten Farbstoffes wird abfiltriert und erneut mit kochendem Wasser extrahiert. Die vereinigten Extrakte werden auf 50 ccm aufgefüllt. Die Indicatorlösung wird gegen reine Ascorbinsäure eingestellt. Die Ascorbinsäurelösung wird ihrerseits wieder gegen Jod titriert (vgl. oben).

a) Anwendung der Mikromethode bei Harn und Milch. Die Mikromethode von Birch wurde von Harris, Ray und Ward[3] für Harn erfolgreich angewendet. Der zu untersuchende Harn wird dazu mit Trichloressigsäure so weit versetzt, daß die Endkonzentration 5% beträgt. Darauf wird die Titration in der Mikrobürette, wie in der Originalmethode beschrieben, ausgeführt. Die Titrationen müssen bei der Harnuntersuchung sofort oder wenige Minuten nach der Entleerung des Harns aus der Blase ausgeführt werden. Der Endpunkt der Titration muß auch in ungefähr 1 Minute erreicht sein. Andernfalls können Irrtümer durch andere reduzierende Harnsubstanzen hervorgerufen werden.

Mit der gleichen Methode bestimmte Kon[4] den Vitamin-C-Gehalt der Milch.

b) Vorgehen zur Extraktion pflanzlicher und tierischer Gewebe. Bessé und King (S. 1552) empfehlen zur Extraktion pflanzlicher Gewebe 8%ige Essigsäure zu nehmen und auch hierin zu titrieren während für die meisten tierischen Gewebe Trichloressigsäure in 8%iger Lösung vorzuziehen ist. Es werden dazu 5—10 g abgewogen, mit Sand (sauer) ausgewaschen, in einem Mörser fein zerrieben und 25 ccm der betreffenden 8%igen Säuren (Trichloressigsäure oder heiße Essigsäure) zugegeben, bis ein dünner Brei entstanden ist. Hierauf wird zentrifugiert und der Extrakt abgegossen. Weitere 10 ccm der zur Extraktion verwendeten Säurelösung werden zum Auswaschen des Mörsers verwendet und dann mit dem Zentrifugenrückstand vermischt, worauf erneut zentrifugiert wird. Der Waschprozeß wird nochmals mit 5 ccm wiederholt. Die dekantierten Extrakte enthalten dann das gesamte Vitamin C. Sie werden auf ein bestimmtes Volumen aufgefüllt und von diesem aliquote Teile zur Titration mit 2,6-Dichlorphenolindophenol verwendet. Hierbei sollen 10 ccm der Extraktlösung mit 40 ccm destilliertem Wasser oder 8%iger Säurelösung gemischt werden.

c) Mercuriacetatfällung nach Emmerie. Da auch Cystein und Ergothionein sowie andere Stoffe, die in tierischen Geweben und Flüssigkeiten vorkommen, den Farbstoff in saurer Lösung reduzieren, empfiehlt Emmerie[5] die Ausfällung dieser störenden Stoffe mit 20%iger wäßriger Mercuriacetetlösung bei saurer Reaktion. Die Ascorbinsäure bleibt in reversibel oxydierter Form in Lösung und kann durch Schwefelwasserstoffbehandlung

[1] Th. W. Birch, L. J. Harris u. S. N. Ray: Biochem. Journ. 1933, 27, 590.
[2] L. J. Harris u. S. N. Ray: Biochem. Journ. 1933, 27, 303.
[3] L. J. Harris, S. N. Ray u. A Ward: Biochem. Journ. 1933, 27, 2011.
[4] S. K. Kon: Nature (Lond.) 1933, 64.
[5] A. Emmerie: Biochem. Journ. 1934, 28, 268.

quantitativ reduziert werden. Trotzdem können insbesondere in tierischen Geweben noch weitere Störungen vorkommen. Gluthation stört in saurer Lösung nicht (VAN EEKELEN und Mitarbeiter[1]).

5. Weitere Bestimmungsmethoden.

a) Jodmethoden. STEPP und SCHRÖDER[2] bedienten sich zur Feststellung von vorher zugesetzter Ascorbinsäure in Nährbodenlösung einer Titration in 0,01 N.-Jodlösung. Dazu wurde die zu untersuchende Flüssigkeit mit 16%iger Schwefelsäure ($^1/_5$ des Volumens) versetzt und unter Verwendung von Stärke als Indicator mit 0,01 N.-Jodlösung titriert. Die Jodlösung wurde wiederholt gegen reine Ascorbinsäure eingestellt. Auch v. DRIGALSKI[3] benutzte die gleiche Methode zur Titration von Harn.

Im Hinblick darauf, daß Jod von zahlreichen Substanzen reduziert und gebunden wird, kann die Verwendung der Jodtitration bei komplizierten Substanzgemischen zu großen Irrtümern Anlaß geben, wie besonders auch aus den Bestimmungen von MARTINI und BONSIGNORE[4] hervorgeht.

b) Titration mit Methylenblau (vgl. HARRIS und RAY, S. 1553). MARTINI und BONSIGNORE haben eine neue Titrationsmethode vorgeschlagen, in der sie gegen Methylenblaulösung titrieren. Die Extraktion erfolgt durch Zerreiben mit Quarzsand und 8%iger Trichloressigsäurelösung. Hierauf wird zentrifugiert, mit Trichloressigsäure nachgewaschen und schließlich auf 25 ccm mit Trichloressigsäurelösung aufgefüllt. Zur Titration werden 5 ccm Trichloressigsäurelösung in ein Reagensröhrchen gebracht. Hierzu gibt man 2 ccm einer alkalischen Lösung, die 30 g neutrales Natriumcitrat und 8 g Natriumbicarbonat in 200 ccm enthält (Lösungsmittel: Wasser), ferner 1 ccm einer 5%igen Natriumthiosulfatlösung. In ein weiteres gleiches Röhrchen füllt man zum Vergleich 8 ccm Wasser. In diese beiden Röhrchen werden nunmehr aus einer BANGschen Mikrobürette je 2 ccm Methylenblaulösung gegeben (wäßrige Methylenblaulösung 1 : 10000). Die Röhrchen werden darauf dem Licht ausgesetzt. Ist alles entfärbt, fügt man erneut Methylenblau zu und belichtet wiederum. Dies setzt man so lange fort, bis nach Belichtung die gleiche Färbung wie im Kontrollröhrchen besteht. Als Lichtquelle kann man direktes Sonnenlicht oder besser eine künstliche Lichtquelle verwenden. Verfasser benutzten eine Lampe von PHILIPS für Kinoprojektion von 300 Watt mit Reflektor und Konvektlinse. Das Reagensglas befindet sich im Brennpunkt. Die verbrauchte Methylenblaumenge dient zur Berechnung des vorhandenen Vitamins C, wozu man die Methylenblaulösung zweckmäßigerweise auf reine Ascorbinsäure, die man in Trichloressigsäure titriert, einstellt. Die Methode bedarf noch der Nachprüfung.

6. Silbernitratmethode.

Zur Silbernitratreaktion hat HARDE[5] noch empfohlen, vor Anwendung der 4%igen Silbernitratlösung 15—30 Minuten mit Methylalkohol zu behandeln. Dann zeigen auch Gewebe, die mit Silbernitrat keine Reaktion geben, ein positives Ergebnis. Zur Darstellung des Vitamins C in Gewebsschnitten wurde von GIROUD und LEBLOND[6] eine ausführliche Vorschrift ausgearbeitet, die es gestattet, mit Hilfe von Silbernitrat in pflanzlichen sowohl wie in tierischen Geweben unter dem Mikroskop einen Vitamin-C-Nachweis zu führen.

7. Das internationale Standardpräparat.

Die 2. Internationale Vitaminkonferenz (S. 1544) hat reine l-Ascorbinsäure als internationalen Standard angenommen. Als Einheit wurde die Aktivität von 0,05 mg l-Ascorbinsäure festgesetzt. Diese Menge entspricht ungefähr $^1/_{10}$ der täglichen Dosis, die notwendig ist, um deutliche makroskopische Skorbuterscheinungen bei jungen Meerschweinchen zu verhüten. Die reine Ascorbinsäure, die zu diesem Zwecke verwendet und vom National Institute for Medical Research, London, verteilt wird, soll bei 192° unkorrigiert schmelzen, aschefrei sein und bei der Elementaranalyse die Formel $C_6H_8O_6$ ergeben. 10 mg sollen 11,4 ccm wäßriger 0,01 N.-Jodlösung bei Verwendung von Stärke als Indicator benötigen.

---

[1] M. VAN EEKELEN, A. EMMERIE, B. JOSEPHY u. L. K. WOLFF: Klin. Wchschr. **1934 I**, 564.

[2] W. STEPP u. H. SCHRÖDER: Klin. Wchschr. **1935 I**, 147.

[3] W. v. DRIGALSKI: Klin. Wchschr. **1935 I**, 338, 542.

[4] E. MARTINI u. A. BONSIGNORE: Biochem. Zeitschr. 1934, **273**, 170; Boll Soc. ital. Biol. sper. 1934, **9**, 388.

[5] E. HARDE: Compt. rend. Paris 1934, **116**, 153.

[6] A. GIROUD u. C.-P. LEBLOND: Arch. Anat. microsc. 1934, **30**, 105; Ber. ges. Physiol. 1935, **83**, 84.

Mykologische Untersuchungen[1].

Von

Professor Dr. C. Griebel-Berlin.

Mit 111 Abbildungen.

Die folgende Darstellung der mykologischen Untersuchungsverfahren ist nach Möglichkeit so gehalten worden, daß der durch den botanischen Unterricht mit den nötigen allgemeinen mykologischen Kenntnissen ausgerüstete Chemiker durch eigene Kraft die erforderlichen praktischen Kenntnisse erweitern kann. Für eingehendere mykologische Studien muß die unten angeführte Spezialliteratur herangezogen werden.

Die kurze Übersicht über die Systematik der Pilze am Schlusse dieses Abschnittes ist nur für die erste Orientierung des Anfängers bestimmt, der sich nach Aneignung einiger Formenkenntnis später auch in den größeren Spezialwerken leicht zurechtfinden wird. Für die meisten Untersuchungen der Praxis wird aber schon die Kenntnis der in diesem und später im speziellen Teil des Werkes beschriebenen und abgebildeten Arten ausreichen.

Unberücksichtigt geblieben sind die speziellen Verfahren zum Nachweis von Krankheitserregern. Diese Methodik gehört in das Arbeitsgebiet der hygienischen Institute und erfordert eine sorgfältige Sonderausbildung, die der Lebensmittelchemiker im allgemeinen nur selten Gelegenheit hat zu erwerben.

An Sonderwerken, die auch bei der Bearbeitung dieses Abschnittes ausgiebig benutzt worden sind, seien hier folgende aufgeführt.

Lafar: Handbuch der technischen Mykologie. Jena 1904—1914. Ein 5 Bände umfassendes vorzügliches Kompendium, in dem auch die Mykologie der Lebensmittel eingehend berücksichtigt ist.

F. Fuhrmann: Einführung in die Grundlagen der technischen Mykologie. Jena 1926. Das Werk ist zur Einführung in dieses Gebiet sehr geeignet, jedoch ist nicht überall die neuere Literatur berücksichtigt.

Arth. Meyer: Praktikum der botanischen Bakterienkunde. Jena 1903. Es ist ein vorzügliches Werk über die bakteriologischen Arbeitsverfahren.

K. B. Lehmann u. R. O. Neumann: Bakteriologische Diagnostik, 7. Aufl. München 1927. Ein Lehrbuch der Bakteriologie, das zugleich die Arbeitsverfahren und eine Beschreibung zahlreicher Arten enthält. Der den 1. Teil bildende Atlas bringt für alle wichtigen Arten zum Teil farbige Abbildungen von Kulturen und Ausstrichpräparaten; deshalb besonders für Anfänger sehr zu empfehlen.

Olsen: Bakteriologisches Taschenbuch, 28. Aufl. Leipzig 1927. Es ist ein billiges und sehr brauchbares Buch mit Vorschriften für Färbungen, Nährböden und Kulturverfahren, das aber hauptsächlich auf den Nachweis der Krankheitserreger zugeschnitten und daher in erster Linie für Mediziner berechnet ist.

M. Klimmer: Technik und Methodik der Bakteriologie und Serologie. Berlin 1923. Eine sehr empfehlenswerte Anleitung, die sich auf die wichtigeren Methoden beschränkt.

A. Janke: Allgemeine technische Mikrobiologie. I. Teil: Die Mikroorganismen. Dresden u. Leipzig 1924. Das Buch behandelt die Morphologie und Systematik der Mikroorganismen und ist durch zahlreiche Literaturangaben besonders wertvoll.

[1] Bearbeitet unter Benutzung des von Prof. Dr. A. Spieckermann bearbeiteten gleichnamigen Abschnittes in J. König: Chemie der menschlichen Nahrungs- und Genußmittel, 4. Aufl. Bd. 3, I, S. 613—711. Berlin 1910.

KRAUS u. UHLENHUTH: Handbuch der mikrobiologischen Technik. 3 Bände. Berlin 1923. Ein die gebräuchliche Methodik und Technik umfassendes Nachschlagewerk.

O. BREFELD: Die Kultur der Pilze. Münster 1908. Eine Darstellung des BREFELDschen Verfahrens zur Kultur höherer Pilze mit zahlreichen wertvollen Angaben über Arbeitsverfahren.

E. KÜSTER: Anleitung zur Kultur der Mikroorganismen. Leipzig 1921. Die Schrift bietet eine vorzügliche Anleitung zur Züchtung von Pilzen und anderen Kleinlebewesen und enthält zahlreiche Vorschriften für diese Untersuchungen.

H. WILL: Anleitung zur biologischen Untersuchung und Begutachtung von Bierwürze, Bierhefe, Bier und Brauwasser, zur Betriebskontrolle sowie zur Hefenreinzucht. München u. Berlin 1909. Das Werk enthält eine außerordentlich ausführliche und sorgfältige Darstellung der im Titel aufgeführten Untersuchungsverfahren, dagegen keine Beschreibung der Gärungsorganismen.

KLÖCKER: Die Gärungsorganismen. Stuttgart 1924. Die Schrift bringt eine genaue Beschreibung der Arbeitsverfahren für Untersuchung der Organismen der Gärungsgewerbe sowie eine Beschreibung der wichtigsten Organismen und ist sehr übersichtlich.

P. LINDNER: Mikroskopische und biologische Betriebskontrolle in den Gärungsgewerben, 6. Aufl. Berlin 1930. Der Inhalt entspricht ungefähr dem des vorhergehenden Werkes; es enthält aber zahlreiche Einzelheiten und ist daher für den Anfänger etwas umfangreich und schwerer übersichtlich; es eignet sich mehr für den Gärungschemiker von Beruf.

P. LINDNER: Atlas der mikroskopischen Grundlagen der Gärungskunde, 6. Aufl. Berlin 1928. Enthält zahlreiche ausgezeichnete Mikrophotogramme.

W. HENNEBERG: Handbuch der Gärungsbakteriologie. Berlin 1926. Ebenfalls hauptsächlich für den Gärungschemiker von Beruf bestimmt, aber als Nachschlagewerk sehr zu empfehlen.

MIGULA: Das System der Bakterien. Jena 1897. Es ist das wichtigste botanische systematische Werk über Bakterien.

RABENHORST-WINTER: Kryptogamenflora, 2. Aufl. Bd. 1 (Pilze), Abt. 1—10. 1886—1921.

W. MIGULA: Kryptogamenflora, Bd. 3 (Pilze). Gera 1910—1913.

G. LINDAU: Die mikroskopischen Pilze, 2. Aufl. Berlin 1922.

LINDAU-ULBRICH: Die höheren Pilze, 3. Aufl. Berlin 1930.

I. Einrichtung mykologischer Laboratorien.

A. Arbeitsraum.

In der Mehrzahl der Fälle wird bei der Einrichtung eines mykologischen Laboratoriums bezüglich der Räume keine große Auswahl möglich sein; doch lassen sich auch unter bescheidenen Verhältnissen Erfolge erzielen. Es sind zum mindesten zwei Räume erforderlich, von denen der eine für Arbeiten reserviert wird, die eine besonders reine ruhige Atmosphäre erfordern, wie die Arbeiten mit Bakterien und Hefen, während Untersuchungen mit Schimmelpilzen, deren verstäubende, leichte Sporen einen Raum für andere Arbeiten zuweilen unbrauchbar machen können, in dem anderen Raum ausgeführt werden müssen.

Die Lage wenigstens eines der Zimmer sei möglichst nach Norden, um günstiges Licht zum Mikroskopieren zu erhalten. Zugluft ist nach Möglichkeit auszuschließen; es darf daher auch das mykologische Laboratorium kein Durchgangsraum sein, da der Verkehr stets Staub und mit diesem Keime aufwirbelt. Wo dies nicht vermieden werden kann, läßt man vorteilhaft den Fußboden zeitweilig mit 1 %igem Glycerinwasser aufwaschen oder mit Fußbodenöl streichen, wodurch der Staub gebunden wird. Nach Möglichkeit zu vermeiden ist auch eine unmittelbare Verbindung zwischen mykologischen und chemischen Arbeitsräumen, da die Instrumente, insbesondere die Mikroskope unter den Säuredämpfen bald leiden.

Der Fußboden der Laboratorien muß möglichst glatt sein, so daß er öfter feucht aufgenommen werden kann. Für die Wände empfiehlt sich ein Anstrich mit weißer Ölfarbe, der öfter abgewaschen werden muß. Der Arbeitstisch wird am besten etwa 1 m hoch gewählt. Die Platte muß Abwaschen mit Spiritus und Desinfektionsmitteln vertragen und wird deshalb mit einem

Gemisch von salzsaurem Anilin, Kaliumchlorat und Kupferchlorid schwarz gebeizt. Von den verschiedenen Vorschriften sei hier die von KLÖCKER mitgeteilt.

Man braucht zwei Lösungen, nämlich 1. 600 g Anilinchlorhydrat in 4 l Wasser und 2. 86 g Kupferchlorid, 67 g Kaliumchlorat, 33 g Ammoniumchlorid in 1 l Wasser. Man mischt unmittelbar vor dem Gebrauch 4 Teile der Lösung 1 mit 1 Teil der Lösung 2 und trägt diese Mischung 4—5mal in eintägigen Pausen auf die Tischplatte auf. Dann wird mit Leinölfirnis eingerieben. Die gebeizten Platten können ohne Schaden mit Spiritus oder wäßriger Sublimatlösung (1—2‰) abgewaschen werden.

Die Arbeitstische sollen gut schließende Schubfächer zum Aufbewahren der wichtigsten, täglich gebrauchten Arbeitsgeräte besitzen. Auf dem Tische sollen im allgemeinen nur ein Gestell mit den wichtigsten Reagenzien und Farblösungen sowie ein Glas für Impfinstrumente (Platindrähte verschiedener Form, Stahlnadeln, Präpariernadeln, Pinzetten, Glasstäbe u. a.) stehen. Diese Gegenstände müssen täglich sorgfältig von Staub gereinigt werden. Wo in erster Linie mit Bakterien gearbeitet wird und daher öfteres Beschmutzen der Tischplatte mit Farblösungen zu befürchten ist, deckt man auf den Arbeitsplatz vorteilhaft einige Bogen Filtrierpapier, die öfter erneuert werden.

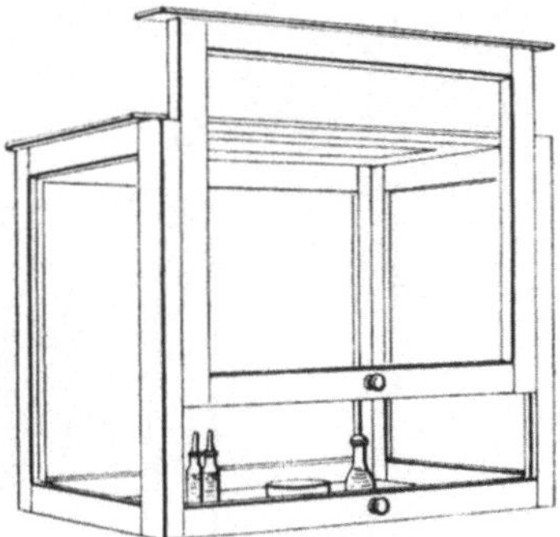

Abb. 1. HANSENS steriler Kasten. (Nach KLÖCKER.)

Außer dem Arbeitstisch soll der Arbeitsraum noch ein kleines Regal für Reagenzien und Schränke zum Aufbewahren von Kulturen und Nährböden enthalten.

Für Arbeiten, die eine völlig staubfreie Luft erfordern (z. B. Umfüllen von Kulturen), besteht in größeren mykologischen Laboratorien zuweilen ein „steriler Raum“. Meist wird man sich mit dem von HANSEN vorgeschlagenen sterilen Kasten (Abb. 1) begnügen müssen, der auch vollständig genügt. Er besteht aus einem viereckigen Holzrahmen von 63:56:50 cm, in den Glasscheiben eingekittet sind. Der Boden besteht aus Holz. Die vordere Scheibe kann in einem Falz aufwärts geschoben werden. Die Holzteile sind innen und außen mit Leinölfirnis eingerieben. Auf den Boden kann eine Schale aus Zinkblech gestellt werden. Man wäscht den Kasten vor der Benutzung mit Sublimatlösung oder Spiritus aus und läßt ihn dann geschlossen etwa 1 Stunde stehen, damit sich Staub und Keime absetzen können. Während der Arbeiten muß der Kasten immer hinlänglich feucht sein, weil die Keime sonst wieder aufgewirbelt werden können. Beim Arbeiten wird das Schiebefenster nur soweit gehoben, daß die Hände eben bequem arbeiten können. Die Hände müssen vorher durch gründliches Abwaschen und Abbürsten mit Seife und nachheriges Einreiben mit Sublimatlösung (1‰) desinfiziert werden.

B. Brutschränke (Thermostate).

Wo mykologische Untersuchungen regelmäßig ausgeführt werden, ist die Beschaffung eines oder mehrerer Thermostate, die die andauernde Züchtung von Pilzen bei bestimmten Temperaturen gestatten, nicht zu umgehen. Thermostate werden von zahlreichen Firmen in der verschiedensten Ausführung hergestellt. Die besseren Fabrikate bestehen im allgemeinen aus einem auf einem vierbeinigen Gestell ruhenden mehr oder minder geräumigen Kasten aus Kupferblech (Abb. 2) mit doppelten Wandungen, zwischen denen sich Wasser befindet. Die vordere offene Seite des Kastens wird durch eine innere Glastür und eine äußere doppelwandige Kupferblechtür verschlossen. Außen ist der Kasten zur besseren Wärmeisolierung mit Filz oder Linoleum bekleidet. An der Seite trägt er ein Wasserstandrohr, um den Wasserstand zwischen den Wandungen kontrollieren zu können, ferner meist zwei mit durchlöcherten Kappen verschließbare, bis in das Innere reichende Ventilationsöffnungen. Die Decke des Kastens besitzt zwei in den Wasserraum führende Öffnungen für ein Thermometer, den Thermoregulator und zum Wassereinfüllen und zwei in den Innenraum führende Öffnungen für Thermometer und Ventilation.

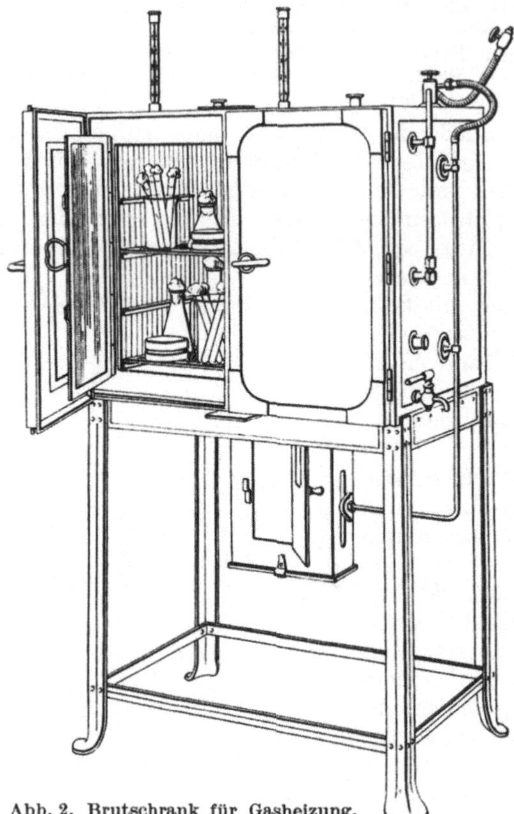

Abb. 2. Brutschrank für Gasheizung.

Die Heizung erfolgt meist durch einen Kochschen Sicherheitsbrenner für Gas. Neuerdings wird vorwiegend der elektrische Strom hierzu verwendet, der deswegen allen anderen Heizarten vorzuziehen ist, weil hierbei eine Verunreinigung der Luft vermieden wird. Bei dem Kochschen Sicherheitsbrenner (Abb. 3) erhitzt die Heizflamme eine mit einem Ende am Brenner befestigte Metallfeder (*a*). Das andere freie Ende der Feder trägt einen Stift, der bei erhitztem Zustande der Feder das belastete Ende eines Hebels (*bc*) hält, dessen Drehpunkt (*c*) im Hahn des Gasbrenners liegt. Erlischt der Brenner aus irgendeinem Grunde, so zieht sich die Feder zusammen, der Hebel verliert seinen Stützpunkt, dreht sich nach unten und schließt den Gashahn. Zum Schutze gegen Luftzug wird der Brenner gewöhnlich mit einem Schutzkasten umgeben.

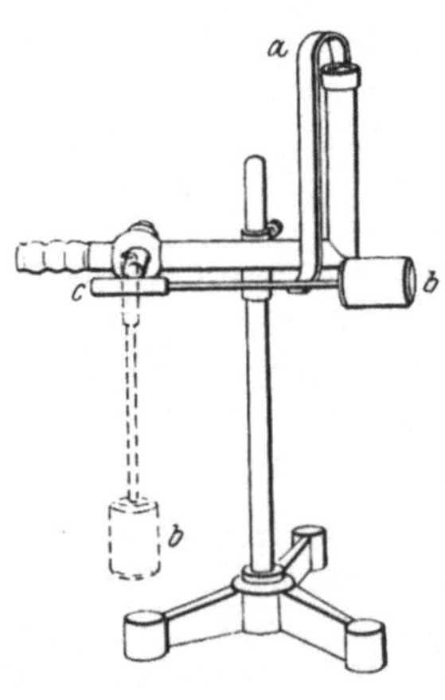

Abb. 3. Sicherheitsbrenner nach Koch.

Um in den Thermostaten eine konstante Temperatur dauernd zu erhalten, benützt man Thermoregulatoren, die je nach der Wärmequelle verschieden konstruiert sind. Alle für Gasheizung bestimmten Thermoregulatoren sind grundsätzlich so gebaut, daß bei der Erreichung der gewünschten Temperatur der Hauptgasstrom gedrosselt oder verschlossen wird, so daß ein kleines Flämmchen eben noch brennt. Die Verbindung dieser Regulatoren mit dem Gashahn einerseits und dem Brenner andererseits stellt man entweder durch angelötetes Bleirohr oder durch Metallschläuche her. Jedenfalls sind Gummischläuche der Feuersgefahr wegen zu vermeiden.

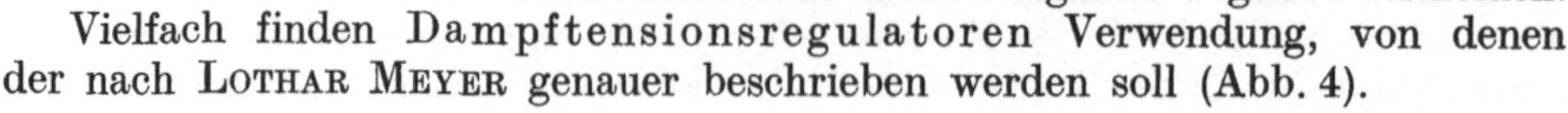

Vielfach finden Dampftensionsregulatoren Verwendung, von denen der nach Lothar Meyer genauer beschrieben werden soll (Abb. 4).

Der aus Glas bestehende Regulator A wird in die durchlöcherte Metallhülse B gesteckt und in den Wasserraum des Thermostaten gesenkt. In dem abgeschlossenen Raum d befindet sich etwas Quecksilber und je nach der Höhe der gewünschten Temperatur Äther, Alkohol oder Luft. Die Spannkraft der Dämpfe dieser Stoffe treibt das Quecksilber nach oben, wo es einen Seitenschlitz des Eisenrohres e mehr oder minder verschließt. Das Gas tritt bei a in das graduierte Messingrohr g und gelangt von dort durch den Schlitz des Eisenrohres e in die zur Heizflamme führende Leitung b. Um zu verhindern, daß bei zu starker Erwärmung die Gaszufuhr ganz abgeschnitten wird, besteht noch eine Nebenleitung unter Umgehung des Regulators. Durch den Hahn c wird diese Nebenzufuhr so geregelt, daß die Notflamme ohne Einfluß auf die Temperatur des Brutschrankes bleibt.

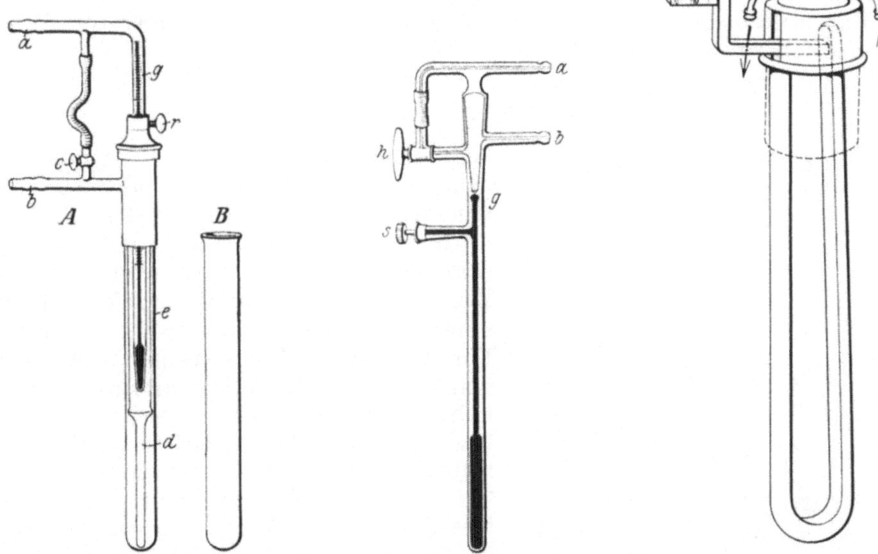

Abb. 4. A Thermoregulatur, B Hülse dazu. (Nach L. MEYER.)

Abb. 5. Thermoregulator nach REICHERT.

Abb. 6. Metallthermoregulator für Gasheizung.

Will man den Regulator, der für bestimmte Temperaturgrenzen fertig gefüllt von den Handlungen geliefert wird, benutzen, so füllt man den Thermostaten mit destilliertem Wasser von annähernd der gewünschten Temperatur oder erwärmt, falls man mit kaltem Wasser gefüllt hat, mit einem Bunsenbrenner entsprechend schnell, setzt den Regulator in der Metallhülse in den Wasserraum ein und zieht die Messingröhre g soweit heraus, daß die Heizflamme möglichst klein wird. Nach einigen Stunden regelt man dann je nach Bedarf die Gaszufuhr durch Herausziehen oder Hineinschieben des Messingrohrs g.

Auch der nur mit Quecksilber gefüllte Thermoregulator nach REICHERT (Abb. 5) ist noch vielfach im Gebrauch.

Alle mit Quecksilber gefüllten, aus Glas hergestellten Regulatoren, von denen es eine ganze Reihe Konstruktionen gibt, haben den Nachteil, daß bei vorkommendem Bruch leicht Quecksilber in den Thermostaten gelangt, was gewöhnlich ein Undichtwerden der Kupferwände zur Folge hat.

Deshalb finden seit einiger Zeit vorwiegend vollständig aus Metall gearbeitete Regulatoren verschiedener Konstruktion Verwendung, die zudem eine genauere

Einstellung einer bestimmten Temperatur gestatten. Abb. 6 zeigt ein solches Instrument mit Präzisionseinstellung.

Für Thermostate, die durch elektrischen Strom geheizt werden, finden elektrische Thermoregulatoren Verwendung. Auch diese sind in verschiedenen Konstruktionen im Handel.

Für die meisten Untersuchungen genügen die Thermostate in der oben beschriebenen Ausführung. Für besondere Zwecke ist es jedoch wichtig, bei verschiedenen Temperaturen gleichzeitig untersuchen zu können. Diesen Anforderungen genügt der Thermostat von PANUM, der verschiedene Kammern mit Temperaturen von 0—40° besitzt. Eine eingehendere Beschreibung des im CARLSBERG-Laboratorium gebrauchten Modells gibt KLÖCKER[1].

Thermostate für Temperaturen unter jener der Umgebung bestehen aus Kupferblechkasten, in denen kaltes Wasser zirkuliert. Angaben über die Einrichtung eines solchen nach PETERSEN bringt KLÖCKER[2].

Für mikroskopische Untersuchungen bei höherer Temperatur dienen Mikroskopthermostate oder heizbare Objekttische.

C. Geräte zum Abimpfen.

Zur Vornahme von Impfungen benutzt man hauptsächlich Platindrähte in Form von Nadeln, Ösen oder Spateln. Man hält vorteilhaft Drähte verschiedener Stärke und Länge vorrätig. Platinnadeln werden zur Anlage von Stich- und Strichkulturen sowie zum Abstechen von Kolonien benutzt. Man darf sie nicht zu schwach wählen, am besten 0,4 mm stark. Für die meisten Zwecke genügt eine Länge von 5 cm. Für die Anlage anaerober Stichkulturen braucht man etwa 8 cm lange Nadeln. Zum Abstechen von Plattenkolonien eignen sich in schwierigen Fällen besser Drähte mit spatelförmig verbreiteter Spitze. Zum Verimpfen von Flüssigkeiten verwendet man Drähte mit Ösen von etwa 2,5 mm Durchmesser. Zum Herstellen kleinerer Tropfen für Kulturen im hohlen Objektträger nimmt man vorteilhaft sehr dünne Drähte mit Ösen von etwa 1 mm Durchmesser (Abb. 7).

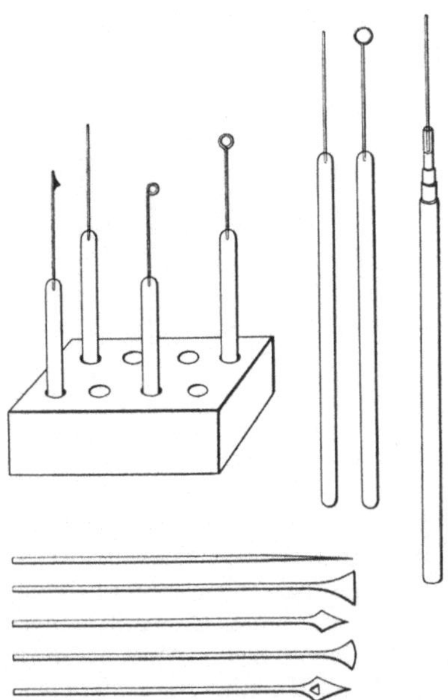

Abb. 7. Platindrähte verschiedener Form in Glasstäben; rechts Metallhalter; oben Gestell für Platindrähte.

Die Platindrähte werden entweder in Glasstäbe eingeschmolzen oder in Aluminiumhalter eingeschraubt (KOLLE). ARTH. MEYER benutzt (Abb. 8) auf Glasstäbe aufgesetzte Platinkappen mit Platiniridiumdrähten. Bei einiger Vorsicht kommt man mit den in Glasstäbe eingeschmolzenen Drähten zwar aus, jedoch ist das Springen der Stabspitze beim Ausglühen der Drähte nicht ganz zu vermeiden. Deshalb ist der KOLLEsche Aluminiumhalter viel mehr zu empfehlen. Beim Arbeiten erhitzt man die Drähte in der Bunsenflamme zum Glühen und brennt auch den Halter soweit ab, als er ins Kulturgefäß beim Arbeiten hineinragt. Nach dem Abbrennen läßt man Draht

[1] KLÖCKER: Die Gärungsorganismen, 3. Aufl. S. 30. Stuttgart 1924.
[2] KLÖCKER: Die Gärungsorganismen, 3. Aufl. S. 35. Stuttgart 1924.

und Halter, indem man ihn frei in der Luft hält, erkalten; sonst leiden die Keime unter der Erhitzung. Unmittelbar nach dem Gebrauch wird der Platindraht jedesmal ausgeglüht. Man bewahrt die Drähte am besten stehend in einem entsprechenden Holzgestell (Abb. 7) auf.

Handelt es sich darum, sehr kleine, mit der Platinnadel schwer faßbare Kolonien abzustechen oder Impfmaterial unter möglichst geringer Gefahr der Spontaninfektion in ein Kulturgefäß zu bringen, so verwendet man mit Vorteil unmittelbar vor der Benutzung durch Ausziehen von Glasröhren hergestellte Capillaren, deren mit dem Material behaftete Spitze man in dem Kulturgefäß abbricht. Sehr kleine flüssige Kolonien auf Objektträgern kann man in Stückchen sterilisierten Fließpapiers, die man mit einer sterilisierten Pinzette hält, aufsaugen und in dieser Form auf Nährböden übertragen. O. BREFELD schlägt für die Impfung von Flüssigkeiten mit Sporen höherer Pilze blanke, nur durch Eintauchen in Spiritus sterilisierte Lanzettnadeln aus Stahl vor.

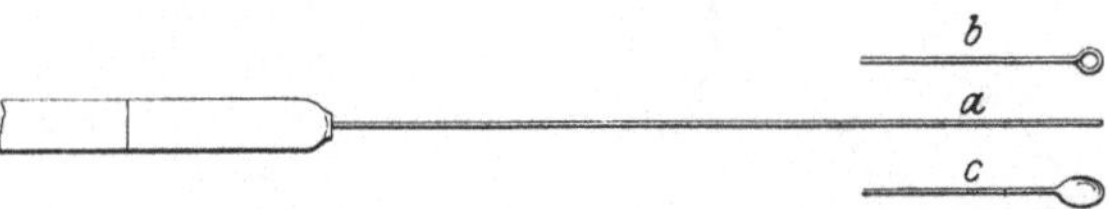

Abb. 8. Kappennadeln nach ARTH. MEYER. *a* ohne Öse, *b* mit Öse, *c* mit Spatel.

Die zum Sterilisieren erforderlichen Geräte werden im folgenden Abschnitt II behandelt.

II. Sterilisierung (Keimfreimachung).

Vorbedingung für erfolgreiches mykologisches Arbeiten ist die Sterilität oder vollständige Keimfreiheit der Nährböden und Geräte. Als Sterilisierungsmittel kommen in Betracht Filtration durch keimdichte Filter, Behandlung mit Chemikalien und Erhitzung. Die Wahl des Sterilisierverfahrens hängt von der Art des zu sterilisierenden Gegenstandes und von dem Zwecke der Sterilisierung ab. Die Filtration kommt nur bei Flüssigkeiten in Betracht, die stärkere Eingriffe nicht vertragen, ohne wesentliche Veränderungen in ihrer Zusammensetzung zu erleiden. Man wendet sie besonders an, wenn es darauf ankommt, Keimfreiheit zu erzielen, ohne etwa vorhandene Enzyme zu schädigen. In solchen Fällen sind auch manche Chemikalien gut zu gebrauchen.

Das bei weitem am häufigsten angewendete Mittel zur Sterilisierung ist jedoch die trockene und feuchte Wärme. Trockene Wärme kommt in erster Linie für trockene, feste, nicht leicht veränderliche Gegenstände in Betracht. Sie findet in erster Linie Verwendung bei der Sterilisierung von Apparaten aus Glas und Metall. Kleinere Gegenstände, wie Nadeln, Messer, Drähte, Pinzetten sterilisiert man durch Abbrennen in der Bunsenflamme unmittelbar vor dem Gebrauche. Natürlich dürfen die Gegenstände während des Erkaltens nicht mit keimhaltigen Gegenständen in Berührung kommen. Messer legt man daher mit nach oben gerichteter Schneide auf sterile Unterlagen oder man läßt sie mit der Schneide frei in die Luft ragen. Auch die Oberfläche mancher festen Stoffe, deren Inneres auf Keime untersucht werden soll, macht man bisweilen durch Absengen mit der Bunsenflamme oder Abbrennen mit einem glühenden Messer steril (z. B. Fleischstücke).

Größere Gegenstände, die eine Erhitzung über 100° ohne Schaden aushalten, insbesondere solche aus Glas, sterilisiert man besser in einem Trockenschrank (Abb. 9) mit doppelten Wandungen (Heißluftsterilisator), der mit einem Pilz- oder Schlangenbrenner geheizt wird. Neuerdings werden vielfach elektrische Sterilisierschränke verwendet. Sämtliche Gegenstände sind in trockenem

Zustand in den Schrank zu bringen. Die zur Aufnahme von Nährsubstanzen bestimmten Röhrchen und Kolben werden hierbei mit einem Wattebausch aus nicht entfetteter Baumwolle verschlossen. Um die gegen trockene Hitze sehr widerstandsfähigen Dauerformen mancher Bakterienarten sicher abzutöten, bedarf es einer zweistündigen Erwärmung auf 150—160°. Man läßt die sterilisierten Gegenstände im Trockenschrank erkalten und benutzt sie dann möglichst sofort. Kommt es darauf an, die Gegenstände einige Zeit steril vorrätig zu halten, so legt man sie vor dem Sterilisieren in Eisenblechbüchsen (Abb. 10), die für Pinzetten, Pipetten, Petrischalen usw. käuflich zu haben sind. Man kommt aber auch mit Papierumhüllungen sehr gut aus. Platten werden packweise, Pipetten und Petrischalen stückweise in dünnes festes Papier gewickelt und dann sterilisiert. Die sterilisierten Gegenstände werden in ihren Umhüllungen am besten im Trockenschrank aufbewahrt. Haben sie längere Zeit gelegen, so ist es stets zu empfehlen, sie vor dem Gebrauch nochmals zu sterilisieren.

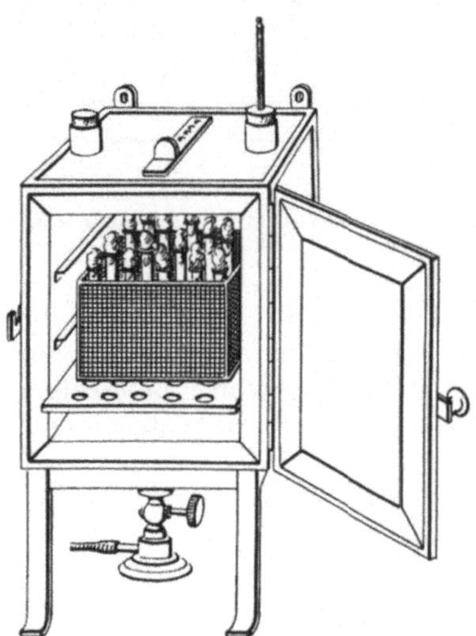

Abb. 9. Heißluftsterilisator.

Für Flüssigkeiten und für solche feste Gegenstände, die eine Erhitzung über 100° nicht vertragen, kommt zum Sterilisieren nur die feuchte Wärme in Betracht, die viel energischer wirkt als trockene, wie zuerst Koch und Wolffhügel nachgewiesen haben. Sie wird entweder in Form von heißem oder kochendem Wasser, oder in Form vom Dampf angewendet. Flüssigkeiten kann man, falls sie nicht zu stark schäumen oder stoßen, und wenn eine gewisse Konzentration ihrer Verwendung nicht hinderlich ist, in Glaskolben durch Kochen über der freien Flamme sterilisieren. Der Hals des Kolbens wird vorher durch einen sorgfältig anliegenden Wattestopfen verschlossen, so daß der Dampf den Stopfen längere Zeit durchströmt. Beim Erkalten der Flüssigkeit wirkt der Wattestopfen als Filter, das die Luftkeime zurückhält.

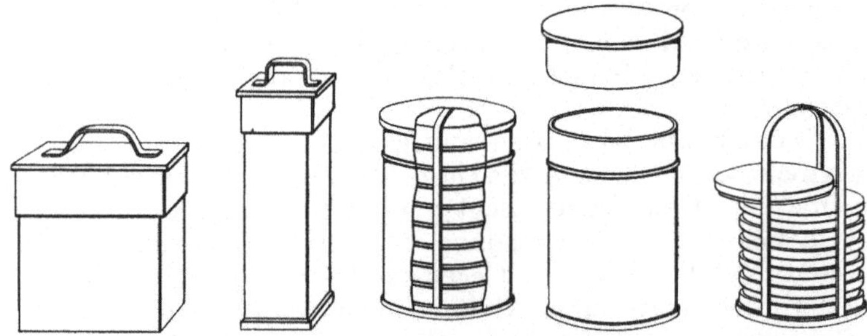

Abb. 10. Blechbüchsen zum Sterilisieren von Pipetten, Glasstäben, Glasschalen in heißer Luft.

Bequemer und sicherer in der Wirkung als dieses Kochen über der Flamme ist das Sterilisieren im strömenden Dampf. Nach Eykmann wirkt übrigens Dampf energischer als Wasser gleicher Temperatur. Für das Erhitzen im strömenden Dampf sind verschiedene Apparate, sog. Dampftöpfe, hergestellt worden, von denen der verbreitetste der Kochsche Dampftopf ist. In ihnen wird Wasser zum Kochen erhitzt, wobei der Dampf durch einen geräumigen

Aufsatz streicht, der zur Aufnahme der zu sterilisierenden Gegenstände bestimmt ist (Abb. 11).

Strömender Wasserdampf genügt bei genügend langer Einwirkung zur Abtötung der vegetativen Formen und Dauerformen der Eumyceten und einer großen Zahl von Bakterienarten. Im allgemeinen ist eine halbstündige Sterilisierung bei 100° ausreichend. Nur zur Sterilisierung größerer Flüssigkeitsmengen (mehr als 250 ccm) muß man entsprechend länger erhitzen, um zum Ziele zu gelangen. Wichtig ist es dabei, daß der Dampf gesättigt ist, d. h. daß die Luft nach Möglichkeit entfernt ist, da ungesättigter Dampf ebenso unsicher wirkt wie trockene Hitze.

Im Erdboden und in vielen natürlichen Substraten (z. B. in Milch) kommen jedoch immer Dauerformen bestimmter Bakterienarten vor, die auch durch mehrstündiges Verweilen in gesättigtem Dampf von 100° nicht getötet werden. Um diese zu beseitigen, wendet man die sog. diskontinuierliche (fraktionierte) Sterilisierung oder die Sterilisation mit gespanntem Dampf an.

Die diskontinuierliche Sterilisierung besteht in wiederholter kurzer Erhitzung des Gegenstandes in strömendem Wasserdampf mit 24stündigen Pausen. Meist wird die Erhitzung an aufeinanderfolgenden Tagen wiederholt. Die diskontinuierliche Sterilisierung wird nur bei solchen Nährböden vorgenommen, die durch höhere Temperaturen schädliche Veränderungen erleiden, wie z. B. Gelatine, die jedesmal nicht länger als 20 Minuten erhitzt werden soll. Man geht bei dieser Art der Sterilisierung von dem Gedanken aus, daß die bei der ersten Erhitzung auf 100° nicht getöteten Sporen zum Teil innerhalb der nächsten 24 Stunden keimen und die nunmehr vorhandenen vegetativen Formen bei der zweiten Sterilisierung getötet werden. Durch öftere Wiederholung dieses Vorganges hofft man zu völliger Keimfreiheit zu gelangen. In Wirklichkeit sind die Erfolge der diskontinuierlichen Sterilisierung unsicher, da die Sporenkeimung sehr unregelmäßig erfolgt.

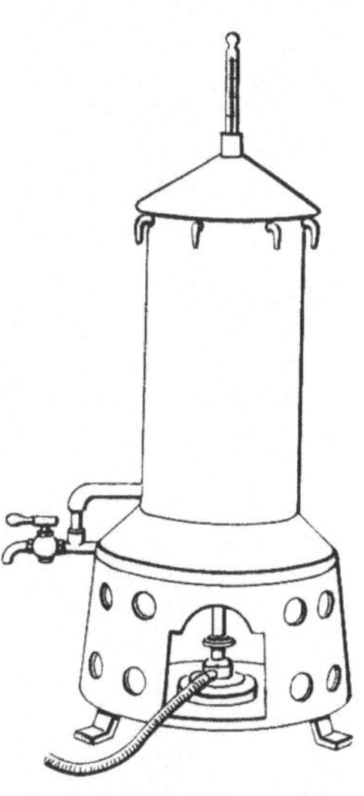

Abb. 11. Kochscher Dampftopf in verbesserter Form.

Die Sterilisierung mit gespanntem Dampf führt überall zum Ziele, wo Veränderungen der sterilisierten Stoffe durch die hohen Temperaturen nicht zu befürchten sind. Es genügt im allgemeinen eine halbstündige Erhitzung auf etwa 112° (= 0,5 Atmosphären Überdruck) oder eine 20 Minuten dauernde auf etwa 120° (= 1 Atmosphäre Überdruck), um auch die widerstandsfähigsten Sporen in nicht zu großen Flüssigkeitsmengen sicher zu töten. Für die Sterilisierung mit gespanntem Dampf benutzt man Autoklaven.

Die Autoklaven bestehen aus dem Kochgefäß und Deckel, der durch einen Bügel oder mit Flügelschrauben vollkommen dampfdicht aufgedrückt wird. Das Manometer besitzt eine automatische Regelungsvorrichtung für die Gaszufuhr, so daß nach der Einstellung eines Zeigers auf den gewünschten Druck keine weitere Kontrolle nötig ist. Es ist jedoch stets erforderlich, die Anzeige des Manometers durch Temperaturmessung zu kontrollieren. Zu beachten ist weiter, daß der Kochtopf genug Wasser enthält und daß das Auspuffventil erst geschlossen wird, wenn sämtliche Luft aus dem Apparat ausgetrieben ist, was sich durch einen Dampfstrom kundgibt, der durch Luftblasen nicht unterbrochen wird. Ein Sicherheitsventil im Deckel schließt die Überhitzung auch beim Versagen der automatischen Gaszufuhr aus. Nach dem Sterilisieren läßt man den Autoklaven abkühlen, bis der Überdruck verschwunden ist. Bei früherem Öffnen würden die Flüssigkeiten infolge der Überhitzung aus den Gefäßen herausschäumen. Da beim Anwärmen des Autoklaven zunächst Kondenswasser vom Deckel und den Wänden herabrinnt, so sollen die Wattestopfen der Gefäße die Wandung des Autoklaven nicht berühren. Auch kann man die Stopfen durch Glaskappen schützen. Sowohl für die Autoklaven wie für gewöhnliche Dampftöpfe werden von den Firmen Einsatzkörbe aus Drahtgeflecht (Abb. 12) geliefert, die man nach dem Sterilisieren mit dem Inhalt herausnimmt.

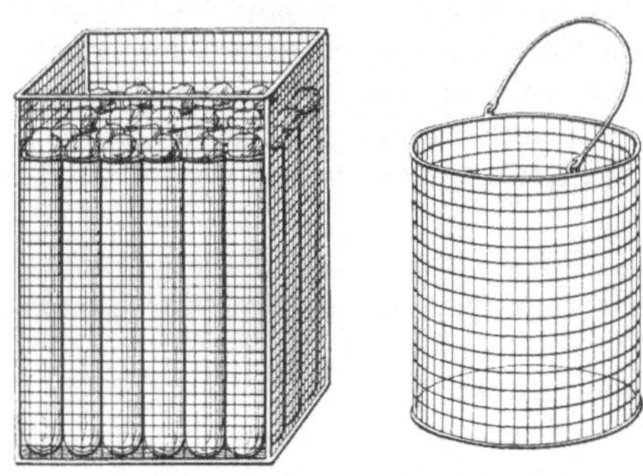

Abb. 12. Drahtkörbe zum Einsetzen in Dampfsterilisierapparate.

Chemikalien werden bei mykologischen Arbeiten seltener zum Sterilisieren benutzt. Für Metallgeräte, wie Stahlnadeln u. dgl., die dem Erhitzen nicht ausgesetzt werden dürfen, um die Oberfläche nicht rauh zu machen, empfiehlt O. BREFELD Eintauchen in Alkohol. Auch größere Deckgläser, die beim Erhitzen springen würden, kann man durch Einlegen in Alkohol sterilisieren, den man dann über der Flamme verdunsten läßt. Sollen größere Gefäße, die das Erhitzen nicht vertragen, sterilisiert werden, so spült man sie nach gründlicher mechanischer Reinigung mit wäßriger Sublimatlösung (1:1000) oder 1%iger Formaldehydlösung (das Formalin des Handels enthält etwa 40% Formaldehyd) oder mit 3%igem Wasserstoffsuperoxyd längere Zeit aus und spült dann mehrere Male mit sterilisiertem Wasser nach.

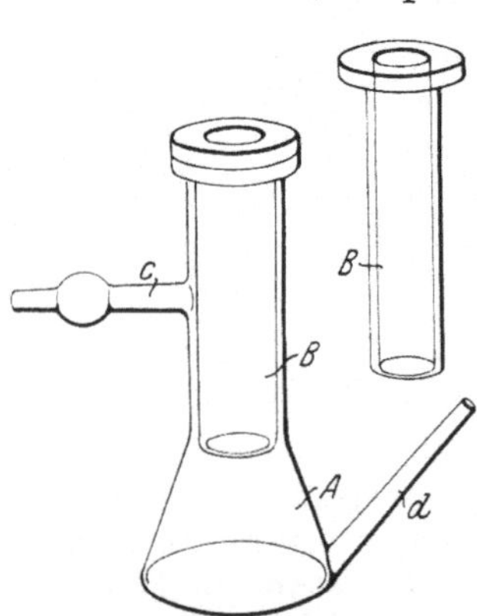

Abb. 13. Filtrierapparat nach REICHEL. *B* Tonkerze, die mit glattgeschliffenem Rand auf dem ebenfalls geschliffenen Rand des Glasgefäßes *A* aufliegt. *c* Ansatz für die Saugpumpe, *d* Ausguß für das Filtrat. Der ganze Apparat kann im Zusammenhang sterilisiert werden.

Erscheint die Keimfreimachung der Hände des Mykologen erwünscht, so ist hierfür ebenfalls Sublimatlösung 1:1000 oder 70%iger Alkohol zu empfehlen.

Chemikalien kommen auch bei der Sterilisierung der Oberfläche fester Stoffe in Betracht, deren innere Teile auf Keime untersucht werden sollen. In diesen Fällen hat der chemischen Sterilisierung die gründlichste mechanische Reinigung mit Bürste und fließendem Wasser voranzugehen, um möglichst viele Keime zu entfernen. Sämereien müssen wiederholt mit fließendem Wasser abgespült werden. Dann werden die Gegenstände $^1/_2$—1 Stunde in Sublimat (1‰) oder Formaldehydlösung (1%) gelegt und darauf mit sterilisiertem Wasser mehrmals abgewaschen.

Will man in Kulturen die Keime abtöten, die Enzyme dagegen wirksam erhalten, so empfiehlt es sich, die Kultur mit einigen Tropfen Chloroform tüchtig durchzuschütteln. Auch Sublimat und Formalin eignen sich unter Umständen für diesen Zweck, sie schädigen aber im allgemeinen Enzyme viel leichter als Chloroform.

Durch Filtration sterilisiert man nur solche flüssige Nährböden, die durch andere Verfahren, besonders durch Erwärmen, chemisch zu sehr verändert werden (z. B. Serum), oder flüssige Kulturen, in denen man die

Bakterienleiber von Excreten oder Sekreten, besonders Enzymen oder Toxinen trennen will. Als Filter werden für kleinere Flüssigkeitsmengen vorzugsweise die Filterkerzen, d. h. an einer Seite geschlossene Zylinder aus gebrannter Porzellanerde (CHAMBERLAND-Filter) oder gepreßter Kieselgur (BERKEFELD-Filter) verwendet. Die Flüssigkeit wird durch diese Kerzen unter erhöhtem oder vermindertem Druck gepreßt oder gesaugt (Abb. 13). Jede Filterkerze wird vor der Ingebrauchnahme auf etwaige Risse in der Weise geprüft, daß man sie in Wasser stellt und Luft hineinpreßt. Es darf dann nirgends ein Luftstrom aufsteigen. Die ersten durch ein Filter gehenden Teile der Flüssigkeit sind stets keimhaltig, bei längerer Dauer der Filtration zuweilen auch die letzten, weil inzwischen Bakterien durch die Filterporen hindurchgewachsen sein können. Zu beachten ist ferner, daß die Filtermassen auch Eiweiß und eiweißartige Stoffe (Enzyme, Toxine) leicht in größerer Menge zurückhalten, so daß das Filtrat von ihnen weniger enthält als die ursprüngliche Flüssigkeit. (Letzteres ist in noch höherem Grade der Fall, wenn an Stelle von Kerzen, sog. Ultrafilter Verwendung finden, um submikroskopische Keime zurückzuhalten.)

Nach dem Gebrauch müssen die Kerzen zunächst durch Abbürsten, dann durch Erhitzen im Dampftopf sterilisiert werden. Brauchbar sind auch selbst hergestellte Asbestfilter nach HEIM[1].

Die Entkeimung durch ultraviolette Strahlen (Quarzlampe) hat für mykologische Laboratorien vorläufig keine praktische Bedeutung.

Als partielle Sterilisation sei hier noch das Pasteurisieren erwähnt, das in einmaligem Erwärmen auf Temperaturen unter 100° mit nachfolgendem Abkühlen besteht. Hierbei wird die Zahl der vegetativen Formen je nach der verwendeten Temperatur und Zeitdauer mehr oder weniger zurückgedrängt.

III. Nährböden.

Die Ansprüche der verschiedenen Eumyceten- und Bakterienarten an die Nährstoffe für Assimilation (Aufbau der Leibesmasse) und Dissimilation (Betriebsstoffwechsel, Zersetzungs- und Abbauerscheinungen) sind sehr verschieden. Als autotroph bezeichnet man solche Arten, die sich (wie die höheren Pflanzen) aus anorganischem Material ernähren können. Von den Elementen sind für die Ernährung der Pilze nach den bisherigen Erfahrungen unbedingt nötig Kohlenstoff, Wasserstoff, Sauerstoff, Stickstoff, Schwefel, Phosphor, Kalium, Magnesium, auch Eisen scheint unersetzlich. Natrium, Calcium u. a. können dagegen anscheinend in manchen Fällen entbehrt werden. Salze werden den Nährböden im allgemeinen in löslicher Form zugesetzt. Vom Kalium kommen sowohl die anorganischen wie die organischen Salze, vom Magnesium meist das Sulfat in Betracht. Schwefel wird meist als Sulfat verwendet, seltener in Form anderer Verbindungen. Phosphor wird gewöhnlich in Form von Orthophosphaten, seltener Meta- und Pyrophosphaten oder organischen Verbindungen geboten. Die größte Mannigfaltigkeit herrscht in bezug auf die Stickstoffquellen.

Nach BEYERINCK und JOST kann man die Pilze nach ihrem Vermögen zur Ausnutzung der Stickstoffquellen in folgende Gruppen teilen:

1. Nitrogene Pilze, die den elementaren Stickstoff verwerten;
2. Ammon-Nitrit-Nitratpilze, die entweder vollständig auf diese Stickstoffquellen angewiesen oder doch imstande sind, auch sie zu verwerten;
3. Amin- und Peptonpilze, die auf organische Stickstoffverbindungen angewiesen sind.

---

[1] HEIM: Zentralbl. Bakteriol. I, Ref. 1905, **38**, Beih., S. 52.

Den Bedarf an Kohlenstoff decken nur wenige Pilzarten aus der Kohlensäure, die überwiegende Zahl aus organischen Kohlenstoffverbindungen. Die wichtigsten Kohlenstoffquellen sind die Kohlenhydrate, die mehrwertigen Alkohole, besonders Glycerin und Mannit und viele organische Säuren.

Alle Nährstoffe müssen in gelöster oder in einer durch die Pilze in Lösung überführbaren Form gegeben werden. Bezüglich der Konzentration der Lösungen sind die Pilze im allgemeinen nicht sehr empfindlich, doch kommen in dieser Beziehung sehr große Schwankungen, und zwar nicht nur bei verschiedenen Arten, sondern auch bei derselben Art auf verschiedenen Nährböden vor.

Bezüglich des für die Entwicklung von Bakterien nötigen Wassergehaltes der Nährböden gehen die Angaben auseinander.

Nach WOLF[1] und JORNS[2] soll das Wachstum schon bei 40% Wasser aufhören. Doch ist zweifellos die Art des Nährbodens von großem Einfluß, denn nach den von KÖNIG und SPIECKERMANN an verschiedenen fetthaltigen Futtermehlen ausgeführten Versuchen beginnt dort das Bakterienwachstum schon bei einem Wassergehalt von 30%. Schimmelpilze sind weniger anspruchsvoll, Eurotium repens gedeiht schon bei 14%, Penicillium glaucum bei 25% Wasser.

Was die Reaktion der Nährböden betrifft, so sind die Bakterien meist für neutrale und schwach alkalische Reaktion dankbar, während die Eumyceten schwach saure Reaktion vorziehen. Indessen erleidet diese Regel zahlreiche Einschränkungen, und es muß bei Züchtungs- und Ernährungsversuchen hierauf sorgfältig Rücksicht genommen werden. Für manche Zwecke ist es unerläßlich, die Reaktion des Nährbodens genauer einzustellen. Dies geschieht am besten durch Bestimmung der Wasserstoffionenkonzentration nach MICHAELIS mit Hilfe des Komparators. p_H-Werte zwischen 7,2 und 7,5 geben nach LEHMANN-NEUMANN für die meisten Bakterien gute Wachstumsbedingungen, jedoch ist der Optimalwert für jeden Organismus ein anderer. Zum Ansäuern der Nährböden werden meist organische Säuren, und zwar Milch-, Äpfel-, Wein- oder Citronensäure verwendet.

Die Zusammensetzung und Herstellung von Nährböden wechselt sehr nach den Zwecken, denen sie dienen sollen. Kommt es darauf an, Pilze in Reinzuchten zu gewinnen, ihren Entwicklungsgang festzustellen oder Massenkulturen zu erzeugen, so wird man meist mit Vorteil Nährböden verwenden, die in ihrer Zusammensetzung und Struktur den natürlichen Standortsverhältnissen möglichst angepaßt sind. Solche Nährböden können unveränderte sterilisierte Rohstoffe der Natur oder Erzeugnisse aus solchen sein.

Auf eine genaue Kenntnis der chemischen Zusammensetzung der Nährböden wird man in diesen Fällen verzichten können. Soll aber das Nährstoffbedürfnis eines Pilzes festgestellt werden, so ist es unerläßlich, mit Nährböden zu arbeiten, deren Zusammensetzung qualitativ und quantitativ genau bekannt ist und die aus möglichst chemisch reinen Stoffen hergestellt sind. Selbst der Einfluß des destillierten Wassers und der Laboratoriumsluft darf hierbei nicht vernachlässigt werden.

Im folgenden sollen zunächst die wichtigsten gebräuchlichen Nährböden unter besonderer Berücksichtigung der Ziele dieses Werkes aufgezählt werden, deren Zusammensetzung einen Fingerzeig für Konzentration u. a. m. bei der Aufstellung eigener Vorschriften geben kann. Anschließend folgen dann noch einige Bemerkungen über das Abfüllen und Aufbewahren sowie über die Brauchbarkeit der Nährböden für verschiedene Zwecke der Kultur.

---

[1] WOLF: Arch. Hygiene 1899, **34**, 200.
[2] JORNS: Arch. Hygiene 1907, **63**, 123.

A. Zusammensetzung und Herstellung der wichtigsten Nährböden.

a) Nährböden mit organischen Stoffen.

1. Fleischwasser. Fleischwasser ist die Grundlage der wichtigsten Bakteriennährböden. 500 g fein gehacktes fettfreies Rind- oder Pferdefleisch werden mit 1 l Wasser $^1/_2$ Stunde gekocht. Hiernach läßt man erkalten, damit noch vorhandenes Fett erstarrt, koliert und filtriert in Kolben mit Watteverschluß, füllt auf 1000 ccm auf und sterilisiert, sofern das Fleischwasser nicht sofort weiter verarbeitet werden soll, $^1/_4$ Stunde bei 125° im Autoklaven. Fleischwasser ist das Ausgangsmaterial für Nährbouillon, Nährgelatine und Nähragar.

Soll das Fleischwasser für sich als Nährboden verwendet werden, so wird es je nach dem Zweck gegebenenfalls noch neutralisiert. Dies geschieht in der Weise, daß die kochendheiße Flüssigkeit tropfenweise mit 10%iger Sodalösung oder 25%iger Natronlauge versetzt wird, bis blaues Lackmuspapier nicht mehr gerötet und rotes schwach gebläut wird. Einen etwaigen zu großen Alkaliüberschuß beseitigt man durch Phosphorsäure.

Nach dem Neutralisieren muß das Fleischwasser meist nochmals filtriert werden. Darauf wird es im Autoklaven sterilisiert. Statt Fleischwasser wird auch eine 1—2%ige Fleischextraktlösung verwendet, die aber dem Fleischwasser nicht gleichwertig ist. Fleischextraktlösungen müssen, da das Extrakt sehr widerstandsfähige Bakteriensporen enthält, ebenfalls im Autoklaven sterilisiert werden.

2. Nährbouillon. Fleischwasser wird mit 1% Pepton „Witte" und 0,5% Kochsalz versetzt, bis zur Lösung desselben im Dampftopf erhitzt, heiß neutralisiert bis zum Lackmusneutralpunkt, filtriert und im Autoklaven sterilisiert. Zuweilen wird noch vor dem letzten Sterilisieren 1% Glucose zugegeben. Bouillon aus Fleischextrakt wird in derselben Weise hergestellt.

3. Peptonwasser. 10 g Pepton und 5 g Kochsalz werden in 1 l Wasser gelöst und sterilisiert. In Peptonwasser erzeugen manche Bakterienarten Indol.

4. Heyden-Nährstoffbouillon. 5 g Nährstoff Heyden, 5 g Kochsalz, 30 g Glycerin, 1000 ccm Wasser, die Lösung wird mit Natriumcarbonat neutralisiert und dann sterilisiert.

5. Milch. Frische Milch (oder Magermilch) wird in Reagensgläsern entweder 3—5 Tage hintereinander je 20 Minuten im Dampftopf oder einmal 15 Minuten im Autoklaven bei 105° sterilisiert. Temperaturen über 110° färben die Milch bräunlich. Vor der Verwendung läßt man die Röhrchen 3 Tage im Brutschrank stehen, um ihre Sterilität zu prüfen. Milch ist ein guter Nährboden für die meisten Bakterien und Eumyceten.

6. Molke. Für bestimmte Bakterien (z. B. Milchbakterien) verwendet man zu Kulturzwecken auch das Milchserum allein, das man folgendermaßen herstellt: Man erwärmt Magermilch auf 40° C und setzt vorsichtig 1%ige Salzsäure zu, bis kein Niederschlag mehr entsteht. Hierauf filtriert man und neutralisiert mit sehr verdünnter Natronlauge (Lackmus). Dann erhitzt man im Dampftopf 45 Minuten und filtriert vom etwa entstehenden Niederschlag ab. Die fertige Molke muß in dünner Schicht klar erscheinen. Nach der üblichen Sterilisierung wird sie entweder unmittelbar als Nährboden verwendet oder mit anderen Stoffen (Gelatine, Agar) kombiniert.

7. Bierwürze. Gehopfte und nicht gehopfte Würze wird, ohne sie zu neutralisieren, durch Erhitzen im Dampftopf sterilisiert. Sie ist vorzüglich geeignet zur Kultur vieler höheren Pilze und bildet die Grundlage für verschiedene feste Nährböden.

8. Heuabkochung. 10 g Heu werden mit 0,5 l Wasser einige Stunden stehen gelassen, dann 10—15 Minuten gekocht. Das Filtrat wird je nach dem

Zweck neutralisiert (für Bakterien) oder sauer gelassen (für höhere Pilze). Es muß wegen seines Gehaltes an sehr widerstandsfähigen Sporen $^1/_2$ Stunde im Autoklaven bei 1 Atmosphäre Überdruck sterilisiert werden.

9. Pflaumen-, Rosinen- und Birnenwasser. 100 g Backpflaumen, Rosinen oder gedörrte Birnen werden in 1 l Wasser 24 Stunden eingeweicht. Das abgepreßte Filtrat wird gekocht, filtriert, sterilisiert. Diese Abkochungen sind ein guter Nährboden für höhere Pilze. Auch die gedörrten Früchte selbst, mit Wasser eingeweicht und in Doppelschalen sterilisiert, sind als Nährböden für Massenkulturen vorzüglich geeignet. Ebenso eignen sich auch frische, süße Früchte, aus denen Teile aseptisch entnommen werden, vorzüglich für Pilzkulturen. O. BREFELD empfiehlt besonders Bananen.

10. Traubenmost. Traubenmost wird sterilisiert. Man kann auch den käuflichen konzentrierten Most mit 3 Teilen Wasser verdünnen und sterilisieren. Er ist ein guter Nährboden für höhere Pilze.

11. Hefewasser. 250 g Preßhefe werden mit 1 l Wasser $^1/_2$ Stunde lang gekocht, worauf noch heiß filtriert wird. Das Filtrat wird mit 1 l Wasser verdünnt, wieder $^1/_2$ Stunde gekocht, filtriert und im strömenden Dampf sterilisiert. Hefenwasser ist ein guter Nährboden für Bakterien und höhere Pilze.

12. Kartoffeln, Möhren, Rüben. Von den verschiedenen Formen, in denen Kartoffeln als Nährböden verwendet werden, ist die geeignetste die nach GLOBIG. Man sticht aus sauber gewaschenen und gebürsteten, dann $^1/_2$ Stunde in $1^0/_{00}$iger Sublimatlösung sterilisierten Kartoffeln mit Korkbohrern Zylinder heraus, halbiert sie durch einen schrägen Längsschnitt, so daß zwei Keile entstehen und legt diese in Röhrchen, in denen sich unten ein kleiner Bausch feuchter Watte befindet. Sterilisiert wird $^1/_2$ Stunde bei 1 Atmosphäre Überdruck. Hat man fraktioniert im strömenden Dampf sterilisiert, so ist danach 24stündige Bebrütung erforderlich, um etwa noch keimhaltige Röhrchen aussondern zu können.

Man kann auch die gereinigten und geschälten Kartoffeln mit dem Messer in Scheiben zerlegen und diese in Glasdosen sterilisieren. Möhren, Rüben, auch Kohlrabi, Sellerie, werden in derselben Weise hergerichtet.

13. Mist der Kräuterfresser. Für alle höheren Pilze empfiehlt O. BREFELD Mist der Kräuterfresser (insbesondere vom Pferd), und Abkochungen davon als vorzüglichen Nährboden. Man erwärmt Pferdemist, mit Wasser zu einem dicken Brei angerührt, im Dampftopf 1 Stunde lang auf 80—90°, filtriert die erkaltete Masse und sterilisiert wiederholt bei 80—100°. Diese Abkochung kann auch in konzentrierter Form aufbewahrt und zum Gebrauch mit der 8—10fachen Menge Wasser verdünnt werden. Den Mangel der Mistlösung an Kohlenhydraten kann man durch Zusatz von Zucker oder durch Verdünnung mit Fruchtsäften beseitigen.

Mist selbst wird in mäßig feuchtem Zustande in Doppelschalen sterilisiert.

14. Brot. Brot ist ein vorzüglicher Nährboden für viele höhere Pilze. O. BREFELD empfiehlt, ein nicht zu saures Brot in Scheiben zu schneiden, mäßig mit Wasser oder Nährlösungen (Würze, Fruchtsäften, Mistabkochung u. a.) zu befeuchten und etwa 4—5mal in Abständen von 2—3 Tagen bei 56—60° zu sterilisieren.

15. Weiße Oblaten sind nach SCHILL ein guter Nährboden für Farbstoffbildner. Man legt sie in Doppelschalen, befeuchtet mit Nährflüssigkeit und sterilisiert.

16. In Sägespäne aufgesaugte Nährlösungen. Solche Nährböden empfiehlt O. BREFELD als ausgezeichnet für die Kultur vieler höherer Pilze. Die Sägespäne werden mit Wasser angefeuchtet, wiederholt 1 Stunde bei 100° sterilisiert und dann mit den sterilen Nährlösungen befeuchtet.

17. Gelatinierende Nährböden. Mit Hilfe von Gelatine und Agar lassen sich sämtliche Nährflüssigkeiten in feste Nährböden verwandeln, die wegen ihrer Eigenschaften besonders für die Bakterienkultur besondere Bedeutung erlangt haben.

Gelatinenährböden.

Nährböden, die mit Hilfe von Gelatine hergestellt sind, spielen bei der Kultur der Bakterien und Eumyceten eine Hauptrolle. Diese Nährböden sind durchsichtig, schmelzen bei niederer Temperatur, geben sehr kennzeichnende Wachstumserscheinungen bei vielen Pilzen und lassen sich in ihrer Zusammensetzung ohne Schwierigkeit weitgehend variieren. Ihre Eigenschaft, durch proteolytische Enzyme verflüssigt zu werden, ist für die Differentialdiagnose sehr wertvoll, andererseits bei Reinzüchtungen aus Mischkulturen störend, wenn stark verflüssigende Arten in größerer Zahl vorhanden sind. Der niedrige Schmelzpunkt der Gelatinenährböden verhindert ihre Anwendung bei Bruttemperatur. Derartige Kulturen werden deshalb bei Zimmertemperatur oder am besten im Kulturschrank bei 22° C gehalten.

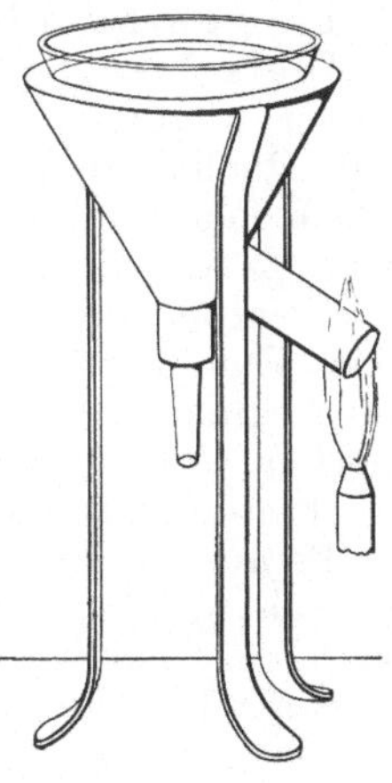

Abb. 14. Heißwassertrichter.

Die gebräuchlichsten Gelatinenährböden sind folgende:

Fleischwasser-Pepton-Gelatine (Nährgelatine). In Fleischwasser werden 1% Pepton „Witte“ und 10% feinste weiße Gelatine (möglichst frei von SO_2) durch Erwärmung im Dampftopf gelöst. Dann wird neutralisiert (bis Lackmus ganz schwach alkalische Reaktion zeigt) und der auf etwa 50° abgekühlten Flüssigkeit das in wenig Wasser verrührte Weiße eines Eies zugesetzt, hierauf 10 Minuten im Dampftopf erhitzt, durch einen mit einem Faltenfilter beschickten Heißwassertrichter (Abb. 14) in Kolben filtriert und unter Watteverschluß nochmals 20 Minuten im Dampftopf sterilisiert. Gelatine ist gegen häufiges und starkes Erhitzen sehr empfindlich und büßt leicht ihr Erstarrungsvermögen ein. Erhitzen im Autoklaven ist daher zu vermeiden.

Diese Nährgelatine ist der häufigst verwendete Nährboden für Bakterien. Sie schmilzt bei etwa 25°, erstarrt bei Temperaturen unter 20° schnell (im Sommer sind statt 10% Gelatine 15% zu verwenden) und ist bei richtiger Herstellung völlig durchsichtig. Viele Bakterienarten wachsen auf ihr in sehr kennzeichnender Weise.

Statt Fleischwasser kann auch eine 1—2%ige Lösung von Fleischextrakt verwendet werden. Über Nährgelatine für Wasseruntersuchungen vgl. unter „Wasser“.

Würzegelatine. In gehopfter oder ungehopfter Bierwürze werden 8—10% Gelatine gelöst. Der Nährboden ist nach $^1/_2$stündiger Sterilisierung im Dampftopf fertig. Er eignet sich ausgezeichnet für viele höhere Pilze, insbesondere für Hefen. Nicht neutralisieren.

Bei Verarbeitung sonstiger Nährlösungen zu Gelatinenährböden ist stets die Reaktion zu beachten. Reine Gelatinelösungen reagieren sauer. Die gewünschte Reaktion ist durch Alkali oder organische Säuren herzustellen.

Agarnährböden.

Der aus verschiedenen Meeresalgen gewonnene Agar-Agar gibt in 1—2%igen Lösungen ebenfalls ziemlich durchsichtige Nährböden, die vor den Gelatinen den Vorzug haben, daß sie bei Brutwärme noch festbleiben und daher zur schnellen Züchtung vieler Bakterienarten sehr geeignet sind. Dem steht allerdings der Nachteil gegenüber, daß die Agarnährböden erst bei etwa 100° flüssig werden und schon bei 40° erstarren, so daß bei Anlage von Plattenkulturen vorsichtiges und schnelles Arbeiten nötig ist, wenn nicht die Pilzkeime durch zu starke Erwärmung leiden oder die Nährböden vorzeitig fest werden sollen. Wenig angenehm ist auch die Eigenschaft des Nähragars, nach dem Erstarren Wasser austreten zu lassen, so daß auf Plattenkulturen leicht sehr ausgedehnte oberflächliche Bakterienwucherungen entstehen. Man legt deshalb die Agarplatten umgekehrt in den Brutschrank (Boden nach oben), um eine Abscheidung von Kondenswasser am Deckel zu verhüten. Auch wachsen Bakterien im allgemeinen auf Agarnährböden nicht in so kennzeichnender Weise wie auf Nährgelatine. Trotzdem sind die Agarnährböden wegen ihrer sonstigen vorzüglichen Eigenschaften hochgeschätzt und werden nächst den Gelatinenährböden am häufigsten verwendet.

Die gebräuchlichsten Agarnährböden sind folgende:

Fleischwasser-Pepton-Agar. 1—2% Agar (klein geschnitten oder als Pulver) werden in einem Emailletopf mit Fleischwasser an einem kühlen Ort zum Quellen einige Stunden stehen gelassen. Dann wird $^1/_2$—$^3/_4$ Stunde über freiem Feuer unter Umrühren und Ersatz des verdampfenden Wassers gekocht, oder $^1/_2$ Stunde im Autoklaven bei 0,6—0,8 Atmosphären Überdruck erhitzt, 1% Pepton in der Flüssigkeit gelöst, neutralisiert und im Dampftopf mit Hilfe eines Emailletrichters durch ein doppeltes Faltenfilter filtriert. Die Filtration des Agars geht sehr langsam vor sich. Will man das langwierige Filtrieren vermeiden, so läßt man den Agar nach dem Sterilisieren im Autoklaven langsam erkalten und schneidet die untere Schicht, die das Sediment enthält, fort.

Pepton-Fleischwasseragar kann durch verschiedene Zusätze noch brauchbarer gemacht werden. Häufig mischt man ihm 5% Glycerin bei. Auch Glucose oder Lactose wird in vielen Fällen zugesetzt (meist 2%).

Statt Fleischwasser wird auch eine 1—2%ige Fleischextraktlösung benutzt.

Heyden-Nährstoffagar. Ein Nähragar, der vielfach für Zählplatten benutzt wird, ist der Heyden-Nährstoffagar nach Hesse und Niedner. 8 g Nährstoff Heyden, 13 g Agar werden mit 1 l Wasser im Autoklaven bei 125° 8 Minuten erhitzt. Der Agar wird im Dampftopf filtriert und nochmals 8 Minuten im Autoklaven sterilisiert. Arth. Meyer empfiehlt noch einen Zusatz von 20 g Glucose.

Würzeagar wird durch Auflösen von 20 g Agar in 1 l Bierwürze erhalten. Der Agar darf nicht zu lange im Autoklaven erhitzt werden, da er sonst sehr weich wird. Es genügt, ihn 10 Minuten bei etwa 110° darin zu lassen. Würzeagar ist ein vorzüglicher Nährboden für Massenkulturen vieler höherer Pilze.

Milchagar stellt man in der Weise her, daß man verflüssigtem Fleischwasserpeptonagar etwa 10—12% entrahmte, sterilisierte Milch unmittelbar vor dem Gebrauch zusetzt. Er dient unter anderem zur Erkennung peptonisierender Bakterien, die das Casein auflösen (heller Hof).

Molkenagar bereitet man mit der obenerwähnten Molke. Er eignet sich besonders zur Kultur von Milchbakterien.

Spezialagarnährböden für diagnostische Zwecke gibt es eine große Anzahl. Viele von ihnen werden unter Zusatz von Farbstoffen bereitet und finden z. B. für die Charakterisierung der Bakterien der Coli-Typhusgruppe ausgedehnteste Verwendung. Näheres hierüber wird bei den Abschnitten Milch, Fleisch und Wasser ausgeführt werden.

Auch Elektivnährböden, auf denen nur bestimmte Arten zur Entwicklung gelangen, werden meist mit Agar bereitet.

18. Trockennährböden nach DOERR. Es sind unbegrenzt haltbare Nährböden in Pulver- oder Tablettenform, die durch Auflösung in kochendem Wasser in kurzer Zeit gebrauchsfertig sind. Hersteller z. B. Chemische Fabrik „Bram" in Leipzig.

19. Eiweißfreie Nährlösungen bestimmter Zusammensetzung.

a) Lösung nach USCHINSKI:

Wasser	1000 g	Magnesiumsulfat	0,2—0,4 g
Glycerin	30—40 g	Dikaliumphosphat	2,5—3,0 g
Chlornatrium	5—7 g	Ammoniumlactat	6—7 g
Chlorcalcium	0,1 g	Asparaginsaures Natrium	3—4 g

b) Normallösung nach MAASSEN:

Wasser	1000 g	mit Kalilauge neutralisiert	Magnesiumsulfat	0,40 g
Apfelsäure	7 g		Dikaliumphosphat	0,20 g
Dazu: Asparagin	10 g		Krystallisiertes Natriumcarbonat	2,50 g
			Wasserfreies Calciumchlorid	0,01 g

Je nach Bedarf werden 15—40 Teile Glycerin, Mannit, Dulcit oder verschiedene Zucker zugesetzt.

c) Lösung zur Züchtung denitrifizierender Bakterien nach GILTAY:

Wasser	1000 g	Dinatriumphosphat	2,0 g
Glucose	2 g	Magnesiumsulfat	2,0 g
Citronensäure	5 g	Chlorcalcium	0,2 g
Kaliumnitrat	2 g	Eisenchlorid	Spur
Monokaliumphosphat	2 g		

In dieser Lösung können auch die organischen Stoffe durch andere Zucker, mehrwertige Alkohole und Säuren ersetzt werden. Die Isolierung der Organismen erfolgt durch Gelatinenährböden.

d) Lösungen nach ARTH. MEYER[1]. Auf diese für differentialdiagnostische Zwecke bestimmten Lösungen, die ARTH. MEYER nach ihrer Zusammensetzung trennt in

1. gut kontrollierbare, konstante Nährlösungen,
2. wegen des Gehaltes an unbestimmten Nährsubstanzen nicht genau kontrollierbare Lösungen,

soll hier nur hingewiesen werden.

e) Nährlösung für Hefe nach HAYDUCK. Sie enthält im Liter 100 g Saccharose, 2,5 g Asparapin und 20 ccm mineralischer Nährlösung. Letztere enthält im Liter 50 g Monokaliumphosphat und 17 g Magnesiumsulfat. Ist das verwendete Leitungswasser nicht kalkhaltig, so gibt man 0,1 g Calciumchlorid hinzu.

b) Nährböden ohne organische Stoffe.

1. Mineralische Lösung nach ARTH. MEYER. Sie enthält in 1 l Wasser: 1 g primäres Kaliumphosphat, 0,1 g Calciumchlorid, 0,3 g Magnesiumsulfat, 0,1 g Natriumchlorid und 0,01 g Ferrichlorid.

Weitere Nährböden ohne organische Stoffe kommen nur für die Züchtung weniger Bakterienarten, nämlich für solche, die Ammonsalze zu Nitriten (Nitritbakterien) und diese zu Nitraten (Nitratbakterien) oxydieren[2], in Betracht.

2. Nährböden für Nitritbakterien. a) Nährlösung zum Anreichern der Nitritbakterien nach WINOGRADSKI:

Wasser	1000 g	Kaliumphosphat	1,0 g
Ammoniumsulfat	2 g	Magnesiumsulfat	0,5 g
Natriumchlorid	2 g	Ferrosulfat	0,4 g

[1] Vgl. ARTH. MEYER: Praktikum der botanischen Bakterienkunde. Jena 1903.

[2] Hauptsächlichste Literatur: WINOGRADSKI: Ann. Inst. Pasteur 4, 5. — OMELIANSKI: Zentralbl. Bakteriol. II. Abt., 1896, 2, 425; 1899, 5, 537, 652.

b) Nähr-Kieselgallerte nach KÜHNE zur Isolierung der Bakterien aus den angereicherten flüssigen Kulturen. Die Kieselsäurelösung stellt man nach KÜHNE in der Weise her, daß man 1 Volumen reines Kali- oder Natronwasserglas vom spezifischen Gewicht 1,05—1,06 mit 1 Volumen Salzsäure vom spezifischen Gewicht 1,10 allmählich mischt und darauf in Pergamentschläuchen 1 Tag gegen fließendes Leitungswasser und dann 1 Tag gegen wiederholt gewechseltes destilliertes Wasser bis zum Verschwinden der Salzsäurereaktion dialysiert. Die Lösung wird bei 115—120° sterilisiert. 50 ccm davon werden mit 2,5 ccm einer wäßrigen Lösung von 1‰ Kaliumphosphat, 3‰ Ammoniumsulfat und 0,5‰ Magnesiumsulfat, mit 1 ccm einer 2%igen wäßrigen Ferrosulfatlösung, mit einer Öse einer gesättigten Chlornatriumlösung und mit einer durch ein Sieb gegossenen Aufschwemmung von Magnesiumcarbonat bis zur milchigen Trübung versetzt und nach Impfung mit der Anreicherungskultur des Nitritbildners in eine Petrischale ausgegossen. Nitritreaktion (Diphenylamin- oder Jodzinkstärkelösung) tritt am 5.—6. Tage auf. Ein mehr augenfälliges Wachstum der sonst sehr klein bleibenden Kolonien läßt sich durch wiederholte Ammongaben erreichen. Zu dem Zweck wird aus der Gallertschicht an zwei gegenüberliegenden Stellen am Rande ein Stück herausgeschnitten. In diese Vertiefungen werden wiederholt einige Tropfen einer 10%igen Ammoniumsulfatlösung hineingegossen, wobei man vor jedem Zusatz die angesammelte Flüssigkeit aus den Vertiefungen mit sterilen Papierstreifen entfernt. Das Magnesiumcarbonat wird in der Umgebung der Ammoniumsulfat oxydierenden Kolonien aufgelöst.

c) Kieselsäureplatten nach BEYERINCK[1]. 5 ccm Wasserglas werden mit 25 ccm Wasser verdünnt und mit 10 ccm Normalsäure versetzt. Das Gemisch wird in eine Petrischale gegossen und gerinnt dort bald. Die Platten werden in fließendem Wasser gewaschen, um die Chloride zu entfernen, dann in sterilisiertem Wasser gewaschen und darauf mit einer Lösung von 0,01 g Dikaliumphosphat, 0,01 g Kaliumnitrat oder 0,01 g Chlorammonium übergossen. Nachdem die Lösung in die Gallerte eingezogen ist, wird die Schale von unten her erhitzt, bis die Gallerte eine trockene glänzende Oberfläche hat. Diese wird noch mit der Bunsenflamme abgesengt. Die Impfung wird oberflächlich ausgeführt. Auf dieser Gallerte wachsen je nach der Zusammensetzung der Nährlösung Nitrit- oder Nitratbakterien und auch die ihre Kohlenstoffnahrung aus der Luft nehmenden Bakterien (Bac. oligocarbophilus BEY.).

d) Nährgipsplatten nach OMELIANSKI. 100 g Gips, 1 g Magnesiumcarbonat werden mit Wasser bis zur Konsistenz von saurem Rahm angerührt und auf eine Glasplatte ausgegossen. Aus der Gipstafel schneidet man entsprechende Teile für Petrischalen und Reagensgläser heraus. In die Schalen und Reagensgläser bringt man so viel von der oben unter a) beschriebenen anorganischen Nährlösung, daß die Platten zur halben Höhe in der Flüssigkeit stehen und die Streifen für Reagensglaskulturen gut feucht sind. Es wird bei 120° im Autoklaven sterilisiert. Trocknen die Gipsblöcke aus, so wird sterilisierte Nährlösung aseptisch neben die Platte getropft. Die Impfung erfolgt oberflächlich durch die Ausbreitung eines Tropfens einer angereicherten flüssigen Kultur auf der glatten Oberfläche mittels eines Platindrahtes oder rechtwinklig gebogenen Glasstabes. Bei 25—30° bilden Nitritbakterien in 10—14 Tagen bis 0,5 mm große Kolonien.

3. Nährböden für Nitratbakterien.

a) Nährlösung zum Anreichern der Nitratbakterien nach WINOGRADSKI:

[1] BEYERINCK: Zentralbl. Bakteriol. II. Abt., 1903, **10**, 38.

Wasser	1000 g	Natriumchlorid	0,5 g
Natriumnitrit	1 g	Ferrosulfat	0,4 g
Geglühtes Natriumcarbonat	1 g	Magnesiumsulfat	0,3 g
Kaliumphosphat	0,5 g		

b) Nähragar zur Isolierung der Nitratbakterien aus angereicherten Kulturen nach WINOGRADSKI:

Leitungswasser	1000 g	Kaliumphosphat	0,01 g
Natriumnitrit	2 g	Agar	15,00 g
Wasserfreies Natriumcarbonat	1 g		

B. Abfüllen und Aufbewahren der Nährböden.

Die Nährböden werden in ERLENMEYER-Kolben, möglichst in Portionen von nicht mehr als 250 g an einem kühlen, dunklen Orte aufbewahrt. Als Verschluß der Kolben dient ein Wattestopfen, der aus glatt aneinanderliegenden Schichten gerollt worden ist und mit einem mit Sublimatlösung angefeuchteten Pergamentpapier überbunden wird. Dieser Verschluß ist allen anderen sonst empfohlenen an Sicherheit und Bequemlichkeit weit überlegen. Müssen die Nährböden voraussichtlich längere Zeit aufbewahrt werden, so ersetzt man die Pergamentkappe durch eine solche aus Gummi. Man kann auch den Wattestopfen etwas tiefer in den Hals des Kolbens hineinschieben und diesen dann mit geschmolzenem Paraffin ausfüllen. Bei der Verwendung erwärmt man den Kolbenhals in der Flamme schwach, so daß das Paraffin am Glase erweicht, zieht nun den Stopfen mittels einer festen Pinzette heraus und ersetzt ihn durch einen solchen aus sterilisierter Watte. Ist ein Nährboden infolge längerer Aufbewahrung ausgetrocknet oder konzentrierter geworden, so fügt man die entsprechende Menge steriles Wasser hinzu. Bei Gelatine- und Agarnährböden muß man nach der Verflüssigung die entstehenden Schichten von Wasser und konzentriertem Nährboden sorgfältig mischen.

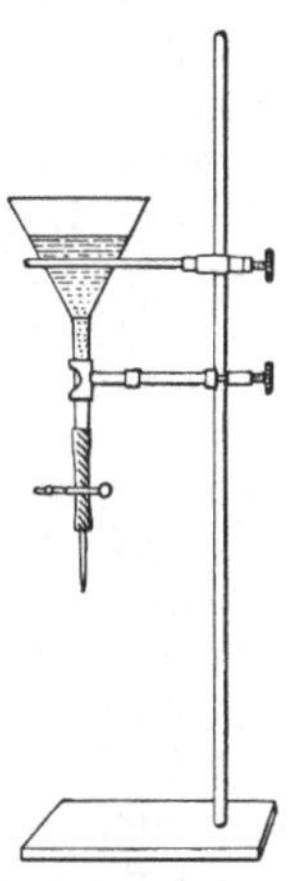

Abb. 15. Einfache Abfüllvorrichtung. (Nach KLIMMER.)

Für Kulturzwecke müssen die Nährböden in kleinere Gefäße abgefüllt werden. Für Gelatine- und Agarnährböden kommen in erster Linie Reagensgläser, für Nährlösungen daneben auch Kolben verschiedener Art in Betracht. Die sauber gereinigten Gläser werden zunächst mit einem glatt anliegenden Wattestopfen verschlossen und trocken sterilisiert.

Da es beim Abfüllen der Nährböden im allgemeinen auf genau abgemessene Mengen nicht ankommt, verfährt man in folgender Weise: Den flüssigen Nährboden gibt man in einen größeren durch einen Stativring gehaltenen Glastrichter, der unten einen Gummischlauch mit Quetschhahn trägt. Im freien Ende des Schlauches steckt ein nicht zu enges ausreichend langes Glasrohr (Abb. 15), durch das der Nährboden beim Öffnen des Quetschhahnes ausfließt. Beim Abfüllen von Gelatine und Agar ist besonders darauf zu achten, daß der obere Teil des Reagensrohres in den der Wattepfropf zu sitzen kommt, völlig trocken bleibt, weil sonst der Watteverschluß unter Umständen sehr fest anklebt. Gelatinierende Nährböden müssen beim Abfüllen genügend heiß sein, insbesondere Agar, damit keine Verstopfung des Ausflußrohres eintritt. Die gefüllten Röhrchen werden sofort mit einem Wattestopfen verschlossen.

In die Reagensgläser füllt man je nach der Weite 7—10 ccm Nährboden. Für die Kultur von anaeroben Bakterien in hoher Schicht werden 15 ccm eingefüllt. Die gefüllten Röhrchen werden sofort sterilisiert, Gelatine- und andere hitzeempfindliche Nährböden $^1/_2$ Stunde im Dampftopf, Agar- und beständigere

Nährböden $^1/_4$—$^1/_2$ Stunde im Autoklaven bei 1 Atmosphäre Überdruck. Nach dem Sterilisieren läßt man die Nährböden möglichst schnell aufrechtstehend oder in einem flachen Blechgestell liegend, erstarren. Im letzteren Falle entstehen Keile von Gelatine und Agar mit einer langen Oberfläche. Man bezeichnet solche Röhrchen als schräge Gelatine- oder Agarröhrchen.

An dem Behälter der fertigen Nährböden sind Tag der Herstellung, Zusammensetzung und Reaktion zu vermerken.

Vor der Verwendung der Nährböden prüft man sie (mit Ausnahme der Gelatine) durch 1—2tägiges Aufbewahren im Brutschrank auf Keimfreiheit.

C. Brauchbarkeit der Nährböden für verschiedene Zwecke der Pilzkultur.

Hinsichtlich der Anwendung der Nährböden für die verschiedenen Aufgaben der mykologischen Forschung mögen folgende Fingerzeige dienen:

Für die Gewinnung von Reinkulturen aus Pilzgemischen werden in allen Fällen am vorteilhaftesten die Gelatine- und Agarnährböden in Form von Plattenkulturen (vgl. unter IV, A, 4, S. 1577) verwendet, wobei nötigenfalls die Kultur mehrere Male mit dem vorgereinigten Material wiederholt wird. Reinzuchtgewinnung mittels Nährlösung ist, abgesehen von den Hefen (siehe diese), jetzt wegen zu großer Unsicherheit aufgegeben.

Für die Untersuchung der Entwicklungsgeschichte eines Pilzes, die unter dem Mikroskop in der feuchten Kammer von der Sporenkeimung an verfolgt werden soll, eignen sich Gelatinenährböden oder entsprechende Nährlösungen. Bei Anwendung letzterer ist es meist nötig, dafür Sorge zu tragen, daß in der betreffenden Deckglaskultur nur eine Spore vorhanden ist. Bei Gelatinenährböden können deren mehrere vorhanden sein, wenn der Ort der einzelnen Sporen genau bestimmt wird.

Für das Studium der Entwicklungsgeschichte von Bakterien eignen sich auch in Reagensgläsern erstarrte Agarnährböden, auf deren Oberfläche eine Aufschwemmung der Sporen verteilt wird. Von Zeit zu Zeit müssen Proben für die mikroskopische Untersuchung entnommen werden.

Größere Pilze, die in den Deckglaskulturen nicht zur vollen Entwicklung kommen, werden, falls eine mikroskopische Kontrolle nötig ist, in Nährflüssigkeitstropfen auf Objektträgern in feuchter Atmosphäre kultiviert. Der erschöpfte Tropfen kann mit sterilisiertem Fließpapier abgesaugt und durch einen neuen ersetzt werden. Zur höchsten Entwicklung kommen allerdings viele höhere Pilze auch dann noch nicht. Um diese zu erreichen, müssen die konzentrierten natürlichen Nährböden (Mist, Brot, Früchte, Rüben u. a.) angewendet werden. Kulturen auf diesen Stoffen dienen auch zur Feststellung mancher chemischen Lebensäußerungen (Bildung von Farbstoffen, Säuren, Alkohol usw.).

Für die Herstellung von Massenkulturen von Bakterien, Hefen und vielen höheren Pilzen, die zur Bereitstellung größerer Mengen für Zwecke der Impfung, zur Erzeugung kennzeichnender Wachstumsformen, Erkennung chemischer Leistungen (Enzymbildung, Farbstoffbildung, Säure-, Alkalibildung u. a.) dienen, eignen sich die Gelatine- und Agarnährböden in verschiedener Form, ferner die verschiedenartigen Nährlösungen, Kartoffeln, Rüben u. a.

IV. Reinzüchtung von Bakterien und Eumyceten.

Für die Erforschung der Eigenschalten eines Pilzes ist die Herstellung einer Reinkultur des betreffenden Organismus Voraussetzung. Unter einer absoluten Reinkultur versteht man die Kultur einer Art unter völligem Ausschluß einer anderen Art. Erst mit solchen Reinkulturen können sichere

Erfahrungen über das physiologische Verhalten einer Art gewonnen werden. Auch für morphologische und entwicklungsgeschichtliche Untersuchungen dienen als Ausgangspunkt die absoluten Reinkulturen. Nur wenn das Ausgangsmaterial relativ rein ist und aus großen Formen besteht, die in ihnen besonders zusagenden Nährsubstraten gezüchtet werden, kann bei entwicklungsgeschichtlichen Untersuchungen unter Umständen von der Herstellung der absoluten Reinkultur abgesehen werden. Die Reinkultur kann im idealen Falle ihren Ausgang von einer Zelle genommen haben: in diesem Falle spricht man von einer Einzellkultur. Sie kann aber auch von mehreren Individuen abstammen. Die zahlreichen Verfahren, die zur Herstellung von Reinkulturen dienen, lassen sich auf zwei Hauptverfahren zurückführen, auf das Verdünnungs- und das Anreicherungsverfahren. Ersteres ist ein mechanisches, letzteres ein physiologisches Verfahren. Häufig werden beide kombiniert angewendet. Eine besondere Methodik erfordert die Kultur der gegen Luftsauerstoff empfindlichen (anaeroben) Bakterien (vgl. unter C).

A. Verdünnungsverfahren.

1. Hansensches Verfahren mit flüssigen Nährböden.

Bei den Verdünnungsverfahren mit flüssigen Nährböden verfährt man in der Weise, daß man ein Keimgemisch in einer Flüssigkeit so verteilt, daß möglichst alle Zellen vereinzelt sind, und dann die Flüssigkeit soweit verdünnt, daß in einer kleinen Menge, z. B. 1 ccm, höchstens noch ein Keim vorhanden ist. Überträgt man nun mehrere Male je 1 ccm in neue sterilisierte Nährlösung, so wird man in einzelnen dieser Impfungen noch Wachstum eintreten sehen, in anderen nicht. Dieses Verfahren verlangt natürlich eine genaue Kenntnis der in dem Ausgangsgemisch vorhandenen Keimzahl. Es eignet sich daher nur für größere Organismen wie Hefen und größere Pilzsporen. In eine brauchbare Form ist es für Hefen von Chr. Hansen gebracht worden. Hansen schwemmte Hefe in sterilisiertem Wasser auf und verteilte sie vollständig durch Schütteln. Darauf bestimmte er durch Zählung unter dem Mikroskop mittels quadrierter Deckgläser die Zahl der Hefenzellen in einem Tropfen bestimmter Größe und verdünnte nun so stark, daß höchstens jedes zweite Tröpfchen eine Zelle enthielt. Darauf wurden mehrere Kolben mit sterilisierter Würze mit je einem Tröpfchen geimpft, kräftig geschüttelt und dann ruhig hingestellt. Die Zellen sanken zu Boden und aus jeder entstand dort ein Flecken. Nur Kolben mit einem Hefenflecken waren voraussichtlich mit einer Zelle geimpft worden. Nach diesem Verfahren hat Hansen die ersten Reinkulturen verschiedener Saccharomyceten hergestellt. Dieses Verdünnungsverfahren nach Hansen wird heutzutage in der Praxis kaum noch angewendet, da es umständlich ist und die Sicherheit vermissen läßt. Über das von Hansen später angegebene Einzellkulturverfahren vgl. S. 1581.

2. Lindnersche Tröpfchenkultur.

Diese ist eine Verbesserung des Verdünnungsverfahrens, die es gestattet, mit absoluter Sicherheit Reinkulturen in Flüssigkeiten herzustellen, die aus einer Zelle entstanden sind. Nach P. Lindner verdünnt man die keimhaltige Flüssigkeit soweit mit geeigneter Nährflüssigkeit, daß ein Tröpfchen im Durchschnitt nur eine Zelle enthält (Kontrolle bei 300—400facher Vergrößerung). Dann zieht man um den Rand der Höhlung eines über der Bunsenflamme erhitzten (flambierten), noch warmen hohlgeschliffenen Objektträgers mittels eines Pinsels einen mehr hohen als breiten Ring von etwas erweichter Vaseline und legt ein flambiertes Deckglas, das man an zwei gegenüberliegenden Ecken zwischen den Fingern hält, mit der flambierten Seite nach unten, lose auf den Ring. Hierauf wird mittels einer durch Erwärmen über der Flamme (nicht Glühen!) sterilisierten Zeichenfeder, die mit Draht an einem Glasstab befestigt ist, eine größere Zahl Tröpfchen rasch nacheinander reihenweise auf die flambierte (untere) Seite des Deckelglases innerhalb des Vaselinringes aufgetragen (Abb. 16) und das Gläschen sogleich wieder auf den Vaselinring gelegt und sorgfältig angedrückt, bis guter Abschluß erreicht ist. Damit die Tröpfchen nicht auseinander laufen, müssen die Deckgläser etwas fettig sein. Sie werden deshalb erst mit Wasser, dann mit 70%igem Alkohol abgespült, wobei sie zwischen den Fingern gerieben werden, hierauf mit einem Leinwandlappen abgerieben und vorsichtig flambiert. Statt der Tröpfchen können auch kurze Striche (Federstrichkultur) gezogen werden (Abb. 17). Beim Durchsuchen der Tröpfchen bei 300—400facher Vergrößerung wird man mehrere mit nur einer Zelle finden. Diese markiert man durch zwei mittels der Zeichenfeder unter mikroskopischer Kontrolle neben sie gesetzte Tintenpunkte auf der Oberseite des Deckgläschens. Die Tinte darf nicht zu dünnflüssig sein. Nachdem sich die Zelle etwas vermehrt hat, taucht man mit einer gut abgeflammten Pinzette ein Stückchen im Trockenschrank bei 150° sterilisiertes Fließpapier in das Tröpfchen und überträgt dann das Papier in ein Röhrchen mit Nährboden. Oder man entnimmt mit einem spitzen Platindraht, ein winziges Stückchen sterilisierte Gelatine, betupft damit das Tröpfchen und überträgt dann die Gelatine in frischen Nährboden. Das LINDNERsche Verfahren eignet sich sehr gut für größere Zellen, weniger für Bakterien, da hier die mikroskopische Kontrolle sehr schwer wird.

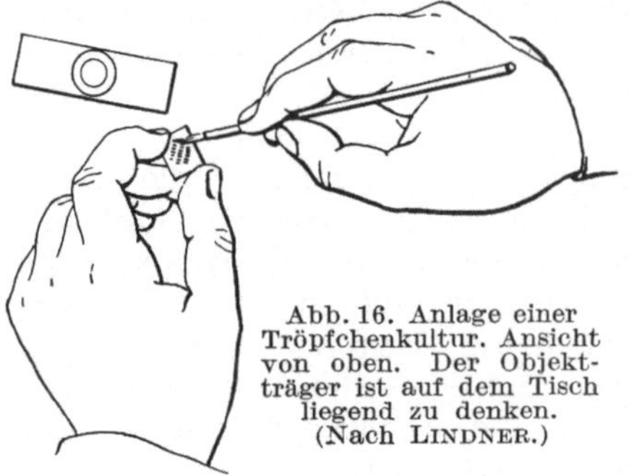

Abb. 16. Anlage einer Tröpfchenkultur. Ansicht von oben. Der Objektträger ist auf dem Tisch liegend zu denken. (Nach LINDNER.)

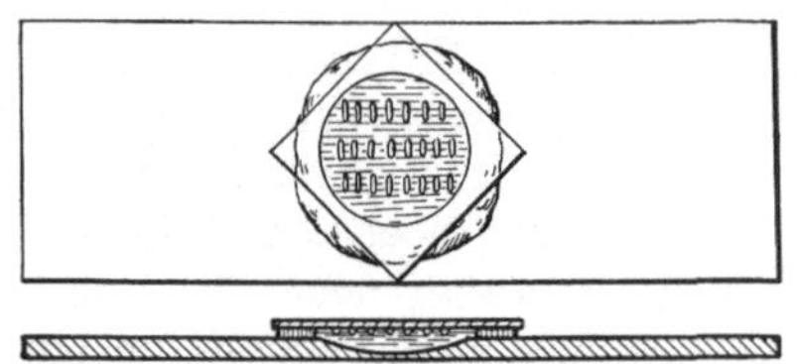

Abb. 17. Tröpfchenkultur. Die Nährlösung ist gleichmäßig in dünnen Strichen aufgetragen. (Nach LINDNER.)

3. Tuschepunktkultur nach BURRI.

Für die Herstellung von Einzellkulturen von Bakterien hat BURRI[1] ein Verfahren, die „Tuschepunktkultur", angegeben. Mit Wasser im Verhältnis 1:10 verdünnte käufliche flüssige Tusche (z. B. Pelikantusche von Günther & Wagner) wird zu 5 oder 10 ccm in Reagensgläsern im Autoklaven sterilisiert, hierauf zentrifugiert oder 8—14 Tage zum Absetzen stehen gelassen. Die Flüssigkeit impft man mit dem Bakterienmaterial und bringt sie empirisch derart auf eine bestimmte Keimzahl, daß ein Tröpfchen von 0,1—0,2 mm Durchmesser durchschnittlich nur noch einen Keim enthält. Die Tröpfchen werden mittels einer flambierten Zeichenfeder auf eine Schicht frisch erstarrter Nährgelatine reihenweise aufgetragen und nach dem in wenigen Sekunden erfolgten Eintrocknen mit einem flambierten Deckglas bedeckt. Man untersucht nun die Tröpfchen mit starken Systemen, wobei die Bakterien als helle Stellen in der Tusche leicht

[1] BURRI: Zentralbl. Bakteriol. 1908, II. Abt., **20**, 95. Eingehend beschrieben in der Schrift: BURRI: Das Tuscheverfahren. Jena 1909.

erkennbar sind. Tröpfchen mit nur einem Keim kann man, wenn die Art auf Gelatine wächst, mit dem Deckglas bedeckt liegen lassen und nach Entwicklung zur Kolonie abimpfen. Verlangt der zu isolierende Organismus eine höhere Temperatur, so entfernt man das Deckglas, an dem der Tuschetropfen hängen bleibt, behutsam von der Gelatine und bringt es auf eine etwas abgetrocknete Agarschicht, auf der dann die weitere Kultur erfolgt. Flüssige Kulturen kann man in der Weise anlegen, daß man auf den betreffenden Tuschefleck ein Tröpfchen Nährflüssigkeit bringt und das Deckglas auf den Hohlschliff eines hohlen Objektträgers kittet.

Ein anderes Verfahren zur Bakterieneinzellkultur hat SCHOUTEN[1] angegeben. Erwähnt sei auch das vervollkommnete Verfahren zur Isolierung von Mikroorganismen mit Hilfe des Mikromanipulators nach PETERFI[2].

4. Plattenkulturverfahren.

Alle diese Einzellverfahren sind für gewisse Untersuchungen, besonders für solche physiologischer Art, sehr wichtig. Sie geben aber keine schnelle Übersicht über die Zusammensetzung eines Keimgemisches. Man verfährt daher jetzt in den meisten Fällen zur Reinzüchtung sowohl von Bakterien wie von Eumyceten nach einem von SCHRÖTER angebahnten, von ROBERT KOCH in eine brauchbare, handliche Form umgearbeiteten Verfahren. Bei diesem wird ebenfalls eine starke Verdünnung der Keime in Wasser oder entsprechenden Flüssigkeiten vorgenommen, von der Bestimmung ihrer Zahl aber abgesehen und die getrennte Entwicklung der Keime dadurch gewährleistet, daß man die keimhaltige Flüssigkeit in nährstoffhaltige Lösungen von Gelatine oder Agar überträgt, die man in dünnen Schichten auf Glasplatten erstarren läßt. Die aus jeder Zelle durch die Vermehrung entstehenden neuen Individuen sind durch die starren Nährböden am Entstehungsort fixiert und erzeugen deshalb eine allmählich mit bloßem Auge erkennbare Kolonie von oft typischer Gestalt.

Dieses Plattenkulturverfahren gibt also im Gegensatz zum HANSENschen (vgl. unter A 1) einen Überblick über die Zusammensetzung eines Keimgemisches. Freilich bietet es ebensowenig wie das HANSENsche eine Garantie dafür, daß jede Kolonie aus einer Zelle entstanden ist. Doch ist der Prozentsatz der Mischkolonien nach HANSENS Untersuchungen nicht sehr erheblich, und man kann durch Wiederholung der Reinzüchtung mit dem vorgereinigten Material des ersten Versuches leicht zur absoluten Reinkultur gelangen.

Das Plattenkulturverfahren wird jetzt in der verschiedensten Weise ausgeführt; die wichtigsten Formen desselben sollen im folgenden beschrieben werden.

a) Kochsche Plattenkultur. Diese Form des Plattenkulturverfahrens ist die im allgemeinen gebräuchliche, die für die große Mehrzahl der Fälle ausreicht. Das Verfahren wird in folgender Weise ausgeführt:

Das zu untersuchende Pilzgemisch wird mit sterilisiertem Leitungswasser verdünnt (destilliertes Wasser wirkt unter Umständen schädigend auf die Organismen). Darauf verflüssigt man mehrere Röhrchen mit Nährgelatine (vgl. S. 1569) bei etwa 30°, läßt sie auf 25° abkühlen und impft in das eine mit einer abgeglühten und wieder erkalteten kleinen Platinöse ein Tröpfchen des Keimgemisches. Man dreht zu diesem Zweck den Wattestopfen aus dem Glase heraus, faßt ihn mit den Fingern an dem oberen nicht in das Röhrchen gehörenden Teil, flammt den Rand des Röhrchens ab, um etwaige Wattereste zu entfernen

---

[1] SCHOUTEN: Zeitschr. wiss. Mikroskopie 1905, **22**, 10.

[2] PETERFI: Methodik der wissenschaftlichen Biologie 1928, Bd. 1.

und impft. Dabei wird das Röhrchen möglichst wagerecht gehalten, um Luftinfektion zu vermeiden. Ist der Nährboden bereits vor einiger Zeit abgezogen und in dem Röhrchen aufbewahrt worden, so brennt man den Wattestopfen, ehe man ihn aus dem Röhrchen herauszieht, ab, um daraufsitzende Keime zu töten. Nach der Impfung wird das Röhrchen sofort mit dem Wattestopfen verschlossen, dann der Platindraht abgeglüht. Hierauf mischt man den Inhalt des geimpften Röhrchens durch vorsichtiges Drehen um die Längsachse, öfteres Neigen und rasches Wiederaufrichten. Durchaus zu vermeiden sind Schütteln und andere hastige Bewegungen, die in der Gelatine Luftblasen hervorrufen. Auch darf die Gelatine beim Mischen nicht in den Wattestopfen laufen.

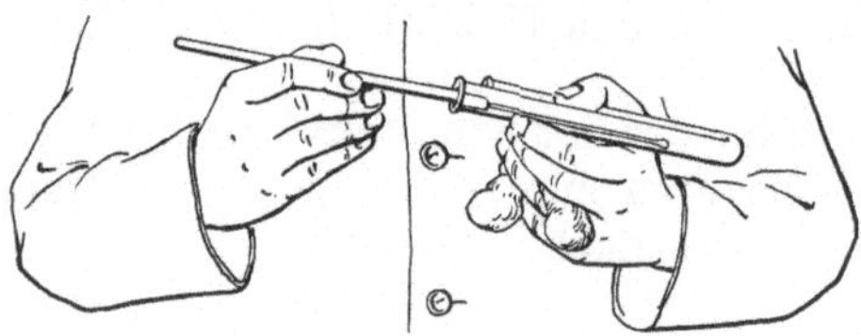
Abb. 18. Anlegen von Verdünnungen für Gelatineplatten.

Hat man, wie dies meist der Fall sein wird, die Verdünnung des Keimgemisches nach Schätzung hergestellt, so muß man damit rechnen, daß die Keimzahl so groß ist, daß bei späterer Entwicklung die einzelnen Kolonien einander berühren. Man sichert sich deshalb, indem man von dem geimpften Röhrchen, dem Original, Verdünnungen anlegt, indem man aus dem gut gemischten Original einige größere Platinösen voll Material (etwa 3—5) in ein zweites Röhrchen (Erste Verdünnung), aus diesem wieder nach gutem Mischen 3—5 Ösen in ein drittes Röhrchen (Zweite Verdünnung) überträgt. Der Anfänger kann sicherheitshalber auch noch eine dritte Verdünnung anlegen. Bei der Herstellung der Verdünnungen empfiehlt sich folgendes Verfahren: Das Röhrchen, von dem abgeimpft werden soll, wird zwischen Daumen und Zeigefinger der linken Hand, und zwar in die Ecke gelegt, das zu impfende daneben. Die Röhrchen sind wieder möglichst horizontal zu halten. Der Wattestopfen des zu impfenden Röhrchens kommt unter den obenerwähnten Vorsichtsmaßregeln zwischen Zeige- und Mittelfinger, der des Abimpflings zwischen Mittel- und Ringfinger der linken Hand (Abb. 18).

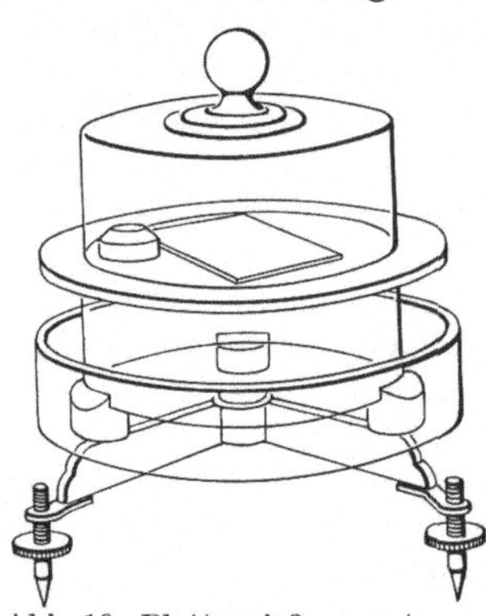
Abb. 19. Plattengießapparat aus Glas für Eiskühlung.

Nach beendigter Impfung und Mischung wird die Gelatine nunmehr auf Glasplatten in dünner Schicht ausgegossen und dort erstarren gelassen. Man benutzte früher hierzu allgemein viereckige Glasplatten aus Fensterglas, die auf einem durch Eis oder Wasser gekühlten, genau horizontal eingestellten Glas- oder Metallbehälter (Abb. 19 und 20) gelegt und gegen Infektion aus der Luft durch Glasglocken geschützt waren. Nach dem Erstarren der Gelatine wurden die Platten auf sterilisierten Glasbänken in großen Glasdoppelschalen (feuchten Kammern) aufbewahrt.

An Stelle der Glasplatten verwendet man jetzt fast nur noch die sog. Petri-Schalen (Abb. 21). Dies sind niedrige Doppelschalen von etwa 9 cm Durchmesser (für manche Zwecke werden auch größere Dimensionen gewählt), in deren untere Hälfte die Gelatine gegossen wird. Die Gefahr einer Verunreinigung durch Luftkeime ist bei Verwendung von Petri-Schalen nicht so groß wie bei Glasplatten, wenn man die Schalen nur soweit lüftet, daß man mit der Öffnung des Röhrchens zwischen sie gelangen kann.

Etwas schwieriger gestaltet sich die Herstellung von Nähragarplatten, da die Agarnährböden erst nach längerem Verweilen im kochenden Wasserbad flüssig und schon bei 40° wieder fest werden. Man muß, da Temperaturen über 40° für viele Bakterien schon gefährlich werden, sehr schnell arbeiten, damit der Nährboden nicht vor dem Ausgießen erstarrt.

Auf den Platten entwickeln sich nach einigen Tagen mehr oder weniger verschiedenartige Kolonien (Abb. 22). Je nachdem sie auf der Oberfläche oder im Innern der Gelatine liegen, sehen sie auch bei derselben Art verschieden aus. Die Gestalt der innen liegenden Kolonien ist im allgemeinen kugel- oder linsenförmig, während die Oberflächenkolonien meist größer und an Gestalt mannigfaltiger sind. Bei höheren Pilzen kommen meist nur Oberflächenkolonien in Frage.

Die Platten werden zunächst behufs vorläufiger Feststellung der Zahl und Häufigkeit der Arten bei schwacher Vergrößerung betrachtet. Bei Petri-Schalen kann man, um Luftverunreinigung zu vermeiden, in den geschlossenen Schalen die Besichtigung von der Unterseite her vornehmen. Man beginnt diese Untersuchung stets mit dem Original, da man auf dieser stärkst bewachsenen Platte auch in geringer Zahl vorhandene Arten auffinden kann, die vielleicht in den Verdünnungen fehlen, und geht dann zu diesen über. Darauf schreitet man zum Abstechen der Kolonien, wozu eine spärlicher bewachsene Platte benutzt wird. Man sucht eine gut ausgebildete, möglichst weit von anderen entfernt liegende Kolonie auf und untersucht zunächst mit schwacher Vergrößerung auf das sorgfältigste, ob die Kolonie tatsächlich rein ist und nicht etwa eine kleinere fremde einschließt. Dabei muß man beachten, daß Oberflächenkolonien, die sich aus einem dicht unter der Gelatineoberfläche liegenden Keim gebildet haben, in der Mitte meist die kleine kreisrunde Innenkolonie, die sich später beim Durchbruch an die Oberfläche zur Oberflächenkolonie entwickelte, zeigen.

Abb. 20. Plattengießapparat aus Metall für Wasserkühlung.

Ist die Platte sehr spärlich bewachsen, so kann man nunmehr unter Beobachtung mit der Lupe mittels eines abgeglühten Platindrahtes den Rand der Kolonie betupfen und die geringe Keimmenge, die an der Drahtspitze hängen bleibt, in ein Reagensglas mit sterilem Nährboden übertragen. Je nach der Konsistenz der Kolonie wird man zuweilen das Drahtende besser zu einem kleinen Spatel hämmern oder zu einem Haken umgestalten.

Abb. 21. PETRI-Schale.

Ist die Platte dichter bewachsen, so muß das Abstechen unter mikroskopischer Kontrolle erfolgen. Man stellt zu dem Zwecke eine möglichst freiliegende Kolonie mit dem schwächsten Objektiv ein. Darauf führt man den Platindraht, dessen Spitze man zweckmäßig ein wenig nach unten gebogen hat, zwischen Objektiv und Platte, ohne diese zu berühren, indem man gleichzeitig ins Mikroskop sieht, bis die Spitze im Gesichtsfelde erscheint. Nun tupft man wieder an den Kolonienrand und verfährt im übrigen wie oben. Kommt man mit dem Draht unbeabsichtigt an die Platte, so muß er sofort wieder abgeglüht werden. Die Führung des Drahtes kann man erheblich sicherer gestalten, wenn man den kleinen Finger der rechten Hand auf den Objektträger stützt.

Die abgeimpften Keime streicht man mit der Nadel gewöhnlich auf einen schräg erstarrten Nährboden aus (Strichkultur); seltener sticht man die Nadel in ihrer ganzen Länge in die Mitte des im Röhrchen gerade erstarrten Nährbodens (Stichkultur) oder man überträgt in flüssige Nährböden (vgl.

S. 1567). Die so erzeugten Reinkulturen müssen dann mikroskopisch und wenn nötig durch nochmalige Plattenkultur auf ihre Reinheit geprüft werden.

Unangenehme Störungen rufen auf den Platten zuweilen Arten hervor, die die Gelatine schnell peptonisieren, so daß die Platte zerläuft, ehe man langsamer wachsende Arten abstechen kann. Auch Schimmelpilze überwuchern zuweilen die Platten sehr schnell. Der peptonisierenden Kolonien kann man sich nach HILTNER[1] dadurch erwehren, daß man sie zeitig mit einem Höllensteinstift betupft. Für Schimmelpilze empfiehlt KLÖCKER Bedeckung der Kolonie mit einem Stückchen Filtrierpapier, das in 10%iger

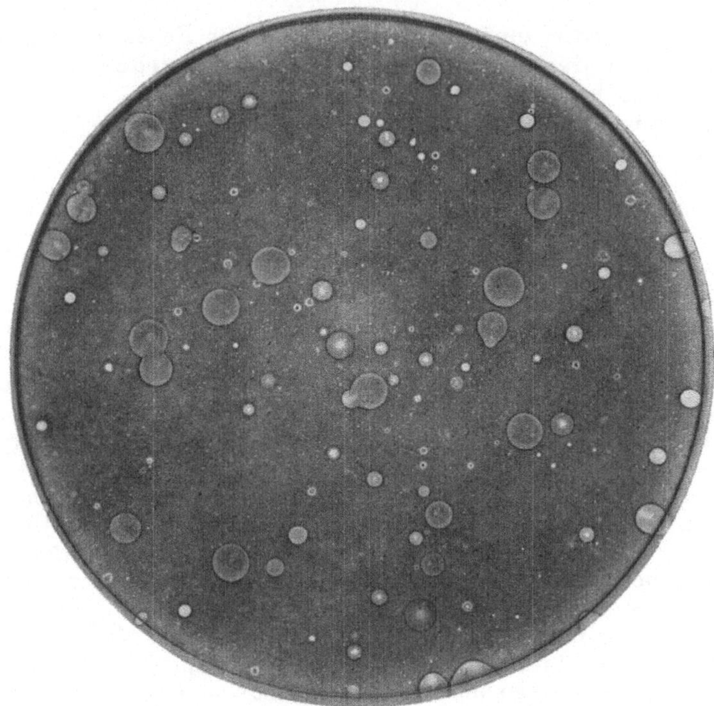

Abb. 22. Dicht besäte Kulturplatte nach OHLMÜLLER.

alkoholischer Lösung von Salicylsäure gelegen hatte. Auch in diesem Falle ist die Bekämpfung vorzunehmen, solange die Kolonien noch klein sind.

b) Oberflächenkultur. Da das Abstechen der Innenkolonien auf den üblichen Platten manchmal einige Schwierigkeiten bereitet, auch die Oberflächenkolonien meist kennzeichnender sind, so ist von verschiedener Seite vorgeschlagen worden, nur die Oberfläche erstarrter Platten zu impfen. Die Keime werden in sterilisiertem Wasser aufgeschwemmt und nun mittels eines Pinsels aus feinem Platindraht, oder eines gewöhnlichen Tuschpinsels, der durch Eintauchen in kochendes Wasser sterilisiert wurde, oder eines am Ende rechtwinkelig gebogenen sterilisierten Glasstabes (DRIGALSKI-Spatels) oder eines Zerstäubers auf die Oberfläche verteilt. Bestreicht man mit einer Füllung des Pinsels oder des Glasstabes mehrere Platten nacheinander, so erhält man auch immer stärkere Verdünnungen. Man kann auch (nach LINDNERS Vorschlag) so verfahren, daß man auf einer Platte Streifen mit immer stärkeren

[1] HILTNER: Arb. Reichsgesundh.-Amt, Biol. Abt. 1903, 3, 445.

Verdünnungen der Keimemulsion anlegt, wodurch man an Material und Raum spart (Abb. 23).

c) Rollkultur. Alle bisher beschriebenen Verfahren leiden an der Möglichkeit einer spontanen Infektion durch Luftkeime. Für gewöhnlich spielt diese Infektion keine große Rolle. Kommt es aber darauf an, wenige Keime in einem Medium oder gar die Keimfreiheit desselben nachzuweisen, so verwendet man besser das von ESMARCH eingeführte Verfahren der Rollkulturen. Dieses Verfahren weicht nur insofern von dem gewöhnlichen Plattenkulturverfahren ab, als die Gelatine nach der Impfung nicht zu einer Platte ausgegossen, sondern an der Wandung des Röhrchens zum Erstarren gebracht wird, so daß also eine Rollplatte entsteht. Man verwendet in diesem Falle vorteilhaft etwas längere und weitere Reagensgläser und etwas weniger Gelatine. Nach der Impfung kühlt man die Gelatine fast bis auf den Erstarrungspunkt ab und dreht nun das Röhrchen in horizontaler Haltung um seine Längsachse unter dem Wasserleitungsstrahl, bis die Gelatine in dünner Schicht auf der Innenwand erstarrt ist. Dabei darf weder Gelatine noch Wasser in den Wattestopfen laufen. Steht kein fließendes Wasser zur Verfügung, so muß man wiederholt in Wasser abkühlen und in der Luft ausrollen. Die Nachteile dieses Verfahrens sind folgende: Es ist nicht so leicht, aus einer Rollkultur eine Kolonie abzustechen. Zur bequemeren Handhabung der Rollröhrchen unter dem Mikroskop und der Lupe sind daher besondere Apparate eingerichtet worden. Ferner wirken peptonisierende Kolonien störender als auf Platten, da die verflüssigte Gelatine bald das ganze Röhrchen verdirbt. Statt der Reagensgläser kann man nach LINDNERs Vorschlag auch größere Standzylinder benutzen. Auch sonst ist natürlich jedes Gefäß, z. B. Medizinflaschen, Rundkolben, ERLENMEYER-Kolben, brauchbar. Im Handel sind von PETRUSCHKY zuerst angegebene flache Flaschen zu haben, die sowohl die Anlage ebener Platten, als auch von Rollplatten gestatten und die Luftinfektion ausschließen (Abb. 24).

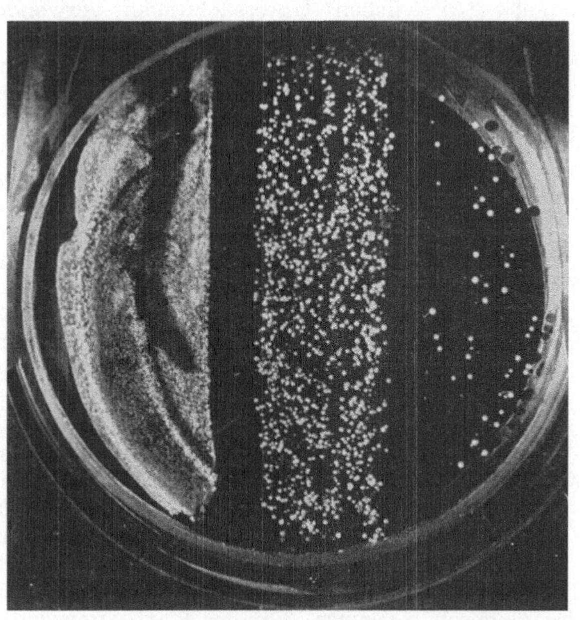

Abb. 23. Pinselstrichkultur von einer Preßhefe. Drei verschiedene Verdünnungen auf derselben Gelatineplatte nach LINDNER. (Natürl. Größe.)

d) HANSENsches Einzellverfahren. Alle bisher beschriebenen Abarten des KOCHschen Verfahrens bieten keine Sicherheit dafür, daß eine Kolonie aus einer Zelle entstanden ist. Für sehr kleine Organismen, wie Bakterien, ist in dieser Beziehung auch nur in selteneren Fällen Sicherheit zu schaffen. Dagegen hat HANSEN für größere Zellen (Hefen, Pilzsporen) mit Erfolg ein jetzt vielfach angewendetes Verfahren ausgearbeitet, bei dem die Entwicklung der Kolonien aus einer Zelle in einer entsprechend dünnen Gelatineplatte auf einem Deckglas in einer kleinen feuchten Kammer mikroskopisch verfolgt werden kann. Solche feuchte Kammern sind in verschiedenen Formen im Handel. Die einfachsten dieser Einrichtungen sind die schon öfter genannten hohlen Objektträger. Häufiger benutzt man die Böttchersche feuchte Kammer (Abb. 25). Diese besteht aus einem großen Objektträger mit aufgekittetem Glasring. Auf dem Ring wird ein Deckglas mit Vaseline befestigt. Man kann auch das Deckglas an den Ring kitten und diesen mit dem Objektträger durch Vaseline verbinden. Die Ringe der Kammern werden mit 18—30 mm Durchmesser hergestellt.

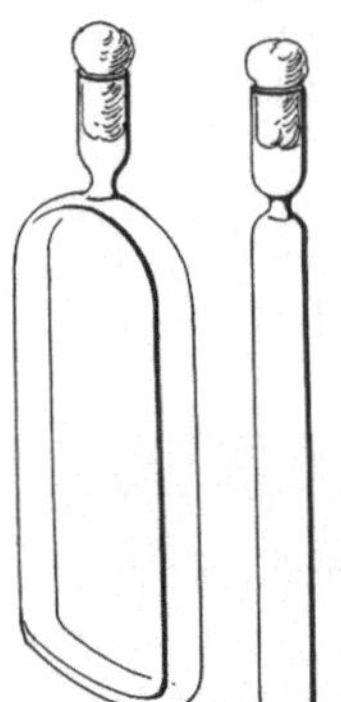

Abb. 24. Kulturflasche nach Petruschky.

Andere feuchte Kammern, die bei entwicklungsgeschichtlichen Untersuchungen verwendet werden, sollen dort beschrieben werden.

Die Deckgläser sind entweder glatt oder durch Ätzung in kleine Quadrate geteilt, deren jedes eine Nummer (nach Jörgensen) enthält (Abb. 26) oder deren erste obere und erste linke Reihe (nach Will) numeriert sind (Abb. 25).

Hansen verfährt nun in folgender Weise: Das Keimgemisch wird mit Wasser soweit verdünnt, daß ein Tröpfchen etwa 20—30 Zellen enthält, wovon man sich im Anfang durch Auszählen überzeugen kann. Sodann werden einige Böttchersche Kammern durch Erwärmen über der Flamme sterilisiert, unter einer sterilen Glocke erkalten gelassen und mit einem Tröpfchen sterilen Wassers auf dem Boden versehen. Darauf wird der obere Rand des Ringes mit verflüssigter Vaseline bestrichen. Nun werden die Deckgläser vorsichtig über der Flamme sterilisiert und ebenfalls unter eine sterile Glocke und nach dem Erkalten auf den Vaselinering gelegt. Hierauf verflüssigt man ein Gelatineröhrchen, nimmt das Deckgläschen vorsichtig vom Ringe ab, bringt mit einem Glasstab einen Tropfen Nährgelatine auf die Unterseite des Deckglases, verrührt in ihm ein Tröpfchen der Keimaufschwemmung, streicht das Gemisch zu einer dünnen Platte innerhalb des Vaselineringes aus und drückt das Deckglas wieder fest auf den Vaselinering. Nach dem Erstarren der Gelatine müssen gut isolierte Zellen aufgesucht und markiert werden. Man durchsucht die Gelatineschicht sorgfältig in allen Tiefen mit 250 bis 300facher Vergrößerung und markiert einzelne, gut isolierte Zellen. Für glatte Deckgläser kommt die Markierung mittels eines Objektmarkierers von Klönne und Müller oder einer Zeichenfeder in Betracht. Der Objektmarkierer wird an Stelle des Objektivs, in dessen Zentrum die Zelle genau eingestellt war, an das Mikroskop geschraubt und dann vorsichtig mit seiner Spitze gegen das Deckglas gedrückt. Nach dem Zurückschrauben soll die Zelle innerhalb des gefärbten Kreises liegen. Das Arbeiten mit dem Objektmarkierer ist nicht leicht und die Erfolge entsprechen nicht immer der aufgewendeten Mühe. Einfacher ist die Markierung mit der Zeichenfeder. Man benutzt eine etwas dickflüssige Tinte und macht mit der Zeichenfeder unter mikroskopischer Kontrolle neben die Zelle einen Punkt auf das Deckglas. Man kann natürlich, wenn man einen beweglichen Objekttisch mit Skalen hat, auch diese zur Markierung einer Zelle benutzen. Einfacher ist die Verwendung eingeteilter Deckgläser.

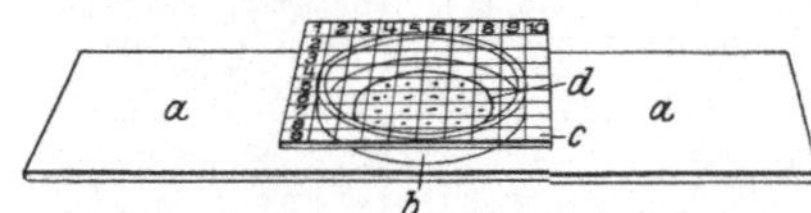

Abb. 25. Feuchte Kammer nach Böttcher mit geteiltem Deckglas nach Will. *a* Objektträger, *b* Glasring, *c* Deckglas, *d* Nährgelatine auf der Unterseite des Deckglases.

2	3	4	5
6	7	8	9
10	12	13	14
15	16	17	18

Abb. 26. Geteiltes Deckglas nach Jörgensen.

Auf Deckgläsern nach Will notiert man die Zahlen der betreffenden Ordinaten- und Abszissenreihe und markiert im übrigen die Lage der einzelnen

Zelle in dem betreffenden Quadrat in einer entsprechenden Zeichnung, gegebenenfalls unter Benutzung zufälliger Einschlüsse. Noch genauer kann die Lage der Zellen in den Quadraten mittels eines Okularnetzmikrometers (vgl. S. 487) festgelegt werden. Auf Deckgläsern nach JÖRGENSEN ist das Quadrat an der eingeätzten Zahl zu erkennen; die Markierung der Zellen in den einzelnen Quadraten erfolgt in der eben beschriebenen Weise.

Nach der Markierung werden die feuchten Kammern bei 20—30° stehen gelassen. Um das Absetzen von Wassertröpfchen auf dem Deckglas und der Gelatine zu verhüten, empfiehlt es sich, die Kammern in eine feuchte Glocke zu setzen, die etwas wärmer ist als die Außentemperatur. Man kontrolliert nach 24 Stunden nochmals die Lage der Zellen. Nach 3—5 Tagen sticht man die vorher durch einen Tuschepunkt auf dem Deckglase bezeichneten Kolonien mit einem kurzen, von einer Pinzette gehaltenen Platindrähtchen oder einer Glascapillare ab und überträgt sie in Kölbchen mit Würze. Man legt dabei das von dem Ringe abgehobene Deckglas auf eine weiße Unterlage und bringt es nach jedesmaligem Abimpfen wieder auf den Ring oder unter eine mit feuchtem Fließpapier ausgekleidete Glocke.

Kombinationen dieser HANSENschen Einzellkultur und der LINDNERschen Tröpfchenkultur sind von SCHÖNFELD sowie von WICHMANN und ZIKES („Tröpfchenplattenverfahren") vorgeschlagen worden. Das Verfahren von SCHÖNFELD unterscheidet sich von dem LINDNERS nur durch die Benutzung von verflüssigter Gelatine als Verdünnungsmittel. WICHMANN und ZIKES verteilen verflüssigte Gelatine auf ein quadriertes Deckglas und tupfen nach dem Erstarren derselben auf jedes Quadrat ein Tröpfchen der keimhaltigen Flüssigkeit mit einem Capillarröhrchen auf. Hierdurch wird einerseits der Vorteil der LINDNERschen Tröpfchenkultur, daß die Zellen leicht in den Tröpfchen wahrgenommen werden können und andererseits der der HANSENschen Methode, daß die Kolonien gut heranwachsen und von der Gelatine leicht abgehoben werden können, erreicht.

B. Anreicherungsverfahren.

Die für Reinzuchtzwecke benutzten Anreicherungsverfahren können physikalische oder biologische sein. Zu ersteren gehört z. B. die Ausfällung der in Flüssigkeiten enthaltenen Bakterien durch künstlich erzeugte Niederschläge, um dann die Fällungen auf Elektivnährböden auszustreichen, ein Verfahren, das z. B. bei der Wasseruntersuchung zuweilen Anwendung findet. Die letzteren beruhen auf der Begünstigung gewisser physiologischer Eigenschaften bestimmter Organismenarten, die dadurch das Übergewicht über andere Arten erhalten. Bringt man von solchen „angereicherten" Kulturen kleine Mengen wiederholt unter dieselben günstigen Bedingungen, so kann man auf diese Weise wohl zu einer Reinkultur eines Organismus gelangen. Immerhin ist die Anwendbarkeit dieses Verfahrens beschränkt. Es verlangt zunächst, daß man die Eigenschaften des betreffenden Organismus genau kennt und gibt natürlich auch keinen Überblick über die Zusammensetzung eines Keimgemisches. Besonders erschwerend aber fällt ins Gewicht, daß verschiedenartige Organismen mit ähnlichen physiologischen Eigenschaften sehr wohl in der Konkurrenz nebeneinander bestehen können. Man ist daher von diesem in früheren Zeiten vielfach angewendeten Verfahren (PASTEURS Verfahren, „fraktionierte Kultur" nach KLEBS), soweit es zur Erzielung absoluter Reinkulturen in Betracht kommt, abgegangen. Dagegen spielt das Anreicherungsverfahren jetzt noch eine große Rolle als vorbereitendes Verfahren. Wo es darauf ankommt, bestimmte, nur in geringer Zahl vorhandene oder von anderen Arten durch das Plattenkulturverfahren schwer zu trennende Organismen rein zu züchten, leistet das

Anreicherungsverfahren (auch „elektive Kultur“ oder „Vorkultur“ genannt) häufig wertvolle Dienste. Aus den angereicherten Kulturen können dann die gesuchten Arten mittels des Plattenkulturverfahrens leicht rein gezüchtet werden. Die Begünstigung einzelner Arten wird durch Herstellung geeigneter Ernährungs- und Lebensbedingungen erzielt. Besonders Organismen mit ausgesprochenem Gärungsvermögen können durch Einimpfung in einseitig zusammengesetzte Nährlösungen leicht angereichert werden. So wird man, um einige Beispiele anzuführen, eiweißzersetzende Arten in zuckerfreien Nährlösungen, die nur Eiweißstoffe enthalten, anreichern, für denitrifizierende Arten nur Salpeter, für Harnstoff vergärende Bakterien nur Harnstoff als Stickstoff bieten, für Milchsäurebakterien Milch oder andere zuckerreiche Lösungen wählen usw. Von großem Einfluß ist ferner die Temperatur, der Zutritt oder Abschluß des Luftsauerstoffes, die Reaktion der Nährlösung. Sollen sporenbildende Arten angereichert werden, so wird die Konkurrenz nicht sporulierender Arten durch Erhitzen des Impfmaterials auf Temperaturen von 70—80° ausgeschaltet.

Unter Umständen wird man gut tun, die Anreicherung einige Male zu wiederholen, indem man aus der ersten Kultur, sobald sie in voller Entwicklung begriffen ist, ein wenig in frische Nährlösung überträgt und dies, wenn nötig, nochmals wiederholt.

Das Anreicherungsverfahren hat bei der Reinzüchtung vieler Anaerobier, sowie einiger sehr schwer rein zu erhaltenden Bakterienarten, wie z. B. der Salpeterbakterien, vorzügliche Dienste geleistet.

C. Verfahren zur Reinzucht an der Luft nicht wachsender (anaerober) Arten.

Das Sauerstoffbedürfnis der Pilze ist bei den einzelnen Arten und selbst innerhalb des Entwicklungskreises einer Art für Sporenkeimung, Wachstum und Sporenbildung verschieden. Es sei hier auf die Untersuchungen von A. Meyer und seinen Schülern[1] verwiesen, durch die bei einer Anzahl von Bakterien die Kardinalpunkte für Sporenkeimung, Wachstum und Sporenbildung ermittelt worden sind.

Diese Untersuchungen zeigen unter anderem, daß es Bakterien gibt, die ihren gesamten Lebensgang unter völligem Ausschluß von Sauerstoff bewerkstelligen können, wie auch Kürsteiner[2] durch andere sehr geschickte Versuche bewiesen hat. Dem verschiedenen Verhalten der Arten gegenüber dem Luftsauerstoff hat man in der Praxis durch eine entsprechende Gruppierung der Bakterien Rechnung zu tragen versucht. Die verbreitetste von ihnen ist die von Liborius, die obligate Aerobier, obligate Anaerobier und fakultative Anaerobier unterscheidet, während Arth. Meyer eine Einteilung in aerophile (in Luft gedeihende) und aerophobe (niemals in Luft gedeihende) Arten vorschlägt. Wir halten uns im folgenden aus Zweckmäßigkeitsgründen an die Bezeichnungen von Liborius und bezeichnen als obligate Anaerobier solche, die (unter gewissen Einschränkungen) nicht an der Luft wachsen. Für die Praxis der Reinzüchtung ist das bemerkenswerteste Ergebnis dieser Untersuchungen, daß auch die zur Zeit bekannten, gegen Sauerstoff empfindlichsten Pilze nicht absolut von Sauerstoff befreiter Kulturräume bedürfen und daß es andererseits unter Einhaltung gewisser Maßregeln gelingt, absolut sauerstofffreie Züchtungsverhältnisse herzustellen.

[1] A. Meyer: Zentralbl. Bakteriol., I. Abt. Orig. 1906, **42**, 97; II. Abt., 1908, **22**, 44; I. Abt., 1909, **49**, 305.

[2] Kürsteiner: Zentralbl. Bakteriol. II. Abt., 1907, **17**, 804; **19**, 388.

Die Verfahren zur Reinzüchtung der obligaten Anaerobier sind sehr zahlreich und werden immer noch vermehrt, ein Zeichen, daß sie allesamt nicht voll befriedigen. Sie lassen sich auf vier Typen zurückführen, nämlich:

a) Beschränkung des Luftzutritts;

b) Absorption des Sauerstoffs durch chemische Stoffe, oft in Kombination mit sauerstoffverzehrenden Bakterien;

c) Luftverdünnung;

d) Luftverdrängung durch indifferente Gase.

Manche Verfahren stellen auch eine Kombination dieser Typen, besonders von 2. und 3. oder 3. und 4. dar. Hier sollen nur die gebräuchlichsten Verfahren besprochen werden.

a) Beschränkung des Luftzutritts.

Eines der ältesten brauchbaren Verfahren für feste Nährböden ist das von Liborius angegebene, der Kultur in hoher Schicht. Ein Röhrchen mit gut ausgekochter Gelatine oder Agar wird in der üblichen Weise geimpft, gemischt und dann werden die üblichen Verdünnungen hergestellt. Darauf läßt man den Nährboden in den Röhrchen schnell erstarren, gießt eine Schicht flüssigen Nährboden darauf und läßt diesen ebenfalls schnell erstarren. Man kann auch Röhrchen verwenden, die mit der doppelten der sonst üblichen Menge Nährboden gefüllt sind und diese nach der Impfung schnell erstarren lassen, ohne eine Überschichtung vorzunehmen. Stellt man eine genügende Anzahl von Verdünnungen her, so erhält man Röhrchen mit nur wenigen Kolonien, von denen bequem abgeimpft werden kann. Zu diesem Zweck zertrümmert man das Glas vorsichtig am unteren Ende, läßt den Nährstoffzylinder auf eine sterilisierte Glasplatte mit dunkler Unterlage gleiten und zerschneidet ihn mit einem sterilisierten Messer in 1—2 mm dicke Scheibchen, aus denen man bequem die isolierten Kolonien abstechen kann. Die Übertragung erfolgt in Form von Stichkulturen in Röhrchen mit hoher Gelatine- oder Agarschicht.

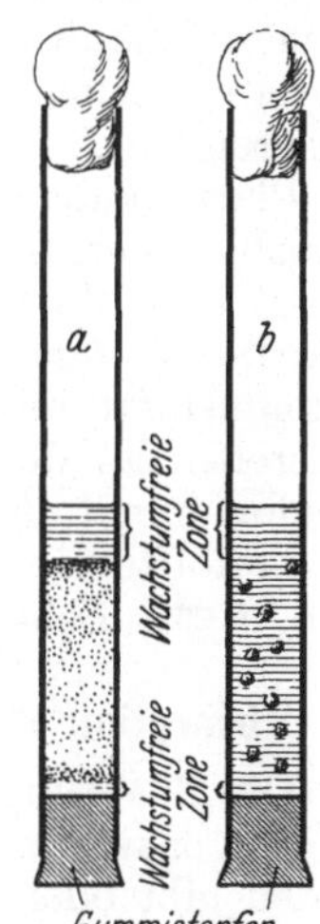

Abb. 27. Anaerobenkultur nach Burri. *a* dicht, *b* dünn bewachsenes Röhrchen.

Das Verfahren der Kultur in hoher Schicht ist von Burri[1] weiter entwickelt worden. Man benutzt hierzu starkwandige Glasröhrchen (Abb. 27) von 10—12 mm innerer Weite und 18—20 cm Länge, die, beiderseits mit Wattestopfen verschlossen, 2 Stunden bei 160—180° im Lufttrockenschrank sterilisiert werden. Zu diesen Röhren gehören gut passende Kautschukstopfen, die in Wasser bei 125° sterilisiert werden. Man verfährt in folgender Weise: Drei Röhrchen mit 2%igem Glucoseagar werden verflüssigt, ausgekocht und dann in der üblichen Weise als Original und zwei Verdünnungen geimpft. Dann wird der Wattestopfen an dem einen Ende dreier Röhrchen durch einen sterilisierten Kautschukstopfen ersetzt und der geimpfte Nährboden in sie entleert. Den Agar läßt man durch Einstellen der Röhren in kaltes Wasser schnell erstarren und überschichtet ihn dann mit einer etwa 3 cm dicken Agarschicht, die man ebenfalls rasch erstarren läßt. Dann werden die Röhrchen bei gewöhnlicher Temperatur oder im Thermostaten bei 32° gehalten. Nach genügender Entwicklung der Kolonien entfernt man den Gummistopfen, läßt den Agarzylinder auf eine Lage sauberes Fließpapier gleiten oder schiebt ihn mit einem Glasstab

[1] Burri: Zentralbl. Bakteriol. II. Abt., 1902, 8, 533.

vorsichtig heraus, trocknet ihn durch langsames Hin- und Herrollen, zerschneidet ihn mittels eines sterilisierten Skalpells in Scheiben von 1—2 mm Dicke und überträgt diese zwecks Durchmusterung sofort in eine auf schwarzer Unterlage stehende sterile PETRI-Schale. Darauf spaltet man die Scheibchen mit isoliert und wenigstens 2 mm vom Rand entfernt liegenden Kolonien durch einen Schnitt in der Richtung der abzuimpfenden Kolonie und führt durch Auseinanderreißen der Teilstücke die Schnittlinie fort über die Kolonie hinaus. Von der freigelegten Fläche der Kolonie aus impft man ab, indem man Stichkulturen in hoher Schicht oder Strichkulturen, die unter Abschluß von Sauerstoff gehalten werden müssen (vgl. die folgenden Verfahren), anlegt. Bei Stichkulturen wird der bis zum Boden des Röhrchens reichende Stich mit einer Agarschicht von mindestens 3 cm Höhe übergossen.

Bei der Reinzüchtung obligater Anaerobier mittels dieses Verfahrens wird man gut tun, wenn irgend möglich alle fakultativ anaeroben und aeroben Keime, soweit sie keine Sporen bilden, durch 10 Minuten lange Erwärmung des Impfmaterials auf 70—75° abzutöten, vorausgesetzt, daß die obligaten Anaerobier bereits Sporen gebildet haben. Wo die obligaten Anaerobier in der Minderzahl vorhanden sind, wird man sie meist erst durch eine Anreicherungskultur vermehren müssen, ehe man zur Kultur im hohen Röhrchen schreitet. Auch bei den weiter zu besprechenden Verfahren werden diese vorbereitenden Maßnahmen oft gute Dienste leisten.

Plattenkulturverfahren, die auf dem Abschluß der Luft beruhen, sind von verschiedenen Autoren in Anlehnung an einen früheren Vorschlag von ROBERT KOCH empfohlen worden. Sie verwenden PETRI-Schalenplatten von gut ausgekochtem Agar, evtl. mit Zusätzen von Glucose, Schwefelnatrium, Ferroammonsulfat und bedecken diese mit Glas- oder Glimmerplättchen. Dadurch entstehen an den Berührungsflächen von Nährboden und Glas bzw. Glimmer Regionen mit den für das Wachstum der Anaerobier erforderlichen geringen Sauerstofftensionen. Für solche Plattenkulturen sind sog. DRIGALSKI-Schalen, d. h. PETRI-Schalen von sehr großem Durchmesser, besonders geeignet.

b) Absorption des Sauerstoffs durch Chemikalien, Organteile oder Bakterien.

Die Züchtung anaerober Bakterien durch Absorption des Sauerstoffes erfolgt entweder in der Weise, daß man reduzierende Stoffe zum Nährboden gibt oder die Kulturen in eine durch Pyrogallol und Kalilauge von Sauerstoff befreite Atmosphäre bringt.

Als Zusätze zum Nährboden eignen sich unter anderen Glucose, ameisensaures oder indig-schwefelsaures Natrium. Die Nährböden verwendet man auch in diesem Falle in hoher Schicht.

Brauchbar ist auch das von TAROZZI[1] angegebene Verfahren, Nährflüssigkeiten in üblicher niedriger Schicht aseptisch entnommene Stücke von Tier- und Pflanzenorganen (insbesondere Leber) oder Holzkohle u. a. zuzusetzen. In solchen Flüssigkeiten wachsen selbst obligate Anaerobier unter aeroben Verhältnissen. Wirksam ist hierbei die reduzierende Kraft dieser Stoffe. Auf dem gleichen Prinzip beruht die Wirkung der von PFUHL[2] angegebenen Leberbouillon — gebraucht wird neuerdings gewöhnlich Leberbouillon mit Leberstückchen (Leberleberbouillon nach KITT-TAROZZI) — des Hirnbreies nach von HIBLER[3] und der jetzt allgemein Anwendung findenden Nährböden mit Blutzusatz, wie z. B. des Traubenzuckerblutagars nach ZEISSLER[4].

[1] TAROZZI: Zentralbl. Bakteriol. I. Abt., 1905, **38**, 619.
[2] PFUHL: Zentralbl. Bakteriol. I. Abt., 1907, **44**, 378.
[3] HIBLER: Untersuchungen über die pathogenen Anaerobier. Jena 1908.
[4] ZEISSLER: Deutsch. med. Wochenschr. 1918, Nr. 34.

Das Verfahren der Anaerobenzüchtung nach FORTNER[1] beruht auf dem starken Sauerstoffverbrauch eines zugleich kultivierten aeroben Bakteriums. Man verfährt in der Weise, daß man die eine Hälfte einer Agarplatte dick mit einer frischen Prodigiosuskultur beimpft und auf die andere Hälfte den betreffenden Anaerobier ausstreicht. Die beimpfte Schale wird mit Plastilin gegen die Außenwelt luftdicht abgeschlossen. Vervollkommnet wurde das Verfahren durch KLEINSORGEN und JUSATZ[2], indem sie die Plastilindichtung durch Anwendung eines Gummi-Cellulose-Ringes mit Druckklammerverschluß ersetzten.

Die Herstellung einer sauerstofffreien Atmosphäre durch alkalische Pyrogallollösung ist zuerst von BUCHNER (Abb. 28) für die Züchtung von Anaeroben in Röhrchen verwendet worden. Das geimpfte Röhrchen kommt in ein weiteres Rohr, in dem es auf einem Metallbügel ruht. Unter diesem befindet sich eine geringe Menge konzentrierter Pyrogallollösung *b*. In diese wird unmittelbar vor dem Einbringen der Kultur ein Stück Ätzkali geworfen. Darauf wird das weite Rohr mit einem Gummistopfen geschlossen; der Verschluß muß sehr sorgfältig ausgeführt werden, da sonst bald Luft in die Röhrchen nachdringt. Das BUCHNERsche Verfahren ist von OMELIANSKI wesentlich verbessert worden. Dessen Apparat (Abb. 29) besteht aus einem starken Zylinder, der an seinem unteren Ende erweitert ist und am oberen Ende einen kragenartigen Ansatz trägt. Der Zylinder kann durch einen aufgeschliffenen Helm verschlossen werden. In die untere Erweiterung des Zylinders wird ein Gemisch von je 10 ccm 12,5%iger Kaliauge und 5%iger Pyrogallollösung gefüllt, das Kulturröhrchen hineingestellt, der Helm auf den Zylinder gesetzt und die noch durch Vaselin gedichtete Verbindung beider durch Quecksilber verschlossen. Auf diese Weise wird bei negativem Druck das Eindringen von Luft verhindert, bei Überdruck lüftet sich der Helm etwas.

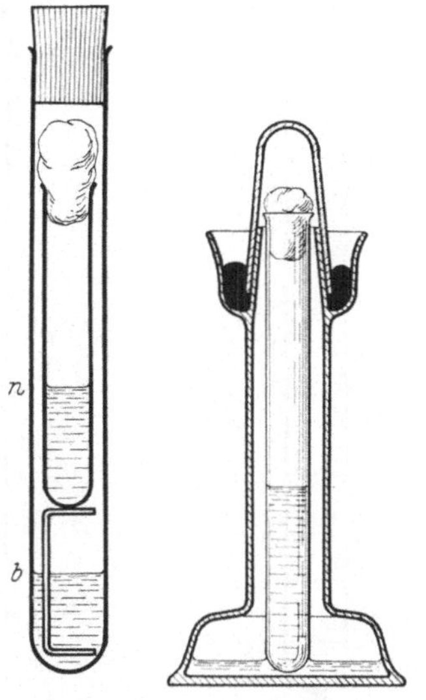

Abb. 28. Abb. 29.

Abb. 28. BUCHNERs Anaerobenröhre. Bei *b* die Pyrogallollösung, darin das Drahtbänkchen, auf diesem das Reagensglas mit dem beimpften Nährboden (*n*). (Nach BUCHNER.)

Abb. 29. Anaerobenapparat nach OMELIANSKI.

Ein sehr einfaches, nach KÜRSTEINER[3] außerordentlich brauchbares Verfahren ist das von WRIGHT[4] zunächst für flüssige Kulturen (Abb. 30) angegebene, das KÜRSTEINER und BURRI wesentlich verbessert und auch für feste Röhrchen und Plattenkulturen ausgearbeitet haben.

Man impft ein etwa 10 ccm Nährflüssigkeit enthaltendes Röhrchen, brennt den Wattebausch ab, schiebt ihn tief in das Röhrchen hinein, setzt einen zweiten entfetteten Wattebausch darauf, in den 1 ccm 20%ige Pyrogallollösung und 1 ccm 20%ige Kalilauge gegossen werden, und verschließt das Röhrchen mit einem gut passenden Kautschukstopfen. Natürlich eignet sich dieses Verfahren auch zur Anlage von Strich- und Stichkulturen, Rollröhrchen obligater Anaerobier, ferner für Anreicherungskulturen.

Das WRIGHTsche Verfahren ist von KÜRSTEINER auch für ein anaerobes Plattenkulturverfahren dienstbar gemacht worden. Er verwendet als Kultur-

[1] FORTNER: Zentralbl. Bakteriol. I. Abt., Orig. 1929, **110**, 233.
[2] KLEINSORGEN u. IUSATZ: Zentralbl. Bakteriol. I. Abt. Orig. 1932, **126**, 157.
[3] KÜRSTEINER: Zentralbl. Bakteriol. II. Abt., 1907, **19**, 23.
[4] WRIGHT: Zentralbl. Bakteriol. I. Abt., 1900, **27**, 174.

gefäß einen Glastrog von 80 mm Länge, 30 mm Breite und 7 mm Tiefe. Der Nährboden in ihm wird am besten oberflächlich geimpft. Der Glastrog kommt in ein Reagensglas von 20—25 cm Länge und genügender Weite, so daß etwa ausgepreßtes Wasser nach unten läuft (Abb. 31).

Zur Anlage von Plattenkulturen mit Hilfe der Pyrogallolmethode sind noch eine ganze Reihe von besonderen Schalen konstruiert worden. Jedoch ist es schwierig, auf diese Weise den Sauerstoff soweit und schnell genug zu entfernen, daß die Entwicklung aerober Keime vermieden wird.

Bei den Versuchen, die v. RIJMSDIJK[1] über die Pyrogallolmethode angestellt hat, wurde übrigens als günstigstes Mengenverhältnis 10 ccm Kalilauge (20%ig) auf 3 ccm Pyrogallollösung (44%ig) gefunden. Diese Mischung absorbiert den Sauerstoff aus 400 ccm Luft in 30—40 Minuten.

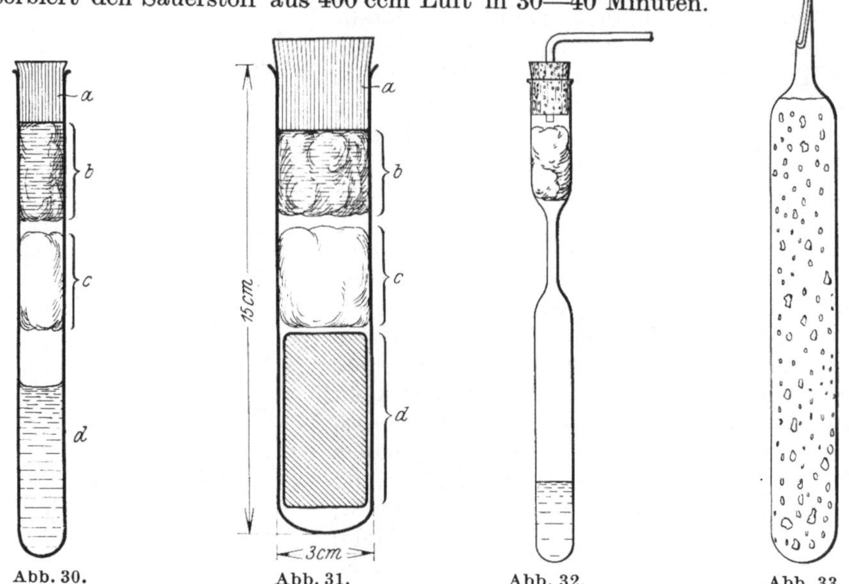

Abb. 30. Abb. 31. Abb. 32. Abb. 33.

Abb. 30. Röhrchen für Anaerobenzüchtung nach WRIGHT. *a* Gummistopfen, *b* mit Alkali-Pyrogallol getränkter Stopfen aus hygroskopischer Watte, *c* steriler trockener Stopfen aus nicht hygroskopischer Watte, *d* geimpfte Nährflüssigkeit.

Abb. 31. Röhrchen für anaerobe Plattenkultur nach KÜRSTEINER-WRIGHT. *a* Gummistopfen, *b* mit Alkali-Pyrogallol getränkter hygroskopischer Wattestopfen, *c* sterilertrockener, nicht hygroskopischer Wattestopfen, *d* anaerobe Platte.

Abb. 32. GRUBERs Röhre zur Züchtung von Anaerobiern; gebrauchsfertig.

Abb. 33. GRUBERs Anaerobenröhre. Der Inhalt an der Röhrenwand zu ESMARCHscher Rollkultur gestaltet und die bereits herangewachsenen Kolonien erkennen lassend.

Als Indicator empfiehlt v. RIJMSDIJK ein Stückchen Mull, das in folgende Flüssigkeit getaucht und dann an der Reagensglaswand ausgebreitet wird: 4,2 ccm 10%ige Glucoselösung, 0,1 ccm 0,1 n-Natronlauge, 0,1 ccm Methylenblaulösung (0,05 g Methylenblau Höchst + 30 g destilliertes Wasser).

Mit dem Fortschreiten der Sauerstoffabsorption bleicht die Farbe der anfangs blauen Gaze bis zur völligen Farblosigkeit ab (durch hinzutretenden Sauerstoff kehrt die blaue Farbe wieder). Dieser Indicator zeigt noch 0,4 mm Sauerstoff an, was für die Praxis vollständig genügt, da auch empfindliche Anaerobier unter solchen Verhältnissen noch wachsen.

c) Luftverdünnung.

Das Verfahren der Luftverdünnung ist zuerst von PASTEUR angewendet worden. Für Kulturen in Röhren hat eine brauchbare Form GRUBER angegeben

[1] v. RIJMSDIJK: Zentralbl. Bakteriol. I. Abt. Orig., 1922, 88, 229.

(Abb. 32 und 33). Ein starkwandiges Röhrchen von etwa 17 cm Länge ist in seinem oberen Teil an einer Stelle stark verengt. Man füllt den flüssigen Nährboden mit einem Capillartrichter ein, verschließt mit einem Wattestopfen, sterilisiert und impft nach genügender Abkühlung. Darauf schiebt man den Wattestopfen etwas in das Röhrchen hinein, verschließt es mit einem Kautschukstopfen mit Ableitungsrohr, evakuiert kräftig, so daß der Nährboden ins Sieden gerät und schmilzt die Röhre an der verengerten Stelle ab. Hat man Gelatine angewendet, so kann man diese zu einer ESMARCHschen Rollkultur verarbeiten. Nach der Entwicklung der Kolonien bricht man zunächst die Spitze des Röhrchens ab, um etwaigen Druck herauszulassen, schneidet es dann mit dem Diamanten soweit ab, daß man bequem mit dem Platindraht hinein kann, und sticht ab.

Für Plattenkulturen ist von ARTH. MEYER[1] ein sehr brauchbarer Vakuumapparat (Abb. 34) angegeben worden. Er besteht aus einem dickwandigen Gefäß, auf das ein Deckel aufgeschliffen ist, der einen Zweiweghahn trägt. Das Gestell zur Aufnahme der Platten trägt ein Manometer und Thermometer, so daß eine genaue Kontrolle der Druckverhältnisse möglich ist.

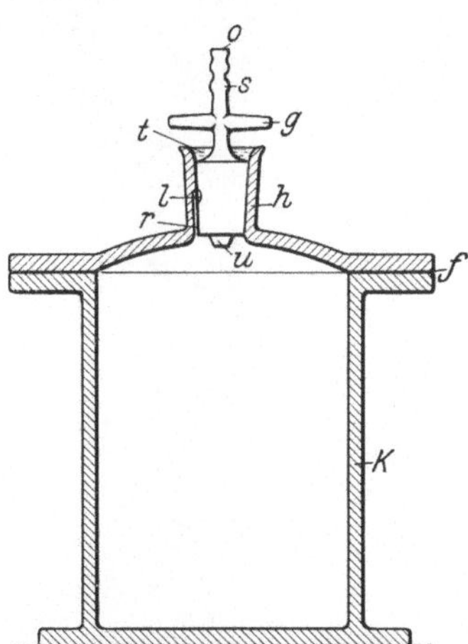

Abb. 34. Kulturvakuum nach ARTH. MEYER. *K* Kulturgefäß, *t* Rand des Kulturgefäßes, *r* Tubus des Deckels, *s* Hahnbolzen, *o* Öffnung des Hahns, *g* zylindrischer Griff des Hahnes, *t* Rinne zum Eingießen des Verschlußmittels, *l* Loch im hohlen Hahnbolzen, *u* unteres Ende des Hahnbolzens.

Natürlich kann man das Verfahren der Luftverdünnung auch mit dem Absorptionsverfahren mittels Pyrogallol verbinden, indem man auf den Boden des Gefäßes Pyrogallollösung bringt, in die nach dem Evakuieren durch Neigen des Gefäßes ein Stück Kali gestürzt wird. Um die letzten Spuren von Sauerstoff zu entfernen, bringt man zuweilen junge Kulturen Sauerstoff verzehrender Arten in die Kulturgefäße. Als Indicator für das Fehlen des Sauerstoffes eignen sich vorzüglich Kulturen von Leuchtbakterien auf Seewassergelatine, die noch bei Anwesenheit von Spuren dieses Gases leuchten.

Anaerostat nennt KNORR[2] seinen für Vacuum und Überdruck konstruierten Brutschrank für die Anaerobenzüchtung. Nach dem gleichen Prinzip ist der Einsatzanaerostat gebaut, der in jedem Brutschrank Platz finden kann.

d) Verdrängung der Luft durch andere Gase.

Zur Verdrängung der Luft durch indifferente Gase hat man Kohlensäure, Wasserstoff, Leuchtgas und Stickstoff benutzt. Von Kohlensäure und Leuchtgas ist man abgekommen, da sie auf viele Pilze schädlich wirken. Stickstoff wäre zweifellos das geeignetste Verdrängungsmittel. Nur ist seine Darstellung etwas unbequem. Man kann ihn durch Erhitzen einer wäßrigen Lösung molekularer Mengen von Natriumnitrit und Salmiak herstellen und im Gasometer auffangen, muß aber sehr vorsichtig erwärmen, damit die Reaktion nicht so heftig verläuft.

Man verwendet daher jetzt fast ausschließlich Wasserstoff, obgleich auch dieser nicht in allen Fällen völlig indifferent zu sein scheint. Zu seiner Darstellung muß reinstes Zink und reinste Schwefelsäure verwendet werden. Man reinigt ihn weiter durch Waschen mit Bleiessig, Silbernitrat und alkalischer

---

[1] ARTH. MEYER: Zentralbl. Bakteriol. II. Abt., 1906, **15**, 337.
[2] KNORR: Zentralbl. Bakteriol. I. Abt. Orig. 1930, **117**, 154.

Pyrogallollösung von Schwefelsäure, Arsenwasserstoff und Sauerstoff. Der Wasserstoff muß in starkem Strome längere Zeit von untenher durch die Kulturgefäße geleitet werden, wenn alle Luft verdrängt werden soll.

Für Reagensglaskulturen kann man nach FRAENKEL verfahren, der die Röhrchen (Abb. 35) durch einen Kautschukstopfen mit längerer Zuleitungs- und kürzerer Ableitungsröhre verbindet, die zum Schluß abgeschmolzen werden.

Abb. 35. FRAENKELS Anaerobenröhre (etwas verkleinert). Der Inhalt an der Röhrenwand zu ESMARCHscher Rollkultur gestaltet und die bereits herangewachsenen Kolonien (als schwarze Punkte) erkennen lassend. (Nach FRAENKEL.)

Andere Röhrchen und Kolben haben PETRI und MAASSEN angegeben (Abb. 36). Für Plattenkulturen kommt z. B. der von BOTKIN angegebene Apparat in Betracht, der Verdrängungs- und Absorptionsverfahren verbindet (Abb. 37). Er besteht aus einer Glocke B, die auf einem Bleikreuze E in einer Glasschale A steht, innen ein Drahtgestell D für PETRI-Schalen enthält und durch Bleigewichte C beschwert ist. Man füllt die Schale mit Pyrogallollösung, so daß das Innere der Glocke von der Außenluft abgesperrt ist, überschichtet die Pyrogallollösung mit flüssigem Paraffin und leitet nun durch einen zuvor eingeführten Schlauch F, der durch eine Drahtspirale gegen das Zusammengedrücktwerden geschützt ist, Wasserstoff in den oberen Teil der Glocke. Durch einen gleichen Schlauch G, der im unteren Teile der Glocke endet, wird die Luft hinausgedrängt. Verbrennt der unten heraustretende Wasserstoff ruhig, so entfernt man, ohne die Gaszufuhr zu unterbrechen, die Schläuche und läßt nun kleine Stücke festes Ätzkali durch die Paraffinschicht in die Pyrogallollösung fallen. Dabei muß man vorsichtig verfahren, damit kein Paraffin in das Innere der Glocke gelangt. Nach KÜRSTEINER bewirkt allerdings Paraffin durchaus keinen sicheren Abschluß gegen den Sauerstoff der Außenluft. Das BOTKINsche Verfahren ist verschiedentlich verbessert worden, und es befindet sich eine ganze Reihe von Apparaten ähnlicher Konstruktion im Handel, die zum Teil auch geeignet sind, das Luftverdünnungsverfahren mit dem Verdrängungsverfahren zu kombinieren.

Von den verschiedenen vorstehend angegebenen Verfahren ist die Züchtung in hoher Schicht nach BURRI das bequemste und billigste.

Bemerkt sei weiter, daß die obligaten Anaerobier in gut ausgekochten, zusagenden Nährböden in hoher Schicht oft auch ohne weitere Vorsichtsmaßregeln gedeihen. Einzelnstehende Kolonien und damit einwandfreie Reinkulturen von Anaerobiern erhält man aber am sichersten durch die Oberflächenkultur auf der Traubenzuckerblutagarplatte nach ZEISSLER. Die Platten werden am besten in einem zur Evakuierung geeigneten Apparat untergebracht, in dem die Vervollständigung des Sauerstoffabschlusses mit Pyrogallollösung und Ätzkali herbeigeführt wird. Wo eine leistungsfähige Vacuumapparatur nicht zur Verfügung steht, verdient besonders das Verfahren von FORTNER Beachtung.

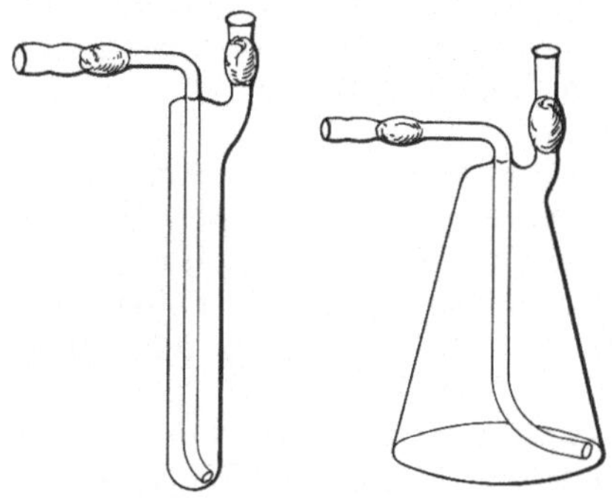

Abb. 36. Röhrchen und Kolben nach PETRI und MAASSEN.

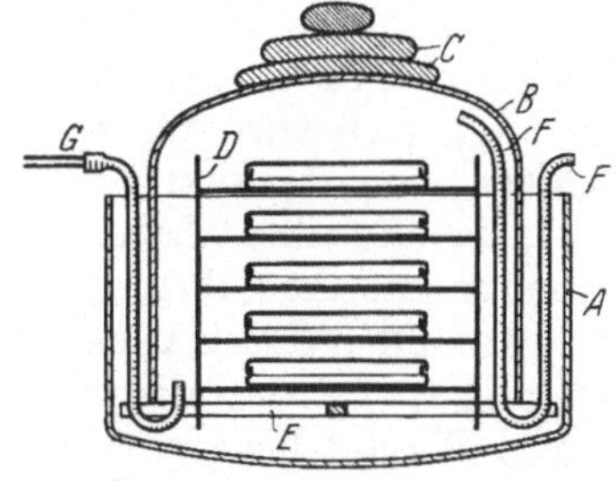

Abb. 37. BOTKINS Apparat zur Züchtung von Anaerobiern auf Platten.

Über einige von LINDNER angegebene Verfahren zur Kultivierung höherer Pilze bei Luftabschluß unter dem Mikroskop vgl. S. 1599 und 1601. Natürlich sind die für Bakterien beschriebenen Verfahren evtl. auch für höhere Pilze zu gebrauchen.

D. Anwendung der verschiedenen Reinzuchtverfahren.

Die Reinzuchtverfahren eignen sich für die einzelnen Pilzgruppen in verschiedener Weise.

Für höhere Pilze, soweit sie für die Lebensmittelmykologie in Betracht kommen, ist sowohl das KOCHsche Plattenkulturverfahren, wie das HANSENsche Einzellverfahren und die LINDNERsche Tröpfchenkultur zu gebrauchen, und es wird in erster Linie von der Reinheit des Ausgangsmaterials abhängen, welche man anwendet. Ist das Material sehr unrein, so wird man stets die KOCHsche Plattenkultur anwenden müssen. Für Hefenpilze wird man, wenn es sich um Trennung von Hefengemischen handelt, vorteilhaft immer eines der beiden letztgenannten Verfahren verwenden, nur für die Züchtung vereinzelter Hefezellen aus einem Gemisch, das überwiegend andere Pilze enthält, muß man auf das Plattenkulturverfahren zurückgreifen, wenn nötig unter Einschaltung einer Vorkultur in sauren Nährlösungen. Für Bakterien kommt von den Einzellverfahren wohl nur das von BURRI in Betracht. Im übrigen ist man hier in erster Linie auf das KOCHsche Plattenkulturverfahren angewiesen. In vielen Fällen wird man vorteilhaft eine Anreicherungskultur vorangehen lassen, in manchen ohne solche überhaupt nicht zum Ziele gelangen. Für die Isolierung anaerober Bakterien müssen in der Regel die unter C aufgeführten Methoden Anwendung finden.

E. Aufbewahrung von Reinkulturen.

Es ist wünschenswert, Reinkulturen von Pilzen für spätere Untersuchungen aufbewahren zu können, um Vergleichsmaterial zur Hand zu haben. Bakterien bewahrt man meist in Form von Kulturen auf festen Nährböden, insbesondere auf Agar und Kartoffeln auf. Um eine zu schnelle Austrocknung der Nährböden zu vermeiden, kann man die Röhrchen mit einer Gummikappe verschließen, oder in den Wattestopfen Paraffin gießen. Die Kulturen müssen im Dunkeln und bei möglichst niederer Temperatur (6—10°) aufbewahrt werden. Selbst dann aber muß von Zeit zu Zeit eine Übertragung auf frischen Nährboden vorgenommen werden. Die Zeit, nach der dies erforderlich wird, schwankt sehr. Bei sporenbildenden Arten kann man mit der Übertragung 1 Jahr und länger warten, muß hier aber stets wieder von abgekochtem Sporenmaterial ausgehen, wenn man Variation möglichst vermeiden will. Bei nicht sporenbildenden Arten empfiehlt es sich, Umimpfungen alle 4—6 Wochen vorzunehmen, da man sonst leicht die Kulturen einbüßt.

Auch für Hefen und andere Eumyceten eignet sich diese Art der Aufbewahrung, doch wird für Hefen besonders in Gärungslaboratorien nach dem Vorschlage von HANSEN 10%ige Saccharoselösung (in Leitungswasser) benutzt, in der ihre Lebensfähigkeit außerordentlich lange erhalten bleibt (vgl. hierzu die Ausführungen KLÖCKERS[1]). Als Aufbewahrungsgefäß dienen FREUDENREICH- oder HANSEN-Kolben (vgl. S. 1614).

Wichtig ist es, daß die aus dem Bodensatz einer gärenden Flüssigkeit entnommene Einsaat bei Hefen nicht zu groß und zu klein sei. In letzterem Falle stirbt nach Angaben von WILL die Hefe nach einiger Zeit ab. Bei zu starken Einsaaten findet infolge der Übertragung reichlicher Nährstoffmengen eine starke Vermehrung der Hefe in der Saccharoselösung statt, die zur Erzeugung von Hautvegetationen und dadurch zur Variation führt. WILL empfiehlt als Einsaat einen Tropfen der Bodensatzhefe. Die Kolben müssen trocken und dicht verschlossen aufbewahrt werden. WILL dichtet daher Helm und Kolben gegeneinander noch mit Siegellack ab. Auf das Helmrohr des FREUDENREICH-Kolbens wird vorteilhaft noch ein kurzes S-förmiges Rohr gesetzt. Wenn es nun auch sicher ist, daß die meisten Hefen in Saccharoselösung ihre Lebenskraft und Eigenschaften jahrelang behalten, so empfiehlt WILL doch, die Hefen etwa nach 1 Jahr in Würze aufgären zu lassen und dann erneut in Saccharoselösung zu bringen. Auch bei dieser Art der Aufbewahrung muß die Temperatur möglichst niedrig gehalten werden.

Die meisten Schimmelpilze, ferner Monilia, Oidium, Torula, Mycoderma, Dematium, Cladosporium usw. lassen sich nach KLÖCKER in dieser Weise ebenfalls in 10%iger Saccharoselösung jahrelang aufbewahren.

V. Keimzählung.

Der Keimgehalt einer Flüssigkeit läßt sich annähernd ermitteln

1. durch Feststellung der unter bestimmten Verhältnissen auf Plattenkulturen wachsenden Kolonien;
2. durch mikroskopische Auszählung mit Hilfe der Zählkammer oder im gefärbten Präparat.

A. Keimzählung mittels des Plattenkulturverfahrens.

Um die Zahl der entwicklungsfähigen Zellen in einem Keimgemisch festzustellen, bedient man sich meist des Plattenkulturverfahrens, wobei man von der Ansicht ausgeht, daß jede Kolonie einem Keim entspricht. Daß dies nur bis zu einem gewissen Grade zutrifft, ist bereits früher erwähnt worden. Auch vermehren sich geschwächte Keime zuweilen wohl noch in flüssigen, nicht aber auf festen Nährböden. Weiter darf man nicht übersehen, daß die Art

[1] KLÖCKER: Die Gärungsorganismen, 3. Aufl. 1924.

des Nährbodens, die Temperatur und anderes auf die Vermehrungsfähigkeit vieler Arten von entschiedenem Einfluß ist. Daher sind alle auf diese Weise gewonnenen Werte niemals wirkliche, sondern nur relative, die lediglich für den angewendeten Nährboden und die besonderen Kulturverhältnisse gelten. Universalnährböden für diese Zwecke gibt es nicht.

Man verwendet für Zählplatten meist Gelatinenährböden. HESSE empfiehlt für Bakterien besonders HEYDEN-Nährstoffagar. Für Hefen und andere höhere Pilze werden vorteilhaft schwach saure Nährböden, wie Würzegelatine, verwendet. Die zu untersuchende Flüssigkeit muß zwecks Erzielung einer guten Durchschnittsprobe tüchtig geschüttelt werden. Dann entnimmt man, falls der Keimgehalt nicht zu groß ist, mit einer sterilisierten, in Zehntel Kubikzentimeter geteilten 1 ccm-Pipette sofort eine kleine Probe, pipettiert in sterilisierte PETRI-Schalen 0,1, 0,3 und 1 ccm der Flüssigkeit, gießt den verflüssigten und auf 25 bzw. 40° C abgekühlten Nährboden darüber und vermischt gründlich durch Hin- und Herneigen der PETRI-Schalen. Keimreiches Material ist zunächst in bekanntem Verhältnis (1:10, 1:100 usw.) mit sterilem Leitungswasser, Bouillon oder dgl. zu verdünnen, wobei auf gute Durchmischung besonders zu achten ist. Von jeder Verdünnung werden mindestens zwei Platten gegossen. Bei Agarnährböden kann man auch die Flüssigkeit auf der Oberfläche der zuvor gegossenen Platten verteilen.

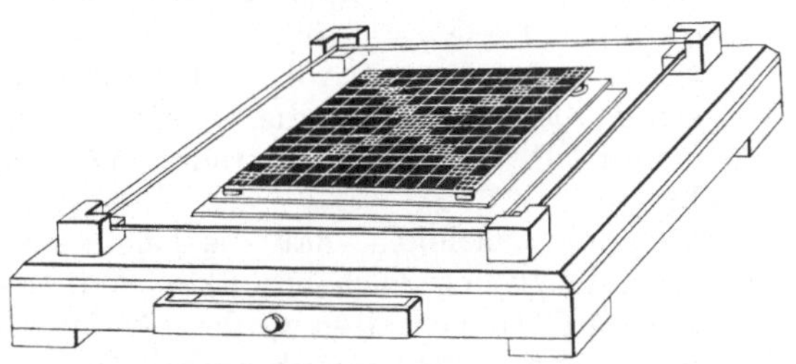

Abb. 38. Zählplatte nach WOLFFHÜGEL.

Gelatinenährböden lassen sich natürlich auch in Form von Rollröhrchen zu Zählplatten verarbeiten. Sie eignen sich besonders für alle diejenigen Fälle, in denen es darauf ankommt, ganz vereinzelte Keime oder die Keimfreiheit einer Flüssigkeit nachzuweisen, da bei ihnen die Gefahr einer Verunreinigung durch Luftkeime am geringsten ist. Außerdem ist dieses Verfahren da besonders wertvoll, wo die Ausführung des immerhin umständlicheren Plattenkulturverfahrens auf Schwierigkeiten stoßen würde.

Die Zählplatten werden unter Lichtabschluß bei etwa 10—22°, Agarplatten auch bei 37° aufbewahrt. Der Abschluß der Zählung wird solange hinausgeschoben, als noch Kolonien auswachsen, was durch Kontrollzählungen festzustellen ist. Praktisch läßt sich diese Forderung bei Gelatinenährböden meist deswegen nicht erfüllen, weil in der Regel peptonisierende Arten die Platten nach einiger Zeit durch Verflüssigung der Gelatine unbrauchbar machen. Über die Verwendung von Höllensteinstift und Salicylsäure zur Verlängerung der Lebensdauer der Gelatineplatten vgl. S. 1580.

Das Auszählen der Kolonien wird bei schwächer bewachsenen Platten mit der Lupe, bei dicht bewachsenen mit dem Mikroskop vorgenommen.

Für die Lupenzählung braucht man außer einer mittelstarken Handlupe mit möglichst großem Gesichtsfeld in der Regel eine besondere Zählplatte. Für die früher gebräuchlichen Glasplatten ist diese viereckig und in Quadrate von etwa 1 cm Seitenlänge geteilt (Abb. 38). Die in den Diagonalen liegenden Quadrate sind meist nochmals in je neun kleinere Quadrate zerlegt. Die Zählplatte liegt über einer schwarzen Glasplatte; manchmal ist auch die Teilung in diese selbst eingeätzt. Für PETRI-Schalen ist die aus schwarzem Glas hergestellte kreisrunde Zählplatte nach LAFAR zu verwenden (Abb. 39), die unter die auszuzählende Platte gelegt wird. Es werden sodann mehrere Sektoren ausgezählt, die jedoch so verteilt sein müssen, daß sich hieraus die gesamte Kolonienzahl der Platte hinreichend genau berechnen läßt.

Man hat auch mit Einteilung versehene Schalen sowie besondere flache Kulturflaschen mit eingeätzter Quadrateinteilung hergestellt, die eine Zählplatte überflüssig machen. Bei der von SCHUMBURG angegebenen Konstruktion ist die Kulturflasche zugleich mit einem hohlen Glasstopfen versehen, dessen Höhlung 1 ccm beträgt, so daß man sie zur Abmessung von Flüssigkeiten benutzen kann (Abb. 41).

Abb. 39. Zählplatte nach LAFAR.

Schwach bewachsene Platten zählt man unter Lupenkontrolle in der Weise aus, daß man jede gezählte Kolonie auf der Unterseite der Schale durch einen Tintenpunkt markiert, um Doppelzählungen zu vermeiden.

Für Rollröhrchen ist ein besonderer Zählapparat eingerichtet worden, der das Auszählen größerer oder kleinerer Oberflächenteile gestattet (Abb. 40). Meist kommt man aber auch in der Weise zum Ziel, daß man die Oberfläche des Röhrchens durch Striche mit einem Fettstift in vier Teile teilt und diese nacheinander mit der Lupe auszählt.

Man sollte annehmen, daß die genauesten Ergebnisse zu erwarten seien, wenn man die zu untersuchende Flüssigkeit soweit verdünnt, daß mit der Lupe gut zählbare Platten erhalten werden. Durch die Multiplikation mit einem hohen Verdünnungsfaktor geht jedoch der erhoffte Vorteil wieder verloren[1], ganz abgesehen davon, daß die Lupenzählung an sich stets niedrigere Endwerte liefert als die mikroskopische Zählung. So hat KONRICH[2] neuerdings beobachtet, daß bei mikroskopischer Zählung regelmäßig etwa dreimal mehr Keime gefunden werden als bei Lupenzählung. Es empfiehlt sich daher die letztere auf keimarme Flüssigkeiten, die gar nicht oder nur 1:10 verdünnt werden, zu beschränken.

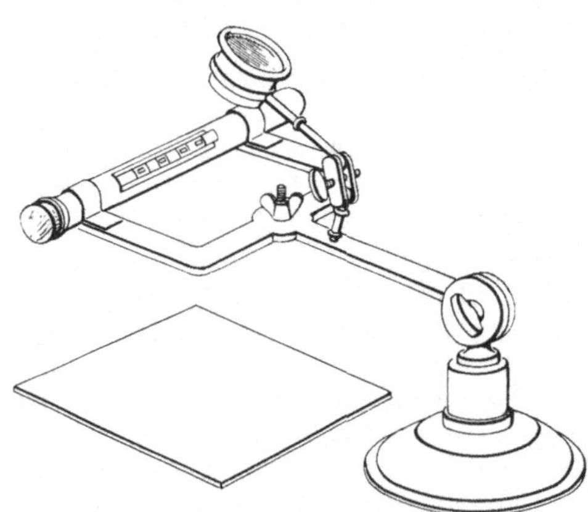

Abb. 40. Zählapparat für Rollröhrchen nach ESMARCH.

Die mikroskopische Auszählung wird mit schwacher Vergrößerung (etwa 50fach) ausgeführt. Vorbedingung für genaue Zählungen sind PETRI-Schalen mit möglichst gleichen Durchmessern, möglichst ebenem Boden und scharf rechtwinkelig gebogenem Rande, Nährbodenschichten von höchstens 1,5 mm Dicke, wie man sie bei Verwendung von 8—9 ccm Nährboden in Schalen von 90—94 mm Durchmesser erhält, möglichst gleichmäßige Verteilung der zu untersuchenden Flüssigkeit im Nährboden und horizontale Erstarrung.

[1] Vgl. hierzu z. B. die Ausführungen von BICKERT: **Z.** 1930, **59**, 356; sowie von MUNTSCH: Zentralbl. Bakteriol. I. Abt. Orig., 1929, **114**, 438; Arb. Reichsgesundh.-Amt 1930, **62**, H. 1, 159—167.

[2] KONRICH: Zentralbl. Bakteriol. I. Abt. Orig., 1929, **115**, 108.

In der Regel zählt man 30—50 Gesichtsfelder aus, die man zuvor durch gleichmäßig verteilte Tuschepunkte markiert hat, und nimmt hiervon das arithmetische Mittel. Aus dem wirklichen Durchmesser eines Gesichtsfeldes (Objektmikrometer!) und dem der PETRI-Schale wird die Gesamtzahl der aufgegangenen Kolonien und sodann aus diesen unter Berücksichtigung der etwa vorgenommenen Verdünnung der Keimgehalt der zu untersuchenden Flüssigkeit berechnet.

Zur Abkürzung dieser Arbeit schlägt KONRICH ein Verfahren vor, bei dem der Flächeninhalt der PETRI-Schale (zu 6350 qmm angenommen) zu der im Mikroskop sichtbaren veränderlichen Fläche in ein festes Verhältnis gesetzt wird, was in folgender Weise geschieht.

Man legt auf eine Nährbodenschicht in einer PETRI-Schale ein Objektmikrometer (Skala auf dem Nährboden), bewehrt das Mikroskop mit schwachem Okular und schwachem Objektiv (Vergrößerung 40 bis 60fach) und stellt durch entsprechendes Ausziehen des Tubus das Gesichtsfeld so ein, daß es 2 mm Durchmesser und somit 3,14 qmm Fläche hat. Das Okular gibt alsdann praktisch genau den 2000. Teil der PETRI-Schale als Gesichtsfeld.

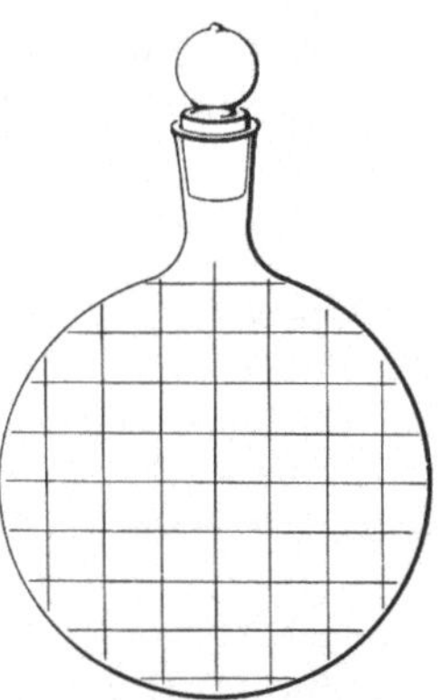

Abb. 41. Kulturflasche nach SCHUMBURG mit Ätzung zum Zählen und mit hohlem Stopfen zum Abmessen der Flüssigkeit.

Stehen die Kolonien zu dicht, so kann man ein Okularnetzmikrometer (vgl. S. 487) zum Auszählen der Gesichtsfelder verwenden. Empfehlenswerter ist ein Okular mit geeichter Irisblende, wobei die Eichstriche die jeweils freigegebene mikroskopische Fläche in ein festes Verhältnis zur PETRI-Schalenfläche setzen.

Um das lästige Aufschreiben und Addieren der abgelesenen Kolonien zu vermeiden, verwendet KONRICH zwei kleine Zählmaschinchen, von denen das eine zum Zählen der Kolonien, das andere zum Zählen der Gesichtsfelder dient.

Die Untersuchung fester Stoffe auf ihren Keimgehalt stößt auf größere Schwierigkeiten als die von Flüssigkeiten. Es wird sich hierbei nicht empfehlen, die Stoffe, die immer in Pulverform oder in sonstiger feiner Verteilung vorliegen müssen, unmittelbar mit dem Nährboden zu mischen, um Klumpenbildung zu vermeiden. Am besten ist es in diesem Falle, abgewogene Mengen des Stoffes in gemessenen Mengen sterilisierten Leitungswassers aufzuschwemmen und von dieser Aufschwemmung bestimmte Anteile auszusäen. Dabei muß natürlich Sedimentierung der Schwebestoffe während der Entnahme der Impfproben möglichst vermieden werden.

B. Keimbestimmung durch unmittelbare mikroskopische Auszählung.

Bei diesen Verfahren werden nicht mehr entwicklungsfähige oder bereits abgestorbene Keime mitgezählt, da es bisher auch mit Hilfe von Färbemethoden nicht möglich ist, lebende und tote Bakterien sicher zu unterscheiden. Der Vorteil gegenüber der Plattenkultur besteht aber darin, daß schon nach verhältnismäßig kurzer Zeit das Resultat vorliegt und daß diese Verfahren auch dann anwendbar sind, wenn der zu untersuchenden Flüssigkeit keimtötende Mittel (wie Formalin) zugesetzt waren, was z. B. für die Milchuntersuchung von Wichtigkeit ist, während in solchen Fällen das Plattenverfahren völlig versagt.

1. Direkte Methoden.

a) Zählung der Keime in der Zählkammer (entsprechend der Zählung von Blutkörperchen).

Man versetzt hierbei die keimhaltige Flüssigkeit mit einem Tropfen Carbolfuchsin und beschickt nach etwa 15 Minuten langer Einwirkung des Farbstoffes mit dem Material eine Zählkammer nach THOMA-ZEISS. Bei der Tiefe der Kammer von 0,1 mm ist infolge der Kleinheit der Keime, die in verschiedenen Ebenen liegen, eine fortwährende Betätigung der Mikrometerschraube erforderlich, was das Auge auf die Dauer sehr anstrengt, wodurch leicht die Genauigkeit der Zählung beeinträchtigt werden kann. Für regelmäßig wiederkehrende Zählungen ist deshalb diese Methode nicht zu empfehlen.

Neuerdings hat STEINER[1] eine Kammer für Bakterienzählungen angegeben, deren Tiefe nur 0,01 mm beträgt, was sicherlich einen Fortschritt gegenüber der alten Zählkammer bedeutet. BICKERT fand mit Hilfe der STEINERschen Kammer dreimal so viel Keime als mit der THOMAschen Kammer erhalten wurden.

b) Auszählung gefärbter Ausstriche.

Das älteste Verfahren dieser Art ist das von KLEIN[2] angegebene, bei dem die mit Farblösung versetzte zu untersuchende Flüssigkeit mit einer Öse auf ein Deckglas bekannten Flächeninhaltes ausgestrichen wird. Aus den Größen: Öseninhalt, Deckglasoberfläche, Größe und Zahl der durchmusterten Gesichtsfelder sowie der Summe der gezählten Bakterien wird der Keimgehalt errechnet.

Verbesserungen des Ausstrichverfahrens sind von verschiedenen Autoren angegeben worden. Die wesentlichste Verbesserung stellt wohl die Methode von BREED-DEMETER[3] dar, die in erster Linie für Milch ausgearbeitet wurde, aber für alle keimreichen Flüssigkeiten geeignet ist.

Mit einer Spezialcapillarpipette (nach BREED) wird 0,01 ccm Flüssigkeit abgemessen und mit Hilfe einer rechtwinkelig gebogenen Platinnadel auf eine Fläche von 1 qcm ausgestrichen. Bei Serienuntersuchungen verwendet man hierzu Spezialobjektträger nach BREED, die, mit Ausnahme von vier Feldern zu je 1 qcm, mattiert sind, oder eine entsprechende schwarze Ausstrichschablone nach DEMETER, die unter einen nur mit mattem Rand versehenen Objektträger gelegt wird. Das Präparat wird in der Flamme nachfixiert und mit Methylenblau gefärbt. DEMETER empfiehlt für die Färbung folgende Lösung: 2 g Methylenblau pulverisiert + 60 ccm Alkohol (95%ig) + 40 ccm Xylol + 6 ccm Eisessig. Das Präparat bleibt 3—4 Minuten in der Lösung, die zugleich fixiert, entfettet und färbt.

Das Mikroskop stellt man mit Hilfe eines Objektmikrometers durch entsprechendes Ausziehen des Tubus so ein, daß ein Gesichtsfeld den Durchmesser von $20^1/_2$ Mikrometerteilen = 0,205 mm hat, was einer Fläche von $^1/_{3000}$ qcm entspricht. Findet sich im Gesichtsfeld eine Bakterie, so bedeutet das das Vorhandensein von 3000 × 100 = 300 000 Keimen in 1 ccm der untersuchten Flüssigkeit. Man untersucht 20—30 Gesichtsfelder, um so mehr, je weniger Keime sich darin befinden; bei einer größeren Zahl von Keimen im Gesichtsfeld genügen 10 Gesichtsfelder.

[1] STEINER: Zentralbl. Bakteriol. I. Abt. Orig., 1929, **113**, 306.

[2] KLEIN: Zentralbl. Bakteriol. I. Abt. Orig., 1900, **27**, 834.

[3] K. J. DEMETER: Die mikroskopische Keimzahlbestimmung nach BREED. Südd. Molkerei-Ztg. 1928, **49**, 964. — BREED: Zentralbl. Bakteriol. II. Abt., 1911, **30**, 337. — BREED u. BREW: N. Y. Agr. Exp. Stat. Techn. Bull. 1916, Nr. 49. — BREED u. STOCKING: N. Y. Agr. Exp. Stat. Techn. Bull. 1920, Nr. 75; Journ. of dairy science 1921, **4**, 39.

2. Indirekte Methoden.

Diese Verfahren beruhen auf dem Prinzip der Verhältniszählung.

WRIGHT[1] geht von einer Flüssigkeit mit bekanntem Zellgehalt (z. B. an roten Blutkörperchen) aus und berechnet aus dem Verhältnis der gezählten Keime zur Zahl der Blutkörperchen den Keimgehalt der Flüssigkeit. In gleicher Weise verwendet FRIES eine Standardflüssigkeit, wozu er eine Aufschwemmung von Hefezellen mit bekanntem Zellgehalt benutzt. Da beide Methoden aber verschiedene Mängel aufweisen — namentlich die relative Größe der Vergleichszellen im Verhältnis zu den Bakterien kann zu Fehlern Anlaß geben —, hat BICKERT[2] ein Verfahren ausgearbeitet, bei dem die Vergleichszellen in ihrer Größe nicht allzusehr von den zu zählenden Objekten abweichen.

Er benutzt hierzu eine mehrere Tage alte, auf Abwesenheit vegetativer Formen geprüfte Kultur saprophytischer Sporen, die zunächst 3—5 Minuten mit gesättigter Silbernitratlösung und nach dem Auswaschen der Silberlösung mit einer aus 2—4 g Pyrogallol, 5 ccm 40%iger Formaldehydlösung und sterilem Wasser (auf 100) bestehenden Lösung behandelt wird. Infolge der sofort eintretenden Reduktion des Silbers färben sich die Sporen tiefschwarz. Nach dem Abspülen der Flüssigkeit wird der „metallisierte" Sporenrasen vom Nährboden vorsichtig abgenommen und in einer mit Glasperlen gefüllten Schüttelflasche zu einer gleichmäßigen Suspension verarbeitet. Die so gewonnene Standardflüssigkeit wird mit Hilfe der STEINERschen Kammer wiederholt ausgezählt und dann nach Bedarf verdünnt.

9 Teile der zu untersuchenden Flüssigkeit werden mit 1 Teil der Standardflüssigkeit gemischt und ein Tropfen Carbolfuchsin hinzugegeben. Nach einigen Minuten wird nach tüchtigem Durchmischen ein Tropfen der gefärbten Flüssigkeit mit einer Pipette auf einen gut gereinigten Objektträger gebracht und mit einem Deckglas bedeckt. Das Deckglas wird unter Andrücken rasch mit Wachs umrandet. In der sehr dünnen Flüssigkeitsschicht sind die zu zählenden Bakterien (rot) und Testsporen (schwarz) klar erkennbar.

Die Errechnung des Keimgehaltes (x) der zu untersuchenden Flüssigkeit erfolgt nach folgender Formel:

$$x = \frac{\text{Vol. der Testflüssigkeit}}{\text{Vol. der Bakterienflüssigkeit}} \cdot \frac{\text{Summe der gezählten Bakterien}}{\text{Summe der gezählten Testkeime}} \cdot K\,,$$

wobei K den Keimgehalt der Testflüssigkeit in 1 ccm bedeutet.

Da es sehr leicht ist, durch entsprechende Verdünnung sich Testflüssigkeiten mit verschiedenem Gehalt an Testkeimen herzustellen und ihren wirklichen Gehalt in der Zählkammer zu ermitteln, ist man stets in der Lage, das Mischungsverhältnis der Test- und der zu untersuchenden Bakterienflüssigkeit so zu gestalten, daß auf einen Testkeim etwa 5—8 Bakterien kommen. Kommen bei der Zählung im Präparat mehr als 15 Bakterien auf einen Testkeim, so besteht die Gefahr, daß beide Zählobjekte nicht gleichmäßig verteilt sind.

Das Verfahren kommt besonders für sehr keimreiche Flüssigkeiten (Milch, Abwässer usw.) in Betracht. Nach BICKERT läßt sich eine Keimbestimmung auf diese Weise in längstens 1 Stunde ausführen, zumal wenn man das Addieren der Zählobjekte durch kleine Zählmaschinen bewerkstelligt.

C. Untersuchung von Keimgemischen.

Für die Analyse von Keimgemischen kommen in erster Linie das KOCHsche Plattenkulturverfahren in seinen verschiedenen Formen und die Anreicherungskultur in Betracht. Das Plattenkulturverfahren gestattet

[1] WRIGHT: Zentralbl. Bakteriol. I. Abt. Orig., 1921, **86**, 90.
[2] BICKERT: Z. 1930, **59**, 360—364.

in der bequemsten Weise, einen Überblick über die quantitative Zusammensetzung eines Keimgemisches zu erhalten mit den bereits erwähnten Einschränkungen, die durch die Natur des Nährbodens und die sonstigen Vegetationsverhältnisse gegeben sind. Durch die Anwendung von Nährböden, die auf gewisse chemische Leistungen der Organismen einer Kolonie eigenartig reagieren (Färbungen usw.), läßt sich die Übersicht über die Zusammensetzung von Gemischen oft noch erleichtern.

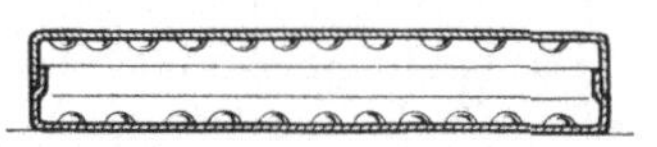

Abb. 42. PETRI-Schale mit Tropfenkultur im Querschnitt.

Das Anreicherungsverfahren kommt dann in Betracht, wenn in der Minderzahl vorhandene Arten oder physiologische Gruppen, die auf den Platten sich nicht entwickeln oder dem Beobachter entgehen würden, nachgewiesen werden sollen.

Einfachere Verfahren zur Analyse von Keimgemischen, besonders von solchen höherer Pilze, die in den Gärungsgewerben eine Rolle spielen, hat LINDNER empfohlen. Diese Verfahren haben sämtlich den Vorteil, daß bei ihnen die Vegetationen der verschiedenen Arten unter dem Mikroskope beständig kontrolliert werden können. Für Gemische verschiedener Bakterienarten eignen sich diese Verfahren weniger. Das älteste dieser Verfahren ist die Tropfenkultur. Die zu untersuchende Flüssigkeit wird soweit mit Wasser oder einer geeigneten sterilen Nährflüssigkeit verdünnt, daß ein aus einer sterilen Pipette fallender Tropfen möglichst nur noch eine Zelle enthält, was durch mikroskopische Voruntersuchung festzustellen ist. Nun besät man sowohl den Boden wie den Deckel einer sterilen PETRI-Schale mit möglichst vielen Tropfen und verschließt die Schale mit einem Gummiband (Abb. 42 und 43), um die Verdunstung zu verhindern. Die Schale bleibt an einem ruhigen Ort stehen und wird von Zeit zu Zeit auf die Vegetation in den einzelnen Tropfen untersucht. Man kann dazu wegen der Dicke des Glases und der Tiefe der Tropfen natürlich nur schwache Vergrößerungen benutzen; doch läßt sich auch mit diesen, wenn man in der Beurteilung der makroskopischen Erscheinungen in den Tropfen einige Übung gewonnen hat, ein annähernder Überblick gewinnen. Für genauere Untersuchungen bleibt aber nichts weiter übrig, als die Schalen zu öffnen und aus dem Inhalt der einzelnen Tropfen oder aus dem Gemisch aller in üblicher Weise mikroskopische Präparate herzustellen.

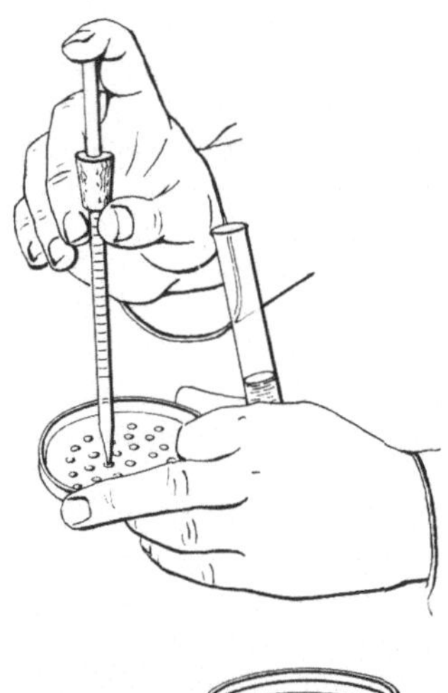

Abb. 43. Anlage einer Tropfenkultur nach LINDNER. Der Gummiring links dient dazu, die Schalen luftdicht abzuschließen, so daß kein Eintrocknen der Tropfen erfolgen kann.

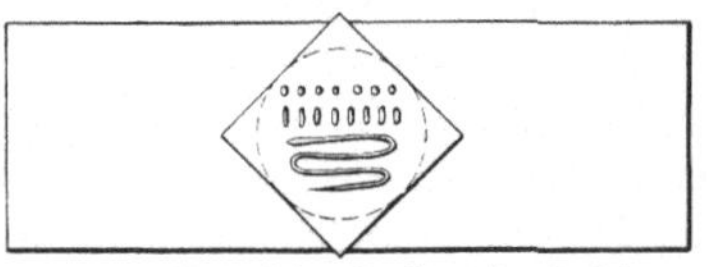

Abb. 44. Tröpfchenkultur im hohlen Objektträger. Die Flüssigkeit in verschiedener Weise aufgetragen.

Bequemer ist die schon beschriebene Tröpfchenkultur nach LINDNER, die der Tropfenkultur gegenüber allerdings den Nachteil hat, daß mit ihr nur kleinere Flüssigkeitsmengen untersucht werden können. Man kann die zu untersuchende, falls nötig, vorher entsprechend verdünnte Flüssigkeit, wie auf S. 1576 beschrieben ist, in Form von Tropfen oder Strichen oder fortlaufenden Linien (Abb. 44) auf das Deckglas auftragen. Man untersucht die Tröpfchen sofort mikroskopisch und verfolgt dann von Tag zu Tag die sich bei diesem Verfahren gut getrennt entwickelnden Kolonien (Abb. 45).

Ein weiteres Verfahren LINDNERs ist die Adhäsionskultur. Bei dieser wird die keimhaltige Flüssigkeit als dünne Schicht über das völlig entfettete Deckglas ausgestrichen und das Deckglas dann auf den Vaselinring eines hohlen Objektträgers fest aufgelegt. Um zu starkes Verdunsten der Flüssigkeitsschicht zu verhindern, kann man öfter in die Höhlung oder auf die Unterseite des Deckglases hauchen. Die Adhäsionskultur ergibt gut zusammenhaftende Kolonien der Organismen und ist daher für mikrophotographische Aufnahmen besonders geeignet. Um luftscheue Organismen zur Entwicklung zu bringen, verfährt LINDNER in der Weise, daß er kleinere runde, sterilisierte Deckgläser auf ein Flüssigkeitströpfchen auf der Unterseite eines Deckglases legt. In der dünnen Schicht zwischen den fest adhärierenden Gläsern entwickeln sich luftscheue Organismen gut.

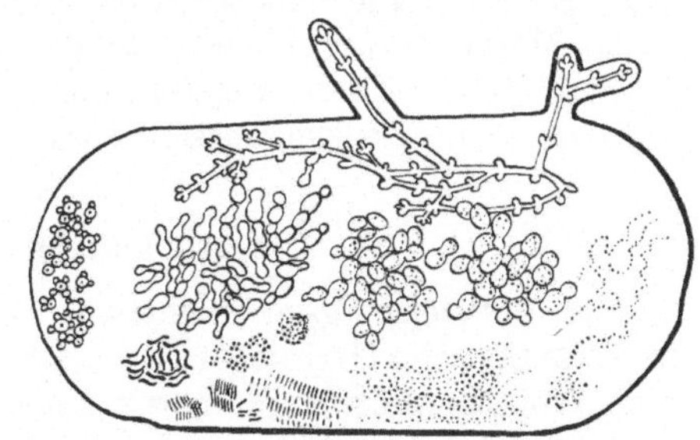

Abb. 45. Entwicklung einer Tröpfchenkultur (schematisch). Links Torula, dann wilde Hefe, zwei Kulturhefen, oben eine Mycelhefe, am unteren und rechten Rande Bakterien. (Nach LINDNER.)

VI. Charakterisierung eines Pilzes.

Eine genaue Charakteristik eines Pilzes muß sich auf seine Morphologie und Entwicklungsgeschichte, sowie auf seine Physiologie und Biologie erstrecken. Bei vielen höheren Pilzen, die ausgeprägte, charakteristische Fruktifikationsformen besitzen, kann man schon mit den morphologischen Merkmalen und entwicklungsgeschichtlichen Untersuchungen zu einer ausreichenden Charakteristik der Art gelangen. Immerhin geht das Bestreben zur Zeit dahin, auch für die Charakteristik solcher Pilze physiologische und biologische Merkmale nach Möglichkeit heranzuziehen. Bei anderen Arten, deren Fruchtungsformen wenig kennzeichnend oder nicht bekannt sind, muß dagegen Physiologie und Biologie auf das Sorgsamste bei der Charakterisierung berücksichtigt werden. Dies gilt insbesondere auch für die Bakterien. Wie weit man hierbei gehen will, wird von den jeweiligen Umständen und Zwecken der Untersuchung abhängen, je nachdem es auf eine genaue Diagnostik einer Art oder nur auf ihre Familienzugehörigkeit (in morphologischem oder physiologischem Sinne) ankommt. Bestimmte Regeln lassen sich dafür nicht aufstellen. Bei Bakterien und manchen Gruppen höherer Pilze stößt eine genaue Artenabgrenzung selbst bei Heranziehung aller möglichen physiologischen Eigenschaften oft genug noch auf große Schwierigkeiten.

Ganz allgemein beachte man, daß nur solche Ergebnisse vergleichbar sind, die unter völlig übereinstimmenden Versuchsanordnungen erzielt wurden. Wenn irgend möglich, ziehe man sicher bestimmte Kulturen der zu vergleichenden Art zu den Versuchen mit heran; dies wird um so nötiger, je unbestimmter und lückenhafter die früheren Angaben sind.

A. Morphologische und entwicklungsgeschichtliche Untersuchungen.

Für morphologische und entwicklungsgeschichtliche Untersuchungen ist Grundbedingung der Ausgang von einer Zelle bzw. von Reinkulturen. Bei Untersuchungen an Bakterien muß man stets von Reinkulturen ausgehen. Bei höheren Pilzen ist dies nicht immer unbedingt nötig. Auf jeden Fall muß man aber auch hier zunächst Reinkulturen herstellen, wenn das Ausgangsmaterial sehr unrein ist. Im übrigen wird man bei entsprechender Verdünnung und Verwendung geeigneter Nährböden gelegentlich auch mit dem nicht absolut reinen Material zum Ziele kommen. In den Fällen, in denen auf dem natürlichen Substrat Fruchtungsformen entstehen, die sich in den künstlichen Reinkulturen nicht erzielen lassen, muß man natürlich von ersteren ausgehen.

1. Untersuchungen an höheren Eumyceten.

Für entwicklungsgeschichtliche Untersuchungen höherer Pilze kommt die Brefeldsche Objektträgerkultur und die dieser entsprechende Lindnersche Tröpfchenkultur in erster Linie in Betracht. Die Brefeldsche Kultur wird so ausgeführt, daß man das Sporenmaterial, das zum Ausgang dient, mittels einer blanken Lanzettstahlnadel, die Brefeld kalt durch Eintauchen in Alkohol sterilisiert, mit größter Vorsicht gegen Verunreinigungen entnimmt, es in abgekochtem Wasser verteilt und soweit verdünnt, daß ein Tröpfchen nur noch eine Spore enthält. Bei sehr kleinen Sporen kann man auch in der Weise verfahren, daß man sie in Nährlösungen in die ersten Stadien der Keimung eintreten läßt, wobei sie meist anschwellen. Sie sind dann leichter zu erkennen. Ein Tröpfchen mit einer Zelle wird auf einem sorgfältig sterilisierten Objektträger in einen Tropfen Nährflüssigkeit gebracht. Die Objektträger müssen fettfrei sein, damit sich die Kulturtröpfchen auf ihnen gleichmäßig ausbreiten. Damit die Flüssigkeit nicht verdunstet, werden die Objektträger auf Gestellen aus Zinkblech (Abb. 46) unter Glocken aufbewahrt, die auf Tellern mit genau horizontalen Flächen stehen. Eine 1$^0/_{00}$ige Sublimatlösung auf den Tellern schließt die Glocken unten gegen die Außenluft ab. Um eine genügend feuchte Atmosphäre in der Glocke zu erzeugen, wird ihre Innenwand stets mit Hilfe eines Zerstäubers feucht gehalten. Die Glocken werden in Schränken aufbewahrt. Für Kulturen im Thermostaten empfiehlt O. Brefeld hohle Objektträger, in deren Ausschliff der Tropfen gelegt wird.

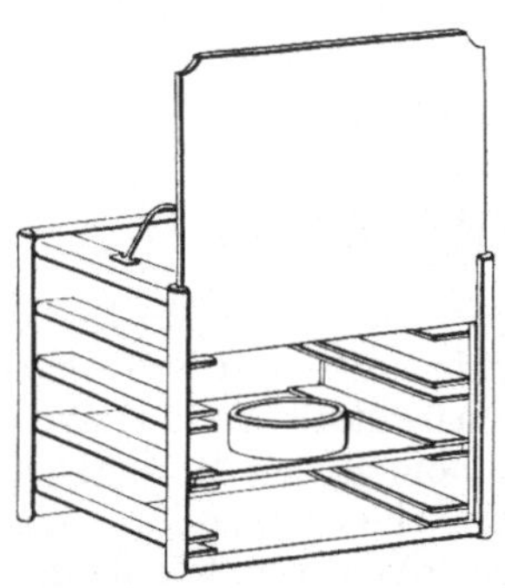

Abb. 46. Gestell für feuchte Kammern und Objektträger.

Die Brefeldsche Objektträgerkultur hat den großen Vorzug, daß sie der Luft freien Zutritt gestattet, was dem Wachstum der höheren Pilze sehr förderlich ist. Andererseits sind natürlich die offenen Tropfen der Verunreinigung durch Luftkeime leicht ausgesetzt, sofern man nicht über ein Zimmer verfügt, in dem wenig verkehrt wird und dessen Wände und Boden leicht gesäubert werden können. Auch eignen sich die Objektträgerkulturen nicht für andauernde Beobachtungen einer Spore unter dem Mikroskop. Man wird daher oft besser die feuchten Kammern verwenden, von denen die Böttchersche schon beschrieben wurde. Abarten dieser Einrichtung gestatten auch Luft oder andere Gase durch seitliche Röhren in die Kammer zu leiten und so eine Anhäufung der entwicklungshemmenden Kohlensäure zu vermeiden, oder die Entwicklung bei Sauerstoffmangel zu verfolgen. Die Kataloge der Firmen enthalten eine ganze Reihe verschiedener Einrichtungen, unter denen man je nach Aufgabe und Neigung wählen kann. Vor dem Lindnerschen Tröpfchenverfahren mittels des hohlen Objektträgers hat die Züchtung in der feuchten Kammer die Möglichkeit der ausgiebigeren Atmung und Ernährung voraus.

Die Einzellkulturen müssen entweder andauernd oder von Zeit zu Zeit unter dem Mikroskop beobachtet werden. Um Verunreinigungen der Objektträgerkulturen hierbei zu vermeiden, kann man am Mikroskoptubus einen Schirm befestigen, der von oben fallende Keime auffängt. Zu beachten sind Veränderungen der Größe und Form der Sporen bei der Keimung, Abwerfen der Sporenmembran, Anlage von Zellwänden und Verzweigungen, Entwicklung der Fruktifikationsorgane. Von allen Stadien sind Zeichnungen mittels des Zeichenapparates zu entwerfen, an denen auch die nötigen Messungen vorgenommen werden können.

Der Entwicklung der Pilze in den Tropfenkulturen ist natürlich durch die geringe Menge verfügbarer Nährstoffe eine Grenze gesetzt. Zwar kann man die Entwicklung noch weiter führen, indem man den erschöpften Tropfen mit sterilisiertem Fließpapier aufsaugt und dann durch einen frischen ersetzt. Meist aber wird man die Beobachtungen an Tropfenkulturen durch solche an Massenkulturen auf reicheren Nährböden ergänzen müssen. Für solche Massenkulturen, die nicht unter steter mikroskopischer Kontrolle stehen, darf nur Sporenmaterial aus sicheren Reinkulturen verwendet werden, da sonst schwere Irrtümer unvermeidlich sind, wie die Geschichte der Mykologie gezeigt hat.

Zu den Massenkulturen verwendet man die verschiedensten Nährböden, die oben eingehend beschrieben wurden. Ihr Einfluß auf die Entwicklung und Fruktifikation ist genau festzustellen. In Flüssigkeiten ist besonders auf die Bildung von Oberflächenhäuten (Kahmhäuten) und deren Bau, Färbung usw., auf etwaiges Wachstum in der Flüssigkeit, Auftreten von Sproßmycel u. a. zu achten, wobei gleichzeitig etwaige Veränderungen der Flüssigkeit (Geruch usw.) zu beachten sind. Auch die Häute auf festen Nährböden sind oft durch Struktur, Konsistenz und Färbung kennzeichnend. In älteren Kulturen treten nicht selten Hungerformen, Durchwachsungen auf (vgl. S. 1660 und 1662).

Abb. 47. Vaselineeinschlußpräparat. (Nach LINDNER.)

Für bequeme Beobachtung des Verhaltens von Sporen und Mycelien bei Luftabschluß oder unter beschränktem Luftzutritt hat LINDNER sein Verfahren des Vaseline-Einschlußpräparates (Abb. 47) empfohlen. Ein Tropfen Nährflüssigkeit mit einigen Sporen wird auf einem sterilisierten Objektträger mit einem sterilisierten Deckglas bedeckt. Bei druckempfindlichen Objekten werden vorher auf den Objektträger einige sterilisierte Sandkörnchen gegeben, gewöhnlich genügen aber schon Vaselinetupfen an den Ecken des Deckgläschens. Um den Rand des Deckglases zieht man einen Vaselinering und schließt so die Luft ab. Die Sporen keimen unter diesen Verhältnissen zwar, das Wachstum des Mycels hört aber meist bald auf. Oft unterscheidet sich so gewachsenes Mycel in der Form und Verzweigung wesentlich von dem bei Luftzutritt entstandenen. Bei manchen Arten bildet sich Sproßmycel und es ist Gasbildung (Gärung) zu beobachten.

2. Untersuchungen an Sproßpilzen[1].

Eine besondere Betrachtung verdienen unter den Eumyceten die Sproßpilze, die in den Nahrungsmittelgewerben eine wichtige Rolle spielen. Gestalt und Vermehrungsweise dieser Pilze sind sehr einförmig, und es muß daher zur Kennzeichnung jedes andere morphologische Merkmal, insbesondere die Wachs-

[1] Vgl. hierzu auch die ausführliche Darstellung der Eigenschaften der Sproßpilze im speziellen Teil des Werkes unter Hefe.

tumserscheinungen der Massenkulturen herangezogen werden. Die Entwicklungsgeschichte dieser Pilze wird, wie die der anderen Eumyceten, unter mikroskopischer Kontrolle in der feuchten Kammer verfolgt. Zu beachten ist die Größe und Form der Zellen, die Anlage und Dauerhaftigkeit der Sproßverbände, etwaige fadenmycelartige Bildungen, der Inhalt der Zellen (homogene oder körnige Struktur, Vakuolen, Fett, Glykogen, Zellkern), Struktur des schließlich entstehenden Hefefleckes, etwaiges Luftmycel in älteren Kulturen, Bildung von Endosporen, etwaige Kopulationsvorgänge, Alterungserscheinungen der

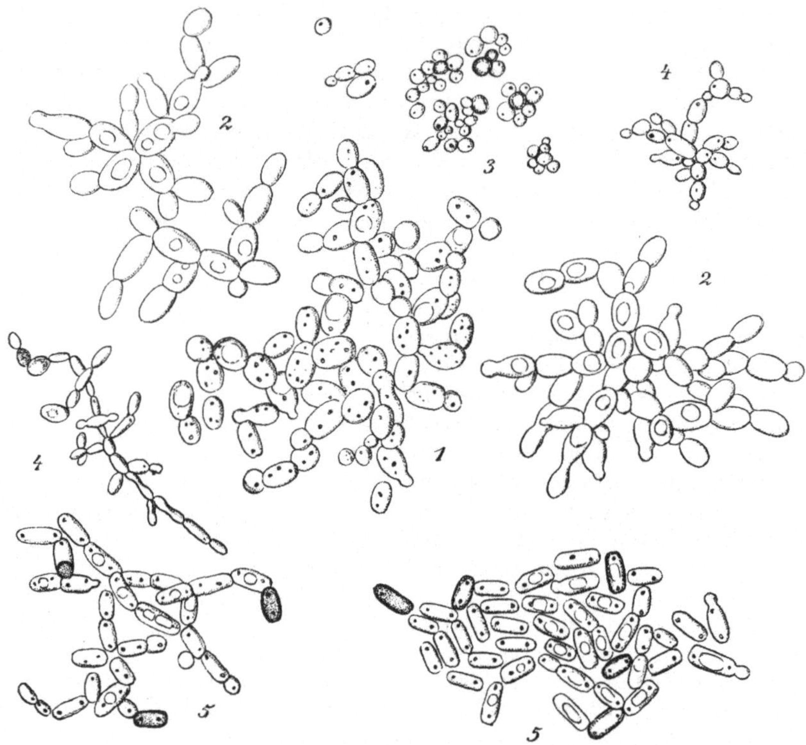

Abb. 48. Wachstum verschiedener Sproßpilze in Tröpfchenkulturen (590:1). (Nach Will.) 1 untergärige Kulturhefe; 2 wilde Hefe; 3 und 4 Torulahefen; 5 Mycodermahefen. In 3, 4, 5 die stärker umrandeten Zellen mit Lufthülle.

Zellen u. a. m. Bei Kulturen in Gelatine ist die Form der entstehenden Kolonie zu beachten.

Sehr kennzeichnende Wachstumsbilder verschiedener Sproßpilzarten liefert die Lindnersche Tröpfchenkultur (vgl. Abb. 45).

Bei den Saccharomyceten und anderen Sproßpilzen ist verschiedentlich eine große Neigung zur Variation beobachtet worden, die sich auch auf die morphologischen Merkmale, wie Zellform und Sporenbildung, erstreckt. Deshalb stelle man von einer gärenden Würzekultur nochmals Tröpfchenkulturen her, in denen möglichst viele Tröpfchen nur eine Zelle enthalten. Auch in Oberflächenkulturen sollen nach Beijerinck bei manchen Saccharomyceten (S. fragans, Schizosaccharomyces octosporus) morphologische Varietäten durch Form und Farbe der Kolonien zu unterscheiden sein.

Die Sporenbildung ist ein wichtiges differentialdiagnostisches Merkmal. Die Sporen bilden sich bei manchen Arten sehr leicht in Tröpfchenkulturen, Kahmhäuten, auf festen Nährböden, bei anderen schwieriger und erst unter besonderen Bedingungen. Dazu gehören im allgemeinen kräftige Zellen, poröse feuchte Unterlagen und reichliche Luftzufuhr. Man läßt daher die auf Sporenbildung zu untersuchende Reinkultur zunächst einen Tag lang in einem Kölbchen mit 10 ccm Würze stehen, gießt die Würze vom Bodensatz, füllt neue auf und läßt nun einen Tag bei 25° gären. Der Bodensatz wird dann mit möglichst wenig Würze auf einen Gipsblock übertragen und hier dünn ausgebreitet. Die Gipsblöcke werden nach LINDNER so hergestellt, daß man einen Brei aus gleichen

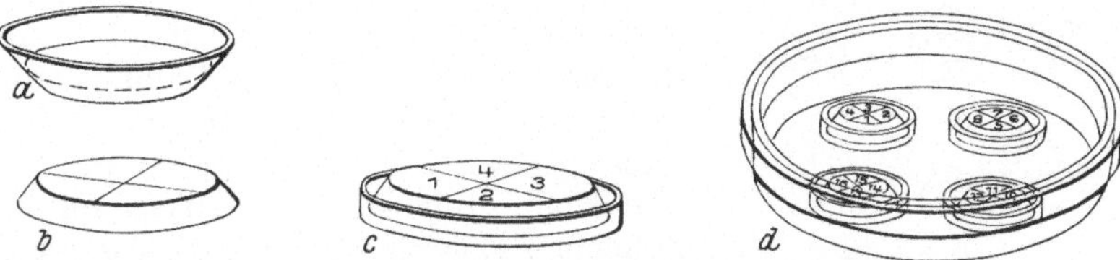

Abb. 49. Apparate zur Sporenkultur der Hefe auf Gipsblöcken. (Nach LINDNER.) *a* Blechform zum Gießen des Gipsblockes, *b* Gipsblock, *c* Gipsblock in einem Schälchen mit Wasser, *d* feuchte Kammer mit mehreren Gipsblockschälchen.

Teilen gebranntem Gips und Wasser in vernickelte Blechformen gießt und darin erstarren läßt (Abb. 49). KLÖCKER empfiehlt ein Gemisch von 2 Teilen Gipspulver und $^3/_4$ Teilen Wasser, WILL 3 Teile Gips und 1 Teil Wasser. Als Dimensionen für den Block gibt KLÖCKER 3 cm Höhe, Durchmesser der unteren Fläche 5,3 cm, der oberen Fläche 3,8 cm an. Die Gipsblöcke werden in Doppelschalen mit etwas Wasser (Abb. 50) oder nach LINDNER zu mehreren in einer feuchten Kammer (Abb. 49*d*) aufbewahrt. Nach KLÖCKER werden die Schalen mit den getrockneten Gipsblöcken 1—$1^1/_2$ Stunden bei 110—115° sterilisiert und vor dem Gebrauch mit so viel sterilisiertem Wasser angefeuchtet, daß der Boden der Dose noch 2—3 mm hoch damit bedeckt ist.

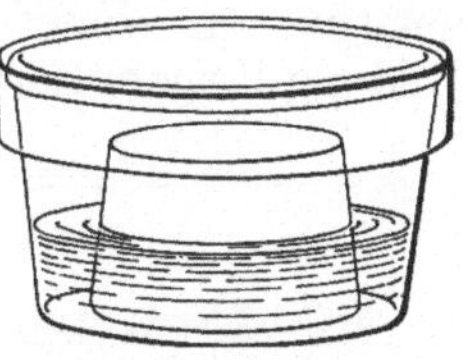

Abb. 50. Gipsblock in einer Glasschale mit Wasser. (Nach KLÖCKER.)

Um Sporenkulturen unter Bedingungen auszuführen, die Bakterieninfektion ausschließen, schlägt SCHIÖNNING die Aufbewahrung der Gipsblöcke im Gärkolben vor. Eine genaue Vorschrift für die Herstellung solcher Sporenkulturen gibt KLÖCKER in seinem wiederholt genannten Lehrbuche. FUHRMANN und PRIBRAM[1] verwenden für diese Zwecke Gipsstreifen, die in Reagensgläser gebracht und in diesen 1 Stunde im Trockenschrank bei 110° erhitzt werden.

Sporenbildung findet nicht bei allen Sproßpilzen, sondern nur bei den Saccharomyceten statt. Sie ist daher ein wichtiges differentialdiagnostisches Merkmal. Form und Zahl der Sporen (Abb. 51), die Vorgänge, die ihrer Entstehung voraufgehen, der Bau der Sporenwand, die Keimung der Sporen sind bei Saccharomycesarten sehr verschieden und müssen genau beachtet werden. Doch ist andererseits zu bemerken, daß die Bedingungen für die Sporenbildung bei vielen Sproßpilzen noch zu wenig erforscht sind und daß manche bisher asporogene Art unter geeigneten Bedingungen wohl Sporen bilden wird. Ferner ist die Fähigkeit zur Sporenbildung sehr der Variation unterworfen. HANSEN hat durch längere Kultur bei höheren Temperaturen Mutationen mit dauerndem Sporenverlust erzielt. Über die Bedeutung der Temperaturen für die Sporenbildung der Saccharomyceten vgl. man S. 1616.

Nach FUHRMANN und PRIBRAM[1] bekommt man mit Hilfe der Gipsblock- und Gipsstreifenmethode auch bei Bakterien eine außerordentlich rasche und prompte Sporenbildung.

[1] FUHRMANN u. PRIBRAM: Abderhaldens Handbuch der biologischen Arbeitsmethoden, Abt. XII, 1, S. 550.

Wertvolle Unterscheidungsmerkmale für die Sproßpilze bieten die Wachstumserscheinungen auf festen Nährböden. Über die Oberflächenplatten wurde oben schon berichtet. Es kommen weiter in Betracht Strichkulturen, Stichkulturen und Riesenkolonien. Für die Strich- und Stichkulturen verwendet man die Nährböden in Reagensgläsern, oder nach LINDNERs Vorschlag in viereckigen Flaschen (Abb. 54) und Zylindergefäßen (Abb. 53).

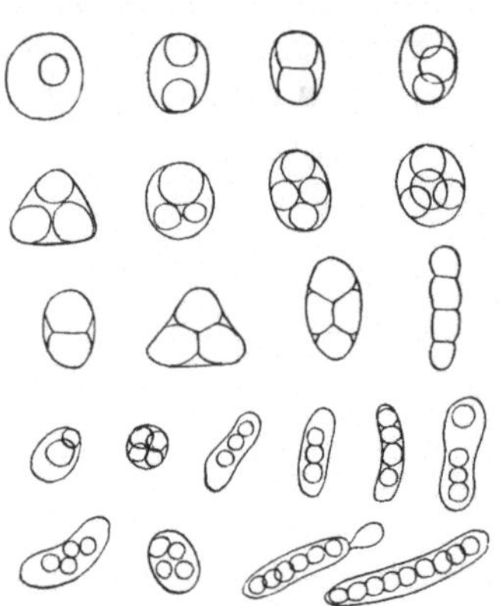

Abb. 51. Zahl der Sporen und Lagerung in der Mutterzelle. (Nach WILL.)

Strichkulturen legt man durch Verstreichen geringer Mengen Reinkultur auf der Oberfläche, Stichkulturen durch Einstechen eines geraden Platindrahtes, an dessen Spitze eine Spur Hefe sitzt, in einem im aufrechtstehenden Röhrchen oder Fläschchen erstarrten Nährboden an.

Bei den Strichkulturen werden je nach der Dicke der Nährbodenschicht (vgl. Abb. 53 und 54) dickere oder dünnere Massenkulturen entstehen, deren Ränder und Oberfläche oft kennzeichnende Bilder ergeben. Auch die Stichkulturen zeigen oft interessante Wachstumserscheinungen (Abb. 55). Werden zu diesen Kulturen zuckerhaltige Gelatinenährböden verwendet, so treten auch Gärungsvermögen durch Gasblasenbildung und proteolytische Enzyme durch Verflüssigung der Gelatine in die Erscheinung.

Als Riesenkolonien bezeichnet LINDNER die Kolonien, die sich auf Würzegelatine aus einem Tropfen einer Hefenaufschwemmung entwickeln. Da ihre Bildung längere Zeit in Anspruch nimmt, so werden sie in Glaskolben angelegt, deren Boden mit einer etwa 2 cm dicken Gelatineschicht (10%ige Würze- oder Kartoffelsaftgelatine) bedeckt ist (Abb. 56). Die Impfung erfolgt durch Auftragung eines Tropfens auf die Oberfläche, ohne diese zu verletzen. Die Kolben müssen vor einseitiger Erwärmung geschützt werden. Es empfiehlt sich, solche Kulturen bei verschiedenen Temperaturen anzusetzen. Die Riesenkolonien besitzen einen sehr interessanten, für die einzelnen Arten kennzeichnenden Bau (Abb. 57 *a—g*). WILL[1], der sich eingehend mit ihrem Aufbau beschäftigt hat, stellt sie in Parallele mit der Kahmhaut auf flüssigen Nährböden. Wegen der Beständigkeit ihrer Wachstumsformen bezeichnet er sie als sehr wertvolles diagnostisches Merkmal einer Art. Nur muß beachtet werden, ob von einer Bodensatz- oder Kahmhautzelle ausgegangen wird.

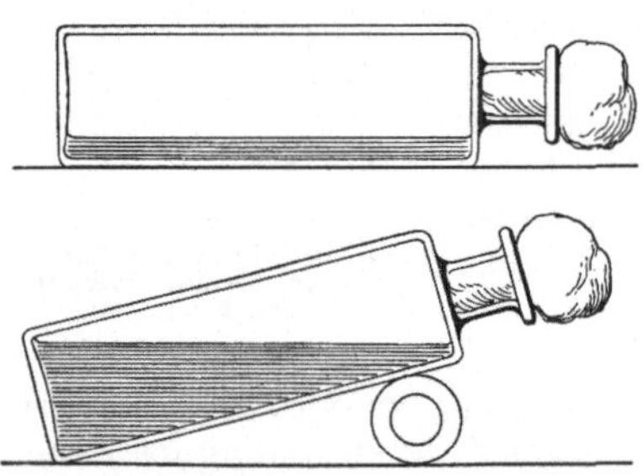

Abb. 52. Kulturflaschen mit gerade und schräg erstarrtem Nährboden. (Nach LINDNER.)

Wichtig für die Kennzeichnung der Hefen ist ferner das Verhalten in Nährflüssigkeiten. Manche Arten bilden sofort (Mycoderma, Torula, Willia), andere langsamer Oberflächenvegetationen, Kahmhäute. Einzelne Arten bilden ganz dünne, mattgraue, andere dicke wulstige, bröcklige bis klebrige, noch andere mehlartig trockene oder glänzende, knorpelig feste Häute. Man erzeugt solche Hautkulturen in ERLENMEYER-Kolben, die bei verschiedenen Temperaturen ohne Erschütterung aufbewahrt werden. Die Hautbildung ist wie

[1] H. WILL: Anleitung zur biologischen Untersuchung usw., S. 112. München u. Berlin 1909.

die Sporenbildung in hohem Maße von der Temperatur abhängig. Die Zellen der Häute mancher Saccharomyceten unterscheiden sich zuweilen wesentlich von denen des Bodensatzes; es treten sog. Dauerzellen auf, die durch eine feste

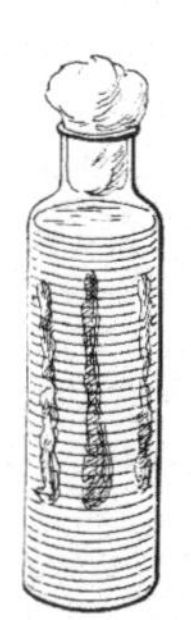

Abb. 53. Impfstrichkultur auf dünner Gelatineschicht.

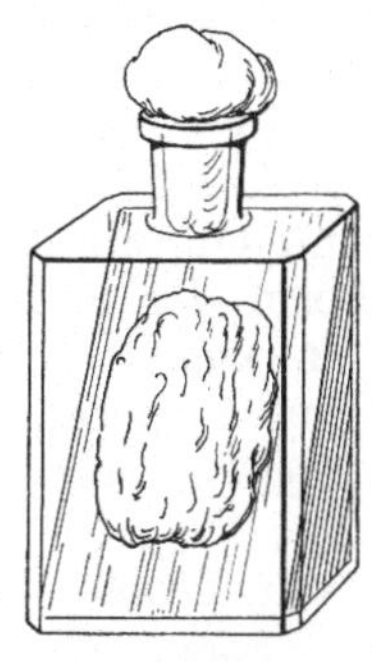

Abb. 54. Strichkultur auf schräg erstarrtem Nährboden.

Abb. 55. Stichkultur in Nährgelatine mit Gasblasen.

Abb. 56. Kolben mit Riesenkolonien auf Gelatine.

(Nach LINDNER.)

Membran, reichen Gehalt an Öl und Glykogen, sowie durch eine lange Lebensdauer gekennzeichnet sind. Bei ihrem Auskeimen entwickeln sich auch typisch gegliederte Mycelien mit einzelnen sehr stark gestreckten Zellen.

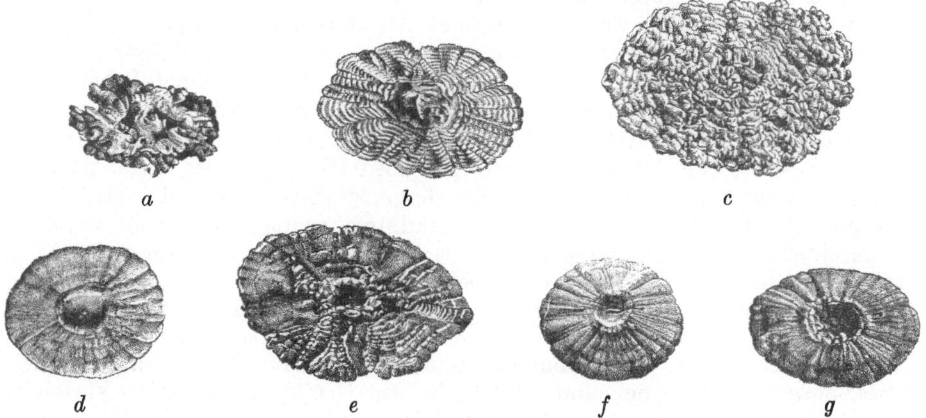

Abb. 57*a*–*g*. Riesenkolonien verschiedener Saccharomyceten. (Nach LINDNER.)

3. Untersuchungen von Bakterien.

Da der Bau der Spaltpilzzellen und ihrer Sporen, soweit solche vorkommen, sehr einfach und einförmig ist, so müssen alle morphologischen Merkmale der Zellen wie der Massenkulturen zur Kennzeichnung herangezogen werden. Daran muß sich stets eine eingehende Untersuchung der physiologischen und biologischen Eigenschaften schließen. Die Forderung völlig gleicher Versuchsanordnung bei vergleichenden Untersuchungen und die Heranziehung von Vergleichskulturen muß bei bakteriologischen Untersuchungen besonders scharf gestellt werden. Bei sporenbildenden Arten muß der Entwicklungsgang von der Spore bis zur Sporenbildung verfolgt werden. Dies kann man entweder im hängenden Tropfen unter steter mikroskopischer Kontrolle oder nach dem Vorschlage von ARTH. MEYER durch zeitweilige Entnahme einer Probe von der mit den Sporen geimpften Fläche eines schräg erstarrten Agarröhrchens vornehmen. Zu beachten ist dabei, daß die Bakterien auf den in den Laboratorien benutzten Nährböden häufig erst nach einiger Zeit in bezug auf Zellform und Wachstum in Massenkulturen konstante Eigenschaften annehmen, die für die Diagnose verwendbar sind. Bei sporenbildenden Arten geht man von reinem Sporenmaterial aus. Für Bodenbakterien empfiehlt Arth. Meyer die Benutzung von mindestens 4 Wochen altem Sporenmaterial, das, in Wasser aufgeschwemmt, genau 2 Minuten im Wasserbade auf 100° erhitzt wurde. Bei anderen Arten, deren Sporen gegen Erhitzung weniger widerstandsfähig sind, wird man entsprechend niedrigere Temperaturen wählen müssen, um die vegetativen Formen zu beseitigen. Man beobachtet nun die Form der Sporen, etwaige Skulptur der Membran und zeichnet mittels des Abbeschen Apparates (S. 485) eine größere Zahl der in einem Gesichtsfelde liegenden Sporen. Bei der Vergleichung der Bilder und ihrer Maße wird sich dann ergeben, welche Formen und Dimensionen die häufigeren sind.

Von dem Sporenmaterial wird sodann ein Tropfen auf schräg erstarrten Nährboden, gewöhnlich Agar, oder in Bouillon oder andere Nährlösung gebracht und bei 18 oder 30° gehalten. Man kann auch das Sporenmaterial im hängenden Tropfen aussäen und von Zeit zu Zeit oder beständig unter dem Mikroskop beobachten. Für höhere Temperaturen muß man einen heizbaren Objekttisch (vgl. S. 474) oder Mikroskopthermostaten benutzen.

Von den Kulturen entnimmt man etwa alle 6 Stunden aus dem oberen, mittleren und unteren Teil eine kleine Menge mittels des Platindrahtes, verteilt sie in einem Wassertropfen und mikroskopiert. Es muß hierbei die Art der Sporenkeimung verfolgt werden, etwaiges Anschwellen der Sporen, die Zeit, nach welcher die Keimung erfolgt, wie das Keimstäbchen aus den Sporen heraustritt, ob diese als Ganzes zum Keimstäbchen wird, ob das Keimstäbchen sofort schwärmt. Das Austreten des Keimstäbchens erfolgt entweder polar oder äquatorial, bei manchen Arten nach beiden Formen. Die Art der Sporenkeimung variiert bei derselben Art bis zu einem gewissen Grade und ist daher zwar ein wichtiges, aber kein ausschlaggebendes diagnostisches Merkmal. Dann muß die weitere Entwicklung des vegetativen Stadiums verfolgt werden, ob vielleicht an den Stäbchen Verzweigungen auftreten, ob längere ein- oder mehrzellige Fäden entstehen, ob die fertigen Stäbchen längere Zeit im Verbande bleiben oder sich trennen, ob und wann Schwärmer auftreten, und wie die Geißeln an diesen angeordnet sind. Die Untersuchungen werden an lebendem Material sowie an solchem, das nach dem auf S. 529 beschriebenen Verfahren gefärbt wurde, ausgeführt. Ferner sind mittels der auf S. 532 angegebenen Verfahren etwaige Inhaltsstoffe in den Stäbchen festzustellen. Von allen vegetativen Zuständen sind exakte Zeichnungen zu entwerfen. Sodann wird die Sporenbildung genau verfolgt, indem man aus den Kulturen die verschiedenen Stadien bis zur fertigen Spore zusammensucht. Die Zeit, die zwischen Sporenkeimung und Sporenbildung bei einer gewissen Temperatur liegt, ist genau festzustellen. Bei Arten, von denen Sporen auf den üblichen künstlichen Nährböden nicht erzielt werden können, muß man sich natürlich auf die Kennzeichnung der vegetativen Formen beschränken.

Die Form der Kolonie bei Massenwachstum wird für die Unterscheidung der Bakterienarten in hohem Maße benutzt. Sollen die Unterschiede diagnostischen Wert haben, so müssen die Kulturen mit absolut gleichbehandeltem Material hergestellt und unter gleichen Lebensbedingungen gehalten werden. Folgende Formen des Massenwachstums werden besonders herangezogen:

a) Kolonien, die aus einer Zelle in Plattenkulturen entstanden sind. Man benutzt als Nährböden in erster Linie Nährgelatine, in zweiter Agar, in Form von Guß- oder Oberflächenplatten. Besonders kennzeichnend sind die Kolonien auf Gelatine. Man hat zu unterscheiden zwischen Oberflächen-

und Innenkolonien. Erstere sind die charakteristischen, letztere nähern sich bei den meisten Arten mehr oder minder der Kugel- oder Linsenform. An den Kolonien ist zu beachten die Gestalt, der Rand, die Form und das Aussehen der Oberfläche, die Konsistenz, die Farbe, die innere Struktur, ferner etwaige Veränderungen im Nährboden (Verflüssigung der Gelatine, Krystallablagerungen) Gerüche, Leuchten u. a. Doch ist zu beachten, daß die Morphologie der Kolonien in hohem Maße von geringen Verschiedenheiten des Nährbodens abhängt[1].

b) Strichkulturen, d. h. auf der Oberfläche schräg erstarrter Gelatine- oder Agarnährböden in Röhrchen oder Flaschen oder auf Scheiben anderer fester Nährböden, wie Kartoffeln, Möhren, Rüben gewachsene Massenkulturen. Es sind dieselben Erscheinungen wie bei den Kolonien zu beachten. Strichkulturen werden durch Verstreichen der Impfmasse mittels der Platinnadel oder -öse hergestellt.

c) Stichkulturen. Diese werden angelegt, indem man mit der Platinnadel, an deren Spitze sich eine sehr geringe Menge Bakterienkultur befindet, in gerade erstarrte Gelatine- oder Agarnährböden im Reagensglase senkrecht zentral einsticht, wobei man das Glas mit der Öffnung schräg nach unten hält, um eine Infektion durch Luftkeime möglichst zu verhüten. Der Stich wird fast bis zum Boden durchgeführt. Es muß so wenig Bakterienkultur verwendet werden, daß man im Nährboden den Stich nicht etwa als weißliche Linie sehen kann. Zu beachten ist, ob die Bakterien sich in der ganzen Länge des Stiches entwickeln, ob das Wachstum überall gleichmäßig ist, ob stellenweise oder an der ganzen Länge Ausläufer in den Nährboden hineinstrahlen, ob Oberflächenwachstum stattfindet, Verflüssigung, Gasbildung, Färbung u. a. eintritt.

d) Massenkulturen in Flüssigkeiten. Diese werden meist mit Nährlösungen in Reagensgläsern ausgeführt, in die man kleine Mengen Bakterienkultur mittels der zuvor durch Abglühen sterilisierten Platinöse überträgt. Zu beachten ist, ob die Flüssigkeit sich trübt oder klar bleibt, ob Oberflächenwachstum (Kahmhautbildung) eintritt, ob sich ein Bodensatz bildet.

B. Physiologische Untersuchungen.

1. Nährstoffbedürfnis und Assimilationsvermögen.

Einen schnellen Überblick über das Assimilationsvermögen eines Pilzes gegenüber verschiedenen Kohlenstoff- und Stickstoffverbindungen gestattet das auxanographische Verfahren von Beijerinck. Man stellt aus Gelatine, die durch mehrtägiges Auslaugen in destilliertem Wasser von löslichen Stoffen möglichst befreit worden ist, eine 7%ige Lösung in Wasser mit 0,025% Dinatriumphosphat her. Aus dieser Stammgelatine stellt man Nährgelatinen her, die nur eine Stickstoff- oder eine Kohlenstoffverbindung enthalten, z. B. eine mit 1% Glucose, eine andere mit 0,5% Ammoniumsulfat, impft ein Röhrchen von jeder mit einer reichlichen Menge der zu untersuchenden Pilzart und gießt Platten. Die Glucose-Phosphatplatte dient nur zur Feststellung der assimilierbaren Stickstoffquellen, die Ammon-Phosphatplatte zur Ermittelung der aufnehmbaren Kohlenstoffverbindungen. Die zu untersuchenden Körper werden gelöst und als Tropfen auf die Platte gebracht. Die Lösungen diffundieren dann in kreisförmigen Feldern in die Gelatine. Enthalten sie assimilierbare Stoffe, so tritt auf den Diffusionsfeldern Wachstum der eingesäten Keime ein. Man kann in dieser Weise die verschiedenartigsten Kombinationen prüfen. Um die Brauchbarkeit stickstoffhaltiger organischer Verbindungen zur Deckung

[1] Über den Einfluß der verschiedenen Faktoren auf die Form der Kolonie vgl. Hutchinson: Zentralbl. Bakteriol. II. Abt., 1907, **17**, 65; dort findet sich auch die ältere Literatur über diesen Gegenstand. — Almagia: Arch. Hygiene 1906, **59**, 159.

des Kohlenstoff- und Stickstoffbedarfes zu prüfen, verwendet man die Phosphatgelatine ohne weiteren Zusatz. Für gelatineverflüssigende Arten verwendet man Agarnährböden.

Das auxanographische Verfahren gibt auch einen Überblick über den relativen Nährwert der geprüften Stoffe. Soll der Einfluß gewisser quantitativer Verhältnisse und der Reaktion festgestellt werden, so muß man natürlich mit Nährlösungen bekannter Zusammensetzung arbeiten. Man vergleiche in dieser Beziehung die Angaben auf S. 1571.

Besondere Vorsichtsmaßregeln sind bei Versuchen über den Bedarf der Pilze an bestimmten Elementen nötig. Die dazu verwendeten Rohstoffe müssen absolut rein sein, und als Kulturgefäße dürfen nur solche aus Jenenser Glas verwendet werden. Sogar auf den Einfluß der Laboratoriumsluft ist unter Umständen Rücksicht zu nehmen.

2. Erzeugung von Enzymen.

Die Bildung von Enzymen ist eine Eigenschaft, die als diagnostisches Merkmal gut zu verwenden ist. Doch ist zu beachten, daß diese Fähigkeit unter Umständen verloren gehen oder geschwächt werden kann und daß die Enzymbildung in hohem Grade von den Ernährungsbedingungen abhängt.

Man unterscheidet Ekto- und Endoenzyme. Erstere werden von den Pilzen ausgeschieden, letztere sind an die Zelle gebunden. Von den Endoenzymen kennt man zur Zeit nur wenige genauer, wie die Zymase und Carboxylase der Hefe, die Alkoholoxydase der Essigsäurebakterien, das Milchsäureenzym der Milchsäurebakterien, die Endotryptase der Hefe. Den Nachweis dieser Enzyme an sich führt man zu Zwecken der Diagnostik kaum. Er ist nur mittels des Preßsaftes, der aus den durch Verreiben mit Glasstaub oder Kieselgur zerstörten Zellen hergestellt werden kann, oder mittels der durch Eintragen in Aceton oder Toluol vorsichtig getöteten Zellen möglich. Über die Technik vergleiche man die Angaben von E. und H. Buchner und Hahn[1], E. Buchner und Gaunt[2], E. Buchner und Meisenheimer[3], Abderhalden und Pringsheim[4]. Meist beschränkt man sich beim Nachweis dieser „Gärungsenzyme" auf die durch die lebenden Organismen hervorgerufenen Gärungen (vgl. S. 1614).

Auch beim Nachweis der von den Pilzen ausgeschiedenen spaltenden, oxydierenden und reduzierenden Enzyme beschränkt man sich häufig auf den Nachweis der Wirkung der lebenden Zellen. Indessen ist die Methodik für viele dieser Enzyme soweit ausgearbeitet, daß man auch die Wirkung des Enzyms unabhängig von der lebenden Zelle verfolgen kann.

Ein sehr bequemes, für viele Enzyme anwendbares Verfahren ist das besonders von Eijkmann[5] ausgearbeitete Diffusionsverfahren, das sich an die auxanographischen Verfahren Beijerincks eng anschließt und auch von Wijsmann für den Nachweis von Enzymen benutzt worden ist. Es stützt sich auf die Beobachtung, daß sich Lösungen verschiedener Krystalloide wie Kolloide in Agarnährböden verbreiten.

Der hohe Wert dieses Verfahrens beruht darin, daß es ziemlich schnell zum Ergebnis führt und die mikroskopische Beobachtung der Enzymwirkung gestattet. Eijkmann hat dies Verfahren für Casein, Elastin, Fett und Stärke

[1] E. u. H. Buchner u. Hahn: Die Zymasegärung. München u. Berlin 1903.
[2] E. Buchner u. Gaunt: Liebigs Ann. 1906, **149**, 140.
[3] E. Buchner u. Meisenheimer: Liebigs Ann. 1906, **149**, 125.
[4] Abderhalden u. Pringsheim: Zeitschr. physiol. Chem. 1910, **65**, 180.
[5] Eijkmann: Zentralbl. Bakteriol. I. Abt. Orig., 1901, **29**, 841.

spaltende, sowie für Blutkörperchen lösende Enzyme ausgearbeitet. Die einzelnen Arbeitsweisen seien hier nach den Angaben EIJKMANNS aufgeführt.

Caseinspaltende Enzyme. 2%iger Bouillon- oder Salzwasseragar wird in flüssigem Zustande mit sterilisierter Magermilch im Verhältnis von 6:1 bis 3:1 vermischt und sofort in PETRI-Schalen ausgegossen. Auf diese Milchagarplatten impft man den zu prüfenden Pilz oder bringt einen Tropfen einer Kultur desselben, die mit Thymol oder Chloroform versetzt oder keimfrei filtriert worden ist, darauf. Sind caseinspaltende Enzyme vorhanden, so wird der Agar um die Pilzkolonie herum oder an der Stelle des Tropfens aufgehellt, weil sich das Casein löst. Nach EIJKMANN ist casein- und gelatinelösende Wirkung stets gleichzeitig vorhanden.

Elastinspaltende Enzyme[1]. Kalbslunge wird fein gehackt, bei 37° mehrere Tage abwechselnd mit verdünnter Kalilauge und verdünnter Essigsäure digeriert, gewaschen, getrocknet, fein gepulvert und durch diskontinuierliche Erwärmung auf 90° sterilisiert. Eine Aufschwemmung des Elastins in Agar wird zu Platten verarbeitet. Elastinlösende Pilze geben auf solchem Nährboden einen deutlichen Aufhellungshof.

Stärkelösende Enzyme (Diastasen). Reisstärke wird in durch Kochen gequollenem Zustande mit Nähragar gemischt, so daß ein schwach getrübter Nährboden entsteht. Stärkelösende Kolonien umgeben sich bald mit einem hellen Hof. Gießt man verdünnte Jodjodkaliumlösung auf die Platte aus, so wird die Platte in der Umgebung solcher Kolonien rot, im übrigen blau gefärbt.

Fettspaltende Enzyme (Lipasen). Auf dem Boden einer Agarschale wird eine dünne Schicht Rindertalg gegossen. Auf diese gießt man vorsichtig eine Schicht Agar, ohne das Fett zu schmelzen. Fettspaltende Pilze bewirken, daß der Rindertalg an der Stelle der Kolonie weißer und undurchsichtiger, außerdem feucht und brüchig wird. Nach EIJKMANN beruht die Veränderung auf einer Verseifung des Fettes unter Bildung von Kalk-, Natron- und Ammoniakseifen. Nach Beobachtungen SPIECKERMANNS eignen sich auch Emulsionen von flüssigen Fetten, besonders von Erdnußöl in Agar gut für den Nachweis der Lipasen. Fettspaltende Kolonien umgeben sich infolge der Spaltung der Glyceride in Glycerin und Fettsäuren mit einem Kranz zum Teil schon makroskopisch sichtbarer, weißer Krystalldrusen der Fettsäuren.

Ein auxanographisches Verfahren ist von BEIJERINCK auch für Polysaccharide spaltende Enzyme angegeben worden. Er besät Seewasserpeptongelatineplatten mit Photobacterium phosphorescens BEIJERINCK, bringt auf sie, sobald sie zu dunkeln beginnen, Diffusionsfelder von Saccharose, Lactose und Raffinose und stellt mit den zu prüfenden Pilzarten Impfstriche auf den Diffusionsfeldern her. Überall da, wo die Polysaccharide gespalten werden, leuchten diese Impfstriche nach einiger Zeit auf.

Auch die die Maltose spaltende Maltoglucase weist BEIJERINCK mittels Glucosehefen-Auxanogrammes nach. Als solche Hefen verwendet BEIJERINCK Kahmhefen (Mycoderma), Saccharomyces apiculatus, S. fragans, S. kefyr und S. tyricola. Als Nährboden dient 10%ige Gelatine mit 0,5% Monokaliumphosphat, 5% Maltose oder Dextrin oder 0,5% löslicher Stärke, 0,25% Asparagin oder 1% Pepton oder — bei Verwendung von Mycoderma — 0,5% Ammoniumchlorid. Die Gelatine wird mit so viel Hefe gemischt, daß sie ganz leicht getrübt ist. Bringt man nun die zu prüfenden Lösungen oder Kulturen auf die Platte, so entwickeln sich die Glucosehefen überall da, wo Maltose bzw. Dextrin bzw. Stärke in Glucose verwandelt wird.

---

[1] Zentralbl. Bakteriol. I. Abt. Orig., 1904, 35, 1.

VAN DER LECK[1] gibt folgende Vorschrift für den Nachweis von Lab an: 3%iger Wasseragar wird kurz vor dem Erstarren mit dem gleichen Volumen Milch gemischt und zu Platten ausgegossen. Diese werden bei niedriger Temperatur bis zu dem ursprünglichen Wassergehalt der Milch konzentriert. Labbildende Kolonien erzeugen weiße Diffusionsfelder, die beim Betupfen mit n-Natriumcarbonatlösung unverändert bleiben, während durch Säure gebildete Felder sich auflösen.

Indican und Äsculin spaltende Enzyme lassen sich ebenfalls nach diesem Verfahren nachweisen. Man löst Indican, das man durch Eindampfen eines heißen wäßrigen Extraktes von Indigofera oder Polygonum tinctorium herstellt, in Agar- oder Gelatinenährböden. Das bei der Spaltung des Indicans entstehende Indoxyl färbt sich an der Luft blau. Aus Äsculin entsteht bei der Spaltung Äsculetin, das mit Ferrisalzen braune bis grüne Färbungen gibt. Man erhält nach VAN DER LECK ein brauchbares Äsculinpräparat in folgender Weise: Man zieht Kastanienrinde mit heißem Wasser aus, filtriert, fügt nach dem Erkalten 1% Aluminiumchlorid hinzu, dann Ammoniumcarbonat bis zu stark alkalischer Reaktion, filtriert und dampft bis zur Entfernung des Ammoniaks ein. Von Lösungen, die auf Zusatz von Alkali gut fluorescieren, genügen wenige Kubikzentimeter auf 25 ccm Nährboden. Als Ferrisalz fügt man ein Kryställchen Ferricitrat hinzu. Bei saurer Reaktion entsteht um die spaltenden Kolonien eine grüne, bei alkalischer eine braune Färbung.

Es sei hier bemerkt, daß alle diese auxanographischen Verfahren sich auch zum Nachweis der betreffenden Enzyme in Tier- und Pflanzenorganen und in Präparaten eignen.

Außer diesen auxanographischen Verfahren sind für den Nachweis der Enzyme noch zahlreiche andere vorgeschlagen worden, von denen hier die wichtigsten erwähnt seien.

Für proteolytische Enzyme kommt besonders das von FERMI[2] ausgearbeitete Gelatineverfahren in Betracht, das auch vergleichende Untersuchungen gestattet. Von den verschiedenen Verfahren FERMIs ist besonders brauchbar das folgende: Je nach der zu wählenden Untersuchungstemperatur löst man 1—10 g Gelatine in 100 ccm Wasser, fügt 0,5 g Phenol, 1—2 g Natriumcarbonat hinzu und macht die Gelatine nach Bedarf neutral oder alkalisch (1—2% Natriumcarbonat) oder sauer (1—5‰ anorganische oder 5—10‰ organische Säure). Die Gelatine wird in Mengen von 1 ccm in Röhrchen gefüllt. Auf dem Röhrchen wird von der Oberfläche der Gelatine nach unten ein eingeteilter Papierstreifen angebracht. Dann wird auf die Gelatine 0,5—1 ccm der zu untersuchenden Kultur, die mit 5‰ Phenol oder 1‰ Thymol versetzt oder keimfrei filtriert worden ist, gebracht und das Ganze bei 20° gehalten. An der Papierteilung kann man die Geschwindigkeit der Auflösung der Gelatine ablesen. Doch eignet sich dies Verfahren für quantitative Bestimmungen nicht. Ist nur wenig Material vorhanden, so empfiehlt FERMI, die zu untersuchenden Stoffe auf Gelatineplatten zu legen oder zu tupfen.

SCHOUTEN[3] empfiehlt, um die Wirkung geringer Enzymmengen möglichst schnell zu veranschaulichen, die Gelatine mit Zinnober zu vermischen, die Röhrchen mit der 40° warmen Gelatine 10 Sekunden schräg unter den Wasserleitungsstrahl zu halten und dann aufrecht schnell erstarren zu lassen. Es entsteht auf diese Weise eine sehr dünne rote Gelatineschicht am Glase über

---

[1] VAN DER LECK: Zentralbl. Bakteriol. II. Abt., 1907, **17**, 366.

[2] FERMI: Arch. Hygiene 1906, **55**, 140; Zentralbl. Bakteriol. II. Abt., 1906, **16**, 176; daselbst auch die ältere Literatur.

[3] SCHOUTEN: Zentralbl. Bakteriol. II. Abt., 1907, 18, 94.

der Hauptmenge der Gelatine, deren Verflüssigung schneller eintritt und leicht zu beobachten ist. Im übrigen ist die Anordnung dieselbe wie die FERMIS.

ABDERHALDEN und STEINBECK[1] verwenden zum Nachweis peptolytischer Enzyme Seidenpepton. Dieses scheidet unter dem Einfluß der hydrolytischen Spaltung Tyrosin ab, das sich dann auf der Oberfläche der Organismen absetzt.

Labenzyme, die häufig gleichzeitig mit proteolytischen auftreten, sind überall da zu vermuten, wo Milch bei amphoterer oder alkalischer Reaktion koaguliert wird. Doch sind auch Bakterien bekannt, die die Milch durch gleichzeitige Säure- und Labbildung koagulieren. Man kann diese Enzyme außer in der auf S. 1610 beschriebenen Weise gegebenenfalls auch noch so nachweisen, daß man bei 55—60° vorsichtig sterilisierte Kulturen mit sterilisierter Milch mischt.

Für Diastasen eignet sich dünner Stärkekleister, der mit der zu prüfenden Kultur und mit Phenol oder Thymol vermischt und zeitweilig mit FEHLINGscher Lösung auf das Auftreten reduzierender Zucker geprüft wird. Den Nachweis der die Polysaccharide spaltenden Enzyme erbringt man in ähnlicher Weise. Bei Hefen verfährt man in der Weise, daß man die Zellen mittels eines PUKALLschen Filters filtriert, mit kaltem sterilisierten Wasser gründlich bis zum Verschwinden der Reaktion mit FEHLINGscher Lösung wäscht und dann frisch oder nach mehrtägigem Trocknen auf Tontellern verarbeitet. Man mischt die Hefe mit dem betreffenden Zucker, Wasser und etwas Toluol (um die Gärung zu unterdrücken) und bewahrt die Mischung im zugeschmolzenen Reagensglase bei 24—25° auf. Nähere Angaben findet man bei LINDNER.

Zum Nachweis eines harnstoffspaltenden Enzyms (Urease) kultiviert man nach VICHÖVER[2] die Mikroorganismen auf Nährböden, denen 0,1% Ammoniumcarbonat und 2—5% Harnstoff zugesetzt sind, bei etwa 30° C. Die Kolonien zeigen dann mitunter schon nach 24 Stunden einen Hof von in Wasser unlöslichen Krystallen (Calciumcarbonat und -phosphat), die durch das freiwerdende Ammoniak abgeschieden wurden.

Über Pektasen, Enzyme, die die pektinreiche Mittellamelle in Pflanzengeweben lösen, vergleiche z. B. JONES[3] und SPIECKERMANN[4]. Ihr Nachweis geschieht durch Kultur der Organismen auf rohen Kartoffeln oder Rüben. Die Zellen fallen hierbei auseinander.

Cellulose lösende Enzyme weist man nach VAN JTERSON[5] durch Kultur auf Fitrierpapier nach. Über Enzyme thermophiler Bakterien, die Cellulose und Hemicellulosen abbauen, vgl. H. PRINGSHEIM[6].

GRÜSS[7] hat in der Hefe eine Oxydase mittels Tetramethylparaphenylendiaminchlorid nachgewiesen. Tränkt man ein Filtrierpapier mit einer sehr verdünnten Lösung dieses Salzes und bringt etwas gepreßte, gelagerte Hefe auf das Papier, so entsteht um die Hefe herum ein violetter Rand. Frische Hefe ragiert nicht. Die Oxydase wirkt nicht auf Guajak, wohl aber auf fuchsinschweflige Säure und reduziertes Methylenblau und oxydiert Aldehyd zu Essigsäure.

Für den Nachweis von Oxydasen bei Bakterien verwenden SCHULTZE und KRAMER[8] einen Nährboden aus 3 Teilen flüssigem Agar und 1 Teil eines Gemisches aus einer 1%igen alkalischen Lösung von α-Naphthol und einer

[1] ABDERHALDEN u. STEINBECK: Zeitschr. physiol. Chem. 1910, **68**, 312.
[2] VICHÖVER: Zentralbl. Bakteriol. II. Abt., 1913/14, **39**, 209.
[3] JONES: Zentralbl. Bakteriol. II. Abt., 1905, **14**, 257.
[4] SPIECKERMANN: Landw. Jahrb. 1902, **31**, 155.
[5] VAN JTERSON: Zentralbl. Bakteriol. II. Abt., 1904, **11**, 689.
[6] H. PRINGSHEIM: Zeitschr. physiol. Chem. 1912, **78**, 266; **80**, 376.
[7] GRÜSS: Nach LINDNER: Mikroskopische Betriebskontrolle, 6. Aufl. S. 229.
[8] SCHULTZE u. KRAMER: Zentralbl. Bakteriol. I. Abt. Orig., 1911, **56**, 544; 1912, **62**, 394.

1—2%igen Lösung von Dimethylparaphenylendiaminchlorhydrat (2 Teile der letzteren sind mit 1 Teil der Naphthollösung zu mischen). Oxydierende Mikroorganismen färben den Agar nach kurzer Zeit dunkelblau.

Zum Nachweis von Reduktionsvorgängen dienen Lackmus, Methylenblau, Indigo, die in Bouillon- oder Agarkulturen angewendet werden. SCHULTZE und KRAMER benutzen einen Agar, der p-Nitrosodimethylanilin und α-Naphthol enthält und durch reduzierend wirkende Organismen sofort grün gefärbt wird.

Das Wasserstoffsuperoxyd zersetzende Enzym Katalase ist nach JORNS[1] bei Bakterien allgemein in Form eines Endo- und Ektoenzyms verbreitet. Es wird durch Zusatz von 1%igem Wasserstoffsuperoxyd zu Bouillonkulturen nachgewiesen. Quantitativ kann es durch Titration mit Kaliumpermanganat festgestellt werden. In der Hefe ist anscheinend nur Endokatalase vorhanden.

3. Stoffwechselprodukte.

Bei der Untersuchung der durch die chemische Tätigkeit der Pilze entstandenen Zersetzungsprodukte wird nur in den selteneren Fällen eine vollständige Feststellung des gesamten Stoffumsatzes angestrebt. Meist beschränkt man sich entsprechend den jeweiligen Zwecken auf die Untersuchung des Verhaltens der Organismen gegen einige der wichtigsten Gruppen der organischen Stoffe, besonders der Kohlenhydrate und Eiweißstoffe und wählt auch hier nur einige besonders eigenartige Erscheinungen aus. Ein bestimmtes Schema läßt sich hier nicht geben; man muß vielmehr von Fall zu Fall entscheiden, nach welcher Richtung die Untersuchungen etwa auszudehnen sind.

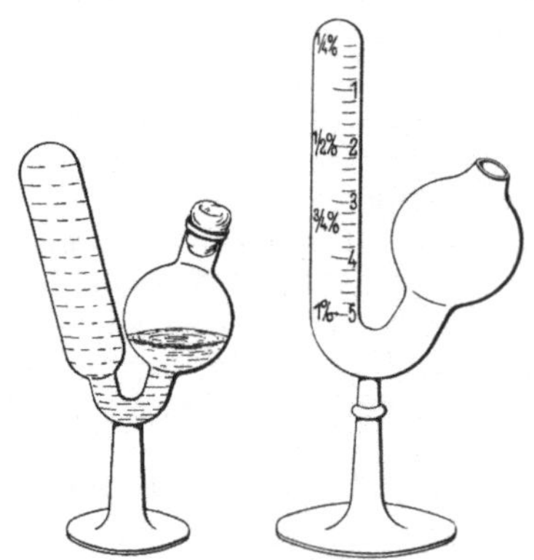

Abb. 58. Gärkölbchen nach EINHORN.

Eine allgemeine Folge der verschiedenen in einer Pilzkultur verlaufenden chemischen Vorgänge ist eine Veränderung der Reaktion. ARTH. MEYER hat daher für die Artkennzeichnung von Bakterien die Bestimmung von Acidität und Alkalität der Kulturen in verschiedenen Nährflüssigkeiten vorgeschlagen.

Einen tieferen Einblick in die chemischen Vorgänge in den Kulturen gibt eine solche Bestimmung allerdings nicht; denn die Reaktion ist nur die Summe verschiedener gleichzeitig in verschiedener Richtung verlaufender Vorgänge. Es wird sich daher stets empfehlen, durch einige einfache und bequem auszuführende Versuche das Verhalten der Pilze wenigstens gegen die wichtigsten organischen Stoffe kennen zu lernen.

a) Vergärung von Kohlenhydraten. Zuckerarten werden von zahlreichen Pilzen vergoren, teils zu organischen Säuren, teils außerdem zu Kohlensäure und Wasserstoff. Die Vergärung der Kohlenhydrate zu Gasen läßt sich leicht mittels der Gärkölbchen nach EINHORN (Abb. 58) nachweisen, in deren geschlossenem Schenkel sich die Gärungsgase ansammeln. Eine annähernde Analyse der Gase läßt sich in der Weise bewerkstelligen, daß man nach Vermerken des Gasstandes das Kölbchen mit starker Kalilauge füllt, es mit dem Daumen verschließt, umschüttelt und vorsichtig öffnet. Die Verminderung des Gasvolumens ist auf Kohlensäure zurückzuführen; der Rest ist Wasser-

[1] JORNS: Arch. Hygiene 1908, **67**, 134.

stoff, Stickstoff, Methan. Füllt man das Kölbchen wieder mit Wasser, schließt mit dem Daumen, läßt das Gas in den offenen Schenkel treten und nähert die Mündung einer Flamme, so verpufft der Gasrest. Gärkölbchen, die eine genauere Analyse der Gase gestatten, hat ARTH. MEYER (Abb. 59) angegeben. Das Gärkölbchen dient in diesem Falle gleichzeitig als Gasbürette, in der mittels der Platindrähte bei *E* auch die mit Sauerstoff verbrennenden Gase bestimmt werden können.

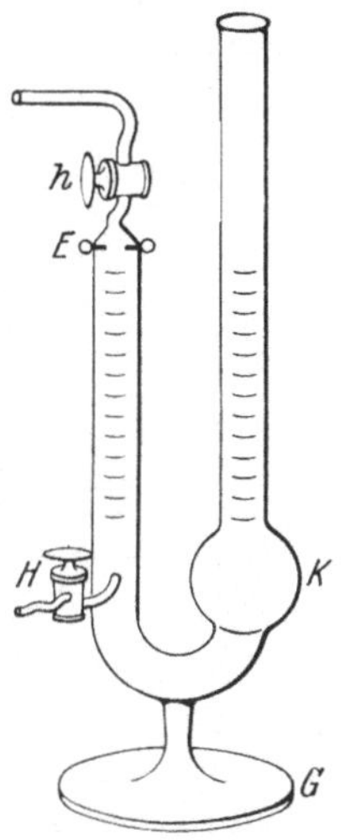

Abb. 59. Gärkölbchen nach A. MEYER.

Noch schneller als im Gärkölbchen läßt sich der Nachweis des Vermögens zur Gasgärung in Stich- oder Schüttelkulturen von Bakterien in Glucoseagar führen. Die Schüttelkulturen erhält man, indem man in der üblichen Weise geimpfte flüssige Agarröhrchen schnell aufrecht erstarren läßt. Die sich in den Stich- oder Schüttelkulturen entwickelnden gaserzeugenden Bakterien bewirken das Entstehen zahlreicher kleiner Glasblasen, die später zu größeren Gasvakuolen zusammentreten, den Agar zerreißen und unter Umständen sogar aus dem Röhrchen heraustreiben (Abb. 60). Dieses Verfahren eignet sich nicht nur zum schnellen Nachweise des Gärvermögens, sondern es kann nach BURRI und DÜGGELI[1] auch zur quantitativen Bestimmung und Untersuchung der Gärungsgase benutzt werden. Man füllt in eine 15 mm weite, 40 bis 50 cm lange, starkwandige, an einem Ende zugeschmolzene, sterilisierte Röhre 10 ccm des auf 42° gekühlten, mit der betreffenden Bakterienart geimpften und gut durchmischten Agars, nachdem die Röhre vorher auf 45° vorgewärmt worden war. Sodann läßt man durch Einstellen in kaltes Wasser erstarren, füllt in die Röhre hierauf noch etwa 3—4 ccm 60—80° warmen Wasseragar und läßt auch diesen rasch erstarren. Die Höhe der gesamten Agarschicht wird an der Röhre vermerkt und diese nun bei der gewünschten Temperatur horizontal aufbewahrt. Entsprechend der Gasentwicklung verschiebt sich der Wasseragarpfropf nach der Röhrenmündung, und man kann die erzeugte Gasmenge an den beiden Marken bei Anwendung kalibrierter Röhren direkt, sonst nachträglich durch Ausmessen feststellen. Will man die Gase auf den Gehalt an Wasserstoff und Kohlendioxyd untersuchen, so füllt man die Röhre über dem Agar mit Wasser, stellt sie umgekehrt in ein Gefäß mit lauwarmem Wasser und zerstört mittels hakig gebogenen Drahtes den Agar, um die Gasblasen zu befreien. Das Gas steigt nach oben, der gasfreie Agar sinkt ins Wasser. Schiebt man nun ein 2—3 cm langes Stück Kaliumhydroxyd in die Röhre (Gummifinger), verschließt sie sofort mit einem Gummistopfen, schüttelt sie und öffnet nach einiger Zeit unter Wasser, so ist der rückständige Gasrest Wasserstoff (ein etwaiger Stickstoff- oder Methangehalt wird vernachlässigt).

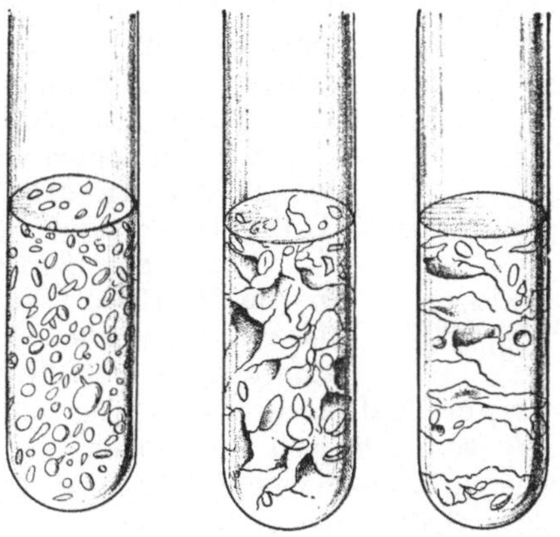
Abb. 60. Schüttelkulturen von Bacterium coli in Glucoseagar nach 12, 24, 48 Stunden.

[1] BURRI u. DÜGGELI: Zentralbl. Bakteriol. I. Abt. Orig., 1909, **49**, 155.

Ein Verfahren, das sich sehr gut zu orientierenden Versuchen über das Gärvermögen der Hefen und anderer höherer Pilze eignet, ist die von Lindner angegebene „Kleingärmethode“ im hohlen Objektträger (Abb. 61). Man bringt in die Höhlung des in der Flamme sterilisierten Objektträgers eine Aufschwemmung der betreffenden Hefe in sterilisiertem Leitungswasser, gibt dann eine kleine Menge des zu prüfenden Zuckers hinzu, legt ein sterilisiertes Deckglas auf und schließt luftdicht mit sterilisierter Vaseline ab. Wichtig ist, daß man die Menge des Hefenwassers richtig wählt. Es darf, wenn das Deckgläschen über die Flüssigkeit geschoben wird, keine Luftblase darunter verbleiben; andererseits darf die Flüssigkeit auch nicht zu stark unter dem Deckglas hervorquellen. Die Kulturen werden bei 25° gehalten. Schon nach 12—24 Stunden ist in den gärenden Proben eine starke Gasentwicklung zu bemerken. In zweifelhaften Fällen erwärmt man den Objektträger in der Mitte schwach mit einer Sparflamme. Ist auch nur schwache Gärung vorhanden, so zeigen sich sofort zahlreiche kleine Kohlensäurebläschen.

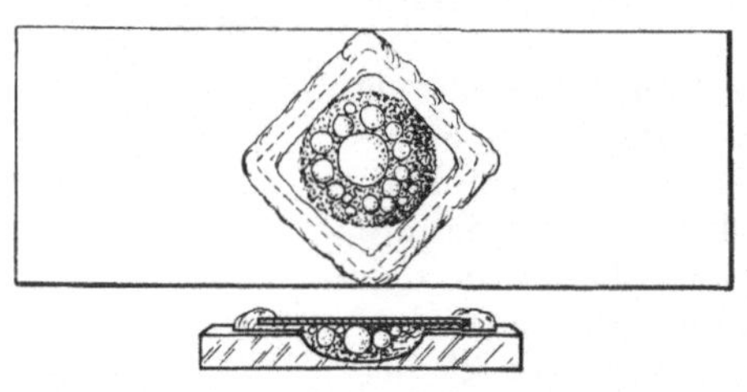

Abb. 61. Gärversuch im hohlen Objektträger. (Nach Lindner.)

Vor jedem Kleingärungsversuch muß jedoch geprüft werden, ob die Hefe mit Jodlösung eine rotbraune Färbung zeigt, also Glykogen enthält. Zutreffendenfalls läßt man die Hefe in sterilem Wasser so lange stehen, bis das Glykogen verschwunden ist.

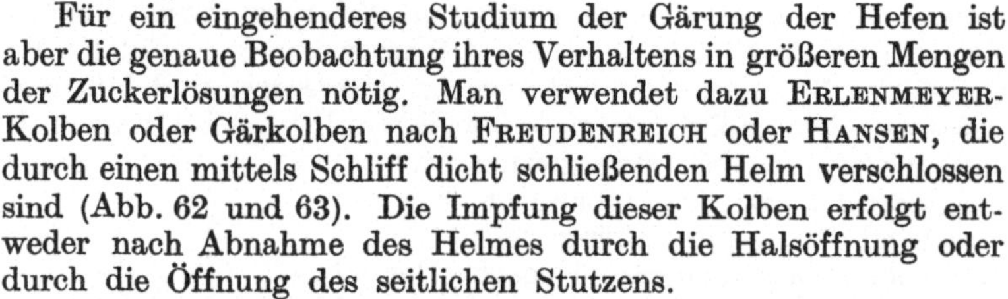

Für ein eingehenderes Studium der Gärung der Hefen ist aber die genaue Beobachtung ihres Verhaltens in größeren Mengen der Zuckerlösungen nötig. Man verwendet dazu Erlenmeyer-Kolben oder Gärkolben nach Freudenreich oder Hansen, die durch einen mittels Schliff dicht schließenden Helm verschlossen sind (Abb. 62 und 63). Die Impfung dieser Kolben erfolgt entweder nach Abnahme des Helmes durch die Halsöffnung oder durch die Öffnung des seitlichen Stutzens.

Abb. 62. Freudenreich-Kolben.

Nach den äußeren Erscheinungen unterscheidet man obergärige und untergärige Hefen. Auf Kulturen obergäriger Hefen bildet sich ein milchiger Schaum, weil mit den Gasblasen und eiweißartigen Ausscheidungen zahlreiche Hefezellen an die Oberfläche geführt werden, wodurch eine die Schaumbläschen überziehende dichte Schicht entsteht, die in Form eines Ringes an die Gefäßwandung gepreßt wird. Der Schaum untergäriger Kulturen enthält nur wenige Hefenzellen. Die Hauptmenge der Hefe sammelt sich am Boden an. Doch ist zu berücksichtigen, daß nach neueren Erfahrungen Ober- und Untergärung keine unveränderlichen Eigenschaften der Arten sind.

Zu beachten ist bei Hefen ferner, ob die gärenden Flüssigkeiten sich schnell („Bruchhefen“) oder langsam („Staubhefen“) klären. Die Art des Absetzens, die Beschaffenheit der Oberfläche des Bodensatzes, Geschmack, Geruch und Farbe der Flüssigkeit sind zu beachten.

Wichtig für die Kennzeichnung einer Art ist der Vergärungsgrad, d. h. die Feststellung, wieweit eine Hefe imstande ist, eine Würze zu vergären. Man läßt hierbei größere Mengen Zuckerlösung vergären, bestimmt den täglichen Gewichtsverlust und nach dem Beständigwerden des Gewichtes die Menge des erzeugten Alkohols.

Bei Gärversuchen mit Fadenmycelpilzen ist zu beachten, ob eine Sproßmycelgeneration auftritt, ob die Alkoholerzeugung bei Luftabschluß und -zutritt vor sich geht.

Die Bildung organischer Säuren aus Zuckern läßt sich oft durch das Plattenkulturverfahren nachweisen. Auf Platten von Agar, dem im flüssigen Zustande so viel feingepulvertes, trocken sterilisiertes Calciumcarbonat zugesetzt wird, daß die Mischung trüb und undurchsichtig erscheint, entsteht um säurebildende Kolonien herum infolge der Auflösung des Kalkes ein hellerer Hof. Durch Verwendung von Zinkcarbonat können Milchsäurebakterien ausgeschlossen und andere Säuren nachgewiesen werden. Ebenso eignen sich zum Nachweis der Säurebildung mit Lackmuslösung nach KUBEL-TIEMANN violett gefärbte Platten. Säurebildung aus Lactose läßt sich in Milchkulturen durch Koagulation des Caseins bequem nachweisen. Ob ein Mikroorganismus Oxysäuren produziert, läßt sich nach SÖHNGEN[1] bei Ernährung mit Manganioxyd feststellen, das dem glucosehaltigen Nährboden bis zur Schwarzfärbung zugesetzt wird. Oxysäuren reduzieren das Manganoxyd, wobei sich um die betreffenden Kolonien ein heller Hof bildet.

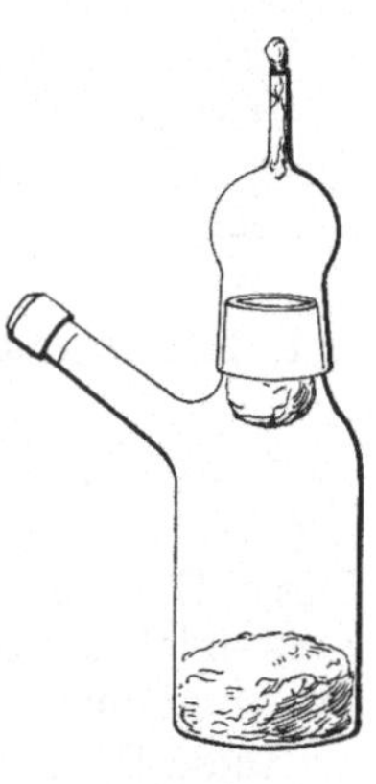

Für den Nachweis der verschiedenen Gärungssäuren kommen die bekannten chemischen Verfahren in Betracht. Die Menge der Säure wird durch Titration ermittelt unter Berücksichtigung des Ausgangsnährbodens.

Zu beachten ist in zuckerhaltigen Nährböden weiter die etwaige Bildung von Schleimen sowie Fruchtestern.

Auch die Zersetzung höherer Alkohole (Glycerin, Mannit, Dulcit), von Cellulose und anderen komplizierteren Kohlenhydraten, ferner von organischen Säuren und ihren Salzen ist gegebenenfalls zur Kennzeichnung eines Pilzes heranzuziehen.

Abb. 63. HANSEN-Kolben.

b) Zersetzung von stickstoffhaltigen Körpern. Die Umsetzung der stickstoffhaltigen organischen und anorganischen Verbindungen durch die Pilze ergibt vielfach leicht festzustellende, für die Differentialdiagnose wertvolle Abbauerzeugnisse.

Salpetersäure wird in ihren Salzen durch zahlreiche Pilze zu salpetriger Säure bzw. zu Ammoniak reduziert, die durch die bekannten Farbenreaktionen nachweisbar sind. Gewisse Bakterienarten zerstören bei Gegenwart organischer Stoffe salpetersaure Salze unter Entbindung von Stickstoff (denitrifizierende Bakterien). Diesen Vorgang kann man nach Art der Zuckergärung im EINHORNschen Kolben oder in Agarstich- oder Schüttelkulturen verfolgen.

In Kulturen, die Pepton oder Eiweiß enthalten, erzeugen manche Bakterienarten Indol, das in Form von Nitrosoindol nachgewiesen werden kann. Sind in den Kulturen gleichzeitig Spuren von Nitrit vorhanden, so genügt der Zusatz von einigen Tropfen 10%iger Schwefelsäure, um eine Rotfärbung hervorzurufen. Meist ist es nötig, noch etwa 0,5—2 ccm einer $^1/_2$%igen Natriumnitritlösung hinzuzufügen. Erheblich schärfer ist die EHRLICHsche[2] Reaktion. Hierzu sind zwei Lösungen erforderlich, nämlich:

1. p-Dimethylamidobenzaldehyd 4 g, 96%iger Alkohol 380 g, konzentrierte Salzsäure 80 g.

2. Gesättigte Kaliumpersulfatlösung.

[1] SÖHNGEN: Zentralbl. Bakteriol. II. Abt., 1914, 40, 545.
[2] EHRLICH: Zentralbl. Bakteriol. I. Abt. Orig., 1906, 40, 130.

Etwa 10 ccm der eintägigen Bakterienkultur in Nährbouillon werden mit 5 ccm von Lösung 1 und dann mit 5 ccm von Lösung 2 versetzt. Bei Gegenwart von Indol tritt Rotfärbung auf. Der Farbstoff läßt sich durch Schütteln mit Amylalkohol ausziehen. Das Maximum der Indolbildung ist nach de Graaf in 3 Wochen erreicht.

Die bei dem Abbau des Proteinmoleküls auftretenden stickstoffhaltigen und stickstofffreien Stoffe werden nach den üblichen Verfahren getrennt und bestimmt.

Schwefelwasserstoff wird von sehr vielen Bakterien in peptonhaltigen Nährböden gebildet, von einigen auch aus Thiosulfat und Sulfit, von Spirillum desulfuricans und anderen Anaerobiern sogar aus Sulfaten. Der Nachweis erfolgt mittels Bleipapiers. Auf Platten aus Nähragar, der mit kohlensaurem Blei versetzt worden ist, zeigen Schwefelwasserstoff bildende Kolonien einen schwarzen Hof. Auch Gelatine, die mit einer durch Natriumcarbonat alkalisch gemachten Lösung von Ferrum tartaric. oxydat. (Merck) (0,5 g in 50 ccm Wasser) versetzt worden ist, gibt eine derartige Reaktion.

Harnstoff wird von vielen Bakterienarten in Ammoniak und Kohlensäure zerlegt (vgl. S. 1611), doch ist auch diese, wie so viele biologische Eigenschaften, variabel.

4. Kardinalpunkte der Temperaturen für Keimung, vegetatives Wachstum und Sporenbildung.

Die Temperatur hat einen großen Einfluß auf die Keimung der Sporen, auf das Wachstum der vegetativen Formen und die Bildung der Sporen. Da dieser Einfluß konstant ist, so kann er als differential-diagnostisches Merkmal verwendet werden. Besondere Bedeutung haben die Kardinalpunkte, d. h. die Maximum-, Optimum- und Minimumtemperaturen.

Diese Kardinalpunkte sind für viele Pilze mehr oder minder genau bestimmt worden. Für alle diese Angaben muß aber bemerkt werden, daß sie nur für die Verhältnisse gelten, unter denen sie gewonnen wurden. Vergleichende Versuche müssen unter absolut gleichen Verhältnissen, was Nährboden, Luft-, Lichtzutritt, physiologischen Zustand des Sporenmaterials betrifft, ausgeführt werden. Eine Zusammenstellung zahlreicher Kardinalpunkte, die für eine schnelle Orientierung brauchbar ist, bringt Arth. Meyer in seinem bakteriologischen Praktikum. Er empfiehlt für die Bestimmung der Kardinalpunkte der Bakteriensporenkeimung Abkochen des Sporenmaterials eine bestimmte Zeit lang, Impfung auf ein chemisch genau definiertes, der Art gut zusagendes Nährmaterial, das sich in bestimmter Menge in Gläsern bestimmter Weite befindet. An denselben Kulturen kann auch annähernd der Beginn und Verlauf der Sporenbildung festgestellt werden.

Besonders eingehend sind die Kardinalpunkte für die Sporenbildung, Sproßbildung und Hautbildung der Hefen von Hansen untersucht worden. Hansen hat den Satz aufgestellt, daß die Maximaltemperatur für die Sporenbildung der Saccharomyceten immer einige Grade niedriger und die Minimaltemperatur einige Grade höher als für die Sproßbildung liegt.

Die genaue Bestimmung der Kardinalpunkte der Temperaturen für eine Spezies ist eine mühevolle und zeitraubende Arbeit. Ohne einen Panumschen Thermostaten ist sie kaum durchführbar. Da dieser nicht überall vorhanden ist, so wird man sich bei vergleichenden Untersuchungen in der Regel darauf beschränken müssen, bei einer oder einigen wenigen Temperaturen die Zeiten für Sporenkeimung, optimales vegetatives Wachstum und Sporenbildung festzulegen.

5. Tötungszeiten für Sporen und vegetative Formen bei verschiedenen Temperaturen.

Brauchbare Merkmale für die Artendiagnose geben auch die Tötungszeiten ab. Doch sind hierbei je nach der Herkunft des untersuchten Materials starke Schwankungen beobachtet worden, und man wird auch hier nur Material vergleichen dürfen, das längere Zeit unter gleichen Lebensbedingungen gestanden hat. Für Bakteriensporen empfiehlt ARTH. MEYER folgendes Verfahren: Sterile Reagensgläser von 8—9 cm Länge und 8—9 mm innerer Weite werden 1 cm hoch mit sterilem Wasser gefüllt, mit dem betreffenden Sporenmaterial geimpft und in die 9 mm weiten kreisrunden Löcher einer 1 cm dicken kreisförmigen Korkplatte von 8 cm Durchmesser gesteckt. Für Untersuchungen bei 100° benutzt man ein siedendes Wasserbad, in das man die Korkplatte mit den Röhrchen bringt. Von Zeit zu Zeit entfernt man eines der Röhrchen aus dem Wasserbade, taucht es sofort in kaltes Wasser und erhitzt dann die Teile über dem Wasser, um alle etwa obensitzenden Sporen abzutöten. Man entfernt dann den Wattebausch, brennt den Rand des Röhrchens ab, gießt den ganzen Inhalt auf die Oberfläche eines Agarröhrchens aus und läßt dieses bei 28° einige Tage stehen, um die Entwicklung der überlebenden Sporen zu beobachten.

Für Versuche bei tieferen Temperaturen benutzt ARTH. MEYER einen Thermostaten, der nach dem Prinzip des Trockenapparates von VICTOR MEYER eingerichtet ist. Der Raum zwischen den doppelten Wandungen wird mit einer Flüssigkeit von entsprechendem Siedepunkt gefüllt.

Der Arbeitsraum des Apparates wird bis etwa 9 cm unterhalb des Randes mit Wasser gefüllt. Man beobachtet nach Ingangsetzen des Apparates die Temperatur im Wasser und stellt, nachdem Konstanz eingetreten ist, die Korkscheibe mit den Versuchsröhrchen hinein. Der Untersuchungsgang ist derselbe, wie oben angegeben.

Man wird diesen Apparat auch für die Prüfung der Sporen höherer Pilze, sowie ihrer vegetativen Formen gebrauchen können und, wenn man das Wasser fortläßt, auch für die Untersuchung des Einflusses der trockenen Wärme.

Für Hefenuntersuchungen bringt LINDNER in seinem Lehrbuche einige kurze Angaben.

6. Anhang: Bakteriophagie.

Das Phänomen der Bakteriophagie ist zuerst von D'HERELLE an keimfreien Filtraten beobachtet worden, die aus dem Darminhalt ruhrkranker Personen hergestellt worden waren. Wurde das Filtrat einer Kultur von Ruhrbakterien zugesetzt, so erfolgte Auflösung der Bakterien, die nach Ansicht D'HERELLES durch ein ultramikroskopisches Lebewesen, einen Parasiten der Bakterien, herbeigeführt wird. Trotz zahlreicher Untersuchungen, die sich mit der Natur des Bakteriophagen beschäftigen, ist die Frage immer noch nicht geklärt, ob die Auflösung (Lysis) eine Funktion eines besonderen von dem betreffenden Bacterium produzierten Lysins ist oder die eines lebenden Organismus, nämlich des betreffenden Phagen.

Bakteriophagen werden z. B. überall dort im Wasser angetroffen, wo Abwässer oder fäkale Verunreinigungen hineingelangen. Die bisher im Wasser nachgewiesenen Bakteriophagen waren in erster Linie solche gegen die Ruhrgruppe aber auch gegen Bakterien der Typhus-Paratyphus-Coligruppe[1].

Mitteilungen über das häufige Vorkommen von Phagen in oder auf Lebensmitteln, wie Brunnenwasser, Kuhmilch (Dysenteriephagen), Käse (Proteusphagen), Fleischwaren (Dysenterie- und Proteusphagen) machte C. SONNENSCHEIN[2].

In Flüssigkeiten vorkommende Bakteriophagen isoliert man im allgemeinen einfach durch Filtrieren der zu untersuchenden Flüssigkeit durch ein bakteriendichtes Filter.

[1] GILDEMEISTER u. WATANABE: Zentralbl. Bakteriol. I. Abt. Orig. 1931, **122**, 556.
[2] SONNENSCHEIN: Zentralbl. Bakteriol. I. Abt. Orig. 1932, **126**, 297.

Will man aus Wasser, Erde usw. Bakteriophagen gegen bestimmte Bakterienarten zu isolieren versuchen, so impft man nach Nyberg[1] die betreffenden Bakterien zusammen mit dem Material, in dem der Bakteriophage gesucht wird, in Bouillon. Nach 24stündiger Bebrütung werden die vorkommenden durch die Kultur verstärkten Bakteriophagen durch Filtrieren der Flüssigkeit durch ein bakteriendichtes Filter rein erhalten.

Für die Lebensmitteluntersuchung besitzt die ganze Frage bisher noch keine praktische Bedeutung.

VII. Systematik der Pilze und Beschreibung der auf Lebensmitteln allgemein verbreiteten Arten.

Die Systematik der Pilze kann hier nur soweit berücksichtigt werden, daß sie den Lebensmittelchemiker in den Stand setzt, sich über die Stellung einer Art im System zu unterrichten. Eine eingehendere Beschreibung ist in diesem Teile des Werkes nur für die allgemeiner auf Lebensmitteln verbreiteten Arten — mit Ausnahme der Bakterien — beabsichtigt. Solche, die an besondere Lebensmittel gebunden sind, werden später bei diesen berücksichtigt werden. Für die meisten Fälle der Praxis dürften die nachstehenden Angaben ausreichen. Für eingehenderes Studium kommen die S. 1556 aufgeführten Spezialwerke in Betracht.

Dem herrschenden Gebrauche entsprechend rechnen wir hier zu den Pilzen die drei großen Gruppen der Myxomyceten, der Schizomyceten (Bakterien) und der Eumyceten. Auf die Frage nach der Verwandtschaft dieser Gruppen kann hier nicht näher eingegangen werden.

Auch die Systematik der Myxomyceten soll hier unerörtert bleiben, da von ihnen für die Zwecke dieses Werkes zur Zeit nur eine parasitisch lebende Art: Plasmodiophora brassicae Wor., der Erreger der Kohlhernie, von Interesse ist.

A. Bakterien.

Für die Einteilung der Bakterien sind von den verschiedenen Autoren neben den Zellformen die Zellteilung, die Fruktifikation und die physiologischen Eigenschaften als Grundlagen verwendet worden. Nicht zweckmäßig sind die sich lediglich auf physiologischen Eigenschaften aufbauenden Systeme, weil sie notwendigerweise zur Zerreißung der natürlichen Gruppen führen. Die die morphologischen Merkmale verwertenden Systeme stimmen in der Familiengliederung im wesentlichen überein, dagegen bestehen in der Bewertung der obengenannten Merkmale für die Unterscheidung der Gattungen unter den Autoren wesentliche Unterschiede.

Die Systematik der Spaltpilze bietet hauptsächlich deswegen außerordentliche Schwierigkeiten, weil infolge der Kleinheit der Formen diagnostisch verwertbare morphologische und cytologische Merkmale überhaupt schwer wahrnehmbar sind. Hinzu kommt noch, daß die äußere Gestalt bei vielen Arten einer starken Variabilität unterliegt, was auch für die Geißelproduktion und die damit zusammenhängende Eigenbewegung, ja sogar für die Sporenbildung und selbst für biologische Merkmale gilt.

Unabhängig von dieser längst bekannten Variabilität der Formen und biologischen Eigenschaften zeigen zudem die Untersuchungen von Löhnis[2], daß man einen regelmäßigen Wechsel in der Erscheinungsform findet, wenn man die Bakterien längere Zeit hindurch unter wechselnden Lebensbedingungen beobachtet. Es liegt hier nach Löhnis eine durch die verschiedenen Stufen der Entwicklung bedingte Mehrgestaltigkeit (Pleomorphismus)

---

[1] Hyberg: Zentralal. Bakteriol. I. Abt. Orig. 1931, **122**, 270.

[2] Löhnis: Zentralbl. Bakteriol. II. Abt. 1922, **56**,.529.

vor. Neuerdings versucht ENDERLEIN [1] unter Zugrundelegung einer vergleichenden Bakterienmorphologie bzw. -cytologie den Entwicklungskreislauf (Cyclogenie) der Bakterien aufzuklären und auf dieser Basis ein System zu begründen. Die vorläufig noch bestrittenen neuen Befunde ENDERLEINS und seiner Mitarbeiter sind übrigens deswegen revolutionierend, weil sie die Entstehung bestimmter pathogener Bakterien aus Schimmelpilzsporen annehmen.

Von den bisherigen Bakteriensystemen hat sich deshalb kein einziges allgemeine Anerkennung zu erringen vermocht. Trotz ihrer Mängel verdienen jedoch von den durch Botaniker aufgestellten Systemen immer noch die von A. FISCHER und W. MIGULA Beachtung, während von den durch Mediziner ausgebildeten Systemen das von K. B. LEHMANN und R. O. NEUMANN besonders hervorgehoben werden soll, weil danach ein für den Praktiker sehr brauchbarer Leitfaden zur Bestimmung der Arten aufgebaut ist.

Im folgenden wird eine kurze Übersicht über diese drei Systeme gegeben, weil ihre Kenntnis für das Verständnis der in der Literatur vorkommenden Bezeichnungen nicht ganz zu umgeben ist.

1. System von ALFRED FISCHER.

1. Ordnung: **Haplobacterinae.**

Vegetationskörper einzellig, kugelig, zylindrisch oder schraubig, einzeln oder zu unverzweigten Ketten und anderen Wuchsformen vereinigt.

I. Familie: ***Coccaceae.*** Vegetationskörper kugelig.

1. Unterfamilie: *Allococcaceae* [2]. Mit beliebig in den drei Richtungen des Raumes wechselnder Teilungsfolge. Keine scharf ausgeprägten Wuchsformen, bald kurze Ketten, bald traubige Häufchen, bald paarweise, bald einzeln.
   1. Gattung: *Micrococcus* COHN. Unbeweglich.
   2. Gattung: *Planococcus* MIGULA. Beweglich.

2. Unterfamilie: *Homococcaceae.* Mit bestimmter für jede Gattung typischer Teilungsfolge.
   3. Gattung: *Sarcina* GOODSIR. Teilungswände folgen sich in den drei Richtungen des Raumes, es entstehen paketartige Wuchsformen, daneben Einzelkokken, Tetrakokken, aber keine Ketten; unbeweglich.
   4. Gattung: *Planosarcina* MIGULA, wie die vorige, aber beweglich, monotrich begeißelt.
   5. Gattung: *Pediococcus* LINDNER. Teilungswände kreuzweise in den beiden Richtungen der Ebene abwechselnd, Zellen zu vier, oder zu Täfelchen zusammengelagert oder einzeln, keine Ketten bildend.
   6. Gattung: *Streptococcus* (BILLROTH). Teilungswände immer parallel, nur in derselben Richtung; Wuchs in Ketten, Pärchen und einzeln, keine Täfelchen, keine Pakete.

II. Familie: ***Bacillaceae.*** Vegetationskörper zylindrisch, ellipsoidisch, eiförmig, gerade, bei den kurzen fast kugeligen Formen wird die Trennung von Kokken schwer. Teilung immer senkrecht zur Längsachse, als Wuchsform nur unverzweigte Ketten.

1. Unterfamilie: *Bacilleae.* Sporenbildende Stäbchen unverändert; zylindrisch.
   7. Gattung: *Bacillus* (COHN). Unbeweglich.
   8. Gattung: *Bacterium* A. FISCHER. Beweglich, monotrich mit einer polaren Geißel.
   9. Gattung: *Bacirillum* A. FISCHER. Mit lophotrichen Geißeln.
   10. Gattung: *Bactridium* A. FISCHER. Beweglich, peritrich begeißelt.

2. Unterfamilie: *Clostridieae.* Sporenbildende Stäbchen spindelförmig.
   11. Gattung: *Paracloster* A. FISCHER. Unbeweglich.
   12. Gattung: *Clostridium* PRAZMOWSKI. Beweglich, peritrich begeißelt.

3. Unterfamilie: *Plectridieae.*
   13. Gattung: *Paraplectrum* A. FISCHER. Unbeweglich.
   14. Gattung: *Plectridium* A. FISCHER. Beweglich, peritrich begeißelt.

III. Familie: ***Spirillaceae,*** Schraubenbakterien. Vegetationskörper zylindrisch, aber schraubig gekrümmt, Teilung immer senkrecht zur Längsachse.

[1] G. ENDERLEIN: Bakterien-Cyklogenie. Berlin u. Leipzig 1925.

[2] MIGULA hat einen beliebigen Wechsel der Teilungsfolge der Coccaceen nie beobachtet.

15. Gattung: *Vibrio* (MÜLLER-LÖFFLER), schwach kommaförmig gekrümmt, beweglich, monotrich begeißelt.
16. Gattung: *Spirillum* (EHRENBERG), stärker schraubig in weiten Windungen gekrümmt, beweglich, lophotrich begeißelt.
17. Gattung: *Spirochaete* (EHRENBERG), sehr enge, zahlreiche Schraubenwindungen, Geißeln unbekannt, Zellwand vielleicht flexil.

2. Ordnung: Trichobacterinae.

Vegetationskörper ein unverzweigter oder verzweigter Zellfaden, dessen Glieder als Schwärmzellen (Gonidien) oder als Hormogonien sich ablösen.

IV. Familie: ***Trichobacteriaceae,*** Fadenbakterien. Charakter der der Ordnung.

a) Fäden unbeweglich, starr in eine Scheide eingeschlossen.

aa) Unverzweigt:

18. Gattung: *Chlamydothrix* MIGULA. Nicht festgewachsen, schwärmende Zylindergonidien.
19. Gattung: *Thiothrix* WINOGRADSKI, wie vorige, aber mit Schwefel und festgewachsen.
20. Gattung: *Crenothrix* COHN. Festgewachsen, ohne Schwefel, mit Kugelgonidien, deren Bewegung noch nicht beobachtet wurde.

bb) Gabelig pseudoverzweigt:

21. Gattung: *Cladothrix* COHN (inkl. Sphaerotilus). Fäden verzweigt, pseudodichotom; lophotriche Zylindergonidien.

b) Fäden pendelnd und langsam kriechend beweglich, ohne Scheide:

22. Gattung: *Beggiatoa* TREVIS., mit Schwefel.

2. System von W. MIGULA[1].

Bacteria.

Phykochromfreie Spaltpflanzen mit Teilung nach 1, 2 oder 3 Richtungen des Raumes. Fortpflanzung durch vegetative Vermehrung. Bei vielen Arten Bildung von Ruhezuständen in Form von Endosporen. Beweglichkeit kommt bei einigen Gattungen vor und ist auf Geißeln zurückzuführen. Bei Beggiatoa und Spirochäte sind die Bewegungsorgane unbekannt.

1. Ordnung: ***Eubacteria.*** Zellen ohne Zentralkörper, Schwefel und Bacteriopurpurin, farblos oder schwach gefärbt, auch chlorophyllgrün.

1. Familie: Coccaceae (Zopf) MIGULA. Zellen in freiem Zustande vollkommen kugelrund, in Teilungsstadien oft etwas elliptisch erscheinend.

1. Gattung: *Streptococcus* BILLROTH. Zellen unbeweglich, rund, Teilung nur nach einer Richtung des Raumes, einzeln, paarweise oder zu perlschnurartigen Ketten vereinigt.
2. Gattung: *Micrococcus* (Hall) COHN. Die Zellen teilen sich nach zwei Richtungen des Raumes, wodurch sich beim Verbundenbleiben der Zellen nach der Teilung merismopediaartige Täfelchen bilden können. Bewegungsorgane fehlen.
3. Gattung: *Sarcina* GOODSIR. Die Zellen teilen sich nach drei Richtungen des Raumes, wodurch, wenn sie nach der Teilung verbunden bleiben, warenballenartig eingeschnürte Pakete entstehen können. Bewegungsorgane fehlen.
4. Gattung: *Planococcus n. g.* Die Zellen teilen sich nach zwei Richtungen des Raumes wie bei *Micrococcus,* besitzen aber geißelförmige Bewegungsorgane.
5. Gattung: *Planosarcina n. g.* Die Zellen teilen sich wie bei Sarcina nach drei Richtungen des Raumes, besitzen aber geißelförmige Bewegungsorgane.

2. Familie: Bacteriaceae. Zellen länger oder kürzer zylindrisch, gerade, niemals schraubig gekrümmt; Teilung nur nach einer Richtung des Raumes nach voraufgegangener Längsstreckung des Stäbchens.

1. Gattung: *Bacterium.* Zellen ohne Bewegungsorgane, oft mit Endosporenbildung.
2. Gattung: *Bacillus.* Zellen mit über den ganzen Körper angehefteten Bewegungsorganen, oft mit Endosporenbildung.
3. Gattung: *Pseudomonas.* Zellen mit polaren Bewegungsorganen, Endosporenbildung selten.

3. Familie: Spirillaceae. Zellen schraubig gewunden oder Teile eines Schraubenumganges darstellend. Teilung nur nach einer Richtung des Raumes nach voraufgegangener Längsstreckung.

---

[1] W. MIGULA: Das System der Bakterien, Bd. 1, S. 144. Jena: Lafar 1897.

1. Gattung: *Spirosoma n. g.* Zellen ohne Bewegungsorgane, starr.
2. Gattung: *Microspira.* Zellen mit 1, seltener 2—3 polaren wellig gebogenen Geißeln, starr.
3. Gattung: *Spirillum.* Zellen starr mit polaren Büscheln meist halbkreisförmig gebogener Bewegungsorgane.
4. Gattung: *Spirochaete.* Zellen schlangenartig biegsam, Bewegungsorgane unbekannt.

4. Familie: Chlamydobacteriaceae. Zellen zylindrisch, zu Fäden angeordnet, die von einer Scheide umgeben sind. Vermehrung erfolgt durch bewegliche oder unbewegliche Gonidien, welche direkt aus den vegetativen Zellen hervorgehen und, ohne eine Ruheperiode durchzumachen, zu neuen Fäden auswachsen.

1. Gattung: *Chlamydothrix n. g.* Zellen zylindrisch, unbeweglich, zu unverzweigten, von dicken oder dünnen Scheiden umschlossenen Fäden angeordnet, ohne Gegensatz von Basis und Spitze.
2. Gattung: *Crenothrix* Cohn. Fadenbildende Bakterien, ohne Verzweigung, mit Gegensatz von Basis und Spitze, festsitzend. Scheiden dick, oft mit Eisenocker infiltriert. Zellen anfangs mit Teilung nach einer Richtung, später nach allen drei Richtungen. Die Teilungsprodukte runden sich ab und werden zu Gonidien.
3. Gattung: *Phragmidiothrix* Engler. Zellen zu anfangs unverzweigten Fäden verbunden, sich nach drei Richtungen des Raumes teilend, und so einen Zellenstrang darstellend. Später können einzelne Zellen durch die sehr feine und eng anliegende Scheide hindurchwachsen und zu Verzweigung Veranlassung geben.
4. Gattung: *Sphaerotilus* (inkl. Cladothrix). Zellen zylindrisch, in Scheiden eingeschlossen, dichotom verzweigte Fäden ohne Gegensatz von Basis und Spitze bildend. Vermehrung durch Gonidien, welche aus den Scheiden ausschwärmen, um sich an irgendeinem Gegenstande festzusetzen und sofort zu neuen Fäden auszuwachsen. Gonidien mit einem subpolaren Geißelbüschel.

2. Ordnung: ***Thiobacteria.*** Zellen ohne Zentralkörper, aber Schwefeleinschlüsse enthaltend, farblos oder durch Bakteriopurpurin rosa, rot oder violett, niemals grün gefärbt.

1. Familie: Beggiatoaceae. Fadenbildende Bakterien ohne Bakteriopurpurin.

1. Gattung: *Thiothrix* Winogradski. Unverzweigte, in feine Scheiden eingeschlossene, unbewegliche, festgewachsene Fäden mit Teilung der Zellen nach einer Richtung des Raumes. Am Ende der Fäden entstehen Stäbchengonidien mit kriechender Eigenbewegung.
2. Gattung: *Beggiatoa* Trevisan. Scheidenlose Fäden aus flachscheibenförmigen Zellen gebildet, nach Art der Oscillarien kriechend und um die Achse rotierend, beweglich, frei. Gonidien nicht bekannt.

2. Familie: Rhodobacteriaceae. Zellinhalt durch Bakteriopurpurin rosa, rot oder violett gefärbt, mit Schwefelkörnchen.

1. Unterfamilie: *Thiocapsaceae.* Zellen zu Familien vereinigt, Teilung nach drei Richtungen des Raumes.
   1. Gattung: *Thiocystis* Winogradski. Familien klein, dicht, einzeln oder zu mehreren von einer Gallertcyste umgeben, schwärmfähig.
   2. Gattung: *Thiocapsa* Winogradski. Familien auf dem Substrat flach ausgebreitet, aus kugeligen, in gemeinsamer Gallerte locker eingebetteten, nicht schwärmfähigen Zellen gebildet.
   3. Gattung: *Thiosarcina* Winogradski. Familien paketförmig, nicht schwärmfähig, der Gattung Sarcina unter den Eubakterien entsprechend.
2. Unterfamilie: *Lamprocystaceae.* Zellen zu Familien vereinigt. Teilung der Zellen zuerst nach drei, dann nach zwei Richtungen des Raumes.
   1. Gattung: *Lamprocystis* Schröter. Familien anfangs solid, dann hohlkugelig, netzförmig durchbrochen, endlich in kleine, schwärmfähige Gruppen sich auflösend.
3. Unterfamilie: *Thiopediaceae.* Zellen zu Familien vereinigt, Teilung nach zwei Richtungen des Raumes.
   1. Gattung: *Thiopedia* Winogradski. Familien tafelförmig aus quarternär geordneten schwärmfähigen Zellen zusammengesetzt.
4. Unterfamilie: *Amoebobacteriaceae.* Zellen zu Familien vereinigt, Teilung nach einer Richtung des Raumes.
   1. Gattung: *Amoebobacter* Winogradski. Zellen zu Familien vereinigt, nach einer Richtung des Raumes sich teilend. Familien amöboid beweglich, Zellen durch Plasmafäden verbunden.
   2. Gattung: *Thiothece* Winogradski. Familien mit dicken Gallertcysten. Zellen in gemeinsamer Gallerte sehr locker eingelagert, schwärmfähig.
   3. Gattung: *Thiodictyon* Winogradski. Familien aus stäbchenförmigen, mit ihren Enden zu einem Netz verbundenen Zellen bestehend.

4. Gattung: *Thiopolycoccus* WINOGRADSKI. Familien solid, unbeweglich, aus kleinen, dicht zusammengepreßten Zellen bestehend.
5. Unterfamilie: *Chromatiaceae*. Zellen frei, zeitlebens schwärmfähig.
1. Gattung: *Chromatium* PERTY. Zellen zylindrisch-elliptisch oder elliptisch, verhältnismäßig dick.
2. Gattung: *Rabdochromatium* WINOGRADSKI. Zellen frei, stab- und spindelförmig, zeitlebens schwärmfähig, mit Geißeln an den Polen.
3. Gattung: *Thiospirillum*. Zellen frei, zeitlebens schwärmfähig, spiralig gewunden.

3. System von K. B. LEHMANN und R. O. NEUMANN.

A. Schizomycetales.

1. Familie: ***Coccaceae*** ZOPF emend. MIGULA. Kugelbakterien.

Zellen in freiem Zustande meist kugelrund. Teilung nach 1, 2 oder 3 Richtungen des Raumes, indem sich jede Kugelzelle in Kugelhälften, Kugelquadranten oder Kugeloktanten teilt, die wieder zu Vollkugeln heranwachsen. Endosporen sehr selten; Geißeln werden selten beobachtet. Vor der Teilung können die Zellen $1^1/_2$mal so lang wie breit sein, schwache Färbung macht darin leicht eine ungefärbte Teilungslinie sichtbar.

1. Zellen teilen sich fast nur nach einer Richtung des Raumes senkrecht auf die Wachstumsrichtung, so daß sich, wenn die Teilungsprodukte im Zusammenhang bleiben (namentlich in Bouillon), kürzere oder längere rosenkranzartige Ketten bilden; sehr häufig besteht die Kette aus lauter Paaren von Kokken. Unter gewissen Bedingungen kommen statt Ketten nur noch vorwiegend Kokkenpaare zur Beobachtung. *Streptococcus* BILLROTH.

2. Zellen teilen sich, wenigstens auf geeigneten Nährböden (Heudekokt), regelmäßig nach drei Richtungen des Raumes und bleiben in größeren oder kleineren kubischen Familienverbänden vereinigt. *Sarcina* GOODSIR.

3. Die Zellen teilen sich unregelmäßig nach verschiedenen Richtungen, so daß bald einzelne Kokken, bald einzelne Vereinigungen zu 2—4 Zellen, endlich, und zwar vorwiegend, regellose klumpige Haufen entstehen. Hierher gehören alle Formen, die nicht als unzweifelhafte Streptokokken oder Sarcinen erscheinen. *Micrococcus* COHN.

2. Familie: ***Bacteriaceae*** ZOPF emend. MIGULA (Bacillaceae A. FISCHER). Stäbchenbakterien.

Zellen mindestens $1^1/_2$mal, meist 2—6mal so lang als breit, gerade oder in nur einer Ebene etwas gekrümmt, nie schraubig, zuweilen lange echte oder Scheinfäden bildend. Meist unter 0,8 μ dick. Mit oder ohne Geißeln. Nie Endosporen. Ganz vorwiegend gramnegativ.

Gramnegative aerobe, gewöhnlich geformte Stäbchen. *Bacterium* COHN. emend. HÜPPE.

Gramnegative anaerobe, an den Enden zugespitzte Stäbchen. *Fusobacterium* K. B. LEHM. et KNORR.

Grampositive feinste Stäbchen. *Erysipelathrix* ROSENBACH.

Grampositive aerobe kräftige Stäbchen. *Plocamobacterium* LÖWI.

3. Familie: ***Desmobacteriaceae,*** höhere Fadenbakterien (Chlamydobacteriaceae MIGULA).

I. Fäden ohne deutliche Scheiden, stets mit runden Schwefelkörnchen; teils festsitzend, teils frei beweglich. *Beggiatoa* TREVISAN.

II. Fäden meist mit Scheiden, zuweilen sind dieselben aber kaum sichtbar oder fehlen wirklich.
   a) Ohne Schwefelkörnchen.
      1. Ohne pseudodichotome Verzweigung.
         α) Ohne Schwärmer. *Leptothrix* KÜTZING, *Chlamydothrix* MIGULA.
         β) Mit Fortpflanzung durch begeißelte Schwärmer. *Crenothrix* COHN.
      2. Mit pseudodichotomer Verzweigung. *Cladothrix* COHN.
   b) Mit Schwefelkörnchen. *Thiothrix* WINOGRADSKY.

4. Familie: ***Spirillaceae.*** Schraubenbakterien.

Zellen mindestens $1^1/_2$, meist 3—6mal so lang als breit, zuweilen längere Fäden bildend. Stets starr, nicht biegsam. Fäden stets schraubig gekrümmt, so daß sie nicht in einer Ebene liegen, dabei sind die Schraubenstücke oft flach gewunden, daß sie nicht leicht von einem in der Ebene liegenden krummen Stäbchen zu unterscheiden sind. Geißeln, wenn vorhanden, endständig. Stets gramnegativ.

1. Zellen kurz, meist dünn, schwach bogig, kommaartig gekrümmt, zuweilen in schraubenartigen Verbänden aneinanderhängend, stets nur mit einer (ausnahmsweise zwei) endständigen Geißel. Nach HÜPPE mit Arthrosporen. *Vibrio* O. F. MÜLLER emend. LÖFFLER.

2. Zellen lang, oft dicker, spiralig gekrümmt, korkzieherartig, mit einem meist polaren Geißelbüschel aus mehreren langen Haupt- und mehreren kurzen Nebengeißeln. *Spirillum* EHRENBERG emend. LÖFFLER.

5. Familie: ***Spirochaetaceae.***

Zellen lang, meist dünn, 5—200mal so lang als breit, stets schraubig gewunden, nicht starr, sondern sehr biegsam. Manche Arten zeigen einen elastischen Achsenfaden. Schlecht färbbar mit Anilinfarben, am besten nach GIEMSA. Bewegung nicht durch Geißeln, sondern durch Schlängelung des ganzen Körpers. Das früher einzige Genus *Spirochaeta* wird heute oft in viele kleine Gattungen zerlegt.

6. Familie: ***Bacillaceae.*** Sporentragende Stäbchenbakterien.

Zellen mindestens $1^1/_2$, meist 4—10mal länger als breit, gerade oder gebogene Fäden bildend. Meist 0,6—1,0 μ dick, bis 1,5 μ. Stets Sporenbildung, wenn nicht diese Fähigkeit zufällig verloren ging (asprogene Rassen). Ganz vorwiegend grampositiv. Geißeln meist vorhanden, peritrich.

Einziges Genus mit den Merkmalen der Familie: *Bacillus* COHN emend. HÜPPE.

B. Actinomycetales.

Dünnfädige chlorophyllfreie Organismen, mit echter Astbildung, zum Teil sogar reich verzweigtem Mycel, teilweise mit Bildung von Conidien. Junge Kulturen zeigen häufig nur spaltpilzartige unverzweigte Stäbchen, die sich keineswegs von den gewöhnlichen Spaltpilzen unterscheiden. Bei vielen Arten besteht Neigung zur Keulen- oder Kolbenbildung am Ende der Fäden. Ausgesprochener Pleomorphismus. Grampositiv.

1. Schlanke, oft etwas gekrümmte Stäbchen, oft mit Neigung zu kolbigen Anschwellungen der Enden. Verzweigungen selten in jungen Kulturen zu sehen, leicht zerbrechend und auch in alten Kulturen oft nur schwer zu finden. Von den meisten Autoren stets unbeweglich gefunden. Bisher keinerlei Sporenformen bekannt. ***Proactinomycetaceae*** LEHM. und HAAG.

a) Stäbchen färben sich mit schwachen Farblösungen unterbrochen (Streifung), so daß der Organismus aus verschieden färbbaren Stücken zusammengesetzt scheint. Nicht säurefest. Kolbig angeschwollene und keilförmig zugespitzte Stäbchen häufig. *Corynebacterium* L. und N.

b) Stäbchen färben sich mit gewöhnlichen Farblösungen schwer oder überhaupt nicht. Säurefest. Kolbige Anschwellungen der Enden, in der Kultur sehr selten, im Organismus etwas häufiger. *Mycobacterium* L. und N.

2. Mycelfäden lang, dünn, gestreckt oder gekrümmt ohne Scheidewände, mit zarter Scheide und nie fehlender echter Verzweigung. Bildung von mäßig resistenten „Luftsporen“ durch Abschnürung von Conidien. Fragmentation des Fadeninhalts. Manche Arten bilden auffälliges, flockiges Luftmycel. Nie ausgesprochen säurefest. Eigenbewegung fehlt teils, teils ist sie vorhanden. Viele Arten verbreiten einen modrigen Geruch. ***Actinomycetaceae*** LEHM. und HAAG.

Hierher als einzige Gattung: *Actinomyces* HARZ[1].

Hinsichtlich der Nomenklatur der Bakterien sei bemerkt, daß sich diese wie die aller Lebewesen nach dem Grundsatz der LINNÉschen binären Benennung zu richten hat. Jede Bakterienart ist daher mit einem Genusnamen (Substantiv) und einem Artnamen (Adjektiv, Genitiv eines Substantivums, seltener Nominativ eines solchen) zu bezeichnen. Leider ist hiergegen, namentlich von seiten ärztlicher Autoren, sehr gefehlt worden. Auch die Einführung biologischer Gattungen wie Aerobakter, Proteobakter ist zu vermeiden, wenn auch gegen Namen wie Photobakterien, denitrifizierende Bakterien u. a., die eine Gruppe biologisch ausgezeichneter Arten bezeichnen sollen, nichts einzuwenden ist.

In Lebensmitteln verbreitete Bakterien.

Beschreibungen der wichtigsten, in einzelnen Lebensmitteln vorkommenden Bakterienarten werden an den betreffenden Stellen im besonderen Teil folgen. Nachstehend sollen nur einige Formen bzw. physiologische Gruppen, die dem Lebensmittelchemiker häufiger begegnen, kurz Erwähnung finden.

1. Sporenbildner allgemeiner Verbreitung. Hierher gehören die Heubacillen (Bacillus subtilis) und die Kartoffelbacillen. Letztere sind Erdbakterien, die, wie die Heubacillen, durch sehr widerstandsfähige

[1] Die Gattung *Actinomyces* wird von den meisten anderen Autoren zu den Eumyceten gerechnet.

Sporen ausgezeichnet sind. Beide verflüssigen sehr rasch die Gelatine. Die Heubacillen wachsen bei günstiger Temperatur (Optimum bei etwa 36°) außerordentlich schnell, jedoch nicht auf sauren Nährböden. Auf flüssigen Nährböden Kahmhautbildung. Von den Kartoffelbacillen ist Bacillus mesentericus zu erwähnen, der während der warmen Jahreszeit häufig das Fadenziehen des Brotes und Kuchens verursacht.

2. Fäulnisbakterien sind auf Fleisch und anderen eiweißreichen Lebensmitteln regelmäßig anzutreffen. Gelatine wird verflüssigt. Am bekanntesten ist das Bacterium vulgare (Proteus vulgaris).

Bacillus botulinus ist wegen seiner giftigen Stoffwechselprodukte besonders gefährlich (Botulismus). Seine Sporen sind sehr widerstandsfähig.

3. Darmbakterien. Ein typischer Vertreter ist das Bacterium coli, das insbesondere für die Wasseruntersuchung von Bedeutung ist. Zum Vergleich kann man es leicht aus Kot durch das Plattenverfahren isolieren. Es wächst in weißen rundlichen, später mehr weinblattartigen Kolonien. Temperaturoptimum bei 37°, wächst aber noch bei 46°. Coli ist ein Säurebildner und bringt daher Milch zum Gerinnen. Glucose, Milchzucker und Mannit werden unter Gas- und Säurebildung vergoren. Gelatine wird nicht verflüssigt. Über das Verhalten auf diagnostischen Nährböden vgl. unter Milch und Trinkwasser.

4. Farbstoffbakterien. Hierher gehören verschiedene in der Luft vorkommende Arten wie Sarcina lutea und Sarcina aurantiaca, das häufig im Wasser vorhandene Bacterium fluorescens, das unter gelbgrüner Färbung die Gelatine verflüssigt, sowie das Bacterium prodigiosum, der sog. „Hostienpilz", der auf gekochten Kartoffeln und anderen stärkereichen Lebensmitteln in der warmen Jahreszeit nicht selten die bekannten blutroten Flecke verursacht. Zu nennen ist weiter Bacterium syncyaneum, der Erreger der blauen Milch.

5. Essigsäurebakterien. Sie gelangen leicht zur Entwicklung, wenn man alkoholhaltige Flüssigkeiten (wie Bier, Wein, vergorene Fruchtsäfte) bei wärmerer Temperatur in offenen Gefäßen stehen läßt, und bilden an der Oberfläche eine Kahmhaut. Eine gallertartig-knorpelige, sehr zähe Haut bildet das Schleimessigbakterium, Bacterium xylinum, der Organismus der „Essigmutter". Bacterium xylinum entwickelt sich zuweilen auch in dünnen Fruchtsirupen, wo es im Hals der Flasche wurstförmige Gebilde erzeugt. In Symbiose mit Hefen bildet es den sog. indischen Teepilz (Kombucha) und liefert das in manchen Gegenden als Teekwaß bezeichnete Getränk.

6. Milchsäurebakterien. Sie sind in der Milch allgemein verbreitet. Die gewöhnlichste Art ist Streptococcus acidi lactici, der Milch bei Zimmertemperatur säuert, während sich die Milchsäurelangstäbchen (Lactobacillen), die im Yoghurt und ähnlichen Sauermilcharten vorkommen, nur bei höheren Temperaturen (40° und darüber) gut entwickeln. Die Sauerkraut- und Sauerteiggärung sowie die Säuerung der Gurken wird gleichfalls durch Milchsäurebakterien verursacht.

7. Buttersäurebakterien. Es sind in allen mit Erde in Berührung kommenden Stoffen anaerob wachsende Organismen, die aus Kohlenhydraten Buttersäure, Butylalkohol und Gas bilden. Meist bewegliche Stäbchen, die bei der Sporenbildung eigenartig spindelförmige (Clostridium) oder trommelschlägelförmige (Plectridium) Gestalt annehmen. Nach Zusatz von Jodlösung färben sich die Zellen stellenweise oder mit Ausnahme einer kleinen Stelle am Zellende blau (Jogen- oder Granulosereaktion). Der bekannteste Vertreter dieser Gruppe ist Bacillus amylobacter (Bacillus saccharobutyricus). Auch Bacillus botulinus (vgl. unter 2.) ist ein Buttersäurebildner.

8. Schwefelbakterien. Sie finden sich fast in allen natürlichen Wässern, die Schwefelwasserstoff enthalten, besonders aber in Schmutzwässern. Charakteristisch ist die Einlagerung winziger Schwefeltröpfchen. Eine der häufigsten Arten ist Beggiatoa alba, die man fast in jedem Schmutzwasser beobachtet.

9. Eisenbakterien kommen in reinen eisen- und manganhaltigen natürlichen Wässern vor, daher auch in Wasserleitungen und Reservoiren. Sie lagern in ihren Membranen Eisenhydroxyd ab, das durch Oxydation aus basischem Ferrocarbonat entsteht. Die wichtigsten Vertreter sind die Fadenbakterien Chlamydothrix (= Leptothrix) ochracea und Crenothrix polyspora sowie Gallionella (Spirophyllum) ferruginea.

10. Leuchtbakterien treten nicht selten an Fleischstücken auf und sind fast immer an Seefischen zu finden. Man sieht das Leuchten gewöhnlich erst, wenn man sich einige Minuten in der Dunkelkammer aufhält und dann das Objekt betrachtet.

B. Eumycetes.

1. Vegetative und fruktifikative Organe der Eumyceten.

Die Systematik der Eumyceten baut sich auf Verschiedenheiten des Mycels und der Fruktifikationsorgane auf. Das typische Fadenmycel ist entweder durch zahlreiche Querwände (Septen) in Scheitel- und Binnenzellen geteilt, von denen die Scheitelzellen durch stete Verlängerung und Teilung den Zuwachs besorgen, oder es besitzt keine Querwände, sondern stellt eine einzige vielverzweigte Zelle dar. Nach diesem Verhalten teilt man die Eumyceten in Phykomyceten (Algenpilze) mit unseptiertem (bzw. nur unter gewissen Umständen septiertem) und in Mycomyceten (Scheitelzellpilze) mit septiertem Mycel. Beide Gruppen unterscheiden sich auch wesentlich durch die Art der Fruktifikation, worauf sich ihre weitere Einteilung gründet.

Über den Bau des Eumycetenmycels sei hier noch folgendes erwähnt: Neben dem typischen Fadenmycel kommt bei den Eumyceten häufig auch noch Sproßmycel zur Entwicklung, d. h. Mycel, dessen Zellen aus der Mutterzelle nicht durch Streckung und Abgliederung mittels einer Scheidewand, sondern durch Ausstülpung hervorgehen.

Die Pilzfäden (Hyphen) treten bei vielen Eumyceten zu Verbänden bzw. Geweben zusammen. Die einfachsten sind die Fusionen, von denen als häufigste die Anastomosen (Kommunikationen zwischen benachbarten Pilzfäden) zu nennen sind. Eine besondere Art der Zellfusion ist die Schnallenbildung bei den Basidomyceten. Man versteht darunter die Verbindung zweier benachbarter Zellen durch Vorstülpung der Membran neben der Scheidewand, bis Berührung und dann Kommunikation eintritt. Die aus Hyphen gebildeten Gewebe kann man nach dem Vorschlag Lindaus ohne Rücksicht auf die Art der Verflechtung als Plektenchym bezeichnen. Die einfachste Form ist das Hautplektenchym (Kahmhäute und Pilzdecken). Strangplektenchym ist die Bezeichnung für strangartige Verbände, wozu z. B. die Koremien (S. 1630) gehören. Noch mehr Differenzierung weisen die Fruchtkörper der Hutpilze und das sog. Stroma vieler Arten auf. Kompakte Pilzgewebe, die durch dichte unregelmäßige Verflechtung der Hyphen entstanden sind und auf Querschnitten den Eindruck echter parenchymatischer oder prosenchymatischer Gewebe machen (Abb. 64, 3*a* und *b*) heißen Para- oder Prosoplektenchym. Solche Pseudogewebe sind die von manchen Eumyceten gebildeten Sklerotien, myceliale Dauerformen, die eine Gliederung in Rinden- und Markteil zeigen.

Über die wichtigsten Arten der Fruktifikation der Eumyceten, deren Kenntnis für das Verständnis des Systems unerläßlich ist, soll im folgenden eine kurze Übersicht gegeben werden, die zur schnellen Orientierung ausreicht.

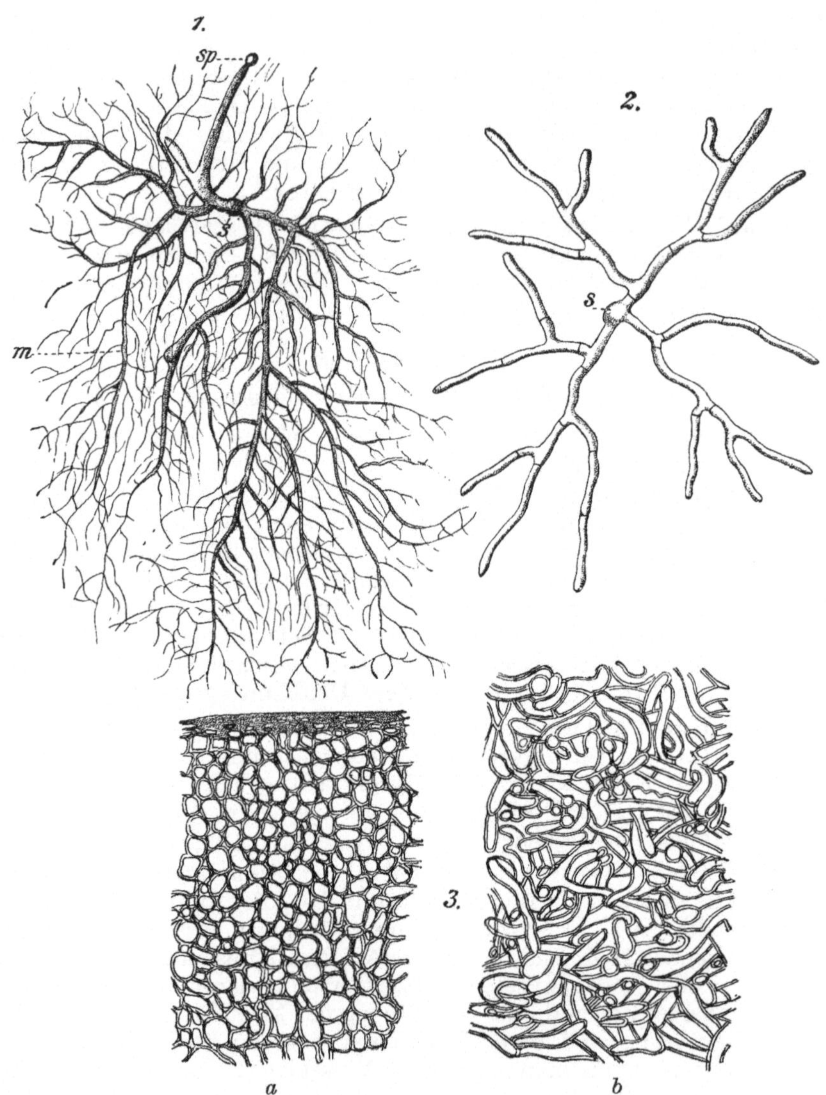

Abb. 64. Myceltypen (360:1).
1. Mycel von Mucor mucedo ohne Scheidewände; *s* ausgekeimte Spore; *m* Mycel; *sp* junges Sporangium. 2. Mycel von Penicillium crustaceum mit Scheidewänden; *s* ausgekeimte Spore. 3. Sklerotiengewebe von Claviceps purpurea; *a* Paraplektenchym vom Rande des Sklerotiums; *b* Prosoplektenchym aus der Mitte. (1. nach BREFELD; 2. nach ZOPF; 3. nach v. TAVEL.)

Für eingehenderes Studium kommt z. B. das Handbuch von W. ZOPF in Betracht sowie das von LAFAR.

Die Fortpflanzung der Eumyceten durch Sporen erfolgt auf geschlechtlichem oder ungeschlechtlichem Wege, und zwar kommen beide Arten der Sporenbildung bei Phykomyceten und Mycomyceten vor. Die geschlechtliche Sporenbildung erfolgt bei den Phykomyceten durch Vereinigung zweier verschiedenartiger Zellen, dem Oogonium und Antheridium (Oosporenbildung) oder zweier gleichartiger Zellen (Zygosporenbildung), von denen hier nur die letztere interessiert. Bei den Mycomyceten ist zwar auch ein Geschlechtsakt nachweisbar, jedoch ist er, soweit die höheren Formen in Betracht kommen, auf Kernverschmelzungen reduziert und daher verdeckt.

Neben den auf geschlechtlichem Wege gebildeten Hauptfruchtformen der Eumyceten (Oosporen-, Zygosporen-, Ascosporen- und Basidiosporenfruktifikation) werden vielfach ungeschlechtlich entstehende Nebenfruchtformen gebildet, die zumeist der schnellen Vermehrung während der günstigen Vegetationszeit dienen (Conidien, Sporangien, Oidien, Gemmen und Chlamydosporen.

a) Geschlechtliche Fortpflanzung.

1. Zygosporenfruktifikation. Zygosporen oder Brückensporen kommen nur in einer Familie der Phykomyceten, den Zygomyceten, vor. Diese Sporen entstehen in folgender Weise: Zwei Hyphen wachsen aufeinander zu, berühren sich mit dem Scheitel der infolge starker Plasmaansammlung keulenförmig angeschwollenen Enden, platten sich dort ab und verwachsen (Abb. 65). Die sodann durch je eine Querwand abgegliederten Endzellen (Gameten oder Zygonten) fusionieren hierauf unter Lösung der Zellwand. Die hierdurch entstandene Zelle bildet sich unter starker Vergrößerung zur Zygospore aus. Außer den Zygosporen entstehen häufig auch Azygosporen (Abbildung 66 und 67), indem die keuligen Anschwellungen zweier Hyphen sich nicht berühren oder die Kopulationszellen sich zwar berühren und verwachsen, aber nicht fusionieren. Jede oder nur eine der Kopulationszellen wird alsdann zur Spore von den Eigenschaften der Zygosporen. Zygosporen und Azygosporen sind Dauerformen kugeliger Gestalt mit sehr dicken Membranen und reichlichen Einlagerungen von Reservestoff (Fett). Die Zygosporen bleiben in den meisten Fällen nackt, seltener umgeben sie sich mit einer aus Hyphen aufgebauten Hülle und bilden eine Zygosporenfrucht.

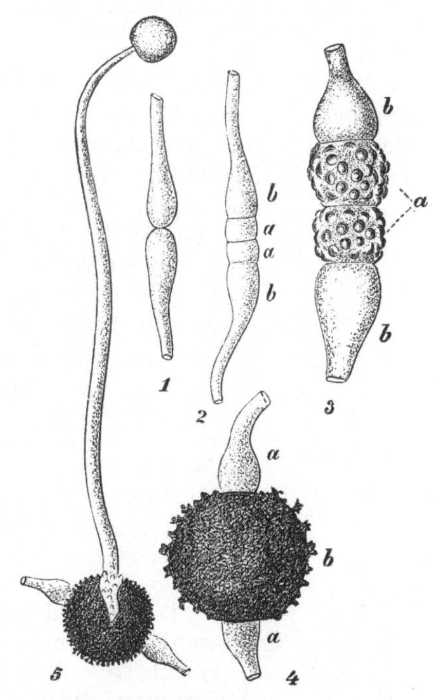

Abb. 65. Mucor mucedo. Bildung der Zygosporen (1.—4. 225:1; 5. 60:1). 1. Zwei Hyphenenden in Scheitelberührung. 2. Gliederung in Gamete *a* und Suspensor *b*. 3. Fusion der Gameten *a*. 4. Reife Zygospore *b* mit Suspensoren *a*. 5. Keimung der Zygospore zu einem Sporangienträger. (Nach O. BREFELD.)

Zygosporen entstehen nicht bei allen Zygomyceten und außerdem verhältnismäßig selten. Die Bedingungen für ihre Entstehung sind noch wenig erforscht.

2. Ascosporenfruktifikation. Unter Ascosporen versteht man Endosporen, die in einem zunächst schlauchförmigen Behälter, dem Ascus entstehen, der im Gegensatz zum Sporangium (vgl. S. 1629) in jeder Hinsicht einen hohen Grad von Regelmäßigkeit der Ausbildung besitzt, insbesondere eine ganz bestimmte Anzahl von Sporen aufweist. Die Entstehung des Ascus ist mit Befruchtungsvorgängen verknüpft, wie insbesondere P. CLAUSSEN[1]

[1] P. CLAUSSEN: Zeitschr. Botanik 1912, 4, 1—64.

festgestellt hat. Durch Kopulation zweier Myceläste entsteht zunächst ein sog. *Synkaryon* (*Ascogon*). Aus diesem sprossen die ascogonen Hyphen hervor, die sich am Ende hakenförmig einbiegen und daselbst derartig Querwände ausbilden, daß sich in der vorletzten Zelle *zwei* Kerne (ein männlicher und ein weiblicher) vorfinden. Durch Verschmelzung der beiden Kerne der vorletzten Hakenzelle wird die Bildung des Ascus eingeleitet, und zwar geht aus dieser Zelle entweder direkt der Ascus hervor, oder es entspringen aus ihr wieder ascogene Hyphen, die das schon geschilderte Verhalten zeigen. Der durch Verschmelzung entstandene Ascuskern teilt sich in 2 Tochterkerne, die sich ihrerseits noch zweimal teilen, so daß schließlich zumeist 8 Kerne vorhanden sind, die die Grundlage ebenso vieler Sporen bilden.

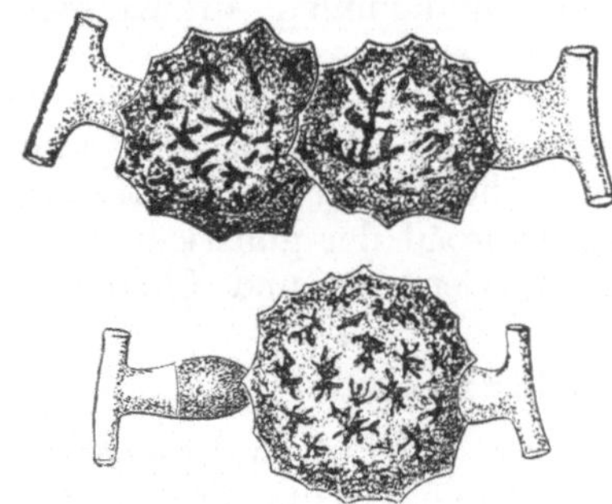

Abb. 66. Azygosporenbildung bei Mucor erectus. (Nach BAINIER.)

Aus der letzten und drittletzten Hakenzelle gehen zumeist sterile Hyphen hervor, die entweder als schlauchförmige Füllzellen (Paraphysen) zwischen den Asci stehen oder diese mit einem Hüllgewebe umgeben. Auf diese Weise kommt es zur Bildung von flächenartigen Schlauchlagern oder von Fruchtkörpern, den sog. *Schlauch-* oder *Ascusfrüchten*. Die Schlauchfrüchte sind von einer festen Rindenpartie, dem *Peridium*, umgeben. Sie sind entweder allseitig geschlossen (kleistokarp) oder sie besitzen eine enge Mündung (perenokarp), oder sie bilden einen Kugelabschnitt, auf dem das Schlauchlager offen liegt (diskokarp). Die diskokarpen Ascusfrüchte heißen *Apothezien*, die kleistokarpen und perenokarpen *Perithezien*. Die Apothezien bilden Scheiben, die Perithezien sind mehr oder weniger kugelig gebaut und tragen auf ihrer Innenfläche die Ascuslager, in denen zwischen den Asci meist noch sterile Hyphen (*Paraphysen*) angeordnet sind. Zuweilen ist die Innenwand der Perithezien mit sterilen Hyphen (*Periphysen*) tapeziert. Die Fruchtwand trägt äußerlich manchmal Anhänge.

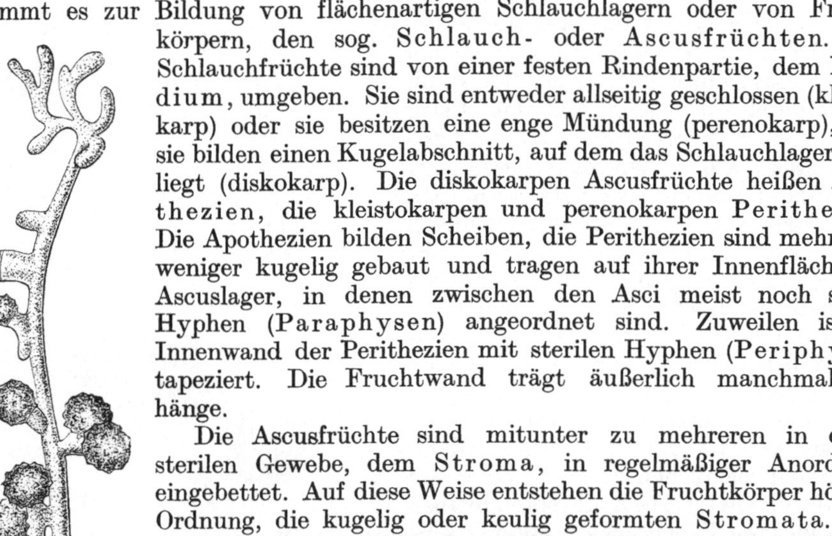

Die Ascusfrüchte sind mitunter zu mehreren in einem sterilen Gewebe, dem *Stroma*, in regelmäßiger Anordnung eingebettet. Auf diese Weise entstehen die Fruchtkörper höherer Ordnung, die kugelig oder keulig geformten *Stromata*.

Außer dem vorstehend geschilderten Typus der Ascusbildung sind noch zwei weitere, aber seltener vorkommende, bekannt.

Alle Pilze, die Ascosporen bilden, faßt man als *Schlauchpilze*, oder Ascomyceten zusammen. WETTSTEIN stellt die Schlauchpilze, die keine ascogenen Hyphen bilden, als *Protoasci*, den *Euasci* gegenüber, bei denen solche gebildet werden.

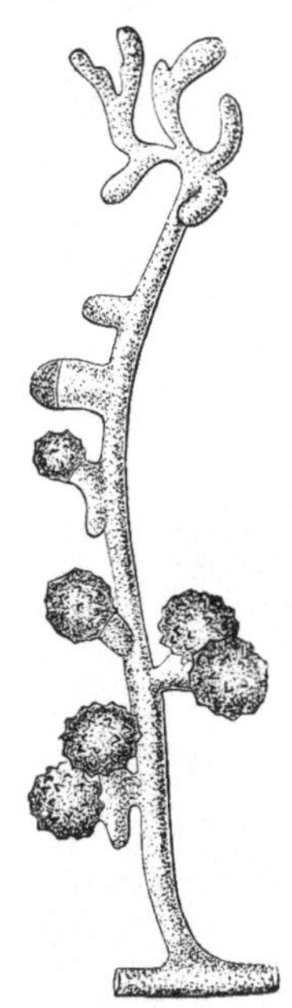

Abb. 67. Mucor tenuis. Azygosporen. (Nach BAINIER.)

3. *Basidiosporenfruktifikation.* Als *Basidiosporen* bezeichnet man *exogen* entstehende Fortpflanzungszellen, die von etwa keulenförmigen Trägern, den *Basidien*, in bestimmter Zahl (zumeist 4) abgeschnürt werden und diesen mittels feiner Stielchen (*Sterigmen*) aufsitzen. Das Verhältnis der Basidiosporen zu den ebenfalls exogen entstehenden *Conidien* (vgl. S. 1622) ist äußerlich betrachtet ein ähnliches wie das der Ascosporen zu den Sporangiumsporen, indem sich Basidio- wie Ascosporen durch die Regelmäßigkeit der Ausbildung von den anderen unterscheiden.

Auch bei der Basidiosporenbildung lassen sich nach KNIEP[1] Befruchtungsvorgänge nachweisen, obwohl äußerlich erkennbare Sexualorgane nicht ausgebildet werden. Hierbei spielt die oben erwähnte Schnallenbildung (vgl. S. 1625) eine Rolle. Die Basidien sind vielfach zu einer Fruchtschicht, dem Hymenium, vereinigt, das die Oberfläche des verschiedenartig gestalteten Fruchtschichtträgers (Hymenophors) bekleidet und außer den Basidien noch sterile Zwischenfäden (Paraphysen) und zuweilen auch auffallend gestaltete Gebilde (Cystiden) enthält, die nach KNOLL[2] den Charakter von Hydathoden haben.

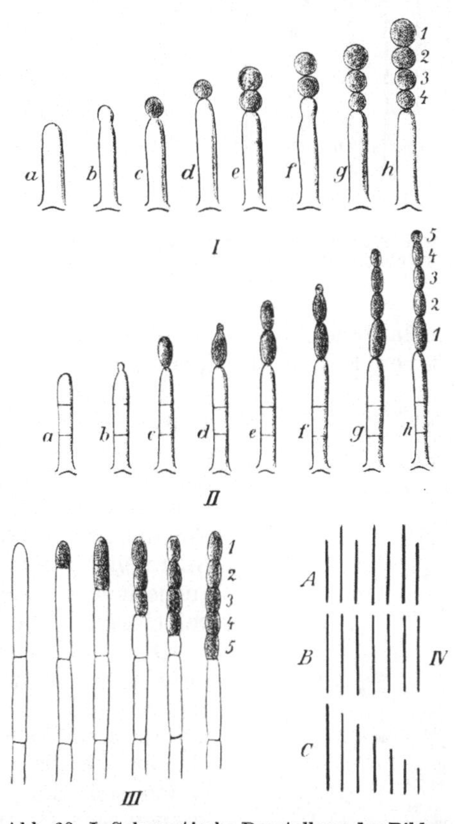

Abb. 68. I. Schematische Darstellung der Bildung einer Conidienkette in basipetaler Folge; 1. älteste, 4. jüngste Conidie. II. Schematische Darstellung der Bildung einer Conidienkette durch terminale Sprossung (basifugal); 1.—5. Altersfolge der Conidien. III. Bildung einer Conidienkette in basipetaler Folge ohne Streckung des Trägers; 1.—5. Altersfolge der Conidien. IV. Graphische Darstellung des Verhaltens der Conidienträger bezüglich ihrer Länge in den 3 Typen. (Nach W. ZOPF.)

Das Hymenium ist entweder frei angelegt, oder durch später reißende Hüllen geschützt oder es überzieht die Wände von Höhlungen in ganz geschlossenen Fruchtkörpern, wie bei den Bauchpilzen (Gasteromyceten). Bei letzteren unterscheidet man die äußere Hülle (Peridie) von dem inneren fleischigen Hymenophor, der sog. Gleba.

Die Basidienbildung ist das Hauptmerkmal für die große Klasse der Basidiomyceten. Die Basidiomyceten mit typischen ungeteilten Basidien werden als Autobasidii, die mit geteilten als Protobasidii und die mit unregelmäßig geformten als Hemibasidii bezeichnet.

b) Ungeschlechtliche Fortpflanzung.

Die hier in Betracht kommenden Formen können auf endogenem, exogenem oder intercalarem Wege entstehen. Bei der endogenen Vermehrung werden die Fortpflanzungszellen im Innern eines Behälters (Sporangiums) gebildet, bei der exogenen von einem Träger abgeschnürt, bei der intercalaren durch einfachen Zerfall einer vegetativen Hyphe erzeugt.

1. Sporangienfruktifikation (endogene Vermehrung). Als Sporangium bezeichnet man bei den Eumyceten eine Pilzzelle, die in ihrem Innern (also endogen) Sporen (daher Endosporen genannt) hervorbringt. Sind die Endosporen membranlos und durch den Besitz von Cilien schwärmfähig, so heißen sie Schwärmsporen, die Sporangien Schwärm- oder Zoosporangien. Schwärmsporangien kommen nur bei einigen an das Wasserleben angepaßten Phykomyceten vor. Bei den niedersten Phykomyceten wird der ganze Thallus oder nur seine äußersten Spitzen in ein Sporangium verwandelt. Bei

[1] KNIEP: Zeitschr. Botanik 1915, 7, 369.
[2] KNOLL: Jahrb. wiss. Botanik 1912, 50, 453.

den höheren Phykomyceten (z. B. bei den hier interessierenden Mucoraceen) entsteht das Sporangium an der Spitze besonderer sich aus dem Mycel erhebender Hyphen (Stiel oder Träger des Sporangiums). Bei der Sporenbildung wird nicht immer das ganze im Sporangium enthaltene Plasma aufgebraucht, sondern es bleibt häufig ein Teil davon zurück, um bei der Ejakulation der Sporen als Quellungsmittel zu wirken.

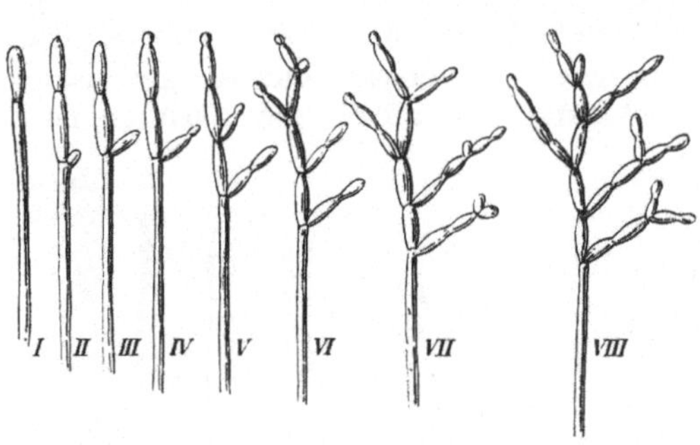

Abb. 69. Conidienträger von Hormodendron cladosporioides in der Ausbildung eines Sproßconidienstandes. (Nach E. Löw.)

Die Kammerungswand, mit der sich das Sporangium vom Träger abgrenzt, ist häufig halbkugel- bis säulenförmig in das Innere des Sporangiums hineingewölbt und wird dann als Columella bezeichnet. Sie bleibt nach dem Aufreißen des Sporangiums zurück, oft von Resten der Sporangienwand an ihrer Basis kragenartig umgeben.

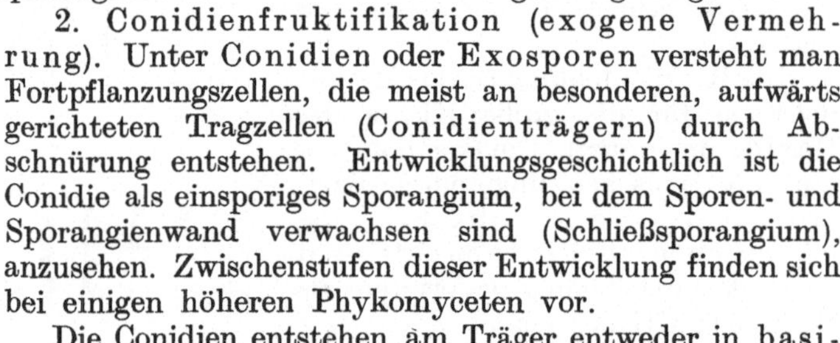

2. Conidienfruktifikation (exogene Vermehrung). Unter Conidien oder Exosporen versteht man Fortpflanzungszellen, die meist an besonderen, aufwärts gerichteten Tragzellen (Conidienträgern) durch Abschnürung entstehen. Entwicklungsgeschichtlich ist die Conidie als einsporiges Sporangium, bei dem Sporen- und Sporangienwand verwachsen sind (Schließsporangium), anzusehen. Zwischenstufen dieser Entwicklung finden sich bei einigen höheren Phykomyceten vor.

Die Conidien entstehen am Träger entweder in basipetaler oder in basifugaler (acropetaler) Folge. Im ersteren Falle (z. B. bei Penicillium und Aspergillus) ist die unterste Conidie, im zweiten (z. B. bei Cladosporium) die oberste die jüngste. Bei der acropetalen Bildung bilden sich die Conidien durch Sprossung. Die Ketten können sich in diesem Falle auch durch seitliche Sprossungen verzweigen, so daß Conidiensproßverbände entstehen. Eine dritte Art der Conidienbildung ist die der Aufteilung des Trägers in basipetaler Folge. Dieser Fall ist seltener (Abb. 68 und 69).

Die Conidien sind anfangs einzellig. Bei vielen Formen werden sie durch Bildung von Scheidewänden auch mehrzellig.

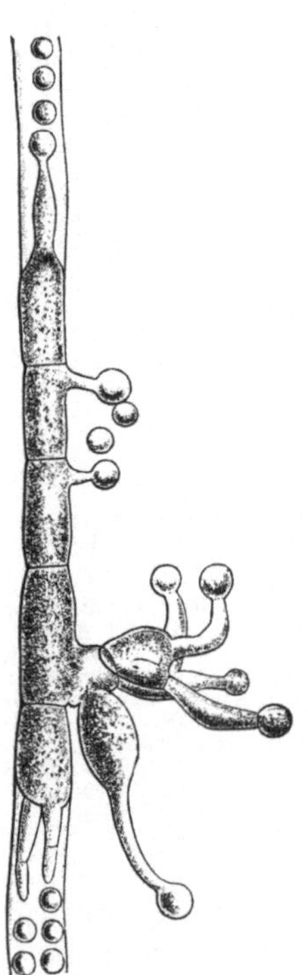
Abb. 70. Durchwachsungserscheinungen bei Botrytis cinerea. (Nach P. Lindner.)

Der Conidienträger ist eine ein- oder mehrzellige unverzweigte oder in verschiedenster Weise verzweigte Hyphe mannigfaltigster Form. Die Conidienträger kommen entweder vereinzelt oder in Verbänden vor. Sie können zu Bündeln (Koremien) zusammentreten, indem sich die Tragzellen der Länge nach zusammenlegen und eine Säule bilden, oder zu Conidienlagern, indem zahlreiche Träger nebeneinander in einem Lager (Hymenium) entstehen, oder sie entstehen in Gehäusen, die als Conidienfrüchte oder Pykniden bezeichnet werden und mit einer Scheitelöffnung zur Entleerung der Conidien versehen sind.

Erwähnt sei an dieser Stelle noch die sog. innere Conidienbildung. Wenn in einem Mycelfaden einzelne Zellen absterben, so treiben zuweilen die angrenzenden gesunden Zellen einen Schlauch in die toten Zellen und bilden dort Conidien. Diese Durchwachsungserscheinungen (Abb. 70) sind z. B. bei Botrytis beobachtet worden.

3. Oidien-, Gemmen- und Chlamydosporenfruktifikation. Den Zerfall von Hyphen in zahlreiche Teilstücke, die der Fortpflanzung dienen, also Sporencharakter haben, bezeichnet man als intercalare Vermehrung. Hierher gehört die Bildung von Oidien (Abb. 71 und 72), die zylindrische Teilstücke darstellen, Kugelzellen und Kugelhefen, von denen bei den letzteren Vermehrung durch Sprossung zu beobachten ist. Während diese Formen vegetativen Charakter haben, da sie sogleich wieder keimen, sind die Chlamydosporen (Abb. 71, 3 und 4) und Gemmen als Ruheformen charakterisiert. Sie entstehen aus Mycelhyphen durch Zusammenziehung des Inhalts unter Ausbildung einer dickeren Membran, sind durch reichlichen Gehalt an Reservestoffen ausgezeichnet und keimen erst nach einem mehr oder minder ausgeprägten Ruhestadium. Bilden sich die Gemmen an einem Hyphenende, so nennt man sie Stielgemmen, bei intercalarer Entstehung in Reihen dagegen Reihengemmen. Erzeugen sie bei der Keimung sofort Fruchtträger und nicht vegetatives Mycel, so bezeichnet man sie als Chlamydosporen. Jedoch werden die Bezeichnungen Gemmen und Chlamydosporen von den einzelnen Autoren in der verschiedensten Weise gebraucht (vgl. auch die Ausführungen im Abschnitt „Phykomyceten“ S. 1635).

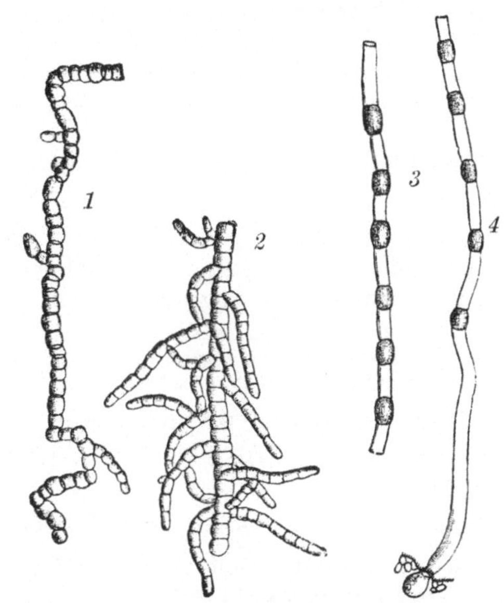

Abb. 71. Chlamydomucor racemosus Brefeld (1. und 2. 120:1; 3. und 4. 80:1). 1. und 2. Mycelstücke, die sich in Oidienketten umgewandelt haben; 3. Hyphe mit 6 Chlamydosporen; 4. Sporangiumträger mit 5 Chlamydosporen. (Nach O. BREFELD.)

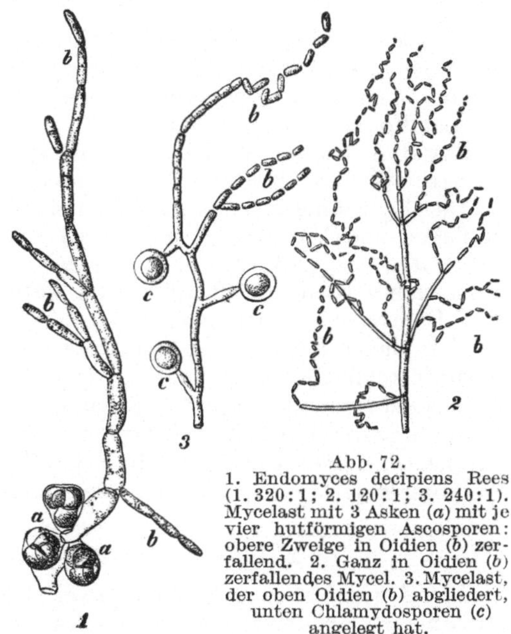

Abb. 72.
1. Endomyces decipiens Rees (1. 320:1; 2. 120:1; 3. 240:1). Mycelast mit 3 Asken (*a*) mit je vier hutförmigen Ascosporen: obere Zweige in Oidien (*b*) zerfallend. 2. Ganz in Oidien (*b*) zerfallendes Mycel. 3. Mycelast, der oben Oidien (*b*) abgliedert, unten Chlamydosporen (*c*) angelegt hat.

Von den vorstehend beschriebenen Fruktifikationsformen erzeugen manche Pilze nur eine (monomorphe), manche mehrere (pleomorphe). Die Zygosporen-, Ascus- und Basidienfruktifikation bezeichnet man im allgemeinen als Haupt-, die Conidien-, Sporangien-, Gemmenfruktifikation als Nebenfruchtformen. Am weitesten verbreitet ist die Conidienfruktifikation, dagegen kommen Sporangien nur bei Phykomyceten vor.

Von vielen Pilzen kennt man zur Zeit nur Conidienfruktifikationen. Sie werden deshalb als Fungi imperfecti bezeichnet. Eine große Zahl von ihnen dürfte zu den Ascomyceten gehören.

2. Einteilung der Eumyceten und Beschreibung der in Lebensmitteln häufigeren Arten.

Die Einteilung der Phyko- und Mycomyceten in Unterabteilungen ist bei den einzelnen Autoren eine verschiedene. Im folgenden soll die von G. LINDAU[1] gegebene Systematik zugrunde gelegt werden.

I. Klasse: *Phykomycetes.*	II. Klasse: *Mycomycetes* (S. 1639).
1. Unterklasse: Oomycetes.	3. Unterklasse: Ascomycetes (S. 1639).
2. Unterklasse: Zygomycetes.	4. Unterklasse: Basidiomycetes (S. 1652).

In LINDAU-ULBRICH[2] findet sich als neueste Einteilung die Aufstellung von vier Klassen: Archimycetes, Phykomycetes, Ascomycetes und Basidiomycetes.

I. Klasse: *Phykomycetes, Algenpilze.*

Mycel unseptiert, nur in älteren Mycelteilen einige Kammerungswände, die den vorderen plasmaführenden Teil gegen den hinteren abgrenzen. Häufig geschlechtliche Fortpflanzung. Befruchtung teils durch verschiedenartige, teils durch gleichartige Zellen. Bei den Wasserformen Schwärmsporangien, bei den Landformen auch Conidien.

1. Unterklasse: *Oomycetes.*

Mycel entweder wenig entwickelt oder häufiger schlauchförmig, verzweigt oder unverzweigt, unseptiert. Geschlechtliche Fortpflanzung durch Oosporenbildung. Meist Wasserformen (außer Perenosporineae); Schwärmsporangien, bei Landformen auch Conidien.

Erwähnt seien aus dieser Unterklasse die Chytridiineae, die Saprolegniineae und die Peronosporineae.

Die Chytridiineae sind sehr einfach organisierte Formen, die meist parasitisch in Tieren und Pflanzen leben und an das Leben im Wasser oder in feuchten Substraten angepaßt sind. Ein Mycel fehlt ganz oder ist nur noch in Andeutungen vorhanden. Fortpflanzung durch Schwärmsporen, die in Sporangien oder Dauersporen entstehen.

Von dieser Reihe interessiert hier nur die die krebsigen Wucherungen an Kartoffelknollen verursachende Chrysophlyctis endobiotica SCHILB.

Aus der Reihe der Saprolegniineae sind einige Wasserbewohner der Gattungen Saprolegnia, Achlya und Leptomitus zu nennen; zur Reihe der Peronosporineae gehören parasitisch in Kartoffelknollen (Phytophthora) und auf Weinbeeren (Plasmopara) lebende Arten (vgl. diese Abschnitte).

2. Unterklasse: *Zygomycetes (Jochpilze).*

Die Zygomyceten zerfallen in zwei Ordnungen: die Mucorineae und die Entomopthorineae, von denen für die Nahrungsmittelmykologie nur die erste von Bedeutung ist. Die Mucorineen besitzen ein reich verzweigtes,

[1] G. LINDAU: Die mikroskopischen Pilze. Berlin 1922.
[2] LINDAU-ULBRICH: Die höheren Pilze, 3. Aufl. Berlin 1930.

unseptiertes, nur in besonderen Fällen septiertes Mycel. Sie sind besonders gekennzeichnet durch die Bildung von Zygosporen (auch Azygosporen), die aber nicht bei allen Formen beobachtet ist. Ferner bilden sie Sporangiensporen, zuweilen Chlamydosporen bzw. Gemmen und kleine Mycelconidien. Zu den Mucorineen gehört eine Reihe der wichtigsten, weitverbreiteten Schimmelpilze, die sog. Köpfchenschimmel; sie bilden die hier allein interessierende Familie der Mucoraceen. Für die Unterscheidung der Mucoraceen-Unterfamilien und -Gattungen diene folgende Übersicht:

Mucoraceae.

Mucorineen mit vielsporigen Sporangien, die stets eine Columella, d. h. ein in das Sporangium vorgewölbtes, mehr oder weniger aufgetriebenes Ende des

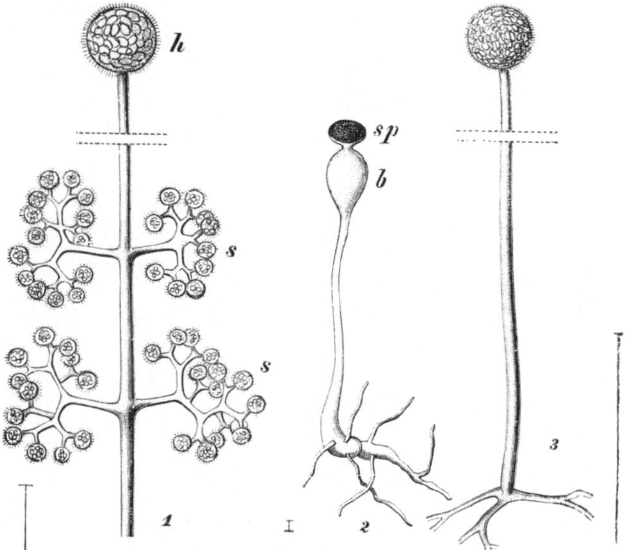

Abb. 73. Sporangienträger der drei Mucoraceen-Unterfamilien (Thamnidieen, Piloboleen, Mucoreen) (1. 130:1; 2. 30:1; 3. 40:1).
1. Thamnidium elegans Link mit einem Hauptsporangium (*h*) und zahlreichen Nebensporangien (Sporangiolen) (*s*); 2. Pilobolus Kleinii v. Tiegh. mit abschleuderbarem schwarzen Sporangium (*sp*) und subsporangioler Blase (*b*); 3. Mucor mucedo (*L*) Bref., wie andere Mucorarten mit einerlei nicht abschleuderbaren Sporangien. (1. und 2. nach BAINIER; 3. nach WEHMER.)

Sporangiumträgers besitzen. Zygosporen nackt oder locker umhüllt. Da die Zygosporen bei vielen Mucoraceen sowie auch die Bedingungen für ihre Entstehung in Kulturen noch wenig bekannt sind, da sie außerdem auch keine besonders kennzeichnenden Merkmale besitzen, so ist für die Einreihung einer unbekannten Form das Vorhandensein eines Sporangiums mit Columella von Wichtigkeit. In den folgenden kurzen Beschreibungen wird daher meist von einer eingehenden Schilderung der Zygosporen Abstand genommen.

1. Unterfamilie: Mucoreae. Nur eine Art vielsporige Sporangien, die sich auf dem Träger durch Verquellen oder Zerbrechen der Membran entleeren.

2. Unterfamilie: Thamnidieae. Zweierlei Sporangien, vielsporige Hauptsporangien, wenigsporige Nebensporangien (Sporangiolen). Öffnung der Hauptsporangien wie bei den Mucoreen. Sporangiolen fallen als Ganzes ab. Die Sporen beider Sporangienarten stimmen überein.

3. Unterfamilie: Piloboleae. Festwandige Sporangien, die ganz mit oder ohne Columella abfallen oder abgeschleudert werden.

Von diesen drei Unterfamilien (Abb. 73) kommt die dritte hier nicht in Betracht.

Von den Gattungen der Mucoreen interessieren hier nur Mucor, Rhizopus, Phykomyces, von denen der Thamnidieen Thamnidium.

Die Gattung Mucor ist durch kugelrunde Sporangien an den Enden einfacher, seltener verzweigter Sporangienträger ausgezeichnet. Die Columella

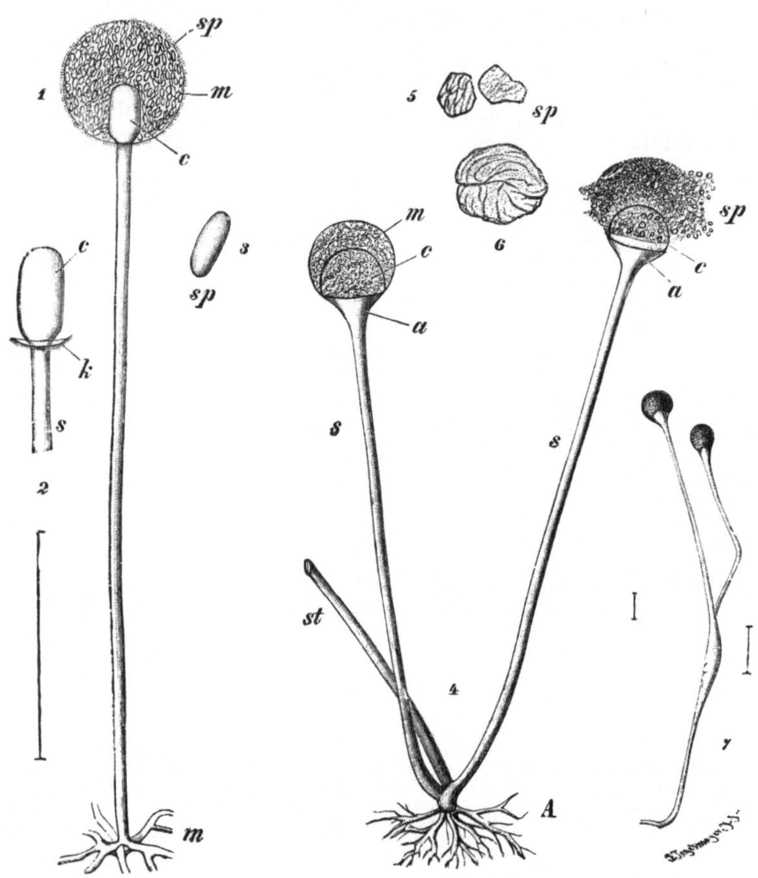

Abb. 74. Sporangienträger und Sporen von Mucor und Rhizopus (1. 50:1; 2. 100:1; 3. 400:1; 4. 50:1; 5. 500:1; 6. 1200:1; 7. 20:1).
1.—3. Mucor Mucedo Bref. mit Columella (*c*), ohne Apophyse und glatten abgerundeten Sporen (3, *sp*). 4.—7. Rhizopus nigricans Ehrenbg. mit einer der Apophyse (*a*) aufsitzenden Columella (*c*), schwach eckigen feingestreiften Sporen (5, 6, *sp*) und zweierlei Sporangienträgern: einfachen (4), der Anheftungsstelle (*A*) des Stolo (*st*) neben Rhizoiden entspringenden und verzweigten (7), direkt dem Mycel entspringenden, aus den nicht gereizten und keine Rhizoiden entwickelnden Stolo hervorgehenden; *m* Sporangiumrand, *k* Kragenrest.
(4. Nach ZOPF; 6. und 7. nach W. VUILLEMIN; das übrige nach WEHMER.)

ist nicht aufsitzend, d. h. die Sporangienwand setzt sich unterhalb der Anschwellung des Stieles an diesen an. Der Träger besitzt keine Apophyse (blasige Erweiterung unter der Columella) und ist nie gabelig oder wirtelig geteilt. Luftmycel (Ausläufer [Stolonen] mit Rhizoiden) fehlend. Epispor glatt. Sporen ellipsoidisch oder kugelig.

Die Gattung Rhizopus (Abb. 74, 4—7) ist von Mucor besonders durch die Rhizoiden tragenden Ausläufer (Stolonen), eckige Sporen mit faltigem Epispor und die der Apophyse aufsitzende Columella ausgezeichnet. Ferner sind die Membranen der vegetativen Hyphen und Sporangienträger meist braun gefärbt, die der Mucorarten farblos. Die Sporangienträger entstehen an den Ausläuferknoten (Anhaftungsstellen) büschelförmig. Zygosporen sind bei Rhizopusarten selten, bei Mucorarten häufiger beobachtet worden.

Die Gattung Phykomyces unterscheidet sich von Mucor nur durch die mit dichotom verzweigten Dornen versehenen Suspensoren der Zygosporen.

Über die bei den Mucoreen öfter auftretenden Chlamydosporen (Gemmen) und Kugelzellen (Abb. 75) sei hier folgendes erwähnt: WEHMER trennt beide scharf, indem er als Chlamydosporen oder Gemmen nur innerhalb des Thallus durch Kontraktion des Plasmas und Bildung einer neuen, meist dicken Haut entstehende einzellige Organe mit Sporencharakter bezeichnet, die unter

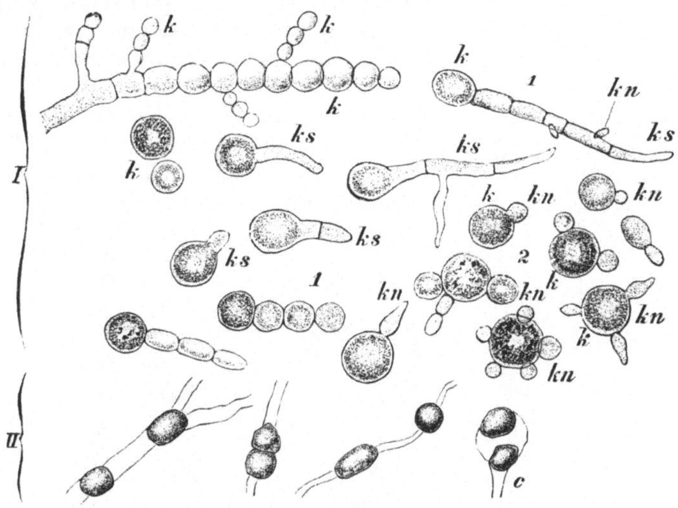

Abb. 75. Kugelzellen, Kugelhefe und Gemmen bei Mucoreen (I. 300:1; II. 250:1). I. Kugelzellbildung bei Mucor javanicus Wehm. im Gärungssaccharometer; 1. Auswachsen zu wieder zerfallenden Keimschläuchen; 2. Knospenbildung (Kugelhefe), *k* Kugelzellen, *ks* Keimschlauch, *kn* Knospen. II. Gemmenbildung bei Mucor plumbeus Bon. (M. spinosus v. Tiegh.) in Hyphen und Columella (c). (Nach WEHMER.)

geeigneten Bedingungen sich zu neuen Mycelien entwickeln. Sie sind an keine bestimmte Form gebunden (oval, kugelig, langgestreckt) und liegen in den entleerten Fäden vereinzelt, auch reihenweise hintereinander. Sie sind normale Bildungen, die hauptsächlich an submersen Mycelteilen auftreten. Die Kugelzellen (auch Oidien oder Reihengemmen genannt) entstehen dagegen durch Zerfall der Hyphen, also wie die Oidien bei Oidium lactis (siehe dort) und ähnlichen Hyphenpilzen. Die Teilstücke bleiben zunächst im Verbande oder zerfallen unter Abrundung und oft starker Volumenvergrößerung. Sie sind nach WEHMER abnorme Bildungen (Septenbildung bei Phykomyceten!), die nur unter ungünstigen Lebensverhältnissen, besonders bei Abschluß des Luftsauerstoffes entstehen. Die Kugelzellen können sofort zu neuen Fäden auswachsen oder nur ihr Volumen vergrößern oder die Membran verdicken und sich so gestaltlich den Gemmen nähern. Falls die Kugelzellen nur eine kurze Knospe treiben, so entsteht die sog. Kugelhefe, die aber nicht mit der Sprossung der Saccharomyceten in Parallele gestellt werden kann. Andere Forscher wie KLÖCKER stellen die Kugelzellen zu den Chlamydosporen. Ein Zusammenhang zwischen Kugelhefe und der bei fast allen Mucoreen beobachteten alkoholischen Gärung besteht nicht, denn die alkoholische Gärung tritt bei Luftzutritt und

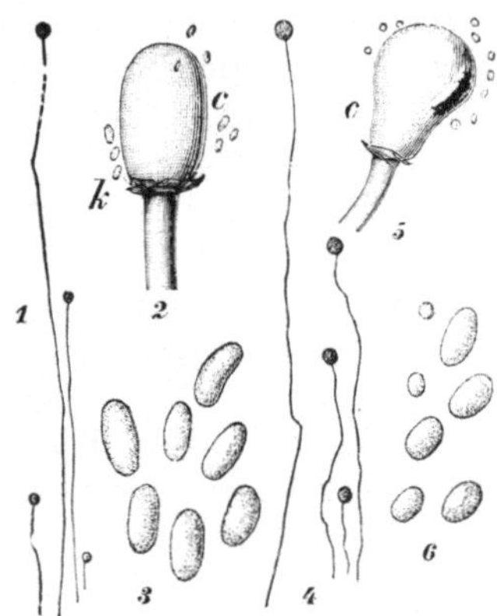

Abb. 76. Monomucor-Arten (2. 100:1; 3. 630:1; 5. 70:1; 6. 700:1). 1.–3. Mucor mucedo (*L*) Brefeld. 4.–6. M. piriformis A. Fischer in natürlicher Größe mit schwach vergrößertem Sporangium; *c* Columella, *k* Kragenrest. 3., 6. Sporen. (Nach WEHMER.)

bei der Entwicklung der Pilze in normalen Fadenmycelien genau so stark ein wie bei Luftabschluß.

Beschreibung der wichtigsten Arten der Gattungen Mucor, Rhizopus, Phykomyces, Thamnidium.

Gattung Mucor. Die Charakterisierung der Mucorarten stößt auf große Schwierigkeiten, da besonders die in erster Linie zur Unterscheidung heranzuziehende Sporangienfruktifikation je nach den Kulturbedingungen auch bei derselben Art die allergrößten Variationen zeigt. Vergleiche mit lebendem, genau bestimmtem Material und Heranziehung physiologischer Merkmale sind unerläßlich. Im folgenden halten wir uns im wesentlichen an die Angaben von WEHMER[1] und JANKE[2]:

Mucor Mucedo (LINNÉ) BREFELD (Abb. 74 u. 76) bildet auf Lebensmitteln hohe, graue Rasen; Sporangienträger unverzweigt, bis 4 cm, zuweilen

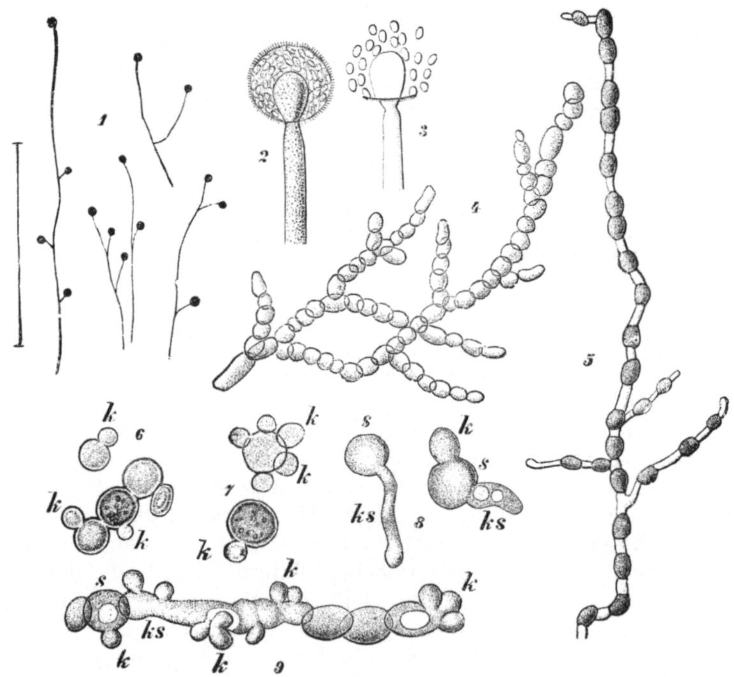

Abb. 77. Mucor racemosus Fresenius (1. 2:1; 2. und 3. 300:1; 4. 120:1; 5. 80:1; 6.–9. 300:1). 1. Sporangienträger; 2. Sporangium; 3. Columella; 4. Kugelzellen (Oidien); 5. Gemmen; 6.–7. sprossende Kugelzellen (Kugelhefe), *k* Knospen; 8. mit Keimschlauch (*ks*) auswachsende Sporen; 9. junge Hyphe, in Zerfall und knospend (*k*). (1. Nach WEHMER; 2.–5. nach BREFELD; 6. und 7. nach PASTEUR; 8. und 9. nach REESS.)

etwa 10 cm hoch, Sporangien kugelig, zuerst orangefarben, dann graubraun, 100—200 μ dick, mit Nädelchen von Calciumoxalat dicht besetzt. Columella

[1] WEHMER: In LAFAR: Handbuch der technischen Mykologie, Bd. 4.
[2] JANKE: Allgemeine technische Mikrobiologie. Dresden 1924.

stark vorgewölbt, zylindrisch, bis 120 μ lang; Sporen ellipsoidisch, nach WEHMER 12—18 μ, zuweilen bis zu 24 μ lang, aber auch merklich kleiner. Bildet keine Gemmen, Kugelzellen und Kugelhefe. Zygosporen schwarz, warzig, feinstachelig (Abb. 65), 90—250 μ, aber auch bis zu 1 mm dick.

Mucor piriformis A. FISCHER (Abb. 76) bewirkt Fäulnis von Obst, zumal von Birnen. Sporangienträger unverzweigt, je nach den Bedingungen einige Millimeter bis zu 8 cm, im Mittel 1—3 cm hoch, gewöhnlich dicht mit feinen Wassertröpfchen bedeckt. Kugelige, bis 400 μ große, im Alter braunschwarze Sporangien. Columella meist birnenförmig, aber auch oval bis kugelig. 80—65:300—280 μ. Sporen meist ellipsoidisch 5—13:4—8 μ. Zygosporen sind nicht bekannt, dagegen Kugelzellen und derbwandige Gemmen. Charakteristisch ist die Bildung eines intensiven Fruchtestergeruches auch in Kulturen.

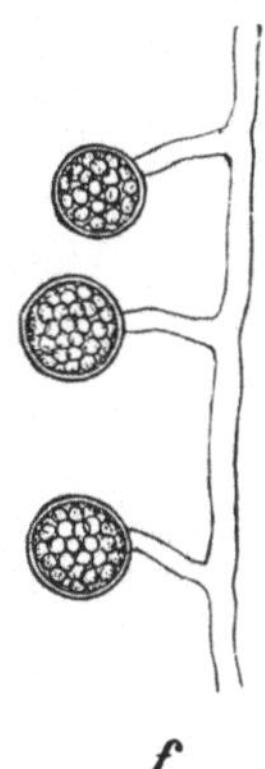

Abb. 78. Mucor racemosus Fresenius (230:1). Drei Sporangien mit durchsichtiger Membran, durch die die Sporen schimmern. (Nach FISCHER.)

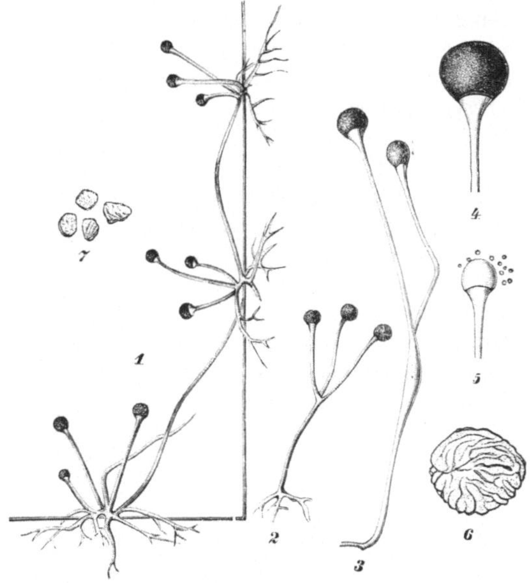

Abb. 79. Rhizopus nigricans Ehrenberg (1. und 2. 8:1; 3. 20:1; 4. und 5. 50:1; 6. 1200:1; 7. 300:1). 1. Stolo, der an einer senkrechten Glaswand Rhizoiden neben unverzweigten Sporangienträgern erzeugt; 2. und 3. verzweigte Sporangienträger direkt aus dem Substratmycel hervorgehend; 4. Sporangium; 5. Columella und Apophyse; 6. eine Spore mit faltigem Epispor; 7. Sporen schwächer vergrößert. (3. und 6. nach VUILLEMIN; das übrige nach WEHMER.)

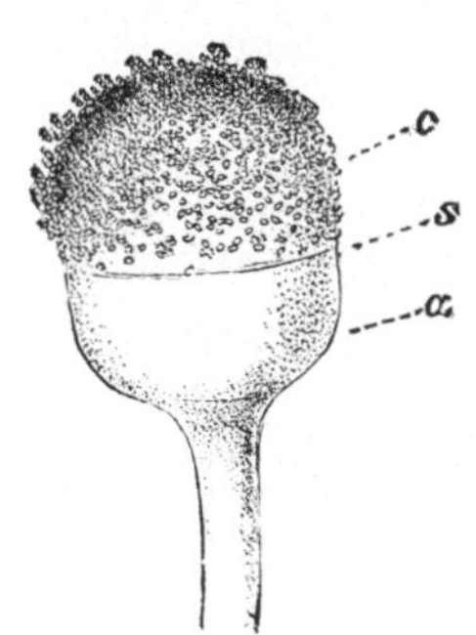

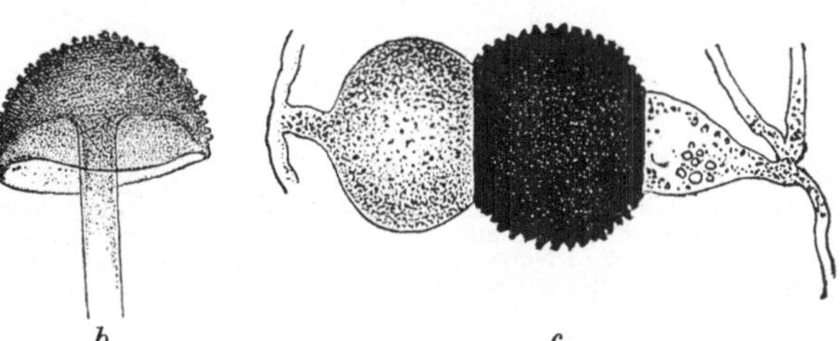

Abb. 80. Rhizopus nigricans Ehrenberg (*a* und *b* 100:1; *c* 90:1). *a* Columella (*c*) mit dem unteren freien Teil (*a*), bei *s* Ansatzstelle der zerflossenen Sporangienwand; *b* zusammengesunkene, hutpilzartige Columella, ebenso wie die vorige mit Sporen bedeckt; *c* reife warzige Zygosporen. (*a* und *b* nach FISCHER; *c* nach DE BARY.)

Mucor racemosus FRESENIUS (Abb. 77 und 78) lebt in grauen bis hellbraunen Rasen auf den verschiedensten pflanzlichen und tierischen Substraten (Brot, Früchten, Milch, Käse). Sporangienträger oft überwiegend unverzweigt, zum Teil cymös oder racemisch verzweigt, 2—3 cm hoch. Sporangien klein, bis zu 50 μ im Durchmesser, gelblich oder bräunlichgelb, mit durchsichtiger, gewöhnlich nicht feinstacheliger Wand. Columella oval bis verkehrt eiförmig, im Mittel 22 μ hoch, 17 μ dick, Sporen glatt, farblos, ellipsoidisch etwa 6:4,2 μ. Zygosporen mit warzigem Exospor, 70—80 μ dick; auch Azygosporen, Gemmen (Chlamydosporen) werden reichlich gebildet. Das untergetauchte Mycel zerfällt bei Luftmangel in zuckerhaltigen Flüssigkeiten in Kugelzellen, die spärlich sprossen. Der Pilz bildet in Zuckerlösungen geringe Mengen Alkohol.

Mucor erectus Bainier ähnelt Mucor racemosus, kommt in 1 cm hohen Rasen auf Vegetabilien vor.

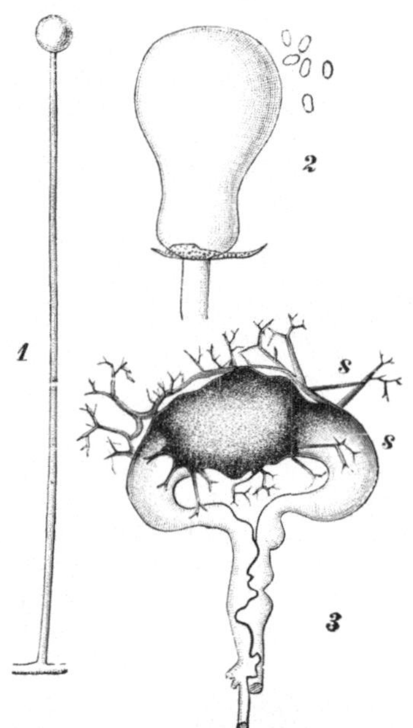

Abb. 81. Phycomyces nitens (Ag.) Kunze (1. 50:1; 2. 85:1; 3. 50:1). 1. Sporangienträger; 2. Columella mit Sporen; 3. Zygospore mit dornigen Suspensoren. (1. Nach Wehmer; 2. nach A. Fischer; 3. nach von Tieghem und Le Monnier.)

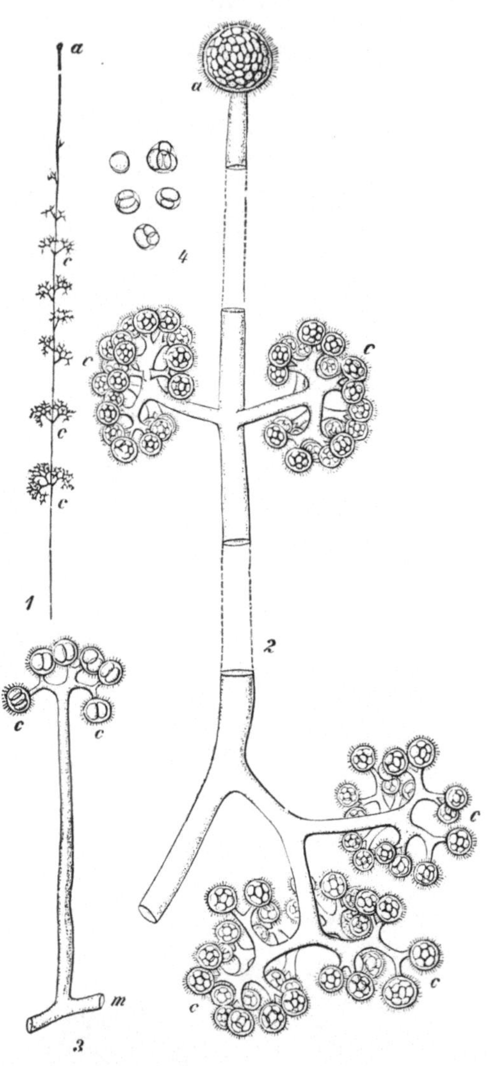

Abb. 82. Thamnidium elegans Link. 1. Sporangienträger, schwach vergrößert (6). 2. Drei Stücke davon stärker vergrößert (120); *a* scheitelständiges Sporangium, *c* Sporangiolen. 3. Verkümmerter Fruchtträger, der nur Sporangiolen trägt (200). 4. Abgelöste Sporangiolen (200). (Nach Brefeld.)

Sporangienträger cymös verzweigt. Sporangien meist 80 μ dick, gelbgrau, durchsichtig, Wandungen glatt. Sporen 5—10:2,5 μ, Columella 40 μ dick. Zygosporen, Azygosporen, Gemmen, Kugelzellen und Kugelhefe bekannt.

Von Mucorarten mit sympodial verzweigten Sporangienträgern seien hier nur die exotischen Arten Mucor Rouxii (Calm.) Wehmer und Mucor javanicus Wehmer erwähnt, von denen der erstere Stärke verzuckert und manche Zuckerarten zu Alkohol vergärt, der letztere nur Zucker vergärt.

Rhizopus nigricans EHRENBERG (Mucor stolonifer EHRENBERG, Abb. 74, 79 und 80), auf Vegetabilien eine der gemeinsten Schimmelformen, bildet spinnwebartige, anfangs weiße Überzüge, die auch an den Gefäßwänden emporklettern. Er ist auch ein Erreger der Fäulnis der Früchte. Sporangienträger 0,5—4 mm hoch, meist an den Spitzen der durch Berührung mit festen Gegenständen gereizten Stolonen büschelig in Gruppen von 2—6, an deren Basis gleichzeitig eine reichliche Rhizoidenentwicklung eintritt. Seltener an der Spitze aufrechter, nicht gereizter, etwa 1 cm hoher Stolonen einzeln oder zu mehreren. Sporangien 100—300 μ dick, zuerst schneeweiß, dann schwarz. Columella der Apophyse breit aufsitzend, sinkt nach Auflösung des Sporangiums regenschirmartig zusammen. Sporen länglichrund, eckig. Größe sehr verschieden angegeben, 6—17 μ (FISCHER), 8—10 μ (WEHMER). Zygosporen kugelig, braunschwarz warzig 160—220 μ dick. Alle Zellwände des Pilzes neigen im Alter zu mehr oder minder starker Braunfärbung.

Die Gattung Rhizopus umfaßt ferner einige hier nicht weiter zu behandelnde technisch wichtige exotische Arten, die Stärke verzuckern und Zucker zu Alkohol vergären.

Phycomyces nitens (Agardh.) KUNZE (Abb. 81) lebt auf Ölkuchen, Brot und anderem und ist an den außerordentlich hohen (bis 30 cm) metallglänzenden, olivfarbenen Sporangienträgern leicht zu erkennen. Sporangienträger unverzweigt 7—30 cm hoch, 50—150 μ dick; Sporangium kugelig 0,05 bis 1 mm dick, schwarz, feinstachelig. Columella breit, birnförmig oder gewölbt zylindrisch, glatt, bis 330:180 μ. Sporen elliptisch, oft abgeflacht, glatt, 16—39:8—15 μ gelblich, in Massen orangefarben. Zygosporen an der Substratoberfläche, schwarz, kugelig, bis 500 μ dick. Ihre Suspensoren mit zahlreichen dunklen, wiederholt gablig geteilten Dornen. Gemmen beobachtet.

Thamnidium elegans LINK (Abb. 82) wächst auf Vegetabilien in hellen, zarten, mucorähnlichen Rasen. Sporangienträger 1 bis mehrere Zentimeter hoch, wirtelig verzweigt, trägt am Ende ein vielsporiges Hauptsporangium mit Columella, an den Seitenästen kleinere, wenigsporige Nebensporangien (Sporangiolen) ohne Columella. Endsporangium kugelig, weiße Columella zylindrisch oder birnförmig. Sporen ellipsoidisch 8—10:6—8 μ. Sporangiolen auf mehrfach dichotom verästelten Seitenzweigen, entweder nur eine kugelige, 5—6 μ dicke, oder mehrere ellipsoidische kleinere Sporen enthaltend. Zygosporen mit dickem schwarzem, flach warzigem Exospor, gelblichem Endospor.

II. Klasse: *Mycomycetes, Scheitelpilze.*

Mycelfäden septiert, Wachstum mit Scheitelzelle.

3. Unterklasse: *Ascomycetes.*

Hauptfruktifikation in Schläuchen (Asci). Als Nebenfruchtform tritt Conidienfruktifikation verschiedener Art auf.

A. Schläuche ganz unverhüllt.
   a) Schläuche noch ohne den typischen Charakter, etwas unregelmäßig in Form und Sporenzahl: 1. Reihe: Haemiascinae.
   b) Schläuche typisch, regelmäßig, einzeln oder in nackten Lagern: 2. Reihe: Exoascineae.

B. Schläuche mit irgendwelcher Umhüllung, daher Fruchtkomplexe, Schlauchfrüchte bildend.
   a) Schläuche im ganzen Fruchtkörper an beliebiger Stelle als seitliche Zweige der Hyphen entstehend. Umhüllung locker fädig oder fast geschlossen. 3. Reihe: Plectascineae.
   b) Schläuche nur am Grunde des geschlossenen Fruchtkörpers (Perithecium) an bestimmten Stellen entstehend. Umhüllung des Fruchtkörpers mehr oder minder kugelig, fest. 4. Reihe: Pyrenomycetes.

c) Schläuche am Grunde des zuletzt weit offenen Fruchtkörpers (Apothecium) oder in einer flachen Schicht von vornherein offen liegend oder Kammern bei unterirdischen Fruchtkörpern auskleidend. 5. Reihe: Discomycetes.

Von den Ascomyceten kommen viele Arten und Formen in Lebensmitteln vor. Im nachstehenden sollen nur die allgemeiner verbreiteten besprochen werden, während die an besondere Lebensmittel angepaßten Arten im speziellen Teil des Handbuches Berücksichtigung finden.

Die Haemiascineae haben für die Lebensmittelbiologie keine Bedeutung. Dagegen interessieren aus der Reihe der Exoascineae hauptsächlich die Saccharomycetaceen, einige Vertreter der Endomycetaceen und aus der Familie der Exoascaceen die Art Taphrina pruni, die Deformationen der Früchte (Narrentaschen) bei Prunus domestica verursacht.

Die Saccharomycetaceen sind Sproßpilze mit Endosporen- und reichlicher Hefenzellbildung. Die Sporenbildung erfolgt im Innern einer Zelle nach vorheriger Kopulation mit einer anderen Zelle oder ohne eine solche. Jede

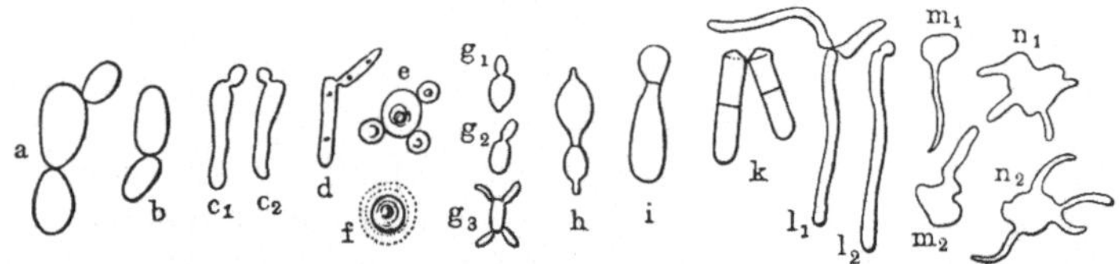

Abb. 83. Die wichtigsten Zellformen der Hefen.
(Aus P. LINDNER: Mikroskopische und biologische Betriebskontrolle in den Gärungsgewerben, 6. Aufl. Berlin 1930.)

Zelle kann als Sporenmutterzelle auftreten. Sporen einzellig, gewöhnlich zu 1—4 in jeder Mutterzelle, selten bis 12.

Die Gattungen lassen sich nur unterscheiden, wenn man ihre Sporenbildung kennt, die meist erst bei besonderer Kultur (vgl. S. 1603) erfolgt.

Die wichtigste Gattung ist Saccharomyces, bei deren Arten zahlreiche Rassen unterschieden werden, die durch bestimmte Gärungsprozesse charakterisiert sind.

Obwohl die Zellformen bei jeder Hefe variieren können, so kommen doch gewisse Formen bei einer Art häufig, bei der anderen weniger häufig oder nur ausnahmsweise vor. Daher haben sich in der praktischen Gärungsbakteriologie für gewisse Zellformen bestimmte Bezeichnungen eingebürgert. LINDNER sagt über die wichtigsten Formen folgendes:

„Für die Kulturhefe ist die eiförmige Zelle als typisch anzusehen (Abb. 83, *a*), für Weinhefe die elliptische (*b*); die Nachgärungshefen haben zumeist elliptische und pastoriane Formen (*b*, c_1, c_2); die Kahmhefen zeigen die Wegweiserform (*d*) häufig. Die Torulaarten besitzen fast nur sehr kleine Zellen (g_1—g_3). Die citronenförmigen Zellen (*h*) sind für Sacch. apiculatus typisch, die flaschen- oder kegelförmigen (*i*) für Sacch. Ludwigii, die oidiumartigen (*k*) für Schizosacch. Pombe und octosporus; die mycelialen (l_1 und l_2) für gewisse Arten, die eine Mittelstellung zwischen Kahm- und Schimmelpilzen einnehmen; die amöboiden Zellen ($m_1 m_2$ und $n_1 n_2$) treffen wir bei roten Hefen, sowie unter bestimmten Verhältnissen auch bei einigen Kulturhefen an.“

Mit KOHL kann man die Hefepilze in 3 Abteilungen bringen, nämlich in Sproßhefen (Saccharomyceten), Spalthefen (Schizosaccharomyceten[1] und

[1] Da von den Spalthefen bisher nur eine Gattung (Schizosaccharomyces) bekannt ist, wird diese vielfach als besondere Gattung der Saccharomyceten geführt (vgl. JANKE, MIGULA u. a.).

hefeähnliche Pilze. Die 3. Abteilung ergibt sich jedoch nicht aus der natürlichen Verwandtschaft der hier in Betracht kommenden Arten, sondern aus praktischen Gesichtspunkten.

I. Saccharomycetes (Sproßhefen). Die Vermehrung erfolgt durch Sprossung, außerdem durch Endosporenbildung. Jede Zelle kann als Sporenmutterzelle (Ascus) auftreten. Sporen einzellig, gewöhnlich zu 1—4, selten bis 12 in einer Mutterzelle enthalten. Typisches Mycel nur bei wenigen Arten vorkommend.

1. Gruppe: Die Zellen bilden in zuckerhaltigen Flüssigkeiten sogleich Bodensatzhefe, und, wenn überhaupt, erst spät eine Kahmhaut von mehr schleimiger Beschaffenheit ohne Lufteinlagerung. Sporen rund oder oval mit glatter, einfacher oder doppelter Haut. Keimung durch Sprossung oder unter Bildung eines Keimschlauches (Promycels). Die meisten Arten rufen Alkoholgärung hervor.
   1. Gattung: Saccharomyces Ress. Die mit einfacher Membran versehenen Sporen keimen durch Sprossung. In den Hautbildungen kommen bei einzelnen Arten auch Mycele mit deutlichen Querwänden vor. Von wichtigen Arten seien genannt: S. cerevisiae Hansen mit runden bis ovalen Zellformen als typische Wuchsgestalt — hierzu gehört eine große Anzahl von Industriehefen —, S. pastorianus Hansen eine untergärige gefährliche Krankheitshefe mit mehr oder weniger wurstförmigen Zellen, S. ellipsoideus Hansen mit vorwiegend elliptischen Zellen.
   2. Gattung: Hansenia Lindner. Charakter im allgemeinen wie bei Saccharomyces, jedoch mit ausgesprochen citronenförmigen Zellen. Hansenia apiculata (Rees) Lindner (Klöckeria apiculata Janke, Saccharomyces apiculatus Hansen). „Apiculatus-Hefe" ist in der Natur weit verbreitet und kommt z. B. auf Beerenfrüchten vor. Vgl. auch unter „Wein".
   3. Gattung: Torulaspora Lindner. Zellen kugelig, torulaartig, mit einem großen Fetttropfen in der Mitte.
   4. Gattung: Zygosaccharomyces Barker. Von Saccharomyces dadurch unterschieden, daß vor der Sporenbildung eine Kopulation zweier Zellen eintritt.
   5. Gattung: Saccharomycodes Hansen. Die mit einfacher Membran versehenen Sporen keimen mit einem Promycel, von dem weitere Vermehrung durch Sprossung mit unvollkommener Abschnürung erfolgt. Mycelbildung mit deutlichen Querwänden.
   6. Gattung: Saccharomycopsis Schiönning. Sporen mit zwei Membranen, im übrigen der vorhergehenden ähnlich.
2. Gruppe: Die Zellen bilden in zuckerhaltigen Nährflüssigkeiten sofort eine Kahmhaut, die infolge Lufteinlagerung trocken und matt aussieht. Sporen verschieden geformt, einfach behäutet, zum Teil mit einer hervorspringenden Leiste versehen, im übrigen glatt. Keimung durch Sprossung. Die meisten Arten sind durch ihre Esterbildung ausgezeichnet, einige rufen keine alkoholische Gärung hervor.
   7. Gattung: Pichia Hansen. Sporen rund, halbkugelig oder unregelmäßig und eckig; keine alkoholische Gärung; Mycelbildung.
   8. Gattung: Willia Hansen. Sporen hut- oder citronenförmig mit hervortretender Leiste. Die meisten Arten sind sehr wirksame Esterbildner, einige vermögen keine alkoholische Gärung hervorzurufen.

II. Schizosaccharomycetes (Spalthefen). Vermehrung nicht durch Sprossung, sondern durch Ausbildung einer Querwand (Abb. 83, *k*), wie bei den Bakterien. Jede vegetative Zelle kann zur Sporenmutterzelle (Ascus) werden; oft tritt zwar Verschmelzung zweier Zellen ein. Durch diese Kopulation entstehen die für die Schizosaccharomyceten charakteristischen Hantel- und Bisquitformen.

Als wichtigste Art sei Schizosaccharomyces Pombe Lindner genannt, aus dem Hirsebier der Neger abgeschieden, von Lindner aber auch in einer Essigmutter aufgefunden (neben Bacterium xylinum). Wegen ihrer kräftigen Alkoholbildung wird die Art in Südamerika in Brennereien verwendet.

III. Saccharomycetenähnliche Pilze. Zu dieser Gruppe lassen sich die hefeähnlichen und den Saccharomyceten nahestehenden Gattungen vereinigen, von denen einige höchstwahrscheinlich unmittelbar von den Saccharomyceten abstammen. In Betracht kommen hauptsächlich die Gattungen Mycoderma, Torula, Monilia, Oidium (Oospora) und Dematium, die in der Regel zu den Fungi imperfecti gerechnet werden.

Hefencharakter haben insbesondere Mycoderma und Torula[1], weshalb sie hier anschließend kurz behandelt seien.

Mycoderma.

Die Mycodermahefen sind sehr luftliebend. Sie wachsen daher an der Oberfläche der Nährflüssigkeiten, wo sie rasch dichte lufthaltige Decken (Kahmhäute) bilden, weshalb man sie auch Kahmhefen nennt. Die Gestalt der Zellen ist vorwiegend gestreckt, aber sehr variabel (Abb. 84a und b; vgl. auch Abb. 48, *5*). Sporenbildung fehlt, ebenso die Fähigkeit, Zucker zu Alkohol zu vergären. Zur Unterscheidung der Arten müssen neben den morphologischen auch physiologische Merkmale herangezogen werden. Die Mycodermahefen sind zum Teil gefährliche Schädlinge, weil sie Alkohol verbrennen und organische Säuren verzehren. Dadurch fallen die Gärprodukte, auf denen sie sich ansiedeln (Wein, Bier, gesäuerte Gemüse), leicht der Fäulnis anheim. Die bekanntesten Arten (bzw. Sammelspezies) sind M. cerevisiae Desm., ein Schädling, der dem Bier einen unangenehmen Geruch und Geschmack verleiht und M. vini Desm., ein gefürchteter Weinschädling. M. cucumerina Aderhold ruft die Kahmhautbildung auf der Brühe saurer Gurken hervor.

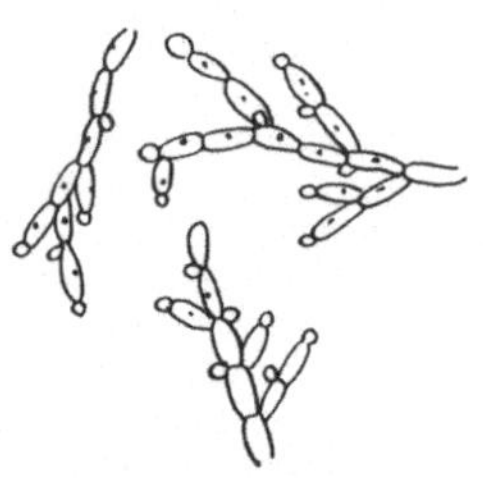

Abb. 84a. Mycoderma aus westpreußischem Heidelbeerwein (540:1). Pastoriane Form der Zellen.

Abb. 84b. Mycoderma aus Rüdesheimer Wein (540:1). Unregelmäßige Zellformen.

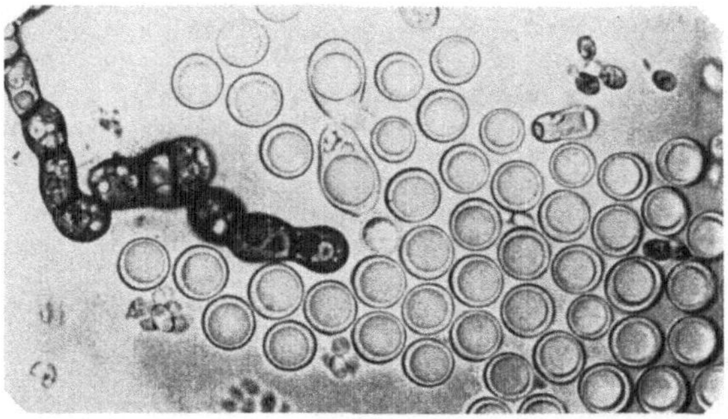

Abb. 85. Torula pulcherrima (mit großen Fetttropfen) und Fadenstück von Dematium pullulans. Von dem klebrigen Belag einer Weinbeere. Adhäsionskultur. Vergr. 1:600. (Aus P. Lindner: Atlas der mikroskopischen Grundlagen der Gärungskunde, 5. Aufl. Berlin: Paul Parey 1909.)

Torula[2].

Als Torulahefen bezeichnet man in der technischen Mykologie hefeartige Organismen mit Sproßmycel aus runden oder ovalen Zellen (vgl. Abb. 48, *3* u. *4*, mit oder ohne Gärvermögen, jedoch ohne die Fähigkeit, endogene Sporen zu bilden.

Die sog. „Torulaceen" sind allgemein verbreitet und entwickeln sich in Nahrungsmitteln sehr häufig, oftmals recht unerwünschte Veränderungen hervorrufend, wie z. B. unangenehme Geruchs- und Geschmacksstoffe oder Schleimbildung in den Gärprodukten. Die weißlichen Beschläge auf Wurstdauerwaren bestehen fast ausschließlich aus Torulaceen. Torulahefen, die rote Farbstoffe bilden, sog. Rosahefen, treten auf Plattenkulturen oft als Verunreinigungen auf.

---

[1] Migula (Kryptogamenflora, Bd. 3, Pilze, 3. Teil, 1. Abt.) stellt beide Gattungen aus diesem Grunde zu den Saccharomyceten, obwohl Sporenbildung bisher nicht beobachtet wurde.

[2] Vgl. Will: In Lafar: Handbuch der technischen Mykologie, Bd. 4.

Die zahlreichen Formen sind meist nicht genügend systematisch charakterisiert. WILL[1] hat späterhin die von ihm beschriebenen und zu den Torulaceen gerechneten Organismen in zwei Gruppen mit den Gattungen Eutorula, Torula[2] und Mycotorula eingeteilt.

Erwähnt sei hier Eutorula pulcherrima (LINDNER) WILL, die auf Weintrauben und Pflaumen gefunden wurde, und zuweilen in Fruchtzubereitungen angetroffen wird. Die Zellen enthalten große Fettkugeln (Abb. 85).

Von den Endomycetaceen wird eine Art, die die Kreidekrankheit des Brotes verursacht (Endomyces fibuliger), im Kapitel über Backwaren behandelt werden.

Plectascineae.

Von größerer allgemeiner Bedeutung ist die in die Reihe der Plectascineae gehörende Gruppe der Aspergillaceen, zu denen eine größere Zahl der häufigst vorkommenden Schimmelpilze gehört und die daher hier eingehender besprochen werden muß.

ED. FISCHER gliedert die Aspergillaceae[3] in 12 Gattungen, von denen uns hier aber nur drei, nämlich Aspergillus, Penicillium und Citromyces (neuerdings von einigen Autoren als Untergattung von Penicillium angesehen) interessieren. Die Unterscheidung derselben erfolgt durch den Bau der Conidienträger; die Ascusfruktifikation ist bei den meisten Spezies noch nichtbekannt. Über die morphologischen Merkmale der genannten Gattungen ist folgendes zu sagen:

1. Aspergillus (MICH.) CORDA (die Gattungen Eurotium LINK und Sterigmatocystis CRAMER werden in diese jetzt meist eingeschlossen). Der Conidienträger ist eine aufrechte, derbe Hyphe, 0,2—4 mm hoch, meist unverzweigt und unseptiert; das Ende ist keulig bis kugelig angeschwollen („Blase"). Die Blase trägt einfache (Aspergillus) oder verzweigte (Sterigmatocystis) kurze Sterigmen, die die Blase unregelmäßig bedecken und an denen die Conidienketten entspringen. Schlauchfrüchte („Perithecien") sind nur von wenigen Arten bekannt, für die auch die Gattungsbezeichnung Eurotium gebräuchlich ist. Die Schlauchfrüchte sind kleine kugelige, lebhaft gefärbte Kapseln, mit zarter einschichtiger oder derber mehrschichtiger Rinde, entweder nackt oder von einer besonderen Hülle („Blasenhülle") umgeben. Die achtsporigen Asci werden entweder sofort oder nach kurzer Ruhepause entwickelt. Die Entwicklung der Früchte erfolgt aus einer oder zwei besonderen oder durch Verwachsung zahlreicher gewöhnlicher Hyphen. Die Conidienrasen sind grün, gelb, rötlichbraun, schwarzbraun, weiß.

2. Penicillium LINK. Der Conidienträger ist eine zarte, septierte, vielzellige, gegen die Spitze alternierend oder wirtelig verzweigte Hyphe, ohne Blase, stets unter 1 mm hoch.

An den Enden der Träger finden sich in büschelförmiger Anordnung einfache Sterigmen, an denen die Conidienketten entstehen. Die Schlauchfrüchte sind zart oder derb, mit oder ohne Hülle, mit kontinuierlicher Entwicklung oder Ruheperiode, oder auch steril; sie entstehen gewöhnlich wohl aus der Verwachsung gleichartiger Hyphen. Die Conidienrasen sind meist grün, seltener weiß, rötlich, bräunlichgelb, braun.

---

[1] WILL: Zentralbl. Bakteriol. II. Abt., 1916, **46**, 226f.

[2] JANKE (Allgemeine technische Mikrobiologie, S. 244—246) führt hierfür die Gattungen Eutorulopsis und Torulopsis ein, da die Bezeichnung „Torula" im Sinne HANSENS aus Prioritätsgründen zu streichen ist.

[3] Eine sehr eingehende Darstellung der Aspergillaceen gibt WEHMER in LAFAR: Handbuch der technischen Mykologie, Bd. 4. Über neuere Systematik der Aspergillaceen und Bearbeitung der Gattung Aspergillus vgl. A. BLOCHWITZ: Ann. mycologici 1929, **27**, 185 bis 240.

3. Citromyces WEHMER. Zarte, zumeist unverzweigte, am Ende nicht oder wenig angeschwollene Conidienträger, die direkt ein Sterigmenbüschel tragen, normal nicht septiert. Die Conidien sind an den einfachen, wirtelig um die Spitze des Trägers aufwärts gebogenen Sterigmen in langen Ketten angeordnet. Conidienrasen grün. Schlauchfrüchte nur bei einer Art bekannt.

Für die Speziesunterscheidung hat man nach WEHMER bei den Gattungen Aspergillus und Penicillium zu berücksichtigen: die Farbe der jungen Pilzdecken, Größe und Aufbau des Conidienträgers, Gestalt und Größe der Conidien, auch physiologische Merkmale, wie Ernährungs- und Temperaturansprüche (Optimum), Wachstumsenergie, Enzymbildung, natürlich auch die etwaige Bildung von Ascusfrüchten.

Gattung Aspergillus.

a) Aspergillus-Arten mit unverzweigten Sterigmen.

Aspergillus glaucus LINK (Eurotium Aspergillus glaucus DE BARY, Eurotium herbariorum LINK, Eurotium repens) ist einer der häufigsten in grünen Rasen

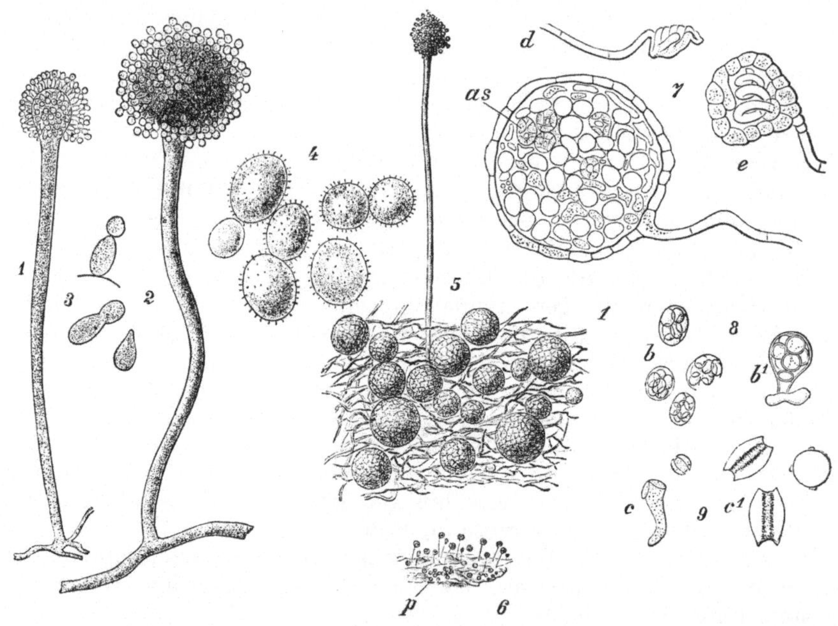

Abb. 86. Aspergillus glaucus (1. und 2. 50:1; 5. 30:1; 7. 170:1; 8. 250:1; 9. c¹ 700:1). 1. und 2. Conidienträger; 3. Sterigmen; 4. Conidien; in 5. ein Stück Myceldecke mit aufliegenden Perithecien und einem Conidienträger; bei 6. dasselbe in ungefähr natürlicher Größe (*p* Perithecien); 7. Perithecienquerschnitt mit jungen Asci (*as*) und erste Entwicklungsstadien (*d* und *e* Eurotium-Schraube, die schraubig gewundene askogene Hyphe); 8. isolierte Asci; 9. freiliegende Sporen, bei *c* keimend. (1., 7., 8., 9. (z. T.) nach DE BARY, das übrige nach WEHMER.)

auf Brot, eingemachten Früchten usw. wachsenden Schimmelpilze (Abb. 86). Die anfangs hellgrünen bis spangrünen Rasen werden später graugrün bis graubraun, gleichzeitig färbt sich das Mycel hellgelb bis rostbraun. Wachstumsoptimum bei etwa 25°.

Conidienträger 1—2 mm hoch. Blase nicht scharf vom Stiel abgesetzt, kugelig bis kolbig, etwa 60 μ im Durchmesser, mit unverzweigten, sehr kurzen, gedrungenen Sterigmen (bis 14:7 μ) allseitig besetzt. Conidien feinstachelig, 7—10 μ im Durchmesser, kugelig oder schwach gestreckt. Schlauchfrüchte

(„Perithecien") zahlreich, erst citronengelbe, später braune Kapseln von 100 bis 250 μ Durchmesser, mit zarter, einschichtiger Wandung und zahlreichen kugelig-ovalen Asci. Jeder Ascus enthält 5—8 farblose ellipsoide Sporen mit Längsfurche, 7—10 μ lang, 5—8 μ breit.

Aspergillus flavus Link (Abb. 87). Bildet gelbgrüne, in älteren Kulturen olivbraune Decken. Hat zum Unterschied von A. glaucus das Wachstumsoptimum bei 37°. Kommt seltener als A. glaucus, aber doch häufig auf allen möglichen Substraten, z. B. auf Futtermitteln vor. Blase kugelig bis keulig. 10—30 oder 40 μ im Durchmesser, selten scharf vom hellen warzigen Stiele

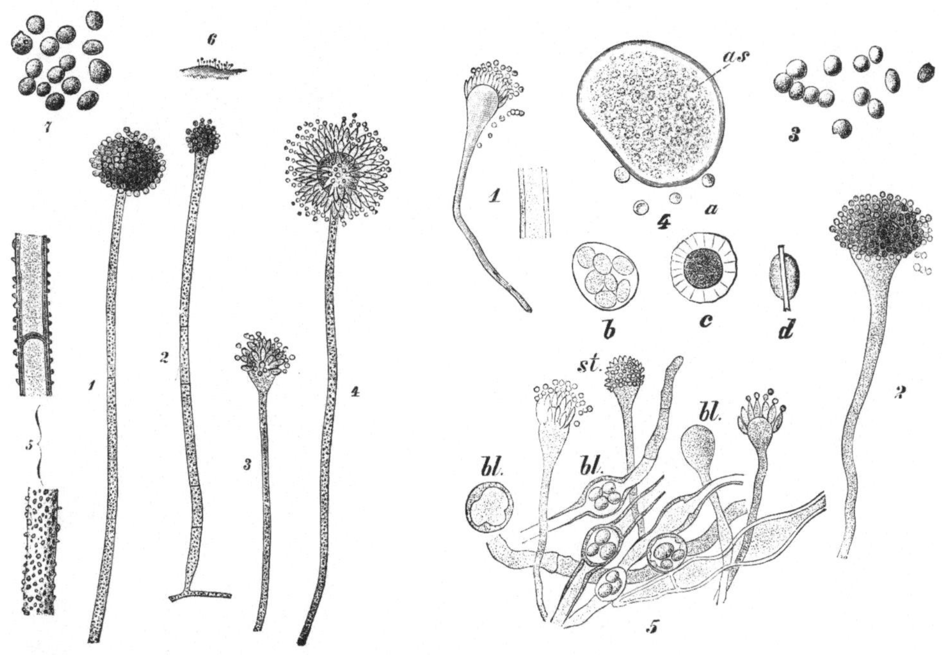

Abb. 87. Abb. 88.

Abb. 87. Aspergillus flavus Link (1.—4. 140:1; 5. 400:1; 7. 500:1.)
1.—4. Conidienträger mit kugeliger bis keuliger Blase und unverzweigten Sterigmen; 5. die Außenwand des oft septierten Stieles durch farblose Körnchen rauh; 6. Conidienrasen (etwa 2:1); 7. Conidien. (Nach Wehmer.)

Abb. 88. Aspergillus fumigatus Fresenius
(1., 2. und 5. 140:1; 3. 1000:1; 4. *a* 70:1; 4. *b* 719:1; 4. *e* und 4. *d* 2250:1).
1. und 2. keulige Conidienträger (bei 1. im optischen Durchschnitt. 3. Conidien; 4. Ascus und Ascosporen; *as* asci; *b* isolierter Ascus; *c*, *d* Sporen mit Hautrand von oben (*c*) und von der Seite (*d*) gesehen. 5. Eigenartig blasig angeschwollene Hyphen (*bl*) neben Conidienträgern aus einer Decke. (4. *a*—*d* nach Grijns, das übrige nach Wehmer.)

abgesetzt, unverzweigte oder verzweigte schlanke Sterigmen (20:6), große, meist unregelmäßige, kugelige bis birnförmige glatte, seltener feinkörnige Conidien von 5—6 μ Durchmesser. Kleine, knollige, schwarze Sklerotien, die steril bleiben.

Nahe verwandt mit dieser Art sind die exotischen A. orycae und A. Wentii.

Aspergillus oryzae (Ahlb.) Cohn spielt bei der Herstellung des japanischen Reisbieres eine Rolle. Der neben zahlreichen anderen Fermenten auch ein diastatisches Ferment erzeugende Pilz wird für bestimmte Zwecke der Lebensmittelindustrie auf Kleie kultiviert, jetzt auch bei uns in den Handel gebracht (Protozyme und ähnliche Präparate, die z. B. als Klärungsenzym Verwendung finden).

Der nahe verwandte Aspergillus Wentii Wehmer wird in Ostasien neben A. oryzae für die Sojabereitung benutzt.

Aspergillus fumigatus FRESENIUS (Abb. 88), ebenfalls eine Art mit hohem Wachstumsoptimum (37—40°). Daher wie A. flavus auch pathogen. Zuweilen auch auf Pflanzenteilen und Gebrauchsgegenständen. Grüne bis graugrüne Rasen, bald grau oder braun werdend. Conidienträger klein (0,1—0,3 mm hoch), mit keuliger Blase (10—20 μ dick), kuppenständigen, schlanken, einfachen Sterigmen 6—15 μ und sehr kleinen (2—3 μ im Durchmesser) kugeligen Conidien. Schlauchfrüchte mit Blasenhülle.

Aspergillus clavatus DESMANÈRES (Abb. 89). Bildet auf Vegetabilien grüne bis bläulich-grüne Decken. Blase anfangs langgestreckt (150:35 μ), später der

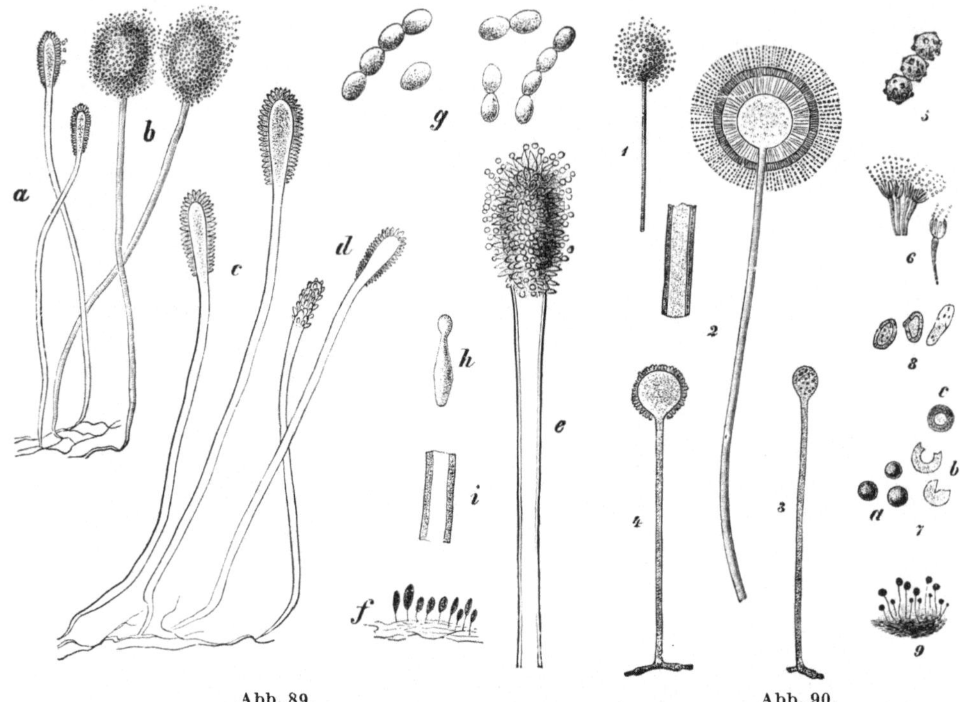

Abb. 89. Abb. 90.

Abb. 89. Aspergillus clavatus (*a* und *b* 30:1; *c* und *d* 60:1; *e* 120:1; *g* und *h* 1000:1). *a, b, c, d, e* Conidienträger in verschiedenen Entwicklungsstadien mit langkeuliger Blase und einfachen Sterigmen, bei *c* im optischen Durchschnitt, bei *e* Beginn der Conidienbildung; *f* schwach vergrößerter Rasen; *g* Conidien; *h* Sterigma; *i* Stieldurchschnitt. (Nach WEHMER.)

Abb. 90. Aspergillus niger (1.–4. 40:1; 5. 1000:1; 6. 154:1; 7. natürl. Größe; 9. 2:1). 1. und 2. Conidienträger (bei 2. optischer Durchschnitt, halb schematisch); 3. und 4. junge Träger vor und bei beginnender Sterigmenbildung; 5. Conidien; 6. Sterigmen; 7. Sklerotien, nach resultatlosem Keimversuch (bei *b*) zerfallen; 8. derbrandige getüpfelte Zellen des zerfallenen Sklerotieninnern; 9. Conidienrasen. (Nach WEHMER.)

Kugelform sich nähernd. Sterigmen einfach kegelförmig (8:3 μ), Conidien in langen Ketten, oval, glatt (3—4,5:3 μ).

b) Aspergillus-Arten mit verzweigten Sterigmen.

Aspergillus niger VAN TIEGHEM (Sterigmatocystis antacustica CRAMER, St. nigra) (Abb. 90). Kenntlich an den braunschwarzen Rasen mit einige Millimeter hohen starren Trägern. Blase kugelig, vom Träger scharf abgesetzt (etwa 80 μ im Durchmesser), schlanke primäre Sterigmen (26:4,5 μ) mit je 3—4 sekundären Sterigmen (8:3 μ), Conidien dunkel, kugelig, glatt bis warzig (3—4 μ im Durchmesser). Gelbliche Sklerotien immer ohne Ascusentwicklung.

Auf sauren Substraten (Gerbsäurelösungen, Fruchtsäurelösungen) häufig; produziert auf tanninhaltigen Nährböden ein das Tannin in Gallussäure und Glucose spaltendes Enzym (Tannase); verursacht unter anderem auch den „Pfropfengeschmack" am Kork.

Aspergillus candidus PERS. wächst auf verdorbenen Vegetabilien verschiedenster Art in weißen, später gelblichen bis bräunlich verfärbten Decken.

Conidienträger nach WEHMER (A. candidus I WEHMER) in zwei Formen. Die eine entspricht im Aufbau der des A. niger, die andere ist einfacher gebaut, hat unverzweigte Sterigmen und ist kleiner. Wachstumsoptimum 20—24°. Conidien nicht ellipsoidisch.

Eine als Aspergillus albus bezeichnete Art kommt nach LINDNER regelmäßig auf dem von der Kornmotte befallenen Getreide vor.

Gattung Penicillium (Pinselschimmel).

Penicillium glaucum (LINK) BREFELD (P. crustaceum FRIES ?) (Abb. 91). Sammelname für zahlreiche, in grünen Rasen wachsende, sehr ähnliche, weit verbreitete Arten, die einer eingehenden Untersuchung noch harren. Bau des Conidienträgers, Maße der Conidien sind bei diesen Arten außerordentlich ähnlich. Was die einzelnen Autoren vor sich gehabt haben, ist nicht mehr festzustellen. Die Conidiengröße schwankt zwischen 2—3:3,8—4,3 μ. Die Sporen benetzen sich schwer mit Wasser (Fettgehalt) und schwimmen als trockener Staub auf der Oberfläche wäßriger Flüssigkeiten, während Alkohol sie sofort benetzt. Die von BREFELD beschriebene Art hat glatte kugelige Conidien, die in langen zusammenhängenden Ketten auf zugespitzten 8—13 μ langen, 3—4 μ dicken Sterigmen stehen. Conidienträger in der Verzweigung sehr variabel, 0,2—0,4 mm hoch, jeder Zweig mit einem Büschel (bis 12) Sterigmen besetzt, die gewöhnlich kürzer als ihre Tragzellen sind. Unter bestimmten Bedingungen entstehen Sklerotien, die nach einer Ruheperiode zur Ascusbildung schreiten.

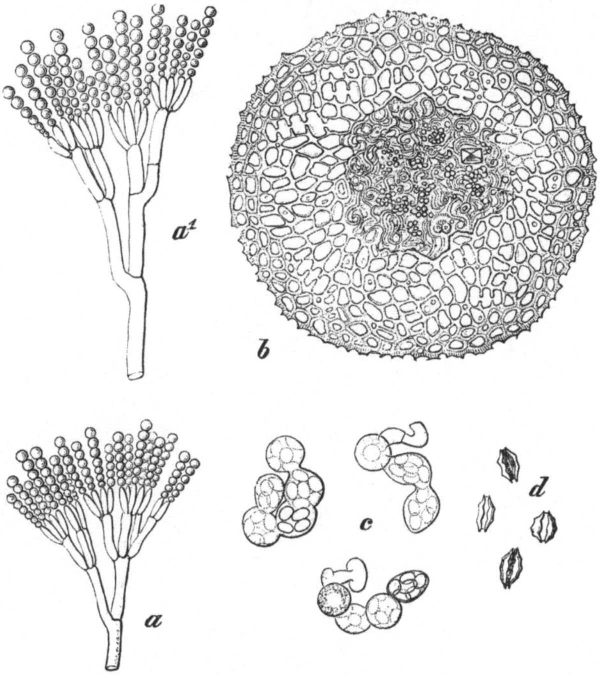

Abb. 91. Penicillium glaucum (a 315:1; b 150:1; c 630:1; d 800:1).
a, a¹ Conidienträger mit verschiedenartiger Verzweigung; b Ascusfrucht mit reifenden Ascis; c isolierte Asci in Sporenbildung betroffen; d Sporen von der Seite gesehen. (Nach BREFELD.)

THOM hat einige in Käsen gefundene Arten genauer beschrieben, die sich von P. glaucum BREFELD deutlich unterscheiden, so P. roquefortii THOM im Roquefortkäse und P. Camemberti im Camembert vorkommend.

Penicillium luteum ZUKAL (Abb. 92) wächst in grünen Decken auf Früchten, an denen es Fäule hervorruft, sowie auf anderen sauren Nährmedien. Die sterilen Mycelien sind oft an der leuchtend gelben Färbung kenntlich. Die Conidienträger zeigen Neigung zur Wirtelbildung. Die Sterigmen sind relativ länger als bei anderen Arten, mehr zugespitzt, die kleinen Conidien deutlich gestreckt (2,3—3:1,4—2 μ), glatt, zart, mattgrau, gehäuft bräunlichgrün. Häufig Koremienbildung; Ascusfrüchte häufig, citronengelbe bis goldgelbe, im Alter dunkel orangefarbene, schließlich mißfarbige, zarthäutige Gebilde (1–2 mm).

Penicillium italicum Wehmer (Abb. 93) kommt nur auf Südfrüchten in grünen, bläulich-grau getönten Decken vor. Es verursacht eine schnell um sich greifende Fäulnis dieser Früchte. Der Bau des Conidienträgers entspricht dem von P. glaucum Brefeld. Nur sind die Conidien ellipsoidisch.

Die etwa 0,25 mm langen Träger zeigen 2—3 ungleich hoch angesetzte, aufrecht gerichtete Seitenzweige, die wie die Hauptzweige mit einem Sterigmenbüschel abschließen. Die ellipsoidischen Conidien hängen zunächst wie die Zellen einer dicht septierten Hyphe fest zusammen, runden sich aber später ab (4 bis 5:3 μ). Der Pilz erzeugt kleine, braune, sterile Sklerotien.

Penicillium olivaceum Wehmer (P. digitatum Sacc.) (Abb. 94) tritt wie die vorige

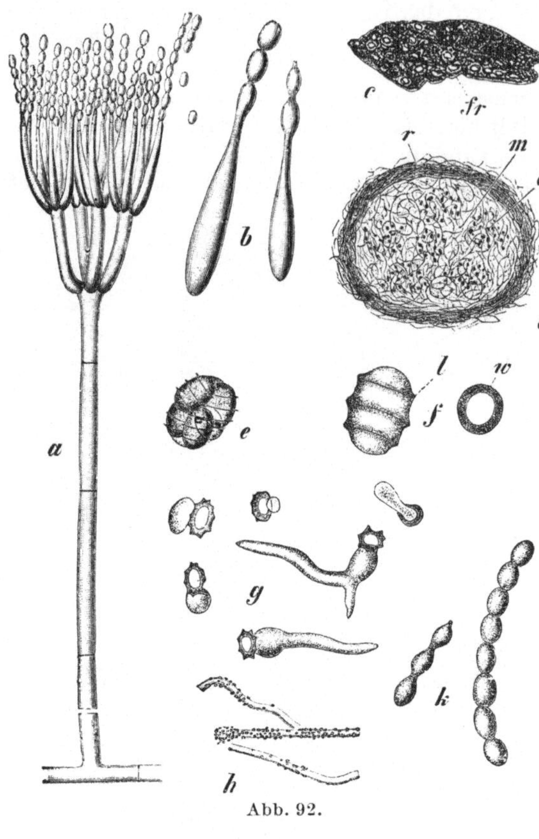

Abb. 92.

Abb. 92. Penicillium luteum (a 1000:1; b 2000:1; d 15:1; e 1200:1: f 2400:1; g 900:1; h 500:1; k 2000:1). a Typischer Conidienträger; b Sterigmen; k Conidien; c Ascusfrüchte auf der Pilzdecke (natürl. Größe); d eine solche im Querschnitt mit Mark (m), Rinde (r) und Ascusgruppen (a); e freier Ascus; f Sporen von der Seite und im Querschnitt mit tonnenbandartigen Leisten (l, w); g Ascosporenkeimung; h Hyphen mit gelben Körnchen. (Nach Wehmer.)

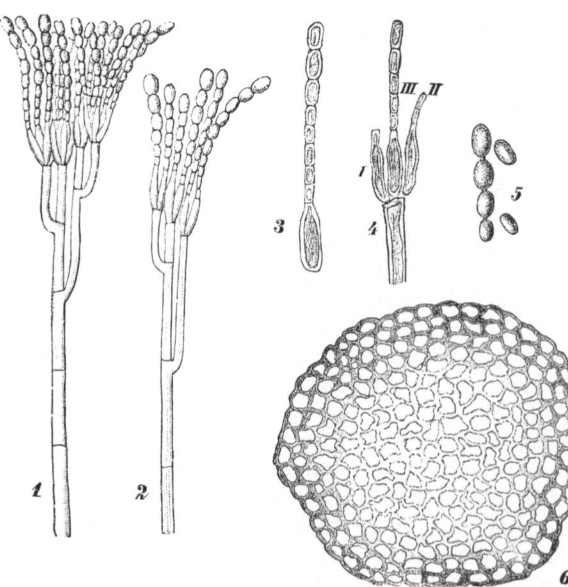

Abb. 93.

Abb. 93. Penicillium italicum (1. und 2. 400:1; 3. und 4. 600:1; 5. 700:1; 6. 90:1). 1. und 2. Conidienträger; 3. und 4. Sterigmen; 5. Conidien; 6. Querschnitt durch ein älteres Sklerotium, die gefärbten Rindenschichten stärker schattiert. (Nach Wehmer.)

Art auf faulenden Südfrüchten, zuweilen auch auf heimischem Obst auf. Rasen braungrün. Keine bestimmte Verzweigung der Conidienträger. Conidien ellipsoidisch (6—7:4 μ). Eine Reihe anderer auf Südfrüchten vorkommender Penicilliumarten ist von WEIDEMANN[1] beschrieben worden.

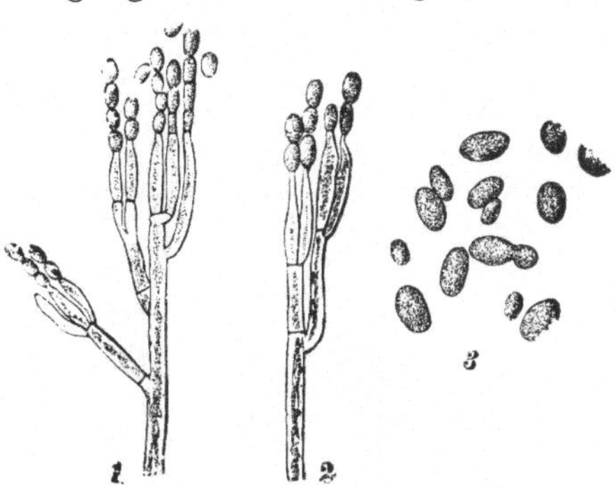

Abb. 94. Penicillium olivaceum (1. und 2. 400:1; 3. 500:1). 1. und 2. Conidienträger; 3. Conidien. (Nach WEHMER.)

Penicillium brevicaule SACCARDO (Scopulariopsis brevicaule BAINIER) (Abb. 95) ist auf moderigem Papier, altem Pferdedünger und in der Luft gefunden und zum Nachweis von Arsen empfohlen worden, weil es mit Spuren Arsen stark riechendes Diäthylarsin bildet. Bräunlich-gelbe bis braune Decken. Conidienträger zart und klein, unregelmäßig verzweigt mit spärlichen Ästen und ziemlich langen Sterigmen. Conidien nach STOLL in zwei Formen: kugelig (6,5 μ Durchmesser) oder birnförmig (10:6 μ). SACCARDO gibt kugelige warzige Conidien an. Nach WEHMER ist die Conidienform variabel, sowohl länglich, wie kugelig, glatt wie feinstachelig und warzig, bei typischer Ausbildung in gutem Nährsubstrat jedoch kugelig, warzig mit breitem Stielansatz (6,8—9,2:5,7 bis 6,8 μ). Wachstumsoptimum bei 25—30°. Nach HENNEBERG[2],

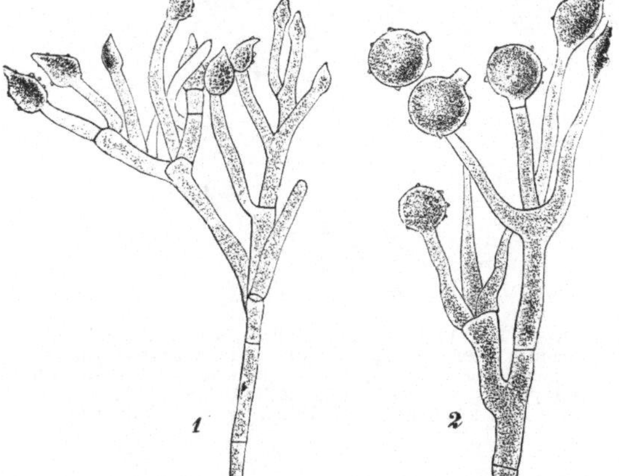

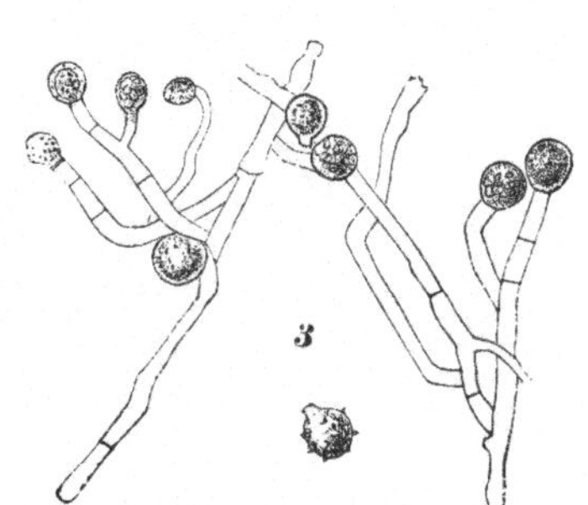

Abb. 95. Penicillium brevicaule (1. und 2. 500:1 bzw. 800:1; 3. 400:1). 1. und 2. Conidienbildung an besonderen Trägern sowie direkt am Mycel (3), erstere von Würzegelatine, letzteres von Nähragar; Conidienträger 1 mit nur jüngeren gestreckten Conidien, 2. mit reifen und drei jüngeren Conidien. (Nach WEHMER.)

der P. brevicaule häufig auf der Oberfläche verschiedener Käsesorten festgestellt hat, handelt es sich um eine Gruppe sehr ähnlicher Arten oder Rassen.

Gattung Citromyces.

Zur Gattung Citromyces (WEHMER) gehören einige Formen, von denen sich verschiedene physiologisch durch starke Vergärung von Zucker zu Citronensäure auszeichnen. Wachstumsoptimum ziemlich niedrig (etwa 20°).

Citromyces Pfefferianus WEHMER (Abb. 96) wächst auf sauren Früchten und Nährlösungen in grünen Schimmeldecken, die makroskopisch nicht von

[1] WEIDEMANN: Zentralbl. Bakteriol. II. Abt., 1907, **19**, 675.
[2] HENNEBERG u. KNIEFALL: Milchw. Forsch. 1932, **13**, 520—529.

Penicillium glaucum zu unterscheiden sind. Conidienträger zart, kaum 70 μ hoch, Blase 4—8 μ dick; Sterigmen (9—14:3 μ) quirlig angeordnet. Conidien kugelig (2,3—2,8 μ im Durchmesser).

Aus der Reihe der Plectascineae ist weiter die zu den Elaphomyceten gehörende Hirschtrüffel (Elaphomyces cervinus Pers.) zu erwähnen, die in gemahlenem Zustande hin und wieder Lebensmitteln als vermeintliches

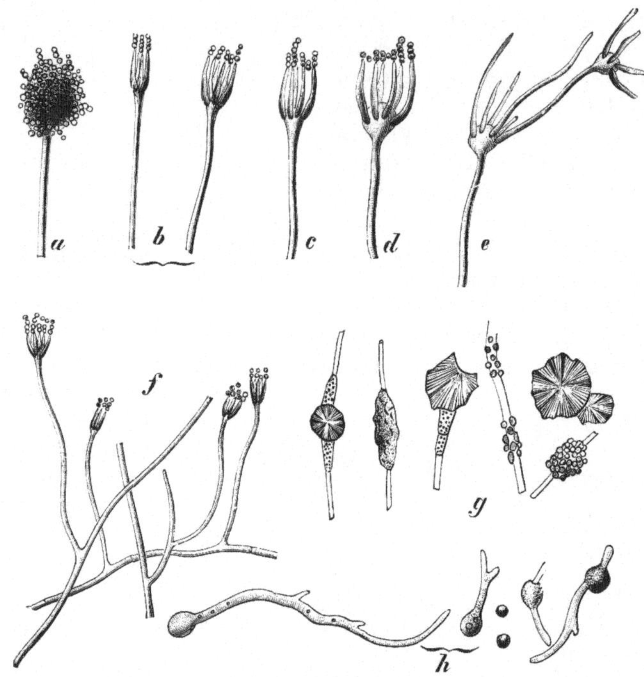

Abb. 96. Citromyces Pfefferianus (a—e 400:1; f 240:1; g 400:1; h 600:1). a—f Conidienträger; bei b—d nach Abpräparieren der Conidienmassen die variable Blase mit einfachen Sterigmen zeigend; e Mißbildung (ein zu einem neuen Träger auswachsendes Sterigma): bei f Conidienträger schwächer vergrößert; g Hyphen des Pilzes aus kalkhaltiger Nährlösung mit ansitzenden Calciumcitratbildungen; h reife und keimende Conidien. (Nach Wehmer.)

Aphrodisiacum zugesetzt wird. Sie ist ausgezeichnet durch kugelige, undurchsichtige, schwarze Sporen (28—32 μ), deren Oberfläche uneben erscheint.

Zwei zu den Terfeziaceen gehörende Arten (Choiromyces maeandriformis und Terfezia leonis) finden im Abschnitt „Speisepilze“ Erwähnung.

4. Reihe: Pyrenomycetes.

Zu der großen Reihe der Pyrenomycetes gehören eine Anzahl auf Nahrungsmitteln lebende Pilze, die aber zum größten Teil bei den einzelnen Lebensmitteln besprochen werden sollen. Lindau teilt die Pyrenomycetes folgendermaßen ein:

I. Perithecium mehr oder weniger kugelig, geschlossen bleibend, schwarz. 1. Unterreihe Perisporiineae.

II. Perithecium mehr oder minder kugelig, oft schnabelartig ausgezogen, an der Spitze mit Loch sich öffnend

α) Perithecienwandung weich, hell gefärbt. Mit oder ohne Stroma. 2. Unterreihe Hypocreineae.

β) Perithecienwandung sich vom Gewebe des Stromas nicht abhebend.
Asken mehrere in den Loculi. 3. Unterreihe Dothideineae.
Ascus einzeln und allein in jedem Loculus. 4. Unterreihe Pseudosphaeriineae.

γ) Perithecienwandung stets typisch ausgebildet, schwarz, ledrig bis brüchig kohlig. Mit oder ohne Stroma. 5. Unterreihe Sphaeriineae.

III. Perithecien länglich, strichförmig oder senkrecht abstehend, muschel- oder stäbchenförmig, sich am Scheitel mit Längsriß öffnend, schwarz. 6. Unterreihe Hysteriineae.

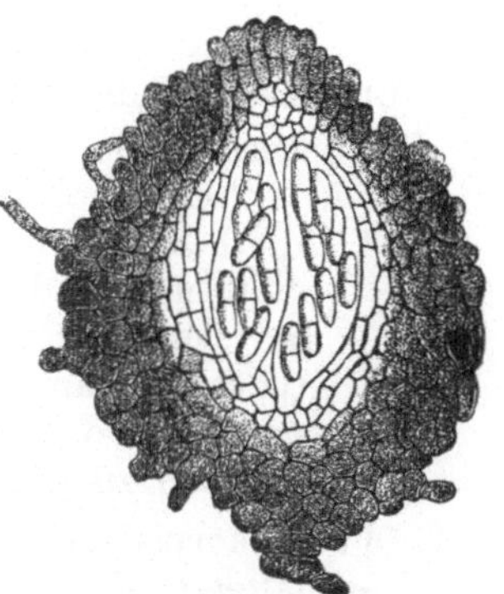

Abb. 97. Mycosphaerella Tulasnei E. JANCZEWSKI (325:1). Längsschnitt durch ein Perithecium. (Nach JANCZEWSKI.)

Von den Perisporiineae kommen hier einige Erisypheen in Betracht, wie z. B. Uncinula necator BURR., deren Conidienform Oidium Tuckeri am Weinstock den „echten Mehtau" hervorruft. Von den Hypocreineae sind zu nennen die Gattungen Fusarium (vielfach Conidienfruchtform von Nectria-Arten, vgl. auch unter Fungi imperfecti) und Claviceps (vgl. unter Getreide), von den Sphaeriineae die Gattungen Mycosphaerella, Pleospora, Leptosphaeria, Venturia (über letztere siehe unter Obstkrankheiten). Von diesen sei hier nur die zu den häufigeren Schimmelpilzen gehörige Art Mycosphaerella Tulasnei noch beschrieben, während hinsichtlich der anderen auf die folgenden Bände des Werkes verwiesen werden muß.

Mycosphaerella Tulasnei (Abb. 97 und 98) ist die Ascusform einer als Cladosporium herbarum LINK (Abb. 99) bezeichneten Conidienform. Cladosporium stellt zweifellos eine Sammelspezies verschiedener Arten dar, von denen eine zu Mycosphaerella Tulasnei gehört, während bei anderen die systematische Stellung verläufig zweifelhaft bleibt.

Cladosporium tritt, häufig mit Alternaria vergesellschaftet, auf pflanzlichen Stoffen in Form schwärzlicher Beläge auf, weshalb man diese Pilze auch als „Schwärzepilze" bezeichnet (vgl. unter Getreide).

Auch auf Erbsen ist Cladosporium beobachtet worden. Ferner siedelt es sich auf Korken der Weinflaschen, im Käse, auf Kühlhausfleisch, in Eiern und auf Tomaten an und stiftet hier Schaden.

Das Mycel von Cladosporium ist olivgrün. Die Conidien werden an den Trägerhyphen akropetal abgeschnürt und vermehren sich dann durch Sprossung, so daß weit verzweigte Sproßverbände entstehen. Die Größe der gewöhnlich eiförmigen Conidien schwankt zwischen 12—25:5—10 μ. Die Conidien sind ein-, zwei- oder dreizellig. Die Askosporen sind zweizellig.

Abb. 98. Mycosphaerella Tulasnei E. JANCZEWSKI (250:1). Mycelfaden mit Conidien. (Nach JANCZEWSKI.)

5. Reihe Discomycetes.

LINDAU teilt die Discomycetes folgendermaßen ein:

I. Apothecien zuerst geschlossen, dann sich mehr oder weniger weit napfig oder schüsselförmig öffnend.
   1. Apothecien sich am Scheitel lappig öffnend, indem eine Deckhülle, die oft noch mit dem deckenden Substrat verwachsen sein kann, einreißt und sich zurückklappt. 1. Unterreihe Phacidiineae.
   2. Apothecien am Scheitel mit einem Loch geöffnet, das sich gleichmäßig erweitert, so daß zuletzt das Hymenium frei steht, ohne von Lappen umgeben zu sein. 2. Unterreihe Pezizineae.

II. Fruchtkörper mehr oder weniger geschlossen bleibend, im Innern Kammern enthaltend, die von der Schlauchschicht ausgekleidet werden. Unterirdische Pilze. 3. Unterreihe Tuberineae.

III. Fruchtkörper von vornherein mit offener Fruchtschicht, meist gestielt. 4. Unterreihe Hellvellineae.

Aus der Reihe der Pezizineae interessiert hier z. B. Sclerotinia FUCKELIANA DE BARY mit ihrer Conidienfruchtform Botrytis cinerea PERS, die unter anderem die Edelfäule der Weintrauben verursacht, aber auch als Zerstörer von Beeren-, Kern- und Steinobst beträchtlichen Schaden anrichtet (vgl. unter Obstkrankheiten).

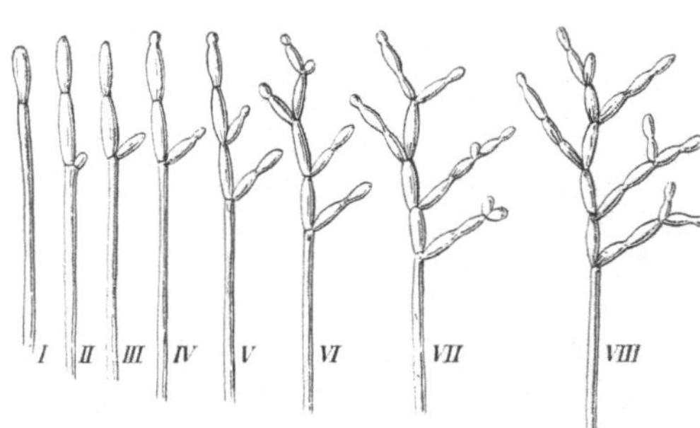

Abb. 99. Cladosporium herbarum (300:1). Conidienträger in der sukzessiven Ausbildung seiner Conidien nach kontinuierlicher Beobachtung auf Traubensaft. I. Beginn der Conidienabschnürung; II. nach 3 Stunden; III. nach weiteren $2^1/_4$ Stunden; IV. nach weiteren $10^1/_4$ Stunden; V. nach weiteren 6 Stunden; VI. nach weiteren $2^1/_2$ Stunden; VII. nach weiteren $3^1/_2$ Stunden; VIII. noch später. (Nach E. LOEW.)

Aus der Reihe der Tuberineae werden verschiedene Arten der Gattung Tuber, aus der Reihe der Helvellineae verschiedene Arten der Gattungen Helvella und Morchella im Abschnitt „Speisepilze" näher behandelt werden.

4. Unterklasse: *Basidiomycetes.*

Am Mycel vieler Formen dieser Gruppe werden sog. Schnallen gebildet, die dadurch entstehen, daß an den Querwänden sich entwickelnde kurze Seitenzweige sich hakenförmig krümmen und mit der benachbarten Zelle oder einem ähnlichen Trieb fusionieren (vgl. S. 1625). Hauptfruchtform die Basidie. Nebenfruchtformen Chlamydosporen oder Conidien.

LINDAU teilt die Basidiomycetes folgendermaßen ein:

A. Conidienträger nur basidienähnlich, aus Chlamydosporen hervorgehend, die durch Zerteilung des Mycels entstehen (Haemibasidii). 1. Reihe Ustilagineae.

B. Echte Basidien vorhanden (Eubasidii).
   a) Basidien mehrzellig (Protobasidiomycetes).
      I. Basidien fädig, in vier Zellen quer geteilt.
         1. Basidien aus Chlamydosporen hervorwachsend. Daneben noch andere Chlamydosporen vorhanden. Parasiten. 2. Reihe Uredineae.
         2. Basidien nicht aus Chlamydosporen hervorgehend. 3. Reihe Auriculariineae.
      II. Basidien fast kugelig, über Kreuz in vier Zellen geteilt. 4. Reihe Tremellineae.

b) Basidien einzellig (Autobasidiomycetes).
  1. Basidien langkeulig, an der Spitze sich gabelig in zwei lange Sterigmen teilend. 5. Reihe Dacryomycetineae.
  2. Basidien keulig, an der Spitze kurze feine Sterigmen tragend.
    a) Basidien, ein freistehendes Hymenium bildend.
      α) Hymenium ein flaches Lager bildend, ohne Fruchtkörper. 6. Reihe Exobasidiineae.
      β) Hymenium auf einem mehr oder weniger differenzierten Fruchtkörper stehend. 7. Reihe Hymenomycetineae.
    b) Basidien in Hymenien, welche die Wände von Kammern auskleiden. Unterordnungen der Gasteromycetes.

Von den Basidiomyceten haben für das vorliegende Werk hauptsächlich nur die Arten eine Bedeutung, die als Speisepilze Verwendung finden bzw. giftige Arten, die mit diesen verwechselt werden können. Sie gehören fast sämtlich zu den Hymenomycetineen, einige zu den Gasteromyceten und werden später in einem besonderen Abschnitt behandelt.

Zu erwähnen sind weiter die Ustilagineen und Uredineen sowie schließlich ein mit den Lebensmitteln in keinem Zusammenhang stehender Schädling, der Hausschwamm.

Die Ustilagineen (Haemibasidii, Brandpilze) sind parasitisch in Phanerogamen lebende Pilze mit verschiedenen Fruchtformen. Die eine schwarzbraune pulverige Masse bildenden „Brandsporen" keimen mit einem als Promycel bezeichneten Keimschlauch, an dem die Conidien gebildet werden. Conidien, die am Mycel selbst auftreten, werden namentlich bei Kulturen in Nährlösungen beobachtet.

Hier interessieren hauptsächlich die auf Getreide vorkommenden Arten der Gattungen Ustilago, Tilletia und Urocystis (s. unter Getreide).

Die Uredineen (Rostpilze) sind ebenfalls parasitisch in höheren Pflanzen lebende Pilze, mit verschiedenen Sporenformen (Pyknidien, Aecidien, Uredosporen, Teleutosporen, die aber nicht bei allen Arten vorkommen. Von diesen Pilzen, die wegen der rostroten Farbe ihrer Uredosporenlager Rostpilze heißen, sind hier die auf und in den Getreidekörnern schmarotzenden Arten bemerkenswert.

Hausschwamm.

Obwohl der Hausschwamm zu den Lebensmitteln in keiner Beziehung steht, erscheint es doch zweckmäßig, diesen Basidiomyceten hier zu behandeln, weil sich gezeigt hat, daß eine Reihe von Untersuchungsämtern nicht selten Hausschwammuntersuchungen ausführen müssen. Bemerkt sei jedoch ausdrücklich, daß bei derartigen Untersuchungen das eingehende Studium der Spezialliteratur[1] nicht zu umgehen ist.

Die als „Schwamm" bezeichnete Erkrankung des Holzes in Gebäuden wird durch holzzerstörende Pilze verursacht[2]. Man unterscheidet Hausschwamm, Trockenfäule und Lagerfäule. Das Merkblatt zur Hausschwammfrage[3] gibt hierüber folgende Zusammenstellung:

1. Hausschwamm. Erreger: Echter Hausschwamm, Merulius lacrymans Schum. = M. domesticus Falck. Er entwickelt sich auf vorerkranktem Holze (siehe 2c) in geschlossenen feuchten Räumen und bewirkt die mit Bräunung,

---

[1] A. Möller: Hausschwammforschungen, Heft 1—6. Jena 1912; insbesondere Heft 6: R. Falck: Die Meruliusfäule des Bauholzes. — C. Mez: Der Hausschwamm. Dresden 1908.

[2] Eine Zusammenstellung der bis dahin in Häusern beobachteten Hymenomyceten findet sich bei C. Mez: Der Hausschwamm. Dresden 1908.

[3] Hausschwamm-Forschungen, herausgegeben von A. Möller, 7. Heft, 2. Aufl. Jena 1921.

Vermürbung, starkem Schwund verbundene vollständige Zersetzung des Holzes; er wird mit Recht für den gefährlichsten Zerstörer verbauten Holzes angesehen.

Nächstverwandt sind: Wilder Hausschwamm (Merulius silvester FALCK) und kleiner Hausschwamm (Merulius minor FALCK); sie entwickeln sich ebenfalls auf vorerkranktem Holze in geschlossenem feuchtem Raum, besitzen aber nicht annähernd die Zerstörungskraft und Verbreitungsfähigkeit wie der echte Hausschwamm. In ihrer Schädlichkeit und praktischen Beurteilung sind sie den Erregern der Trockenfäule etwa gleichzustellen.

2. Trockenfäule. Erreger: a) Porenhausschwamm (Polyporus vaporarius) entwickelt sich im Hause wie die Meruliusarten vorzugsweise auf vorerkranktem Holze (siehe 2c) und kommt in seiner Zersetzungskraft dem echten Hausschwamm am nächsten.

b) Muschelhausschwamm (Paxillus acheruntius) ist sehr verbreitet, aber praktisch von geringer Bedeutung.

c) Kellerhausschwamm oder Warzenhausschwamm (Coniophora cerebella) entwickelt sich im Gegensatz zu allen vorgenannten Arten auf gesundem

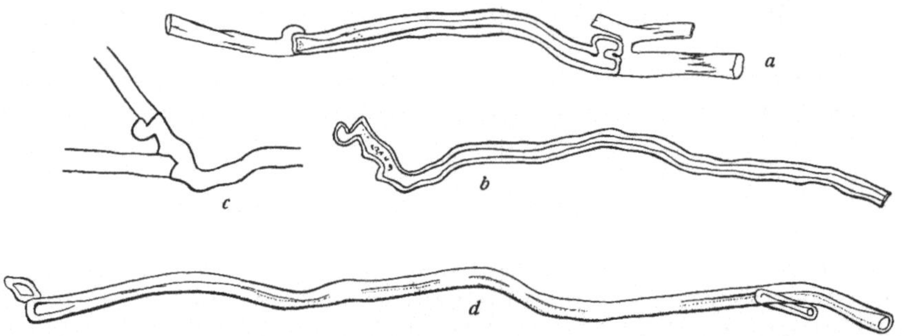

Abb. 100. Typen der Plattenfasern aus der Fruchtkörperplatte von Merulius domesticus. (350:1. (O. FALCK). *a* Kleine Faser mit beiderseits ansitzendem Mutterfaden, links Schnalle am Mutterfaden, rechts Faserschnalle. *b* Fußfaser. *c* Knoten mit Doppelschnalle, aus der die Faser *b* entstanden ist. *d* Ohne Teilnahme einer Schnalle gebildete, gefüllte Faser mit ösenartigem Lumen an den Enden. Links mit selbständig verdickter Schnallenzelle, rechts kleiner, faserartig verdickter Faserabschnitt. (Aus Hausschwammuntersuchungen, H. 6, S. 37. Jena 1912.)

Holz in feuchtem geschlossenem Raume, bewirkt zunächst die Vorerkrankung, das sog. Angehen des Holzes, dessen Oberflächen meist fest und schwundfrei bleiben: Coniphorafäule ist bei den meisten Schwammfällen mehr oder weniger beteiligt.

3. Lagerfäule. Erreger: Blätterhausschwamm (Lenzitesarten); Porenhausschwamm (Polyporusarten); Grubenschwamm (Lentinus squamosus u. a.). Lagerfäule entwickelt sich auf gesundem Holze in offener Luftlage im Freien, bewirkt Vermürbung, Bräunung, Schwund und völlige Zersetzung der inneren Holzteile; lagerfaules Holz kann nach dem Einbau noch vom Hausschwamm und von Trockenfäule befallen werden.

„Der echte Hausschwamm muß von allen anderen Erregern streng unterschieden und gesondert beurteilt werden.“

Bei der folgenden Beschreibung kann auch nur Merulius domesticus genauer behandelt werden, während hinsichtlich der anderen Holzzerstörer auf die erwähnte Spezialliteratur verwiesen werden muß.

Die zur Untersuchung gelangenden Objekte können entweder Fruchtkörper enthalten, oder Stränge von wurzelähnlichem Aussehen, oder es finden sich watteartige, spinnwebeartige oder häutige Beläge. Oft sind auch die letzteren an den befallenen eingelieferten Holzstücken nicht unmittelbar erkennbar.

Die Fruchtkörper des echten Hausschwammes sind sehr vielgestaltige, in der Regel aber etwa omeletteförmige, an der Unterseite von Holzteilen oder an Decken und Wänden entstehende Gebilde von fleischig-lederartiger Konsistenz und gelber bis braunroter, zumeist rötlich-gelber bis fleischroter Farbe, die einen rostbraunen Sporenstaub absondern. Das Hymenium bildet auf der Oberfläche stumpfe Falten, die sich später zu gewundenen und gezackten, netzförmigen, ungleich weiten Maschen (1—2 mm) verbinden.

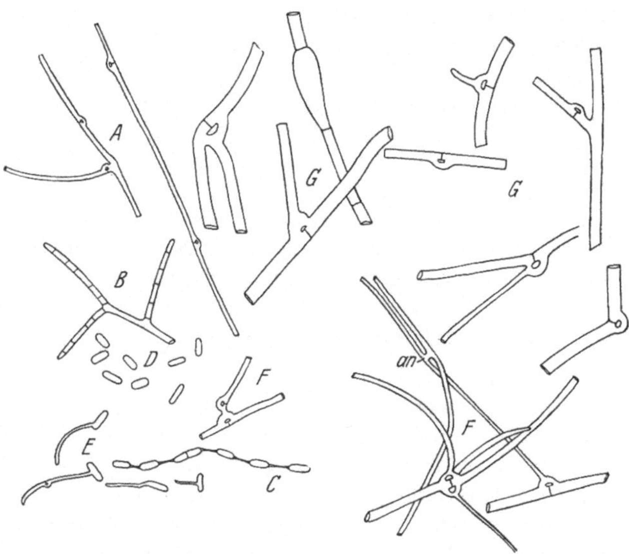

Abb. 101. Merulius lacrymans. Hyphen. *A* dünne Hyphen, mit nicht auswachsenden Schnallen; *B* dieselben, Beginn der Oidienbildung; *C* Oidien im Zusammenhang; *D* freie Oidien; *E* keimende Oidien; *F* feine Hyphen aus stärkeren entspringend (bei *an* Anastomose); *G* dicke Hyphen, mit Schnallenbildungen und auswachsenden Schnallen. (320 : 1.)
(C. Mez: Der Hausschwamm, S. 74. Dresden 1908.)

Für die Unterscheidung der naheverwandten Arten kommt neben der Beschaffenheit der Sporen das aus den Grundhyphen der Fruchtkörperplatte bestehende Geflecht, also der unter Hymenium und Trama gelegene Teil in Betracht. Ein Teil der Plattenhyphen ist nämlich bei M. domesticus durch verdickte Membranen und faserartige Ausbildung (Abb. 100) ausgezeichnet (Plattenfasern). In der äußersten Schicht des Gewebes sind diese verdickten Membranen grünlich-gelb bis olivbraun gefärbt. Der Durchmesser der Fasern schwankt zwischen 4,5—9,5 μ (meist 6 bis 8 μ).

Die Sporen (8—11,5 : 5 bis 6,5 μ) sind etwa eiförmig, jedoch in Seitenlage nur auf der einen Seite stark gewölbt, auf der anderen fast gerade. Die derbe Sporenwandung ist glatt, gelbbraun. Im Innern der Spore finden sich regelmäßig hellere, tropfenförmige Gebilde.

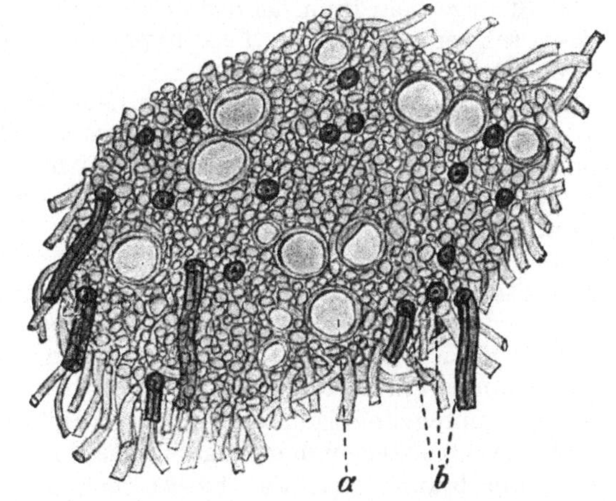

Abb. 102. Querschnitt durch einen Mycelstrang des Hausschwamms, mit Jod behandelt. *a* gefäßartige Hyphen; *b* Faserhyphen. Vergr. 1 : 375. (C. Mez.)

Das Mycel des Hausschwammes ist sehr verschieden gestaltet. Die watteartigen, anfangs schneeweißen, später gelben oder rötlichen Luftmycelbildungen lassen reichliche Schnallenbildung (Abb. 101) erkennen, an denen die Bogenverbindung auswächst, also einen neuen Mycelfaden hervorbringt. Solche auswachsende Schnallen sind allerdings nicht für Hausschwamm beweisend, wie früher allgemein angenommen wurde, da sie auch bei anderen hausbewohnenden Pilzmycelien vorkommen. Immerhin sind sie diagnostisch nicht wertlos.

Wichtig für die Diagnose sind die weißen oder grauen bis federkieldicken Mycelstränge, die frisch zäh und biegsam, im ausgetrockneten Zustand spröde und zerbrechlich sind. Ihre Grundmasse besteht aus dünnwandigen Hyphen, in die einerseits bis über 25 μ weite, mehr oder weniger dickwandige Gefäßhyphen (z. T. mit Querbalken und warzenförmigen Wandverdickungen) und andererseits dickwandige sklerenchymartige „Faserhyphen" (bis über 5 μ Durchmesser) eingebettet sind (Abb. 102). Derartige Faserhyphen kommen auch bei einigen anderen Arten vor. Sie erreichen aber nur bei Merulius domesticus einen Durchmesser von 5 μ.

Da man sehr häufig auf Grund der Mycelstränge eine Entscheidung treffen muß, sei nachstehend die von R. Falck[1] gegebene Zusammenstellung der für die Stränge der Holzzerstörer in Betracht kommenden diagnostischen Merkmale wiedergegeben.

Strangdiagnosen.

I. Stränge weiß, grau bis graubraun verfärbt; bis bleistiftdick; die dickeren in trockenem Zustande brüchig, starr. Gefäßhyphen in großer Zahl zusammengelagert, verhältnismäßig lose verbunden, die einzelnen Gefäßhyphen weitlumig, mit Balken, Ring und Warzenverdickungen der Membranen. Faserhyphen geradlinig, etwas starr, stark (grünlich) lichtbrechend, in der Rinde alter Stränge bis olivbraun = Lacrymans-Gruppe.

a) Stränge aus dem Mycel meist unvollständig differenziert, ohne Rinde. Faserhyphen fehlen. Schlauchhyphendurchmesser bis 26 μ = Minor.

b) Stränge meist glatt ausdifferenziert, wurzelähnlich, mit leicht abtrennbarer, dunkelbrauner Rinde, werden bindfadenstark. Faserhyphen stets vorhanden, bis 3 μ breit. Schlauchhyphen bis etwa 50 μ = Silvester.

c) Stränge bis bleistiftdick, nicht so vollständig ausdifferenziert wie Silvester, sondern mit lappigem Zwischenmycel trocken holzig, starr. Faserhyphen stets vorhanden, meist 4—5 μ breit. Schlauchhyphen bis 50 μ = Domesticus.

II. Stränge haardünn, lehmgelb bis braungelb. Gefäßhyphen englumig, mit Balken, schwer zu isolieren. Faserhyphen lehmgelb, 2 μ breit. Sklerotienbildung an den Strängen = Sclerotium.

III. Stränge rein weiß, filzig, auch nach dem Trocknen biegsam verbleibend, werden bindfadenstark. Gefäßhyphen vereinzelt und schwer zu isolieren, teils dickwandig mit mittelgroßem Lumen; nicht typisch mit Balken, Ringen und Warzenverdickungen wie bei Merulius. Faserhyphen sehr zahlreich, fast den ganzen Strang bildend, rein weiß, biegsam, Durchmesser 2,5—3,5 μ = Vaporarius-Arten.

IV. Stränge alsbald braun verfärbt. Gefäßhyphen in verhältnismäßig geringer Zahl, schwer zu isolieren, ohne die typische Ausdifferenzierung der Merulius-Gruppe. Faserhyphen braun, 3—4 μ = Coniphora-Arten.

V. Stränge führen statt der Fasern verdickte, stark lichtbrechende Schnallenfäden mit unregelmäßigen Konturen = Paxillus.

VI. Mycelpolster und strangähnliche Platten fast nur aus gelb, rotbraun oder umbrabraun gefärbten Fasern gebildet, 2—3 μ breit (Fasern braun = abietina; rotgelb = separia; hellgelb = thermophila) = Lenzites.

Nach dem bereits erwähnten Merkblatt zur Hausschwammfrage ist für den Nachweis des echten Hausschwammes die Feststellung folgender Merkmale zu fordern:

a) Beim Vorhandensein des Fruchtkörpers:

---

[1] R. Falck: Hausschwammforschungen, Heft 6, S. 217. Jena 1912.

1. Sporenmessung,
2. Nachweis der Plattenfasern.

b) Beim Vorhandensein der Stränge:
1. Nachweis der Strangfasern von 4—5 μ Durchmesser;
2. Nachweis der Gefäßhyphen (über 25 μ Durchmesser) mit ihren eigentümlichen Balken, Ringen und Wandverdickungen. Falls nur Mycellappen vorhanden sind, ist der Nachweis der Strangfasern von 4—5 μ Durchmesser (b 1) zu erbringen.

c) Liegt nur befallenes Holz oder junges Mycel vor, so ist der Nachweis des echten Hausschwammes durch kulturelle Prüfung zu erbringen. Es müssen alsdann folgende Merkmale vorhanden sein oder nachgewiesen werden:
1. Kräftiges Ausstrahlen glänzend weißer, schnallenreicher Mycelbüschel in feuchter Kammer.
2. Die ausstrahlenden Mycelien erreichen, wenn die Übertragung in Reinkulturen gelingt, Hyphendurchmesser von 7—8 μ und entsprechend breite Schnallen; an den hinteren Knoten Sprosse mit Sekundärschnalle.
3. Bei 18—20° bestes Mycelwachstum. Bei 27° C gehemmtes Mycelwachstum.

Zur Sicherung der Bestimmung sind mehrere der unter a, b und c bezeichneten Merkmale festzustellen. Mikroskopische Merkmale zur sicheren Erkennung des echten Hausschwamms in zerstörtem Holze selbst, wenn keine äußeren Mycelien oder Strangbildungen vorliegen, sind zur Zeit nicht bekannt.

Unrichtig sind die folgenden, bisher in der Literatur zur Kennzeichnung des echten Hausschwammes angegebenen Merkmale:

1. Der Nachweis aussprossender Schnallenzellen an den Mycelfäden, die auch bei vielen anderen Arten der holzzerstörenden Pilze nachgewiesen wurden.

2. Die Feststellung der Strangfaserhyphen (sklerenchymfaserartigen Hyphen) in den Strängen ohne Berücksichtigung ihrer Größenverhältnisse, da ähnliche Fasern sich bei vielen holzzerstörenden Pilzarten finden.

3. Die Zellkernuntersuchung. Es hat sich gezeigt, daß die Zellen von Merulius domesticus keine anderen Kernverhältnisse besitzen, als die meisten übrigen Holzzerstörer, z. B. Polyporus vaporarius.

4. Das Auswachsen der Mycelien aus den Kulturgefäßen in feuchtigkeitsgesättigten Räumen; zur Unterscheidung ist dieses Verhalten nicht geeignet, da alle Schwammarten es zeigen.

Die kulturelle Prüfung befallenen Holzes wird folgendermaßen ausgeführt: Von der Grenze des äußerlich sichtbaren Pilzwachstums am Holz schneidet man etwa 20 cm große Stücke derart aus, daß auf der einen Hälfte deutliches Mycelwachstum bzw. Zerstörung zu sehen ist, auf der anderen Hälfte dagegen noch nicht. Diese Stücke werden einige Stunden in Leitungswasser eingeweicht und dann unter einer Glasglocke feucht gehalten. Falls noch lebendes Mycel vorhanden ist, so erscheinen schon nach wenigen Tagen die watteartigen Mycelrasen der hier in Betracht kommenden Hymenomyceten, von denen man zwecks weiterer Beobachtung Teile auf sterilen Bierwürzeagar zu übertragen versucht.

Für die Untersuchung geeignete Mycelstränge erhält man, wenn man die Holzstücke unter der Glasglocke dicht in Holzwolle einpackt und feucht hält, in etwa 3—4 Wochen, sofern es sich um echten Hausschwamm handelt.

Fungi imperfecti.

Von einer großen Zahl Mycomyceten kennt man Hauptfruchtformen (Ascus, Basidie) nicht, sondern nur Nebenfruchtformen (Conidienträger, Pykniden,

Chlamydosporen usw.). Solange man deshalb nicht imstande ist, solche Pilze in das System einzureihen, stellt man sie in die besondere Gruppe der Fungi imperfecti, die man in „Formengattungen“ zerlegt. Nach der Art der Anordnung der Conidienträger in Pyknidien, offenen Lagern oder in vereinzelter Form unterscheidet man drei Hauptgruppen, die Sphaeropsideae, Melanconieae und Hyphomycetes.

Lindau gibt für die Fungi imperfecti folgende weitere Einteilung:

I. Ordnung: Sphaeropsideae. Nur Pyknidien oder lagerartige Conidienfruchtstände vorhanden.
 a) Nur Pyknidien vorhanden, schwarz: Sphaeropsidaceae.
 b) Nur Pyknidien vorhanden, hell gefärbt: Nectrioidaceae.
 c) Fruchtgehäuse deutlich halbiert, mündungslos oder hysterienartig gespalten: Leptostromataceae.
 d) Fruchtgehäuse invers, die Conidien von einer Schicht auf der Unterseite des Schildes abgesondert: Pycnothyriaceae.
 e) Fruchtgehäuse tief schüsselförmig, teller- oder fast becherförmig, oder öfter hysterienartig, anfänglich zuweilen etwas kugelig, bald weit geöffnet, kahl oder behaart: Excipulaceae.

II. Ordnung: Melanconieae. Fruchtschicht ein conidiales, lagerartiges Gehäuse bildend, ohne besondere Randhülle.
 Einzige Familie: Melanconiaceae.

III. Ordnung: Hyphomycetes. Conidienträger einzeln oder verzweigt. Entweder treten diese einzeln auf oder bilden durch parallele Aneinanderlegung Koremien oder sie schließen sich zu nackten offenen Lagern zusammen.
 a) Conidien an einzeln stehenden Conidienträgern erzeugt, sehr selten als Oidien entstehend.
  1. Vegetative Hyphen hyalin oder blaß, oder lebhaft gefärbt, ähnlich gefärbt die Conidienträger und Conidien: Mucedinaceae.
  2. Vegetative Hyphen dunkel gefärbt, höchstens an der Spitze etwas blasser, ebenso gefärbt die Conidienträger und Conidien: Dematiaceae.
 b) Conidienträger zu einem Koremium verbunden, an dessen Spitze die Conidien entstehen: Stilbaceae.
 c) Conidienträger zu einem lagerartigen Polster zusammentretend, das häufig noch auf einem Stroma steht: Tuberculariaceae.

Von den Sphaeropsideae kommt hier in Betracht die Gattung Phoma (siehe unter Obstkrankheiten und Rübenkrankheiten), von den Melanconieae die Gattung Gloeosporium.

Aus der Ordnung der Hyphomycetes interessieren die Gattungen Cladosporium, Alternaria, Sporodesmium, Helminthosporium (vgl. unter Getreide), Trichothecium (Cephalothecium), Fusicladium (vgl. unter Obstkrankheiten), Stysanus, Verticillium (Kartoffelkrankheiten), Fusarium (siehe unter Wasser, Getreide, Obstkrankheiten, Kartoffelkrankheiten), sowie verschiedene Gattungen der Pseudosaccharomycetes und der Oosporeae.

Zu den Pseudosaccharomyceten rechnet man die bereits im Anschluß an die Saccharomyceten behandelten Gattungen Torula und Mycoderma (vgl. S. 1642); von den Oosporeen sind Monilia und Oospora (Oidium) von Wichtigkeit, die wegen ihrer weiten Verbreitung nachstehend eingehender behandelt werden sollen.

Die übrigen vorstehend erwähnten Gattungen sollen bei den betreffenden Abschnitten des Handbuches Berücksichtigung finden.

Monilia[1].

Die Moniliaarten der technischen Mykologen bilden gewissermaßen ein Zwischenglied zwischen den Pilzen mit Sproßmycel und typischem Fadenmycel. Sie zeichnen sich durch einen außerordentlichen Polymorphismus aus. In dem

[1] Wichmann hat die Gattung Monilia in Lafars Handbuch der technischen Mykologie, Bd. 4, eingehender behandelt.

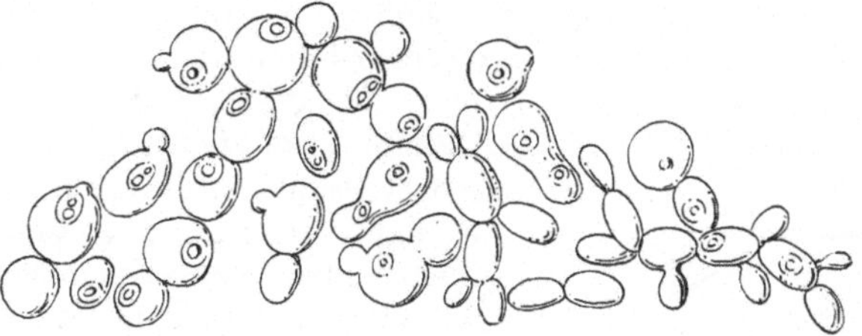

Abb. 103. Monilia candida (Bonorden) HANSEN (900:1). Bodensatzhefe. In einigen der Zellen sind Vakuolen mit lichtbrechenden Körperchen. (Nach HANSEN.)

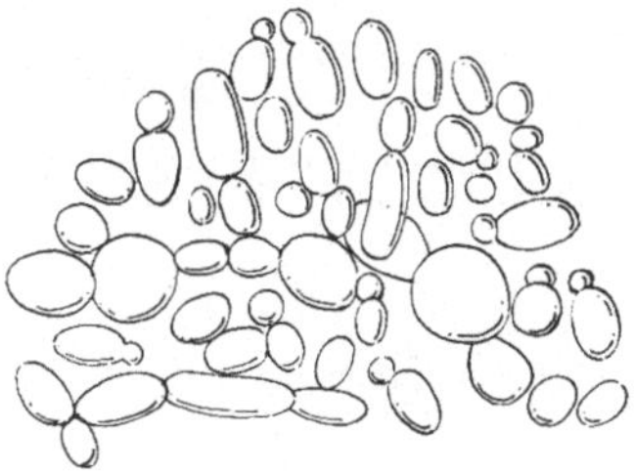

Abb. 104.

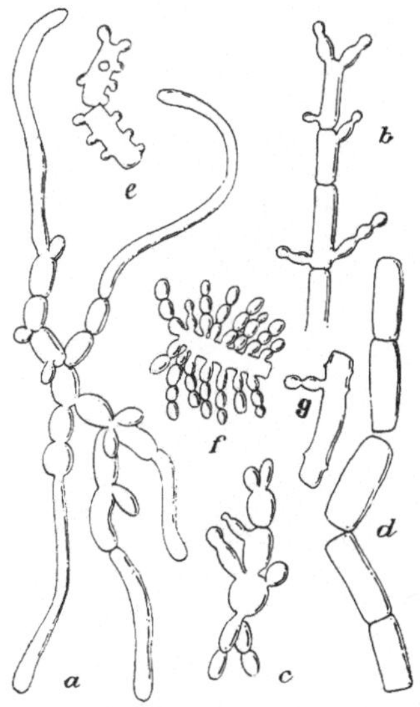

Abb. 105.

Abb. 106.

Abb. 104. Monilia candida (Bonorden) HANSEN (900:1). Zellen aus einer jungen Hautvegetation herrührend. (Die glänzenden Körperchen, welche in Abb. 103 abgebildet sind, sind hier nicht gezeichnet.) (Nach HANSEN.)

Abb. 105. Monilia candida (Bonorden) HANSEN (750:1). Schimmelvegetation aus einer alten Kultur. *a* Ketten aus mehr oder minder fadenförmigen Zellen, bei jedem Glied öfters ein Kranz von ovalen Hefezellen; *b* dieselbe Form, aber ohne ovale Hefezellen; *c* typisches Mycel mit Querwänden; *d* oidiumähnliche Zellen; *e* birnförmige Zellen; *f* citronenförmige Zellen. (Nach HANSEN.)

Abb. 106. Monilia variabilis. (480:1.) *a* Jugendliches Sproßmycel, die Endzellen schlauchförmig verlängert; *b* älterer Faden mit Hefenconidien; *c* hefenähnliches Sproßmycel; *d* oidienartiger Zerfall einer älteren Hyphe; *e* Oidien mit torulaähnlichen Conidien; *f* ebenso, die Conidien sprossend — Luftzellen; *g* Oidie nach dem Abwerfen der Conidien basidienähnliche Höcker zeigend. (Nach LINDNER.)

Sproßmycel kommen so ziemlich alle Zellformen der Sproßpilze zur Entwicklung. Das Fadenmycel zeigt im Gegensatz zu dem der meisten typischen Fadenpilze die größte Neigung zur Aufteilung in Oidien. Conidienträger charakteristischer Art werden nicht gebildet oder nur bei wenigen Arten. Die Conidien entstehen überall am vegetativen Mycel und unterscheiden sich auch in der Form meist nicht wesentlich von den vegetativen Zellen. Bemerkenswert sind von den Moniliaarten die von HANSEN genauer beschriebene M. candida (Abb. 103—105) und die von LINDNER beschriebene M. variabilis (Abb. 106). Erstere tritt auf süßen Früchten, letztere auf Brot auf. Der Monilia variabilis nahe verwandte, morphologisch kaum unterscheidbare Arten findet man oft in verdorbenen Vegetabilien.

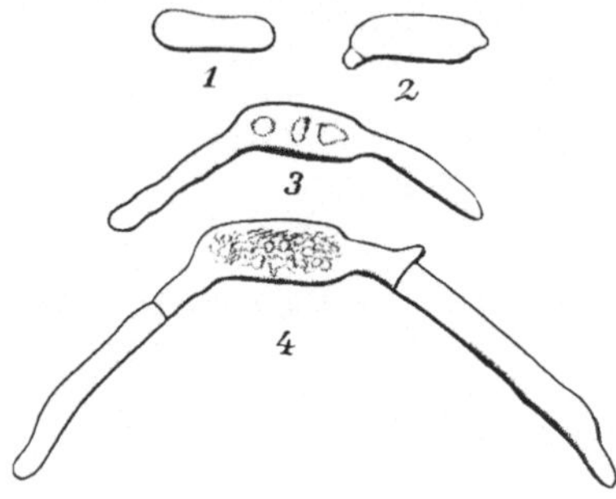

Abb. 107. Oidium lactis, Fresenius (etwa 520:1). Die Keimung einer Conidie in Würze in RANVIERS Kammer beobachtet 1. 10½ Uhr, 2. 2 Uhr, 3. 4½ Uhr. (Nach HANSEN.)

M. candida bildet in jungen flüssigen Kulturen Sproßmycel, während sie auf festem Substrat und in alten flüssigen Kulturen in Form eines Fadenmycels wächst. M. variabilis ist durch einen Polymorphismus ausgezeichnet, wie man ihn nur selten findet. Man vergleiche in dieser Beziehung die Abb. 106, die uns alle Formen des Sproßpilzkreises (Dematium-, Oidium-, Saccharomyces- und Torula-Form) zeigt. Die Monilien rufen in Zuckerlösungen eine schwache alkoholische Gärung hervor.

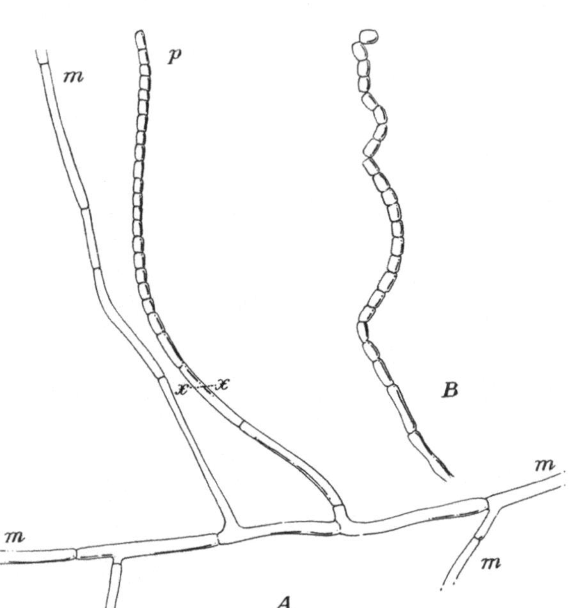

Abb. 108.

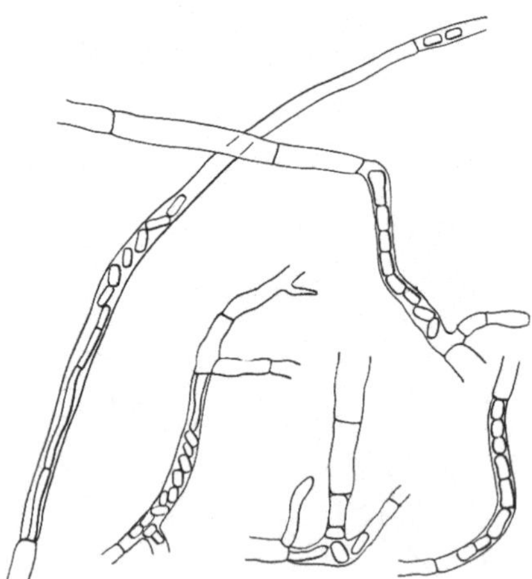

Abb. 109.

Abb. 108. Oidium lactis (etwa 300:1). *A* verzweigte, in dem flüssigen Substrat horizontal ausgebreitete Mycelfäden *m—m*, mit einem bei der Linie *x—x* schräg in die Luft sich erhebenden, durch Querwände in eine Kette zylindrischer Conidien *p* geteilten Aste; *B* Conidienkette im Beginn der Trennung ihrer Glieder voneinander. (Nach DE BARY.)

Abb. 109. Oidium lactis Fresenius (300:1). Durchwachsungserscheinungen. (Nach KLÖCKER und SCHIÖNNING.)

Monilia sitophila (MONT.) Saccardo spielt bei der Herstellung eines Genußmittels aus Arachissamen, Ontjom genannt, in Java eine Rolle.

Die als Erreger von Krankheiten des Kern- und Steinobstes bekannten Arten (M. fructigena und M. cinerea), die in mancher Hinsicht von den

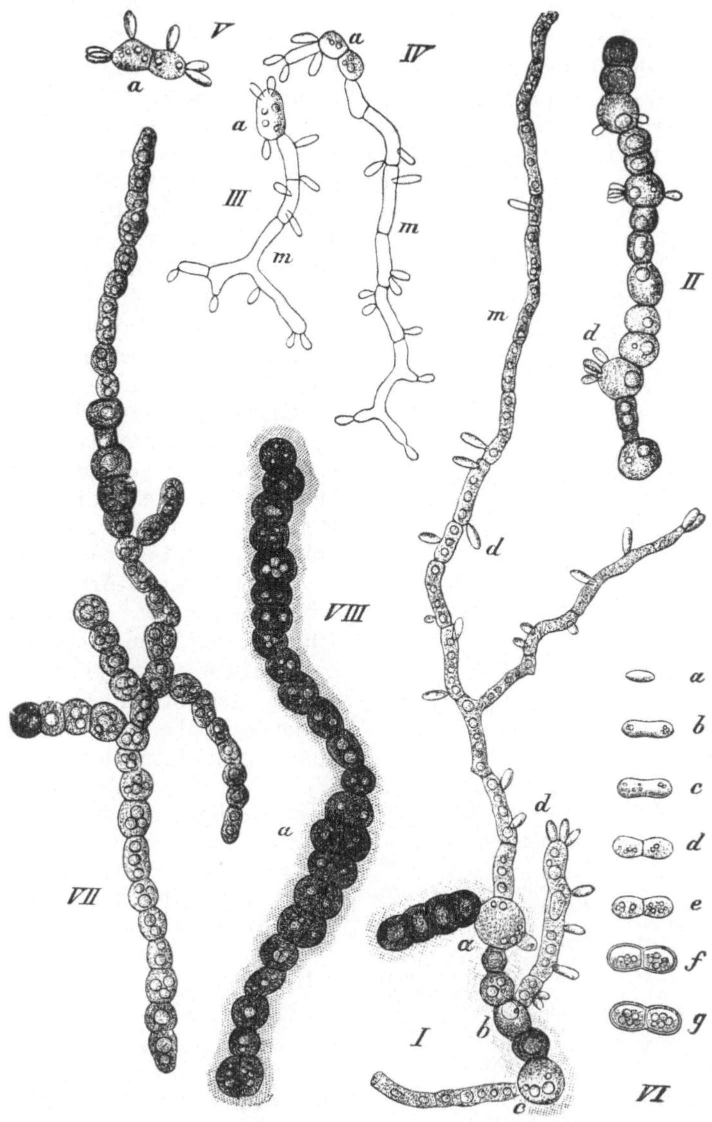

Abb. 110. Dematium pullulans DE BARY (540:1).
I. Eine Gemmenkette, drei Glieder derselben (*a, b, c*) haben Mycelschläuche (*m*) getrieben, an denen Conidien (bei *d*) abgeschnürt werden; II. eine Gemmenkette, unmittelbar Conidien abschnürend (bei *d*); III. eine Conidie *a*, die einen Mycelfaden (*m*) entwickelt hat, an welchem Conidien abgeschnürt werden, selbst bildet sie auch direkt Conidien; IV. Conidie in zwei Zellen geteilt unter ähnlichen Verhältnissen; V. Conidie, in zwei Zellen geteilt, direkt Conidien treibend; VI. *a*—*g* kontinuierliche Entwicklung ein und derselben Gemme in dünnster Wasserschicht bei reichlichem Luftzutritt zur zweizelligen, dickwandigen, braunen und fettreichen, Gemme; VII. und VIII. Mycelien in lauter kurze, bauchig aufgeschwollene Glieder geteilt, die zu dickwandigen, meist stark gebräunten, mit großen Öltropfen ausgestatteten Gemmen geworden sind; bei VIII. *a* sieht man mehrere der Gemmen nochmals durch Wände geteilt, die gleichsinnig mit der Achse des Fadens verlaufen. (Nach ZOPFS Handbuch.)

gärungserregenden Monilien verschieden sind, sind meist Nebenfruchtformen von Sclerotinia-Arten (S. 1652).

Oospora (Oidium).

In die bisherige Gattung „Oidium“ stellt man in der technischen Mykologie eine Reihe Pilze mit Fadenmycel, von denen man nur eine Oidiumfruktifikation kennt. Sie sind in Milch, Butter, auf Früchten, auf Vegetabilien, Gärgemüsen, Zuckerlösungen u. a. oft zu finden. Die Gattung Oospora wird neuerdings in den Typus der vorstehend unter Monilia behandelten „Gärungsmonilien“ und den Typus des „Milchschimmels“ zerlegt. Die bekannteste weit verbreitete Art ist die auf saurer Milch sich stets nach wenigen Tagen in Form einer dicken, matten, gelblich-weißen Decke ansiedelnde Oospora lactis SACC. (Oidium lactis FRES.), die wie andere Schimmel die Milchsäure oxydiert und die Milch dadurch der Fäulnis überliefert. Betreffs des Formenkreises sei auf die Abb. 107—109 verwiesen. Neuere eingehende Untersuchungen über OosporaArten aus Milch rühren von U. RITTER[1] her.

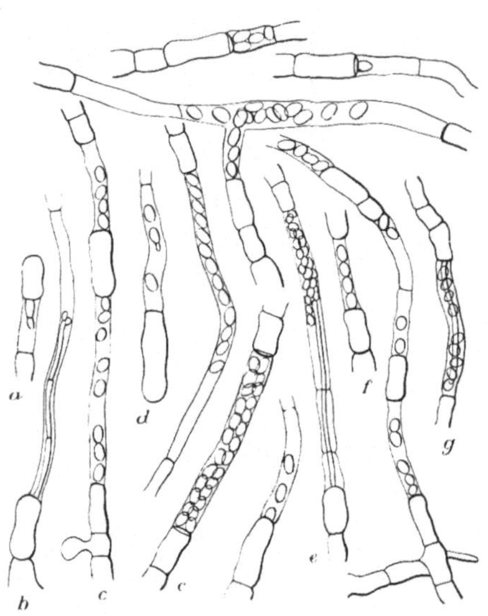

Abb. 111. Dematium pullulans DE BARY (300:1), Durchwachsungserscheinungen. *a* und *b* zeigen durchwachsene Mycelfäden; in *b* schnürt der Faden Conidien ab; *c* Conidien sind von beiden Seiten abgeschnürt; *d* eine Conidie in Sprossung begriffen; *e* ein Mycelfaden ist durch die Scheidewände zweier Zellen in eine mit Conidien gefüllte Zelle gewachsen; *f* Zelle mit vier Conidien, welche Endosporen besonders ähnlich waren; *g* von der einen Zelle haben sich Conidien abgeschnürt. von der anderen ist ein Mycelfaden eingewachsen. Die übrigen Figuren zeigen verschiedene Beispiele endogener Conidienbildung; *e* wurde in einer etwa einen Monat alten Wasserkultur bei etwa 20° C beobachtet, alle die übrigen wurden in 1—2 Tage alten Wasserkulturen bei etwa 20° und 25° C beobachtet. (Nach KLÖCKER und SCHIÖNNING.)

Hierher gehört auch Oospora suaveolens LINDAU (Sachsia suaveolens LINDNER), der von LINDNER beschriebene Weinbukettschimmel, der zur Herstellung eines bukettreichen alkoholfreien Getränkes benutzt wurde.

Durch Oospora-Arten wird auch der Gürtelschorf der Rüben (vgl. unter Rübenkrankheiten) hervorgerufen.

Oidium aurantiacum bildet zuweilen gelbrote Flecken auf Brot[2], findet sich aber auch auf Butter und anderen Lebensmitteln.

Im Anschluß an Monilia und Oospora sei schließlich noch der von DE BARY als Dematium pullulans beschriebene Pilz erwähnt, dessen Zugehörigkeit noch nicht feststeht (von BREFELD zu Sphaerulina intermixta gerechnet).

Dematium pullulans DE BARY.

Dematium pullulans gehört zu den verbreitetsten Schimmelpilzen. Man trifft ihn besonders auf Früchten. Er wächst auf Nährflüssigkeiten in starken Decken, entfärbt Würze und macht sie schleimig, ebenso Traubenmost. Er hat ein vielverzweigtes farbloses Mycel, an dem sich regellos durch Sprossung hefenartige Conidien entwickeln. Diese können sich weiter durch Sprossung vermehren oder wieder Mycel entwickeln. Teile des Mycels verwandeln sich allmählich unter Anschwellen in olivengrüne bis braune, fetthaltige, dickwandige Gemmen, die reichlich Öltropfen enthalten. Durchwachsungserscheinungen sind nicht selten (Abb. 110 und 111).

[1] U. RITTER: Milchw. Forsch. 1930, **11**, 163—200.
[2] MURTFELDT: Z. 1919, **37**, 294.

Tabellen.

Tabelle I. Beziehungen zwischen Spezifischem Gewicht, Graden BALLING (BRIX) und Graden BAUMÉ bei 17,5° [1].

Zucker nach Graden BALLING (BRIX) Gew.-%	Spezifisches Gewicht $s\ ^{17,5}/_{17,5}$	Grade BAUMÉ	Zucker nach Graden BALLING (BRIX) Gew.-%	Spezifisches Gewicht $s\ ^{17,5}/_{17,5}$	Grade BAUMÉ	Zucker nach Graden BALLING (BRIX) Gew.-%	Spezifisches Gewicht $s\ ^{17,5}/_{17,5}$	Grade BAUMÉ
0,0	1,00000	0,00	4,5	1,01770	2,55	9,0	1,03599	5,10
0,1	1,00038	0,06	4,6	1,01810	2,61	9,1	1,03640	5,16
0,2	1,00077	0,11	4,7	1,01850	2,67	9,2	1,03682	5,21
0,3	1,00116	0,17	4,8	1,01890	2,72	9,3	1,03723	5,27
0,4	1,00155	0,23	4,9	1,01930	2,78	9,4	1,03765	5,33
0,5	1,00193	0,28	5,0	1,01970	2,84	9,5	1,03806	5,38
0,6	1,00232	0,34	5,1	1,02010	2,89	9,6	1,03848	5,44
0,7	1,00271	0,40	5,2	1,02051	2,95	9,7	1,03889	5,50
0,8	1,00310	0,45	5,3	1,02091	3,01	9,8	1,03931	5,55
0,9	1,00349	0,51	5,4	1,02131	3,06	9,9	1,03972	5,61
1,0	1,00388	0,57	5,5	1,02171	3,12	10,0	1,04014	5,67
1,1	1,00427	0,63	5,6	1,02211	3,18	10,1	1,04055	5,72
1,2	1,00466	0,68	5,7	1,02252	3,23	10,2	1,04097	5,78
1,3	1,00505	0,74	5,8	1,02292	3,29	10,3	1,04139	5,83
1,4	1,00544	0,80	5,9	1,02333	3,35	10,4	1,04180	5,89
1,5	1,00583	0,85	6,0	1,02373	3,40	10,5	1,04222	5,95
1,6	1,00622	0,91	6,1	1,02413	3,46	10,6	1,04264	6,00
1,7	1,00662	0,97	6,2	1,02454	3,52	10,7	1,04306	6,06
1,8	1,00701	1,02	6,3	1,02494	3,57	10,8	1,04348	6,12
1,9	1,00740	1,08	6,4	1,02535	3,63	10,9	1,04390	6,17
2,0	1,00779	1,14	6,5	1,02575	3,69	11,0	1,04431	6,23
2,1	1,00818	1,19	6,6	1,02616	3,74	11,1	1,04473	6,29
2,2	1,00858	1,25	6,7	1,02657	3,80	11,2	1,04515	6,34
2,3	1,00897	1,31	6,8	1,02697	3,86	11,3	1,04557	6,40
2,4	1,00936	1,36	6,9	1,02738	3,91	11,4	1,04599	6,46
2,5	1,00976	1,42	7,0	1,02779	3,97	11,5	1,04641	6,51
2,6	1,01015	1,48	7,1	1,02819	4,03	11,6	1,04683	6,57
2,7	1,01055	1,53	7,2	1,02860	4,08	11,7	1,04726	6,62
2,8	1,01094	1,59	7,3	1,02901	4,14	11,8	1,04768	6,68
2,9	1,01134	1,65	7,4	1,02942	4,20	11,9	1,04810	6,74
3,0	1,01173	1,70	7,5	1,02983	4,25	12,0	1,04852	6,79
3,1	1,01213	1,76	7,6	1,03024	4,31	12,1	1,04894	6,85
3,2	1,01252	1,82	7,7	1,03064	4,37	12,2	1,04937	6,91
3,3	1,01292	1,87	7,8	1,03105	4,42	12,3	1,04979	6,96
3,4	1,01332	1,93	7,9	1,03146	4,48	12,4	1,05021	7,02
3,5	1,01371	1,99	8,0	1,03187	4,53	12,5	1,05064	7,08
3,6	1,01411	2,04	8,1	1,03228	4,59	12,6	1,05106	7,13
3,7	1,01451	2,10	8,2	1,03270	4,65	12,7	1,05149	7,19
3,8	1,01491	2,16	8,3	1,03311	4,70	12,8	1,05191	7,24
3,9	1,01531	2,21	8,4	1,03352	4,76	12,9	1,05233	7,30
4,0	1,01570	2,27	8,5	1,03393	4,82	13,0	1,05276	7,36
4,1	1,01610	2,33	8,6	1,03434	4,87	13,1	1,05318	7,41
4,2	1,01650	2,38	8,7	1,03475	4,93	13,2	1,05361	7,47
4,3	1,01690	2,44	8,8	1,03517	4,99	13,3	1,05404	7,53
4,4	1,01730	2,50	8,9	1,03558	5,04	13,4	1,05446	7,58

[1] Unter „Graden BAUMÉ" sind hier die neuen Grade BAUMÉ zu verstehen, wie die von MATEGCHEK und SCHEIBLER nach der von GERLACH aufgestellten neuen Umrechnungsformel berechnet worden sind. Die Unterschiede zwischen alten und neuen Graden sind bei den niederen Graden nur gering; bei den höheren Graden, etwa von 10° anfangend, bis 95°, betragen sie steigend von 0,1—1,0°, um welche die alten Grade niedriger liegen. Im Handel wird noch vielfach an den alten Graden festgehalten.

Zucker nach Graden BALLING (BRIX) Gew.-%	Spezifisches Gewicht $s\ ^{17,5}/_{17,5}$	Grade BAUMÉ	Zucker nach Graden BALLING (BRIX) Gew.-%	Spezifisches Gewicht $s\ ^{17,5}/_{17,5}$	Grade BAUMÉ	Zucker nach Graden BALLING (BRIX) Gew.-%	Spezifisches Gewicht $s\ ^{17,5}/_{17,5}$	Grade BAUMÉ
13,5	1,05489	7,64	19,0	1,07884	10,73	24,5	1,10375	13,80
13,6	1,05532	7,69	19,1	1,07928	10,78	24,6	1,10421	13,85
13,7	1,05574	7,75	19,2	1,07973	10,84	24,7	1,10468	13,91
13,8	1,05617	7,81	19,3	1,08017	10,90	24,8	1,10514	13,96
13,9	1,05660	7,86	19,4	1,08062	10,95	24,9	1,10560	14,02
			19,5	1,08106	11,01			
14,0	1,05703	7,92	19,6	1,08151	11,06	25,0	1,10607	14,08
14,1	1,05746	7,98	19,7	1,08196	11,12	25,1	1,10653	14,13
14,2	1,05789	8,03	19,8	1,08240	11,18	25,2	1,10700	14,19
14,3	1,05831	8,09	19,9	1,08285	11,24	25,3	1,10746	14,24
14,4	1,05874	8,14				25,4	1,10793	14,30
14,5	1,05917	8,20	20,0	1,08329	11,29	25,5	1,10839	14,35
14,6	1,05960	8,26	20,1	1,08374	11,34	25,6	1,10886	14,41
14,7	1,06003	8,31	20,2	1,08419	11,40	25,7	1,10932	14,47
14,8	1,06047	8,37	20,3	1,08464	11,45	25,8	1,10979	14,52
14,9	1,06090	8,43	20,4	1,08509	11,51	25,9	1,11026	14,58
			20,5	1,08553	11,57			
15,0	1,06133	8,48	20,6	1,08599	11,62	26,0	1,11072	14,63
15,1	1,06176	8,54	20,7	1,08643	11,68	26,1	1,11119	14,69
15,2	1,06219	8,59	20,8	1,08688	11,73	26,2	1,11166	14,74
15,3	1,06262	8,65	20,9	1,08733	11,79	26,3	1,11213	14,80
15,4	1,06306	8,71				26,4	1,11259	14,85
15,5	1,06349	8,76	21,0	1,08778	11,85	26,5	1,11306	14,91
15,6	1,06392	8,82	21,1	1,08824	11,90	26,6	1,11353	14,97
15,7	1,06436	8,88	21,2	1,08869	11,96	26,7	1,11400	15,02
15,8	1,06479	8,93	21,3	1,08914	12,01	26,8	1,11447	15,08
15,9	1,06522	8,99	21,4	1,08959	12,07	26,9	1,11494	15,13
			21,5	1,09004	12,13			
16,0	1,06566	9,04	21,6	1,09049	12,18	27,0	1,11541	15,19
16,1	1,06609	9,10	21,7	1,09095	12,24	27,1	1,11588	15,24
16,2	1,06653	9,16	21,8	1,09140	12,29	27,2	1,11635	15,30
16,3	1,06696	9,21	21,9	1,09185	12,35	27,3	1,11682	15,35
16,4	1,06740	9,27				27,4	1,11729	15,41
16,5	1,06783	9,33	22,0	1,09231	12,40	27,5	1,11776	15,46
16,6	1,06827	9,38	22,1	1,09276	12,46	27,6	1,11824	15,52
16,7	1,06871	9,44	22,2	1,09321	12,52	27,7	1,11871	15,58
16,8	1,06914	9,49	22,3	1,09367	12,57	27,8	1,11918	15,63
16,9	1,06958	9,55	22,4	1,09412	12,63	27,9	1,11965	15,69
			22,5	1,09458	12,68			
17,0	1,07002	9,61	22,6	1,09503	12,74	28,0	1,12013	15,74
17,1	1,07046	9,66	22,7	1,09549	12,80	28,1	1,12060	15,80
17,2	1,07090	9,72	22,8	1,09595	12,85	28,2	1,12107	15,85
17,3	1,07133	9,77	22,9	1,09640	12,91	28,3	1,12155	15,91
17,4	1,07177	9,83				28,4	1,12202	15,96
17,5	1,07221	9,89	23,0	1,09686	12,96	28,5	1,12250	16,02
17,6	1,07265	9,94	23,1	1,09732	13,02	28,6	1,12297	16,07
17,7	1,07309	10,00	23,2	1,09777	13,07	28,7	1,12345	16,13
17,8	1,07358	10,06	23,3	1,09823	13,13	28,8	1,12393	16,18
17,9	1,07397	10,11	23,4	1,09869	13,19	28,9	1,12440	16,24
			23,5	1,09915	13,24			
18,0	1,07441	10,17	23,6	1,09961	13,30	29,0	1,12488	16,30
18,1	1,07485	10,22	23,7	1,10007	13,35	29,1	1,12536	16,35
18,2	1,07530	10,28	23,8	1,10053	13,41	29,2	1,12583	16,41
18,3	1,07574	10,33	23,9	1,10099	13,46	29,3	1,12631	16,46
18,4	1,07618	10,39				29,4	1,12679	16,52
18,5	1,07662	10,45	24,0	1,10145	13,52	29,5	1,12727	16,57
18,6	1,07706	10,50	24,1	1,10191	13,58	29,6	1,12775	16,63
18,7	1,07751	10,56	24,2	1,10237	13,63	29,7	1,12823	16,68
18,8	1,07795	10,62	24,3	1,10283	13,69	29,8	1,12871	16,74
18,9	1,07839	10,67	24,4	1,10329	13,74	29,9	1,12919	16,79

Zucker nach Graden BALLING (BRIX) Gew.-%	Spezifisches Gewicht $s^{17,5}/_{17,5}$	Grade BAUMÉ
30,0	1,12967	16,85
30,1	1,13015	16,90
30,2	1,13063	16,96
30,3	1,13111	17,01
30,4	1,13159	17,07
30,5	1,13207	17,12
30,6	1,13255	17,18
30,7	1,13304	17,23
30,8	1,13352	17,29
30,9	1,13400	17,35
31,0	1,13449	17,40
31,1	1,13497	17,46
31,2	1,13545	17,51
31,3	1,13594	17,57
31,4	1,13642	17,62
31,5	1,13691	17,68
31,6	1,13740	17,73
31,7	1,13788	17,79
31,8	1,13837	17,84
31,9	1,13885	17,90
32,0	1,13934	17,95
32,1	1,13983	18,01
32,2	1,14032	18,06
32,3	1,14081	18,12
32,4	1,14129	18,17
32,5	1,14178	18,23
32,6	1,14227	18,28
32,7	1,14276	18,34
32,8	1,14325	18,39
32,9	1,14374	18,45
33,0	1,14423	18,50
33,1	1,14472	18,56
33,2	1,14521	18,61
33,3	1,14570	18,67
33,4	1,14620	18,72
33,5	1,14669	18,78
33,6	1,14718	18,83
33,7	1,14767	18,89
33,8	1,14817	18,94
33,9	1,14866	19,00
34,0	1,14915	19,05
34,1	1,14965	19,11
34,2	1,15014	19,16
34,3	1,15064	19,22
34,4	1,15113	19,27
34,5	1,15163	19,33
34,6	1,15213	19,38
34,7	1,15262	19,44
34,8	1,15312	19,49
34,9	1,15362	19,55
35,0	1,15411	19,60
35,1	1,15461	19,66
35,2	1,15511	19,71
35,3	1,15561	19,76
35,4	1,15611	19,82

Zucker nach Graden BALLING (BRIX) Gew.-%	Spezifisches Gewicht $s^{17,5}/_{17,5}$	Grade BAUMÉ
35,5	1,15661	19,87
35,6	1,15710	19,93
35,7	1,15760	19,98
35,8	1,15810	20,04
35,9	1,15861	20,09
36,0	1,15911	20,15
36,1	1,15961	20,20
36,2	1,16011	20,26
36,3	1,16061	20,31
36,4	1,16111	20,37
36,5	1,16162	20,42
36,6	1,16212	20,48
36,7	1,16262	20,53
36,8	1,16313	20,59
36,9	1,16363	20,64
37,0	1,16413	20,70
37,1	1,16464	20,75
37,2	1,16514	20,80
37,3	1,16565	20,86
37,4	1,16616	20,91
37,5	1,16666	20,97
37,6	1,16717	21,02
37,7	1,16768	21,08
37,8	1,16818	21,13
37,9	1,16869	21,19
38,0	1,16920	21,24
38,1	1,16971	21,30
38,2	1,17022	21,35
38,3	1,17072	21,40
38,4	1,17122	21,46
38,5	1,17174	21,51
38,6	1,17225	21,57
38,7	1,17276	21,62
38,8	1,17327	21,68
38,9	1,17379	21,73
39,0	1,17430	21,79
39,1	1,17481	21,84
39,2	1,17532	21,90
39,3	1,17583	21,95
39,4	1,17635	22,00
39,5	1,17686	22,06
39,6	1,17737	22,11
39,7	1,17789	22,17
39,8	1,17840	22,22
39,9	1,17892	22,28
40,0	1,17943	22,33
40,1	1,17995	22,38
40,2	1,18046	22,44
40,3	1,18098	22,49
40,4	1,18150	22,55
40,5	1,18201	22,60
40,6	1,18253	22,66
40,7	1,18305	22,71
40,8	1,18357	22,77
40,9	1,18408	22,82

Zucker nach Graden BALLING (BRIX) Gew.-%	Spezifisches Gewicht $s^{17,5}/_{17,5}$	Grade BAUMÉ
41,0	1,18460	22,87
41,1	1,18512	22,93
41,2	1,18564	22,98
41,3	1,18616	23,04
41,4	1,18668	23,09
41,5	1,18720	23,15
41,6	1,18772	23,20
41,7	1,18824	23,25
41,8	1,18887	23,31
41,9	1,18929	23,36
42,0	1,18981	23,42
42,1	1,19033	23,47
42,2	1,19086	23,52
42,3	1,19138	23,58
42,4	1,19190	23,63
42,5	1,19243	23,69
42,6	1,19295	23,74
42,7	1,19348	23,79
42,8	1,19400	23,85
42,9	1,19453	23,90
43,0	1,19505	23,96
43,1	1,19558	24,01
43,2	1,19611	24,07
43,3	1,19669	24,12
43,4	1,19716	24,17
43,5	1,19769	24,23
43,6	1,19822	24,28
43,7	1,19875	24,34
43,8	1,19927	24,39
43,9	1,19980	24,44
44,0	1,20033	24,50
44,1	1,20086	24,55
44,2	1,20139	24,61
44,3	1,20192	24,66
44,4	1,20245	24,71
44,5	1,20299	24,77
44,6	1,20352	24,82
44,7	1,20405	24,88
44,8	1,20458	24,93
44,9	1,20512	24,98
45,0	1,20565	25,04
45,1	1,20618	25,09
45,2	1,20672	25,14
45,3	1,20725	25,20
45,4	1,20779	25,25
45,5	1,20832	25,31
45,6	1,20886	25,36
45,7	1,20939	25,41
45,8	1,20993	25,47
45,9	1,21046	25,52
46,0	1,21100	25,57
46,1	1,21154	25,63
46,2	1,21208	25,68
46,3	1,21261	25,74
46,4	1,21315	25,79

Zucker nach Graden BALLING (BRIX) Gew.-%	Spezifisches Gewicht $s\ ^{17,5}/_{17,5}$	Grade BAUMÉ	Zucker nach Graden BALLING (BRIX) Gew.-%	Spezifisches Gewicht $s\ ^{17,5}/_{17,5}$	Grade BAUMÉ	Zucker nach Graden BALLING (BRIX) Gew.-%	Spezifisches Gewicht $s\ ^{17,5}/_{17,5}$	Grade BAUMÉ
46,5	1,21369	25,84	52,0	1,24390	28,78	57,5	1,27525	31,68
46,6	1,21423	25,90	52,1	1,24446	28,83	57,6	1,27583	31,73
46,7	1,21477	25,95	52,2	1,24502	28,89	57,7	1,27641	31,79
46,8	1,21531	26,00	52,3	1,24558	28,94	57,8	1,27699	31,84
46,9	1,21585	26,06	52,4	1,24614	28,99	57,9	1,27758	31,89
			52,5	1,24670	29,05			
47,0	1,21639	26,11	52,6	1,24726	29,10	58,0	1,27816	31,94
47,1	1,21693	26,17	52,7	1,24782	29,15	58,1	1,27874	32,00
47,2	1,21747	26,22	52,8	1,24839	29,20	58,2	1,27932	32,05
47,3	1,21802	26,27	52,9	1,24895	29,26	58,3	1,27991	32,10
47,4	1,21856	26,33				58,4	1,28049	32,15
47,5	1,21910	26,38	53,0	1,24951	29,31	58,5	1,28107	32,20
47,6	1,21964	26,43	53,1	1,25008	29,36	58,6	1,28166	32,26
47,7	1,22019	26,49	53,2	1,25064	29,42	58,7	1,28224	32,31
47,8	1,22073	26,54	53,3	1,25120	29,47	58,8	1,28283	32,36
47,9	1,22127	26,59	53,4	1,25177	29,52	58,9	1,28342	32,41
			53,5	1,25233	29,57			
48,0	1,22182	26,65	53,6	1,25290	29,63	59,0	1,28400	32,46
48,1	1,22236	26,70	53,7	1,25347	29,68	59,1	1,28459	32,52
48,2	1,22291	26,75	53,8	1,25403	29,73	59,2	1,28518	32,57
48,3	1,22345	26,81	53,9	1,25460	29,79	59,3	1,28576	32,62
48,4	1,22400	26,86				59,4	1,28635	32,67
48,5	1,22455	26,92	54,0	1,25517	29,84	59,5	1,28694	32,73
48,6	1,22509	26,97	54,1	1,25573	29,89	59,6	1,28753	32,78
48,7	1,22564	27,02	54,2	1,25630	29,94	59,7	1,28812	32,83
48,8	1,22619	27,08	54,3	1,25687	30,00	59,8	1,28871	32,88
48,9	1,22673	27,13	54,4	1,25744	30,05	59,9	1,28930	32,93
			54,5	1,25801	30,10			
49,0	1,22728	27,18	54,6	1,25857	30,16	60,0	1,28989	32,99
49,1	1,22783	27,24	54,7	1,25914	30,21	60,1	1,29048	33,04
49,2	1,22838	27,29	54,8	1,25971	30,26	60,2	1,29107	33,09
49,3	1,22893	27,34	54,9	1,26028	30,31	60,3	1,29166	33,14
49,4	1,22948	27,40				60,4	1,29225	33,20
49,5	1,23003	27,45	55,0	1,26086	30,37	60,5	1,29284	33,25
49,6	1,23058	27,50	55,1	1,26143	30,42	60,6	1,29343	33,30
49,7	1,23113	27,56	55,2	1,26200	30,47	60,7	1,29403	33,35
49,8	1,23168	27,61	55,3	1,26257	30,53	60,8	1,29462	33,40
49,9	1,23223	27,66	55,4	1,26314	30,58	60,9	1,29521	33,46
			55,5	1,26372	30,63			
50,0	1,23278	27,72	55,6	1,26429	30,68	61,0	1,29581	33,51
50,1	1,23334	27,77	55,7	1,26486	30,74	61,1	1,29646	33,56
50,2	1,23389	27,82	55,8	1,26544	30,79	61,2	1,29700	33,61
50,3	1,23444	27,88	55,9	1,26601	30,84	61,3	1,29759	33,66
50,4	1,23499	27,93				61,4	1,29819	33,71
50,5	1,23555	27,98	56,0	1,26658	30,89	61,5	1,29878	33,77
50,6	1,23610	28,04	56,1	1,26716	30,95	61,6	1,29938	33,82
50,7	1,23666	28,09	56,2	1,26773	31,00	61,7	1,29998	33,87
50,8	1,23721	28,14	56,3	1,26831	31,05	61,8	1,30057	33,92
50,9	1,23777	28,20	56,4	1,26889	31,10	61,9	1,30117	33,97
			56,5	1,26946	31,16			
51,0	1,23832	28,25	56,6	1,27004	31,21	62,0	1,30177	34,03
51,1	1,23888	28,30	56,7	1,27062	31,26	62,1	1,30237	34,08
51,2	1,23943	28,36	56,8	1,27120	31,31	62,2	1,30297	34,13
51,3	1,23999	28,41	56,9	1,27177	31,37	62,3	1,30356	34,18
51,4	1,24055	28,46				62,4	1,30416	34,23
51,5	1,24111	28,51	57,0	1,27235	31,42	62,5	1,30476	34,28
51,6	1,24166	28,57	57,1	1,27293	31,47	62,6	1,30536	34,34
51,7	1,24222	28,62	57,2	1,27351	31,52	62,7	1,30596	34,39
51,8	1,24278	28,67	57,3	1,27409	31,58	62,8	1,30657	34,44
51,9	1,24334	28,73	57,4	1,27467	31,63	62,9	1,30717	34,49

Zucker nach Graden Balling (Brix) Gew.-%	Spezifisches Gewicht $s\ ^{17,5}/_{17,5}$	Grade Baumé	Zucker nach Graden Balling (Brix)) Gew.-%	Spezifisches Gewicht $s\ ^{17,5}/_{17,5}$	Grade Baumé	Zucker nach Graden Balling (Brix) Gew.-%	Spezifisches Gewicht $s\ ^{17,5}/_{17,5}$	Grade Baumé
63,0	1,30777	34,54	68,5	1,34148	37,36	74,0	1,37639	40,14
63,1	1,30837	34,59	68,6	1,34210	37,41	74,1	1,37704	40,19
63,2	1,30897	34,65	68,7	1,34273	37,47	74,2	1,37768	40,24
63,3	1,30958	34,70	68,8	1,34335	37,52	74,3	1,37833	40,29
63,4	1,31018	34,75	68,9	1,34398	37,57	74,4	1,37898	40,34
63,5	1,31078	34,80	69,0	1,34460	37,62	74,5	1,37962	40,39
63,6	1,31139	34,85	69,1	1,34523	37,67	74,6	1,38027	40,44
63,7	1,31199	34,90	69,2	1,34585	37,72	74,7	1,38092	40,49
63,8	1,31260	34,96	69,3	1,34648	37,77	74,8	1,38157	40,54
63,9	1,31320	35,01	69,4	1,34711	37,82	74,9	1,38222	40,59
64,0	1,31381	35,06	69,5	1,34774	37,87	75,0	1,38287	40,64
64,1	1,31442	35,11	69,6	1,34836	37,92	75,1	1,38352	40,69
64,2	1,31502	35,16	69,7	1,34899	37,97	75,2	1,38417	40,74
64,3	1,31563	35,21	69,8	1,34962	38,02	75,3	1,38482	40,79
64,4	1,31624	35,27	69,9	1,35025	38,07	75,4	1,38547	40,84
64,5	1,31684	35,32	70,0	1,35088	38,12	75,5	1,38612	40,89
64,6	1,31745	35,37	70,1	1,35155	38,18	75,6	1,38677	40,94
64,7	1,31806	35,42	70,2	1,35214	38,23	75,7	1,38743	40,99
64,8	1,31867	35,47	70,3	1,35277	38,28	75,8	1,38808	41,04
64,9	1,31928	35,52	70,4	1,35340	38,33	75,9	1,38873	41,09
65,0	1,31989	35,57	70,5	1,35403	38,38	76,0	1,38939	41,14
65,1	1,32050	35,63	70,6	1,35466	38,43	76,1	1,39004	41,19
65,2	1,32111	35,68	70,7	1,35530	38,48	76,2	1,39070	41,24
65,3	1,32172	35,73	70,8	1,35593	38,53	76,3	1,39135	41,29
65,4	1,32233	35,78	70,9	1,35656	38,58	76,4	1,39201	41,33
65,5	1,32294	35,83	71,0	1,35720	38,63	76,5	1,39266	41,38
65,6	1,32355	35,88	71,1	1,35783	38,68	76,6	1,39332	41,43
65,7	1,32417	35,93	71,2	1,35847	38,73	76,7	1,39397	41,48
65,8	1,32478	35,98	71,3	1,35910	38,78	76,8	1,39463	41,53
65,9	1,32539	36,04	71,4	1,35974	38,83	76,9	1,39529	41,58
66,0	1,32601	36,09	71,5	1,36037	38,88	77,0	1,39595	41,63
66,1	1,32662	36,14	71,6	1,36101	38,93	77,1	1,39660	41,68
66,2	1,32724	36,19	71,7	1,36164	38,98	77,2	1,39726	41,73
66,3	1,32785	36,24	71,8	1,36228	39,03	77,3	1,39792	41,78
66,4	1,32847	36,29	71,9	1,36292	39,08	77,4	1,39858	41,83
66,5	1,32908	36,34	72,0	1,36355	39,13	77,5	1,39924	41,88
66,6	1,32970	36,39	72,1	1,36419	39,19	77,6	1,39990	41,93
66,7	1,33031	36,45	72,2	1,36483	39,24	77,7	1,40056	41,98
66,8	1,33093	36,50	72,3	1,36547	39,29	77,8	1,40122	42,03
66,9	1,33155	36,55	72,4	1,36611	39,34	77,9	1,40188	42,08
67,0	1,33217	36,60	72,5	1,36675	39,39	78,0	1,40254	42,13
67,1	1,33278	36,65	72,6	1,36739	39,44	78,1	1,40321	42,18
67,2	1,33340	36,70	72,7	1,36803	39,49	78,2	1,40387	42,23
67,3	1,33402	36,75	72,8	1,36867	39,54	78,3	1,40453	42,28
67,4	1,33464	36,80	72,9	1,36931	39,59	78,4	1,40520	42,32
67,5	1,33526	36,85	73,0	1,36995	39,64	78,5	1,40586	42,37
67,6	1,33588	36,90	73,1	1,37059	39,69	78,6	1,40652	42,42
67,7	1,33650	36,96	73,2	1,37124	39,74	78,7	1,40719	42,47
67,8	1,33712	37,01	73,3	1,37188	39,79	78,8	1,40785	42,52
67,9	1,33774	37,06	73,4	1,37252	39,84	78,9	1,40852	42,57
68,0	1,33836	37,11	73,5	1,37317	39,89	79,0	1,40918	42,62
68,1	1,33899	37,16	73,6	1,37381	39,94	79,1	1,40985	42,67
68,2	1,33961	37,21	73,7	1,37446	39,99	79,2	1,41052	42,72
68,3	1,34023	37,26	73,8	1,37510	40,04	79,3	1 41118	42,77
68,4	1,34085	37,31	73,9	1,37575	40,09	79,4	1,41185	42,82

Zucker nach Graden BALLING (BRIX) Gew.-%	Spezifisches Gewicht $s\ ^{17,5}/_{17,5}$	Grade BAUMÉ	Zucker nach Graden BALLING (BRIX) Gew.-%	Spezifisches Gewicht $s\ ^{17,5}/_{17,5}$	Grade BAUMÉ	Zucker nach Graden BALLING (BRIX) Gew.-%	Spezifisches Gewicht $s\ ^{17,5}/_{17,5}$	Grade BAUMÉ
79,5	1,41252	42,87	82,0	1,42934	44,09	84,5	1,44641	45,30
79,6	1,41318	42,92	82,1	1 43002	44,14	84,6	1,44710	45,35
79,7	1,41385	42,96	82,2	1,43070	44,19	84,7	1,44779	45,40
79,8	1,41452	43,01	82,3	1,43137	44,24	84,8	1,44848	45,45
79,9	1,41519	43,06	82,4	1,43205	44,28	84,9	1,44917	45,49
			82,5	1,43273	44,33			
80,0	1,41586	43,11	82,6	1,43341	44,38	85,0	1,44986	45,54
80,1	1,41653	43,16	82,7	1,43409	44,43	85,1	1,45055	45,59
80,2	1,41720	43,21	82,8	1,43478	44,48	85,2	1,45124	45,64
80,3	1,41787	43,26	82,9	1,43546	44,53	85,3	1,45193	45,69
80,4	1,41854	43,31				85,4	1,45262	45,74
80,5	1,41921	43,36	83,0	1,43614	44,58	85,5	1,45331	45,78
80,6	1,41989	43,41	83,1	1,43682	44,62	85,6	1,45401	45,83
80,7	1,42056	43,45	83,2	1,43750	44,67	85,7	1,45470	45,88
80,8	1,42123	43,50	83,3	1,43819	44,72	85,8	1,45539	45,93
80.9	1,42190	43,55	83,4	1,43887	44,77	85,9	1,45609	45,98
			83,5	1,43955	44,82			
81,0	1,42258	43,60	83,6	1,44024	44,87	86,0	1,45678	46,02
81,1	1,42325	43,65	83,7	1,44092	44,91	86,1	1,45748	46,07
81,2	1,42393	43,70	83,8	1,44161	44,96	86,2	1,45817	46,12
81,3	1,42460	43,75	83,9	1,44229	45,01	86,3	1,45887	46,17
81,4	1,42528	43,80				86,4	1,45956	46,22
81,5	1,42595	43,85	84,0	1,44298	45,06	86,5	1,46026	46,26
81,6	1,42663	43,89	84,1	1,44367	45,11	86,6	1,46095	46,31
81,7	1,42731	43,94	84,2	1,44435	45,16	86,7	1,46165	46,36
81,8	1,42798	43,99	84,3	1,44504	45,21	86,8	1,46235	46,41
81,9	1,42866	44,04	84,4	1,44573	45,25	86,9	1,46304	46,46

Tabelle II A. Ermittelung des **Zucker-** (bzw. Extrakt-) Gehaltes wäßriger Zuckerlösungen aus der scheinbaren Dichte bei 15° nach K. WINDISCH (vgl. S. 837).

Scheinbare Dichte $d\ ^{15}/_{15}$	Zucker		Scheinbare Dichte $d\ ^{15}/_{15}$	Zucker		Scheinbare Dichte $d\ ^{15}/_{15}$	Zucker		Scheinbare Dichte $d\ ^{15}/_{15}$	Zucker	
	%	g in 100 ccm		%	g in 100 ccm		%	g in 100 ccm		%	g in 100 ccm
1,0000	**0,00**	**0,00**	**1,0020**	**0,52**	**0,52**	**1,0040**	**1,03**	**1,03**	**1,0060**	**1,54**	**1,55**
1	0,03	0,03	1	0,54	0,54	1	1,05	1,05	1	1,57	1,57
2	0,05	0,05	2	0,57	0,57	2	1,08	1,08	2	1,59	1,60
3	0,08	0,08	3	0,59	0,59	3	1,11	1,11	3	1,62	1,63
4	0,10	0,10	4	0,62	0,62	4	1,13	1,13	4	1,64	1,65
5	0,13	0,13	5	0,64	0,64	5	1,16	1,16	5	1,67	1,68
6	0,15	0,15	6	0,67	0,67	6	1,18	1,18	6	1,69	1,70
7	0,18	0,18	7	0,69	0,69	7	1,21	1,21	7	1,72	1,73
8	0,21	0,21	8	0,72	0,72	8	1,23	1,24	8	1,75	1,76
9	0,23	0,23	9	0,75	0,75	9	1,26	1,26	9	1,77	1,78
1,0010	**0,26**	**0,26**	**1,0030**	**0,77**	**0,77**	**1,0050**	**1,28**	**1,29**	**1,0070**	**1,80**	**1,81**
1	0,28	0,28	1	0,80	0,80	1	1,31	1,32	1	1,82	1,83
2	0,31	0,31	2	0,82	0,82	2	1,34	1,34	2	1,85	1,86
3	0,34	0,34	3	0,85	0,85	3	1,36	1,37	3	1,87	1,88
4	0,36	0,36	4	0,87	0,87	4	1,39	1,39	4	1,90	1,91
5	0,39	0,39	5	0,90	0,90	5	1,41	1,42	5	1,92	1,94
6	0,41	0,41	6	0,93	0,93	6	1,44	1,45	6	1,95	1,96
7	0,44	0,44	7	0,95	0,95	7	1,46	1,47	7	1,97	1,99
8	0,46	0,46	8	0,98	0,98	8	1,49	1,50	8	2,00	2,01
9	0,49	0,49	9	1,00	1,00	9	1,52	1,52	9	2,03	2,04

Scheinbare Dichte $d\ ^{15}/_{15}$	Zucker		Scheinbare Dichte $d\ ^{15}/_{15}$	Zucker		Scheinbare Dichte $d\ ^{15}/_{15}$	Zucker		Scheinbare Dichte $d\ ^{15}/_{15}$	Zucker	
	%	g in 100 ccm		%	g in 100 ccm		%	g in 100 ccm		%	g in 100 ccm
1,0080	**2,05**	**2,07**	**1,0140**	**3,57**	**3,62**	**1,0200**	**5,07**	**5,17**	**1,0260**	**6,56**	**6,72**
1	2,08	2,09	1	3,59	3,64	1	5,10	5,19	1	6,58	6,75
2	2,10	2,12	2	3,62	3,67	2	5,12	5,22	2	6,60	6,77
3	2,13	2,14	3	3,65	3,69	3	5,15	5,25	3	6,63	6,80
4	2,15	2,17	4	3,67	3,72	4	5,17	5,27	4	6,65	6,82
5	2,18	2,19	5	3,70	3,75	5	5,20	5,30	5	6,68	6,85
6	2,20	2,22	6	3,72	3,77	6	5,22	5,32	6	6,70	6,88
7	2,23	2,25	7	3,75	3,80	7	5,25	5,35	7	6,73	6,90
8	2,25	2,27	8	3,77	3,82	8	5,27	5,38	8	6,75	6,93
9	2,28	2,30	9	3,80	3,85	9	5,30	5,40	9	6,78	6,95
1,0090	**2,31**	**2,32**	**1,0150**	**3,82**	**3,87**	**1,0210**	**5,32**	**5,43**	**1,0270**	**6,80**	**6,98**
1	2,33	2,35	1	3,85	3,90	1	5,35	5,45	1	6,83	7,01
2	2,36	2,38	2	3,87	3,93	2	5,37	5,48	2	6,85	7,03
3	2,38	2,40	3	3,90	3,95	3	5,40	5,51	3	6,88	7,06
4	2,41	2,43	4	3,92	3,98	4	5,42	5,53	4	6,90	7,08
5	2,43	2,45	5	3,95	4,00	5	5,45	5,56	5	6,92	7,11
6	2,46	2,48	6	3,97	4,03	6	5,47	5,58	6	6,95	7,13
7	2,48	2,50	7	4,00	4,06	7	5,50	5,61	7	6,97	7,16
8	2,51	2,53	8	4,02	4,08	8	5,52	5,64	8	7,00	7,19
9	2,53	2,56	9	4,05	4,11	9	5,55	5,66	9	7,02	7,21
1,0100	**2,56**	**2,58**	**1,0160**	**4,07**	**4,13**	**1,0220**	**5,57**	**5,69**	**1,0280**	**7,05**	**7,24**
1	2,58	2,61	1	4,10	4,16	1	5,60	5,71	1	7,07	7,26
2	2,61	2,63	2	4,12	4,19	2	5,62	5,74	2	7,10	7,29
3	2,64	2,66	3	4,15	4,21	3	5,65	5,77	3	7,12	7,32
4	2,66	2,69	4	4,17	4,24	4	5,67	5,79	4	7,15	7,34
5	2,69	2,71	5	4,20	4,26	5	5,70	5,82	5	7,17	7,37
6	2,71	2,74	6	4,22	4,29	6	5,72	5,84	6	7,20	7,39
7	2,74	2,76	7	4,25	4,31	7	5,74	5,87	7	7,22	7,42
8	2,76	2,79	8	4,27	4,34	8	5,77	5,89	8	7,24	7,45
9	2,79	2,82	9	4,30	4,37	9	5,79	5,92	9	7,27	7,47
1,0110	**2,81**	**2,84**	**1,0170**	**4,32**	**4,39**	**1,0230**	**5,82**	**5,94**	**1,0290**	**7,29**	**7,50**
1	2,84	2,87	1	4,35	4,42	1	5,84	5,97	1	7,32	7,52
2	2,86	2,89	2	4,37	4,44	2	5,87	6,00	2	7,34	7,55
3	2,89	2,92	3	4,40	4,47	3	5,89	6,02	3	7,37	7,58
4	2,91	2,94	4	4,42	4,50	4	5,91	6,05	4	7,39	7,60
5	2,94	2,97	5	4,45	4,52	5	5,94	6,07	5	7,41	7,63
6	2,96	3,00	6	4,47	4,55	6	5,96	6,10	6	7,44	7,65
7	2,99	3,02	7	4,50	4,57	7	5,99	6,12	7	7,46	7,68
8	3,02	3,05	8	4,52	4,60	8	6,01	6,15	8	7,49	7,70
9	3,04	3,07	9	4,55	4,63	9	6,04	6,18	9	7,51	7,73
1,0120	**3,07**	**3,10**	**1,0180**	**4,57**	**4,65**	**1,0240**	**6,06**	**6,20**	**1,0300**	**7,54**	**7,76**
1	3,09	3,12	1	4,60	4,68	1	6,09	6,23	1	7,56	7,78
2	3,12	3,15	2	4,62	4,70	2	6,11	6,25	2	7,59	7,81
3	3,14	3,18	3	4,65	4,73	3	6,14	6,28	3	7,61	7,83
4	3,17	3,20	4	4,67	4,75	4	6,16	6,31	4	7,64	7,86
5	3,19	3,23	5	4,70	4,78	5	6,19	6,33	5	7,66	7,89
6	3,22	3,26	6	4,72	4,81	6	6,21	6,36	6	7,69	7,91
7	3,24	3,28	7	4,75	4,83	7	6,24	6,38	7	7,71	7,94
8	3,27	3,31	8	4,77	4,86	8	6,26	6,41	8	7,73	7,97
9	3,29	3,33	9	4,80	4,88	9	6,29	6,44	9	7,76	7,99
1,0130	**3,32**	**3,36**	**1,0190**	**4,82**	**4,91**	**1,0250**	**6,31**	**6,46**	**1,0310**	**7,78**	**8,02**
1	3,34	3,38	1	4,85	4,94	1	6,33	6,49	1	7,81	8,04
2	3,37	3,41	2	4,87	4,96	2	6,36	6,51	2	7,83	8,07
3	3,39	3,43	3	4,90	4,99	3	6,38	6,54	3	7,85	8,09
4	3,42	3,46	4	4,92	5,01	4	6,41	6,56	4	7,88	8,12
5	3,44	3,49	5	4,95	5,04	5	6,43	6,59	5	7,90	8,14
6	3,47	3,51	6	4,97	5,06	6	6,46	6,62	6	7,93	8,17
7	3,49	3,54	7	5,00	5,09	7	6,48	6,64	7	7,95	8,20
8	3,52	3,56	8	5,02	5,11	8	6,51	6,67	8	7,98	8,22
9	3,54	3,59	9	5,05	5,14	9	6,53	6,70	9	8,00	8,25

Scheinbare Dichte $d\,^{15}/_{15}$	Zucker		Scheinbare Dichte $d\,^{15}/_{15}$	Zucker		Scheinbare Dichte $d\,^{15}/_{15}$	Zucker		Scheinbare Dichte $d\,^{15}/_{15}$	Zucker	
	%	g in 100 ccm		%	g in 100 ccm		%	g in 100 ccm		%	g in 100 ccm
1,0320	**8,02**	**8,27**	**1,0380**	**9,48**	**9,83**	**1,0440**	**10,92**	**11,39**	**1,0500**	**12,34**	**12,95**
1	8,05	8,30	1	9,50	9,86	1	10,94	11,42	1	12,37	12,97
2	8,07	8,33	2	9,53	9,88	2	10,97	11,44	2	12,39	13,00
3	8,10	8,35	3	9,55	9,91	3	10,99	11,47	3	12,41	13,03
4	8,12	8,38	4	9,58	9,93	4	11,01	11,49	4	12,44	13,05
5	8,15	8,40	5	9,60	9,96	5	11,04	11,52	5	12,46	13,08
6	8,17	8,43	6	9,62	9,99	6	11,06	11,55	6	12,48	13,10
7	8,20	8,46	7	9,65	10,01	7	11,09	11,57	7	12,51	13,13
8	8,22	8,48	8	9,67	10,04	8	11,11	11,60	8	12,53	13,15
9	8,24	8,51	9	9,70	10,06	9	11,13	11,62	9	12,55	13,18
1,0330	**8,27**	**8,53**	**1,0390**	**9,72**	**10,09**	**1,0450**	**11,16**	**11,65**	**1,0510**	**12,58**	**13,21**
1	8,29	8,56	1	9,74	10,11	1	11,18	11,68	1	12,60	13,23
2	8,32	8,59	2	9,77	10,14	2	11,20	11,70	2	12,63	13,26
3	8,34	8,61	3	9,79	19,17	3	11,23	11,73	3	12,65	13,29
4	8,37	8,64	4	9,82	10,19	4	11,25	11,75	4	12,67	13,31
5	8,39	8,66	5	9,84	10,22	5	11,28	11,78	5	12,70	13,34
6	8,41	8,69	6	9,86	10,25	6	11,30	11,81	6	12,72	13,36
7	8,44	8,72	7	9,89	10,27	7	11,32	11,83	7	12,74	13,39
8	8,46	8,74	8	9,91	10,30	8	11,35	11,86	8	12,77	13,42
9	8,49	8,77	9	9,94	10,32	9	11,37	11,88	9	12,79	13,44
1,0340	**8,51**	**8,79**	**1,0400**	**9,96**	**10,35**	**1,0460**	**11,40**	**11,91**	**1,0520**	**12,81**	**13,47**
1	8,54	8,82	1	9,98	10,37	1	11,42	11,94	1	12,84	13,49
2	8,56	8,85	2	10,01	10,40	2	11,44	11,96	2	12,86	13,52
3	8,59	8,87	3	10,03	10,43	3	11,47	11,99	3	12,88	13,55
4	8,61	8,90	4	10,06	10,45	4	11,49	12,01	4	12,91	13,57
5	8,63	8,92	5	10,08	10,48	5	11,51	12,04	5	12,93	13,60
6	8,66	8,95	6	10,10	10,51	6	11,54	12,06	6	12,95	13,62
7	8,68	8,97	7	10,13	10,53	7	11,56	12,09	7	12,98	13,65
8	8,71	9,00	8	10,15	10,56	8	11,58	12,12	8	13,00	13,68
9	8,73	9,03	9	10,18	10,58	9	11,61	12,14	9	13,03	13,70
1,0350	**8,75**	**9,05**	**1,0410**	**10,20**	**10,61**	**1,0470**	**11,63**	**12,17**	**1,0530**	**13,05**	**13,73**
1	8,78	9,08	1	10,22	10,63	1	11,65	12,19	1	13,07	13,75
2	8,80	9,10	2	10,25	10,66	2	11,68	12,22	2	13,10	13,78
3	8,83	9,13	3	10,27	10,69	3	11,70	12,25	3	13,12	13,80
4	8,85	9,16	4	10,30	10,71	4	11,73	12,27	4	13,14	13,83
5	8,88	9,18	5	10,32	10,74	5	11,75	12,30	5	13,17	13,86
6	8,90	9,21	6	10,34	10,76	6	11,77	12,32	6	13,19	13,89
7	8,92	9,23	7	10,37	10,79	7	11,80	12,35	7	13,21	13,91
8	8,95	9,26	8	10,39	10,82	8	11,82	12,38	8	13,24	13,94
9	8,97	9,29	9	10,42	10,84	9	11,85	12,40	9	13,26	13,96
1,0360	**9,00**	**9,31**	**1,0420**	**10,44**	**10,87**	**1,0480**	**11,87**	**12,43**	**1,0540**	**13,28**	**13,99**
1	9,02	9,34	1	10,46	10,90	1	11,89	12,45	1	13,31	14,01
2	9,04	9,36	2	10,49	10,92	2	11,92	12,48	2	13,33	14,04
3	9,07	9,39	3	10,51	10,95	3	11,94	11,51	3	13,35	14,07
4	9,09	9,42	4	10,54	10,97	4	11,96	12,53	4	13,38	14,09
5	9,12	9,44	5	10,56	11,00	5	11,99	12,56	5	12,40	14,12
6	9,14	9,47	6	10,58	11,03	6	12,01	12,58	6	13,42	14,14
7	9,17	9,49	7	10,61	11,05	7	12,03	12,61	7	13,45	14,17
8	9,19	9,52	8	10,63	11,08	8	12,06	12,64	8	13,47	14,20
9	9,21	9,55	9	10,65	11,10	9	12,08	12,66	9	13,50	14,22
1,0370	**9,24**	**9,57**	**1,0430**	**10,68**	**11,13**	**1,0490**	**12,10**	**12,69**	**0,0550**	**13,52**	**14,25**
1	9,26	9,60	1	10,70	11,15	1	12,13	12,71	1	13,54	14,28
2	9,29	9,62	2	10,73	11,18	2	12,15	12,74	2	13,57	14,30
3	9,31	9,65	3	10,75	11,21	3	12,18	12,77	3	13,59	14,33
4	9,33	9,68	4	10,77	11,23	4	12,20	12,79	4	13,61	14,35
5	9,36	9,70	5	10,80	11,26	5	12,22	12,82	5	13,63	14,38
6	9,38	9,73	6	10,82	11,28	6	12,25	12,84	6	13,66	14,41
7	9,41	9,75	7	10,85	11,31	7	12,27	12,87	7	13,68	14,43
8	9,43	9,78	8	10,87	11,34	8	12,30	12,90	8	13,70	14,46
9	9,45	9,80	9	10,90	11,36	9	12,32	12,92	9	13,73	14,48

Scheinbare Dichte $d\ ^{15}/_{15}$	Zucker		Scheinbare Dichte $d\ ^{15}/_{15}$	Zucker		Scheinbare Dichte $d\ ^{15}/_{15}$	Zucker		Scheinbare Dichte $d\ ^{15}/_{15}$	Zucker	
	%	g in 100 ccm		%	g in 100 ccm		%	g in 100 ccm		%	g in 100 ccm
1,0560	**13,75**	**14,51**	**1,0620**	**15,15**	**16,07**	**1,0680**	**16,53**	**17,64**	**1,0740**	**17,90**	**19,21**
1	13,78	14,54	1	15,17	16,10	1	16,55	17,67	1	17,92	19,23
2	13,80	14,56	2	15,20	16,13	2	16,58	17,69	2	17,95	19,26
3	13,82	14,59	3	15,22	16,15	3	16,60	17,72	3	17,97	19,29
4	13,85	14,61	4	15,24	16,18	4	16,62	17,75	4	17,99	19,31
5	13,87	14,64	5	15,27	16,21	5	16,65	17,77	5	18,01	19,34
6	13,89	14,67	6	15,29	16,23	6	16,67	17,80	6	18,04	19,37
7	13,92	14,69	7	15,31	16,26	7	16,69	17,83	7	18,06	19,39
8	13,94	14,72	8	15,33	16,28	8	16,72	17,85	8	18,08	19,42
9	13,96	14,74	9	15,36	16,31	9	16,74	17,88	9	18,10	19,44
1,0570	**13,99**	**14,77**	**1,0630**	**15,38**	**16,33**	**1,0690**	**16,76**	**17,90**	**1,0750**	**18,13**	**19,47**
1	14,01	14,80	1	15,40	16,36	1	16,78	17,93	1	18,15	19,50
2	14,03	14,82	2	15,43	16,39	2	16,81	17,95	2	18,17	19,52
3	14,06	14,85	3	15,45	16,41	3	16,83	17,98	3	18,20	19,55
4	14,08	14,87	4	15,47	16,44	4	16,85	18,01	4	18,22	19,58
5	14,10	14,90	5	15,50	16,47	5	16,88	18,03	5	18,24	19,60
6	14,13	14,93	6	15,52	16,49	6	16,90	18,06	6	18,26	19,63
7	14,15	14,95	7	15,54	16,52	7	16,92	18,08	7	18,29	19,65
8	14,17	14,98	8	15,57	16,54	8	16,94	18,11	8	18,31	19,68
9	14,20	15,00	9	15,59	16,57	9	16,97	18,14	9	18,33	19,71
1,0580	**14,22**	**15,03**	**1,0640**	**15,61**	**16,60**	**1,0700**	**16,99**	**18,16**	**1,0760**	**18,35**	**19,73**
1	14,24	15,06	1	15,63	16,62	1	17,01	18,19	1	18,38	19,76
2	14,27	15,08	2	15,66	16,65	2	17,03	18,22	2	18,40	19,79
3	14,29	15,11	3	15,68	16,68	3	17,06	18,24	3	18,42	19,81
4	14,31	15,14	4	15,70	16.70	4	17,08	18,27	4	18,45	19,84
5	14,34	15,16	5	15,73	16,73	5	17,10	18,30	5	18,47	19,86
6	14,36	15,09	6	15,75	16,75	6	17,13	18,32	6	18,49	19,89
7	13,38	15,22	7	15,77	16,78	7	17,15	18,35	7	18,51	19,92
8	14,41	15,24	8	15,80	16,80	8	17,17	18,37	8	18.54	19,94
9	14,43	15,27	9	15,82	16,83	9	17,20	18,40	9	18,56	19,97
1,0590	**14,45**	**15,29**	**1,0650**	**15,84**	**16,86**	**1,0710**	**17,22**	**18,43**	**1,0770**	**18,58**	**20,00**
1	14,48	15,32	1	15,87	16,88	1	17,24	18,45	1	18,60	20,02
2	14,50	15,35	2	15,89	16,91	2	17,26	18,48	2	18,63	20,05
3	14,52	15,37	3	15,91	16,94	3	17,29	18,50	3	18,65	20,07
4	14,55	15,40	4	15,93	16,96	4	17,31	18,53	4	18,67	20,10
5	14,57	15,42	5	15,96	16,99	5	17,33	18,56	5	18,69	20,12
6	14,59	15,45	6	15,98	17,01	6	17,35	18,58	6	18,72	20,15
7	14,62	15,48	7	16,00	17,04	7	17,38	18,61	7	18,74	20,18
8	14,64	15,50	8	16,03	17,07	8	17,40	18,63	8	18,76	20,20
9	14,66	15,53	9	16,05	17,09	9	17,42	18,66	9	18,78	20,23
1,0600	**14,69**	**15,55**	**1,0660**	**16,07**	**17,12**	**1,0720**	**17,45**	**18,69**	**1,0780**	**18,81**	**20,26**
1	14,71	15,58	1	16,10	17,14	1	17,47	18,71	1	18,83	20,28
2	14,73	15,61	2	16,12	17,17	2	17,49	18,74	2	18,85	20,31
3	14,76	15,63	3	16,14	17,20	3	17,51	18,76	3	18,88	20,34
4	14,78	15,66	4	16,16	17,22	4	17,54	18,79	4	18,90	20,36
5	14,80	15,68	5	16,19	17,25	5	17,56	18,82	5	18,92	20,39
6	14,83	15,71	6	16,21	17,27	6	17,58	18,84	6	18,94	20,41
7	14,85	15,74	7	16,23	17,30	7	17,61	18,87	7	18,97	20,44
8	14,87	15,76	8	16,26	17,33	8	17,63	18,90	8	18,99	20,47
9	14,89	15,79	9	16,28	17,35	9	17,65	18,92	9	19,01	20,49
1,0610	**14,92**	**15,81**	**1,0670**	**16,30**	**17,38**	**1,0730**	**17,68**	**18,95**	**1,0790**	**19,03**	**20,52**
1	14,94	15,84	1	16,33	17,41	1	17,70	18,97	1	19,06	20,55
2	14,96	15,87	2	16,35	17,43	2	17,72	19,00	2	19,08	20,57
3	14,99	15,89	3	16,37	17,46	3	17,74	19,03	3	19,10	20,60
4	15,01	15,92	4	16,39	17,48	4	17,76	19,05	4	19,12	20,62
5	15,03	15,94	5	16,42	17,51	5	17,79	19,08	5	19,15	20,65
6	15,06	15,97	6	16,44	17,54	6	17,81	19,10	6	19,17	20,68
7	15,08	16,00	7	16,46	17,56	7	17,83	19,13	7	19,19	20,70
8	15,10	16,02	8	16,49	17,59	8	17,85	19,16	8	19,21	20,73
9	15,13	16,04	9	16,51	17,62	9	17,88	19,18	9	19,24	20,75

Scheinbare Dichte $d\ ^{15}/_{15}$	Zucker		Scheinbare Dichte $d\ ^{15}/_{15}$	Zucker		Scheinbare Dichte $d\ ^{15}/_{15}$	Zucker		Scheinbare Dichte $d\ ^{15}/_{15}$	Zucker	
	%	g in 100 ccm		%	g in 100 ccm		%	g in 100 ccm		%	g in 100 ccm
1,0800	**19,26**	**20,78**	**1,0860**	**20,60**	**22,36**	**1,0920**	**21,94**	**23,93**	**1,0980**	**23,25**	**25,51**
1	19,28	20,81	1	20,63	22,38	1	21,96	23,96	1	23,28	25,54
2	19,30	20,83	2	20,65	22,41	2	21,98	23,99	2	23,30	25,56
3	19,33	30,86	3	20,67	22,43	3	22,00	24,01	3	23,32	25,59
4	19,35	20,89	4	20,69	22,46	4	22,02	24,04	4	23,34	25,62
5	19,37	20,91	5	20,72	22,49	5	22,05	24,07	5	23,36	25,64
6	19,39	20,94	6	20,74	22,51	6	22,07	24,09	6	23,39	25,67
7	19,42	20,96	7	20,76	22,54	7	22,09	24,12	7	23,41	25,70
8	19,44	20,99	8	20,78	22,57	8	22,11	24,14	8	23,43	25,72
9	19,46	21,02	9	20,80	22,59	9	22,13	24,17	9	23,45	25,75
1,0810	**19,48**	**21,04**	**1,0870**	**20,83**	**22,62**	**1,0930**	**22,16**	**24,20**	**1,0990**	**23,47**	**25,78**
1	19,50	21,07	1	20,85	22,65	1	22,18	24,22	1	23,50	25,80
2	19,53	21,10	2	20,87	22,67	2	22,20	24,25	2	23,52	25,83
3	19,55	21.12	3	20,89	22,70	3	22,22	24,27	3	23,54	25,85
4	19,57	21,15	4	20,92	22,72	4	22,24	24,30	4	23,56	25,88
5	19,60	21,17	5	20,94	22,75	5	22,27	24,33	5	23,58	25,91
6	19,62	21,20	6	20,96	22,78	6	22,29	24,35	6	23,60	25,93
7	19,64	21,23	7	20,98	22,80	7	22,31	24,38	7	23,63	25,96
8	19,66	21,25	8	21,00	22,83	8	22,33	24,41	8	23,65	25,99
9	19,68	21,28	9	21,03	22,86	9	22,36	24,43	9	23,67	26,01
1,0820	**19,71**	**21,31**	**1,0880**	**21,05**	**22,88**	**1,0940**	**22,38**	**24,46**	**1,1000**	**23,69**	**26,04**
1	19,73	21,33	1	21,07	22,91	1	22,40	24,49	1	23,71	26,06
2	19,75	21,36	2	21,09	22,93	2	22,42	24,51	2	23,73	26,09
3	19,78	21,38	3	21,12	22,96	3	22,44	24,54	3	23,76	26,12
4	19,80	21,41	4	21,14	22,99	4	22,47	24,57	4	23,78	26,14
5	19,82	21,44	5	21,16	23,01	5	22,49	24,59	5	23,80	26,17
6	19,84	21,46	6	21,18	23,04	6	22,51	24,62	6	23,82	26,20
7	19,86	21,49	7	21,20	23,07	7	22,53	24,64	7	23,84	26,22
8	19,89	21,52	8	21,23	23,09	8	22,55	24,67	8	23,87	26,25
9	19,91	21,54	9	21,25	23,12	9	22,58	24,70	9	23,89	26,27
1,0830	**19,93**	**21,57**	**1,0890**	**21,27**	**23,14**	**1,0950**	**22,60**	**24,72**	**1,1010**	**23,91**	**26,30**
1	19,95	21,59	1	21,29	23,17	1	22,62	24,75	1	23,93	26,33
2	19,98	21,62	2	21,32	23,20	2	22,64	24,78	2	23,95	26,35
3	20,00	21,65	3	21,34	23,22	3	22,66	24,80	3	23,97	26,38
4	20,02	21,67	4	21,36	23,25	4	22,68	24,83	4	24,00	26,41
5	20,04	21,70	5	21,38	23,28	5	22.71	24,85	5	24,02	26,43
6	20,07	21,73	6	21,40	23,30	6	22,73	24,88	6	24,04	26,46
7	20,09	21,75	7	21,43	23,33	7	22,75	24,91	7	24,06	26,49
8	20,11	21,78	8	21,45	23,35	8	22,77	24,93	8	24,08	26,51
9	20,13	21 80	9	21,47	23,38	9	22,80	24,96	9	24,10	25,54
1,0840	**20,16**	**21,83**	**1,0900**	**21,49**	**23,41**	**1,0960**	**22,82**	**24,99**	**1,1020**	**24,13**	**26,56**
1	20,18	21,86	1	21,52	23,43	1	22,84	25,01	1	24,15	26,59
2	20,20	21,88	2	21,54	23,46	2	22,86	25,04	2	24,17	26,62
3	20,22	21,91	3	21,56	23,49	3	22,88	25,07	3	24,19	26,64
4	20,25	21,94	4	21,58	23,51	4	22,90	25,09	4	24,21	26,67
5	20,27	21,96	5	21,60	23,54	5	22,93	25,12	5	24,23	26,70
6	20,29	21,99	6	21,63	23,57	6	22,95	25,14	6	24,26	26,72
7	20,31	22,02	7	21,65	23,59	7	22,97	25,17	7	24,28	26,75
8	20,34	22,04	8	21,67	23,62	8	22,99	25,20	8	24,30	26,78
9	20,36	22,07	9	21,69	23,65	9	23,01	25,22	9	24,32	26,80
1,0850	**20,38**	**22,09**	**1,0910**	**21,72**	**23,67**	**1,0970**	**23,04**	**25,25**	**1,1030**	**24,34**	**26,83**
1	20,40	22,12	1	21,74	23,70	1	23,06	25,28	1	24,37	26,85
2	20,42	22,15	2	21,76	23,72	2	23,08	25,30	2	24,39	26,88
3	20,45	22,17	3	21,78	23,75	3	23,10	25,33	3	24,41	26,91
4	20,47	22,20	4	21,80	23,77	4	23,12	25,36	4	24,43	26,93
5	20,49	22,22	5	21,82	23,80	5	23,15	25,38	5	24,45	26,96
6	20,51	22,25	6	21,85	23,83	6	23,17	25,41	6	24,47	26,99
7	20,54	22,28	7	21,87	23,85	7	23,19	25,43	7	24,50	27,01
8	20,56	22,30	8	21,89	23,88	8	23,21	25,46	8	24,52	27,04
9	20,58	22,33	9	21,91	23,91	9	23,23	25,49	9	24,54	27,07

Scheinbare Dichte $d\,^{15}/_{15}$	Zucker		Scheinbare Dichte $d\,^{15}/_{15}$	Zucker		Scheinbare Dichte $d\,^{15}/_{15}$	Zucker		Scheinbare Dichte $d\,^{15}/_{15}$	Zucker	
	%	g in 100 ccm		%	g in 100 ccm		%	g in 100 ccm		%	g in 100 ccm
1,1040	**24,56**	**27,09**	**1,1100**	**25,85**	**28,67**	**1,1160**	**27,13**	**30,26**	**1,1220**	**28,40**	**31,84**
1	24,58	27,12	1	25,87	28,70	1	27,16	30,28	1	28,43	31,87
2	24,60	27,15	2	25,90	28,73	2	27,18	30,31	2	28,45	31,90
3	24,63	27,17	3	25,92	28,75	3	27,20	30,34	3	28,47	31,92
4	24,65	27,20	4	25,94	28,78	4	27,22	30,36	4	28,49	31.95
5	24,67	27,22	5	25,96	28,81	5	27,24	30,39	5	28,51	31,97
6	24,69	27,25	6	25,98	28,83	6	27,26	30,41	6	28,53	32,00
7	24,71	27,27	7	26,00	28,86	7	27,28	30,44	7	28,55	32,03
8	24,73	27,30	8	26,03	28,88	8	27,30	30,47	8	28,57	32,05
9	24,75	27,33	9	26,05	28,91	9	27,33	30,49	9	28,59	32,08
1,1050	**24,78**	**27,35**	**1,1110**	**26,07**	**28,94**	**1,1170**	**27,35**	**30,52**	**1,1230**	**28,61**	**32,11**
1	24,80	27,38	1	26,09	28,96	1	27,37	30,55	1	28,64	32,13
2	24,82	27,41	2	26,11	28,99	2	27,39	30,57	2	28,66	32,16
3	24,84	27,43	3	26,13	29,02	3	27,41	30,60	3	28,68	32,19
4	24,86	27,46	4	26,15	29,04	4	27,43	30,63	4	28,70	32,21
5	24,88	27,49	5	26,17	29,07	5	27,45	30,65	5	28,72	32,24
6	24,91	27,51	6	26,20	29,09	6	27,47	30,68	6	28,74	32,26
7	24,93	27,54	7	26,22	29,12	7	27,50	30,71	7	28,76	32,29
8	24,95	27,57	8	26,24	29,15	8	27,52	30,73	8	28,78	32,32
9	24,97	27,59	9	26,26	29.17	9	27,54	30,76	9	28,80	32,34
1,1060	**24,99**	**27,62**	**1,1120**	**26,28**	**29,20**	**1,1180**	**27,56**	**30,79**	**1,1240**	**28,82**	**32,37**
1	25,01	27,65	1	26,30	29,23	1	27,58	30,81	1	28,84	32,40
2	25,04	27,67	2	26,32	29,25	2	27,60	30,84	2	28,87	32,42
3	25,06	27,70	3	26,35	29,28	3	27,62	30,86	3	28,89	32,45
4	25,08	27,72	4	26,37	29,31	4	27,64	30,89	4	28,91	32,48
5	25,10	27,75	5	26,39	29,33	5	27,66	30,92	5	28,93	32,50
6	25,12	27,78	6	26,41	29,36	6	27,69	30,94	6	28,95	32,53
7	25,14	27,80	7	26,43	29,39	7	27,71	30,97	7	28,97	32,56
8	25,17	27,83	8	26,45	29,41	8	27,73	31,00	8	28,99	32,58
9	25,19	27,86	9	26,47	29,44	9	27,75	31,02	9	29,01	32,61
1,1070	**25,21**	**27,88**	**1,1130**	**26,50**	**29,47**	**1,1190**	**27,77**	**31,05**	**1,1250**	**29,03**	**32,64**
1	25,23	27,91	1	26,52	29,49	1	27,79	31,08	1	29,06	32,66
2	25,25	27,93	2	26,54	29,52	2	27,81	31,10	2	29,08	32,69
3	25,27	27,96	3	25,56	29,54	3	27,83	31,13	3	29,10	32,72
4	25,29	27,99	4	26,58	29,57	4	27,86	31,16	4	29,12	32,74
5	25,32	28,01	5	26,60	29,60	5	27,88	31,18	5	29,14	32,77
6	25,34	28,04	6	26,62	29,62	6	27,90	31,21	6	29,16	32,80
7	25,36	28,07	7	26,64	29,65	7	27,92	31,23	7	29,18	32,82
8	25,38	28,09	8	26,67	29,68	8	27,94	31,26	8	29,20	32,85
9	25,40	28,12	9	26,69	29,70	9	27,96	31,29	9	29,22	32,87
1,1080	**25,42**	**28,15**	**1,1140**	**26,71**	**29,73**	**1,1200**	**27,98**	**31,31**	**1,1260**	**29,24**	**32,90**
1	25,44	28,17	1	26,73	29,76	1	28,00	31,34	1	29,26	32,93
2	25,47	28,20	2	26,75	29,78	2	28,02	31,37	2	29,29	32,95
3	25,49	28,22	3	26,77	28,81	3	28,04	31,39	3	29,31	32,98
4	25,51	28,25	4	26,79	29,83	4	28,07	31,42	4	29,33	33,01
5	25,53	28,28	5	26,81	29,86	5	28,09	31,45	5	29,35	33,03
6	25 55	28.30	6	26,84	29,89	6	28,11	31,47	6	29,37	33,06
7	27,57	28,33	7	26,86	29,91	7	28,13	31,50	7	29,39	33,08
8	25,60	28,36	8	26,88	29,94	8	28,15	31,53	8	29,41	33,11
9	25,62	28,38	9	26,90	29,96	9	28,17	31,55	9	29,43	33,14
1,1090	**25,64**	**28,41**	**1,1150**	**26,92**	**29,99**	**1,1210**	**28,19**	**31,58**	**1,1270**	**29,45**	**33,17**
1	25,66	28,43	1	26,94	30,02	1	28,21	31,60	1	29,47	33,19
2	25,68	28,46	2	26,96	30,04	2	28,24	31,63	2	29,50	33,22
3	25,70	28,49	3	26,99	20,07	3	28,26	31,66	3	29,52	33,25
4	25,72	28,51	4	27,01	30,10	4	28,28	31,68	4	29,54	33,27
5	25,75	28,54	5	27,03	30,12	5	28,30	31,71	5	29,56	33,30
6	25,77	28,57	6	27,05	30,15	6	28,32	31,74	6	29,58	33,33
7	25,79	28,59	7	27,07	30,18	7	28,34	31,76	7	29,60	33,35
8	25,81	28,62	8	27,09	30,20	8	28,36	31,79	8	29,62	33,38
9	25,83	28,65	9	27,11	30,23	9	28,38	31,82	9	29,64	33,40

Scheinbare Dichte $d^{15}/_{15}$	Zucker		Scheinbare Dichte $d^{15}/_{15}$	Zucker		Scheinbare Dichte $d^{15}/_{15}$	Zucker		Scheinbare Dichte $d^{15}/_{15}$	Zucker	
	%	g in 100 ccm		%	g in 100 ccm		%	g in 100 ccm		%	g in 100 ccm
1,1280	**29,66**	**33,43**	**1,1700**	**38,17**	**44,62**	**1,2300**	**49,49**	**60,82**	**1,2900**	**60,01**	**77,35**
1	29,68	33,46	10	38,36	44,88	10	49,67	61,10	10	60,18	77,63
2	29,70	33,48	20	38,56	45,15	20	49,85	61,37	20	60,35	77,90
3	29,73	33,51	30	38,76	45,42	30	50,04	61,64	30	60,52	78,19
4	29,75	33,54	40	38,95	45,69	40	50,22	61,92	40	60,69	78,46
5	29,77	33,56	50	39,15	45,96	50	50,40	62,19	50	60,85	78,73
6	29,79	33,59	60	39,34	46,22	60	50,58	62,46	60	61,02	79,02
7	29,81	33,62	70	39,54	46,49	70	50,76	62,73	70	61,19	79,30
8	29,83	33,64	80	39,73	46,76	80	50,94	63,01	80	61,36	79,57
9	29,85	33,67	90	39,92	47,03	90	51,12	63,28	90	61,53	79,86
1,1290	**29,87**	**33,70**	**1,1800**	**40,12**	**47,30**	**1,2400**	**51,30**	**63,56**	**1,3000**	**61,69**	**80,13**
1	29,89	33,72	10	40,31	47,57	10	51,48	68,83	10	61,86	80,41
2	29,91	33,75	20	40,50	47,83	20	51,66	64,11	20	62,03	80,69
3	29,93	33,78	30	40,70	48,11	30	51,83	64,37	30	62,20	80,97
4	29,95	33,80	40	40,89	48,37	40	52,01	64,65	40	62,36	81,25
5	29,97	33,83	50	41,08	48,64	50	52,19	64,92	50	62,53	81,53
6	30,00	33,85	60	41,28	48,91	60	52,37	65,20	60	62,70	81,81
7	30,02	33,88	70	41,47	49,18	70	52,55	65,47	70	62,86	82,09
8	30,04	33,91	80	41,66	49,45	80	52,73	65,75	80	63,03	82,37
9	30,06	33,94	90	41,85	49,72	90	52,90	66,02	90	63,19	82,65
1,1300	**30,08**	**33,96**	**1,1900**	**42,04**	**49,99**	**1,2500**	**53,08**	**66,29**	**1,3100**	**63,36**	**82,93**
10	30,29	34,23	10	42,23	50,26	10	53,26	66,57	10	63,52	83,21
20	30,49	34,49	20	42,42	50,53	20	53,43	66,84	20	63,69	83,49
30	30,70	34,75	30	42,62	50,80	30	53,61	67,12	30	63,86	83,77
40	30,91	35,02	40	42,81	51,07	40	53,79	67,40	40	64,02	84,05
50	31,12	35,29	50	43,00	51,34	50	53,96	67,67	50	64,19	84,34
60	31,32	35,55	60	43,19	51,61	60	54,14	67,94	60	64,35	84,61
70	31,53	35,82	70	43,37	51,87	70	54,32	68,22	70	64,52	84,90
80	31,73	36,08	80	43,56	52,15	80	54,49	68,49	80	64,68	85,18
90	31,94	36,35	90	43,75	52,42	90	54,67	68,77	90	64,85	85,46
1,1400	**32,14**	**36,61**	**1,2000**	**43,94**	**52,68**	**1,2600**	**54,84**	**69,04**	**1,3200**	**65,01**	**85,74**
10	32,35	36,88	10	44,13	52,95	10	55,02	69,32	10	65,17	86,02
20	32,55	37,14	20	44,32	53,22	20	55,19	69,59	20	65,34	86,30
30	32,76	37,41	30	44,50	53,49	30	55,37	69,87	30	65,50	86,58
40	32,96	37,67	40	44,69	53,76	40	55,54	70,14	40	65,66	86,86
50	33,17	37,95	50	44,88	54,03	50	55,72	70,42	50	65,82	87,14
60	33,37	38,21	60	45,07	54,30	60	55,89	70,69	60	65,99	87,43
70	33,57	38,47	70	45,25	54,58	70	56,06	70,97	70	66,15	87,71
80	33,78	38,75	80	45,44	54,85	80	56,24	71,25	80	66,31	87,99
90	33,98	39,01	90	45,63	55,12	90	56,41	71,52	90	66,48	88,27
1,1500	**34,18**	**39,27**	**1,2100**	**45,81**	**55,39**	**1,2700**	**56,58**	**71,80**	**1,3300**	**66,64**	**88,55**
10	34,38	39,54	10	46,00	55,66	10	56,76	72,08	10	66,80	88,84
20	34,58	39,80	20	46,19	55,93	20	56,93	72,35	20	66,96	89,12
30	34,79	40,08	30	46,37	56,20	30	57,10	72,63	30	67,12	89,40
40	34,99	40,34	40	46,56	56,48	40	57,27	72,90	40	67,29	89,69
50	35,19	40,61	50	46,74	56,75	50	57,45	73,18	50	67,45	89,97
60	35,39	40,88	60	46,93	57,02	60	57,62	73,46	60	67,61	90,25
70	35,59	41,14	70	47,11	57,28	70	57,79	73,73	70	67,77	90,53
80	36,79	41,41	80	47,30	57,56	80	57,96	74,01	80	67,93	90,81
90	35,99	41,68	90	47,48	57,83	90	58,13	74,29	90	68,09	91,09
1,1600	**36,19**	**41,94**	**1,2200**	**47,66**	**58,10**	**1,2800**	**58,31**	**74,57**	**1,3400**	**68,25**	**91,38**
10	36,39	42,21	10	47,85	58,38	10	58,48	74,85	10	68,41	91,66
20	36,59	42,48	20	48,03	58,65	20	58,65	75,12	20	68,57	91,94
30	36,78	42,74	30	48,22	58,92	30	58,82	75,40	30	68,73	92,23
40	36,98	43,01	40	48,40	59,19	40	58,99	75,68	40	68,89	92,51
50	37,18	43,28	50	48,58	59,46	50	59,16	75,95	50	69,05	92,79
60	37,38	43,55	60	48,76	59,73	60	59,33	76,23	60	69,21	93,08
70	37,58	43,82	70	48,95	60,01	70	59,50	76,51	70	69,37	93,36
80	37,77	44,08	80	49,13	60,28	80	59,67	76,79	80	69,53	93,65
90	37,97	44,35	90	49,31	60,55	90	59,84	77,07	90	69,69	93,94

Scheinbare Dichte $d\ ^{15}/_{15}$	Zucker		Scheinbare Dichte $d\ ^{15}/_{15}$	Zucker		Scheinbare Dichte $d\ ^{15}/_{15}$	Zucker		Scheinbare Dichte $d\ ^{15}/_{15}$	Zucker	
	%	g in 100 ccm		%	g in 100 ccm		%	g in 100 ccm		%	g in 100 ccm
1,3500	**69,85**	**94,21**	**1,3600**	**71,43**	**97,07**	**1,3700**	**73,00**	**99,92**	**1,3800**	**74,56**	**102,81**
10	70,01	94,50	10	71,59	97,35	10	73,16	100,21	10	74,71	103,09
20	70,16	94,79	20	71,75	97,64	20	73,31	100,50	20	74,87	103,38
30	70,32	95,07	30	71,90	97,92	30	73,47	100,79	30	75,02	103,66
40	70,48	95,35	40	72,06	98,21	40	73,62	101,07			
50	70,64	95,64	50	72,22	98,50	50	73,78	101,36			
60	70,80	95,93	60	72,38	98,78	60	73,94	101,65			
70	70,96	96,21	70	72,53	99,07	70	74,09	101,93			
80	71,12	96,49	80	72,69	99,35	80	74,25	102,23			
90	71,27	96,78	90	72,85	99,64	90	74,40	102,51			

Tabelle IIB. Ermittelung des **Zucker-** (bzw. Extrakt-) Gehaltes wäßriger Zuckerlösungen aus der wahren Dichte bei 20° (vgl. S. 837).

(Berechnet von J. GROSSFELD.)

Dichte $d\ ^{20}/_{4}$	Zucker		Dichte $d\ ^{20}/_{4}$	Zucker		Dichte $d\ ^{20}/_{4}$	Zucker		Dichte $d\ ^{20}/_{4}$	Zucker	
	%	g in 1 Liter		%	g in 1 Liter		%	g in 1 Liter		%	g in 1 Liter
0,9980	—	—	5	0,84	8,4	**1,0050**	**1,74**	**17,5**	5	2,64	26,6
1	—	—	6	0,87	8,7	1	1,77	17,8	6	2,66	26,8
2	—	—	7	0,90	9,0	2	1,79	18,0	7	2,69	27,1
3	0,02	0,2	8	0,92	9,2	3	1,82	18,3	8	2,71	27,3
4	0,04	0,4	9	0,95	9,5	4	1,84	18,5	9	2,74	27,6
5	0,07	0,7	**1,0020**	**0,97**	**9,7**	5	1,87	18,8	**1,0090**	**2,76**	**27,9**
6	0,10	1,0	1	1,00	10,0	6	1,89	19,1	1	2,79	28,1
7	0,12	1,2	2	1,02	10,2	7	1,92	19,3	2	2,82	28,4
8	0,15	1,5	3	1,05	10,5	8	1,95	19,6	3	2,84	28,6
9	0,17	1,7	4	1,07	10,7	9	1,97	19,8	4	2,87	28,9
0,9990	**0,20**	**2,0**	5	1,10	11,0	**1,0060**	**2,00**	**20,1**	5	2,89	29,2
1	0,22	2,2	6	1,13	11,3	1	2,02	20,3	6	2,92	29,4
2	0,25	2,5	7	1,15	11,5	2	2,05	20,6	7	2,94	29,7
3	0,27	2,7	8	1,18	11,8	3	2,07	20,9	8	2,97	29,9
4	0,30	3,0	9	1,20	12,1	4	2,10	21,1	9	2,99	30,2
5	0,33	3,3	**1,0030**	**1,23**	**12,3**	5	2,12	21,4	**1,0100**	**3,02**	**30,5**
6	0,35	3,5	1	1,25	12,6	6	2,15	21,6	1	3,04	30,7
7	0,38	3,8	2	1,28	12,8	7	2,17	21,9	2	3,07	31,0
8	0,40	4,0	3	1,31	13,1	8	2,20	22,2	3	3,09	31,3
9	0,43	4,3	4	1,33	13,4	9	2,22	22,4	4	3,12	31,5
1,0000	**0,46**	**4,6**	5	1,36	13,6	**1,0070**	**2,25**	**22,7**	5	3,14	31,8
1	0,48	4,8	6	1,38	13,9	1	2,28	22,9	6	3,17	32,0
2	0,51	5,1	7	1,41	14,1	2	2,31	23,2	7	3,19	32,3
3	0,53	5,3	8	1,43	14,4	3	2,33	23,5	8	3,22	32,6
4	0,56	5,6	9	1,46	14,7	4	2,36	23,7	9	3,25	32,8
5	0,58	5,8	**1,0040**	**1,49**	**14,9**	5	2,38	24,0	**1,0110**	**3,27**	**33,1**
6	0,61	6,1	1	1,51	15,2	6	2,41	24,2	1	3,30	33,3
7	0,64	6,4	2	1,54	15,4	7	2,43	24,5	2	3,32	33,6
8	0,66	6,6	3	1,56	15,7	8	2,46	24,8	3	3,35	33,9
9	0,69	6,9	4	1,59	15,9	9	2,48	25,0	4	3,37	34,1
1,0010	**0,71**	**7,1**	5	1,61	16,2	**1,0080**	**2,51**	**25,3**	5	3,40	34,4
1	0,74	7,4	6	1,64	16,5	1	2,53	25,5	6	3,41	34,6
2	0,77	7,7	7	1,66	16,7	2	2,56	25,8	7	3,45	34,9
3	0,79	7,9	8	1,69	17,0	3	2,57	26,0	8	3,47	35,1
4	0,82	8,2	9	1,71	17,2	4	2,61	26,3	9	3,50	35,3

Dichte	Zucker		Dichte	Zucker		Dichte	Zucker		Dichte	Zucker	
$d\ ^{20}/_{4}$	%	g in 1 Liter	$d\ ^{20}/_{4}$	%	g in 1 Liter	$d\ ^{20}/_{4}$	%	g in 1 Liter	$d\ ^{20}/_{4}$	%	g in 1 Liter
1,0120	**3,52**	**35,7**	**1,0180**	**5,04**	**51,3**	**1,0240**	**6,53**	**66,9**	**1,0300**	**8,01**	**82,5**
1	3,55	35,9	1	5,06	51,5	1	6,56	67,2	1	8,04	82,8
2	3,58	36,2	2	5,09	51,8	2	6,58	67,5	2	8,06	83,1
3	3,60	36,5	3	5,11	52,1	3	6,61	67,7	3	8,09	83,3
4	3,63	36,7	4	5,14	52,3	4	6,63	68,0	4	8,11	83,6
5	3,65	37,0	5	5,16	52,6	5	6,66	68,2	5	8,14	83,9
6	3,68	37,2	6	5,19	52,8	6	6,68	68,5	6	8,16	84,1
7	3,70	37,5	7	5,21	53,1	7	6,71	68,8	7	8,19	84,4
8	3,73	37,8	8	5,24	53,4	8	6,73	69,0	8	8,21	84,6
9	3,75	38,0	9	5,26	53,6	9	6,76	69,3	9	8,24	84,9
1,0130	**3,78**	**38,3**	**1,0190**	**5,29**	**53,9**	**1,0250**	**6,78**	**69,5**	**1,0310**	**8,26**	**85,2**
1	3,80	38,5	1	5,31	54,1	1	6,81	69,8	1	8,28	85,4
2	3,83	38,8	2	5,34	54,4	2	6,83	70,1	2	8,31	85,7
3	3,85	39,1	3	5,36	54,7	3	6,86	70,3	3	8,33	85,9
4	3,89	39,3	4	5,39	54,9	4	6,88	70,6	4	8,36	86,2
5	3,90	39,5	5	5,41	55,2	5	6,91	70,8	5	8,38	86,5
6	3,93	39,8	6	5,44	55,4	6	6,93	71,1	6	8,41	86,7
7	3,95	40,1	7	5,46	55,7	7	6,95	71,4	7	8,43	87,0
8	3,98	40,4	8	5,49	56,0	8	6,98	71,6	8	8,46	87,3
9	4,01	40,6	9	5,51	56,2	9	7,00	71,9	9	8,48	87,5
1,0140	**4,03**	**40,9**	**1,0200**	**5,54**	**56,5**	**1,0260**	**7,03**	**72,1**	**1,0320**	**8,50**	**87,8**
1	4,06	41,1	1	5,56	56,7	1	7,05	72,4	1	8,53	88,0
2	4,08	41,4	2	5,59	57,0	2	7,08	72,7	2	8,55	88,3
3	4,11	41,7	3	5,61	57,3	3	7,10	72,9	3	8,58	88,6
4	4,13	41,9	4	5,64	57,5	4	7,13	73,2	4	8,60	88,8
5	4,16	42,2	5	5,66	57,8	5	7,15	73,4	5	8,63	89,1
6	4,18	42,4	6	5,69	58,0	6	7,18	73,7	6	8,65	89,3
7	4,21	42,7	7	5,71	58,3	7	7,20	74,0	7	8,68	89,6
8	4,23	43,0	8	5,74	58,6	8	7,23	74,2	8	8,70	89,9
9	4,26	43,2	9	5,76	58,8	9	7,25	74,5	9	8,73	90,1
1,0150	**4,28**	**43,5**	**1,0210**	**5,78**	**59,1**	**1,0270**	**7,27**	**74,8**	**1,0330**	**8,75**	**90,4**
1	4,31	43,7	1	5,81	59,4	1	7,30	75,0	1	8,77	90,6
2	4,33	44,0	2	5,84	59,6	2	7,33	75,3	2	8,80	90,9
3	4,36	44,3	3	5,86	59,9	3	7,35	75,5	3	8,82	91,2
4	4,38	44,5	4	5,89	60,1	4	7,38	75,8	4	8,85	91,4
5	4,41	44,8	5	5,91	60,4	5	7,40	76,0	5	8,87	91,7
6	4,44	45,0	6	5,94	60,7	6	7,42	76,3	6	8,90	91,9
7	4,46	45,3	7	5,96	61,0	7	7,45	76,6	7	8,92	92,2
8	4,49	45,6	8	5,99	61,2	8	7,47	76,8	8	8,95	92,5
9	4,51	45,8	9	6,01	61,4	9	7,50	77,1	9	8,97	92,7
1,0160	**4,54**	**46,1**	**1,0220**	**6,04**	**61,7**	**1,0280**	**7,52**	**77,4**	**1,0340**	**8,99**	**93,0**
1	4,56	46,3	1	6,06	62,0	1	7,55	77,6	1	9,02	93,3
2	4,59	46,6	2	6,08	62,2	2	7,57	77,9	2	9,04	93,5
3	4,61	46,9	3	6,11	62,5	3	7,60	78,1	3	9,07	93,8
4	4,64	47,1	4	6,14	62,8	4	7,62	78,4	4	9,09	94,0
5	4,67	47,4	5	6,16	63,0	5	7,65	78,7	5	9,12	94,3
6	4,69	47,6	6	6,19	63,3	6	7,67	78,9	6	9,14	94,6
7	4,71	47,9	7	6,21	63,5	7	7,70	79,2	7	9,16	94,8
8	4,74	48,2	8	6,24	63,8	8	7,72	79,5	8	9,19	95,1
9	4,76	48,4	9	6,26	64,1	9	7,75	79,7	9	9,21	95,3
1,0170	**4,79**	**48,7**	**1,0230**	**6,29**	**64,3**	**1,0290**	**7,77**	**80,0**	**1,0350**	**9,24**	**95,6**
1	4,81	48,9	1	6,31	64,6	1	7,80	80,2	1	9,26	95,9
2	4,84	49,2	2	6,34	64,8	2	7,82	80,5	2	9,29	96,1
3	4,86	49,5	3	6,36	65,1	3	7,84	80,8	3	9,31	96,4
4	4,89	49,7	4	6,39	65,4	4	7,87	81,0	4	9,34	96,6
5	4,91	50,0	5	6,41	65,6	5	7,89	81,3	5	9,36	96,9
6	4,94	50,2	6	6,43	65,9	6	7,92	81,6	6	9,38	97,2
7	4,96	50,5	7	6,46	66,1	7	7,94	81,8	7	9,41	97,4
8	4,99	50,8	8	6,48	66,4	8	7,97	82,0	8	9,43	97,7
9	5,01	51,0	9	6,51	66,7	9	7,99	82,3	9	9,46	97,9

Dichte	Zucker		Dichte	Zucker		Dichte	Zucker		Dichte	Zucker	
$d\ ^{20}/_{4}$	%	g in 1 Liter	$d\ ^{20}/_{4}$	%	g in 1 Liter	$d\ ^{20}/_{4}$	%	g in 1 Liter	$d\ ^{20}/_{4}$	%	g in 1 Liter
1,0360	**9,48**	**98,2**	**1,0420**	**10,93**	**113,9**	**1,0480**	**12,37**	**129,6**	**1,0540**	**13,79**	**145,3**
1	9,51	98,5	1	10,96	114,2	1	12,39	129,9	1	13,81	145,6
2	9,53	98,7	2	10,98	114,4	2	12,42	130,2	2	13,84	145,9
3	9,55	99,0	3	11,00	114,7	3	12,44	130,4	3	13,86	146,1
4	9,58	99,3	4	11,02	115,0	4	12,46	130,7	4	13,88	146,4
5	9,60	99,5	5	11,05	115,2	5	12,49	130,9	5	13,91	146,7
6	9,63	99,8	6	11,08	115,5	6	12,51	131,2	6	13,93	146,9
7	9,65	100,0	7	11,10	115,8	7	12,54	131,5	7	13,95	147,2
8	9,68	100,3	8	11,12	116,0	8	12,56	131,7	8	13,98	147,4
9	9,70	100,6	9	11,15	116,3	9	12,58	132,0	9	14,00	147,7
1,0370	**9,72**	**100,8**	**1,0430**	**11,17**	**116,5**	**1,0490**	**12,61**	**132,3**	**1,0550**	**14,02**	**148,0**
1	9,75	101,1	1	11,20	116,8	1	12,63	132,5	1	14,05	148,2
2	9,77	101,3	2	11,22	117,1	2	12,65	132,8	2	14,07	148,5
3	9,80	101,6	3	11,24	117,3	3	12,68	133,0	3	14,09	148,8
4	9,82	101,9	4	11,27	117,6	4	12,70	133,3	4	14,12	149,0
5	9,85	102,1	5	11,29	117,8	5	12,73	133,6	5	14,14	149,3
6	9,87	102,4	6	11,32	118,1	6	12,75	133,8	6	14,17	149,5
7	9,89	102,6	7	11,34	118,4	7	12,77	134,1	7	14,19	149,8
8	9,92	102,9	8	11,36	118,6	8	12,80	134,3	8	14,21	150,1
9	9,94	103,2	9	11,39	118,9	9	12,82	134,6	9	14,24	150,3
1,0380	**9,97**	**103,4**	**1,0440**	**11,41**	**119,2**	**1,0500**	**12,84**	**134,8**	**1,0560**	**14,26**	**150,6**
1	9,99	103,7	1	11,43	119,4	1	12,87	135,1	1	14,28	150,8
2	10,02	104,0	2	11,46	119,7	2	12,88	135,4	2	14,31	151,1
3	10,04	104,2	3	11,48	119,9	3	12,91	135,6	3	14,33	151,4
4	10,06	104,5	4	11,51	120,2	4	12,94	135,9	4	14,35	151,6
5	10,09	104,7	5	11,53	120,5	5	12,96	136,2	5	14,38	151,9
6	10,11	105,0	6	11,55	120,7	6	12,98	136,4	6	14,40	152,2
7	10,14	105,3	7	11,58	121,0	7	13,00	136,7	7	14,42	152,4
8	10,16	105,5	8	11,60	121,2	8	13,03	136,9	8	14,45	152,7
9	10,19	105,8	9	11,63	121,5	9	13,05	137,2	9	14,47	152,9
1,0390	**10,21**	**106,0**	**1,0450**	**11,65**	**121,8**	**1,0510**	**13,07**	**137,5**	**1,0570**	**14,50**	**153,2**
1	10,23	106,3	1	11,68	122,0	1	13,10	137,7	1	14,52	153,5
2	10,26	106,6	2	11,70	122,3	2	13,13	138,0	2	14,54	153,7
3	10,28	106,8	3	11,72	122,6	3	13,15	138,2	3	14,57	154,0
4	10,31	107,1	4	11,73	122,9	4	13,17	138,5	4	14,59	154,3
5	10,33	107,3	5	11,77	123,1	5	13,20	138,8	5	14,61	154,5
6	10,35	107,6	6	11,79	123,3	6	13,22	139,0	6	14,64	154,8
7	10,39	107,9	7	11,82	123,6	7	13,24	139,3	7	14,66	155,0
8	10,40	108,1	8	11,84	123,8	8	13,27	139,5	8	14,68	155,3
9	10,43	108,4	9	11,87	124,1	9	13,29	139,8	9	14,71	155,6
1,0400	**10,45**	**108,7**	**1,0460**	**11,89**	**124,4**	**1,0520**	**13,32**	**140,1**	**1,0580**	**14,73**	**155,8**
1	10,47	108,9	1	11,91	124,7	1	13,34	140,4	1	14,75	156,1
2	10,50	109,2	2	11,94	124,9	2	13,36	140,6	2	14,78	156,3
3	10,52	109,5	3	11,96	125,2	3	13,39	140,9	3	14,80	156,6
4	10,54	109,7	4	11,99	125,4	4	13,41	141,1	4	14,82	156,9
5	10,57	110,0	5	12,01	125,7	5	13,44	141,4	5	14,85	157,1
6	10,59	110,3	6	12,03	126,0	6	13,46	141,7	6	14,87	157,4
7	10,62	110,5	7	12,06	126,2	7	13,48	141,9	7	14,89	157,6
8	10,64	110,8	8	12,08	126,5	8	13,51	142,2	8	14,92	157,9
9	10,66	111,0	9	12,11	126,7	9	13,53	142,5	9	14,94	158,2
1,0410	**10,69**	**111,3**	**1,0470**	**12,13**	**127,0**	**1,0530**	**13,55**	**142,7**	**1,0590**	**14,96**	**158,4**
1	10,71	111,6	1	12,15	127,3	1	13,58	143,0	1	14,99	158,7
2	10,74	111,8	2	12,18	127,5	2	13,60	143,2	2	15,01	159,0
3	10,76	112,1	3	12,20	127,8	3	13,62	143,5	3	15,03	159,2
4	10,79	112,3	4	12,22	128,1	4	13,65	143,8	4	15,06	159,5
5	10,81	112,6	5	12,25	128,3	5	13,67	144,0	5	15,08	159,8
6	10,83	112,9	6	12,27	128,6	6	13,70	144,3	6	15,10	160,0
7	10,86	113,1	7	12,30	128,9	7	13,72	144,5	7	15,13	160,3
8	10,88	113,4	8	12,32	129,1	8	13,74	144,8	8	15,15	160,6
9	10,91	113,7	9	12,34	129,4	9	13,77	145,1	9	15,17	160,8

Dichte	Zucker		Dichte	Zucker		Dichte	Zucker		Dichte	Zucker	
$d\ ^{20}/_4$	%	g in 1 Liter	$d\ ^{20}/_4$	%	g in 1 Liter	$d\ ^{20}/_4$	%	g in 1 Liter	$d\ ^{20}/_4$	%	g in 1 Liter
1,0600	**15,19**	**161,1**	**1,0660**	**16,59**	**176,8**	**1,0720**	**17,97**	**192,6**	**1,0780**	**19,33**	**208,4**
1	15,22	161,3	1	16,61	177,1	1	17,99	192,9	1	19,36	208,7
2	15,24	161,6	2	16,63	177,4	2	18,01	193,1	2	19,38	208,9
3	15,26	161,9	3	16,66	177,6	3	18,03	193,4	3	19,40	209,2
4	15,29	162,1	4	16,68	177,9	4	18,06	193,7	4	19,42	209,4
5	15,31	162,4	5	16,70	178,1	5	18,08	193,9	5	19,45	209,7
6	15,33	162,7	6	16,72	178,4	6	18,10	194,2	6	19,47	210,0
7	15,36	162,9	7	16,75	178,7	7	18,13	194,5	7	19,49	210,2
8	15,38	163,2	8	16,77	178,9	8	18,15	194,7	8	19,51	210,5
9	15,40	163,4	9	16,79	179,2	9	18,17	195,0	9	19,54	210,8
1,0610	**15,43**	**163,7**	**1,0670**	**16,82**	**179,5**	**1,0730**	**18,20**	**195,2**	**1,0790**	**19,56**	**211,0**
1	15,45	164,0	1	16,84	179,7	1	18,22	195,5	1	19,58	211,3
2	15,47	164,2	2	16,86	180,0	2	18,24	195,8	2	19,60	211,5
3	15,50	164,5	3	16,89	180,2	3	18,26	196,0	3	19,62	211,8
4	15,52	164,8	4	16,91	180,5	4	18,29	196,3	4	19,65	212,1
5	15,54	165,0	5	16,93	180,8	5	18,31	196,6	5	19,67	212,3
6	15,57	165,3	6	16,96	181,0	6	18,33	196,8	6	19,69	212,6
7	15,59	165,5	7	16,98	181,3	7	18,36	197,1	7	19,71	212,8
8	15,61	165,8	8	17,00	181,5	8	18,38	197,3	8	19,74	213,1
9	15,64	166,1	9	17,02	181,8	9	18,40	197,6	9	19,76	213,4
1,0620	**15,66**	**166,3**	**1,0680**	**17,05**	**182,1**	**1,0740**	**18,42**	**197,9**	**1,0800**	**19,78**	**213,7**
1	15,68	166,6	1	17,07	182,4	1	18,45	198,1	1	19,81	213,9
2	15,71	166,8	2	17,09	182,6	2	18,47	198,4	2	19,83	214,2
3	15,73	167,1	3	17,12	182,9	3	18,49	198,7	3	19,85	214,5
4	15,75	167,4	4	17,14	183,1	4	18,51	198,9	4	19,87	214,7
5	15,79	167,6	5	17,16	183,4	5	18,54	199,2	5	19,90	215,0
6	15,81	167,9	6	17,19	183,7	6	18,56	199,4	6	19,92	215,2
7	15,83	168,2	7	17,21	183,9	7	18,58	199,7	7	19,94	215,5
8	15,86	168,4	8	17,23	184,2	8	18,60	200,0	8	19,96	215,8
9	15,88	168,7	9	17,26	184,5	9	18,63	200,2	9	19,99	216,0
1,0630	**15,90**	**169,0**	**1,0690**	**17,28**	**184,7**	**1,0750**	**18,65**	**200,5**	**1,0810**	**20,01**	**216,3**
1	15,91	169,2	1	17,30	185,0	1	18,67	200,8	1	20,03	216,6
2	15,94	169,5	2	17,32	185,2	2	18,70	201,0	2	20,05	216,8
3	15,96	169,7	3	17,35	185,5	3	18,72	201,3	3	20,08	217,1
4	15,99	170,0	4	17,37	185,8	4	18,74	201,6	4	20,10	217,4
5	16,01	170,3	5	17,39	186,0	5	18,76	201,8	5	20,12	217,6
6	16,03	170,5	6	17,42	186,3	6	18,79	202,1	6	20,14	217,9
7	16,05	170,8	7	17,44	186,5	7	18,81	202,4	7	20,17	218,1
8	16,08	171,0	8	17,46	186,8	8	18,83	202,6	8	20,19	218,4
9	16,10	171,3	9	17,49	187,1	9	18,86	202,9	9	20,21	218,7
1,0640	**16,12**	**171,6**	**1,0700**	**17,51**	**187,3**	**1,0760**	18,88	**203,1**	**1,0820**	**20,23**	**218,9**
1	16,15	171,8	1	17,53	187,6	1	18,90	203,4	1	20,26	219,2
2	16,17	172,1	2	17,55	187,9	2	18,93	203,7	2	20,28	219,5
3	16,19	172,4	3	17,58	188,1	3	18,95	203,9	3	20,30	219,7
4	16,22	172,6	4	17,60	188,4	4	18,97	204,2	4	20,32	220,0
5	16,24	172,9	5	17,62	188,6	5	18,99	204,5	5	20,35	220,3
6	16,26	173,1	6	17,65	188,9	6	19,02	204,7	6	20,37	220,5
7	16,29	173,4	7	17,67	189,2	7	19,04	205,0	7	20,39	220,8
8	16,31	173,7	8	17,69	189,4	8	19,06	205,2	8	20,41	221,1
9	16,33	173,9	9	17,72	189,7	9	19,08	205,5	9	20,44	221,3
1,0650	**16,36**	**174,2**	**1,0710**	**17,74**	**190,0**	**1,0770**	**19,11**	**205,8**	**1,0830**	**20,46**	**221,6**
1	16,39	174,5	1	17,76	190,2	1	19,13	206,0	1	20,48	221,8
2	16,40	174,7	2	17,78	190,5	2	19,15	206,3	2	20,50	222,1
3	16,42	175,0	3	17,81	190,8	3	19,17	206,6	3	20,53	222,3
4	16,45	175,2	4	17,83	191,0	4	19,20	206,8	4	20,55	222,6
5	16,47	175,5	5	17,85	191,3	5	19,22	207,1	5	20,57	222,9
6	16,49	175,8	6	17,87	191,6	6	19,24	207,3	6	20,59	223,2
7	16,52	176,0	7	17,90	191,8	7	19,26	207,6	7	20,62	223,4
8	16,54	176,3	8	17,92	192,1	8	19,29	207,9	8	20,64	223,7
9	16,56	176,6	9	17,94	192,3	9	19,31	208,1	9	20,66	224,0

Dichte $d\ ^{20}/_{4}$	Zucker %	Zucker g in 1 Liter	Dichte $d\ ^{20}/_{4}$	Zucker %	Zucker g in 1 Liter	Dichte $d\ ^{20}/_{4}$	Zucker %	Zucker g in 1 Liter	Dichte $d\ ^{20}/_{4}$	Zucker %	Zucker g in 1 Liter
1,0840	**20,68**	**224,2**	**1,0900**	**22,02**	**240,0**	**1,0960**	**23,35**	**255,9**	**1,1020**	**24,66**	**271,8**
1	20,71	224,5	1	22,04	240,3	1	23,37	256,2	1	24,68	272,0
2	20,73	224,7	2	22,07	240,6	2	23,39	256,4	2	24,70	272,3
3	20,75	225,0	3	22,09	240,8	3	23,41	256,7	3	24,73	272,6
4	20,77	225,3	4	22,11	241,1	4	23,44	257,0	4	24,75	272,8
5	20,80	225,5	5	22,13	241,4	5	23,46	257,2	5	24,77	273,1
6	20,82	225,8	6	22,16	241,6	6	23,48	257,5	6	24,79	273,4
7	20,84	226,1	7	22,18	241,9	7	23,50	257,8	7	24,81	273,6
8	20,86	226,3	8	22,20	242,2	8	23,52	258,0	8	24,84	273,9
9	20,89	226,6	9	22,23	242,4	9	23,55	258,3	9	24,86	274,2
1,0850	**20,91**	**226,9**	**1,0910**	**22,25**	**242,7**	**1,0970**	**23,57**	**258,5**	**1,1030**	**24,88**	**274,4**
1	20,93	227,1	1	22,27	242,9	1	23,59	258,8	1	24,90	274,7
2	20,95	227,4	2	22,29	243,2	2	23,61	259,1	2	24,92	274,9
3	20,97	227,7	3	22,31	243,5	3	23,63	259,3	3	24,94	275,2
4	21,00	227,9	4	22,33	243,7	4	23,66	259,6	4	24,97	275,5
5	21,02	228,2	5	22,36	244,0	5	23,68	259,9	5	24,99	275,7
6	21,04	228,4	6	22,38	244,3	6	23,70	260,1	6	25,01	276,0
7	21,06	228,7	7	22,40	244,5	7	23,72	260,4	7	25,03	276,3
8	21,09	229,0	8	22,42	244,8	8	23,74	260,7	8	25,05	276,5
9	21,11	229,2	9	22,44	245,1	9	23,77	260,9	9	25,08	276,8
1,0860	**21,13**	**229,5**	**1,0920**	**22,47**	**245,3**	**1,0980**	**23,79**	**261,2**	**1,1040**	**25,10**	**277,1**
1	21,15	229,8	1	22,49	245,6	1	23,80	261,4	1	25,12	277,3
2	21,18	230,0	2	22,51	245,9	2	23,82	261,7	2	25,14	277,6
3	21,20	230,3	3	22,53	246,1	3	23,84	262,0	3	25,16	277,9
4	21,22	230,6	4	22,55	246,4	4	23,87	262,2	4	25,18	278,1
5	21,24	230,8	5	22,58	246,6	5	23,89	262,5	5	25.21	278,4
6	21,27	231,1	6	22,60	246,9	6	23,91	262,8	6	25,23	278,7
7	21,29	231,3	7	22,62	247,2	7	23,92	263,0	7	25,25	278,9
8	21,31	231,6	8	22,64	247,4	8	23,94	263,3	8	25,27	279,2
9	21,33	231,9	9	22,66	247,7	9	23,97	263,6	9	25,29	279,5
1,0870	**21,36**	**232,1**	**1,0930**	**22,69**	**248,0**	**1,0990**	**24,00**	**263,8**	**1,1050**	**25,31**	**279,7**
1	21,38	232,4	1	22,71	248,2	1	24,03	264,1	1	25,34	280,0
2	21,40	232,7	2	22,73	248,5	2	24,05	264,4	2	25,36	280,2
3	21,42	232,9	3	22,75	248,8	3	24,07	264,6	3	25,38	280,5
4	21,45	233,2	4	22,78	249,0	4	24,09	264,9	4	25,40	280,8
5	21,47	233,5	5	22,80	249,3	5	24,12	265,2	5	25,42	281,0
6	21,49	233,7	6	22,82	249,6	6	24,14	265,4	6	25,44	281,3
7	21,51	234,0	7	22,84	249,8	7	24,16	265,7	7	25,47	281,6
8	21,53	234,2	8	22,87	250,1	8	24,18	266,0	8	25,49	281,8
9	21,56	234,5	9	22,89	250,4	9	24,20	266,2	9	25,51	282,1
1,0880	**21,58**	**234,8**	**1,0940**	**22,91**	**250,6**	**1,1000**	**24,22**	**266,5**	**1,1060**	**25,53**	**282,4**
1	21,60	235,0	1	22,93	250,9	1	24,25	266,7	1	25,55	282,6
2	21,62	235,3	2	22,95	251,1	2	24,28	267,0	2	25,57	282,9
3	21,65	235,6	3	22,97	251,4	3	24,29	267,3	3	25,60	283,2
4	21,67	235,8	4	23,00	251,7	4	24,31	267,5	4	25,62	283,4
5	21,69	236,1	5	23,02	251,9	5	24,33	267,8	5	25,64	283,7
6	21,71	236,4	6	23,04	252,2	6	24,35	268,1	6	25,66	284,0
7	21,73	236,6	7	23,06	252,5	7	24,38	268,3	7	25,68	284,2
8	21,76	236,9	8	23,08	252,7	8	24,40	268,6	8	25,70	284,5
9	21,78	237,1	9	23,11	253,0	9	24,42	268,9	9	25,73	284,8
1,0890	**21,80**	**237,4**	**1,0950**	**23,13**	**253,3**	**1,1010**	**24,44**	**269,1**	**1,1070**	**25,75**	**285,0**
1	21,82	237,7	1	23,15	253,5	1	24,46	269,4	1	25,77	285,3
2	21,85	237,9	2	23,17	253,8	2	24,49	269,7	2	25,79	285,5
3	21,87	238,2	3	23,19	254,1	3	24,51	269,9	3	25,81	285,8
4	21,89	238,5	4	23,22	254,3	4	24,53	270,2	4	25,84	286,1
5	21,91	238,7	5	23,24	254,6	5	24,55	270,4	5	25,86	286,3
6	21,93	239,0	6	23,26	254,9	6	24,57	270,7	6	25,88	286,6
7	21,96	239,3	7	23,28	355,1	7	24,60	271,0	7	25,90	286,9
8	21,98	239,5	8	23,30	255,4	8	24,62	271,2	8	25,92	287,1
9	22,00	239,8	9	23,33	255,7	9	24,64	271,5	9	25,94	287,4

Dichte $d\ ^{20}/_{4}$	Zucker %	Zucker g in 1 Liter	Dichte $d\ ^{20}/_{4}$	Zucker %	Zucker g in 1 Liter	Dichte $d\ ^{20}/_{4}$	Zucker %	Zucker g in 1 Liter	Dichte $d\ ^{20}/_{4}$	Zucker %	Zucker g in 1 Liter
1,1080	**25,96**	**287,7**	**1,1140**	**27,25**	**303,6**	**1,1200**	**28,53**	**319,5**	**1,1260**	**29,79**	**335,5**
1	25,99	287,9	1	27,27	303,8	1	28,55	319,8	1	29,82	335,7
2	26,01	288,2	2	27,29	304,1	2	28,57	320,1	2	29,84	336,0
3	26,03	288,5	3	27,32	304,4	3	28,59	320,3	3	29,86	336,3
4	26,05	288,7	4	27,34	304,6	4	28,61	320,6	4	29,88	336,5
5	26,07	289,0	5	27,36	304,9	5	28,63	320,8	5	29,90	336,8
6	26,09	289,3	6	27,38	305,2	6	28,66	321,1	6	29,92	337,1
7	26,12	289,5	7	27,40	305,4	7	28,68	321,4	7	29,94	337,3
8	26,14	289,9	8	27,42	305,7	8	28,70	321,6	8	29,96	337,6
9	26,16	290,0	9	27,44	306,0	9	28,72	321,9	9	29,98	337,9
1,1090	**26,18**	**290,3**	**1,1150**	**27,47**	**306,2**	**1,1210**	**28,74**	**322,2**	**1,1270**	**30,00**	**338,1**
1	26,20	290,6	1	27,49	306,5	1	28,76	322,4	1	30,02	338,4
2	26,22	290,8	2	27,51	306,8	2	28,78	322,7	2	30,05	338,7
3	26,24	291,1	3	27,53	307,0	3	28,80	323,0	3	30,07	338,9
4	26,27	291,4	4	27,55	307,3	4	28,82	323,2	4	30,09	339,2
5	26,29	291,6	5	27,57	307,6	5	28,85	323,5	5	30,11	339,5
6	26,31	291,9	6	27,59	307,8	6	28,87	323,8	6	30,13	339,7
7	26,33	292,2	7	27,61	308,1	7	28,89	324,0	7	30,15	340,0
8	26,35	292,4	8	27,64	308,4	8	28,91	324,3	8	30,17	340,3
9	26,37	292,7	9	27,66	308,6	9	28,93	324,6	9	30,19	340,5
1,1100	**26,39**	**293,0**	**1,1160**	**27,68**	**308,9**	**1,1220**	**28,95**	**324,8**	**1,1280**	**30,21**	**340,8**
1	26,41	293,2	1	27,70	309,2	1	28,97	325,1	1	30,23	341,1
2	26,44	293,5	2	27,72	309,4	2	28,99	325,4	2	30,25	341,3
3	26,46	293,8	3	27,74	309,7	3	29,02	325,6	3	30,27	341,6
4	26,48	294,0	4	27,77	310,0	4	29,04	325,9	4	30,30	341,9
5	26,50	294,3	5	27,79	310,2	5	29,06	326,2	5	30,32	342,1
6	26,52	294,5	6	27,81	310,5	6	29,09	326,4	6	30,34	342,4
7	26,54	294,8	7	27,83	310,7	7	29,10	326,7	7	30,36	342,7
8	26,56	295,1	8	27,85	311,0	8	29,12	327,0	8	30,38	342,9
9	26,59	295,3	9	27,87	311,3	9	29,14	327,2	9	30,40	343,2
1,1110	**26,61**	**295,6**	**1,1170**	**27,89**	**311,5**	**1,1230**	**29,16**	**327,5**	**1,1290**	**30,42**	**343,5**
1	26,63	295,9	1	27,91	311,8	1	29,18	327,8	1	30,44	343,7
2	26,65	296,1	2	27,94	312,1	2	29,20	328,0	2	30,47	344,0
3	26,67	296,4	3	27,96	312,3	3	29,23	328,3	3	30,49	344,3
4	26,69	296,7	4	27,98	312,6	4	29,25	328,6	4	30,51	344,5
5	26,72	296,9	5	28,00	312,9	5	29,27	328,8	5	30,53	344,8
6	26,74	297,2	6	28,02	313,1	6	29,29	329,1	6	30,55	345,1
7	26,76	297,5	7	28,04	313,4	7	29,31	329,4	7	30,57	345,3
8	26,78	297,7	8	28,06	313,7	8	29,33	329,6	8	30,59	345,6
9	26,80	298,0	9	28,09	313,9	9	29,35	329,9	9	30,61	345,8
1,1120	**26,82**	**298,3**	**1,1180**	**28,11**	**314,2**	**1,1240**	**29,37**	**330,2**	**1,1300**	**30,63**	**346,1**
1	26,84	298,5	1	28,13	314,5	1	29,39	330,4	1	30,65	346,4
2	26,87	298,8	2	28,15	314,7	2	29,42	330,7	2	30,67	346,7
3	26,89	299,1	3	28,17	315,0	3	29,44	331,0	3	30,69	346,9
4	26,91	299,3	4	28,19	315,3	4	29,46	331,2	4	30,71	347,2
5	26,93	299,6	5	28,21	315,5	5	29,48	331,5	5	30,73	347,5
6	26,95	299,9	6	28,23	315,8	6	29,50	331,7	6	30,75	347,7
7	26,97	300,1	7	28,26	316,1	7	29,52	332,0	7	30,78	348,0
8	26,99	300,4	8	28,28	316,3	8	29,54	332,3	8	30,80	348,3
9	27,02	300,7	9	28,30	316,6	9	29,56	332,5	9	30,82	348,5
1,1130	**27,04**	**300,9**	**1,1190**	**28,32**	**316,9**	**1,1250**	**29,58**	**332,8**	**1,1310**	**30,84**	**348,8**
1	27,06	301,2	1	28,34	317,1	1	29,61	333,1	1	30,86	349,1
2	27,08	301,4	2	28,36	317,4	2	29,63	333,4	2	30,88	349,3
3	27,10	301,7	3	28,38	317,6	3	29,65	333,6	3	30,90	349,6
4	27,12	302,0	4	28,40	317,9	4	29,67	333,9	4	30,92	349,9
5	27,14	302,2	5	28,43	318,2	5	29,69	334,1	5	30,94	350,1
6	27,16	302,5	6	28,45	318,4	6	29,71	334,4	6	30,96	350,4
7	27,19	302,8	7	28,47	318,7	7	29,73	334,7	7	30,99	350,7
8	27,21	303,0	8	28,49	319,0	8	29,75	334,9	8	31,01	350,9
9	27,23	303,3	9	28,51	319,2	9	29,77	335,2	9	31,03	351,2

Dichte $d\ ^{20}/_{4}$	Zucker %	Zucker g in 1 Liter	Dichte $d\ ^{20}/_{4}$	Zucker %	Zucker g in 1 Liter	Dichte $d\ ^{20}/_{4}$	Zucker %	Zucker g in 1 Liter	Dichte $d\ ^{20}/_{4}$	Zucker %	Zucker g in 1 Liter
1,1320	**31,05**	**351,5**	**1,1380**	**32,29**	**367,5**	**1,1440**	**33,52**	**383,5**	**1,1500**	**34,74**	**399,5**
1	31,07	351,7	1	32,31	367,7	1	33,54	383,8	1	34,76	399,8
2	31,09	352,0	2	32,33	368,0	2	33,56	384,0	2	34,78	400,1
3	31,11	352,3	3	32,35	368,3	3	33,58	384,3	3	34,80	400,3
4	31,13	352,5	4	32,37	368,5	4	33,60	384,6	4	34,82	400,6
5	31,15	352,8	5	32,39	368,8	5	33,62	384,8	5	34,84	400,9
6	31,17	353,1	6	32,42	369,1	6	33,64	385,1	6	34,86	401,1
7	31,19	353,3	7	32,43	369,3	7	33,66	385,4	7	34,88	401,4
8	31,21	353,6	8	32,46	369,6	8	33,69	385,6	8	34,90	401,7
9	31,24	353,9	9	32,48	369,9	9	33,71	385,9	9	34,92	401,9
1,1330	**31,26**	**354,1**	**1,1390**	**32,50**	**370,1**	**1,1450**	**33,73**	**386,2**	**1,1510**	**34,94**	**402,2**
1	31,28	354,4	1	32,52	370,4	1	33,75	386,4	1	34,97	402,5
2	31,30	354,7	2	32,54	370,7	2	33,77	386,7	2	34,99	402,7
3	31,32	354,9	3	32,56	370,9	3	33,79	387,0	3	35,01	403,0
4	31,34	355,2	4	32,58	371,2	4	33,81	387,2	4	35,03	403,3
5	31,36	355,5	5	32,60	371,5	5	33,83	387,5	5	35,05	403,5
6	31,38	355,7	6	32,62	371,7	6	33,85	387,8	6	35,07	403,8
7	31,41	356,0	7	32,64	372,0	7	33,87	388,0	7	35,09	404,1
8	31,42	356,3	8	32,66	372,3	8	33,89	388,3	8	35,11	404,3
9	31,44	356,5	9	32,68	372,5	9	33,91	388,6	9	35,13	404,6
1,1340	**31,46**	**356,8**	**1,1400**	**32,70**	**372,8**	**1,1460**	**33,93**	**388,8**	**1,1520**	**35,15**	**404,9**
1	31,48	357,1	1	32,72	373,1	1	33,95	389,1	1	35,17	405,2
2	31,50	357,3	2	32,74	373,3	2	33,97	389,4	2	35,19	405,4
3	31,53	357,6	3	32,76	373,6	3	33,99	389,6	3	35,21	405,7
4	31,55	357,9	4	32,78	373,9	4	34,01	389,9	4	35,23	406,0
5	31,57	358,1	5	32,80	374,1	5	34,03	390,2	5	35,25	406,2
6	31,59	358,4	6	32,82	374,4	6	34,05	390,4	6	35,27	406,5
7	31,61	358,7	7	32,84	374,7	7	34,07	390,7	7	35,29	406,8
8	31,63	358,9	8	32,87	374,9	8	34,09	391,0	8	35,31	407,0
9	31,65	359,2	9	32,89	375,2	9	34,11	391,2	9	35,33	407,3
1,1350	**31,67**	**359,5**	**1,1410**	**32,91**	**375,5**	**1,1470**	**34,13**	**391,5**	**1,1530**	**35,35**	**407,6**
1	31,69	359,7	1	32,93	375,7	1	34,15	391,8	1	35,37	407,8
2	31,71	360,0	2	32,95	376,0	2	34,17	392,0	2	35,39	408,1
3	31,73	360,3	3	32,97	376,3	3	34,19	392,3	3	35,41	408,4
4	31,75	360,5	4	32,99	376,5	4	34,21	392,6	4	35,43	408,6
5	31,77	360,8	5	33,01	376,8	5	34,23	392,8	5	35,45	408,9
6	31,79	361,1	6	33,03	377,1	6	34,26	393,1	6	35,47	409,2
7	31,81	361,3	7	33,05	377,3	7	34,28	393,4	7	35,49	409,4
8	31,84	361,6	8	33,07	377,6	8	34,30	393,6	8	35,51	409,7
9	31,86	361,9	9	33,09	377,9	9	34,32	393,9	9	35,53	410,0
1,1360	**31,88**	**362,1**	**1,1420**	**33,11**	**378,1**	**1,1480**	**34,34**	**394,2**	**1,1540**	**35,55**	**410,3**
1	31,90	362,4	1	33,13	378,4	1	34,36	394,5	1	35,57	410,5
2	31,92	362,7	2	33,15	378,7	2	34,38	394,7	2	35,59	410,8
3	31,94	362,9	3	33,17	378,9	3	34,40	395,0	3	35,61	411,1
4	31,96	363,2	4	33,19	379,2	4	34,42	395,3	4	35,63	411,3
5	31,98	363,5	5	33,21	379,5	5	34,44	395,5	5	35,65	411,6
6	32,00	363,7	6	33,24	379,7	6	34,46	395,8	6	35,67	411,9
7	32,02	364,0	7	33,26	380,0	7	34,48	396,1	7	35,69	412,1
8	32,04	364,3	8	33,28	380,3	8	34,50	396,3	8	35,71	412,4
9	32,06	364,5	9	33,30	380,6	9	34,52	396,6	9	35,73	412,7
1,1370	**32,08**	**364,8**	**1,1430**	**33,32**	**380,8**	**1,1490**	**34,54**	**396,9**	**1,1550**	**35,75**	**412,9**
1	32,10	365,1	1	33,34	381,1	1	34,56	397,1	1	35,77	413,2
2	32,13	365,3	2	33,36	381,3	2	34,58	397,4	2	35,79	413,5
3	32,15	365,6	3	33,38	381,6	3	34,60	397,7	3	35,81	413,7
4	32,17	365,9	4	33,40	381,9	4	34,62	397,9	4	35,83	414,0
5	32,19	366,1	5	33,42	382,1	5	34,64	398,2	5	35,85	414,3
6	32,21	366,4	6	33,44	382,4	6	34,66	398,5	6	35,87	414,5
7	32,23	366,7	7	33,46	382,7	7	34,68	398,7	7	35,89	414,8
8	32,25	366,9	8	33,48	382,9	8	34,70	399,0	8	35,91	415,1
9	32,27	367,2	9	33,50	383,2	9	34,72	399,3	9	35,93	415,4

Dichte	Zucker		Dichte	Zucker		Dichte	Zucker		Dichte	Zucker	
$d\ ^{20}/_4$	%	g in 1 Liter	$d\ ^{20}/_4$	%	g in 1 Liter	$d\ ^{20}/_4$	%	g in 1 Liter	$d\ ^{20}/_4$	%	g in 1 Liter
1,1560	**35,95**	**415,6**	**1,1620**	**37,15**	**431,7**	**1,1680**	**38,34**	**447,9**	**1,1740**	**39,52**	**464,0**
1	35,97	415,9	1	37,17	432,0	1	38,36	448,1	1	39,54	464,3
2	35,99	416,2	2	37,19	432,3	2	38,38	448,4	2	39,56	464,5
3	36,01	416,4	3	37,21	432,5	3	38,40	448,7	3	39,58	464,8
4	36,03	416,7	4	37,23	432,8	4	38,42	448,9	4	39,60	465,1
5	36,05	417,0	5	37,25	433,1	5	38,44	449,2	5	39,62	465,3
6	36,07	417,2	6	37,27	433,3	6	38,46	449,5	6	39,64	465,6
7	36,09	417,5	7	37,29	433,6	7	38,48	449,7	7	39,66	465,9
8	36,11	417,8	8	37,31	433,9	8	38,50	450,0	8	39,68	466,2
9	36,13	418,0	9	37,33	434,1	9	38,52	450,3	9	39,70	466,4
1,1570	**36,15**	**418,3**	**1,1630**	**37,35**	**434,4**	**1,1690**	**38,54**	**450,5**	**1,1750**	**39,72**	**466,7**
1	36,17	418,6	1	37,37	434,7	1	38,56	450,8	1	39,74	467,0
2	36,19	418,8	2	37,39	434,9	2	38,58	451,1	2	39,76	467,2
3	36,21	419,1	3	37,41	435,2	3	38,60	451,3	3	39,78	467,5
4	36,23	419,4	4	37,43	435,5	4	38,62	451,6	4	39,80	467,8
5	36,25	419,6	5	37,45	435,7	5	38,64	451,9	5	39,81	468,0
6	36,27	419,9	6	37,47	436,0	6	38,66	452,2	6	39,83	468,3
7	36,29	420,2	7	37,49	436,3	7	38,68	452,4	7	39,85	468,6
8	36,31	420,4	8	37,51	436,5	8	38,70	452,7	8	39,87	468,8
9	36,33	420,7	9	37,53	436,7	9	38,72	453,0	9	39,89	469,1
1,1580	**36,35**	**421,0**	**1,1640**	**37,55**	**437,1**	**1,1700**	**38,74**	**453,2**	**1,1760**	**39,91**	**469,4**
1	36,37	421,3	1	37,57	437,4	1	38,76	453,5	1	39,93	469,6
2	36,39	421,5	2	37,59	437,6	2	38,78	453,8	2	39,95	469,9
3	36,41	421,8	3	37,61	437,9	3	38,80	454,0	3	39,97	470,2
4	36,43	422,1	4	37,63	438,2	4	38,81	454,3	4	39,99	470,5
5	36,45	422,3	5	37,65	438,4	5	38,83	454,6	5	40,01	470,7
6	36,47	422,6	6	37,67	438,7	6	38,85	454,8	6	40,03	471,0
7	36,49	422,9	7	37,69	439,0	7	38,87	455,1	7	40,05	471,3
8	36,51	423,1	8	37,71	439,3	8	38,89	455,4	8	40,07	471,5
9	36,53	423,4	9	37,73	439,5	9	38,91	455,6	9	40,09	471,8
1,1590	**36,55**	**423,7**	**1,1650**	**37,75**	**439,8**	**1,1710**	**38,93**	**455,9**	**1,1770**	**40,11**	**472,1**
1	36,57	423,9	1	37,77	440,1	1	38,95	456,2	1	40,12	472,3
2	36,59	424,2	2	37,79	440,3	2	38,97	456,4	2	40,15	472,6
3	36,61	424,5	3	37,81	440,6	3	38,99	456,7	3	40,17	472,9
4	36,63	424,7	4	37,83	440,9	4	39,01	457,0	4	40,19	473,1
5	36,65	425,0	5	37,85	441,1	5	39,03	457,3	5	40,21	473,4
6	36,67	425,3	6	37,87	441,4	6	39,05	457,5	6	40,23	473,7
7	36,69	425,5	7	37,89	441,7	7	39,07	457,8	7	40,24	474,0
8	36,71	425,8	8	37,91	441,9	8	39,09	458,1	8	40,26	474,2
9	36,73	426,1	9	37,93	442,2	9	39,11	458,3	9	40,28	474,5
1,1600	**36,75**	**426,4**	**1,1660**	**37,95**	**442,5**	**1,1720**	**39,13**	**458,6**	**1,1780**	**40,30**	**474,8**
1	36,77	426,6	1	37,97	442,7	1	39,15	458,9	1	40,32	475,0
2	36,79	426,9	2	37,99	443,0	2	39,17	459,1	2	40,34	475,3
3	36,81	427,2	3	38,01	443,3	3	39,19	459,4	3	40,36	475,6
4	36,83	427,4	4	38,03	443,5	4	39,21	459,7	4	40,38	475,8
5	36,85	427,7	5	38,05	443,8	5	39,23	460,0	5	40,40	476,1
6	36,87	428,0	6	38,07	444,1	6	39,25	460,2	6	40,42	476,4
7	36,89	428,2	7	38,08	444,4	7	39,27	460,5	7	40,44	476,7
8	36,91	428,5	8	38,10	444,6	8	39,29	460,8	8	40,46	476,9
9	36,93	428,8	9	38,12	444,9	9	39,31	461,0	9	40,48	477,2
1,1610	**36,95**	**429,0**	**1,1670**	**38,14**	**445,2**	**1,1730**	**39,33**	**461,3**	**1,1790**	**40,50**	**477,5**
1	36,97	429,3	1	38,16	445,4	1	39,35	461,6	1	40,52	477,7
2	36,99	429,6	2	38,18	445,7	2	39,37	461,8	2	40,54	478,0
3	37,01	429,8	3	38,20	446,0	3	39,39	462,1	3	40,55	478,3
4	37,03	430,1	4	38,22	446,2	4	39,41	462,4	4	40,57	478,5
5	37,05	430,4	5	38,24	446,5	5	39,42	462,6	5	40,59	478,8
6	37,07	430,7	6	38,26	446,8	6	39,44	462,9	6	40,61	479,1
7	37,09	430,9	7	38,28	447,0	7	39,46	463,2	7	40,63	479,3
8	37,11	431,2	8	38,30	447,3	8	39,48	463,5	8	40,65	479,6
9	37,13	431,5	9	38,32	447,6	9	39,50	463,8	9	40,67	479,9

Dichte	Zucker		Dichte	Zucker		Dichte	Zucker		Dichte	Zucker	
$d\ ^{20}/_{4}$	%	g in 1 Liter	$d\ ^{20}/_{4}$	%	g in 1 Liter	$d\ ^{20}/_{4}$	%	g in 1 Liter	$d\ ^{20}/_{4}$	%	g in 1 Liter
1,1800	**40,69**	**480,2**	**1,1860**	**41,85**	**496,4**	**1,1920**	**43,00**	**512,6**	**1,1980**	**44,14**	**528,9**
1	40,71	480,4	1	41,87	496,6	1	43,02	512,9	1	44,16	529,1
2	40,73	480,7	2	41,89	496,9	2	43,04	513,1	2	44,18	529,4
3	40,75	481,0	3	41,91	497,2	3	43,06	513,4	3	44,20	529,7
4	40,77	481,2	4	41,93	497,5	4	43,08	513,7	4	44,23	529,9
5	40,79	481,5	5	41,95	497,7	5	43,10	513,9	5	44,24	530,2
6	40,81	481,8	6	41,97	498,0	6	43,12	514,2	6	44,26	530,5
7	40,83	482,1	7	41,98	498,3	7	43,13	514,5	7	44,28	530,7
8	40,85	482,3	8	42,00	498,5	8	43,15	514,8	8	44,30	531,0
9	40,87	482,6	9	42,02	498,8	9	43,17	515,0	9	44,31	531,3
1,1810	**40,89**	**482,9**	**1,1870**	**42,04**	**499,1**	**1,1930**	**43,19**	**515,3**	**1,1990**	**44,33**	**531,6**
1	40,90	483,1	1	42,06	499,3	1	43,21	515,6	1	44,35	531,8
2	40,92	483,4	2	42,08	499,6	2	43,23	515,8	2	44,37	532,1
3	40,94	483,7	3	42,10	499,9	3	43,25	516,1	3	44,39	532,4
4	40,96	483,9	4	42,12	500,2	4	43,27	516,4	4	44,41	532,6
5	40,98	484,2	5	42,14	500,4	5	43,29	516,7	5	44,43	532,9
6	41,00	484,5	6	42,16	500,7	6	43,31	516,9	6	44,45	533,2
7	41,02	484,8	7	42,18	501,0	7	43,33	517,2	7	44,46	533,5
8	41,04	485,0	8	42,20	501,2	8	43,34	517,5	8	44,48	533,7
9	41,07	485,3	9	42,22	501,5	9	43,36	517,7	9	44,50	534,0
1,1820	**41,08**	**485,6**	**1,1880**	**42,24**	**501,8**	**1,1940**	**43,38**	**518,0**	**1,2000**	**44,52**	**534,3**
1	41,10	485,8	1	42,25	502,0	1	43,40	518,3	1	44,54	534,5
2	41,12	486,1	2	42,27	502,3	2	43,42	518,6	2	44,56	534,8
3	41,14	486,4	3	42,29	502,6	3	43,44	518,8	3	44,58	535,0
4	41,16	486,6	4	42,31	502,9	4	43,46	519,1	4	44,60	535,3
5	41,18	486,9	5	42,33	503,1	5	43,48	519,4	5	44,61	535,6
6	41,20	487,2	6	42,35	503,4	6	43,50	519,6	6	44,63	535,9
7	41,21	487,5	7	42,37	503,7	7	43,52	519,9	7	44,65	536,2
8	41,23	487,7	8	42,39	503,9	8	43,53	520,2	8	44,67	536,4
9	41,25	488,0	9	42,41	504,2	9	43,55	520,5	9	44,69	536,7
1,1830	**41,27**	**488,3**	**1,1890**	**42,43**	**504,5**	**1,1950**	**43,57**	**520,7**	**1,2010**	**44,71**	**537,0**
1	41,29	488,5	1	42,45	504,7	1	43,59	521,0	1	44,73	537,2
2	41,31	488,8	2	42,47	505,0	2	43,61	521,3	2	44,75	537,5
3	41,33	489,1	3	42,48	505,3	3	43,63	521,5	3	44,77	537,8
4	41,35	489,4	4	42,50	505,6	4	43,65	521,8	4	44,79	538,1
5	41,37	489,6	5	42,52	505,8	5	43,67	522,1	5	44,80	538,3
6	41,39	489,9	6	42,54	506,1	6	43,69	522,3	6	44,82	538,6
7	41,41	490,2	7	42,56	506,4	7	43,71	522,6	7	44,84	538,9
8	41,43	490,4	8	42,58	506,6	8	43,73	522,9	8	44,86	539,1
9	41,45	490,7	9	42,60	606,9	9	43,74	523,2	9	44,88	539,4
1,1840	**41,47**	**491,0**	**1,1900**	**42,62**	**507,2**	**1,1960**	**43,76**	**523,4**	**1,2020**	**44,90**	**539,7**
1	41,48	491,2	1	42,64	507,4	1	43,78	523,7	1	44,92	540,0
2	41,50	491,5	2	42,66	507,7	2	43,80	524,0	2	44,94	540,2
3	41,52	491,8	3	42,68	508,0	3	43,82	524,2	3	44,95	540,5
4	41,54	492,1	4	42,69	508,3	4	43,84	524,5	4	44,97	540,8
5	41,56	492,3	5	42,71	508,5	5	43,86	524,8	5	44,99	541,0
6	41,58	492,6	6	42,73	508,8	6	43,88	525,1	6	45,01	541,3
7	41,60	492,9	7	42,75	509,1	7	43,90	525,3	7	45,03	541,6
8	41,62	493,1	8	42,77	509,3	8	43,92	525,6	8	45,05	541,9
9	41,64	493,4	9	42,79	509,6	9	43,93	525,9	9	45,07	542,1
1,1850	**41,66**	**493,7**	**1,1910**	**42,81**	**509,9**	**1,1970**	**43,95**	**526,1**	**1,2030**	**45,09**	**542,4**
1	41,68	493,9	1	42,83	510,2	1	43,97	526,4	1	45,10	542,7
2	41,70	494,2	2	42,85	510,4	2	43,99	526,7	2	45,12	542,9
3	41,72	494,5	3	42,87	510,7	3	44,01	527,0	3	45,14	543,2
4	41,73	494,8	4	42,89	511,0	4	44,03	527,2	4	45,16	543,5
5	41,75	495,0	5	42,91	511,2	5	44,05	527,5	5	45,18	543,8
6	41,77	495,3	6	42,92	511,5	6	44,07	527,8	6	45,20	544,0
7	41,79	495,6	7	42,94	511,8	7	44,09	528,0	7	45,22	544,3
8	41,81	495,8	8	42,96	512,1	8	44,11	528,3	8	45,24	544,6
9	41,83	496,1	9	42,98	512,4	9	44,13	528,6	9	45,26	544,8

Dichte $d\ ^{20}/_{4}$	Zucker %	Zucker g in 1 Liter	Dichte $d\ ^{20}/_{4}$	Zucker %	Zucker g in 1 Liter	Dichte $d\ ^{20}/_{4}$	Zucker %	Zucker g in 1 Liter	Dichte $d\ ^{20}/_{4}$	Zucker %	Zucker g in 1 Liter
1,2040	**45,27**	**545,1**	**1,2100**	**46,40**	**561,4**	**1,2160**	**47,51**	**577,8**	**1,2220**	**48,62**	**594,1**
1	45,29	545,4	1	46,42	561,7	1	47,53	578,0	1	48,64	594,4
2	45,31	545,7	2	46,43	562,0	2	47,55	578,3	2	48,65	594,7
3	45,33	545,9	3	46,45	562,2	3	47,57	578,6	3	48,67	594,9
4	45,35	546,2	4	46,47	562,5	4	47,59	578,8	4	48,69	595,2
5	45,37	546,5	5	46,50	562,8	5	47,60	579,1	5	48,71	595,5
6	45,39	546,7	6	46,51	563,0	6	47,62	579,4	6	48,73	595,7
7	45,41	547,0	7	46,53	563,3	7	47,64	579,7	7	48,75	596,0
8	45,43	547,3	8	46,55	563,6	8	47,66	579,9	8	48,76	596,3
9	45,44	547,6	9	46,56	563,8	9	47,68	580,2	9	48,78	596,6
1,2050	**45,46**	**547,8**	**1,2110**	**46,58**	**564,1**	**1,2170**	**47,70**	**580,5**	**1,2230**	**48,80**	**596,8**
1	45,48	548,1	1	46,60	564,4	1	47,72	580,8	1	48,82	597,1
2	45,50	548,4	2	46,62	564,7	2	47,73	581,0	2	48,84	597,4
3	45,52	548,6	3	46,64	564,9	3	47,75	581,3	3	48,86	597,7
4	45,54	548,9	4	46,66	565,2	4	47,77	581,6	4	48,87	579,9
5	45,56	549,2	5	46,68	565,5	5	47,79	581,8	5	48,89	598,2
6	45,57	549,5	6	46,70	565,8	6	47,81	582,1	6	48,91	598,4
7	45,59	549,7	7	46,71	566,0	7	47,83	582,4	7	48,93	598,7
8	45,61	550,0	8	46,73	566,3	8	47,84	582,7	8	48,95	599,0
9	45,63	550,3	9	46,75	566,6	9	47,86	582,9	9	48,97	599,3
1,2060	**45,65**	**550,6**	**1,2120**	**46,77**	**566,9**	**1,2180**	**47,88**	**583,2**	**1,2240**	**48,98**	**599,6**
1	45,67	550,8	1	46,79	567,1	1	47,90	583,5	1	49,00	599,9
2	45,69	551,1	2	46,81	567,4	2	47,92	583,7	2	49,02	600,1
3	45,70	551,4	3	46,83	567,7	3	47,94	584,0	3	49,04	600,4
4	45,72	551,6	4	46,84	567,9	4	47,96	584,3	4	49,06	600,7
5	45,74	551,9	5	46,86	568,2	5	47,97	584,6	5	49,08	601,0
6	45,76	552,2	6	46,88	568,5	6	47,99	584,8	6	49,09	601,2
7	45,78	552,4	7	46,90	568,8	7	48,01	585,1	7	49,11	601,5
8	45,80	552,7	8	46,92	569,0	8	48,03	585,4	8	49,13	601,8
9	45,81	553,0	9	46,94	569,3	9	48,05	585,6	9	49,15	602,0
1,2070	**45,84**	**553,3**	**1,2130**	**46,96**	**569,6**	**1,2190**	**48,07**	**585,9**	**1,2250**	**49,17**	**602,3**
1	45,86	553,5	1	46,97	569,9	1	48,08	586,2	1	49,19	602,6
2	45,87	553,8	2	46,99	570,0	2	48,10	586,5	2	49,20	602,9
3	45,89	554,1	3	47,01	570,3	3	48,12	586,7	3	49,22	603,1
4	45,91	554,4	4	47,03	570,7	4	48,14	587,0	4	49,24	603,4
5	45,93	554,6	5	47,05	570,9	5	48,16	587,3	5	49,26	603,7
6	45,95	554,9	6	47,07	571,2	6	48,18	587,6	6	49,28	604,0
7	45,96	555,2	7	47,09	571,5	7	48,20	587,8	7	49,30	604,2
8	45,98	555,4	8	47,10	571,8	8	48,21	588,1	8	49,31	604,5
9	46,00	555,7	9	47,12	572,0	9	48,23	588,4	9	49,33	604,8
1,2080	**46,02**	**556,0**	**1,2140**	**47,14**	**572,3**	**1,2200**	**48,25**	**588,7**	**1,2260**	**49,35**	**605,0**
1	46,04	556,3	1	47,16	572,6	1	48,27	588,9	1	49,37	605,3
2	46,06	556,5	2	47,18	572,8	2	48,29	589,2	2	49,39	605,6
3	46,08	556,8	3	47,20	573,1	3	48,30	589,5	3	49,40	605,9
4	46,10	557,1	4	47,22	573,4	4	48,32	589,7	4	49,42	606,1
5	46,11	557,3	5	47,23	573,7	5	48,34	590,0	5	49,44	606,4
6	46,13	557,6	6	47,25	573,9	6	48,36	590,3	6	49,46	606,7
7	46,15	557,9	7	47,27	574,2	7	48,39	590,6	7	49,48	606,9
8	46,17	558,2	8	47,29	574,5	8	48,40	590,8	8	49,50	607,2
9	46,19	558,4	9	47,31	574,7	9	48,42	591,1	9	49,51	607,5
1,2090	**46,21**	**558,7**	**1,2150**	**47,33**	**575,0**	**1,2210**	**48,43**	**591,4**	**1,2270**	**49,53**	**607,8**
1	46,23	559,0	1	47,35	575,3	1	48,45	591,7	1	49,55	608,0
2	46,25	559,2	2	47,36	575,6	2	48,47	591,9	2	49,57	608,3
3	46,26	559,5	3	47,38	575,8	3	48,49	592,2	3	49,59	608,6
4	46,28	559,8	4	47,40	576,1	4	48,51	592,5	4	49,61	608,9
5	46,30	560,1	5	47,42	576,4	5	48,53	592,7	5	49,62	609,1
6	46,32	560,3	6	47,44	576,7	6	48,54	593,0	6	49,64	609,4
7	46,33	560,6	7	47,46	576,9	7	48,56	593,3	7	49,66	609,7
8	46,35	560,9	8	47,48	577,2	8	48,58	593,6	8	49,68	609,9
9	46,37	561,1	9	47,49	577,5	9	48,60	593,8	9	49,70	610,2

Dichte	Zucker		Dichte	Zucker		Dichte	Zucker		Dichte	Zucker	
$d\ ^{20}/_{4}$	%	g in 1 Liter	$d\ ^{20}/_{4}$	%	g in 1 Liter	$d\ ^{20}/_{4}$	%	g in 1 Liter	$d\ ^{20}/_{4}$	%	g in 1 Liter
1,2280	**49,72**	**610,5**	**1,2340**	**50,80**	**626,9**	**1,2400**	**51,89**	**643,4**	**1,2460**	**52,96**	**659,9**
1	49,73	610,8	1	50,82	627,2	1	51,90	643,6	1	52,98	660,1
2	49,75	611,1	2	50,84	627,5	2	51,92	643,9	2	52,99	660,4
3	49,77	611,3	3	50,86	627,7	3	51,94	644,2	3	53,01	660,7
4	49,79	611,6	4	50,88	628,0	4	51,96	644,5	4	53,03	661,0
5	49,81	611,9	5	50,89	628,3	5	51,97	644,7	5	53,05	661,2
6	49,82	612,1	6	50,91	628,6	6	51,99	645,0	6	53,06	661,5
7	49,84	612,4	7	50,93	628,8	7	52,01	645,3	7	53,08	661,8
8	49,86	612,7	8	50,95	629,1	8	52,03	645,6	8	53,10	662,1
9	49,88	613,0	9	50,97	629,4	9	52,05	645,8	9	53,12	662,3
1,2290	**49,90**	**613,3**	**1,2350**	**50,99**	**629,7**	**1,2410**	**52,06**	**646,1**	**1,2470**	**53,14**	**662,6**
1	49,92	613,6	1	51,00	629,9	1	52,08	646,4	1	53,16	662,9
2	49,93	613,8	2	51,02	630,2	2	52,10	646,7	2	53,17	663,2
3	49,95	614,2	3	51,04	630,5	3	52,12	646,9	3	53,19	663,4
4	49,97	614,4	4	51,06	630,8	4	52,14	647,2	4	53,21	663,7
5	49,99	614,6	5	51,08	631,0	5	52,15	647,5	5	53,23	664,0
6	50,01	614,9	6	51,09	631,3	6	52,17	647,8	6	53,24	664,3
7	50,03	615,2	7	51,11	631,6	7	52,19	648,0	7	53,26	664,5
8	50,04	615,4	8	51,13	631,9	8	52,21	648,3	8	53,28	664,8
9	50,06	615,7	9	51,15	632,1	9	52,23	648,6	9	53,30	665,1
1,2300	**50,08**	**616,0**	**1,2360**	**51,17**	**632,4**	**1,2420**	**52,24**	**648,9**	**1,2480**	**53,32**	**665,4**
1	50,10	616,2	1	51,18	632,7	1	52,26	649,1	1	53,33	665,6
2	50,12	616,5	2	51,20	633,0	2	52,28	649,4	2	53,35	665,9
3	50,13	616,8	3	51,22	633,2	3	52,30	649,7	3	53,37	666,2
4	50,15	617,1	4	51,24	633,5	4	52,31	650,0	4	53,39	666,5
5	50,17	617,3	5	51,26	633,8	5	52,32	650,2	5	53,40	666,7
6	50,19	617,6	6	51,27	634,1	6	52,34	650,5	6	53,42	667,0
7	50,21	617,9	7	51,29	634,3	7	52,36	650,8	7	53,44	667,3
8	50,23	618,2	8	51,31	634,6	8	52,38	651,1	8	53,46	667,6
9	50,24	618,4	9	51,33	634,9	9	52,40	651,3	9	53,47	667,8
1,2310	**50,26**	**618,7**	**1,2370**	**51,35**	**635,2**	**1,2430**	**52,42**	**651,6**	**1,2490**	**53,49**	**668,1**
1	50,28	619,0	1	51,36	635,4	1	52,44	651,9	1	53,51	668,4
2	50,30	619,3	2	51,38	635,7	2	52,46	652,2	2	53,53	668,7
3	50,31	619,5	3	51,40	636,0	3	52,48	652,4	3	53,55	668,9
4	50,33	619,8	4	51,42	636,2	4	52,50	652,7	4	53,56	669,2
5	50,35	620,1	5	51,44	636,5	5	52,51	653,0	5	53,58	669,5
6	50,37	620,4	6	51,45	636,8	6	52,53	653,3	6	53,60	669,8
7	50,39	620,6	7	51,47	637,1	7	52,55	653,5	7	53,62	670,0
8	50,41	620,9	8	51,49	637,3	8	52,57	653,8	8	53,63	670,3
9	50,42	621,2	9	51,51	637,6	9	52,58	654,1	9	53,65	670,6
1,2320	**50,44**	**621,5**	**1,2380**	**51,53**	**637,9**	**1,2440**	**52,60**	**654,4**	**1,2500**	**53,67**	**670,9**
1	50,46	621,7	1	51,54	638,2	1	52,62	654,6	10	53,85	673,6
2	50,48	622,0	2	51,56	638,4	2	52,64	654,9	20	54,02	676,4
3	50,50	622,3	3	51,58	638,7	3	52,65	655,2	30	54,20	679,1
4	50,51	622,6	4	51,60	639,0	4	52,67	655,5	40	54,38	681,9
5	50,53	622,8	5	51,62	639,3	5	52,69	655,7	50	54,55	684,7
6	50,55	623,1	6	51,63	639,5	6	52,71	656,0	60	54,73	687,4
7	50,57	623,4	7	51,65	639,8	7	52,73	656,3	70	54,91	690,2
8	50,59	623,6	8	51,67	640,1	8	52,74	656,6	80	55,08	692,9
9	50,60	623,9	9	51,69	640,4	9	52,76	656,8	90	55,26	695,7
1,2330	**50,62**	**624,2**	**1,2390**	**51,71**	**640,6**	**1,2450**	**52,78**	**657,1**	**1,2600**	**55,43**	**698,5**
1	50,64	624,5	1	51,72	640,9	1	52,80	657,4	10	55,61	701,2
2	50,66	624,7	2	51,74	641,2	2	52,82	657,7	20	55,78	704,0
3	50,68	625,9	3	51,76	641,5	3	52,83	657,9	30	55,96	706,8
4	50,70	625,3	4	51,78	641,7	4	52,85	658,2	40	56,13	709,5
5	50,71	625,6	5	51,80	642,0	5	52,87	658,5	50	56,36	712,3
6	50,73	625,8	6	51,81	642,3	6	52,89	658,8	60	56,48	705,1
7	50,75	626,1	7	51,83	642,5	7	52,90	659,0	70	56,65	707,8
8	50,77	626,4	8	51,85	642,8	8	52,92	659,3	80	56,83	720,6
9	50,79	626,7	9	51,87	643,1	9	52,94	659,6	90	57,00	723,3

Dichte	Zucker		Dichte	Zucker		Dichte	Zucker		Dichte	Zucker	
$d\ ^{20}/_{4}$	%	g in 1 Liter	$d\ ^{20}/_{4}$	%	g in 1 Liter	$d\ ^{20}/_{4}$	%	g in 1 Liter	$d\ ^{20}/_{4}$	%	g in 1 Liter
1,2700	**57,18**	**726,1**	**1,3300**	**67,23**	**894,2**	**1,3900**	**76,70**	**1066,1**	**1,4500**	**85,68**	**1242,3**
10	57,35	728,9	10	67,40	897,1	10	76,85	1069,0	10	85,82	1245,3
20	57,52	731,7	20	67,56	899,9	20	77,01	1071,9	20	85,97	1248,2
30	57,69	734,5	30	67,72	902,7	30	77,16	1074,9	30	86,11	1251,2
40	57,87	737,2	40	67,88	905,6	40	77,31	1077,8	40	86,26	1254,2
50	58,04	740,0	50	68,04	908,4	50	77,47	1080,7	50	86,40	1257,2
60	58,21	742,8	60	68,21	911,2	60	77,62	1083,6	60	86,55	1260,2
70	58,38	745,6	70	68,37	914,1	70	77,77	1086,5	70	86,69	1263,1
80	58,56	748,3	80	68,53	916,9	80	77,92	1089,4	80	86,84	1266,1
90	58,73	751,1	90	68,69	919,8	90	78,08	1092,3	90	86,98	1269,1
1,2800	**58,90**	**753,9**	**1,3400**	**68,85**	**922,6**	**1,4000**	**78,23**	**1095,2**	**1,4600**	**87,13**	**1272,1**
10	59,07	766,7	10	69,01	925,5	10	78,38	1098,1	10	87,27	1275,1
20	59,24	769,5	20	69,17	928,3	20	78,53	1101,0	20	87,42	1278,1
30	59,41	762,3	30	69,33	931,1	30	78,68	1103,9	30	87,56	1281,1
40	59,58	765,0	40	69,49	934,0	40	78,83	1106,9	40	87,71	1284,0
50	59,75	767,8	50	69,65	936,8	50	78,99	1109,8	50	87,85	1287,0
60	59,92	770,6	60	69,81	939,7	60	79,14	1112,7	60	88,00	1290,0
70	60,09	773,4	70	69,97	942,5	70	79,29	1115,6	70	88,14	1293,0
80	60,26	776,2	80	70,13	945,4	80	79,44	1118,5	80	88,28	1296,0
90	60,43	779,0	90	70,29	948,2	90	79,59	1121,4	90	88,43	1299,0
1,2900	**60,60**	**781,8**	**1,3500**	**70,45**	**951,1**	**1,4100**	**79,74**	**1124,4**	**1,4700**	**88,57**	**1302,0**
10	60,77	784,6	10	70,61	953,9	10	79,89	1127,3	10	88,72	1305,0
20	60,94	787,4	20	70,77	956,8	20	80,04	1130,2	20	88,86	1308,0
30	61,11	790,2	30	70,93	959,7	30	80,19	1133,1	30	89,00	1311,0
40	61,28	793,0	40	71,09	962,5	40	80,34	1136,1	40	89,15	1314,0
50	61,45	795,8	50	71,24	965,4	50	80,49	1139,0	50	89,29	1317,0
60	61,62	798,6	60	71,40	968,2	60	80,64	1141,9	60	89,43	1320,0
70	61,78	801,4	70	71,56	971,1	70	80,79	1144,9	70	89,57	1323,0
80	61,95	804,2	80	71,72	974,0	80	80,94	1147,8	80	89,72	1326,0
90	62,12	807,0	90	71,88	976,8	90	81,09	1150,7	90	89,86	1329,0
1,3000	**62,29**	**809,7**	**1,3600**	**72,03**	**979,7**	**1,4200**	**81,24**	**1153,7**	**1,4800**	**90,00**	**1332,1**
10	62,45	812,5	10	72,19	982,5	10	81,39	1156,6	10	90,15	1335,1
20	62,62	815,3	20	72,35	985,4	20	81,54	1159,5	20	90,29	1338,1
30	62,79	818,1	30	72,51	988,3	30	81,69	1162,5	30	90,43	1341,1
40	62,96	821,0	40	72,66	991,2	40	81,84	1165,4	40	90,57	1344,1
50	63,12	823,8	50	72,82	994,0	50	81,99	1168,4	50	90,72	1347,1
60	63,29	826,6	60	72,99	996,9	60	82,14	1171,3	60	90,86	1350,1
70	63,46	829,4	70	73,13	997,8	70	82,29	1174,3	70	91,00	1353,2
80	63,62	832,2	80	73,29	1002,6	80	82,43	1177,2	80	91,14	1356,2
90	63,79	835,0	90	73,45	1005,5	90	82,58	1180,2	90	91,28	1359,2
1,3100	**63,95**	**837,8**	**1,3700**	**73,60**	**1008,4**	**1,4300**	**82,73**	**1183,1**	**1,4900**	**91,42**	**1362,2**
10	64,12	840,6	10	73,76	1011,3	10	82,88	1186,0	10	91,57	1365,3
20	64,28	843,4	20	73,92	1014,1	20	83,03	1189,0	20	91,71	1368,3
30	64,45	846,2	30	74,07	1017,0	30	83,18	1191,9	30	91,85	1371,3
40	64,62	849,1	40	74,23	1019,9	40	83,32	1194,0	40	91,99	1374,4
50	64,78	851,9	50	74,38	1022,8	50	83,47	1197,8	50	92,13	1377,4
60	64,95	854,7	60	74,54	1025,7	60	83,62	1200,8	60	92,27	1380,4
70	65,11	857,5	70	74,69	1028,5	70	83,77	1203,8	70	92,41	1383,5
80	65,27	860,3	80	74,85	1031,4	80	83,91	1206,7	80	92,56	1386,5
90	65,44	863,1	90	75,01	1034,3	90	84,06	1209,7	90	92,70	1389,5
1,3200	**65,60**	**866,0**	**1,3800**	**75,16**	**1037,2**	**1,4400**	**84,21**	**1212,6**	**1,5000**	**92,84**	**1392,6**
10	65,77	868,8	10	75,31	1040,1	10	84,36	1215,6	10	92,98	1395,6
20	65,93	871,6	20	75,47	1043,0	20	84,50	1218,5	20	93,12	1398,7
30	66,09	874,4	30	75,62	1045,9	30	84,65	1221,5	30	93,26	1401,7
40[1]	66,26[1]	877,3[1]	40	75,78	1048,8	40	84,80	1224,5	40	93,40	1404,7
50	66,42	880,1	50	75,93	1051,7	50	84,95	1227,4	50	93,54	1407,8
60	66,58	882,9	60	76,09	1054,6	60	85,09	1230,4	60	93,68	1410,8
70	66,75	885,7	70	76,24	1057,4	70	85,24	1233,4	70	93,82	1413,9
80	66,91	888,6	80	76,39	1060,3	80	85,39	1236,3	80	93,96	1416,9
90	67,07	891,4	90	76,55	1063,2	90	85,53	1239,3	90	94,11	1420,0

[1] Löslichkeitsgrenze der Saccharose in Wasser (66,3%).

Dichte	Zucker		Dichte	Zucker		Dichte	Zucker		Dichte	Zucker	
$d\ ^{20}/_{4}$	%	g in 1 Liter	$d\ ^{20}/_{4}$	%	g in 1 Liter	$d\ ^{20}/_{4}$	%	g in 1 Liter	$d\ ^{20}/_{4}$	%	g in 1 Liter
1,5100	**94,25**	**1423,0**	20	95,91	1459,7	40	97,57	1496,7	60	99,21	1533,8
10	94,38	1426,1	30	96,05	1462,8	50	97,70	1499,8	70	99,35	1536,9
20	94,52	1429,1	40	96,19	1465,9	60	97,84	1502,9	80	99,48	1540,0
30	94,66	1432,2	50	96,33	1469,0	70	97,98	1505,9	90	99,62	1543,1
40	94,80	1435,2	60	96,46	1472,0	80	98,11	1509,0	**1,5500**	**99,75**	**1546,2**
50	94,94	1438,3	70	96,60	1475,1	90	98,25	1512,1	10	99,89	1549,3
60	95,08	1441,4	80	96,74	1478,2	**1,5400**	**98,39**	**1515,2**	18	100,00	1551,8
70	95,21	1444,4	90	96,88	1481,3	10	98,53	1518,3			
80	95,35	1447,5	**1,5300**	**97,01**	**1484,3**	20	98,66	1521,4			
90	95,49	1450,5	10	97,15	1487,4	30	98,80	1524,5			
1,5200	**95,63**	**1453,6**	20	97,29	1490,5	40	98,94	1527,6			
10	95,77	1456,7	30	97,43	1493,6	50	99,07	1530,7			

Tabelle III[1]. Bestimmung der **Glucose** nach MEISSL-ALLIHN (vgl. S. 862).

Kupfer mg	Glucose mg	Kupfer mg	Glucose mg	Kupfer mg	Glucose mg	Kupfer mg	Glucose mg	Kupfer mg	Glucose mg	Kupfer mg	Glucose mg
1	0,6	31	16,5	61	31,3	91	46,4	121	61,6	151	77,0
2	1,2	32	17,0	62	31,8	92	46,9	122	62,1	152	77,5
3	1,8	33	17,5	63	32,3	93	47,4	123	62,6	153	78,1
4	2,4	34	18,0	64	32,8	94	47,9	124	63,1	154	78,6
5	3,0	35	18,5	65	33,3	95	48,4	125	63,7	155	79,1
6	3,6	36	18,9	66	33,8	96	48,9	126	64,2	156	79,6
7	4,2	37	19,4	67	34,3	97	49,4	127	64,7	157	80,1
8	4,8	38	19,9	68	34,8	98	49,9	128	65,2	158	80,7
9	5,4	39	20,4	69	35,3	99	50,4	129	65,7	159	81,2
10	6,1	40	20,9	70	35,8	100	50,9	130	66,2	160	81,7
11	6,6	41	21,4	71	36,3	101	51,4	131	66,7	161	82,2
12	7,1	42	21,9	72	36,8	102	51,9	132	67,2	162	82,7
13	7,6	43	22,4	73	37,3	103	52,4	133	67,7	163	83,3
14	8,1	44	22,9	74	37,8	104	52,9	134	68,2	164	83,8
15	8,6	45	23,4	75	38,3	105	53,5	135	68,8	165	84,3
16	9,0	46	23,9	76	38,8	106	54,0	136	69,3	166	84,8
17	9,5	47	24,4	77	39,3	107	54,5	137	69,8	167	85,3
18	10,0	48	24,9	78	39,8	108	55,0	138	70,3	168	85,9
19	10,5	49	25,4	79	40,3	109	55,5	139	70,8	169	86,4
20	11,0	50	25,9	80	40,8	110	56,0	140	71,3	170	86,9
21	11,5	51	26,4	81	41,3	111	56,5	141	71,8	171	87,4
22	12,0	52	26,9	82	41,8	112	57,0	142	72,3	172	87,9
23	12,5	53	27,4	83	42,3	113	57,5	143	72,9	173	88,5
24	13,0	54	27,9	84	42,8	114	58,0	144	73,4	174	89,0
25	13,5	55	28,4	85	43,4	115	58,6	145	73,9	175	89,5
26	14,0	56	28,8	86	43,9	116	59,1	146	74,4	176	90,0
27	14,5	57	29,3	87	44,4	117	59,6	147	74,9	177	90,5
28	15,0	58	29,8	88	44,9	118	60,1	148	75,5	178	91,1
29	15,5	59	30,3	89	45,4	119	60,6	149	76,0	179	91,6
30	16,0	60	30,8	90	45,9	120	61,1	150	76,5	180	92,1

[1] Diese und die 4 folgenden Tabellen sind entnommen aus E. WEINS Tabellen zur quantitativen Bestimmung der Zuckerarten, Stuttgart 1888. Die darin nicht enthaltenen Zahlenwerte für kleinere Kupfermengen (1—9 mg) wurden durch Extrapolation ergänzt.

Kupfer mg	Glucose mg
181	92,6
182	93,1
183	93,7
184	94,2
185	94,7
186	95,2
187	95,7
188	96,3
189	96,8
190	97,3
191	97,8
192	98,4
193	98,9
194	99,4
195	100,0
196	100,5
197	101,0
198	101,5
199	102,0
200	102,6
201	103,2
202	103,7
203	104,2
204	104,7
205	105,3
206	105,8
207	106,3
208	106,8
209	107,4
210	107,9
211	108,4
212	109,0
213	109,5
214	110,0
215	110,6
216	111,1
217	111,6
218	112,1
219	112,7
220	113,2
221	113,7
222	114,3
223	114,8
224	115,3
225	115,9
226	116,4
227	116,9

Kupfer mg	Glucose mg
228	117,4
229	118,0
230	118,5
231	119,0
232	119,6
233	120,1
234	120,7
235	121,2
236	121,7
237	122,3
238	122,8
239	123,4
240	123,9
241	124,4
242	125,0
243	125,5
244	126,0
245	126,6
246	127,1
247	127,6
248	128,1
249	128,7
250	129,2
251	129,7
252	130,3
253	130,8
254	131,4
255	131,9
256	132,4
257	133,0
258	133,5
259	134,1
260	134,6
261	135,1
262	135,7
263	136,2
264	136,8
265	137,3
266	137,8
267	138,4
268	138,9
269	139,5
270	140,0
271	140,6
272	141,1
273	141,7

Kupfer mg	Glucose mg
274	142,2
275	142,8
276	143,3
277	143,9
278	144,4
279	145,0
280	145,5
281	146,1
282	146,6
283	147,2
284	147,7
285	148,3
286	148,8
287	149,4
288	149,9
289	150,0
290	151,0
291	151,6
292	152,1
293	152,7
294	153,2
295	153,8
296	154,3
297	154,9
298	155,4
299	156,0
300	156,5
301	157,1
302	157,6
303	158,2
304	158,7
305	159,3
306	159,8
307	160,4
308	160,9
309	161,5
310	162,0
311	162,6
312	163,1
313	163,7
314	164,2
315	164,8
316	165,3
317	165,9
318	166,4
319	167,0
320	167,5

Kupfer mg	Glucose mg
321	168,1
322	168,6
323	169,2
324	169,7
325	170,3
326	170,9
327	171,4
328	172,0
329	172,5
330	173,1
331	173,7
332	174,2
333	174,8
334	175,3
335	175,9
336	176,5
337	177,0
338	177,6
339	178,1
340	178,7
341	179,3
342	179,8
343	180,4
344	180,9
345	181,5
346	182,1
347	182,6
348	183,2
349	183,7
350	184,3
351	184,9
352	185,4
353	186,0
354	186,6
355	187,2
356	187,7
357	188,3
358	188,9
359	189,4
360	190,0
361	190,6
362	191,1
363	191,7
364	192,3
365	192,9
366	193,4
367	194,0
368	194,6

Kupfer mg	Glucose mg
369	195,1
370	195,7
371	196,3
372	196,8
373	197,4
374	198,0
375	198,6
376	199,1
377	199,7
378	200,3
379	200,8
380	201,4
381	202,0
382	202,5
383	203,1
384	203,7
385	204,3
386	204,8
387	205,4
388	206,0
389	206,5
390	207,1
391	207,7
392	208,3
393	208,8
394	209,4
395	210,0
396	210,6
397	211,2
398	211,7
399	212,3
400	212,9
401	213,5
402	214,1
403	214,6
404	215,2
405	215,8
406	216,4
407	217,0
408	217,5
409	218,1
410	218,7
411	219,3
412	219,9
413	220,5
414	221,0
415	221,6

Kupfer mg	Glucose mg
416	222,2
417	222,8
418	223,2
419	223,9
420	224,5
421	225,1
422	225,7
423	226,3
424	226,9
425	227,5
426	228,0
427	228,6
428	229,2
429	229,8
430	230,4
431	231,0
432	231,6
433	232,2
434	232,8
435	233,4
436	233,9
437	234,5
438	235,1
439	235,7
440	236,3
441	236,9
442	237,5
443	238,1
444	238,7
445	239,3
446	239,8
447	240,4
448	241,0
449	241,6
450	242,2
451	242,8
452	243,4
453	244,0
454	244,6
455	245,2
456	245,7
457	246,3
458	246,9
459	247,5
460	248,1
461	248,7
462	249,3
463	249,9

Tabelle IV. Bestimmung des **Invertzuckers** nach E. MEISSL[1] (vgl. S. 862).

Kupfer mg	Invertzucker mg	Kupfer mg	Invertzucker mg	Kupfer mg	Invertzucker mg	Kupfer mg	Invertzucker mg	Kupfer mg	Invertzucker mg	Kupfer mg	Invertzucker mg
1	0,5	51	26,2	101	52,7	151	79,4	201	106,8	251	135,2
2	1,0	52	26,7	102	53,2	152	80,0	202	107,4	252	135,8
3	1,5	53	27,3	103	53,7	153	80,5	203	107,9	253	136,3
4	2,0	54	27,8	104	54,3	154	81,0	204	108,5	254	136,9
5	2,5	55	28,3	105	54,8	155	81,6	205	109,1	255	137,5
6	3,0	56	28,8	106	55,3	156	82,1	206	109,6	256	138,1
7	3,5	57	29,4	107	55,9	157	82,7	207	110,2	257	138,6
8	4,1	58	29,9	108	56,4	158	83,2	208	110,8	258	139,2
9	4,6	59	30,4	109	56,9	159	83,8	209	111,3	259	139,8
10	5,1	60	30,9	110	57,5	160	84,3	210	111,9	260	140,4
11	5,6	61	31,5	111	58,0	161	84,8	211	112,5	261	140,9
12	6,1	62	32,0	112	58,5	162	85,4	212	113,0	262	141,5
13	6,6	63	32,5	113	59,1	163	85,9	213	113,6	263	142,1
14	7,1	64	33,0	114	59,6	164	86,5	214	114,2	264	142,7
15	7,6	65	33,6	115	60,1	165	87,0	215	114,7	265	143,2
16	8,2	66	34,1	116	60,7	166	87,6	216	115,3	266	143,8
17	8,7	67	34,6	117	61,2	167	88,1	217	115,8	267	144,4
18	9,2	68	35,1	118	61,7	168	88,6	218	116,4	268	144,9
19	9,7	69	35,7	119	62,3	169	89,2	219	117,0	269	145,5
20	10,2	70	36,2	120	62,8	170	89,7	220	117,5	270	146,1
21	10,7	71	36,7	121	63,3	171	90,3	221	118,1	271	146,7
22	11,2	72	37,2	122	63,9	172	90,8	222	118,7	272	147,2
23	11,7	73	37,8	123	64,4	173	91,4	223	119,2	273	147,8
24	12,3	74	38,3	124	64,9	174	91,9	224	119,8	274	148,4
25	12,8	75	38,8	125	65,5	175	92,4	225	120,4	275	149,0
26	13,3	76	39,4	126	66,0	176	93,0	226	120,9	276	149,5
27	13,8	77	39,9	127	66,5	177	93,5	227	121,5	277	150,1
28	14,3	78	40,4	128	67,1	178	94,1	228	122,1	278	150,7
29	14,8	79	41,0	129	67,6	179	94,6	229	122,6	279	151,3
30	15,3	80	41,5	130	68,1	180	95,2	230	123,2	280	151,9
31	15,8	81	42,0	131	68,7	181	95,7	231	123,6	281	152,5
32	16,4	82	42,5	132	69,2	182	96,2	232	124,3	282	153,1
33	16,9	83	43,1	133	69,7	183	96,8	233	124,9	283	153,7
34	17,4	84	43,6	134	70,3	184	97,3	234	125,5	284	154,3
35	17,9	85	44,1	135	70,8	185	97,8	235	126,0	285	154,9
36	18,4	86	44,7	136	71,3	186	98,4	236	126,6	286	155,5
37	19,0	87	45,2	137	71,9	187	99,0	237	127,2	287	156,1
38	19,5	88	45,7	138	72,4	188	99,5	238	127,8	288	156,7
39	20,0	89	46,3	139	72,9	189	100,1	239	128,3	289	157,2
40	20,5	90	46,9	140	73,5	190	100,6	240	128,9	290	157,8
41	21,0	91	47,4	141	74,0	191	101,2	241	129,5	291	158,4
42	21,5	92	47,9	142	74,5	192	101,7	242	130,0	292	159,0
43	22,1	93	48,4	143	75,1	193	102,3	243	130,6	293	159,6
44	22,6	94	48,9	144	75,6	194	102,9	244	131,2	294	160,2
45	23,1	95	49,5	145	76,1	195	103,4	245	131,8	295	160,8
46	23,6	96	50,0	146	76,7	196	104,0	246	132,3	296	161,4
47	24,2	97	50,5	147	77,2	197	104,6	247	132,9	297	162,0
48	24,7	98	51,1	148	77,8	198	105,1	248	133,5	298	162,6
49	25,2	99	51,6	149	78,3	199	105,7	249	134,1	299	163,2
50	25,7	100	52,1	150	78,9	200	106,3	250	134,6	300	163,8

[1] Die Zahlenwerte für 1—89 mg Kupfer wurden durch Extrapolation berechnet und hinzugefügt.

Kupfer mg	Invertzucker mg	Kupfer mg	Invertzucker mg	Kupfer mg	Invertzucker mg	Kupfer mg	Invertzucker mg	Kupfer mg	Invertzucker mg	Kupfer mg	Invertzucker mg
301	164,4	323	177,4	345	190,8	367	204,2	388	217,4	409	231,4
302	165,0	324	178,0	346	191,4	368	204,8	389	218,0	410	232,1
303	165,6	325	178,6	347	192,0	369	205,5	390	218,7	411	232,8
304	166,2	326	179,2	348	192,6	370	206,1	391	219,3	412	233,5
305	166,8	327	179,8	349	193,2	371	206,7	392	219,9	413	234,3
306	167,3	328	180,4	350	193,8	372	207,3	393	220,5	414	235,0
307	167,9	329	181,0	351	194,4	373	208,0	394	221,2	415	235,7
308	168,5	330	181,6	352	195,0	274	208,6	395	221,8	416	236,4
309	169,1	331	182,2	353	195,6	375	209,2	396	222,4	417	237,1
310	169,7	332	182,8	354	196,2	376	209,9	397	223,1	418	237,8
311	170,3	333	183,5	355	196,8	377	210,5	398	223,7	419	238,5
312	170,9	334	184,1	356	197,4	378	211,1	399	224,3	420	239,2
313	171,5	335	184,7	357	198,0	379	211,7	400	224,9	421	239,9
314	172,1	336	185,4	358	198,6	380	212,4	401	225,7	422	240,6
315	172,7	337	186,0	359	199,2	381	213,0	402	226,4	423	241,3
316	173,3	338	186,6	360	199,8	382	213,6	403	227,1	424	242,0
317	173,8	339	187,2	361	200,4	383	214,3	404	227,8	425	242,7
318	174,5	340	187,8	362	201,1	384	214,9	405	228,6	426	243,4
319	175,1	341	188,4	363	201,7	385	215,5	406	229,3	427	244,1
320	175,6	342	189,0	364	202,3	386	216,1	407	230,0	428	244,9
321	176,2	343	189,6	365	203,0	387	216,8	408	230,7	429	245,6
322	176,8	344	190,2	366	203,6					430	246,3

Tabelle V. Bestimmung der **Maltose** nach E. WEIN[1] (vgl. S. 863).

Kupfer mg	Maltose mg	Kupfer mg	Maltose mg	Kupfer mg	Maltose mg	Kupfer mg	Maltose mg	Kupfer mg	Maltose mg	Kupfer mg	Maltose mg
1	0,8	26	21,9	51	43,5	76	65,4	101	87,5	126	109,8
2	1,7	27	22,8	52	44,4	77	66,2	102	88,4	127	110,7
3	2,5	28	23,6	53	45,2	78	67,1	103	89,2	128	111,6
4	3,4	29	24,5	54	46,1	79	68,0	104	90,1	129	112,5
5	4,2	30	25,3	55	47,0	80	68,9	105	91,0	130	113,4
6	5,0	31	26,1	56	47,8	81	69,7	106	91,9	131	114,3
7	5,9	32	27,0	57	48,7	82	70,6	107	92,8	132	115,2
8	6,7	33	27,9	58	49,6	83	71,5	108	93,7	133	116,1
9	7,6	34	28,7	59	50,4	84	72,4	109	94,6	134	117,0
10	8,4	35	29,6	60	51,3	85	73,2	110	95,5	135	117,9
11	9,2	36	30,5	61	52,2	86	74,1	111	96,4	136	118,8
12	10,1	37	31,3	62	53,1	87	75,0	112	97,3	137	119,7
13	10,9	38	32,2	63	53,9	88	75,9	113	98,1	138	120,6
14	11,7	39	33,1	64	54,8	89	76,8	114	99,0	139	121,5
15	12,6	40	33,9	65	55,7	90	77,7	115	99,9	140	122,4
16	13,5	41	34,8	66	56,6	91	78,6	116	100,8	141	123,3
17	14,3	42	35,7	67	57,4	92	79,5	117	101,7	142	124,2
18	15,2	43	36,5	68	58,3	93	80,3	118	102,6	143	125,1
19	16,0	44	37,4	69	59,2	94	81,2	119	103,5	144	126,0
20	16,8	45	38,3	70	60,1	95	82,1	120	104,4	145	126,9
21	17,7	46	39,1	71	61,1	96	83,0	121	105,3	146	127,8
22	18,5	47	40,0	72	61,8	97	83,9	122	106,2	147	128,7
23	19,4	48	40,9	73	62,7	98	84,8	123	107,1	148	129,6
24	20,2	49	41,8	74	63,6	99	85,7	124	108,0	149	130,5
25	21,1	50	42,6	75	64,5	100	86,6	125	108,9	150	131,4

[1] Der von WEIN nicht angegebenen Zahlenwerte für 1—29 mg Kupfer wurden durch Extrapolation ergänzt.

Kupfer mg	Maltose mg	Kupfer mg	Maltose mg	Kupfer mg	Maltose mg	Kupfer mg	Maltose mg	Kupfer mg	Maltose mg	Kupfer mg	Maltose mg
151	132,3	176	154,7	201	177,0	226	199,3	251	221,7	276	244,2
152	133,2	177	155,6	202	177,9	227	200,2	252	222,6	277	245,1
153	134,1	178	156,5	203	178,7	228	201,1	253	223,5	278	246,0
154	135,0	179	157,4	204	179,6	229	202,0	254	224,4	279	246,9
155	135,9	180	158,3	205	180,5	230	202,9	255	225,3	280	247,8
156	136,8			206	181,4			256	226,2		
157	137,7	181	159,2	207	182,3	231	203,8	257	227,1	281	248,7
158	138,6	182	160,1	208	183,2	232	204,7	258	228,0	282	249,6
159	139,5	183	160,9	209	184,1	233	205,6	259	228,9	283	250,4
160	140,4	184	161,8	210	185,0	234	206,5	260	229,8	284	251,3
		185	162,7			235	207,4			285	252,2
161	141,3	186	163,6	211	185,9	236	208,3	261	230 7	286	253,1
162	142,2	187	164,5	212	186,8	237	209,1	262	231,6	287	254,0
163	143,1	188	165,4	213	187,7	238	210,0	263	232,5	288	254,9
164	144,0	189	166,3	214	188,6	239	210,9	264	233,4	289	255,8
165	144,9	190	167,2	215	189,5	240	211,8	265	234,3	290	256,6
166	145,8			216	190,4			266	235,2		
167	146,7	191	168,1	217	191,2	241	212,7	267	236,1	291	257,5
168	147,6	192	169,0	218	192,1	242	213,6	268	237,0	292	258,4
169	148,5	193	169,8	219	193,0	243	214,5	269	237,9	293	259,3
170	149,4	194	170,7	220	193,9	244	215,4	270	238,8	294	260,2
		195	171,6			245	216,3			295	261,1
171	150,3	196	172,5	221	194,8	246	217,2	271	239,7	296	262,0
172	151,2	197	173,4	222	195,7	247	218,1	272	240,6	297	262,8
173	152,0	198	174,3	223	196,6	248	219,0	273	241,5	298	263,7
174	152,9	199	175,2	224	197,5	249	219,9	274	242,4	299	264,6
175	153,8	200	176,1	225	198,4	250	220,8	275	243,3	300	265,5

Tabelle VI. Bestimmung der **Lactose** nach Fr. Soxhlet[1] (vgl. S. 863).

Kupfer mg	Lactose mg	Kupfer mg	Lactose mg	Kupfer mg	Lactose mg	Kupfer mg	Lactose mg	Kupfer mg	Lactose mg	Kupfer mg	Lactose mg
1	0,7	21	14,8	41	29,0	61	43,3	81	57,8	101	72,4
2	1,4	22	15,5	42	29,7	62	44,0	82	58,5	102	73,1
3	2,1	23	16,2	43	30,4	63	44,7	83	59,2	103	73,8
4	2,8	24	16,9	44	31,1	64	45,5	84	59,9	104	74,6
5	3,5	25	17,6	45	31,8	65	46,2	85	60,7	105	75,3
6	4,2	26	18,3	46	32,5	66	46,9	86	61,4	106	76,1
7	4,9	27	19,0	47	33,3	67	47,6	87	62,1	107	76,8
8	5,6	28	19,7	48	34,0	68	48,3	88	62,9	108	77,6
9	6,3	29	20,4	49	34,7	69	49,1	89	63,6	109	78,3
10	7,0	30	21,1	50	35,4	70	49,8	90	64,3	110	79,0
11	7,7	31	21,9	51	36,1	71	50,5	91	65,0	111	79,8
12	8,4	32	22,6	52	36,8	72	51,2	92	65,8	112	80,5
13	9,1	33	23,3	53	37,6	73	52,0	93	66,5	113	81,3
14	9,8	34	24,0	54	38,3	74	52,7	94	67,2	114	82,0
15	10,5	35	24,7	55	39,0	75	53,4	95	68,0	115	82,7
16	11,2	36	25,4	56	39,7	76	54,1	96	68,7	116	83,5
17	11,9	37	26,1	57	40,4	77	54,9	97	69,4	117	84,2
18	12,6	38	26,8	58	41,1	78	55,6	98	70,2	118	85,0
19	13,4	39	27,5	59	41,9	79	56,3	99	70,9	119	85,7
20	14,1	40	28,2	60	42,6	80	57,0	100	71,6	120	86,4

[1] Die Zahlenwerte für 1—99 mg Kupfer wurden durch Extrapolation berechnet und hinzugefügt.

Kupfer mg	Lactose mg	Kupfer mg	Lactose mg	Kupfer mg	Lactose mg	Kupfer mg	Lactose mg	Kupfer mg	Lactose mg	Kupfer mg	Lactose mg
121	87,2	168	122,4	214	157,5	261	193,3	308	230,6	354	267,2
122	87,9	169	123,2	215	158,2	262	194,1	309	231,4	355	268,0
123	88,7	170	123,9	216	159,0	263	194,9	310	232,2	356	268,8
124	89,4			217	159,7	264	195,7			357	269,5
125	90,1	171	124,7	218	160,4	265	196,4	311	232,9	358	270,4
126	90,9	172	125,5	219	161,2	266	197,2	312	233,7	359	271,2
127	91,6	173	126,2	220	161,9	267	198,0	313	234,5	360	272,2
128	92,4	174	127,0			268	198,8	314	235,3		
129	93,1	175	127,8	221	162,7	269	199,5	315	236,1	361	272,9
130	93,8	176	128,5	222	163,4	270	200,3	316	236,8	362	273,7
		177	129,3	223	164,2			317	237,6	363	274,5
131	94,6	178	130,1	224	164,9	271	201,1	318	238,4	364	275,3
132	95,3	179	130,8	225	165,7	272	201,9	319	239,2	365	276,2
133	96,1	180	131,6	226	166,4	273	202,7	320	240,0	366	277,1
134	96,9			227	167,2	274	203,5			367	277,9
135	97,6	181	132,4	228	167,9	275	204,3	321	240,7	368	278,8
136	98,3	182	133,1	229	168,6	276	205,1	322	241,5	369	279,6
137	99,1	183	133,9	230	169,4	277	205,9	323	242,3	370	280,5
138	99,8	184	134,7			278	206,7	324	243,1		
139	100,5	185	135,4	231	170,1	279	207,5	325	243,9	371	281,4
140	101,3	186	136,2	232	170,7	280	208,3	326	244,6	372	282,2
		187	138,0	233	171,6			327	245,4	373	283,1
141	102,0	188	137,8	234	172,4	281	209,1	328	246,2	374	283,9
142	102,8	189	138,5	235	173,1	282	209,9	329	247,0	375	284,8
143	103,5	190	139,3	236	173,9	283	210,7	330	247,7	376	285,7
144	104,3			237	174,6	284	211,5			377	286,5
145	105,1	191	140,0	238	175,4	285	212,3	331	248,5	378	287,4
146	105,8	192	140,8	239	176,2	286	213,1	332	249,2	379	288,2
147	106,6	193	141,6	240	176,9	287	213,9	333	250,0	380	289,1
148	107,3	194	142,3			288	214,7	334	250,8		
149	108,1	195	143,1	241	177,7	289	215,5	335	251,6	381	289,9
150	108,8	196	143,9	242	178,5	290	216,3	336	252,5	382	290,8
		197	144,6	243	179,3			337	253,3	383	291,7
151	109,6	198	145,4	244	180,1	291	217,1	338	254,1	384	292,5
152	110,3	199	146,2	245	180,8	292	218,9	339	254,9	385	293,4
153	111,1	200	146,9	246	181,6	293	218,7	340	255,7	386	294,2
154	111,9			247	182,4	294	219,5			387	295,1
155	112,6	201	147,7	248	183,2	295	220,3	341	256,5	388	296,0
156	113,4	202	148,5	249	184,0	296	221,1	342	257,4	389	296,8
157	114,1	203	149,2	250	184,8	297	221,9	343	258,2	390	297,7
158	114,9	204	150,0			298	222,7	344	259,0		
159	115,6	205	150,7	251	185,5	299	223,5	345	259,8	391	298,5
160	116,4	206	151,5	252	186,3	300	224,4	346	260,6	392	299,4
		207	152,2	253	187,1			347	261,4	393	300,3
161	117,1	208	153,0	254	187,9	301	225,2	348	262,3	394	301,1
162	117,9	209	153,7	255	188,7	302	225,9	349	263,1	395	302,0
163	118,6	210	154,5	256	189,4	303	226,7	350	263,9	396	302,8
164	119,4			257	190,2	304	227,5			397	303,7
165	120,2	211	155,2	258	191,0	305	228,3	351	264,7	398	304,6
166	120,9	212	156,0	259	191,8	306	229,1	352	265,5	399	305,4
167	121,7	213	156,7	260	192,5	307	229,8	353	266,3	400	306,3

Tabelle VII. Bestimmung des **Invertzuckers** (Rhodan-Jodkalium-Verfahren) nach BRUHNS (vgl. S. 869).

Tafel für 20 ccm FEHLINGsche Lösung + 20 ccm Zuckerlösung. Zusatz von Talkpulver als Siedekörper. Kochdauer 2 Minuten. 50 ccm lufthaltiges Kühlwasser. Abkühlen auf 15° oder tiefer. Messung mit 0,1387 N.-Thiosulfatlösung.

Thiosulfatlösung	Invertzucker allein	Invertzucker (I) in Gegenwart von Saccharose (S)[1]							
		0,5 g S	1 g S	2 g S		4 g S		8 g S	
ccm	mg I	mg I	mg I	mg I	% I	mg I	% I	mg I	% I
0,1	0,6								
0,2	1,2								
0,3	1,7	0,1							
0,4	2,2	0,5							
0,5	2,7	0,9							
0,6	3,2	1,4	0,2						
0,7	3,7	1,8	0,7						
0,8	4,1	2,2	1,1						
0,9	4,6	2,7	1,6						
1,0	5,1	3,2	2,1						
1,1	5,5	3,6	2,5	0,5	0,03				
1,2	6,0	4,1	2,9	1,0	0,05				
1,3	6,5	4,5	3,3	1,5	0,08				
1,4	7,0	5,0	3,7	1,9	0,10	0,5	0,012	0,5	0,006
1,5	7,4	5,5	4,1	2,3	0,12	1,0	0,024	1,0	0,012
1,6	7,9	6,0	4,5	2,7	0,14	1,5	0,037	1,4	0,017
1,7	8,3	6,4	4,9	3,1	0,16	2,0	0,051	1,8	0,023
1,8	8,8	6,9	5,4	3,6	0,18	2,5	0,065	2,3	0,029
1,9	9,3	7,4	5,8	4,0	0,20	3,0	0,074	2,7	0,034
2,0	9,7	7,9	6,2	4,4	0,22	3,4	0,084	3,0	0,038
2,1	10,2	8,4	6,7	4,8	0,24	3,8	0,094	3,4	0,043
2,2	10,7	8,8	7,1	5,3	0,26	4,2	0,104	3,8	0,048
2,3	11,2	9,3	7,6	5,8	0,29	4,6	0,114	4,2	0,053
2,4	11,6	9,8	8,0	6,2	0,31	5,0	0,124	4,6	0,058
2,5	12,1	10,3	8,5	6,7	0,34	5,4	0,135	5,0	0,063
2,6	12,6	10,7	8,9	7,2	0,36	5,9	0,147	5,4	0,068
2,7	13,0	11,2	9,3	7,6	0,38	6,4	0,159	5,8	0,073
2,8	13,5	11,7	9,8	8,1	0,41	6,8	0,170	6,2	0,078
2,9	14,0	12,1	10,2	8,6	0,43	7,3	0,182	6,6	0,083
3,0	14,5	12,6	10,7	9,1	0,45	7,7	0,193	7,0	0,088
3,1	14,9	13,1	11,2	9,5	0,48	8,2	0,205	7,4	0,093
3,2	15,4	13,5	11,7	10,0	0,50	8,7	0,217	7,8	0,098
3,3	15,9	14,0	12,2	10,5	0,52	9,1	0,228	8,2	0,103
3,4	16,3	14,5	12,7	10,9	0,55	9,6	0,24	8,6	0,108
3,5	16,8	14,9	13,1	11,4	0,57	10,0	0,25	9,0	0,113
3,6	17,3	15,4	13,6	11,9	0,59	10,5	0,26	9,4	0,118
3,7	17,7	15,9	14,1	12,4	0,62	11,0	0,27	9,8	0,123
3,8	18,2	16,3	14,6	12,8	0,64	11,4	0,29	10,2	0,128
3,9	18,7	16,8	15,1	13,3	0,67	11,9	0,30	10,6	0,133
4,0	19,2	17,2	15,6	13,8	0,69	12,3	0,31	11,1	0,139
4,1	19,6	17,7	16,0	14,2	0,71	12,8	0,32	11,5	0,144
4,2	20,1	18,2	16,5	14,7	0,74	13,2	0,33	11,9	0,149
4,3	20,5	18,6	17,0	15,2	0,76	13,6	0,34	12,4	0,155
4,4	21,0	19,1	17,5	15,6	0,78	14,1	0,35	12,8	0,160
4,5	21,5	19,6	18,0	16,1	0,81	14,6	0,36	13,3	0,166
4,6	22,0	20,0	18,4	16,6	0,83	15,0	0,38	13,7	0,171
4,7	22,4	20,5	18,9	17,1	0,85	15,5	0,39	14,1	0,176

[1] Die Prozentwerte sind auf die Saccharose bezogen.

Thiosulfatlösung	Invertzucker allein	Invertzucker (I) in Gegenwart von Saccharose (S)							
		0,5 g S	1 g S	2 g S		4 g S		8 g S	
ccm	mg I	mg I	mg I	mg I	% I	mg I	% I	mg I	% I
4,8	22,9	21,0	19,4	17,5	0,88	15,8	0,40	14,6	0,182
4,9	23,4	21,4	19,9	18,0	0,90	16,4	0,41	15,0	0,187
5,0	23,8	21,9	20,4	18,5	0,92	16,8	0,42	15,4	0,193
5,1	24,3	22,4	20,9	18,9	0,95	17,3	0,43	15,8	0,198
5,2	24,8	22,8	21,3	19,4	0,97	17,8	0,44	16,2	0,20
5,3	25,2	23,3	21,8	19,9	0,99	18,2	0,46	16,7	0,21
5,4	25,7	23,7	22,3	20,3	1,02	18,7	0,47	17,1	0,21
5,5	26,2	24,2	22,8	20,8	1,04	19,1	0,48	17,6	0,22
5,6	26,7	24,7	23,2	21,3	1,1	19,6	0,49	18,0	0,23
5,7	27,1	25,1	23,7	21,8	1,1	20,0	0,50	18,4	0,23
5,8	27,6	25,6	24,2	22,2	1,15	20,5	0,51	18,9	0,24
5,9	28,1	26,1	24,7	22,7	1,15	21,0	0,52	19,3	0,24
6,0	28,5	26,5	25,2	23,2	1,2	21,4	0,54	19,8	0,25
6,1	29,0	27,0	25,6	23,6	1,2	21,8	0,55	20,2	0,25
6,2	29,5	27,4	26,1	24,1	1,25	22,3	0,56	20,6	0,26
6,3	30,0	27,9	26,6	24,6	1,25	22,8	0,57	21,0	0,26
6,4	30,4	28,3	27,0	25,1	1,3	23,2	0,58	21,4	0,27
6,5	30,9	28,8	27,5	26,5	1,3	23,7	0,59	21,9	0,27
6,6	31,4	29,3	27,9	26,0	1,35	24,1	0,60	22,3	0,28
6,7	31,9	29,7	28,4	26,5	1,35	24,6	0,62	22,7	0,28
6,8	32,4	30,2	28,8	27,0	1,4	25,0	0,63	23,2	0,29
6,9	32,9	30,7	29,3	27,5	1,4	25,6	0,64	23,6	0,30
7,0	33,4	31,2	29,7	28,0	1,4	26,1	0,65	24,1	0,30
7,1	33,9	31,7	30,2	28,4	1,45	26,6	0,67	24,5	0,31
7,2	34,4	32,2	30,7	28,9	1,45	27,1	0,68	24,9	0,31
7,3	34,8	32,7	31,2	29,4	1,5	27,6	0,69	25,4	0,32
7,4	35,3	33,2	31,7	29,9	1,5	28,1	0,70	25,8	0,32
7,5	35,8	33,7	32,2	30,4	1,55	28,6	0,72	26,3	0,33
7,6	36,3	34,2	32,7	30,9	1,55	29,1	0,73	26,8	0,34
7,7	36,8	34,7	33,2	31,4	1,6	29,6	0,74	27,3	0,34
7,8	37,3	35,2	33,7	31,9	1,6	30,2	0,75	27,8	0,35
7,9	37,8	35,7	34,2	32,4	1,65	30,6	0,77	28,2	0,35
8,0	38,3	36,2	34,7	32,9	1,65	31,1	0,78	28,7	0,36
8,1	38,8	36,7	35,2	33,4	1,7	31,6	0,79	29,2	0,37
8,2	39,2	37,2	35,7	33,9	1,7	32,1	0,80	29,7	0,37
8,3	39,7	37,6	36,2	34,4	1,75	32,6	0,81	30,2	0,38
8,4	40,2	38,1	36,7	34,9	1,75	33,0	0,83	30,6	0,38
8,5	40,7	38,6	37,2	35,4	1,8	33,6	0,84	31,1	0,39
8,6	41,2	39,1	37,7	35,9	1,8	34,0	0,85	31,6	0,40
8,8	42,2	40,1	38,2	36,4	1,85	34,5	0,86	32,1	0,40
8,8	42,2	40,1	38,7	36,9	1,85	35,0	0,88	32,6	0,41
8,9	42,7	40,6	39,2	37,4	1,9	35,5	0,89	33,0	0,41
9,0	43,2	41,1	39,7	37,9	1,9	36,0	0,90	33,5	0,42
9,1	43,6	41,6	40,2	38,4	1,95	36,4	0,91	34,0	0,43
9,2	44,1	42,1	40,7	38,9	1,95	37,0	0,92	34,4	0,43
9,3	44,6	42,6	41,1	39,4	2,0	37,4	0,94	34,9	0,44
9,4	45,1	43,1	41,6	39,9	2,0	37,9	0,95	35,4	0,44
9,5	45,6	43,6	42,1	40,4	2,05	38,4	0,96	35,8	0,45
9,6	46,1	44,1	42,6	40,9	2,05	38,9	0,97	36,3	0,45
9,7	46,6	44,6	43,1	41,3	2,1	39,4	0,98	36,8	0,46
9,8	47,1	45,1	43,6	41,8	2,1	39,8	1,00	37,3	0,47
9,9	47,6	45,6	44,1	42,3	2,15	40,3	1,01	37,8	0,47
10,0	48,0	46,1	44,6	42,8	2,15	40,8	1,02	38,2	0,48
10,1	48,5	46,6	45,1	43,3	2,2	41,3	1,03	38,7	0,48
10,2	49,0	47,1	45,6	43,8	2,2	41,8	1,05	39,1	0,49

Thio-sulfat-lösung	Invert zucker allein	Invertzucker (I) in Gegenwart von Saccharose (S)							
		0,5 g S	1 g S	2 g S		4 g S		8 g S	
ccm	mg I	mg I	mg I	mg I	% I	mg I	% I	mg I	% I
10,3	49,5	47,6	46,1	44,3	2,25	42,3	1,06	39,6	0,50
10,4	50,0	48,1	46,6	44,8	2,25	42,8	1,07	40,1	0,50
10,5	50,5	48,6	47,1	45,3	2,3	43,2	1,08	40,6	0,51
10,6	51,0	49,1	47,6	45,8	2,3	43,7	1,09	41,0	0,51
10,7	51,5	49,6	48,1	46,3	2,35	44,2	1,11	41,5	0,52
10,8	52,0	50,1	48,6	46,8	2,35	44,7	1,12	42,0	0,53
10,9	52,5	50,6	49,1	47,3	2,4	45,2	1,13	42,5	0,53
11,0	53,1	51,1	49,6	47,8	2,4	45,7	1,14	43,0	0,54
11,1	53,6	51,6	50,1	48,3	2,45	46,3	1,15	43,4	0,54
11,2	54,1	52,1	50,6	48,8	2,45	46,6	1,17	43,8	0,55
11,3	54,6	52,6	51,2	49,3	2,5	47,1	1,18	44,3	0,55
11,4	55,1	53,2	51,7	49,8	2,5	47,6	1,19	44,8	0,56
11,5	55,6	53,7	52,2	50,3	2,55	48,1	1,20	45,3	0,57
11,6	56,1	54,2	52,7	50,8	2,55	48,6	1,2	45,8	0,57
11,7	56,6	54,7	53,3	51,4	2,6	49,1	1,2	46,2	0,58
11,8	57,1	55,2	53,8	51,9	2,6	49,5	1,2	46,7	0,58
11,9	57,6	55,8	54,3	52,4	2,65	50,0	1,3	47,2	0,59
12,0	58,1	56,3	54,8	52,9	2,65	50,6	1,3	47,7	0,60
12,1	58,6	56,8	55,4	53,5	2,7	51,1	1,3	48,2	0,60
12,2	59,2	57,3	55,9	54,0	2,7	51,6	1,3	48,6	0,61
12,3	59,7	57,8	56,4	54,5	2,75	52,1	1,35	49,0	0,61
12,4	60,2	58,3	56,9	55,0	2,8	52,6	1,35	49,5	0,62
12,5	60,7	58,9	57,5	55,6	2,8	53,2	1,35	50,0	0,63
12,6	61,2	59,4	58,0	56,1	2,85	53,6	1,35	50,5	0,63
12,7	61,7	59,9	58,5	56,6	2,85	54,2	1,4	51,0	0,64
12,8	62,2	60,4	59,0	57,1	2,9	54,7	1,4	51,4	0,64
12,9	62,7	60,9	59,6	57,7	2,9	55,2	1,4	51,9	0,65
13,0	63,2	61,4	60,1	58,2	2,95	55,7	1,4	52,5	0,66
13,1	63,7	62,0	60,6	58,7	2,95	56,2	1,45	53,0	0,66
13,2	64,2	62,5	61,1	59,2	3,0	56,8	1,45	53,4	0,67
13,3	64,7	63,0	61,7	59,7	3,0	57,3	1,45	53,9	0,67
13,4	65,2	63,5	62,2	60,3	3,05	57,8	1,45	54,4	0,68
13,5	65,8	64,0	62,7	60,8	3,05	58,3	1,5	54,9	0,69
13,6	66,3	64,5	63,2	61,3	3,1	58,8	1,5	55,4	0,69
13,7	66,8	65,1	63,8	61,8	3,1	59,3	1,5	55,8	0,70
13,8	67,3	65,6	64,3	62,4	3,15	59,8	1,5	56,4	0,71
13,9	67,8	66,1	64,8	62,9	3,15	60,4	1,55	56,9	0,71
14,0	68,3	66,6	65,3	63,4	3,2	60,8	1,55	57,4	0,72
14,1	68,8	67,1	65,9	63,9	3,2	61,4	1,55	57,8	0,72
14,2	69,3	67,7	66,4	64,5	3,25	61,9	1,55	58,3	0,73
14,3	69,8	68,2	66,9	65,0	3,3	62,4	1,6	58,8	0,74
14,4	70,3	68,7	67,4	65,5	3,3	63,0	1,6	59,3	0,74
14,5	70,8	69,2	68,0	66,0	3,35	63,4	1,6	59,8	0,75
14,6	71,3	69,7	68,5	66,6	3,35	64,0	1,6	60,3	0,75
14,7	71,8	70,2	69,0	67,1	3,4	64,5	1,65	60,8	0,76
14,8	72,4	70,8	69,5	67,6	3,4	65,0	1,65	61,3	0,77
14,9	72,9	71,3	70,1	68,1	3,45	65,5	1,65	61,8	0,77
15,0	73,4	71,8	70,6	68,7	3,45	66,0	1,7	62,2	0,78
15,1	73,9	72,3	71,1	69,2	3,5	66,5	1,7	62,7	0,78
15,2	74,4	72,8	71,6	69,7	3,5	67,0	1,7	63,2	0,79
15,3	74,9	73,3	72,2	70,2	3,55	67,6	1,7	63,7	0,80
15,4	75,4	73,9	72,7	70,8	3,55	68,1	1,75	64,2	0,80
15,5	76,0	74,4	73,2	71,3	3,6	68,6	1,75	64,7	0,81
15,6	76,5	74,9	73,7	71,8	3,6	69,1	1,75	65,2	0,82

Thiosulfatlösung	Invertzucker allein	Invertzucker (I) in Gegenwart von Saccharose (S)							
		0,5 g S	1 g S	2 g S		4 g S		8 g S	
ccm	mg I	mg I	mg I	mg I	% I	mg I	% I	mg I	% I
15,7	77,1	75,4	74,3	72,3	3,65	69,6	1,75	65,7	0,82
15,8	77,6	76,0	74,8	72,9	3,65	70,2	1,8	66,2	0,83
15,9	78,2	76,5		73,4	3,7	70,7	1,8	66,6	0,83
16,0	78,7	77,1		73,9	3,7	71,2	1,8	67,1	0,84
16,1	79,3	77,7		74,4	3,75	71,7	1,8	67,6	0,85
16,2	79,8	78,2		74,9	3,75	72,2	1,85	68,1	0,85
16,3	80,3	78,8				72,7	1,85	68,6	0,86
16,4	80,9	79,3				73,2	1,85	69,1	0,86
16,5	81,4	79,9				73,8	1,85	69,6	0,87
16,6	82,0	80,4				74,3	1,9	70,1	0,88
16,7	82,5	81,0				74,8	1,9	70,6	0,88
16,8	83,1	81,5						71,0	0,89
16,9	83,6	82,1						71,5	0,89
17,0	84,2	83,6						72,0	0,90
17,1	84,7	83,2						72,6	0,91
17,2	85,3	83,7						73,0	0,91
17,3	85,8	84,3						73,5	0,92
17,4	86,4	84,8						74,0	0,93
17,5	86,9							74,5	0,93
17,6	87,4							75,0	0,94
17,7	88,0								
17,8	88,5								
17,9	89,1								
18,0	89,6								

Tabelle VIII A. Bestimmung des Alkoholgehaltes von Alkohol-Wassermischungen aus der scheinbaren Dichte bei 15° nach K. WINDISCH (vgl. S. 1009).

Scheinbare Dichte	Alkohol			Scheinbare Dichte	Alkohol			Scheinbare Dichte	Alkohol		
$d\ ^{15}/_{15}$	Gew.-%	Raum-%	g in 100 ccm	$d\ ^{15}/_{15}$	Gew.-%	Raum-%	g in 100 ccm	$d\ ^{15}/_{15}$	Gew.-%	Raum-%	g in 100 ccm
1,0000	**0,00**	**0,00**	**0,00**								
0,9999	**0,05**	**0,07**	**0,05**	**0,9979**	**1,12**	**1,41**	**1,12**	**0,9959**	**2,22**	**2,79**	**2,21**
8	0,11	0,13	0,11	8	1,17	1,48	1,17	8	2,28	2,86	2,27
7	0,16	0,20	0,16	7	1,23	1,54	1,22	7	2,34	2,93	2,32
6	0,21	0,27	0,21	6	1,28	1,61	1,28	6	2,39	3,00	2,38
5	0,26	0,33	0,26	5	1,34	1,68	1,33	5	2,45	3,07	2,43
4	0,32	0,40	0,32	4	1,39	1,75	1,39	4	2,50	3,14	2,49
3	0,37	0,47	0,37	3	1,45	1,82	1,44	3	2,56	3,21	2,55
2	0,42	0,53	0,42	2	1,50	1,88	1,50	2	2,62	3,28	2,60
1	0,48	0,60	0,47	1	1,56	1,95	1,55	1	2,68	3,35	2,66
0	0,53	0,67	0,53	0	1,61	2,02	1,60	0	2,73	3,42	2,72
0,9989	**0,58**	**0,73**	**0,58**	**0,9969**	**1,67**	**2,09**	**1,66**	**0,9949**	**2,79**	**3,49**	**2,77**
8	0,64	0,80	0,64	8	1,72	2,16	1,71	8	2,84	3,56	2,82
7	0,69	0,87	0,69	7	1,78	2,23	1,77	7	2,90	3,64	2,88
6	0,74	0,93	0 74	6	1,83	2,30	1,82	6	2,96	3,71	2,94
5	0,80	1,00	0,80	5	1,89	2,37	1,88	5	3,02	3,78	3,00
4	0,85	1,07	0,85	4	1,94	2,44	1,93	4	3,08	3,85	3,06
3	0,90	1,14	0,90	3	2,00	2,51	1,99	3	3,14	3,93	3,12
2	0,96	1,20	0,96	2	2,05	2,58	2,04	2	3,19	4,00	3,17
1	1,01	1,27	1,01	1	2,11	2,65	2,10	1	3,25	4,07	3,23
0	1,06	1,34	1,06	0	2,17	2,72	2,16	0	3,31	4,14	3,29

Scheinbare Dichte $d\,^{15}/_{15}$	Alkohol			Scheinbare Dichte $d\,^{15}/_{15}$	Alkohol			Scheinbare Dichte $d\,^{15}/_{15}$	Alkohol		
	Gew.-%	Raum-%	g in 100 ccm		Gew.-%	Raum-%	g in 100 ccm		Gew.-%	Raum-%	g in 100 ccm
0,9939	**3,37**	**4,22**	**3,35**	**0,9879**	**7,15**	**8,89**	**7,06**	**0,9819**	**11,56**	**14,29**	**11,34**
8	3,43	4,29	3,40	8	7,22	8,98	7,12	8	11,64	14,39	11,42
7	3,49	4,36	3,46	7	7,29	9,06	7,19	7	11,72	14,48	11,49
6	3,55	4,43	3,52	6	7,36	9,15	7,26	6	11,80	14,58	11,57
5	3,60	4,51	3,58	5	7,42	9,23	7,33	5	11,88	14,68	11,65
4	3,66	4,58	3,64	4	7,49	9,32	7,39	4	11,96	14,77	11,72
3	3,72	4,65	3,69	3	7,56	9,40	7,46	3	12,04	14,87	11,80
2	3,78	4,73	3,75	2	7,63	9,48	7,53	2	12,12	14,97	11,88
1	3,84	4,80	3,81	1	7,70	9,57	7,60	1	12,20	15,07	11,96
0	3,90	4,88	3,87	0	7,77	9,66	7,66	0	12,28	15,16	12,03
0,9929	**3,96**	**4,95**	**3,93**	**0,9869**	**7,84**	**9,74**	**7,73**	**0,9809**	**12,36**	**15,26**	**12,11**
8	4,02	5,03	3,99	8	7,91	9,83	7,80	8	12,44	15,36	12,19
7	4,08	5,10	4,05	7	7,98	9,91	7,87	7	12,52	15,46	12,27
6	4,14	5,18	4,11	6	8,05	10,00	7,94	6	12,60	15,55	12,34
5	4,20	5,25	4,17	5	8,12	10,09	8,00	5	12,68	15,65	12,42
4	4,26	5,33	4,23	4	8,19	10,17	8,07	4	12,76	15,75	12,50
3	4,32	5,40	4,29	3	8,26	10,26	8,14	3	12,84	15,85	12,58
2	4,39	5,48	4,35	2	8,33	10,35	8,21	2	12,92	15,95	12,65
1	4,45	5,55	4,41	1	8,41	10,43	8,28	1	13,00	16,04	12,73
0	4,51	5,63	4,47	0	8,48	10,52	8,35	0	13,08	16,14	12,81
0,9919	**4,57**	**5,70**	**4,53**	**0,9859**	**8,55**	**10,61**	**8,42**	**0,9799**	**13,16**	**16,24**	**12,89**
8	4,63	5,78	4,59	8	8,62	10,70	8,49	8	13,25	16,34	12,97
7	4,69	5,86	4,65	7	8,69	10,79	8,56	7	13,33	16,44	13,05
6	4,75	5,93	4,71	6	8,76	10,88	8,63	6	13,41	16,54	13,13
5	4,81	6,01	4,77	5	8,84	10,96	8,70	5	13,49	16,64	13,20
4	4,88	6,09	4,83	4	8,91	11,05	8,77	4	13,57	16,74	13,28
3	4,94	6,16	4,89	3	9,98	11,14	8,84	3	13,66	16,84	13,36
2	5,00	6,24	4,95	2	9,06	11,23	8,91	2	13,74	16,94	13,44
1	5,06	6,32	5,01	1	9,13	11,32	8,98	1	13,82	17,04	13,52
0	5,13	6,40	5,08	0	9,20	11,41	9,06	0	13,90	17,14	13,60
0,9909	**5,19**	**6,47**	**5,14**	**0,9849**	**9,28**	**11,50**	**9,13**	**0,9789**	**13,98**	**17,24**	**13,68**
8	5,25	6,55	5,20	8	9,35	11,59	9,20	8	14,07	17,34	13,76
7	5,32	6,63	5,26	7	9,42	11,68	9,27	7	14,15	17,44	13,84
6	5,38	6,71	5,32	6	9,50	11,77	9,34	6	14,23	17,54	13,92
5	5,44	6,79	5,38	5	9,57	11,86	9,42	5	14,32	17,64	14,00
4	5,51	6,86	5,45	4	9,65	11,95	9,49	4	14,40	17,74	14,08
3	5,57	6,94	5,51	3	9,72	12,05	9,56	3	14,48	17,84	14,15
2	5,63	7,02	5,57	2	9,80	12,14	9,63	2	14,56	17,94	14,23
1	5,70	7,10	5,64	1	9,87	12,23	9,70	1	14,65	18,04	14,31
0	5,76	7,18	5,70	0	9,94	12,32	9,78	0	14,73	18,14	14,39
0,9899	**5,83**	**7,26**	**5,76**	**0,9839**	**10,02**	**12,41**	**9,85**	**0,9779**	**14,81**	**18,24**	**14,47**
8	5,89	7,34	5,83	8	10,10	12,50	9,92	8	14,90	18,34	14,55
7	5,96	7,42	5,89	7	10,17	12,59	9,99	7	14,98	18,44	14,63
6	6,02	7,50	5,95	6	10,25	12,69	10,07	6	15,06	18,54	14,71
5	6,09	7,58	6,02	5	10,32	12,78	10,14	5	15,15	18,64	14,79
4	6,15	7,66	6,08	4	10,40	12,88	10,22	4	15,23	18,74	14,87
3	6,22	7,74	6,14	3	10,48	12,97	10,29	3	15,31	18,84	14,95
2	6,28	7,82	6,21	2	10,55	13,06	10,36	2	15,40	18,94	15,03
1	6,35	7,90	6,27	1	10,63	13,16	10,44	1	15,48	19,04	15,11
0	6,41	7,99	6,34	0	10,71	13,25	10,52	0	15,56	19,14	15,19
0,9889	**6,48**	**8,07**	**6,40**	**0,9829**	**10,78**	**13,34**	**10,59**	**0,9769**	**15,65**	**19,24**	**15,27**
8	6,55	8,15	6,47	8	10,86	13,44	10,66	8	15,73	19,34	15,35
7	6,61	8,23	6,53	7	10,94	13,53	10,74	7	15,81	19,44	15,43
6	6,68	8,31	6,59	6	11,01	13,63	10,81	6	15,90	19,55	15,51
5	6,75	8,40	6,66	5	11,09	13,72	10,89	5	15,98	19,65	15,59
4	6,81	8,48	6,73	4	11,17	13,82	10,96	4	16,06	19,75	15,67
3	6,88	8,56	6,79	3	11,25	13,91	11,04	3	16,15	19,85	15,75
2	6,95	8,64	6,86	2	11,33	14,01	11,12	2	16,23	19,95	15,83
1	7,02	8,73	6,93	1	11,40	14,10	11,19	1	16,32	20,05	15,91
0	7,08	8,81	6,99	0	11,48	14,20	11,27	0	16,40	20,15	15,99

Scheinbare Dichte $d\,^{15}/_{15}$	Alkohol Gew.-%	Alkohol Raum-%	Alkohol g in 100 ccm	Scheinbare Dichte $d\,^{15}/_{15}$	Alkohol Gew.-%	Alkohol Raum-%	Alkohol g in 100 ccm	Scheinbare Dichte $d\,^{15}/_{15}$	Alkohol Gew.-%	Alkohol Raum-%	Alkohol g in 100 ccm
0,9759	**16,48**	**20,25**	**16,07**	**0,9699**	**21,40**	**26,13**	**20,73**	**0,9639**	**25,88**	**31,41**	**24,92**
8	16,57	20,35	16,15	8	21,47	26,22	20,81	8	25,95	31,49	24,99
7	16,65	20,45	16,23	7	21,55	26,31	20,88	7	26,02	31,57	25,05
6	16,73	20,55	16,31	6	21,63	26,41	20,96	6	26,09	31,65	25,12
5	16,82	20,65	16,39	5	21,71	26,50	21,03	5	26,16	31,73	25,18
4	16,90	20,75	16,47	4	21,79	26,59	21,10	4	26,23	31,81	25,25
3	16,98	20,86	16,55	3	21,87	26,69	21,18	3	26,30	31,89	25,31
2	17,07	20,96	16,63	2	21,94	26,78	21,25	2	26,37	31,98	25,37
1	17,15	21,06	16,71	1	22,02	26,87	21,32	1	26,44	32,06	25,44
0	17,23	21,16	16,79	0	22,10	26,96	21,40	0	26,51	32,14	25,50
0,9749	**17,32**	**21,26**	**16,87**	**0,9689**	**22,18**	**27,05**	**21,47**	**0,9629**	**26,57**	**32,22**	**25,56**
8	17,40	21,36	16,95	8	22,25	27,14	21,54	8	26,64	32,30	25,63
7	17,49	21,46	17,03	7	22,33	27,24	21,61	7	26,71	32,38	25,69
6	17,57	21,56	17,11	6	22,41	27,33	21,69	6	26,78	32,46	25,76
5	17,65	21,66	17,19	5	22,49	27,42	21,76	5	26,85	32,54	25,82
4	17,73	21,76	17,27	4	22,56	27,51	21,83	4	26,92	32,62	25,88
3	17,82	21,86	17,35	3	22,64	27,60	21,90	3	26,99	32,70	25,95
2	17,90	21,96	17,42	2	22,72	27,69	21,98	2	27,05	32,78	26,01
1	17,98	22,06	17,50	1	22,79	27,78	22,05	1	27,12	32,85	26,07
0	18,07	22,16	17,58	0	22,87	27,87	22,12	0	27,19	32,93	26,13
0,9739	**18,15**	**22,26**	**17,66**	**0,9679**	**22,95**	**27,96**	**22,19**	**0,9619**	**27,26**	**33,01**	**26,20**
8	18,23	22,35	17,74	8	23,02	28,05	22,26	8	27,33	33,09	26,26
7	18,32	22,45	17,82	7	23,10	28,14	22,33	7	27,39	33,17	26,32
6	18,40	22,55	17,90	6	23,17	28,23	22,40	6	27,46	33,25	26,38
5	18,48	22,65	17,98	5	23,25	28,32	22,47	5	27,53	33,33	26,45
4	18,56	22,75	18,05	4	23,32	28,41	22,54	4	27,60	33,40	26,51
3	18,65	22,85	18,13	3	23,40	28,50	22,61	3	27,66	33,48	26,57
2	18,73	22,95	18,21	2	23,47	28,59	22,68	2	27,73	33,56	26,63
1	18,81	23,05	18,29	1	23,55	28,67	22,75	1	27,80	33,64	26,69
0	18,89	23,14	18,37	0	23,63	28,76	22,82	0	27,86	33,71	26,75
0,9729	**18,98**	**23,24**	**18,45**	**0,9669**	**23,70**	**28,85**	**22,89**	**0,9609**	**27,93**	**33,79**	**26,82**
8	19,06	23,34	18,52	8	23,77	28,94	22,96	8	28,00	33,87	26,88
7	19,14	23,44	18,60	7	23,85	29,03	23,03	7	28,06	33,94	26,94
6	19,22	23,54	18,68	6	23,92	29,11	23,10	6	28,13	34,02	27,00
5	19,30	23,63	18,76	5	24,00	29,20	23,17	5	28,19	34,10	27,06
4	19,39	23,73	18,84	4	24,07	29,29	23,24	4	28,26	34,17	27,12
3	19,47	23,83	18,91	3	24,15	29,38	23,31	3	28,33	34,25	27,18
2	19,55	23,93	18,99	2	24,22	29,46	23,38	2	28,39	34,33	27,24
1	19,63	24,02	19,07	1	24,29	29,55	23,45	1	28,46	34,40	27,30
0	19,71	24,12	19,14	0	24,37	29,64	23,52	0	28,52	34,47	27,36
0,9719	**19,79**	**24,22**	**19,22**	**0,9659**	**24,44**	**29,72**	**23,59**	**0,9599**	**28,59**	**34,55**	**27,42**
8	19,87	24,32	19,30	8	24,51	29,81	23,65	8	28,65	34,63	27,48
7	19,95	24,41	19,37	7	24,59	29,89	23,72	7	28,72	34,70	27,54
6	20,04	24,51	19,45	6	24,66	29,98	23,79	6	28,78	34,78	27,60
5	20,12	24,60	19,53	5	24,73	30,06	23,86	5	28,85	34,85	27,66
4	20,20	24,70	19,60	4	24,80	30,15	23,93	4	28,91	34,93	27,72
3	20,28	24,80	19,68	3	24,88	30,23	23,99	3	28,98	35,00	27,78
2	20,36	24,89	19,76	2	24,95	30,32	24,06	2	29,04	35,08	27,84
1	20,44	24,99	19,83	1	25,02	30,40	24,13	1	29,11	35,15	27,89
0	20,52	25,08	19,91	0	25,09	30,49	24,19	0	29,17	35,22	27,95
0,9709	**20,60**	**25,18**	**19,98**	**0,9649**	**25,17**	**30,57**	**24,26**	**0,9589**	**29,24**	**35,30**	**28,01**
8	20,68	25,27	20,06	8	25,24	30,66	24,33	8	29,30	35,37	28,07
7	20,76	25,37	20,13	7	25,31	30,74	24,39	7	29,36	35,44	28,13
6	20,84	25,47	20,21	6	25,38	30,82	24,46	6	29,43	35,52	28,19
5	20,92	25,56	20,28	5	25,45	30,91	24,53	5	29,49	35,59	28,24
4	21,00	25,66	20,36	4	25,52	30,99	24,59	4	29,56	35,66	28,30
3	21,08	25,75	20,43	3	25,59	31,07	24,66	3	29,62	35,74	28,36
2	21,16	25,84	20,51	2	25,66	31,16	24,73	2	29,68	35,81	28,42
1	21,24	25,94	20,58	1	25,74	31,24	24,79	1	29,75	35,88	28,47
0	21,32	26,03	20,66	0	25,81	31,32	24,85	0	29,81	35,95	28,53

Scheinbare Dichte $d\ ^{15}/_{15}$	Alkohol Gew.-%	Raum-%	g in 100 ccm	Scheinbare Dichte $d\ ^{15}/_{15}$	Alkohol Gew.-%	Raum-%	g in 100 ccm	Scheinbare Dichte $d\ ^{15}/_{15}$	Alkohol Gew.-%	Raum-%	g in 100 ccm
0,9579	**29,87**	**36,03**	**28,59**	**0,9519**	**33,48**	**40,12**	**31,84**	**0,9459**	**36,80**	**43,83**	**34,78**
8	29,94	36,10	28,65	8	33,54	40,19	31,89	8	36,85	43,88	34,83
7	30,00	36,17	28,70	7	33,59	40,25	31,94	7	36,91	43,94	34,87
6	30,06	36,24	28,76	6	33,65	40,32	32,00	6	36,96	44,00	34,92
5	30,12	36 31	28,82	5	33,71	40,38	32,05	5	37,01	44,06	34,96
4	30,18	36,38	28,87	4	33,76	40,44	32,10	4	37,06	44,12	35,01
3	30,25	36,46	28,93	3	33,82	40,51	32,15	3	37,12	44,18	35,06
2	30,31	36,53	28,99	2	33,88	40,57	32,20	2	37,17	44,23	35,10
1	30,37	36,60	29,04	1	33,94	40,64	32,25	1	37,22	44,29	35,15
0	30,43	36,67	29,10	0	33,99	40,70	32,30	0	37,28	44,35	35,20
0,9569	**30,50**	**36,74**	**29,16**	**0,9509**	**34,05**	**40,76**	**32,35**	**0,9449**	**37,33**	**44,41**	**35,24**
8	30,56	36,81	29,21	8	34,11	40,83	32,40	8	37,38	44,47	35,29
7	30,62	36,88	29,27	7	34,16	40,89	32,45	7	37,44	44,53	35,34
6	30,68	36,95	29,33	6	34,22	40,96	32,50	6	37,49	44,59	35,38
5	30,74	37,02	29,38	5	34,28	41,02	32,55	5	37,54	44,64	35,43
4	30,81	37,09	29,44	4	34,33	41,08	32,60	4	37,59	44,70	35,47
3	30,87	37,16	29,49	3	34,39	41,15	32,65	3	37,65	44,76	35,52
2	30,93	37,23	29,55	2	34,44	41,21	32,70	2	37,70	44,82	35,57
1	30,99	37,30	29,60	1	34,50	41,27	32,75	1	37,75	44,87	35,61
0	31,05	37,37	29,66	0	34,56	41,33	32,80	0	37,80	44,93	35,66
0,9559	**31,11**	**37,44**	**29,71**	**0,9499**	**34,61**	**41,40**	**32,85**	**0,9439**	**37,86**	**44,99**	**35,70**
8	31,17	37,51	29,77	8	34,67	41,46	32,90	8	37,91	45,05	35,75
7	31,23	37,58	29,82	7	34,72	41,52	32,95	7	37,96	45,10	35,79
6	31,29	37,65	29,88	6	34,78	41,58	33,00	6	38,01	45,16	35,84
5	31,36	37,72	29,93	5	34,84	41,64	33,05	5	38,07	45,22	35,88
4	31,42	37,79	29,99	4	34,89	41,71	33,10	4	38,12	45,28	35,93
3	31,48	37,86	30,04	3	34,95	41,77	33,15	3	38,17	45,33	35,97
2	31,54	37,93	30,10	2	35,00	41,83	33,20	2	38,22	45,39	36,02
1	31,60	38,00	30,15	1	35,06	41,89	32,25	1	38,27	45,45	36,06
0	31,66	38,06	30,21	0	35,11	41,95	33,30	0	38,33	45,50	36,11
0,9549	**31,72**	**38,13**	**30,26**	**0,9489**	**35,17**	**42,02**	**33,34**	**0,9429**	**38,38**	**45,56**	**36,16**
8	31,78	38,20	30,31	8	35,22	42,08	33,39	8	38,43	45,62	36,20
7	31,84	38,27	30,37	7	35,28	42,14	33,44	7	38,48	45,67	36,25
6	31,90	38,34	30,42	6	35,33	42,20	33,49	6	38,53	45,73	36,29
5	31,96	38,40	30,48	5	35,39	42,26	33,54	5	38,59	45,79	36,34
4	31,01	38,47	30,53	4	35,44	42,32	33,59	4	38,64	45,84	36,38
3	32,07	38,54	30,58	3	35,50	42,39	33,64	3	38,69	45,90	36,43
2	32,13	38,61	30,64	2	35,55	42,45	33,69	2	38,74	45,95	36,47
1	32,19	38,67	30,69	1	35,61	42,51	33,73	1	38,79	46,01	36,51
0	32,25	38,74	30,74	0	35,66	42,57	33,78	0	38,84	46,07	36,56
0,9539	**32,31**	**38,81**	**30,80**	**0,9479**	**35,72**	**42,63**	**33,83**	**0,9419**	**38,89**	**46,12**	**36,60**
8	32,37	38,88	30,85	8	35,77	42,69	33,88	8	38,94	46,18	36,65
7	32,43	38,94	30,90	7	35,83	42,75	33,92	7	39,00	46,24	36,69
6	32,49	39,01	30,96	6	35,88	42,81	33,97	6	39,05	46,29	36,74
5	32,55	39,07	31,01	5	35,94	42,87	34,02	5	39,10	46,35	36,78
4	32,61	39,14	31,06	4	35,99	42,93	34,07	4	39,15	46,40	36,82
3	32,67	39,21	31,11	3	36,04	42,99	34,12	3	39,20	46,46	36,87
2	32,72	39,27	31,17	2	36,10	43,05	34,16	2	39,25	46,51	36,91
1	32,78	39,34	31,22	1	36,15	43,11	34,21	1	39,30	46,57	36,96
0	32,84	39,40	31,27	0	36,21	43,17	34,26	0	39,35	46,63	37,00
0,9529	**32,90**	**39,47**	**31,32**	**0,9469**	**36,26**	**43,23**	**34,31**	**0,9409**	**39,40**	**46,68**	**37,05**
8	32,96	39,54	31,38	8	36,32	43,29	34,35	8	39,46	46,74	37,09
7	33,02	39,60	31,43	7	36,37	43,35	34,40	7	39,51	46,79	37,13
6	33,07	39,67	31,48	6	36,42	43,41	34,45	6	39,56	46,85	37,18
5	33,13	39,73	31,53	5	36,48	43,47	34,50	5	39,61	46,90	37,22
4	33,19	39,80	31,58	4	36,53	43,53	34,54	4	39,66	46,96	37,26
3	33,25	39,86	31,63	3	36,58	43,59	34,59	3	39,71	47,01	37,31
2	33,31	39,93	31,69	2	36,64	43,65	34,64	2	39,76	47,07	37,35
1	33,36	39,99	31,74	1	36,69	43,71	34,69	1	39,81	47,12	37,39
0	33,42	40,06	31,79	0	36,75	43,77	34,73	0	39,86	47,18	37,44

Scheinbare Dichte $d\,^{15}/_{15}$	Alkohol Gew.-%	Alkohol Raum-%	Alkohol g in 100 ccm
0,9399	**39,91**	**47,23**	**37,48**
8	39,96	47,29	37,53
7	40,01	47,34	37,57
6	40,06	47,40	37,61
5	40,11	47,45	37,66
4	40,16	47,51	37,70
3	40,22	47,56	37,74
2	40,27	47,61	37,79
1	40,32	47,67	37,83
0	40,37	47,72	37,87
0,9389	**40,42**	**47,78**	**37,92**
8	40,47	47,83	37,96
7	40,52	47,89	38,00
6	40,57	47,94	38,04
5	40,62	47,99	38,09
4	40,67	48,05	38,13
3	40,72	48,10	38,17
2	40,77	48,15	38,21
1	40,82	48,21	38,26
0	40,87	48,26	38,30
0,9379	**40,92**	**48,32**	**38,34**
8	40,97	48,37	38,38
7	41,01	48,42	38,43
6	41,06	48,48	38,47
5	41,11	48,53	38,51
4	41,16	48,58	38,55
3	41,21	48,64	38,60
2	41,26	48,69	38,64
1	41,31	48,74	38,68
0	41,36	48,80	38,72
0,9369	**41,41**	**48,85**	**38,77**
8	41,46	48,90	38,81
7	41,51	48,96	38,85
6	41,56	49,01	38,89
5	41,61	49,06	38,93
4	41,66	49,11	38,98
3	41,71	49,17	39,02
2	41,76	49,22	39,06
1	41,81	49,27	39,10
0	41,85	49,33	39,14
0,9359	**41,90**	**49,38**	**39,18**
8	41,95	49,43	39,23
7	42,00	49,48	39,27
6	42,05	49,53	39,31
5	42,10	49,59	39,35
4	42,15	49,64	39,39
3	42,20	49,69	39,43
2	42,25	49,74	39,47
1	42,30	49,80	39,52
0	42,34	49,85	39,56
0,9349	**42,39**	**49,90**	**39,60**
8	42,44	49,95	39,64
7	42,49	50,00	39,68
6	42,54	50,06	39,72
5	42,59	50,11	39,76
4	42,64	50,16	39,81
3	42,68	50,21	39,85
2	42,73	50,26	39,89
1	42,78	50,31	39,93
0	42,83	50,37	39,97

Scheinbare Dichte $d\,^{15}/_{15}$	Alkohol Gew.-%	Alkohol Raum-%	Alkohol g in 100 ccm
0,9339	**42,88**	**50,42**	**40,01**
8	42,93	50,47	40,05
7	42,98	50,52	40,09
6	43,02	50,57	40,13
5	43,07	50,62	40,17
4	43,12	50,68	40,22
3	43,17	50,73	40,26
2	43,22	50,78	40,30
1	43,27	50,83	40,34
0	43,31	50,88	40,38
0,9329	**43,36**	**50,93**	**40,42**
8	43,41	50,98	40,46
7	43,46	51,03	40,50
6	43,51	51,08	40,54
5	43,55	51,14	40,58
4	43,60	51,19	40,62
3	43,65	51,24	40,66
2	43,70	51,29	40,70
1	43,75	51,34	40,74
0	43,79	51,39	40,78
0,9319	**43,84**	**51,44**	**40,82**
8	48,89	51,49	40,86
7	43,94	51,54	40,90
6	43,99	51,59	40,94
5	44,03	51,64	40,98
4	44,08	51,69	41,02
3	44,13	51,74	41,06
2	44,18	51,79	41,10
1	44,22	51,84	41,14
0	44,27	51,89	41,18
0,9309	**44,32**	**51,94**	**41,22**
8	44,37	51,99	41,26
7	44,41	52,04	41,30
6	44,46	52,09	41,34
5	44,51	52,14	41,38
4	44,56	52,19	41,42
3	44,60	52,24	41,46
2	44,65	52,29	41,50
1	44,70	52,34	41,54
0	44,75	52,39	41,58
0,9299	**44,79**	**52,44**	**41,62**
8	44,84	52,49	41,66
7	44,89	52,54	41,70
6	44,94	52,59	41,74
5	44,98	52,64	41,78
4	45,03	52,69	41,82
3	45,08	52,74	41,86
2	45,13	52,79	41,90
1	45,17	52,84	41,93
0	45,22	52,89	41,97
0,9289	**45,27**	**52,94**	**42,01**
8	45,31	52,99	42,05
7	45,36	53,04	42,09
6	45,41	53,09	42,13
5	45,46	53,14	42,17
4	45,50	53,19	42,21
3	45,55	53,24	42,25
2	45,60	53,29	42,29
1	45,64	53,34	42,33
0	45,69	53,39	42,37

Scheinbare Dichte $d\,^{15}/_{15}$	Alkohol Gew.-%	Alkohol Raum-%	Alkohol g in 100 ccm
0,9279	**45,74**	**53,43**	**42,40**
8	45,78	53,48	42,44
7	45,83	53,53	42,48
6	45,88	53,58	42,52
5	45,93	53,63	42,56
4	45,97	53,68	42,60
3	46,02	53,73	42,64
2	46,07	53,78	42,68
1	46,11	53,83	42,72
0	46,16	53,88	42,76
0,9269	**46,21**	**53,92**	**42,79**
8	46,25	53,97	42,83
7	46,30	54,02	42,87
6	46,35	54,07	42,91
5	46,39	54,12	42,95
4	46,44	54,17	42,98
3	46,49	54,21	43,02
2	46,53	54,26	43,06
1	46,58	54,31	43,10
0	46,63	54,36	43,14
0,9259	**46,67**	**54,41**	**43,18**
8	46,72	54,46	43,22
7	46,77	54,50	42,25
6	46,81	54,55	43,29
5	46,86	54,60	43,33
4	46,90	54,65	43,37
3	46,95	54,70	43,41
2	47,00	54,75	43,45
1	47,04	54,80	43,48
0	47,09	54,84	43,52
0,9249	**47,14**	**54,89**	**43,56**
8	47,18	54,94	43,60
7	47,23	54,99	43,64
6	47,28	55,03	43,67
5	47,32	55,08	43,71
4	47,37	55,13	43,75
3	47,41	55,18	43,79
2	47,46	55,23	48,83
1	47,51	55,27	43,86
0	47,55	55,32	43,90
0,9239	**47,60**	**55,37**	**43,94**
8	47,64	55,42	43,98
7	47,69	55,46	44,01
6	47,74	55,51	44,05
5	47,78	55,56	44,09
4	47,83	55,61	44,13
3	47,88	55,65	44,17
2	47,92	55,70	44,20
1	47,97	55,75	44,24
0	48,01	55,80	44,28
0,9229	**48,06**	**55,84**	**44,32**
8	48,10	55,89	44,36
7	48,15	55,94	44,39
6	48,20	55,99	44,43
5	48,24	56,03	44,47
4	48,29	56,08	44,50
3	48,33	56,13	44,54
2	48,38	56,18	44,58
1	48,43	56,22	44,62
0	48,47	56,27	44,65

Scheinbare Dichte $d\ ^{15}/_{15}$	Alkohol Gew.-%	Raum-%	g in 100 ccm
0,9219	**48,52**	**56,32**	**44,69**
8	48,56	56,36	44,73
7	48,61	56,41	44,77
6	48,66	56,46	44,80
5	48,70	56,50	44,84
4	48,75	56,55	44,88
3	48,79	56,60	44,92
2	48,84	56,64	44,95
1	48,88	56,69	44,99
0	48,93	56,74	45,03
0,9209	**48,98**	**56,78**	**45,06**
8	49,02	56,83	45,10
7	49,07	56,88	45,14
6	49,11	56,93	45,17
5	49,16	56,97	45,21
4	49,20	57,02	45,25
3	49.25	57,07	45,29
2	49,29	57,11	45,32
1	49,34	57,16	45,36
0	49,39	57,21	45,40
0,9199	**49,43**	**57,25**	**45,43**
8	49,48	57,30	45,47
7	49,52	57,34	45,51
6	49,57	57,39	45,54
5	49,61	57,44	45,58
4	49,66	57,48	45,62
3	49,70	57,53	45,66
2	49,75	57,58	45,69
1	49,80	57,62	45,73
0	49,84	57,67	45,76
0,9189	**49,89**	**57,72**	**45,80**
8	49,93	57,76	45,84
7	49,98	57,81	45,87
6	50,02	57,85	45,91
5	50,07	57,90	45,95
4	50,11	57,95	45,98
3	50,16	57,99	46,02
2	50,20	58,04	46,06
1	50,25	58,08	46,09
0	50,29	58,13	46,13
0,9179	**50,34**	**58,18**	**46,17**
8	50,38	58,22	46,20
7	50,43	58,27	46,24
6	50,47	58,31	46,28
5	50,52	58,36	46,31
4	50,57	58,41	46,35
3	50,61	58,45	46,39
2	50,66	58,50	46,42
1	50,70	58,54	46,46
0	50,75	58,59	46,49
0,9169	**50,79**	**58,63**	**46,53**
8	50,84	58,68	46,57
7	50,88	58,73	46,60
6	50,93	58,77	46,64
5	50,97	58,82	46,67
4	51,02	58,86	46,71
3	51,06	58,91	46,75
2	51,11	58,95	46,78
1	51,15	59,00	46,82
0	51,20	59,05	46,86
0,9159	**51,24**	**59,09**	**46,89**
8	51,29	59,14	46,93
7	51,33	59,18	46,96
6	51,38	59,23	47,00
5	51,42	59,27	47,04
4	51,47	59,32	47,07
3	51,51	59,36	47,11
2	51,56	59,41	47,14
1	51,60	59,45	47,18
0	51,65	59,50	47,22
0,9149	**51,69**	**59,54**	**47,25**
8	51,73	59,59	47,29
7	51,78	59,63	47,32
6	51,82	59,68	47,36
5	51,87	59,72	47,39
4	51,91	59,77	47,43
3	51,96	59,81	47,47
2	52,00	59,86	47,50
1	52,05	59,90	47,54
0	52,09	59,95	47,57
0,9139	**52,14**	**59,99**	**47,61**
8	52,18	60,04	47,64
7	52,23	60,08	47,68
6	52,27	60,13	47,72
5	52,32	60,17	47,75
4	52,36	60,22	47,79
3	52,41	60,26	47,82
2	52,45	60,31	47,85
1	52,50	60,35	47,89
0	52,54	60,40	47,93
0,9129	**52,59**	**60,44**	**47,96**
8	52,63	60,49	48,00
7	52,67	60,53	48,04
6	52,72	60,58	48,07
5	52,76	60,62	48,11
4	52,81	60,67	48,14
3	52,85	60,71	48,18
2	52,90	60,75	48,21
1	52,94	60,80	48,25
0	52,99	60,84	48,28
0,9119	**53,03**	**60,89**	**48,32**
8	53,08	60,93	48,35
7	53,12	60,98	48,39
6	53,17	61,02	48,42
5	53,21	61,06	48,46
4	53,25	61,11	48,49
3	53,30	61,15	48,53
2	53,34	61,20	48,56
1	53,39	61,24	48,60
0	53,43	61,29	48,64
0,9109	**53,48**	**61,33**	**48,67**
8	53,52	61,37	48,71
7	53,57	61,42	48,74
6	53,61	61,46	48,78
5	53,65	61,51	48,81
4	53,70	61,55	48,85
3	53,74	61,60	48,88
2	53,79	61,64	48,92
1	53,83	61,68	48,95
0	53,88	61,73	48,99
0,9099	**53,92**	**61,77**	**49,02**
8	53,97	61,82	49,06
7	54,01	61,86	49,09
6	54,05	61,90	49,13
5	54,10	61,95	49,16
4	54,14	61,99	49,20
3	54,19	62,04	49,23
2	54,23	62,08	49,27
1	54,28	62,13	49,30
0	54,32	62,17	49,33
0,9089	**54,36**	**62,21**	**49,37**
8	54,41	62,26	49,41
7	54,45	62,30	49,44
6	54,50	62,34	49,47
5	54,54	62,39	49,51
4	54,59	62,43	49,54
3	54,63	62,47	49,58
2	54,67	62,52	49,61
1	54,72	62,56	49,65
0	54,76	62,61	49,68
0,9079	**54,81**	**62,65**	**49,72**
8	54,85	62,69	49,75
7	54,90	62,74	49,79
6	54.94	62,78	49,82
5	54,98	62,82	49,86
4	55,03	62,87	49,89
3	55,07	62,91	49,92
2	55,12	62,95	49,96
1	55,16	63,00	49,99
0	55,20	63,04	50,03
0,9069	**55,25**	**63,08**	**50,06**
65	55,43	63,26	50,20
60	55,65	63,47	50,37
55	55,87	63,69	50,54
50	56,09	63,91	50,71
45	56,31	64,12	50,89
40	56,52	64,34	51,06
35	56,74	64,55	51,23
30	56,96	64,76	51,39
25	57,18	64,98	51,56
20	57,40	65,19	51,73
15	57,62	65,40	51,90
10	57,84	65,61	52,07
05	58,06	65,82	52,24
0,9000	**58,27**	**66,03**	**52,40**
0,8995	58,49	66,24	52,57
90	58,71	66,45	52,74
85	58,93	66,66	52,90
80	59,15	66,87	53,07

Scheinbare Dichte $d\,^{15}/_{15}$	Alkohol			Scheinbare Dichte $d\,^{15}/_{15}$	Alkohol			Scheinbare Dichte $d\,^{15}/_{15}$	Alkohol		
	Gew.-%	Raum-%	g in 100 ccm		Gew.-%	Raum-%	g in 100 ccm		Gew.-%	Raum-%	g in 100 ccm
0,8975	59,36	67,08	53,23	75	72,16	78,82	62,55	75	84,42	89,02	70,65
70	59,58	67,29	53,40	70	72,37	79,00	62,69	70	84,62	89,18	70,77
65	59,80	67,50	53,56	65	72,58	79,18	62,84	65	84,82	89,33	70,89
60	60,02	67,70	53,73	60	72,79	79,37	62,98	60	85,01	89,48	71,01
55	60,23	67,91	53,89	55	73,00	79,55	63,13	55	85,21	89,64	71,14
0,8950	**60,45**	**68,12**	**54,05**	**0,8650**	**73,21**	**79,73**	**63,27**	**0,8350**	**85,41**	**89,79**	**71,26**
45	60,66	68,32	54,22	45	73,42	79,91	63,41	45	85,60	89,94	71,38
40	60,88	68,53	54,38	40	73,63	80,09	63,56	40	85,80	90,09	71,50
35	61,10	68,73	54,54	35	73,83	80,27	63,70	35	85,99	90,24	71,62
30	61,31	68,94	54,71	30	74,04	80,45	63,85	30	86,19	90,40	71,74
25	61,53	69,14	54,87	25	74,25	80,63	63,99	25	86,38	90,55	71,85
20	61,75	69,34	55,03	20	74,46	80,81	64,13	20	86,58	90,70	71,97
15	61,96	69,55	55,19	15	74,67	80,99	64,27	15	86,77	90,84	72,09
10	62,18	69,75	55,35	10	74,87	81,17	64,41	10	86,97	90,99	72,21
05	62,39	69,95	55,51	05	75,08	81,34	64,55	05	87,16	91,14	72,33
0,8900	**62,61**	**70,16**	**55,67**	**0,8600**	**75,29**	**81,52**	**64,69**	**0,8300**	**87,35**	**91,29**	**72,44**
0,8895	62,82	70,36	55,83	0,8595	75,50	81,70	64,84	0,8295	87,55	91,43	72,56
90	63,04	70,56	55,99	90	75,70	81,87	64,97	90	87,74	91,58	72,67
85	63,25	70,76	56,15	85	75,91	82,05	65,11	85	87,93	91,72	72,79
80	63,47	70,96	56,31	80	76,12	82,23	65,25	80	88,12	91,87	72,90
75	63,68	71,16	56,47	75	76,32	82,40	65,39	75	88,31	92,01	73,02
70	63,90	71,36	56,63	70	76,53	82,57	65,53	70	88,50	92,15	73,13
65	64,11	71,56	56,79	65	76,74	82,75	65,67	65	88,69	92,30	73,24
60	64,33	71,76	56,94	60	76,94	82,92	65,81	60	88,88	92,44	73,36
55	64,54	71,96	57,10	55	77,15	83,10	65,94	55	89,07	92,58	73,47
0,8850	**64,75**	**72,15**	**57,26**	**0,8550**	**77,35**	**83,27**	**66,08**	**0,8250**	**89,26**	**92,72**	**73,58**
45	64,97	72,35	57,42	45	77,56	83,44	66,22	45	89,45	92,86	73,69
40	65,18	72,55	57,57	40	77,76	83,61	66,36	40	89,64	93,00	73,80
35	65,40	72,74	57,73	35	77,97	83,78	66,49	35	89,83	93,14	73,91
30	65,61	72,94	57,88	30	78,17	83,96	66,63	30	90,02	93,28	74,02
25	65,82	73,14	58,04	25	78,38	84,13	66,76	25	90,20	93,41	74,13
20	66,04	73,33	58,19	20	78,58	84,30	66,90	20	90,39	93,55	74,24
15	66,25	73,53	58,35	15	78,79	84,47	67,03	15	90,58	93,68	74,35
10	66,46	73,72	58,50	10	78,99	84,64	67,16	10	90,76	93,82	74,45
05	66,67	73,92	58,66	05	79,20	84,80	67,30	05	90,95	93,95	74,56
0,8800	**66,89**	**74,11**	**58,81**	**0,8500**	**79,40**	**84,97**	**67,43**	**0,8200**	**91,13**	**94,09**	**74,66**
0,8795	67,10	74,30	58,96	0,8495	79,60	85,14	67,57	0,8195	91,32	94,22	74,77
90	67,31	74,49	59,12	90	79,81	85,31	67,70	90	91,50	94,35	74,87
85	67,52	74,69	59,27	85	80,01	85,47	67,83	85	91,68	94,48	74,98
80	67,74	74,88	59,42	80	80,21	85,64	67,96	80	91,87	94,61	75,08
75	67,95	75,07	59,57	75	80,42	85,81	68,09	75	92,05	94,75	75,19
70	68,16	75,26	59,73	70	80,62	85,97	68,23	70	92,23	94,87	75,29
65	68,37	75,45	59,88	65	80,82	86,14	68,36	65	92,41	95,00	75,39
60	68,58	75,64	60,03	60	81,02	86,30	68,49	60	92,59	95,13	75,49
55	68,80	75,84	60,18	55	81,22	86,46	68,62	55	92,77	95,26	75,59
0,8750	**69,01**	**76,02**	**60,33**	**0,8450**	**81,43**	**86,63**	**68,75**	**0,8150**	**92,96**	**95,38**	**75,69**
45	69,22	76,21	60,48	45	81,63	86,79	68,88	45	93,13	95,51	75,79
40	69,43	76,40	60,63	40	81,83	86,95	69,00	40	93,31	95,63	75,89
35	69,64	76,59	60,78	35	82,03	87,11	69,13	35	93,49	95,76	75,99
30	69,85	76,78	60,93	30	82,23	87,28	69,26	30	93,67	95,88	76,09
25	70,06	76,97	61,08	25	82,43	87,44	69,39	25	93,85	96,00	76,19
20	70,27	77,15	61,23	20	82,63	87,60	69,52	20	94,03	96,13	76,29
15	70,48	77,34	61,38	15	82,83	87,76	69,64	15	94,20	96,25	76,38
10	70,70	77,53	61,52	10	83,03	87,92	69,77	10	94,38	96,37	76,48
05	70,91	77,71	61,67	05	83,23	88,08	69,90	05	94,55	96,49	76,57
0,8700	**71,12**	**77,90**	**61,82**	**0,8400**	**83,43**	**88,23**	**70,02**	**0,8100**	**94,73**	**96,61**	**76,67**
0,8695	71,33	78,08	61,97	0,8395	83,63	88,39	70,15	0,8095	84,90	96,73	76,76
90	71,54	78,27	62,11	90	83,83	88,55	70,27	90	95,08	96,85	76,86
85	71,74	78,45	62,26	85	84,03	88,71	70,40	85	95,25	96,96	76,95
80	71,95	78,64	62,40	80	84,22	88,86	70,52	80	95,43	97,08	77,04

Scheinbare Dichte $d\ ^{15}/_{15}$	Alkohol			Scheinbare Dichte $d\ ^{15}/_{15}$	Alkohol			Scheinbare Dichte $d\ ^{15}/_{15}$	Alkohol		
	Gew.-%	Raum-%	g in 100 ccm		Gew.-%	Raum-%	g in 100 ccm		Gew.-%	Raum-%	g in 100 ccm
0,8075	95,60	97,19	77,13	25	97,30	98,31	78,02	75	98,95	99,36	78,85
70	95,77	97,31	77,22	20	97,47	98,42	78,10	70	99,11	99,46	78,93
65	95,94	97,42	77,31	15	97,63	98,52	78,19	65	99,28	99,56	79,01
60	96,11	97,54	77,40	10	97,80	98,63	78,27	60	99,44	99,66	79,08
55	96,29	97,65	77,49	05	97,97	98,74	78,36	55	99,60	99,76	79,16
								50	99,76	99,86	79,24
0,8050	**96,46**	**97,76**	**77,58**	**0,8000**	**98,13**	**98,84**	**78,44**	45	99,92	99,95	79,32
45	96,63	97,87	77,67	0,7995	98,30	98,95	78,52				
40	96,79	97,99	77,76	90	98,46	99,05	78,61	**0,79425**	**100,00**	**100,00**	**79,36**
35	96,96	98,09	77,85	85	98,63	99,15	78,69				
30	97,13	98,20	77,93	80	98,79	99,26	78,77				

Tabelle VIII B. Bestimmung des Alkoholgehaltes von Alkohol-Wassermischungen aus der wahren Dichte bei 20° (vgl. S. 1010).

(Berechnet von J. GROSSFELD.)

Dichte $d\ ^{20}/_4$	Alkohol			Dichte $d\ ^{20}/_4$	Alkohol			Dichte $d\ ^{20}/_4$	Alkohol		
	Gew.-%	Raum-%	g in 1 Liter		Gew.-%	Raum-%	g in 1 Liter		Gew.-%	Raum-%	g in 1 Liter
0,9989	—	—	—	**0,9959**	**1,28**	**1,61**	**12,7**	**0,9929**	**2,97**	**3,74**	**29,5**
8	—	—	—	8	1,33	1,68	13,3	8	3,03	3,82	30,0
7	—	—	—	7	1,37	1,75	13,8	7	3,09	3,89	30,6
6	—	—	—	6	1,44	1,82	14,4	6	3,14	3,96	31,2
5	—	—	—	5	1,50	1,89	14,9	5	3,20	4,04	31,8
4	—	—	—	4	1,55	1,96	15,4	4	3,26	4,11	32,4
3	—	—	—	3	1,61	2,03	16,0	3	3,32	4,18	32,9
2	0,04	0,05	0,4	2	1,66	2,10	16,5	2	3,38	4,25	33,5
1	0,10	0,12	1,0	1	1,72	2,17	17,1	1	3,44	4,33	34,1
0	0,15	0,19	1,5	0	1,77	2,24	17,6	0	3,50	4,40	34,7
0,9979	**0,20**	**0,26**	**2,0**	**0,9949**	**1,83**	**2,31**	**18,2**	**0,9919**	**3,56**	**4,48**	**35,3**
8	0,26	0,32	2,6	8	1,89	2,38	18,8	8	3,62	4,55	35,9
7	0,31	0,39	3,1	7	1,94	2,45	19,3	7	3,68	4,62	36,4
6	0,36	0,46	3,6	6	2,00	2,52	19,9	6	3,74	4,70	37,0
5	0,41	0,52	4,1	5	2,06	2,59	20,4	5	3,79	4,77	37,6
4	0,47	0,59	4,7	4	2,11	2,66	21,0	4	3,85	4,85	38,2
3	0,52	0,66	5,2	3	2,17	2,73	21,5	3	3,91	4,92	38,8
2	0,57	0,73	5,7	2	2,22	2,80	22,1	2	3,97	4,99	39,4
1	0,63	0,79	6,3	1	2,28	2,88	22,7	1	4,03	5,07	39,9
0	0,68	0,86	6,8	0	2,34	2,95	23,2	0	4,09	5,14	40,6
0,9969	**0,73**	**0,93**	**7,3**	**0,9939**	**2,39**	**3,02**	**23,9**	**0,9909**	**4,15**	**5,22**	**41,2**
8	0,79	1,00	7,9	8	2,45	3,09	24,5	8	4,21	5,29	41,8
7	0,84	1,06	8,4	7	2,51	3,16	25,0	7	4,27	5,37	42,4
6	0,90	1,13	8,9	6	2,57	3,24	25,6	6	4,34	5,44	43,0
5	0,95	1,20	9,5	5	2,62	3,31	26,2	5	4,40	5,52	43,6
4	1,00	1,27	10,0	4	2,68	3,38	26,7	4	4,46	5,59	44,1
3	1,06	1,34	10,5	3	2,74	3,45	27,3	3	4,52	5,67	44,7
2	1,11	1,40	11,1	2	2,79	3,52	27,9	2	4,58	5,75	45,3
1	1,17	1,47	11,6	1	2,85	3,60	28,4	1	4,64	5,82	45,9
0	1,22	1,54	12,2	0	2,91	3,67	28,9	0	4,70	5,90	46,5

Dichte	Alkohol			Dichte	Alkohol			Dichte	Alkohol		
$d\ ^{20}/_{4}$	Gew.-%	Raum-%	g in 1 Liter	$d\ ^{20}/_{4}$	Gew.-%	Raum-%	g in 1 Liter	$d\ ^{20}/_{4}$	Gew.-%	Raum-%	g in 1 Liter
0,9899	**4,76**	**5,97**	**47,1**	**0,9839**	**8,67**	**10,80**	**85,2**	**0,9779**	**13,05**	**16,16**	**127,7**
8	4,82	6,05	47,8	8	8,74	10,89	85,9	8	13,12	16,25	128,4
7	4,89	6,13	48,4	7	8,81	10,97	86,6	7	13,20	16,34	129,1
6	4,95	6,20	49,0	6	8,88	11,06	87,2	6	13,28	16,43	129,9
5	5,01	6,28	49,6	5	8,95	11,15	87,9	5	13,35	16,53	130,6
4	5,07	6,36	50,2	4	9,02	11,23	88,6	4	13,43	16,62	131,3
3	5,13	6,43	50,8	3	9,09	11,32	89,2	3	13,50	16,71	132,1
2	5,20	6,51	51,4	2	9,16	11,40	89,9	2	13,58	16,80	132,8
1	5,26	6,59	52,0	1	9,23	11,49	90,6	1	13,66	16,89	133,5
0	5,32	6,66	52,6	0	9,30	11,57	91,3	0	13,73	16,99	134,3
0,9889	**5,38**	**6,74**	**53,2**	**0,9829**	**9,37**	**11,66**	**91,9**	**0,9769**	**13,81**	**17,08**	**135,0**
8	5,44	6,82	53,8	8	9,44	11,75	92,6	8	13,89	17,18	135,7
7	5,51	6,90	54,5	7	9,51	11,84	93,3	7	13,96	17,27	136,5
6	5,57	6,98	55,1	6	9,58	11,92	94,0	6	14,04	17,36	137,2
5	5,63	7,05	55,7	5	9,66	12,01	94,7	5	14,12	17,46	137,9
4	5,69	7,13	56,3	4	9,73	12,10	95,4	4	14,20	17,55	138,7
3	5,76	7,21	56,9	3	9,80	12,18	96,0	3	14,27	17,64	139,4
2	5,82	7,29	57,6	2	9,87	12,27	96,7	2	14,35	17,74	140,1
1	5,88	7,37	58,2	1	9,94	12,36	97,4	1	14,42	17,83	140,9
0	5,94	7,44	58,8	0	10,01	12,45	98,1	0	14,50	17,92	141,6
0,9879	**6,01**	**7,52**	**59,4**	**0,9819**	**10,08**	**12,53**	**98,8**	**0,9759**	**14,58**	**18,02**	**142,3**
8	6,07	7,60	60,1	8	10,15	12,62	99,5	8	14,66	18,11	143,1
7	6,14	7,68	60,7	7	10,22	12,71	100,2	7	14,74	18,21	143,8
6	6,20	7,76	61,3	6	10,29	12,80	100,9	6	14,81	18,30	144,5
5	6,27	7,84	61,9	5	10,37	12,89	101,7	5	14,89	18,40	145,3
4	6,33	7,92	62,6	4	10,44	12,98	102,4	4	14,97	18,49	146,0
3	6,40	8,00	63,2	3	10,51	13,07	103,1	3	15,05	18,58	146,7
2	6,46	8,08	63,8	2	10,59	13,16	103,8	2	15,12	18,68	147,5
1	6,53	8,16	64,5	1	10,66	13,24	104,5	1	15,20	18,77	148,2
0	6,59	8,24	65,1	0	10,73	13,33	105,2	0	15,28	18,87	149,0
0,9869	**6,66**	**8,32**	**65,7**	**0,9809**	**10,81**	**13,42**	**105,9**	**0,9749**	**15,35**	**18,96**	**149,7**
8	6,72	8,40	66,4	8	10,88	13,51	106,6	8	15,43	19,06	150,4
7	6,79	8,48	67,0	7	10,95	13,60	107,3	7	15,51	19,15	151,1
6	6,85	8,56	67,6	6	11,03	13,69	108,1	6	15,59	19,24	151,9
5	6,92	8,64	68,3	5	11,10	13,78	108,8	5	15,67	19,34	152,6
4	6,98	8,72	68,9	4	11,17	13,87	109,5	4	15,74	19,43	153,3
3	7,05	8,81	69,5	3	11,25	13,96	110,2	3	15,82	19,52	154,1
2	7,12	8,89	70,2	2	11,32	14,05	110,9	2	15,90	19,62	154,8
1	7,18	8,97	70,8	1	11,39	14,14	111,7	1	15,98	19,71	155,5
0	7,25	9,05	71,5	0	11,47	14,24	112,4	0	16,05	19,81	156,3
0,9859	**7,31**	**9,13**	**72,1**	**0,9799**	**11,54**	**14,33**	**113,1**	**0,9739**	**16,13**	**19,90**	**157,0**
8	7,38	9,21	72,8	8	11,62	14,42	113,8	8	16,21	19,99	157,7
7	7,44	9,30	73,4	7	11,69	14,51	114,6	7	16,28	20,09	158,4
6	7,51	9,38	74,1	6	11,77	14,60	115,3	6	16,36	20,18	159,2
5	7,58	9,46	74,7	5	11,84	14,69	116,0	5	16,44	20,27	159,9
4	7,65	9,54	75,4	4	11,91	14,78	116,7	4	16,52	20,36	160,6
3	7,71	9,63	76,0	3	11,99	14,87	117,5	3	16,59	20,46	161,4
2	7,78	9,71	76,7	2	12,06	14,96	118,2	2	16,67	20,55	162,1
1	7,84	9,79	77,3	1	12,14	15,05	118,9	1	16,75	20,64	162,8
0	7,91	9,88	78,0	0	12,21	15,15	119,6	0	16,82	20,74	163,5
0,9849	**7,98**	**9,96**	**78,6**	**0,9789**	**12,29**	**15,24**	**120,4**	**0,9729**	**16,90**	**20,83**	**164,3**
8	8,05	10,04	79,3	8	12,36	15,33	121,1	8	16,98	20,92	165,0
7	8,12	10,13	79,9	7	12,44	15,42	121,8	7	17,05	21,01	165,7
6	8,19	10,21	80,6	6	12,52	15,51	122,6	6	17,13	21,11	166,5
5	8,26	10,30	81,3	5	12,59	15,60	123,3	5	17,21	21,20	167,2
4	8,33	10,38	81,9	4	12,67	15,70	124,0	4	17,28	21,29	167,9
3	8,40	10,46	82,6	3	12,74	15,79	124,7	3	17,36	21,38	168,6
2	8,47	10,55	83,2	2	12,82	15,88	125,5	2	17,44	21,48	169,4
1	8,54	10,63	83,9	1	12,89	15,97	126,2	1	17,52	21,57	170,1
0	8,60	10,72	84,6	0	12,97	16,06	126,9	0	17,59	21,66	170,8

Dichte	Alkohol			Dichte	Alkohol			Dichte	Alkohol		
$d\ ^{20}/_{4}$	Gew.-%	Raum-%	g in 1 Liter	$d\ ^{20}/_{4}$	Gew.-%	Raum-%	g in 1 Liter	$d\ ^{20}/_{4}$	Gew.-%	Raum-%	g in 1 Liter
0,9719	**17,67**	**21,75**	**171,6**	**0,9659**	**22,11**	**27,06**	**213,7**	**0,9599**	**26,21**	**31,87**	**251,6**
8	17,74	21,84	172,3	8	22,18	27,14	214,3	8	26,28	31,95	252,2
7	17,82	21,94	173,0	7	22,26	27,23	215,0	7	26,34	32,03	252,8
6	17,90	22,03	173,7	6	22,33	27,31	215,6	6	26,41	32,10	253,4
5	17,97	22,12	174,5	5	22,40	27,39	216,3	5	26,47	32,18	254,0
4	18,05	22,21	175,2	4	22,47	27,48	217,0	4	26,53	32,25	254,6
3	18,13	22,30	175,9	3	22,54	27,56	217,6	3	26,60	32,33	255,2
2	18,20	22,39	176,7	2	22,61	27,65	218,3	2	26,67	32,40	255,7
1	18,28	22,49	177,4	1	22,68	27,73	218,9	1	26,70	32,48	256,4
0	18,36	22,58	178,1	0	22,75	27,81	219,6	0	26,80	32,56	257,0
0,9709	**18,43**	**22,67**	**178,8**	**0,9649**	**22,82**	**27,90**	**220,2**	**0,9589**	**26,86**	**32,63**	**257,6**
8	18,51	22,76	179,6	8	22,89	27,98	220,9	8	26,93	32,70	258,1
7	18,58	22,85	180,3	7	22,96	28,06	221,5	7	27,00	32,78	258,7
6	18,66	22,94	181,0	6	23,03	28,14	222,2	6	27,06	32,85	259,3
5	18,73	23,03	181,8	5	23,10	28,23	222,8	5	27,12	32,93	259,9
4	18,81	23,12	182,5	4	23,17	28,31	223,5	4	27,18	33,00	260,5
3	18,89	23,21	183,2	3	23,24	28,39	224,1	3	27,25	33,08	261,0
2	18,96	23,30	183,9	2	23,31	28,47	224,8	2	27,31	33,16	261,6
1	19,04	23,39	184,7	1	23,38	28,56	225,4	1	27,38	33,22	262,2
0	19,11	23,48	185,4	0	23,45	28,64	226,1	0	27,44	33,30	262,8
0,9699	**19,19**	**23,57**	**186,1**	**0,9639**	**23,52**	**28,72**	**226,7**	**0,9579**	**27,50**	**33,37**	**263,4**
8	19,26	23,66	186,8	8	23,59	28,80	227,3	8	27,56	33,44	263,9
7	19,34	23,75	187,5	7	23,66	28,88	228,0	7	27,63	33,52	264,5
6	19,41	23,84	188,2	6	23,73	28,96	228,6	6	27,69	33,59	265,1
5	19,49	23,93	188,9	5	23,80	29,04	229,3	5	27,75	33,66	265,7
4	19,56	24,02	189,7	4	23,87	29,12	229,9	4	27,82	33,73	266,3
3	19,63	24,11	190,4	3	23,94	29,21	230,5	3	27,88	33,81	266,8
2	19,71	24,20	191,1	2	24,00	29,29	231,2	2	27,94	33,88	267,4
1	19,78	24,29	191,8	1	24,07	29,37	231,8	1	28,00	33,95	267,9
0	19,86	24,38	192,5	0	24,14	29,45	232,5	0	28,07	34,03	268,6
0,9689	**19,93**	**24,47**	**193,2**	**0,9629**	**24,21**	**29,53**	**233,1**	**0,9569**	**28,13**	**34,10**	**269,1**
8	20,01	24,55	193,9	8	24,28	29,61	233,7	8	28,19	34,17	269,7
7	20,08	24,64	194,6	7	24,35	29,69	234,4	7	28,25	34,24	270,3
6	20,15	24,73	195,3	6	24,42	29,77	235,0	6	28,31	34,31	270,8
5	20,23	24,82	196,0	5	24,48	29,85	235,6	5	28,38	34,38	271,4
4	20,30	24,91	196,7	4	24,55	29,93	236,2	4	28,44	34,45	272,0
3	20,37	24,99	197,4	3	24,62	30,01	236,9	3	28,50	34,52	272,5
2	20,45	25,08	198,1	2	24,69	30,09	237,5	2	28,56	34,60	273,1
1	20,52	25,17	198,8	1	24,76	30,17	238,1	1	28,62	34,67	273,7
0	20,60	25,26	199,5	0	24,82	30,25	238,8	0	28,68	34,74	274,2
0,9679	**20,67**	**25,34**	**200,2**	**0,9619**	**24,89**	**30,32**	**239,4**	**0,9559**	**28,75**	**34,81**	**274,8**
8	20,74	25,43	200,9	8	24,96	30,40	240,0	8	28,81	34,88	275,3
7	20,81	25,52	201,5	7	25,02	30,48	240,6	7	28,87	34,95	275,9
6	20,89	25,60	202,2	6	25,09	30,56	241,2	6	28,93	35,02	276,4
5	20,96	25,69	202,9	5	25,16	30,64	241,9	5	28,99	35,09	277,0
4	21,03	25,78	203,6	4	25,22	30,72	242,5	4	29,05	35,16	277,6
3	21,11	25,86	204,3	3	25,29	30,79	243,1	3	29,11	35,23	278,1
2	21,18	25,95	205,0	2	25,36	30,87	243,7	2	29,17	35,30	278,7
1	21,25	26,04	205,7	1	25,42	30,95	244,3	1	29,24	35,37	279,2
0	21,32	26,12	206,3	0	25,49	31,03	245,0	0	29,30	35,44	279,8
0,9669	**21,40**	**26,21**	**207,0**	**0,9609**	**25,56**	**31,11**	**245,6**	**0,9549**	**29,36**	**35,51**	**280,3**
8	21,47	26,29	207,7	8	25,62	31,18	246,2	8	29,42	35,58	280,9
7	21,54	26,38	208,4	7	25,69	31,26	246,8	7	29,48	35,65	281,4
6	21,61	26,46	209,0	6	25,75	31,34	247,4	6	29,54	35,72	282,0
5	21,68	26,55	209,7	5	25,82	31,41	248,0	5	29,60	35,79	282,5
4	21,76	26,63	210,4	4	25,89	31,49	248,6	4	29,66	35,86	283,0
3	21,83	26,72	211,0	3	25,95	31,57	249,2	3	29,72	35,93	283,4
2	21,90	26,80	211,7	2	26,02	31,65	249,8	2	29,78	36,00	284,1
1	21,97	26,89	212,4	1	26,08	31,72	250,4	1	29,84	36,06	284,7
0	22,04	26,97	213,0	0	26,15	31,80	251,0	0	29,90	36,13	285,2

Dichte $d\ ^{20}/_4$	Alkohol Gew.-%	Alkohol Raum-%	Alkohol g in 1 Liter	Dichte $d\ ^{20}/_4$	Alkohol Gew.-%	Alkohol Raum-%	Alkohol g in 1 Liter	Dichte $d\ ^{20}/_4$	Alkohol Gew.-%	Alkohol Raum-%	Alkohol g in 1 Liter
0,9539	**29,96**	**36,20**	**285,7**	**0,9479**	**33,41**	**40,12**	**316,9**	**0,9419**	**36,62**	**43,70**	**344,9**
8	30,02	36,27	286,3	8	33,47	40,18	317,4	8	36,68	43,76	345,4
7	30,08	36,34	286,8	7	33,53	40,24	317,8	7	36,74	43,82	345,8
6	30,14	36,41	287,3	6	33,58	40,31	318,3	6	36,79	43,88	346,3
5	30,20	36,48	287,9	5	33,63	40,37	318,8	5	36,84	43,94	346,8
4	30,26	36,54	288,4	4	33,69	40,43	319,3	4	36,89	43,99	347,2
3	30,32	36,61	288,9	3	33,75	40,49	319,8	3	36,95	44,05	347,7
2	30,38	36,68	289,5	2	33,80	40,55	320,3	2	37,00	44,11	348,1
1	30,44	36,75	290,0	1	33,86	40,61	320,8	1	37,05	44,17	348,6
0	30,50	36,82	290,5	0	33,91	40,68	321,3	0	37,10	44,22	349,0
0,9529	**30,56**	**36,88**	**291,1**	**0,9469**	**33,97**	**40,74**	**321,7**	**0,9409**	**37,15**	**44,28**	**349,5**
8	30,62	36,95	291,6	8	34,02	40,80	322,2	8	37,21	44,34	350,0
7	30,68	37,02	292,1	7	34,07	40,86	322,7	7	37,26	44,39	350,4
6	30,74	37,09	292,7	6	34,13	40,92	323,2	6	37,31	44,45	350,9
5	30,80	37,15	293,2	5	34,18	40,98	323,6	5	37,36	44,51	351,3
4	30,86	37,22	293,7	4	34,24	41,04	324,1	4	37,41	44,57	351,8
3	30,92	37,29	294,2	3	34,29	41,10	324,6	3	37,46	44,62	352,2
2	30,97	37,35	294,8	2	34,35	41,16	325,1	2	37,52	44,68	352,7
1	31,03	37,42	295,3	1	34,40	41,22	325,5	1	37,57	44,74	353,1
0	31,09	37,49	295,8	0	34,45	41,28	326,0	0	37,62	44,80	353,6
0,9519	**31,15**	**37,55**	**296,3**	**0,9459**	**34,51**	**41,34**	**326,5**	**0,9399**	**37,67**	**44,85**	**354,1**
8	31,21	37,62	296,9	8	34,56	41,40	326,9	8	37,72	44,91	354,5
7	31,27	37,69	297,4	7	34,61	41,46	327,4	7	37,77	44,96	355,1
6	31,32	37,75	297,9	6	34,67	41,52	327,9	6	37,82	45,02	355,4
5	31,38	37,82	298,4	5	34,72	41,58	328,3	5	37,88	45,08	355,9
4	31,44	37,88	299,0	4	34,77	41,64	328,8	4	37,93	45,13	356,3
3	31,50	37,95	299,5	3	34,83	41,70	329,3	3	37,98	45,19	356,8
2	31,56	38,02	300,0	2	34,88	41,76	329,7	2	38,03	45,25	357,2
1	31,61	38,08	300,5	1	34,93	41,82	330,2	1	38,08	45,30	357,7
0	31,67	38,15	301,0	0	34,99	41,89	330,7	0	38,13	45,36	358,1
0,9509	**31,73**	**38,21**	**301,6**	**0,9449**	**35,04**	**41,94**	**331,1**	**0,9389**	**38,18**	**45,41**	**358,5**
8	31,78	38,28	302,1	8	35,10	42,00	331,6	8	38,23	45,47	359,0
7	31,84	38,34	302,6	7	35,15	42,06	332,0	7	38,28	45,53	359,4
6	31,90	38,41	303,1	6	35,20	42,12	332,5	6	38,33	45,58	359,9
5	31,95	38,47	303,6	5	35,26	42,18	233,0	5	38,38	45,64	360,3
4	32,01	38,54	304,2	4	35,31	42,24	333,4	4	38,43	45,69	360,7
3	32,07	38,60	304,7	3	35,36	42,30	333,9	3	38,48	45,75	361,2
2	32,12	38,67	305,2	2	35,42	42,36	334,3	2	38,53	45,80	361,6
1	32,18	38,73	305,7	1	35,47	42,42	334,8	1	38,58	45,86	362,1
0	32,24	38,80	306,3	0	35,52	42,48	335,3	0	38,64	45,92	362,5
0,9499	**32,29**	**38,86**	**306,8**	**0,9439**	**35,57**	**42,54**	**335,7**	**0,9379**	**38,68**	**45,97**	**362,9**
8	32,35	38,92	307,3	8	35,63	42,60	336,2	8	38,73	46,02	363,4
7	32,41	38,99	307,8	7	35,68	42,66	336,6	7	38,78	46,08	363,8
6	32,46	39,05	308,3	6	35,73	42,71	337,1	6	38,83	46,13	364,2
5	32,52	39,11	308,8	5	35,79	42,77	337,6	5	38,88	46,19	364,7
4	32,58	39,18	309,3	4	35,84	42,83	338,0	4	38,93	46,24	365,1
3	32,63	39,24	309,8	3	35,89	42,89	338,5	3	38,98	46,30	365.5
2	32,69	39,30	310,3	2	35,95	42,95	339,0	2	39,03	46,35	365,9
1	32,75	39,37	310,8	1	36,00	43,01	339,4	1	39,08	46,41	366,4
0	32,80	39,43	311,4	0	36,05	43,07	339,9	0	39,13	46,46	366,8
0,9489	**32,86**	**39,49**	**311,9**	**0,9429**	**36,10**	**43,13**	**340,3**	**0,9369**	**39,18**	**46,52**	**367,2**
8	32,91	39,56	312,4	8	36,16	43,18	340,8	8	39,23	46,57	367,6
7	32,97	39,62	312,9	7	36,21	43,24	341,3	7	39,28	46,62	368,1
6	33,02	39,68	313,4	6	36,26	43,30	341,7	6	39,33	46,68	368,5
5	33,08	39,75	313,9	5	36,31	43,36	342,2	5	39,38	46,73	368,9
4	33,14	39,81	314,4	4	36,37	43,42	342,6	4	39,43	46,79	369,3
3	33,19	39,87	314,9	3	36,42	43,47	343,1	3	39,48	46,84	369,8
2	33,25	39,93	315,4	2	36,47	43,53	343,6	2	39,53	46,89	370,2
1	33,30	40,00	315,9	1	36,53	43,59	344,0	1	39,58	46,95	370,6
0	33,36	40,06	316,4	0	36,58	43,65	344,5	0	39,63	47,00	371,1

Dichte	Alkohol			Dichte	Alkohol			Dichte	Alkohol		
$d\ ^{20}/_{4}$	Gew.-%	Raum-%	g in 1 Liter	$d\ ^{20}/_{4}$	Gew.-%	Raum-%	g in 1 Liter	$d\ ^{20}/_{4}$	Gew.-%	Raum-%	g in 1 Liter
0,9359	**39,68**	**47,06**	**371,5**	**0,9299**	**42,62**	**50,20**	**396,3**	**0,9239**	**45,45**	**53,19**	**420,0**
8	39,73	47,11	371,9	8	42,66	50,25	396,7	8	45,50	53,24	420,3
7	39,78	47,16	372,3	7	42,71	50,30	397,1	7	45,55	53,29	420,7
6	39,83	47,21	372,7	6	42,76	50,35	397,5	6	45,59	53,34	421,1
5	39,88	47,27	373,1	5	42,81	50,41	397,9	5	45,64	53,39	421,5
4	39,93	47,32	373,5	4	42,86	50,46	398,3	4	45,69	53,44	421,9
3	39,98	47,37	374,0	3	42,90	50,51	398,7	3	45,73	53,49	422,3
2	40,03	47,42	374,4	2	42,95	50,56	399,1	2	45,78	53,54	422,7
1	40,08	47,48	374,8	1	43,00	50,61	399,5	1	45,83	53,58	423,0
0	40,13	47,53	375,2	0	43,05	50,66	399,9	0	45,87	53,63	423,4
0,9349	**40,18**	**47,58**	**375,6**	**0,9289**	**43,10**	**50,71**	**400,3**	**0,9229**	**45,92**	**53,68**	**423,8**
8	40,23	47,63	376,0	8	43,14	50,76	400,7	8	45,97	53,73	424,2
7	40,28	47,69	376,5	7	43,19	50,82	401,1	7	46,01	53,77	424,6
6	40,33	47,74	376,9	6	43,24	50,87	401,5	6	46,06	53,83	424,9
5	40,38	47,79	377,3	5	43,29	50,92	401,9	5	46,10	53,87	425,3
4	40,43	47,84	377,7	4	43,33	50,97	402,3	4	46,15	53,92	425,7
3	40,48	47,90	378,1	3	43,38	51,02	402,7	3	46,20	53,97	426,1
2	40,43	47,95	378,5	2	43,43	51,07	403,1	2	46,24	54,02	426,5
1	40,57	48,00	379,0	1	43,48	51,12	403,5	1	46,29	54,07	426,8
0	40,62	48,05	379,4	0	43,52	51,17	403,9	0	46,34	54,12	427,2
0,9339	**40,67**	**48,11**	**379,8**	**0,9279**	**43,57**	**51,22**	**404,3**	**0,9219**	**46,38**	**54,16**	**427,6**
8	40,72	48,16	380,2	8	43,62	51,27	404,7	8	46,43	54,21	428,0
7	40,77	48,21	380,6	7	43,67	51,32	405,1	7	46,47	54,26	428,4
6	40,82	48,26	381,0	6	43,71	51,37	405,5	6	46,52	54,31	428,7
5	40,87	48,32	381,4	5	43,76	51,42	405,9	5	46,57	54,36	429,1
4	40,92	48,37	381,9	4	43,81	51,47	406,3	4	46,61	54,40	429,5
3	40,97	48,42	382,3	3	43,86	51,52	406,7	3	46,66	54,45	429,9
2	41,02	48,47	382,7	2	43,90	51,58	407,1	2	46,70	54,50	430,3
1	41,07	48,52	383,1	1	43,95	51,62	407,5	1	46,75	54,55	430,6
0	41,12	48,58	383,5	0	44,00	51,67	407,9	0	46,80	54,60	431,0
0,9329	**41,16**	**48,63**	**383,9**	**0,9269**	**44,05**	**51,72**	**408,3**	**0,9209**	**46,84**	**54,64**	**431,4**
8	41,21	48,68	384,3	8	44,09	51,77	408,6	8	46,89	54,69	431,8
7	41,26	48,73	384,8	7	44,14	51,82	409,0	7	46,94	54,74	432,1
6	41,31	48,79	385,2	6	44,19	51,87	409,4	6	46,98	54,79	432,5
5	41,36	48,84	385,6	5	44,24	51,92	409,8	5	47,03	54,83	432,9
4	41,41	48,89	386,0	4	44,28	51,97	410,3	4	47,07	54,88	433,3
3	41,46	48,94	386,4	3	44,33	52,02	410,6	3	47,12	54,93	433,6
2	41,50	49,00	386,8	2	44,38	52,07	411,0	2	47,17	54,98	434,0
1	41,55	49,05	387,2	1	44,42	52,12	411,4	1	47,21	55,03	434,4
0	41,60	49,10	387,7	0	44,47	52,17	411,8	0	47,26	55,07	434,8
0,9319	**41,65**	**49,15**	**388,1**	**0,9259**	**44,52**	**52,22**	**412,2**	**0,9199**	**47,30**	**55,12**	**435,1**
8	41,70	49,20	388,5	8	44,56	52,27	412,6	8	47,35	55,17	435,5
7	41,75	49,26	388,9	7	44,61	52,32	413,0	7	47,39	55,22	435,9
6	41,80	49,31	289,3	6	44,66	52,36	413,4	6	47,44	55,26	436,3
5	41,84	49,36	389,7	5	44,71	52,41	413,7	5	47,49	55,31	436,6
4	41,89	49,41	390,1	4	44,75	52,46	414,1	4	47,53	55,36	437,0
3	41,94	49,47	390,5	3	44,80	52,51	414,5	3	47,58	55,40	437,4
2	41,99	49,52	391,0	2	44,85	52,56	414,9	2	47,62	55,45	437,7
1	42,04	49,57	391,4	1	44,89	52,61	415,3	1	47,67	55,50	438,1
0	42,09	49,62	391,8	0	44,94	52,66	415,7	0	47,72	55,55	438,5
0,9309	**42,14**	**49,58**	**392,2**	**0,9249**	**44,99**	**52,71**	**416,1**	**0,9189**	**47,76**	**55,59**	**438,9**
8	42,18	49,72	392,6	8	45,03	52,76	416,5	8	47,81	55,64	439,2
7	42,23	49,78	393,0	7	45,08	52,80	416,9	7	47,85	55,69	439,6
6	42,28	49,83	393,4	6	45,13	52,85	417,2	6	47,90	55,74	440,0
5	42,33	49,89	393,8	5	45,17	52,90	417,6	5	47,94	55,78	440,3
4	42,38	49,94	394,2	4	45,22	52,95	418,0	4	47,99	55,83	440,7
3	42,42	49,99	394,6	3	45,27	53,00	418,4	3	48,04	55,88	441,1
2	42,47	50,04	395,0	2	45,31	53,05	418,8	2	48,08	55,92	441,5
1	42,52	50,09	395,5	1	45,36	53,10	419,2	1	48,13	55,97	441,8
0	42,57	50,15	395,9	0	45,41	53,15	419,6	0	48,17	56,02	442,2

Dichte $d\ ^{20}/_4$	Alkohol Gew.-%	Alkohol Raum-%	Alkohol g in 1 Liter	Dichte $d\ ^{20}/_4$	Alkohol Gew.-%	Alkohol Raum-%	Alkohol g in 1 Liter	Dichte $d\ ^{20}/_4$	Alkohol Gew.-%	Alkohol Raum-%	Alkohol g in 1 Liter
0,9179	**48,22**	**56,06**	**442,6**	**0,9119**	**50,93**	**58,83**	**464,5**	**0,9059**	**53,59**	**61,50**	**485,5**
8	48,26	56,11	442,9	8	50,98	58,88	464,8	8	53,63	61,54	485,8
7	48,31	56,16	443,3	7	51,02	58,92	465,2	7	53,68	61,58	486,1
6	48,36	56,21	443,7	6	51,07	58,97	465,5	6	53,72	61,63	486,5
5	48,40	56,25	444,0	5	51,11	59,01	465,9	5	53,76	61,67	486,8
4	48,45	56,30	444,4	4	51,15	59,06	466,2	4	53,81	61,71	487,2
3	48,49	56,35	444,8	3	51,20	59,10	466,6	3	53,85	61,76,	487,5
2	48,54	56,39	445,2	2	51,24	59,15	466,9	2	53,89	61,80	487,9
1	48,59	56,44	445,5	1	51,29	59,19	467,3	1	53,94	61,84	488,2
0	48,63	56,49	445,9	0	51,33	59,24	467,7	0	53,98	61,89	488,5
0,9169	**48,68**	**56,53**	**446,3**	**0,9109**	**51,38**	**59,28**	**468,0**	**0,9049**	**54,03**	**61,93**	**488,9**
8	48,72	56,58	446,6	8	51,42	59,33	468,4	8	54,07	61,97	489,2
7	48,77	56,63	447,0	7	51,47	59,37	468,7	7	54,11	62,02	489,6
6	48,81	56,67	447,4	6	51,51	59,42	469,1	6	54,16	62,06	489,9
5	48,86	56,72	447,7	5	51,56	59,46	469,4	5	54,20	62,10	490,3
4	48,90	56,77	448,1	4	51,60	59,51	469,8	4	54,25	62,15	490,6
3	48,95	56,82	448,5	3	51,64	59,55	470,1	3	54,29	62,19	490,9
2	48,99	56,86	448,8	2	51,69	59,60	470,5	2	54,33	62,23	491,3
1	49,04	56,90	449,2	1	51,73	59,64	470,8	1	54,38	62,28	491,6
0	49,08	56,95	449,6	0	51,78	59,69	471,2	0	54,42	62,32	492,0
0,9159	**49,13**	**57,00**	**449,9**	**0,9099**	**51,82**	**59,73**	**471,5**	**0,9039**	**54,46**	**62,36**	**492,3**
8	49,17	57,04	450,3	8	51,87	59,78	471,9	8	54,51	62,40	492,6
7	49,22	57,09	450,7	7	51,91	59,82	472,2	7	54,55	62,45	493,0
6	49,26	57,14	451,0	6	51,96	59,86	472,6	6	54,60	62,49	493,3
5	49,31	57,18	451,4	5	52,00	59,91	472,9	5	54,64	62,54	493,7
4	49,35	57,23	451,8	4	52,04	59,95	473,3	4	54,68	62,58	494,0
3	49,40	57,28	452,1	3	52,09	60,00	473,6	3	54,73	62,62	494,3
2	49,44	57,32	452,5	2	52,13	60,04	474,0	2	54,77	62,66	494,7
1	49,49	57,37	452,9	1	52,18	60,09	474,3	1	54,82	62,71	495,0
0	49,53	57,41	453,2	0	52,22	60,13	474,7	0	54,86	62,75	495,3
0,9149	**49,58**	**57,46**	**453,6**	**0,9089**	**52,27**	**60,18**	**475,0**	**0,9029**	**54,90**	**62,79**	**495,7**
8	49,62	57,51	454,0	8	52,31	60,22	475,4	8	54,95	62,84	496,1
7	49,67	57,55	454,3	7	52,35	60,26	475,7	7	54,99	62,88	496,4
6	49,71	57,60	454,7	6	52,40	60,31	476,1	6	55,04	62,92	496,7
5	49,76	57,64	455,1	5	52,44	60,35	476,4	5	55,08	62,97	497,1
4	49,81	57,69	455,4	4	52,49	60,40	476,8	4	55,12	63,01	497,4
3	49,85	57,74	455,8	3	52,53	60,44	477,1	3	55,17	63,05	497,8
2	49,90	57,78	456,2	2	52,58	60,49	477,5	2	55,21	63,09	498,1
1	49,94	57,83	456,5	1	52,62	60,53	477,8	1	55,25	63,14	498,4
0	49,99	57,87	456,9	0	52,66	60,58	478,2	0	55,30	63,18	498,8
0,9139	**50,03**	**57,92**	**457,3**	**0,9079**	**52,71**	**60,62**	**478,5**	**0,9019**	**55,34**	**63,23**	**499,1**
8	50,08	57,97	457,6	8	52,75	60,66	478,9	8	55,39	63,27	499,5
7	50,12	58,01	458,0	7	52,80	60,71	479,2	7	55,43	63,31	499,8
6	50,17	58,06	458,3	6	52,84	60,75	479,6	6	55,47	63,35	500,1
5	50,21	58,10	458,7	5	52,88	60,80	479,9	5	55,52	63,40	500,5
4	50,26	58,15	459,1	4	52,93	60,84	480,2	4	55,56	63,44	500,8
3	50,30	58,19	459,4	3	52,97	60,88	480,6	3	55,61	63,48	501,2
2	50,35	58,24	459,8	2	53,02	60,93	480,9	2	55,65	63,53	501,5
1	50,39	58,29	460,1	1	53,06	60,97	481,3	1	55,69	63,57	501,8
0	50,44	58,33	460,5	0	53,11	61,02	481,6	0	55,74	63,61	502,2
0,9129	**50,48**	**58,38**	**460,9**	**0,9069**	**53,15**	**61,06**	**482,0**	**0,9009**	**55,78**	**63,66**	**502,6**
8	50,53	58,42	461,2	8	53,19	61,10	482,3	8	55,82	63,70	502,9
7	50,57	58,47	461,6	7	53,24	61,15	482,7	7	55,87	63,74	503,2
6	50,62	58,51	461,9	6	53,28	61,19	483,0	6	55,91	63,79	503,5
5	50,66	58,56	462,3	5	53,32	61,23	483,4	5	55,96	63,83	503,9
4	50,71	58,60	462,7	4	53,37	61,28	483,7	4	56,00	63,87	504,2
3	50,75	58,65	463,0	3	53,41	61,32	484,1	3	56,04	63,91	504,6
2	50,80	58,69	463,4	2	53,46	61,36	484,4	2	56,09	63,96	504,9
1	50,84	58,74	463,7	1	53,50	61,41	484,8	1	56,13	64,00	505,2
0	50,89	58,79	464,1	0	53,54	61,45	485,1	0	56,18	64,04	505,6

Dichte $d\,^{20}/_{4}$	Alkohol Gew.-%	Alkohol Raum-%	Alkohol g in 1 Liter	Dichte $d\,^{20}/_{4}$	Alkohol Gew.-%	Alkohol Raum-%	Alkohol g in 1 Liter	Dichte $d\,^{20}/_{4}$	Alkohol Gew.-%	Alkohol Raum-%	Alkohol g in 1 Liter
0,8995	**56,39**	**64,26**	**507,3**	**0,8695**	**69,22**	**76,24**	**601,9**	**0,8395**	**81,59**	**86,76**	**684,9**
90	56,61	64,47	508,9	90	69,43	76,43	603,4	90	81,79	86,92	686,2
85	56,83	64,68	510,6	85	69,64	76,62	604,8	85	81,99	87,09	687,5
80	57,05	64,89	512,3	80	69,85	76,80	606,3	08	82,19	87,25	688,8
75	57,26	65,11	513,9	75	70,06	76,99	607,8	75	82,39	87,41	690,0
70	57,48	65,32	515,6	70	70,27	77,18	609,2	70	82,59	87,57	691,3
65	57,70	65,52	517,2	65	70,48	77,36	610,7	65	82,79	87,73	692,6
60	57,91	65,73	518,9	60	70,69	77,55	612,2	60	82,99	87,89	693,8
55	58,13	65,94	520,5	55	70,90	77,73	613,6	55	83,19	88,05	695,1
50	58,34	66,15	522,2	50	71,11	77,92	615,1	50	83,39	88,21	696,3
45	58,56	66,35	523,8	45	71,32	78,10	616,5	45	83,59	88,36	697,6
40	58,78	66,56	525,5	40	71,52	78,28	618,0	40	83,79	88,52	698,8
35	58,99	66,77	527,1	35	71,73	78,47	619,4	35	83,99	88,68	700,0
30	59,21	66,97	528,7	30	71,94	78,65	620,9	30	84,19	88,83	701,3
25	59,42	67,18	530,4	25	72,15	78,83	622,3	25	84,39	88,99	702,5
20	59,64	67,39	532,0	20	72,36	79,02	623,8	20	84,59	89,15	703,7
15	59,86	67,59	533,6	15	72,57	79,20	625,2	15	84,78	89,30	704,9
10	60,07	67,80	535,2	10	72,78	79,38	626,6	10	84,98	89,45	706,2
05	60,29	68,00	536,9	05	72,99	79,56	628,1	05	85,18	89,61	707,4
00	60,50	68,21	538,5	00	73,20	79,74	629,5	00	85,37	89,76	708,6
0,8895	**60,72**	**68,42**	**540,1**	**0,8595**	**73,40**	**79,92**	**630,9**	**0,8295**	**85,57**	**89,91**	**709,8**
90	60,93	68,62	541,7	90	73,61	80,10	632,3	90	85,76	90,06	711,0
85	61,15	68,82	543,3	85	73,82	80,28	633,0	85	85,96	90,21	712,2
80	61,36	69,03	544,9	80	74,03	80,46	635,1	80	86,15	90,36	713,3
75	61,58	69,23	546,5	75	74,24	80,64	636,6	75	86,34	90,51	714,5
70	61,79	69,43	548,1	70	74,44	80,81	638,0	70	86,54	90,66	715,7
65	62,01	69,63	549,7	65	74,65	80,99	639,4	65	86,73	90,81	716,8
60	62,22	69,83	551,3	60	74,86	81,17	640,8	60	86,92	90,95	718,0
55	62,44	70,03	552,9	55	75,06	81,35	642,2	55	87,12	91,10	719,2
50	62,65	70,24	554,5	50	75,27	81,52	643,6	50	87,31	91,24	720,3
45	62,86	70,44	556,0	45	75,48	81,70	645,0	45	87,51	91,39	721,5
40	63,08	70,63	557,6	40	75,68	81,87	646,3	40	87,70	91,53	722,6
35	63,29	70,83	559,2	35	75,89	82,05	647,7	35	87,89	91,68	723,8
30	63,50	71,03	560,8	30	76,09	82,22	649,1	30	88,08	91,82	724,9
25	63,72	71,23	562,3	25	76,30	82,40	650,5	25	88,27	91,97	726,1
20	63,93	71,43	563,9	20	76,50	82,57	651,8	20	88,47	92,11	727,2
15	64,14	71,63	565,5	15	76,71	82,74	653,2	15	88,66	92,26	728,3
10	64,36	71,83	567,0	10	76,91	82,91	654,5	10	88,85	92,40	729,5
05	64,57	72,02	568,6	05	77,12	83,08	655,9	05	89,05	92,55	730,6
0	64,78	72,22	570,1	00	77,32	83,26	657,2	00	89,24	92,69	731,8
0,8795	**65,00**	**72,41**	**571,6**	**0,8495**	**77,53**	**83,43**	**658,6**	**0,8195**	**89,43**	**92,84**	**732,9**
90	65,21	72,61	573,2	90	77,73	83,60	659,9	90	89,62	92,98	734,0
85	65,42	72,80	574,7	85	77,94	83,77	661,3	85	89,81	93,12	735,1
80	65,63	73,00	576,2	80	78,14	83,94	662,6	80	90,00	93,26	736,2
75	65,85	73,19	577,8	75	78,34	84,11	664,0	75	90,19	93,40	737,3
70	66,06	73,39	579,3	70	78,55	84,27	665,3	70	90,38	93,54	738,4
65	66,27	73,58	580,8	65	78,75	84,44	666,6	65	90,57	93,68	739,5
60	66,48	73,78	582,4	60	78,95	84,61	667,9	60	90,76	93,81	740,5
55	66,69	73,97	583,9	55	79,16	84,78	669,3	55	90,94	93,95	741,6
50	66,91	74,16	585,4	50	79,36	84,95	670,6	50	91,13	94,08	742,7
45	67,12	74,35	587,0	45	79,56	85,11	671,9	45	91,31	94,21	743,7
40	67,33	74,54	588,5	40	79,76	85,28	673,2	40	91,50	94,34	744,8
35	67,54	74,73	590,0	35	79,97	85,45	674,5	35	91,68	94,47	745,8
30	67,75	74,92	591,5	30	80,17	85,61	675,8	30	91,86	94,60	746,9
25	67,96	75,11	593,0	25	80,37	85,78	677,1	25	92,05	94,73	747,9
20	68,17	75,30	594,5	20	80,58	85,94	678,4	20	92,23	94,86	748,9
15	68,38	75,49	596,0	15	80,78	86,11	679,7	15	92,41	94,99	749,9
10	68,59	75,68	597,5	10	80,98	86,27	681,0	10	92,59	95,12	750,9
05	68,80	75,87	599,0	05	81,18	86,43	682,3	05	92,77	95,25	751,9
00	69,01	76,06	600,4	00	81,38	86,60	683,6	00	92,95	95,38	752,9

Dichte $d\,^{20}/_4$	Alkohol Gew.-%	Alkohol Raum-%	Alkohol g in 1 Liter	Dichte $d\,^{20}/_4$	Alkohol Gew.-%	Alkohol Raum-%	Alkohol g in 1 Liter	Dichte $d\,^{20}/_4$	Alkohol Gew.-%	Alkohol Raum-%	Alkohol g in 1 Liter
0,8095	**93,13**	**95,50**	**753,9**	20	95,78	97,32	768,3	50	98,17	98,87	780,5
90	93,31	95,63	754,9	15	95,96	97,43	769,2	45	98,34	98,98	781,3
85	93,49	95,75	755,9	10	96,13	97,55	770,1	40	98,51	99,08	782,2
80	93,67	95,88	756,9	05	96,30	97,66	770,9	35	98,67	99,19	783,0
75	93,85	96,00	757,9	00	96,48	97,77	771,8	30	98,84	99,29	783,8
70	94,03	96,13	758,8					25	99,00	99,39	784,6
65	94,21	96,25	759,8	**0,7995**	**96,65**	**97,88**	**772,7**	20	99,16	99,49	785,4
60	94,38	96,37	760,8	90	96,82	97,99	773,6	15	99,53	99,59	786,2
55	94,56	96,49	761,7	85	96,99	98,10	774,4	10	99,49	99,69	787,0
50	94,74	96,61	762,7	80	97,16	98,21	775,3	05	99,65	99,79	787,7
45	94,91	96,73	763,6	75	97,33	98,32	776,2	00	99,81	99,88	788,5
40	95,09	96,85	764,6	70	97,50	98,43	777,0				
35	95,26	96,97	765,5	65	97,67	98,54	777,9	**0,7895**	**99,97**	**99,98**	**789,3**
30	95,44	97,09	766,4	60	97,84	98,65	778,8				
25	95,61	97,21	767,3	55	98,01	98,76	779,6	**0,78942**	**100,00**	**100,00**	**789,4**

Tabelle IX. Refraktion von Äthylalkohol-Wasser-Mischungen.
Skalenteile des Eintauchrefraktometers von Zeiss bei 17,5° (vgl. S. 1011).

Skalenteile	Alkohol Gew.-%	Skalenteile	Alkohol Gew.-%	Skalenteile	Alkohol Gew.-%	Skalenteile	Alkohol Gew.-%	Skalenteile	Alkohol Gew.-%	Skalenteile	Alkohol Gew.-%
15,0	**0,00**	5	21	**22,0**	**4,32**	5	30	**29,0**	8,18	5	10,03
1	06	6	27	1	38	6	35	1	23	6	08
2	13	7	33	2	44	7	41	2	29	7	14
3	19	8	40	3	49	8	46	3	34	8	19
4	25	9	46	4	55	9	52	4	39	9	24
5	32	**19,0**	**2,52**	5	61	**26,0**	**6,57**	5	45	**33,0**	**10,29**
6	38	1	58	6	67	1	62	6	50	1	35
7	45	2	64	7	72	2	68	7	55	2	40
8	51	3	70	8	78	3	73	8	61	3	45
9	57	4	77	9	84	4	79	9	66	4	50
16,0	**0,64**	5	83	**23,0**	**4,90**	5	84	**30,0**	8,71	5	56
1	70	6	89	1	95	6	89	1	76	6	61
2	77	7	95	2	5,01	7	95	2	82	7	66
3	83	8	3,01	3	07	8	7,00	3	87	8	71
4	89	9	07	4	12	9	06	4	92	9	76
5	96	**20,0**	**3,13**	5	18	**27,0**	**7,11**	5	98	**34,0**	**10,82**
6	1,02	1	19	6	24	1	16	6	9,03	1	87
7	08	2	25	7	29	2	22	7	08	2	92
8	15	3	31	8	35	3	27	8	14	3	97
9	21	4	37	9	41	4	33	9	19	4	11,03
17,0	**1,27**	5	43	**24,0**	**5,46**	5	38	**31,0**	**9,24**	5	08
1	34	6	49	1	52	6	43	1	29	6	13
2	40	7	55	2	58	7	49	2	35	7	18
3	46	8	61	3	63	8	54	3	40	8	23
4	53	9	67	4	69	9	60	4	45	9	29
5	59	**21,0**	**3,73**	5	74	**28,0**	**7,65**	5	51	**35,0**	**11,34**
6	65	1	79	6	80	1	70	6	56	1	39
7	71	2	85	7	86	2	76	7	61	2	44
8	78	3	91	8	91	3	81	8	66	3	49
9	84	4	97	9	97	4	86	9	72	4	55
18,0	**1,90**	5	4,03	**25,0**	**6,02**	5	92	**32,0**	**9,77**	5	60
1	96	6	09	1	08	6	97	1	82	6	65
2	2,02	7	15	2	13	7	8,02	2	87	7	70
3	08	8	20	3	19	8	08	3	93	8	75
4	15	9	26	4	24	9	13	4	98	9	81

Skalenteile	Alkohol Gew.-%	Skalenteile	Alkohol Gew.-%	Skalenteile	Alkohol Gew.-%	Skalenteile	Alkohol Gew.-%	Skalenteile	Alkohol Gew.-%	Skalenteile	Alkohol Gew.-%
36,0	**11,86**	**42,0**	**14,88**	**48,0**	**17,86**	**54,0**	**20,95**	**60,0**	**24,07**	**66,0**	**27,41**
1	91	1	93	1	91	1	21,00	1	12	1	47
2	96	2	98	2	96	2	05	2	18	2	53
3	12,01	3	15,03	3	18,01	3	10	3	23	3	59
4	06	4	08	4	06	4	15	4	28	4	65
5	11	5	13	5	12	5	20	5	34	5	71
6	16	6	18	6	17	6	26	6	39	6	77
7	22	7	23	7	22	7	31	7	44	7	83
8	27	8	28	8	27	8	36	8	50	8	89
9	32	9	33	9	32	9	41	9	55	9	95
37,0	**12,37**	**43,0**	**15,38**	**49,0**	**18,37**	**55,0**	**21,46**	**61,0**	**24,60**	**67,0**	**28,01**
1	42	1	43	1	42	1	52	1	66	1	07
2	47	2	47	2	47	2	57	2	71	2	13
3	52	3	52	3	52	3	62	3	77	3	19
4	58	4	57	4	57	4	67	4	82	4	25
5	63	5	62	5	63	5	72	5	88	5	30
6	68	6	67	6	68	6	78	6	93	6	37
7	73	7	72	7	73	7	83	7	99	7	43
8	78	8	77	8	78	8	88	8	25,04	8	49
9	83	9	82	9	83	9	93	9	10	9	55
38,0	**12,88**	**44,0**	**15,87**	**50,0**	**18,88**	**56,0**	**21,98**	**62,0**	**25,15**	**68,0**	**28,61**
1	94	1	92	1	93	1	22,04	1	20	1	68
2	99	2	96	2	98	2	09	2	26	2	74
3	13,04	3	16,01	3	19,04	3	14	3	31	3	80
4	09	4	06	4	09	4	19	4	37	4	86
5	14	5	11	5	14	5	24	5	42	5	92
6	19	6	16	6	19	6	29	6	47	6	99
7	24	7	21	7	24	7	34	7	52	7	29,05
8	29	8	26	8	29	8	39	8	58	8	11
9	34	9	31	9	34	9	44	9	63	9	17
39,0	**13,39**	**45,0**	**16,36**	**51,0**	**19,40**	**57,0**	**22,50**	**63,0**	**25,69**	**69,0**	**29,23**
1	44	1	41	1	45	1	55	1	75	1	29
2	49	2	46	2	50	2	60	2	80	2	35
3	55	3	51	3	55	3	65	3	86	3	41
4	59	4	56	4	60	4	71	4	92	4	48
5	64	5	61	5	65	5	76	5	97	5	54
6	69	6	66	6	71	6	81	6	26,03	6	60
7	74	7	71	7	76	7	86	7	09	7	67
8	79	8	76	8	81	8	92	8	14	8	73
9	84	9	81	9	86	9	97	9	20	9	79
40,0	**13,89**	**46,0**	**16,86**	**52,0**	**19,91**	**58,0**	**23,02**	**64,0**	**26,26**	**70,0**	**29,86**
1	94	1	91	1	96	1	08	1	31	1	92
2	99	2	96	2	20,02	2	13	2	37	2	98
3	14,04	3	17,01	3	07	3	18	3	43	3	30,05
4	09	4	06	4	12	4	23	4	49	4	11
5	14	5	11	5	17	5	29	5	54	5	18
6	19	6	16	6	22	6	34	6	59	6	24
7	24	7	21	7	27	7	39	7	65	7	31
8	29	8	26	8	33	8	45	8	71	8	37
9	34	9	31	9	38	9	50	9	77	9	44
41,0	**14,39**	**47,0**	**17,36**	**53,0**	**20,43**	**59,0**	**23,55**	**65,0**	**26,82**	**71,0**	**30,50**
1	44	1	41	1	48	1	60	1	88	1	57
2	49	2	46	2	53	2	66	2	94	2	63
3	54	3	51	3	58	3	71	3	27,00	3	70
4	59	4	56	4	64	4	76	4	06	4	76
5	63	5	61	5	69	5	81	5	12	5	83
6	68	6	66	6	74	6	86	6	17	6	90
7	73	7	71	7	79	7	91	7	23	7	97
8	78	8	76	8	84	8	97	8	29	8	31,03
9	83	9	81	9	89	9	24,02	9	34	9	10

Skalenteile	Alkohol Gew.-%	Skalenteile	Alkohol Gew.-%	Skalenteile	Alkohol Gew.-%	Skalenteile	Alkohol Gew.-%	Skalenteile	Alkohol Gew.-%
72,0	**31,17**	**78,0**	**35,50**	**84,0**	**40,68**	**90,0**	**47,02**	**96,0**	**55,41**
1	24	1	58	1	78	1	14	1	58
2	30	2	67	2	87	2	26	2	74
3	37	3	75	3	96	3	38	3	91
4	44	4	83	4	41,06	4	50	4	56,08
5	50	5	91	5	15	5	62	5	25
6	57	6	98	6	25	6	75	6	42
7	64	7	36,06	7	34	7	87	7	60
8	70	8	14	8	44	8	99	8	77
9	77	9	22	9	53	9	48,12	9	94
73,0	**31,84**	**79,0**	**36,30**	**85,0**	**41,63**	**91,0**	**48,24**	**97,0**	**57,13**
1	91	1	38	1	73	1	37	1	31
2	98	2	46	2	83	2	49	2	49
3	32,04	3	54	3	93	3	62	3	67
4	11	4	63	4	42,03	4	75	4	85
5	18	5	71	5	13	5	87	5	58,04
6	26	6	79	6	23	6	49,00	6	23
7	33	7	87	7	33	7	13	7	42
8	40	8	96	8	43	8	26	8	61
9	47	9	37,05	9	53	9	39	9	80
74,0	**32,54**	**80,0**	**37,13**	**86,0**	**42,63**	**92,0**	**49,52**	**98,0**	**59,00**
1	61	1	22	1	73	1	65	1	20
2	68	2	30	2	84	2	78	2	40
3	75	3	38	3	94	3	92	3	61
4	82	4	46	4	43,04	4	50,05	4	81
5	89	5	55	5	14	5	19	5	60,02
6	96	6	63	6	25	6	32	6	23
7	33,03	7	71	7	35	7	46	7	45
8	10	8	80	8	45	8	60	8	66
9	17	9	88	9	56	9	74	9	89
75,0	**33,24**	81,0	**37,97**	**87,0**	**43,66**	**93,0**	**50,88**	**99,0**	**61,10**
1	31	1	38,06	1	77	1	51,02	1	33
2	38	2	14	2	87	2	16	2	55
3	46	3	23	3	98	3	30	3	77
4	53	4	32	4	44,08	4	44	4	62,00
5	60	5	41	5	19	5	58	5	23
6	68	6	50	6	30	6	72	6	46
7	75	7	59	7	41	7	87	7	69
8	83	8	68	8	52	8	52,01	8	93
9	96	9	76	9	63	9	15	9	63,17
76,0	**33,98**	**82,0**	**38,85**	**88,0**	**44,74**	**94,0**	**52,30**	**100,0**	**63,41**
1	34,05	1	94	1	85	1	45	1	65
2	13	2	39,03	2	96	2	59	2	90
3	20	3	11	3	45,07	3	74	3	64,15
4	28	4	20	4	18	4	89	4	41
5	35	5	29	5	29	5	53,04	5	67
6	43	6	38	6	41	6	19	6	93
7	50	7	48	7	52	7	34	7	65.20
8	58	8	57	8	63	8	50	8	48
9	66	9	66	9	75	9	65	9	76
77,0	**34,73**	**83,0**	**39,75**	**89,0**	**45,86**	**95,0**	**53,81**	**101,0**	**66,04**
1	80	1	85	1	97	1	96	1	34
2	88	2	94	2	46,09	2	54,12	2	63
3	96	3	40,03	3	20	3	28	3	94
4	35,03	4	12	4	32	4	44	4	67,25
5	11	5	22	5	43	5	60	5	57
6	19	6	31	6	55	6	76	6	90
7	27	7	40	7	66	7	92	7	68,24
8	35	8	50	8	78	8	55,08	8	58
9	42	9	59	9	90	9	24	9	94

Skalenteile	Alkohol Gew.-%
102,0	**69,30**
1	68
2	70,08
3	49
4	91
5	71,37
6	86
7	72,36
8	90
9	73,48
103,0	**74,07**
1	74,68
2	75,34
3	76,20
4	77,60
103,46	80,00
Wendepunkt	
103,46	80,00
4	81,78
3	82,69
2	83,39
1	95
103,0	**84,45**
102,9	91
8	85,34
7	73
6	86,11
5	47
4	80
3	87,13
2	44
1	74
102,0	**88,05**
101,9	32
8	59
7	85
6	89,10
5	34
4	57
3	80
2	90,02
1	24
101,0	**90,46**
100,9	67
8	88
7	91,08
6	27
5	46
4	65
3	83
2	92,00
1	17
100,0	**92,34**
99,9	51
8	67
7	83
6	98
5	93,14
4	29
3	43
2	58
1	72

Skalen-teile	Alkohol Gew.-%	Skalen-teile	Alkohol Gew.-%	Skalen-teile	Alkohol Gew.-%	Skalen-teile	Alkohol Gew.-%	Skalen-teile	Alkohol Gew.-%	Skalen-teile	Alkohol Gew.-%
99,0	**93,86**	**98,0**	**95,18**	**97,0**	**96,35**	**96,0**	**97,43**	**95,0**	**98,41**	**94,0**	**99,36**
98,9	94,00	97,9	30	96,9	47	95,9	53	94,9	50	93,9	46
8	14	8	42	8	58	8	63	8	60	8	55
7	28	7	54	7	69	7	73	7	69	7	65
6	41	6	67	6	80	6	83	6	79	6	75
5	54	5	78	5	91	5	93	5	88	5	85
4	67	4	90	4	97,01	4	98,03	4	97	4	95
3	80	3	96,01	3	12	3	13	3	99,07	93,35	100,00
2	93	2	12	2	22	2	22	2	16		
1	95,05	1	24	1	33	1	32	1	26		

Umrechnungstabelle für Refraktometerablesungen bei 10—30° auf die Normaltemperatur von 17,5°.

Ablesung bei	Skalenteile									
	(15)	20	(25)	30	40	50	60	70	80	90
	Skalenteil-Differenzen									
10°	**— 1,30**	**— 1,35**	**— 1,40**	**— 1,60**	**— 2,00**	**— 2,75**	**— 3,50**	**— 4,35**	**— 5,45**	**— 5,95**
11°	1,15	1,20	1,25	1,45	1,80	2,40	3,10	3,80	4,70	5,30
12°	0,95	1,05	1,10	1,25	1,60	2,10	2,65	3,20	3,90	4,55
13°	0,75	0,85	0,95	1,05	1,30	1,75	2,20	2,60	3,20	3,75
14°	0,60	0,70	0,80	0,85	1,05	1,40	1,75	2,05	2,50	2,95
15°	**0,50**	**0,50**	**0,65**	**0,65**	**0,75**	**1,00**	**1,25**	**1,45**	**1,75**	**2,10**
16°	0,30	0,30	0,40	0,45	0,45	0,65	0,80	0,90	1,05	1,25
17°	0,10	0,10	0,15	0,20	0,20	0,20	0,25	0,30	0,35	0,40
17,5°	**0,00**	**0,00**	**0,00**	**0,00**	**0,00**	**0,00**	**0,00**	**0,00**	**0,00**	**0,00**
18°	+ 0,10	+ 0,10	+ 0,15	+ 0,20	+ 0,25	+ 0,20	+ 0,25	+ 0,35	+ 0,40	+ 0,45
19°	0,30	0,30	0,35	0,45	0,60	0,65	0,80	1,05	1,15	1,30
20°	**0,50**	**0,50**	**0,60**	**0,70**	**1,00**	**1,15**	**1,45**	**1,80**	**2,00**	**2,15**
21°	0,70	0,70	0,85	1,00	1,35	1,65	2,15	2,50	2,95	
22°	0,95	0,95	1,15	1,30	1,75	2,20	2,80	3,25	3,85	
23°	1,20	1,25	1.35	1,60	2,15	2,75	3,45	4,00	4,80	
24°	1,45	1,55	1,65	1,90	2,55	3,25	4,10	4,80	5,75	
25°	**1,75**	**1,80**	**1,95**	**2,20**	**2,95**	**3,80**	**4,80**	**5,60**	**6,70**	
26°	2,00	2,10	2,30	2,60	3,40	4,35	5,50	6,45	7,65	
27°	2,30	2,40	2,65	2,95	3,85	4,85	6,20	7,25	8,55	
28°	2,60	2,70	2,95	3,35	4,30	5,40	6,90	8,10	9,45	
29°	2,90	3,10	3,35	3,75	4,80	5,95	7,60	8,95	10,35	
30°	**3,20**	**3,45**	**3,75**	**4,15**	**5,30**	**6,50**	**8,30**	**9,80**	**11,25**	

Die zwischen 10 und 17,5° ermittelten Skalenteil-Differenzen sind von den Ablesungen bei diesen Temperaturen abzuziehen, die zwischen 17,5 und 30° ermittelten Skalenteil-Differenzen entsprechend hinzuzuzählen.

Bei der Verwendung der Umrechnungstabelle muß sowohl die Skalenteil-Differenz als auch die Temperatur-Differenz interpoliert werden.

Beispiel: Gefunden 66,80 Skalenteile bei 27,7°.

a) Temperatur-Interpolation.

		Skalenteile 60	Skalenteile 70
Skalenteil-Differenz 28—27° je 1°	=	0,7	0,85
desgl. für 0,7°	=	0,5	0,6
desgl. bei 27,7°	=	6,2 + 0,5 = **6,7**	7,25 + 0,6 = **7,85**

b) Skalenteil-Interpolation bei 27,7°.

Skalenteil-Differenz 70—60 Skalenteile = 7,85 — 6,7 = 1,15, also für 1° = 0,115, also für 6,8° = 0,115 × 6,8 = 0,78 = **0,80**;

also Skalenteil-Differenz für 66,8 = 6,70 + 0,80 = 7,5 bei 27,7°,

also Wert für die 17,5°-Tabelle: 66,80 + 7,5 = **74,3**, entsprechend 32,75 Gew.-% Alkohol.

Tabelle X. Atomgewichte der Elemente[1].

Element	Symbol	Atomgewicht	Element	Symbol	Atomgewicht
Aluminium	Al	26,97	Natrium	Na	23,00
Antimon	Sb	121,76	Neodymium	Nd	144,27
Argon	Ar	39,94	Neon	Ne	20,18
Arsen	As	74,91	Nickel	Ni	58,69
Barium	Ba	137,36	Niobium	Nb	92,91
Beryllium	Be	9,02	Osmium	Os	191,5
Blei	Pb	207,22	Palladium	Pd	106,7
Bor	B	10,82	Phosphor	P	31,02
Brom	Br	79,92	Platin	Pt	195,23
Cadmium	Cd	112,41	Praseodymium	Pr	140,92
Caesium	Cs	132,91	Quecksilber	Hg	200,61
Calcium	Ca	40,08	Radium	Ra	225,97
Cassiopeium	Cp	175,0	Rhenium	Rh	186,31
Cerium	Ce	140,13	Rhodium	Rh	102,91
Chlor	Cl	35,46	Rubidium	Rb	85,44
Chrom	Cr	52,01	Ruthenium	Ru	101,7
Dysprosium	Dy	162,46	Samarium	Sm	150,43
Eisen	Fe	55,84	Sauerstoff	O	16,00
Emanation	Em	222	Scandium	Sc	45,10
Erbium	Er	167,64	Schwefel	S	32,06
Europium	Eu	152,00	Selen	Se	78,96
Fluor	F	19,0	Silber	Ag	107,88
Gadolinium	Gd	157,3	Silicium	Si	28,06
Gallium	Ga	69,72	Stickstoff	N	14,01
Germanium	Ge	72,60	Strontium	Sr	87,63
Gold	Au	197,2	Tantal	Ta	181,4
Hafnium	Hf	178,6	Tellur	Te	127,61
Helium	He	4,05	Terbium	Tb	159,2
Holmium	Ho	163,5	Thallium	Tl	204,39
Indium	In	114,76	Thorium	Th	232,12
Iridium	Ir	193,1	Thulium	Tu	169,4
Jod	J	126,92	Titan	Ti	47,90
Kalium	K	39,10	Uran	U	238,14
Kobalt	Co	58,94	Vanadium	V	50,95
Kohlenstoff	C	12,00	Wasserstoff	H	1,008
Krypton	Kr	83,7	Wismut	Bi	209,00
Kupfer	Cu	63,57	Wolfram	W	184,0
Lanthan	La	138,9	Xenon	X	131,3
Lithium	Li	6,97	Ytterbium	Yb	173,04
Lutetium	Lu	174	Yttrium	Y	88,93
Magnesium	Mg	24,32	Zink	Zn	65,38
Mangan	Mn	54,93	Zinn	Sn	118,70
Molybdän	Mo	96,0	Zirkonium	Zr	91,22

[1] Nach O. HAHN: Ber. Deutsch. Chem. Ges. 1935, **68**, 1.

Sachverzeichnis.